U0806145

经济专业高级资格考试辅导教材

高级经济师经济理论

（上册）

全国高级经济师考试研究组　编

编委会（排名不分先后）
赵晓晖　张利娟　邹月琴　王　辉
王雪彦　陈　果　郝　彬　王宏亮
梁白云

黄河水利出版社

图书在版编目(CIP)数据

高级经济师经济理论 : 全二册 / 全国高级经济师考试研究组编. —郑州 : 黄河水利出版社, 2018.6(2019.8 修订重印)

经济专业高级资格考试辅导教材

ISBN 978-7-5509-2057-6

Ⅰ.①高… Ⅱ.①全… Ⅲ.①经济理论-资格考试-自学参考资料 Ⅳ.①F0

中国版本图书馆 CIP 数据核字(2018)第 130891 号

策划编辑:刘 晶

出 版 社:黄河水利出版社
地 址:郑州市金水区顺河路黄委会综合楼 14 层
邮 编:450003
发行单位:黄河水利出版社
发行电话:0371-66023217 66026940
承印单位:河南省悦凡印务有限公司
开 本:787mm×1092mm 1/16
印 张:50
字 数:1184 千字
版 次:2018 年 6 月第 1 版
印 次:2019 年 3 月第 2 次印刷

定 价:310.00 元(全两册)

前言 Qianyan Preface

高级经济师是我国的职称之一。高级经济师资格实行考试与评审相结合的评价办法。凡申请参加高级经济师资格评审的人员，须通过全省统一组织的高级经济师资格业务考试。高级经济师实行资格评价与职务聘任相分离。具备博士学位，或取得中级资格后、从事专业技术工作满 3 年的人员，达到副高级或不分正副高级资格条件的，可按规定程序申报评审副高级或不分正副高级资格。

近年来，随着我国经济、社会和科学的迅速发展，很多职场朋友提高了对自身的要求，有了晋升高级经济师职称的愿望。

为了帮助广大朋友达成晋升高级职称的愿望，我们比较分析了部分省份的考试大纲，发现其中共同的部分，囊括有差异的部分，并结合我国的社会经济发展和方针、政策及法律法规的变化，特别是党的十九大以来中央有关精神，在认真听取专家和应试人员意见的基础上，组织部分专家学者编写了该书供大家参考。赵晓晖编写第一章至第五章，张利娟编写第六章、第七章和第十四章，邹月琴编写第八章至第十三章和第十五章、第十六章，王辉编写第十七章和第十八章，王雪彦编写第十九章至第二十二章，陈果编写第二十三章至第二十六章，郝彬编写第二十七章至第三十一章，王宏亮编写第三十二章至第三十五章，梁白云编写第三十六章至四十一章。

本教材具有以下特色：

1. 系统全面，涵盖广泛

本教材的内容系统、全面，是根据考试大纲要求编写的。为了方便广大考生朋友学习，本教材在每一章的前面设计“知识框架”一栏，条理清晰，便于查找和识记以及梳理知识要点。本书的针对性强，紧扣考试大纲，涵盖高级经济师考试的考点内容。

2. 内容权威，与时俱进

本教材具有一定的权威性和时代性，主要参考国内外几十种权威性的教材，而且还加入了最新的经济和社会发展内容，力争与经济和社会发展同步。

3. 条理清晰，考点突出

本教材在编写时，考虑到考生学习的方便，参照考试大纲，将相关知识点集中起来，按条罗列，更有利于考生学习、备考和查找识记。

4. 应试指南，实用性强

本教材以帮助考生掌握考试要考查的内容为目标，以"精、准、好"为设计原则，强化了必考点、常考点，使考点覆盖全面而不重复，重点突出而不缺失，具有很强的实用性。

本教材在编写过程中，得到了众多同仁的帮助和支持，在此一并表示感谢。对于书中的不足和疏漏之处，希望广大考生和同行提出宝贵的意见和建议，以便我们继续努力改进，使本书日后修订再版时更臻完善。

本书编写组

2018 年 5 月

目录 Mulu Contents

第一章　社会主义初级阶段和社会主义市场经济

知识框架

- 社会主义初级阶段和社会主义市场经济
  - 社会主义初级阶段的基本经济特征、根本任务
    - 新时代我国社会主要矛盾的变化与社会主义初级阶段基本国情的不变
    - 社会主义初级阶段的基本经济特征
    - 社会主义初级阶段的根本任务
  - 社会主义市场经济和资源配置方式
    - 社会主义市场经济
    - 资源配置方式
    - 市场配置与计划配置相结合

第一节　社会主义初级阶段的基本经济特征、根本任务

一、新时代我国社会主要矛盾的变化与社会主义初级阶段基本国情的不变

习近平在十九大报告中指出，"中国特色社会主义进入新时代，我国社会主要矛盾已经转化为人民日益增长的美好生活需要和不平衡不充分的发展之间的矛盾"。这标志着中国共产党对中国社会主要矛盾有了新的论断，这个新论断决定了中国共产党新的历史任务。

从社会生产力水平来说，我国经济已由高速增长阶段转向高质量发展阶段，发展方式正从规模速度型粗放增长转向质量效率型集约增长，经济结构调整正从增量扩能为主转向调整存量、做优增量并举，发展动力正从主要依靠资源和低成本劳动力等要素投入转向创新驱动。从人民生活水平来说，我们深入贯彻以人民为中心的发展思想，一大批惠民举措落地实施，城乡居民收入增速超过经济增速，中等收入群体持续扩大，人民群众获得感显著增强。从综合国力来说，2018 年我国国内生产总值超过 90 万亿元，稳居世界第二位，对世界经济增长贡献率接近 30%，我国正日益走近世界舞台中央，迎来了从站起来、富起来到强起来的伟大飞跃。上述我国社会主义初级阶段发生的阶段性变化及表现出来的阶段性特点，是我们推进新时代中国特色社会主义不断前进的基础，是我们制定未来发展规划的依据。

党的十九大报告强调：必须认识到，我国社会主要矛盾的变化，没有改变我们对我国社会主义所处历史阶段的判断，我国仍处于并将长期处于社会主义初级阶段的基本国情没有变。我们必须把握好这一"变"和"不变"的辩证关系。

二、社会主义初级阶段的基本经济特征

1. 以公有制为主体、多种所有制共同发展的基本经济制度

中国正处在社会主义初级阶段，由于初级阶段的生产力发展水平较低，商品生产、交换及分工的程度不高，社会主义公有制的社会化水平不高，客观上必然产生多种所有制形式并存的局面，而且这种并存局面将长期存在。多种所有制形式并存，是指社会主义公有制经济形式的国有经济、集体经济，非公有制经济形式的个体经济、私营经济、外资经济、港澳台投资经济，公有制经济和非公有制经济多种形式的联营、参股、混合等经营形式。多种所有制形式并存，即是关于多种所有制经济形式的相互补充、平等竞争、共同发展。

多种所有制形式并存具有必然性，决定了多种所有制经济形式的存在方式、运行模式、作用形式及其发展的层次性、差异性。多种所有制形式并存具有必然性的原因：

(1)这是生产力发展水平的客观需要。在社会主义初级阶段建设小康社会，生产力发展水平总体上还是较低的，发展极不平衡，因此需要多种所有制经济形式与之相适应，以促进生产力的发展，提高经济发展的质量、规模、水平，提高人均 GDP 水平，解决总体上不平衡问题，提升生产力发展的层次、水平。实践证明，实行多种所有制经济形式并存要比单一所有制经济形式好得多，多种所有制经济形式并存具有必然性。

(2)这是社会化程度较低的公有制经济形式的客观选择。单一的公有制经济形式无风险意识，更无竞争意识，缺乏内在的生机活力，但要持续生存和发展下去，就必须选择市场竞争，就必须学会市场竞争，就必须作为普通的竞争者与其他所有制经济形式并存、竞争，这样才能在竞争中不断提高其社会化程度和水平，增强其生存与发展的活力。

(3)这是建立与完善社会主义市场经济体制的内在要求。社会主义市场经济体制为多种所有制经济形式的并存与发展提供了体制平台，要求经济形式的多样性和开放性，要求多种经济形式的自律性和他律性，要求多种经济形式的竞争性和多赢性，提高资源配置的合理性和公平性，由此也进一步促进社会主义市场经济体制的建立与完善。

2. 社会主义国家宏观调控下正在发育的市场经济

加强宏观调控是社会主义市场经济的基本特征之一。社会主义市场经济体制是在社会主义国家宏观调控下，使市场在社会资源配置中起决定作用和更好发挥政府作用的经济体制。社会主义市场经济体制是同社会主义基本经济制度结合在一起的，它除了具有坚持以公有制为主体、多种所有制经济共同发展，坚持以按劳分配为主体、多种分配方式并存的分配制度的特性外，在宏观调控上，就是社会主义国家能够把人民的当前利益与长远利益、局部利益与整体利益结合起来，更好地发挥计划与市场两种手段的长处。

加强宏观调控的必要性：

(1)社会化大生产的发展要求国家对经济进行宏观调控。要求通过宏观调控来保持各企业、各部门之间按一定的比例协调发展，要求通过宏观调控来为经济发展创造各种基础条件，如交通、通信、能源、基础设施等。

(2)弥补市场调节的缺陷。市场并不是对所有的经济活动都能够起到有效的调节作用，如经济结构的优化、经济发展速度的控制等问题，是市场解决不了的。市场在对经济活动进

行调节的时候会带来一些副作用,它无力解决社会问题。

(3)国家经济职能的充分发挥要求国家对经济进行宏观调控。在现代经济发展中,国内经济的发展和对外开放都离不开国家经济职能的充分发挥。国家作为社会经济的管理者,要协调整个经济的运行,制定经济发展战略,确定经济发展目标,选择经济发展的重点,承担着为经济发展创造基础条件的责任;与此同时,在经济全球化中,国家还必须为本国的企业更好地进入国际市场、提高市场竞争力创造条件。

3. 以按劳分配为主和按其他生产要素分配相结合的分配方式

所有制形式的多样性决定了分配方式的多样性。以公有制为主导的市场经济客观上要求分配方式以按劳分配为主体、为主导,多种分配方式与之并存。

(1)多种所有制形式并存,决定多种分配方式并存。社会主义市场经济的本质是以社会主义公有制为基础,多种所有制形式并存的所有制结构,与此相联系,作为所有制内在表现形式的分配方式,也必然是以按劳分配为主体、为主导,多种分配方式并存的分配结构。二者是决定和被决定的关系,多种分配方式并存又反作用于多种所有制形式并存。

(2)多种所有制形式并存,以公有制为基础,国有经济占主导地位,决定了多种分配方式并存,按劳分配占主导地位。在社会主义市场经济条件下,公有制经济内部实行按劳分配,劳动者获得自己的经济利益,实现自己的价值,可进一步巩固公有制经济的基础地位和主导作用。

(3)以公有制为主导的多种所有制并存,通过市场机制调节得以合理运作、有序发展,内在地决定了按劳分配在多种分配方式中的主体地位和主导作用,同时决定了按劳分配的局限性。

非按劳分配形式与多种所有制形式并存相适应,成为按劳分配的必要补充,其作用是十分重要的,有利于合理配置劳动力、资金、技术、产权等资源,有利于促进多种所有制经济形式的竞争和发展,增强社会主义经济整体实力,推动经济社会的发展与进步。

(4)社会主义市场经济条件下的按劳分配又与马克思设想的非商品经济条件下的按劳分配不同,具有显著的特点。

按劳分配的对象不是在一国全社会范围内按统一标准进行,而是在不同经济形式中特别是国有经济、集体经济和事业单位中按统一标准进行。

按劳分配的主体不是整个社会,而是企业特别是国有企业、集体企业和事业单位组织,在这个范围内,劳动者劳动的数量和质量是其获得个人消费品的基本依据、标准,劳动报酬即货币工资、津贴、奖金等。

按劳分配的主体不是直接指每个劳动者的具体社会劳动,而是指劳动者的平均社会劳动,即社会必要劳动时间。

按劳分配的形式不是马克思所设想的劳动证书形式,每个劳动者不可能直接向社会领取消费品,而必须通过工资、津贴、奖金等货币形式。

三、社会主义初级阶段的根本任务

社会主义初级阶段的根本任务是立足基本国情,面对主要矛盾,国家的根本任务是沿着中国特色社会主义道路,集中力量进行社会主义现代化建设。

改革开放以来,尤其是党的十八大以来,中国无论是经济、政治、社会、文化还是党的建设都发生了深刻的变化,中国无论是生产力的发展、综合国力还是世界影响力都大幅跃升,我们比历史上任何时期都接近中华民族伟大复兴的目标。经过近40年的坚持不懈的改革开放,中国社会发展已经到了一个新的历史阶段,我们已经处在了一个新的历史时代,需要完成新的历史任务。

十九大报告提出来两大任务,即实现社会主义现代化和中华民族伟大复兴。在全面建成小康社会的基础上分两步走,到本世纪中叶建成富强民主文明和谐美丽的社会主义现代化强国。

第二节　社会主义市场经济和资源配置方式

一、社会主义市场经济

1. 社会主义市场经济的提出

长期以来,不论在马克思主义经济学还是西方经济学中,一直认为计划经济是社会主义经济制度的基本特征,市场经济是资本主义经济制度的基本特征;实行社会主义就必然是计划经济,实行市场经济就是搞资本主义。

我国从1978年始的经济体制改革,首先遇到的就是这种传统观念的制约和束缚。邓小平在深刻分析世界经济的发展变化,总结国内外社会主义建设的经验教训和我国改革开放实践经验的基础上,对计划经济和市场经济的问题作出了一系列新的论断,明确提出社会主义也可以搞市场经济的新思想。1992年春,邓小平发表了重要的南方谈话,更明确指出:"计划多一点还是市场多一点,不是社会主义与资本主义的本质区别。计划经济不等于社会主义,资本主义也有计划;市场经济不等于资本主义,社会主义也有市场。计划和市场都是经济手段。"这一精辟论断,从根本上解决了把计划经济和市场经济看作属于社会基本制度范畴的思想的束缚,彻底冲破了计划经济姓"社"、市场经济姓"资"的传统观念,为我国经济体制改革的进一步发展,从计划经济体制向社会主义市场经济体制转变,奠定了坚实的理论基础。1992年6月明确提出把"社会主义市场经济体制"作为我们要建立的社会主义新经济体制。1992年10月,党的十四大正式做出了我国经济体制改革的目标是建立社会主义市场经济体制的决定,并对社会主义市场经济体制的内涵做出了科学的阐述,指出了我国建立的社会主义市场经济体制,就是要使市场在社会主义国家的宏观调控下对资源配置起基础性作用,使经济活动遵循价值规律的要求,适应供求关系的变化;通过价格杠杆和竞争机制的功能,把资源配置到效益较好的经济领域和环节中去,并给企业以压力和动力,实现优胜劣汰,运用市场对各种经济信号反映比较灵敏的优点,促进生产和需求的及时协调。对于市场调节本身存在的弱点和消极方面,社会主义国家可以通过加强和改善国家对经济的宏观调控来加以解决,保证社会主义经济的持续、快速、健康发展。这就从理论与实践的结合所在节上解决了我国一个关系社会主义现代化建设全局的根本问题。1997年9月,党的十五大胜利召开,大会鲜明地提出了高举邓小平理论伟大旗帜,肯定了邓小平把社会主义同市场经济结合起来是一个伟大创举,要求全党和全国人民坚持和完善社会主义市场经济体制,使市场在国家宏观调控下对资源配置起基础性作用，坚持社会主义市场经济的改革方向。2012 年 11 月，党的十八大明确把建立社会主义市场经济作为中国特色社会主义道路的重要内容，加快完善社会主义市场经济体制。党的十八届三中全会提出“要使市场在资源配置中起决定性作用”，这是对社会主义市场经济本质认识的一个飞跃。随着社会主义市场经济理论在我国社会主义现代化建设的实践中不断丰富、不断发展和完善，我国必将为马克思主义科学社会主义增添崭新的篇章。

2. 社会主义市场经济的概念

社会主义市场经济是商品化的商品经济，是市场在资源配置中起基础性作用的经济。社会主义市场经济理论，是邓小平理论体系中极具创新意义的组成部分，是对马克思主义经济理论的重大发展。依据这一理论，确定了建立社会主义市场经济体制的改革目标，进行了社会主义发展史上前无古人的探索。

社会主义市场经济，是把市场经济与社会主义制度相结合，它不仅具有市场经济的一般规定和特征，同时又是与社会主义基本制度相结合的市场经济。社会主义市场经济具有平等性、法制性、竞争性和开放性等一般特征。

二、资源配置方式

资源配置是指在社会经济过程中，将有限的生产资源按一定比例和规则分配在社会生产的各个部门和各个方面的活动。资源配置方式有两种：市场配置和计划配置。

1. 计划配置的概念

计划配置是指计划部门根据社会需要及可能，以计划配额、行政命令的方式进行的资源配置。计划配置在经济体制上的反映就是计划经济。计划经济始于社会主义国家。

计划作为配置资源的基本形式之一，是现代社会经济运行必须遵循的共有规律。

计划作为配置资源的基本形式，在任何类型的市场经济条件下都发挥着重要作用。资本主义市场经济只有遵循计划的内在要求，才能充分显示市场经济的基础性作用，推动资本主义社会生产力的解放与发展。社会主义市场经济同样要遵循计划的客观要求，符合计划发展规律，这样才能形成充满生机活力的社会主义市场经济，推动社会主义社会生产力的解放与发展。

计划作为共有规律，蕴涵在任何形式或类型的市场经济运行方式之中。特别是在社会主义市场经济条件下，其独特的作用形式主要表现为宏观经济的计划发展及其调节，主要包括：国家或区域经济发展战略规划、经济发展方针政策；经济运行的计划组织、协调、控制、指导；经济活动的计划检查、监督、规范、约束等。同时，计划也体现在对微观经济运行的指导、调节中，微观经济必须遵循国家或区域的宏观发展战略、原则、方针及指导思想，必须具有各自符合市场要求的具体操作计划、程序和方法等。

2. 计划与计划经济体制具有根本性区别

首先，计划作为市场经济条件下配置资源的基本形式，与市场相联系、相统一，计划不姓“社”，也不姓“资”，计划与计划经济一样，是经济机制及手段概念。而计划经济体制与市场经济体制是绝对对立的经济模式，它只强调计划体制的高度集中统一性、指令性及其计划安排的层层分解，否定市场配置资源的基础性作用，属于特定社会经济制度下的一种固化的经济体制模式。其次，计划属于经济机制范畴，构成任何类型市场经济都必须遵循和运用的宏观调节体系，特别是在政府宏观调控体系中具有原则性指导和战略意义。而计划经济体制则把计划永恒化，把一切微观经济活动高度统制起来，用包罗万象的计划安排代替市场调节，是违背经济规律的封闭经济体制。计划与计划经济体制具有根本性区别，不能混淆。邓小平关于计划与市场都是手段，社会主义还是要实行计划经济与市场经济相结合，即是针对计划经济体制的弊端而提出的。他强调社会主义市场经济要汲取以往计划经济体制的经验教训，借鉴西方发达国家市场经济体制的成功经验，把计划机制及手段运用好，实行计划与市场相结合，以构建符合中国实际的社会主义市场经济的计划调节体系。

社会主义市场经济客观上要求有计划的发展。社会主义市场经济要求宏观经济发展的社会化、一体化，要求经济发展体现战略规划及计划的意图，仅靠市场微观调节是不够的，还要实行宏观计划调节，使微观经济和宏观经济保持协调的比例关系。社会主义市场经济要求经济运行过程具有计划性，通过宏观计划调节，发挥市场配置资源的基础性作用，确保市场经济条件下社会公共利益的实现。社会主义市场经济要求防止市场调节的盲目性，规避市场风险，客观上要求必要的计划调节，实行计划与市场相结合，以弥补市场盲目性所造成的种种波动和风险。

3. 计划功能

遵循计划规律，发挥计划功能，应按照经济社会发展的需要，将经济总量按发展规划及计划比例配置在各个经济区域或部门，促进资源在宏观上的合理配置，推动经济按规划及计划比例发展。计划功能是计划机制及其调节作用过程，要求计划与实际状况、特点、需要相结合，有效的计划应以充分的科学根据为前提，只有正确的计划或基本正确的计划才能实现社会主义市场经济的发展规划及战略意图，才能形成真正意义上的计划功能或计划调节。

计划功能是经济发展规律在经济决策主体思维中的能动再现，这种再现侧重于对整体发展时空及过程的思考、把握。计划功能主要表现在经济发展的宏观性规划领域、整体性调节方面，这是社会主义市场经济运行过程的必然要求，也是坚持市场决定性作用的必然要求，否则，市场就会产生大量的盲目性，并经常出现令人烦恼的信号紊乱、供求紊乱和秩序紊乱。在这里，计划功能表现为五个统筹，即“统筹城乡发展、统筹区域发展、统筹经济社会发展、统筹人与自然和谐发展、统筹国内发展和对外开放”，以更大程度地发挥市场在资源配置中的决定性作用，不断提高驾驭社会主义市场经济的能力。应当强调，驾驭社会主义市场经济的能力绝不是违背经济规律的主观蛮干，而是发挥市场在资源配置中的决定性作用基础上的计划统筹能力和宏观决策能力，是现代市场经济的基本要求。

计划功能在宏观方面主要表现为：首先，宏观规划功能，即根据经济社会发展的需要，依据法律法规、经济政策和市场经济的要求，基于经济发展及总体运行状况，制定符合特定时期经济发展规律的具有全局意义的经济战略及规划，例如，国家制定的国民经济和社会发展规划就是宏观规划功能的产物。其次，宏观调节功能，即在发挥市场决定性调节功能的基础上，宏观上运用计划手段对经济运行予以必要的组织、协调、调整、控制。例如，国家关于应对经济危机所采取的扩大内需推动消费结构优化和经济结构调整等举措，就是通过严格规范、要求、引导、调节等计划手段操作的。最后,宏观指导功能,即国家根据经济社会发展战略、方针、政策,依据市场决定性调节功能的要求,对经济整体运行实施各种方向性、原则性的指导、诱导、规范、约束,以促进宏观经济的平稳运行和微观经济的有序发展。例如,加入世界贸易组织(WTO)之后,国家持续推进的对外开放战略,特别是承诺开放国内市场和诱导走向国际市场的战略,就是运用计划指导功能实现的。

计划功能可转换为国家中长期发展规划、国家财政预算、国家货币供应与调节计划等主要形式。国家中长期发展规划,是计划功能在宏观经济发展过程中的运行态势或走势的具体体现。国家财政预算,是计划功能在财政收支及分配过程中的具体体现。国家货币供应与调节计划,是计划功能在货币收支及调节过程中的具体体现。因此,计划功能构成政府宏观调控的基本手段,政府宏观调控主要是贯彻国家经济社会发展规划及对经济运行过程进行重点调控,对国家财政预算及其实施过程进行重点调控,对国家货币供应与调节运营状况进行重点调控,并力求实现三个基本方面的总量平衡。计划功能或计划调节的目的在于确保政府宏观调控的科学性、政府宏观调控目标的合理性、政府宏观调控任务的预期性、政府宏观调控方法的可操作性。

计划功能在微观方面也具有重要作用,例如,企业、其他经济组织或个人的经营计划及策略,既反映计划功能及其预期目标、任务、原则,又构成微观经济运营的指标性、规范性依据。同样,消费者的消费计划及消费结构水平,一方面与国家整体计划控制规模、水平相适应,另一方面又体现为消费者具体消费的计划性、可行性轨迹。

计划功能或计划调节主要体现在宏观方面。如果制订计划或实施计划导致主观性、片面性,背离了经济社会发展的规律性,与市场相悖,就会使计划失效,致使计划功能及运行结果无效或失败。

计划配置的特点:在一定条件下,有可能从整体上协调经济发展,集中力量完成重点工程项目。

无论是以往的计划经济体制,还是资本主义市场经济体制,以及社会主义市场经济体制,都要正确处理计划与市场的关系,把计划放在重要的战略位置,并在微观上与市场经济规律相结合,否则,就会造成计划失效。

4. 市场配置的概念

市场配置是指依靠市场运行机制进行资源配置的方式。市场配置在经济体制上的反映就是市场经济。市场经济是商品经济发展到一定阶段才产生的。

市场、市场经济属于商品经济范畴,是商品经济较高程度发展的必然结果,主要表现在微观经济发展之中,是当代人类社会配置资源的普遍形式。同计划一样,市场配置资源构成人类社会经济发展的基本规律。只要存在现代商品生产和交换关系,市场就会发挥作用,就会产生基础性调节功能,满足经营者和消费者的利益及需要。市场总是在微观方面产生基础性调节功能,其中健全的市场法制、完善的市场体系、灵活的市场机制、独立的市场主体,以及较为平衡的市场供求关系,是市场作用得以发挥的基本要件。

市场作为合理配置资源的基础性调节手段,具有不反映特定社会经济制度的中性特点。市场不姓“资”,资本主义可以利用,而且利用了几百年,取得了许多宝贵的经验和教训;社会主义也可以利用，但利用的时间太短，还缺乏市场理念及其理论与实践经验，需要向资本主义学习，需要在社会主义实践中探索。

5. 市场作为资源配置的基本形式，与市场经济体制有根本性区别

首先，市场与市场经济一样，属于经济手段概念。市场经济体制则是特定社会经济制度下的经济体制安排，具有多种类型，是与计划经济体制相对应的概念。其次，市场是基础性调节手段，由价格、供求、竞争、利率、汇率、工资、风险等经济杠杆构成，成为经济运行的基本调节机制。市场经济体制则是社会经济制度特定的体制模式，由所有权结构、决策结构、信息系统、动力机制等体制要素构成，成为当代世界各国较普遍的经济体制模式。再次，市场、市场经济与计划、计划经济相对应，是配置资源的两种基本形式，二者可以而且能够在特定条件下结合；而市场经济体制与计划经济体制相对应，是特定社会经济制度下的两种经济运行体制，二者在任何条件下也无法结合。市场、市场经济与市场经济体制是分属于不同层次的经济范畴，前者是配置资源的基本形式、手段、方法，属于中性的机制性范畴，后者是经济运行的体制、方式、模式，属于中性的规制性范畴。但两者在本质上应是统一的，即市场经济体制是市场配置资源及规则的构架基础，为市场调节经济活动和引导经济行为提供相关的制度条件。

6. 市场功能

市场功能在任何经济体制模式及类型中都发挥重要作用，是不同类型的经济体制必须遵循的资源配置形式。具体表现为：市场按照盈利最大化的标准，引导社会生产、交换、分配、消费过程。市场依据收入最大化的标准，把不同的生产要素配置到不同投资领域，引导生产要素的合理配置。市场把消费品给予消费者，只要收入分配合理，这种配给就是一个高效率的过程。市场可解决合理配置稀缺资源或稀缺资源可供选择问题，包括生产什么、生产多少、如何生产、为谁生产等问题。

市场功能主要表现在微观方面，包括市场微观引导功能、市场微观约束功能、市场微观调节功能。市场微观引导功能是市场最典型的作用形式，即通过市场价格、供求、竞争等信号，引导微观经济活动按市场要求运行，按市场规律和规则操作，引导微观经济结构调整和优化组合，引导微观经济主体分散决策和自担风险。市场微观约束功能是市场最基本的作用形式，即通过市场规制、市场规范、市场秩序等硬约束机制，约束微观经济的生产经营范围、方式、关系、行为、趋向，约束产品质量、服务质量、经济效益、利润动机、运作幅度等。市场微观调节功能是市场最普遍的作用形式，即通过市场价格的调整、供求关系的平衡、竞争的强化、信息的筛选等方式，调节微观经济运行的价值取向、运作秩序、资产组合、产权交易，调节微观经济的运营规模、数量、速率、效益、水平。可见，市场微观引导功能、市场微观约束功能、市场微观调节功能总是综合为一体，产生综合性市场功效，发挥不同侧重点的基础性功能。市场功能通过市场机制及特定的市场体制，广泛地作用于微观经济运行之中，成为社会主义市场经济的决定性资源配置手段。

市场功能因作用层面的不同可转化为不同的具体形式。表现为：通过市场信号，刺激商品生产者改进技术，加强管理，提高效益。商品生产者生产的动机、目的是利润最大化，所关注的是市场价格、供求等，通过市场信号符合规律的刺激、引导，可适时调整商品生产者的产品结构、技术结构、营销结构，提高科技含量，提升运营规模、水平。通过市场信号刺激商品

生产者增强服务意识、改善服务质量、提高服务水平。商品生产者服务的动机、目的也是利润最大化，基于市场价格、供求、竞争等信号，刺激、引导商品生产者提高服务理念、增强服务意识、创设服务品牌、提高服务质量和服务信誉。消费者的动机、目的是达到消费品或服务满意度的最佳化、消费收入的最大化、消费质量的最优化。这同样是通过市场信号诱导、调节、刺激实现的，以使消费结构不断优化，消费品位、层次不断提高，消费满意度不断提升，推动微观经济持续发展。通过市场信号调节社会再生产过程，以节约资源，降低成本，提高质量，增进效益。社会再生产过程是一个复杂的循环系统，在整体上由宏观计划调节、指导，在具体上由市场微观调节、引导，市场微观调节、引导更具有基础性作用、意义，可推动各种资源的集约经营和节约利用，促进市场调节基础上的经济循环与增长。市场功能是建立与完善社会主义市场经济体制所必需的，具有重要的意义。市场功能恰当地发挥作用，有利于提高劳动生产率，节能降耗，推动经济增长，而无须庞大的行政机构插手，可节约经济运行成本，提高经济发展质量、水平。

市场配置的特点：可以使企业与市场发生直接联系，企业根据市场上供求关系的变化和产品价格的信息，在竞争中实现资源的合理配置。

由于社会主义市场经济体制正在逐步建立与完善之中，中国新旧体制转换过程复杂，市场化程度较低，生产要素特别是资本要素还不能实现完全的、自由的流动，致使市场信息滞后，这都可能造成一定程度的市场失灵，甚至会加剧市场失灵。因此，市场调节的有效性十分有限，必须依靠法治建设和相关基础制度建设，予以法治规范、政策指导、综合协调，把市场失灵现象控制在一定的范围、限度之内，减少由此引发的社会阵痛。

三、市场配置与计划配置相结合

社会主义市场经济属于当代市场经济的一种新类型，是当代市场经济的创新形式。这种新类型或创新形式凸显了计划与市场为资源配置的两种基本形式，并实行计划与市场不同方式的有机结合。或者说，注重计划与市场符合中国实际需要及特点的结合，成为社会主义市场经济的优选模式。

建立在公有制基础上的社会主义市场经济是计划与市场的统一。计划与市场的结合要有一个过程，需要创造一定的条件。这就是公有制经济占主导地位，企业自主经营，建立科学的政府宏观调控体系等。

1. 计划与市场相结合是社会主义市场经济的客观要求

社会主义市场经济较高程度的发展客观上要求商品生产、交换关系的宏观运行和微观运行相互联系、相互制衡、相互作用、相互统一，组成一个有序的运行整体，提高经济发展规模、水平，增强经济发展的平衡性、持续性、稳定性，因此把计划与市场结合起来成为社会主义市场经济运行的客观要求及趋势。同时，实行计划与市场相结合也是克服计划失效和市场失灵的必然选择，只有计划与市场相结合，才能有效地防止片面的计划失效或市场失灵，有利于社会主义市场经济的健康发展。

2. 计划与市场相结合也是实行宏观经济指导和微观经济引导的客观需要

社会主义市场经济一方面需要强有力的宏观经济指导体系，这方面的显著优势是计划及其功能;另一方面需要规范性的微观经济引导系统,这方面的突出优势是市场及其功能。宏观经济指导体系必须以市场功能为基础,微观经济引导系统必须以计划功能为原则,所以把计划与市场结合起来,是宏观经济指导和微观经济引导的有机统一及整体功能的显现,是社会主义市场经济功能不断增强、体系不断完善的具体体现。

3. 任何合理的市场经济模式及类型都应是计划与市场相结合、相统一

计划与市场相结合,即计划经济与市场经济相结合,是两种基本的配置资源形式或手段的结合,构成当代社会特定样式的资源配置基本方法,纯粹的计划配置或单纯的市场配置都是片面的、不合理的。无论何种社会经济制度及其经济体制类型,谁结合得好,就为谁服务,它为社会主义服务,就是社会主义的;为资本主义服务,就是资本主义的。建立与完善社会主义市场经济体制,是邓小平在经济体制比较基础上的战略选择,既不要妄自菲薄,完全摒弃自己的发展经验、办法,又不能照抄照搬,盲目模仿别国的经验、做法,应当根据自己的实际状况、需要,通过深化改革扩大开放,把计划与市场结合起来,建立有利于解放生产力和发展生产力的市场经济体制。只搞计划经济会束缚生产力的发展。把计划经济和市场经济结合起来,就更能解放生产力,加速经济发展。

深化经济体制改革就是摒弃计划经济体制的弊端,吸收市场经济体制的优点,把二者的优点结合起来,发挥各自优势的合力,建立和完善计划指导与市场调节相结合的社会主义市场经济体制,这才是社会主义市场经济的真实含义。

4. 计划与市场相结合是两种基本手段的结合、互补

计划与市场都是手段,计划与市场相结合,首先是两种基本手段的结合,是两种基本手段功能的互补,是充分发挥计划与市场各自长处、优点的结果。计划手段包括宏观规划战略、宏观经济政策、计划指导和监督等。市场手段包括市场价格信号、利率信号、税率信号、工资信号等。计划与市场相结合,本质上是计划的宏观指导与市场的微观引导相结合,是宏观计划与微观引导的优势互补、统一。

5. 计划与市场相结合是两种调节机制的结合、统一

计划与市场作为两种可相互配合的调节机制,在社会主义市场经济条件下能够而且必然相互结合、统一。计划调节机制包括计划制订机制、计划实施机制、计划监测机制等,是市场经济运行的宏观调节机制。市场调节机制包括市场价格机制、市场供求机制、市场竞争机制等,是市场经济运行的微观调节机制。两种调节机制的结合、统一,是以市场调节机制为基础,以计划调节机制为原则的结合、统一。市场追求的是利益最大化,这是市场经济的优点,给经济发展带来了强大的动力。市场追求的常常是眼前利益最大化,而不是长远利益最大化;市场追求的是局部、个体利益的最大化,而局部、个体利益的最大化并不一定导致社会利益的最大化,甚至损害社会利益。这就要求发挥国家计划的作用,校正市场的短视行为。要尊重市场,不要迷信市场;不要迷信计划,但不能忽视计划。

6. 计划与市场相结合是两种运作模式的结合、融汇

所谓的运作模式是指符合市场经济要求的、有利于社会主义经济发展的运行方式或运作形式。计划运作模式是社会主义市场经济在宏观上选择的主要运作形式,表现为经济运行是在战略规划模式控制下进行的,其特点在于把握和控制经济发展战略任务、目标,以及

整体实施的宏观政策、方针和原则。市场运作模式是社会主义市场经济在微观上选择的主要运作方式，表现为经济活动是在以市场调节为基础的市场运作模式引导下进行的，其特点在于调节和引导经济发展过程、活动行为、交易秩序。计划与市场相结合就是两种基本运作模式的优势结合、融汇及特定条件下的统一。

计划方法与市场方法的结合主要是在汲取发达国家市场经济发展经验、教训的基础上进行的。计划方法侧重于宏观方面，市场方法侧重于微观方面；计划方法是指导性的，市场方法是引导性；计划方法是自觉的，市场方法是自发的。计划与市场两种方法的结合实际上又是计划与市场功能优势互补的具体表现。

计划与市场相结合的方式可以做多层次、多视角的划分，但无论如何划分都是相互联系的。同时，计划与市场结合的形式将随着生产力的发展和经济发展的新的客观要求而不断演化和更新，没有固定不变的、一劳永逸的形式。计划与市场相结合的形式总是与一定的经济发展水平和商品经济发达程度相联系。因此，社会主义市场经济是计划长处与市场优点特定形式的有机结合，是特定经济发展条件下的两种基本方法、手段的适度统一。

具体表现为：计划宏观指导与市场微观调节相结合；计划适时控制与市场优化配置相结合；计划公平规制与市场效率原则相结合；计划统筹规范与市场公平竞争相结合。计划与市场相结合、相统一，是开放的、动态的结合、统一，目的是实现资源的合理配置，实现社会主义市场经济条件下的经济效益和社会效益的统一，推动经济社会的持续发展与进步。

从理论上讲，中国市场化改革是渐进式的，从对计划与市场关系的研究到社会主义市场经济理论的确立，经历了一系列中间阶段。大体上划分为三步：第一步是在经济活动中引入市场机制；第二步是确立社会主义商品经济论；第三步是确立社会主义市场经济论。计划与市场是争论已久的理论问题，也是社会主义市场经济理论的基本问题之一。计划与市场不是体制或制度问题，而是手段或方法问题。计划与市场不是非此即彼的对立关系，而是亦此亦彼的互补关系。计划功能侧重于宏观调控，市场功能在于微观调节。计划与市场作为配置资源的基本手段，不是万能的、无限的，而是相对的、有限的，发挥计划功能的长处和市场功能的优点，防止资源配置中的计划失败和市场失灵，是正确处理计划与市场相结合的关键所在，构成社会主义市场经济理论的现实基础。资本主义也有计划，社会主义也有市场。在当代，任何社会经济制度都能够实现计划与市场的结合，尽管西方经济学理论予以了否认，认为计划等于计划经济或计划经济体制，市场是自由主义的，市场天然地与计划相互排斥，但在国际金融危机面前则显得苍白无力。而在社会主义条件下实现计划与市场相结合，更具理论创新性和实践特征，是衡量社会主义市场经济及其理论发展程度和成熟程度的指示器，构成其最显著的特征。

第二章　社会主义市场经济体制基本框架和运行模式

知识框架

- 社会主义市场经济体制基本框架和运行模式
  - 社会主义市场经济体制的框架和特征
    - 社会主义市场经济体制的框架
    - 社会主义市场经济首先是市场经济，具有一般市场经济的特征
    - 社会主义市场经济又具有区别于一般市场经济的具体特征
  - 市场经济功能
    - 利益引领功能
    - 信息传递功能
    - 资源分配功能
    - 市场导向功能
  - 社会主义市场经济体制的完善
    - 完善社会主义市场经济体制的目标
    - 完善社会主义市场经济体制的任务
    - 完善社会主义市场经济体制的指导思想
    - 培育和完善我国的现代市场体系
    - 我国的农村经济制度
  - 社会主义市场秩序与市场规则
    - 整顿市场秩序
    - 完善市场规则
    - 加强市场监督

第一节　社会主义市场经济体制的框架和特征

一、社会主义市场经济体制的框架

社会主义市场经济是指市场经济同社会主义基本制度结合所形成的一种新型的市场经济。社会主义市场经济体制的基本框架是：

（1）在所有制结构上，坚持以公有制为主体、多种经济成分共同发展的社会主义基本制度。

（2）在分配结构上，建立以按劳分配为主体、多种分配方式并存、效率优先、兼顾公平的

个人收入分配制度。

(3)建立和培育全国统一、开放、竞争、有序的市场体系。

(4)转变政府管理经济的职能,建立以间接调控为主的、完善的宏观调控体系。

(5)建立多层次的社会保障制度。建立包括社会保险、社会救济、社会福利、优抚安置、社会互助、个人储蓄等多层次的社会保障体系。

(6)建立和健全市场经济的法律体系和规章制度。

(7)建立现代企业制度。

二、社会主义市场经济首先是市场经济,具有一般市场经济的特征

1. 自主性

市场主体的自主性。市场主体是微观经济的基本组成要素。在市场经济条件下,任何企业、其他经济组织或个人,必须是名副其实的市场主体,拥有充分自主权的市场主体,能自主经营、自负盈亏、自我发展、自我约束的市场主体。具体而言,就是根据市场需求状况,自主决定生产经营项目、经营的范围和方向,从市场购买生产经营所需的商品或要素,又通过市场销售其商品或要素,在市场交易活动中实现商品或要素的价值。自主性的根本标志是企业、其他经济组织或个人具有独立的财产权、知识产权、其他无形产权等。只有拥有独立的产权,才能真正确立市场主体的法人实体地位或经济实体地位。中国国有企业改革的核心即实现国有企业产权关系的明晰化、独立化,使国有企业成为市场主体,自主参与市场活动及其市场竞争。

2. 自由性

商品和生产要素自由进入市场,自由贸易,价格由市场决定。

3. 开放性

市场只有向所有的商品生产者、经营者、消费者开放,向外地、外国开放,才能充分发挥其各种功能,形成正确的市场信息,有利于开展竞争,促进优胜劣汰。如果不是这样,人为地封闭市场,搞地方保护主义,那就无法促进商品经济的发展,就会削弱市场经济的作用。

4. 平等性

市场关系的平等性。市场关系的平等性是指市场活动的所有生产者、经营者、服务者和消费者,在身份上是平等的,没有等级、特权,即交易双方或多方当事人之间相互平等,表现为市场交换关系、交易行为的等价性,遵循等价交换原则,交易双方或多方各自所得和付出在价值上大体相等,任何当事人不得利用非经济手段、方法占有他人的财产、劳动成果,损害他人的合法权益;要求商品或要素获得的市场平等和价值实现的市场平等,同时要求为所有市场主体创造平等参与和公平竞争的市场环境,特别是创造平等参与和公平竞争的法制环境,使市场机会均等。

5. 竞争性

市场活动的竞争性。市场活动的竞争性是市场经济的固有产物,表现为竞争压力和竞争动力的统一,促使各类市场主体认真研究市场情况,分析市场信息,了解市场需求,化解市场风险,适应市场需求及其变化。尤其在当代市场经济条件下,市场活动的竞争性不仅依靠物美价廉的商品,而且要依靠商品质量和服务质量,不仅依靠有形的硬实力,如经济规模、技

术水平、经济效益等，还要依靠无形的软实力，如治理结构、管理技术、知识产权、组织文化等。竞争性绝不是某种商品或服务的部分竞争或某个阶段的竞争，而是从产品研发到服务和消费领域的全过程竞争，是从经营理念到制度文化的全方位竞争，必须始终保持以质取胜、以优取胜的竞争战略态势。

6. 分化性

市场经济是无情的，起点是公平的，结果是不公平的，竞争的结果则会导致“马太效应”，强者更强，弱者更弱，甚至被淘汰。

7. 有序性

社会主义市场的健康稳定运行，应当保持正常的经济秩序，最主要的是维护公平、公正、合理的竞争秩序，反对不正当竞争。要通过完善的市场规则和法律体系，来规范市场主体、市场组织和市场监督者的行为，并维护市场主体的合法权益。市场经济又被称为法治经济、信用经济。

8. 营利性

生产经营者的动力是追求利润的最大化。

9. 调节性

政府对国民经济进行宏观调节。

10. 法制性

市场运行的法制性。市场运行的法制性是市场经济的根本要求。法制性是指建立和完善市场活动正常秩序的法律体系，包括市场立法和执法两大方面，核心是依法保证市场运行过程的公平交易秩序。市场经济要求多种市场活动有法可依，实现市场运行的合规化、规范化、契约化。要求多种市场活动符合法制化、规则化、制度化，依法监督市场活动过程，规范市场参与者自觉遵法、守法。要求市场活动的外部环境法制化、协调化、生态化，形成公平交易、平等竞争、信息透明的市场外部环境，并对各类市场主体均具有约束力。

三、社会主义市场经济又具有区别于一般市场经济的具体特征

1. 社会主义市场经济是以公有制为主体的市场经济

社会主义市场经济区别于资本主义市场经济的主要一点在于所有制基础不同。资本主义市场经济是以资本主义私有制为基础的市场经济，而社会主义市场经济建立在以社会主义公有制为主体的所有制基础上。以公有制为主体经济，与之并存的必然是非公有制经济的各种形式，它们将与公有制经济长期共同发展。同时，社会主义市场经济客观上也提出了改革传统公有制实现形式的任务。目前我国公有制经济的形式是多种多样的，包括国有制、集体所有制以及不同公有制形式共同出资的股份制等。传统的国有制形式与市场经济尚不完全适应，经过改革，在理顺国家与企业的关系和转换国有企业经营机制后，我国以公有制为主体的混合所有制结构，特别是国有独资（有限责任公司）及国家控股的大中型企业，将会具有更强的活力和更高的效益，在保证国民经济的合理布局、节约资源和市场有序运行方面发挥出特有的优势。

2. 在分配制度上坚持以按劳分配为主，其他分配形式为辅

这是区别于资本主义市场经济中资本家无偿占有工人创造的剩余价值的分配。贯彻按

劳分配，劳动是收入分配的最一般依据，收入在总体上体现多劳多得的原则。当然，在市场经济条件下，以劳动为依据的收入的确定、分配和调节通过市场进行；劳动力素质由市场判别，劳动者的贡献由市场评价；允许一部分人、一部分企业和一部分地区依靠诚实劳动和合法经营等正当手段先富起来，而先富的要帮后富的，逐步实现共同富裕。这区别于资本主义市场经济所必然带来的贫富两极分化。社会主义市场经济有利于鼓励先进，促进效率，开展合理竞争，同时又不会导致两极分化。这是因为，在以公有制为主体的条件下，凭借私人资本参与分配会被限制在一定范围内，同时政府会通过自己的调节机制和社会政策，防止收入差距过分扩大，保证社会公正。总之，社会主义市场经济遵循“效率优先，兼顾公平”的原则，允许合理的收入差距，但又避免两极分化，最终要实现共同富裕。这样的分配原则和经济目标，是与资本主义市场经济不同的另一个特征。

3. 社会主义市场经济的宏观调控更加自觉有力

宏观调控和政府干预并非社会主义所独有，但社会主义市场经济中的宏观调控却因为其所有制特点和对社会公平的重视而更具自觉性、主动性，更加强而有力，并且排斥了资本主义条件下往往受到垄断集团左右而形成国家干预的私利性。社会主义国家代表着最大多数人的利益，国家颁布的市场经济法规、实施的有关经济政策、制定的总体规划和进行的宏观调控等，都要体现这样的利益。如果宏观调控和国家干预进行得科学、恰当，就有可能获得优越于以私有制为基础的资本主义市场经济的运行效果。

4. 发展社会主义市场经济的目标是实现共同富裕

基于上述认识，可以认为，所谓社会主义市场经济，就是以生产资料公有制为主体、多种所有制经济共同发展为基础，适应现代社会化大生产和发达商品经济的要求，发挥市场机制配置资源的基础性作用，在国家宏观调控下按照市场规律进行活动，以达到效率与公平相统一的经济运行和调节方式。在中国，政权的性质是社会主义，有共产党领导，有公有制为主体，有共同富裕目标，社会主义市场经济应当也能够比资本主义市场经济更成功。

第二节 市场经济功能

市场经济的基本功能，是指经济活动的基本作用形式或方式，也是价值规律多种作用形式的展开。一般具有利益引领功能、信息传递功能、资源分配功能、市场导向功能。

一、利益引领功能

在市场经济条件下，每个市场主体都按盈利最大化原则组织生产经营活动，争取较佳投入，获取较大产出和盈利。在最大化盈利功能的引领下，如果原有的投入产出结构或营销结构满足不了盈利最大化的需要，市场主体就会改变原有的投入产出结构或营销结构，构建新的投入产出结构或营销结构，争取最大经济效益。同样，每个消费者也按照效用最大化原则安排个人或家庭的可支配收入，以货币支出最少、效用最大的消费结构满足个人或家庭的消费需求。在最大化效用的引领下，如果原有的消费结构满足不了个人或家庭效用最大化的需要，消费者就必然要调整、变更原有的消费结构，选择新的消费结构，获得最大化效用。市场经济把市场主体的盈利动机、消费者的效用动机与价值规律有机地结合起来，引领和刺激所有参与市场活动的经济组织或个人,加强风险控制和管理,提高技术水平、劳动生产率或服务效率,走盈利最大化之路。引领和刺激所有进入市场交易活动的消费者有效运用可支配收入,适时调整消费结构,选择相应的交易及消费方式,提高可支配收入的利用率,走效用最大化之路。

二、信息传递功能

经济活动中的各种信息,既对市场主体的分散决策行为产生重要影响,也对政府宏观经济政策及重大决策产生重要作用。信息传递功能把政府、企业、家庭或个人联系起来,形成符合市场经济要求的政府经济调控方式、企业资源配置方式、家庭或个人的经济行为方式。主要表现为:政府有目的、有重点地收集、整理、筛选各种市场信息,依据各层次市场信息制定调控策略、方针政策、法律法规和必要的行政措施,贯彻到经济运行中去,通过市场信息的多层次、多层面传递及整合,实现宏观调控经济运行的目的。企业、家庭或个人则面向市场,依托市场机制及信号运作,依据市场参数和自主经营决策,安排生产、组织营销或选择投资和消费等活动。这样,政府对经济调控、指导的意图和企业、家庭或个人对市场机制及其信号的灵活反应,经由基础性的多层次、多层面的市场信息传递得以实现。

三、资源分配功能

市场经济是通过市场供求关系的变化引发市场价格的变动,并引致市场利益关系的调整,以引导商品或要素在各层次市场主体或服务主体间的流动,达到合理分配资源的目的。资源分配功能具体表现为:当某种商品或要素供不应求的时候,该种商品或要素的价格就会上涨,涨到价值以上,该商品或要素的市场主体或服务主体获得较多盈利,这将引起其他市场主体的投资或服务转移到该种商品或要素供不应求的行业或部门,结果使市场对该种商品或要素的供求关系趋于暂时平衡。当某种商品或要素继续流动并超过供求平衡点的时候,市场将出现供过于求的状况,此时该商品或要素的价格便会回落,待回落到价值以下,该商品或要素的市场主体或服务主体就会出现亏损,从而又会引起市场主体或服务主体从该供过于求的行业或部门撤出,转向其他盈利行业或部门,此时该商品或要素的市场供求关系又会趋向暂时平衡。当某种商品或要素的生产或服务继续转移并超过供求暂时平衡点的时候,市场又会出现该商品或要素供不应求的状况。如此循环,商品或要素会被分配到绩效优、效率高的行业或部门,从而实现资源的优化配置。

四、市场导向功能

市场导向功能主要通过价格等变动因素在市场主体之间进行横向传递。每个商品或要素的生产者或服务者都是根据市场价格等信息作出市场供给的分散决策的,同样,每个消费者也必然据此作出市场需求的分散决策。这种导向可及时引导各类市场主体经常保持投资和效益的大体平衡,是连续追加投资或消费,还是分期减少投资或消费,或者转移投资或消费,均以效益为中心,以市场为导向。价格上涨或回落激起震荡,这不仅是市场供求关系变动的信号,也是市场主体损益程度的标志,市场导向功能的显著特点是既直接又迅速。市场导向功能可对市场主体形成压力,从更长远的角度应对市场竞争,适时培养或引进人才,加强技术研发，强化风险管理，降低运营成本，提高产品和服务质量。在竞争中较有实力的市场主体必然处于有利地位，具有市场话语权，可影响市场规则、标准的制定，获得垄断利润，否则，必然被淘汰出局。这种市场导向对于每个市场主体都是必然的，既是压力，也是动力，成为推动经济发展和增强经济活力的内在驱动力。

第三节　社会主义市场经济体制的完善

一、完善社会主义市场经济体制的目标

《中共中央关于完善社会主义市场经济体制若干问题的决定》（以下简称《决定》）提出的完善社会主义市场经济体制的目标包括三个方面：

（1）更大程度地发挥市场在资源配置中的决定性作用。其关键是必须建立一个能够充分遵循客观经济规律、发挥市场机制作用的市场体系，使社会主义条件下的资源配置更加科学合理，最大限度地推进经济的有效发展。

（2）必须使所有的企业成为真正的市场主体，尤其是使各类公有制企业能够在市场上切实做到自主经营、自负盈亏、自我约束和自我发展，充满活力和竞争力。

（3）进一步健全国家宏观调控，完善政府社会管理和公共服务职能。这是弥补市场失灵，保障市场机制和企业能够正常有效地运行所不可缺少的。

《决定》还强调了实现改革的目标必须始终按照统筹城乡发展、统筹区域发展、统筹经济社会发展、统筹人和自然和谐发展、统筹国内发展和对外开放的要求进行，以便改革取得良好的客观效果，减少改革可能带来的负面效应。

二、完善社会主义市场经济体制的任务

《决定》明确提出了实现目标所需要完成的主要任务是：

（1）完善公有制为主体、多种所有制经济共同发展的基本经济制度。

（2）建立有利于逐步改变城乡二元经济结构的体制。

（3）形成促进区域经济协调发展的机制。

（4）建设统一、开放、竞争、有序的现代市场体系。

（5）完善宏观调控体系、行政管理体制和经济法律制度，使国家的职能和政府的行为真正在符合人民利益的法律框架内得以规范化和科学化。

（6）健全就业、收入分配和社会保障制度。

（7）建立促进经济社会可持续发展的机制，对保护资源、优化环境有利的行为应加以奖励和表彰，对有害的行为加以禁止和惩罚，促进人和自然更加和谐地发展，为子孙后代创造更加优美的生产和生活环境。

三、完善社会主义市场经济体制的指导思想

《决定》强调了以邓小平理论和“三个代表”重要思想为指导，贯彻党的基本路线、基本纲领、基本经验，全面落实十六大精神，解放思想、实事求是、与时俱进。坚持社会主义市场

经济的改革方向,注重制度建设和体制创新。坚持尊重群众的首创精神,充分发挥中央和地方两个积极性。坚持正确处理改革发展稳定的关系,有重点、有步骤地推进改革。坚持统筹兼顾,协调好改革进程中的各种利益关系。坚持以人为本,树立全面、协调、可持续的发展观,促进经济社会和人的全面发展。

四、培育和完善我国的现代市场体系

我国的现代市场体系,是指商品市场和生产要素市场相互影响、相互作用而形成的整体。经过40多年的改革开放,我国各类市场已经从无到有、从小到大发展起来。但市场体系的发育程度还比较低,还存在不少问题,主要是:各类市场间发育不平衡,要素市场发育滞后;存在行业垄断和地区封锁;流通方式落后;市场形成价格的机制还有待进一步完善;市场法规建设滞后,市场秩序混乱。为了培育和完善社会主义市场体系,现阶段最重要的是,必须推进资本市场的改革开放和稳定发展,发展产权、土地、劳动力和技术等市场。

1. 发展和完善商品市场

商品市场包括消费品市场和生产资料市场。我国发展和完善商品市场:①是要建立主要由市场形成商品价格的机制,并通过完善重要商品的储备制度和风险基金,健全商品价格调节机制;②要以批发市场为重点,积极发展现代流通方式;③国有商业和合作社商业要彻底转换经营机制,在竞争中赢得和发挥主渠道作用;④充分发挥各种非公有制商业的作用。

2. 培育和完善生产要素市场

发展生产要素市场,是我国培育和规范市场体系的重点。

(1)培育和完善金融市场,包括资本市场和货币市场。我国金融市场发源于短期同业拆借,现在各种形式的金融市场已基本形成。金融市场中的资本市场,一般是经营中长期资金借贷和证券发行与流通的市场。它的资金周转期限长,并且影响资本市场价格和利息变化的有金融政策、通货膨胀、企业经营业绩及盈利状况、经济环境等多种因素,所以它的风险比较大。我国必须十分重视推进资本市场的改革、开发和稳定发展,包括要规范股票与债券的发行和上市,发展银行同业拆借和票据贴现,允许外资的适度加入经营,制止和纠正违法违章的集资、拆借等融资活动,以维护金融秩序,有效化解金融风险。

(2)培育和完善土地市场,包括土地一级市场和二级市场。土地一级市场,是国家或集体把土地的使用权有偿出让给土地使用者,交易的对象并非土地所有权,只是地面的使用权,地下的自然资源不在交易之内。土地二级市场,是土地使用权在土地使用者之间的转让,这包括土地使用权的转卖和转租两种方式。必须积极规范和发展土地市场,我国地少人多,要十分珍惜和合理使用土地资源,加强土地管理,切实保护耕地,严格控制农业用地转为非农业用地。国家要垄断城镇土地一级市场,同时要加强土地二级市场的管理。要通过合理的土地出让价格和租金等信号,促使土地资源的合理配置。要开征和调整地产税费,防止在地产交易中个人或小单位获取暴利和国家收益的流失。

(3)培育和完善劳动力市场。我国劳动力资源充裕,就业压力长期存在。要培育和规范劳动力市场,开发利用和合理配置人力资源;要广开就业门路,更多地吸纳城镇劳动力就业;要鼓励和引导农村剩余劳动力向非农业转移和在地区间的有序流动;要允许公有企业事业单位的劳动者依法合理流动,允许企事业单位依法招收和辞退职工;要发挥工资作为劳动力市场的主要信号以调节劳动力市场的供求，促进人才的合理流动；要发展多种就业形式，运用经济手段调节就业结构，形成用人单位和劳动者双向选择、合理流动的就业机制；要发展职业介绍场所，实施再就业工程，深化劳动用工制度改革和完善社会保障制度。

（4）培育和完善技术与信息市场。在社会主义市场经济条件下，技术和信息成果可作为商品进入市场。发展技术和信息市场，建立和完善科技与经济有效结合的机制，有利于科技和信息成果的商品化和转化为现实的生产力，提高劳动生产率，开发新产品，提高经济效益。我国技术和信息市场刚开始建立，必须进一步发展和完善。要实行技术和信息成果有偿转让，通过开发、转让、咨询、服务，以及技术入股、技术经济承包等多种形式，形成科技信息向生产和应用转移的技术市场体系。要引入竞争机制，保护知识产权，实现技术和信息产品的产业化。

（5）培育和完善产权市场。产权市场，就是产权变动和交易的市场，主要涉及企业合并、兼并、出售、拍卖、股票交易等产权的变动。我国在发展社会主义市场经济和经济体制改革过程中，资不抵债或经济效益不高的企业，主动或被动与经济效益高的企业合并；有的企业购买其他企业产权，实行企业兼并；连年亏损或破产的企业，或出售产权，或在拍卖市场进行拍卖；股份制企业发行的股票和股权证，有的公开上市交易，产权流动频繁。产权变动，有利于实现优胜劣汰、集中资金、提高国民经济效益；有利于公有企业利用控股权，带动非公有制经济共同健康发展。

（6）培育和完善生产资料市场。生产资料市场既属于商品市场，也是重要的和基本的生产要素市场。

五、我国的农村经济制度

我国的农村经济制度以家庭承包经营为基础、统分结合的双层经营体制。

所谓家庭承包经营责任制，是在坚持农村土地集体所有制的前提下，将土地的所有权和经营权分离开来，土地的所有权仍然属于农村集体经济组织所有，土地的使用权则依据人口或劳动力的多少划分给农户承包经营。

我国农村实现家庭承包经营制度，没有改变农村土地的集体所有制，只是改变了农村土地的经营方式，符合生产关系一定要适应生产力发展的规律要求，符合农业生产自身的特点，符合我国农村经济发展的现状，也有利于推动我国的农业现代化。家庭承包经营责任制是我国农村经济制度的基础，也是农村集体经济组织经营方式的基础。

家庭承包经营责任制和集体统一经营相互依存，构成了农村集体经济组织内部的双层经营体制，其中家庭承包经营是基础。

第四节　社会主义市场秩序与市场规则

一、整顿市场秩序

整顿和规范市场经济秩序，是一项长期而艰巨的任务，必须坚持不懈地进行。要专项整治，突出重点，标本兼治，重在治本，健全社会信用体系。加强市场管理法制建设，加快建立社会主义市场经济新秩序。具体措施有：

（1）抓紧查处严重破坏市场经济秩序的大案要案，依法打击制假售假、走私贩私、贩毒吸毒等违法犯罪行为，健全质量监管机制。

（2）切实实现政企分开。

（3）打破行业垄断和地区封锁。

（4）建立健全社会信用体系，形成以道德为支撑，以法律为保障的社会信用制度，尤其要加快建立信用监督和失信惩戒制度。

（5）加强法制和严格执法，逐步把市场纳入制度化、法制化、规范化轨道。

二、完善市场规则

市场规则是由权力机关制定的（或在长期市场交易中形成的）对市场主体及其经济行为的规范，是市场正常运行的重要保证。

（1）市场进入规则。市场的进入，必须遵循一定法规，具备一定条件。例如，对进入企业在注册资本、生产规模、技术水平、控制污染和卫生标准等方面都有相应的要求。特别是风险性较大的市场，对入市主体、入市条件、交易范围都有极其严格的规定。要放宽国内民间资本的市场准入领域，创造各类市场主体公平竞争的环境。在我国加入世界贸易组织时，也对外资企业准入原则做了明确承诺，必须认真履行义务。

（2）市场竞争规则。为了保证所有市场主体在市场面前机会均等，充分竞争，政府有必要制定和实施有关市场竞争规则的法规，防止市场垄断和不正当竞争，杜绝不必要的行政干涉，消除对市场的封锁和分割，以及对非公有制企业的歧视性待遇。

（3）市场交易规则。对市场的交易方式和交易程序，必须有明确规定，以规范交易行为，降低交易成本，减少交易风险，保护交易者的合法权益。交易规则必须做到公正、公开、公平，除涉及商业秘密外，一般交易活动都要在市场上公开进行。一切交易必须在自愿、平等、互惠的基础上进行，严禁欺行霸市，强买强卖。

三、加强市场监督

建立社会主义市场经济新秩序，必须完善行政执法、行业自律、舆论监督与群众参与相结合的市场监督体系。

（1）法律监督。一方面，中央和地方都要加强市场立法的总体规划和设计，改变由部门起草法规造成的不协调状况，实行立法、执法和监督分开的原则；另一方面，要加强司法和市场监督制度建设，不断提高执法监督、仲裁、审判水平。

（2）行政监督。行政监督包括：①财政监督；②银行监督；③审计监督；④工商行政监督；⑤物价监督；⑥质量和计量监督。

（3）社会监督。社会监督由三部分组成：①社会团体的监督；②舆论监督；③群众监督。

第三章　社会主义经济中的所有制关系和产权制度

知识框架

- 社会主义经济中的所有制关系和产权制度
  - 社会主义公有制及其实现形式
    - 公有制经济必须占主体
    - 生产资料的社会主义公有制形式
    - 国有经济
  - 社会主义非公有制经济
    - 劳动者个体所有制
    - 私营经济
    - 外资经济和港澳台资经济
    - 混合经济
  - 国民经济
    - 国民经济中的基本关系
    - 国民经济衡量,监测与预警
    - 国民经济的综合平衡
  - 现代产权制度
    - 产权及其特征
    - 产权制度及其特征
    - 建立健全现代产权制度

第一节　社会主义公有制及其实现形式

生产资料所有制结构是指各种所有制经济成分在社会生产关系总体中各自所占的比重、所处的地位以及它们之间的相互关系。社会主义初级阶段的所有制结构是以公有制为主体、多种所有制经济共同发展、平等竞争、相互促进的所有制结构。这一所有制结构构成我国社会主义初级阶段的一项基本经济制度。这一制度的确立是由我国的社会主义性质和社会主义初级阶段的基本国情所决定的。

一、公有制经济必须占主体

公有制经济必须占主体地位的原因是:

(1)生产资料社会主义公有制是社会主义经济制度的基础,是社会主义经济制度的根本标志,只有建立起社会主义公有制并使其在多种所有制经济中占据主体地位,才标志着社会主义经济制度真正建立起来。

(2)只有坚持公有制的主体地位,才能真正地巩固和发展社会主义经济制度,保证国民经济沿着社会主义方向健康发展。

(3)坚持公有制的主体地位,才有利于发展生产力,提高劳动生产率,促进经济快速高效增长。

(4)公有制是保证消灭剥削、消除两极分化、实现共同富裕的根本经济条件。

坚持公有制的主体地位,主要体现在以下几个方面:

(1)确保公有资产在社会总资产中占优势。公有资产占优势,要有量的优势,更要注意质的提高。

(2)保证国有经济控制国民经济命脉。

(3)发挥国有经济对整个经济发展的主导作用。国有经济起主导作用,主要体现在控制力上。

(4)公有制经济在整个国民经济中占主体地位,是就全国来说的,有的地方、有的产业可以有所差别。

二、生产资料的社会主义公有制形式

生产资料的社会主义公有制主要表现为社会主义全民所有制和社会主义劳动群众集体所有制这两种公有制形式。

1. 社会主义全民所有制的基本特征

社会主义全民所有制是指生产资料归全体劳动人民共同占有的一种公有制形式。它的特点是:

(1)全局性。生产资料在全社会范围内而不是在局部范围内实现公有,这是区别于集体所有制的特征。

(2)整体性。全体劳动人民组成一个整体,共同拥有生产资料。

(3)全民性。全体劳动人民都是全民所有生产资料的主人,都可以作为所有者的一分子。

(4)均质性。不分男女老少,只要是中华人民共和国的合法公民,均拥有相同的权利,承担相同义务。

(5)代表性。生产资料由国家代表,实行国有制。

社会主义全民所有制经济在社会主义国民经济中居于主导地位,是整个国民经济的领导力量,掌握着国民经济的命脉。它在国民经济中所起的主导作用表现为:

(1)全民所有制经济生产出绝大部分的现代化生产设备、原材料和能源,从基本物质条件方面,保证社会主义扩大再生产的顺利进行。

(2)全民所有制经济可为国民经济的技术改造提供先进的信息、设备和技术,促进科技的现代化,从而加速生产力的发展。

(3)全民所有制经济是我国社会主义建设资金积累的主要来源。

(4)全民所有制的生产性企业为满足劳动人民的物质文化生活提供绝大部分的消费品。

(5)全民所有制经济对整个国民经济沿着社会主义方向发展起着领导作用。

2. 社会主义劳动群众集体所有制的特点

社会主义劳动群众集体所有制是指生产资料归部分劳动者共同所有的所有制形式，是社会主义公有制的一个组成部分。它的特点是：

(1)整体性。联合体作为一个整体成为所有者，而不是一个个劳动者分别成为所有者。

(2)局部性。生产资料和劳动产品归局部劳动者所有。

(3)独立性。每个企业都是独立的法人。

(4)差异性。不同单位由于历史的、自然的和经营管理方面的差异，职工收入水平和生活状况各异。

集体所有制有多种形式，表现为：①城镇中的集体所有制；②农村居民兴办的集体所有制；③全民所有制单位兴办的集体所有制(大集体)。

党的十六大报告指出："公有制的实现形式可以而且也应该多样化。一切反映社会化生产规律的经营方式和组织形式都可以大胆利用。要努力寻找能够极大地促进生产力发展的公有制实现形式。"公有制的实现形式主要有承包制、租赁制、股份制、股份合作制、委托经营制等。股份制是公司制的主要实现形式。

集体经济的主体地位更突出地表现在地方经济发展中，特别是城镇化及其城乡经济一体化和农业产业化、现代化发展中。主要表现为：在地方经济发展中居于主体地位，发挥积极的主导作用；在地方税收、财政收入中占主要的份额；在农业、农村发展中处于重要的主体地位，农村集体经济、城乡工商企业、其他集体经济形式已成为农业产业化、现代化的主力军；集体经济在地方经济发展中充当纽带、桥梁作用，在横向经济联合中占有突出地位，例如，以集体经济组织形式为基础的农工商贸一体化的企业集团等。

三、国有经济

国有经济的主体地位是由社会主义公有制性质及其在国民经济整体实力中的作用决定的。国有经济占主体地位的原因：

(1)社会主义公有制性质决定了国有经济的基础地位和战略意义。国有经济是中国经济发展的主导方面，中国经济发展的整体实力、水平是由国有经济支撑的。近十几年来，虽然国有经济在 GDP 中的比重有所下降，但其主体地位举足轻重，不容动摇。国有经济的主体地位表现为在国民经济发展中的核心作用，因为中国经济体制的改革取向不是建立混合经济体制，而是建立以公有制为主体、多种所有制并存和共同发展的社会主义市场经济体制，与此目标相对应，国有经济如果不处于主体地位，不发挥核心作用，那么社会主义市场经济就失去了支柱。

(2)国有经济的主体地位、优势不能仅仅表现在量的方面，更要体现在质的方面。国有经济要在改革发展中凝聚动力，在市场竞争中提高活力，在系统管理中增强效率，在结构优化中提升速率，应该而且必须推进质的发展，充分体现其主体地位和优势。国有经济的存在和发展，关系国民经济运行的全局和方向，占据根本性主体地位。国有经济的主体地位及重要作用并不排斥其他市场主体的地位、作用，而是在与其他市场主体的市场竞争中显示其根本性主体地位和发挥重要作用，并对其他市场主体的存在与发展具有广泛启动和积极促进作用，即在市场竞争中，在共同发展中，凸显其主体的优势地位及其关系国民经济运行全局和方向的影响力、支配力。

(3)国有经济主体地位及其主导作用主要体现在控制力上，即在关系国民经济命脉的重要产业和关键领域起支配作用，在企业控股或产权转让等方面可在更大范围内支配更多的资本。据统计，在以往计划经济体制下，国有经济遍布各个领域、行业，各类国有企业点多面广，分散了国有经济资源的配置，总计30多万家国有工商企业，每家工商企业的平均净资产只有1 000万元左右，并且都需要国家来管，实际上国家既管不了，又管不好，严重削弱了公有制经济的主导作用。现象上国有经济数量居领先地位，但本质上数量领先并非一件好事，它可使数量代替质量，导致控制力下降，支配力丧失。因此，国有经济必须实施布局结构调整，优化结构，塑造品牌，提高竞争力，变数量领先为质量优势，增强整体规模及其控制力、辐射力。这就消除了担心国有经济的比重减少、国有产权被转让将会改变公有制性质的误解，从而有力地推动了国有经济的健康发展，增强其控制力、支配力。

(4)国有经济的控制力具体表现为国有经济在国民经济的主要领域、行业、部门发挥主导作用，控制着国民经济的命脉，处于决定性的优势主体地位。国有经济在国家税收、财政收入总额中占主要份额，是增强综合国力的主导因素，决定国民收入分配和再分配的一切主要层面，处于关键性优势主体地位。国有经济在与多种所有制经济平等竞争、共同发展过程中，居于主导地位，影响和制约平等竞争、共同发展的整体运行格局、过程、方向。国有经济在国家经济社会发展战略中占突出地位，其改革的力度、影响的幅度决定国家经济社会发展战略的系统制定与实施。国家经济社会发展战略就是以公有制经济如何深化改革，扩大开放，治理结构，转换机制，建立适应社会主义市场经济需要的制度基础为基本内容，是实现社会主义现代化建设任务、目标的主要依托。例如，关于国民经济和社会发展的“十五”规划、“十一五”规划和“十二五”规划等，主要是改革公有制经济形式，发展多种所有制经济形式，建立适应经济社会发展要求的市场经济体制、机制，转变经济发展方式，坚持科学发展观，走节约型、循环型、环保型发展之路，推动经济社会可持续发展，突出改革、发展中的国有经济的控制力及其基础性、关键性、重要性作用。国有企业产权多元化、决策自主权提升增强了国有经济的控制力。

股份制企业作为混合所有制经济形式，属于公有制经济还是私有制经济，关键要看控股权掌握在谁的手中，国家控股或集体控股就具有明显的公有制性质，有利于扩大公有资本的控制权、支配权，增强公有制经济的主体地位。中国是社会主义国家，必须坚持社会主义公有制作为社会主义经济制度的基础；中国还处于社会主义初级阶段，需要在以公有制为主体的条件下发展多种所有制经济；一切符合“三个有利于”的所有制形式都可以而且应当用来为社会主义服务。这样做绝不会使国有经济及其控制力削弱，反而会增强国有经济控制力及其充分发挥。改革经济体制，调整经济结构，加大开放力度，借鉴别国经验，建立社会主义市场经济体制，其根本原则就是为了巩固社会主义生产关系，完善社会主义公有制，提高公有制经济发展水平，凸显其主体地位及控制力，从而体现社会主义优于资本主义的特点。

国有经济的控制力不是对以往计划经济体制下的公有制经济形态的简单位移，而是深刻的产权制度改革，确立法人治理结构，实现国有经济产权关系的明晰化；不是对以往计划经济体制下的公有制经济运营方式的简单调适，而是深刻的运营机制变革，建立以市场为导向的多种运营机制，实现国有经济运营方式的多样化；不是对以往计划经济体制下的公有制经济关系的简单组合，而是深刻的生产关系结构改革、调整、优化，消除国有经济的体制性垄断，突出与其他所有制经济平等竞争和共同发展基础上的国有经济的主体地位及其控制力，实现国有经济关系结构的市场性、灵活性。比较经济体制及其经验教训，社会主义的优越性在于能做到全国一盘棋，集中力量，保证重点。缺点在于市场运用得不好，经济搞得不活。

衡量国有经济主导作用的标准是：国有经济的控制力。控制力主要是指国有经济对国民经济的调节能力与保障能力。调节能力指国有经济对国民经济以多种方式参与方向性的具有产业主导地位的行业和领域，通过控制支柱产业和高新技术产业中的骨干企业，对整个国民经济进行引导，使之健康、有序、稳定发展。保障能力指国有经济通过控制国防、战略性物资生产部门、高科技领域等部门，保障国家安全和经济安全，以及通过控制社会公共部门，保障社会稳定的能力。

应该注意的是，对国有经济主导作用的理解，不是国有企业越多越好；不是国有经济的比重越高越好，比重高控制力不一定强；也不是国有经济分布越广越好；国有经济对关系国民经济命脉的领域应加以控制；国有经济要实现主导作用，有一个量的问题，也有一个质的问题，在不同地区和不同产业，国有经济的比重可以有所差别；国有经济的进、退和布局调整，都是为实现国有经济的主导作用。

确立国有经济的主体地位，发挥国有经济的主导作用不是一蹴而就的，需要创造一系列相关条件。主要包括：

(1)进一步深化国有企业改革，建立现代企业制度，实行多种方式的股份制经营，尤其要深化产权制度改革，优化法人治理结构，建立依法监督机制，形成产权明晰、权责明确、政企分开、管理科学的运行体制、机制，这是确立国有经济主体地位和发挥其主导作用的前提条件。

(2)加强经济立法，确认和推动国有经济运营方式的多样化，依法保护其主体地位，充分发挥其主导作用，把国有经济的主体地位和主导作用纳入法制轨道，这是确立国有经济的主体地位和发挥其主导作用的外部条件。

(3)努力学习和借鉴国外企业运营的成功经验，建立与完善企业家市场，形成国有经济依法委托或授权经营管理的运行体制，把国有经济真正重组、激活起来，实行科学的运作程序、规则、方法，将其纳入相关制度建设轨道，这是一项最关键的制度及体制条件。

(4)积极推进国有经济结构的调整、优化，形成以市场为导向的国有经济运行机制，不断增强国有经济的主体地位和主导作用，积极参与国内外市场的竞争。

(5)深入推进国有经济布局、结构的战略性调整，使国有资本更多地向重要行业和关键领域集中，向具有优势的行业集中，向大企业、大集团集中。同时要吸收民间资本参与国有企业改制重组，发展混合所有制经济。国有经济发展与民营经济发展并不矛盾，国有经济改革从来不排斥民营经济和外资经济，但也要防止产生国进民退的现象。

第二节 社会主义非公有制经济

我国现阶段的所有制结构中，存在着个体经济、私营经济、外资经济、港澳台合资经济等非公有制经济形式。党的十五大报告指出：个体经济、私营经济、国家资本主义经济是社会主义市场经济的重要组成部分。非公有制经济不仅仅是社会主义经济的必要补充形式，而且更主要的是社会主义市场经济的重要主体，非公有制经济的主体地位及作用已在修改之后的《中华人民共和国宪法》中得到确定，非公有制经济作为社会主义市场经济的主体之一和重要组成部分，在社会主义基本经济制度范围内获得了应有的合法地位，展示了广阔的发展空间。

改革开放以来，非公有制经济的快速发展推动了国民经济持续稳定发展、推进了市场化改革进程、加快了产业结构的调整和升级、吸收了大量就业、创造了国有企业改革和发展的良好空间、提升了人民群众的生活水平和生活质量，非公有制经济甚至成为地区经济发展的重要推动力、成为地方财政收入的重要来源。

一、劳动者个体所有制

个体所有制又称个体劳动者所有制。劳动者个体所有制经济是一种生产资料归劳动者个人所有，由劳动者个人及其家庭成员直接支配和使用其生产资料，从事生产经营活动的小私有制经济形式。

劳动者个体所有制的性质属于小私有制。个人既是生产资料的所有者，又是劳动者。

劳动者个体所有制的特点是：

(1)规模小、分散经营、经营时间长、经营方式灵活、适应性强。

(2)劳动工具简单、主要依靠手工劳动。

(3)可以利用闲散时间和辅助劳动力。

(4)可以继承和运用各种特殊的、传统的劳动经验与技能，如工艺品、刺绣、编织、陶瓷、剪子等。

劳动者个体所有制的类型有城镇中的个体户和农牧业中的专业户、个体户。个体经济因为是以个人或家庭财产或合伙人财产为基础形成的，所以其市场化程度不高，运营方式简单，经营过程分散，发展规模较小，竞争实力薄弱。个体经济的存在与发展极为适合社会主义初级阶段的发展状况、特点和需求。大力发展个体经济，主攻方向是在较成熟的个体经济之间、个体经济与私营经济之间，实行生产方式的根本性变革，由个体经济向私营经济转变，由粗放型经营向集约型经营转变，由第一、第二产业经营向第二、第三产业经营转变。

在第二、第三产业领域，特别是第三产业领域，个体经济的主体地位在不断提高，主体作用在不断增强。目前，发展个体经济的重点是控制数量，提高质量，为地方经济发展服务，为县域经济发展服务，为城镇化建设服务，使个体经济向农业、科技、教育、服务等领域发展，大力提高个体经济发展的质量和水平。

二、私营经济

私营经济是一种生产资料属于私人所有、存在着雇佣劳动和剥削关系的私有制经济成分。

私营经济属于资本主义性质。

其存在的客观必然性:我国现阶段私营经济的存在和适当发展,不仅不会导致资本主义,而且有利于社会主义经济的发展,它有利于扩大社会生产、活跃市场、搞活经济;有利于安排社会就业,增加国家财政收入;有利于更好地满足人民多方面的需要,提高人民生活水平。

私营经济的生产经营规模、水平比个体经济要高得多,也是适合中国社会主义初级阶段的发展状况、特点和需求,以产权明晰和决策分散为主的非公有制经济形式。发展私营经济的战略应向为农工商贸一体化经营服务,为科技教育服务,为中介服务、信息服务等方面转变;向开放经营方面转变;向为地方经济发展服务方面转变;向为城镇化建设服务方面转变;向为地方经济新增长服务方面转变。

私营经济的特点是:

(1)私营经济是天生的商品生产者。

(2)规模较大,雇佣 8 人以上(含 8 人)。

(3)市场经济观念较强。

就本质而言,民营经济属于经营方式范畴。民营经济是改革开放以来产生的多种所有制经济所采用的一种经营方式,尤其是私营经济的经营方式,例如,私营企业组建的民营公司、国有企业改制后剥离形成的民营企业、私营企业控股国有或集体经济的经营形式、私营企业家从事的光彩事业等经营形式等。民营经济还是国有企业改组、改制,国有产权交易、参股经营或混合经营等的一种有效的实现形式,也是私营经济参与国有资产重组、转让及运营的一种特定的经营方式。

民营经济可分为广义民营经济、内资民营经济和狭义民营经济。广义民营经济是指除国有和国有控股企业外的多种所有制经济;内资民营经济是指广义民营经济减去港澳台及外资的经济成分,包括集体和个体私营及其他的混合经济;狭义民营经济单指个体、私营经济。在社会主义市场经济条件下,民营经济具有典型的经营示范性、咨询服务性、社会公益性、改革攻坚性、扶贫济困性等特征。目前,大力发展民营经济的作用:

(1)有利于私营经济发展规模、水平的提高和效益的增长。

(2)有利于社会主义经济运营方式的多样化和国有资产保值增值。

(3)有利于社会主义市场经济的发展及其市场主体的培育与完善,有利于提高国民经济的发展速度、质量、效益。

私营经济的主体地位主要体现在不断发展的第三产业和现代服务业之中。由于私营经济经营规模、水平与国有经济相比相对较低,同时又受到行业、部门、重点产业国有经济垄断地位的限制,所以其主体地位主要在开放的、竞争比较充分的第三产业领域体现出来。例如,产品加工服务、消费品流通、信息咨询服务、广告经营服务、市场中介服务等领域是个体私营经济广泛存在与发展的沃土，其主体地位可获得比较充分的展示、发挥。

发展个体私营经济，充分发挥其主体地位、作用，必将有力地促进社会主义市场经济的发展和完善。具体表现为：①生产者的主体地位。私营经济对于促进第一、第二、第三产业协调发展，特别是促进第二、第三产业发展，积极推动民营中小企业的发展，发挥了积极作用，有力地启动了三个产业的有序循环。②经营者的主体地位。个体私营经济的优势是从事各种服务业，其经营规模适度，经营机制灵活，经营手段多样，对于优化产业结构、提高服务质量、提升消费水平、推进市场体系建设发挥了重要的催化作用，有力地启动了服务对于生产和消费的拉动作用。③竞争者的主体地位。私营经济的主体地位与国有经济的主体地位并不矛盾，而是相互竞争、共同发展的，构成社会主义市场经济主体系统之间不同层次的对立统一。竞争者的主体地位，不仅没有削弱国有经济的主体地位，而且通过市场竞争和企业间的资本联合、重组，极大地促进了国有经济的发展与完善，扩大了国有经济的支配领域、范围。特别是在解决国有企业转型发展、优化结构、下岗职工再就业等关系国计民生的领域方面，具有不可替代的主体地位和作用。

三、外资经济和港澳台资经济

外资经济，即“三资企业”，指外商独资、中外合资、中外合作企业中外资部分的经济，广义的外资经济包括港、澳、台商投资企业。

中外合资经营企业和中外合作企业属于混合所有制经济的范畴，外商独资属于非公有制经济成分。港、澳、台商投资企业也有独资、合资和合作三种形式。

外资经济和港澳台资经济属于非社会主义性质的经济成分。

外资经济是中国改革开放以来发展最快的非公有制经济形式，是经国家有关管理机关登记注册，审核批准，核发中华人民共和国经营执照或经营许可证，享有在中国大陆从事生产、经营、服务或经济联络等的经济形式，可从事核准范围内的经济活动，并且受中国法律保护，成为中国经济的重要组成部分，构成社会主义市场经济的又一重要主体。外资经济已成为中国经济发展的亮点，其主体地位主要表现为：①市场投入中的主体地位。来自世界六大洲 211 个国家或地区的外商的在华投资呈现出多元化趋势。②市场竞争中的主体地位。中国产业链及其配套网络快速发展，各种产品产业链迅速形成，能够为跨国公司提供范围广泛的上下游关联产品与服务。跨国公司在中国投资多以新建方式为主，以并购方式进行的 FDI 仅占中国吸引外资的 6%。随着国内生产能力过剩，市场竞争加剧，跨国并购必将成为推动中国利用外资的新的增长点。③市场扩张中的主体地位。统计数据显示，外资经济的市场策略十分灵活，在中国市场扩张的实力持续增长，所占比重不断提高，作为中国经济特殊的组成部分，在资金融通、技术转让、资本运作、管理理念和操作方法等方面，日益显示出其潜在优势。

外资经济存在的客观必然性：外资经济的存在有利于弥补我国经济建设资金不足的问题；有利于引进和消化吸收国外的先进科学技术；有利于提高我国企业的经营管理水平；有利于我们更快地熟悉国际惯例，更广泛地参与国际分工，增强竞争实力，从而促进我国社会生产力的迅速发展。

外资经济作为社会主义市场经济的重要主体，它的作用有：

（1）有助于国有企业改革和发展，激发经济发展活力，提高经济发展质量、水平。

（2）有助于实现不同所有制经济的相互联合、混合运营，增强竞争实力。

（3）为经济发展提供国际市场信息，深化外向型经济发展战略，积极参与国际市场竞争；有助于较快地发展中国的区域经济，特别是中西部地区经济，可有效解决中国经济发展的不平衡问题，其发展实力、运营效率、竞争技巧和灵活的转移机制，对于落后地区经济由封闭走向开放、缩小区域经济发展差距、积极参与国内外市场竞争发挥了关键作用。其主体地位的示范性、诱导性、灵活性、效率性是不言而喻的。

四、混合经济

混合经济也称混合所有制经济，是指在同一经济组织中，不同的产权主体多元投资、互相渗透、互相贯通、互相融合而形成的新的产权配置结构和经济形式。混合经济是多种所有制经济形式的相互融合、统一，是中国改革开放以来产生的新型经济形式。混合经济具有产权明晰、结构合理、适应性强、反应灵活、实力雄厚等特点，实际上是多种所有制经济形式在特定条件下优势互补的产物。在社会主义市场经济条件下，混合经济具有旺盛的生命力。

混合经济中的公有制经济，是由国有经济或集体经济以参股、控股、联合、兼并等形式体现出来的，成为公有制经济运营形式多样化的一种典型形式。混合经济中的公有制经济及其主体地位不是单纯的体现，而是综合的体现，即视其参股份额的多少，控股能力的大小，参与联合或兼并的资产数量、质量比例等，综合地显示这部分公有制经济及其主体地位，在混合经济发展中的主导地位。可见，其主体地位是以国有或集体资产特定目标的重组方式为前提，以参股、控股的股权数量为依据，以参与联合或兼并的资产实力为基础。

混合经济中的公有制经济所占股份数量和资产实力的大小，相应地体现其主体地位的程度和力度，发挥主导作用的广度和深度，表征其主体地位在混合经济发展中的效率及竞争力水平。因此，对混合经济中的公有制经济及其主体地位，必须予以关注，它从一个侧面表明，社会主义公有制经济形式一旦与市场经济结合起来，就会凝聚巨大的发展潜力和产生多样化的转化功能。其综合性的主体地位和作用可成为社会主义经济发展的一种新模式、新增长点并引领未来发展方向，其主体地位更为突出，应当高度重视，积极引导，大力发展。

混合经济中的非公有制经济及其运行模式也是社会主义经济不断发展、提高的必然结果，其发展程度、水平有助于转变经济发展方式，有助于变革和优化市场主体结构，有助于增强社会主义市场经济活力。

混合经济中的非公有制经济的主体地位突出地表现为：在多种所有制经济形式资产组合中的主体地位，以其经营灵活、务实、高效而著称。在国民经济协调发展中的主体地位，其构成的混合经济实力最为强大。在区域或地方经济发展中的主体地位，其独特的混合形式及经营战略可有力地带动区域经济发展。在组建有限责任公司和建立企业集团中的主体地位，非公有制经济混合在治理结构、发展潜力、管理思维和操作方法方面表现出巨大的示范效应。非公有制经济存在形态的多元化，决定了在混合经济中主体成分及运作方式的多元化特点。混合经济中的个体经济成分及其主体存在和运行方式一般以参股、合作或联合等形式标示。混合经济中的私营经济成分及其主体存在和运行方式一般以参股、控股、兼并或重组等形式体现。混合经济中的港澳台投资经济成分及其主体存在和运行方式一般以注资、控股、联合或重组等形式展现。混合经济中的外资经济成分及其主体存在和运行方式一般以收购、兼并、置换等形式表示。这些都表明社会主义市场经济的主体系统多样化的结构、多功能的手段,以及相互融通、优势互补、共同发展、创造多赢等特点。

社会主义市场经济是多元经济利益主体的有机统一,是多种所有制经济共同发展的必然选择;发展混合经济,增强非公有制经济在混合经济中的主体地位,也是客观的要求,可提高市场主体间的组织凝聚力、辐射力。社会主义市场经济又是有差别的经济利益主体的相对统一,各种所有制经济都具有自身的利益要求与实现形式,大力发展混合经济,增强非公有制经济在混合经济中的主体地位,也是发展的必然选择,可促进多元的市场主体共同利益的增长和各自利益的实现。同时,各种形式的混合经济也具有脆弱性,极易产生利益摩擦,难以内部协调,转嫁经营风险,致使混合实力削弱、生命周期缩短等,亟须形成规范的内部治理结构,加强外部监督,创造有利环境,引导和促进混合经济健康发展。

第三节　国民经济

一、国民经济中的基本关系

国民经济:一个国家范围内各部门各地区经济的总和。包括工业、农业、建筑业、交通运输业、商业、服务业等部门。科学、文化、教育和卫生保健事业本身不属于经济部门,但它们的存在和发展同国民经济有密切关系,因此也包括在社会主义国家制定的经济发展计划中。

1. 现代市场经济都是有政府调控的市场经济

随着社会主义市场经济的发展,新型的资源配置方式和与其相应的宏观调控模式,在市场经济中发挥了重要的作用。市场经济绝不等于资金的自由经济。认真对比研究主要发达国家的市场经济体制,就会发现现代市场经济都是有政府调控的市场经济。

2. 社会主义市场经济的发展离不开政府的宏观调控

我国处在社会主义的初级阶段,市场经济的培育与发展,需要一个逐步完善的过程,因此,在这个特定的历史阶段,必须加强政府对经济的宏观调控。正确发挥政府管理经济的职能,对国民经济活动进行高效、有限、负责的调控,纠正市场缺陷,是我国市场经济有效运行的必要条件。

3. 法律手段和经济手段是实现宏观调控的主要手段

在社会主义市场经济中,实现宏观调控应主要运用法律手段和经济手段,综合采用其他手段,才能发挥宏观调控手段的总体功能,从而有效地调节经济运行,促进经济健康发展。

4. 提高国家宏观调控能力必须加强综合监督

宏观调控的控制职能,是指经济管理者为保证管理目标的实现,对目标计划实施过程进行的监督和调节,因此实现宏观调控,离不开综合经济监督。众所周知,由于我国实行改革开放,参加国际分工与合作,参与国际竞争,增强了我国的经济实力和综合国力。但越是推行社会主义市场经济，实行改革、开放、搞活，就越需加强经济监督，越是进行配套改革，就越需要综合监督。实行综合经济部门监督是实现国民经济宏观调控的具体措施。

大量事实证明，没有强有力的综合经济监督，特别是审计监督和法律监督，就不能维持正常的市场经济秩序，就会损害国家和整个民族利益。

综上所述，发展社会主义市场经济，必须加强宏观调控以及综合经济监督和法律监督，完善宏观调控手段和协调机制，实施适度的财政、货币政策，注意掌握调控力度，才能保持经济总量平衡，抑制通货膨胀，促进经济结构优化，实现国民经济稳步增长。

二、国民经济衡量、监测与预警

国民经济衡量是对经济运行的状态进行的衡量。国民经济衡量主要指标有国内生产总值、失业率、工业增加值等。

国民经济监测是国家或政府对国民经济实际运行过程和管理过程进行监督、观测、计量、分析和评估，其基本目标是保持国民经济的持续、稳定的增长国民经济。预警是在宏观经济总体态势出现逆转前预先发出警告信号。它建立在宏观经济监测、预测的基础上，通过对有关经济指标特别是先于宏观经济运行的指标发展趋势进行整合判断，然后将整合结果与临界值进行比较，判断是否报警。

国民经济监测与预警建立在对国民经济运行的理论分析基础上，特别是关于经济周期的认识。无论什么样的经济周期理论和相应的调控措施，最重要的在于判断当前经济处在经济周期的哪个阶段，特别要预测经济周期何时发生方向性的转化。

1. 国民经济运行监测预警的具体内容

观测、计量、分析国民经济总量和结构指标的运行轨迹和状态。

监测和分析国民经济景气的态势。

及时监测、模拟和评估国民经济管理体系运行过程及其效果。

监测和分析国内外重大的经济政治环境的变化及其对国民经济运行和宏观调控的影响，趋利避害。

监测和预报可能引起重大经济波动和严重偏差的国民经济警情。

2. 国民经济运行监测预警的方法

下面我们结合中国经济景气监测中心对我国景气动向指数的编制和预警灯号系统法的实施详细介绍国民经济运行监测预警的方法。

(1)景气动向指数方法

在既有的统计指标基础之上，筛选出具有代表性的指标，建立一个经济监测指标体系，并以此建立各种指数或模型来描述宏观经济的运行状况和预测未来走势。由于这套指标的描述和预测功能，我们也称该指标体系为宏观经济的“晴雨表”或“报警器”。但它之所以能像“晴雨表”或“报警器”那样发挥监测和预警的作用，第一是因为经济本身在客观上存在着周期波动；第二是因为在经济波动过程中，经济运行中的一些问题可以通过一些指标率先暴露或反映出来。主要有领先指标，同步指标和滞后指标。

领先指标，也叫先行指标，这些经济变量一般在总的经济形势向上转向或向下转向之前先上升或先下降。根据领先指标的转向时间可以作出总的经济活动即将发生转向的预测。领先指标起着预警的作用包括：耐用消费品的订货、建筑合同、原材料价格、普通股票价格、每周平均工作时数、广义货币等。

同步指标，也称一致指标，能够反映总的经济形势，与总的经济形势大致同时转向的指标，这是确定总的经济活动转向的最重要的指标，它包括就业机会总数、失业率、工业生产指数、GNP、公司利润以及除农产品处的商品批发价格、社会消费品零售总额等。

滞后指标，即在总的经济形势转向之后才发生转向的指标，它们对整个经济景气动向起着验证作用。如个人收入、分期付款的消费款额、生产企业的库存量、银行对企业贷款的利息率。

(2)预警灯号系统法

一般将我国宏观经济运行的状态区域分为"过热""偏热""正常""偏冷""过冷"五个域，分别以"红灯""黄灯""绿灯""浅蓝灯""蓝灯"表示。"绿灯"区居中代表常态区或稳定区。

三、国民经济的综合平衡

国民经济综合平衡是指在整个国民经济范围内的综合平衡。它要求社会总需求及其各个重要构成部分必须同社会总生产及其相应的各个重要构成部分相平衡，要求价值平衡与实物平衡互相一致。量力而行，量入为出，是搞好综合平衡的一项基本原则。

它的基本目的在于对整个国民经济的运行进行宏观经济管理，使之发展的规模、比例、效益和速度相互协调。它包括：总供求的平衡，国际收支的平衡，财政信贷的资金平衡以及主要物资平衡等。

第四节　现代产权制度

现代产权制度是现代市场经济有效运行的前提。明晰的产权有利于降低交易成本，提高市场运行效率。

一、产权及其特征

产权主要指财产权或财产权利。从权利本身看，产权是以财产所有权为主体的一系列财产权利的总和，包括占有、使用、收益和处分等权利。

与市场经济运行规律相一致，产权在市场经济中表现出四个明显的特征：独立性、可分性、流动性和排他性。独立性指产权主体可自主运用产权的权利，不受非财产主体的干扰。可分性指产权可分为占有权、经营权、收益权、处置权和让渡权等各种权利。流动性指产权在市场中可从一个主体让渡到另一主体。排他性指产权一经明确，就具有不可侵犯和剥夺性，除非经过合法途径，产权主体不容变更。

二、产权制度及其特征

产权制度是关于产权界定、运营、保护等的体制安排和法律规定的总称。

随着市场经济的发展和经济社会的进步，尤其是股份制的产生和社会化大生产的出现，传统意义的产权转变为现代产权。与传统产权制度相比，现代产权制度表现出新的特征：

(1)股份制资本组织方式使财产的所有权和经营权出现了分离，从而在财产法律所有权的基础上衍生出了“法人财产权”，非财产所有者能够实际经营财产所有者的财产，并对其享有占有、使用及在一定限度内依法拥有收益和处置的权利。

(2)财产的形式更加丰富，除不动产和动产外，还有专利、商标、名誉、商业秘密等构成的无形资产和股票、债券等证券财产。

现代产权制度是与社会化大生产和现代市场经济相适应的产权制度，其主要特征是：

(1)归属清晰。各类财产权的具体所有者明确并为相关法律法规所认定。

(2)权责明确。产权具体实现过程中各相关主体权利到位、责任落实。

(3)保护严格。保护产权的法律制度系统、完备，各种性质、各种形式的产权一律受到法律的严格保护。

(4)流转顺畅。各类产权以谋求利益最大化为目的，依法在市场上自由流动、有效运营。

三、建立健全现代产权制度

推进产权改革，加快建立现代产权制度，是完善社会主义市场经济体制的必然要求。建立健全产权制度，需要做到：

(1)建立健全各类产权交易市场，包括产品市场和要素市场。

(2)明晰产权归属，明确各方权责。

(3)大力推进国有产权制度改革。

(4)大胆探索公有制的实现形式。

(5)加强法制建设，严格保护产权所有者的合法利益。

产权是所有制的核心和主要内容，包括物权、债权、股权和知识产权等各类财产权。建立归属清晰、权责明确、保护严格、流转顺畅的现代产权制度，有利于维护公有财产权，巩固公有制经济的主体地位；有利于保护私有财产权，促进非公有制经济发展；有利于各类资本的流动和重组，推动混合所有制经济发展；有利于增强企业和公众创业创新的动力，形成良好的信用基础和市场秩序。这是完善基本经济制度的内在要求，是构建现代企业制度的重要基础。要依法保护各类产权，健全产权交易规则和监管制度，推动产权有序流转，保障所有市场主体的平等法律地位和发展权利。

第四章 市场与企业

知识框架

- 市场与企业
  - 市场产生与发展
    - 市场的概念与市场分类
    - 市场的产生与发展过程
    - 社会主义市场及其基本特征
  - 市场主体
    - 市场主体的特点
    - 市场主体的分类
  - 消费品市场的特征与类型
    - 消费品市场的概念
    - 消费品市场的特征
    - 消费品市场的分类
  - 消费品市场的成长与发育、管理及保护消费者权益
    - 我国消费品市场的发展过程
    - 当前我国消费品市场存在的主要问题
    - 引起消费者市场波动的主要因素
    - 消费品市场的宏观管理
    - 消费品市场的微观监督管理
    - 特殊消费品市场管理
    - 消费者权益的内涵
    - 我国保护消费者权益的现状与存在的主要问题
    - 依法保护消费者权益的途径
  - 生产资料市场管理
    - 生产资料市场的概念
    - 生产资料市场的特征
    - 生产资料市场的结构
  - 文化市场管理
    - 文化市场的管理机构
    - 文化市场管理的内容
    - 文化市场的管理方法

第一节 市场产生与发展

一、市场的概念与市场分类

1. 市场的概念

市场属于商品经济范畴,它和商品经济有着同样久远的历史。哪里有商品,哪里就有市场。对市场这一概念的理解应把握以下几层含义:

(1)市场是商品交换的场所。市场最初的内涵是指买卖双方聚集在一起进行商品交换的实际地点,即商品买卖的场所。这样定义的市场带有浓厚的原始、落后的色彩,它仅仅是一个空间概念。当然,这种活动空间会随着商品经济的发展,不断扩大其规模,增加其交易量。

(2)市场是社会分工和商品经济条件下的经济组织形式。在人类社会的历史进程中,商品交换是随着社会分工和商品生产的发展而逐步产生并发展起来的。一般等价物的出现,导致商品流通取代以物易物的原始贸易形式。随着价值、价格的出现以及价值规律作用的发挥,主要的社会经济联系便通过市场及其活动来实现,市场逐渐成为重要的经济组织形式。

(3)市场是各种经济关系的总和。从表象上看,市场的基本存在形式是物化劳动的交换,物化劳动的交换形成价值关系。这种交换关系似乎就是商品生产者、商品经营者和消费者之间为满足相互需要,通过买卖形式相互转让其商品的关系,好像市场这一社会现象仅仅体现商品与商品、商品与货币之间的交换关系。其实,在这一表象背后隐藏着更深层次的关系——人与人的关系。市场通过反映社会生产和社会需要之间的关系,进而反映复杂的经济利益关系,其中既包括商品生产者、商品经营者和消费者之间利益的冲突,也包括三者之间利益的协调。从经济关系的角度定义市场,体现了市场的性质。这是因为任何商品都不可能自己跑到市场上去同其他商品相交换,这种交换只能由人来完成,无论是价值范畴质的规定、量的决定,还是价值的具体表现形式,各个层面都体现了商品生产者、商品经营者和消费者之间的所有制关系、等量劳动互换关系以及分配关系。这样,市场在具有空间表现形式的同时,更表现为商品生产者、商品经营者和消费者之间围绕着体现其各自利益的价格而展开激烈竞争所形成的各种经济关系的总和。

(4)市场体现着一定的经济法律关系。所谓经济法律关系,指各经济主体之间依照有关法律、法规进行经济活动所形成的经济权利和经济义务关系。市场作为商品经济关系的总和体现着一定的经济法律关系。这种经济法律关系的内容由商品交换的经济关系本身决定。在市场上,交换双方的当事人作为商品或货币的代表,均以各自商品或货币的所有者的身份出现。当他们彼此产生互相调剂各自劳动产品的意向时,首先要按商品中所凝结的社会必要劳动时间衡量其价值的大小。这种商品交换的经济关系决定了执行这种职能的人必须是各自商品或货币的所有者,并在法律上处于权利平等的地位,按照自愿的原则进行等价交换。

上述分析表明,市场作为一个复杂的、广泛的和动态发展的社会经济现象,有着极为丰富的内涵。准确把握市场内涵,对于正确理解市场运行过程,特别是对于有效实施市场管理具有非常重要的意义。

2. 市场分类

市场可以依据不同的标准进行分类。

(1)按交易内容划分。可将市场分为消费品市场、生产资料市场、金融市场、劳动力市场、技术市场、房地产市场、信息市场、农产品市场和文化市场等。其中:

消费品市场指进行生活消费品交易的市场;

生产资料市场指进行生产资料交易的市场;

金融市场指实现货币资金借贷、办理各种票据和有价证券买卖,以筹措和融通资本为主要功能的市场;

劳动力市场指进行劳动力交易的市场;

技术市场指进行技术交易的市场,包括技术转让、技术承包、技术服务等;

房地产市场指进行房地产交易的市场,亦可分为房产市场和地产市场;

信息市场指作为商品的信息在交换过程中形成的市场;

农产品市场指进行农产品交易的市场;

文化市场指以满足人们精神消费为主要功能的市场,包括书刊出版发行市场、音像制品制作与发行市场、文艺演出市场、文物市场以及娱乐消费市场。

(2)按交易时间和交割方式划分。可将市场分为现货市场和期货市场。其中:

现货市场指进行现货交易的市场,即买卖双方根据相互商定的付款方式和商品交付方式转让商品,一般以一手交钱一手交货的一次性钱货两清方式完成交易。也有少量交易通过分期付款或延期付款的方式完成,但也具有现货交易的性质。

期货市场指进行各类商品(包括股票、证券、外汇及黄金等)期货交易的场所,亦即各类期货交易所。期货交易是一种以各种商品期货合约为内容的买卖,期货合约中规定了付款方式和在某一时间、某一地点,以一定价格交割一定品质、规格标准的商品。

(3)按流通环节划分。可将市场分为批发市场和零售市场。其中:

批发市场指以大宗批量交易为主的市场,包括产地批发市场和销地批发市场;

零售市场指以零星出售商品为主的市场。

(4)按流通区域划分。可将市场分为国内市场和国际市场。其中:

国内市场指在一国范围内进行商品交易的市场,它又可以细分为农村市场、城市市场、区域市场和全国市场等;

国际市场指世界范围内各个国家(或地区)之间进行商品交易活动的市场。

二、市场的产生与发展过程

1. 市场的产生

市场属于商品经济范畴,以商品经济为依托,不但随着商品经济的产生而产生,随着商品经济的发展而发展,而且将随着商品经济的消亡而一同退出历史舞台。

市场也是一个历史范畴,是社会生产力发展到一定阶段的必然产物,它的产生与发展经历了漫长的过程,是人类社会生产和交换发展的结果。

2. 市场的发展过程

在原始社会相当长的历史时期内,没有社会分工,生产力水平极其低下,人们平均分配劳动所得供自己消费,没有剩余产品可供交换。所以,也就没有市场。

真正的市场是在奴隶社会才出现的,市场之所以产生于奴隶社会有其客观必然性,这就是随着原始公有经济的解体,形成交换的三大要素得以确定,即生产力的发展、社会分工的出现和私有制的确立。生产力的发展以生产工具的改进和剩余产品的出现为标志。社会分工的出现体现为人们从事某一专门职业就可以谋生,特别是在奴隶社会发生了第三次社会大分工后,形成了一个专门从事买卖活动的商人阶段,促进了商品交换的进一步发展。私有制的确立使得人们有权处置剩余产品。

在这种历史背景下,商品交换迅速发展起来,不但有了在固定时间、固定地点进行交易的集市,而且出现了固定的城市市场。

进入封建社会,社会分工和生产力进一步发展,由奴隶变为农奴的人们在一定程度上有了自己的独立经济,可以参加市场交换活动,促进了市场规模及其范围的扩大。但至此,市场还是被直观地理解为商品交换的场所。

到了资本主义社会,随着机器大生产的出现,社会分工和商品经济高度发展,商品经济替代了自给自足的自然经济,社会经济生活对市场的依赖性日益增强,在商品规模和范围得到迅速扩大的同时,商品交易方式和方法明显简化。此时,对市场的狭义理解(概括为交易场所)已经远远不能涵盖现代市场本身的丰富内容,于是,人们逐渐拓宽了市场的含义,将其扩展为包括商品交换场所、商品交换活动及其所体现的经济关系的总和。

综上所述,市场是同社会生产发展的一定历史阶段相联系的,人们对市场的认识也在随着商品经济的发展而不断深化。

三、社会主义市场及其基本特征

社会主义市场是在社会主义制度下,体现着社会主义交换关系的市场。属于社会主义商品流通范畴。

1. 社会主义社会存在市场的客观必然性

市场是商品经济范畴,只要存在商品经济,就必然存在市场,市场机制就必然发挥其作用。任何社会,无论实行什么样的社会制度,只要实行商品经济,就必须利用市场机制以及市场调节的手段和方法,按市场需要组织生产与流通,合理配置社会资源。也就是说,是否运用市场机制、手段与方法,并不取决于一个国家的社会性质,而是取决于是否存在商品经济。在社会主义社会中,由于商品生产和商品交换依然存在,所以也就有存在市场的客观必然性,市场必然要像在其他商品经济社会中一样,发挥其应有的作用,例如:

(1)保证社会再生产顺利进行。商品经济条件下,社会再生产各个环节的活动,都离不开市场。商品生产者既要从市场上购买所需要的生产资料,又要通过市场出售商品,实现其价值,使再生产得以循环进行;消费者要通过市场,用以货币形式分得的劳动收入购买自己所需要的商品,使消费得以实现。如果没有市场,或者市场体系不完善,社会再生产就无法顺利进行，社会经济生活就会因经济运行失常而出现梗阻甚至瘫痪。

(2)调节供求与产销关系。商品经济条件下，受消费需求复杂多变等因素的影响，供求与产销之间经常处于不平衡状态，这势必影响社会再生产的顺利进行，而借助于市场自发调节机制的作用，则能够使这种不平衡逐渐趋向于平衡。其奥秘在于市场可以迅速、及时、灵敏地向商品生产者、商品经营者和消费者发出价格变化的信号，而价格的变化又直接影响到各市场主体的切身利益，从而市场以及价格便引导人们相应调整自身的生产经营与消费行为。由此也可以看出，市场还具有自发调节商品生产者、商品经营者以及消费者之间经济利益关系的作用。

(3)促进技术进步。市场是商品生产者之间相互角逐的大舞台，在这里，通过激烈的竞争可以展示各生产者产品质量的优劣、技术水平的高低。能否经受住市场的考验，对生产者来说确实是在进行"惊险的跳跃"。竞争中通行的是市场的一般游戏规则——优胜劣汰。获胜者往往是那些为社会提供质优价廉或优质名牌商品的企业，从而取得较高的市场占有率和丰厚的收益；而质次价高的产品只能被淘汰。无情的竞争和经济利益的压力，迫使广大商品生产者努力改进技术，提高产品质量，降低生产成本，从而推动社会技术不断进步。

我国对社会主义社会仍然存在市场的客观必然性的认识以及我国市场的发展，经历了漫长而又曲折的过程。从把市场等同于资本主义到把市场看成是调节经济的必要手段之一，以及强调要大力发展社会主义市场经济，无疑是一个根本性的转变，它必将加速我国社会主义现代化进程。

2.社会主义市场的基本特征

概而言之，社会主义市场具有以下基本特征：

(1)公有性。现在，我国正处于社会主义初级阶段，生产力总体水平较低，并呈不平衡发展格局，因而参加市场交易活动的除公有经济外，还有个体经济、私营经济、中外合资、中外合作、外商独资等非公有制经济，但社会主义公有经济仍占主导地位，并对市场起着支配和引导作用，使社会主义市场整体上具有较强的公有性。

(2)计划性。搞市场经济并不是不要计划，在我国现阶段，市场的计划性体现为国家在尊重客观经济规律的前提下，根据国民经济发展的需要，通过经济政策、计划指导、经济杠杆以及市场参数的调整与改变，影响市场主体的行为和市场客体的转换，国家甚至还以市场主体的身份参与交换过程。在发展社会主义市场经济过程中，国家间接调控市场的目的在于把宏观经济决策与微观经济活动很好地衔接起来，克服市场自发调节的局限性，以便使国民经济运行的方向既符合宏观经济规划的要求，又不违背市场运行的客观规律。

(3)整体性。首先，社会主义市场是一个完整的体系，处于该体系中的各种市场相互关联、相互补充、相互促进，形成社会主义市场体系的合理结构。其次，社会主义市场是一个统一的市场。在全国范围内，无论是地区之间，还是城乡之间、城市之间，各种商品都可以按照经济发展的客观需要自由流动。当然，由于新中国成立后长期实行高度集中的计划经济体制，商品经济很不发达，尽管改革开放40年来，社会主义市场有了较快的发展，但就整体性而言，我国的市场体系还不够健全，还有待于进一步完善，全国范围内的统一市场尚未完全形成。因此，在建立社会主义市场经济体制的过程中，根据市场整体性特征，逐步完善社会主义市场体系,尽快形成社会主义统一市场,是一项紧迫任务。

(4)开放性。社会主义市场是开放的市场,不但国内市场要对国外开放,而且国内各地区之间、城市之间、城乡之间也都要相互开放。在经济全球化背景下,我们要以国内市场为基础,积极开拓国际市场,以发展进出口贸易带动国内市场发展,这是优化资源配置,提高社会经济效益的需要。当然,为维护国家的主权利益,我国市场在对外开放过程中要始终坚持独立自主的原则,并要采取相应措施保证经济安全。

(5)竞争性。竞争是商品经济中普遍存在的客观现象,只要存在商品经济,存在市场,就必然存在广泛的竞争,其中既有买方与卖方之间的竞争,也有买方与买方、卖方与卖方之间的竞争。竞争的目的无非就是争夺有利的市场机会,维护和增进自身经济利益。社会主义经济是市场经济,因而不可避免地存在竞争。目前,我国亟待解决的问题是为各市场主体提供平等的竞争条件,使竞争合法化,为此需要建立公平、有效的竞争法规,取缔非法竞争,清除竞争中存在的人为障碍,依法保护商品生产者、商品经营者和消费者的正当权益。

第二节 市场主体

市场主体就是指在市场上从事生产和交换活动的组织和个人,包括自然人、家庭、企业、社团组织、政府、经济组织的法人。在所有参与经济活动的主体中,企业是市场存在与发展的最基本的主体。企业的主体性是否完整和充分发挥,直接关系到市场经济发展。

一、市场主体的特点

(1)目的性。任何市场主体参与经济活动都带有明确的目的,以在满足社会需要中追求自身利益最大化为目标。以企业为例,为了得到利润的最大化,企业就会想方设法提高技术水平和管理水平,提高劳动生产率,降低单位产品成本,以获取较好的经济效益。

(2)自主性。对于怎样实现自己的目的,市场主体都有自己的意愿,能够按照市场规则和有关法规自主地采取行动,任何人不得任意干涉。

(3)主动性。市场主体能够主动地对以市场价格为中心的各种市场信息及时作出反应,接受市场这只“看不见的手”的指挥。

二、市场主体的分类

(1)家庭。在自然经济中,家庭是自给自足的生产者和消费者,但在社会化大生产的现代市场经济中,尽管家庭生产仍然大量存在,但大多数家庭都不是独立的生产者,他们只向社会提供劳动、资本、技术等生产要素,然后以要素收入满足家庭的物质和文化需要。从工人到经理,从平民到总统,都是特定家庭的成员,家庭是市场经济中数量最多的重要主体。

(2)企业。企业是最具活力的市场主体。企业集中并有效组合各种要素进行生产,然后向社会提供市场所需要的各种产品,以追求最大利润,成为自主经营、自负盈亏、自我发展、自我约束的市场主体。

①作为市场主体的企业，以在满足社会需要中追求自身利益最大化为目标。企业自身的利益在市场中表现为利润，利润是指企业销售产品或劳务的收入中扣除企业的各种耗费的金额。利润的多少是由劳动生产率的高低和经济效益的好坏所决定的。由于市场变化对企业实现利润的影响，企业就要对自己生产什么、生产多少和如何生产等问题，能及时进行决策及修正。为了达到利润的最大化，企业就会想方设法提高技术水平和管理水平，提高劳动生产率，降低单位产品成本，以获取较好的经济效益。

②作为市场主体的企业，必须是具有法人财产权的完全独立的经营者。它可以自由支配、使用及处理自己的财产，并承担财产经营的风险和责任。只有产权明晰才能提高财产运用效率；保持权责对称，才能产生有效的约束，促使成本降低，创造更多的收益。反之，企业本身就没有内在动力和压力，必定会造成资源的浪费。

③在市场机制的调节下和利益机制的驱动下，作为市场主体的企业是一个具有激励和约束机制的组织性很强的经济组织。随着市场的变化，企业会自动地调整自身经营方向和经营方式。企业的组织性是在市场机制的作用下，参与市场活动的企业相互作用中形成的。市场机制越完善，企业的组织性越强，企业的主体性越能充分发挥。

④作为市场主体的企业是市场上最经常、数量最大的产品（劳务）的供给者和需求者。企业要进行生产，一方面要购进大量的原材料，另一方面要为社会提供丰富多彩的产品和种类多样的服务。在市场活动中企业还必须根据自身条件，及时敏锐地把市场机会转化为企业机会、盈利机会，以获得长久的生存和发展。

⑤作为市场主体的企业，也是配置资源的主体。企业根据价格机制导向从事经营管理，并根据市场需要调节生产方向、规模和结构，把资源配置到效益高的部门，引导人、财、物等的合理流向，进而实现资源优化配置。在市场配置资源的构成中，要素流动的主体是企业，企业既是要素的接收者，也是要素流动的推动者。

（3）中介机构。中介机构是从家庭和企业这两个最重要的市场主体中派生出来的市场主体。在社会分工不断深化、市场交易日益扩大的基础上，出现了专门从事沟通、媒介、协调、评价、咨询等服务活动的中介机构。它们以盈利或非盈利为目的，以较低的费用在企业之间、家庭之间、企业与家庭之间以及这些市场主体与政府之间从事中介，可以大大提高市场运行效率，降低市场交易成本。

（4）事业单位。事业单位多为非盈利机构，是受国家机关领导，向社会提供纯公共品和准公共品，不实行独立经济核算的单位。事业单位是公共品的供给者，又是私人品的需求者，也是一类市场主体。国家根据这些事业单位有无经常性收入的情况，分别采取金额预算包干、差额预算包干等预算包干办法。

（5）政府。政府是一种特殊的市场主体。作为国家权力机关的政府，包括立法、司法、行政三大部分，是市场经济的宏观调控者、公共服务者和最大的商品购买者。政府通过税收给付各种支出；经常性项目力求收支平衡，不发生赤字；建设性项目必需资金的不足部分，可以通过发行内外公债方式筹措。

第三节 消费品市场的特征与类型

一、消费品市场的概念

消费品是指最终消费者为满足家庭或个人的生活需要而购买的产品，由此而构成的市场，即为消费品市场，又称消费者市场或最终产品市场。它是消费品买卖或交换的场所，是以消费品为对象建立的商品交换关系的总和。消费品市场以满足人民日益增长的物质和文化生活需要为最终目的，是连接生产与消费的桥梁和纽带，并为生产的发展提供动力，是我国市场体系中的一大主要市场。

二、消费品市场的特征

1. 分散性

全社会的每一个人，无论是否直接从事购买，一定都是生活资料的消费者，因为每个人都需要各种各样的消费品。我国人口众多，地域辽阔，因此消费品市场也非常广阔，具有分散性的特点。

2. 差异性

人类的需求涉及衣、食、住、行等方面，而这些消费需求又是受一定客观条件影响和制约的，如年龄、性别、民族、文化程度、经济收入等，所以说，人们的消费需求是各不相同的，因此也决定了消费品市场具有差异性的特点。

3. 伸缩性

消费者购买商品，在数量、品种、等级等方面往往会随购买力的变化和商品价格的高低而转移，一般在收入增加、购买力提高，或商品价格降低时，人们对消费品特别是需求弹性大的消费品的需求就会明显增加；相反，在收入减少，或产品价格提高时，对需求弹性大的商品的购买会大大减少，这种需求的伸缩性决定了消费品市场的伸缩性。

4. 层次性

人们的需求是有层次的，根据马斯洛的“人类需求层次论”，人们的需求可以依次分为生存的需要、安全的需要、感情和归属的需要、地位和受人尊敬的需要、自我实现的需要。由于生产力的发展水平不同，或由于消费水平以及其他原因的不同，人们的消费需求分别处于不同的层次，由此便决定了消费品市场的层次性。

5. 发展性

随着社会生产力的提高和人们生活水平的提高，人们的消费一般是由基层到高层、由低级到高级、由物质到精神、由简单到复杂、从数量上的满足向质量上的追求不断发展。消费需求的这种发展性决定了消费品市场的发展性。

6. 可诱导性

从购买行为上看，消费品市场的购买者大多属于非专业购买，缺乏专门的商品知识和市场知识，对商品的性能及使用、维修、保管的方法不够了解，购买行为和决策容易受各种外界因素和广告宣传的影响，容易引起冲动性或感情性购买。所以，消费品市场具有可诱导性。

7. 频繁性

一般来说，消费者市场的需求多是为了满足个人和家庭的生活需要，而这种需要在每个特定时期内是有一定限度的，而且许多消费品的储存时间不宜过长，还有的消费品有效使用时间短暂。所以，从交易的规模与方式来看，在消费品市场上交易次数极为频繁，但每次交易的数量零星。这就是消费品市场的频繁性。

8. 替代性

因为消费品市场中交易的商品属于社会的最终产品，其花色、品种、规格极其复杂多变。有许多消费品的生命周期较短，商品的专用性不强，可以相互替代。所以，消费品市场具有替代性的特点。

三、消费品市场的分类

1. 按生产者大类划分

(1)工业消费品市场。工业消费品市场是工业消费品的生产者、经营者和消费者之间进行交易的场所和领域，流通的是工业部门所生产的、满足广大消费者衣食住行各种需要的最终产品。

(2)农业消费品市场。农业消费品市场是农副产品生产者、消费者和各种商业组织、个体商贩进行农副产品交换的场所和领域，流通的是农业部门所生产的直接满足人民生活需要的产品，主要是粮食市场和副食品市场。

2. 按照在流通中的经营范围划分

(1)综合交易市场。综合交易市场经营的商品种类繁多，如各种百货等。所以，在综合交易市场内，备有品种齐全的货物。

(2)专业交易市场。专业交易市场经营的商品品种比较单一，往往只经营某类商品，如五金、化工等。

3. 按不同层次消费者的需要划分

(1)生存资料市场。生存资料市场是维持人类生存不可缺少的消费品市场，如食品市场、服装市场等。由于生存资料是用于满足消费者身体和生理上的需要，维持劳动力再生产所必需的生活消费品，一般以家庭为单位购买，其消费与家庭人口的多少及其经济收入水平有一定的关系，但基本生活资料的需求弹性较小，所以生存消费品市场是相对稳定的。

(2)享受资料市场。享受资料市场是提高人们生活水平和生活质量、满足人们享受需求的消费品市场，如高档、奢侈消费品市场。由于享受资料是用于满足消费者舒适、愉快和享乐等方面需要的生活消费品，其消费与人们的收入水平密切相关，购买者一般收入水平较高，因此享受消费品市场是一个规模相对狭窄的市场。

(3)发展资料市场。发展资料市场主要是为了发展人们的体力和智力、满足人们发展需求的消费品市场，如文化市场、健身用品市场等。由于发展资料是用于提高消费者的文化素养、科技水平、劳动素质、领导才干等方面所需的生活消费品，其消费随着人们生活水平的提高和文化教育的普及而不断增加，因此发展消费品市场也将不断地扩大。

4. 按商品的耐用程度和使用频率划分

(1)耐用消费品市场。耐用消费品市场所交换的是使用寿命长、可多次使用的消费品，如家电、服装、家具等。

(2)易耗消费品市场。易耗消费品市场所交换的是使用寿命短，或一次性使用的消费品，如食品、燃料、日用百货等。

5. 按消费者的购买习惯划分

(1)日用品市场。日用品市场又叫便利品市场，是指交换日常生活所需的基本生活资料及日用小商品的市场。它所交换的消费品包括的范围很广，如粮食、副食品、饮料、日用百货等。在这一市场上，消费者有一般的商品知识和使用习惯，购买比较固定且经常，较少选择余地，多属于习惯性购买，要求就近购买。因此，日用品市场布局分散，经营规模小。

(2)选购品市场。选购品市场是指交换服装、皮鞋、家具等选购品的市场。由于选购品比日用品的品种、规格、花色等都复杂，价值较高，购买次数较少，有较大的选择余地，所以在这一市场上，消费者在购买时对商品的质量、价格、式样等要反复进行选择才能作出购买决定。消费者对这类商品只有一般的知识，没有固定的购买习惯，购买之前往往对多家商店进行品质、价格、花色、式样、品种的比较，经过考虑后才决定购买。所以，选购品市场布局比较集中，经营规模也比较大。

(3)特殊品市场。特殊品市场主要是交换以金银饰品、住房、小汽车、珍贵工艺品等高档消费资料的市场。由于这些高档资料的价格高，使用时间长，所以在这一市场上消费者的购买频率低，有些商品一生中只购买一两次，因而在购买时要花较多时间慎重考虑，特别重视商品的商标、售后服务等。所以，特殊品市场常集中在繁华的商业区。

第四节　消费品市场的成长与发育、管理及保护消费者权益

一、我国消费品市场的发展过程

我国消费品市场的形成是以国营工业企业和国营商业企业发展为基础的，在不同的时期，采用不同的管理办法，大体上经历了以下几个阶段：

(1)国民经济恢复时期(1949—1952 年)。

(2)“一五”计划时期(1953—1957 年)。

(3)“大跃进”时期(1958—1960 年)。

(4)国民经济调整时期(1961—1965 年)。

(5)“十年动乱”到十一届三中全会之前(1966—1978 年)。

(6)十一届三中全会以后(1979 年以后)。

随着消费品市场由卖方市场开始向买方市场转变，统购包销、限量供应政策已不适应形势的发展需要。1980 年 3 月正式取消了包销制度。在改革开放 40 多年来，我国消费品市场

日益发展完善，具体变化体现在以下几个方面：

（1）基本改变了长期以来商品供不应求的状况，供需总量大体平衡。

（2）初步建立了适应社会主义市场经济体制的市场流通体系。

（3）商品流通结构得到调整优化，基本形成了多种经济成分共同发展的流通格局，为商品流通的发展注入了活力。

（4）商品流通现代化、产业化的进程加快。

二、当前我国消费品市场存在的主要问题

1. 消费品供需结构不平衡

长期以来，由于我国人口众多，生产力发展水平不高，消费品市场一直处于供不应求的状态。改革开放以后，供需之间的矛盾逐步得以缓解，目前，已基本上解决了供不应求的问题。

2. 消费品市场发育不健全

由于一些企业的短期行为、不法经营者的利欲熏心、市场法律体系不健全、地方贸易保护主义和政府对市场宏观调控的不规范等方面的原因，消费品市场出现了许多问题，例如：

（1）存在大量无照经营和超范围经营的问题。

（2）假冒伪劣商品屡禁不止。

（3）市场商品价格混乱。

（4）利用虚假或其他方式做让人误解的广告宣传。

3. 地区封锁、地方保护主义阻碍市场经济发展

有些地方政府或企业所属主管部门，为保护本地区和本部门的利益，用行政权力乱设卡、乱收费、分割市场，阻碍流通，干涉本地区、本部门企业之间以及他们与其他地区、部门的企业之间的正常竞争；或限制外地质优价廉商品进入本地市场参与竞争。

三、引起消费者市场波动的主要因素

1. 经济发展战略和宏观决策

党和国家的方针政策、发展战略不仅规定了国民经济的发展方向和速度，也直接影响着社会购买力的提高和市场消费需求的增长变化。如十一届三中全会以后，党和国家所实施的一系列的方针政策，使国民经济主要比例关系不断改善，生产建设进一步发展，人民群众的生活水平明显提高，消费需求发生了很大的变化，但对长期以来实行的低工资下的福利型消费体制的改革相对滞后。1998 年以来，我国多重政策和改革同时进行，政府一方面尽力刺激消费，另一方面加快推进住房、医疗、教育、社会保障等多项改革措施，由于这些改革使人们的收入预期降低，支出预期提高，因而对消费品市场的发展产生了消极影响。

2. 消费品的生产规模和产品结构

虽然说在市场经济条件下消费品的生产规模和产品品种应该是根据消费需求而决定的，但由于消费品市场具有可诱导性，一般来说，有什么样的消费品生产规模和商品品种，就会有什么样的市场规模和市场结构，所以消费品的生产规模与产品结构也是影响消费品市场的一个重要因素。

3. 城乡居民的货币收入

因为居民货币收入是形成消费需求总量的基础，如果居民收入水平不同，便会形成不同的消费需求构成。一般来说，收入水平下降时，消费水平必然下降，当消费者的收入水平较低时，消费品的销售也会在低水平中徘徊，因为此时消费者只能首先购买基本生活资料，剩余部分才能用于非基本生活消费，只有随着货币收入的增加，才会有更多的非基本生活资料的消费，才会向高档次商品发展。改革开放以来，我国居民的收入水平普遍提高，不仅消费自由选择性扩大，而且重心由必需品向非必需品转移。

4. 人口因素

首先，总人口的数量是形成各种商品需求量的基础，人口的多少与商品需求量的大小成正比。其次，人口的地理分布致使不同自然条件、经济条件地区的消费需求各不相同。再次，人口的自然构成致使不同年龄、性别的消费者对商品的需求与购买行为不同。最后，人口的社会构成，致使不同职业、民族、宗教、文化的消费者的消费需求各不相同。

5. 消费者预期心理

一般情况下，消费者的预期心理会加大市场波动的幅度，当经济过热时，物价呈上升趋势，人们以购物保值的方式来抵消或减少物价上涨的损失，甚至把储蓄转变为现实的购买力；相反，当物价下降时，人们持币待购，这种“买涨不买落”的心理作用，加大了市场波动的幅度。

四、消费品市场的宏观管理

在社会主义市场经济条件下，对消费品市场进行宏观管理的目标应该是正确运用各种调控手段，增加有效供给，使消费品的品种结构、质量档次都能与消费需求相适应，以保持合理的消费规模和水平，达到消费需求与社会生产的同步增长，防止消费膨胀或滞后，使消费品市场能够健康有序地发展。

1. 正确运用财政和信贷杠杆

财政政策和信贷政策是国家进行有效宏观调控的重要手段，通过信贷和财政政策，正确使用这些经济杠杆，鼓励和促进能够适应消费需求的产品生产的发展，或者促使消费品市场需求发生变化，以缓和或稳定市场波动。在目前买方市场条件下，要积极地运用财政政策，有效地扩大投资需求和最终消费需求，促进供给结构的调整和优化；在增加财政收入的基础上，调整财政支出结构，适时适度地扩大财政举债规模，并充分发挥财政资金对全社会资金投向的引导作用，增加投资，刺激消费，扩大出口。

2. 调整产业结构和产品结构，增加有效供给

进行结构调整，首先是要制定正确的产业政策，限制并进而淘汰那些落后的夕阳产业，优先扶持高新技术产业的发展；同时需要运用必要的行政调控手段，强制那些产品不能适销对路、效益差的企业关停并转，逐步使供需平衡。要丰富产品种类，提高产品质量和档次，完善设计，增加款式，增加名优新特产品的供给，以适应中高收入阶层消费的需要；同时要针对城市中低收入阶层、下岗职工和农村居民生产价格低廉的大众化、适用性商品，以满足这部分人的基本生活需要。

3. 引导正确消费

(1)调整收入分配结构,提高城乡居民购买力

要坚持按劳分配为主体、多种分配并存的制度,在发展经济的基础上,增强居民的支付能力,特别是要提高广大中低收入居民的收入水平。但同时要控制非工资性收入、灰色收入的增长,加强对个人所得税的征管工作,以调节过高的个人收入。

(2)消除消费领域的体制障碍,制定鼓励合理消费的政策

要逐步改善传统的福利分配制度,建立以个人商品化消费为主体的消费制度。大幅度减少福利型、供给型、集团型消费,改革实物型分配制度,实现分配的工资化、货币化,推广信用消费,从而为扩大个人消费创造条件。

(3)丰富人们的消费内容

积极扩大消费需求的领域,运用各种手段引导消费,深入开发服务消费市场,大力发展第三产业,推进各种服务项目的发展,增加人们的消费内容。

五、消费品市场的微观监督管理

1. 消费品市场的组织管理

国家组织市场的职能主要表现为制定市场规则并监督这些规则的贯彻执行,所谓市场规则是国家为促使市场形式和市场行为规范化,凭借行政力量对市场以及市场中的行为主体作出某些强制性规定,按其作用不同,可将市场规则分为制度性市场规则和运行性市场规则。

制度性市场规则是指国家对市场形式以及构成市场的基本要素的限定,具体来说,主要是一套承认和解释不同财产所有权的法律制度,它们一方面要保证市场行为主体的财产所有权以及由此带来的利益不受侵犯,另一方面还要保证财产所有者随意处置属于他们自己的那一部分财产,它通过财产关系的明确规定来培育不同的利益主体,从而为市场的形成创造最基本的条件。此外,为了促进市场的形成和完善,制度性市场规则还要在货币、度量衡、公共事业等方面作出一整套的规定。制度性市场规则是市场形成的最基本规则,一旦确定就具有长期性和稳定性。

运行性市场规则是指国家根据市场活动情况制定的一整套商业法规和条例,用以确定进入市场各利益主体的行为规范以及处理相互关系的准则,因为市场机制高效运行的前提条件是进入市场各利益主体在追求自身利益的时候不能妨碍、损害他人的自由和利益,否则,国家要用某些法规和条例加以干预。此外,国家还要规定调解不同利益主体之间关系的法律制度,在履行组织市场的职责时,我国是由国家委托工商行政管理部门来具体进行的。

市场规则的形成通常采取两种形式:①市场主体在长期的交往中约定俗成的行为习惯,后来以国家法令形式确定下来,成为市场行为主体共同遵守的活动准则,这种形式是在市场活动中自然而然地形成的,较容易被市场活动主体接受,引起的社会震动较小;②国家凭借权力在短期内直接制定并强制加以推行的法规和条例,这种形式虽然建立起来很迅速,但引起的社会震动却较大,一时难以被市场活动主体所接受。但要促进市场的建设和发展,就必须根据市场经济发展的需要主动制定各种市场规则。

2. 对消费品经营者的管理

从事消费品生产、加工、经销的企业、个体工商户构成了消费品市场的主体。为维护市场经营秩序,国家有必要对消费品的生产经营者进行依法审查和监督管理。首先,对国营工商企业要实行政企分开,按照两权分离的原则把经营权交给企业,切实保证国营工商企业的合法权益,使企业真正做到自主经营,自负盈亏。其次,国家对工商企业的管理职能将以间接控制为主,并为之营造良好的市场环境。所以,国家除在宏观上利用税收、信贷、利率、价格、租金等经济杠杆调控消费品供求增长速度,使其达到大体上的平衡外,国家有关经济部门和行政管理部门还应及时提供相关市场信息,引导企业正确进行经营决策,自觉地使用自身的微观经济活动服务于现代化建设的需要。最后,要加强对工商企业尤其是个体工商业的登记管理,严格审核从业人员、资金数额、经营方式、经营范围、经营期限等内容,依据企业登记,检查其经营活动。

3. 对消费品的管理

在消费品的质量管理方面:①要严格注意对商品质量的监督检查,采取一系列措施,对不合格的产品不准出厂和销售,不合格的原材料、零部件不准投料、组装,未经质量检验的产品不准生产和销售;②要通过各种活动,借助于广播、电视等新闻舆论工具,宣传优质产品,批评低劣产品,保护广大消费者的利益;③要制定有关的法规和标准,加强产品质量管理,坚决打击假冒伪劣,维护消费者的合法权益。

在消费品的商标管理方面,首先,在企业内部应建立商标管理制度,包括商标档案制度、商标设计制度、商标印制制度和商标使用制度。其次,工商管理部门应加强对注册商标使用的管理,保护注册商标的专用权,根据《中华人民共和国商标法》的有关规定,加强对商标印制的管理,对于冒充注册商标、乱用或滥用商标,粗制滥造、以次充好、欺骗以至损害消费者利益的行业,要坚决予以制止和打击,通过商标管理,监督产品质量,保护消费者利益。

4. 消费品价格管理

(1)消费品价格的制定和调整

制定和调整消费品价格时,要考虑的制约因素主要有:

①市场供求状况。制定的每一种价格,都将导致一个不同水平的市场需求和市场供给以及由此产生的对企业营销目标的不同影响。在正常情况下,价格越高,供给就越多,而需求却越少,所以制定价格时必须充分考虑供求与产品价格之间的关系。

②政府干预程度。按照政府的方针政策和宏观规划,消费品定价必须严格按照《中华人民共和国价格法》等有关的法律法规执行。

③商品本身特点。首先是商品的成本与种类,消费品定价必须使总成本得到补偿,这就要求产品单价不能低于平均成本费用;其次是商品易腐易毁程度,以及商品的季节性和时尚性,商品新鲜程度高、完整无损时可定高价;应季、时尚的产品价格也较高。再次是商品需求的价格弹性,当 $E_d=1$ 时,价格变化对企业销售收入影响不大;当 $E_d<1$ 时,应定较高的价格;当 $E_d>1$ 时,应定较低的价格。最后是产品所处生命周期的阶段,导入期,价格较高;成长期,价格应有条件地下调;成熟期,采用竞争性的低水平价格;衰退期,价格大幅度降低。

（2）消费品价格的监督和检查

这是消费品市场价格管理的重要内容，其目的在于更好地维护生产者、经营者、消费者的合法权益和正常的经济秩序。消费品价格监督检查的基本组织形式是国家监督、社会监督和企事业单位内部监督。其中，国家监督除了各级人民政府、人大和物价部门进行的监督外，还有通过工商行政管理、计划、统计、财政、税收、银行、审计等部门的业务活动分别从不同方面进行的价格监督；社会监督是动员社会力量，发动人民群众对价格的监督检查，由于消费品的价格涉及千家万户，具有广泛的社会性，所以依靠广大群众进行监督是必要的，也是可行的；企事业内部监督是其内部对本单位经济活动中的价格政策执行情况的监督检查，这也是促进企业改善管理的重要手段。

六、特殊消费品市场管理

特殊消费品是从一般消费品中分离出来的具有一定价值和使用价值的消费品，其生产或交换方式与一般消费品有所不同。目前，我国的特殊消费品主要是指烟草、金银及其饰品、药品、文物等。

1. 烟草专卖管理

专卖制度是对商品生产和流通的全过程实行全行业垄断经营的管理制度。这是一种较为稳定的专营形式，一般通过专门的法律制度和专门的管理机构来保证实施。烟草专卖就是由国家对烟草行业实行全面垄断经营，《中华人民共和国烟草专卖法》规定，国家授权中国烟草总公司及其所属各级烟草公司独家经营烟草及其制品的生产和销售业务，其他任何部门、单位和个人未经国家烟草专卖局批准，均不得自行生产和经营。

专卖制度由来已久，早在西汉时期，我国就曾对盐、铁等商品实行专卖，烟草专卖在我国的出现只是近一百年前的事情。烟草及其制品属于高利税的特殊商品，如果在政策上未加强管理，很容易盲目发展；烟草对人身体的危害是众人皆知的，但烟草对人的生理、心理等方面的作用又使广大消费者难以缺少它。我国烟草商品的消费量及吸烟人数在全世界居第一位，从维护消费者的健康出发，需要做好两方面的工作：①加强烟草行业的科研工作，提高烟叶及其制品的质量，降低焦油及其他有害成分的含量，以此来减轻烟草商品对人体的危害；②对烟草施以重税，实行“欲禁寓征”的政策。要做到这两方面，对烟草不实行专卖管理是不行的。

2. 金银及金银饰品管理

金银及金银饰品所耗用的稀缺资源，而且某些人购买黄金的动机之一是把黄金作为储备或用来保值，所以应对这一市场进行严格管理。其中，黄金市场是金融市场的一个组成部分，是集中进行黄金买卖的交易中心。在金本位制时期，由于主要国家的货币可以随便兑换黄金，黄金交易是很自由的。金本位制取消后，各国对黄金实行了严格管理，如规定黄金必须出售给国家，不得自由买卖；工业用金也必须得到政府批准等等。目前，全世界共有 40 多个黄金市场，其中比较有名的有伦敦、苏黎世、法兰克福、巴黎、纽约、香港等。

我国并没有放开黄金市场和白银市场，凡是地下挖掘的金银，均为国家所有，应交给国家指定的单位，私人收藏的受法律保护，需要出售时必须交由国家指定的单位收购，不得私自交易；坚决取缔金银私下交易，严厉打击金银黑市中的各种违法活动。

3. 药品管理

医药商品是一种特殊商品，它有特定的消费对象，且专业技术的要求较高。因为医药商品不像日用品是人人经常使用的商品，它只能用于各类病患者，而且特定的药物只能用于特定的疾病，具有特定的使用范围；由于药物要进入人体参加机体代谢，产生一定的药理作用，所以医药的销售者应当经过特殊的培养和训练，具备一定的专业技术能力，否则将有可能对人的生命安全造成危害。因此，我国对药品尤其是麻醉药品、毒性药品、精神药品和放射性药品以及麝香、甘草、杜仲、厚朴四种中药材实行专营管理制度。

七、消费者权益的内涵

1. 消费者权益的概念

消费者权益是指消费者的权利和利益，是消费者在购买、使用商品或享受服务中所应有的权利，即消费者有自由选择购买符合自己消费需要并与其付出的货币相等的使用价值的权利，它主要体现在消费者的物质利益是否得到了满足，消费者用代表一定量价值的货币能否买到等量价值的商品或服务，消费者在购买商品或服务时是否受到应有的尊重，消费者的健康和安全是否得到保障。

2. 我国消费者享有的权利

各个国家对消费者规定的权利不尽相同，国际消费者联合组织确定消费者有如下七项权利：要求安全的权利，提供信息的权利，自由选择的权利，听取其意见的权利，要求赔偿的权利，受教育的权利，要求保障有益于健康的环境的权利。1984 年 12 月 26 日，中国消费者协会经国务院批准成立，在其章程中提出了我国消费者应该享有的六项权利；1993 年 10 月 31 日，第八届全国人大常委会第四次会议审议并通过了《中华人民共和国消费者权益保护法》，进一步明确规定了消费者的权利。消费者享有的权利有：

(1)消费者在购买、使用商品和接受服务时享有人身、财产安全不受损害的权利。消费者购买商品是为了满足个人的消费需要，但如果商品不安全、不卫生，就会损害消费者的身心健康，严重的甚至造成人身伤亡事故。所以，消费者有权要求经营者提供的商品和服务符合保障人身、财产安全的要求；而生产者和经营者向消费者提供必要的商品和服务必须符合国家规定的安全、卫生标准，凡危害消费者安全、健康的商品一律不准销售。

(2)消费者享有知悉其购买、使用的商品或接受的服务的真实情况的权利。消费者要购买商品，首先必须了解商品。所以，消费者有权根据商品或服务的不同情况，要求经营者提供商品的质量、价格、产地、生产者、用途、性能、结构、规格、等级、主要成分、生产日期、有效期限、检验合格证明、使用方法说明书、维护修理以及售后服务或服务的内容、规格、费用等有关情况。企业要尽可能通过各种形式为消费者提供有关信息，如广告宣传、商品展销、产品说明书、营业员销售服务等，而不能故意封锁信息或传递歪曲的、夸大的、不正确的信息，蒙骗顾客。消费者在选购商品时有权向营业员提出询问，了解情况，要求展示商品，或对商品的生产经营提出意见，提供商品和服务的企业有义务实事求是地回答消费者提出的问题。

(3)消费者享有自主选择商品或服务的权利。消费者有权根据自己的意愿自主选择提供商品或服务的经营者，自主选择商品品种或者服务方式，自主决定购买或者不购买任何一种商品、接受或者不接受任何一项服务。消费者在自主选择商品或服务时，有权进行比较、鉴别和挑选。

(4)消费者享有公平交易的权利。消费者在购买商品或接受服务时，有权获得质量保证、价格合理、计算正确等公平交易条件，有权拒绝经营者的强制交易行为。任何企业和个人不得横加干涉，强行搭配、强人所愿，损害消费者的权益。

(5)对商品和服务提出意见的权利。消费者有权对工商企业生产和经营的商品提出意见、批评，要求他们根据消费者的需求不断改进，提高商品和服务质量。消费者因购买、使用商品或者接受服务受到人身、财产损害的，享有依法获得赔偿的权利，因为买卖双方是平等互利、等价交换的关系，任何一方不得损害另一方的权益。如果由于卖方的原因，使作为买方的消费者在购买商品和使用服务时受到损害，消费者有权要求赔偿其损失，必要时可诉诸法律解决。

(6)消费者享有获得有关消费和消费者权益保护方面知识的权利。消费者应当努力掌握所需商品或服务的知识和使用技能，正确使用商品，提高自我保护意识。

(7)消费者享有对商品和服务以及保护消费者权益工作进行监督的权利。质量是商品价值的内在保证，而价格则是商品价值的货币表现。商品效用的大小，往往取决于商品质量的好坏，而商品价格的高低标志着商品质量的优劣。消费者不仅有权要求购买质量得到保证、质价相称的商品，而且有权根据国家政策规定采取各种方式方法监督商品的价格和质量，对一些虚假广告、假冒商标、以次充好、以假充真、质量低劣以及随意抬高物价、提高收费标准等现象有权提出意见，或向有关部门检举揭发，以维护消费者的合法权益。同时，消费者还有权检举、控告侵害消费者权益的行为和国家机关及其工作人员在保护消费者权益工作中违法失职的行为，有权对保护消费者权益工作提出批评、建议。

(8)消费者享有依法成立维护自身合法权益的社会团体的权利。

(9)消费者在购买、使用商品和接受服务时，享有其人格尊严、民族风俗习惯得到尊重的权利。

此外，消费者还应有要求保障有益于健康的环境的权利。因为任何消费都生活在一定的社会环境之中，环境的好坏与消费者的生活息息相关，它不仅影响当代人的健康，还关系到子孙后代的健康。消费者不仅有权利要求得到良好的商品和服务，而且有权利要求有一个良好的生活环境。

八、我国保护消费者权益的现状与存在的主要问题

1. 我国保护消费者权益的现状

自从中国消费者协会成立以来，全国各地也纷纷成立了当地的消费者组织，它们依靠社会力量，在城市的街道、农村的乡镇以及大中型商场、工厂企业建立了各种形式的社会监督服务网络，形成了从城市到农村、上下结合、纵横交错的消费者协会组织体系和社会监督服务网络。

近几年来，各级消费者协会经常采取理化检测和感观评议相结合、专家与消费者相结合的方法，对各类消费品进行质量检测、比较试验、使用跟踪、市场检查、专题调查、消费者评价

等多种活动，并把优质产品、优质服务向广大消费者推荐，对假冒伪劣商品予以曝光，促使企业增强质量意识和保护消费者利益意识，提高产品质量和服务质量。同时，国务院各部门和一些地方部门也公布了许多具有保护消费者利益内容的行政规章和法律法规。但损害消费者利益的问题依然很严重。

2. 我国保护消费者权益存在的问题

主要问题是消费者缺乏自我保护的意识和能力，具体表现为权利意识淡薄，法制观念薄弱，运用法律保护自身权益的能力较弱。如对单位价值较小的商品问题大多不去追究，对商品质量、价格、计量方面的问题不知由哪些部门处理，对商品标识、广告宣传、销售行为等方面的问题，不知道找哪些部门反映情况和提出索赔。此外，消费者组织的工作有待进一步完善。

九、依法保护消费者权益的途径

1. 建立具有中国特色的消费者权益保护规则体系

消费者权益是社会主义市场经济发展中的重要问题，反映了社会主义生产关系和生产目的的本质要求，消费者权利是消费者利益在法律上的表现，应该受到尊重，受到法律保护。那些损害消费者权益的违法行为应该受到法律制裁，这样才能保护良好的社会秩序和正常的经济生活。因此，应该加强有关消费者权益的经济立法，做到有法可依，违法必究。党的十一届三中全会以来，国家开始重视保护消费者权益方面的法制建设，陆续制定了一系列含有保护消费者权益内容的法律、法规。其中，《中华人民共和国消费者权益保护法》就是保护消费者权益的专门法，此外，《中华人民共和国计量法》《中华人民共和国商标法》《中华人民共和国价格法》《中华人民共和国广告法》《中华人民共和国反不正当竞争法》等也是保护消费者权益的重要依据。这些法律法规在调整生产经营者与消费者之间的关系、保护消费者权益方面起到了一定作用，但从目前来看，在保护消费者权益方面，还有许多有待于完善的地方。

2. 强化行政监督

行政监督在保护消费者利益工作中具有十分重要的地位和作用，物价管理、工商行政管理、卫生监督、技术标准监督、进出口商品检验以及环境保护等担任保护消费者利益的行政监督单位，有责任也有权力对侵犯消费者权益的不正当的生产经营活动，特别是违法活动，进行行政监督管理，并加以惩处。因此，必须由政府部门建立起完整的监督管理体系，划分出不同的管理层次，明确各自的职能范围，形成一个有机的监督管理体系，以加强对消费者权益的保护。

3. 加大新闻舆论监督与宣传力度

新闻舆论监督具有公开、及时、传递迅速、覆盖面广、社会影响大的特点，同时它还具有监督、教育、信息传播等特殊功能，这对保护消费者的利益十分有益。它的作用：①揭露损害消费者的行为，在社会上引起强烈反响，促使问题得到较好解决；②宣传消费者组织在保护消费者利益方面的作用，取得良好的社会效果；③宣传加快保护消费者权益的立法，推动保护消费者权益的法制建设。

4. 消费者组织的监督保护

消费者组织的社会监督是人民行使民主权利的一种重要形式，对制止市场交易中的不良倾向、保护消费者权益有不可忽视的重要作用。这主要体现在受理消费者投诉，维护消费者利益，参与或组织对商品或服务质量进行监督、检测，配合有关部门查处假冒伪劣商品和虚假广告行为，协助当地政府、人大及法制部门拟定维护消费者权益政策和法规等方面。

5. 加强行业管理监督

所谓行业管理监督是指行业主管部门和行业组织以及企业自身对本行业商品和服务所进行的管理和监督行为。通过这种自行约束，可以培养消费品生产经营者自觉维护消费者合法权益的观念，将有利于消费者权益的保护。

6. 培养消费者依法自我保护的观念

消费者的自我保护意识是保护消费者权益的最重要的条件，如果消费者依法保护自己合法权益的观念淡薄，或当受到损害时怕麻烦，不敢找经营者交涉，那么消费者权益保护的问题便无从谈起。所以，应加强消费者自我保护的权利意识，通过宣传教育等各种方式方法，让广大消费者树立起依法保护自己合法权益的观念，掌握必要的维护自身权益知识，并学会运用法律武器维护自己的权利，遇到问题时，知道去找谁，如何交涉，如何投诉，有效地同一切损害消费者合法权益的行为进行斗争。

7. 健全消费者权益保护管理体制

要有效地保护消费者的权益，国家必须建立社会主义市场经济条件下的消费者保护体系，以解决生产者和消费者之间的矛盾为基本内容，并处理好由此导致的其他矛盾和社会关系。

第五节　生产资料市场管理

一、生产资料市场的概念

生产资料是人们在生产过程中所使用的劳动资料和劳动对象，由此而形成的市场就是生产资料市场，又叫中间产品市场或生产用品市场。它是生产资料商品交换的场所，是在一定时间、一定空间内生产资料商品交换关系的总和。在市场经济条件下，生产资料在生产过程中的流通是通过商品交换的形式在市场上实现的，所以生产资料市场在社会主义市场经济体制中具有重要的地位和作用。

二、生产资料市场的特征

1. 派生性

生产资料市场是人们间接需要的市场，它提供的是中间产品，最终目的是为消费品市场提供商品，其需求量的增长取决于消费品市场商品需求量的增长，如对钢材的需求是由于消费者需要汽车、电冰箱、自行车等的需求而产生的。

2. 需求缺乏弹性

由于生产资料市场的购买者最终目的是生产出可供销售的产品，只要是产品生产必不可少的生产资料,不论其价格高低,一定购买,然后通过产品销售价格的提高将增加的成本转嫁给消费者。某些行业的生产资料的价值在产品成本中比重不大,如某些零配件、辅助材料等,所以生产资料价格上涨对产品需求影响较小。

3. 商品的专用性、技术性强

生产资料商品在消费上具有专用性、整体性的特点,不同的生产资料在生产、使用和保管过程中都有不同的技术要求;必须按照一定工艺技术的要求来组合才能投入生产消费,用户需要最佳的服务,包括详细的产品说明书,保证供应零配件及专用工具,实行“三包”等一系列的技术服务等。

4. 交易形式稳定

相对于消费品市场而言,生产资料市场的交易形式是比较稳定的,一般来说,除一些散户对通用性生产资料的需求是通过生产资料市场自由交易外,一些消费大户和对专用性生产资料的需求都是通过生产企业之间的直接联系、协商达成交易。

5. 购买者具有充分的知识

由于购买者是企业的专职采购人员,对所购物品有充分的了解,有丰富的商品知识,对商品的性能、规格等要求严格,旨在购买价格最低、质量最好、服务最多的产品,所以经营者必须重视推销人员的挑选和培训,使其对推销产品的市场行情、使用者的质量要求、所推销商品的优缺点有透彻的了解。

6. 批量大、场所集中

生产资料市场的需求者多为生产建设单位,市场数目比消费者市场少,范围小,但一次性的销售额大,购买集中。

三、生产资料市场的结构

生产资料市场结构是指生产资料从生产领域向消费领域转移过程中,各种经营组织和购销管理形式在市场上的地位及其相互关系。

1. 生产资料市场的经济形式结构

根据我国现阶段经济形式的特点,生产资料市场的经济形式结构主要有国有流通企业、集体流通企业、个体私营企业以及中外合资企业、联营企业、股份制企业等。

2. 生产资料市场的经营范围结构

根据生产资料的部门属性,生产资料市场的经营范围结构可以分为工业用生产资料市场、农业用生产资料市场。其中,工业用生产资料市场主要是为工业生产活动提供物质条件的市场,包括金属材料市场(黑色金属市场、有色金属市场)、能源市场(煤炭市场、石油市场等)、建材市场、木材市场、化工轻工产品市场、机电设备市场、汽车市场等;农业用生产资料市场主要是为农业生产活动提供物质条件的市场,包括化肥市场、农药市场、农膜市场、农机具市场、种子市场、耕畜市场等。

3. 生产资料市场的经营形式结构

生产资料市场的经营形式结构主要包括物资生产企业销售网点、物资流通企业及其销售网点、各种物资贸易联合体、物资贸易中心、物资交易所及各种形式的商品订货会、展销会等。其中,物资生产企业的销售网点主要经营本企业的产品,尤其是品种、规格、型号、性能较单一或特制的产品;物资流通企业及其销售网点是专门从事生产资料流通的商业企业,其经营的品种、规格较为齐全,是生产资料商品流通的最重要渠道;物资贸易中心、物资交易所等则是开放性的生产资料市场,适合于各类企业和需求者互通有无、调剂余缺。

4. 生产资料市场的地域形式结构

从纵向看,生产资料市场的地域形式结构包括国际性生产资料市场、全国性生产资料市场和地方性、区域性的生产资料市场;从横向看,生产资料市场的地域形式结构包括城市生产资料市场、农村生产资料市场、沿海生产资料市场、内地生产资料市场、特区生产资料市场、边远地区生产资料市场和生产资料边境贸易等。

第六节　文化市场管理

一、文化市场的管理机构

文化市场的管理机构是指代表国家对文化市场实施权威性管理的机关。它根据《中华人民共和国宪法》和有关法律,党和国家的有关政策起草或制定文化市场管理的有关法律、法规和政策,培育、建设和管理好文化市场。

我国文化市场管理的最高层次的领导是国务院下属的文化和旅游部、新闻出版署、国家广播电影电视总局、国家文物管理局,这些机构通过制定文化市场管理的方针、政策以及有关法规、条例,对全国文化市场实行全面的领导和管理。第二层次的领导是各省、自治区、直辖市人民政府,它们的主要任务是执行上层领导制定的文化市场管理的方针、政策、法规、条例,并根据各自的实际情况,制定适应本省、直辖市、自治区的相应政策、法规。第三层次的领导是各地、县政府机构,它们的主要任务是贯彻执行中央及各地方所制定的文化市场管理的方针、政策、法规和条例,领导和管理本地、县的文化市场。

二、文化市场管理的内容

文化市场管理分宏观管理和微观管理两个层次。文化市场的宏观管理是指国家对文化市场总体运行所进行的全局性的管理过程;微观管理是指对一定的文化经济个体及其文化经济活动所进行的管理过程。

1. 文化市场的宏观管理

(1)要进行文化市场调查

文化市场是一个复杂多变、纵横交叉的动态网络,它不但与经济、政治、社会环境、民族传统有密切关系,而且与文化市场中的消费者心理倾向、审美情趣、文化潮流等息息相关。若不进行市场调查,不掌握市场信息,不了解市场动态,就谈不上发展文化市场,更谈不上对文化市场的宏观管理了。

加强文化市场调查就是政府文化市场管理部门通过调查研究,了解人民群众对文化生活的需求趋向、文化动态;了解文化产品的销售前景、市场容量、价格的制定及经营网点,从而对文化市场的发展作出正确的决策，以求文化市场均衡、健康地发展。

(2)要制定管理法规

文化市场管理的一个重要方面就是政策法规管理。政府文化市场主管部门，要根据国家法律、法规和法规性文件来管理文化市场。文化市场的法律、法规管理手段在处理文化市场的各种利益、义务关系时，比其他管理手段更有利于不受非正当的行政干预的影响。它具有规范性、强制性、利益性和相对稳定性的特点。

文化立法是建设社会主义文化法制的首要任务，我国目前已制定了一系列的法规和制度，如 1988 年文化部和国家工商行政管理局颁布的《关于加强文化市场管理工作的通知》、1989 年新闻出版署发布的《关于在全国出版社整顿协作出版代理代发的通知》和《关于检查、整顿书刊市场的紧急通知》、1994 年 8 月国务院颁布的《音像制品管理条例》、1996 年国务院颁布的《电影管理条例》等。从中可以看出虽然国家和地方对文化市场的立法颁布了不少法规性文件，但是由最高权力机关制定的正式法律却很少，而且现有的法规有的已过时，有的急需修改，所以完善和制定新的文化市场管理法规已成为迫在眉睫的任务。

(3)要提高文化市场管理者素质

我国的文化市场是倡导社会主义新文化、弘扬民族文化精华的阵地，是社会主义精神文明的前哨。因此，文化市场的管理者必须具备一定的思想政治素质、良好的文化素质、较强的管理工作能力等。提高文化市场管理者的素质以适应文化市场管理的需要，是一项长期而艰巨的任务。

提高文化市场管理者素质的方法主要有：①通过实践锻炼，提高管理的素质；②通过学习科学知识，提高文化市场管理者的素质；③通过对文化市场管理者进行定期或不定期的培训，也是一条提高管理水平、增强管理能力的有效措施；④设立考核制度，鞭策管理者提高自身素质。

(4)完善文化市场行政管理体制

文化市场行政管理体制是中央和各省、直辖市、自治区人民政府及文化主管部门领导和管理权限的划分，以及与这种权限划分相适应而设置的机构形式、管理制度和方法。我国社会主义文化市场的行政管理体制有两大特点：①层次制，即从纵向上分成若干层次。②分职制，即从横向上设立平行的若干部门，各司其职。层次制和分职制相结合的管理体制存在的最主要的问题是容易形成各职能部门之间政出多门、相互扯皮、相互掣肘、各自为政的混乱管理局面。鉴于文化市场管理的现状，改革和完善行政管理体制尤为重要。

要进行文化市场行政管理体制的改革，首先要科学地设置管理机构，打破原有分散格局，建立统一的分级管理网络。其次要实行精干合理的原则，精简人员和机构，形成精干高效的管理体制。

2. 文体市场的微观管理

对文化市场的微观管理主要包括：

(1)对文化产品和文化服务活动进行管理。文化管理机构对文化市场上健康的、优秀的文化产品要予以扶植、提倡和表扬；对那些忽视社会效益的文化产品生产者和经营者，要给予批评、教育；对那些违法经营的极少数人，要依法取缔、打击，甚至追究其刑事责任，以保证文化市场健康、有序地运行。

(2)正确行使审批权。政府文化行政管理部门对文化产品的生产和经营行使审批权，主要包括：①对国内申请从事文化产品的生产、经营和文化服务的企业与个人，从经营项目、资格条件、技术力量、资金状况、管理人员情况等进行严格审核把关。②对引进和出口的文化产品与文艺演出进行严格审查。严防一些黄色的、格调低下甚至内容反动的文艺作品和文化活动的流入，以避免其败坏社会风气，扰乱市场。

三、文化市场的管理方法

文化市场的管理方法要在坚持四项基本原则的基础上，在坚持改革开放的前提下，把社会效益和经济效益相统一，坚持“提倡健康的，扶植有益的，允许无害的，抵制有害的，取缔违法的，打击犯罪的”管理原则，用经济的、法律的、行政的方法进行科学的管理。

1. 经济方法

在文化市场中运用经济手段，即通过价格、税收、信贷等干预市场行为，发挥经济杠杆在调节市场中的强有力的作用。

(1)价格机制

国家利用价格上下波动的机制调控文化市场：①价格杠杆对文化生产的调节。国家可以根据各个时期文化经济发展的目标和要求，让某些文化产品的价格适当高于或低于它们的价值，以刺激或限制这些文化产品的生产，使社会文化生产结构在动态中趋于合理化，实现社会文化劳动在社会文化各部门间的合理分配。②价格杠杆对文化消费的调节。在人们货币收入有限的前提下，文化产品价格高低直接影响人们对该种文化产品的需求和消费。对于那些净化人们心灵的优秀文化产品，应以适度的“优惠价”来鼓励和扩大消费。

(2)税收机制

国家可以根据文化经济发展的需要，通过税收政策，即利用加税、减税、免税等措施，发挥其对生产经营的限制鼓励和扶植作用。如在文化市场经营活动中，对于有益于人们身心健康的文化活动，政府应实行减免税政策；对于那些内容不太健康的经营活动，政府应对其征重税。又如对于非营利性文化单位从事多种经营所得的经济利益，税收相对低些，甚至免税；而对于营利性文化单位搞多种经营所得的经济利益，税收就要相对高些。再如，对文化市场中高收入者要严格征收个人所得税。

(3)信贷机制

银行对从事生产社会主义精神文化产品的产业实行较宽的信贷政策，让文化产业享有低息、无息，甚至贴息的优惠待遇。由于我国文化产业界内部发展不平衡，一定时期总存在需要重点发展扶植的部门和文化产品，它们更需要信贷支持。所以，信贷资金在文化产业界的分布和流向是否合理，是关系到整个文化经济能否良性循环的大问题。

(4)收入机制

在我国现阶段，提高文化工作者的积极性，除了提高他们的思想觉悟外，最重要的就是贯彻按劳分配的原则，实行合理的收入分配制度。国家要通过收入机制，即工资、奖金、津贴、奖励和其他收入形式，来调节社会主义文化经济的运行。

2. 法律方法

国家通过文化立法和执法，协调文化市场管理中各种文化、经济关系，保护合法的文化活动和经济活动，解决各种文化纠纷，打击违法犯罪行为。

(1)立法。为使文化市场朝着繁荣、健康、活跃、有序的方向发展，文化市场立法工作极为重要。社会主义文化市场的立法首先要坚持四项基本原则，坚持社会效益与经济效益相结合的原则，坚持实事求是的原则，坚持促进改革开放的原则，坚持社会主义民主的原则。通过立法，调节好文化市场的供求关系，保护消费者合法权益，推动社会主义精神文明建设，把文化市场推向正规的法制管理轨道。

(2)执法。在法律、法规制定以后，有法必依、执法必严成为文化市场管理法制化的关键环节。在我国文化市场上出现的某些混乱现象，一方面是由于法规不健全，另一方面是由于"有法不依"造成的。有些单位或个人为了自己的利益明知故犯；有些部门权大于法的现象一直存在；个别执法人员经不起金钱的诱惑，收受贿赂，从而使文化市场的管理缺乏力度，执法不严，违法违纪者得不到惩罚，执法不严者得不到处理，法律的尊严遭到践踏。

因此，为了加强文化市场管理执法的力度，首先，要开展广泛的法制教育。大力宣传执行法规的意义，建立健全管理人员的学习制度，进行必要的法律知识考核。其次，加强对文化市场管理部门的监督，真正使文化市场的管理做到"有法必依""执法必严""违法必究"。最后，要建设高素质的执法队伍，这支队伍要具备政治素质高、业务知识广、管理水平高、廉洁尽职、秉公执法的特点。

总之，在文化市场管理中，只有依法对文化市场进行管理，才能实现繁荣社会主义文化市场的目标。

3.行政方法

对文化市场实施行政管理，是文化市场管理的重要手段。在我国，文化市场行政管理的最大特点是具有很强的权威性，这一点从以下四个方面可以体现出来：

(1)提倡。政府通过国家干预、政策扶植表明政府提倡什么，反对什么；政府通过新闻媒介等舆论传播手段，引导人们自觉投入到国家倡导的文化活动中去；培育骨干，发挥其模范带头作用；表彰先进，推动文化市场向着国家指定的方向发展。

(2)限制。政府利用行政方法，采取一些带有强制性的措施，限制那些不符合社会主义文化建设需要的文化商品和文化活动进入文化市场。

(3)监督。对文化市场的行政监督，即国家通过发布政令、制度、文件和其他规章，对文化市场的文化活动和经营活动提出要求，使文化市场向着规范、有序、健康的方向发展。政府对文化市场行政管理监督的作用是不言而喻的。它可以防止和纠正文化市场管理中的失误与偏差，从而保证党的文化路线、方针、政策的顺利实施。

(4)协调。文化市场是一个社会综合体，它的管理涉及许多部门，如果没有政府主管部门的协调，文化市场就无法有序地运转。另外，在主管部门内部也需要协调，如根据国家和地方的经济发展水平、文化市场的供求状况，对文化娱乐、文化服务的布局、档次、规模进行协调。

第五章 现代企业制度与公司治理

知识框架

- 现代企业制度与公司治理
  - 国有企业改革
    - 国有企业改革,市场取向改革
    - 经营方式多样化
  - 现代企业制度和公司治理
    - 现代企业制度的含义
    - 现代企业制度的特征
    - 现代企业制度的基本形式与内容
    - 企业转型发展

第一节 国有企业改革

一、国有企业改革,市场取向改革

1. 国有企业改革发展

国有企业改革的方向是使国有企业彻底市场化。在20世纪末,通过改革,国有中小企业彻底民营化、市场化,在中小企业层面已经没有国有企业了。目前正在进行的国有大企业改革,其方向是公众化、市场化,即通过资本市场把国有大型企业改造成为上市公司,成为市场竞争主体,独立承担民事责任,这就是公众化、市场化方向。若干年后,当这项任务完成之后,就会发现中国国有大型企业都变成龙头公司了,现在中央企业60%以上的净资产都已经进入上市公司了,这个方向可以看得非常清楚。

2. 市场取向改革方向

中国国有企业是计划经济体制下最为典型的公有制形式之一,产权模糊、政企不分、结构单一、粗放经营、体制滞后、效率低下是其最显著的特点或特征。因此,国有企业改革不能一蹴而就,必然是一个渐进的市场取向改革的过程。市场取向的改革主要集中在以下两个基本方面:

(1)转变国有企业的运行机制。由计划经济体制下政企不分的附属机制,向市场经济体制下政企分开的独立机制转变,这一进程是通过政府简政放权、扩大企业自主权、转换经营机制、确立法人实体地位、强化法人治理结构、成为市场主体等系列改革实现的,表现为国有企业的转轨转制、建立现代企业制度、实行股份制经营等运行机制的根本性转变。与之相伴随的是政府与国有企业关系的转变,即政府由直接干预向创造外部条件并推动国有企业运行的机制转变。主要有:①加大政府职能转变的力度,向责任政府、服务政府方面转变,为国有企业转换运行机制提供服务,创造良好的外部条件;②制定经济社会发展战略规划和产业政策,引导国有企业有序发展;③加快市场体系建设,为国有企业成为真正的市场主体创造条件;④促进非公有制经济快速发展,营造不同所有制经济形式的公平竞争氛围;⑤硬化国有企业的预算约束,通过税收、信贷机制调节国有企业运营,走市场化投资融资之路等。通过一系列改革举措,使国有企业改革以市场为导向,遵循市场规律,逐步走向市场化轨道。

(2)转变国有企业的发展方式。由粗放型经营向集约型经营转变,这一进程是通过实施国有企业内部挖潜、革新、增效,加大改组、改制、改造,建立现代企业制度,实行不同形式的股份制经营方式,提高科技含量和管理水平,确立规范化的市场机制等实现的。其表现为国有企业科技进步和管理水平的提高,董事会决策和经理层经营能力的提高,存量资产增值和产品服务质量提高等,有力地推动了国有企业发展方式的转变。这种转变并非让政府对国有企业撒手不管,而是要分清政府与国有企业各自的职责与权力。实质在于政府对其在国有企业治理及改革中的职责权力或治理边界进行重新定位与正确定位,其要义在于政府应将由政府承担的责任与义务从国有企业中分离出来,并为国有企业的治理及改革创造良好的环境,将国有企业本应享有的经营管理与相关利益分配等权力还给国有企业。国有企业两个基本方面的转变可称为一般发展要求的市场取向改革或转变,为社会主义市场经济奠定了微观基础,创造了必要条件。

3. 市场取向改革的措施

目前,国有企业的市场取向改革已进入创新发展阶段,国有企业改组改制、建立现代企业制度、股份制运营等已经取得了实质性成果,国有企业运营绩效显著提高,市场竞争实力明显增强。但是,还要处理好国有企业改组改制中的一系列相互关系,主要包括政府在改制企业中的角色和政府与改制企业之间的关系;改制企业的权力转移和不同股东的利益诉求;内部人持股与内部人之间关系的变化。在此基础上,国有企业的市场取向改革已转变为适应市场经济要求的理念创新、体制创新、机制创新、研发创新和服务创新,对国有企业整体经营素质提出了更高要求,可称之为深度发展要求的市场取向改革或转变。与深度发展要求的市场取向改革相适应,国有企业或国有企业集团推出新举措,主要有:

(1)加强适应市场经济要求的国有企业中党的领导体制建设,充分发挥工会的作用,建立职工代表参与企业决策的机制,塑造以人为本的企业文化,构建每个国有企业和谐发展的共同愿景,调动国有企业职工的改革积极性及创新精神。

(2)深化法人治理结构,推进企业家经营决策机制建设,提高国企领导团队的素质,建设适应市场经济需要的现代学习型企业。

(3)加强国有企业科技研发的核心地位和作用,建构具有强大实力的产学研联合体,形成以自主知识产权为核心的科技创新体系和知识产权保护体系,推进名牌创新发展战略。

(4)组建多元化的国有企业职工社会保障网,实施最低工资保障制度,以有力配合市场取向改革的深化。

(5)依法运营,依规操作,平等参与,公平竞争,走市场化、集团化、国际化经营之路,提高国有企业的竞争实力和服务社会的水平。

国有企业市场取向的改革要把国有企业逐步引向市场，最终形成主动参与并具有竞争力的市场主体。其次序为：首先，实施抓大放小举措，把中小型国有企业先行引入市场；其次，实施体制性分离，确立大中型竞争性国有企业的市场主体地位；再次，实施体制性深度分离，对垄断性国有企业实行市场化改革，加速国有企业转轨转制，推进国有企业集团化发展，最终实现以市场取向改革为中心的发展战略目标。根本解决国有企业包袱重的问题，最终形成具有自主创新能力的市场主体。把国有企业办社会等沉重包袱放下来，交给政府、基层社区和民间社团，把国有企业债务交由具有资质的投资机构运营，走自主创新之路，最终实现以市场取向改革为中心的自主创新战略目标。推行国有企业多元化发展战略。实行各种形式的股份制、股份合作制、联营制，走公司化、集团化发展之路，走具有国际竞争力的混业经营之路，促进国有企业市场取向改革的深度进展和广度扩张。推动国有企业与其他经济形式的平等竞争、共同发展。这是市场取向改革的重要思路和途径，也是国有企业重现生机活力的根本条件。建立国有企业产权转让制度，确立国有企业产权转让机制，形成国有企业产权转让及评估体系，确保国有企业资产保值增值，提高国有企业的整体素质和竞争力。

国有经济改革绝不是消灭国有企业，无论是东方还是西方，国有企业都是崛起中国家的支柱。当代国家间的竞争，在经济层面的直接表现就是企业之间的竞争。在关系国家安全与经济命脉的重要产业和关键领域保持国有经济的控制力，既是中国特色社会主义原则的要求，也是国家战略的需要。特别是大型骨干国有企业，是维护国家经济、科技、国防安全的基础，是国家财政收入和民生建设的支撑，是以自主创新支撑经济结构优化升级的经济基础。中国的国情决定了必然发展国有企业，作为发展中的社会主义国家，依靠私营企业很难赶上发达国家。在市场经济条件下生存、发展、做强做大，是现代国有企业发展的方向。国有企业改革的重点是向跨国公司看齐，把国有企业培养成能够在世界市场上占有一席之地的、有控制力的、有影响力的跨国公司。

二、经营方式多样化

国有企业改革的最终目标是搞好公有制经济，发展公有制经济，为社会主义市场经济奠定体制基础。国有企业改革及建立现代企业制度的内在要求就是，国有经济要被有力地激活，促进国有企业经营方式的多样化。

经营方式的多样化是现代企业制度对国有企业的要求，是国有企业走出困境、参与市场竞争的前提，是发展社会主义市场经济的需要。中国以往的国有企业是政府的附属物，无任何责任、风险可言，最终由国家包保并承担责任、风险，根本谈不上经营方式的多样化。由计划经济向市场经济转变，由粗放型经营方式向集约型经营方式转变，国有企业面临的困难增大、问题增多，竞争对手林立，风险责任被强化，必须依据市场需要实施分散的自主决策，依据市场变化实施多样化经营。国有企业若不能开展多样化经营，就无法参与市场竞争，就必然被无情地淘汰，这已成为一个铁的规律。

经营方式多样化是国有企业深化改革的必然产物，是建立现代企业制度的必然结果。深化国有企业改革，建立现代企业制度，是国有企业成为市场主体的动能和条件，依据市场需求，走多样化经营之路，在多样化经营过程中谋生存、促发展，从而确立明晰的市场定位及可持续发展战略。

经营方式多样化主要是通过股份制运作方式、国有股权分散化实现的。国有股权分散化指控股经营、参股经营、混合经营、联合经营等多样化股权运作方式，体现了国有企业经营的多样性和灵活性、在市场经济活动中的主体性和主导性。

经营方式多样化是国有企业与其他经济形式平等竞争、公平竞争的客观要求。国有企业与其他经济形式的竞争，是在市场经济基础上的竞争，是在法律规范、政策引导下的竞争，是在市场竞争规则诱导下的竞争，这种市场竞争极易形成经营方式的多样化，保持国有企业发展的生机、活力。中国市场经济发展的不平衡性决定了平等竞争、公平竞争的不平衡性，不可避免地存在不公平竞争、不正当竞争。在此态势下，其他经济形式发展迅速，竞争能力较强，成为国有企业强有力的竞争对手。竞争性国有企业由于改革过程中的困难及问题，尚缺乏活力，在竞争中处于不利地位，会造成不平等竞争局面。具有垄断性的国有企业，由于独家经营，其他经济形式难以进入，形成竞争力不足、没有压力的状态。随着国有企业改革的不断深入、现代企业制度的逐步建立，竞争性国有企业的竞争力将显著增强，必然在激烈的市场竞争中实行多样化经营战略，而不是退出市场竞争。垄断性国有企业的独家垄断局面也会被逐渐打破，也必然走多样化经营发展之路，否则必将难以生存。

经营方式多样化构成国有企业改革的优选方式之一，成为社会主义市场经济的体制条件，甚至是最主要的体制条件。

第二节　现代企业制度和公司治理

一、现代企业制度的含义

企业是国民经济的细胞，是实行自主经营、自负盈亏、自我约束、自我发展的经济组织。建立现代企业制度的基本前提是国有资产的最终所有权与法人财产权的分离。现代企业制度指以产权关系为基础，以企业法人制度为核心，适应社会化大生产和现代市场经济要求的一种企业制度形式。

二、现代企业制度的特征

现代企业制度的特征是产权清晰、权责明确、政企分开、管理科学。

(1)产权清晰。企业中的国有资产所有权属于国家，国家作为企业的出资者是企业中国有资产的所有者，拥有出资者所有权，企业拥有包括国家在内的出资者投资形成的全部企业法人财产权，从而在所有权与经营权分离的基础上，进而在企业中形成出资者所有权与企业法人财产权的分离。

(2)企业权责明确。企业以其全部法人财产，依法自主经营，自负盈亏、照章纳税，对出资者承担资产保值增值责任。

(3)出资者权责明确。出资者按照向企业的投资额享有所有者权益，即资产受益、重大决策和选择管理者的权利。企业破产时，出资者只以其向企业的投资额对企业债务承担有限责任。

(4)政企分开。政府不直接干预企业的生产经营活动。企业也不能不受所有者约束,损害所有者权益。企业按照市场需求自主地组织生产经营,提高劳动生产率和经济效益,并在市场竞争中优胜劣汰。

(5)管理科学。企业建立科学的企业领导体制和组织管理制度,调节所有者、经营者和职工之间的关系,形成激励和约束相结合的经营机制。

三、现代企业制度的基本形式与内容

1.现代企业制度的基本形式

我国国有企业的现代企业制度形式多种多样。公司制是现代企业制度的一种有效组织形式。而公司制又有多种形式,可以是单一投资主体的国有独资公司,也可以是混合所有的有限责任公司或股份有限公司。这些公司可以是多个国有投资主体共同组成,也可以是国有投资为主与非国有投资主体以及个人投资共同组成的国有控股公司。

我国的公司企业主要有有限责任公司和股份有限公司两种组织形式。

(1)有限责任公司,简称有限公司,中国的有限责任公司是指根据《中华人民共和国公司登记管理条例》规定登记注册,由五十个以下的股东出资设立,每个股东以其所认缴的出资额为限对公司承担有限责任,公司法人以其全部资产对公司债务承担全部责任的经济组织。有限责任公司包括国有独资公司以及其他有限责任公司。

(2)股份公司,是指公司资本为股份所组成的公司,股东以其认购的股份为限对公司承担责任的企业法人。设立股份有限公司,应当有 2 人以上 200 以下为发起人。由于所有股份公司均须是负担有限责任的有限公司(但并非所有有限公司都是股份公司),所以一般合称"股份有限公司"。

2.现代企业制度的内容

(1)法人财产制度

它是以企业法人作为资产控制主体,企业出资者不直接控制企业的资产为特征的一项法律制度。

企业法人财产具有整体性、稳定性、连续性和效益性的特点。整体性是指企业法人财产不可分割,企业的出资者除国家独资企业外,还有其他的出资者,但不论企业的出资者有多少,企业的法人财产合为一体,由企业法人占有和使用,企业实行统一经营管理,出资者不能随意抽回投资。稳定性是指出资者即使将其向企业的投资转让给他人(如出卖股票而使股权变动),企业的财产也不因此发生变动,保持了企业财产的相对稳定。延续性是指只要企业存在,企业法人就拥有企业法人财产权,不会因投资者变动而影响企业法人财产权的行使。效益性是指企业法人财产制度的建立,使企业的财产所有者不必亲自经营自己的财产,而是委托给有经验、会管理、善经营的专职经营者,即企业法人代为经营,从而可以提高企业的经营管理水平和经济效益。

(2)有限责任制度

有限责任制度包含两方面内容:①对出资者来说,出资者仅以其向企业的投资额为限对企业的债务承担有限责任。当企业在经营中发生严重亏损，资不抵债，甚至破产时，出资者仅以其投资额承担有限清偿责任，不用以出资者的其他财产赔偿，从而减少了出资者的投资风险，有利于出资者的自我保护。②对企业来说，企业以其经营的全部法人财产为限对企业的债务承担有限责任。当企业经营亏损，资不抵债，甚至破产时，只以企业现有的全部法人财产为限进行清债和赔偿，不涉及企业以外的财产。

企业法人财产制度和有限责任制度，可以有效地解决企业只负盈不负亏的问题，并使企业经营者独立自主地从事生产经营，提高资产运营效率。

(3)法人治理结构

法人治理结构最明显的特征是：所有者、经营者、生产者之间，通过公司的权力机构、决策机构、执行机构和监督机构，形成各自独立、权责分明、相互制约的机制，并由法律和公司章程加以确立和保证。具体特点表现：①以股东会、董事会、监事会、执行机构(经理层)作为法人治理结构确立了所有者、公司法人和经营者之间的权力、责任和利益关系。②经营中的重大问题由董事会充分讨论民主决策；经理层由股东组成，确保了投资者的利益；监事会列席董事会，从不同角度审查、监督董事会的各项决策活动和经理层的经营活动。③通过保证投资者(股东)的投资回报，重视企业内各利益集团的关系协调，包括对经理层与员工的激励以及对高层管理者的制约，避免了因高管决策失误给企业造成的不利影响。

现代企业要建立和完善法人治理结构，法人治理结构就是指由股东大会、董事会、经理层和监事会所组成的一种制度安排和运行机制。它是为了处理由于所有权与经营权分离而产生的信托代理关系，即股东与信托人(董事会)之间的关系，以及董事会与代理人(经理层)之间的关系。这种法人治理结构具有各司其职、权责明确、有效制衡、运转协调的特征，有利于从企业内部建立起激励机制、约束机制和运转机制。公司治理结构是现代企业制度的核心内容，它的合理与否是影响企业绩效的重要因素之一。良好的公司治理可以促进企业的股权结构合理化，加强企业的内部控制，降低企业的代理成本，增强企业的核心竞争力，提高企业的经营业绩，实现企业的可持续发展。

四、企业转型发展

1. 企业转型发展定位

企业转型发展定位问题与其内涵的理解、界定相关。近年来，国内关于企业转型发展的研讨主要聚焦在宏观层面，可概括为以下的代表性观点：①在探索转变经济发展方式的框架下研讨企业转型发展，即转变经济发展方式包含企业转型发展，主攻方向是转方式、调结构、促创新、谋发展，实现经济发展速度、质量、效益相协调，投资、消费、出口相协调，人口、资源、环境相协调，经济发展和社会发展相协调，实现经济又好又快地发展。这是一种典型的宏观层面研究的观点，具有普遍性。②把企业转型发展视为转变经济增长方式的重要内容之一，注重企业经济增长中的产业升级、品牌效应、技术创新、核心竞争力等的研究与探索，企业转型发展即转变经济增长方式。这也是一种宏观层面研究的观点，与第一种宏观层面研究的观点相比，它更强调企业经济增长方式的转变。将经济增长模式与经济增长方式相统一、企业转型发展与经济转型发展相统一，强调转变经济增长方式和走新型工业化道路的重要性、必要性，而转变经济增长方式成功与否最终取决于政府职能的转变。

企业转型发展受制于政府职能的转变，关键点在于推进政府职能的转变。这种研究观点注重宏观与微观相结合，具有比较广泛的代表性。上述研讨观点都不同程度地涉及了企业转型发展的定位问题，触及诸多企业转型发展定位问题的内外因素、机制和条件，具有重要的研究及参考价值，但一般都停留在宏观研究论证层面，缺少对企业转型发展的深入探索与反思。

我国正面临着历史上最深刻的经济转型发展期，转变经济发展方式即是对经济转型发展期的一种高度概括，而转变经济发展方式或经济转型发展的根基在于企业的转型发展，在于企业转型发展的生机、活力，在于企业转型发展的动力、创新，本质上即企业转型发展的根本规定或定位问题。

根据国家转变经济发展方式的要求，理论上企业转型发展的定位有四个基本含义：①企业转型发展必须遵循市场经济的要求，走市场化之路，特别是国有企业更应如此。要通过转方式、调结构、促内需，加快推动企业发展战略转型，构建符合市场化要求的发展机制。这是企业转型发展的必由之路。②企业转型发展必须遵守法律规范，走法制化之路。这是企业转型发展的基本要义。③企业转型发展必须依靠科技进步，走可持续发展之路。这是企业转型发展的根本动力。④企业转型发展必须坚持社会责任，走诚信化之路。这是企业转型发展的前提要件。但在实践中，企业转型发展与其定位及内涵差距甚大，根本原因在于诸多企业把转型发展视为机会主义，习惯于被动跟风，短视行为严重，创新驱动、转型发展的科学理念缺失致使转型发展重形式轻内容、重眼前轻长远、重逐利轻责任。

在企业转型发展的定位问题上还存在一些误区，可归结为四种误区论：①政府决定论。即把企业转型发展视为政府发展规划、方针政策和宏观调控的产物或对象，企业转型发展围绕政府转，被较普遍地视为政府调控行为的附属物，将企业转型发展放在从属地位，企业转型发展的重任一般都落在各级政府的肩上。不是企业转型发展决定政府调控行为，而是政府调控行为决定企业转型发展，从而颠倒了企业转型发展的基础性、决定性地位。如果由政府直接决定企业的转型发展，认定什么是企业需要突破的关键技术、关键环节，则往往由于政府缺乏足够的信息和足够的利益关心而发生决策失误。②企业脱困论。即把企业转型发展等同于出现困境的外贸企业、融资困难的小微企业、污染环境的落后企业、倒闭破产的中小企业等问题企业的转产、迁移、技术改造或升级，忽视国有企业特别是国有大中型企业、国有垄断企业的转型发展，致使企业转型发展冷热不均、极不平衡，导致国有企业转型发展严重滞后。③技术升级论。即把企业转型发展简单地归结为节能减排、绿色环保、高新技术、现代服务等知识经济范畴，转型发展等同于高精尖，等同于企业硬件设施、规模的提高和改善，忽视传统企业、实体经济的转型发展，忽视企业转型发展的内部结构优化、组织学习、企业家治理等管理转型发展问题，企业转型发展的软环境系统还很滞后。企业转型发展中的产业升级和品牌塑造等重要方面需要有市场的支撑，实际上远未达到创建自身品牌的阶段，还要走很长的路。④主体分离论。即把企业转型发展与企业家的主体地位、作用相分离，淡化、忽视企业家在企业转型发展中的决定性作用、意义，企业转型发展似乎由政府等外因推动，企业家的主体地位及功能被弱化，致使企业转型发展面临诸多困境，甚至迷失方向。

鉴于这种定位误区、偏差,政府要逐步减少对企业的微观干预,改变企业家官员化或行政化的弊端,让企业家真正回归企业家家园,并着力创造企业家能力创新的社会环境,从而加速推进企业转型发展的进程。但也有学者认为,基于文化传统缺陷或者政治制度弊端,中国没有独立自由的企业家群体。而要形成独立自由的企业家群体,将是一个长期的改革与发展过程,企业特别是国有企业要构建企业家能力创新机制,发挥企业家能力创新及其功能,走企业家创企、治企、转企之路,使企业家成为企业转型发展的领航者。加快企业家人才的培养和创新建设,积极解决企业特别是民营企业家人才匮乏问题,在转型中锻炼企业家队伍,在实践中发挥企业家能力,真正形成企业家能力创新机制、氛围。这是企业转型发展定位问题的核心因素和关键环节,必须坚持,毫不动摇。

与经济转型发展相比较,企业转型发展定位问题由理论到实践可归结为三个方面:

(1)企业转型发展是经济转型发展的微观基础,是经济转型发展的基本前提。企业是市场经济的细胞,企业及产业竞争力的提高意味着经济细胞活力得到增强,国家经济竞争力得到提高,经济增长微观基础得到改善,可有力地促进经济增长方式的转变。经济转型发展以企业转型发展为基础,企业转型发展决定了经济转型发展的程度、质量、水平,转变经济发展方式、经济转型发展的实现程度是由企业转型发展这一微观基础决定的,因而构成经济转型发展的基本前提。

(2)企业转型发展是经济转型发展的原动力,是经济转型发展的推进器。经济转型发展的动源来自企业的转型发展,是企业转型发展启动并持续推进的结果,企业转型发展的内生动力是经济转型发展的推进器。

(3)企业转型发展是经济转型发展的风向标,是经济转型发展成功与否的基本标志。企业转型发展的层次、规模、效益构成经济转型发展的显著标志,决定经济转型发展的基本走向,成为经济转型发展成功与否的基本标志。

企业转型发展的定位问题属于企业发展战略范畴,涉及企业发展战略的所有主要方面,是企业转型发展的根本问题。但其主要内涵包括产业转型发展和管理转型发展两个基本方面,也是经济转型发展的内涵,两个基本方面相互影响、相互制约,任何形式的单一转型发展都会得不偿失,付出代价。从趋势上看,我国转型期的企业治理结构优化,特别是国有企业治理结构优化正在发生重要变化,适应企业转型发展的企业治理结构正在逐步调整、优化、变革之中,企业转型发展的定位渐趋清晰,逐步由外因决定论向内因决定论转化,企业管理转型发展成为企业转型发展的关键环节。

2. 企业转型发展理念

依据企业发展战略理论与实践,企业转型发展的定位问题取决于企业转型发展的理念问题。企业转型发展的理念问题主要表现为:企业较普遍地对转型发展的认识浅薄,用以往常规思路应对转型发展中的新情况、新问题,缺乏适应企业转型发展的有效管理机制,致使企业转型发展中的诸多障碍难以有效化解、克服,如企业转型发展中的治理结构问题、收入分配问题、环境保护问题、组织学习问题、企业文化问题、社会责任问题等,亟须构建企业转型发展的转型管理理念。

企业产业转型发展和管理转型发展相分离,特别是管理转型发展严重滞后,制约了产业转型及其整体转型发展进程。如重产业转型、技术升级，轻转型治理、转型学习、转型管理；重转型中的硬件建设，轻软件建设等，亟须构建适应企业转型发展的转型机制理念。

适应企业转型发展的新思维、新理念及其企业文化尚未建立起来，企业家能力创新的环境非常有限，致使企业转型发展中的短期行为严重，较普遍地缺少企业转型战略性思维及视野，如转型过程中的机会主义、道德风险、环境污染、企业寻租、短期投资、信用危机等，亟须构建适应企业转型发展的转型战略理念。

企业转型发展的根本理念问题，即企业家能力创新问题常常被淡化、忽视，致使企业转型发展理念模糊甚至缺失，如淡化或忽视企业家个人或团队在企业转型发展中的作用，重视或关注政府在企业转型发展中的作用，企业家能力创新的认知肤浅，创新的环境、氛围十分有限等，亟须构建推动企业转型发展的企业家主体理念。

企业家能力创新这一根本理念问题之所以常常受限并被淡化、忽视，企业转型发展的理念模糊甚至缺失，主要有三点原因：

（1）企业转型发展的定位被从属化。政府的强势地位催逼企业快速转型发展，从而弱化了企业家地位及功能，企业家个人或团队的创新精神、智慧受到抑制，企业家被纳入政府自上而下的指挥链之中，企业家特别是国有企业的企业家被官员化或行政化，紧紧围绕政府的指挥棒转，致使创新动力被严重制约、扭曲、异化，企业家能力创新要素被分散、肢解，难以形成有效平台并真正集结和真实释放出来，致使企业家能力创新被层层分割、淡化、忽视，企业家能力创新更多地流于形式，从而形成企业转型发展中奇特的政府迷思和企业迷思现象。

（2）企业转型发展的目标被模式化。企业转型发展的目标被纳入政府中长期发展目标之中，企业转型发展的目标不是企业自身需要的竞争质量、素质及目标，而是政府强制规定的既定发展层次、规模、水平及目标，因此企业转型发展的目标并非源自内在，与企业自身需要相关，而是源自外在，由政府规定，从而背离了企业转型发展的理念，也背离了企业家及企业家精神，企业转型发展的目标及愿景应当由企业家引领并通过企业上下达成共识，由企业家个人或团队的创造性导向功能实现。模式化的外在目标与企业转型发展的内在要求相悖，如此模式化的企业转型发展目标必然导致企业转型发展理念的模糊、缺失，这种现象绝非偶然，有其必然性。

（3）企业转型发展的任务被同质化。在实践中，企业转型发展的任务千篇一律，服从于、服务于各级政府的发展战略任务和要求，每个企业转型发展的任务被政府发展战略任务和要求同质化，企业家能力创新被同质化的任务和要求严格约束，其创新动能无法充分发挥。与此同时，企业转型发展中的问题多多、困难重重，企业家们面对的内、外部压力不断增大，能力创新被千头万绪的问题所缠绕、被纷繁复杂的困难所掩盖，企业家能力创新这个企业转型发展的理念和企业灵魂被逐渐淡化、忽视。

创新驱动、转型发展的关键在于企业，在于企业家能力创新。政府在转型发展中的作用非常重要，但政府毕竟不是企业，政府的能力是有限的，没有能力知道未来会向什么方向发展，企业转型发展是对未知的探索，由政府指定一个产业发展方向，指定一条技术路线，失败的概率几乎是百分之百，唯一的办法是放手让千百万户企业，让千百万人去探索。探索中失败的概率很大，但千千万万的企业和个人在探索，总有一部分人会成功，这种成功就能够带动国家的整个产业走向企业转型发展的成功道路。

企业家能力或才能属于人力资本范畴，是“主动资产”，天然属于企业家个人，并且只能由其天然的所有人控制着这种资产的启动、开发和利用。一个企业转型治理结构的优化水平、发展机能如何，其企业家个人或团队具有决定性作用，这就是企业家的能力创新问题，也即本质意义上的企业转型发展的理念问题。基于此，正确解决理念问题的核心在于两点：企业治理结构优化、权责明晰、重点突出、目标明确，形成适应转型发展的企业文化、共同愿景和可持续发展氛围。企业治理结构合理，决策层精干，管理层高效，企业家具有战略视野及领导力、社会责任感和人格魅力，企业转型发展具有凝聚力和向心力。后者更具有现实意义，表明企业转型发展的动因在于企业内部，企业转型发展的基点在于内部治理，企业转型发展的关键在于企业家能力创新。两个核心点均强调企业转型发展的战略管理理念，均强调内部治理结构优化中的企业家能力创新。

3. 企业转型发展机制

企业转型发展的机制在于企业内部，在于企业治理结构优化，而企业治理结构优化的内因在于企业组织学习。治理结构优化与组织学习既表征企业转型发展，又蕴涵企业转型发展，构成企业家能力创新的制度基础。这种认知正日益深化并被广泛接受，但在理论上治理结构优化与组织学习的统一性还有待深入探索。

就理论与实践的关系层次及认知而言，企业治理结构优化过程就是组织学习过程，是激发企业转型发展整体活力的过程。企业组织学习的要义即不断强化组织学习，形成企业上下求索、探寻的学习机制及氛围，激发员工的激情和智慧，塑造可共享的企业愿景，提升企业的整体学习力和创新力，应对转型发展过程中的各种问题和挑战，促进企业平稳转型和可持续发展。企业治理结构优化是企业创新过程的产物。企业组织学习的含义始终包括学习创新、组织创新、研发创新、经营创新和管理创新。企业创新是企业学习创新的较高理念及要求，与企业治理结构优化内在相通，与企业整体学习力及创新思维内在相连。企业创新过程内化并砥砺企业治理结构优化及运作程式、操作要点和发展理念的重塑，可有序提高企业治理结构优化的层级、水平。企业治理结构优化就是企业的发展过程，企业治理结构优化与企业发展过程统一于企业学习过程之始终，是企业组织学习力深化和创造性张力增强的典型表征形态，构成企业组织学习的永恒主题，可持续推动企业发展，实现企业转型发展的既定目标。企业治理结构优化的目的是明晰企业转型发展路径，推进企业发展方式转变，使企业发展与企业治理相一致，企业治理与组织学习相统一。企业治理结构优化过程就是企业的完善过程，企业完善过程蕴涵在企业组织学习成长过程中，与企业学习过程、创新过程和发展过程相统一，是企业组织学习的出发点和落脚点。企业治理结构优化既是一个正向的企业组织学习修炼和完善过程，又是一个逆向的企业转型发展问询和反思过程，企业组织的学习理念、方向、目标与企业治理结构优化的方向、目标相吻合。

毋庸置疑，企业转型发展的机制问题还在于政府推动、技术创新、市场环境、竞争者博弈和客户需求等因素，但在本质上机制问题在于其内部，在于其内部治理结构优化和自觉的组织学习。

企业转型发展的机制问题是一个内、外部因素联动的系统，而决定这个系统运作、调节的基因不在于外部因素，而在于内部因素，是企业内部因素主导的结果。

企业内部因素繁杂多样，也有主从、层次之别，关键因素是企业内部的主动要素，是在主动要素启动并引领下的企业自觉运作过程，这个主动要素即内部治理结构优化和组织学习。因为治理结构优化和组织学习具有自主性、纠错性、持续性和创造性等特征，是决定企业转型发展及方向的基因，并与其他内部因素相互作用，具有最终决断、调节、导引作用及功能，是企业转型发展的根本性、主导性机制。

企业转型发展的机制问题就是由内部主动要素主导的内外部因素相互联结、作用的结果。企业治理结构优化和组织学习构成主动要素的内核或核心，具有持续的引导功能和广泛的发散功能，具有极强的凝聚力、向心力和创造力。这是任何其他内外部因素所无法比拟的，其最终调节机制、主导机能、深层机制是毋庸置疑的，已被各类企业普遍认同并遵循。

4. 企业转型发展动力

企业组织学习是企业家能力创新的基础，特指企业家创新能力得以生成并发挥功能的组织学习愿景、团队、氛围，以此为基础产生学习激励机制，启动并持续提升企业家能力创新。或者说企业家能力创新与企业组织学习息息相关，是企业组织学习力和创新力激发的结果，构成企业组织学习持续化的显著标志。企业转型发展中的任何样式的企业家能力创新，都与各种方式的企业组织学习相关联，都深深印记着企业组织学习的含义。在此基础上，企业家并不摇旗呐喊，大声疾呼变革，而是富于激情、努力自下而上地改变自己的组织。每一项意义深远的创新都以一种内求的历程为基础，潜入内心更深处，从而使实证和真知浮出水面。企业家能力创新就源于这种内求的企业组织学习和企业组织变革。

企业家能力创新是企业转型发展的动力，并与企业组织学习内在相通，主要表现在三个方面：

(1)企业家能力创新构成企业转型发展的重要影响因子。企业家能力由企业家发现市场机会的能力、整合经营资源的能力、战略管理的能力和获取、保持控制权的能力构成，属于较高层级的假设范畴。企业家能力创新的基因源自具有特质的企业家个人或团队，蕴涵在企业家的知识素养、管理技术、战略思维水平之中，组成企业家能力创新的立体式结构，对于企业的组织学习具有引导性功能，可直接影响企业转型发展的程度、水平。企业家能力创新的准则是赢得客户和创造市场业绩，获得企业的发展潜力。企业转型发展的出路在于转型升级和提高效率，动力在于创新，创新上要先人一步，升级和效率上要高人一筹。这即是企业家能力创新的本质所在。

(2)企业家能力创新可有序地启动并规范企业转型发展过程。企业家能力创新不是单一的，而是系统的，是一个动态组合体，由企业家个人或团队所独有并运用。从辩证的视角看，具有企业家能力未必就是真正的企业家，企业家能力必须与特定治理结构和组织学习相结合，必须与特定企业发展环境相统一，必须使静态的企业家能力转化为动态的企业家能力创新，才能形成企业转型发展的根本动力。这种企业家个人或团队所独有的能力创新，展现了企业家能力的鲜明特点或特征。

(3)企业家能力创新是企业转型发展的内在驱动力。企业家能力创新具有改善组织学习的最坚定信念，并首先参与组织学习，从而激发企业组织学习潜能，凝练企业组织学习特色,推进企业组织学习创新。

企业组织学习的目的是要达成企业发展共识,挖掘企业员工潜能,调动企业学习潜力,凝聚企业上下合力,形成企业家能力创新的特定表现方式,蕴涵在企业家的治理理念、文化理念、发展理念和生活方式之中,以长期影响企业治理结构优化和企业整体学习力提升,构成企业转型发展的内在驱动力。

企业转型发展包含企业产业转型发展和管理转型发展,二者相互影响、相互制约,并通过企业治理结构优化和企业组织学习予以表征,而企业治理结构优化和企业组织学习与企业家能力创新密切相关,构成相互联结的企业转型发展链条,其中企业家能力创新是企业转型发展的动源,具有决定性作用和意义。一个具有企业家能力创新和社会责任感的企业家及其团队对于企业的转型发展是极为宝贵的稀缺资源,其本身即是人力资本富饶的象征,对于企业创新驱动、转型发展具有不可替代的作用。必须持续营造有利于企业家能力创新的环境、氛围,提升企业家精神,凝聚企业家智慧,激发企业家活力,展现企业家能力,突出企业家在企业转型发展过程中的主体性、主导性、创造性地位。政府的主要职责是为企业搭建一个好的舞台,创造好的经营条件,为企业创新提供服务,为企业创新提供动力,为企业创新提供能力。企业家能力创新是企业转型发展特别是国有企业转型发展的动力源泉和主体要件。

第六章 收入分配制度与现代公平效率原理

知识框架

- 收入分配制度与现代公平效率原理
  - 居民消费
    - 影响居民消费的因素
    - 消费结构的变动趋势
    - 恩格尔定律
  - 国民收入分配
    - 国民收入的初次分配
    - 国民收入的再分配
    - 国民收入的使用
    - 个人收入分配制度
    - 收入分配中的效率与公平
  - 社会保障
    - 社会保障体系的功能
    - 现代社会保障制度的特征
    - 社会保障体系的主要内容
    - 建立和完善社会保障体系的要求和意义
  - 我国的消费政策
    - 发展消费信贷，刺激消费需求
    - 加快社会保障制度特别是养老金制度的改革

第一节 居民消费

一、影响居民消费的因素

1.个人收入水平

个人收入水平对居民消费的影响具体体现在：

(1)可支配收入越高，消费水平越高。

(2)过去收入水平和与之相适应的消费水平。消费呈现刚性，消费者已经达到的消费水平难以退回到原来较低水平。

(3)居民对未来收入预期。居民对未来的预期看好，消费水平就高。

2.个人的消费追求

人有生存、发展、享受的需要，消费欲望因民族、性别、年龄、职业、地区不同而不同。满足不同需要，其消费不同。

3. 消费结构的变化

消费结构是指居民不同消费的比例及其关系。消费结构的变化对消费支出的影响很大。原来居民注重日常消费，但现在居民的消费结构发生了变化，居民更注重住房、汽车、教育、医疗、旅游等消费，消费结构出现多样化趋势。

4. 价格的变化

价格及预期价格的变化，会导致需求的变化。一般地，价格上涨，需求减少，但生活必需品价格变化，需求变动不大。

5. 商品本身的吸引力

商品的性能、质量、包装、信誉、服务等商品自身的因素决定商品的吸引力，吸引力大能刺激消费者的购买。

6. 社会因素

社会因素对居民消费的影响，如消费攀比、模特的消费示范等。

二、消费结构的变动趋势

消费结构归根到底是由生产力发达程度决定的。消费结构的变动规律是：居民消费总是先满足生存需要，然后依次满足发展需要和享受需要的由低到高的消费结构变动顺序。也就是说，生存资料在消费总量中的比重将逐步下降，享受资料、发展资料在消费总量中所占比重将逐步上升。当人们收入水平提高了，基本消费需要得到满足以后，自然会越来越多地追求较高层次的满足，因而所消费的享受资料和发展资料会越来越多，在消费总量中所占的比重也就逐步上升。

具体来说，消费结构的变动趋势有：

(1)食物消费比重呈不断下降趋势。

(2)穿着消费比重先升后降。

(3)用品消费比重先是有所提高，然后趋于稳定，其内部结构亦频繁发生层次性变化。

(4)住房消费比重在一定时期内不断上升，然后有所下降，继而趋于稳定。

(5)交通消费比重开始逐步提高。

(6)劳务消费的比重持续大幅提高。

三、恩格尔定律

19 世纪德国统计学家恩格尔根据统计资料，对消费结构的变化得出一个规律：一个家庭收入越少，家庭收入中(或总支出中)用来购买食物的支出所占的比例就越大，随着家庭收入的增加，家庭收入中(或总支出中)用来购买食物的支出比例则会下降。推而广之，一个国家越穷，每个国民的平均收入中(或平均支出中)用于购买食物的支出所占比例就越大，随着国家的富裕，这个比例呈下降趋势。这就是恩格尔定律。

恩格尔系数就是食品支出总额占个人消费支出总额的比重。

简单地说，一个家庭的恩格尔系数越小，就说明这个家庭经济越富裕；反之，如果这个家庭的恩格尔系数越大,就说明这个家庭的经济越困难。当然数据越精确,家里的经济情况反映也就越精确。

恩格尔系数的计算公式为:

恩格尔系数(%)=食物支出总额/消费支出总额×100%

联合国粮农组织的恩格尔系数标准为:恩格尔系数≥60%,处于最贫困状态的消费;恩格尔系数介于50%~60%,为度日状态(温饱型)消费;恩格尔系数介于40%~50%,为小康水平的消费;恩格尔恩系数介于30%~40%,为富裕状态的消费;恩格尔系数<30%,为最富裕状态的消费。在我国运用这一标准进行国际和城乡对比时,要考虑到那些不可比因素,如消费品价格比价不同、居民生活习惯的差异,以及由社会经济制度不同所产生的特殊因素。对于这些横截面比较中的不可比问题,在分析和比较时应做相应的剔除。另外,在观察历史情况的变化时要注意,恩格尔系数反映的是一种长期的趋势,而不是逐年下降的绝对倾向。它是在熨平短期的波动中求得长期的趋势。

改革开放以后,中国农村居民家庭恩格尔系数变化为:1978年高达67.7%,1983年农村居民家庭恩格尔系数首次下降到60%以下,农村居民整体进入温饱生活阶段,到2000年又进一步下降到50%以下,2012年农村居民家庭恩格尔系数降到40%以下,2013年农村居民家庭恩格尔系数为37.7%。

改革开放以来,中国城镇居民家庭恩格尔系数变化为:1978年恩格尔系数高达57.5%,1996年恩格尔系数下降到50%以下,2000年进一步下降到40%以下,2013年为35%。

第二节　国民收入分配

一、国民收入的初次分配

国民收入初次分配是指在创造国民收入的物质生产部门内部进行的分配,是指国民收入中劳动要素收入和资本要素收入所占的份额。实际上是国民收入在生产领域的分配。这些物质生产部门主要包括国有企业、集体企业、混合所有制企业和各种非公有制企业。

不同的所有制,国民收入的初次分配形式不同:

国有企业:按税金、企业留利和职工收入进行分配。

城镇集体企业:按税金、企业留利、职工收入和合作基金(企业将一部分利润交给管理部门和集资单位)进行分配。

农业集体所有制企业:按税金、集体提留和农户收入进行分配。

个体企业:按税金和个人收入进行分配。

私营企业:按税金、雇工收入和企业主收入进行分配。

股份制企业:按税金、股息红利、企业积累和职工收入进行分配。

二、国民收入的再分配

国民收入再分配是指初次分配后在全社会范围内所作的分配,是最终的分配。初次分配形成的原始收入是国民收入再分配的前提条件和出发点。

1. 国民收入再分配的必要性

(1)满足社会公共部门的需要

国家行政机关、国防部门、科教文卫、体育、党政机关、社会团体等非生产性机构的正常运营需要通过再分配来实现。

(2)设立后备基金的需要

为了应付突发事故和各种自然灾害,如1998年"两江"流域洪水、2003年的"非典"、2008年的雪灾和汶川地震、2009年的甲型流感、2010年的玉树地震、2014年的云南鲁甸地震等,都需要建立社会后备基金。

(3)社会保障需要

为了保证劳动者的健康和全面发展,解决劳动者暂时困难,保障丧失劳动能力的劳动者和残疾者的生活需要等,国家必须举办各种社会福利事业,建立社会保障基金,如医疗保险、养老保险、失业保险、社会救济等。

(4)国家进行经济建设需要

为了弥补市场的缺陷,需要对有潜在发展价值的项目进行投资,如铁路、公路、港口、桥梁、通信卫星系统建设及西部大开发等。这些基础设施和社会化服务项目投资额大、投资回收期长、投资回报率低,一般投资者无力投资也不愿投资,应由国家来投资。

(5)调节经济关系的需要

包括调节地区平衡、城乡平衡和收入分配关系等,如政策性亏损、补贴及其他亏损企业的补贴。

(6)取得劳务报酬的需要

社会上一部分劳动者的劳务费收入是通过收取劳务费的形式取得报酬。

2. 再分配的途径

(1)国家预算

国家预算是指国家制定的年度财政收支计划。它是国民收入再分配的主要途径。国家财政机关把各企业上缴的税金和利润集中起来,形成国家的预算收入,然后以预算支出的形式,有计划地用于社会管理、扩大再生产和非生产部门的费用开支,以及建立社会后备基金和社会保障基金等。

(2)劳务费用

服务性行业通过为城乡人民提供服务活动,享受这种服务的人,用自己的收入(原始收入)支付费用。劳务费用是再分配的重要途径。

(3)价格杠杆

价格是调节国民收入分配的重要杠杆,也是调节国民收入再分配的重要途径。商品价格的高低将直接影响有关当事人的收入分配,但价格调节不增减国民收入。

(4)银行信贷

银行通过吸收存款和发放贷款,使社会上一部分暂时闲置的资金得到有效的利用。在银行信贷中,通过利率的调整,使一部分国民收入在银行、企业和劳动者之间实现再分配。

三、国民收入的使用

国民收入的使用是通过积累基金和消费基金实现的。

1. 积累基金和消费基金的构成

积累基金是物质生产部门的劳动者所创造的国民收入中主要用作追加的生产资金部分，它的物质形式主要是一年内新增加的生产资料总量。消费基金是物质生产部门的劳动者所创造的国民收入中用于满足劳动者个人消费及社会消费的那部分资金，它的实物形式为一年内用于个人消费和社会消费的消费资料总和。

积累基金由扩大生产基金、非生产性基本建设基金和社会后备基金三部分构成。扩大生产基金主要用于工业、农业、交通运输业等生产部门的基本建设、技术改造和增加流动资金。在积累基金中，扩大生产基金是最主要的部分，所占比重较大。非生产性基本建设基金主要用于文教卫生科研部门、国家行政部门和国防部门的基本建设以及工农业等生产部门的非生产性基本建设，如修建文教卫生科研设施、办公用房等。社会后备基金主要用于原材料、燃料和粮食等重要物资的储备，它是为了应付突然事变、意外事件和自然灾害等而建立的，在积累基金中所占比例较小。

消费基金由社会消费基金和个人消费基金两部分构成。社会消费基金分为国家管理基金、文教卫生基金、社会保证基金三个部分。国家管理基金包括国家行政管理费用和国防费用。文教卫生基金包括用于科学、教育、文化艺术、体育卫生等事业方面的费用。社会保障基金是国家和企业用于社会救济、劳动保险、抚恤补助、退休养老等方面的费用。个人消费基金包括物质生产部门和非物质生产部门劳动者的劳动报酬基金。但是，非物质生产部门劳动者的劳动报酬基金，实际上已经包括在社会消费基金的有关项目中，如国家行政管理部门工作者的劳动报酬基金，已经包括在国家行政管理费用中。非物质生产部门劳动者的劳动报酬基金，按其性质来说，属于个人消费基金，在计算时不要在社会消费基金中重复计算。

消费基金中，个人消费基金和社会消费基金的比例受社会经济发展水平和人民生活水平的制约。我国目前的经济发展水平不高，人口众多，生活水平较低，因而在消费基金中，个人消费基金占的比重较大，社会消费基金占的比重较小。

2. 社会主义积累和消费的关系

社会主义国民收入中积累基金和消费基金之间的关系，即积累与消费的比例关系，是一个综合性的重要比例关系。社会主义积累基金和消费基金的作用从根本上说是一致的。积累基金主要用于扩大再生产、基础设施建设和发展文教卫生事业，消费基金主要用于满足劳动者的个人生活需要。积累基金代表了劳动人民的整体利益和长远利益，消费基金代表了劳动人民的个人利益和目前利益，两者在根本上是统一的。即一致性表现为：①积累是再生产的源泉。积累的目的是消费，消费的基础是积累。通过积累实现生产力的发展，是为了更好地消费。同时，积累还可以用于非生产性的建设，如消费环境和生产环境的变化，有利于消费。②消费水平的提高，有利于劳动力的再生产，有利于积累，有利于生产力的发展。

但是，两者也有矛盾的一面。在国民收入总量一定的条件下，积累基金过多，消费基金就会相应减少，从而不利于当前人民生活的改善；反之，消费基金过多，积累基金就会相应减少，从而不利于扩大再生产的进行，限制生产的增长速度。所以，在国民收入总量既定条件下，积累与消费此长彼消，相互之间存在着矛盾。即矛盾性表现为：①积累代表长远利益，消费代表眼前利益。国民收入既定，积累的多了，消费的就少了，反之亦然。②从时间上看，消费转换为积累，或积累转换为消费，需要一定时间。这个矛盾实际上反映了发展生产和改善生活之间的矛盾，以及长远利益和目前利益，国家、集体和个人三者利益的矛盾，它是在人民的根本利益一致基础上的矛盾，可以通过正确的处理得到解决。

3. 正确处理社会主义积累和消费关系的原则

正确处理积累基金和消费基金的关系，就是要安排两者的最优比例，既要有利于促进社会主义扩大再生产，以维护人民的整体利益和长远利益，又要有利于提高人民的消费水平，以保障人民的个人利益和当前利益。根据我国社会主义经济建设正反两方面的经验，正确处理积累和消费的比例关系，总的来说必须坚持"统筹兼顾，全面安排"的方针，要求遵循以下基本原则：

(1)必须在生产发展和国民收入增长的基础上，兼顾积累与消费，使积累基金要能保证进行扩大再生产的需要，消费基金要能保证劳动者物质文化生活水平提高的需要。国家经济建设的发展和人民生活的改善，要有机地相互结合，不应片面强调一个方面而忽视另一个方面。

我国现阶段的生产力水平不高，人口众多，按人口平均的国民收入还很低，因此在具体安排积累基金和消费基金的关系时，应当先安排好人民的生活，再安排扩大再生产。在国民收入总量既定的前提下，国民收入中用于消费基金的部分，必须保证计划期内按人口平均的消费水平不低于前一时期，以保证劳动者的物质文化水平得到逐步改善；国民收入中用于积累基金的部分，必须保证计划期内全体就业人口的平均资金和技术装备程度不低于前一时期，以保证扩大再生产顺利进行的需要。

(2)积累基金和消费基金的比例，必须同国民收入中的生产资料和消费资料的比例相适应。积累基金和消费基金，是国民收入的价值形式；生产资料和消费资料，是国民收入的实物形式。积累基金主要用于基本建设，它的数量和构成，必须和社会能够提供的追加生产资料数量和构成相适应。如果积累基金安排过多或过少，就会造成生产资料供应不足或积压，不利于基本建设和再生产的发展。消费基金主要用于个人消费，它的数量和构成必须和社会能够提供的消费资料数量和构成相适应。如果消费基金安排过多或过少，就会造成消费品供应紧张或积压，不利于人民生活应有的改善。

(3)正确安排积累基金内部的生产性积累和非生产性积累的关系。积累基金中的生产性积累，主要用于生产性基本建设；非生产性积累，主要用于非生产性基本建设。积累基金较多地用于生产性基本建设是必要的，这样才能更好地进行扩大再生产，有效地提高人民的物质文化水平。但非生产性基本建设投资也必须相应增加。这不仅是人民生活所必不可少的，而且是发展社会生产和国民经济所必需的。此外，在生产性积累中，还要正确安排农业、轻工业、重工业之间的投资比例，以及农业内部和轻、重工业内部的投资比例。

(4)正确安排消费基金中社会消费基金和个人消费基金的比例。在我国社会主义初级阶段，社会生产力发展水平不高，消费基金总量比较少，因而劳动者的个人收入还比较低，如果过多地扩大社会消费基金，势必造成劳动者的个人收入水平降低，影响劳动者积极性的发挥，因此必须使个人消费基金在整个消费基金中占较大比重，社会消费基金部分不宜增长过快。同时，还要正确安排社会消费基金内部的比例，国家管理基金应逐步缩减，文教卫生基金和社会保障基金应逐步增加。

(5)确定合理的积累率，讲求积累基金的经济效益。积累率是指积累基金在整个国民收入中所占的比率。在国民收入的分配中，积累率的恰当与否，对国民经济的发展和人民生活的改善有直接的影响。积累率的高低受一系列客观因素的制约：首先，积累率受国民收入的总量和增长速度的制约。在正常情况下，积累率的最高限度，要以保证原有人口和新增人口的消费水平不降低为原则；积累率的最低限度，要以保证新增就业人口所需的平均资金和技术装备需要为原则。如果积累率过高，势必影响到人民生活的改善；如果积累率过低，又会影响经济正常增长所必需的资金和技术装备。要在保证最优发展速度和最大限度满足人民需要的条件下，确定最适度的积累率。其次，积累率受国民收入的物质构成的制约。积累基金既然主要用于扩大再生产，因此必须和国民收入中的生产资料的数量与构成相适应。而且，积累基金中相当一部分是用于建筑工人和其他追加劳动者的工资，从而也对消费资料提出追加的要求。如果积累率过高，会使生产资料和消费资料的供应紧张。

我国在使用国民生产总值指标的情况下，相应地要恰当安排投资率。投资率是指固定资产投资在整个国民生产总值中所占的比率，它同样要受上述各种客观因素的制约。要通过调整投资和消费的关系，逐步提高消费在我国国内生产总值中的比重。

为了促使生产不断增长和人民生活不断提高，不仅要有恰当的积累率，还要提高积累效益。提高积累效益，是指一定数量的积累基金，要取得尽可能多的有用的劳动成果。提高积累效益有以下途径：①积累基金应主要用于内涵扩大再生产和促进经济的集约型增长；②积累基金应着重用于企业的技术改造和设备更新，促进企业技术进步；③积累基金要用于扩大和开发原料、材料和燃料的范围和种类，发展对资源的综合利用，提高资源利用率；④积累基金的使用方向，在保证完成一定时期的经济建设战略目标的前提下，要以在扩大再生产中取得最佳的积累效益作为出发点和归宿，而不能单纯追求生产发展速度。

四、个人收入分配制度

我国个人收入分配实行的是以按劳分配为主体，多种分配方式并存的制度。

1. 个人收入的分配过程与政府的作用

在社会主义市场经济中，个人收入的分配包括初次分配和再分配两个过程。个人收入的初次分配是在微观分配领域进行的，在这一领域，公有制经济中的劳动者和生产要素的产权所有者，无论以何种分配方式获得收入，这些收入通常都表现为利息、利润、地租或租金以及工资或薪金。

个人收入经过初次分配以后还要进行再分配。对个人收入进行再分配的必要性就在于，在微观分配领域，主要建立在市场机制自发作用基础上的分配方式，很难实现社会所追求的社会公平目标，甚至可能引起两极分化，从而影响社会的稳定。为此，在个人收入初次分配完成以后，还要进行再分配。所谓对个人收入进行再分配，亦即对个人在初次分配过程中所获得的收入进行再调节。

在社会主义市场经济中，国家或政府对个人收入的调节，应集中在宏观领域中进行而不应发生在微观领域。因为在微观分配领域，个人收入的分配方式主要是按劳分配和按生产要素分配。政府对个人收入进行再分配，应主要在宏观领域中进行，即在宏观领域发挥调节个人收入的作用。

2. 个人收入的调节与个人可支配收入的形成

对个人收入进行调节或再分配的主体是国家或政府以及集体组织或社会团体。其中国家或政府是最重要的调节主体。

政府对个人收入的调节包括对个人收入的某种扣除和给予个人某种形式的收入两个方面。首先，国家通常以税收的形式强制地把个人收入的一部分集中起来，形成国家的财政收入；然后再将集中起来的收入以某种形式转移支付给个人，形成个人的社会保障收入或福利性收入。

社会团体或集体组织对个人收入的再分配也包括两个方面。一方面，个人将自己收入的一部分以某种形式捐赠或缴纳给社会团体或集体组织；另一方面，社会团体或集体组织再将其所获得的收入以某种形式分配给个人，形成个人的福利性收入。

经过再分配或调节以后的个人收入就是居民的可支配收入。居民的个人可支配收入一般分为两个部分，一部分用于购买各种商品和劳务，形成消费，余下的部分就是经济学意义上的储蓄，它既包括居民在金融机构中的储蓄存款，也包括居民的手持现金。此外，个人所持有的各种债券和股票也属于储蓄的范畴。如果居民既是消费者，又是生产者，其个人可支配收入中还有一部分被用于投资。

3. 按劳分配

按劳分配是与社会主义公有制相联系的一种收入分配方式。生产资料的社会主义公有制是按劳分配的前提条件；社会生产力发展水平相对低下是实行按劳分配的物质条件；而旧的社会分工的存在、劳动差别的存在以及劳动的谋生性质，则是公有制经济中实行按劳分配的直接原因。

以企业为主体实施按劳分配的情况下，劳动者个人收入的高低，就不仅取决于劳动者劳动贡献的大小，而且还取决于他所在企业的经营状况。按劳分配在社会主义市场经济中的上述实现特点，决定了等量劳动领取等量报酬的平等不可能在全社会范围内而只能在一个公有制企业范围内实现。按劳分配是社会主义经济制度的一个重要经济特征。

4. 按生产要素分配

按生产要素分配指按照资本、土地、劳动等各种生产要素在生产过程中的贡献进行分配。

无论资本的产权是界定给个人、企业，还是界定给国家，他们都有权参与收入的分配。产权所有者凭借其资本分配的收入通常表现为利息和利润。利息是一定时期内转让资本使用权的收入；利润则是将资本用于投资活动所得到的报酬。

按生产要素分配，是市场经济的客观要求，也是有效利用资源和提高资源配置效率的前提和有效途径。

5. 其他分配方式

在社会主义市场经济中，除按劳分配和按生产要素分配这两种基本的收入分配方式外，还存在着按个人资产（包括货币形式和实物形式的非资本资产）进行分配、按需要分配、福利分配等多种分配方式，这些分配方式在社会主义市场经济中都不同程度地发挥着作用。

6. 居民收入来源和收入形式的多样化

在社会主义市场经济中，收入分配方式的多元化，决定了劳动者和非劳动者收入来源和收入形式的多样性。在居民的收入中，既有按劳分配的劳动收入，也有非按劳分配的劳动收入，如个体劳动者的直接劳动收入等。同时还有资本收入、租金收入、非资本资产的收入、劳动力价值收入、社会保障收入和福利收入以及风险收入、投机收入等。居民收入来源和收入形式的多样性，是社会主义初级阶段和市场经济的必然产物，是提高经济效率的必要前提，但也是导致个人收入出现不平等的一个重要原因。

五、收入分配中的效率与公平

1. 效率

效率是指社会利用现有资源进行生产所提供的效用满足程度。

效率通常有三层含义：

（1）技术效率，又称生产效率，指生产活动中各种资源的利用程度。

（2）资源配置效率，指全社会资源配置达到帕累托最优状态的程度，即全社会资源配置都不可能使至少有一人受益而又不使其他任何人受到损害。帕累托最优状态包括生产的帕累托最优状态、消费的帕累托最优状态、生产与消费的帕累托最优状态。

（3）制度效率，指制度运行的效率，用制度运行成本来表示，制度运行成本越低，制度效率越高。

2. 公平

公平包括：机会公平、收入分配的规则公平；收入分配的结果公平。机会公平和规则公平是分配结果公平的基础。

3. 收入分配中公平与效率关系

我国处于社会主义初级阶段，在处理效率与公平两者关系时，必须坚持效率优先、兼顾公平的原则。十七大报告指出："初次分配和再分配都要处理好效率和公平的关系，再分配更加注重公平。逐步提高居民收入在国民收入分配中的比重，提高劳动报酬在初次分配中的比重……创造机会公平，整顿分配秩序，逐步扭转收入分配差距扩大趋势。"公平与效率的关系是：

（1）实行效率优先是社会主义条件下发展生产力的根本任务和市场机制的作用所决定的。效率优先原则的实质，就是发展生产力优先，首先将国民收入这个"馅饼"做大。坚持效率优先，就是要打破平均主义和吃"大锅饭"的分配方式，使劳动者的劳动报酬与劳动贡献紧密结合起来，按劳动者提供的劳动数量、质量、效益进行分配，多劳多得，少劳少得，不劳不得；谁投资谁得益，就是按投资者投入资本所获得的利润进行分配，多出资多得利，少出资少得利，不出资不得利。拉开收入差距，鼓励人们的进取精神，鼓励通过合法劳动致富。

(2)公平是提高效率的保证,兼顾公平就是要实现社会公平。特别是收入分配的公平,通过税收进行再分配,保持合理收入差距,并逐步完善社会保障制度,保障全体人民都能从经济增长和经济发展中得到实惠。

(3)公平和效率矛盾又统一。强调效率必定会牺牲公平,强调公平必然会牺牲效率。因为两者遵循的是不同的原则,效率遵循经济原则,符合市场经济的要求;而公平遵循的是伦理原则,要考虑政治、历史、法律、文化等因素,比如,历史因素造成的差距、政治的稳定、人的生存权、保护弱者等。公平和效率又是统一的。无效率的公平无异于平均主义,不能提倡;而无公平的效率也不利于社会稳定。公平是效率的保障,只有实现社会公平,才能保障长远的效率。而只有提高效率,促进生产力发展,增加社会财富,才能为实现公平提供物质条件。只讲公平不讲效率,只能实现低水准的平均主义分配;只讲效率不讲公平,则会影响社会的稳定,最终失去效率。实现公平与效率的统一,才能保证资源的优化配置,促进经济发展,保持社会稳定。

要坚持效率优先,兼顾公平,既要提倡奉献精神,又要落实分配政策,既要反对平均主义,又要防止收入悬殊。初次分配注重效率,发挥市场的作用,鼓励一部分人通过诚实劳动和合法经营先富起来。再分配注重公平,加强政府对收入分配的调节职能,调节差距过大的收入。规范分配秩序,合理调节少数垄断性行业的过高收入。取缔非法收入。以共同富裕为目标,扩大中等收入者比重,提高低收入者收入水平。

第三节　社会保障

社会保障制度是指国家依据一定的法律和规定,对疾病、生育、年老、死亡、失业、灾害或其他风险的社会成员给予的经济的、物质的服务和帮助,以保障其基本生活需要的社会经济福利制度。

一、社会保障体系的功能

1. 保障基本生活

国家建立社会保障体系,保障公民的基本生活,免除劳动者的后顾之忧,不仅是经济发展和社会稳定的需要,也是人权保障的重要内容,是社会进步的体现。

2. 维护社会稳定

中国是社会主义国家,社会主义国家的本质是解放、发展生产力,消灭剥削,消除两极分化,最终实现共同富裕。实行社会保障,有利于缩小社会贫富差距,增进社会整体福利,是社会主义国家实现共同富裕目标的一项重要手段。社会保障制度具有较强的社会稳定功能,建立以社会化为标志的社会安全网和社会公平机制,可保障全体社会公民的社会生活安全和公平参与社会活动,及时消除各种不安全因素,保持社会和谐稳定。其较强的社会稳定功能主要是通过完善的社会保障基金制度及其运作实现的,可使社会特定失业群体在一定时期内得到补偿,使由种种原因造成劳动能力丧失和生活困难的公民及时得到救助、帮助。这样就可以相对地缓解种种社会矛盾,减弱社会震动频率,发挥“稳定器”“减震器”的功能,从而从根本上维护社会稳定。

3. 促进经济发展

经济社会的发展本质上取决于财富积累的数量和社会公民的素质这两个基本因素。社会保障制度对于社会公民素质的提高发挥着重要的作用,社会医疗保健事业的发展、社会生活资源转化为资本积累。社会保障制度是一种特定方式的生产力及人力资本投资,能积极地促进服务设施的改善、人民生活水平的提高,可以使社会公民的平均寿命和劳动年限得到延长,从而大大提高社会公民的身体素质并相对增加劳动总量和财富总量。社会公民患病有医疗保障、失业有救济保障、丧失劳动能力有生活保障,可以使其安全地和公平地参与经济社会活动,从而有利于不断提高社会公民的素质,提高社会生产力发展水平。社会保障水平的提高可以使社会公民的发病率降低和患病时间缩短,从而节约了用于医疗保健方面的资源,并且把节约了的资源用于社会发展。社会保障制度对于社会财富积累的增长也发挥着重要作用。主要表现为:依据有关法律法规,社会保障基金通过实业投资、储蓄投资和证券投资等形式,可直接转化为生产性基金、积累性基金、消费性基金等形式,实现社会保障基金的价值增值。通过社会保障基金的运作及价值增值的配置,也可以使消费基金转化为各种投融资基金,促进经济社会又好又快地发展。概括来说:①社会保障可以调节社会总需求,平抑经济波动。②社会保障基金的长期积累和投资运营有助于完善资本市场。③社会保障确保劳动者在丧失经济收入或劳动能力的情况下,能维持自身及其家庭成员的基本生活,保证劳动力再生产进程不致受阻或中断。同时,国家还可以通过生育、抚育子女和教育津贴等形式对劳动力再生产给予资助,以提高劳动力资源的整体素质。

4. 保持社会公平

社会保障是市场经济国家保持社会公平的一个重要手段。其作用主要表现在两个方面:①通过保障全体社会成员的基本生活,在一定程度上消除社会发展过程中因意外灾害、失业、疾病等因素导致的机会不均等,使社会成员在没有后顾之忧的情况下参与市场的公平竞争;②通过在全体社会成员之间的风险共担,实现国民收入的再分配,缩小贫富差距,减少社会分配结果的不公平。

5. 实现经济调节

社会保障的本质在于调节社会分配关系,可以通过调节社会分配关系引导各种经济和社会活动,不仅能够调节总供给和总需求的相对平衡,而且能够解决总供给和总需求不平衡的矛盾及其深层次问题。发挥调整经济结构、转变经济发展方式的功能,调节功能的直接性和广泛性直接刺激了个人消费需求的提高和公共需求的扩大。调节功能具有自动性和稳定性,在经济社会发展繁荣之时,社会保障支出可相对减少,社会收入就会相应增加;在经济社会发展衰退之时,社会保障支出可相对增加,社会收入就会相应减少。通过调节社会需求而实现经济调节的功能,具有重要的作用、意义。

6. 提高经济素质

现代社会保障不仅承担着“救贫”和“防贫”的责任,而且还要为全体社会成员提供更广泛的津贴、基础设施和公共服务,从而使人们尽可能充分地享受经济和社会发展成果,不断提高物质生活和精神生活的质量。社会保障制度有助于提高社会经济素质,突出表现为:对无收入和低收入的社会公民实行社会保障,使之能够共享经济发展的利益、成果。社会公民生活水平的普遍改善和提高,社会福利的增长和状况的改善,恰是经济发展素质提高的表现。随着服务性、福利性保障事业的发展、增长,可使社会公民的素质得到进一步提高,从而为经济素质的提高与增长注入巨大的动力。提高社会应对突发事件的自我调节能力,这种自我调节能力典型地表现为经济素质的提高与增长,以及运行过程的持续稳定和巨大发展潜力。有利于培养公民的团队意识和集体主义精神,提高凝聚力和向心力。这种团队意识和集体主义精神及其凝聚力和向心力,同样是经济素质提高与增长的内在源泉和动力,直接通过社会保障的积极作用得到充分发挥和体现。

二、现代社会保障制度的特征

1. 社会性

现代社会保障制度是通过建立一套社会化的安全保障机制,把社会成员的生存安全保障从传统的家庭及个人保障的基础上搬到了社会共同保障的基石上。它运用依靠组织形成的社会整体保障能力,为遭遇生存风险的社会局部提供安全保障的基本原理,因而呈现出高度的社会性,其具体表现为:

(1)这种社会化的保障制度,是作为全社会的代表——国家,以社会的名义建立和实施的。

(2)社会的各类主体,包括国家、企业(集体)和社会成员个人都被纳入了这个制度体系之中,共同参与、共同负责,使社会的生存风险由全社会以组织起来的整体力量来共担。

(3)保障覆盖的对象是社会的每个成员,任何个人在面临天灾人祸、生老病死等生存风险而无法维持其基本生活时,都可以依法从国家和社会获得基本生活的保障。

(4)社会保障基金、设施等保障资源是通过国民收入的分配与再分配机制建立起来的,它是为全社会的保障需求服务的。这种高度社会化的安全保障机制,是以现代化的生产力和社会化的大生产方式为基础的。它使人类生存安全保障的能力得到了一次大解放,使人类生存保障的方式产生了一次质的飞跃。

社会保障制度实际上就是社会化的安全保障制度,社会性无疑是它最本质的特征,其他特征都是由社会性特征派生而来的。

2. 强制性

强制性是现代社会保障制度的又一基本特征,它是保证社会化的保障制度得以建立的必不可少的手段。现代社会保障制度是国家通过社会立法建立起来的,其运作也必须严格依法行事,社会保障制度的强制性具体表现是:

(1)任何社会组织与个人是否参与社会保障体系,不是取决于他们的自由选择,而是由法律作出明确规定,强制执行的。一个青年工薪劳动者不能因为还年轻,要在几十年后才可领取养老金,就不参加社会养老保险。一个企业也不能因为要增加利润而拒绝交纳社会保险费。

(2)社会保障制度的各类主体,包括政府、企业(集体)和个人都必须按照法规严格地履行社会保障的义务和职责,任何主体包括政府都不能随心所欲地对待自己的职责和应尽的义务,依法履行社会保障的义务和职责是受到法规强制性制约的。

(3)社会保障对象享受保障权利时也不是随意的，同样必须依法行事，受法规的强制性约束。社会保障对象依法享受的待遇不能因为保障对象的意愿而随意更改，也不能因为管理机构等原因而随意增减。任何人和机构都不能随意剥夺社会保障对象的合法权利。

(4)社会保障的管理运作及其程序，也是由法规明确规定，受法规强制性约束的。基金的筹集、储存、运营，保障待遇的支付，保障对象资格的审核，保障设施的管理、使用、维护都必须依法行事，并接受社会监督。任何违反法定规则和程序的行为都是不允许的。

3. 互济性

互济互助是社会保障制度基本的功能性特征。社会保障发挥其社会化保障功能就是通过社会成员之间的互助互济与自我保障相结合来实现的。没有互济就没有社会保障，社会保障的待遇和服务设施，无论以何种形式，由谁出面来提供，归根到底都是社会劳动者创造的财富。社会保障制度不论由谁来组织实施，归根到底是社会成员之间在互助互济。正是这种社会化了的互助互济才使整体为局部提供保障的机制得以实现。社会保障实际是社会成员自己在为自己提供保障，但又不同于传统的个体的自我保障，是社会化互济基础上的社会整体性的自我保障。

社会保障的互济性一般有两种实现形式：一是制度化的互济，即社会成员按社会保障法规履行自己的义务，通过社会保障制度的运作实现互济。二是非制度化的互济，这主要是社会成员或团体，在其他社会成员遭遇生存风险时，在制度规定的义务以外，给予自愿的支援和帮助。如社会福利性捐助，支援灾区活动或在日常生活中开展人人为我、我为人人的互助互济活动，以及社区互助服务等。

4. 福利性

现代社会保障的实质是一种社会性福利，无论它的基本目标还是发展方向都具有一种广义的福利性。社会保障最基本的目标是为无法维持基本生活的社会成员提供基本生活保障，给予其物质和服务的帮助。这种保障就是社会向这部分成员提供的福利。随着经济和社会发展水平的提高，现代社会保障不仅要实现它的基本目标——保障社会成员的基本生活，而且日益强调其对全体社会成员生活福利增长的作用，把改善和提高全体社会成员的物质生活与精神生活的质量作为社会保障发展的要求和方向，使社会保障有了普遍福利的意义。但社会福利的发展必须适合国情，必须与社会经济的发展水平相适应，不能脱离实际。

三、社会保障体系的主要内容

1. 社会保险

社会保险是指由国家通过法律手段对社会强制征缴保险基金，用以对其中丧失劳动能力或失去劳动机会的成员提供基本生活保障的一种社会保障制度。

社会保险的特征包括：

(1)强制性。由国家通过立法强制实施。

(2)保障性。为社会成员提供安全保障。

(3)普遍性。覆盖全体劳动者乃至全体国民。

(4)互助性。由社会成员共担风险。

(5)福利性。不以赢利为目的。

社会保险由养老保险、医疗保险、失业保险构成,三者为法定保险。此外,还有工伤保险、生育保险。

2. 社会救助

社会救助,又称社会救济,是指国家和社会对无劳动能力和生活来源的社会成员以及因自然灾害或其他原因导致生活困难者给予物质帮助的一种社会保障制度。社会救济是社会保障的最低层次,也是最后一道防线,包括救济、扶贫、救灾。我国还建立了最低生活保障制度。

社会救济的对象包括:

(1)无依无靠、无劳动能力以及无生活来源的"三无人员",如孤儿、残疾人、长期患病者、孤寡老人等。

(2)各种自然灾害造成的生活暂时困难者。

(3)城乡贫困者。

3. 社会福利

社会福利是指国家或社会通过有关政策或立法,向社会成员提供的旨在改善和不断提高其物质文化生活水平与质量的资金保障和服务保障。

社会福利体系包括:

(1)社会补贴,如义务教育津贴,高等教育助、奖、贷学金等。

(2)职业福利,如为职工及其家属设立的福利设施及发放的福利津贴。

(3)社会服务,如便民、为民、爱民的社区服务等。

4. 优抚安置

优抚安置是国家对从事特殊工作的人及家属,如军人及亲属予以优待、抚恤、安置的一项社会保障形式。在中国,优抚安置的对象主要是烈军属、复员退伍军人、残疾军人及家属。优抚安置主要包括提供抚恤金、优待金、补助金,举办军人疗养院、光荣院,安置复员退伍军人等。

5. 社会互助

社会互助是指在政府的鼓励和支持下,社会团体和社会成员自愿组织和参与扶弱济困活动的社会保障形式。社会互助具有自愿性和非营利特征,其资金主要来源于社会捐赠和成员自愿交费,政府在税收等方面给予支持。社会互助主要包括:工会、妇联等群众团体组织的群众性互助互济活动;民间公益事业团体组织的慈善救助活动;城乡居民自发组成的各种形式的互助组织的活动等。

四、建立和完善社会保障体系的要求和意义

建立和完善社会保障体系,实现社会统筹和个人账户相结合的养老、医疗、失业、救济等保障机制,是建立社会主义市场经济体制的重要内容,是顺利推进企业改革和结构调整的必要条件。

1. 建立和完善社会保障体系的要求

(1)建立和完善社会养老保险体系

一方面改革由政府、企业统包的传统保障办法,由企业养老保险变为社会养老保险,采

取基本养老保险、企业补充养老保险、个人储蓄养老保险相结合的方式;另一方面把社会养老保险的范围逐步扩大到全社会,所有社会公民都依法享有规定的社会养老保障。

(2)建立和完善就业保障体系

要发挥政府和社会的积极性,保障有劳动能力而未就业的公民在失业期间具有最低水平的收入,以维持基本的生活,并对其进行就业培训,以扩大就业。就业保障体系建设的方向是,积极推进失业保险基金的社会统筹,减轻企业负担和政府财政的巨大压力,促进企业之间的公平竞争。

(3)建立和完善医疗保障体系

深化医疗卫生体制改革,实行政府、企业和个人三方面分担医疗费用的原则,缓解政府财政和企业承受的压力,合理划定个人负担的比例,可将职工的部分医疗费用转化为工资。

(4)大力发展社区服务

社区服务是社会保障领域的新增长点,客观上要求大力发展,逐步提高和完善。提高社会化管理服务水平,是减轻企业的社会事务负担,为参保人员提供优质高效服务的一项重要工作。

(5)建立和完善优待抚恤制度

包括制定优抚法律、法规,规范优抚制度;保障优抚对象生活,保护优抚对象权益;发挥政府的主导性,调动社会公民的积极性,推进优抚制度法制化、透明化。

(6)对社会保障基金实施规范的监督管理

社会保障基金是社会保障体系的基石,建立社会保障基金监督管理机制,对社会保障基金运作进行风险评估并依法监督管理,防止社会保障基金被违规乱用、挪用、占用,有力推进社会保障体系的建立、完善和发展。

(7)创造良好的社会保障环境

建立权威的社会保障统一协调机构,统一政策,协调管理,突出重点,有序推进,为社会保障体系的建立和完善提供组织保证。建立和完善社会保障监督管理制度,把社会保障机构和社会保障基金管理分开,为社会保障体系的建立和完善提供制度保证。加快社会保障立法,为社会保障体系的建立和完善提供法律保证。深化社会保障制度改革,加大社会保障法律、法规和政策调节的力度,为社会保障体系的建立和完善提供机制保证。

健全覆盖城乡居民的社会保障体系,必须坚持“广覆盖、保基本、多层次、可持续”的方针。“广覆盖”就是把人人享有基本社会保障作为社会保障制度建设的优先目标,并覆盖所有城乡居民。“保基本”就是充分考虑社会各方面的承受能力,科学确定与经济社会发展相适应的基本保障水平。“多层次”就是坚持以政府主导的社会保险、社会救助、社会福利为基础,以城乡居民基本养老、基本医疗、最低生活保障为重点,以慈善事业、商业保险为补充,构建多层次社会保障体系。“可持续”主要是着眼长远,统筹协调,探索建立社会保障体系的长效机制,促进社会保障事业长期、稳定、可持续发展。

2. 建立和完善社会保障体系的意义

(1)建立和完善社会保障体系,有利于进一步解放和发展生产力,有利于社会主义市场经济体制的建立和完善。由于社会保障对象的全面性及其特有的全覆盖功能,可为保障民生、社会安全和社会公平奠定基础、创造条件,可充分调动各阶层公民群体的积极性和创造性,促进社会生产力的解放与发展,有利于社会主义市场经济体制的建立和完善。

(2)建立和完善社会保障体系,有利于发挥市场配置资源的基础性作用,有利于建立合理的社会分配制度。就实质而言,社会保障体系与资源配置和社会分配密切相关,社会保障体系可补充和完善市场基础性配置资源的不足,提高社会分配的质量,推动社会分配制度的健康发展,反映社会主义的理性诉求,促进社会分配制度的发展和完善。

(3)建立和完善社会保障体系,有利于确保社会和谐稳定发展,有利于人民生活水平的不断改善与提高。社会保障体系构成社会主义市场经济条件下的一道社会安全网、解决社会问题的一种减震器,是社会和谐稳定发展的助推器、不断改善与提高人民生活水平的强动力,其重要性和积极意义是不言而喻的。

(4)建立和完善社会保障体系,有利于推动经济社会可持续发展。社会保障体系构成社会主义市场经济的基本要素之一,其独特的作用,既是社会稳定的保障机制,又是社会进步的保障机制,是推动经济社会可持续发展的制度基础和基本动力。即社会保障体系对于经济社会可持续发展具有基本保障作用,对于经济社会可持续发展具有系统维护作用,对于经济社会可持续发展具有积极砥砺作用,对于经济社会可持续发展具有重要规范作用。

这种独特的作用在中国已经形成了社会保障法,被纳入了系统的法制建设轨道,并且多方面地体现在社会主义市场经济运行之中,体现在经济社会发展战略之中,体现在社会安全、公平正义和民生保障之中。

第四节　我国的消费政策

根据当前我国经济运行的特点,考虑长期消费发展战略及其他相关因素。现阶段我国的消费政策应当兼顾长短期经济发展目标。一方面积极采取措施刺激消费需求,另一方面通过社会保障制度的改革,保持未来若干年的高储蓄率,以促进经济的长期增长。

一、发展消费信贷,刺激消费需求

从几种主要的储蓄动机来看,养老储蓄将随着人们养老意识的增强而增加,这也正是我们的养老金制度改革所需求的。预防性储蓄与收入不确定性及经济不景气形成一个循环,即经济不景气,增大了收入不确定性,居民会增加预防性储蓄;反过来又降低了国内需求,使经济难以复苏。因此,预防性储蓄的降低只能是经济得以恢复、收入预期增加的结果,而前者很难成为后者的前提。因此,试图通过降低预防性储蓄来增加有效需求的宏观经济政策将难以奏效。比较可行的措施是通过大力发展消费信贷实现由储蓄向投资的转移,从而刺激有效需求并降低目标储蓄。

随着国民收入中居民所占份额的不断提高,要求社会资金流动格局中增加对居民的反向资金流动(金融中介机构对居民部门的消费信贷)。居民在金融活动中参与度的提高,是金融发展和金融深化的重要标志。消费信贷的发展,可以改变对传统的“居民—金融中介机构—企业”单一的储蓄—投资转化机制的依赖,形成“居民—金融中介机构—居民”的新的储蓄—投资转化机制,增加有效需求,降低流动性约束,从而提高当前的消费水平。也就是说,当“支付孩子教育费”“购房”成为人们很重要的储蓄动机时,消费信贷的发展使得人们不必等到积累了足够的储蓄时就能提前消费。人们是否愿意借钱消费取决于收入预期、借款利率及消费观念等多种因素。从目前中国的经济情况来看,由于连续二十几个月的价格下跌,存、贷款利率处于近二十年来的最低水平,继续下降的空间已不大。随着亚洲金融危机影响的减弱,周边有些国家的经济已经开始回升,中国经济也有望在1~2年内逐步走出低增长的局面。因此,当前应当是推动消费信贷发展的有利时机。

根据我国的消费特点,我们认为,住房贷款和高等教育贷款应是目前着力推动的。对我国的统计数据分析表明,住宅投资每增加1亿元,其他各相关产业就要相应地总共增加1.47亿元的投入。住宅作为国民经济主导产业的作用将随着住宅商品化的推进而发挥出来。据统计,由于从1998年开始逐步取消福利分房制度,1998年至1999年居民个人住房抵押贷款余额比1997年有大幅度增加。北京市1999年7月推出放宽住房公积金贷款限制、降低契税税率等措施后的3个月,公积金贷款余额比过去翻了4~5倍。消费信贷被人们普遍接受需要一个过程。从目前来看,接受过高等教育、年龄在25~45岁之间的中高收入者应是住房、汽车等消费信贷的主要对象。为了推动消费信贷的发展,除了降低利率以外,政府及有关金融机构在降低税(费)率、降低交易成本及完善金融服务等方面还有很多工作可做。

“为孩子上大学攒钱”是居第一位的储蓄意向。教育支出是收入弹性较大的支出项目,收入水平的提高将提高人们的教育需求。此外,经济的不景气及经济结构的调整也会刺激人们对高等教育的需求,以提高自身的竞争能力和适应能力。1999年6月中央关于大力推动教育产业发展的决定,大大促进高等教育供给的增加,使更多的人有机会接受高等教育。因此,发展高等教育贷款,增加高等教育的融资渠道,不仅从短期看会引起刺激消费、减少储蓄的作用,而且通过高等教育发展对人力资本积累的推动作用,将对经济产生长远的积极影响。

二、加快社会保障制度特别是养老金制度的改革

消费信贷的发展,可以促进有效需求的增加,对于刺激内需、拉动经济增长具有积极的作用。但从另一方面来看,消费信贷的发展使消费的流动性约束减弱。当人们能从金融市场上更容易地借到钱的时候,目标储蓄的动机就会减弱,从而可能会对长期储蓄率及长期经济增长产生不利的影响。完全积累制占主体的养老金制度从长期看有助于提高国民储蓄率、增加资本积累,从而促进经济的长期增长。因此,通过新的养老金制度的建立所增加的储蓄,可以抵消一部分因目标储蓄减少而产生的负面影响,维持一个较高的储蓄率。而这是中国经济今后几十年顺利实现从起飞到平稳增长的过渡、满足基础设施建设大量投资需要的基本条件。因此,为了使经济增长的短期目标与长期目标保持协调,养老金制度的尽快转轨与消费信贷的发展,可以说是相辅相成、同等重要的。

第七章　市场需求、供给和均衡价格

知识框架

- 市场需求、供给和均衡价格
  - 市场需求
    - 需求的含义
    - 影响需求的因素
    - 需求函数
    - 需求规律及其例外
    - 需求曲线
  - 市场供给
    - 供给的含义
    - 影响供给的因素
    - 供给规律及其例外
    - 供给曲线
  - 均衡价格
    - 均衡价格和均衡数量的形成和变动
    - 均衡价格的变动
    - 均衡价格模型的运用
  - 弹性理论
    - 需求价格弹性
    - 需求交叉弹性
    - 需求收入弹性
    - 供给价格弹性

第一节　市场需求

一、需求的含义

需求就是指在一定时间内和一定价格条件下,消费者对某种商品或服务愿意而且能够购买的数量。必须注意,需求与通常所说的需要是不同的。需求的构成要素有两个:消费者愿意购买,即有购买的欲望;消费者能够购买,即有支付能力,二者缺一不可。

市场需求是指在一定的时间内、一定价格条件下和一定的市场上所有的消费者对某种商品或服务愿意而且能够购买的数量。可见,市场需求就是所有消费者需求的总和。

二、影响需求的因素

影响需求的因素很多,概括起来,主要有以下几个方面:

(1)消费者偏好。消费者的偏好支配着他在使用价值相同或接近的替代品之间的消费选择。但是,人们的消费偏好不是固定不变的,而是在一系列因素的作用下缓慢变化的。

(2)消费者的个人收入。消费者收入一般是指一个社会的人均收入。收入的增减是影响需求的重要因素。一般来说,消费者收入增加,将引起需求增加;反之,收入减少,会导致需求减少。

(3)产品价格。这是指某种产品自身的价格。价格是影响需求的最重要的因素。一般来说,价格和需求的变动成反方向变化。

(4)替代品的价格。所谓替代品,是指使用价值相近,可以相互替代来满足人们同一需要的商品,如煤气和电力等。一般来说,在相互替代商品之间某一种商品价格提高,消费者就会把其需求转向可以替代的商品上,从而使替代品的需求增加,被替代品的需求减少,反之亦然。

(5)互补品的价格。所谓互补品,是指使用价值上必须相互补充才能满足人们某种需要的商品,如汽车和汽油、家用电器和电等。在互补商品之间,其中一种商品价格上升,需求量降低,会引起另一种商品的需求随之降低。

(6)预期。预期是人们对于某一经济活动未来的变动趋势的预测和判断。如果消费者预期价格要上涨,就会刺激人们提前购买;如果预期价格将下跌,许多消费者就会推迟购买。

(7)其他因素。如商品的品种、质量、广告宣传、地理位置、季节、国家政策等。

其中,影响需求最关键的因素是该商品本身的价格。

三、需求函数

需求函数表示一种商品的需求量与影响该需求量的各种因素之间的相互关系,在假定价格之外的其他各种因素不变情况下,需求函数表明某商品的消费者随价格变化愿意购买的数量。具体表示为如下方程形式:

$$Q_d = Q_d(P)$$

式中,Q_d 为需求量;P 为该商品的价格。

四、需求规律及其例外

在一般情况下,需求与价格的变动成反方向变化,即商品价格提高,则消费者对它的购买量就会减少;反之,商品价格降低,则消费者对它的购买量就会增加。需求与价格之间这种呈反方向变化的关系,就叫作需求规律。

需求规律例外有三种情况。

1. 某些低档商品

在特定条件下当价格下跌时,低档商品的需求会减少;而价格上涨时,其需求反而增加。

2. 炫耀性消费品

炫耀性消费品(如珠宝、文物、名画、名车等)的价格已成为消费者地位和身份的象征。

价格越高,需求量越大;反之,需求量越小。

3. 投机性强的商品

如股票、债券等,人们常有“买涨不买跌”的心理,价格上涨反而抢购,价格下跌反而抛出。其需求曲线表现为不规则形状。

五、需求曲线

我们把需求和价格的关系用曲线表示出来,这条曲线被称为需求曲线,如图 7-1 所示。

图 7-1 中,横轴表示需求量,纵轴表示价格,两轴之间的曲线 D 就是一条需求曲线。从图中可以看到,当市场价格为 P_1 时,需求量为 Q_1;当价格从 P_1 降到 P_2 时,需求量从 Q_1 增加到 Q_2。可见,曲线 D 反映了需求量与价格之间的对应关系。以上所分析的需求规律,是假定影响需求的其他因素不变,只考虑需求和价格的关系,即如果价格发生变化,需求可能发生什么变化。但是,在现实生活中,需求的变动是多种因素共同作用的结果。为了区分开这两种情形,可以把第一种情形称为需求数量变动,把第二种情形称为需求变动。

在第一种情形下,假定其他因素不变,只考虑需求和价格的关系,需求量的变化是沿着既定的需求曲线进行的,价格上升,需求量减小;价格下降,需求量扩大。

在第二种情形下,假定价格不变,由于消费者收入或消费者偏好等因素的变化引起需求的相应变化,这种变化表现为需求曲线的位移。

如图 7-2 所示,当价格从 P_1 降到 P_2 时,从 D 上可以看到,需求量从 Q_1 提高到 Q_2。这属于需求数量的变动。而由于消费者收入的增加扩大了需求,需求曲线因此向右上方移动,从 D 到 D'。当价格为 P_1 时,需求量从 Q_1 上升到 Q'_1;当价格为 P_2 时,需求量从 Q_2 上升到 Q'_2,这属于需求的变动。

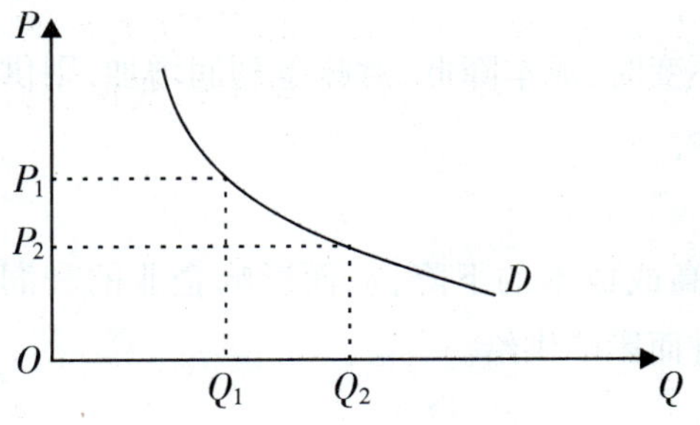

图 7-1 需求曲线

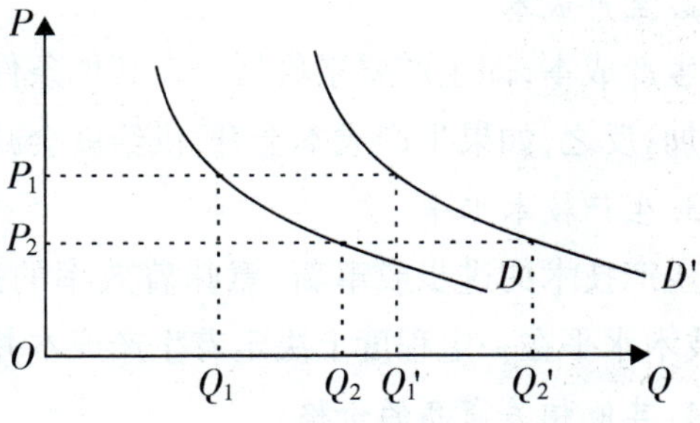

图 7-2 需求数量变动和需求变动的区别

如前所述,需求有个人需求与市场需求之分,需求曲线也就有单个消费者的需求曲线和市场需求曲线之分。某种商品的市场需求量一定是每一价格水平上所有个别消费者需求之和;而某种商品的市场需求就是所有消费者个人对该种商品的需求之和,因此市场需求曲线也就是所有个别消费者需求曲线的水平加总。

第二节 市场供给

一、供给的含义

供给是指某一特定时期内，在每一价格水平下，厂商(生产企业)愿意而且有能力提供的某商品的数量。这里的供给指的是有效供给，即有供给意愿且有供给能力的供给。市场供给是所有生产者供给的总和。

二、影响供给的因素

一种商品或服务的供给数量受一系列因素的影响和制约，我们可以用供给函数来表示供给与这些因素的关系。供给函数是表示各种影响因素与供给量之间关系的函数。

假定其他因素不变，只考虑某种商品的供给量和该商品价格之间的关系，这时供给函数可表示为：

$$Q_s = Q_s(P)$$

式中，Q_s 为供给量；P 仍为该商品的价格。

影响供给的因素有以下几个方面。

1. 商品本身的价格

在其他条件不变的情况下，某种产品自身的价格和其供给的变动呈正方向变化。在其他条件一定时，价格提高，就会增加企业的收益或利润，从而吸引企业去生产更多的产品，其他企业也会生产这种产品，使供给增加；反之，价格下降，收益减少，供给就会减少。

2. 生产成本

生产成本，即生产要素价格。在其他条件不变时，成本降低，意味着利润增加，则供给就会增加；反之，如果生产成本上升，供给就会减少。

3. 生产技术水平

生产技术的进步或革新，意味着效率的提高或成本的下降，从而影响企业的利润。因此，技术水平在一定程度上决定着生产成本并进而影响供给。

4. 其他相关商品的价格

替代品的价格越高，厂商更愿意生产替代品，则该商品的供给量越少；互补品的价格越高，则互补品的供给量越大，该商品的供给量越大。

5. 厂商对未来的预期

厂商对未来的预期看好，则供给量会越多；反之，供给量越少。

6. 政府的政策

政府的政策包括产业政策、财政政策和货币政策等，凡是政策鼓励生产的产品，供给量就会增多；反之，供给量就会减少。

三、供给规律及其例外

市场上商品或服务的供给量和市场价格呈正向关系变化，这就是供给规律。一般来说，市场价格越高，供给量越大；市场价格越低，供给量越小。这是因为在其他条件不变的情况下，价格的上升可以使生产者的利润率提高，促使生产者增加产量；相反，市场价格下降，会使得生产者的利润率降低，生产者向市场上提供商品的数量也会减少。

供给规律的例外有三种情况。

1. 劳动力的供给

当工资较低时，劳动力的供给会随着工资的增加而增长，但当工资增加到一定程度时，如果继续增加，劳动力的供给反而会减少。

2. 不可再生性商品

如土地、古董、文物的供给等，由于受到各种条件的限制，无论价格如何上升，其供给也无法增加。

3. 投机性强的商品

如股票、证券，其供给曲线可能表现为不规则形状。

四、供给曲线

对于供给量和价格之间呈相同方向变化的关系，也可以用曲线的形式直观地表现出来。用于描述供给量和价格之间关系的曲线通常被称为供给曲线，如图 7－3 所示。

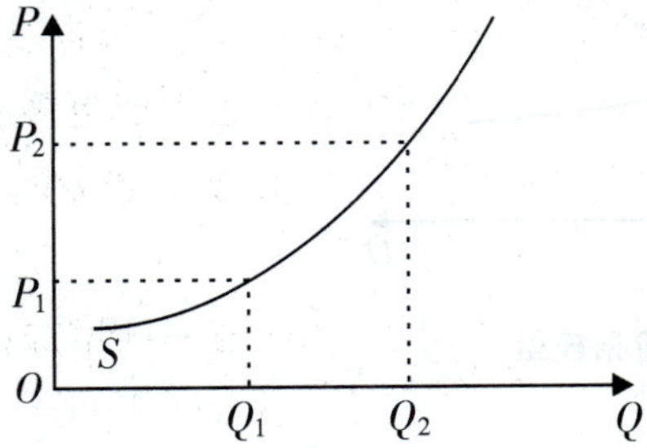

图 7－3 供给曲线

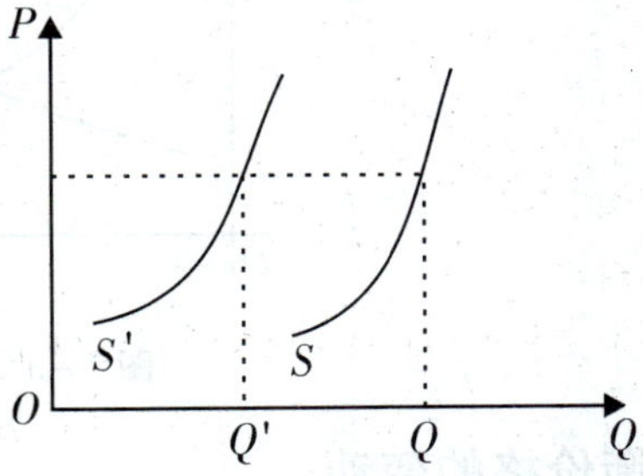

图 7－4 供给数量变动和供给变动的区别

在图 7－3 中，以 P 代表价格，以 Q 代表供给量，分别用纵轴和横轴表示，两轴之间的曲线 S，即供给曲线。从图中可以看到，当价格从 P_1 上升到 P_2 时，供给量从 Q_1 增加到 Q_2。

同需求分析一样，分析供给也要区分两种情形。一种情形是假定其他因素不变，单纯分析供给和价格之间的关系，即价格变动时，供给如何变动。这种变动表现为供给沿着既定供给曲线变动，价格上升，供给增长，价格下降，供给减少，如图 7－3 所示。我们把这种情形称为供给数量的变动。第二种情形是，假定价格不变，由于价格以外的其他因素如成本等发生变动而引起供给的变动，称为供给的变动。这种情形表现为供给曲线的位移，如图 7－4 所示。由于成本水平上升，供给曲线从 S 向左移到 S'。对于任何价格 P 来说，供给量从 Q 减小到 Q'。在进行经济分析时，要注意把价格变化引起的供给量的变动和因其他因素的作用引起的供给量的变动两者区分开来。

第三节 均衡价格

一、均衡价格和均衡数量的形成和变动

在现实经济生活中，需求和供给都不是孤立地和市场价格发生关系，市场价格是在需求和供给相互影响、共同作用下形成的。

现在，让我们把图7-1的需求曲线和图7-3的供给曲线合在一起，这样就得到一个新图，形状如图7-5所示。用纵轴表示价格，横轴表示需求量和供给量。需求曲线D与供给曲线S相交于E点。在E点，供给量和需求量相等，其数量为Q_0，Q_0通常被称为均衡数量或均衡产量，此时的市场价格为P_0，P_0通常被称为均衡价格，均衡价格就是市场供给力量和需求力量相互抵消时所达到的价格水平。

由于市场供给和需求受到一系列因素的影响，每一个因素的变化都可能引起供求关系的变化，而市场供求关系的变化又会引起价格的变化。在实际经济生活中，供求十分活跃，经常发生变化，所以任何市场上的供求平衡都是偶然的、暂时的、相对的，每当旧的平衡破坏之后，买卖双方总会千方百计地设法适应新的形势，从而形成新的均衡数量和新的市场价格。

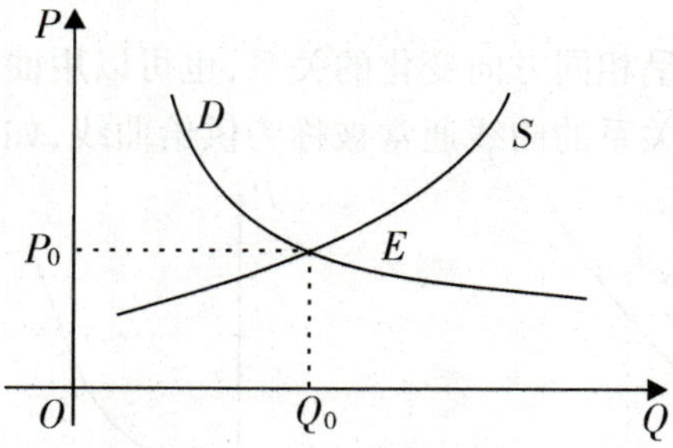

图7-5 均衡价格模型

二、均衡价格的变动

在供给不变和其他条件不变的情况下，由商品的非价格因素引起的该商品需求数量的变化，称为需求的变化，表现为整条需求曲线的移动。移动后的需求曲线和供给曲线相交，形成新的均衡价格和对应的均衡数量。

在需求不变和其他条件不变的情况下，由商品的非价格因素引起的该商品供给数量的变化，称为供给的变化，表现为整条供给曲线的移动。移动后的供给曲线和需求曲线相交，形成新的均衡价格和对应的均衡数量。

在其他条件不变情况下，由商品的非价格因素引起的该商品的供给数量和需求数量都发生变化，此时，需求曲线和供给曲线都发生移动。移动后的需求曲线和移动后的供给曲线相交，形成新的均衡价格和对应的均衡数量。

三、均衡价格模型的运用

1. 最高限价分析

所谓最高限价，就是由政府为某种产品规定一个具体的价格，市场交易只能在这一价格之下进行。其目标是保护消费者利益或降低某些生产者的生产成本。在我国，最高限价属于政府对市场价格的干预措施。当某种或某些产品价格上涨幅度过大，有可能影响居民的基本生活需要或影响生产的正常进行时，政府可以采取这种方式进行干预。

运用均衡价格模型可以比较具体地对最高限价的效应进行分析，如图 7－6 所示。

在图 7－6 中，P_0 为均衡价格，P_C 为最高限价，Q_s 为最高限价下的市场供给量，Q_d 为最高限价下的市场需求量，Q_0 为均衡产量。从图中可以看到，由于最高限价低于均衡价格，因此会刺激消费，限制生产，导致供给减少和需求增加，结果就是市场供给短缺，并且短缺量 = $Q_d - Q_s$。

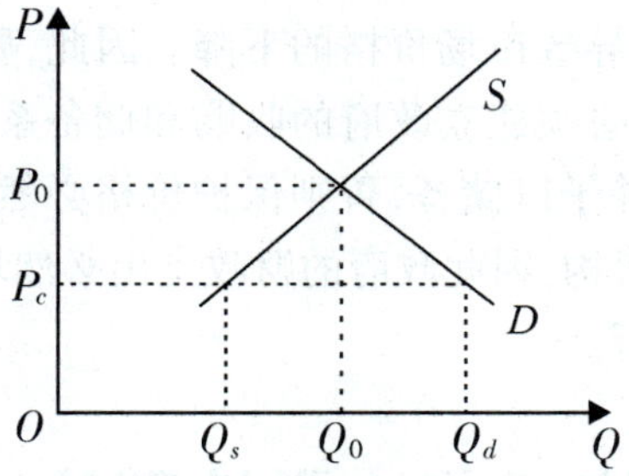

图 7－6 最高限价

一般情况下，当实施最高限价，出现短缺现象时，就会出现严重的排队现象。当政府监管不力时，就会出现黑市交易和黑市高价，就是买卖双方违反政府的最高限价进行交易，显然这种交易价格一定会高于最高限价，有时还会高于均衡价格。如果管理不当，还会出现“走后门”现象，就是有人利用特殊的权力和便利不需要排队就可以买到实施限价的产品，或可以买到多于定量供应标准的产品。由于供应紧张，生产者或卖方在交易中处于优势地位，因此可能出现以次充好、缺斤短两等变相涨价的现象。如果实施最高限价的是粮食等重要消费品，政府为了满足人们的基本需要，往往会实施按照某种标准如家庭人口或职业进行定量供应或凭证供应，这就是配给制。

因此，要保证最高限价的顺利实施，必须有强有力的行政措施或分配措施，否则就会流于形式。但是，由于最高限价严重地影响了市场机制或价格机制的正常运行，只宜短期或在局部地区实行，不应长期化。

2. 保护价格分析

所谓保护价格，也叫支持价格或最低限价，就是由政府规定一个具体的价格，市场交易只能在这一价格之上进行，其目的是保护生产者利益或支持某一产业的发展。在我国，保护价格属于政府对市场价格的干预措施。当某种或某些产品价格下降幅度过大，生产者收入过少，有可能影响生产的正常进行时，政府可以采取这种方式进行干预。我国和世界上一些国家或地区采用保护价格政策支持农业生产和稳定农民收入水平。

运用均衡价格模型可以比较具体地对保护价格的效应进行分析，如图 7－7 所示。

在图 7 - 7 中,P_0 为均衡价格,P_f 为保护价格,Q_s 为保护价格下的市场供给量,Q_d 为保护价格下的市场需求量,Q_0 为均衡产量。从图中可以看到,由于保护价格高于均衡价格,因此会刺激生产,限制消费,导致市场供给过剩,并且过剩量 = $Q_s - Q_d$。

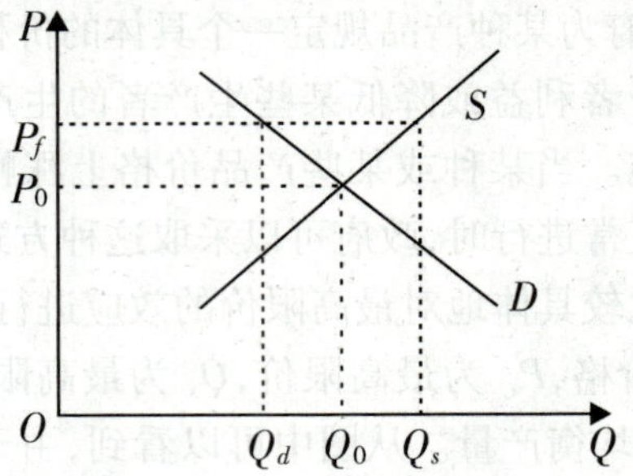

图 7 - 7　保护价格

一般来说,当实施保护价格政策,出现过剩现象时,如果没有政府的收购,就会出现变相降价或黑市交易等问题,并可能导致市场价格的下降。因此,要保证保护价格的顺利实施,除了要有强有力的行政措施,还必须建立政府的收购和储备系统,当市场出现供给过剩时,政府要及时入市收购过剩产品并予以储备,否则保护价格必然会流于形式。这就需要政府建立一个专门的基金和专门的机构,因此政府的财政支出必然增加。这就意味着,保护价格只宜在粮食等少数农产品上实行。

第四节　弹性理论

弹性是指因变量对自变量变动的反应程度,其大小可以用两个变量变动的百分比之比,即弹性系数来表示。

弹性的分类:弹性可分为价格弹性、收入弹性和交叉弹性三种。价格弹性又可分为需求的价格弹性和供给的价格弹性。

一、需求价格弹性

1. 需求价格弹性的定义

需求价格弹性的定义是,需求量对价格变动的反应程度,是需求量变动百分比与价格变动百分比的比率,即:

需求价格弹性系数 = 需求量的相对变动/价格的相对变动

如用 E_d 代表需求价格弹性系数,用 P 和 ΔP 分别表示价格和价格的变动量,用 Q 和 ΔQ 分别表示需求量和需求量的变动量,则:

$$E_d = (\Delta Q/Q) \div (\Delta P/P) = (\Delta Q/\Delta P) \cdot (P/Q)$$

由于需求规律的作用,价格和需求量是呈相反方向变化的,价格下跌,需求量增加;价格上升,需求量减少。因此,ΔQ 和 ΔP 符号相反,所以需求价格弹性系数总是负数。由于它的符号始终不变,为简便起见,我们通常把负号略去,采用其绝对值。需求价格弹性常被简称为需求弹性。

2. 需求价格弹性系数的计算公式

需求价格弹性系数有两种计算公式，一种是点弹性公式，另一种是弧弹性公式。

点弹性是指需求曲线上某一点上的需求量变动对于价格变动的反应程度，它等于需求量的无穷小的相对变化对价格的一个无穷小的相对变化的比率，即：

点弹性系数 = 需求量的相对变化/价格的相对变化

用公式表示为：

$$E_d = (\Delta Q/Q) \div (\Delta P/P) = (\Delta Q/\Delta P) \cdot (P/Q)$$

弧弹性是指需求曲线上两点之间的弧的弹性，它等于需求量的相对变动量对价格的相对变动量的比值。

弧弹性系数的计算公式为：

$$E_d = \{\Delta Q/[(Q_0 + Q_1)/2]\} \div \{\Delta P/[(P_0 + P_1)/2]\}$$

式中，Q_0 为变动前的需求量，Q_1 为变动后的需求量，ΔQ 为需求的变动量；P_0 为变动前的价格，P_1 为变动后的价格，ΔP 为价格的变动量。

因为弧弹性能表现两点之间的弹性，所以它适用于价格和需求量变动较大的场合，而点弹性表明的只是一点上的弹性，因此只适用于价格和需求量变动较小的场合。

3. 需求价格弹性的基本类型

需求价格弹性系数的数值范围是从 0 到无穷小。通常可把需求价格弹性分为三种：

(1) 当需求量变动百分数大于价格变动百分数，需求弹性系数大于 1 时，叫作需求富有弹性或高弹性。例如，价格下降 2%，使需求量增加 4%。

(2) 当需求量变动百分数等于价格变动百分数，需求弹性系数等于 1 时，叫作需求单位弹性。例如，价格下降 2%，需求量也增加 2%。

(3) 当需求量变动百分数小于价格变动百分数，需求弹性系数小于 1 时，叫作需求缺乏弹性或低弹性。例如，价格下跌 2%，需求量只增加 1%。

(4) 当需求弹性系数等于 0 时，叫作需求完全缺乏弹性。

(5) 当需求弹性系数为无穷大时，叫作需求完全富有弹性。

4. 影响需求价格弹性的因素

(1) 替代品的数量和相近程度。一种商品若有许多相近的替代品，那么这种商品的需求价格弹性就较大。因为一旦这种商品价格上涨，甚至是微小的上涨，消费者往往会舍弃这种商品，而去选购它的替代品，从而引起需求量的变化。

(2) 商品的重要性。一种商品如果是人们生活的基本必需品，即使价格上涨，人们也会照样买，其需求弹性就小或缺乏弹性；而一些非必需的高档商品，像贵重首饰、高档服装等，只有当消费者购买力提高之后才买得起，其需求弹性就大。

(3) 商品用途的多少。一般来说，一种商品的用途越多，它的需求弹性就越大，反之就缺乏弹性。任何商品的不同用途都有一定的排列顺序。如果一种商品价格上升，消费者会缩减其需求，把购买力用于重要的用途上，使购买数量减少；随着价格的降低，会增加其购买数量。

(4) 时间与需求价格弹性的大小至关重要。时间越短，商品的需求弹性就越小；时间越长，商品的需求弹性就越大。这是因为在较长的时间内，消费者就越有可能找到替代品，替代物品多了，它的需求弹性就必然增加。

5. 需求价格弹性和生产者或销售者的总销售收入的关系

需求价格弹性系数的大小与生产者或销售者的收入有着密切联系，正是两者之间具有这种联系，才使得需求价格弹性理论更富有实践意义。下面我们来研究一下弹性系数大小与收入或支出的关系。

图 7－8(a)描绘了一条 $E_d>1$ 的需求曲线。从图中看出，当价格从 P_1 下降到 P_2 时，需求量从 Q_1 增加到 Q_2，但是价格下降的幅度小于需求增长的幅度，所以 D 为弹性系数大于 1 的需求曲线。当价格为 P_1 时，需求量为 Q_1，因此销售收入 $R_1=P_1Q_1$，即图中矩形 P_1AQ_1O 的面积。当价格下跌到 P_2 时，需求量增加到 Q_2，此时的销售收入为 $R_2=P_2Q_2$，相当于图中矩形 P_2BQ_2O 的面积。从图中可以观察到，矩形 P_1ACP_2 小于矩形 CBQ_2Q_1，因此矩形 P_1AQ_1O 的面积小于 P_2BQ_2O 的面积，即 $R_1<R_2$。这就是说，在需求弹性系数 $E_d>1$ 时，价格下跌会使销售收入增加。同样地，我们可以得出，当 $E_d>1$ 时，价格上涨会使销售收入减少。

图 7－8(b)所反映的是一条 $E_d=1$ 时的需求曲线。根据同样的道理，可以得到，$E_d=1$ 时，无论价格上升还是下降，销售收入保持不变。

图 7－8(c)描绘了一条 $E_d<1$ 的需求曲线。从图中可以看出，在这条需求曲线上，价格下降的幅度大于需求量增加的幅度，所以 D 为一条 $E_d<1$ 的需求曲线。当价格分别为 P_1、P_2 时，$R_1=P_1Q_1$、$R_2=P_2Q_2$，分别相当于矩形 P_1AQ_1O 的面积和 P_2BQ_2O 的面积，由于矩形 P_1ACP_2 的面积大于矩形 CBQ_2Q_1 的面积，因此即 $R_1>R_2$。这就是说，在需求弹性系数 $E_d<1$ 时，价格下跌会使销售收入减少。同样地，我们可以得出，当 $E_d<1$ 时，价格上涨会使销售收入增加。

因此，如果需求价格弹性系数小于 1，价格上升会使销售收入增加；如果需求价格弹性系数大于 1，那么价格上升会使销售收入减少；如果需求价格弹性系数等于 1，那么价格变动不会引起销售收入变动。这就是企业实行薄利多销策略的一个主要理论基础。

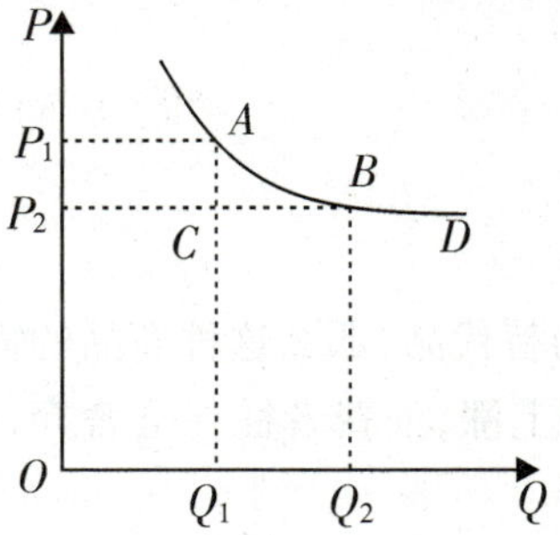

图 7－8(a)

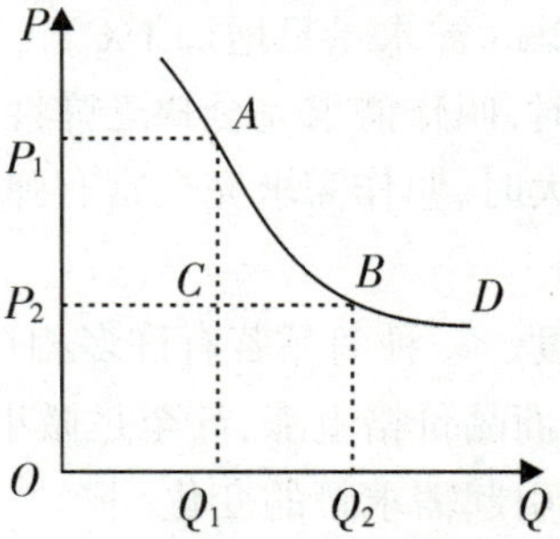

图 7－8(b)

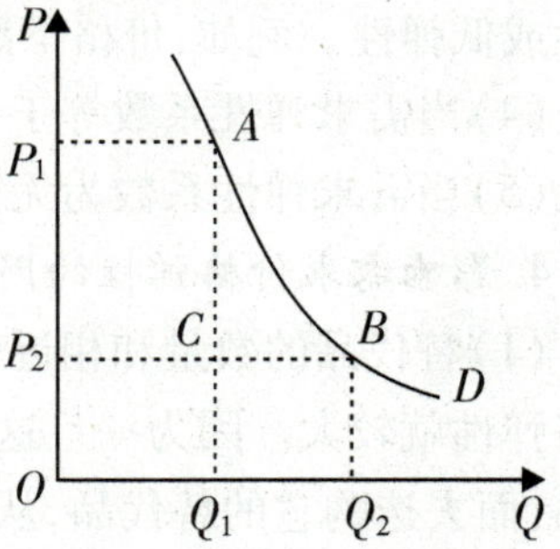

图 7－8(c)

二、需求交叉弹性

1. 需求交叉弹性的定义和公式

需求交叉弹性，也叫需求交叉价格弹性，是指一种商品价格的相对变化与由此引起的另一种商品需求量相对变动之间的比率。假如有 i 和 j 两种商品，那么，因商品 j 价格的相对变化而产生的交叉弹性系数即：

交叉弹性系数＝商品 i 的需求量的相对变化/商品 j 的价格的相对变化

用公式表示为：

$$E_{ij}=(\Delta Q_i/Q_i)\div(\Delta P_j/P_j)$$

式中：E_{ij}为需求交叉弹性；Q_i 为商品 i 的需求量；ΔQ_i 为商品 i 的需求变动量；P_j 为商品 j 的价格；ΔP_j 为商品 j 的价格变动量。

2. 需求交叉弹性的类型

第一种类型 i 和 j 两种商品为替代品，即 $E_{ij}>0$，这时的交叉弹性系数为正数。因为两种商品可以相互替代，商品 j 价格上升，就会有部分消费者不再购买商品 j，而去购买商品 i，商品 i 的需求量增加，价格变动和需求量变动是同一方向，所以 ΔP_j 和 ΔQ_i 都为正值，E_{ij}的符号为正值。与此相反，商品 j 的价格下跌，就会有部分消费者放弃对商品 i 的购买，而去购买商品 j，商品 i 的需求量减少，ΔP_j 和 ΔQ_i 都为负值，所以 E_{ij}的符号仍为正。E_{ij}越接近 1，则说明 i 和 j 的替代性越强。

第二种类型 i 和 j 两种商品为互补品，即 $E_{ij}<0$，其交叉弹性为负数。由于 i 和 j 为互补品，商品 j 的价格上涨，需求量下降，必然会引起商品 i 的需求量下降，ΔP_j 和 ΔQ_i 的符号相反，E_{ij}为负号。

第三种类型是当 $E_{ij}=0$ 时，表明 i 和 j 两种商品是无关的，即 j 涨价不影响对 i 的需求，j 跌价也不影响对 i 的需求。可见，需求交叉弹性大小是确定两种商品是否具有替代关系或互补关系的标准。

三、需求收入弹性

1. 需求收入弹性的含义和公式

需求收入弹性，是指需求量的变动和引起这一变动的消费者收入变动之比，它用以衡量需求变动对消费者收入变动的反应程度。其计算公式为：

$$E_y=(\Delta Q/Q)\div(\Delta Y/Y)=(Y/Q)\cdot(\Delta Q/\Delta Y)$$

式中：E_y 代表需求的收入弹性系数；Q 代表原需求量；ΔQ 代表需求的变动量；Y 代表原消费者收入；ΔY 代表收入的变动量。

2. 需求收入弹性的类型

需求收入弹性有下列几种类型：

(1)$E_y>1$，表明收入弹性高，即需求数量的相应增加大于收入的增加。

(2)$E_y=1$，表明收入变动和需求数量变动是成相同比例的。

(3)$0<E_y<1$，表明收入弹性低，即需求数量的相应增加小于收入的增加。

(4)$E_y=0$，表明不管收入如何变动，需求数量不变。

(5)$E_y<0$，表明收入增加时买得少，收入降低时买得多。

上述五种收入弹性，除 $E_y=0$，$E_y<0$ 以外，其余三种收入弹性系数都是正的。

就一般商品而言，收入弹性的大小，可以作为划分“高档品”和“必需品”的标准。凡是收入弹性大于 1 的商品，都可以称为“高档品”，小于 1 的则称为“必需品”。收入弹性为负值的商品称为“低档品”，随着收入水平的提高，其需求量反而减少。需求的收入弹性是研究收入和需求量之间的关系及消费结构变化的一个基本概念，对价格决策具有重要参考价值。

当然,需要指出的是,这里所研究的收入弹性是以市场上众多消费者的收入和需求数量的变动关系为对象的。

3. 影响需求收入弹性的因素

(1)该商品被“需要”的程度。在发达国家,人们收入增加,对昂贵商品的需求增加迅速,对基本商品如面包的需求仅有微小增长,这样汽车和到国外度假的收入弹性很高,而马铃薯和公共汽车旅行等商品或劳务需求的收入弹性很低,有时甚至会出现负数值。对于低档商品而言,随着收入的增加,商品的需求量降低,因而这些商品需求的收入弹性是负数值。

(2)商品对人们欲望的满足程度。消费一种商品,人们的欲望越快得到满足,当收入增加时需求增加的数量就越少。

(3)收入水平。穷人和富人在收入增加时做出的反应是不同的,同样的收入增加,穷人会买更多的黄油,富人仅会多买一点儿。

需求的收入弹性对于企业在考虑产品未来的市场大小时具有重要的意义。如果产品需求的收入弹性很高,国内收入增加时销售量可能迅速增加,但经济衰退时会有显著的下降。

四、供给价格弹性

1. 供给价格弹性的定义和公式

供给价格弹性是价格的相对变化与所引起的供给量的相对变化之间的比率。供给价格弹性常被简称为供给弹性。其计算公式为:

供给价格弹性系数 = 供给量的相对变动/价格的相对变动

如用 E_s 代表供给价格弹性系数,用 P 和 ΔP 分别表示价格和价格的变动量,用 Q 和 ΔQ 分别表示供给量和供给量的变动量,则

$$E_s = (\Delta Q/Q) \div (\Delta P/P) = (\Delta Q/\Delta P) \cdot (P/Q)$$

由于供给规律的作用,价格的变化和供给的变化总是同方向的,所以,E_s 的符号始终为正值。

2. 供给价格弹性的类型

按照供给量对价格变动反应程度大小,供给价格弹性可分为五种类型:

(1)当某种商品的$E_s>1$时,则这种商品的供给价格弹性充足。

(2)当 $E_s<1$ 时,则供给价格弹性不充足。

(3)当 $E_s=1$ 时,则供给价格弹性为1。

(4)当 $E_s=0$ 时的供给完全无弹性。

(5)当 $E_s=\infty$ 时的供给完全有弹性。

3. 影响供给价格弹性的因素

(1)时间是决定供给价格弹性的首要因素。在短期内,供给价格弹性一般较小;相反,在较长的时期内,供给价格弹性一般比较大。

(2)生产周期和自然条件的影响。对于农产品来说,由于受生产周期和自然条件的影响,在短期内,生产者和销售者无法利用价格提高这个有利条件去迅速地增加生产量和销售量。同样,当价格下跌时,生产者和销售者又不能马上急剧减少生产量和销售量。因此,在

短期内供给价格弹性几乎为零,价格对供给的影响往往需经过一年左右的时间才能表现出来。

(3)投入品替代性大小和相似程度对供给价格弹性的影响也很大。如果用于生产某商品的投入品可由其他行业资源替代,那么该商品价格上涨(其他行业商品价格未变),其他行业的投入品就会转入该商品生产,从而使产量和供给量增加;反之,该商品价格下跌,又会使其投入品转入其他行业,从而使生产量和销售量减少。在上述情况下,该商品的供给有弹性。如果投入品难以加入或脱离某种特定行业,则其供给缺乏弹性。

(4)资金有机构成不同影响供给弹性的大小。产品的资金有机构成低,短期供给弹性较大,而长期供给弹性则小一些。产品的资金有机构成高,短期供给弹性较小,而长期供给弹性则大。

第八章　消费者行为分析

知识框架

- 消费者行为分析
  - 无差异曲线
    - 效用理论
    - 无差异曲线
  - 预算约束
    - 预算约束及预算线
    - 收入变动对预算线的影响
    - 相对价格变动对预算线的影响
  - 消费者均衡和需求曲线
    - 消费者均衡
    - 消费者的需求曲线

第一节　无差异曲线

一、效用理论

1. 经济人假设

在研究消费者行为时，我们需要假定，消费者是追求效用最大化的和理性的，这也就是所谓的经济人假设：每一个从事经济活动的人都是利己的，总是力图以最小的经济代价去获得自己最大的经济利益。这个假设不仅是分析消费者行为的前提，也是整个经济学的一个基础。当然，这一假设只是一种理想化状态，现实中的情况并非总是如此。人们在从事经济活动时并不总是利己的，也不能做到总是理性的。

2. 效用的定义

消费者是追求效用最大化的，那么什么是效用呢？效用就是指商品或者服务满足人们某种欲望的能力，或者是消费者在消费商品或服务时所感受到的满足程度。

效用是人们的一种心理感觉，是消费者对商品或服务满足自己的欲望能力的主观心理评价，因此效用没有客观标准。

3. 基数效用论和序数效用论

基数效用论是以效用基数衡量为基础而建立起来的效用理论，也就是说消费者消费某一物品所得到的满足程度可以用效用单位来衡量，消费几种物品所得到的满足程度可以加总从而得到总效用。效用的大小可以用基数表示，也就是用 1，2，3，4 等绝对值来衡量效用的大小。

序数效用论认为效用是不能由具体数字来表示的，而是用序数来表示，表示消费某产品的满足程度的排序，而且货币的边际效用是不变的。效用的大小用序数表示，就是用第一、第二、第三等表示次序的相对数值来衡量效用。基数效用论和序数效用论有以下区别：

(1)基数效用论认为效用可以具体衡量并且加总求和，效用大小可以用基数大小来表示，而序数效用论表示效用作为一种主观感受是无法用基数来衡量的，只能用序数来表示满足程度的高低顺序。效用是否可加总是主要区别。

(2)消费者均衡的实现条件不一样。消费者在收入既定和价格已知的条件下作出效用最大化的消费选择，基数效用论和序数效用论计算均衡的公式不同。

(3)基数效用论和序数效用论是分析消费者行为的不同方法，基数效用理论是运用边际效用论分析的，而序数效用理论是用无差异曲线和预算约束线来分析的。二者得出的分析结论基本是相同的。

4. 边际效用

按照基数效用理论，既然效用是可以计量的，所以效用可以区分为总效用和边际效用。总效用指消费者在一定时期内，从商品或服务的消费中得到的满足程度的总和，也可以说是指消费者在一定时间内从若干数量的商品或服务的消费中所得到的效用量的总和。

假定某一消费者对一种商品的消费数量为 Q，总效用为 TU，则总效用函数就是：

$$TU=f(Q)$$

一般来说，总效用取决于消费数量的大小，在一定范围内，消费量越大，则总效用就越大。

边际效用是指消费者增加一个单位的商品消费时所带来的满足程度的增加或者效用的增量。用 MU 表示边际效用，用公式表示，就是：

$$MU=\Delta TU/\Delta Q$$

相应的边际效用函数：

$$MU=\mathrm{d}TU/\mathrm{d}Q=f'(Q)$$

从数学的意义上看，边际效用就是总效用函数的斜率。

边际效用的变动有一个趋势，就是边际效用递减的规律。就是说，在一定时间内，随着消费某种商品数量的不断增加，消费者从中得到的总效用是增加的，但是以递减的速度增加的，即边际效用是递减的；当商品消费量达到一定程度后，总效用达到最大值时，边际效用为0；如果继续增加消费，总效用不但不会增加，反而会逐渐减少，此时边际效用变为负数。

二、无差异曲线

1. 关于消费者偏好的基本假定

作为一个消费者，在现实生活中，每个人都面临着一个选择的问题。人们对商品或服务的需要是无限的，但是人们的收入又是有限的，商品和服务费不是免费取得的。因此，每个消费者都要在个人收入和市场价格既定的约束条件下，选择购买一定量的不同的商品或服务，以最大限度地满足自己的需要。也就是说，消费者要选择他能够支付得起的最优的消费组合。消费组合也叫市场篮子，就是消费者购买的不同商品或服务的组合。例如，不同数量的食品和衣服的组合，组合 A 为2单位的食品和3单位的衣服，组合 B 为1单位的食品和6单位的衣服。一个消费者对于这两种商品的每一种组合,可能偏好其中一种组合,如 A 或 B,或者对两种组合 A 和 B 的偏好无差异。

根据消费者行为的某些共同特征,也为了便于分析,提出了如下关于偏好的基本假定:

(1)完备性:如果只有 A 和 B 这两种组合,消费者总是可以做出,也只能做出下面三种判断中的一种:一是对 A 的偏好大于 B,二是对 B 的偏好大于 A,三是对两者偏好无差异。完备性保证消费者总可以把自己的偏好准确地表达出来。

(2)可传递性:假定有 A、B、C 三种组合,如果消费者对 A 的偏好大于 B,对 B 的偏好又大于 C,那么对 A 的偏好必定大于对 C 的偏好。这一性质可以保证消费者偏好的一致性。

(3)消费者总是偏好于多而不是少。如果两组商品的区别只是在于其中一种商品数量的不同,那么消费者总是偏好较多的那个组合,也就是多多益善。

2. 无差异曲线

我们可以用无差异曲线来描述消费者偏好。所谓无差异曲线是一条表示能够给消费者带来相同满足程度的两种商品的所有组合的曲线,在这条曲线上所有各点的两种商品的组合带给消费者的满足程度是完全相同的,消费者对这条曲线上各个点的偏好程度是无差异的。

我们把前面例子中的各种消费组合在图 8 - 1 上描绘出来,并且根据对消费者关于不同消费组合表现出的偏好关系的观察,可以构造出一条无差异曲线。图中,横轴 X_1 代表食品消费量,纵轴 X_2 代表衣服消费量,I 代表无差异曲线。在无差异曲线上所有的点都能够给消费者带来同样的满足程度。图中的 A 点、B 点和 D 点,因为相同的偏好程度而位于同一条无差异曲线上。沿着这条曲线可以看到,当衣服减少时,食品就会增加,当食品减少时,衣服就会增加。当衣服减少而食品增加,或当食品减少而衣服增加时,消费者的偏好都不受影响。但是当衣服和食品同时增加时,或同时减少时情况就不同了。当衣服和食品同时增加时,就会出现另一条无差异曲线。当衣服和食品同时减少时,也会出现另一条无差异曲线。

因此,在同一个平面直角坐标系中,可以绘制出无数条无差异曲线,每一条都代表不同水平的偏好。根据"多比少好"的假定,消费者对数量多的两种商品组合的偏好大于对数量少的两种商品组合的偏好,因此无差异曲线离原点越近,代表的商品数量越小,消费者得到的满足程度水平越低;离原点越远,代表的商品数量越大,消费者得到的满足程度越高。从理论上来说,应该存在无数条这样的无差异曲线。我们把由一组描绘某个消费者偏好关系的无差异曲线构成的图称为无差异曲线图(见图 8 - 2)。

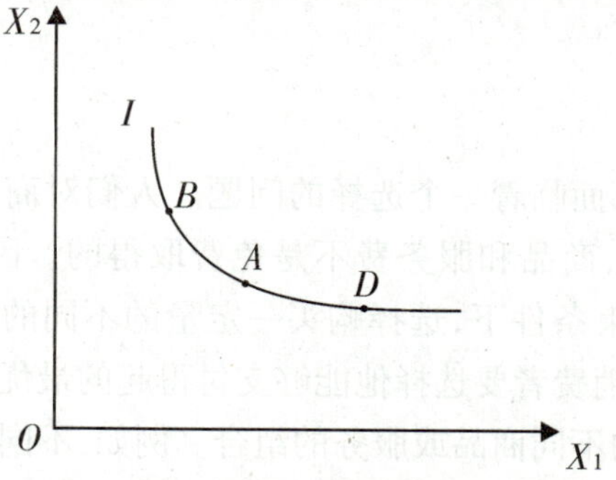

图 8 - 1　某消费者的一条无差异曲线

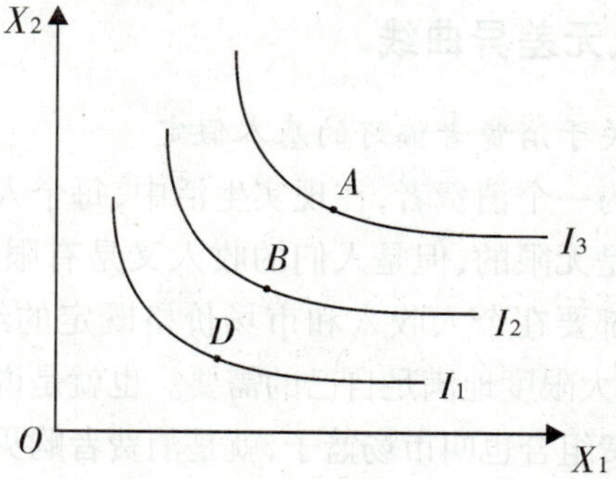

图 8 - 2　无差异曲线图

无差异曲线具有以下特征：

(1)离原点越远的无差异曲线，消费者的偏好程度越高。较高的无差异曲线代表的物品量多于较低的无差异曲线，因此消费者偏好程度最高的是 I_3，最低的是 I_1，如图 8－2 所示。

(2)任意两条无差异曲线都不能相交，如图 8－3 所示，假设无差异曲线 I_1 和 I_2 及相交于点 A，因为 A 点和 B 点都在无差异曲线 I_2 上，那么消费者必定同样偏好这两种商品组合；同样，A 点和 C 点同处于无差异曲线 I_1 上，所以消费者也必定同样偏好这两种商品组合。根据偏好的可传递性的假定，消费者必定同样偏好 B 点和 C 点，但这显然不可能；因为既然 B 点比 C 点具有更多的 X_2，那么 B 点必定比 C 点更受消费者偏好。因此，无差异曲线不能相交。

(3)无差异曲线从左向右下倾斜，凸向原点。这是因为，为维持同等的满足程度或效用水平，要增加 X_1 的数量就必须减少 X_2 的数量。因此，无差异曲线从左上向右下倾斜，斜率为负。这是由商品边际替代率递减规律决定的。

所谓商品边际替代率，就是指在效用水平不变的条件下，消费者增加一单位某商品时必须放弃的另一种商品的数量。

如果用 MRS 表示商品边际替代率，一般将放弃纵轴 X_2 上商品的数量来获得横轴 X_1 额外 1 个单位商品来计算商品的边际替代率，公式表示如下：

$$MRS=-\Delta X_2/\Delta X_1$$

这就表示放弃第二种商品 ΔX_2 个单位，获得第一种商品 ΔX_1 个单位。加一个负号是为了使边际替代率成为正数。如果依然用纵轴表示衣服，横轴表示食品，就表示为了获得一个单位的食品，必须放弃的衣服的数量。

我们可以用图 8－4 加以说明。

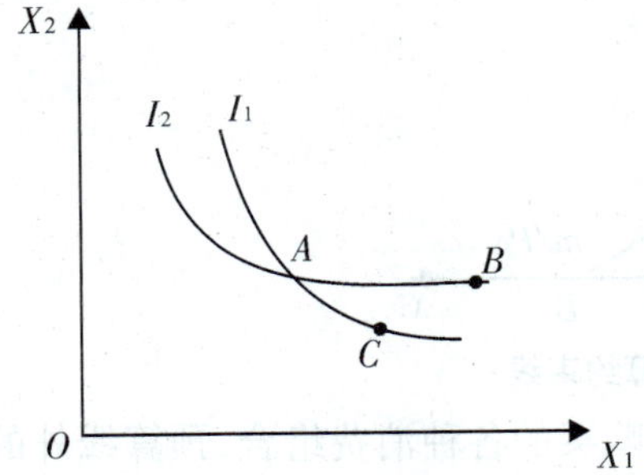

图 8－3　违反偏好假定的无差异曲线

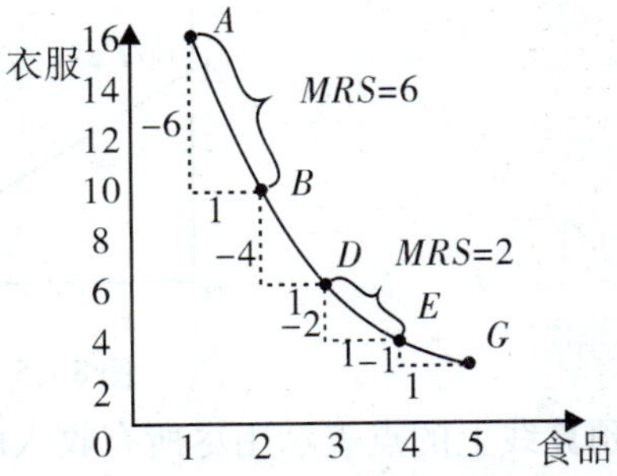

图 8－4　商品边际替代率递减规律

图 8－4 中，从 A 点到 B 点，消费者愿意放弃 6 个单位衣服以获得额外 1 个单位食品，边际替代率为 6；从 B 点到 D 点，只愿意用 4 个单位衣服来换取 1 个单位食品，边际替代率为 4。

当商品数量变化趋于无穷小时，表明无差异曲线上某一点的边际替代率就是无差异曲线上该点的切线斜率的绝对值。

如前所述，无差异曲线是凸向原点的，这指的是当我们沿曲线下移时，无差异曲线斜率增加，其绝对值越来越小，也意味着商品的边际替代率沿曲线递减。例如，从 A 点到 B 点是 6，D 点到 E 点是 2。它所表明的经济上的含义是，随着一种商品消费量的逐渐增加，消费者为了获得这种商品的额外消费而愿意放弃的另一种商品的数量会越来越少。这就是所谓的边际商品替代率递减规律。在维持效用水平不变的前提下,随着一种商品的消费数量的连续增加,消费者为得到一单位的这种商品所需要放弃的另一种商品的消费量是递减的。边际替代率递减规律决定了无差异曲线的斜率的绝对值是递减的,即凸向原点。

第二节 预算约束

一、预算约束及预算线

我们知道,消费者的选择不仅取决于消费者的偏好,还要受到消费者的支付能力和市场价格的限制。这种在既定价格下,消费者对各种商品和服务的支付能力的限制表现为一种预算约束。

假定只有两种商品 X_1 和 X_2 可供消费者选择,这两种商品的价格分别为 P_1 和 P_2,消费者可以支配的收入的金额是 m,则这个消费者的预算约束就用以下公式表示:

$$P_1X_1 + P_2X_2 \leqslant m$$

我们可以用图 8-5 来表示。在图中,横轴 X_1 表示商品 1 的消费数量,纵轴 X_2 表示商品 2 的消费数量。如果全部收入 m 都用于购买商品 1,则所能购买到的数量为 m/P_1,如果全部收入 m 都用于购买商品 2,则所能购买到的数量为 m/P_2。把这两个点,即 A 点和 B 点,连接起来就叫作预算线,表示在消费者的收入和商品的价格给定的条件下,消费者的全部收入所能购买到的两种商品的各种组合,又称为预算约束线。

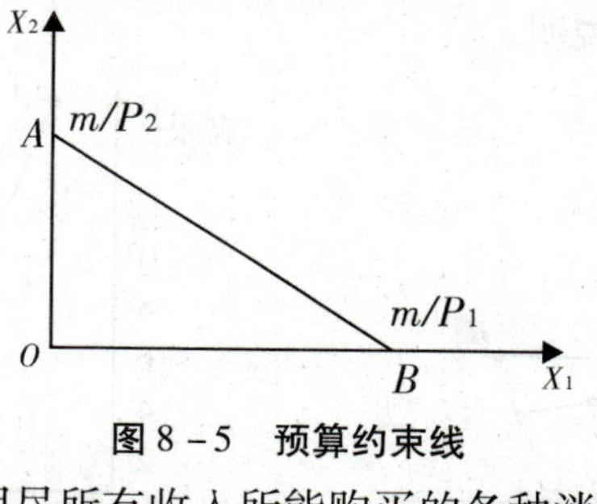

图 8-5 预算约束线

可见,预算线上的点表示用尽所有收入所能购买的各种消费组合,预算线外的点是支付能力所达不到的购买选择;而预算线内的点,则表示在两种商品上的花费并未用尽全部收入。

我们把包括了预算线本身及其左下方的区域称为消费者预算可行集,或预算空间,表示消费者受到的支付能力的限制,是消费者决策时可以选择的区间。

预算线的斜率是两种商品价格的负比率或两种商品价格的比率的负值,就是 $-P_1/P_2$。斜率的大小表明在不改变总支出数量的前提下,两种商品可以相互替代的比率。

二、收入变动对预算线的影响

在相对价格不变的情况下,收入改变,会使预算线出现平行移动。收入增加使预算线向右平移，收入减少使预算线向左平移。

三、相对价格变动对预算线的影响

如果只是其中一种商品，如 X_1 的价格上升，那么预算线中另一商品 X_2 的截距固定不变；而商品 X_1 截距缩小，表明随该商品价格上升，可购买的该种商品的数量减少。表现为预算线在纵轴上的端点不变，而横轴上的端点发生旋转。如价格下降向右旋转，价格上升向左旋转。两种商品的价格同比例同方向变化，会使预算线平移。同比例上升使预算线左移，相反则右移。两种商品的价格，以及收入都同比例同方向变化，那么预算线不动。

第三节　消费者均衡和需求曲线

一、消费者均衡

无差异曲线代表消费者对不同商品组合的主观态度，而预算线则显示了消费者对不同商品组合进行选择的客观限制，将两者结合，就能决定消费者的最优购买选择，得到消费者均衡状态。

将预算线置于无差异曲线图中，预算线与无差异曲线的关系有三种情况，如图 8－6 所示。

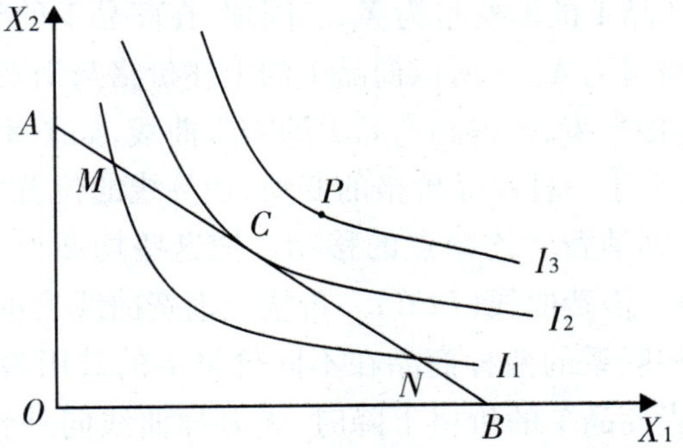

图 8－6　消费者均衡

(1) 预算线 AB 与无差异曲线 I_1 相交于 M 点和 N 点。不难看出，虽然交点在预算线上，且可以满足消费者一定的满足程度，但却不是最受偏好的选择，因为消费者在不改变预算线的前提下，通过消费数量的调整，可以提高其满足程度。如将消费组合移动至 MN 点之间时，消费者花费同样的预算，却可以得到程度更高的满足。

(2) 预算线 AB 与无差异曲线 I_3 既不相交，也不相切。虽然无差异曲线 I_3 上的每一点，例如 P 点的商品组合，能给消费者带来更高的满足程度，但因超过了现有的购买能力而无法实现。

(3) 预算线 AB 与无差异曲线 I_2 相切于 C 点。C 点既在预算线上，又在无差异曲线上，也就是说，C 点所代表的商品组合既是消费者用现有收入可以买到的，它又能给消费者带来最高程度的满足。可见，满足效用最大化的商品组合必定位于预算线与无差异曲线相切的切点上。

在切点 C 处，无差异曲线 I_2 的斜率恰好等于预算线的斜率。根据前面的分析，无差异曲线的斜率的绝对值等于两种商品的边际替代率，预算线的斜率的绝对值等于两种商品的价格之比，因此消费者效用最大化的均衡条件可以表示为：商品边际替代率＝商品的价格之比，即：

$$MRS = P_1 / P_2$$

上式就是消费者效用最大化的均衡条件，其含义是：在一定的预算约束下，为了实现效用最大化，消费者应该选择商品的最优组合，使得两种商品的边际替代率等于两种商品的价格之比。

二、消费者的需求曲线

1. 需求曲线的推导

消费者均衡的实现是以三个条件为前提的，即偏好不变、收入不变和价格不变。现在假定偏好不变和收入不变，用图形来分析价格变化对消费者均衡的影响，并从而说明需求曲线的形成。

如图 8－7 上半部分所示，假设消费者的偏好和收入不变，并假设只有商品 1 的价格发生变化，商品 2 的价格保持不变。开始，商品 1 的价格为 P_{11} 时，预算线 AB_0 与无差异曲线 I_3 相切于 M 点，M 点是消费者效用最大化的消费选择，此时商品 1 的消费量为 X_{11}。假设商品 1 的价格下降为 P_{12}，预算线移动为 AB_1，AB_1 与无差异曲线 I_2 相切在 N 点时，此时消费者在 N 点消费获得最大满足，商品 1 的消费量为 X_{12}。同理，在商品 1 的价格为 P_{13} 时消费者要实现效用最大，商品 1 的消费量为 X_{13}。所以商品 1 的上述价格与消费量的对应点都是其需求曲线上的点。将这些点连接起来，就得到商品 1 的需求曲线，如图 8－7 下半部分所示。

从图 8－7 可以看到，由于一种商品价格的变动，预算线的位置发生了变动，从而引起预算线与无差异曲线的切点即消费者均衡点的移动。把这些均衡点，如图中的 M、N、P，连接起来便可以得到一条价格—消费曲线（PCC）。价格—消费曲线表示消费者偏好和收入不变时，与一种商品价格变化相联系的两种商品在不同价格下的效用最大化的各种组合。由价格—消费曲线可以看出，当商品 1 的价格下降时，无差异曲线向外转，因而商品 1 的需求量上升，所以消费者的需求曲线是向下倾斜的。同时，不同价格条件下的消费量，是预算线和无差异曲线的切点上对应的数量，所以消费者在需求曲线上消费可以实现效用最大化。

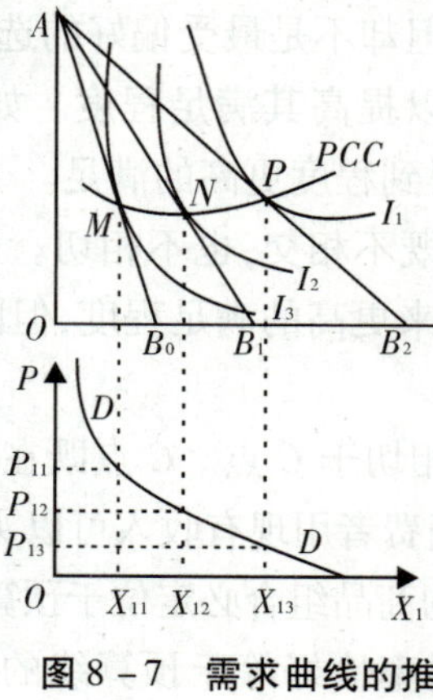

图 8－7　需求曲线的推导

2. 价格变动的效应

商品价格的变化会产生两种效应,即收入效应和替代效应。收入效应是指在名义收入不变时,因为该商品价格的变化,而导致消费者实际收入发生变化,进而导致消费者所购买的该商品数量的变化。一种商品价格的降低会使消费者的实际收入增加,从而提高了消费者的实际购买力;反之,一种商品价格的提高则会使消费者的实际收入下降,从而降低了消费者的购买能力。替代效应是指在实际收入不变的情况下,因为该商品价格的变化引起的相对价格变化所导致的该商品需求数量的变化。某一种商品价格的变化会导致两种商品之间的最佳替换率变化,这种变化会使消费者去调整两种商品的消费比例,消费者会增加消费现在变得相对便宜的商品,减少消费那些现在变得相对较贵的商品。在一般情况下,这两个方面的影响通常会同时出现。

对于替代效应,当一种商品变得相对便宜时,对它的购买量总会上升,因此替代效应与价格的变动总是呈反方向的。但是,对于收入效应,则比较复杂。我们知道,当价格下降,一个人的实际收入相对增加时,对商品的需求量可能上升,也可能下降。这取决于该种商品是正常品,还是低档品。在正常品的情况下,价格下降,收入上升,需求也上升,因此收入效应与价格变动是反方向;在低档品的情况下,价格下降,收入上升,但是需求反而下降,因此收入效应与价格变动却是同方向的。

对于正常品而言,替代效应需求量与价格呈反方向变动,收入效应需求量也与价格呈反方向变动,从而总效应必定与价格呈反方向变动。因此,正常品的需求曲线是向右下方倾斜的。对于低档品而言,替代效应需求量与价格呈反方向变动,收入效应需求量与价格呈正方向变动,而大多数情况下,收入效应的作用小于替代效应的作用,从而总效应与价格呈反方向变动。相应的需求曲线也是向右下方倾斜的。从需求曲线来看,就是低档品的需求曲线更陡峭,而正常品的需求曲线更平缓,对价格变化的反应更大。

第九章 生产和成本理论

知识框架

- 生产和成本理论
  - 生产者的组织形式和企业理论
    - 生产者及其组织形式
    - 企业形成的理论
  - 生产函数和生产曲线
    - 生产及相关概念
    - 生产函数
    - 一种可变要素的生产函数及其曲线
    - 规模报酬
  - 成本函数和成本曲线
    - 成本的含义
    - 成本函数
    - 短期成本曲线
    - 长期成本曲线

第一节 生产者的组织形式和企业理论

一、生产者及其组织形式

生产者就是能够做出统一的生产决策的单个经济单位,即企业或厂商。企业是产品生产过程的主要组织形式,主要包括个人独资企业、合伙制企业和公司制企业。

在生产者行为的分析中,一般假设生产者或企业的目标是追求利润最大化。这一基本假定是"经济人假设"在生产和企业理论中的具体化。

生产者追求利润最大化目标的现实情况:

(1)经济学家实际上并不认为追求利润最大化是人们从事生产和交易活动的唯一动机。特别是在现代公司制企业中,企业的所有者往往并不是企业真正的经营者,企业的日常决策是由企业的经营者做出的。经营者还有其他的目标,如企业的生存、舒适的生活以及优厚的薪水等。由于信息的不完全性,特别是信息的不对称性,所有者并不能完全监督和控制经营者的行为,经营者可能会在一定程度上偏离企业利润最大化目标,而追求其他一些有利于自身利益的目标,可能追求销售收入最大化和销售收入的持续增长,一味扩大企业规模,并以此来谋求自身特权和个人收入、提高个人社会知名度。经营者也可能只顾及企业的短期利益,而牺牲企业的长期利益。

(2)即便是企业经营者的目标是追求利润最大化,要准确计算出最大利润也缺乏资料。特别是在信息不完全的条件下,企业所面临的市场需求可能是不确定的,而且也有可能对产量变化所引起的生产成本的变化情况缺乏准确的了解。于是,企业长期生存的经验做法也许就是实现销售收入的最大化或者是市场份额最大化,以此取代利润最大化决策。

(3)尽管如此,从长期来看,生产者的活动看起来很接近于追求最大利润。经营者对利润最大化目标的偏离在很大程度上受到制约。这是因为,如果经营不善,企业效益下降,公司的股票价格就会下降,经营者的职位就可能产生动摇。更重要的是,不管在信息不完全的情况下找到利润最大化目标的决策有多么困难,也不管经营者偏离利润最大化目标的动机有多强烈,但是长期不以利润最大化为目标的企业最终将为市场所淘汰。所以,实现利润最大化是所有企业在竞争中求得生存的关键。

二、企业形成的理论

什么是企业? 为什么社会生产单位是以企业这种基本形式而存在的? 这是经济理论需要回答的重要问题,而这显然涉及对企业的本质属性的认识。

美国经济学家科斯在 1937 年发表的《企业的本质》一文,对企业本质属性问题进行了开创性的探讨,他认为企业是为了节约市场交易费用或交易成本而产生的,企业的本质或者显著特征是作为市场机制或价格机制的替代物。

科斯关于企业理论的观点:

(1)所谓交易费用是指围绕交易契约所产生的成本或费用。任何交易都可以看成是交易双方所达成的一项契约。交易费用包括两类:①交易费用是产生于签订契约时交易双方面临的偶然因素所可能带来的损失,这些偶然因素,或者是由于事先不可能被预见到而未写进契约,或者是虽能够被预见到,但因为太复杂而无法写进契约;②交易费用是签订契约及监督和执行契约所花费的成本。

(2)从历史上看,从企业产生以后,企业与市场机制就是两种不同的协调生产和配置资源的方式,同时社会上就形成了两种交易,即企业外部的市场交易和企业内部的交易。企业外部的交易,是平等协商基础上的市场交易,每完成一笔交易,都是谈判双方不断磋商、协调,通过讨价还价的谈判而实现的。而企业内部的交易,则是通过一个组织和企业家用行政命令方式在内部进行的交易。两种交易方式都要支付交易费用或成本。当企业交易方式的交易费用小于市场交易方式的交易费用时,企业就应运而生了。

(3)显然,交易成本的节约是企业存在的根本原因,即企业是市场交易费用节约的产物。即企业作为生产的一种组织形式,在一定程度上是对市场机制的一种替代,而企业作为一种组织形式大大减少了需要签订的契约数量,可以大量节约交易费用。节约交易费用的原因有:①一种生产要素的所有者在要素投入到企业之前需要与企业签订契约,他同意为一定的报酬在一定限度内服从企业家的指挥,在企业内与其他生产要素合作时,就不再需要与他们签订一系列的契约。②企业在市场上购买中间产品是需要交易费用的,包括寻找合适的供应商、签订合同以及监督和执行合同的费用,而企业却可以在内部生产一部分中间产品,从而降低一部分交易费用,同时可以更好地保证中间产品的质量。③企业在与要素签订契约时，特别是与一些具有专门技能的雇员，例如专门的产品设计、管理人员，可以签订长期契约，这将比从其他企业那里购买相应的服务更为有利，也相应降低了交易成本。

(4)导致市场机制和企业的交易费用不同的主要因素在于信息的不完全性。由于信息的不完全性，契约双方都会努力设法收集和获得自己所不掌握的信息，去监督对方的行为，并设法约束对方的违约行为，所有这些都需要交易费用，而由于这些做法在市场和企业中会采取不同的形式，因此交易费用会有所不同。在不对称信息条件下的市场交易过程中，以上这些做法的交易费用是很高的。而通过企业这种组织形式，可以使一部分市场交易内部化，从而消除或降低一部分交易费用。

第二节　生产函数和生产曲线

一、生产及相关概念

生产者或者企业要实现利润最大化，必须通过产品的生产，并提供给社会使用。因此，生产就是将投入转变成产出的过程。

产出是生产者向社会提供有形的物质产出和无形的服务产出，有形的物质产出包括食品、机器设备、日常用品等；无形的服务产出包括医疗、信息服务、金融服务、旅游服务等。产出是企业获得销售收入的基础。

投入主要包括企业生产过程中所使用的各种生产要素。生产要素一般被划分为劳动、资本、土地和企业家才能等类型。劳动指人们在生产活动中提供的体力和智力的总和。资本可以表现为实物形态和货币形态，资本的货币形态就是货币资本；资本的实物形态又称为资本品或投资品，包括厂房、设备等。土地包括土地本身及地上和地下的一切自然资源。企业家才能指企业家建立和经营管理企业的各种能力。一般假设生产要素在生产过程中是可以相互替代的，即假设可以增加一种要素(如劳动)，而减少另一种要素(如资本)，来实现相同的产量，即用劳动来替代资本。

投入一般可以分为可变投入与不变投入，从较长时期来看，企业的各项投入都是可以改变的。但在短期内，部分生产要素，例如厂房设备等资本投入可能是不能改变的，一般称为不变投入。因此，当各种投入要素都可变时，一般是研究企业的长期行为；当某种或几种要素不可变时，一般是研究企业的短期行为。

二、生产函数

生产函数表示在一定时期内，在技术不变的情况下，生产中所使用的各种生产要素的数量与所能生产的最大产量之间的函数关系。生产函数是生产过程中生产要素投入量与产品的产出量之间的关系，任何生产函数都以一定时期的生产技术水平为条件，当技术水平发生变化时生产函数也会发生变化。

假定生产中投入的各种生产要素为 $X_1, X_2, \cdots, X_n$，Q 为所能生产的最大的产量，则生产函数可以表示为：

$$Q = f(X_1, X_2, \cdots, X_n)$$

生产函数表示生产过程中生产要素投入量与产品的产出量之间的关系，这种关系存在于所有的生产过程当中，所以所有的企业都有其生产函数。这里要注意的是，生产函数是最大产量与投入要素之间的函数关系，这是为了使企业的生产函数具有可靠性，体现企业将一定投入转变成产出的能力。

在具体分析产量与生产要素的关系时，为了简化起见，一般假设只有一种要素可变，或者两种生产要素可变。

三、一种可变要素的生产函数及其曲线

1. 一种可变要素的生产函数

一种可变要素的生产函数假设只有一种投入可以改变，而其他投入不可以改变，这是对企业短期行为的分析。一般假设劳动投入可变，而其他要素，例如资本等不可变，实际是要分析基本投资一定，即厂房、机器设备等在某一时期内不能变化，只能通过改变使用的劳动力数量来调整企业的产量时，企业的选择及其合理性。一种可变要素的生产函数也称短期生产函数。随着劳动量的连续变化，会引起总产量、平均产量和边际产量的变动。

2. 总产量、平均产量和边际产量

根据一种投入要素可变的生产函数的函数式，企业的最大产量随可变要素投入 L 的数量的变化而变化。因此，可以得到一定数量劳动的总产量 TP、平均产量 AP 和边际产量 MP。

总产量是指生产出来的用实物单位衡量的产出总量，例如多少吨水泥等。

平均产量是指总产量除以总投入的单位数，或者说是每单位投入生产的产出。用公式表示就是：

$$AP = TP/L$$

边际产量是指在其他投入保持不变的条件下，由于新增一单位的投入而多生产出来的产量或产出。用公式表示就是：

$$MP = \Delta TP/\Delta L$$

我们可以用表 9－1 说明三种产量之间的关系。

表 9－1 总产量、平均产量和边际产量的关系

投入劳动的数量 L	总产量 TP	边际产量 MP	平均产量 AP
0	0	—	—
1	2 000	2 000	2 000
2	3 000	1 000	1 500
3	3 500	500	1 167
4	3 800	300	950
5	3 900	100	780

3. 总产量、平均产量和边际产量曲线及其位置关系

我们将总产量、平均产量和边际产量曲线的图形画成图 9－1 所示的形式，下面分别给出其解释，并说明曲线的位置关系。

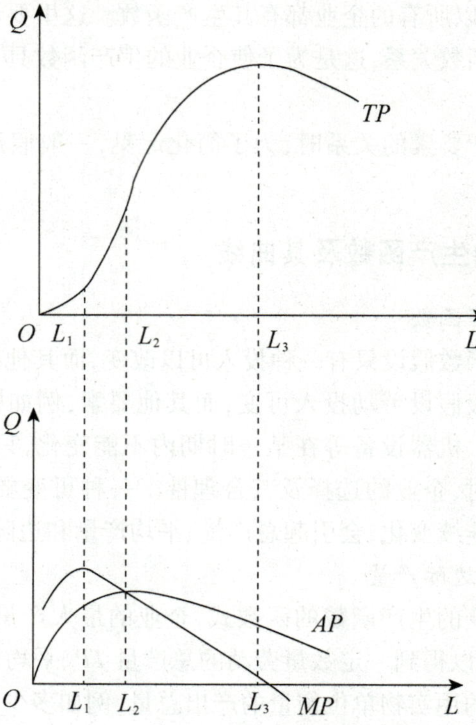

图 9－1　生产函数图形及位置关系

（1）边际产量曲线的图形及边际产量递减规律。从图 9－1 可以看出，劳动的边际产量先递增，劳动投入达到一定程度 L_1，MP 最大，然后递减，继续增加劳动投入到 L_3，$MP=0$。如果再增加劳动投入，边际产量为负。

在资本等投入一定时，开始增加劳动的过程中，企业一般处于资本过剩而劳动不足的状态，机器设备的作用不能充分发挥，这时增加劳动投入，可以实现劳动分工与协作的效率，劳动的边际产量递增。

但是，劳动的分工与协作的效率是有限度的。当劳动投入增加到一定程度，例如 L_1 时，人均资本数量达到最优状态时，劳动的边际产量达到最大；如果继续增加劳动投入，人均资本进一步减少，就会出现劳动相对过剩，而资本不足的情况，劳动的边际产品开始递减。当劳动数量增加到 L_3 时，增加单位劳动带来的边际产品为 0。劳动量继续增加就必然出现人浮于事的状态，劳动的边际产品为负值，即增加劳动不仅不能增加产出，反而会导致总产量的下降。

其他可变要素投入的边际产量曲线的图形与劳动的边际产量曲线的图形是一样的，也可以同样进行解释。

可见，边际产量是说明产量变化的一个非常重要的概念，如果确定边际产量的图形，就可以说明总产量和平均产量的图形。经济学家据此提出了边际产量递减规律。边际产量递

减规律也称为边际报酬递减规律，其基本含义是：在技术水平和其他投入保持不变的条件下，连续追加一种生产要素的投入量，总是存在着一个临界点，在这一点之前，边际产量递增，超过这一点之后，边际产量将出现递减的趋势，直到出现负值。

(2)总产量曲线的图形。根据 *MP* 曲线的图形可以给出 *TP* 曲线，在劳动投入达到 L_1 之前，劳动的边际产量为正数，并且递增，所以总产量以递增的速度增加，从图形上看，总产量曲线向上倾斜，并且斜率递增，即凸向 *L* 轴。

当劳动投入在 L_1 和 L_3 之间时，劳动的边际产量递减，但为正数，所以总产量是以递减的速度增加的。从图形上看，总产量曲线向上倾斜，但斜率递减，即凸向 *Q* 轴。

当劳动投入量为 L_3 时，劳动的边际产量为 0，总产量达到最大值。继续增加劳动投入，劳动的边际产量为负数，所以总产量开始递减。

(3)平均产量曲线的图形。*AP* 曲线的图形与 *MP* 和 *TP* 的图形紧密相关。劳动投入在 L_1 之前，显然边际产量大于平均产量和总产量，边际产量曲线在平均产量曲线的上方，平均产量是递增的。

可以证明，只要边际产量大于平均产量，即边际产量曲线在平均产量曲线的上方，平均产量就是递增的，即在劳动投入达到 L_1 后，边际产量开始递减，但边际产量会大于平均产量，所以平均产量仍是递增的。边际产量递减，而平均产量递增，可以知道边际产量曲线和平均产量曲线最终会相交，例如在 L_2 时相交，此时边际产量等于平均产量。

由于边际产量曲线和平均产量曲线最终相交时，边际产量是递减的，如果继续增加劳动投入，边际产量的递减会使得平均产量也开始递减。在 L_2 之前平均产量递增，而在 L_2 之后平均量递减，所以 L_2 是平均产量的最大值。

根据上面的说明，可以得到平均产量曲线的图形及其与边际产量曲线的位置关系。在 L_2 之前，平均产量递增，同时在边际产量曲线的下方；在 L_2 时，边际产量曲线与平均产量曲线相交，同时平均产量达到最大值；在 L_2 之后，平均产量曲线递减，同时平均产量曲线在边际产量曲线的上方。

四、规模报酬

1. 规模报酬的概念和分类

规模报酬也称规模收益，是指在其他条件不变的情况下，企业内部各种生产要素按照相同比例变化时所带来的产量的变化，也就是企业的生产规模变化与所引起的产量变化之间的关系。企业只有在长时期中才能改变全部生产要素的投入，进而影响生产规模，所以规模收益研究的是企业的长期生产决策问题。

根据生产规模和产量的变化比例的比较，可以将规模报酬分为三类：

(1)规模报酬不变，就是产量增加的比例等于各种生产要素增加的比例。例如，当资本和劳动等生产要素投入都增加 100% 时，产量也增加 100%。

(2)规模报酬递增，即产量增加的比例大于各种生产要素增加的比例。例如，当资本和劳动等生产要素投入都增加 100% 时，产量增加大于 100%。

(3)规模报酬递减，即产量增加的比例小于各种生产要素增加的比例。例如，当资本和劳动等生产要素投入都增加100%时,产量增加小于100%。

一般认为,在长期生产过程中,企业的规模报酬一般呈现一定的规律。当企业规模较小时扩大生产规模报酬递增,此时企业会扩大规模以得到产量递增所能带来的好处,将生产保持在规模报酬不变的阶段。此后如果企业继续扩大生产规模,就会出现规模报酬递减。因此,多数行业会有一个适度最佳规模或适度规模,此时企业的单位生产成本最小。

2.规模报酬递减和递增的因素

引起规模报酬递减的因素:

(1)管理效率的降低。规模扩大带来管理层次增多,门间的横向纵向沟通就更为困难,管理上出现各种漏洞,从而使产量和收益反而减少

(2)生产要素价格与销售费用增加,生产要素的供给并不是无限的,生产规模过大,必然大幅度增加对生产要素的需求,从而使生产要素的价格上升。同时生产规模过大,产品大量增加,也增加了销售困难,需要增设更多的销售机构和人员,从而增加了销售费用。

(3)从规模扩大中能获得的经济利益有限,它受到技术和管理上的限制,不同工业部门的规模经济性也存在较大差异。同时生产要素的分工也有限度,无限止的细分,将带来副作用。比如,工人会失去创造性思维,得不到工作中的学习、激动、创造的乐趣,会降低劳动生产率,等等。因此,生产规模并非越大越好。

引起规模报酬递增的因素:

(1)可以使用更加先进的机器设备。当生产规模较小时,无法购买先进的大型设备,即使购买了也无法充分发挥效用,只在大规模生产中,大型的先进设备才能充分发挥其作用,使产量更大幅度地增加。

(2)可以进行专业化分工。在大规模的生产中,专业可以分得更细,分工更细,这样有利于提高生产效率。

(3)生产要素的不可分割、生产规模的扩大使企业有可能利用先进的生产设备,而大批量生产的设备通常是不可割的,如彩电生产流水线、汽车生产流水线,若将它们分割,无法发挥其技术上的优势。

(4)几何尺度的因素。大设备单位能力的制造和运转费用通常比小设备低。

(5)可以对副产品进行综合利用。在小规模生产中,大多副产品往往被作为废物处理,而在大规模生产中,就可以对这些副产品进行再加工,做到"变废为宝"。

(6)财务方面的因素。企业活动的大规模化发展会给它带来筹措资金,购买原材料、半成品及销售等方面的好处,此外,在生产要素的购买与产品的销售方面也会更加有利。

其他因素,生产规模扩大后,管理、行政费用一般会等比例加,而分摊到每一位单位产品的平均管理费用有所降低,等等。

第三节 成本函数和成本曲线

一、成本的含义

成本又称生产费用,是生产过程中企业对所购买的各种生产要素的货币支出,也可以说

是企业在生产经营过程中所支付的物质费用和人工费用。为了更好地理解成本的含义,需要对以下概念有所了解。

1. 机会成本

机会成本是指当一种生产要素被用于生产单位某产品时所放弃的使用相同要素在其他生产用途中所得到的最高收入。

2. 显成本与隐成本

生产成本可以分为显成本和隐成本两部分。显成本是指企业购买或租用的生产要素所实际支付的货币支出。隐成本是指企业本身所拥有的并且被用于该企业生产过程的那些生产要素的总价格。隐成本是企业自己拥有并使用的资源的成本,它实际上也是一种机会成本,应该从机会成本的角度按照企业自有生产要素在其他用途中所得到的最高收入来支付和计算。

3. 经济利润(超额利润)

企业的所有的显成本和隐成本共同构成了企业的总成本。企业的经济利润是指企业的总收益和总成本的差额,简称企业的利润。企业所追求的最大利润,指的就是最大的经济利润。经济利润也可称为超额利润。因此,经济利润中不包括正常利润。

4. 正常利润

正常利润是指企业对自己所提供的企业家才能的报酬支付。正常利润是生产成本的一部分,是作为隐成本的一部分计入成本的。

二、成本函数

1. 成本函数的含义和类型

成本函数就是表示企业总成本与产量之间关系的公式。由于考察的时期不同,分为短期成本函数和长期成本函数。所谓短期,是指生产时间很短,总有一种或几种生产要素的数量固定不变,因而就有了固定成本和可变成本之分。所谓长期,是指这样一个时期,企业在这段时间内可以调整生产要素,从而一切生产要素都是可变的,这样,长期成本中就没有什么固定成本,一切成本都是可变的。因此,短期成本函数就可写成:

$$C = b + f(q)$$

式中,C 为总成本;q 为产量;$f(q)$ 为可变成本;b 为固定成本。

长期成本函数可写成:

$$C = f(q)$$

可见,短期成本函数和长期成本函数的区别就在于是否有固定成本和可变成本之分。

2. 短期成本函数分析

首先来看几个概念:总成本就是企业在短期内生产一定量产品所需要的成本总和。短期总成本可以分为固定成本和可变成本。固定成本是指在短期内不随产量增减而变动的那部分成本,其中主要包括厂房和设备的折旧,以及管理人员和工资费用等。可变成本是指随着产量变动而变动的那部分成本,其中主要包括原材料、燃料和动力以及生产工人的工资费用等。

如果以 TC 代表短期成本,TFC 代表总固定成本,TVC 代表总可变成本,则有:

$$TC = TFC + TVC$$

平均成本也叫平均总成本，也是我们常说的单位产品成本，是生产每一单位产品的成本，是总成本除以总产量所得之商。平均成本分为平均固定成本与平均可变成本。平均固定成本是平均每一单位产品所消耗的固定成本。平均可变成本是平均每一单位产品所消耗的可变总成本。如以 Q 代表总产量，ATC 代表平均成本，AFC 代表平均固定成本，AVC 代表平均可变成本，则有：

$$ATC = TC/Q = TFC/Q + TVC/Q$$

$$AFC = TFC/Q$$

$$AVC = TVC/Q$$

边际成本是增加一个单位产量时总成本的增加额。如以 MC 代表边际成本，ΔTC 代表总成本的增加额，ΔQ 代表总产量的增加额，则有：

$$MC = \Delta TC/\Delta Q$$

由于短期内固定成本为一常数，不受产量的影响，因而边际成本也就是产量变动引起的可变成本的变动。为了更清楚地说明各种成本及其之间的关系，我们给出了某企业的成本表（见表 9－2）。

表 9－2　各种短期成本的关系

产量 Q	总成本			平均成本			边际成本
	TFC	TVC	TC	AFC	AVC	ATC	MC
0	1 200	0	1 200	—	—	—	—
1	1 200	600	1 800	1 200	600	1 800	600
2	1 200	800	2 000	600	400	1 000	200
3	1 200	900	2 100	400	300	700	100
4	1 200	1 050	2 250	300	262. 5	562. 5	150
5	1 200	1 400	2 600	240	280	520	350

三、短期成本曲线

1. 总成本、总固定成本和总可变成本曲线

根据成本函数，可以画出总成本（TC）曲线、总固定成本（TFC）曲线和总可变成本（TVC）曲线，如图 9－2 所示。

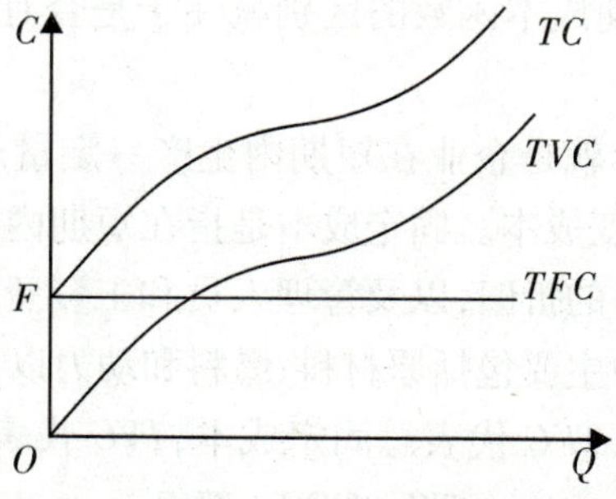

图 9－2　固定成本、可变成本与总成本曲线

从图 9－2 可以看出，总成本曲线是从纵轴一个截点即产量为零时总成本等于固定成本的那个点 F 开始，随产量的增加而逐步上升，开始时是以递减的增长率上升，当产量达到一定水平后，便以递增的增长率上升。总固定成本曲线是平行于横轴的一条直线。总可变成本曲线刚开始产量为零时，总可变成本为零，随着产量的增加，总可变成本逐步上升，开始以递减的增长率上升，产量达到一定水平后，便以递增的增长率上升。总可变成本曲线上升的速度和总成本曲线上升的速度之间存在着对应的关系，说明二者的变动规律是一致的。

2. 平均总成本、平均固定成本、平均可变成本、边际成本曲线

根据成本函数，也可画出平均总成本（ATC）曲线、平均固定成本（AFC）曲线、平均可变成本（AVC）曲线、边际成本（MC）曲线，如图 9－3 所示。平均总成本曲线开始时随着产量增加而迅速下降，M 点是平均总成本曲线的最低点，过这一点以后，平均总成本曲线又随产量的增加而上升。平均可变成本曲线开始时随产量的增加而逐步下降，M' 点是平均可变成本最低点，过这一点之后，平均可变成本曲线又随着产量的增加而上升。平均固定成本曲线随着产量的增加而递减，逐渐向横轴接近。边际成本曲线开始时随产量的增加而迅速下降，很快就降到最低点，过最低点以后，便随着产量的增加而迅速上升，上升的速度比平均可变成本曲线的上升速度更快。边际成本曲线上升时首先通过平均可变成本曲线的最低点 M'，然后又通过平均总成本曲线的最低点 M。图 9－3 反映了各种平均成本和边际成本的变动的规律，以及它们相互间的关系。

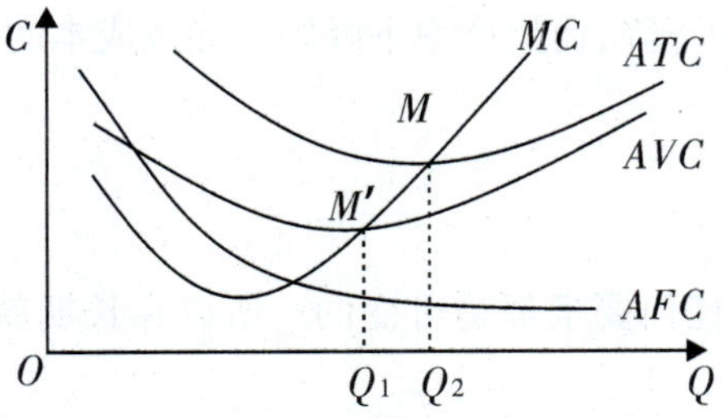

图 9－3　平均成本和边际成本的位置关系

平均固定成本随着产量的增加而逐渐减少，是因为固定成本在短期内不变，产量增加，则分摊到每一单位产品上的固定成本就减少了。其变动规律是开始降低幅度很大，以后降低幅度越来越小。

平均可变成本变动规律是，开始随着产量的增加和生产要素的充分利用，呈降低趋势，但是当产量达到一定水平后，又呈现出上升的趋势。

平均总成本的变动规律与平均可变成本变动规律相似，也是随产量增加先下降后上升，它们都具有先降后升的 U 形特征。

边际成本与平均总成本之间存在着一种非常明显的关系，边际成本曲线与平均总成本曲线相交于平均总成本曲线的最低点 M。在 M 点之前，边际成本曲线低于平均总成本曲线；在 M 点之后，边际成本曲线高于平均总成本曲线。就是说，当平均总成本随产量的增加而下降时，边际成本必定小于平均总成本。当平均总成本随产量增加而上升时，边际成本必定大于平均总成本。当边际成本与平均总成本正好相等时，平均总成本处于最低点。

边际成本与平均可变成本之间也存在着类似的关系，边际成本曲线与平均可变成本曲

线相交于平均可变成本曲线的最低点 M'。在 M' 点之前，MC 曲线低于平均可变成本曲线；在 M' 点之后，边际成本曲线高于平均可变成本曲线。而且，无论是上升还是下降，边际成本曲线的变动都快于平均可变成本曲线。

在以上三条曲线中，边际成本曲线最早到达最低点，其次是平均可变成本曲线。由于平均总成本既包括平均可变成本，又包括平均固定成本，随着产量的增加，受固定成本的影响，平均总成本曲线的最低点 M 点的出现慢于且高于平均可变成本曲线的最低点 M' 点。当平均可变成本曲线已经到达最低点 M' 点时，总平均成本曲线还没有到达最低点 M 点，也就是说，边际成本曲线与平均总成本曲线的交点 M 点的出现慢于边际成本曲线与平均可变成本曲线的交点 M' 点的出现。此外，平均总成本曲线的最小值大于平均可变成本曲线的最小值，即 M 点的位置高于 M' 点。

3. 决定短期成本变动的主要因素

如果我们把生产曲线和成本曲线结合起来考察，就会找出决定短期成本变动的主要因素。这些因素包括劳动、资本等生产要素的价格。一般来说，在其他条件不变的情况下，工资和原材料、机器设备等生产资料的价格以及租金的提高，会导致成本的相应提高。生产率，即总产出对加权平均的投入的比率，可以用劳动生产率和全要素生产率来表示。劳动生产率，也就是前面所说的平均产量，即每单位劳动的产量或产出；全要素生产就是每单位总投入（包括劳动投入和资本投入）的产量或产出。一般来说，在其他条件不变的情况下，生产率提高就会导致生产成本的下降，而生产率下降则会导致成本的上升。

四、长期成本曲线

1. 长期的成本概念

在长期，厂商所拥有的任何要素都是可变的。所以在长期就没必要区分固定成本和变动成本。

(1)长期总成本（LTC）是厂商在长期中每一个产量水平上，通过选择最优的生产规模所达到的最低总成本。LTC 随着产量的变动而变动，当产量为零时，也就没有总成本，其变动趋势也是随着产量增加，开始增加较快，以后增加较慢，最后又增加较快，这与短期总成本一样，如图 9－4 所示。

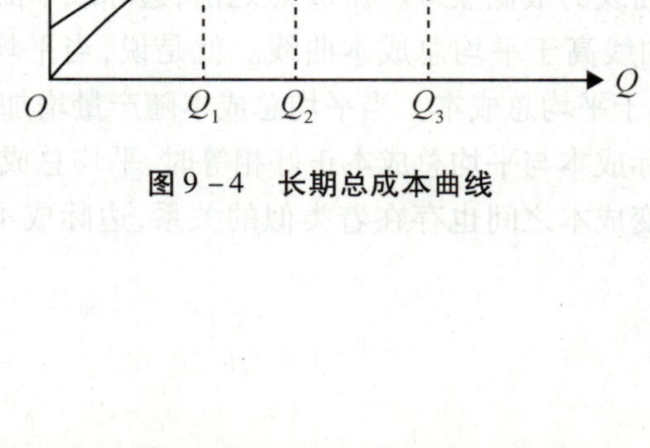

图 9－4　长期总成本曲线

长期总成本(LTC)从原点出发,增长先快后慢又快。与短期总成本相比,LTC 显得更为平坦。短期总成本曲线 STC_1、STC_2、STC_3 与长期成本曲线(LTC)分别相切与 a、b、c 点,这些点的轨迹形成长期总称本曲线。因此长期总成本曲线是无数短期成本曲线的包络线。b 点代表着生产 Q_2 产量的最优规模和最低总成本。

(2)长期平均成本曲线

长期平均成本曲线(LAC),LAC 是一条与无数条短期平均成本曲线相切的线,表示厂商在长期内按产量平均计算的最低总成本。长期平均成本函数可以写成:

$$LAC = LTC/Q$$

如图 9－5 所示。

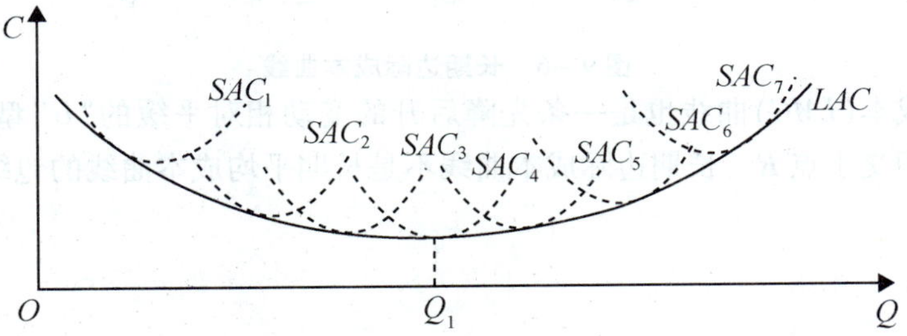

图 9－5 长期平均成本曲线

在图 9－5 中,在长期中,厂商可以根据它所要达到的产量来调整生产规模,从而始终处于最低平均成本状态,所以,LAC 是无数条短期平均成本曲线的最低点集合而成,是一条由无数条短期平均曲线相切的线,又称包络曲线,它也是一条先下降而后上升的线。

所谓规模经济是指,若厂商的产量扩大一倍,而厂商增加的成本低于一倍,则称厂商的生产存在规模经济,与规模经济对应的是规模不经济。规模不经济是指当生产扩张到一定的规模以后,厂商继续扩大生产规模,就会使经济效益下降。

经济学家认为,随着产量的增加,厂商的生产规模逐渐扩大,最初厂商扩大规模使得生产处于规模经济阶段。产生规模经济的原因主要有:①随着生产规模的扩大,厂商可以使用更加先进的生产技术。在实际生活中,机器、设备往往是有不可分割性,有些设备只存在较大的生产规模下才能得到使用。②规模扩大有利于专业分工。③随着规模扩大,厂商可以更为充分地开发和利用各种生产要素,包括一些副产品。④随着规模扩大,厂商生产要素的购买和产品的销售方面就拥有更多的优势,随着厂商产量的增加,这些优势逐渐显示出来。

但是,讲到规模经济时一定要注意:厂商的规模并非越大越好,对于特定的生产技术,当厂商的规模扩大到一定程度后,生产就会出现规模不经济,造成规模不经济的原因主要是管理的低效率。由于厂商规模过大,信息传递费用增加,信号失真,规模过大滋生官僚主义,使得规模扩大所带来了成本增加更大,出现规模不经济,所以,厂商的长期平均成本曲线呈现 U 型是由于厂商的规模不经济所致。

(3)长期边际成本曲线是指厂商在长期内增加一单位产量所引起的最低总成本的增量。通过长期总成本曲线也可以得到厂商的长期边际成本曲线。LAC 与 LMC 的关系如图 9－6 所示。

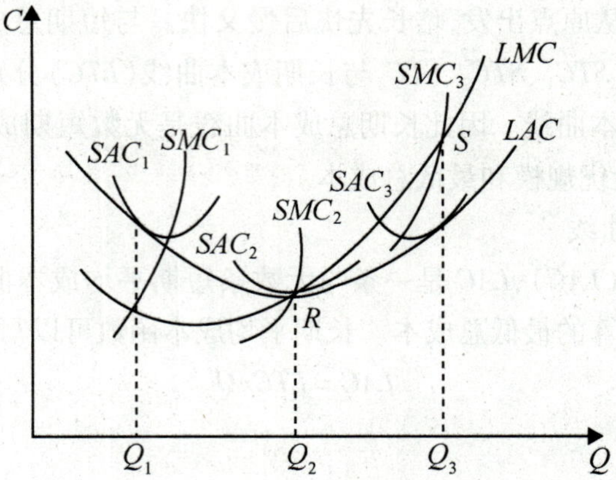

图 9－6　长期边际成本曲线

长期边际成本（*LMC*）曲线也是一条先降后升的变动相对平缓的“*U*”型曲线，它与长期平均成本曲线相交于点 *R*。长期边际成本曲线不是长期平均成本曲线的包络线。

第十章　市场结构理论

知识框架

- 市场结构理论
  - 市场结构的类型
    - 市场结构的含义和划分市场结构的标准
    - 各种市场结构的特征
  - 完全竞争市场中生产者的行为
    - 完全竞争市场行业的供求曲线和个别企业的需求曲线
    - 完全竞争企业的收益曲线
    - 完全竞争市场上企业产量决策的基本原则
    - 完全竞争市场上企业的短期供给曲线
  - 完全垄断市场中生产者的行为
    - 完全垄断市场的需求曲线
    - 完全垄断企业的平均收益与边际收益
    - 完全垄断企业进行产量和价格决策的基本原则
    - 价格歧视
  - 垄断竞争市场和寡头垄断市场中生产者的行为
    - 垄断竞争市场上生产者的行为
    - 寡头垄断市场上生产者的行为

第一节　市场结构的类型

一、市场结构的含义和划分市场结构的标准

所谓市场结构，是指一个行业内部买方和卖方的数量及其规模分布、产品差别的程度和新企业进入该行业的难易程度的综合状态。也可以说，市场结构就是指某种产品或服务的竞争状况和竞争程度。

市场类型划分的标准是市场的竞争程度或垄断程度。竞争程度高，则垄断程度就低；而竞争程度低，则垄断程度就高。划分一个行业属于什么类型的市场结构，主要依据以下三个方面：

(1)本行业内部的生产者数目或企业数目。如果本行业只有一家企业，那就可划为完全垄断市场；如果只有少数几家大企业，那就属于寡头垄断市场；如果企业数目很多，则可以划入完全竞争市场或垄断竞争市场。一个行业内企业数目越多，则其竞争程度就越激烈；反之，一个行业内企业数目越少，其垄断程度就越高。

(2)本行业内各企业生产的产品的差别程度。这是区分垄断竞争市场和完全竞争市场的主要区别。

(3)进入障碍的大小。所谓进入障碍,是指一个新的企业要进入某一行业所遇到的阻力,也可以说是资源流动的难易程度。一个行业的进入障碍越小,其竞争程度就越高;反之,一个行业的进入障碍越大,则其垄断程度就越高。

根据这三方面因素的不同特点,将市场分为完全竞争市场、垄断竞争市场、寡头市场和垄断市场四种市场类型。

二、各种市场结构的特征

1. 完全竞争市场的含义和特征

完全竞争又叫纯粹竞争,是一种竞争不受任何阻碍和干扰的市场结构。完全竞争市场具有以下特征:

(1)市场上有很多生产者与消费者,或买者和卖者,而且这些生产者规模都很小,没有任何一个买者或卖者能够影响市场价格,每个生产者或消费者都只能是市场价格的接受者,而不是价格的决定者。就是说,每一个生产者或消费者都只是被动地接受市场价格,对市场价格没有任何控制的力量。

(2)企业生产的产品是同质的,即不存在产品差别。在生产同一产品的各个企业之间,没有什么质量差别。或者说,对于不同企业生产的同一产品,消费者感觉不出任何质量上的差别。

(3)资源可以自由流动,企业可以自由进入或退出市场。也就是说,任何一个企业都可以自由进入该市场,或自由退出该市场,没有任何障碍。

(4)买卖双方对市场信息都有充分的了解。消费者和生产者都可以及时地获得准确的市场信息,因而他们的决策都是充满理性的。

以上四个特征中,前两个是主要的。实际上,在现实生活中,很难找到完全符合这些特征的市场。某些农产品如小麦、玉米等的市场属于近似的例子。

2. 完全垄断市场的含义、成因和特征

完全垄断是指整个行业只有唯一供给者的市场结构。完全垄断是一种十分特殊的情况,形成完全垄断的条件主要包括:

(1)政府垄断,即政府凭借其特殊地位,为了实现特定的社会经济目的,而对某一行业实行完全垄断。例如,我国政府对烟草就是一种完全垄断。

(2)对某些特殊的原材料的单独控制而形成的对这些资源和产品的完全垄断。这种情况的经典例子是南非的钻石公司戴比尔斯。戴比尔斯一度曾控制了世界钻石生产的80%左右。虽然它的市场份额并不是100%,但它也大到足以对世界钻石价格产生重大影响的程度。

(3)对某些产品的专利权形成的完全垄断。如果一个企业拥有生产某种产品的技术专利权,那么,它就可以在一定时期内对这一产品进行完全垄断。

(4)自然垄断。当行业中只有一家企业能够有效率地进行生产,或者当一个企业能以低于两个或更多企业的成本为整个市场供给一种产品时,这个行业就是自然垄断。自然垄断和规模经济有着密切的关系。所谓规模经济，就是企业或厂商的平均总成本会随着产量扩大而不断下降。

完全垄断市场具有如下特征：

(1)只有一个生产者，因而生产者是价格的决定者，而不是价格的接受者。

(2)完全垄断者的产品是没有合适替代品的独特性产品。

(3)其他企业进入这一市场非常困难。

在实际生活中，公用事业如电力、自来水近似于完全垄断市场。

3. 垄断竞争市场的含义和特征

垄断竞争市场又叫不完全竞争市场，是指一种既有垄断又有竞争，既不是完全竞争又不是完全垄断而接近于完全竞争的市场结构。

垄断竞争市场的主要特征有：

(1)具有很多的生产者和消费者。这一点和完全竞争市场相同，而与完全垄断市场不同。

(2)产品具有差别性。这是与完全竞争市场的主要区别。就是说，在垄断竞争市场上，不同企业生产的产品虽然属于同一大类，但却具有一定的差别性。这种差别既可能是实际质量的差别，如成分；也可能是形式上的差别，如颜色；还可能是消费者感觉上的差别。正因为这样，所以在垄断竞争市场中，生产者可以对价格有一定程度的控制，而不再是完全的价格接受者。

(3)进入或退出市场比较容易，不存在进入障碍。

垄断竞争是比较符合现实生活的市场结构，许多产品都可列入这种市场，如啤酒、糖果等产品就是明显的例子。

4. 寡头垄断市场的含义和特征

寡头垄断是指少数几个企业控制一个行业的供给的市场结构。其主要特征是：

(1)在一个行业中，只有很少几个企业进行生产。

(2)它们所生产的产品有一定的差别或完全无差别。

(3)它们对价格有较大程度的控制。

(4)其他企业进入这一行业比较困难。

在西方发达国家，寡头垄断市场在国民经济中占有十分重要的地位。例如在美国，石油工业就是典型的寡头垄断市场。在其他国家，汽车、钢铁等工业部门也都可划入寡头垄断市场。

第二节 完全竞争市场中生产者的行为

一、完全竞争市场行业的供求曲线和个别企业的需求曲线

在完全竞争市场上，整个行业的需求曲线和某个企业的需求曲线是不同的。对于整个行业来说，由于有众多的生产者和消费者，而且每个生产者的规模都比较小，任何一个买者或卖者都不能影响和控制价格，所以在这种市场上，价格就是由整个行业的供给和需求曲线决定

的。整个行业的需求曲线是一条向右下方倾斜的曲线，供给曲线是一条向右上方倾斜的曲线，整个行业的均衡价格就是由这种需求与供给的均衡位置决定的，如图 10－1(a)所示。

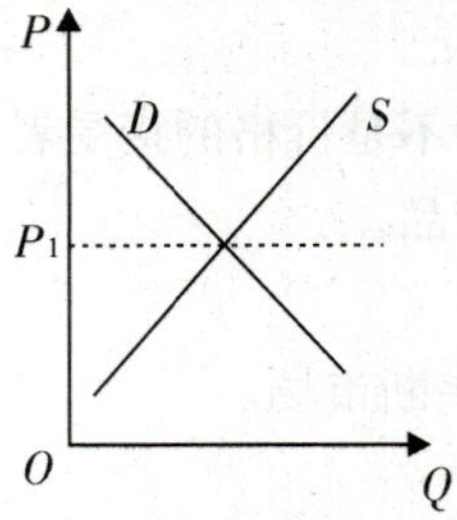

图 10－1(a)　完全竞争行业的供求曲线

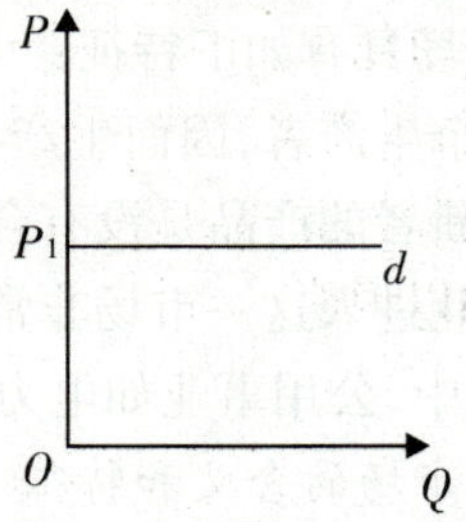

图 10－1(b)　完全竞争企业的需求曲线

但对个别企业来说，情况就不同了。由于价格是由整个行业的供求曲线决定的，所以企业只是价格的接受者，只能按照既定的市场价格出售其产品。在这种市场上，企业以低于或高于市场价格的价格来出售其产品都是不利的。如果企业要提高价格，那么，它的产品就会一件也卖不出去，因为消费者完全可以从别的企业购买这种产品。如果企业要降低价格，只能是招致损失。因此，在完全竞争市场上，个别企业的需求曲线是一条平行的水平线，如图 10－1(b)所示。

二、完全竞争企业的收益曲线

收益是指企业出售产品的收入，企业出售一定数量的产品获得的全部收入叫作总收益。若以 R 代表总收益，P 代表单位产品价格，Q 代表销售量，则有：

$$R = PQ$$

如图 10－2(a)所示。

企业的平均收益是按销售量平均计算的收益，即总收益除以销售量的商。若以 AR 代表平均收益，则有：

$$AR = R/Q$$

企业的边际收益是增加一个单位产品的销售时总收益的增加量，也正好等于单位产品的价格。若以 MR 表示边际收益，则有：

$$MR = \Delta R/\Delta Q = \Delta(PQ)/\Delta Q = P$$

正因为价格、平均收益和边际收益都是相等的，所以企业的平均收益、边际收益和需求曲线都是同一条线，如图 10－2(b)中的 d 所示。

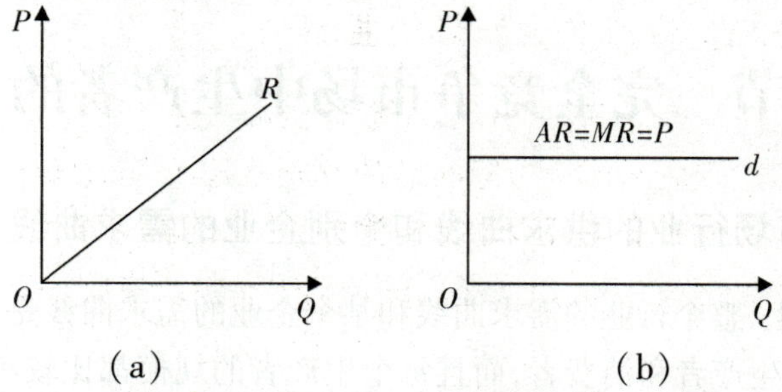

图 10－2　完全竞争厂商的收益曲线

三、完全竞争市场上企业产量决策的基本原则

在完全竞争市场上，企业只是价格的接受者，企业只能按照市场价格来调整自己的生产规模即产量规模，从而实现利润最大化。那么，企业在进行产量决策时依据什么呢？这就是边际成本等于边际收益的原则。这是因为，边际成本等于边际收益时，企业的利润最大，可用图 10－3 来加以说明。

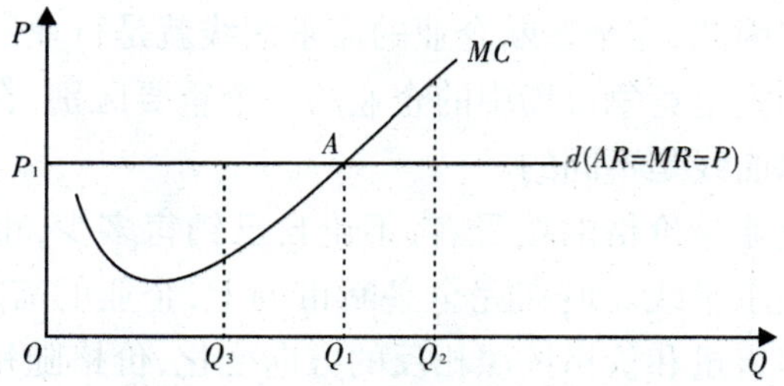

图 10－3　完全竞争市场上企业的产量决策

在图 10－3 中，短期边际成本与边际收益曲线在 *A* 点相交。在 *A* 点左侧，例如，当产量为 Q_3 时，边际成本曲线位于边际收益曲线下方，表明边际成本小于边际收益，企业应当继续扩大产量，以增加利润。在 *A* 点右侧，边际成本曲线位于边际收益曲线上方，表明边际成本大于边际收益。因此，企业应当迅速减少产量，以增加利润或者减少亏损。在 *A* 点位置上，表明企业的边际成本与边际收益相等。此时企业既不能再增加产量，也不能减少产量。因此，只有在 *A* 点上，才实现了利润最大化。由于短期中生产要素的投入量无法改变，即生产规模无法改变，企业只能用既定的生产规模从事生产，所以企业只有通过调整产量来实现 $MR = MC$ 的利润最大化的均衡条件。

在这里，需要强调的是，尽管在对图 10－3 的分析中，企业在 $MR = MC$ 点上获得了最大的利润，但这并不是说，在任何情况下，只要企业做到了 $MR = MC$，就一定能获得利润。对 $MR = MC$ 的最佳状态的全面理解应该是，在 $MR = MC$ 点上，企业可能是盈利的，也可能是亏损的。但是，如果企业是亏损的，则这时的亏损一定是相对最小的。总之，不论是盈利还是亏损，企业处于 $MR = MC$ 时，是最优的产量。所以，边际成本等于边际收益既可称作利润最大化的均衡条件，也可称作亏损最小的均衡条件。

以上所述，虽然是完全竞争市场上企业的短期产量决策的原则，但在长期生产中，企业实现利润最大化的决策原则仍然是边际收益等于边际成本，即边际收益等于长期边际成本。

四、完全竞争市场上企业的短期供给曲线

经过上面的讨论，我们可以了解企业的短期供给曲线是怎样形成的。一个追求利润最大化的企业，总是按照边际成本等于边际收益的原则来选择其最优生产规模。当边际成本小于边际收益时，企业扩大产量是可以增加利润的；而当边际成本大于边际收益时，企业就应减小产量。这就说明企业的边际成本曲线就是其短期供给曲线。

第三节　完全垄断市场中生产者的行为

一、完全垄断市场的需求曲线

按照完全垄断市场的定义,一个行业中只有一个企业,它控制了本行业的全部供给,这时企业和行业完全相同。因此,完全垄断企业的需求曲线就是行业的需求曲线,二者完全相同。这是完全垄断企业和完全竞争市场中的企业的一个重要区别,在完全竞争市场上,企业的需求曲线和行业的需求曲线是不同的。

完全竞争市场上的企业是价格的接受者,不论自己销售多少,市场价格都不发生变化,因此它的需求曲线是一条水平线。而在完全垄断市场上,企业的需求曲线就是市场需求曲线,按照市场需求曲线,销售量和价格按照相反的方向变化,价格随销售量的增加而下降,因此完全垄断企业的需求曲线向右下方倾斜,斜率为负。

二、完全垄断企业的平均收益与边际收益

在完全垄断市场上,企业的平均收益仍然等于单位产品的价格。但是,完全垄断企业的边际收益不等于其平均收益或价格,而是小于其平均收益。这是因为,单位产品价格随着销售量的增加而下降,在这种情况下,边际收益就会小于平均收益。例如,企业销售一个单位产品价格为 11 元,增加一个单位产品销售时价格降为 10 元,增加两个单位产品时总收益为 27 元,平均收益为 9 元,而边际收益为 7 元。我们可用表 10－1 来说明完全垄断企业的总收益、边际收益和平均收益的关系。

表 10－1　总收益、边际收益和平均收益的关系　　单位:元

价格 P	产量 Q	总收益 R	边际收益 MR	平均收益 AR
6	0	0	—	—
5	1	5	5	5
4	2	8	3	4
3	3	9	1	3
2	4	8	-1	2
1	5	5	-3	1

在图 10－4 中,D 曲线就是完全垄断企业的需求曲线,AR 是平均收益曲线,需求曲线和平均收益曲线是完全重合的。MR 为边际收益曲线,位于平均收益曲线的下方,而且比平均收益曲线陡峭,说明随着销售量的增加,边际收益下降得比平均收益更快。

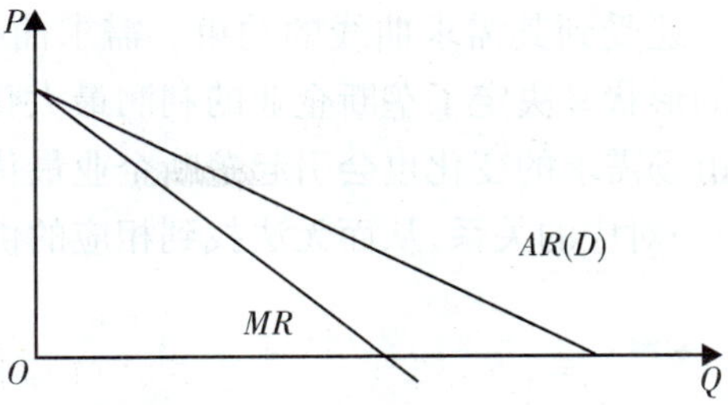

图 10－4 完全垄断企业的需求曲线和收益曲线

三、完全垄断企业进行产量和价格决策的基本原则

在完全竞争市场上，企业只是根据既定的市场价格来调整产量，从而达到利润最大化。而在完全垄断市场上，企业不仅要通过调整产量，而且要通过调整价格来实现利润最大化。完全垄断企业进行产量和价格决策的基本原则也是边际成本等于边际收益。

完全垄断企业和完全竞争企业的成本曲线是相同的，这是因为完全垄断企业在生产要素投入和具体的生产过程方面与完全竞争企业没有差别。完全垄断企业根据边际成本等于边际收益的原则确定了均衡产量，根据这个产量就可以确定均衡价格。

我们可以用图 10－5 来说明这一过程。

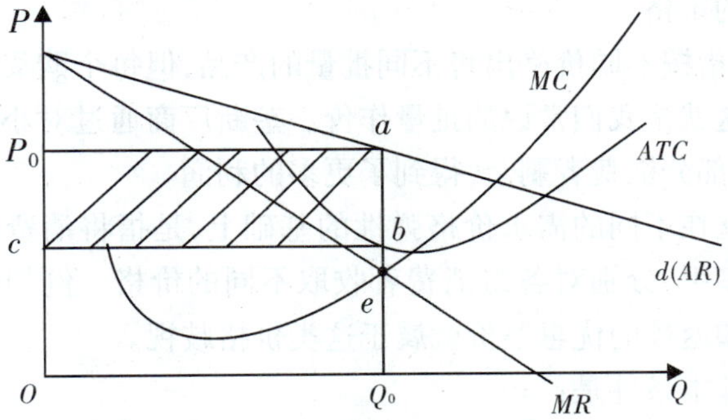

图 10－5 完全垄断企业的产量和价格决策

在图 10－5 中，完全垄断企业根据边际成本曲线 MC 和边际收益曲线 MR 的交点 e 确定均衡产量为 Q_0。从 Q_0 这一产量在需求曲线 d 上的对应点 a 可以确定均衡价格为 P_0，从这一产量在平均总成本曲线 ATC 上的对应点 b 可以确定平均成本为 c，长方形 $abcP_0$ 就是企业的超额利润总额。

从图 10－5 可以看出，与完全竞争市场相比较，在完全垄断条件下，企业向市场上供应的产品数量较少，而产品的价格较高。完全垄断企业获取超额利润，把价格定在边际成本之上，并且往往要对供给量进行限制。但是，这并不意味着完全垄断企业可以随意提价。因为即使在完全垄断市场上，产品价格的高低也要受到市场需求的影响。一般来说，如果产品需求价格弹性较小，价格提高后需求量降低的幅度不大，因此企业可以制定较高的价格；相反，如果产品的需求价格弹性较大，企业制定的价格就要低一些。这就是说，完全垄断企业在价格决策时，也必须考虑到产品的市场需求状况。

需要指出的是，在完全垄断市场上，不存在供给曲线。这是因为，垄断企业关于供给多少的决策不仅取决于其成本，还受到其需求曲线的约束。需求曲线的形状决定了边际收益曲线的形状，边际收益曲线的形状又决定了垄断企业的利润最大化的产量。因此，即使垄断企业的成本没有发生变化，市场需求的变化也会引起垄断企业最优产量和价格的决策，从而可能出现价格与产量不是一一对应的关系，从而无法找到相应的供给曲线。

四、价格歧视

价格歧视也叫差别定价，是指企业为了获取更大的利润，对同一产品规定的不同价格。价格歧视一般可分为三级：

一级价格歧视，是指企业对每一单位产品都按照消费者所愿意支付的最高价格出售，一级价格歧视也被称作完全价格歧视。也就是企业对不同的购买者所购买的每一个批量单位的产品收取不同的价格。因此，所有的消费者剩余都被垄断者占有了。最典型的例子是某些个体服装经营者总是喜欢同每位购买者讨价还价，而不明码标价，结果就是同一件服装出售给不同的顾客，价格往往有很大差别，同一个购买者一次购买的数量不同，价格往往也有很大差别。这种情况也会发生在对消费者了解较多的专业人士身上，如某些国家的医生、律师、会计师等。例如，一个医生可以根据每个病人的收入和保险状况估计出他的支付意愿，从而收取不同的价格。对支付意愿较低或无保险的低收入病人减免费用，但对高收入或有保险的病人收取较高的价格。

二级价格歧视，是指按不同价格出售不同批量的产品，但每个购买相同批量产品的购买者支付的价格相同。这就是我们常说的批量作价。垄断厂商通过对小批量购买的消费者收取额外价格，侵蚀了一部分消费者剩余，得到了更多的利润。

三级价格歧视建立在不同的需求价格弹性的基础上，是指将消费者分为具有不同需求价格弹性的两组或更多组，分别对各组消费者收取不同的价格。例如，在我国，火车硬座客票对大学生假期回家和返校的优惠票价就属于这类价格歧视。

实行价格歧视的基本条件是：

(1)必须有可能根据不同的需求价格弹性划分出两组或两组以上的不同购买者。

(2)市场必须是能够有效地隔离开的，同一产品不能在不同市场之间流动，换句话说，就是不能使购买者在低价市场上买到产品再卖到高价市场上去。

如果这两个条件能够满足，那么，企业就可以通过对缺乏弹性的市场规定较高的价格，而对富有弹性的市场规定较低的价格，以增加总的收益。

企业实行价格歧视的基本原则是，不同市场上的边际收益相等且等于边际成本。垄断企业可以对需求价格弹性较小的市场规定较高的价格，实行“少销厚利”；而对需求价格弹性较大的市场规定较低的价格，实行“薄利多销”。

第四节　垄断竞争市场和寡头垄断市场中生产者的行为

一、垄断竞争市场上生产者的行为

1. 垄断竞争市场上个别企业的需求曲线

在垄断竞争市场上，由于产品差别性的存在，每一个别企业都可在一定范围的消费者内形成自己的垄断地位。因此，和完全垄断市场上的企业相同，垄断竞争市场上企业的需求曲线是向右下方倾斜的，而不是一条水平线。

尽管垄断竞争企业与完全垄断企业面临的需求曲线都有右下方倾斜的形状，但两者具有以下两个重要的不同点：

首先，对于垄断竞争企业而言，因为行业中还存在其他生产者，因此这条需求曲线不是市场需求曲线，而是每一个具体企业的需求曲线。而完全垄断企业的面临需求曲线既是企业的需求曲线，也是市场需求曲线。

其次，由于垄断竞争企业的产品具有替代品，而且行业中存在企业的进入退出，因此当企业提高产品价格时，因需求量的减少造成的损失比提高价格获得的利润大；相反，当企业降低价格时，因需求量增加获得的利润比降低价格造成的损失大。也就是说，垄断竞争企业面临的需求曲线比完全垄断企业面临的需求曲线具有更大的弹性。

2. 短期均衡分析

在短期中，垄断竞争企业是一个垄断者。因为垄断竞争企业面临向右下方倾斜的需求曲线，因此与完全垄断企业类似，垄断竞争企业也遵循着相同的利润最大化原则，它选择边际收益等于边际成本即 $MR = MC$ 的产量，然后用其需求曲线找出与这种产量相对应的价格。在短期内，垄断竞争厂商的行为与完全垄断企业的行为相似，即短期均衡也包括盈利、利润为零、亏损三种情形。

但从长期来看，情况就比较复杂了。由于垄断竞争市场不存在进入障碍，各个企业可以仿制别人有特色的产品而创造出自己的更有特色的产品，也可通过广告来形成自己的垄断地位，竞争的结果必然会使有差别的产品价格下降。

二、寡头垄断市场上生产者的行为

由于寡头垄断中只有少数几个企业，各个企业的产量都在本行业总产量中占有一个较大的份额，因而每个企业的产量和价格变动都会对其他竞争对手以至于整个行业的产量和价格变动产生重要影响。正因为如此，寡头垄断企业的行为是十分复杂的，寡头垄断企业既不是一个完全的价格接受者，也不是一个完全的价格决定者，对于不同的竞争对手，他们要采取不同的对策。

在一个只有少数几个生产者的产业里，生产者的管理者知道自己所拥有的市场势力，而且他们知道其他生产者也拥有市场势力。如果一个生产者的管理者正确判断出了其他生产者对自己某项行为的反应,这个生产者就会获利。这种意识到并考虑了其他生产者的市场力量及其反应的行为被称为策略性行为。对照一下其他市场,在完全竞争市场中,相对于整个市场而言,每个生产者如此之小,以至于不需要考虑自身行为对他人造成的影响,从而相互之间的策略相关性变得无关紧要。在完全垄断市场中,由于市场中只有一个生产者,也就不必考虑行为的相互影响。但是,在寡头垄断市场中,每个生产者都拥有市场势力,而整个市场的均衡结果是由他们之间的互动行为而产生的。因此,每个生产者在做最优决策时,都必须考虑对手会如何做出反应。由于寡头垄断市场上生产者的产量决策非常复杂,这里只对其价格决策进行简要分析。

寡头垄断市场上价格形成的模型很多,这里只简单地介绍两个模型。

第一个模型是协议价格制,即在生产者或销售者之间存在着某种市场份额划分协议的条件下,生产者或销售者之间共同维持一个协议价格,使得行业净收益最大。其方式是限制各个生产者的产量,使行业边际收益等于行业边际成本。但是,在生产者之间划分市场份额往往是很困难的。

在寡头垄断市场中,由于只有几家企业进行竞争,所以寡头企业之间往往可能勾结起来,对生产的产量或收取的价格达成协议,形成某种共谋。当一些企业联合起来一起行动时,就形成了卡特尔。但是,卡特尔成员之间的联盟往往并不牢固,他们之间对如何瓜分利润的争斗往往使得他们之间的协议并不特别有效。目前,世界上最著名的卡特尔是石油生产输出国组织,即欧佩克(OPEC)。与任何一个卡特尔一样,欧佩克力图通过协调减小产量来提高其产品的价格。但欧佩克的每个成员都受到增加生产以得到更大总利润份额的诱惑,他们常常私下违背协议。因此,一个卡特尔与完全垄断者存在两方面的差别:①由于卡特尔很少能控制整个市场,因此他们必须考虑他们的定价决策会如何影响非卡特尔企业(就是那些没有加入卡特尔的企业)的行为。②一个卡特尔成员并不是一个大公司的一部分,他们可能在利润诱惑下违背协议,如通过削价抢夺市场份额。因此,许多卡特尔都是不稳定的,也很难长期存在下去。在我国或其他一些国家,企业之间实施价格共谋或卡特尔是一种违法行为,受到反垄断法律法规的严格禁止。

第二个模型是价格领袖制,即行业中某一个占支配地位的企业率先确定价格,其他企业则参照这个价格来制定和调整本企业产品的价格,与其保持一致。确定领袖价格的企业称作领袖企业,领袖企业在确定产品价格时,不能只考虑本企业利益,还必须考虑整个行业的供求状况,否则就会遭到其他寡头垄断企业的报复。

第十一章　生产要素市场理论

知识框架

- 生产要素市场理论
  - 生产者使用生产要素的原则
    - 生产者对生产要素的需求是一种引致需求
    - 生产者使用生产要素的原则
  - 完全竞争生产者对生产要素的需求
    - 完全竞争生产者的要素需求曲线
    - 完全竞争市场的要素需求曲线
  - 劳动供给曲线和均衡工资的决定
    - 生产要素供给的一般分析
    - 劳动和闲暇
    - 劳动的供给原则
    - 劳动的供给曲线

第一节　生产者使用生产要素的原则

一、生产者对生产要素的需求是一种引致需求

生产要素市场与产品市场非常相似，都是由生产者和消费者的行为共同决定价格，并以此过程调节经济资源的有效配置。不同的是，在生产要素市场上，需求者是生产者或厂商，供给者是消费者或居民，生产者对劳动、土地等生产要素的需求是从消费者对最终消费品的需求中间接派生出来的。我们把这种对生产要素的需求称为“引致需求”或者“派生需求”，也就是说，当追求利润最大化的生产者需要一种生产要素时，其原因在于该生产要素可以使他们生产出消费者现在或将来愿意购买的商品。

引致需求的概念反映了生产要素市场和产品市场之间的联系。生产者对生产要素的需求量很大程度上取决于消费者对产品的需求量。因此，不但消费者的需求曲线会影响生产要素的价格，生产者在产品市场和生产要素市场上所处的市场状态也会影响生产要素的需求，并最终影响生产要素的价格。

需要说明的是，不同于消费者对消费品的需求，生产者对生产要素的需求是联合需求，或称为复合需求，即对生产要素的需求具有相互依赖性，各种生产要素要共同发挥作用才能生产最终产品。例如，仅有炼钢工人，或仅有炼钢炉，是无法生产出钢来的，只有炼钢工人和炼钢炉结合起来，才有可能生产出钢。这种联合需求的一个重要后果是，对每一种生产要素

的需求数量将取决于所有生产要素的价格，同时受到其他生产要素需求数量的影响，反过来，这种生产要素的需求量和价格也会影响其他生产要素的需求。例如，对炼钢炉需求的增加，可能导致对炼钢工人需求的上升。

由于生产要素的需求是联合需求，各生产要素之间存在互补性，炼钢厂工人太少，则炼钢炉的效率就不能完全发挥出来。同时各生产要素之间也存在一定程度的替代性，当炼钢设备价格下降时，对炼钢工人的需求可能会有所下降。这是因为炼钢设备价格下降时，企业可以增加设备的投入，以替代工人。生产要素间能否替代、如何替代、替代程度的大小，在不同企业是需要具体分析的。

二、生产者使用生产要素的原则

为了分析生产者如何使用生产要素（简称要素）的问题，首先要引入几个相关概念：

（1）边际物质产品（MPP）：边际物质产品也称为边际产量，表示增加单位要素投入所带来的产量增量。如以 MPP 代表边际物质产品，ΔL 代表要素投入的增加量，ΔQ 代表总产量的增加量，则有：

$$MPP = \Delta Q / \Delta L$$

（2）边际收益产品（MRP）：表示增加单位要素使用所带来的收益的增量，如以 MRP 代表边际收益产品，ΔL 代表要素投入的增加量，ΔR 代表总收益的增加量，则有：

$$MRP = \Delta R / \Delta L = MPP \cdot MR$$

也就是说边际收益产品等于边际物质产品乘以边际收益。

（3）边际产品价值（VMP）：表示每增加一单位的要素投入所增加的价值，即边际物质产品乘以产品价格。如用 VMP 表示边际产品价值，用公式表示：

$$VMP = MPP \cdot P$$

（4）边际要素成本（MFC）：表示增加单位要素投入所带来的成本增量，等于边际物质产品乘以边际成本。如用 MFC 表示边际要素成本，ΔC 代表成本的增加量，用公式表示：

$$MFC = \Delta C / \Delta L = MPP \cdot MC$$

（5）平均要素成本（AFC）：表示平均每单位要素投入的成本，用公式表示：

$$AFC = C / L$$

下面我们来分析生产者使用要素的原则。

生产者的要素需求是引致需求，生产者使用要素的目的是生产出消费者需要的产品，以获取最大利润。因此，所谓生产者使用要素的原则，就是在一定时间内，在一定条件下，根据企业内部的生产状况和市场情况，确定要素的使用量，以实现利润最大化，即边际要素成本等于边际收益产品。

如何理解 $MRP = MFC$ 是生产者利润最大化的条件？我们知道，当边际收益产品大于边际要素成本时，每增加使用一个单位的要素给生产者带来的收益就会大于这个要素给生产者带来的成本，于是生产者就会使用更多的要素，一直到边际收益产品等于边际要素成本时为止；反之，如果边际收益产品小于边际要素成本，每增加使用一个单位的要素给生产者带来的收益就会小于这个要素给生产者带来的成本，于是生产者就会减少要素的投入，一直到边际收益产品等于边际要素成本时为止。上述 $MRP = MFC$ 的生产者使用要素的原则不涉及生产者所处的产品市场和要素市场的具体市场类型，所以 $MRP = MFC$ 是所有生产者使用要素的原则。

第二节　完全竞争生产者对生产要素的需求

完全竞争要素市场是指要素市场上的参与者都是完全竞争的，要素的供求行为都是完全竞争的，要素的需求者，即生产者在产品市场上也是完全竞争者，不存在垄断行为。

一、完全竞争生产者的要素需求曲线

完全竞争生产者在购买要素时是完全竞争的，即生产者完全是要素市场价格的接受者。所以，生产者面临的要素供给曲线是一条水平线，如图 11－1(a)所示。

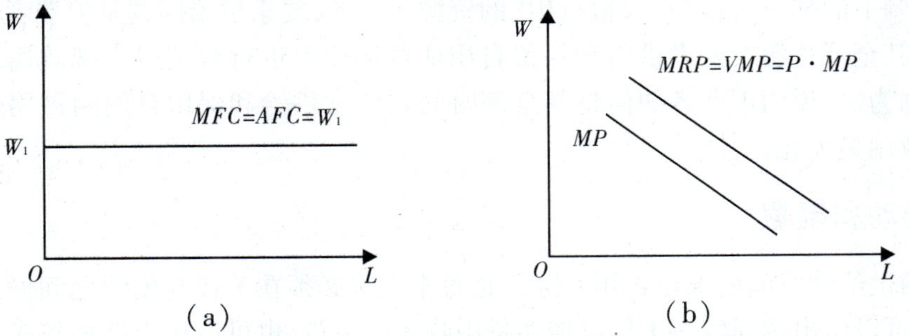

图 11－1　完全竞争生产者的要素供给曲线和要素需求曲线

在图 11－1(a)中，W_1 是要素市场的价格，生产者面临的要素供给曲线为水平线，就是说生产者可以按现行市场价格购买到其想要的生产要素。由于要素价格为常数，所以有 $MFC = AFC = W_1$，即完全竞争生产者的边际要素成本曲线及平均要素成本曲线与要素供给曲线重合。

由于完全竞争生产者在销售产品时是完全竞争的，生产者是产品价格的接受者，所以产品价格为常数 P，即生产者的边际收益和平均收益都等于产品的价格 P。所以有 $MRP = VMP = P \cdot MP$，即生产者的边际产品价值等于边际收益产品。由于 MP 曲线向下倾斜，而 P 为常数，所以 $MRP = VMP$ 曲线也向下倾斜，如图 11－1(b)所示。

由于生产者使用要素的原则是 $MRP = MFC$，所以对于完全竞争生产者而言，在每一给定的市场要素价格下，为了实现利润最大化，要素使用量必须满足 $MRP = MFC$，即生产者是沿着 MRP 曲线确定要素使用量的，所以 $MRP = VMP$ 曲线也是完全竞争厂商的要素需求曲线。

二、完全竞争市场的要素需求曲线

完全竞争市场上有大量的生产者，在某一价格下的市场要素需求量，一般应该是在该价格下所有生产者需求量求和。但是，当整个市场上的所有生产者都根据要素价格的变化调整产量时，产品价格就会发生变化，所以生产者的要素需求曲线会变得更陡峭。

第三节 劳动供给曲线和均衡工资的决定

一、生产要素供给的一般分析

经济学分析的要素包括劳动、资本、土地和企业家才能。这些要素分别属于不同的所有者,要素的所有者既可以是消费者,也可以是生产者。由于要素所有者的身份不同,因而要素供给行为的目的就有差别。可以假定,生产者和消费者的目的分别是利润最大化和效用最大化。

当要素供给者局限在消费者时,要素供给问题就有一个基本特点,即要素数量在一定时期内是固定不变的。例如,每个人每天只有 24 小时可以利用,但显然没有一个人可以每天提供 24 小时的劳动。由于要素资源是既定的,消费者只能将其中的一部分作为生产要素提供给市场,剩下的部分可称为“保留自用”的资源。因此,要素供给问题是消费者在一定要素价格下,将其全部资源在要素供给和保留自用两种用途上进行分配以实现效用最大化。下面将以劳动为例,说明消费者如何将其全部时间在要素供给和保留自用两种用途上进行分配以实现效用最大化。

二、劳动和闲暇

劳动的供给和时间的保留自用实际上是每个人都必须在工作与闲暇之间做出某种组合的选择:既可以做出选择较多工作以增加货币收入的决策,也可以做出选择较多的闲暇以增加可自由支配时间的决策。在这里,闲暇指时间的非市场性质的使用,不仅包括吃饭、睡觉、娱乐等,也包括所有的家务劳动。经济学认为劳动的供给和闲暇对于消费者都具有效用和边际效用。

劳动的效用体现在劳动可以给消费者带来收入,而收入有效用。所以,劳动的效用实际是收入的效用。假设劳动增加 ΔL,其引起的收入增量为 ΔY,而由收入的增加所引起的效用增量为 ΔU,则:

$$\Delta U/\Delta L = (\Delta U/\Delta Y) \cdot (\Delta Y/\Delta L)$$

在这个公式中,我们可以视 $\Delta U/\Delta L$ 为劳动供给的边际效用,表示增加单位劳动所带来的效用;$\Delta U/\Delta Y$ 和 $\Delta Y/\Delta L$ 分别为收入的边际效用和劳动的边际收入,因此劳动的边际效用等于劳动的边际收入与收入的边际效用的乘积。

与劳动的效用和边际效用相比,闲暇的情况比较复杂,闲暇既可以带来直接效用,也可以带来间接效用。如果消费者不把时间用于劳动,则可以做家务,或者休息、娱乐。从事家务劳动可以节省相关开支,带来间接效用。其他情况下,闲暇一般直接带来消费者的满足,即直接效用。为了简化起见,假定闲暇的效用是直接的。若用 l 表示闲暇的时间,则闲暇的边际效用就是 $\Delta U/\Delta l$。

三、劳动的供给原则

消费者的要素供给的目标是实现效用最大化。显然为获得最大效用必须满足的条件是，劳动的边际效用等于闲暇的边际效用。如果劳动的边际效用小于闲暇的边际效用，则可以通过增加闲暇减少劳动来增加消费者的总效用；反之，如果劳动的边际效用大于闲暇的边际效用，则可以减少闲暇增加劳动来增加总效用。劳动的供给原则即劳动的边际效用等于闲暇的边际效用，可以表示为：

$$\Delta U/\Delta L = \Delta U/\Delta l$$

四、劳动的供给曲线

在劳动的供给问题上，消费者的效用来自劳动的收入和闲暇，即消费者的效用是收入和闲暇的函数。通过消费者的效用函数建立无差异曲线，来分析消费者的劳动供给曲线。其结论是劳动的供给曲线是如图 11－2 所示的后弯曲线。

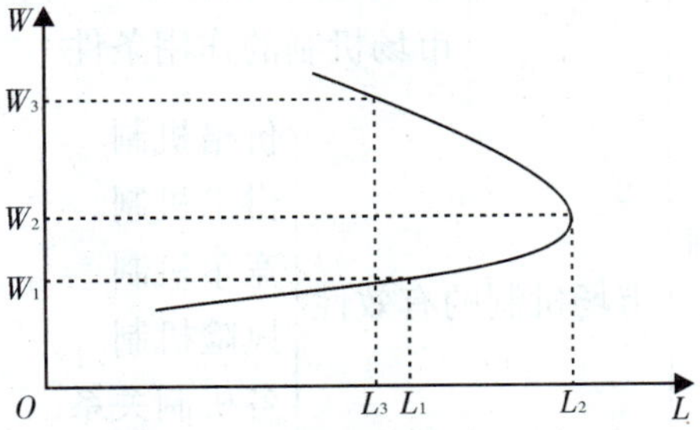

图 11－2　劳动供给曲线

在图 11－2 中，横轴为劳动时间，纵轴为工资。劳动供给曲线表明，当工资较低时，提高工资，则劳动供给增加；当工资提高到一定程度时，例如超过 W_2 时，劳动供给减少。我们可以用收入效应和替代效应来解释劳动供给曲线为何后弯。

工资增加的替代效应是指，由于工资上升，收入增加，消费者用劳动替代闲暇，劳动供给增加。工资增加的收入效应是指，由于工资上升，收入增加，消费者相对更加富有而追求闲暇，从而会减少劳动的供给。

一般地，当工资低而收入少时，例如工资为图 11－2 的 W_1 时，工资上升，其替代效应大于收入效应，消费者的劳动供给会增加。劳动的供给曲线向上倾斜。而当工资提高到一定程度时，例如超过 W_2 时，消费者相对比较富有，工资增加的替代效应小于收入效应，劳动供给减少，劳动供给曲线向后弯曲。

另外，需要指出，由于土地的数量一般不会变化，所以土地的供给曲线是一条垂直线。而资本的供给在短期内也是垂直线，而从长期来看也是一条后弯曲线。

第十二章 社会主义市场经济机制

知识框架

- 社会主义市场经济机制
  - 市场机制
    - 市场机制的含义
    - 市场机制的功能
    - 市场机制的特点
    - 市场机制的作用条件
  - 市场机制的有效性
    - 价格机制
    - 供求机制
    - 竞争机制
    - 风险机制
    - 各机制关系
    - 一般运行机制创新
  - 市场机制的建立与完善
    - 完善市场竞争环境
    - 形成灵敏的市场信号

第一节 市场机制

一、市场机制的含义

1. 市场机制及价值规律

市场机制属于经济机制范畴。经济机制源于“机制”,“机制”一词意指机器的构造和运作原理。机器是由相关的零部件根据机械学或电学原理组合成为特定的因果关系,相互联系,并按照一定的程序、方向运转。而机制即指机器遵循一定程序、方向运转的过程中,各相关零部件之间相互联系、互为因果的连接关系及运转方式。后来,生物学、医学通过类比的方式使用机制的概念,例如,生物机制、生理机制、病理机制等,用以动态地表示当有机体内发生生理的或病理的变化时,各个器官之间的相互联系、相互作用及调节方式。经济机制是指一定社会经济体内部各构成要素之间相互联系和相互作用的制约关系及特定功能,经济机制存在并作用于一定社会经济体发展过程的始终,是社会经济活动关系、行为、秩序的最基本的调节机制。由于经济机制在社会经济体运行过程中发挥着特定的调节功能,因而又被称为经济运行机制。

现代社会经济体都是围绕市场运行的,而经济机制又总是通过市场发挥作用的,基于此,经济机制又可称为市场机制。在一定社会经济体的运行过程中,市场机制是通过市场价格、供求、竞争等相互联系和相互制约的方式所产生的基础性调节机能,是建立起市场供给与市场需求之间动态平衡的自我协调运行过程。根据经济学理论,市场机制的这种自我协调运行的过程,就是价值规律发挥调节作用的过程,作为基础性调节机能的市场机制,首先是以价值规律为基础或前提的,因为典型的市场经济运行方式必然是商品经济较高程度发展的结果,价值规律的基础性地位和作用是不言而喻的。其次是价值规律作用的普遍形式,市场价格与价值的背离,以及背离幅度和波动曲线是由商品和货币的供求关系、竞争关系决定的,而作为基础性调节机能的市场机制,正是市场价格、供求、竞争等价值规律发挥作用的普遍形式,市场机制与价值规律必然同一。再次,与价值规律相比较,市场机制只是现代社会经济体运行的基础性调节机制,而价值规律不仅在现代社会经济体运行过程中始终发挥作用,并通过市场机制这个普遍形式表现出来,而且在任何商品经济条件下都发挥作用。所以,强调市场机制的基础性调节作用,更符合市场经济的特殊性要求,更能确切表达市场经济的实质和特征。

2. 市场机制的发展

市场机制是伴随商品经济较高程度的发展而发展起来的,商品经济的发展程度越高,市场机制发挥的作用越大。在简单商品经济条件下,由于社会生产力发展水平较低,商品生产和交换被限制在十分狭小的范围内,价值规律的形成及作用也十分有限,因此市场机制便无法形成。在资本主义商品经济条件下,由于科学技术的发展及其在经济社会中的广泛应用,劳动密集型产业向技术密集型和资本密集型产业转化,粗放型经营被集约型经营和品牌化经营所代替,商品经济获得了空前发展,市场规模不断扩大,市场类型不断更新,不仅在一国范围内快速发展,而且突破了国家界限,逐步形成区域性或国际性的统一市场体系,区域性或国际性的统一市场体系逐步发展、完善,其市场价格、供求、竞争日益朝着国际形式发展,市场机制系统形成并达到前所未有的作用程度、水平。社会主义市场经济作为市场经济与社会主义经济制度结合的产物,其作用方式也属于较高发展程度的经济机制范畴,尽管与资本主义市场经济相比,无论从时间还是空间上看,差距都是巨大的,需要一个较长的比较发展和互动发展过程,需要得到发达国家经济体的承认或接受,即承认或接受其市场经济地位。只有经过一个较长期的发展过程,市场机制在社会主义条件下的系统形式及功能才能逐步地确立起来,并渐趋形成相对比较优势,比较充分地显示社会主义经济体发展的竞争力、吸引力和优越性,从而提升社会主义经济体的巨大发展潜力。可见,市场机制的基础性调节作用意义重大。

二、市场机制的功能

无论是社会主义市场经济,还是资本主义市场经济,其运行机制都是同一的,具有共性的功能或作用。概括起来,市场机制具有以下功能。

1. 经营导向功能

在市场经济条件下,社会生产与社会需要之间相互联系、相互制约,社会生产一定要适合社会需要，社会需要一定要推动社会生产。任何市场主体及其市场活动行为，都必须适应社会生产与社会需要之间内在的关系、要求，否则，盲目扩张或收缩都会使供求关系失衡，导致不同程度的经济危机。为了动态地保持一定社会经济体的供求关系平衡，就要发挥市场机制在社会生产与社会需要之间重要的经营导向功能。一般而言，在商品经济发展的初级阶段，商品或服务供不应求，卖方市场占优势但并未形成垄断的情况下，如果社会对某种商品或服务的需求增加，就必然通过该商品或服务的市场价格上涨表现出来，在市场价格上涨信号的引导下，其他商品生产者或服务者就会千方百计地转移自己的资金、技术、人才、管理等生产要素，投资于获利较大的商品或服务领域，从而使这个领域或部门的生产规模扩大；相反，如果社会对某种商品或服务的需求减少，该商品或服务的市场价格就会下跌，迫使许多生产者或服务者从该商品或服务领域撤出生产要素，转移到其他有利可图的领域，从而使这种商品或服务领域的生产规模缩小。而在商品经济发展的较高阶段，商品或服务供大于求，买方市场占优势但卖方市场形成个别垄断的情况下，如果社会对某种商品或服务的需求增加，但由于这个领域卖方市场形成了个别垄断，使该商品或服务的市场价格持续上涨，而其他商品生产者或服务者又无法自由进入，从而形成垄断价格和垄断利润，经营导向功能受阻；相反，如果社会对某种商品或服务的需求减少，同样在这个领域卖方市场形成个别垄断的情况下，该商品或服务的市场价格不会下跌，商品或服务的垄断者也不会自动转移，而是形成某种形式的垄断联盟，经营导向功能失真。这样一来，经济运行可能发生紊乱，此时，经营导向功能就会向社会发出求救信号，通过政府采取灵活的宏观调控政策、依法监管和使用经济手段调节，禁止和消除垄断，维护平等竞争环境和公平竞争秩序，经营导向功能重新发挥正向调节作用。可见，经营导向功能作为一种市场信号，在公平竞争的条件下，成为引导商品生产者或服务者分散决策最灵敏的指示器，并且通过供求关系的波动、变化，自发地调节社会生产与社会需要之间的内在联系。而在垄断条件下，其市场信号是通过政府宏观调控的有力配合和保证实现的，从而推动了社会生产与社会需要的相互统一，最终符合社会需要。

2. 资源配置功能

人类社会经济发展的实践表明，无论是自然资源还是社会资源，在某种意义上都是有限的、稀缺的，社会生产越发展，社会分工越细化，资源合理配置或分配就越重要。市场机制作为一种普遍的资源配置信号，客观上必然要求资源向效率较优的生产或服务领域流动，以使资源得到合理配置，达到较优的利用效果；必然通过价格杠杆、供求机制和竞争手段促使有限的资源在更广的范围内自由流动、合理配置，以节约资源、循环利用资源，满足日益增长的经济社会发展的需要。同样，资源配置功能也需要有利的社会法制条件和市场制度条件，尤其是在出现市场垄断和经济危机的情况下，更需要实施有效的政府宏观调控和必要的依法监管，排除市场垄断，克服经济危机造成的不利因素，振兴基础产业和支柱产业，营造良好的市场制度环境，从而确保资源配置功能的有效发挥。

3. 技术创新功能

市场机制作为一种内在的激励因素、动力因素，在产权明晰、存在竞争压力和政府宏观调控的条件下，可促使每一个商品生产者或服务者优化结构、努力创新，以把握自身生存和发展的机遇。例如,各类厂商总是通过市场机制的激励功能、动力功能来强化自主研发实力,加强自主知识产权保护,实施技术创新发展战略,特别关注市场信号的波动、变化,以此为契机,注重技术、人才、管理及其产品或服务的适时重组和更新,提高生产或服务的规模、水平,推进可持续发展。但在产权模糊、无竞争压力和政府宏观调控失败的条件下,技术创新功能的激励作用就会丧失,无法产生应有的功能。例如,改革开放前的公有制经济、具有垄断性的企业、公共服务业等。技术创新功能对于引导企业自主创新,变革管理理念,优化治理结构,推进品牌化战略、市场化运作和国际化发展,具有重要的导向意义。

4. 发展均衡功能

在经济体自由竞争的条件下,社会总供求之间的平衡普遍地采取市场机制调节方式,即通过各类市场价格信号、供求关系的变动自发地调节社会总供给和总需求之间的关系,实现总供求之间的相对均衡。特别是在经济转型过程中,在强势政府的规范下,通过发展均衡功能可有效地缓解经济剧烈波动,抑制通货膨胀或紧缩,防止经济衰退,克服经济危机,推动经济平稳运行和持续发展,实现总供求之间的相对平衡。实践证明,发展均衡功能是调节和引导总供求的基本手段,但如果仅依靠发展均衡功能引导是不完整的,容易产生总供求的严重失衡,需要有正确的宏观调控与之相配合。唯有此,遵循市场机制的调节和引导才可减少经济运行成本,提高经济效益和社会效益,促进经济体良性循环和可持续发展。

5. 市场价格的形成功能

商品的价值是在生产过程中形成的,但商品价值要通过交换才能实现,要通过供求机制和竞争机制转化商品价格,最终形成一般价格水平。

6. 提高效率,激励竞争主体功能

市场的竞争机制可以使商品生产的个别劳动时间低于社会必要劳动时间的企业获得超额的利润,从而在竞争中处于优势地位,又会使商品生产的个别劳动时间高于社会必要劳动时间的企业产生亏损,从而形成被淘汰的压力。这种作用会使企业基于对经济利益的追求,不断采用新技术,加强管理,拓展市场,以提高劳动生产率,降低生产成本,优化产品结构。

三、市场机制的特点

1. 相对独立性

市场机制是市场经济本身所固有的,是各层次市场内部要素相互联系、相互作用的结果。人类既不能随意构建和创造市场机制,也不能主观改变和消灭市场机制,市场机制总是依存于市场经济的,只要在市场经济条件下,市场机制必然是客观的独立存在并发挥作用的,不以任何个人或集团的主观意愿为转移。具体表现为:在微观经济运行过程中,市场机制作为灵敏的指示器,可动态地提供商品或服务的供求信息、价格信息,以及利率、汇率和工资等的变动信息,每一个市场主体就是通过对供求、价格、利率、汇率和工资等信息的选择和处理,作出分散的生产经营决策的,这种分散的生产经营决策始终围绕市场机制及其信息变动展开。在宏观经济运行过程中,市场机制作为调节杠杆,在社会经济发展的各个环节之间独立地发挥基础性调节作用,推动宏观经济的结构调整和总量平衡。市场机制的独立性与宏观调控的必要性关联,具有密切的正相关性,构成政府宏观调控的基础,政府宏观调控的必要性、有效性，以遵循、符合市场机制的基础性调节为前提。

2. 内在自发性

市场机制不仅自发调节、引导商品或服务的生产决策行为，而且自发调节、引导商品或服务的质量、品牌、信誉和竞争力的交易决策行为，这种调节、引导均表现出自动的和自调的特点。商品或服务的生产决策行为和交易决策行为具有内在自发性和随机性，参与市场活动的各类市场主体生产什么、生产多少、为谁生产等价值判断，必须依据市场信号作出，符合市场需求。如果市场信号发生了变化，生产经营决策也必须随之调整、变化。在市场机制自发调节过程中，随机决策较快的市场主体，其生存能力就强，发展潜力就大；反之，反应迟钝、决策滞后，就会遭受挫折，甚至被市场淘汰。商品或服务的质量、品牌、信誉和竞争力的交易决策行为，必然是自主交易和自主选择的过程，复杂多变的交易价格、交易时间、供货数量和质量、品牌、信誉度和竞争力等合约规定，都是在市场机制的自发调节、引导下有规则地进行的，无须任何外在因素的干涉、干预。如果人为地干涉、干预自主交易活动，就失去了市场经济的固有属性，会造成市场机制自发调节、引导的失效，必然受到市场经济规律的报复、惩罚。所谓强者恒强、优者更优，即是遵循市场机制调节，实现优胜劣汰的结果。可见，市场机制的自发调节、引导作用主要体现在微观经济运行之中，具有普遍调节、引导的功能。但对于市场机制的自发性调节和引导的负面效应，即造成经济剧烈波动、过度投机、贫富分化、经济危机等现象，不能等闲视之，必须予以正确引导，通过政府宏观调控把市场机制自发的基础性调节控制在合理的范围之内，实行政府宏观调控与市场机制调节的内在制约和统一。

3. 普遍运动性

无论是宏观经济还是微观经济，都是一个复杂的有机体，基于供求关系，这个复杂的有机体的内部因素必然相互关联、相互诱导，处在频繁的运动变化之中。这种运动性是普遍的，存在于各种类型的社会经济体及运行之中，构成市场相关因素相互制约和相互作用的运动过程。例如，市场利益和份额诱导市场竞争，市场竞争引致供求波动，供求波动引发价格涨落，价格涨落促使市场主体决策等相关因素变化。如果市场相关因素的某个或几个环节产生停滞或滞后状态，那么其他相关因素就会受到牵连，无法相互传导，致使运动受阻，造成市场循环不畅，市场秩序紊乱，无法发挥特有功能。普遍运动性是社会经济体各种相关因素相互关联、诱导和作用的结果。

四、市场机制的作用条件

1. 规范的市场主体

一个良好的市场化程度和诚信度较高的多层次的市场主体，是市场机制发挥作用的首要条件。市场机制直接调节的对象就是市场主体，市场主体的生产经营活动能否市场化、有序化、规范化，成为市场机制能否产生功效、发挥作用的首要条件，因此培育多层次的市场主体是实行市场经济的前提，具有重要意义。培育市场主体，即是精心塑造、组织和规范多层次的生产经营主体和消费主体；依法建立、评价、指导多层次的市场中介组织；科学组建、规范、协调政府监管机构和民间自律性机构，使多层次的市场主体活动行为制度化、法制化和规范化，使之成为具有社会责任感的名副其实的市场主体，这样，市场机制才能产生功效、发挥作用，才能有效运作，合理配置资源，并发挥持续的基础性调节、引导功能。

2. 完善市场体系

市场机制不会凭空产生功效、发挥作用，必须依托较为完善的市场体系，并以此为平台，发挥其基础性调节功能。完善市场体系是在建立各类市场的基础上，依据统一性、完整性和竞争性的要求，推进各类商品市场、各种要素市场和文化市场之间的相互衔接和互动，形成各类市场之间相互联系、相互传导和相互制约的机制，构成统一、竞争、开放、有序的市场体系，为市场机制发挥作用创造条件；否则，各类市场之间相互封闭、体系缺乏和秩序紊乱，就会引发市场之间联系的中断，难以形成系统的信息传输、反馈机制，合理调节功能被扭曲，造成市场机制运作功能失效。可见，完善的市场体系作为市场机制发挥作用的基本条件，在中国经济转型、经济社会可持续发展和全面建成小康社会的过程中，具有重要的意义。

3. 健全市场法制

健全的市场法制是指关于市场经济的立法、执法和监督制度的完整性、规范性。健全的市场法制不能自发形成，必须自觉构建。健全的市场法制与市场机制功能成正比，市场法制越健全、市场机制越灵敏，市场功能越强大、越能充分发挥作用；相反，市场法制滞后，执法不严，规制无序，必然导致市场秩序混乱，市场机制将无法发挥作用。市场机制发挥作用需要健全的市场法制予以保障，这是最重要的作用条件。经济发展的实践表明，市场法制不健全、法律法规不配套、执法监督不到位、制度规则不统一，都会引发市场规则混乱和无序竞争，扭曲市场运作方向，加大经济运行成本，直接影响市场机制基础性调节的效率。加快市场法制建设、健全市场法制、创造市场机制作用的法制条件，成为建立与完善社会主义市场经济体制的一项最紧迫的任务。

4. 转变政府职能

转变政府职能是市场机制发挥作用的又一重要条件。当代任何类型的市场经济体制或模式，都离不开政府的系统组织、参与、调控，无政府系统组织、参与、调控的市场经济体制或模式已不复存在。转变政府职能，首先要转变政府的经济管理职能，从直接的行政指令、干预向间接的政策指导、协调转变，从行政配置向宏观调控转变。其次要转变政府的社会管理职能，即从事无巨细的直接管理向公共产品及社会服务管理转变，从大政府、弱势政府向小政府、强势政府转变。再次要转变政府的管理理念，向服务政府、法治政府、责任政府方面转变，使政治体制改革与经济体制改革相适应、相配套、相平衡，为市场机制发挥作用创造有利条件。转变政府职能，主要是依据经济政策、法律法规和经济参数实施宏观调控，为市场机制发挥基础性调节作用创造相适应的条件。政府职能转变的力度愈大，市场机制作用的力度也愈大，政府宏观调控的质量、水平就愈高，市场机制作用的效率就愈充分、愈普遍。

市场机制的作用条件是综合性的多种基本条件的耦合及统一，其中，每一个基本条件都必须依靠大力培育、组织、规范和引导，依靠多方面的系统探索、研究、追求和创新，只有这样，多种基本条件才能逐步实现自身因素的发展与完善，从而构成市场机制发挥作用的系列相关条件。

第二节　市场机制的有效性

市场机制是指在价值规律作用下通过市场配置资源的机制，即市场这只看不见的手的作用机制。市场机制是市场运行的导向系统和调节系统，是市场各基本要素功能的自动耦合过程，是市场基本要素相互作用的产物，也是对市场基本要素相互作用系统控制的结果，集中表现为价格机制、供求机制、竞争机制、风险机制等基本形式。

一、价格机制

1. 价格机制的概念

马克思主义经济学认为，商品都有价值，它是由社会必要劳动时间决定的，商品的价格会围绕价值上下波动。当供过于求时，价格低于价值；当供不应求时，价格高于价值，这就是所谓的价值规律。

价格机制是指由供求决定价格，价格信号引导资源配置，配置的结果又反馈到供求的循环作用过程，包括价格形成机制和价格对生产、消费等经济活动的调节机制这两个方面。其中，价格形成机制与供求关系相联系，供求状况决定价格水平，供求变动引发价格的变动，而价格形成和价格变动作为一个重要的信号，又可以引导生产和消费，从而调节社会资源的配置，构成价格机制的主体内容。

通常意义上的价格机制，指的是价格作为一种市场信号来调节资源配置的机制。它是市场机制的核心机制。在这一点上，价格机制与供求机制又是密切相关的，即供求关系的变动会引起价格的变动，而价格的变动又引导着社会的生产和消费活动。各市场参与者能从价格变化中得到信息，自发调节自身的经济行为。当某种商品价格升高，会刺激这种商品的生产和增加供给，而抑制对它的需求和消费；反之，当某种商品价格下降，就会刺激对它的需求和消费，而抑制其生产和减少供给。这使价格机制成为最有效和最灵敏的调节手段，能够自发地调节资源在社会各生产部门和企业之间的分配，并激励企业改进生产技术，提高生产效率。

2. 价格机制的作用

价格机制是一种调节资源配置的机制，其作用表现为：

(1)商品价格的变动调节资源配置

市场对各种产品和服务的供求始终处于变化之中，供求双方不可能总是会在数量和结构上正好相等。供小于求使价格上升，供大于求价格下降，供求状况的变化引起价格水平的相应变动，使价格本身成为真实反映产品稀缺程度的重要信号。由于价格的变动必然会引起以企业为代表的各类市场主体利益关系的变化，因此市场主体必将按照市场价格变动的方向相应调整自身的经济行为，以便维护和扩大自身的经济利益。而市场主体依据市场价格信号调整自身经济活动的结果，又会反过来引起市场供求状况的再度变化。由此循环不已，形成供求影响价格的基本过程。

(2)要素价格的变动调节收入分配

劳动力、资本、土地等要素的价格也是市场供求决定的。要素价格的变动具有三种调节作用:

①要素价格变动会调节收入分配。如具有专业技术的劳动力人才(会计师、律师、电脑工程师等)近年来的工资上升较快,导致他们的收入水平提高也较快;而一般劳动力,近年来工资基本没有变化,他们的收入改善就较慢,难于分享到经济增长的成果,其结果是收入差距有所拉大。

②要素价格变动会刺激社会增加生产率高的要素供应。要素价格的高低反映稀缺程度以及生产能力的大小,比如企业之所以愿为电脑工程师付高薪,是因为他们的生产率高,对企业贡献大,高工资既是对他们劳动成果的正当回报,也是激励人们进行人力资本投资的有效手段。而这种稀缺要素的供应量的不断增加提高了整个社会的要素生产率。

③要素价格变动使要素流向能使其发挥最大效能的地方。因此,要素价格的变动使整个社会对要素的使用效率得以提高。

二、供求机制

1. 供求规律

(1)供求规律的概念

均衡价格与需求呈同方向变动与供给呈反方向变动的规律即为供求规律。

(2)供求规律的具体表现

由于供给和需求会发生变化,因而均衡价格也会因供求的变动而变动。具体而言:

①当供给不变而需求发生变动时,若需求增加,则均衡价格上升,均衡产量会增加;若需求减少,则均衡价格下降,均衡产量减少。

②当需求不变而供给发生变动时,若供给增加,则均衡价格下降,均衡产量增加;若供给减少,则均衡价格上升,均衡产量减少。

③当需求和供给同时发生变动时,均衡价格和均衡产量的变化要视两者变动的方向、变动的程度差异而定。

具体地说,当供大于求时生产者为出售产品展开价格上的竞争,商品价格就会下跌。由于价格下降,利润减少,一些商品生产者就会被迫压缩生产规模或退出该种商品的生产,把自己拥有的资源转移到其他有利可图的商品上。价格下降同时会刺激消费,增加该种商品的需求,从而使供求状况趋于平衡。同样地,当供不应求时,购买者会为获取商品而提高价格,而价格上涨,利润增加,又会促使生产者增加生产,并吸引新的企业投入该商品的生产;同时会抑制消费者的需求,从而使供不应求的状况得以缓解。如此循环往复,供求与价格的相互制约关系使供求状况趋于平衡,价格趋于均衡价格。总之,不论市场上供求差距有多大,只要价格能自由上升或下降,价格总会相对稳定在一个使市场均衡的价格水平上,最终使整个社会的资源恰当地配置到社会最需要的各种产品的生产和消费上。

2. 供求机制

(1)供求机制的概念

市场是由商品的供给和需求组成的,且供求双方总是力求彼此相互适应。所谓供求机制是指供给与需求之间所具有的内在联系和动态平衡机制，其最终目标是使价格趋于均衡。

(2)供求机制的调节作用

一般认为，是市场需求引导并决定着市场供给，而供给则被动地适应需求变化，事实并非完全如此。当一种新产品被生产出来时，如果产量扩张、价格合理，就会创造自身的需求；而当某种产品因某些原因供给量减少时，需求量也会相应的减少。具体来说，调节供求关系的方式有两种：数量调节和价格调节，这两种调节机制促使厂商向社会提供适用、适量的各类产品，并使供求关系最终趋于平衡，这就是供求机制的作用。

①数量调节。也称供给调节，即当商品供过于求时，厂商会主动调减产量，关停一部分生产线，乃至退出这一生产领域，即通过关停并转，减少对这一产品的社会供给量；而当商品供不应求时，厂商会主动扩大生产量，通过满负荷工作、扩大投资、吸引其他企业进入等来增加这一产品的总供给量。因此，数量调节使供求关系趋于平衡。

②价格调节。也称需求调节。由于供求关系的变化往往体现为价格的变化，在供过于求时，生产者为销售产品展开激烈竞争，价格就会下跌，导致市场需求增加；在供不应求时，购买者在市场上竞相购买商品，从而价格上涨，导致市场需求减少。因此，价格变动使供求关系最终趋于平衡。但是，由于受到多种因素变化的影响，这种平衡是暂时的、总体上的。平衡是相对的，而不平衡才是绝对的。

三、竞争机制

1. 竞争机制的概念

竞争机制是指各种市场主体在市场经济条件下维护和扩大自身经济利益的方式。商品的价格是其生产费用和效用的统一，谁能提供成本最低而效用最高的产品和服务，谁就能在竞争中获胜，取得较大的利润，占有较大的市场份额，拥有较多的经济资源。竞争是市场经济的内在属性和固有规律，是市场实现资源优化配置和合理使用的重要方式。

2. 竞争的分类

(1)行业内竞争和行业间竞争

按竞争的不同领域划分，可分为行业内竞争和行业间竞争。

①行业内竞争。指生产同类商品的企业为争夺销售份额和有利的价格条件而展开的竞争，目的是获取超额利润，这种竞争能刺激企业不断提高生产效率。行业内的竞争实现了生产要素在企业之间的转移，使资源流向产生最高效率的行业，从而优化整个行业的组织结构。

②行业间竞争。指不同行业间的企业为争夺有利的投资场所和超额收益而进行的竞争，这种竞争引导生产要素在行业之间的转移，使资源流向能产生最高效益的行业，从而使产业结构得以调整和升级，并最终使各行业获得平均利润。

(2)供给者之间的竞争、需求者之间的竞争和供求之间的竞争

按参与竞争的不同市场主体划分，可分为供给者之间的竞争、需求者之间的竞争和供求之间的竞争。

①供给者之间的竞争。包括生产同类产品的企业之间为争夺市场和消费者而展开的竞

争,以及生产要素的供给者(如劳动力所有者、资本所有者、土地所有者等)为争夺要素需求者而进行的竞争。

②需求者之间的竞争。包括消费者为争夺稀缺商品的竞争,企业为争夺稀缺要素(如高素质的劳动力、资本市场上的融资额、位置优越的土地等)的竞争。

③供求之间的竞争。指供求双方为达成有利于自己的交易条件,在谈判、履约和违约仲裁等过程中展开的种种较量。

(3)同质竞争、异质竞争和并购竞争

按竞争的不同方式和内涵划分,可分为同质竞争、异质竞争和并购竞争。

①同质竞争。同质是指企业提供的产品和服务无差异,可完全替代,市场售价也基本一致。此时,企业要扩大销售、增加利润,就要通过技术进步、改善管理来降低成本,以比竞争对手更低廉的价格来吸引消费者。因此,同质竞争也称为成本竞争或价格竞争。例如零售业的竞争,由于产品的无差异性,为了争夺消费者,就要在货源渠道、物流配送、销售方式等方面精心设计,优化组织架构,减少人工成本,从而能在价格上取得优势。近年来连锁超市、大卖场、专营店、便利店等经营业态的推陈出新,都是在尽力压缩商业费用。但从某种程度上说,价格竞争并不是高明的竞争手段,价格下降要以成本下降为前提,但降低成本总是有限度的,而且节省管理费用、营销费用、工资福利等降低成本方式的实质是通过减少员工收入来增加利润的,是收入在员工和投资者之间的重新分配,并没有增加总附加值;通过降价来扩大再销量,对于那些需求弹性较小的商品效果不明显,当销量增加的幅度小于价格下降的幅度时,企业的总销售额反而会减少,得不偿失;降价竞争手段简单易行,每个企业都会参与,结果导致两败俱伤,最终使整个行业的盈利水平和效益下降,整个行业的技术开发不足,不利于产业的技术升级和国际竞争力的提高。

②异质竞争。也称非价格竞争。由于需求方关注的是商品的性能价格比,而提高性能价格比的方法有两种:在性能不变的前提下降低价格;在价格不变的前提下提高性能。如果前者是价格竞争,那么后者就是异质竞争。通过在商品中体现性能、质量、品牌、专利技术、服务等方面的差异,能使企业在细分市场上具有一定的垄断性,从而无需降价就能争取到稳定的客户和消费群体。

具体来说,异质竞争包括:

A. 技术竞争。企业掌握了某产业的核心技术就可以建立起技术壁垒,使竞争对手处于技术上的从属和追赶地位,技术优势的最高境界是制定行业标准,并拥有专利保护,从而使企业占据技术制高点。

B. 质量竞争。产品的质量是企业的生命,为客户服务的集中体现是提供无缺陷的产品,从而在消费者心目中树立良好的企业形象。因此,企业为了提高质量,就要在全球范围内寻找最佳的原材料、零配件供应商,设计最合理的工艺流程,在生产制造的各个环节严格执行质量管理体系的标准,以提供更优质的产品。例如美国的麦当劳、肯德基等快餐业,其成功的根本原因并不在于连锁经营,而是统一的质量标准,使任何人在任何时间到任何一家分店都能买到完全相同的产品,从而降低了消费的风险。

C. 服务竞争。它是质量竞争的延续,完整的质量管理应包括产前、产中、售中、售后等各环节，而在服务行业中，服务竞争与产品竞争完全一致。

D. 品牌竞争。品牌是一种无形资产，它代表着形象和信誉，当几十种同类产品（如不同牌子的牙膏）放在货架上任消费者选购时，品牌就会起关键作用。名牌往往是一个企业技术水平、产品质量、售后服务、销售份额等综合实力的集中表现。

此外，还有管理竞争、经营理念和方式的不断创新等方面的竞争。

③并购竞争。企业的并购重组是竞争的最高形式，经过一定时期的价格和非价格竞争，生产会向龙头企业和优势企业集中，一些中小企业或被迫退出，或被同行兼并。企业并购的形式主要是同行业内部的横向合并，这种同行业、跨行业、跨地区、跨国界的企业并购是实现资源优化配置、产业结构优化升级的最有效手段，对并购双方和相关行业都是有利的，它能实现三个经济效应：

A. 经营协同效应。指由于并购双方在资源上存在互补性、规模经济或范围经济，从而使两个或两个以上企业合并成一个企业时引起的收益增加或成本减少。

B. 管理协同效应。如果某企业拥有一支很有效率的管理队伍，不但可以充分发挥这支管理队伍的管理才能，而且还可以同时提高目标企业的经营效率，进而实现双方资源的合理配置。

C. 财务协同效应。拥有许多投资机会的企业之间通过并购，可以提高资金的使用效率。

四、风险机制

1. 风险机制的概念

风险机制是市场经济的压力机制。它是通过某种损失给企业带来风险，从而对企业形成压力的机制。市场经济总是存在风险的，只是不同经济活动风险大小不同而已。

2. 风险机制的实现方式

风险机制一般是通过以下三个方面具体实现的：

(1)通过确立市场主体的硬预算约束关系，实现风险机制的调节

预算约束是指通过预期收入控制支出，是微观经济学分析企业或家庭经济活动的关系时所提出的预算线的概念。例如，企业或家庭选择甲乙两种商品时，可根据自己收入的多少、甲乙两种商品相对价格的高低，作出一条预算线。如果在预算线之内，那么就可以实现购买；如果在预算线之外，那么就不能实现购买。这种预期收入对支出的约束，不是事后的结算关系，而是事前的行为约束关系。依法硬化预算约束会使企业的经济活动承担某种程度的风险，企业购买或不购买某些商品和生产要素，扩大还是缩小经营规模，是内部挖潜还是外延扩张，首先要考虑是否具有风险，以及风险的大小，从而依法确立企业的硬预算约束关系。风险机制对企业经济活动关系、行为具有重要的约束、规范意义。风险机制与硬预算约束是相辅相成的，风险机制的作用在于给企业的生产经营活动施加压力，实施必要的调节，约束其分散经营决策行为，在硬预算约束条件下，会增加企业的风险压力，使其增强风险防范意识，形成规避风险的能力。建立和完善风险机制，就必须改革以往的软预算约束体制，将企业的利益期待联系由国家包保转换为市场调节，一旦企业的利益期待联系转向市场调节，其经济利益与市场实现成果便会紧密联系起来，并随时面临或承担市场风险，这样风

险机制的作用就会逐渐地充分体现出来。

(2)通过建立和完善企业风险制度来发挥风险机制的功能

建立和完善企业风险制度意味着企业对自己的生产经营状况、行为要承担全部经济责任和风险。在中国新旧体制转轨过程中,建立和完善企业风险制度,关键要建立企业的风险责任承担制和追究制,使风险责任规制化、法制化,明确风险责任主体。建立和完善企业的自负盈亏制度,确认企业之间经济利益的差别,绩效好的企业获得较多的经济利益,绩效差的企业不能获得经济利益,从而对风险机制作出积极反应。只有当国家不再为企业承担风险,银行不再为国家承担风险买单,企业真正成为风险活动和风险责任主体时,风险机制才能触动企业的中枢神经,企业才能对风险机制的功能产生迅速的反应。

(3)通过实行企业破产制度来实现风险机制的作用

破产是风险机制最高层次的作用形式,也是风险机制正常运行的关键条件。在以往的计划经济体制下,企业不承担任何风险的重要原因就是企业无破产制度。国家保护企业免于承担风险,无论亏损多么严重,也绝不会破产,企业风险转变成为国家风险,这样企业不可能把生产经营活动作为风险性活动,风险机制缺失的结果就是企业生产经营活动不依赖成本、价格、利润等市场信号,这最终必然导致企业生产经营活动的低效率或无效率。实行企业破产制度就是强化风险机制对企业生产经营行为的影响、作用,明确企业生产经营活动,即风险性活动,如果生产经营状况持续恶化,严重资不抵债,无法继续履行生产经营的责任、义务,就必须依法停业、倒闭或破产。这是一个较为规范的在风险机制调节下的市场制度,破产制度及其实行构成风险机制发挥作用、力促企业努力经营、提高经济效益的必要条件。对失去偿债能力的企业,包括国有企业,必须依法破产或依法被收购,实行及时的破产或收购处理是风险机制调节的必然要求,是形成风险机制一般运行过程的必要因素、条件。

五、各机制关系

价格机制、供求机制、竞争机制、风险机制既相对独立、各有侧重,又相互渗透、融为一体,总是在自动耦合过程中形成运行机制并产生系统功能。

市场机制的运作过程体现为经济关系的相互联系和运动,市场竞争过程中供求关系变化与市场价格之间相互制约的联系和运动。供求关系不平衡引发供大于求或供不应求现象,必然影响该商品或服务的市场价格上下波动,而市场价格上下波动也必然引起该商品或服务的供求关系发生相应变化。供求关系与市场价格之间的相互联系呈对应的连锁反应关系,并内在于各种类型的市场竞争之中。市场竞争过程中信贷资金供求变动与市场利率变动之间呈相互制约的联系和运动。信贷资金供求不平衡引致的供大于求或供不应求现象,必然导致市场利率发生上下波动,而市场利率上下波动也必然引发信贷资金供求关系的相应变化。信贷资金供求关系与市场利率之间的相互联系和运动呈对应的连锁反应。市场竞争过程中劳动力流向与工资变动之间呈相互制约的联系和运动。劳动力流向变动产生劳动力流进或流出现象,从而引发劳动力流进或流出区域工资的相应变动,而劳动力的工资变动又会影响劳动力流向的相应变动。劳动力流向变动与工资变动之间的相互联系和运动同样呈对应的连锁反应。可见,经济发展直接表现为市场机制作用及其要素之间的相互矛盾运动，要素之间的相互矛盾运动内在于市场机制的作用、功能之中，通过市场机制的作用、功能实现矛盾运动的新陈代谢。市场机制是微观经济系统的核心范畴，组成一种巨大的、无形的客观力量，发挥其基础性的资源配置、调节、引导功能。

六、一般运行机制创新

一般运行机制创新是竞争机制创新、供求机制创新和风险机制创新的基本功能形态，蕴涵在市场运行过程的始终，对经济活动具有基本信号调适、诱导、引领等功能，是市场一般性基本功能适时调整、适度完善的结果。

1. 竞争机制创新

竞争机制创新要创造市场竞争的内外部条件、氛围。不断完善竞争主体的治理结构，创新市场游戏规则，在利益博弈中形成市场竞争压力或动力，建立普适的由低向高的制度化流动机制，推动商品、资金、资本、技术、人才、管理等要素的合理配置，提高竞争效率。完善有利于自由竞争、平等竞争、公平竞争的法制体系。依法规范市场竞争，优化竞争结构，禁止不正当竞争，约束市场垄断，生成市场竞争动力，形成有利于推进市场更新、增强市场活力、实现经济利益的市场竞争机制。关键在于完善和创新有利于竞争机制发挥基础性调节作用的市场规制，强化市场规制的共性，突出市场规制的刚性，发挥市场规制的韧性，确立市场规制的个性，形成以完善和创新的市场规制为基础的竞争机制。

2. 供求机制创新

供求机制创新主要是不断完善市场供求关系结构，特别是不断完善机构投资者的供求关系结构，建立通畅的供求关系网和灵活的供求调节机制，形成投资者和融资者相互制约、互动发展的平台，建立真实反映市场供求关系的相对均衡结构，改善供求状况，提高供求质量，防止供求信息不对称及其畸形引导。问题的关键在于扩大有效需求，调整供给结构，使政府作用和市场作用双管齐下。解决供求机制创新的前提：①依法规范供给主体的行为，特别是商业银行、非银行金融机构、上市公司和机构投资者的行为，引导供给主体长期投资，抑制短期行为，强化供给主体的诚信意识，严律失德失信，严惩肆意投机。②依法规范供求中介服务行为，特别是证券公司、基金公司、会计师事务所、律师事务所和咨询评估机构的行为，建立供求中介服务指标体系和评价体系，强化服务意识和道德自律，依法治理供求中介，惩治违法违规行为。要点在于转变以政府干预为主导的供求关系结构，建立以市场导向为基础的供求关系结构，创造供求机制发挥作用的相关条件、氛围，保持供求的弹性和相对均衡，完善供求保障体系，发挥供求机制的基础性调节作用。

3. 风险机制创新

风险机制包括风险预测评估机制和风险防范控制机制。风险机制创新的要义在于通过风险机制信号的引导，完善企业内控制度，规范信息披露制度，强化资本硬约束关系，推进企业制度创新。风险机制创新问题的基点在于强化风险预警体制建设和风险预测评估体系建设。提高风险预警体制和风险预测评估体系的科技含量，确立常规性风险预警指标体系，实施动态分析监测。要加强风险控制体系建设。建立规范的硬约束管理体系，形成有序的监控机制和规范的控制协调体系，创新联动的外部监督机制。要系统强化风险问题意识和风险责任意识。加强风险控制和风险问责制度建设，突出风险防范和风险处置机制建设。重点在于持续推进建立现代企业制度，深化企业法人治理结构，特别是国有企业法人治理结构，使之成为自主经营的市场主体，确立优胜劣汰机制和适时破产机制，推动以风险防范为重点的风险机制创新，为风险机制的一般运行调节奠定基础。

4. 资本机制创新

中国资本市场形成机制的基本问题是资本市场供求关系及其开放的问题，前提是人民币汇率市场化改革及其形成机制的问题。这是一个连锁问题，形成一系列有层次的问题链。就本质而言，汇率形成机制包含汇率制度和汇率水平问题，反映一个国家以货币表现的经济发展的质量、程度、信用和水平，例如，人民币汇率参考一篮子货币的相对比价水平集中体现为中国经济运行水平及货币价值水平。市场化汇率制度和汇率水平的系统建立，将有利于中国资本市场和货币市场的实质性对接，有利于资本项目的自由开放，是资本机制创新的前提条件。资本机制创新的核心是经常项目和资本项目的自由流动机制的建立，包括国内市场和国际市场的自由流动机制，使资本市场发挥配置的基础性作用。问题的关键在于人民币汇率如何以市场供求为基础，在于市场供求基础上的参考一篮子货币的形成机制，在于有步骤地开放资本项目，在于形成规范的资本市场法制体系等，这是一个比较长的渐进式发展过程。

资本机制创新在于市场形成机制创新，现象上是一般运行机制创新和具体运行机制创新，本质上则是创新模式市场取向的选择与确立，涉及诸多深层次的机制创新问题。而资本市场的制度基础、组织结构、调控方式的日益完善及其系统连接，构成中国资本市场形成机制创新模式的根本原理和深层要件。

中国的二元经济决定中国的二元市场，解决二元市场问题的钥匙就在解决二元经济的问题之中。因此，如果用纯粹的市场机制和手段解决目前中国资本市场的问题，也必然会走向极端，打乱中国市场取向改革的进程，欲速则不达。利率市场化、资本项目开放、资本市场形成机制等问题，将是一个渐进的体制、机制改革及相互制衡的交互作用过程。从这个角度看，资本机制的构建和创新，用纯粹理论式推论行不通，例如，构建理论模式或数量模型等；用市场经济国家已走道路和经验简单类比也走不通，例如，模仿和描述发达国家的成功做法；必须符合中国实际状况，需要创新性探索、开创性实践，才走得通。由此便可以解析为什么中国资本市场如此迥异，尤其是资本市场中的种种现象，例如，一股独大、所有者虚置、上市融资、关联交易、风险意识淡薄等，都是渐进的市场取向改革过程中的附属物，因为无法要求中国资本市场一开始就进入理想化的规范状态，无法企盼参与者的活动行为和诚信素质均非常高，更无法想象机构或个人会始终自觉坚持长期投资，而不是短期炒作，也无法迅速建构兼具投资、融资和资源配置系统功能的资本市场。因为中国资本市场要素初生，供需信号微弱、滞后或失真，所以成熟的市场供需关系尚未形成。

第三节 市场机制的建立与完善

市场机制的建立与完善不是一蹴而就的，必须创造一系列相关的主客观条件。主要包括：培育各类市场主体。各类市场主体必须产权明晰、权责明确、自主经营、自负盈亏，必须具有独立利益和自主权。各类市场主体对自身所有权和经济利益的关心，是市场机制能够充分发挥作用的内在基因、动源。

一、完善市场竞争环境

市场竞争环境直接影响和制约市场机制作用的发挥，市场竞争环境越完善、充分，市场机制就越灵活、有效。建立和完善较充分的市场竞争环境是实现优胜劣汰的前提要件，可实现稀缺资源的优化配置，推进市场机制运行的科学化、合理化。

二、形成灵敏的市场信号

市场信号是一种多层次的竞争引导系统，具有内在的吸引力和刺激力。主要包括商品价格信号、利率和汇率信号、工资和价格水平信号、要素市场价格信号等。市场机制总是通过市场信号的上下波动来刺激和引导各类市场主体的活动、行为，调节各类消费品和资本品的供求变化，协调稀缺资源的优化配置。市场信号滞后、缺乏灵敏度，市场机制运行将严重受限，过度调节或调节不足同样会造成资源配置的严重浪费，加大运行成本。灵敏的市场信号是市场机制及其要素关系变化的指示器，成为市场机制有效运行的前提。市场机制失灵或失序是引发资源错配的根源，也是导致经济危机的主因。

市场经济机制对资源的调节、配置不是自动形成的，而是基于市场化的诸多经济关系的要求实现的，市场化的诸多经济关系的要求即是经济活动共性的普遍要求，无论是何种形式的经济体，都必然具有以下共同的普遍要求。

1.产权关系的独立化要求

这是市场经济条件下各类市场主体形成的首要条件，成为市场经济关系确立的基本前提。作为市场主体的企业、集团、个人和其他营利性组织，必须拥有自己独立的财产权和知识产权，成为名副其实的产权主体。市场经济关系即不同产权主体之间的所有权平等的交换关系，只有成为独立化的产权主体，才能获得法人实体所拥有的经营权主体、收益权主体或知识产权主体的地位，自主地参与市场经济活动，形成真正意义上的市场主体。产权关系的独立化是市场主体生产经营自主化的重要条件，包括投资方向、商品流通、经营决策等的自主化和自由化。在市场经济条件下，依据相关规则，无论是企业、其他经济组织还是个人，除了特定国家的个别规定之外，均不受任何国别、地区、行业、部门的限制，可自主决定投资方向和自由转移投资领域；商品自由流通同样不受任何限制、歧视，实行自由流动和公平竞争；市场经济活动以市场信号为引导，自主作出经营决断，实行分散的自主决策。

2.资源配置的市场化要求

资源配置可分为两个层次，较高的层次是指：资源如何分配于不同部门、不同地区、不同生产单位，其合理性反映于如何使每一种资源能够有效地配置于最适宜的使用方面。较低的层次是指：在资源分配既定的条件下，一个生产单位、一个地区、一个部门如何组织并利用这些资源，其合理性反映于如何有效地利用它们，使之发挥尽可能大的作用。市场化要求或市场选择决定并引导资源组合形式，影响社会的资源配置。资源配置的市场化要求指经济社会发展所需的各种生产品、消费品和生产要素、服务要素等资源配置的市场化和一切经济关系的市场化，具体指特定的自然资源、生产资料、消费资料、人力资源、金融资本、资金、技术、信息、服务等资源品的市场化，由市场配置这些资源，使这些资源沿着效率曲线流动，形成由效率曲线波动引领的具有一定风险系数的资源配置的市场化机制，以合理高效地利用资源、节约资源、保护资源，有效地推进资源配置市场化的广度和深度。资源配置市场化要求一切社会经济关系及其活动方式通过市场调节予以实现，一切社会经济关系及其活动方式要以市场为中心，以市场为导向，实行等价交换、平等竞争、公平竞争。在中国这也是深化改革、扩大开放、培育市场主体、完善市场机制、健全市场体系的基本要求。

3. 市场行为的契约化要求

市场经济要求市场行为主体作为平等的法人实体和民事主体，在从事经济活动的过程中，依法达成书面合约或口头承诺，以明确当事人之间的平等权利、责任和义务，并严格履约，使其活动行为契约化、法制化。契约化表明企业行为是合法的、平等的、自愿的，合约双方或多方必须履行合约规定的商品、劳务、价格、时间和结算方式等，确保商品质量和服务质量。契约化还表明企业必须具有信用意识，要严格履约，不经合约当事方同意不得擅自变更合约或解除合约，违反者必须承担相应的经济责任和民事责任。企业、其他经济组织或个人是契约意义上的产权主体、利益主体，可依契约独立地追求自身利益，把盈利最大化视为市场活动的重要目标，追求盈利最大化是微观经济主体充满生机活力的体现，成为市场激励机制的源泉。市场行为的契约化要求企业或个人在追求盈利最大化的同时，主动承担相应的社会责任，要求处理好履行盈利契约和责任契约的相互关系，把追求最大化盈利与主动承担社会责任统一起来。

4. 经济运行的调控化要求

任何经济都不能自发、盲目运行，必须实行宏观调控，纳入调控化范畴。要求国家及政府有关部门实行有利于宏观经济发展和社会稳定的调控策略，通过经济政策、计划指导、经济杠杆、法律和其他手段实施宏观调控，适时适度地调控总供求关系、投资消费关系、进出口关系、劳动就业关系、资本流动关系、实体与虚拟关系，实现市场经济的宏观调控目标。也要求国家及政府有关部门不得直接干预微观经营活动，指令其做什么或不做什么，而要创造各种有利条件，提供各种服务设施，完善经济运行的软、硬环境，推动经济活动健康发展。经济运行的调控化也要求建立和完善社会保障体系与之相适应，推进社会成员的医疗保障、伤残保障、失业保障、养老保障等事业社会化，使保障事业覆盖全社会，每个社会成员因此受益，推进社会和谐，发挥保障事业的社会“减震器”功能，为经济社会可持续发展奠定基础和创造条件。

第十三章 市场失灵和市场功能缺陷

知识框架

- 市场失灵和市场功能缺陷
  - 市场失灵的含义
    - 资源最优配置的含义和标准
    - 市场失灵的含义
  - 市场失灵的原因
    - 垄断与市场失灵
    - 外部性与市场失灵
    - 公共物品与市场失灵
    - 信息不对称与市场失灵
    - 市场功能的缺陷
  - 政府对市场的干预

第一节 市场失灵的含义

一、资源最优配置的含义和标准

在市场机制的作用下，如果居民和企业作为市场主体分别实现了效用最大化和利润最大化，并且在此基础上，产品市场和生产要素市场既不存在过剩，也不存在短缺，即整个经济的价格体系恰好使所有的商品供求都相等时，经济就处于一般均衡状态或瓦尔拉斯均衡状态。当经济处于一般均衡状态时，资源便实现了最优配置。资源实现最优配置的标准是，一种资源的任何重新分配，已经不可能使任何一个人的境况变好，而不使一个人的境况变坏。换言之，社会已经达到这样一种状态，如果资源在某种配置下，不可能由重新组合生产和分配来使一个人或多个人的福利增加，而不使其他任何人的福利减少，那么社会就实现了资源的最优配置；反之，如果既定的资源配置状态能够在其他人福利水平不下降的情况下，通过重新配置资源，使得至少有一个人的福利水平有所提高，则称这种资源重新配置为“帕累托改进”。所以，帕累托最优状态是不存在帕累托改进的资源配置状态。换言之，如果对于某种既定的资源配置状态，还存在帕累托改进，即在该状态下还存在某些改变可以至少使一个人的境况变好而不使任何人的境况变坏，则这种状态就不是帕累托最优状态。帕累托最优状态又被称作经济效率。满足帕累托最优状态就是具有经济效率的，而不满足帕累托最优状态就是缺乏经济效率的。

二、市场失灵的含义

在一个经济社会中，整个经济实现一般均衡，并且资源配置达到帕累托最优状态是有条件的。

这些条件包括经济主体是完全理性的、信息是完全的、市场是完全竞争的、经济主体的行为不存在外部影响等。符合这些条件的完全竞争市场显然是不现实的，而当这些条件不具备时，资源最优配置或者帕累托最优状态通常不能得到实现。如果完全竞争的条件受到破坏，或者即使存在完全竞争条件，市场机制在很多场合不能实现资源最优配置，就会出现所谓的市场失灵。简单地说，市场失灵就是指由于市场机制不能充分地发挥作用而导致的资源配置缺乏效率或资源配置失当的情况。

第二节　市场失灵的原因

导致市场失灵的原因主要有垄断、外部性、公共物品和信息不对称等，下面我们对市场失灵的主要原因进行较具体的分析。

一、垄断与市场失灵

一般认为，只有在完全竞争市场上，企业的生产成本从长期来看才是最低的，市场机制才能实现资源的有效配置，资源得到充分利用，产量最大，价格最低，消费者获取最大满足。

但是，在现实生活中，完全竞争市场只是一种理论假设。大部分产品都处于不完全竞争市场，或完全垄断市场，或寡头垄断市场和垄断竞争市场。在这些不完全竞争市场上，生产者不再是完全的价格接受者，而是完全的或不完全的价格决定者，存在着各种各样的进入障碍，资源已不可能在部门之间自由流动。生产者生产的产量不是最大的产量，市场价格也不是最低的价格，长期来看成本也比完全竞争市场条件下的生产成本要高，消费者将不再可能获取最大满足。例如，在完全垄断市场上，企业按照边际成本等于边际收益的原则选择最优产量，并按照这一最优产量来制定销售价格，有时垄断企业还要对不同的买主实施价格歧视，即差别定价。这样垄断企业的产量就会低于社会的最优产量，而它所定的价格却会高于市场均衡价格，使消费者的剩余减少而生产者的剩余增加，社会福利受到损害。

因此，由于不完全竞争市场的广泛存在，市场机制就很难充分有效地发挥作用，资源就不可能实现最优配置。

二、外部性与市场失灵

所谓外部性或外部影响，是指某个人或某个企业的经济活动对其他人或其他企业造成了影响，但却没有为此付出代价或得到收益。这里所说的影响是指一种活动所产生的成本或利益未能通过市场价格反映出来，而是无意识强加于他人的。施加这种成本或利益的人并没有为此付出代价或得到收益。外部性可以分为外部经济与外部不经济两种。所谓外部经济就是某人或某企业的经济活动会给社会上其他成员带来好处，但该人或该企业却不能由此得到补偿。所谓外部不经济就是某人或某企业的经济活动会给社会上其他人带来损害,但该人或该企业却不必对这种损害进行补偿。根据经济活动的主体是生产者还是消费者,外部性可以分为生产的外部性和消费的外部性。

由于外部性或外部影响的存在,市场机制就不能有效地进行资源配置。对于产生外部经济的生产者来说,由于其私人收益小于社会收益(因为社会收益等于私人收益与外部收益之和,而外部收益却不能为生产者通过市场价格获得),因而缺乏生产积极性,其产出水平就会低于社会最优产出水平。而对于那些产生外部不经济的生产者来说,由于其边际私人成本低于边际社会成本(社会成本等于私人成本与外部成本之和),于是倾向于扩大生产,其产出水平就会大于社会最优产出水平。外部性可能导致资源配置失当。即使是在完全竞争条件下,由于存在外部性的影响,整个经济的资源配置也不可能达到帕累托最优状态。

可以通过图 13-1 说明外部不经济对资源配置效率的影响。

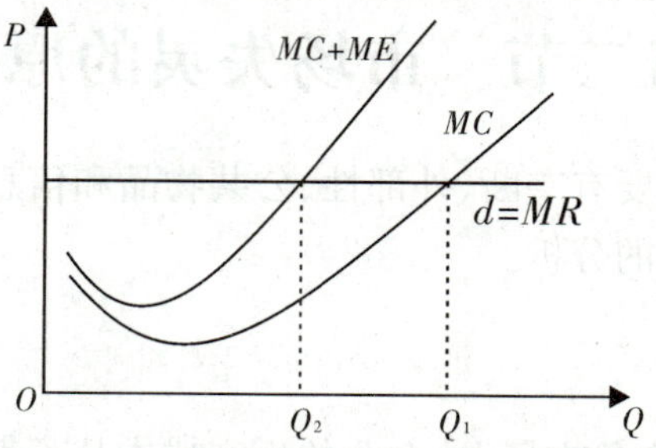

图 13-1 外部不经济导致的市场失灵

在图 13-1 中,水平直线 $d=MR$ 是某一竞争企业的需求曲线和边际收益曲线,MC 则为其私人边际成本曲线。由于存在着生产上的外部不经济(例如生产造成的污染),故社会的边际成本高于私人的边际成本,从而社会边际成本曲线位于私人边际成本曲线的左上方。假设私人边际成本为 MC,外部不经济的影响为 ME,所以社会边际成本为 $MC+ME$。竞争性企业按照利润最大化条件决定的均衡产量为 Q_1。而从社会角度看,社会利益最大的产量应该是社会边际收益等于社会边际成本时的产量 Q_2。这表明,生产的外部不经济造成产品供给过多,超过了帕累托最优所要求的产量水平。这就是资源的无效率配置。因此,对于产生外部影响的经济活动,市场机制就不能实现资源的有效配置。

三、公共物品与市场失灵

1. 公共物品的含义

公共物品是满足社会公共需要的物品。公共物品是和私人物品对应的。私人物品具有两个明显的特征:一是竞争性,二是排他性。所谓竞争性是指在其他条件不变的情况下,对于既定的可供消费的产品而言,增加一个人的消费就必然减少另一个人消费;所谓排他性是指私人物品在财产所有权上的独占性。某人合法地占有了某种商品,别人就不能同时占有它。私人物品可明确产权上的归属,而产权必然具有排他性。因此,可以说具有竞争性和排他性的商品就叫私人物品。

2. 公共物品的特点

(1)非竞争性。所谓非竞争性是指消费者对某一种公共物品的消费并不影响其他人对该公共物品的消费。为实现对公共物品的消费，消费者之间没必要展开竞争或争夺，即公共物品可以被许多人同时消费，它对某一人的供给并不会减少对其他人的供给；某人分享某公共物品的利益通常也不会减少其他人分享该公共物品的利益。例如，国防、道路、环境治理、电视广播等公共物品都有这种特点。

(2)非排他性。所谓非排他性是指公共物品可以由任何消费者进行消费，其中任何一个消费者都不会被排除在外。某些公共物品虽然存在技术上排他的可能性，但是排他的成本非常昂贵以致在经济上不可行。

上述公共物品的这些基本特征决定了在绝大多数的公共物品消费中必然经常出现“搭便车”现象。搭便车是指某个人不进行购买而消费某种物品。私人物品的消费具有竞争性和排他性，不购买就无法消费，所以不存在搭便车问题。公共物品由于非竞争性和非排他性的存在，导致公共物品无须购买就能消费，而且一个人的消费并不减少其他人的消费，所以就存在搭便车问题。之所以产生搭便车问题，是因为如果一个人支付多少费用对他能消费的物品量没有影响，那么就会刺激这个人不为这种物品付费。换言之，如果一个人不用购买就可以消费某种物品，他就不会购买。

3. 公共物品的分类

可以将公共物品分为两大类，即纯公共物品和准公共物品。纯公共物品是具有完全的非竞争性和完全的非排他性的物品，一般认为，国防、治安等都是最典型的纯粹公共物品。纯公共物品一般通过纳税间接购买而被动消费，消费时无法分割，只能由政府提供。

准公共物品是指具有有限的非竞争性和非排他性的物品。准公共物品具有一定程度的拥挤性，即准公共物品消费时消费者人数增加到一定程度时，会出现拥挤而产生消费的竞争。准公共物品可以部分间接购买，部分直接购买，消费时可以部分地分割，政府和私人皆可以提供，准公共物品很多，典型的如教育、医疗卫生、收费公路等。

4. 公共物品和市场失灵

与私人物品不同，公共物品在消费上不具有排他性，因此决定了公共物品的市场需求曲线的形成不同于私人物品的市场需求曲线。

对一个特定的消费者而言，对于某一特定的价格，消费者选择使自身效用最大的公共物品的需求量。但是，由于公共物品是所有消费者同时消费同一数量的商品，因而公共物品的市场需求曲线并不是所有消费者沿需求量方向横向相加，而是在既定的数量下所有消费者愿意支付的价格才是该数量下的需求价格。换言之，公共物品的市场需求曲线是所有消费者需求曲线沿纵向相加得到的。

从图 13－2(a)可以看到，私人物品的市场需求曲线是个人需求曲线在水平方向，即数量上的求和，这表明私人物品在一定价格下的市场需求是该价格下每个消费者需求数量的总和。从图 13－2(b)可以看到，公共物品的市场需求曲线是个人需求曲线在纵向，即价格上的求和，这表明市场为一定数量的公共物品支付的货币量是市场上每个消费者为这些公共物品支付的货币量之和。

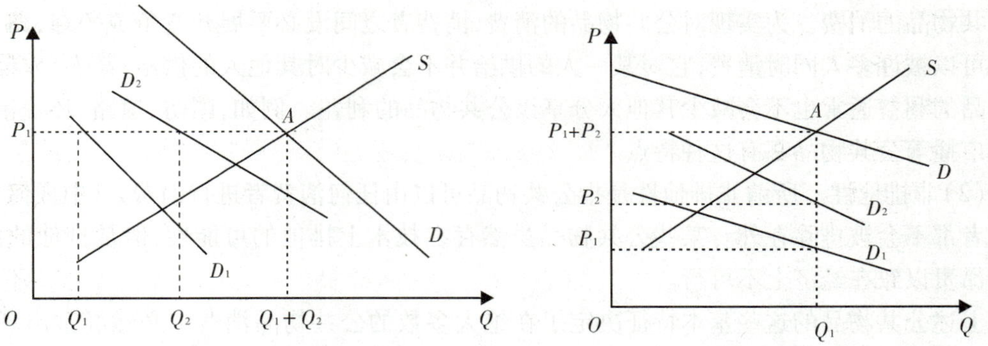

（a）私人物品需求曲线　　（b）公共物品需求曲线

图 13－2　私人物品和公共物品的市场需求曲线

如果有了公共物品的市场需求曲线和市场供给曲线，就可以决定公共物品的最优供给量。如图 13－2（b）所示，D 表示公共物品的市场需求曲线，S 表示公共物品的供给曲线。与私人物品一样，公共物品的最优供给量也由该物品的需求与供给所决定。从供给的角度来看，生产公共物品与生产私人物品并没有任何区别，因而公共物品的供给曲线也是由生产这种公共物品的厂商的边际成本曲线横向加总得到。于是，D 与 S 的交点决定公共物品的均衡供给量为 Q_1。实际上，Q_1 也代表着公共物品的最优数量。因为当公共物品的数量为 Q_1 时，根据供给曲线，公共物品的边际成本为 P_1+P_2；而根据需求曲线，消费者在消费量为 Q_1 时的边际利益分别为 P_1 和 P_2，因此总的社会边际利益为 P_1+P_2。边际利益等于边际成本，公共物品的数量达到最优。

但是应当看到，图 13－2（b）中的公共物品的最优数量并没有什么实际意义。因为消费者并不清楚自己对公共物品的需求价格，更不可能准确说明他对公共物品的需求与价格之间的关系。并且，由于公共物品存在非竞争性和非排他性，消费者更愿意搭便车，低报或者隐瞒自己对公共物品的偏好，所以无法知道每个消费者的需求曲线，消费者表明的需求曲线一般低于其实际水平。因此，无法加总消费者的需求曲线，也不能求得公共物品的最优数量。

当然，对于那些准公共物品来说，例如教育、医疗服务等，市场机制可以发挥一定作用，因为准公共物品或者具有消费的竞争性但无排他性，或者具有消费的排他性却无竞争性。公共物品领域，应当而且能够实行市场机制来引导资源的配置。例如，通过收取适当水平的学费来为非义务教育提供一定的经费投入，通过适当的收费来维持医院系统的健康运行。

四、信息不对称与市场失灵

1. 信息不对称的定义

完全竞争的市场中，作为经济活动参与者的生产者和消费者对影响其选择的相关经济变量都拥有充分的并且是完全相同的信息。但现实经济中，往往存在这样一种情况：在某项经济活动中，某一参与者比对方拥有更多的影响其决策的信息，这就是信息不对称现象。例如，医疗保险市场的投保人对自己的健康状况比保险公司拥有更多信息，因此医疗保险的买方（投保人）与保险公司之间就出现信息不对称；劳动力市场的求职者对自己的能力比雇主拥有更多信息,因此劳动力市场上供求双方之间也会出现信息不对称。信息不对称的存在必然影响经济活动参与者对真实的供给曲线和需求曲线的了解,从而影响资源的有效配置。

2. 信息不对称对资源配置效率的影响

在论证完全竞争的市场能够实现资源帕累托最优配置时,我们假定信息是完全的,这意味着不存在上述信息不对称问题。因此,当现实经济中出现信息不对称时,市场机制实现资源帕累托最优配置的功能必然受到影响,进而导致市场失灵。信息不对称的具体表现形式多种多样。旧车市场、保险市场、劳动力市场等都会出现信息不对称的情况。但这些不同的表现形式可以归结为两大类:逆向选择和道德风险。

下面分别以旧车(二手车)市场和保险市场为例,说明在这两类信息不对称情形下,市场失灵是如何发生的。

(1)旧车市场与逆向选择

在旧车市场,如果卖方和买方都对旧车具有充分的、相同的信息,那么,在完全竞争的条件下,买方必然愿意对质量高的旧车支付较高的价格,对质量低的旧车支付较低的价格,卖方也能够以较高的价格出售质量高的旧车,以较低的价格出售质量低的旧车,于是,旧车市场在完全竞争机制的作用下实现帕累托最优配置。但现实情况通常是,卖方对自己的旧车具有充分的信息:他完全了解自己旧车的质量好不好,有什么缺陷。但买方对卖方的旧车则很难获得充分的信息:他不能完全了解旧车的质量和缺陷。在这种情况下,买方只能按照平均质量支付旧车价格,这个价格就是“较高价格”与“较低价格”的平均价格。于是,市场状况发生变化:拥有高质量旧车的卖方不愿意按平均价格出售自己的旧车,而拥有低质量旧车的卖方则迫切地愿意按平均价格出售自己的旧车,这样做的结果是:旧车市场只剩下低质量的旧车,低质量旧车把高质量旧车驱逐出市场。并且,随着市场上旧车质量的整体下降,买方会进一步降低自己愿意支付的价格,而且降低自己购买旧车的数量,这会导致市场上旧车质量进一步下降,对旧车的需求也会下降,此时,旧车的需求曲线反常地向左下方弯曲,即价格越低需求量越少。最终结果可能是:只有少量低质量旧车可供出售,甚至没有任何旧车可以出售,以致旧车市场萎缩甚至彻底消失。与此同时,大量希望出售旧车和希望购买旧车的人同时存在,但他们却无法实现交易。这时的资源配置显然不是帕累托最优的。这就是信息不对称导致旧车市场失灵的过程。

上述旧车市场的例子表明,由于卖方和买方之间信息不对称,市场机制会导致某些商品或服务的需求曲线向左下方弯曲,最终结果是劣质商品或服务驱逐优质商品或服务,以致市场萎缩甚至消失,这就是逆向选择。逆向选择不仅存在于旧货市场,而且存在于一切可能出现信息不对称的商品或服务市场,例如在健康保险市场、劳动力市场等都会出现逆向选择问题。

(2)保险市场与道德风险

在保险市场上,信息不对称不仅会因上述逆向选择问题导致市场失灵,还会因为另一种机制导致市场失灵。例如,当一个人购买了健康保险后,他很可能就不再像此前那样注意自己的生活方式、维护自己的身体健康,于是他发生健康问题的概率就会上升;当很多人都这样做的时候,保险公司就不得不提高保险费甚至拒绝出售保险,否则就会亏损;但提高保险费会使一部分购买意愿较低的投保者退出。这时市场机制形成的保险服务数量就会偏离帕累托最优水平:如果信息是充分的、完全的,保险公司就没有必要统一制定较高的保险费,而只需要针对具有不良生活方式的投保者收取较高保险费,对其他投保者仍然收取较低保险费,这样就会有更多的投保者购买保险并获得相应的效用满足,保险公司也可以获得更多的利润,这显然是一种帕累托改进。

上述例子中,由于信息不对称,市场的一方不能观察到另一方的行动,则另一方就可能采取不利于对方的行动,这就是道德风险问题。道德风险不仅存在于保险市场,而且存在于一切可能出现信息不对称的商品或服务市场,如劳动力市场等。

五、市场功能缺陷

市场功能对于经济的调节基本上是有效的,平衡的,但也存在一些缺陷:

(1)分配差距扩大难以避免。

(2)市场调节具有自发性和滞后性,使经济容易大起大落。

(3 价格作为一种短期信号使经济行为短期化。

第三节 政府对市场的干预

为了克服市场失灵,弥补市场机制的缺陷或不足,优化资源配置,政府需要对市场进行干预和调控,用“看得见的手”来弥补“看不见的手”。政府应对某些微观经济活动进行干预,主要有以下几个方面:

(1)为了限制和消除垄断,保护和促进竞争,提高资源配置的效率,政府可以通过法律手段来限制垄断和反对不正当竞争。这是西方国家早已采用的手段。我国也制定了《反不正当竞争法》和《反垄断法》等法律法规。政府对垄断进行干预的另一种手段是对垄断行业进行公共管制,主要是对垄断行业的产品或服务的价格进行管制,可以规定限价,或者规定利润率。

(2)消除外部性的传统方法,包括使用税收和补贴、将相关企业合并从而使外部性内部化等手段。首先,政府可以使用税收的手段对那些产生外部不经济的企业,例如对产生严重污染的企业征收适度的赋税即排污税或排污费,这种税的数额应等于治理污染的费用。这样就会使企业的私人成本等于社会成本,企业的生产成本和产品的价格就会相应提高,这不仅会使市场对这些企业的产品的需求得到抑制,而且也会使企业的生产收缩,从而最终引导资源转移到其他用途上或效率高的企业中去,使资源得到更为有效的利用。而对于那些具有外部经济的企业,政府应给予财政补贴,使其私人收益等于社会收益。这样,就可以鼓励企业增加产量,以实现资源的优化配置。其次,政府也可以通过合并相关企业的方法使外部性得以“内部化”。例如,A 企业是产生外部不经济的企业,而 B 企业则是其受害者,或者 A 企业是产生外部经济的企业,而 B 企业是免费受益者,在上述两种情况下,如果把 A、B 两个企业合并,外部不经济或外部经济都会因此而消失。

随着产权理论的出现和发展,明确和界定产权已经成为消除外部性的重要途径。按照美国经济学家科斯的产权理论,很多外部性的产生都是由于产权不清晰导致的。例如,造纸厂无偿地向河流中排放废水,对下游的养鱼场造成损失。应当由造纸厂赔偿养鱼场,还是应当让养鱼场补偿造纸厂使其减少污染?要视河流产权而定。如果把河流的产权清晰地界定给其中任意一方,并允许造纸厂与养鱼场之间进行自由的谈判,而且这种交易本身不发生额外的费用,则养鱼场和造纸厂可以就河水污染损失达成一个最佳解决方案,而不需要额外的费用。这就是说,如果产权即受益权或受损权以及一方给予另一方的补偿权是明晰的,外部性就可能不会发生。关于科斯定理,通常的说法是:只要财产权是明确的,并且交易成本为零或者很小,那么,无论在开始时将财产权赋予谁,市场均衡的最终结果都是有效率的,实现资源配置的帕累托最优。进一步看,还可以认为,一旦考虑到交易成本,产权的初始界定对于经济运行的效率就会产生十分重要的作用。从而可以引申出一个重要结论:不同的产权制度,会导致不同的资源配置效率。

当然,在现实世界中,科斯定理所要求的前提往往是不存在的,财产产权常常不清晰,交易成本也不可能为零,有时甚至是比较大的。因此,依靠市场机制矫正外部性是有一定困难的。

但是,科斯定理毕竟提供了一种通过市场机制解决外部性问题的新的思路和方法。在这种理论的影响下,美国和其他一些国家先后实行了污染物排放权或排放指标的市场交易活动。

(3)为了提供适当水平的公共物品,政府承担了主要提供者的职责,例如国防、治安、消防和公共卫生。

(4)为了解决因信息不对称所造成的市场失灵,政府对许多商品的说明、质量标准和广告都做出了具体的法律规定。政府还通过各种方式为消费者提供信息服务。

政府通过制定正确的微观经济政策在很大程度上能够消除市场失灵对经济运行的影响,从而提高资源的配置效率。但是,如果政府不能有效地承担或有效地履行这一责任,那么在存在市场失灵的同时,还会出现“政府失灵”,也会导致资源配置无效。

第十四章　社会主义市场经济的宏观调控

知识框架

- 社会主义市场经济的宏观调控
  - 宏观调控的必要性
    - 政府的经济职能
    - 宏观调控的必要性
  - 宏观调控目标
    - 宏观调控的目标
    - 选择宏观经济调控目标的原则
  - 宏观调控手段与方式
    - 调控方式
    - 调控手段
  - 宏观调控政策
    - 财政政策
    - 货币政策
    - 财政政策与货币政策的相机组合与局限性
    - 汇率政策
    - 产业政策
  - 中央银行
    - 中央银行制度
    - 中央银行的职责和业务活动特征
    - 中央银行的主要业务
    - 中央银行资产负债表
    - 中国人民银行采用的利率工具
  - 货币供求与货币平衡
    - 货币需求与货币需求量
    - 货币需求理论
    - 货币供给与货币供应量
    - 货币供给机制
    - 货币均衡与失衡
    - 货币均衡水平决定

第一节　宏观调控的必要性

一、政府的经济职能

政府职能是指国家行政机关根据社会环境和社会发展的需要，依法对国家政治经济和社会事务进行管理时应承担的职责和功能。简言之，政府职能就是政府管理国家事务的职责和功能。政府的基本职能包括政治职能、经济职能、文化职能和社会管理职能。

我国政府的经济职能具体包括宏观调控、提供公共产品、国有资产管理和微观管制。由于公共产品具有非排他性和非竞争性，因此由政府来提供最有效率；政府管理国有资产是宪法赋予政府的职责；微观管制是政府的一项新职能，对于独立的微观经济主体（企业或个人），政府不能采取传统的行政命令方式，而应依法对其行为进行管制。

管制，又称规制、监管，是政府依据法律法规对微观经济主体进行的干预行为。它不同于宏观调控，宏观调控对微观经济主体的行为进行间接干预，它改变的是微观经济主体的决策参数，而微观管制是直接改变微观主体的行为。

管制也不同于一般的行政管理，行政管理发生在政府部门内部，其对象是政府部门的下属单位，而管制的对象则是独立的市场主体（企业或个人）；从主体与客体之间的关系来看，行政管理是政府部门与政府部门的关系，而管制实际上是政府与市场主体之间的关系，主体与客体之间是完全独立的；从手段上看，行政管理主要依靠行政命令直接控制下属单位，而管制主要依靠法律法规来规范和约束经济上、法律上独立的市场主体。

二、宏观调控的必要性

宏观调控是指为达到宏观经济调控目标，采用适当的调节方式和手段，采取有效的经济政策，使社会经济协调有序运行的过程。

宏观调控的必要性体现在两个方面。

1. 宏观调控是社会化大生产的必然要求

社会化大生产要求国民经济各部门必须保持一定的比例，但按比例发展并非市场机制能够解决，只有靠政府来解决。

2. 弥补市场缺陷

市场缺陷包括盲目性、滞后性、外部性、分配不公平性等问题。市场竞争的盲目性会导致资源的浪费；市场调节的滞后性降低了通过市场配置资源的效率；市场经济的逐利性使得市场行为会出现外部性的问题，正的外部性会导致有效供给不足，负的外部性会导致社会成本加大，使资源的配置不当；市场竞争的起点是公平的，但结果是不公平的，形成“马太效应”，强者更强，弱者更弱。市场的这些缺陷需要政府来弥补。

第二节　宏观调控目标

宏观调控的基本目标是实现总量平衡（总供给与总需求的平衡）。

一、宏观调控的目标

(1)适度增长。适度增长是指一国在一个特定时期内经济社会所生产的人均产量和人均收入的持续增长。经济增长并不是越快越好,而是要根据本国的经济增长条件和可能,实现持续增长。

(2)物价稳定。价格稳定是指价格总水平的基本稳定,通常用价格指数来表示一般价格水平的变化。一般情况下物价增长率在3%以下是正常的。

(3)充分就业。充分就业是指不存在非自愿失业的一种状态。

(4)结构合理。结构合理是指国民经济各组成部分之间的比例和关系协调的状态。由于市场竞争的不完全性,经济结构会经常出现不协调和不平衡性问题,影响经济效益,因而保持结构合理应该成为宏观调控的主要目标。

(5)国际收支平衡。国际收支平衡是指一国在一定时期(通常为一年)内与其他国家之间由于政治、经济、文化往来所引起的全部货币收支达到平衡的状态。国际收支包括经常项目、资本项目和平衡项目,三个项目的收支保持平衡即为国际收支平衡。

上述宏观调控的五大目标之间既统一又有矛盾。从长期来看,这些目标是统一的、相辅相成的,统一性表现在:充分就业会促进经济增长,价格稳定是经济增长的根本,国际收支平衡又有利于物价的稳定、充分就业和经济增长。但从短期来看,又存在着矛盾,矛盾性表现在:经济快速增长有利于充分就业,但不利于物价稳定,会出现通货膨胀,同时导致大量商品进口而形成国际收支不平衡;当经济增长速度趋缓时,在价格稳定的同时又会使失业率提高;保持结构合理可能会牺牲经济增长速度,从而影响就业。因此,如何将这些目标组合起来,是政府的一大难题。

二、选择宏观经济调控目标的原则

(1)发展战略导向原则。宏观调控目标的选择要服从于经济发展战略,把短期的政策性调节同经济的中长期发展有机结合起来,使短期政策效应有利于而不是有损于经济的长期发展。

(2)综合考虑原则。由于宏观调控目标之间存在的互补性和矛盾性,因此在制定目标时,不能只追求单一目标,而应综合考虑。

(3)适度原则。过高的经济增长目标可能会导致经济过热并引发通货膨胀,而过低的增长目标又可能导致通货紧缩和失业增加。因此,在制定目标时,要遵循适度原则,以免对经济运行形成较大冲击和引起社会震荡。

(4)政策的相互配合原则。为实现宏观调控目标,在经济政策的运用上,既要掌握好财政政策和货币政策的松紧力度,又要注意政策的相互配合,同时要把握好实施政策的时机,以增强政策的有效性。

(5)国情原则。一定时期的宏观经济调控目标,应该与中国的基本经济制度、发展阶段、运行模式和其他的基本国情,以及该时期需着力完成的根本任务、需解决的主要困难和问题等相适应,而不能照搬别国的模式。

第三节　宏观调控手段与方式

宏观调控目标是通过一定的调控方式和调控手段来实现的。

一、调控方式

一国政府对宏观经济的调控方式，主要是由一国的经济体制所决定的。宏观调控方式包括直接调控和间接调控两种。

1. 直接调控

在计划经济体制下，政府的宏观调控采取行政直接调控的方式，即政府运用行政手段编制和实施全面的计划，直接配置经济资源，直接干预微观经济的运行，以达到某种宏观调控目标。但实践证明，由于这种宏观调控方式排斥市场机制的作用，因此这种方式效率低、效果差，还会阻碍经济增长和经济发展。

2. 间接调控

市场经济体制下，政府的宏观调控方式是间接调控，即政府综合运用多种手段调控市场，通过市场来影响和引导微观经济主体，从而实现某种宏观调控目标。间接调控的核心是国家调节市场，市场引导企业。

直接调控和间接调控的区别在于：直接调控是政府与企业之间是行政隶属关系，政府通过计划来实现调控目标，而间接调控是政府与企业之间通过市场来连接，政府通过市场来实现调控目标。

二、调控手段

1. 计划手段

通过制定国民经济发展计划或规划，对国民经济的运行和发展做出安排，为宏观调控提出目标和方向。

2. 经济手段

借助经济杠杆（价格、税收、信贷、工资等）来调节。经济手段包括财政政策、货币政策、工资政策、价格政策、汇率政策、产业政策等。

3. 行政手段

通过行政命令、规定、指示和下达指令性计划等来调节。行政手段的特点是强制性、直接性、实效性、纵向性。

4. 法律手段

通过立法和司法等形式对社会经济生活进行指导、监督、调节和控制。

第四节　宏观调控政策

宏观调控政策是政府为达到一定的宏观调控目标而制定的方针、原则和行为准则。宏观调控政策是一个政策体系，包括利率政策、财政政策、货币政策、工资政策、价格政策、汇率政策、产业政策、外贸政策等。从国内来看，最基本的是财政政策、货币政策和产业政策，前两者主要是调节总需求，后者主要是调节总供给。

一、财政政策

1. 财政政策的含义

财政政策，是一国政府为实现预期的经济社会发展目标，对财政收支关系进行调整的指导原则和措施。财政政策是国家经济政策的重要组成部分，制定和实施财政政策的过程也是国家进行宏观调控的过程。财政政策贯穿于财政工作的全过程，体现在财政收支、政府预算等各个方面。财政政策由预算政策、税收政策、支出政策、国债政策等组成。

2. 财政政策的功能

(1)导向功能。财政政策通过财政分配和管理活动，调整人们的物质利益，进而调节企业和个人的经济行为，引导国民经济运行。一方面，财政政策配合国民经济总体政策和各部门、各行业的政策，提出明确的调控目标。例如，在经济增长低迷、通货紧缩时期，为配合实现宏观经济政策的经济增长目标，财政政策要以支持经济增长回升为目标。另一方面，财政政策不仅要规定应该做什么、不应该做什么，还要通过利益机制引导和调整人们的经济行为。例如，政府为扩大社会投资规模，要通过加速折旧、补贴、贴息、税收优惠等方式，激励私人投资。

(2)协调功能。财政政策的协调功能主要体现在对社会经济发展过程中，在地区之间、行业之间、部门之间等出现的某些失衡状况进行调节和制约。一方面，在国民收入分配过程中，通过财政收支改变社会成员在国民收入中的占有份额，调整社会分配关系。例如，通过财政转移支付协调各地区间政府提供基本公共服务均等化的能力；通过提高个人所得税免征额标准，调节个人之间的收入水平。另一方面，在财政政策工具体系中，预算、税收、债务、投资等政策工具相互配合，补充运用，能够有效发挥财政政策的协调功能。

(3)控制功能。财政政策控制功能是指政府通过财政政策调节企业和居民等市场经济主体的经济行为，实现对经济社会的有效控制。例如，对一些高档奢侈消费品和资源性消费品征收消费税，可以达到引导消费方向、控制资源浪费和保护生态环境的目的。

(4)稳定功能。财政政策的稳定功能是指政府通过财政政策，调整社会总需求和总供给，实现总供需的总量平衡和结构平衡，进而实现国民经济的又好又快发展。例如，在经济过热、存在通货膨胀时，政府要通过减少财政支出、增加税收等，控制总需求，抑制通货膨胀；在经济萧条、存在通货紧缩时，政府要通过增加财政支出、减少税收等，扩大总需求，拉动经济增长。

3. 财政政策的目标

财政政策目标，是政府制定和实施财政政策要达到的预期目的。财政政策通过调节社会总需求与总供给，优化社会资源配置，实现促进充分就业、物价基本稳定、国际收支平衡和经济稳定增长的目标。

(1)促进充分就业

充分就业是衡量资源充分利用的一个指标，它表明生产要素的投入情况，通常用失业率表示。充分就业是各国政府普遍重视的问题。失业率高，表明社会经济资源的大量闲置和浪费，社会生产规模下降，还会引发一系列社会问题，造成社会动荡。因此，控制失业率是财政政策的主要目标之一。我国正处于经济转型期，加快经济结构调整和深化经济体制改革在今后一个时期不可避免地会增加就业压力；加上庞大的人口基数和每年大量新增就业劳动力，使我国促进充分就业目标的重要性更为突出。

(2)物价基本稳定

物价基本稳定是各国政府努力追求的目标之一。经济发展速度的加快往往伴随着整体物价水平的上升，但过高的通货膨胀会引起社会收入和国民财富的再分配，扰乱价格体系，扭曲资源配置，使正常的分配秩序和经济秩序出现混乱；相反，严重的通货紧缩也会给社会和经济发展带来消极影响，使资源无法充分有效利用，造成生产能力和资源闲置浪费，失业人数增加，生活水平下降。

(3)国际收支平衡

国际收支平衡是指经常项目收支、资本项目流入流出的差额之和为零，它是国际贸易(包括商品和劳务)和国际资本的综合平衡。其中，经常项目亦称贸易项目，是指一国的商品和劳务的进口和出口；资本项目是指一国资本的流入和流出。经常项目平衡亦称贸易平衡，是指商品和劳务的进口等于出口；出口大于进口，经常项目有盈余，亦称国际贸易有顺差；出口小于进口，经常项目有赤字，亦称国际贸易有逆差。资本项目平衡是指资本流入等于资本流出；资本流入大于资本流出，资本项目有盈余；资本流入小于资本流出，资本项目有赤字。国际收支是现代开放经济的重要组成部分。一国国际收支状况不仅反映该国对外交往情况，还反映该国的经济稳定程度。一国国际收支出现逆差，表明国际贸易流动的净结果使其他国家对该国储备的索取权增加，从而削弱了该国的储备地位。如果一国国际收支长期不平衡，将使该国外汇储备不断减少，外债负担逐步增加，严重削弱其在国际金融体系中的地位，并导致该国国民收入增长率下降。随着经济全球化发展，国家之间经济发展的相互依赖性不断提高，各国政府越来越重视本国的国际收支平衡，将其作为财政政策目标之一。

(4)经济稳定增长

经济稳定增长是指一个国家或地区在一定时期内的经济发展速度和水平保持稳定。实现经济稳定增长，是一个国家生存和发展的条件，因而是国家宏观经济政策的重要目标，也是财政政策的重要目标。经济稳定增长决定于两个源泉：①生产要素的增长；②生产要素的技术进步程度。因此，经济稳定增长就是财力、物力和人力等社会资源能够支持的经济的可持续增长。要防止出现过分人为刺激的经济增长，因为这将引发如环境污染加重、能源紧张、通货膨胀严重等一系列经济社会问题。财政政策要通过引导劳动、资本、技术等各项生产要素的合理配置，实现经济持续稳定的增长。

4. 财政政策工具

财政政策工具，是指用以达到财政政策目标的各种财政手段，主要有预算、税收、公债、公共支出、政府投资和财政补贴等。

(1)预算政策

预算调节经济的作用主要表现在财政收支的规模及其差额上。当社会总供给大于总需求时,政府预算一般采取扩大支出规模、保持一定赤字规模的做法扩大社会总需求;当社会总供给小于总需求时,政府预算一般采取缩小支出规模、保持预算盈余,抑制社会总需求;当社会总供给与总需求基本平衡即经济稳定发展时,政府一般实行中性的预算平衡政策,保持预算收支规模的基本平衡。

(2)税收政策

首先,税收是政府凭借政治权力参与社会产品分配的方式,是保持经济稳定运行的重要手段。在经济繁荣时期,政府通过提高税率、减少税收优惠等途径增加税收,减少企业和个人可支配收入,抑制企业和个人的投资需求和消费需求,降低社会总需求,使过快或过热的经济增长平稳回落或降温;相反,在经济萧条时期,政府通过降低税率、实行更多税收优惠等途径减少税收,增加企业和个人可支配收入,鼓励企业和个人的投资需求和消费需求,增加社会总需求,促进经济增长。其次,税收是政府公平收入分配的重要手段。例如,通过调整个人所得税超额累进税率的起征点和免征额等途径,可以达到减少高收入者可支配收入的效果,实现收入公平分配的目标。

(3)公债政策

在现代市场经济中,公债是政府实施宏观调控的重要政策工具。首先,通过调整公债的流动性程度,改变社会经济资源的流动状况,可以对经济运行产生扩张性或者紧缩性的影响。公债期限不同,流动性相差较大,期限越短,流动性越高,变现能力越强;期限越长,流动性越低,变现能力越弱。因此,在公债发行中通过期限种类的不同设计和调换公债长短期限等办法,可以对经济运行产生扩张性或者紧缩性的影响。其次,通过调整国债发行利率水平影响金融市场利率的变化,可以对经济运行产生扩张性或者紧缩性的影响。

(4)公共支出政策

公共支出是指政府用于满足纯公共需要的一般性支出,主要包括狭义的购买性支出和转移性支出两大部分。其中,狭义的购买性支出是指政府进行日常行政事务活动所需要的商品和劳务支出,即政府的消费性支出。转移性支出是指直接表现为财政资金无偿、单方面转移的支出,包括政府补助支出、捐赠支出和债务利息支出。

(5)政府投资政策

政府投资是指财政用于资本项目的建设性支出,它最终将形成各种类型的固定资产。在市场经济条件下,政府投资是政府实施宏观调控,克服某些领域市场失灵问题的必要和重要的手段。首先,通过调整政府投资规模,可以影响社会总需求和未来社会总供给,从而影响社会供求总量。其次,通过调整政府投资方向,可以对经济结构发挥重要调节作用,促进资源合理配置和产业结构优化。例如,当经济处于过热时期,政府可通过降低投资支出水平,抑制社会总需求,使经济降温、平稳回落;当经济处于萧条时期,政府可通过提高投资支出水平,扩大社会总需求,缓解或者逐步消除经济衰退;当社会总供求基本平衡,但总供求结构存在问题时,政府投资可以通过采取有保有压的政策,减少对过热行业的投资,增加对薄弱环节的投资,使社会总供求在结构上保持协调。

(6)补贴政策

首先,财政补贴政策是保持经济稳定运行的重要手段之一。例如,当经济处于过热时期,政府通过减少财政补贴支出使企业和个人的可支配收入减少,抑制企业和个人的投资需求和消费需求,进而减少社会总需求,实现经济平稳回落;当经济处于萧条时期,政府可通过增加财政补贴支出使企业和个人的可支配收入增加,鼓励企业和个人扩大投资需求和消费需求,进而增加社会总需求,拉动经济增长。其次,财政补贴还是政府公平收入分配的重要手段。一般地讲,享受政府财政补贴的对象大都是低收入群体。通过增加财政补贴,可以提高低收入人群体的可支配收入水平,促进社会公平分配。

5.财政政策类型

(1)自动稳定的财政政策和相机抉择的财政政策

将财政政策分为自动稳定的财政政策和相机抉择的财政政策,是根据财政政策调节经济周期的作用划分的。

自动稳定的财政政策,是指财政制度本身存在一种内在的、不需要政府采取其他干预行为就可以随着经济社会的发展自动调节经济的机制。这种机制也被称为财政"自动稳定器",主要表现在两方面:①累进所得税(包括个人所得税和企业所得税)的自动稳定作用。在经济萧条时期,个人收入和企业利润降低,符合纳税条件的个人和企业数量减少,因而税基相对缩小,适用的累进税率相对下降,税收会自动减少;因税收的减少幅度大于个人收入和企业利润的下降幅度,税收便会产生一种推力,防止个人消费和企业投资的过度下降,从而起到反经济衰退的作用。在经济过热时期,其作用机制正好相反。②政府福利支出的自动稳定作用。经济出现衰退时,符合领取失业救济和各种福利标准的人数将增加,失业救济和各种福利支出将趋于自动增加,从而有利于抑制消费支出的持续下降,防止经济的进一步衰退。在经济繁荣时期,其作用机制正好相反。

相机抉择的财政政策,是指政府根据一定时期的经济社会状况,主动灵活地选择不同类型的反经济周期的财政政策工具,干预经济运行,实现财政政策目标。在20世纪30年代的世界经济危机中,美国实施的罗斯福－霍普金斯计划(1929—1933年)、日本实施的时局匡救政策(1932年)等,都是相机抉择财政政策选择的范例。相机抉择财政政策具体包括汲水政策和补偿政策。汲水政策是指在经济萧条时期进行公共投资,以增加社会有效需求,使经济恢复活力的政策。汲水政策具有四个特点:①它以市场经济所具有的自发机制为前提,是一种诱导经济复苏的政策;②它以扩大公共投资规模为手段,启动和活跃社会投资;③财政投资规模具有有限性,即只要社会投资恢复活力、经济实现自主增长,政府就不再投资或缩小投资规模;④如果经济萧条的状况不再存在,这种政策就不再实行,因而它是一种短期财政政策。补偿政策是指政府有意识地从当时经济状态的反方向上调节经济变动的财政政策,以实现稳定经济波动的目的。在经济萧条时期,为缓解通货紧缩影响,政府通过增加财政支出、减少财政收入等政策来增加投资和消费需求,增加社会有效需求,刺激经济增长;相反,在经济繁荣时期,为抑制通货膨胀,政府通过增加财政收入、减少财政支出等政策来抑制和减少社会过剩需求,稳定经济波动。

(2)扩张性财政政策、紧缩性财政政策和中性财政政策

将财政政策分为扩张性财政政策、紧缩性财政政策和中性财政政策,是根据财政政策在调节国民经济总量和结构中的不同功能来划分的。

扩张性财政政策,是指通过财政收支活动增加和刺激社会总需求的政策,在社会总需求不足情况下,政府通常采取扩张性财政政策,通过减税、增加支出等手段扩大社会需求,提高社会总需求水平,缩小社会总需求与社会总供给之间的差距,最终实现社会总供需的平衡。

紧缩性财政政策,是指通过财政收支活动来减小和抑制社会总需求的政策。在社会总需求大于社会总供给情况下,政府通常采取紧缩性的财政政策,通过增加税收、减少财政支出等手段,减少或者抑制社会总需求,达到降低社会总需求水平,最终实现社会总供需的平衡。

中性财政政策,亦称均衡性财政政策,是指在经济稳定增长时期,政府通过实施财政收支基本平衡或者动态平衡的财政政策,既不产生扩张效应,也不产生紧缩效应,以保持经济的持续稳定发展。

需要说明的是,根据国家宏观调控的目标要求,财政政策需要与货币政策协调配合,才能充分发挥财政政策的功能作用,实现国家宏观调控的目标。财政政策与货币政策的协调配合主要有三种类型:"双松"搭配类型,是指扩张性财政政策与扩张性货币政策的组合,这种政策组合可以刺激经济增长,扩大就业,但也会带来通货膨胀的风险。"双紧"搭配类型,是指紧缩性财政政策与紧缩性货币政策的组合,这种政策组合可以有效抑制需求膨胀与通货膨胀,但也可能会带来经济停滞。"松紧"搭配类型,具体包括两种情况:①紧的财政政策和松的货币政策组合,这种政策组合在控制通货膨胀的同时,可以保持适度的经济增长,但货币政策过松,也难以制止通货膨胀;②松的财政政策和紧的货币政策,这种政策组合可以在保持经济适度增长的同时尽可能地避免通货膨胀,但长期使用这种政策组合,会积累大量财政赤字。

一般而言,如果社会总需求明显大于社会总供给,则应该采取"紧"的政策措施,以抑制社会总需求的增长;如果社会总需求明显小于社会总供给,则应该采取"松"的政策措施,以扩大社会总需求。

6. 财政政策乘数与时滞

(1)财政政策乘数

财政政策乘数,是用来研究财政收支变化对国民收入的影响。财政政策乘数具体包括税收乘数、政府购买支出乘数和平衡预算乘数。

①税收乘数。税收乘数是指国民收入变动与引起这种变动的税收变动的比率。即:

$$税收乘数\ K_T = 国民收入变动率\ \Delta Y / 税收变动率\ \Delta T = -b/(1-b)$$

其中,b 代表边际消费倾向,下同。

税收乘数表明税收的变动(包括税率、税收收入的变动)对国民收入变动的影响程度。其特点和作用是:

A. 由于税收增加会减少社会总需求,进而减少国民收入,所以,税收乘数 K_T 为负数。税收乘数是负值,说明税收增减与国民收入增减呈反方向变动。

B. 政府增税时,国民收入减少,减少量为税收增量的 $b/(1-b)$ 倍。如果边际消费倾向 b

为0.8,则税收乘数为 -4。这说明,如果政府采取减税政策,虽然会减少财政收入,但将会成倍地刺激社会有效需求,从而有利于国民经济的增长。

②政府购买支出乘数。政府购买支出乘数是指国民收入变动与引起这种变动的政府购买支出变动的比率。即:

$$\text{政府购买支出乘数 } K_G = \text{国民收入变动率 } \Delta Y / \text{政府购买支出变动率 } \Delta G = 1/(1-b)$$

政府购买支出乘数表明购买性支出变动对国民收入变动的影响程度。其特点和作用是:

A. 政府购买支出是社会总需求的一部分,政府购买支出增加会引起国民收入增加,所以,政府购买支出乘数 K_G 为正数。这说明购买支出增减与国民收入增减呈同方向变动。

B. 政府增加购买性支出时,国民收入增加,增加量为支出增量的 $1/(1-b)$ 倍。如果边际消费倾向 b 为0.8,则政府购买性支出乘数为5。

C. 同税收乘数比较,购买性支出乘数大于税收乘数。这说明增加财政支出政策对经济增长的作用大于减税政策。

③平衡预算乘数。平衡预算乘数是指政府收入和支出同时以相等数量增加或减少时,即政府在增加(或减少)税收的同时,等量增加(或减少)购买性支出,维持财政收支平衡,对国民收入变动的影响程度。即:

$$\begin{aligned}\text{平衡预算乘数 } K_b &= \text{国民收入变动率/政府购买支出变动率(或者税收变动率)}\\ &= \Delta Y/\Delta G(\Delta T) = (1-b)/(1-b) = 1\end{aligned}$$

平衡预算乘数表明,即使增加税收会减少国民收入,但如果同时等额增加政府支出,国民收入也会以支出增加的数量增加。这意味着即使政府实行平衡预算政策,仍具有扩张效应,其效应等于1。

财政乘数效应表明:当政府投资或支出扩大、税收减少时,对国民收入有加倍扩大的作用,从而产生宏观经济的扩张效应;当政府投资或支出减少、税收增加时,对国民收入有加倍收缩的作用,从而产生宏观经济的紧缩效应。

(2)财政政策时滞

财政政策的实施一般会产生下列五种时滞,依次为认识时滞、行政时滞、决策时滞、执行时滞以及效果时滞。

①认识时滞。这是指从经济现象发生变化到决策者对这种需要调整的变化有所认识所经过的时间。这段延迟时间的长短,主要取决于行政部门掌握经济信息和准确预测的能力。

②行政时滞。也称为行动时滞,是指财政部门在制定采取何种政策之前对经济问题调查研究所耗费的时间。

③决策时滞。这是指财政部门将分析的结果提交给立法机关审议通过所需要的时间。

④执行时滞。这是指政策议案在立法机关批准后交付有关单位付诸实施所需要的时间。

⑤效果时滞。这是指政策正式实施到已对经济产生影响所需要的时间。

上述五种时滞中,又可分为内在时滞和外在时滞。认识时滞和行政时滞,只涉及行政单位而与立法机关无关,即这两种时滞只属于研究过程,与决策机关没有直接关系,在经济学上一般被称为内在时滞。内在时滞的长短,一方面取决于财政部门收集资料、研究情况所占用的时间以及采取行动的效率;另一方面取决于当时的政治与经济目的,特别是当存在希望实现多个目标情况下,必须对政策目标的优先顺序进行选择。与内在时滞相对应,决策时滞、执行时滞和效果时滞,被称为外在时滞,是指从财政当局采取措施到这些措施对经济体系产生影响的这一段时间。这三种时滞与决策单位发生直接关系,而且直接影响社会的经济活动。由于经济结构和经济主体的行为具有不确定性,很难预测因此,外在时滞可能更长。

财政政策时滞的存在,对财政政策的实施效果会产生一定的影响。例如,在经济周期从萧条走向复苏阶段,政府为加快经济复苏实行了扩张性财政政策,但因财政政策时滞的存在,财政政策在经济已经自发运行到高涨阶段时才开始发挥作用,而这时的财政政策将会增加当时经济运行中通货膨胀的压力;相反,在经济周期高涨阶段,政府为抑制通货膨胀而采取的紧缩政策,可能直到经济自发走向萧条时才开始发挥作用,而这时的财政政策将会使已经出现衰退的经济运行更趋严重。因此,财政政策时滞的存在,可能使财政政策在实施过程中出现与政策制定初衷相反的效果。

7. 我国财政政策实践经验

财政政策是政府实施宏观调控的重要手段,是政府进行反经济周期调节、熨平经济波动的重要工具,也是财政有效履行配置资源、公平分配和调控经济等职能的主要手段。自1992年党的十四大正式确立社会主义市场经济体制的改革目标以来,根据经济形势的发展变化和宏观调控的特定任务,借鉴国际成功做法,我国先后实施了适度从紧的财政政策(1993—1997年)、具有扩张特征的积极财政政策(1998—2004年)和趋于中性的稳健财政政策(2005—2008年第三季度),有力地促进了国民经济的持续平稳健康发展。为应对国际金融危机冲击,我国从2008年第四季度开始,再次启动实施积极的财政政策。

(1)应对国际金融危机的积极财政政策

①实施积极财政政策的背景。

2008年第四季度,随着由美国次贷危机引发的国际金融危机的持续扩散和蔓延,我国经济发展的外部条件更趋复杂。国际金融危机影响持续加深,全球经济增长明显放缓,外部需求显著减少,我国传统竞争优势逐步减弱,国际竞争日趋激烈,投资和贸易保护主义上升,人口资源环境约束不断增强,转变经济发展方式要求更为迫切。为了扩大内需,防止经济增速大幅下滑,保持经济平稳较快发展,调整经济结构,从2008年第四季度开始至今,我国一直在实施积极的财政政策。2016年为应对经济下行压力,我国进一步加大了实施积极财政政策的力度。

②实施积极财政政策的主要内容。

A. 扩大政府公共投资,加强各项重点建设。

2008年第四季度、2009年和2010年,通过统筹使用财政预算拨款、政府性基金收入、国有资本经营收益等,中央政府公共投资累计支出达到1.26万亿元,全面完成原计划中央政府新增公共投资1.18万亿元的目标。新增的中央政府公共投资更加突出公益性和公共性特征,重点用于农业基础设施和农村民生工程、教育医疗卫生等社会事业、保障性安居工程、节能环保和生态建设、企业自主创新、技术改造及服务业投资、重大基础设施建设和地震灾后恢复重建等领域。中央财政赤字规模由2008年的1 800亿元增加到2016年的14 000亿元。在增加国债发行规模的同时,为了保证地方政府的配套资金需要,经国务院报全国人大批准,2009年至2016年地方政府共发行一般债券28 800亿元,2015年和2016年地方政府发行专项债券分别为1 000亿元和4 000亿元。这些措施既有利于扩大有效投资,增加有效需求,又有利于带动民间投资和消费,还有利于改善公共产品和公共服务,支持供给结构升级,弥补小康短板,推动城乡区域协调,为长期发展夯实基础,增加发展后劲。

B. 实施结构性减税政策,减轻企业和居民负担。

从2009年1月1日开始,在全国全面实施增值税由生产型转为消费型改革,允许增值税一般纳税人抵扣其新购进设备所含的进项税额,促进企业投资和扩大内需。执行提高个人所得税工资薪金所得减除费用标准,暂免征收储蓄存款利息所得税,降低证券交易印花税税率及单边征收,降低住房交易税费等政策措施,增加居民消费需求。对部分小型微利企业实行所得税优惠政策。取消和停征部分行政事业性收费。完善并落实税率调整政策,大力支持出口增长。这些政策的实施,有力地促进企业扩大投资,刺激居民消费。

C. 大幅度增加对低收入群体的补贴,扩大居民消费需求。

充分发挥财税政策在调整国民收入分配格局中的重要作用,重点增加城乡低收入者收入,更加注重扩大消费需求。提高城乡低保补助水平,增加企业退休人员基本养老金。提高优抚对象等人员抚恤和生活补助标准。建立企业职工工资正常增长和支付保障机制。促进企业全面落实职工基本医疗保险、基本养老保险、失业保险、工伤保险等制度。加强对国有企业特别是垄断行业的收入分配监管。较大幅度增加对农民的农资、良种和农机具购置等补贴标准,提高粮食最低收购价,增加农民收入。加大对中西部地区转移支付力度,缩小地区间收入分配差距。这些措施直接增加了居民收入,扩大了消费需求。

D. 优化财政支出结构,保障和改善民生。

保障教育优先发展。深入实施农村义务教育经费保障机制改革和免除城市义务教育阶段学生学杂费政策。大力支持医疗卫生事业发展。继续支持深化医药卫生体制改革。全面实施新型农村合作医疗,扩大城镇居民基本医疗保险覆盖面,加大城乡医疗救助支持力度,促进基本公共卫生服务逐步均等化。支持完善社会保障制度,推动建立完善制度统一、标准有别的城乡居民最低生活保障制度。加快保障性安居工程建设。从严控制一般性支出,压缩公务购车用车、会议经费、公务接待费、出国(境)经费等支出。这些政策措施,既促进了解决涉及人民群众切身利益的问题,使广大人民群众共享改革发展的成果,又稳定了居民消费预期,缓解了居民消费的后顾之忧。

E. 大力支持科技创新和节能减排,推动经济发展方式转变。

加大财政科技投入力度。实施促进企业自主创新财税优惠政策,加快高新技术产业和装备制造业发展。增加节能减排投入力度,支持重点节能减排工程建设。推进燃油收费制度改革,完善资源税制度,促进节能环保和资源合理利用。建立健全煤炭等矿产资源有偿使用制度和生态环境补偿机制。落实支持中小企业发展的税收优惠政策,促进中小企业科技进步和技术创新。落实促进区域协调发展的各项财税政策,推动基本公共服务均等化。自

2010 年 6 月 1 日起，在新疆率先实施原油、天然气资源税从价计征改革；自 2010 年 12 月 1 日起，将原油、天然气资源税改革扩大到整个西部地区实施。自 2011 年 11 月 1 日起，修改后的《资源税暂行条例》开始实施，原油、天然气资源税由从量计征改为从价计征，并相应提高了原油、天然气的税负水平。加大转移支付力度，促进民族地区、粮食主产区、边境地区等发展。上述政策实施，把保增长与调结构有机结合起来，拓展了经济发展空间，增强了经济发展后劲。

③2008 年以来实施的积极财政政策与 1998 年积极财政政策的差别。

这次实施的积极财政政策与 1998 年开始实施的积极财政政策在实施环境、所处发展阶段、发展思路和调控手段等方面都有很大不同。

A. 政策实施的环境发生了变化。

2008 年我国经济发展所遭遇的国际金融危机，比 1998 年的金融危机更为强烈。1998 年金融危机的影响范围基本局限在亚洲国家，而且仅限于金融领域，而这次金融危机已经涉及美国、欧洲、日本等世界多数国家，对我国的出口贸易市场产生了全面的影响，并开始对实体经济产生影响。

B. 政策实施所处的经济发展阶段不同。

1998 年时，我国的各项基础设施还有待完善，基础设施建设与经济发展的要求不相匹配。当时实施积极财政政策的重要内容是加强政府在基础设施建设方面的投入。经过十多年来的发展，国家经济面貌发生了很大改观，经济总量跃上新台阶，2008 年全国 GDP 达到 300 670 亿元，相当于 1998 年的 3 倍。2008 年面临的主要问题是国内要素成本上升、经济结构不合理、产能过剩、外部市场需求放缓等。

C. 政策内容有新变化。

1998 年实施的积极财政政策以投资为主，而且主要投资在基础设施建设领域。但从 2008 年开始实施的积极财政政策发生了重要变化：坚持投资与消费、内需与外需并重，促进经济均衡发展；坚持总量调整与结构调整密切结合，夯实经济长远发展的基础；刺激经济与改善民生有机结合，促进经济社会协调发展。

D. 政策调控手段多。

与 1998 年时比较，这次积极财政政策具有手段多样的特点，综合运用预算、税收、贴息、减费、增支、投资、国债、转移支付等若干财政政策工具，并注重加强与货币、产业等政策的协调，形成政策合力。例如，为促进企业投资，带动民间投资，采取了结构性减税和普遍性降费措施，先后实施了增值税由生产型向消费型改革、推进营业税改征增值税改革、提高出口退税率、取消利息税等政策。

（2）我国实施财政政策的基本经验

随着我国社会主义市场经济体制的发展完善，财政宏观调控方式发生了重大改变，即由被动调控向主动调控转变，由直接调控向间接调控转变，由单一手段调控向综合运用工具调控转变。我国财政政策经过多年的探索与实践，积累了丰富经验。

①始终把握相机抉择这个财政政策管理的基本要求。财政政策需要根据经济形势的发展变化相机抉择。采取扩张性、紧缩性或中性的财政政策，要根据经济运行态势和特定的宏

观调控任务来决定，不断增强财政政策的针对性、科学性、预见性和有效性。

②实现短期调控政策和长期发展政策的有机结合。我国经济发展正在进入新常态。要积极适应经济发展新常态要求，正确处理好投资和消费、内需与外需、经济增长和社会发展之间的关系，正确处理好发展速度与发展质量的关系。既要着力解决当前矛盾和问题，又要注重解决经济社会发展中存在的深层次矛盾和问题，加快转变经济发展方式，增强经济增长内生动力和活力，保持经济持续健康发展与社会和谐稳定。

③加强宏观调控政策之间的协调配合。加强和改善宏观调控，需要注重各项政策目标的内在统一，统筹各项宏观调控政策工具，避免顾此失彼。但在不同时期、不同阶段，政策目标和工具运用又应有所侧重、突出重点。在具体制定和实施财政政策措施时，应综合使用各种财政政策工具，同时与货币、产业、环保、土地等政策协调配合，打政策"组合拳"，形成宏观调控合力。

④注重国内外政策的协调。在全球经济一体化的今天，财政政策和货币政策一样都具有外部性。各国制定和执行财政政策时，既受别国政策影响，也会影响别国的政策。因此，需要进一步加强国际经济财政政策协调，积极参与制定国际规则，才能赢得和谋得更大的发展空间。

二、货币政策

1. 货币政策定义

货币政策并不等同于金融政策，它只是金融政策的一部分，是一国金融当局制定和执行的通过货币供应量、利率或其他中介目标影响宏观经济运行的手段。一般包括三方面的内容：①政策目标；②实现目标所运用的政策工具；③预期达到的政策效果。

2. 货币政策目标

既然制定和实施货币政策的目的是通过调控货币供应量等中介目标来影响社会经济生活，并且货币政策的作用范围又是宏观经济领域，因此货币政策的目标应该是解决宏观经济问题的决策。就总体而言，一国货币政策的目标体系一般由四项构成：

(1)稳定物价

稳定物价是指保持物价总水平稳定，而物价总水平能否保持基本稳定，直接关系到国内社会经济生活是否能够保持安定。

(2)经济增长

经济增长是针对国民经济发展状况而设置的宏观经济目标，其含义是国内生产总值要求保持较高的增长速度，不要停滞，更不能出现负增长。

(3)充分就业

劳动力的就业状况与经济资源的利用程度保持着一定的比例关系，失业人口的存在，就说明尚有未被利用的资源。因此，作为宏观经济政策的基本目标之一，充分就业是指劳动力充分得到就业的状况。

(4)平衡国际收支

倘若国际收支不平衡,出现顺差或逆差,一方面会导致黄金、外汇储备变动,影响国内货币流通的稳定;另一方面会造成本国货币的对外汇价发生变动,影响本国的进出口贸易。

如果既能够保持物价的稳定,又有较高经济的增长速度,劳动力实现充分就业,国际收支也维持基本平衡,这当然是宏观经济的最佳状态。但这毕竟只能是一种理想境界,在实际经济生活中是难以达到的。宏观经济政策基本目标之间的矛盾性,决定了一国宏观经济决策过程中的目标选择要求,即在难以保持四个政策基本目标之间的统一的情况下,一国在一定时期内选择其中一个或两个目标作为侧重点。

例如,《中国人民银行法》第三条规定:"货币政策目标是保持货币币值稳定,并以此促进经济增长。"这一政策要求在抑制物价上涨幅度的同时维持适度的经济增长率,并且决不以牺牲经济增长为前提。

3. 货币政策工具

中央银行在实施货币政策、调控宏观金融方面,需借助于一些经济杠杆作为政策工具,以实现其对货币量和信用量的调控。就一般而论,作为货币政策的工具,必须是与货币运行机制相联系的,并且具有可操作性。

中央银行传统使用的货币政策工具包括传统的法定存款准备金率、再贴现率、公开市场业务等典型市场经济条件下对货币供给控制的工具,在这里,我们还要介绍其他一些货币政策工具。

(1)一般性政策工具

①法定存款准备金率。法定存款准备金率是指根据法律规定,商业银行等将其所吸收的存款和发行的票据存放在中央银行的最低比率。法定存款准备金主要用于应付商业银行等面临的挤提,通常以不兑现货币形式存放在中央银行。

法定存款准备金率政策的真实效用体现为它对商业银行的信用扩张能力,对货币乘数的调节。由于商业银行的信用扩张能力与中央银行投放的基础货币量存在着乘数关系,而货币乘数则与法定存款准备金率成反比,因此若中央银行采取紧缩政策,可提高法定存款准备金率,从而限制商业银行的信用扩张能力,降低货币乘数,最终起到收缩货币量和信贷量的效果,反之亦然。

法定存款准备金率政策存在的主要缺陷包括:

一是当中央银行调整法定存款准备金率时,商业银行可以变动其在中央银行的超额存款准备金,从反方向抵销法定存款准备金率政策的作用;

二是法定存款准备金率对货币乘数的影响很大,作用力度很强,往往被当作是一剂"猛药";

三是调整存款准备金率对货币供应量和信贷量的影响要通过商业银行的辗转存、贷,逐级递推而实现,见效较慢,时滞较长。

因此,法定存款准备金率政策往往作为货币政策的一种自动稳定机制,而不将其当作适时调整的经常性政策工具来使用。

②再贴现。再贴现是指中央银行向持有商业票据等支付工具的商业银行进行贴现的行为。

再贴现政策是中央银行根据需要调整再贴现率，以增加或减少货币供应量的政策措施。当中央银行提高再贴现率时，商业银行借入资金的成本上升，基础货币得到收缩，反之亦然。与法定存款准备金率工具相比，再贴现工具的弹性相对要大一些，作用力度相对要缓和一些。但是，再贴现政策的主动权却操纵在商业银行手中，因为向中央银行请求贴现票据以取得信用支持，仅是商业银行融通资金的途径之一，商业银行还有其他的诸如出售证券、发行存单等融资方式。因此，中央银行的再贴现政策是否能够获得预期效果，还取决于商业银行是否采取主动配合的态度。

③公开市场操作。中央银行在证券市场上公开买卖国债、发行票据的活动即为中央银行的公开市场操作。中央银行在公开市场的证券交易活动，其对象主要是商业银行和其他金融机构，目的在于调控基础货币，进而影响货币供应量和市场利率。

公开市场操作是比较灵活的金融调控工具。与存款准备金率政策相比较，公开市场操作政策更具有弹性，更具有优越性：

一是中央银行能够运用公开市场操作，影响商业银行的准备金，从而直接影响货币供应量；

二是公开市场操作使中央银行能够随时根据金融市场的变化，进行经常性、连续性的操作；

三是通过公开市场操作，中央银行可以主动出击；

四是由于公开市场操作的规模和方向可以灵活安排，中央银行有可能用其对货币供应量进行微调。

但是它的局限性也比较明显：

一是金融市场不仅必须具备全国性，而且具有相当的独立性，可用以操作的证券种类必须齐全并达到必需的规模；

二是必须有其他货币政策工具配合。例如，如果没有法定存款准备金制度配合，这一工具就无法发挥作用。

(2)选择性货币政策工具

传统的三大货币政策工具，都属于对货币总量的调节，以影响整个宏观经济。在这些一般性政策工具之外，还可以有选择地对某些特殊领域的信用加以调节和影响。其中包括消费者信用控制、证券市场信用控制、优惠利率、预缴进口保证金等。

消费者信用控制是指中央银行对不动产以外的各种耐用消费品的销售融资予以控制。主要内容包括规定分期付款购买耐用消费品的首付最低金额、还款最长期限、适用的耐用消费品种类等。

证券市场信用控制是中央银行对有关证券交易的各种贷款进行限制，目的在于抑制过度投机。比如可以规定一定比例的证券保证金，并随时根据证券市场状况进行调整。

(3)直接信用控制

直接信用控制是指中央银行以行政命令或其他方式，从质和量两个方面，直接对金融机构尤其是商业银行的信用活动进行控制。其手段包括利率最高限、信用配额、流动比率和直接干预等。其中规定存贷款最高利率限制，是最常使用的直接信用管制工具，如 1986 年以前美国的"Q 条例"。

(4)间接信用指导

间接信用指导是指中央银行通过道义劝告、窗口指导等办法间接影响商业银行的信用创造。

道义劝告是指中央银行利用其声望和地位,对商业银行及其他金融机构经常发出通告或指示,以及与各金融机构负责人面谈,劝告其遵守政府政策并自动采取贯彻政策的相应措施。

窗口指导是指中央银行根据产业行情、物价趋势和金融市场动向等经济运行中出现的新情况或新问题,对商业银行提出贷款增减意见。若商业银行不接受,中央银行将采取必要的措施,如可以减少对其贷款的额度,甚至采取停止提供信用等制裁措施。窗口指导虽然没有法律约束力,但影响力往往比较大。

间接信用指导的优点是较为灵活,但要起作用,必须是中央银行在金融体系中有较高的地位,并拥有控制信用的足够的法定权力和手段。

4. 货币政策的中介目标

货币政策的中介目标,又称为货币政策的中间指标、中间变量等,它是介于货币政策工具变量(操作目标)和货币政策目标变量(最终目标)之间的变量指标。货币政策目标一经确定,中央银行按照可控性、可测性和相关性的三大原则选择相应的中介目标,编制贯彻货币政策的指标体系,以便实施具体的政策操作和检查政策的实施效果。可以作为货币政策中介目标的变量指标有:

(1)利率。作为货币政策的中间目标的利率,通常是指短期的市场利率,即能够反映市场资金供求状况、变动灵活的利率,在具体操作中有的使用银行间同业拆借利率,有的使用短期国库券利率。

中央银行能将短期市场利率作为货币政策的中间目标,原因包括:首先,短期市场利率具有可控性。中央银行可以通过调整再贴现率、存款准备金率或在公开市场上买卖国债,改变资金供求关系,引导短期市场利率的变化。其次,短期市场利率具有可测性。短期市场利率与各种支出变量有着较为稳定可靠的联系,中央银行能够及时收集到各方面的资料对利率进行定量分析和预测。最后,短期市场利率具有明显的相关性。短期市场利率的变化,会影响金融机构、企业、居民的资金实际成本和机会成本,改变其行为,最终可达到收紧或放松银根、抑制或刺激投资的目的。

(2)货币供应量。货币供应量能够成为中央银行的货币政策中介目标,就可测性而言,是因为它们都分别反映在中央银行、商业银行和非银行金融机构的资产负债表内,可以随时进行量的测算和分析;就可控性而言,流通中货币(M_0)由中央银行直接控制,狭义货币(M_1)、广义货币(M_2)虽不由中央银行直接控制,但中央银行可以通过对流通中货币的控制、调整准备金率及其他措施间接地控制;就相关性而言,中央银行只要控制了货币供应量,就能够控制一定时期的社会总需求,从而有利于实现总需求与总供给的平衡,实现货币政策的目标。

(3)超额准备金或基础货币。超额准备金对商业银行的资产业务规模有直接决定作用。

但是,超额准备金往往因为其取决于商业银行的意愿和财务状况而不易被货币当局测度和控制。

基础货币是构成货币供应量倍数伸缩的基础,它可以满足可测性与可控性的要求,数字一目了然,数量也易于调控。不少国家把它视为较理想的中介目标。

(4)通货膨胀率。随着经济与金融的不断发展,货币供应量与通货膨胀率等最终目标的相关性以及货币供应量自身的可控性和可测性也受到越来越多的干扰。为此,自20世纪90年代起,一些国家相继把货币政策中介目标由货币供应量转为通货膨胀率,由此形成所谓的通货膨胀目标制。即设定一个适合的通货膨胀率并且予以盯住,如果通货膨胀率处于正常范围,参考利率、货币供应量等指标状况,制定适宜的货币政策;如果通货膨胀率超出范围,暂停其他项目的调节,以控制通货膨胀率为货币政策的主要任务。

5.货币政策传导机制

货币政策传导机制是指中央银行运用货币政策工具影响中介指标,进而最终实现既定政策目标的传导途径与作用机制。货币传导机制是否顺畅直接影响货币政策的实施效果。

改革开放以前,由于没有商业银行和金融市场,我国货币政策传导的路径是中国人民银行总行通过中国人民银行分支机构向企业(居民)传导,传导过程简单、直接,从政策手段直接到最终目标。

20世纪90年代以来,我国宏观调控方式逐步转化,货币市场进一步发展,利率市场化推进,初步形成了中央银行—货币市场—金融机构—企业(居民)的传导体系,初步建立了政策工具—操作目标—中介目标—最终目标的间接传导机制。

货币政策的有效性取决于传导机制的效率,涉及住户、企业、金融机构、金融市场、利率汇率市场等多方面,货币政策传导效率取决于以下几方面:①能够对货币政策变动做出灵敏反应的经济主体;②较为发达的金融市场;③较高程度的利率汇率市场化。

6.近年来我国货币政策的实践

我国"十一五"规划的头两年(2006—2007年),国内经济运行面临由偏快转为过热、价格由结构性上涨演变为明显通货膨胀的风险,中国人民银行及时将货币政策由"稳健"转到"适度从紧"再到"从紧"。2006年至2008年上半年,先后19次上调存款准备金率共10个百分点,8次上调存贷款基准利率,加强对信贷总量的调控,不断优化信贷结构。

2008年下半年,美国次贷危机急剧恶化为国际金融危机,我国经济发展势头急转直下,出口大幅下滑,部分企业陷入困境,就业压力明显加大。在此背景下,中国人民银行及时将货币政策从"从紧"转向"适度宽松",先后4次下调存款准备金率,5次下调存贷款基准利率,保证流动性供应,明确释放保经济增长和稳定市场预期的信号。这一系列政策措施,促进了货币信贷较快增长,为一揽子经济刺激计划的实施创造了良好的货币金融环境,对我国经济率先企稳回升发挥了关键作用。

2009年下半年以来,随着内需对经济增长的拉动作用显著增强,中国人民银行通过窗口指导、风险提示、公开市场操作等多种方式,引导金融机构注重贷款平稳可持续增长和加强金融风险防范,正确处理好保持经济平稳较快发展、调整经济结构和管理通胀预期的关系。

2010年中央经济工作会议确定2011年实施稳健的货币政策,宏观政策导向发生了一个重要变化。之后，2011～2016年6次中央经济工作会议均确定继续实施稳健的货币政策，这意味着我国已连续7年实施稳健的货币政策。

2017年12月，中央经济工作会议认为，中国特色社会主义进入了新时代，我国经济发展也进入了新时代，基本特征就是我国经济已由高速增长阶段转向高质量发展阶段。推动高质量发展是当前和今后一个时期确定发展思路、制定经济政策、实施宏观调控的根本要求。稳健的货币政策要保持中性，管住货币供给总闸门，保持货币信贷和社会融资规模合理增长保持人民币汇率在合理均衡水平上的基本稳定，促进多层次资本市场健康发展，更好为实体经济服务，守住不发生系统性金融风险的底线。

三、财政政策与货币政策的相机组合与局限性

财政政策和货币政策有四种组合：扩张性财政政策与扩张性的货币政策（“双松”政策组合）、扩张性财政政策与紧缩性货币政策、紧缩性财政政策与扩张性货币政策（一松一紧组合）、紧缩性财政政策与紧缩性货币政策（“双紧”政策组合），这四种政策组合对利率和国民收入的影响如表14－1所示。政府应根据国民经济的状况，采取“逆风向形势”的做法来调控国民经济。当经济过热，而且导致严重的通货膨胀时，应采取“双紧”的政策来给经济降温；当经济出现严重过冷，导致严重的通货紧缩时，应采取“双松”的政策使经济复苏；当经济过热或出现萧条，但又不是很严重时，宜采取扩张性财政政策与紧缩性货币政策组合。

表14－1 财政政策与货币政策组合

财政政策	货币政策	利率变化	国民收入变化
扩张性财政政策	扩张性货币政策	不确定	增加
扩张性财政政策	紧缩性货币政策	上升	不确定
紧缩性财政政策	扩张性货币政策	下降	不确定
紧缩性财政政策	紧缩性货币政策	不确定	减少

1. 财政政策的局限性

（1）政治因素影响。大选、战争时期不能实现增税减支。

（2）时滞的影响。由于认识时滞、行动时滞和影响时滞使政策收到相反效果。

（3）利益集团阻挠。由于财政投资会挤占民间投资，因此财政政策会遇到利益集团的阻挠。

（4）居民预期。如果预期持续萧条，则刺激消费的政策无效。

2. 货币政策的局限性

（1）公众预期的影响。利率下降、产生悲观预期，导致消费和投资不会显著增加。

（2）货币流通速度的限制。通货膨胀时期，货币流通速度加快，致使降低货币量的效果不明显。

（3）流动偏好的存在。流动偏好的存在致使利率不可能降得太低，使货币政策效果打折扣。

(4)时滞的困扰。由于认识时滞、影响时滞、行动时滞,会使货币政策打折扣。

四、汇率政策

汇率政策是指一个国家(或地区)政府为达到一定的目的,通过金融法令的颁布、政策的规定或措施的推行,把本国货币与外国货币比价确定或控制在适度的水平而采取的政策手段。汇率政策主要包括汇率政策目标和汇率政策工具。汇率政策中最主要的是汇率制度的选择。汇率制度是指一个国家政府对本国货币汇率水平的确定、汇率的变动方式等问题所作的一系列安排和规定。

影响汇率制度选择的决定性因素主要有通货膨胀率、外汇储备水平、生产和产品多样化、贸易冲击脆弱性、政治稳定性、经济规模或 GDP 大小、资本流动、失业率或通胀诱因以及外币定值债务等。

按照汇率变动的幅度,汇率制度分为固定汇率制度和浮动汇率制度两大类。固定汇率制度是指现实的汇率受平价的制约,只能围绕平价在很小的范围内上下波动的汇率制度。浮动汇率制度是指现实的汇率不受平价的限制,随外汇市场的供求状况变动而波动的汇率制度。在浮动汇率制度取代固定汇率制度后,各国原规定的货币法定含金量或与其他国家订立纸币的黄金平价,就不起任何作用了。

随着全球国际货币制度的不断改革,国际货币基金组织于 1978 年 4 月 1 日修改了“国际货币基金组织”条文并正式生效,实行所谓“有管制的浮动汇率制”。由于新的汇率协议使各国在汇率制度的选择上具有很强的自由度,所以现在各国实行的汇率制度多种多样,有单独浮动、钉住浮动、弹性浮动、联合浮动等。

汇率变动对经济的主要影响:

(1)汇率变动对进出口贸易收支的影响。汇率变动会引起进出口商品价格的变化,从而影响到一国的进出口贸易。一国货币的对外贬值(降低本国货币的汇率,如人民币贬值)有利于该国增加出口,抑制进口;反之,如果一国货币对外升值(提高本国货币的汇率,如人民币升值),即有利于进口,而不利于出口;汇率变动对非贸易收支的影响如同其对贸易收支的影响。

(2)汇率变动对国内价格水平的影响。影响是:①对贸易品价格的影响;②对非贸易品价格的影响。

(3)汇率变动对国际资本流动的影响。汇率变动对资本流动的影响表现在两个方面:①本币对外贬值,单位外币能折合更多的本币,这样就会促使外国资本流入增加,国内资本流出减少;②如果出现本币对外价值将贬未贬、外汇汇价将升未升的情况,则会通过影响人们对汇率的预期,进而引起本国资本外逃。

(4)汇率变动对外汇储备的影响。货币贬值对一国外汇储备规模的影响;储备外币的汇率变动会影响一国外汇储备的实际价值;汇率的频繁波动将影响储备货币的地位。

(5)汇率变动对一国国内就业、国民收入及资源配置的影响。当一国本币汇率下降,外汇汇率上升,有利于促进该国出口增加而抑制进口,这就使其出口工业和进口替代工业得以大力发展,从而使整个国民经济发展速度加快,国内就业机会因此增加,国民收入也随之增加;反之,如果一国货币汇率上升,该国出口受阻,进口因汇率刺激而大量增加,造成该国出口工业和进口替代业萎缩,则资源就会从出口工业和进口替代业部门转移到其他部门。

(6)汇率变动对世界经济的影响。小国的汇率变动只对其贸易伙伴国的经济产生轻微的影响,发达国家的自由兑换货币汇率的变动对国际经济则产生比较大的甚至巨大的影响。

五、产业政策

产业政策是指政府为了实现一定的经济和社会目标而对产业的形成和发展进行干预的各种政策的总和。产业政策的功能主要是:弥补市场缺陷,有效配置资源;保护幼小民族产业的成长;熨平经济震荡;发挥后发优势,增强适应能力。

产业政策的特点:

(1)调控经济结构。即调控产业结构、产业组织结构、产业区域布局结构,使社会资源在各产业、行业、企业、地区之间得到合理配置,逐步实现产业结构的优化。

(2)影响经济的长期发展。即改造产业结构,实现产业结构的优化,促进经济的增长,必须经过长期的努力。

(3)产业结构政策、产业组织政策、产业区域布局政策表现为"集合"政策。每一种具体政策都以市场机制的调节为依据,对市场起着直接调控,对企业起着间接调控的宏观作用。

(4)调节供给。即通过促进或限制某些产业的发展,改造产业结构,调整各产业之间的相互关系,使供给总量和结构都能满足需求,实现供给和需求的总量、结构的平衡。

产业政策的主要作用是导向作用。这种导向作用具体表现在:可以调整商品供求结构,有助于实现市场上商品供求的平衡;可以通过差别利率等信贷倾斜政策对资金市场进行调节,有助于资金合理流动和优化配置;可以打破地区封锁和市场分割,促进区域市场和国内统一市场的发育和形成。

中国的产业政策极少以法律的形式出现,主要为"规划""目录""纲要""决定""通知""复函"之类的文件,如《船舶工业调整振兴规划》《船舶工业中长期发展规划》《国家产业政策指导目录》等。中国的国有企业在很多重要的行业仍居主导地位,因此对企业进行扶持或者规制无须借助法律即可完成。

第五节　中央银行

一、中央银行制度

中央银行也称货币当局。它不同于一般商业银行,处于金融中介体系的中心环节,具有特殊的地位。它是发行的银行、银行的银行和政府的银行,具有国家行政管理机关和银行的双重性质。中国人民银行是我国的中央银行,它的主要职能包括:制定和执行货币政策;维护金融稳定;提供金融服务。

中央银行制度是指由中央银行代表国家管理一国金融业,并以其为核心构成商业银行及其他金融机构为融资媒体的金融体制。中央银行制度的形成是与中央银行的产生与发展联系在一起的。

从中央银行的起源和大多数国家设立中央银行的情况看，中央银行制度的建立，大致出于以下四个方面的需要：

(1)集中货币发行权的需要

在当代银行券已转化为具有纸币性质的信用货币，集中银行券发行权的问题也就转化为集中货币发行权问题了。而货币的发行必须集中于代表国家意志的机构。因此，为满足国家集中货币发行权的需要，必须建立能够代表国家意志的中央银行。

(2)代理国库和为政府筹措资金的需要

政府财政需要有一个金融机构来办理国库的货币收支业务，接受国库存款和为政府筹措资金。为满足代理国库和为政府筹措资金的需要，必须建立能够代表国家意志，又不以营利为目的的中央银行。

(3)管理金融业的需要

银行业不同于一般工商企业，银行倒闭很可能产生连锁反应，严重时会引发发金融危机。因此，为满足国家管理金融业的需要，必须建立与商业银行有业务联系、具有集中商业银行现金准备并向商业银行提供信用等手段的中央银行。

(4)国家对社会经济发展实行干预的需要

在货币经济和信用经济高度发达的当代，中央银行通过调节货币供给、控制信用规模，可以对诸如经济增长、增加就业、稳定物价等宏观经济问题产生有效的影响力。

二、中央银行的职责和业务活动特征

中央银行是国家干预经济、调节全国货币流通与信用的金融管理机关。中央银行的这一性质可从其职能中得到进一步的说明。中央银行是金融管理机构，它代表国家管理金融，制定和执行金融方针政策，其主要管理职责都是寓于金融业务的经营过程之中的。那就是利用其所拥有的经济力量，如基础货币、利率等，对金融和经济活动进行管理、控制和调节。中央银行的这些特点决定了其活动的特征：

(1)不以营利为目的。中央银行以金融调控为己任，稳定币值、促进经济发展是其宗旨。

(2)不经营一般性银行业务或非银行金融业务，不对任何个人、企事业单位、社会团体提供担保或直接发放贷款，它的业务服务对象是政府部门、商业银行及其他金融机构。

(3)在制定和执行货币政策时，中央银行具有相对独立性，不应受到其他部门或机构的行政干预和牵制。

三、中央银行的主要业务

1. 货币发行业务

货币发行是中央银行的主要业务。货币发行是指一国货币当局投放现金的业务。在许多国家和地区，中央银行独家控制货币的发行，根据经济运行的情况，合理调节市场流通中货币的数量，保持币值的稳定。中国人民银行是我国法定的唯一的货币发行机构，负责贯彻货币发行政策，组织人民币(法定货币)发行业务。《中华人民共和国中国人民银行法》(简称《中国人民银行法》)规定:“中国人民银行设立人民币发行库,在其分支机构设立分支库。分支库调拨人民币发行基金,应当按照上级库的调拨命令办理。任何单位和个人不得违反规定,动用发行基金。”

2. 对银行的业务

对银行提供的服务具体表现在三个方面:

(1)集中存款准备金。为了保证商业银行的清偿能力、防止其破产使存户受损,中央银行以法律形式规定了缴存中央银行的存款准备金率。中央银行则通过这部分存款准备金来管理商业银行及其他金融机构。

(2)充当最后贷款人。当商业银行及其他金融机构感到资金不足时,可获得中央银行的信用支持。中央银行的信贷业务主要有接受商业银行提交的有价证券作为抵押物而向商业银行提供的再抵押放款、为商业银行贴现商业票据的再贴现和再贷款三种方式。

(3)组织全国清算。各商业银行都向中央银行缴存存款准备金,并在中央银行开立往来账户。它们之间由于交换票据所产生的应收、应付款项,可以通过在中央银行的往来账户办理非现金结算。此项业务为中央银行主要的中间业务,并由此使中央银行成为全国金融业的清算中心。

3. 对政府的业务

作为国家的银行,中央银行代表国家贯彻执行财政金融政策,代理国库收支以及为国家提供各种金融服务。主要体现在以下五个方面:

(1)代理国库。中央银行接受各级国库存款,又执行国库签发的支票办理转账手续或现金付款,成为政府的总会计和总出纳。国库存款是中央银行主要负债之一,因而中央银行代理国库,既为政府提供了财务收支服务,又增强了自身的资金实力。

(2)代理发行国家债券。中央银行代理国家发行债券以及债券到期时的还本付息事宜。

(3)对国家提供信贷支持。中央银行作为国家的银行,在国家财政出现收不抵支的情况下,负有提供信贷支持的义务。这种信贷支持主要采用直接给国家财政以贷款或购买国家公债的形式。

(4)保管外汇和黄金储备。中央银行代理政府交易和储备黄金、外汇,为补充国际储备或保值而进行黄金、外汇交易。

(5)制定并监督执行有关金融管理法规。中央银行的金融管理职能是指中央银行作为全国的金融行政管理机关,通过对商业银行以及其他金融机构的监管,对金融市场进行管理,达到稳定金融和促进社会经济发展的目的。

此外,作为国家的银行,中央银行还代表政府参加国际金融组织,出席各种国际性会议,从事国际金融活动以及代表政府签订国际金融协定;在国内外经济金融活动中,充当政府的顾问,提供经济金融情报和决策建议。

四、中央银行资产负债表

中央银行履行职能时,其业务活动可以通过它的资产负债表得以概括反映。由于各国金融制度、信用方式等存在差异,其中央银行的资产负债表项目多寡及具体的内容有所不同,但其基本组成部分大致相似。目前中国人民银行公布的货币当局资产负债表的主要项目见表 14 - 2。

表 14 - 2 货币当局资产负债表

资产	负债
国外资产	储备货币
对政府债权	不计入储备货币的金融性公司存款
对其他存款性公司债权	发行债券
对其他金融性公司债权	国外负债
对非金融性部门债权	政府存款
其他资产	自有资金
	其他负债
总资产	总负债

中央银行是一国通货的唯一发行银行,因此储备货币是中央银行资产负债表负债方的主要项目,包含货币发行、其他存款性公司存款。作为银行的银行,它集中商业银行等金融机构的准备金,从而形成自身负债项目,同时向银行等金融机构提供贴现及放款,形成资产项目;作为国家的银行,它在业务上与政府的关系,主要是列于负债方的接受政府存款和列于资产方的对政府债权。在国际上,中央银行承担稳定本国币值的重要职责,代表国家管理外汇和货币黄金,外汇、货币黄金列入资产方的国外资产项目。

五、中国人民银行采用的利率工具

目前,中国人民银行采用的利率工具主要有:

(1)调整中央银行基准利率。中央银行调整的基准利率有:再贷款利率,指中国人民银行向金融机构发放再贷款所采用的利率;再贴现利率,指金融机构将所持有的已贴现票据向中国人民银行办理再贴现所采用的利率;存款准备金利率,指中国人民银行对金融机构交存的法定存款准备金支付的利率;超额存款准备金利率,指中央银行对金融机构交存的准备金中超过法定存款准备金水平的部分支付的利率。

(2)调整金融机构法定存贷款利率。

(3)制定金融机构存贷款利率的浮动范围。

(4)制定相关政策对各类利率结构和档次进行调整等。

利率上调有助于吸收存款,抑制流动性,抑制投资热度,控制通货膨胀,稳定物价水平;利率下调有助于刺激贷款需求,刺激投资,拉动经济增长。

法定存款准备金率是中央银行规定商业银行和金融机构吸收存款时应交存中央银行的比例。提高存款法定准备金率,可减少货币供应量。

公开市场业务是中央银行在公开市场上买卖政府债券,以调节货币供给量的活动。买入债券,增加货币供应量,刺激经济增长;反之,卖出债券,减少货币供应量,抑制经济增长。

再贴现率是中央银行在商业银行以有价证券作抵押条件下对商业银行贷款的利率。提高再贴现率,会减少市场货币供应量,抑制经济增长。

第六节 货币供求与货币平衡

一、货币需求与货币需求量

货币需求是指经济主体在既定的收入和财富范围内能够并愿意持有货币的数量。经济学意义上的需求指的是有效需求,不单纯是一种心理上的欲望,而是能力和愿望的统一体。货币需求作为一种经济需求,理当是由货币需求能力和货币需求愿望共同决定的有效需求。

货币需求是一种派生需求,派生于人们对商品的需求。货币是固定充当一般等价物的特殊商品,具有流通手段、支付手段和贮藏手段等职能,能够满足商品生产和交换的需要,以及以货币形式持有财富的需要等。

货币需求量是指在特定的时间和空间范围内(如某年某国),经济中各个部门需要持有货币的数量,即一定时期内经济对货币的客观需求量。

货币需求研究需要回答的基本问题有:为何需要货币?什么是货币需求的决定因素?货币需求与实际经济活动的关系如何?不同的货币需求理论对此做出了不同的回答。

二、货币需求理论

1. 传统货币数量说

古典货币数量说主要有现金交易数量说和现金余额数量说。

(1)费雪的现金交易数量说

1911 年美国经济学家费雪在其所著《货币购买力》中提出了著名的交易方程式,也称为费雪方程式:

$$MV = PT$$

式中,P 代表物价水平,T 代表商品和劳务的交易量,V 代表货币流通速度,M 代表货币量。

费雪认为,在方程式中,V 和 T 在长期中都不受 M 变动的影响:V 由制度因素决定而在短期内难以改变,可视为常数;T 则取决于资本、劳动和自然资源的供给状况以及生产技术水平等非货币因素,大体上也是稳定的。因此,只有物价水平 P 和货币量 M 有直接关系。他认为,货币量是最活跃的因素,会经常主动地变动,而物价则是主要的被动因素。只要货币量发生变化,马上就会反映到物价上来,引起物价变动。因此,交易方程式所反映的是货币量决定物价水平的理论。

(2)剑桥学派的现金余额数量说

庇古是剑桥学派的主要代表人物。1917 年他在英国《经济学季刊》上发表了《货币的价值》一文,提出并全面阐述了剑桥方程式:

$$\pi = K \cdot Y/M$$

式中,Y 代表总资源(总收入),K 代表总资源中愿意以货币形式持有的比重(相当于交易方程式中货币流通速度的倒数),π 代表货币价值(即货币购买力,为物价指数的倒数),M

代表名义货币数量，$K \cdot Y$ 代表真实货币需求。

庇古认为，货币的价值由货币供求的数量关系决定。货币需求以人们的手持现金来表示，它不仅包括作为交易媒介的货币，也包括贮藏货币，这是剑桥方程式区别于交易方程式的关键所在，等式中 K 就集中反映了这一思想。剑桥学派把 K 解释为人们的持币量与支出总量的比例。持有货币的比例越大，所需货币越多。然而，两者在本质上是一致的，都是试图说明物价和货币价值的升降取决于货币量的变化。假定其他因素不变，物价水平与货币量成正比，货币价值与货币量成反比。

2. 凯恩斯的货币需求理论——流动性偏好论

现代宏观经济学的奠基人凯恩斯在其 1936 年出版的经典著作《就业利息和货币通论》中，在扬弃古典货币数量说的基础上，提出了自己的货币需求理论。凯恩斯深入细致地分析了对货币需求的各种动机，认为经济主体之所以需要货币，是因为存在"流动性偏好"这一普遍心理倾向，即愿意持有具有完全流动性的货币而不是其他缺乏流动性的资产，以应付日常的、临时的或投机的需要，从而产生货币需求。因此，凯恩斯的货币需求理论又被称为流动性偏好理论。

流动性偏好理论指出货币需求是由三类动机决定的：①交易动机，即由于收入和支出的时间不一致，为进行日常交易而产生的持有货币的愿望。②预防动机，即为应付各种紧急情况而产生的持有货币的愿望，如应付失业、疾病等意想不到的需要，以及企业的不时之需。③投机动机，即由于利率的不确定性，根据对市场利率变化的预期需要持有货币以便从中获利的动机。

前两项构成交易性需求，由获得的收入多少决定是国民收入的增函数，即 $L_1 = L_1(Y)$。后一项是投机性需求，由利率的高低决定，是利率的减函数，即 $L_2 = L_2(i)$。若用 L 表示货币需求，则得出凯恩斯的货币需求函数：

$$L = L_1(Y) + L_2(i)$$

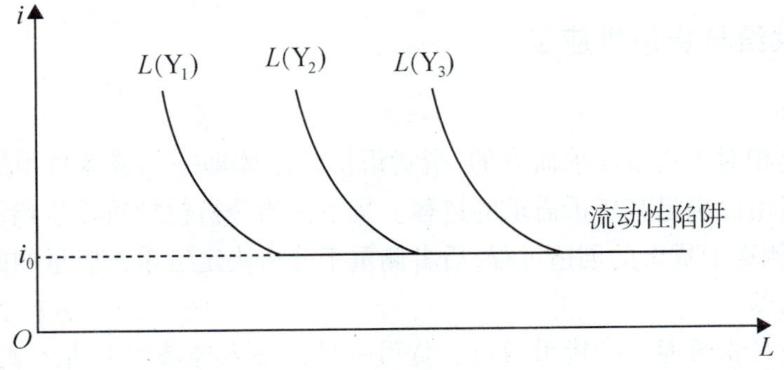

图 14－1　流动性陷阱

凯恩斯认为，当利率降到某一低点时（如图 14－1 中的 i_0），货币需求会无限增大，此时无人愿意持有债券，都愿意持有货币，流动性偏好具有绝对性。这就是著名的流动性陷阱。

凯恩斯的货币需求函数建立在"未来的不确定性"和"收入是短期资产"这两个假定之上，采用了大量的心理分析法，并突破了西方经济学传统的货币理论研究范围，将货币作为宏观经济中的一个重要的经济变量和政策变量来研究，确实比传统的货币数量论的研究层次更高。

20 世纪 50 年代以后,一些凯恩斯学派的经济学家进一步丰富和发展了该理论,主要表现在突出了利率在货币需求中的作用,同时也引进一些其他因素,力求使货币需求的研究更接近于现实生活,从而使凯恩斯主义货币需求理论成为现代货币需求理论的重要组成部分。

3. 弗里德曼的现代货币数量说

弗里德曼接受了剑桥学派的观点,认为人们持有货币不仅仅是因为交换,也是因为货币是财富的缘故。但他又认为,货币数量说不是产出、货币收入或物价水平的理论,而是货币需求理论。

弗里德曼认为,影响人们持有实际货币的因素来自三个方面:①财富总额与财富构成。个人所能持有的货币量以其财富总额为上限,但个人财富难以计量,他提出了"恒久性收入"的概念,是以现在的收入与过去的收入加权计算的收入。恒久性收入越高,所需货币越多。财富构成,即人力财富与非人力财富之比。人力财富是指个人在将来获得收入方面的能力,非人力财富,即物质财富。未来的人力财富总要转化为现实的非人力财富,转化过程需要货币。人力财富比例越高,所需准备的货币就越多。②各种资产的预期收益和机会成本。持有货币的名义收益率一般等于0,持有其他金融资产如股票、债券、定期存单等的收益率一般大于0。因此,其他金融资产的收益率越高,持有货币的机会成本越大,持有货币的数量就会减少。如果物价上涨,通货膨胀,持有货币意味着损失,人们就会减少货币持有量。③其他因素。是指不属于上述两方面,而又影响货币需求的各种随机因素。在此基础上,弗里德曼提出了自己的货币需求函数:

$$M/P = f(y_p, w; r_m, r_b, r_e, 1/P \cdot (\mathrm{d}P/\mathrm{d}t); u)$$

式中:M 代表名义货币量,P 代表物价水平,y_p 代表恒久性收入,w 代表非人力财富占总财富的比例,r_m、r_b、r_e 分别代表存款、债券和股票的预期名义收益率,$1/P \cdot (\mathrm{d}P/\mathrm{d}t)$ 代表物价水平的预期变动率,u 代表随机因素的影响总和于吸收存款

三、货币供给与货币供应量

1. 货币供给

货币供给是相对于货币需求而言的,指货币供给主体即一国或者货币区的银行系统向经济主体供给货币以满足其货币需求的过程。货币供给分析包括货币供给的机制和货币供给的决定,前者侧重于货币的创造过程,后者侧重于分析决定货币供应量的因素

2. 货币供应量

货币供应量是指流通中的货币数量。货币一旦被注入经济中并进入实际流通,就会形成现实的流通中的货币。因此,货币供应量在数量上就等于流通中的货币量,两者呈一一对应关系。

3. 货币供给层次

货币供给层次的划分指在当代不兑现信用货币制度下,货币形态的多样化已成为现实。货币既包括流通中的现金,也包括在银行体系的存款,甚至各种票据及其他信用流通工具也在一定程度上作为货币的替代物参与流通,执行着货币的某些职能。不同形态的货币的流

动性不同,在流通中发挥的作用也不同。目前一般依据资产的流动性,即各种货币资产转化为通货或现实购买力的能力来划分不同的货币层次,进而就有了不同口径的货币供应量。我国从1994年三季度起由中国人民银行按季向社会公布货币供应量统计监测指标。参照国际通行原则并根据我国实际情况,中国人民银行将我国货币供应量指标划分为三个层次:

$$M_0 = \text{流通中货币}$$

$$M_1 = M + \text{单位活期存款}$$

$$M_2 = M_1 + \text{单位定期存款} + \text{个人存款} + \text{其他存款(财政存款除外)}$$

流通中货币M_0,指企事业单位、个人、机关团体、非存款类金融机构所持有的硬币和现钞总和(即通常所指的现金);流通中货币和单位活期存款构成M_1,即通常所说的狭义货币供应量,因其流动性较强,是中央银行重点调控对象;单位定期存款、个人存款、其他存款(财政存款除外)的流动性较弱,属于准货币,它与M_1一起构成广义货币供应量M_2,是研究宏观经济的主要变量。

4. 社会融资规模

社会融资规模是指一定时期内(每月、每季度或每年)实体经济(即非金融企业和住户)从金融体系获得的资金总额。具体看,社会融资规模统计指标主要由四个部分构成:

(1)金融机构通过表内业务向实体经济提供的资金支持,包括人民币贷款和外币贷款。

(2)金融机构通过表外业务向实体经济提供的资金支持包括委托贷款、信托贷款和未贴现的银行承兑汇票。

(3)实体经济利用规范的金融工具、在正规金融市场所获得的直接融资,主要包括非金融企业境内股票筹资和企业债券融资。

(4)其他方式向实体经济提供的资金支持,主要包括保险公司赔偿、投资性房地产、小额贷款公司和贷款公司贷款。

可见,社会融资规模与传统的贷款指标不同它既包括实体经济从银行业获得的融资,也包括实体经济从证券业和保险业获得的融资。所以,社会融资规模是一个全面反映金融与经济关系,以及金融对实体经济资金支持的总量指标。2010年中央经济工作会议首次提出"社会融资总规模"的概念,2011年起由中国人民银行发布社会融资规模数据。

四、货币供给机制

货币供应量包括现金和存款两个部分,其中现金是中央银行的负债,存款是商业银行的负债。因此,研究货币供给机制,就要分别研究中央银行和商业银行的货币创造行为和过程。

1. 中央银行的信用创造货币机制

从会计学角度看,任何经济部门的经济活动都受资产与负债平衡关系的约束,银行部门也不例外。然而,在处理资产和负债关系方面,银行部门,特别是中央银行,与非银行部门有很大不同。作为非银行的一般经济部门,当其资金不足时,可以向银行、别的企事业单位以及社会公众借款。财政部门也是如此,甚至商业银行在信贷资金不足时,也可以从中央银行获得信用支持。但是,作为"最后贷款人"的中央银行,却无处告贷。中央银行是社会资金运动的组织和管理部门要承担向社会提供充足的货币资金的责任。经济在不断发展,流通规模在不断扩大，对作为流通媒介的货币需求量也随之增加。

在任意一个时点上，中央银行的资产与负债总是保持着平衡。这一平衡关系，意味着中央银行现有的信贷资金来源已经被全数占用，如果不补充新的资金来源，则无法满足社会经济的发展对追加货币资金的需求。中央银行既存在着不断补充信贷资金的需要，又无从获得新的信贷资金来源。于是，中央银行只能利用自身掌握的货币发行权和信贷管理权，来创造信贷资金来源。即中央银行依据经济发展的客观需要或国家经济、金融政策的要求，确定其信贷规模；中央银行对商业银行、政府的债权以及持有的国际储备增加，其负债也就相应增加：首先是商业银行或政府在中央银行的存款增长，又因其中有一部分要转化为现金而使其货币发行随后增加。其结果，中央银行的资产与负债仍然保持着平衡，但是已经是在更大货币量基础上的平衡。

由此可见，信用创造货币是当代不兑现信用货币制度下货币供给机制的重要内容，而且信用创造货币的功能为中央银行所掌握。

2. 商业银行的扩张信用并创造派生存款机制

商业银行经营货币信用业务，其资产规模必须取决于其负债水平。从银行信贷业务角度看，必须要以组织信贷资金来源作为运用信贷资金的基础，以维持其资产与负债的平衡关系。然而，尽管商业银行不具备信用创造货币的功能，但是具备在中央银行发行货币的基础上扩张信用并创造派生存款的能力。一旦中央银行增加一笔信用，无论是直接向商业银行发放贷款，还是在公开市场上购买国债，或是在外汇市场上购买外汇，其结果都会通过不同渠道使银行体系的信贷资金来源增加，商业银行可以利用这部分新增信贷资金发放新的贷款；而发放新的贷款又派生新增存款，又成为商业银行再发放贷款的资金来源……如此循环往复，中央银行每放出一笔信用，通过银行体系的辗转存贷，就可以派生出大量新增存款。

但是，商业银行不能无限制地创造派生存款。一般来说，银行体系扩张信用并创造派生存款的能力要受到三类因素的制约：

（1）受到缴存中央银行存款准备金的限制商业银行所吸收的存款并不能全数用于发放贷款或投资于有价证券，其中有一部分要按规定的比例缴存中央银行，还要留一部分作为支付清算、头寸调拨或作为资产运用的备用金，这两部分就不能作为商业银行继续发放贷款的资金来源。

（2）受到提取现金数量的限制。存款总有一部分要转化为现金，一旦商业银行的存款转化为现金，流出银行体系，这部分存款也就失去了扩张信用并创造派生存款的能力。

（3）受到企事业单位及社会公众缴付税款等的限制。各类法人单位及居民个人缴纳税款、购买政府债券，都会使其在商业银行的一部分存款转化为财政存款。这部分存款不属于商业银行的信贷资金来源，从而也失去了继续扩张信用的能力。

总之，中央银行每放出一笔信用，不仅直接向流通领域注入了一笔存款货币或现金，并且通过商业银行的信贷业务，能够扩张出若干倍的信用，派生出大量的新增存款。中央银行放出的信用是银行体系扩张信用并创造派生存款的基础，故被称为基础货币，包括中央银行发行的货币和商业银行在中央银行的存款，一般用 B 表示。基础货币的扩张倍数则取决于商业银行在其所吸收的全部存款中需存入中央银行部分所占比重即存款准备金率，以及需转化为现金及财政存款等所占比重的货币结构比率，这个倍数被称为货币乘数，等于存款准备金率与货币结构比率之和的倒数，一般用 K 表示。由此得出货币供应量的公式：

$$M = B \cdot K$$

五、货币均衡与失衡

货币的需求与供给既相互对立，又相互依存，货币的均衡状况则是这两者对立统一的结果。

1. 货币均衡的含义

货币均衡即货币供求均衡，是指在一定时期经济运行中的货币需求与货币供给在动态上保持一致的状态。货币均衡是用来说明货币供给与货币需求的关系，货币供给符合经济生活对货币的需求则达到均衡。货币均衡具有以下特征：

(1) 货币均衡是货币供求作用的一种状态，是货币供给与货币需求的大体一致，而非货币供给与货币需求在数量上的完全相等。

(2) 货币均衡是一个动态过程，在短期内货币供求可能不一致，但在长期内是大体一致的。(3) 现代经济中货币均衡在一定程度上反映了经济总体均衡状况。

2. 货币失衡的含义

货币失衡是与货币均衡相对应的概念。货币均衡要求货币供给大体等于货币需求，如果货币供给偏离货币需求，则存在货币失衡。

货币失衡主要有两大类型：总量性货币失衡和结构性货币失衡。

(1) 总量性货币失衡是指货币供给在总量上偏离货币需求达到一定程度从而使货币运行影响经济的状态。这里也有两种情况：①货币供应量相对于货币需求量偏小，或货币供应量相对于货币需求量偏大。②在现代信用货币制度下，前一种货币供给不足的情况很少出现，即使出现也容易恢复，经常出现的是后一种货币供给过多引起的货币失衡。造成货币供应量大于货币需求量的原因很多，例如，政府向中央银行透支以融通财政赤字，一味追求经济增长速度而不适当地采取扩张性货币政策刺激经济等，其后果之一就是引发严重的通货膨胀。

(2) 结构性货币失衡是另一大类货币失衡，主要发生在发展中国家，是指在货币供给与需求大体一致的总量均衡条件下，货币供给结构与对应的货币需求结构不相适应。结构性货币失衡往往表现为短缺与滞留并存，经济运行中的部分商品、生产要素供过于求，另一部分又求过于供。其原因在于社会经济结构的不合理。因此，结构性货币失衡必须通过经济结构调整加以解决，而经济结构的刚性往往又使其成为一个长期的问题。

总量性货币失衡和结构性货币失衡不是非此即彼的简单关系，在现实经济运行中往往是两者相互交织、相互联系，从而形成“你中有我，我中有你”的局面，以至于难以分辨。由于结构性货币失衡根源于经济结构，所以，中央银行在宏观调控时更多地注意总量性失衡。

六、货币均衡水平决定

1. 货币均衡的实现机制

当货币市场上出现均衡利率水平时，货币供给与货币需求相等，货币均衡状态便得以实现。如图 14－2，Ms 为货币供给曲线，向右上方倾斜，M_d为货币需求曲线，向右下方倾斜，货币供给曲线和需求曲线的交点 E 为均衡点，所对应的利率 r 为均衡利率水平，所对应的货币量 M_0为均衡货币量。

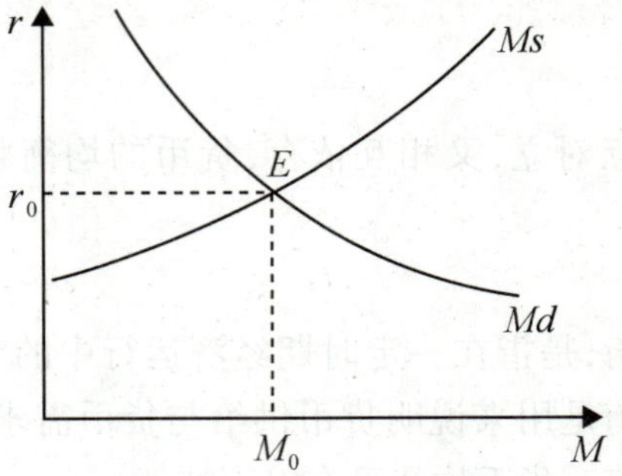

图 14－2　货币均衡示意图

2. 货币均衡水平决定因素

在宏观经济方面，总的要求是达到或保持社会总供给与总需求之间的平衡关系。在商品经济条件下，社会总供给总是以商品价格总额形态出现，表现为一定时期的国内生产总值（GDP）；社会总需求则是以货币形态出现表现为通过货币的多次周转而实现的社会购买力（MV）。因此，保持总需求与总供给的均衡关系，要求处理好货币数量与经济增长之间的关系。生产总是在不断发展的，流通规模也总是在不断扩大的。要保证国民经济在物价稳定的条件下协调发展，就必须使流通领域中货币数量的增长幅度与国民经济的增长速度相互配合。因此，假定货币流通速度相对稳定，货币供应量（M_1）就应当与国内生产总值（GDP）同步增长 $\triangle M_1 = Y' \cdot M_0$。其中，$Y'$为 GDP 增长率，M_0为上期货币存量，$\triangle M_1$为本期货币增量。

然而，物价因素毕竟不能不考虑。在一般情况下产品的价格不会因劳动生产率的提高而下跌。理由很简单：如果物价随着劳动生产率的升降而涨跌，那么各企业、经济部门乃至国家，其产值就只能反映出它们的劳动消耗状况从而使经济增长率除了反映劳动力就业增减变动之外，不会再有别的意义了。因此，在劳动生产率不断提高，单位产品所包含的价值量相对下降的情况下，商品价格并不相应降低。劳动生产率提高在技术或劳动密集程度不同的部门并不一致，从而造成所谓的产品价格剪刀差现象。在调整这种剪刀差现象时，一般都是通过调高价格低于价值的那部分劳动密集型产品的价格，以使价格体系趋于合理化，其结果必然是价格总水平上涨；同时，随着产品的更新换代，技术性能不断提高，也无形中使同类产品的价格自然上升，其结果也是导致价格总水平不断上涨。

由此可见，在现代信用货币制度下，剔除通货膨胀等非正常因素的影响，仍存在着物价水平自然上升的倾向。若将物价自然上升因素考虑进去，则流通领域中货币数量的增长应略高于国内生产总值的增长，即：

$$\triangle M_1 = (Y' + P') \cdot M_0 \text{或} M_1' = Y' + P'$$

式中：Y'为 GDP 增长率，P'为物价自然上涨率，M_1'为货币供应量增长率。上式反映了货币的均衡与经济增长及物价水平的关系。

第十五章　国民收入核算及宏观经济模型

知识框架

- 国民收入核算及宏观经济模型
  - 国民收入核算
    - 国内生产总值和国民收入
    - 国内生产总值的计算方法
    - 国民经济核算体系的意义
  - 宏观经济均衡的基本模型
    - 两部门经济中的储蓄—投资恒等式
    - 三部门经济中的储蓄—投资恒等式
    - 四部门经济中的储蓄—投资恒等式
  - 消费、储蓄和投资
    - 消费理论
    - 储蓄函数
    - 投资函数
    - 投资乘数
    - 简单的国民收入决定
  - 总需求和总供给
    - 总需求
    - 总供给

第一节　国民收入核算

一、国内生产总值和国民收入

国内生产总值(简称 GDP)是按市场价格计算的一个国家(或地区)在一定时期内生产活动的最终成果,是目前世界各国(或地区)普遍使用的衡量经济活动总量的基本指标。

国内生产总值有三种形态,即价值形态、收入形态和产品形态。从价值形态看,它是所有常住单位在一定时期内生产的全部货物和服务价值超过同期投入的全部非固定资产货物和服务价值的差额,即所有常住单位的增加值之和;从收入形态看,它是所有常住单位在一定时期内创造并分配给常住单位和非常住单位的初次收入之和;从产品形态看,它是所有常住单位在一定时期内最终使用的货物和服务价值减去货物和服务进口价值。

和国内生产总值关系最为密切的指标是国民总收入(GNI),也就是过去所常用的国民生产总值(GNP)。国民总收入是指一个国家(或地区)所有常住单位在一定时期内收入初次分配的最终结果。一国常住单位从事生产活动所创造的增加值在初次分配中主要分配给该国的常住单位,但也有一部分以生产税及进口税(扣除生产和进口补贴)、劳动者报酬和财产收入等形式分配给非常住单位。同时,国外生产所创造的增加值也有一部分以生产税及进口税(扣除生产和进口补贴)、劳动者报酬和财产收入等形式分配给该国的常住单位,从而产生了国民总收入的概念。它等于国内生产总值加上来自国外的净要素收入。需要指出的国民总收入与国内生产总值的另一个不同点是,国民总收入是一个收入概念,而国内生产总值是一个生产概念。

二、国内生产总值的计算方法

在实际核算中,国内生产总值的计算方法有三种,即生产法、收入法和支出法。生产法就是从生产的角度,通过核算各个产业在一定时期生产的最终产品的市场价值来核算国内生产总值。收入法就是从收入的角度核算整个社会在一定时期内获得的收入来求得 GDP。支出法就是从支出的角度,通过核算整个社会在一定时期内购买最终产品的支付总和来核算国内生产总值。以上三种方法计算的国内生产总值,在理论上应当相等,但实际工作中由于资料来源不同等原因,计算结果会出现一些差异,称为统计误差。

1.收入法国内生产总值构成

收入法是从生产过程中创造原始收入的角度计算的国内生产总值。各单位的增加值等于一定时期内的劳动者报酬、固定资产折旧、生产税净额、营业盈余四项之和。所有单位增加值之和就是国内生产总值。用公式表示就是:

收入法增加值 = 劳动者报酬 + 固定资产折旧 + 生产税净额 + 营业盈余

收入法国内生产总值 = 所有常住单位增加值之和

上述四项收入的内容是:

(1)劳动者报酬。指劳动者从事生产劳动应从单位获得的各种形式的报酬,包括工资总额、福利费和其他实物形式的劳动报酬。农户和个体劳动者生产经营所获得的纯收益主要是劳动所得,也都列入劳动者报酬中。

(2)固定资产折旧。指一定时期内为弥补固定资产损耗价值按规定比率提取的计入生产成本的折旧费。

(3)生产税净额。指一定时期内企业应向政府缴纳的生产税减去生产补贴后的差额。生产税是企业从事有关生产、销售和经营活动应缴纳的各种税金、附加费和规费,如销售税金及附加、增值税及企业管理费中各种税金等,是企业的利前税,不包括所得税。

(4)营业盈余。从总产出中扣除中间投入、劳动者报酬、固定资产折旧和生产税净额后的余额,大致相当于营业利润,但要扣除从利润中开支的工资和福利费。如果企业从政府获得生产补贴,应将补贴也计入营业盈余项中。

收入法国内生产总值反映一国或一个地区通过生产活动获得的原始收入及其初次分配项目。劳动者报酬为居民所得,固定资产折旧和营业盈余为企业、单位所得,生产税净额为政府所得。

按收入法核算所得的国内生产总值公式为:

国内生产总值 = 劳动者报酬 + 固定资产折旧 + 生产税净额 + 营业盈余

2.支出法国内生产总值构成

支出法国内生产总值是从社会最终使用的角度计算的国内生产总值。国内生产总值是一定时期生产的可供最终使用的产品价值,这些产品最终使用的去向,一是用于最终消费,二是用于投资即资本形成,三是用于出口。将一定时期这三项最终使用价值相加,就是支出法国内生产总值,公式为:

支出法国内生产总值 = 最终消费 + 资本形成总额 + 净出口

(1)最终消费。最终消费包括居民消费和政府消费。前者是一定时期内城乡居民为满足个人的物质和文化生活需要所消费的全部的货物和服务,后者是政府为全社会提供公共服务的支出,以及政府免费或低于市价向居民提供的货物和服务的净支出。

(2)资本形成总额。资本形成总额包括固定资本形成和存货增加。固定资本形成是常住单位建造、购置和转入的固定资产扣除销售和转出固定资产后的价值。存货增加包括原材料、燃料库存,生产单位产成品、半成品、在制品库存,销售单位商品库存期末价值减期初价值的差额。

(3)净出口。指一定时期货物和服务出口总值减进口总值后的差额。出口是本国(常住单位)向国外(非常住单位)销售和无偿转让货物和服务,进口是本国从国外购买和无偿得到的货物和服务。

运用支出法核算国内生产总值,可以计算资本形成率和最终消费率。资本形成率是指资本形成总额占国内生产总值的比重;最终消费率指最终消费支出占国内生产总值的比重。

如果对居民和政府的支出再分开核算,则支出法国内生产总值可以分为四个部分:①居民消费支出;②固定投资支出;③政府购买;④净出口。

上述四个项目构成了国内生产总值。如果用字母 C 表示居民消费,用 I 表示投资,用 G 表示政府购买,用 $(X-M)$ 表示净出口,用支出法计算 GDP 的公式可以表示为:

$$GDP = C + I + G + (X - M)$$

三、国民经济核算体系的意义

国民经济核算,即国民经济统计,是以整个国民经济为对象,综合应用统计、会计和数学等方法,对一国(或地区、部门)在一定时期内各交易主体的经济活动的条件、过程及其结果进行核算的方法。国民经济核算体系是围绕国民经济核算所形成的一套理论和方法。国民经济核算体系的意义有:

(1)国民经济核算体系是反映国民经济运行状况的有效工具。

(2)国民经济核算体系是宏观经济管理的重要依据。

(3)国民经济核算体系是经济统计的基本框架。

第二节　宏观经济均衡的基本模型

如前所述,国内生产总值既可以从收入方面核算,也可以从支出角度核算。从这两方面核算出来的 GDP 在理论上是完全一致的。从中,我们可以得到国民收入构成的基本公式,并且可以进而得到储蓄—投资恒等式。

一、两部门经济中的储蓄—投资恒等式

在两部门经济中，假设一个社会只有消费者(居民)和企业两个部门，没有政府部门和进出口部门，所以就没有企业间接税等税收项目，也没有政府购买和进出口贸易。为了分析简便起见，先不考虑折旧。

因此，在这样的经济体系中，从支出的角度来看，国内生产总值等于总支出，即消费支出的总和，所以有 $GDP = Y = C + I$；从收入的角度来看，国内生产总值等于国民总收入，总收入的一部分用来消费，剩余的一部分用来进行储蓄，用字母 S 表示，这样国民收入就为 $Y = C + S$，即 $GDP = Y = C + S$。由前面的分析中可以看出，从这两种角度核算的国内生产总值应该相等，故有：

$$GDP = C + I = Y = C + S$$

进而有：

$$C + I = C + S$$

公式两边同时消去 C 就得到 $I = S$，即得到储蓄—投资恒等式。其含义是：消费者未用于购买消费品的那部分收入(储蓄 S)等于未归于消费者手中的产品的价值(投资 I)。

需要指出的是，上述储蓄—投资恒等式是根据国内生产总值核算方法的定义得出。根据定义，从支出角度看，国内生产总值等于消费加上投资，即 $Y = C + I$，从收入角度看，国民总收入又等于消费加上储蓄。而国内生产总值又等于国民总收入，这样得出恒等关系，这种恒等关系就是两部门经济的总供给($C + S$)和总需求($C + I$)的恒等关系。

二、三部门经济中的储蓄—投资恒等式

现在在两部门经济的基础上加上政府部门的活动，就构成了三部门经济。政府支出主要包括政府购买(政府用于购买物品和服务的支出)和转移支付(政府给予居民的转移支付)，用 G 表示政府购买，用 T 表示政府税收。把政府考虑进来，从支出角度来看，国内生产总值就等于居民消费支出、投资支出和政府购买支出的总和，即 $GDP = Y = C + I + G$；从收入角度看，国民收入仍是所有要素所得的收入之和，即工资、利息、租金和利润的总和。国民收入除了用于消费和储蓄，还要有一部分用来交纳税金。但是，居民企业一方面交纳税金，另一方面又获得政府给予的转移支付，政府的净收入就要去掉这部分支出。用 TO 表示政府的全部税收收入，用 TR 表示政府转移支付，T 表示政府净收入，那么 $T = TO - TR$。所以，从收入方面来看，国民收入则为 $Y = C + S + T$。

从前面分析，总产出等于总收入，国内生产总值等于国民收入。因此有：

$$GDP = C + I + G = C + S + T = Y$$

得：

$$I = S + (T - G)$$

上式的 $(T - G)$ 可以看作是政府部门的储蓄，可以是正值，也可以是负值。S 为家庭储蓄和企业储蓄之和，可以通称为私人储蓄。这样，$S + (T - G)$ 可以表示整个社会的总储蓄。因此，公式 $I = S + (T - G)$ 也就表示了整个社会的储蓄(私人储蓄和政府储蓄之和)和整个社会的投资的恒等关系。

三、四部门经济中的储蓄—投资恒等式

四部门经济就是在三部门经济中引入国外部门(境外部门),国外部门的经济活动分为对外贸易和资本流动。这里只考虑对外贸易。此时,从支出角度看,国内生产总值是消费支出、投资支出、政府购买支出和净出口的总和,即 $GDP=C+I+G+(X-M)$。假定总收入不变,这样,四部门经济中,国民收入构成的基本公式为:

$$C+I+G+(X-M)=C+S+T$$

公式两边同时消去 C,就得到:

$$I+G+(X-M)=S+T$$

可以简化为:

$$I=S+(T-G)+(M-X)$$

上式中,$(M-X)$可以代表外国在本国的储蓄,因为从本国来看,进口代表其他国家向本国出口的产品,从而这些国家获得收入,收入流入国外。出口代表其他国家从本国购买商品和劳务,从而这些国家要支出,收入流入本国。该储蓄可以为正值,也可以为负值。这样 $I=S+(T-G)+(M-X)$的等式就代表了四部门经济中总储蓄和投资的恒等关系。

第三节　消费、储蓄和投资

一、消费理论

1.凯恩斯的消费理论

英国经济学家凯恩斯的消费理论是建立在三个假设(或三个前提)上的。

(1)边际消费倾向递减规律。凯恩斯从心理规律角度考察了消费倾向的变动规律,提出"边际消费倾向递减规律",即随着人们收入的增长,人们的消费随之增长;但消费支出在收入中所占比重却不断减少。边际消费倾向(MPC)是指消费的增量 ΔC 和收入的增量 ΔY 之比率,也就是增加的 1 单位收入中用于增加消费的部分的比率,边际消费倾向的公式为:

$$MPC=\Delta C/\Delta Y \text{ 或 } \beta=\Delta C/\Delta Y$$

按照这个规律,人们不断增加的收入中,用于消费支出的比例会越来越小;相反,储蓄部分会越来越多。一般来说,边际消费倾向总是大于 0 而小于 1 的,即 $0<MPC<1$。由于对一般正常的理性人来说,收入增加,消费不大可能下降或不变,所以边际消费倾向大于 0;增加的消费一般也只是增加收入的一部分,不会是全部收入,所以边际消费倾向小于 1。

(2)认为收入是决定消费的最重要的因素,其他因素都可看作在短期内变化不大或影响轻微。因此,可以把消费看作是收入的函数。即在假定其他因素不变的条件下,消费是随着收入的变动而相应变动的。

(3)认为平均消费倾向(APC)会随着收入的增加而减少。平均消费倾向(APC)是指消费总量 C 在收入总量 Y 中所占的比例,用公式表示为:

$$APC=C/Y$$

平均消费倾向可能大于、等于或小于 1，因为消费可能大于、等于或小于收入。

根据以上三个假设，如果消费和收入之间存在线性关系，则边际消费倾向为一常数，这时凯恩斯的消费函数可以用下列方程表示：

$$C = \alpha + \beta Y$$

式中，α 代表必不可少的自发消费部分，就是当收入为 0 时，即使动用储蓄或借债也必须进行的基本消费，β 为边际消费倾向，β 和 Y 的乘积表示由收入引致的消费。因此，上式的含义就是，消费等于自发消费和引致消费之和。

需要指出，边际消费倾向和平均消费倾向的关系是：边际消费倾向总是小于平均消费倾向，用公式表示就是：$MPC < APC$。这是因为，一般来讲，人们的消费可划分为自发消费和引致消费。自发消费是指无论收入多少，即便没有收入也是必须进行的，因此一般来讲变动不大，可看作一个常数，即公式中的 α，反映在图形上就是函数在纵轴上有一个正的截距项，从而可推导出边际消费倾向总是小于平均消费倾向，如图 15－1 所示。

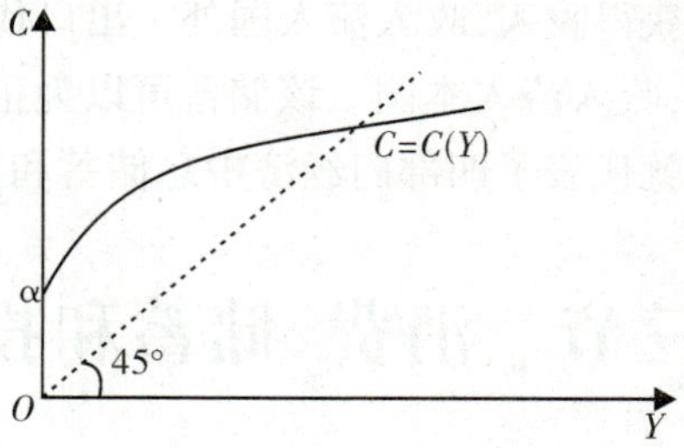

图 15－1　消费函数

2. 莫迪利安尼的生命周期消费理论

美国经济学家莫迪利安尼提出的生命周期消费理论强调了消费与个人生命周期阶段之间的关系，认为人们会在更长的时间范围内计划他们的生活消费开支，以达到他们在整个生命周期内消费的最佳配置，实现一生消费效用的最大化。各个家庭的消费要取决于他们在整个生命周期内所获得的收入与财产，也就是说消费取决于家庭所处的生命周期阶段。

假定人的一生分为三个阶段：青年时期、中年时期和老年时期。前两个阶段是工作时期，后一个阶段是非工作时期。一般来说，年轻人家庭收入偏低，消费可能会超过收入，但是有稳定的工作，他们未来的收入会增加。因此，人们在青年时期往往会把收入中的很大一部分用于消费，甚至是借贷消费用于购买房屋、汽车等耐用品。这时候储蓄很小甚至是零储蓄和负储蓄。随着他们进入中年时期，收入会日益增加，这时收入大于消费，因为一方面要偿还青年阶段的负债，另一方面还要把一部分收入储蓄起来用于防老。当他们进入老年时期时，基本没有劳动收入，收入下降，消费又会超过收入，此时的消费主要是过去积累的财产，而不是收入。

按照生命周期理论，理性的消费者总希望自己的一生能够比较安定地生活，使一生的收入与消费相等。家庭的收入包括劳动收入和财产收入，那么，一个家庭的消费函数就是：

$$C = \alpha \cdot WR + c \cdot YL$$

式中，WR 为财产收入；YL 为劳动收入；α 为财富的边际消费倾向；c 为劳动收入的边际消费倾向。

根据这一理论，由于组成社会的各个家庭处在不同的生命周期阶段，所以在人口构成没有发生重大变化的情况下，从长期来看边际消费倾向是稳定的，消费支出与可支配收入和实际国民生产总值之间存在一种稳定的关系。但是，如果一个社会的人口构成比例发生变化，则边际消费倾向也会变化，如果社会上年轻人和老年人的比例增大，则消费倾向会提高；如果中年人口的比例增大，则消费倾向会降低。

3. 弗里德曼的持久收入理论

美国经济学家弗里德曼提出的持久收入理论认为，消费者的消费支出不是根据他的当前收入决定的，而是根据他的持久收入决定的。所谓持久收入，是指消费者可以预期到的长期收入，即预期在较长时期中可以维持的稳定的收入流量。这一理论将人们的收入分为暂时性收入和持久性收入，并认为消费是持久收入的稳定的函数，用公式表示即：

$$C_t = c \cdot YP_t$$

式中，C_t 为现期消费支出；c 为边际消费倾向；YP_t 为现期持久收入。

这一理论认为，在长期中，持久性收入是稳定的，所以消费函数是稳定的。

二、储蓄函数

储蓄是收入减去消费的余额。从公式 $Y = C + S$ 可得：

$$S = Y - C$$

影响储蓄的因素虽然很多，但是，根据凯恩斯的假定，收入是决定储蓄最主要的因素，收入变化决定着储蓄变化。凯恩斯认为，随着收入的不断增加，消费增加会越来越少，而储蓄增加则会越来越多。储蓄与收入之间的依存关系被称为储蓄函数。

根据凯恩斯的消费函数的公式以及消费与储蓄的关系，可以推导出储蓄函数的公式：

$$S = Y - C = Y - (\alpha + \beta Y) = -\alpha + (1 - \beta)Y$$

式中，$1 - \beta$ 为边际储蓄倾向（MPS），或用 s 表示。边际储蓄倾向同边际消费倾向相似：

$$MPS = \Delta S / \Delta Y$$

并且，$0 < MPS < 1$。

平均储蓄倾向和平均消费倾向是相似的：

$$APS = S/Y$$

消费函数和储蓄函数的关系是：消费函数和储蓄函数互为补数，二者之和总是等于收入，因此 APC 和 APS 之和恒等于1。这就是说，消费函数和储蓄函数中的一个确立，另一个也随之确立。当消费函数已知时，就可求得储蓄函数；当储蓄函数已知时，就可求得消费函数。

三、投资函数

投资是购置物质资本（例如厂房、设备和存货，以及住房建筑物）的活动，即形成固定资产的活动投资，一般不包括金融投资在内。在日常生活中，从个人角度看，人们用自己的收入去购买各种有价证券、房产、设备、土地等，可以看作是投资；但从全社会角度看，这些购买不是投资，因为它仅仅是财产所有权的转移，即有价证券、房产、设备、土地从一个所有者手中转移到另一个所有者手中，而全社会的资本并没有增加。

决定投资的因素有很多,主要因素有实际利率、预期收益率和投资风险等。预期的通货膨胀率和折旧等也在一定程度上影响投资。

凯恩斯认为,实际利率越低,投资量越大。企业有时以贷款进行投资,有时以自有资本进行投资。无论用什么方式投资,利率都是机会成本的一部分。以贷款的方式投资,所支付的利息就是直接成本,而自有资本可以按现行利率贷款给其他企业,那么用自有资本投资所放弃的利息就是投资的机会成本。利率越低,任何一项投资的机会成本就越低,因此利率越低,投资就越有利可图,投资水平就会提高了。

如果企业贷款进行投资,则投资的成本就是利息;如果企业用自有资本投资,利息是投资的机会成本,因此仍可认为投资的成本是利息。决定利息的直接因素即为实际利率。因此,投资的成本取决于实际利率。如果投资的预期收益率既定,则实际利率越高,利息越多,投资成本越高,投资就会减少;反之,实际利率越低,利息越少,投资成本越低,投资就会增加。因此,投资是利率的减函数,如果假设投资和利率之间呈线性关系,则投资函数可以写成:

$$I = I(r) = e - dr$$

式中,I 表示投资;r 表示利率;e 表示自主投资,指的是由于人口、技术、资源等外生变量的变动所引起的投资,与利率无关,即使利率为零时也会存在;$-dr$ 表示引致投资,随利率的变化呈反方向变化,d 表示利率每上升或下降一个百分点,投资会减少或增加的数量。

四、投资乘数

乘数也叫倍数,即一个因素或变量的变化对整个社会经济活动的影响程度。决定收入的各种因素变化都会对国民收入产生乘数作用,例如投资乘数、政府购买支出乘数、税收乘数、政府转移支付乘数、平衡预算乘数、对外贸易乘数等。这里只阐述投资乘数。

对于投资而言,乘数原理就是增加一笔投资 ΔI,在国民经济重新达到均衡状态的时候,由此引起的国民收入增加量并不仅限于这笔初始的投资量,而是为初始投资量的若干倍。

为了更清楚地说明乘数原理,我们举一个具体例子。假定某部门增加 100 万元的投资,并且整个社会的边际消费倾向 $\beta = 0.8$。

当这增加的 100 万元投资被用来购买投资品时,实际上是以工资、利息、利润和租金的形式流入生产要素(这些生产要素被用于制造投资品)的所有者手中,即居民手中,产生国民收入的第一轮增加,即 ΔI(100 万元)。

由于社会的边际消费倾向 β 被假定为 0.8,所以增加的 100 万元收入中会有 80 万元用于购买消费品,从而以工资、利息、利润和租金的形式流入到用来制造消费品的生产要素的所有者手中,产生国民收入的第二轮增加,即 $\beta\Delta I$(80 万元)。

以上的过程不断进行下去,就可以得到第三轮乃至第 n 轮的收入增加。最后得到国民收入的成倍增加:

$$\triangle Y = (1 + \beta^1 + \beta^2 + \beta^3 + \cdots) \triangle I$$

$$\triangle Y = \lim_{n \to \infty} (1 - \beta^n) \triangle I / 1 - \beta = 1/(1 - \beta) \triangle I = 1/s \triangle I$$

因此,投资乘数可以写成:

$$k = \triangle Y / \triangle I = 1/(1 - \beta) = 1/s$$

式中,s 为边际储蓄倾向。上式表明投资乘数 k 为边际储蓄倾向 s 的倒数。

五、简单的国民收入决定

我们以两部门经济为例来分析国民收入是如何决定的。根据收入恒等于支出的原理,把消费函数、投资函数或储蓄函数代入收入恒等式后就可以解得均衡时的国民收入。

已知两部门经济由消费和投资组成,假定投资为常 $\bar{I}$,将消费函数代入收入恒等式 $Y=C+I$ 中,可以得:

$$Y=\alpha+\beta Y+\bar{I}$$

移项得:

$$(1-\beta)Y=\alpha+\bar{I}$$

由此得到:

$$y=a+\bar{I}/1-\beta$$

如果已知消费函数和投资总额,就可以很容易地计算出均衡国民收入。我们可以通过一个例子加以说明:在一个两部门经济中,已知消费函数为 $C=100+0.8Y$,投资 $I=460$ 亿元,求均衡国民收入。

解:根据题意可得,

$$Y=C+I=(100+0.8Y)+460$$

解之可得:$Y=2\,800$(亿元)

第四节 总需求和总供给

一、总需求

1.总需求的含义和影响因素

总需求是指在其他条件不变的情况下,在某一给定的价格水平上,一个国家或地区各种经济主体愿意购买的产品总量。

影响总需求的因素主要有:

(1)利率。在其他条件不变的情况下,利率上升会引起企业投资和居民购买住宅和耐用消费品的数量的减少,从而使总需求减少。而利率下降则会导致企业投资和居民购买住宅和耐用消费品数量的增加,从而使总需求增加。

(2)货币供给量。在其他条件不变的情况下,货币供给量增加,会导致总需求增加,货币供给量减少,则会导致总需求减少。

(3)政府购买。在其他条件不变的情况下,政府购买增加,会促使总需求增加;反之,则会使总需求减少。

(4)税收。在其他条件不变的情况下,税收减少会增加企业和居民的收入,从而导致总需求增加;反之,则会使总需求减少。

(5)预期。包括企业对利润的预期、居民对收入的预期。如果企业对未来的利润预期是增长的,则会扩大投资。如果居民对未来收入预期是增长的,也会增加消费。这都会导致总需求增加。反之,如果企业和居民对未来利润和收入的预期是悲观的,则会使总需求减少。

(6)价格总水平。在其他条件不变的情况下,价格总水平下降,会导致总需求上升,而价格总水平上升,则会导致总需求下降。

2. 总需求曲线

在宏观经济学中,为了说明价格总水平的决定,假定其他因素不变,只分析价格总水平与总需求的关系,就形成了总需求曲线 *AD*,如图 15 - 2 所示。

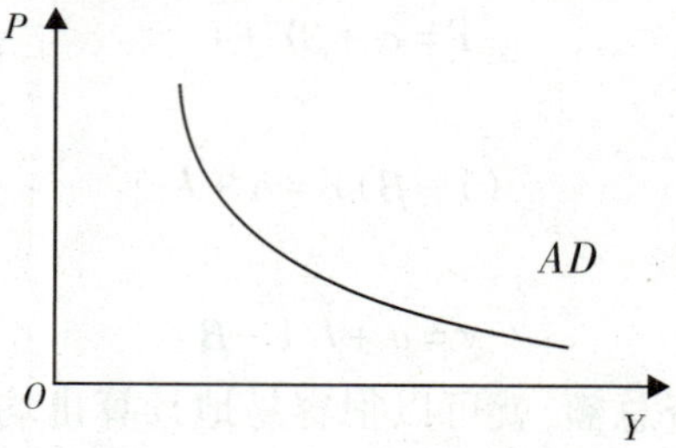

图 15 - 2 总需求曲线

在图 15 - 2 中,纵轴 *P* 为价格总水平,横轴 *Y* 为总需求,总需求曲线说明了价格总水平对总需求的影响作用。

图 15 - 2 表明,当价格总水平下降时,总需求扩大,当价格总水平上升时,总需求减少,价格总水平和总需求呈反方向变动。

对于图 15 - 2 显示的总需求曲线具有向右下方倾斜的特征,可以通过分析价格总水平对总需求的各个组成部分的影响,即价格总水平对消费、投资和出口的需求的影响来说明总需求曲线向右下方倾斜的原因。

从价格总水平与消费的关系来看,价格总水平下降,就会使居民持有的货币的实际购买力提高,而价格总水平上升,就会使居民持有的货币的实际购买力降低。居民实际购买力提高,其消费需求就会增加,而居民实际购买力降低,其消费需求就会减少。这种由价格总水平的变动引起居民收入及财富的实际购买力的反向变动,从而导致总需求反向变动的现象被称为“财富效应”。

企业投资的变化在很大程度上受到利率水平影响。而利率水平与价格总水平的变动关系十分密切。价格总水平上升,会使人们的货币交易需求增加,进而导致利率上升。利率上升不仅会增加企业投资的成本,从而促使企业减少投资,而且会增加居民用于住宅和耐用消费品的借款成本,从而减少对这些商品的需求。反之,如果价格总水平下降,会使利率下降,从而增加企业投资需求和居民住宅投资和消费需求。这种由价格总水平变动引起利率变化并进而与投资、消费及总需求的这种反方向变化的现象被称为“利率效应”。

一个国家或地区的出口需求与汇率变化关系密切,而汇率在很大程度上受价格总水平的影响。在固定汇率制度下,价格总水平上升使国内产品与进口产品的比价发生变化,国内产品价格升高,进口产品相应地变得便宜。消费者和企业就会增加对进口产品的购买而减少对国内产品的购买,结果就会导致进口增加,出口下降。反之,价格总水平下降则会刺激出口,抑制进口。

而在浮动汇率制度下，价格总水平上升，会使利率上升，从而吸引国外资本流入，给本国货币带来升值压力，从而使得进口产品价格相对便宜，出口需求相应下降。反之，价格总水平下降，则会促使出口增加。这种由价格总水平通过汇率变动影响出口需求的变化并与总需求成反方向变化的现象称为“出口效应”。

二、总供给

1. 总供给的含义和影响因素

总供给是指在其他条件不变的情况下，一定时期内在一定价格水平上，一个国家或地区的生产者愿意向市场提供的产品总量。

我们知道，总供给的变动主要取决于企业的利润水平，而利润水平又取决于市场价格与生产成本，因而决定总供给的基本因素就是价格与成本。其他因素，如技术进步、工资水平变动、能源及原材料价格变动等所谓的“外部冲击”因素都是通过成本的影响而影响企业利润水平从而影响总供给的。除了这两个基本因素，企业的预期也是一个重要因素。如果企业对未来利润的预期是下降的，企业就会减少生产，从而使总供给减少。

同总需求曲线一样，总供给曲线反映的是在其他因素不变的条件下，总供给与价格总水平变动的关系。但是，由于决定供给的价格和成本中的工资在长期中具有灵活性，在短期具有黏性，或缺乏弹性，因而总供给曲线分为长期与短期两种形式，即长期总供给曲线与短期总供给曲线。

长期总供给曲线 *LRAS* 是一条与横轴 *Y* 相交的垂直线，如图 15－3 所示。

图 15－3 表明，从长期来看，总供给变动与价格总水平无关，不论价格总水平 P 如何变化，总产出不变。这就意味着，长期总供给只取决于劳动、资本与技术，以及经济体制等因素。

从短期来看，总供给曲线一般应是一条向右上方倾斜的曲线，如图 15－4 所示。

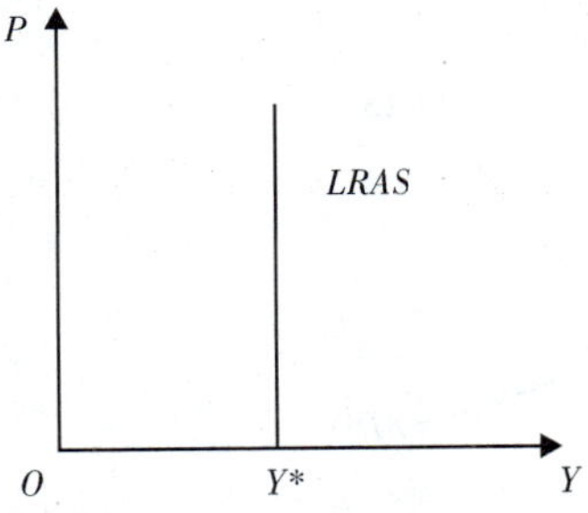

图 15－3　长期总供给曲线

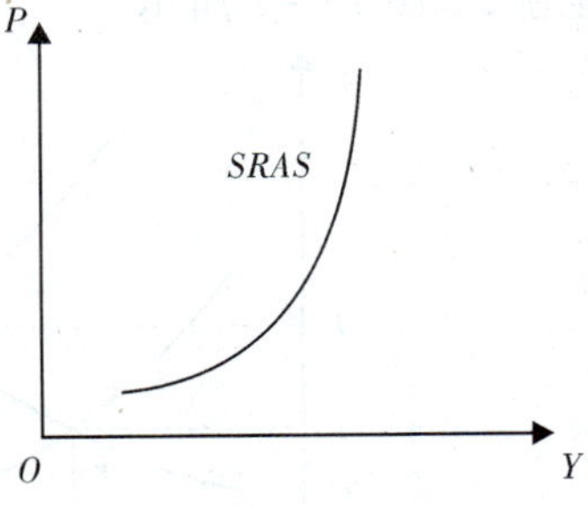

图 15－4　短期总供给曲线

2. 总供求模型

把长期总供给曲线和总需求曲线结合起来，可以分析在长期中价格总水平是如何决定的，如图 15－5 所示。

在图 15－5(*a*) 中，总需求曲线 *AD* 与长期总供给曲线 *LRAS* 相交于 *A* 点，决定了价格总水平为 P^*。在图 15－5(b) 中，由于货币供给量的减少，使总需求曲线从 AD_1 向下移动到 AD_2，总供给曲线没有任何变化，*AD* 与 *LRAS* 的相交点从 *A* 点下降至 *B* 点，价格总水平相应地从 P_1 下降为 P_2。这说明，从长期来看，影响价格总水平的是总需求。

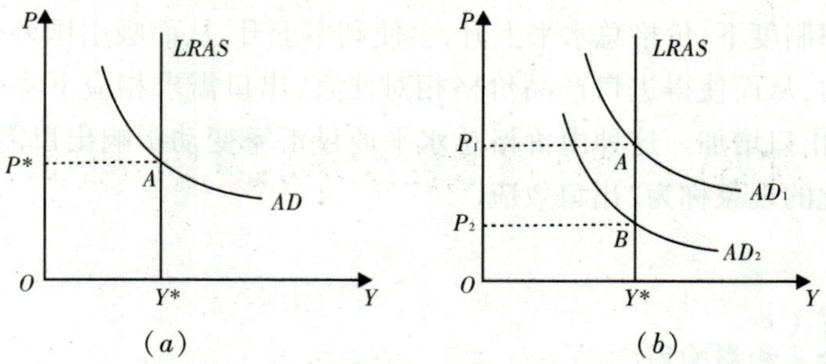

图 15-5　长期价格总水平的决定

把短期总供给曲线与总需求曲线结合起来,我们可以看到在短期中价格总水平是如何决定的,如图 15-6 所示。

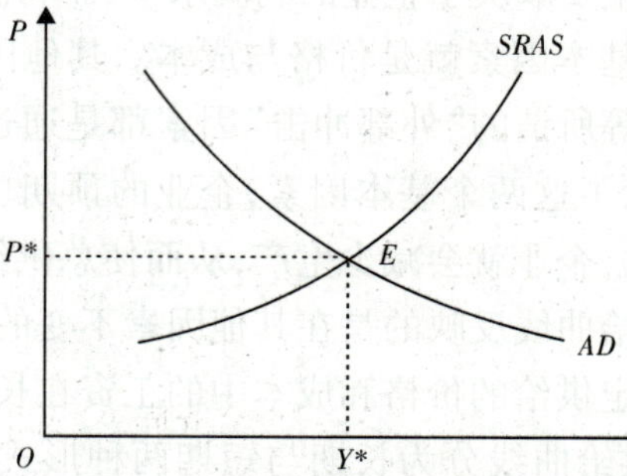

图 15-6　短期价格总水平的决定

在图 15-6 中,总需求曲线 AD 和短期供给曲线 SRAS 相交于 E 点,在此点上,总产出 Y^* 为均衡总产出,而 P^* 为均衡价格总水平。可以进一步理解为,Y^* 为潜在的总产出,P^* 为变动率为 0 时的价格总水平。

假定在短期内总供给曲线不变,由于总需求的增长,总需求曲线向右平行移动,则会导致价格总水平上涨,如图 15-7 所示。

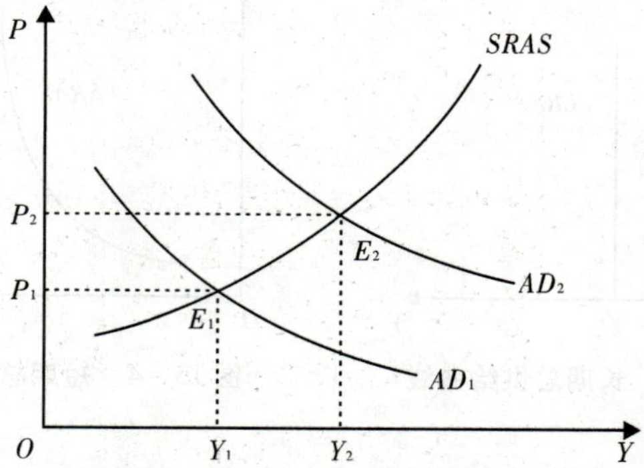

图 15-7　总需求变动导致价格总水平上涨

在图 15-7 中,由于总需求增长,总需求曲线从 AD_1 向右平行移动为 AD_2,而总供给曲线 SRAS 不变。总供给曲线和总需求曲线相交点从 E_1 移动到 E_2,价格总水平从 P_1 上涨到 P_2。这就是需求拉动型通货膨胀的基本模型。

第十六章　经济增长和经济发展理论

知识框架

- 经济增长和经济发展理论
  - 经济增长
    - 经济增长的含义及其与经济发展的区别
    - 决定经济增长的基本因素
    - 经济增长的影响因素
    - 经济增长方式及其转换
    - 经济增长速度
    - 经济增长因素分解
    - 经济增长新常态
  - 经济周期和经济波动
    - 经济周期和经济波动的类型
    - 产生经济周期的原因
    - 经济周期的阶段划分和阶段特征
    - 导致经济波动的主要因素
    - 我国的经济波动
    - 分析和预测经济波动的指标体系
  - 经济发展
    - 经济发展的基本理论
    - 经济发展方式
    - 经济发展方式与经济增长方式的关系
    - 经济发展战略
    - 产业、就业与经济发展
    - 科学发展观、可持续发展和永续发展
    - 经济发展新常态的含义和特征
    - 树立和落实创新、协调、绿色、开放、共享的发展理念
    - 供给侧结构性改革的含义和主要任务
  - 产业结构和布局管理
    - 产业结构的含义
    - 产业结构的类型
    - 产业结构的演进规律
    - 产业结构调整
    - 产业布局的影响因素
    - 产业布局的原则

经济增长和经济发展理论
- 现代化经济体系
  - 现代化经济体系的特征和目标任务
  - 现代化经济体系建设
- "一带一路"倡议
  - "一带一路"的内涵
  - "一带一路"提出的中国背景
  - 启动"一带一路"的意义
  - 丝路新图

第一节　经济增长

一、经济增长的含义及其与经济发展的区别

经济增长是指一个国家或地区在一定时期内的总产出与前期相比所实现的增长。通常用国内生产总值(GDP)或人均国内生产总值来衡量。对一国经济增长速度的度量,通常用经济增长率来表示。设 ΔY_t 为本年度经济总量的增量,Y_{t-1} 为上年所实现的经济总量,则经济增长率(G)就可以用下式表示:

$$G=\Delta Y_t/Y_{t-1}$$

由于 GDP 的计算中包含了产品或服务的价格因素,所以在计算 GDP 时,就可以分为用现价计算的 GDP 和用不变价格计算的 GDP。用现行价格计算的 GDP,可以反映一个国家或地区的经济发展规模,用不变价格计算的 GDP 可以用来计算经济增长速度。

经济增长率的高低体现了一个国家或一个地区在一定时期内经济总量的增长速度,也是衡量一个国家总体经济实力增长速度的标志。但是,应当注意,由于 GDP 只是一个衡量总产出的概念,并不包含伴随经济增长带来的生态与环境变化的影响,因此经济增长率并不能全面反映一个国家或地区的经济发展的实际状况。经济发展是一个比经济增长含义更广的概念。经济发展既包括经济增长,也包括伴随经济增长过程而出现的技术进步、结构优化、制度变迁、福利改善以及人与自然之间关系的进一步和谐等方面的内容。从经济增长与经济发展的关系来看,经济增长是经济发展的基础,没有一定的经济增长,就不会有经济发展。但经济增长并不简单地等同于经济发展。不重视质量和效益,不重视经济、政治和文化的协调发展,不重视人与自然的和谐,就会出现增长失调,从而最终制约发展的不良局面。

二、决定经济增长的基本因素

一般来说,决定经济增长的因素包括科学技术进步、自然资源状况、社会制度、经济体制与经济政策以及人口的增长情况等。具体来看,决定经济增长的有以下基本因素。

1. 劳动的投入数量

在其他因素既定的条件下,一个社会投入生产的劳动数量越多,生产的产品就可能越多,经济增长速度就越高。一个国家或地区的劳动投入的数量多少取决于人口规模和人口结构,以及劳动者投入的劳动时间的多少。

2. 资本的投入数量

在其他因素不变的条件下，资本数量投入越多，经济增长速度就越高。资本的投入数量也受多种因素制约，其中最重要的是资本的利用率或生产能力利用率，就是资本，主要是机器、设备、厂房等固定资产的利用率。在生产能力一定时，生产能力利用率提高就能够增加资本的投入量，否则，就会减少资本的投入量。

3. 劳动生产率

劳动生产率是指劳动生产效率，一般用在一定时间（如一年）内每个劳动者所生产的国内生产总值，或单位劳动时间所生产的国内生产总值来计算。劳动生产率提高就意味着劳动者在单位时间内的效率的提高，也就是说，同样数量的劳动力在同样的时间内可以生产更多的产品。不同的国家，即使具有同样的劳动人口，投入同样的劳动时间，劳动生产率较高的就可以生产更多的产品。在同样的劳动投入的情况下，劳动生产率的提高就可以带来经济的增长。

4. 资本的效率

资本的效率也就是所谓的投资效益，是指单位资本投入数量所能产生的国内生产总值。一般用国内生产总值与资本总额的比率来表示，也可以用生产单位国内生产总值需要投入的资本数量来表示。在其他因素不变的条件下，资本的效率提高就会带来经济增长；反之，资本效率下降就会导致经济增长速度下降。

可见，决定经济增长的具体因素主要有劳动的投入数量和劳动生产率、资本的投入数量和资本的利用效率。

三、经济增长的影响因素

（1）投资。一般地，经济增长与投资成正比例关系。但在结构失衡的条件下，投资增多，可能导致结构的进一步失衡。

（2）资源。资源是影响经济增长的重要条件，资源越丰富越有利于经济增长。

（3）劳动者数量。劳动者与生产资料和结构相适应的条件下，劳动者数量与经济增长成正比。

（4）劳动生产率。劳动生产率是影响经济增长的最主要因素。生产率是投入产出的比例，是资源利用效率的衡量指标。劳动生产率提高，资源的利用效率提高，在相同资源条件下，能够带来更多的经济增长。

（5）科技。科技是经济增长的决定因素，科学技术是第一生产力。

（6）管理。管理水平提高可以使各种生产要素得到合理利用，从而减少各种消耗，提高经济效益。

（7）制度。科学的经济政策、完善的法律体系、高效的经济体制和运行机制，有利于经济的增长。

（8）经济结构。合理的结构和协调的比例关系，可以保证国民经济按比例健康地发展。这是任何条件下决定经济增长的重要因素。

（9）消费。消费能够刺激生产，进而拉动经济增长。

(10)政治经济环境。稳定的国际、国内政治经济环境,既是经济增长的前提条件,也是经济增长的决定因素。

四、经济增长方式及其转换

1. 经济增长方式

经济增长方式:指资源的总体配置方式,即决定经济增长的各种要素的组合方式及各种要素组合起来推动经济增长的方式。

经济增长方式包括粗放型和集约型两种方式。

粗放型经济增长方式是指在生产要素的质量、结构、使用效率不变的情况下,单纯依靠生产要素的大量投入和扩张来实现经济增长,如扩大生产场地、添加技术水平不变的机器设备、增加劳动者的数量等。其基本特征是依靠增加生产要素量的投入来扩大生产规模,实现经济增长。以这种方式实现经济增长,消耗较高,成本较高,产品质量难以提高,经济效益较低。

2. 转变经济增长方式

集约型经济增长方式是指依靠生产要素质量和使用效率的提高,以及生产要素的优化组合等方式实现经济增长,如提高技术水平和劳动者素质,增加资金、设备、原材料的利用率等。其基本特征是依靠提高生产要素的质量和利用效率,实现经济增长。以这种方式实现经济增长,消耗较低,成本较低,产品质量能不断提高,经济效益较高。

转变经济增长方式,是指经济增长方式从粗放型增长方式为主转向集约型增长方式为主。这种转变是渐进的,需要有一个过程,是全局性的,不排斥某些地区、城市、企业在某些条件下实行粗放型增长。各地区和城市受其所处环境、市场条件、技术发展水平以及就业状况等因素的制约,经济增长方式可能存在很大差异,增长方式的转变也不会步调一致。转换经济增长方式的内容和途径:

(1)深化经济体制改革,加快建设社会主义市场经济体制的步伐,为转变经济增长方式创造体制条件。

(2)加快科技进步和全面提高劳动者素质,使科技进步对整个经济增长的贡献率和科技成果转化率均达到50%以上。

(3)大力推进产业结构的优化升级,大力加强和提高第一产业,调整和充实第二产业,加快第三产业发展。

(4)实施资源节约型发展战略,广泛采用节能、节材的新设备、新工艺、新技术、新产品,坚持能源开发与保护并举,加强综合利用。

(5)通过完善国家产业政策,制定区域经济政策,充分运用有关经济杠杆以及健全法制等途径,为实现经济增长方式转变创造综合配套的政治法制环境。

五、经济增长速度

经济增长速度是指一个国家一定时期(通常是一年或一季度)经济增长快慢程度,通常用一年或一季度 *GDP* 增长率来表示。

中国经济保持较快增长的理由是:

（1）实现社会主义生产目的的需要。中国人民的生活水平不高，生活质量比较差，而社会主义的生产目的是"用在高度技术基础上，使社会生产不断增长的办法来最大限度地满足整个社会日益增长的物质和文化生活的需要"。因此，只有实现较快的经济增长，才能较快地增加人民群众的收入，提高人民群众的生活水平。

（2）实现三步走的客观要求。中国要在2020年全面建成小康社会，2050年赶上中等发达国家，需要较快的经济增长速度。

（3）中国与资本主义发达国家在国民生产总值的总量和人均量方面存在着很大的差距。只有实现较快的经济增长，才能逐步赶上并最终超过他们。

（4）中国面临的社会问题要通过经济增长来解决。中国正处于工业化的中期，环境、就业和社会保障等问题突出，需要通过经济增长速度来解决，还有更深层次的问题，如社会主义的认识、社会主义有没有优越性等，也需要通过经济增长速度来回答。

六、经济增长因素分解

为了分析影响经济增长的具体因素的作用，一些经济学家通过生产函数建立了经济增长的分解公式，对劳动、资本的投入以及要素的生产效率在经济增长中所发挥的作用进行了分解。

1. 两因素分解法

这种方法就是假定其他因素不变，把经济增长看作某一项生产要素，劳动或资本与其生产率的作用的结果，把经济增长率按照劳动和劳动生产率两项因素进行分解。假定经济增长取决于两个因素，工作小时数（即劳动时间）的增加率和每小时产出的增加率（即劳动生产率的增长率），那么：

经济增长率 = 工作小时数的增加率 + 每小时产出的增加率

如以 G_Q 表示经济增长率，G_H 表示工作小时数的增加率，G_P 表示每小时产出的增加率，就有：

$$G_Q = G_H + G_P$$

2. 三因素分解法

这种方法就是运用生产函数，把经济增长按照劳动投入、资本投入和全要素生产率三个因素进行分解，计算这三项因素对经济增长的贡献份额。我们知道，生产函数为：

$$Y_t = A_t F(L_t, K_t)$$

式中，Y_t 为 t 时期总产出（GDP），A_t 是 t 时期的技术进步程度，L_t 是 t 时期投入的劳动量，K_t 是 t 时期投入的资本量。

如果以 $\triangle Y/Y$ 表示 t 时期的经济增长率，$\triangle A/A$ 表示 t 时期的技术进步增长率，$\triangle L/L$ 表示 t 时期的劳动增长率，$\triangle K/K$ 表示 t 时期的资本增长率，α 表示 t 时期的劳动产出弹性，β 表示 t 时期的资本产出弹性，并且 α、β 都是大于0小于1的，且 $\alpha + \beta = 1$，那么，就有经济增长率分解式：

$$\triangle Y/Y = \triangle A/A + \alpha \triangle L/L + \beta \triangle K/K$$

如果 $G_Y = \triangle Y/Y, G_A = \triangle A/A, G_L = \triangle L/L, G_K = \triangle K/K$，那么，上式就可写成：

$$G_Y = G_A + \alpha G_L + \beta G_K$$

即：经济增长率 = 技术进步率 +（劳动份额 × 劳动增加率）+（资本份额 × 资本增长率）

利用经济增长核算方程，我们还可以计算技术进步对经济增长的贡献率，或者说计算技术进步程度在经济增长率中所占份额或比重，这就是所谓的全要素生产率（Total Factor Productivity，简称 TFP），即扣除劳动、资本等要素投入数量等因素对经济增长率的贡献之后，技术进步因素对经济增长的贡献份额。由于是由美国经济学家罗伯特·索罗首先提出的，因此也叫索罗余值。如果 G_A 表示全要素生产率，其计算公式为：

$$G_A = G_Y - \alpha G_L - \beta G_K$$

我们可以通过一个例子加以说明：假设某个国家 1990 ~ 1994 年 GDP 增长 7.3%，资本存量增长 6.6%，劳动力增长 5.4%。如果资本在 GDP 增长中的份额为 30%，劳动力为 70%，那么，这一时期全要素生产率增长多少呢？

计算过程如下：

$$\begin{aligned} G_A &= G_Y - \alpha G_L - \beta G_K \\ &= 7.3\% - (30\% \times 6.6\%) - (70\% \times 5.4\%) \\ &= 1.54\% \end{aligned}$$

计算结果是这一时期全要素生产率增长了 1.54%。

七、经济增长新常态

1. 新常态的含义

新常态的“新”是指“有异于旧质”，“常态”就是指时常发生的状态。新常态就是不同于以往的、相对稳定的状态。这是一种趋势性、不可逆的发展状态，意味着中国经济已进入一个与过去 30 多年高速增长期不同的新阶段。

2. 新常态的提出

改革开放以来，中国经济一直以平均 10% 左右的速度增长，但是从 2012 年起开始回落，2012 年、2013 年、2014 年上半年增长速度分别为 7.7%、7.7%、7.4%，是经济增长阶段的根本性转换。于是，2014 年 5 月，中共中央总书记习近平在河南考察时说：“中国发展仍处于重要战略机遇期，要增强信心，从当前中国经济发展的阶段性特征出发，适应新常态，保持战略上的平常心态。”这是中央领导人首次以“新常态”描述新周期中的中国经济。

3. 新常态的主要特点

新常态下中国经济有三个不同于过去 30 多年的特征：

(1) 从高速增长转为中高速增长。

(2) 经济结构不断优化升级，第三产业消费需求逐步成为主体，城乡区域差距逐步缩小，居民收入占比上升，发展成果惠及更广大民众。

(3) 从要素驱动、投资驱动转向创新驱动。

这三个特征是一个具有内在统一逻辑的体系。中国经济在经历 30 多年的快速增长之后，无论是经济基本面，还是经济发展基本模式、产业业态以及经济增长动力已经今非昔比。

中国经济基本面不仅发生了量的巨变，而且发生了质的飞跃，用过去的眼光看待中国经济、用过去的思维思考中国经济既不准确，也不现实。以经济速度而言，中国经济在经历30多年的快速增长之后，已经正式告别高速增长进入到“常态增长”阶段，经济增速将在8%以下、7%以上运行。

4. 新常态给中国带来新的发展机遇

(1)经济增速虽然放缓，但实际增量依然可观。正如习近平说，“2013年一年中国经济的增量就相当于1994年全年经济总量，可以在全世界排到第十七位。即使是7%左右的增长，无论是速度还是体量，在全球也是名列前茅的”。因此，不能想当然地认为中国经济7%左右的增长是一个很差的速度，也不能认为应该通过政策刺激，让经济增速再回到8%以上的高速轨道上去。

(2)经济增长更趋平稳，增长动力更为多元。习近平说，以确定的战略和所拥有的政策储备，我们有信心、有能力应对各种可能出现的风险。我们正在协同推进新型工业化、信息化、城镇化、农业现代化，这有利于化解各种“成长的烦恼”。中国经济更多依赖国内消费需求拉动，避免依赖出口的外部风险。

(3)经济结构优化升级，发展前景更加稳定。2014年前三季消费对经济增长的贡献率超过投资、服务业增加值占比超过第二产业、高新技术产业和装备制造业增速高于工业平均增速、单位GDP能耗下降等数据表明，中国经济结构“质量更好，结构更优”。

(4)政府大力简政放权，市场活力进一步释放。由于改革了企业登记制度，2014年前三季度新增企业数量较2013年增长60%以上。

下一个30年，仍然属于中国黄金发展的30年，中国的增长方式将更加合理，产业的国际竞争力将大幅提升，经济发展带来的幸福感将更加包容，中国经济对全球的影响将更为深刻和全面。但这种机遇能否兑现，取决于我们能否深刻认识中国经济的新常态，对经济减速保持宽容，对调整中的风险不再回避和拖延。

5. 促进经济增长的政策

(1)大力开发人力资源，促进人力资本积累，增加劳动供给。人是最活跃、最积极的主动性的生产力要素。

(2)建立资源节约型的发展模式，提高资源利用效率和单位资源人口承载力，保护资源，降低消耗，实现资源可持续发展。

(3)促进经济与环境的协调发展，在经济发展中保护环境，在环境保护中促进经济发展，实现二者的协调统一。

(4)走新型工业化道路。处理好工业化与信息化关系，坚持以信息化带动工业化，以工业化促进信息化；发挥科学技术的重要作用；推进产业结构优化升级；大力发展教育。

(5)实施科教兴国战略，加强基础研究和应用基础研究，鼓励科学技术创新，促进技术进步，把工程科技放在科技化发展的突出地位，选择装备制造、农产品深加工。资源综合利用等重点领域，加快开发能够推动传统产业升级的共性技术、关键技术和配套技术。

第二节 经济周期和经济波动

一、经济周期和经济波动的类型

从动态来看，一个国家或地区的经济活动总是处于波动之中的，在一个较长的历史时期内，比如5年或10年内，很难一直保持同样的经济增长速度。有的年份增长得快一些，有时候可能会慢一些，甚至会出现下降的趋势。即使在一个短期内，比如一个年度内，各个季节的变动方向和幅度也有不同。但是经济波动也是存在一定的规律性的，往往呈现出一定的周期性。

经济周期又称商业循环，是指总体经济活动沿着经济增长的总体趋势而出现的有规律的扩张和收缩。要理解这个定义需要注意，经济周期指的是总体经济活动，而不是个别部门或个别经济总量指标。有人认为，即使是最重要的经济总量指标GDP的单独波动也不能反映经济周期。一般认为，经济周期需要通过一组经济总量指标，包括GDP、就业和金融市场指标等，才能够说明经济周期。

按照周期波动的时间长短，经济周期主要有三种类型，即长周期、中周期和短周期。

长周期又称长波循环或康德拉耶夫周期，每个周期的长度平均为50~60年。中周期又称大循环或朱格拉周期，每个周期的平均长度约为8年。短周期又称小循环或基钦周期，它的平均长度为3~5年。

在现实生活中，对经济运行影响较大且较为明显的是中周期，人们最关注的也是中周期，国内外经济文献中所提到的经济周期或商业循环也大都是指中周期。

按照经济总量绝对下降或相对下降的不同情况，经济周期又可分为古典型周期和增长型周期。如果经济运行处在低谷时的经济增长为负增长，即经济总量GDP绝对减少，通常将其称为古典型周期；如果处在低谷时的经济增长率为正值，即经济总量只是相对减少而非绝对减少，则为增长型周期。

二、产生经济周期的原因

熊彼特认为，经济的周期性变化是由创新推动的，大的创新影响较大，影响时间较长，因此影响大、时间较长的创新导致长周期；而小创新影响小，影响的时间较短，因此影响小、时间短的创新推动短周期。

但萨缪尔森等经济学家认为，经济周期是由经济中内生变量引起的，外生变量只能通过内生变量才能影响到经济波动。乘数和加速数共同作用导致经济周期的发生。乘数是指支出的变动将会引起收入的更大变动，二者之间的比值即为自发支出乘数。而加速数是指在生产能力已被充分利用时，收入的变化引起投资变化到什么程度的系数。

三、经济周期的阶段划分和阶段特征

一般来说，可以把经济周期首先划分为两个阶段，即扩张阶段和收缩或衰退阶段，如果衰退特别严重，则可称为萧条。扩张阶段又可以再细分为复苏阶段和繁荣阶段，复苏是扩张阶段的初期,繁荣是扩张阶段的后期。紧缩阶段的最低点叫作谷底,扩张阶段的最高点叫作峰顶。谷底和峰顶也叫转折点或拐点。

图16－1显示的是一个西方国家常见的经济周期分阶段图形。纵轴 y 表示年度增长率,横轴 t 表示时间。在衰退期间,实际经济增长率为负数,在扩张期间,实际经济增长率为正数。当然,这个图形并不适合描述我国的增长型经济周期的变动趋势。

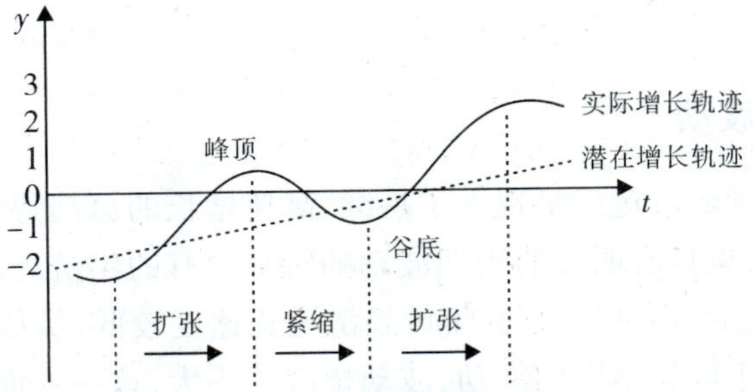

图16－1　经济周期的阶段

在经济周期中的复苏和繁荣阶段,可能出现的一般特征是,伴随着经济增长速度的持续提高,投资持续增长,产量不断扩大,市场需求旺盛,就业机会增多,企业利润、居民收入和消费水平都有不同程度的提高,但也常常伴随着通货膨胀;相反,在经济的衰退或萧条时期,伴随着经济增长速度的持续下滑,投资活动萎缩,生产发展缓慢,甚至出现停滞或下降,产品滞销,就业机会减少,失业率提高,企业利润水平下降,亏损、破产企业的数量增多,居民收入和消费水平呈不同程度的下降趋势。

在不同国家或地区,或者同一国家或地区的不同时期,经济周期的表现是有着很大差别的。也可以说,经济周期的运行是很不规则的。有时候衰退的时间长一些,有时候则短一些,有时候波动幅度大一些,有时候可能小一些。

四、导致经济波动的主要因素

导致经济运行出现周期性波动的因素很多,主要的有:

(1)投资率的变动。一般而言,投资与经济增长具有正相关关系。投资增长较快,会导致国民经济的较快增长。投资增长缓慢,也会带来经济增长的下降。当然,投资与经济增长的关系还要取决于投资的效率。

(2)消费需求的波动。消费需求不足,会导致总需求小于总供给,进而导致产出下降,失业增加,从而使经济增长率下降。

(3)技术进步的状况。一种新的技术的出现,往往会带来一个新的产业,有时会带来整个经济结构的剧烈变化。当技术进步较快时,经济增长的速度较高;当技术进步缓慢时,经济增长就比较缓慢。

(4)预期的变化。人们对经济前景的预测和判断往往会因影响经济主体的决策行为,当人们对今后经济增长的预期比较乐观时,就愿意增加消费或投资,从而推动经济增长;反之,当人们的预期不好时,就会减少投资或消费,总需求的增长就会下降,从而限制经济的增长。

(5)经济体制的变动。例如我国,在过去的计划经济体制下,由于地方政府,特别是国有企业存在着"预算软约束",投资需求增长过快成为一个经常的现象,从而使经济总是处于过热状态。当政府对这种过热的状态进行调整时,又会带来经济增长速度的下降。

(6)国际经济因素的冲击。在当今经济全球化时代,各个国家或地区的经济活动是紧紧联系在一起的,一个或少数几个国家经济出现衰退,很可能会波及相关国家,从而导致这些国家的经济波动。例如,2008 年以来我国经济波动的主要原因就是受到了国际金融危机的严重冲击。

五、我国的经济波动

改革开放以后,我国经济运行呈现出了持续、高速增长的总趋势。但不可否认,在经济持续、高速增长的同时,也具有明显的周期波动的特征。有的年份经济增长速度很高,例如 2007 年经济增长速度超过了 14%;有的年份经济增长速度较低,例如 2015 年低于 7%。但是,我国的经济周期属于增长型周期波动,波动幅度并不大,这一方面说明了我国政府对经济运行的调控能力在不断增强,另一方面也显示出了市场机制配置资源的优越性。

六、分析和预测经济波动的指标体系

如前所述,经济波动是具有一定的周期性的,经济周期的不同阶段,如复苏、扩张、收缩或衰退都不是在某一个月突然发生的,而是通过许多经济变量在不同的经济过程中的不断演化而逐渐展开的。因此,就可以建立一些经济指标来检测、分析和预测经济周期的各个阶段,从而为宏观经济调控提供一定的科学依据。在实际经济分析工作中,就可以把一系列经济指标划分为一致指标、先行指标和滞后指标。所谓一致指标,也叫同步指标,这些指标的峰顶与谷底出现的时间与总体经济运行的峰谷出现的时间一致,可以综合地描述总体经济所处状态。在我国,一般把工业总产值、固定资产投资额和社会消费品零售总额等视为一致指标。所谓先行指标,也叫领先指标,通过这些指标可以预测总体经济运行的轨迹,例如制造业订货单、股票价格指数和广义货币 M_2 等就属于先行指标。所谓滞后指标是对总体经济运行中已经出现的峰顶和谷底的确认,如库存、居民消费价格指数等。这些一致、领先和滞后指标,共同构成了经济周期波动的监测、分析和预测指标体系。当然,从目前情况来看,运用指标体系对经济波动进行监测、分析和预测的准确程度还存在不少争论。

第三节 经济发展

一、经济发展的基本理论

如前所述,经济发展和经济增长是既有联系又有区别的一对概念。一般来说,经济发展主要是指发展中国家或地区人民生活水平的持续提高,并且伴随着物质资本和人力资本的增加以及技术的进步。具体来说,经济发展不仅包括经济增长,而且还包括经济结构和社会结构的变化。这些变化包括:

(1)产业结构的不断优化。主要表现为产业结构的变化。在国民经济中,第一产业的劳

动力和产值比重趋于下降,第二产业比重上升并逐步稳定,而第三产业比重则逐渐提高。我国目前的三次产业结构正在不断优化。2015 年,第一产业、第二产业和第三产业增加值在国内生产总值中的比重分别是 9.0%、40.5% 和 50.5%,第三产业比重首次突破 50%,和改革开放初期相比有了很大的变化。但是和发达国家相比,我国的第三产业比重依然偏低,第二产业比重明显偏高,反映出我国正处于工业化的中期阶段。

(2)城市化进程的逐步推进。在产业结构的调整转变和优化过程中,大量的农村人口向城市转移,逐步实现城市化,越来越多的人口居住在城市,农村人口逐步减少。2015 年底,我国城镇人口占总人口的比重为 56.10%,和发达国家相比也还有较大差距。

(3)广大居民生活水平的持续提高。不仅表现为人均国民收入持续增加,还表现为居民营养状况、居住条件、医疗卫生条件、接受教育程度明显改善,以及人均预期寿命延长,婴儿死亡率下降和贫困人口趋于减少等多方面。也就是从普遍贫困逐步发展到小康生活,再进一步提高到富裕生活。

(4)国民收入分配状况的逐步改善。居民之间收入和财产的分配不平等程度趋于下降。绝对贫困现象基本消除。经济增长的成果能够更加广泛地被城乡居民共同享受,也就是实现共同富裕和建成和谐社会。

经济发展的核心是人民生活水平的持续提高。因此,以人为本就是经济发展的基本内核。从理论上讲,以人为本,应包括两个方面,一方面是指“发展为了人民、发展依靠人民、发展成果由人民共享”,就是说发展的目标是为了广大人民群众,而不是为了经济总量的增长,为增长而增长,也不是为了少数人的利益;另一方面,是指促进人的全面发展,人的全面发展是人的潜能的全面发挥,人的需要的全面满足。满足人民群众过上更加幸福、更有尊严生活的新期待。

可持续发展是经济发展的重要内容,所谓可持续发展就是“既满足当代人的需要,又不对后代人满足其需要的能力构成危害的发展”。这一概念的核心思想是:既要使当代人的各种需要得到充分满足,个人得到充分发展,又要保护资源和生态环境,不对后代人的生存和发展构成威胁。可持续发展的思想就是要正确处理经济增长和资源、环境、生态保护之间的关系,使它们之间保持协调和谐关系。

二、经济发展方式

经济发展方式,是实现经济发展的方法、手段和模式,其中不仅包含经济增长方式,而且包括结构、运行质量、经济效益、收入分配、环境保护、城市化程度、工业化水平以及现代化进程等诸多方面的内容。转变经济发展方式,不仅要突出经济领域中数量方面的变化,而且强调和追求经济运行中质量方面的提升和结构方面的优化。

转变经济发展方式是党的十七大提出的关系国民经济全局紧迫而重大的战略任务,这是认真总结实践经验和深化理论认识的结果。转变经济发展方式是指按着科学发展观的要求调整经济发展诸因素的配置方式和利用方法,把经济发展方式转变到科学发展的轨道上。党的十八大提出,加快转变经济发展方式,就是要使经济发展更多依靠内需特别是消费需求拉动,更多依靠现代服务业和战略性新兴产业带动,更多依靠科技进步、劳动者素质提高、管理创新驱动，更多依靠节约资源和循环经济推动，更多依靠城乡区域发展协调互动，不断增强长期发展后劲。

转变经济发展方式的具体内容主要是要促进“三个转变”：一是要促进经济增长由主要依靠投资、出口拉动向依靠消费、投资、出口协调拉动转变。近年来，一方面由于劳动工资增长缓慢，另一方面又由于收入差距过大，导致国内消费需求增长缓慢，居民消费率持续下降，造成生产增长快，消费增长慢，生产与消费增长很不平衡。因此，必须按照科学发展观的要求，更加重视消费对经济增长的拉动作用，实现消费、投资、出口协调拉动经济增长。二是要促进经济增长由主要依靠第二产业带动向依靠第一、第二、第三产业协同带动转变。在经济发展不同阶段，尽管第一、第二、第三产业之间的地位和作用会有所不同，但三次产业之间始终具有客观的必然联系，始终具有三者是否协调发展的问题。要重视和巩固农业在国民经济中的基础地位，加快发展第三产业。三是要促进经济增长由主要依靠增加物质资源消耗和能源消耗向主要依靠科技进步、劳动者素质提高、管理创新转变。

三、经济发展方式与经济增长方式的关系

经济发展方式与经济增长方式既统一，又有区别。

1. 统一性的表现

（1）两者都是经济发展的方式

经济增长方式侧重于经济数量的增加，而经济发展方式侧重于经济质量的提高和经济结构的改善，两者共同构成经济增长数量与质量、总量与结构的统一。

（2）经济发展方式包含经济增长方式

经济发展方式也讲究经济增长质量，追求集约型、效益型增长就是又好又快的经济增长方式。

（3）两者相互促进

又好、又省、又快的经济增长方式能促进经济发展，而经济发展方式转变能使经济增长方式更有效、更持续。

2. 经济发展方式与经济增长方式的区别

（1）增长是手段，发展才是目的

经济增长侧重于经济数量的扩张、短期变化，经济发展侧重于经济结构的改善、长期变化；经济增长属于战术目标，经济发展属于战略目标。只有增长才能发展，但增长并非必然带来发展，经济发展是在经济增长的基础上，更强调经济系统的协调性、经济发展的可持续性和增长成果的共享性。经济增长是手段，经济发展是目的，经济增长方式只能解决经济发展中的“标”，而经济发展方式能够治本。

（2）指导思想不同

经济增长方式以经济总量的增长为指导，注重经济增长的速度与总量的扩张，其指导思想是传统的经济增长理论。而经济发展方式的指导思想是科学发展观，注重经济质量的提高与经济结构的改善，核心是以人为本，基本要求是全面协调可持续，根本方法是统筹兼顾。

（3）推动力不同

经济增长方式转变的推动力是引进技术、提高资源投入的数量与利用效率。经济发展

方式的推动力是制度创新、知识自主创新、扩大公众福利、发展循环经济、经济结构优化等。

(4)类型不同

经济增长方式分为粗放型增长和集约型增长两种类型。经济发展方式分为制度创新型、知识创新型、扩大需求型、福利国家型、经济结构调整型、资源节约型、环境保护型等多种类型。

(5)衡量指标不同

经济增长方式的衡量指标主要有要素投入的数量及配备比例、经济增长速度、经济总量实现翻番的时间、人均 *GDP* 的数量。经济发展方式的衡量指标除经济增长方式的指标外,还包括社会发展指标、教育发展指标、社会公平与稳定指标和环境指标。

(6)实现路径不同

经济增长方式是在增长中求发展,增长以快以多为先为重,发展为后为轻,先增长后发展。经济发展方式是在发展中求增长,发展为先为重,增长为后为轻,从发展中求增长。

四、经济发展战略

1. 经济发展战略的含义

经济发展战略是指一个国家为指导、促进经济和社会发展,根据一定的指导思想和对经济发展中各种因素的分析而制定的重大决策和行动纲领。其中心内容是在一个较长的历史时期内所需要达到的国民经济发展总目标和所要实现的总任务以及实现这一总目标的战略步骤和战略重点。

2. 经济发展战略的特征

经济发展战略的特征体现在:

(1)全局性。所要解决的是全局性或方向性的重大问题,而不是个别、局部的具体问题。

(2)长期性。所要实现的是长期而不是短期内的任务。

(3)根本性。所要解决的是经济发展中的根本性而非次要或细小的问题。

(4)层次性。经济发展战略是一个多层次的系统,表现为国家经济发展战略、地区(部门)经济发展战略、企业发展战略。

只有同时具有上述四个特征的问题,才是经济发展的战略问题。

3. 经济发展战略的内容

经济发展战略的内容包括战略依据、战略目标和分阶段目标、实现途径与手段(战略重点、实施步骤、力量部署以及重大的战略措施)。

(1)战略依据

制定经济发展战略的依据主要有:

①战略思想。根据不同的战略思想,会形成不同的经济发展战略,如苏联实行“优先发展重工业”的经济发展战略,冷战时期的“要大炮,不要黄油”的军备优先的经济发展战略,中国20世纪60、70年代形成的“备战备荒”为中心的经济发展战略,80年代以来的“三步走”发展战略。

②基本国情。不同的国情,其发展战略不同。

③认识、尊重和利用客观规律。客观经济规律不能违背,只能利用,认识、尊重和利用客

观规律，才能发展经济。

④国际环境。稳定的国际环境是发展经济的前提。

应该注意的是，制定经济发展战略时，要反对两种倾向：既要防止保守，又要避免盲目冒进。

（2）战略目标、战略阶段和战略重点

①总目标。1982 年党的十二大报告首次提出中国经济发展的战略目标，即到 20 世纪末，实现国内生产总值比 1980 年翻两番，人民生活达到小康水平；到 21 世纪中叶，人均国内生产总值达到中等发达国家水平，人民生活比较富裕。

②战略阶段。实现战略目标的步骤分三步走：

第一步：到 1990 年实现 GDP 比 1980 年翻一番。

第二步：到 2000 年实现 GDP 再翻一番，人民生活达到小康水平。

第三步：到 21 世纪中叶，人均 GDP 达到中等发达国家水平，人民生活比较富裕，基本实现现代化，然后在这个基础上继续前进。

党的十六大报告提出到 2020 年全面建设小康社会；十七大报告提出到 2020 年实现人均国内生产总值（GDP）比 2000 年翻两番（人均 GDP 达到 3500 美元）；党的十八大提出到 2020 年全面建成小康社会。

③战略重点。战略重点是指各个发展阶段的主攻方向和中心目标。经济发展的不同阶段，其战略重点不同，有的是国民经济的先行部门，有的是薄弱部门，有的是关键部门。

五、产出、就业与经济发展

产出、就业与经济发展的关系：

（1）改革开放以来，我国经济得到了迅猛的发展，从传统的经济学理论上来分析的话，我国高速的经济增长应该能够拉动就业能力的迅速扩大，从就业与经济增长的绝对数量上看，经济的发展对于就业能力的增大起到了一定的作用，我国在经济增长的同时，带动了就业能力的扩大，要解决就业压力的问题必须保持经济的稳定增长。

（2）我们以经济发展的增长率与就业的增长率为分析的出发点，二十多年来的高速的经济增长并没有发挥出就业增长能力的拉动作用，经济增长与就业的增长体现出不一致性。特别是在进入了 90 年代以后，经济的发展反而对就业能力的增长产生了一定的挤出作用。从而可以认为，要解决我国的就业压力持续扩大的问题，盲目的依靠加大经济的增长是不合理的，应该从经济发展的内部原因出发去考察能够拉动就业能力扩大的合理的经济增长动力，合理的调整经济发展的结构，使经济与就业能力的一致性的前进，才能够使经济与就业达到良性的协调的互动发展。

（3）转变经济发展方式能否促进就业。经济发展方式转变当中有一个很重要的内容，就是我国要从以第一、第二产业推动经济发展转向以第二、第三产业共同推动。我国的经济发展过程当中，服务业的比重比较小，到目前为止，服务业所占的比重还不到 50%，低于世界平均水平。我国人口众多，就业压力一直很大，在加快经济发展方式转变的过程当中，如果把服务业包括现代服务业发展起来，就能够吸收更多的就业。

促进经济增长与就业增长良性互动，通过产业结构升级、加速人力资本形成、技术进步以及制度化改革对经济增长的溢出作用，推动中国经济由粗放型增长向内涵式增长转变。随着科技的发展，在制造业领域，目前吸收就业的能力没有以前那么高，过去是依靠劳动密集型产业来解决就业的，但是随着经济发展、技术进步，不能再完全依靠劳动密集型产业。我国处于工业化、城镇化快速发展时期，大量农村剩余劳动力从土地上解放出来，因而仍然需要在优化产业结构和推动产业升级的同时继续发展劳动密集型产业。推动产业结构优化升级，虽然意味着整个产业的资本和技术含量越来越高，简单劳动的占比越来越低，但并不是所有的企业都要搞高精尖技术。劳动密集型产业虽然相对来说技术含量较低，但并非都是落后产业，比如电子信息产品制造业。即使一些传统劳动密集型产业，也可以通过技术创新和管理创新提升产品竞争力，向国际产业链的高端延伸。发展劳动密集型产业与调整产业结构并不矛盾，相反，以技术创新和管理创新为依托的劳动密集型产业的发展在解决就业问题的同时，还能够为实现更高层次的产业升级奠定技术、资金和人才基础。

六、科学发展观、可持续发展和永续发展

1. 科学发展观

科学发展观就是坚持以人为本，树立全面、协调、可持续的发展观，促进经济、社会和人的全面发展，按照“统筹城乡发展、统筹区域发展、统筹经济社会发展、统筹人与自然和谐发展、统筹国内发展和对外开放”的要求推进各项事业的改革和发展的一种方法论。科学发展观的第一要义是发展，核心是以人为本，基本要求是全面协调可持续性，根本方法是统筹兼顾。科学发展观是以人为本的发展观、全面发展观、协调发展观和可持续发展观。

贯彻落实科学发展观，要牢牢扭住经济建设这个中心，坚持聚精会神搞建设、一心一意谋发展，不断解放和发展社会生产力。要更好地实施科教兴国战略、人才强国战略、可持续发展战略，着力把握发展规律、创新发展理念、转变发展方式、破解发展难题，提高发展质量和效益，实现又好又快发展，为发展中国特色社会主义打下坚实基础。要努力实现以人为本、全面协调可持续的科学发展，实现各方面事业有机统一、社会成员团结和睦的和谐发展，实现既通过维护世界和平发展自己，又通过自身发展维护世界和平的和平发展。

贯彻落实科学发展观，要求我们转变经济发展方式，走新型工业化道路，以提高质量效益为中心，以节约资源、保护环境为目标，以科技进步为支撑，加大实施可持续发展战略的力度，大力发展循环经济，在全社会提倡绿色生产方式和文明消费，形成有利于低投入、高产出、少排污、可循环的政策环境和发展机制，完善相应的法律法规，全面建设节约型社会。

贯彻落实科学发展观，必须坚持全面协调可持续发展。要按照中国特色社会主义事业总体布局，全面推进经济建设、政治建设、文化建设、社会建设和生态文明建设，促进现代化建设各个环节、各个方面相协调，促进生产关系与生产力、上层建筑与经济基础相协调；要坚持生产发展、生活富裕、生态良好的文明发展道路，建设资源节约型、环境友好型社会，实现速度和结构质量效益相统一、经济发展与人口资源环境相协调，使人民在良好生态环境中生产生活，实现经济社会永续发展。

贯彻落实科学发展观，必须坚持统筹兼顾。要正确认识和妥善处理中国特色社会主义事

业中的重大关系,统筹城乡发展、区域发展、经济社会发展、人与自然和谐发展、国内发展和对外开放,统筹中央和地方关系,统筹个人利益和集体利益、局部利益和整体利益、当前利益和长远利益,充分调动各方面积极性。统筹国内国际两个大局,树立世界眼光,加强战略思维,善于从国际形势发展变化中把握发展机遇、应对风险挑战,营造良好国际环境。既要总揽全局、统筹规划,又要抓住牵动全局的主要工作、事关群众利益的突出问题,着力推进、重点突破。

2. 可持续发展

对可持续发展概念有不同的理解,有的强调生态持续性,有的强调社会属性,有的着重从经济属性上加以定义。比较公认的定义是:既满足当代人的需要,又不损害后代人满足需要的能力的发展。

可持续发展的内容具体包括:

(1)经济发展、社会发展和保持建设良好的生态环境。

(2)自然资源的永续利用是保障社会经济持续发展的物质基础。

(3)自然生态、环境是人类生存和社会经济发展的物质基础,可持续发展就是谋求实现经济社会与环境的协调发展和维持新的平衡。

(4)控制人口增长和消除贫困,是与保护生态环境密切相关的重大问题。

3. 永续发展

党的十七大报告指出:"必须坚持全面协调可持续发展。要按照中国特色社会主义事业总体布局,全面推进经济建设、政治建设、文化建设、社会建设,促进现代化建设各个环节、各个方面相协调,促进生产关系与生产力、上层建筑与经济基础相协调。坚持生产发展、生活富裕、生态良好的文明发展道路,建设资源节约型、环境友好型社会,实现速度和结构质量效益相统一、经济发展与人口资源环境相协调,使人民在良好生态环境中生产生活,实现经济社会永续发展。"

经济社会的"可持续"发展和"永续"发展,这两个概念的内涵总体一致,但"永续"发展更强调:既要实现经济社会发展的目标,又要时刻保护好我们赖以生存的大气、淡水、海洋、土地和森林等自然资源和环境,使子孙后代能够永续发展和安居乐业。永续发展是要同时实现经济性目标、社会性目标和环境性目标。其经济性目标是:满足当代需求的发展,但不损害后代需求的能力;社会性目标是:生存于不超越维持生存系统的承载力的情况下,改善人类的生活质量;环境性目标是:保护和加强环境系统的生产和更新能力。

七、经济发展新常态的含义和特征

党的十八大以来,以习近平同志为核心的党中央,根据国际国内经济发展的新形势,面临的新挑战,提出了我国进入经济发展新常态的科学论断。2014 年 12 月召开的中央经济工作会议对经济发展新常态做出系统性阐述,提出要认识新常态,适应新常态,引领新常态。

我国经济发展进入新常态,是指我国经济正从高速增长转向中高速增长,经济发展方式正从规模速度型粗放增长转向质量效率型集约增长,经济结构正从增量扩能为主转向调整存量、做优增量并存的深度调整,经济发展动力正从传统增长点转向新的增长点。

中国经济新常态的三大特征是,从高速增长转向中高速增长,从规模速度型粗放增长转向质量效率型集约增长，从要素投资驱动转向创新驱动。具体来说，可以从以下九个方面来理解：

(1)从消费需求看，过去我国消费具有明显的模仿型排浪式特征，现在模仿型排浪式消费阶段基本结束，个性化、多样化消费渐成主流，保证产品质量安全、通过创新供给激活需求的重要性显著上升，必须采取正确的消费政策，释放消费潜力，使消费继续在推动经济发展中发挥基础作用。

(2)从投资需求看，经历了30多年高强度大规模开发建设后，传统产业相对饱和，但基础设施互联互通和一些新技术、新产品、新业态、新商业模式的投资机会大量涌现，对创新投资融资方式提出了新要求，必须善于把握投资方向，消除投资障碍，使投资继续对经济发展发挥关键作用。

(3)从出口和国际收支看，国际金融危机发生前国际市场空间扩张很快，出口成为拉动我国经济快速发展的重要动能，现在全球总需求不振，我国低成本比较优势也发生了转化，同时我国出口竞争优势依然存在，高水平引进来、大规模走出去正在同步发生，必须加紧培育新的比较优势，使出口继续对经济发展发挥支撑作用。

(4)从生产能力和产业组织方式看，过去供给不足是长期困扰我们的一个主要矛盾，现在传统产业供给能力大幅超出需求，产业结构必须优化升级，企业兼并重组、生产相对集中不可避免，新兴产业、服务业、小微企业作用更加凸显，生产小型化、智能化、专业化将成为产业组织新特征。

(5)从生产要素相对优势看，过去劳动力成本低是最大优势，引进技术和管理就能迅速变成生产力，现在人口老龄化日趋发展，农业富余劳动力减少，要素的规模驱动力减弱，经济增长将更多依靠人力资本质量和技术进步，必须让创新成为驱动发展新引擎。

(6)从市场竞争特点看，过去主要是数量扩张和价格竞争，现在正逐步转向质量型、差异化为主的竞争，统一全国市场、提高资源配置效率是经济发展的内生性要求，必须深化改革开放，加快形成统一透明、有序规范的市场环境。

(7)从资源环境约束看，过去能源资源和生态环境空间相对较大，现在环境承载能力已经达到或接近上限，必须顺应人民群众对良好生态环境的期待，推动形成绿色低碳循环发展新方式。

(8)从经济风险积累和化解看，伴随着经济增速下调，各类隐性风险逐步显性化，风险总体可控，但化解以高杠杆和泡沫化为主要特征的各类风险将持续一段时间，必须标本兼治、对症下药，建立健全化解各类风险的体制机制。

(9)从资源配置模式和宏观调控方式看，全面刺激政策的边际效果明显递减，既要全面化解产能过剩，也要通过发挥市场机制作用探索未来产业发展方向，必须全面把握总供求关系新变化，科学进行宏观调控。

这些趋势性变化说明，我国经济正在向形态更高级、分工更复杂、结构更合理的阶段演化。认识新常态，适应新常态，引领新常态，是当前和今后一个时期我国经济发展的大逻辑。

八、树立和落实创新、协调、绿色、开放、共享的发展理念

2015年10月，党的十八届五中全会通过的《中共中央关于制定国民经济和社会发展第

十三个五年规划的建议》,明确提出了“十三五”时期经济社会发展的主要目标和基本理念。主要目标是:经济保持中高速增长;人民生活水平和质量普遍提高;国民素质和社会文明程度显著提高;生态环境质量总体改善;各方面制度更加成熟更加定型。基本理念是:创新、协调、绿色、开放、共享。

创新是引领发展的第一动力,包括理论创新、制度创新、科技创新、文化创新等各方面创新。

协调是持续健康发展的内在要求。重点是促进城乡区域协调发展,促进经济社会协调发展,促进新型工业化、信息化、城镇化、农业现代化同步发展,在增强国家硬实力的同时注重提升国家软实力,不断增强发展整体性。

绿色是永续发展的必要条件和人民对美好生活追求的重要体现。必须坚持节约资源和保护环境的基本国策,坚持可持续发展,坚定走生产发展、生活富裕、生态良好的文明发展道路,加快建设资源节约型、环境友好型社会,形成人与自然和谐发展现代化建设新格局,推进美丽中国建设,为全球生态安全做出新贡献。

开放是国家繁荣发展的必由之路。必须顺应我国经济深度融入世界经济的趋势,奉行互利共赢的开放战略,坚持内外需协调、进出口平衡、引进来和走出去并重、引资和引技引智并举,发展更高层次的开放型经济,积极参与全球经济治理和公共产品供给,提高我国在全球经济治理中的制度性话语权,构建广泛的利益共同体。

共享是中国特色社会主义的本质要求。必须坚持发展为了人民、发展依靠人民、发展成果由人民共享。要做出更有效的制度安排,使全体人民在共建共享发展中有更多获得感,增强发展动力,实现共同富裕。

九、供给侧结构性改革的含义和主要任务

2015 年 11 月,在中央财经领导小组第十一次会议上,习近平总书记首次提出了“供给侧结构性改革”的概念,即在适度扩大总需求的同时,着力加强供给侧结构性改革,着力提高供给体系质量和效率,增强经济持续增长动力。加强供给侧结构性改革,是以习近平同志为总书记的党中央在综合分析世界经济长周期和我国发展阶段性特征及其相互作用的基础上,集中全党和全国人民智慧,从理论到实践不断探索的结晶,是党中央提出的适应和引领经济发展新常态的重大创新和重大举措。

最近几年,在国内国际各种因素作用下,我国部分产业扩展过快,导致了严重的供过于求的矛盾,特别是钢铁、煤炭等若干能源原材料工业生产能力出现了严重过剩问题;有的地区盲目刺激和鼓励房地产发展,导致局部性的住房供给增长过快,库存显著过大。这些都是属于供给侧的结构问题。这些问题不解决,即使再增加货币供给,再增加需求,也无法向市场提供有效供给,反而会加剧原有的矛盾和问题,搞不好就会出现西方发达国家曾经出现过的“滞涨”的不良局面。因此,在继续实施灵活有效的需求管理的同时,必须加强供给侧结构性改革,为经济的持续健康发展创造坚实的基础和良好的环境和条件。

在当前和今后一个时期,推进供给侧结构性改革的主要任务包括去产能、去库存、去杠

杆、降成本、补短板等五大任务。具体就是:积极稳妥化解产能过剩;帮助企业降低成本,包括降低制度性交易成本、降低企业税费负担、降低社会保险费、降低企业财务成本、降低电力价格以及降低物流成本等多项措施;化解房地产库存,包括通过加快农民工市民化,扩大有效需求,打通供需通道,消化库存,稳定房地产市场,鼓励房地产开发企业适当降低商品住房价格,取消过时的限制性措施等;扩大有效供给,包括打好脱贫攻坚战,坚持精准扶贫、精准脱贫,提高扶贫质量,培育发展新产业,加快技术、产品、业态等创新,以及继续抓好农业生产,保障农产品有效供给等措施,补齐短板;防范化解金融风险,包括依法处置信用违约,有效化解地方政府债务风险,做好金融监管等措施,坚决守住不发生系统性和区域性风险的底线。

第四节　产业结构和布局管理

一、产业结构的含义

产业是指制造或提供相同或相似的物质产品或劳务的各种经济组织的总称。产业结构指国民经济中各产业之间的比例及相互关系。

具体包括两个基本层面:①产业间的质的联系,简单地说就是产业间的相互依存、相互促进或促退关系;②产业间的量的比例,经济分析中一般采用两类指标,即产出量比例和要素比例。

产业结构可分为不同层次:宏观层次,指从整个国民经济角度确立产业结构;中观层次,是指一个地区范围内的各产业间的关系;微观层次,则是指一个企业内部的多角化经营。国民经济管理主要研究宏观层次的产业结构。

二、产业结构的类型

1. 社会生产的两大部类

整个社会生产分为生产资料生产和消费资料生产两大部类。制造生产资料的部类,又称为第一部类,用符号"Ⅰ"表示;制造消费资料的部类,又称为第二部类,用符号"Ⅱ"表示。

2. 农、轻、重三大部类

即农业、轻工业和重工业。

3. 三次产业

三次产业的分类是由英国经济学家克拉克于20世纪30年代提出的。中国对三次产业的划分为:

第一产业:农业,包括种植业、林业、牧业、渔业。

第二产业:工业和建筑业,包括采掘业、制造业、自来水、电力、蒸汽、热水、煤气等行业。

第三产业:除了第一、第二产业以外的各行各业。第三产业具体包括:流通服务部门;为生产和生活服务的部门;为提高科学文化水平和居民素质服务的部门;为社会公共需求服务的部门。

4. 按资源投入的密集程度分类

资本密集型产业,如钢铁业、石油化学工业;劳动密集型产业,如纺织业、成衣及制鞋业;技术密集型产业,如电脑、软件业;资源密集型产业,以自然资源开发和资源投入为主的产业。

5. 按产业地位分类

主导产业指在产业结构体系中处于主体地位,起着引导和支撑作用的产业;关联产业指直接配合和围绕主导产业来发展起来的产业;基础产业指在产业结构体系中为其他产业提供基础条件并为多数产业提供服务的产业;瓶颈产业指在产业结构体系中未得到应有发展而严重制约其他产业和国民经济发展的产业。

三、产业结构的演进规律

产业结构是不断变化的,其演进的一般趋势是:

(1)按比例协调发展规律。按比例协调发展是指国民经济各产业之间要按比例协调发展。这是社会化大生产的客观要求。

(2)配第－克拉克趋势(三次产业比重变动规律)。第一产业的比重逐渐下降,第二产业的比重先上升后下降,第三产业所占比重则一直上升。

(3)霍夫曼趋势(重工业化规律)。在工业内部,重工业的比重不断上升,轻工业的比重逐渐下降,最后逐渐趋于稳定。一般地,发达国家工业中生产资料生产的比重达到70%就不再提高。这里的重工业指生产生产资料的工业部门和生产耐用消费品的工业部门。

(4)赫希曼趋势(产业结构高加工度化和高附加值化规律)。在整个工业中,加工业比重与基础工业(包括采掘业和原材料工业)的比重相比趋于增大,呈现高加工度、高附加值的趋势。

(5)主导产业转换规律。在所有产业中,传统主导产业逐渐被新兴产业所取代,新兴产业逐渐成为主导产业。如二战以后,美国把钢铁、汽车、机电产品作为工业发展的支柱产业,而从20世纪70年代开始,向知识密集部门迈进,把冶金、机械制造、汽车、造船、各种传统性建筑材料等作为“夕阳产业”。

主导产业演进趋势:农业—轻工业—以基础工业为重心的重工业—以高度加工业为重心的重工业—第三产业—信息产业。

(6)生产要素密集型产业地位变动规律。在制造业内部,产业结构逐步呈现出从劳动密集型→资本密集型→技术密集型的演进趋势。高技术产业不断涌现。

四、产业结构调整

产业结构调整包括产业结构合理化和产业结构高级化两个方面。产业结构合理化是指产业结构由不合理向合理发展的过程。它要求根据经济水平、消费需求和资源条件,使资源在产业间优化配置和有效利用。产业结构高级化,又称其为产业结构升级,是指产业结构系统从较低级形式向较高级形式转化的过程。

1. 产业结构合理化的标志

(1)各大产业之间及各大产业内部具体产业部门之间数量比例合理,投入产出均衡。

(2)产业结构与需求结构相适应。

(3)产业结构与资源结构相协调。

(4)产业结构中的产业类型构成合理。如环保产业和节约、保护、高效利用资源的产业得到适当的发展。

产业结构合理化主要通过投资和消费两个途径来实现的。

2. 产业结构高度的标志

(1)高加工度化。

(2)高附加值化。

(3)技术集约化。

(4)知识化。

(5)服务化。

产业结构的高度化主要通过技术创新实现。

五、产业布局的影响因素

产业布局的影响因素有:

(1)原材料、市场和运输。对于使用大量原材料的制造产业来说,特别是那些在生产制造过程中将大大减低原材料的重量、体积及使用易变质的原材料,将此类产业建于原材料产地附近会大大降低运输成本。在生产制造过程中,最终产品的重量,体积将大大增加,或产品易变质的情况下,将该类产业建在消费市场附近就比较有利。如今,随着原材料处理,运输方式的改进,以及制造业的构成由重工业转向高附加值工业,原材料的运输方式及成本不再是产业布局中,非常重要因素,相反,接近消费市场日益重要。

(2)劳动力。劳动力因素对产业布局的影响包括两个方面:劳动力成本和劳动力质量。不同地区间的劳动力成本往往差异很大,这与当地的经济发展水平,生活费用要求,社会保障健全与否,工业化水平等都有关系。雇佣劳动力的难易程度也是产业布局中需要考虑因素。一般来说,在城市原有大量的劳动力储蓄,雇用成本相对较低;反之,企业可能会有劳动力不足的问题。

地区拥有大量劳动力是吸引某些厂商(劳动密集型)选址于该地区的重要因素,然而要素质量上的差异,如劳动者的技能、工作态度和道德水平都很可能会抵消这优势。研究发现,由于发展中国家地区间(特别是主要城市与其他地区间)要素质量上存在差异,使厂商在选址时,往往首先从中心城市逐渐移到邻近地区。

(3)外部规模经济型。城市化规模经济性指由于建立在大城市,(而非中小型城市)中而对经营的好处,如更接近市场和消费者,运输成本低,较大的劳动力储蓄,获得多种商业服务。本地化规模性指与其他同类或相关行业的厂商集中于同一区域经济而带来的好处。

(4)政府职能与政府干预。政府对产业布局的影响有三种不同方式:直接划定产业布局政策,是一种由国家政府为刺激特定区域的经济发展(以某种激励或补贴形式),自上而下制定实施的政策;产业布局政策,包括贸易政策与关税政策、国际政策;导出的布局政策,由于各地方政策对于吸引投资、开发本地经济的意愿，方法和政策存在不同，这种差异实际上造成了是空间布局政策的效果。

六、产业布局的原则

（1）全局原则

产业布局应该以一个国家的地域为界限，因为它是国家干预本国经济的一种方式，而这种方式涉及领土问题，因此必须以国家的领土主权为基础，一个国家是不可能在别国的领土上进行自己的产业布局的。产业布局的目标是使产业分布合理化，实现国家整体综合利益的最优，而不是局部地区利益的最优，因此一个国家的产业布局必须统筹兼顾，全面考虑。一方面，国家必须根据各地区的不同条件，通过分析和比较，确定各地区的专业化方向，明确各地区在全国经济的角色和地位；另一方面，国家根据经济发展状况，在不同时期确定若干重点发展的地区。在此全国规划的基础上，各地区再根据本地区的特点，安排好本地区的产业布局，而不能不顾国家整体利益，一味地发展自己的优势产业。

（2）分工协作、因地制宜原则

社会化大生产要求劳动必须在广阔地域上进行分工和协作。各地区要根据自己的特点形成专门化的产业部门，形成规模优势。当然，各地区的产业布局在重点布局专门化生产部门的基础上，还要围绕专门化生产部门布局一些相关的辅助性产业部门和生活配套服务部门，以形成合理的地区产业结构，只有这样才能保证专业门化生产部门的良好运行。随着部门分工的深化，地区生产专门化的提高，地区之间的协作自然也就越发重要，因此在进行产业布局的时候必须考虑到地区间的协作条件。我国"三线"建设时就把一些企业布局在交通不便的山区，致使企业间协作困难，也影响了国家整体的经济效率。

（3）效率优先、协调发展原则

产业的空间发展过程总是先在某一地域聚集，然后再向其他地域扩散。在发展的低级阶段，经济一般表现出集中发展的极核发展形态；在发展的高级阶段，经济一般表现出缩小地区间经济发展差距的全面发展形态。一个国家在进行产业布局时应该以产业空间发展的自然规律为基础。因此，当一个国家的经济水平处于低级阶段时，其产业布局应该考虑优先发展某些具有自然、经济和社会条件优势的地区；而当国家的经济发展到高级阶段时，其布局应考虑重点发展那些经济落后的地区，缩小地区间的经济差距。任何时候效率和协调都是产业布局所必须考虑的问题，他们是一个问题的两个方面，其目的都是为了保证一个国家整体的持续稳定的发展，只不过在不同时期重点有所不同而已。在优先发展某些优势地区时，必须把地区间经济发展的差距保持在一定的合理范围之内，不要使贫困差距过大而引发过多的社会经济问题。但是产业空间发展不平衡是绝对的规律，因此在重点发展落后地区时，也要保持发达地区的继续稳定发展，使其产业结构向更高的层次升级，而不要追求地区间发展的绝对平衡。

（4）可持续发展原则

人类生存和发展所依赖的环境所能承载的能力是有限的，自然资源也是有限的，其中许多资源都是不可再生的。人类的生活和生产不可避免地要从自然攫取资源,不可避免地向自然界排放废物,从而对自然生态环境造成损害。虽然自然环境有一定的自我恢复能力,但其所受的损害必须控制在一定限度内,否则就无法自我恢复。另外人工对自然生态进行恢复所耗费的成本将是巨大的,可能远远大于人类生产所获得的收益。所以在进行产业布局时必须注意节约资源和保护环境,防止资源的过度开发和对环境的过度破坏。要注意资源的充分利用,注意发展相关的环保产业,等等。许多发达国家在发展过程中就经历过先破坏后治理的过程,现在人类对于生态环境问题已经有了深刻的认识,不用再走弯路。我国现在正在进行的西部大开发过程中就比较注重环境保护问题,采取了退耕还林还草、宜林荒山荒地造林种草等措施。

(5)政治和国防安全原则

上面都是从经济角度出发考虑的产业布局原则。而从国家大局出发,首先所要考虑的是政治和国防安全因素。产业布局中政治和国防安全原则高于经济原则的最高原则。例如我国边疆少数民族地区虽然自然和经济社会条件都比较差,不适合许多产业的发展,但为了民族团结和国家稳定,以及边境的国防安全,国家每年依然对这些地区进行大量的援助,并给予许多优惠政策以支持这些地区的发展。

第五节 现代化经济体系

一、现代化经济体系的特征和目标任务

现代化经济体系是十九大报告首次提出。现代化经济体系是紧扣新时代中国社会主要矛盾转化、落实中国特色社会主义经济建设布局的内在要求,是决胜全面建成小康社会、开启全面建设社会主义现代化国家新征程的基本途径,也是适应中国经济由高速增长阶段转向高质量发展阶段,转变经济发展方式、转换发展动能和全面均衡发展的迫切需要,意义深远而重大。

1.现代化经济体系的特征

建设现代化经济体系是党中央从党和国家事业全局出发,着眼于实现"两个一百年"奋斗目标、顺应中国特色社会主义进入新时代的新要求作出的重大决策部署。

现代化经济体系,要求中国的经济要转型升级,包括经济发展的格局将从高速增长转向高质量的发展,主要的特征是转变发展方式、优化经济结构、转换增长动力。现代化经济体系的实现有六个特征:

(1)更高效益的经济水平和经济增速。中国现在已成为全世界第二大经济体。作为国际上举足轻重的大国,中国的经济增速保持世界前列,人均收入持续增长,进入高收入阶段,建设实体经济、科技创新、现代金融、人力资源协同发展的产业体系,全要素生产率大大提高。

(2)更高质量的经济增长方式。要以科技驱动代替要素驱动,形成以创新为引领发展第

一动力的创新型国家,发展循环经济,实现经济增长与排放污染"脱钩",建成人与自然和谐共生的绿色经济模式。王辉耀表示,这就意味着中国将进入全面创新时代、绿色发展时代,将成为包括科技强国、质量强国、航天强国、网络强国、交通强国、数字国家、智慧社会等在内的创新型国家。

(3)更平衡的区域和城乡发展格局。国家战略规划、跨地区战略规划、区域性战略规划衔接有序、配合有效。王辉耀认为,这就意味着区域协调发展机制更加成熟,生产要素的配置和流动更为有效,跨地区的转移和互助机制逐步成型,形成以城市群为主体的大中小城市和小城镇协调发展的城镇格局,具有较高的农业综合生产能力、完善的现代农业产业体系、融合的城乡发展体制、现代化的农业科学技术,农村居民收入与城市居民收入同步增长,并较快提高。

(4)更完善的市场经济体制。王辉耀表示,并非西方当代的市场经济体制才是现代市场经济。新时代中国特色社会主义市场经济,其主要特征是要让市场在资源配置中起决定性作用,同时更好地发挥政府的作用。市场和政府的"两只手"都要起作用,这是中国发展的优势所在。"更完善的现代市场经济体制机制包括更具活力的市场调节机制、更具竞争力的国有资产管理体制、更有效率的政府服务体系以及更加安全有效的宏观调控与政策协调机制。"

(5)更全面的对外开放。我国经过近40年的改革开放,社会主义市场经济体制不断完善,需要进一步加快完善社会主义市场经济体制。经济体制改革必须以完善产权制度和要素市场化配置为重点,实现产权有效激励、要素自由流动、价格反应灵活、竞争公平有序、企业优胜劣汰,推动形成全面开放新格局;形成陆海内外联动、东西双向互济的开放格局;成为贸易强国、对外投资强国,具备一批全球贸易中心、研发中心,以及面向全球的创新合作、产能合作、服务合作、投融资合作网络。

(6)更完善的现代化产业体系、空间布局结构和协调程度。现代化产业体系,在中国作为发展中大国的语境下,是指要全面构建比较稳固的现代农业基础、比较发达的制造业,尤其是高级装备制造业以及门类齐全、迅速发展的现代服务业,总体要求是技术进步在发展中的贡献份额不断得到提高,产业国际竞争力不断得到增强。建立这样的现代化产业体系,是现代化经济体系的物质基础。进一步建设现代化空间布局结构和协调程度,打造国土资源利用效率较高、要素密集程度较大、生态容量适度、城市群落连绵、区域发展差距较小的生产力布局结构。

2. 现代化经济体系的目标任务

现代化经济体系是由社会经济活动的各个环节、各个层面、各个领域构成的,能够较好满足现代需要的有机统一整体。它既是一个目标,也是一个不断变革的过程。从我国来看,现代化经济体系就是能够很好地满足人民日益增长的美好生活需要的经济体系,是充分体现新发展理念的经济体系。

习近平总书记提出建设现代化经济体系的目标任务,主要包括"6 大体系"和"1 个体制"。

(1)建设创新引领、协同发展的产业体系。经过多年努力,我国已经建立比较完整的产业体系，但大而不强，产业结构高度化不够，大量中低端产品普遍过剩与有效供给不足的矛盾比较突出，实体经济与金融、房地产发展结构性失衡，不适应人民群众日益增长的美好生活需要。为此，必须着力提升产业创新力和竞争力，使科技创新在实体经济发展中的贡献份额不断提高，现代金融服务实体经济的能力不断增强，人力资源支撑实体经济发展的作用不断优化，实现实体经济、科技创新、现代金融、人力资源协同发展。

(2)建设统一开放、竞争有序的市场体系。目前，我国现代市场体系建设已取得长足进展，但还不完善，如要素市场建设相对滞后、公平竞争的市场环境有待完善等。为此，必须深入推进劳动力、资本、土地、能源电力等领域的市场化改革，实现市场准入畅通、市场开放有序、市场竞争充分、市场秩序规范，加快形成企业自主经营公平竞争、消费者自由选择自主消费、商品和要素自由流动平等交换的现代市场体系。

(3)建设体现效率、促进公平的收入分配体系。当前，在我国国民经济运行中，分配环节存在问题，主要表现是收入分配差距依然较大。由此带来的结果是，需求潜力巨大与有效需求不足的矛盾比较突出。为此，必须深化收入分配体制改革，推进基本公共服务均等化，逐步缩小收入分配差距，实现收入分配合理、社会公平正义、全体人民共同富裕。

(4)建设彰显优势、协调联动的城乡区域发展体系。目前，我国城乡发展、区域发展差距依然较大，不平衡不充分发展的问题比较突出。为此，必须大力实施乡村振兴战略、区域协调发展战略，培育和发挥区域比较优势，加强区域优势互补，实现区域良性互动、城乡融合发展、陆海统筹整体优化，塑造区域协调发展新格局。

(5)建设资源节约、环境友好的绿色发展体系。绿色循环低碳是广大人民群众日益增长的美好生活需要，也是当今世界经济发展的潮流。必须牢固树立和践行绿水青山就是金山银山理念，加强资源节约利用和环境保护，实现绿色循环低碳发展，形成人与自然和谐发展现代化建设新格局。

(6)建设多元平衡、安全高效的全面开放体系。一个充满活力的经济体系必然是开放型的。必须统筹国际国内两个大局，坚持对外开放的基本国策，发展更高层次的开放型经济，推动开放朝着优化结构、拓展深度、提高效益方向转变。

(7)建设充分发挥市场作用、更好发挥政府作用的经济体制。建设现代化经济体系，需发挥市场和政府“两只手”的作用，处理好二者之间的关系。长期以来，我国经济发展方式转变缓慢，重要的体制原因是政府职能未实现根本转变，政府与市场作用边界不清。为此，必须加快完善社会主义市场经济体制，坚决破除各方面体制机制弊端，实现市场机制有效、微观主体有活力、宏观调控有度，激发全社会创新创业活力。

二、现代化经济体系建设

习近平总书记指出，建设现代化经济体系，需要扎实管用的政策举措和行动。要突出抓好以下几方面工作：

(1)大力发展实体经济，筑牢现代化经济体系的坚实基础。实体经济是一国经济的立身之本，是财富创造的根本源泉，是国家强盛的重要支柱。必须把发展经济的着力点放在实体经济上,加快产业结构高端化、服务化、智能化、绿色化发展。一是大力推动传统产业迈向中高端。要抓住处置僵尸企业的"牛鼻子",加快推动过剩产能市场出清,建立去产能长效机制。实施新一轮重大技术改造升级工程,支持传统产业清洁化、智能化改造。加大对企业创新能力建设的支持。二是大力发展服务业特别是现代服务业。要切实推进服务业开放,加快健康养老、教育培训、旅游、科研、商务等服务业发展,提高有效供给能力。三是加快发展壮大战略性新兴产业。要把握新一轮科技革命和产业变革正在快速孕育兴起的历史机遇,建立审慎包容的监管机制,加快数字经济、生物经济等发展,推动互联网、大数据、人工智能同实体经济深度融合。四是营造有利于实体经济发展的体制和政策环境。要切实推进房地产、金融等领域改革,推动资源要素向实体经济集聚、政策措施向实体经济倾斜、工作力量向实体经济加强,营造脚踏实地、勤劳创业、实业致富的发展环境和社会氛围。

(2)加快实施创新驱动发展战略,强化现代化经济体系的战略支撑。重点是要实现"三个转向":一是要把科技发展从注重数量为主转向提高质量和效益上来,强化基础研究,着力突破一批重大关键技术,提高原始创新能力;二是要把创新驱动发展从科研导向为主转向振兴实体经济上来,围绕产业链部署创新链,围绕创新链完善资金链和人才链,建立健全产学研结合机制,推动科技创新与经济社会发展深度融合;三是要把创新环境建设从注重硬环境建设转向创新生态建设上来,加快推进现代大学制度、现代科研院所制度建设,加强知识产权保护,完善国家创新体系,着力创造有利于创新创业的良好生态。

(3)积极推动城乡区域协调发展,优化现代化经济体系的空间布局。推进区域协调发展战略,逐步缩小城乡区域发展差距,重点抓好"三大区域""四大板块"建设。"三大区域",即积极推进京津冀协同发展、长江经济带发展和粤港澳大湾区发展;"四大板块",即协调推进西部大开发、东北等老工业基地振兴、中部地区崛起、东部地区率先发展。同时,大力支持老少边穷地区、边疆地区等发展。大力实施乡村振兴战略,推进农业供给侧结构性改革,全面深化农村改革。

(4)着力发展开放型经济,提高现代化经济体系的国际竞争力。进一步拓展开放范围和层次,完善开放结构布局和体制机制,以高水平开放推动高质量发展。一是在"走出去"方面,积极推进"一带一路"框架下的国际交流合作,拓展经济合作新空间。创新对外投资方式,促进国际产能合作。二是在"引进来"方面,扩大制造业和服务业等领域开放,加大西部开放力度,着力改善营商环境,提高利用外资的质量和水平。三是在对外贸易方面,培育贸易新业态新模式,提升发展质量和效益,推动加工贸易向中西部梯度转移,完善相关预警体系、法律体系。

(5)深化经济体制改革,完善现代化经济体系的制度保障。以完善产权制度和要素市场化配置为重点,推进国资国企改革,深化财税体制改革,加快金融体制改革,推进社会体制改革,健全生态文明体制,深化"放管服"改革,强化知识产权保护,加快劳动力、技术、土地等要素市场化改革。围绕基础性关键领域改革,成立专项改革小组,抓紧制定重点领域改革攻坚克难的实施方案,明确路线图和时间表、责任主体和推进方式,以及同相关改革的协调配套关系,坚决排除部门权力、局部利益的阻力和干扰,避免出现各自为政、相互掣肘的问题,将重大改革进行到底。

第六节 "一带一路"倡议

一、"一带一路"的内涵

"一带一路"是"丝绸之路经济带"和"21 世纪海上丝绸之路"的简称,是习近平在 2013 年 9 月和 10 月分别提出的战略构想。丝绸之路经济带战略涵盖东南亚经济整合和东北亚经济整合,并最终融合在一起通向欧洲,形成欧亚大陆经济整合的大趋势。21 世纪海上丝绸之路经济带战略从海上联通欧亚非三个大陆,和丝绸之路经济带战略形成一个海上、陆地的闭环。

"一带一路"不是一个实体和机制,而是合作发展的理念和倡议,是充分依靠中国与有关国家既有的双多边机制,借助既有的、行之有效的区域合作平台,旨在借用古代"丝绸之路"的历史符号,高举和平发展的旗帜,积极主动地发展与沿线国家的经济合作伙伴关系,共同打造政治互信、经济融合、文化包容的利益共同体、命运共同体和责任共同体。

二、"一带一路"提出的中国背景

一是产能过剩、外汇资产过剩;二是中国油气资源、矿产资源对国外的依存度高;三是中国的工业和基础设施集中于沿海,如果遇到外部打击,容易失去核心设施。

启动"一带一路"目的:在通路、通航的基础上通商,形成和平与发展新常态。

三、启动"一带一路"的意义

打开世界地图可以发现,"一带一路"这条世界上跨度最长的经济大走廊,发端于中国,贯通中亚、东南亚、南亚、西亚乃至欧洲部分区域,东牵亚太经济圈,西系欧洲经济圈。它是世界上最具发展潜力的经济带,无论是从发展经济、改善民生,还是从应对金融危机、加快转型升级的角度看,沿线各国的前途命运,从未像今天这样紧密相连、休戚与共。启动"一带一路"的意义具体体现在:

(1)"一带一路"打开筑梦空间,可以让沿线各国共筑腾飞的梦想。

(2)"一带一路"有利于将政治互信、地缘毗邻、经济互补等优势转化为务实合作、持续增长优势。

(3)通过"一带一路"建设,无论是"东出海"还是"西挺进",将使中国与周边国家形成"五通"。

(4)"一带一路"倡议合作中,经贸合作是基石。遵循和平合作、开放包容、互学互鉴、互利共赢的丝路精神,中国与沿线各国在交通基础设施、贸易与投资、能源合作、区域一体化、人民币国际化等领域,迎来共创共享的新时代。

(5)"一带一路"在平等的文化认同框架下谈合作,是国家的战略性决策,体现的是和平、交流、理解、包容、合作、共赢的精神。

(6)“一带一路”是开放包容的经济合作倡议,不限国别范围,不是一个实体,不搞封闭机制,有意愿的国家和经济体均可参与进来,成为“一带一路”的支持者、建设者和受益者。

四、丝路新图

(1)北线 A:北美洲(美国,加拿大)—北太平洋—日本、韩国—日本海—海参崴(扎鲁比诺港、斯拉夫扬卡等)—珲春—延吉—吉林—长春—蒙古国—俄罗斯—欧洲。

(2)北线 B:北京—俄罗斯—德国—北欧。

(3)中线:北京—郑州—西安—乌鲁木齐—阿富汗—哈萨克斯坦—匈牙利—巴黎。

(4)南线:泉州—福州—广州—海口—北海—河内—吉隆坡—雅加达—科伦坡—加尔各答—内罗毕—雅典—威尼斯。

(5)中心线:连云港—郑州—西安—兰州—新疆—中亚—欧洲。

第十七章　价格总水平和就业、失业

知识框架

- 价格总水平和就业、失业
  - 价格总水平
    - 价格总水平的含义和度量
    - 决定价格总水平变动的因素
    - 价格总水平变动的经济效应
  - 通货膨胀
    - 通货膨胀的含义
    - 衡量通货膨胀的指标
    - 通货膨胀的类型
    - 通货膨胀产生原因
    - 通货膨胀的效应
    - 通货膨胀的治理
  - 就业和失业
    - 就业、失业的含义
    - 我国的就业和失业的含义和统计口径
    - 就业与失业水平的统计
    - 失业的类型
    - 失业的经济效应
    - 我国的就业和失业问题
  - 失业和经济增长及价格总水平的相互关系
    - 奥肯定律
    - 就业弹性系数
    - 菲利普斯曲线

第一节　价格总水平

一、价格总水平的含义和度量

价格总水平也叫一般价格水平，是指一个国家或地区在一定时期（如月、季、年）内全社会各类商品和服务价格变动状态的平均或综合，一般用价格指数来度量。价格指数是反映不同时期商品和服务价格水平变动程度与变动趋势的动态相对数。它通常用百分数来表示，指数大于100%，说明计算期价格比基期价格上升了；如小于100%，则表示计算期价格比基期价格下降了。

目前，世界各国，特别是在发达的国家或地区，度量价格总水平的方法主要有两种：一是编制各种价格指数，如消费者价格指数、批发价格指数等；二是计算国内生产总值缩减指数。

价格指数就是用来反映报告期与基期相比商品价格水平的变化趋势和变化程度的相对数。反映价格总水平变动的叫作价格总指数，一般称为价格指数。

价格指数有很多种类，很多国家或地区都用消费者价格指数（简称 CPI）作为度量价格总水平的主要指标。我国目前采用社会商品零售价格总指数和居民消费价格指数（CPI）作为衡量价格总水平变动的基本指标。

中国 CPI 包括食品、烟酒、衣着、家庭设备、医疗卫生保健、文化教育娱乐、交通通信、居住等八大类。

二、决定价格总水平变动的因素

1. 货币供给量、货币流通速度和总产出

如果以 M 代表一定时期内货币的供给数量，V 代表货币流通速度，P 代表价格总水平，T 代表各类商品的交易数量，则有：

$$MV = PT$$

或者：

$$P = MV/T$$

从这个方程式可以看出，P 的值取决于 M、V 和 T 这三个因素的相互关系。在这三个因素中，M 是一个由模型之外的因素决定的，V 在一定时期相对稳定，T 的增长也相对稳定，所以，价格的变动主要取决于 M 的变动。

如果对上述公式运用微分方法进行推导，可以得出价格总水平的决定方程，即：

$$\pi = m + \nu - y$$

式中，π 代表价格总水平变动率或通货膨胀率；m 代表货币供给量的变率；ν 代表货币流通速度的变动率；y 代表 GDP 的变动率。

很明显，价格总水平的变动与货币供给量、货币流通速度的变化呈正方向变动，而与总产出的变化呈反方向变动。在其他因素不变的条件下，货币供给量增长，价格总水平一般会趋于上升；反之，则会趋于下降。在其他因素不变的条件下，总产出增长，价格总水平一般会趋于下降；反之，则会趋于上升。在其他因素不变的条件下，货币流通速度加快，就会促使价格总水平上涨；反之，则会下降。这三个因素的不同组合，就决定了价格总水平的不同变化趋势。

2. 总需求和总供给

价格总水平取决于总需求和总供给的比例关系。一般来说，当价格总水平下降时，总需求扩大；当价格总水平上升时，总需求减少，价格总水平和总需求呈反方向变动。从长期来看，总供给变动与价格总水平无关，不论价格总水平 P 如何变化，总产出不变。从短期来说，当价格总水平上升时，总供给扩大；当价格总水平下降时，总供给减少，价格总水平和总供给呈同方向变动。价格总水平是由总需求和总供给共同决定的。如果总需求增长快于总供给的增长，价格总水平就有可能上升；反之，如果总需求增长慢于总供给的增长，价格总水平就有可能下降。

三、价格总水平变动的经济效应

在市场活动中，工资、利率、汇率等货币形式的经济变量都和价格总水平有着互相作用的关系，当价格总水平变动时，这些经济变量都会受到影响并可能做出相应调整。

1. 价格总水平变动对工资的影响

由于价格总水平的波动，工资可以分为名义工资和实际工资。所谓名义工资就是以当时的货币形式表现的工资，实际工资则是扣除了价格变动影响因素的工资。在价格总水平上涨过程中，如果名义工资不提高或提高幅度低于价格上升幅度，实际工资就会下降；反之，在价格总水平下降过程中，如果名义工资不下降，或下降幅度小于价格的下降幅度，则实际工资就会上升。可见，实际工资的变动与名义工资的变动呈正方向，与价格总水平变动呈反方向。即：

$$\text{实际工资变动率} = \text{名义工资变动率} / \text{价格总水平变动率}$$

由于价格总水平变动导致的劳动者实际工资和居民实际收入水平的变化，会在一定条件下引起企业与劳动者，居民与政府之间的收入再分配。一般地讲，一定程度的通货膨胀有利于企业和政府，而通货紧缩则有利于劳动者和居民。

2. 价格总水平变动对利率的影响

由于价格总水平的变动，利率也可以分为名义利率和实际利率。所谓名义利率，也叫市场利率，是指银行当时规定的和发布的利率，而实际利率则是扣除了价格总水平变动影响因素的利率，也可以是在货币购买力不变时的利率。

若以 r 为名义利率，i 为实际利率，π 为价格总水平变动率，则有：

$$i = r - \pi$$

这就是说，实际利率取决于名义利率与价格总水平变动率之差。在名义利率不变时，实际利率与价格总水平变动呈反方向变动，即价格总水平上升，实际利率就趋于下降，或者当价格总水平下降，则实际利率趋于上升；在价格总水平不变时，名义利率与实际利率相等。当名义利率低于价格总水平上涨率时，实际利率为负。当名义利率高于价格总水平上涨率时，或当名义利率不变，而价格总水平下降时，实际利率为正。

3. 价格总水平变动对汇率的影响

汇率是由多方面因素决定的，既取决于外汇市场的供求关系，也取决于资本的国际流动，还取决于相关国家或地区的价格总水平的变动的比例关系。

购买力平价理论指出，两种货币的汇率应由两国货币购买力之比决定，而货币购买力又是价格总水平的倒数，所以汇率实际上由两国价格总水平变动之比决定。

按照这一理论，在两个国家的模型中，如果本国的价格总水平上涨率高于外国的价格总水平上涨率，本国货币就会贬值，以本币表示的汇率就一定会上升；反之，如果本国的价格总水平上涨率低于外国的价格总水平上涨率，本币就会升值，以本币表示的汇率就会下降。当外国价格总水平稳定或上升，而本国价格总水平下降时，本币也会升值，以本币表示的汇率就会下降。

根据以上分析，可以看出，价格总水平的变动会在一定条件下影响到汇率的变动，从而影响一个国家的进出口产品价格发生相应变化,并进而影响到净出口和总供求关系。

4. 价格总水平变动的间接效应

价格总水平变动不仅具有直接效应,还具有一些间接效应,主要包括对企业生产经营决策的影响、对收入分配结构的影响,以及对经济增长的影响。一般来说,价格总水平变动,特别是剧烈的、大幅度的变化是不利于经济增长的;只有在短期内,在价格变动没有被市场主体预期到的情况下,才可能对经济增长发生某种作用:通货膨胀在一定程度上可能有利于促进经济增长,而通货紧缩在一定程度上可能不利于经济增长。但这种作用只能是暂时的,不可能是长期的。

第二节　通货膨胀

一、通货膨胀的含义

通货膨胀是价值符号流通条件下的特有现象。在经济学界,对通货膨胀的定义有多种说法。有的认为通货膨胀是种普遍的超额需求,即太多的货币追逐太少的商品;有的认为是人均货币存量或人均货币所得的普遍上升;有的则认为是因不能增加就业或产出的货币投入所导致的物价水平处于持续上涨的状态,等等。尽管说法多种多样,但有两点是共同的:①有效需求大于有效供给;②物价持续上涨。在西方经济学中,比较规范的通货膨胀定义是萨缪尔森在其《经济学》中所下的定义,即"在一定时期内,商品和生产要素价格总水平持续不断的上涨"。

马克思主义货币理论中关于通货膨胀性质问题的定义是同纸币的流通及其规律联系在一起的,即在纸币流通条件下,由于纸币的过度发行而引起的纸币贬值、物价上涨的现象。

无论是西方经济学还是马克思主义货币理论,都把通货膨胀和物价上涨联系在一起,将物价上涨作为通货膨胀的基本标志。这是因为通货膨胀的基本内容就是货币供给过度而造成单位货币贬值。而在价值符号流通条件下,货币的贬值不会对已印就的票面值产生影响,所以必然由货币的对立面即商品物价总水平的上涨表现出来。因此,通货膨胀必然反映为物价上涨。

综上所述,通货膨胀的通用定义是,在价值符号流通条件下,由于货币供给过度而引起的货币贬值、物价上涨的现象。

通货膨胀的计算公式为:

$$\pi_t = (P_t - P_{t-1}) / P_{t-1}$$

式中:π_t 为通货膨胀率;P_t 和 P_{t-1} 分别为现期和基期的价格水平。

二、衡量通货膨胀的指标

衡量通货膨胀指标常用的有:消费品价格指数 CPI,又称零售价格指数、生活费用指数;生产资料价格指数 PPI;国民生产总值折算数(GDP 平减指数,有的称 GDP 紧缩系数)。

三、通货膨胀的类型

1. 按通货膨胀的成因划分

(1)需求拉上型通货膨胀。需求拉上型通货膨胀指因社会总需求过度增长,超过了社会总供给的增长幅度,导致商品和劳务供给不足、物价持续上涨的通货膨胀类型。这种通货膨胀的特点有:自发性,即支出的增长是独立的,与实际的或预期的成本增长无关;诱发性,即成本的增长导致工资及其他收入的增长,诱使消费支出增长;支持性,即政府为阻止失业率上升而增加支出,或采取扩张性财政政策或货币政策以增加总需求。

(2)成本推进型通货膨胀。成本推进型通货膨胀又称供给通货膨胀,是指由于供给方面成本的提高所引起的价格水平普遍而持续的上涨。成本推进型通货膨胀有三种情况。

①工资成本推进。个别部门工资的增加导致整个社会工资水平上升,引起普遍的通货膨胀,物价上升又引起工资上升。工资与物价不断互相推动,形成更严重的通货膨胀。

②利润推进。厂商的垄断利润推动产品销售价格的上升(价格上涨速度超过成本上涨速度)。

③进口成本推进。进口的原材料价格上升而引起的通胀。

(3)输入型通货膨胀。输入型通货膨胀指因进口商品价格上升、费用增加而使物价总水平上涨所引起的通货膨胀类型。这实质上是一种通货膨胀的国际传导现象,如20世纪70年代石油输出国抬高原油价格,使石油进口国的产品成本升高,成为西方主要资本主义国家普遍出现严重通货膨胀的主要原因之一。

(4)结构型通货膨胀。结构型通货膨胀指因经济结构方面的因素变动,即使总供给与总需求处于均衡状态,也会引起物价总水平上涨的通货膨胀类型。

2. 按通货膨胀的表现形式划分

(1)公开型通货膨胀。物价水平随货币数量变动而自发波动,故而物价上涨是通货膨胀的基本标志,又称为开放性通货膨胀。

(2)抑制型通货膨胀。在一国实行物价管制的情况下,商品供给短缺不能由物价上涨来反映,只表现为人们普遍持币待购而使货币流通速度减慢,又称为隐蔽性通货膨胀。

3. 按照物价增长速度,通货膨胀划分

爬行(温和)的通货膨胀,物价增长率 $<10\%$;

加速(奔驰)的通货膨胀,$10\% <$ 物价增长率 $<100\%$;

超速(恶性)的通货膨胀,物价增长率 $>100\%$。

4. 按照人们的预期程度划分

按照人们的预期程度可分为预期到的通货膨胀、未预期到的通货膨胀。

无论什么原因引起了通货膨胀,即使最初引起通货膨胀的原因消失了,它也会由于人们的预期而使通货膨胀持续,甚至加剧。

5. 按照对价格影响的差别划分

按照对价格影响的差别可分为平衡的通货膨胀(每一种商品的价格都按相同比例上升)、非平衡的通货膨胀(各种商品价格上升的比例并不完全相同)。

此外，根据通货膨胀是本国产生的还是从国外输入的，可分为输入型通货膨胀和非输入型通货膨胀。

四、通货膨胀产生原因

通货膨胀是一种货币现象。货币主义学派代表人物弗里德曼认为：物价的上涨，是由货币数量的增加造成的。

1. 直接原因

从定义看，通货膨胀是由于货币供给过度，导致货币贬值，物价上涨。在现代信用货币制度下，货币不仅包括中央银行发行的现金，而且包括银行体系的活期存款。此外，银行的其他存款以及其他信用流通工具，也同货币供应量有着密切的数量替代关系，对货币均衡状况产生重要影响。因此，在现代经济生活中，形成通货膨胀的直接原因不仅在于过度的现金发行，而且在于过度的信用供给。另外，无论是现金通货，还是存款货币，都是通过信贷供给的。因此，过度的信贷供给是造成通货膨胀的直接原因。

2. 主要原因

进一步分析，又是什么原因导致过度的信用供给呢？主要有两个方面：

(1)财政原因。因财政原因迫使过度供给货币的情况有两种，即发生财政赤字，或推行赤字财政政策。

(2)信贷原因。因信贷原因迫使过度供给货币的情况主要是指银行信用提供的货币量超过了经济发展对货币数量的客观需求，一般称之为“信用膨胀”。引起信用膨胀的原因很多，既有来自财政赤字的压力，也有来自社会上过热的经济增长要求的压力，还有来自银行自身决策失误的原因。

3. 其他原因

再进一步分析，还有哪些因素会造成财政赤字或信用膨胀，导致货币过度供给呢？原因很多，也很复杂，主要有投资规模过大、国民经济结构比例失调、国际收支长期顺差等。应根据发生通货膨胀的实际状况进行实证分析，以便对症下药，做出有效的决策，以抑制通货膨胀。

五、通货膨胀的效应

通货膨胀的效应有好的方面，但更多的是不好的方面。其效应有以下四个方面。

1. 再分配效应

通货膨胀导致收入、财富再分配，它有利于变动收入者，不利于固定收入的人；有利于债务人，不利于债权人；对储蓄者不利(存的钱贬值)；有利于政府，不利于公众(税收增加，但民众支出增加)；有利于雇主，不利于雇员(工资增长赶不上物价上涨)。

2. 产量(产出)效应

由于物价水平的上升速度快于货币工资的上升速度，从而厂商的实际利润增加，这会刺激企业扩大再生产，从而产生减少失业、增加国民产出的效应。不过，其前提是：社会上要有闲置资源；闲置资源流动无结构刚性或瓶颈现象约束；通货膨胀还必须是温和的；只在短期发挥作用。

3. 价格信号效应

通货膨胀造成价格信号紊乱扭曲，会抑制投资鼓励投机，增加交易成本，增加经济的不确定性，影响资源的合理配置，对经济产生消极影响。

4. 对外贸易效应

通货膨胀不利于国际收入的增加：固定汇率情况下，本国币值下跌，物价上升，出口产品成本会提高，这会削弱出口产品在国际市场上的竞争力，减少出口，增加进口，外贸收入减少，造成国际收支赤字增加。

六、通货膨胀的治理

通货膨胀，尤其是恶性的通货膨胀所带来的破坏性影响极大，因而各国政府都非常重视通货膨胀的治理。通货膨胀的治理通常采取反通货膨胀的政策来降低总需求。政府反通货膨胀的政策工具包括财政政策、货币政策、投资政策、汇率政策、外贸政策等。由于经济学家对通货膨胀的成因存在着不同的看法，所以他们提出的反通胀措施也存在差异。综合国际国内的一般经验，治理措施主要有紧缩的需求政策和积极的供给政策。

1. 紧缩的需求政策

通货膨胀的一个基本原因在于总需求超过了总供给。因此，政府可以采取紧缩总需求的政策来治理通货膨胀。紧缩总需求的政策包括紧缩性财政政策和紧缩性货币政策。

（1）紧缩性财政政策

紧缩性财政政策直接从限制支出、减少需求等方面来减轻通货膨胀压力，概括地说就是增收节支，减少赤字。一般包括以下措施：

①减少政府支出。减少政府支出主要包括两个方面：一是削减购买性支出，包括政府投资、行政事业费等；二是削减转移性支出，包括各种福利支出、财政补贴等。减少政府支出可以尽量消除财政赤字，控制总需求的膨胀，消除通货膨胀隐患。

②增加税收。增加税收可以直接减少企业和个人的收入，降低投资支出和消费支出，以抑制总需求膨胀。同时，增加税收还可以增加政府收入，减少因财政赤字引起的货币发行。

③发行公债。政府发行公债后，可以利用“挤出效应”减少民间部门的投资和消费，抑制社会总需求。

（2）紧缩性货币政策

许多经济学家都认为通货膨胀是一种货币现象，货币供给量的无限制扩张引起了通货膨胀。因此，他们建议采用紧缩性的货币政策来减少社会需求，促使总需求与总供给趋向一致。紧缩性的货币政策主要有以下措施：

①提高法定存款准备金率。中央银行提高法定存款准备金率、降低商业银行创造货币的能力，从而达到紧缩信贷规模、削减投资支出、减少货币供给量的目的。

②提高再贴现率。提高再贴现率不仅可以抑制商业银行对中央银行的贷款需求，还可以增加商业银行借款成本，迫使商业银行提高贷款利率和贴现率，结果企业因贷款成本增加而减少投资，货币供给量也随之减少。提高再贴现率还可以影响公众的预期，达到鼓励增加

储蓄、减缓通货膨胀压力的作用。

③公开市场操作。公开市场操作是中央银行经常使用的一种货币政策。在通货膨胀时期，中央银行一般会通过公开市场向商业银行等金融机构出售有价证券，从而达到紧缩信用，减少货币供给量的目的。

(3)用衰退来降低通货膨胀，或采取紧缩性的需求管理政策。

在政策上，可以通过实施紧缩性的财政政策和紧缩性货币政策来抑制通货膨胀。政府制造衰退程度的大小决定了通货膨胀率下降的速度，衰退幅度越大，通货膨胀率下降越快。在实践中，存在两种不同的政策选择：渐近主义政策和激进主义政策。

2. 积极的供给政策

通货膨胀通常表现为物价上涨，也就是与货币购买力相比的商品供给不足。因此，一些西方学者认为过去的反通货膨胀政策过分注意需求方面而忽略了供给方面，在治理通货膨胀时应从供求两个方面入手，在抑制总需求的同时，积极运用刺激生产的方法增加供给来治理通货膨胀。倡导这种政策的学派被称为供给学派，其主要措施有减税、削减社会福利开支、适当增加货币供给发展生产和精简规章制度等。

3. 收入政策

(1)控制工资与物价的增长。政府为了降低一般价格水平上升的速度，可以采取强制性或非强制性的限制货币工资和价格的政策。

(2)道德劝说。政府编制物价和工资的指导线，希望工人和企业能够遵守。对那些不听从劝告的企业，政府可以通过不购买该企业的产品来威胁。

(3)改变预期。通过舆论宣传来改变民众对通货膨胀的预期。

4. 币制改革

为治理通货膨胀而进行的币制改革，是指政府下令废除旧币，发行新币，变更钞票面值，对货币流通秩序采取一系列强硬的保障性措施等等。它一般是针对恶性通货膨胀而采取。

第三节 就业和失业

一、就业、失业的含义

就业的含义是一定年龄段内的人们所从事的为获取报酬或经营收入所进行的活动。如果再进一步分析，则需要把就业从三个方面进行界定，即就业者条件，指一定的年龄；收入条件，指获得一定的劳动报酬或经营收入；时间条件，即每周工作时间的长度。

失业是指有劳动能力并愿意就业但在目前没有从事有报酬或收入的工作的现象。

按照国际劳工组织(ILO)的统计标准，凡是在规定年龄内在一定期间内(如一周或一天)属于下列情况的均属于失业人口：

(1)没有工作，即在调查期间内没有从事有报酬的劳动或自我雇佣。

(2)当前可以工作，就是当前如果有就业机会，就可以工作。

(3)正在寻找工作，就是在最近的期间采取了具体的寻找工作的步骤，例如到公共的或私营的就业服务机构登记、到企业求职或刊登求职广告等方式寻找工作。

二、我国的就业和失业的含义和统计口径

就业人口，是指在16周岁以上，从事一定社会劳动并取得劳动报酬或经营收入的人员。其中，城镇就业人口，是指在城镇地区从事非农业活动的就业人口。包括在国有单位、城镇集体单位、股份合作单位、联营单位、有限责任公司、股份有限公司、私营企业、港澳台商投资单位、外商投资单位和个体工商户从业的人员。

城镇登记失业人员，指有非农业户口，在一定的劳动年龄内(16岁至退休年龄)，有劳动能力，无业而要求就业，并在当地公共就业服务机构进行失业登记的人员。

三、就业与失业水平的统计

在发达国家，失业率是反映一个国家或地区劳动力资源利用状况的最重要的指标，是失业总人数与民用劳动力总人数的比率，即：

$$失业率=(失业总人数/民用劳动力总人数)\times 100\%$$

就业率是就业人口与民用成年人口总数的比率，即：

$$就业率=(就业人口/民用成年人口总数)\times 100\%$$

目前，我国统计部门计算和公布的就业和失业水平方面的指标主要是城镇登记失业率，是城镇登记失业人数与城镇单位就业人员(扣除使用的农村劳动力、聘用的离退休人员、港澳台及外方人员)、城镇单位中的不在岗职工、城镇私营业主、个体户主、城镇私营企业和个体就业人员以及城镇登记失业人员之和的比。

可见，我国目前统计的失业率和西方发达国家的失业率的含义和计算是具有明显差别的，在进行国际对比时一定要注意其不可比性。主要差别是，我国只计算城镇地区的失业率，而没有计算覆盖全国城镇和农村地区的统一的失业率；在计算城镇失业率时，主要是以是否具有城镇户口为标准，因此还不能准确地反映城镇地区的实际失业状况。

在不同的国家或地区，失业率有着比较明显的区别，有的国家失业率高一些，有的则低一些。同一个国家或地区，在不同的时期失业率也有所不同，有的年份高一些，有的年份低一些。但是，从一个较长期的变动趋势来看，在某一个国家或地区，总存在一个正常的失业率，这就是自然失业率，是指劳动力市场供求处于均衡状态，价格总水平处于稳定状态时的失业率。经济学家弗里德曼把它定义为经济处于充分就业状态时的失业率，而斯蒂格里茨则把它定义为通货膨胀率为零时的失业率。由于自然失业率和是否存在通货膨胀有着密切关系，因此为了更加准确地描述自然失业率，现在一般把它称为非加速通货膨胀失业率(NAIRU)，这是宏观经济分析的一个重要概念。

四、失业的类型

1. 自愿失业

按照西方古典经济学的观点，在完全竞争市场条件下，工资可以自由波动，价格机制就会引导劳动力资源全部用于生产，从而不存在失业。在这种情况下，如果有失业，就只能是

“自愿失业”,即劳动者不愿意接受现行的工资水平而宁愿不工作的一种状态,也可以说是当工资水平下降时劳动者自愿退出劳动力队伍的情况。自愿失业包括摩擦性失业和结构性失业两种形式。摩擦性失业是因为劳动者找到最适合自己的偏好和技能的工作需要一定的时间而引起的失业,也就是由于劳动者从一个工作转换到另一个工作的过程中出现的失业。在经济生活中,人们寻找和转换工作是需要花费一定时间的,新进入劳动市场的劳动者需要花时间选择和比较工作,已进入劳动市场的劳动者也需要花费时间去转换工作。结构性失业是由于产业结构调整所造成的失业,例如新的产业的兴起和旧的产业的衰落,就会使得一部分原有的劳动者由于不具备新产业需要的技术而失业,但是同时这些新产业的就业需求却得不到满足。还如,由于某些地区的主要产业的衰落导致了大量劳动者失去工作,或某些地区由于新的产业的迅猛发展导致劳动者供给的短缺。

2. 需求不足型失业(非自愿失业)

按照凯恩斯的观点,需求不足型失业,也叫非自愿失业,或者叫周期性失业,是指劳动者在现行工资水平下找不到工作的状况,或是指总需求相对不足减少劳动力派生需求所导致的失业。这种失业是与经济周期相联系的。在一个国家或地区经济运行处于繁荣与高涨时期,对产品和服务的总需求上升,对劳动力派生需求量也上升,因而失业率比较低;相反,在经济运行处于衰退或萧条阶段,对产品和服务的总需求萎缩,劳动力派生需求量下降,因而失业率比较高。这种失业是宏观经济调控中需要关注的重点。

五、失业的经济效应

失业的影响有正面的和负面的,可分为经济的和社会的影响。

正面的影响是:有利于劳动力资源的优化配置。

负面的影响是:①个人收入、生活水平下降;国民收入减少(本可由失业工人生产的产品和劳务损失了)。美国经济学家阿瑟·奥肯提出:当失业率高于自然失业率 1 个百分点时,实际 GDP 将低于潜在 GDP 的 2 个百分点。②失业会造成人力资本的损失(人力资本总量减少)。③影响社会稳定,增加政府福利支出。

六、我国的就业和失业问题

1. 我国现阶段失业的特点

(1)失业率随着中国经济的高速发展而增加。尤其是近几年,这种趋势更加明显,越来越引起社会各界的广泛关注。

(2)失业人群的年轻化。刚刚毕业的大学生具有良好的素质和专业知识,却也加入了失业大军,每年这些大学生为了找到工作而四处奔波。失业人群的年龄越来越小,这不得不引起我们的高度重视。

(3)经济增长所创造的就业机会远赶不上新增的失业人数。

(4)失业与岗位空缺并存。一方面大量的失业人员和毕业生在到处寻找工作,另一方面国家和企业每年也会提供相当多的就业岗位,却总是存在着失业与岗位空缺并存的现象。

由于二元结构和体制转轨,在目前和今后一个时期,如何增加就业和减少失业都是宏观经济调控的重要任务之一。所谓二元结构，是指发展中国家经济体系中采用现代技术的现代部门和采用传统技术的传统部门并存的经济结构，也就是现代工业部门和传统农业部门并存的经济结构。该理论把一个国家或地区的经济分为两个部门：一个是现代的城市工业部门，其特征是现代工业和市场经济比较发达，技术水平、劳动生产率和收入较高；另一个是传统的农村农业部门，其特征是以传统农业和手工业为主，以简单工具和手工劳动为基础，处于自给半自给经济状态，劳动生产率和收入较低。

在二元结构经济里会出现一种特有的失业现象：如果劳动力在两个部门之间的流动是自由的，低收入的农民一定会向现代工业部门转移，但由于农村劳动力供给是无限的，从农业中转换出来的劳动力的边际生产率可能接近于零，因此在城市中会出现大量的失业人口。如果考虑城市的失业风险，或其他制度性的限制，农民留在传统部门不进行流动，那么在农村实际存在大量隐性失业或者就业不足现象，就是劳动者实际工作的时间少于其愿意而且能够工作的时间。

我国是一个典型的二元结构经济，农村存在着数量庞大的富余劳动力，农村的就业不足现象是很严重的。在经济发展的过程中，农村劳动力必然会逐步地离开农村，转移到城市或工商业部门。农村富余劳动力向城市的转移，固然会减轻农村的就业不足程度，但是却可能加重城市的失业问题。

2. 解决失业问题的途径

(1)开发新的产业，进行更细的社会分工，以创造更多的就业机会。

(2)调整就业结构和就业方式，加快劳动密集型产业，尤其是第三产业的发展。

(3)正确处理政府和市场的关系，建立统一高效的劳动力市场。政府解决失业问题的宏观政策要以市场为导向，充分发挥市场配置劳动力资源的基础性作用；同时加强宏观调控，综合运用各种政策工具，不断完善劳动力市场。

(4)进一步完善促进就业与再就业的财税优惠政策，适当扩大就业税收优惠的对象及范围。

(5)鼓励职业培训，提高劳动者素质，引导求职者转变择业观念。国家要积极推行公办、民办、民办公助等多种办学方式的职业培训，以市场的就业需求为导向，提高劳动者的素质和专业技能，为他们日后寻找工作打下良好的基础。此外，还要转变求职者的择业观念。

(6)加快完善社会保障体系，特别是失业保险制度，保障职工失业后的基本生活，帮助失业人员实现再就业，缓解就业压力，维护社会的安定团结。

努力扩大就业，减少失业，使劳动力资源得到更加充分的利用，是提高人民生活水平的重要途径，也是构建社会主义和谐社会的重要方面。但是，要增加就业岗位，特别是增加非农业就业岗位是一项非常艰巨的任务，需要通过保持经济长期稳定增长，加快体制改革和结构调整，加快发展教育，积极推进新型城镇化以及实施新的就业模式和提倡新的就业观念等多方面的措施才能够实现。

第四节 失业和经济增长及价格总水平的相互关系

一、奥肯定律

美国经济学家阿瑟·奥肯在20世纪60年代初提出了美国的产出与失业之间的一个数量相关关系,即奥肯定律或奥肯法则。奥肯根据美国的数据,得出了一个结论:相对于潜在的GDP,即一个经济体在充分就业状态下所能实现的GDP,实际GDP每下降2个百分点,失业率就会上升1个百分点。或者说,相对于自然失业率即充分就业状态下的失业率,失业率每提高1个百分点,实际GDP就会相对于潜在的GDP下降2个百分点。

如果用y表示实际GDP,用y^*表示潜在的GDP,用u表示实际失业率,用u^*表示自然失业率,那么,奥肯定律可以用以下公式表示:

$$(y-y^*)/y^* = -2\times(u-u^*)$$

应当指出,奥肯定律所提出的经济增长和失业之间的具体数量相关关系可能随着时代的变化而有所不同,在不同的国家或地区可能差别更大。但是,这一定律具有重要的政策含义,表明了在经济增长和就业之间存在一定的正相关关系。其政策含义就是,政府应当把促进经济增长作为增加就业或降低失业的主要途径。

二、就业弹性系数

就业弹性是一个国家或一个地区一定时期内的劳动就业增长率与经济增长率的比值,即经济增长每变化一个百分点所对应的就业数量变化的百分比。如果用E_e表示就业弹性系数,以Y表示经济增长速度,E表示就业增长速度,则就业弹性系数可以用下式来表示和计算:

$$E_e = E/Y$$

根据我国的实际情况,在计算就业弹性系数时,就业人口可以是城乡就业总人员,也可以是城镇就业人员,一般是指城镇就业人员。例如,根据统计部门数据,2015年我国城镇就业人员为40 410万人(不含港澳台地区就业数据,下同),比2014年城镇就业人员39 310万人增加1 100万人,增长率为2.8%;全年国内生产总值676 708亿元,比2014年增长6.9%。则2015年我国城镇就业弹性系数约为0.41。这就表明,2015年我国国内生产总值每增长1个百分点,可以带来0.41个百分点的城镇就业人员的增长。

就业弹性的变化取决于产业结构等因素。一般来说,如果第三产业或服务业在国民经济中所占比例较大,就业弹性就较高。这是因为在我国,第三产业属于劳动密集型产业,生产单位产品需要投入的劳动力较多。

三、菲利普斯曲线

菲利普斯曲线是以英国经济学家菲利普斯名字命名的一条描述通货膨胀与失业或经济增长之间相互关系的曲线,也是分析宏观经济问题的重要工具。在20世纪50年代,菲利普斯曲线最初是反映失业率与货币工资率之间变化关系的，失业率越低，工资增长率越高。工资增长与失业水平之间存在着负相关关系。美国经济学家萨缪尔森和索罗在20世纪60年代把它改进成为一种表示通货膨胀率与失业率之间相互关系的后来十分流行的图形，一般称为简单菲利普斯曲线，如图17－1所示，图中π表示通货膨胀率，U为失业率，二者存在负相关关系。当失业率降低时，通货膨胀率就会趋于上升；反之，当失业率上升时，通货膨胀率就会趋于下降。政府在进行决策时，可以用高通货膨胀率来换取低失业率，或者用高失业率来换取低通货膨胀率。也就是所谓的通货膨胀率和失业率之间的替代关系。这样就使菲利普斯曲线得到了广泛的认可和应用，成了宏观经济学中的一个十分重要的概念。

但是，在菲利普斯曲线提出之后，就不断有人提出不同的观点。美国经济学家弗里德曼认为，工人和企业感兴趣的是实际工资而不是名义工资（货币工资），在劳资双方工资谈判时，工人会把通货膨胀预期考虑进去的。这就意味着，对某一个水平的失业率，可以对应多个水平的通货膨胀率。按照这种观点，通货膨胀和失业之间的所谓替代关系只在短期内才是可能的，而在长期内则是不存在的。从长期看，菲利普斯曲线是一条和横轴垂直的直线，如图17－2所示。

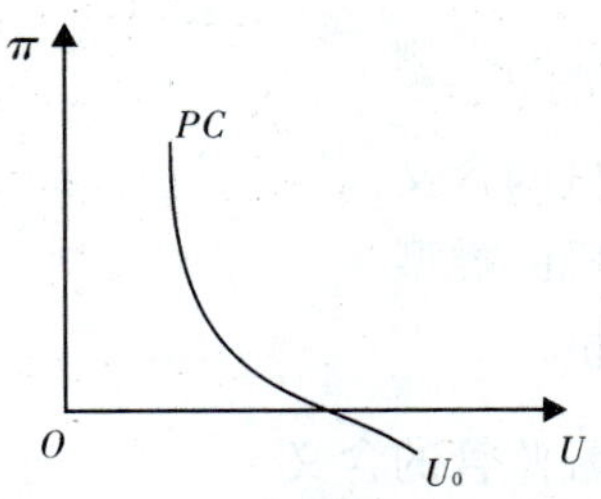

图17－1　简单菲利普斯曲线

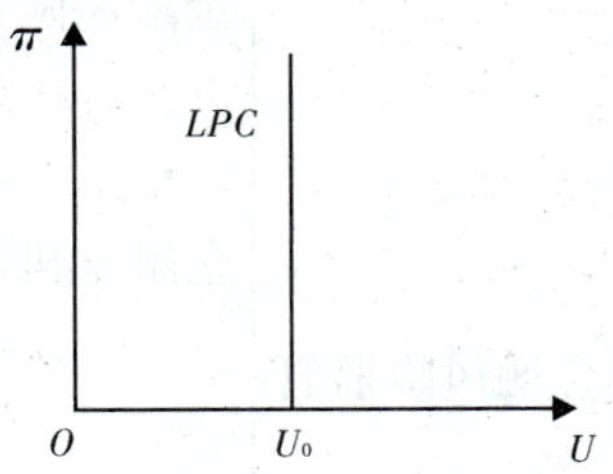

图17－2　长期的菲利普斯曲线

第十八章　金融市场与金融风险监管

知识框架

- 金融市场与金融风险监管
  - 金融市场
    - 金融市场运行机制
    - 金融市场效率
    - 有效市场理论
    - 金融市场的结构
    - 金融市场主体行为
  - 金融风险
    - 金融风险的基本特征
    - 金融风险的类型
  - 金融危机
    - 金融危机的含义
    - 金融危机的类型
    - 次贷危机
  - 金融监管理论
    - 金融监管的含义
    - 金融监管的一般性理论
  - 金融监管体制
    - 金融监管体制的含义与分类
    - 我国金融监管体制演变
  - 国际金融监管协调
    - 巴塞尔协议产生的背景和发展
    - 1988 年巴塞尔报告
    - 2003 年新巴塞尔资本协议
    - 2010 年巴塞尔协议Ⅲ
    - 巴塞尔协议在我国的实施

第一节　金融市场

一、金融市场运行机制

金融市场是指以金融资产为交易对象而形成的供求关系及其机制的总和。

从全社会来看，在同一时间内，既存在着资金不足的单位，又存在着资金盈余的单位。

即货币资金在使用方面总是存在着“时间差”和“空间差”。资金只有在运动过程中才能够创造价值,并使价值增加。这样,就产生了金融交易的客观需求。金融交易是指在金融市场上发生的金融资产所有权变化,引起金融债权、债务的产生和清偿的交易。

二、金融市场效率

金融市场效率,是指金融市场实现金融资源优化配置功能的程度,它包含两方面内容:一是金融市场以最低交易成本为资金需求者提供金融资源的能力,二是金融市场的资金需求者使用金融资源向社会提供有效产出的能力。

高效率的金融市场,能将社会有限的金融资源配置到效益最好的企业及行业,进而创造最大产出,实现社会效益的最大化。这是因为资本的本质特征是追逐利润,在可以流动的金融市场资本将流向利润率较高的部门或企业,而利润较高的部门或企业正是市场前景较佳、社会效益或经营效益较好、具有发展潜力的部门与企业,于是资本流动的趋利性恰好达到优化资源配置的目的。金融市场效率的发挥是以资本的合理运动为前提的,正是资本的不间断的运动才使社会资源的优化配置得以实现。

三、有效市场理论

1965 年,美国芝加哥大学教授尤金·法玛提出了一个广为接受的有效市场定义:如果在一个证券市场上,价格完全反映了所有可获得(利用)的信息,每一种证券价格都永远等于其投资价值,那么就称这样的市场为有效市场。根据信息对证券价格影响的不同程度,尤金·法玛将市场有效性分为三类:

(1)弱型效率,是证券市场效率的最低程度。如果有关证券的历史资料(如价格、交易量等)对证券的价格变动没有任何影响,则证券市场达到弱型效率。

(2)半强型效率,是证券市场效率的中等程度。如果有关证券公开发表的资料(如公司对外公布的盈利报告等)对证券的价格变动没有任何影响,则证券市场达到半强型效率。

(3)强型效率,是证券市场效率的最高程度。如果有关证券的所有相关信息,包括公开发表的资料以及内幕信息对证券价格变动没有任何影响,即证券价格充分、及时地反映了证券有关的所有信息,则证券市场达到强型效率。

四、金融市场的结构

金融市场是由许多子市场组成的一个庞大的体系,主要包括同业拆借市场、票据市场、债券市场、股票市场、投资基金市场、金融期货市场(金融期权市场)、外汇市场等。

根据以上市场上交易的金融工具的期限长短,可以大致把它们(除外汇市场外)归入货币市场或资本市场两大类。货币市场是指以期限在 1 年及 1 年以下的金融资产为交易标的物的短期金融市场,其子市场主要有同业拆借市场、票据市场、短期债券市场等。资本市场是指期限在 1 年以上的金融资产交易市场,通常指的是股票市场、长期债券市场、投资基金市场等。外汇市场作为国际金融市场的重要组成部分,因其功能特殊,并不能简单地归入货币市场或资本市场。

1. 同业拆借市场

同业拆借市场是指金融机构之间以货币借贷方式进行短期资金融通活动的市场。同业拆借的资金主要用于弥补短期资金不足、票据清算的差额以及解决临时性的资金短缺需求。由于它具有期限短、流动性高、利率敏感性强和交易方便等特点，同业拆借市场成为货币市场的主要组成部分，成为商业银行、非银行金融机构和中央银行十分关注的市场，商业银行通过同业拆借市场调剂头寸，中央银行通过同业拆借市场实施宏观调控。同业拆借利率是经济中反映整个信贷资金供求状况的一个非常敏感的指标，在国际货币市场上比较典型、有代表性的同业拆借利率是伦敦银行同业拆借利率（LIBOR），LIBOR 是伦敦金融市场上银行间互相拆借英镑、欧洲美元及其他欧洲货币时的利率。

2. 票据市场

票据市场是以各种票据为媒体进行资金融通的市场。按照票据的种类，它可以划分为商业票据市场、银行承兑汇票市场、银行大额可转让定期存单市场、短期以及融资性票据市场。由于银行承兑汇票和商业票据是投资者进行短期投资和金融机构进行流动性管理的重要工具，银行承兑汇票市场和商业票据市场也成为票据市场中最主要的两个子市场。

银行承兑汇票的产生过程是这样的：进口商银行和出口商银行作为第三者信用保证，进口商银行先向进口商开立信用证，出口商再凭此通过出口商银行开出以进口商银行为付款人的远期汇票，进口商银行在远期汇票确定的日期向出口商支付进口货物款项。进口商银行在汇票正面签上“承兑”字样，并盖上章，一张银行承兑汇票就产生了。由此可以看出，银行承兑汇票是银行信用和商业信用的结合。

商业票据是一种短期无担保证券，是由发行人（一般为信誉高、实力雄厚的大公司）为了筹措短期资金或弥补短期资金缺口，在货币市场上向投资者发行并承诺在将来一定时期偿付票据本息的凭证。它是以企业间的直接信用作保证的。银行大额可转让定期存单是由商业银行和其他金融机构为了吸引存款而发行的一种不记名的存款凭证，它是认购人对银行提供的信用。它的特点如下：一是不记名；二是属于批发性质的金融工具，存单的金额由发行银行确定，一般都比较大；三是利率既可固定，也可浮动。

3. 债券市场

债券市场是发行和买卖债券的场所，它是一种直接融资的市场，即不通过银行等信用中介，资金的需求者和供给者直接进行融资的市场。债券市场既具有货币市场属性，又具有资本市场属性。

根据市场组织形式，债券市场亦可进一步分为场内交易市场和场外交易市场。在证券交易所内买卖债券所形成的市场，就是场内交易市场。场外交易市场是在证券交易所以外进行证券交易的市场，柜台市场为场外交易市场的主体，许多证券经营机构都设有专门的证券柜台，通过柜台进行债券买卖。

按期限，债券可划分为短期债券（1年期以内）、中期债券（1年期至10年期）和长期债券（10年期以上）。债券市场作为直接融资的市场，既是政府、企业、金融机构融资的场所，也是中央银行货币政策的操作平台，是最重要的金融子市场之一。其中政府以债务人身份承担到期偿付本息责任的、期限在1年以内的短期政府债券，因其具有违约风险小、流动性强、面额小、收入免税等特点，其流动性在货币市场中是最高的，几乎所有的金融机构都参与短期政府债券市场的交易。

4. 股票市场

一般而言，股票市场是指股票发行和交易的场所，因而从这个角度看，股票市场可以分为发行市场（一级市场）和流通市场（二级市场）。发行市场是通过发行股票筹集资金的市场，主要的参与者包括上市公司（资金需求者）、投资者（资金的供给者）以及包括证券公司、会计师事务所、律师事务所等在内的中介机构（主要提供发行上市方面的服务）。流通市场是已发行的股票在投资者之间进行转让的市场，因而主要的参与者就是投资者群体。流通市场一方面为股票持有者提供变现的机会，另一方面为新的投资者提供新的投资机会。活跃的流通市场是发行市场得以存在的条件。

股票市场还可以根据市场的组织形式划分为场内交易市场和场外交易市场。场内交易市场是股票集中交易的场所，简单地讲，就是股票交易所（我国现有上海证券交易所和深圳证券交易所）。与此相对应，场外交易市场就是指在股票交易所以外，在各证券交易机构直接进行交易的市场，也叫柜台交易市场（我国目前还不具备发展场外交易的条件）。

5. 投资基金市场

投资基金是一种利益共享、风险共担的集合投资方式，也是一种金融中介机构，即通过发行基金单位，集中投资者的资金，由基金托管人托管，基金管理人管理和运用，从事股票、债券、外汇、货币等金融工具投资，以获得投资收益和资本增值，并分配给基金持有者的机构。在证券市场上投资的基金称为证券投资基金，主要投资于债券和股票。它的优势主要表现为专家理财，一般由众多金融投资专家组成，他们经验丰富，与证券市场联系紧密，信息资料齐全，分析手段先进，比一般人更能把握证券市场的走势。在不同的国家，投资基金有不同的称呼，在美国称之为“共同基金”，在英国称之为“单位信托基金”，在日本称之为“证券投资信托基金”。

6. 金融期货市场（金融期权市场）

金融期货市场是指专门进行金融期货交易的市场。它具有锁定和规避金融市场风险、实现价格发现的功能。金融期货交易一般是指交易协议达成后，在未来某一特定时间，如几周、几个月之后才办理交割的交易。在金融期货市场上，由于成交和交割是分离的，交割要按成交时约定的协议价格进行，证券价格、汇率或黄金价格的波动既有可能使交易者获利，也有可能使交易者受损，所以证券、外汇和黄金较多地采用期货交易形式。

金融期权交易是指买卖双方按成交协议签订合同，允许买方在交付一定的期权费用后，取得在特定时间内，按协议价格买进或卖出一定数量的证券的权利。如果协议合同到期，购买期权的一方没有行使该权利，则期权合同自动失效。

金融期权市场是金融期货市场的发展和延伸，它们都属于金融衍生产品市场。

7. 外汇市场

外汇市场是指以不同种货币计值的两种票据之间交换的市场。它也是各种短期金融资产交易的市场，与货币市场的不同是，货币市场交易的是同一种货币或以同一种货币计值的票据。

五、金融市场主体行为

金融市场主体是指包括金融企业（商业银行与非银行金融机构等）、非金融企业（工商企业等）、政府财政及个人或家庭在内的金融市场资金或金融工具的供应者与需求者。不同的金融市场主体有着不同的价值取向与风险、成本、收益的判断标准，由此也就决定了金融市场竞争的客观存在。

1. 企业

在世界上任何国家和地区，企业都毫无例外地是经济活动的中心，因而也是金融市场运行的基础。从法律形态看，企业主要有三种组织形式：独资企业、合伙企业和公司。独资企业和合伙企业是传统的企业形式，公司则是现代企业形式。企业因从事商品生产而和金融市场紧密联系在一起。企业生产经营过程中发生的资金余缺，必须通过金融市场进行融通。现代企业的重要特征是投资主体的多元化，归根结底是资本联合的一种形式。这个“资本联合”的过程，必须通过金融市场实现。

企业一般是作为最大的资金需求者在金融市场上从事交易的。一般情况下，企业多在资本市场上活动，是股票和债券市场上最重要的筹资者。企业以资本市场为其活动的主要领域。企业在资本市场上主要是以资金需求者的身出现的；在货币市场上，是以资金需求者和资金供给者的双重身份出现的。

2. 政府

政府部门是一国金融市场上主要的资金需求者。不管是中央政府还是地方政府，为了建设公共工程，为了弥补财政赤字，一般都通过发行公债方式筹措所需资金，从而以资金需求者的身份在金融市场上活动。

此外，不少国家政府也是国际金融市场上的积极参加者，如中东的主要石油出口国家就是金融市场上资金供应的大户，一些发展中国家则是金融市场上的主要资金需求者。不论是发展中国家还是发达国家，政府部门都是金融市场上的经济行为主体之一。政府除了是金融市场上最大的资金需求者和交易主体，另外它还是重要监管者和调节者。

3. 金融机构

凡是从事各种金融活动的组织，均称为金融机构。金融机构在金融市场的作用：

（1）在金融市场上，金融机构的作用是极其特殊的。金融机构是金融市场上最重要的中介机构，是储蓄转化为投资的传递者和导向者。资金从储蓄者手中转移到投资者手中之所以采取间接融资方式,根本原因是间接融资有许多好处。

(2)金融机构是金融市场上资金的供给者和需求者。金融机构筹集资金的直接目的是为了向市场供应资金,但有时也有以自营为特征的投资活动。这就需要在金融市场上直接发行证券以资金需求者的面目出现。在发达的金融市场中,对金融市场的压力一般也是通过金融机构传递的。总之,金融机构既发行与创造金融工具,也在市场上购买各类金融工具,既是金融市场的中介人,也是金融市场的投资者、货币政策的传导者的承受者,其作用是其他任何部门也不能替代的。

4. 机构投资者

机构投资者在金融市场上主要是买卖公司证券,也购买一定的金边债券。总之,活动范围主要是资本市场。由于机构投资者交易数额较大,因而对金融市场的影响力越来越大。机构投资者最初是从私人手里购买证券,主要是购买公司债券和股票。经过长期积累,年复一年的取得证券,使机构投资者在金融市场上处于重要地位。机构投资者常常通过电话等手段就将交易完成。它和家庭部门在金融市场上的作用互为消长。

5. 家庭

个人一般是金融市场上的主要资金供应者。个人为了存集资金购买大件商品或是留存资金以备急需、养老等,都有将手中资金投资以使其保值增值的要求。因此,个人通过在金融市场上合理购买各种有价证券来进行组合投资,既满足日常的流动性需求,又能获得资金的增值。家庭部门的活动领域遍及货币市场和资本市场。

第二节 金融风险

所谓金融风险,是指投资者和金融机构在资金的借贷和经营过程中,由于各种不确定性因素的影响,使得预期收益和实际收益发生偏差,从而发生损失的可能性。在市场经济体系中,金融风险是客观存在,难以完全避免的。

一、金融风险的基本特征

金融风险具有以下基本特征:

(1)不确定性。影响金融风险的因素非常复杂,各种因素相互交织,难以事前完全把握。

(2)相关性。尽管金融机构主观的经营和决策行为会造成一定的金融风险,但是金融机构所经营的商品——货币的特殊性决定了金融机构同经济和社会是紧密相关的。

(3)高杠杆性。与工商企业相比,金融企业负债率明显偏高,财务杠杆高,导致负外部性高。此外,金融工具创新日新月异,衍生金融工具有以小博大的高杠杆效应,也伴随着高度的金融风险。一旦预测有误,便可能出现巨额亏损,投资者将受到严重损失,甚至危及整个金融市场的稳定。

(4)传染性。金融机构承担着中介机构的职能,割裂了原始借贷的对应关系。处于这一中介网络的任何一方出现风险，都有可能对其他方面产生影响，甚至发生行业的、区域的金融风险，导致金融危机。

上述四个特征是一般性的，我国处于经济转轨时期，市场经济发展不完全，因此我国的金融风险还存在不少特性。例如，金融结构失衡与融资形式畸形发展使风险集中于银行、金融风险与财政风险相互传感放大、非正规金融规模庞大成为金融安全隐患等。

二、金融风险的类型

在金融领域中，有着多种不同类型的风险。常见的金融风险有：

(1)由于市场因素(如利率、汇率、股价以及商品价格等)的波动而导致的金融参与者的资产价值变化的市场风险。

(2)由于借款人或市场交易对手的违约(无法偿付或者无法按期偿付)而导致损失的信用风险。

(3)金融参与者由于资产流动性降低而导致的流动性风险。

(4)由于金融机构的交易系统不完善、管理失误或其他一些人为错误而导致的操作风险。

(5)法律风险。

(6)国家风险是指一国居民在与他国居民进行经济金融交易中，因他国经济、政治篇或社会等政策性或环境性因素发生意外变动，而使自己不能顺利收回资金，从而蒙受经济损失的可能性。包括：经济风险、政治风险与社会风险。

(7)声誉风险。声誉风险是指金融机构因受公众的负面评价，而出现客户流失、股东流失、业务机遇丧失、业务成本提高等情况，从而蒙受相应经济损失的可能性。

(8)系统风险。系统风险是指金融机构从事金融活动的整个系统因外部性因素的冲击或内部性因素的牵连而发生剧烈波动，使整个金融机构不能幸免，从而蒙受经济损失的可能性。

第三节　金融危机

一、金融危机的含义

金融危机是指一个国家或几个国家与地区的全部或大部分金融指标(如短期利率、金融资产、房地产、商业破产数和金融机构倒闭数等)的急剧、短暂和超周期的恶化。

由于金融危机的发生具有频繁性、广泛性、传染性和严重性等特点，其后果已严重影响到区域甚至全球经济金融系统的稳定性。在世界范围内，几乎所有的国家都曾经遭受过危机的侵袭。金融危机会使一国实体经济受到影响，经济增长放缓甚至衰退，严重时还会令金融市场完全崩溃，甚至导致国家破产。因此，金融危机理论一直以来都是各国经济学家和政府部门研究的重点。

二、金融危机的类型

传统的金融危机主要是一国金融领域行业性危机，如银行危机。在现代经济中，随着全球化的发展，金融危机的国际性更为突出。国际金融危机的类型十分复杂，具体可以分为债务危机、货币危机、流动性危机等。随着金融市场的发展，各市场之间相关性也逐渐加大，因此近年来的金融危机越来越呈现出综合性的特征。

1. 债务危机

债务危机，也可称为支付能力危机，即一国的债务不合理，无法按期偿还，最终引发的危机。从历史上发生的债务危机看，它一般发生在发展中国家，不仅扰乱了国际金融秩序，而且对世界经济特别是危机国家经济产生了严重影响。

一般来说，发生债务危机的国家有以下几个特征：出口不断萎缩，外汇主要来源于举借外债。国际债务条件对债务国不利。大多数债务国缺乏外债管理经验，外债投资效益不高，创汇能力低。上述几个方面，使得债务国在偿还债务时出现困难，进而打击国内投资者信心，加速资金的逃离，当储备耗尽无法再偿还债务时，就会爆发债务危机。

2. 货币危机

在实行固定汇率制或带有固定汇率制色彩的盯住汇率安排的国家，由于国内经济变化没有相应的汇率调整配合，导致其货币内外价值脱节，通常反映为本币汇率高估。而由此引发的投机冲击，加大了外汇市场上本币的抛压，其结果要么是本币大幅度贬值，要么是该国金融当局为捍卫本币币值，动用大量国际储备干预市场，或大幅度提高国内利率。

从国际债务危机、欧洲货币危机到亚洲金融危机，危机主体的一个共同特点在于其盯住汇率制度，但在不同的阶段，导致危机发生的原因却不尽相同。在 20 世纪 90 年代以前，货币危机是财政赤字货币化与盯住汇率制度不相容的结果，宏观基本面的恶化，如财政赤字规模过大、信用扩张速度过快以及外汇储备流失严重等，是货币危机发生的直接原因。而对于 1992 年英镑危机来说，情况却不是如此。英国没有财政赤字货币化的历史，筹集外汇也不是问题，但此时政府的偏好具有决定意义。从政府的角度看，当市场出现强烈的贬值预期时，由于国内存在高失业率，维持盯住汇率的成本远大于收益，因此政府放弃盯住汇率制，导致危机发生。1997 年亚洲金融危机的诱因则又有所不同。在危机发生之前，财政赤字和国内宏观经济状况表现良好，二者都不能解释危机的形成，是市场信心的变化导致了危机的自我实现。一方面，由制度上的道德风险所积累的金融风险如果超过了市场所能承受的程度，由此产生的不良资产只能靠财政注资解决，从而对财政造成巨大压力，形成隐性的财政赤字；另一方面，银行体系流动性不足，容易导致恐慌性的资金冲击。一旦境外投资者和境内外币存款者认为银行的流动性不足，出于安全起见，他们将会向外转移资金，在“羊群效应”作用下，这种流动性危机就会演变为货币危机。

总的来说，一国货币危机的发生与其宏观基本面、市场预期、制度建设和金融体系发展状况有很大关系，一旦某些因素导致市场信心不足，资本大规模的逃离使得盯住汇率难以维持，最终会引发货币危机。

3. 流动性危机

流动性危机是由流动性不足引起的。流动性可以分为两个层面：

（1）国内流动性危机。如果金融机构资产负债不匹配，即“借短放长”，则会导致流动性不足以偿还短期债务。一旦存款者由于担心存款损失要求银行立即兑现时，不仅会使该银行的资产发生大幅度缩水，对其他银行的资产负债也会造成影响，从而引发更大规模的“挤兑”风波，导致危机爆发。

（2）国际流动性危机。如果一国金融体系中潜在的短期外汇履约义务超过短期内可能得到的外汇资产规模，国际流动性就不足。在固定汇率体制下，中央银行的外汇储备是短期资产的一部分，因为央行为维持固定汇率制度，有义务用其外汇储备来满足本币持有者兑换外汇的要求。因此，一国的外汇储备越多，国际流动性越充足，发生流动性危机的可能性就越小，反之则越大。

当国内金融机构出现流动性不足的问题时，央行可以发挥最后贷款人的作用，避免“挤兑”可能造成的大范围银行危机。但是在国际流动性不足的情况下，央行除了自有的外汇储备外，没有别的渠道来阻止这种恐慌性的外汇“挤兑”。此时，像 IMF 之类的国际组织应当及时向危机国家注入外汇资金，但其扮演的不是“最后贷款人”角色，因为资金的注入伴随着诸多苛刻条件，对阻止危机的发生几乎不起作用。

4. 综合性金融危机

综合性金融危机通常是几种危机的结合。经济是一个有机的整体，局部出现问题必然会波及其他部分，因此金融危机的发生不局限于经济的某一方面，现实中的金融危机都是综合性金融危机。综合性金融危机分为外部综合性金融危机和内部综合性金融危机。

从以上几种危机的情况看，它们之间相互影响，任何一个因素的变动都将对经济各层面产生联动作用，如流动性危机的爆发很可能会引发货币危机，债务危机的爆发往往伴随着货币大幅贬值的货币危机等。如果得不到及时控制，局部危机将发展成为外部综合性金融危机，即几种危机同时爆发，或一种危机带动其他危机爆发。

危机从对外经济部门向整个经济蔓延，就演变为内部金融危机。如果经济结构不合理，经济增长方式和产业结构没有随经济发展而及时得到调整，问题就可能从对外经济部门波及整个经济，引发全面的内部综合性金融危机，导致大量银行、企业破产倒闭，经济增长急剧下滑，甚至引起政局动荡。发生内部综合性金融危机国家的共同特点是金融体系脆弱，危机由银行传导至整个经济。

外国资本的大量流入增加了金融机构的可贷资金，刺激不谨慎信贷行为和信贷扩张，在其资产和负债之间形成货币错配和期限错配。一旦资本流动逆转，金融机构便会直接面临偿还困难，并通过信贷紧缩和利率调整在实际经济部门中产生连锁反应，引发全面的综合性金融危机。综合性金融危机一方面严重损害了相关国家的经济金融利益，且极易升级为经济危机或政治危机;另一方面也在一定程度上暴露了危机国家所存在的深层次结构问题。

三、次贷危机

次贷危机是指一场发生在美国,因次级抵押贷款机构破产、投资基金被迫关闭、股市剧烈震荡引起的金融风暴。美国次贷危机从 2007 年春季开始显现,2007 年 8 月席卷美国、欧盟和日本等世界主要金融市场。2008 年 10 月初,次贷危机演变为金融海啸,开始在全球范围内蔓延,并对实体经济造成冲击,总的来说,此次次贷危机可以分为三个阶段:第一个阶段是债务危机阶段,即由于房地产价格下跌,利率上升,导致次级房贷的贷款人不能按时还本付息而引发危机。第二个阶段是流动性危机,由于债务危机导致相关金融机构流动性不足,不能及时应付债权人变现的要求。第三个阶段即信用危机,投资者对建立在信用基础上的金融活动产生怀疑,引发全球范围内的金融恐慌。

由次贷危机引发的全球性金融海啸,已经导致世界许多国家货币贬值,经济增长停滞,实体经济受损严重。2008 年 10 月,英格兰银行的金融稳定报告估算,当时欧美的金融债券产品按照盯市价格计算,遭受的损失已经高达 2.8 万亿美元。2009 年 1 月,国际货币基金组织预计此次金融危机所造成的信贷损失最终将高达 2.2 万亿美元。截至 2009 年 1 月初,全球主要金融机构已报出信贷和市场风险损失共计 1 万亿美元(7 400 亿美元发生在银行业,2 600 亿美元发生在保险业)。2008 年,由于全球资产市场下跌所造成的财富损失(股票、债券、房市)加起来在 50 万亿美元左右,相当于全球一年的 GDP 总额。为阻止金融海啸的影响继续深化和扩散,各国政府采取了多样化的救助方案,共同稳定金融市场,抵御危机。

第四节 金融监管理论

一、金融监管的含义

金融监管或称金融监督管理,是指一国的金融管理部门为达到稳定货币、维护金融业正常秩序等目的,依照国家法律、行政法规的规定,对金融机构及其经营活动实施外部监督、稽核、检查和对其违法违规行为进行处罚等一系列行为。

金融监管首先是从对银行进行监管开始的。这和银行的一些特性有关:①银行提供的期限转换功能,即银行在储蓄—投资转化过程中,为储蓄者提供短期资产和流动性,把储蓄集合起来,再根据投资者的需要提供期限相对较长的负债和资金,从而实现期限转换。②银行是整个支付体系的重要组成部分,作为票据的清算者,降低了交易的费用。③银行的信用创造和流动性创造功能。这三大特性使得维持银行业的稳定性成为必要。后来,人们发现非银行金融机构甚至是一些非金融企业和银行一样,在经营中面临的问题是有共性的,从而进一步扩展到对整个金融业的监管。

在现代市场经济体制中,金融监管对经济、金融运行具有重要的意义。实施严格、有效的金融监管,是维护正常金融秩序、保持良好金融环境的重要保证,有利于增强宏观调控的效果,促进经济和金融的协调发展,也是一国金融国际化发展的重要条件。

二、金融监管的一般性理论

1. 公共利益论

这一理论源于20世纪30年代美国经济危机,并且一直到20世纪60年代都是被经济学家所接受的有关监管的正统理论。这一理论认为,监管是政府对公众要求纠正某些社会个体和社会组织的不公平、不公正和无效率或低效率的一种回应。正因为政府的参与能够解决市场的缺陷,所以政府可以作为公共利益的代表来实施管制以克服市场缺陷,而由此带来的公共福利将大于管理的成本。

2. 保护债权论

这一理论的观点是,为了保护债权人的利益,需要金融监管。所谓债权人,就是存款人、证券持有人和投保人等。如前所述,银行等金融机构存在严重的逆向选择和道德风险等问题,投资者必须实施各种监督措施,但是由投资者来进行监督的成本是昂贵的,而且每个投资者都来实施相同的监督也是重复多余的,更为重要的是,很多投资者如存款人不了解银行的业务,没有实施监督的激励,由此形成了监督的"自然垄断"性质,以上种种造成"搭便车"的行为使外部监管成为必要。存款保险制度就是这一理论的实践形式。

3. 金融风险控制论

这一理论源于"金融不稳定假说",认为银行的利润最大化目标促使其系统内增加有风险的活动,导致系统内的不稳定性。这种不稳定性来源于银行的高负债经营、借短放长和部分准备金制度。银行经营的是金融资产,这使得各金融机构之间的联系是非常密切的,而各种金融资产的可流通性又使得银行体系有着系统性风险和风险的传导性,多米诺骨牌效应容易在金融体系中出现,所以金融业比其他行业有更大的脆弱性和不稳定性。因此,通过金融监管控制金融体系系统性风险显得异常重要。

4. 金融全球化对传统金融监管理论的挑战

以上传统理论针对的都是国别金融监管,即从一个国家的角度,由本国金融管理部门掌握监管的决策权,对本国的金融活动进行监管。20世纪30~70年代,世界各国金融监管侧重于稳健与安全,但是越来越强的金融全球化趋势使得这一模式受到挑战。20世纪70年代以来,金融监管更强调安全与效率并重,同时对跨国金融活动的风险防范和国际监管协调更加重视。其主要原因有:①伴随着金融全球化,大量金融机构跨境扩张和发展,各种新的金融工具层出不穷,传统上金融市场的分界线越来越模糊,各国金融市场之间的联系越来越密切,由此带来的信息不对称问题比任何时候都更为突出,金融交易技术和结构的复杂化也使得监管成本与效率不成正比,金融监管的难度加大。②金融管理当局既担负着维护本国金融体系稳定的责任,同时为了提高本国金融业的国际竞争力,又要不断鼓励本国机构参与国际金融业务活动,这样就要受到国际上的监管约束,这种约束包括国际惯例、国际条约和国与国之间的协调。因此,一国金融管理部门的监管行为不再是单边的,而是多边基础上的合作。面对这些变化,监管理念需要改变,有人提出要变金融监管为金融监控。金融监控是一种全方位、整体上的对金融业的管理和控制,包括内部监管和外部监管,既有管理部门的监督,也有市场施加的约束。当然,这并没有否认金融监管的经济理论支柱。

第五节 金融监管体制

一、金融监管体制的含义与分类

金融监管体制是指一国金融管理部门的构成及其分工的有关安排。世界各国的金融监管体制差异很大,一个合适的监管体制能够大大提高监管的效率。金融监管体制可以从不同的角度加以分类。

(1)以中央银行为重心的监管体制和独立于中央银行的综合监管体制。这主要是从银行的监管主体以及中央银行的角色来分类的。

①以中央银行为重心的监管体制。这是以中央银行为重心,其他机构参与分工的监管体制。美国是其中的典型代表。美国对银行类金融机构采取双线多头的监管体制,双线是指存在联邦和州两级监管机构,多头指在联邦这一级又存在多个分工协作的监管机构。在联邦这一级,美联储负责监管各个州注册的联储会员银行,联邦存款保险公司负责监管所有在州注册的非联储会员银行,货币监理署负责监管所有在联邦注册的国民银行和外国银行分支机构,储贷监理署负责监督参加联邦保险的储贷协会和互助储蓄银行,国家信用社管理局负责监管所有参加联邦保险的信用社。除此之外,各个州的金融监管当局负责监管在本州注册的银行,尤其是在本州注册的非联储会员银行。由于几乎所有的州立银行都参加了联邦存款保险,所以这些银行同时也接受联邦存款保险公司的监管,即同时处于联邦和州两级监管机构的双重监管。近年来的一个重要变化是,1999 年《金融现代化法案》以金融控股公司的形式确立了美国金融混业经营的制度框架,同时赋予美联储对金融控股公司的监管权力。这样,美联储成了唯一一家能同时监管银行、证券和保险业的联邦机构。属于这一类型的还有法国、印度、巴西等国家。

②独立于中央银行的综合监管体制。这是在中央银行之外,同时设立几个部门对银行、证券和保险金融机构进行监管的体制,但是中央银行在其中发挥独特的作用。德国是其中的典型代表。早在 1961 年,德国《银行法》就授权成立联邦银行监督局。它隶属于财政部,在银行监管中发挥中心作用,同时《银行法》要求它在监管中与德意志联邦银行和联邦证券交易监督局保持一致。由于德国的银行可以同时经营证券和保险业务,所以银行监督局就是一个综合性金融监管机构。作为中央银行,德意志联邦银行在金融管理体制中的作用是独特的。《银行法》承认银行监督局的功能和德意志联邦银行的功能密不可分,而且银行监督局自身缺乏分支机构,没有统计职能,必须借助德意志联邦银行的分支机构网点,因此德

意志联邦银行也被要求参与银行监管。在监管工作中，两者各有侧重点，又能彼此制约。如银行监督局负责制定和颁布有关监管的规章制度，德意志联邦银行负责对金融机构的各种报告进行分析，进行日常的监管活动。1999 年欧洲中央银行成立，德意志联邦银行失去了独立制定货币政策的职能，原有监管体制受到了挑战。在实行这一体制的国家中，除德国外，英国、日本和韩国等国近年来也陆续建立了独立于中央银行或财政部的综合监管当局，但都存在中央银行的监管部门与独立的综合监管机构的协调问题。

(2)综合监管体制和分业监管体制。这是从监管客体的角度进行分类的。

①综合监管体制。这是指将金融业作为一个整体进行监管。在这种体制下，监管主体可能对不同类型的金融机构发挥监管职能，全面履行监管的职责，属于功能性监管。英国是其中的典型代表。1979 年以前英国没有正式的金融监管，银行监管以金融机构自律监管为主，英格兰银行的监管没有正式的法律依据，只能通过"道义劝说"方式进行。1979 年英国通过《银行法》，赋予英格兰银行金融监管的权力，使金融监管迈上法制化、正规化的道路。1997 年，英国政府提出金融监管体制改革方案，把英格兰银行的监管权力剥离出去，成立了金融服务局，负责对银行、投资公司、保险公司和住房信贷机构的审批和审慎监管，以及对金融市场、清算和结算系统的监督，从而达到统一监管。实行综合监管体制的主要目的是适应金融经营体制从分业转向混业的需要。随着混业经营趋势的发展，实行综合监管体制的国家越来越多，如瑞士、日本和韩国等。

②分业监管体制。这是指对不同类型的金融机构分别设立不同的专门机构进行监管。长期以来，大多数国家实行的都是分业监管体制，这和金融分业经营有关。当前，由于仍然实行分业经营体制，金融发展水平不高，金融监管能力不足，大多数发展中国家，包括中国在内，仍然实行分业监管体制。

二、我国金融监管体制演变

自 20 世纪 80 年代以来，我国的金融监管体制逐渐由单一全能型体制转向独立于中央银行的分业监管体制。

1992 年以前，中国人民银行作为全国唯一的监管机构，在国务院领导下，承担对全国所有银行和非银行金融机构的监管职能。1992 年 10 月，国务院证券委员会(证券委)和中国证券监督管理委员会(证监会)同时成立，证券委由国务院 14 个部委的负责人组成，是中国证券业监管的最高领导机构，而证监会则是证券委的监督管理执行机构，从而拉开了中国金融业分业监管的序幕。

1995 年，《中国人民银行法》《商业银行法》颁布，确定了中国金融业分业经营的法律框架。1998 年，确定中国人民银行负责监管银行、信托投资公司、信用社和财务公司。同时，国务院确定证监会为直属国务院的正部级机构，是全国证券期货业的主管部门。1998 年 11 月，中国保险监督管理委员会(保监会)成立，保监会也是直属国务院的正部级单位，是全国保险业的主管部门，依法统一监督和管理保险市场。至此，我国基本形成了由中国人民银行、证监会和保监会组成的分业监管体制。这一体制的确立，有利于加强对新生的证券和保险行业的专业化管理，有利于防止在我国金融业管理水平不高的情况下产生金融风险。随着外资银行的大举进入，金融机构业务经营的拓宽，不同金融机构的业务出现了一定的交叉，对混业经营风险的监管提上了议事日程。2000 年 6 月，为了提高监管效率，中国人民银行、证监会和保监会建立了联席会议制度，以加强三大监管机构的协调。

为了进一步健全金融监管体制，2003 年 3 月 10 日，十届全国人大一次会议批准国务院机构改革方案，决定成立中国银行业监督管理委员会（银监会）。4 月 28 日，银监会正式挂牌成立，履行原由中国人民银行履行的审批、监督管理银行、金融资产管理公司、信托投资公司及其他存款类金融机构等的职责和相关职责。在新的监管体制中，中国人民银行将继续发挥其独特的作用。2003 年底修改的《中国人民银行法》明确规定中国人民银行及其分支机构负有维护金融稳定的职能，主要包括以下几个方面：一是作为最后贷款人在必要时救助高风险金融机构；二是共享监管信息，采取各种措施防范系统性金融风险；三是由国务院建立监管协调机制。该法还明确赋予中国人民银行在金融监督管理方面拥有监督检查权，包括直接检查监督权、建议检查权和在特定情况下的全面检查监督权。

至此，新的独立于中央银行的分业监管体制形成，将使中央银行和监管当局腾出更多的时间和空间，以更细的分工专司其职，迅速提升货币政策和银行监管的专业化水平，从而加快金融改革与发展的进程。

经过 15 年的发展和实践，中国金融市场和金融监管体系建设已取得长足发展，但仍然无法满足新时代新任务提出的新要求。为贯彻落实党的十九大关于深化机构改革的决策部署，2018 年 2 月 28 日，党的十九届中央委员会第三次全体会议通过《中共中央关于深化党和国家机构改革的决定》，提出要加强和优化金融管理职能，增强货币政策、宏观审慎政策、金融监管协调性，优化金融监管力量，健全金融监管体系，守住不发生系统性金融风险的底线，维护国家金融安全。2018 年 3 月 21 日，中共中央印发《深化党和国家机构改革方案》，决定组建中国银行保险监督管理委员会。

《深化党和国家机构改革方案》指出，金融是现代经济的核心，必须高度重视防控金融风险、保障国家金融安全。为深化金融监管体制改革，解决现行体制存在的监管职责不清晰、交叉监管和监管空白等问题，强化综合监管，优化监管资源配置，更好统筹系统重要性金融机构监管，逐步建立符合现代金融特点、统筹协调监管、有力有效的现代金融监管框架，守住不发生系统性金融风险的底线，将中国银行业监督管理委员会和中国保险监督管理委员会的职责整合，组建中国银行保险监督管理委员会。主要职责是，依照法律法规统一监督管理银行业和保险业，保护金融消费者合法权益，维护银行业和保险业合法、稳健运行，防范和化解金融风险，维护金融稳定等。将中国银行业监督管理委员会和中国保险监督管理委员会拟订银行业、保险业重要法律法规草案和审慎监管基本制度的职责划入中国人民银行。不再保留中国银行业监督管理委员会、中国保险监督管理委员会。

第六节 国际金融监管协调

一、巴塞尔协议产生的背景和发展

1974 年美国、英国、德国和阿根廷的国际性银行先后发生了倒闭事件和国际贷款违约事件，其中德国赫斯塔德银行和美国富兰克林国民银行的案例最令人震惊，使监管当局开始全面审视拥有广泛国际业务的银行监管问题，这是巴塞尔协议产生的直接原因。同时，随着银行和金融市场的国际化，银行经营的风险已经跨越国界，在国际银行业中，一些资本比率较低的银行大量扩张资产业务，造成不平等竞争。在这样的形势下，对国际银行业的监管，不能只靠各国各自为政，必须在金融监管上进行国际协调，这正是西方主要国家订立巴塞尔协议的主要原因。

为了维护成员国的共同利益，加强监管合作，统一监管原则和标准，1975 年 2 月，由国际清算银行发起，西方十国集团以及瑞士和卢森堡 12 国的中央银行成立了巴塞尔银行监管委员会（简称巴塞尔委员会）。

巴塞尔委员会成立以来，发布了一系列国际清算银行成员国达成的重要协议，主要有 1975 年巴塞尔协定、1984 年修改后的巴塞尔协定、1988 年巴塞尔报告、1992 年巴塞尔建议、1997 年巴塞尔核心原则、2003 年新巴塞尔资本协议，等等。这些协议统称巴塞尔协议。巴塞尔协议在全球范围内代表着一种监管思想和监管理念，并随着国际金融监管的发展而不断完善和深化。

巴塞尔协议是迄今为止对国际银行业发展影响最大的国际公约之一。据国际清算银行分析，全世界大约有 100 个国家采纳了巴塞尔协议的监管框架。它有助于发达国家银行在平等的基础上进行竞争，为国际银行监管和协调提供了极大的便利，确保国际银行体系在国际债务危机和金融动荡中能平稳顺利运行，同时促使发展中国家根据巴塞尔协议监管本国银行，并取得在国际业务活动中的平等竞争地位。

在巴塞尔协议中，影响广泛的是统一资本监管的 1988 年巴塞尔报告（又称“旧巴塞尔资本协议”）、2003 年新巴塞尔资本协议和 2010 年巴塞尔协议Ⅲ。

二、1988 年巴塞尔报告

1988 年 7 月，巴塞尔委员会发布了《关于统一国际银行资本衡量和资本标准的报告》（简称巴塞尔报告），其主要内容就是确认了监督银行资本的可行的统一标准。

1. 资本组成

巴塞尔委员会将银行资本分为核心资本和附属资本。核心资本又称一级资本，包括实收股本（普通股）和公开储备，这部分资本至少占全部资本的 50%。附属资本又称二级资本，包括未公开储备、资产重估储备、普通准备金和呆账准备金、混合资本工具和长期次级债券。

2. 风险资产权重

风险资产权重就是根据不同类型的资产和表外业务的相对风险大小，赋予它们不同的权重，即0%、10%、20%、50%和100%。权重越大，表明该资产的风险越大。银行表外业务按照信用换算系数换算成资产负债表表内业务，然后按同样的风险权重计算。

3. 资本标准

巴塞尔报告规定，到1992年底，所有签约国从事国际业务的银行的资本充足率，即资本与风险加权资产的比率不得低于8%。其中核心资本比率不得低于4%。

4. 过渡期安排

巴塞尔报告规定，1987年底到1992年底为实施过渡期。巴塞尔委员会做出一些过渡安排，以保证每个银行在过渡期内提高资本充足率，并按期达到最终目标安排。

巴塞尔报告是国际银行统一监管的一个划时代文件，适用于所有从事国际业务的银行机构。

三、2003年新巴塞尔资本协议

旧巴塞尔资本协议自实施以来，取得了很大进展和广泛认同，同时金融业的变革也暴露了原有规定的缺陷，巴塞尔委员会一直积极完善有关规定。2003年6月巴塞尔委员会发布了经过两次修正的新巴塞尔资本协议第三个征求意见稿，2006年十国集团开始实施新协议。在新巴塞尔资本协议中，最引人注目的是该协议所推出的最低资本要求、监管当局的监督检查及市场约束的内容，被称为新巴塞尔资本协议的“三大支柱”。

1. 最低资本要求

巴塞尔委员会继承了过去以资本充足率为核心的监管思想，将资本金要求视为最重要的支柱。当然，新协议的资本要求已经发生了重大变化：①对风险范畴的进一步拓展。当前，信用风险仍然是银行经营中面临的主要风险，但是巴塞尔委员会也注意到市场风险和操作风险的影响和破坏力。②计量方法的改进。新协议根据银行业务错综复杂的现状，改进了一些计量风险和资本的方法，使其更具指导意义和可操作性。③鼓励使用内部模型。新协议主张有条件的大银行提供自己的风险评估水平，建立更精细的风险评估系统，并提出了一整套精致的基于内部信用评级的资本计算方法。④资本约束范围的扩大。新协议对诸如组织形式、交易工具等的变动提出了相应的资本约束对策。

2. 监管当局的监督检查

巴塞尔委员会强化了各国金融监管当局的职责，提出了较为详尽的配套措施。巴塞尔委员会希望监管当局担当起三大职责：①全面监管银行资本充足状况；②培育银行的内部信用评估系统；③加快制度化进程。

3. 市场约束

新协议强调以市场力量来约束银行，认为市场是一股强大的推动银行合理、有效配置资源并全面控制风险的外在力量，具有内部改善经营、外部加强监管所发挥不了的作用。①富有成效的市场奖惩机制可以迫使银行有效而合理地分配资金，从而可以促使银行保持充足的资本水平。②为了确保市场约束的有效实施，必须要求银行建立信息披露制度。新协议规定，银行在一年内至少披露一次财务状况、重大业务活动以及风险管理状况。

四、2010 年巴塞尔协议Ⅲ

2009 年中以来，基于美国次贷危机引起全球金融危机的教训，巴塞尔委员会对现行银行监管国际规则进行了重大改革，发布了一系列国际银行业监管新标准，统称为“巴塞尔协议Ⅲ”。巴塞尔协议Ⅲ体现了微观审慎监管与宏观审慎监管有机结合的监管新思维，按照资本监管和流动性监管并重、资本数量和质量同步提高、资本充足率与杠杆率并行、长期影响与短期效应统筹兼顾的总体要求，确立了国际银行业监管的新标杆。

1. 强化资本充足率监管标准

资本监管在巴塞尔委员会监管框架中长期占据主导地位，也是本轮金融监管改革的核心。巴塞尔委员会确定了三个最低资本充足率监管标准，普通股充足率为 4.5%，一级资本充足率为 6%，总资本充足率为 8%。为缓解银行体系的亲周期效应，巴塞尔委员还建立了两个超额资本要求：①要求银行建立留存超额资本，用于吸收严重经济和金融衰退给银行体系带来的损失，由普通股构成，最低要求为 2.5%。②建立与信贷过快增长挂钩的反周期超额资本，要求银行在信贷高速扩张时期积累充足的经济资源，最低要求为 0 ~ 2.5%。待新标准实施后，正常情况下，商业银行的普通股、一级资本和总资本充足率应分别达到 7%、8.5% 和 10.5%。

2. 引入杠杆率监管标准

本轮危机期间商业银行的去杠杆化过程显著放大了金融体系脆弱性的负面影响。为此，巴塞尔委员会决定引入基于规模、与具体资产风险无关的杠杆率监管指标，作为资本充足率的补充。自 2011 年初按照 3% 的标准（一级资本/总资产）开始监控杠杆率的变化，2013 年初开始进入过渡期，2018 年正式纳入第一支柱框架。

3. 建立流动性风险量化监管标准

为增强单家银行以及银行体系维护流动性的能力，引入两个流动性风险监管的量化指标：一是流动性覆盖率，用于度量短期压力情境下单个银行流动性状况，目的是提高银行短期应对流动性中断的弹性；二是净稳定融资比率，用于度量中长期内银行解决资金错配的能力，它覆盖整个资产负债表，目的是激励银行尽量使用稳定的资金来源。

4. 确定新监管标准的实施过渡期

巴塞尔委员会决定设立为期 8 年（2011 ~ 2018 年）的过渡期安排。各成员国应在 2013 年之前完成相应的国内立法工作，为实施新监管标准奠定基础，并从 2013 年初开始实施新的资本监管标准，随后逐步向新标准接轨，2018 年底全面达标。2015 年初成员国开始实施流动性覆盖率，2018 年初开始执行净稳定融资比例。

五、巴塞尔协议在我国的实施

我国一直积极借鉴国际上成功的监管经验，并特别重视结合国情，坚持循序渐进，切实提高金融监管的有效性。2003 年新巴塞尔资本协议代表了监管理论中的先进理念和发达国家银行逐渐完善的风险管理最佳实践经验，但是对广大发展中国家的银行和监管当局而言，实施新协议的挑战是巨大的。为提高资本监管水平，我国对过去的资本规定进行了修改，将新协议中第二和第三支柱的内容包括在内。2011 年 4 月，基于我国银行业改革发展实际，中国银监会借鉴巴塞尔协议Ⅲ，颁布《中国银行业实施新监管标准的指导意见》，提高银行业审慎监管标准，增强系统重要性银行监管有效性，以推动巴塞尔协议Ⅲ的实施工作。

第十九章 对外金融关系与政策

知识框架

- 对外金融关系与政策
  - 汇率制度
    - 汇率决定与变动
    - 汇率制度的含义与划分
    - 影响汇率制度选择的因素
    - 人民币汇率制度
  - 国际储备
    - 国际储备的含义与构成
    - 国际储备的作用
    - 国际储备的管理
  - 国际货币体系
    - 国际货币体系的含义
    - 国际货币体系变迁
    - 国际主要金融组织
  - 人民币跨境使用
    - 跨境人民币业务的概念
    - 跨境人民币业务的类型

第一节 汇率制度

一、汇率决定与变动

1. 汇率的定义

汇率又称汇价，是两国货币折算的比率，或者说是一国货币以另一国货币表示的价格。汇率主要有直接标价法和间接标价法。直接标价法是指以一定单位的外国货币作为标准来计算应付多少本国货币来表示汇率。它是以一定单位的本国货币为基准，来计算应收多少外币来表示汇率。

2. 汇率的分类

(1)按汇率制度划分，可以划分为固定汇率与浮动汇率

固定汇率，是指汇率由货币当局制定、调整和公布，而且只能在规定的幅度内波动，汇率在长期内相对固定不变。

浮动汇率，即汇率完全由外汇市场上供求双方来决定的汇率，一国的货币当局对汇率不

作任何的规定,也无义务对汇率的波动加以干预。

(2)按确定汇率的方式划分,可以划分为基本汇率与套算汇率

基本汇率,是指一国货币对关键货币的汇率。这里的关键货币是指可以自由兑换的,并在本国国际收支中使用最多、在外汇储备中所占比重最大的货币。

套算汇率,即通过基本汇率套算所得的汇率,或在没有基本汇率的情况下,根据任何两种货币套算出第三种货币的汇率,又称交叉汇率。

(3)按汇率受管制的程度划分,可以划分为官方汇率与市场汇率

官方汇率,是指由一国货币当局规定并公布的汇率。

市场汇率,是指在外汇市场上由外汇供求关系决定的汇率。

(4)按银行买卖外汇的价格划分,可以划分为买入汇率、卖出汇率、中间汇率与现钞汇率

(5)按外汇的交割日期划分,可以划分为即期汇率与远期汇率

远期汇率和即期汇率的差称为远期汇水。当远期汇水大于即期汇率,称为升水;当远期汇水小于即期汇率,称为贴水;当远期汇率等于即期汇率,称之为平价。

(6)按外汇的汇兑方式划分,可以划分为电汇汇率、信汇汇率和票汇汇率。

3.汇率决定基础和影响汇率变化的因素

(1)金本位制下汇率的决定基础

这种货币制度下汇率的决定基础,是各国单位货币的含金量,即铸币平价市场汇率围绕铸币平价波动,波动的范围被限制在由黄金输出点和黄金输入点之间。

(2)纸币制度下汇率的决定基础

这种货币制度下汇率的决定基础,从本质上来说是各国单位货币所代表的价值量即金平价,从现象上看是各国单位货币的法定含金量或购买力。

(3)影响汇率变动的主要因素

①物价的相对变动。如果一国的物价水平相对上涨,即该国相对通胀,则该国货币对于其他国家的货币贬值。②国际收支差额的变化。如果一国的国际收支出现逆差,就会造成外汇供不应求,外汇汇率上升;反之亦然。③市场预期的变化。市场预期变化是导致市场汇率短期变动的主要因素。如果人们预期未来本币贬值,就会在外汇市场上抛售本币,导致本币现在的实际贬值;反之亦然。④政府干预汇率。

二、汇率制度的含义与划分

汇率制度是指各国对本国货币汇率变动的基本方式所做的一系列安排或规定,如规定本国货币对外价值、规定汇率的波动幅度、规定本国货币与其他货币的汇率关系、规定影响和干预汇率变动的方式等。

传统上,国际汇率制度分为固定汇率制度和浮动汇率制度两种类型。固定汇率制度是指各国货币受汇率平价的制约,市场汇率只能围绕平价在很小的幅度内上下波动的汇率制度。浮动汇率制度是指没有汇率平价的制约,市场汇率随着外汇供求状况变动而变动的汇率制度。

历史上曾经出现两种固定汇率制度——金本位制度下的固定汇率制度和布雷顿森林体系

下的固定汇率制度。金本位制度下的固定汇率是自发的固定汇率制度。在1880—1914年这一国际金本位的黄金时期，铸币平价是各国汇率的决定基础，黄金输送点是汇率变动的上下限。在二战后布雷顿森林体系下，实行的以美元为中心的固定汇率制度是一种人为的可调整的固定汇率制度。

1973年布雷顿森林体系彻底崩溃，各主要国家货币的汇率相继实行浮动，从此进入浮动汇率制度时代。在浮动汇率制度下，各国可以自行安排其汇率，形成了多种汇率安排并存的国际汇率体系。1999年，国际货币基金组织采取新的分类法，按照汇率弹性从小到大，将各国汇率制度分为无单独法定货币、货币局安排、传统盯住安排、水平区间盯住、爬行盯住、爬行区间、事先不公布汇率目标的管理浮动、独立浮动八种。

三、影响汇率制度选择的因素

决定一个国家汇率制度的因素主要有：①经济开放程度；②经济规模；③国内金融市场的发达程度及其与国际金融市场的一体程度；④进出口贸易的商品结构和地域分布；⑤相对的通货膨胀率。具体关系是：经济开放程度越高、经济规模越小、进出口集中在某几种商品或某一国家的国家，一般倾向于固定汇率制度；相反，经济开放程度低、进出口商品多样化或地域分布分散化、同国际金融市场联系密切、资本流出入较为客观和频繁，或国内通货膨胀率与其他主要国家不一致的国家，则倾向于实行浮动汇率制。

四、人民币汇率制度

1994年1月1日，人民币官方汇率与市场汇率并轨，实行以市场供求为基础的、单一的、有管理的浮动汇率制，并轨时的人民币汇率为1美元折合8.70元人民币。人民币汇率由市场供求形成，中国人民银行公布每日汇率，外汇买卖允许在一定幅度内浮动。4月1日，银行间外汇市场——中国外汇交易中心在上海成立，连通全国所有分中心，4月4日起中国外汇交易中心系统正式运营，采用会员制，实行撮合成交、集中清算制度，并体现价格优先、时间优先原则。中国人民银行根据宏观经济政策目标对外汇市场进行必要的干预，以调节市场供求，保持人民币汇率的稳定。

1997年亚洲金融危机爆发，我国承诺人民币不贬值，并成功地稳定了人民币汇率，对亚洲乃至世界经济的稳定起到了重要作用，获得广泛的国际赞誉。尽管我国公开宣布人民币汇率实行有管理浮动，但由于汇率变动幅度较小，国际货币基金组织将其归类为传统的（或事实上的）盯住汇率安排。

2005年7月21日，在主动性、可控性、渐进性原则的指导下，改革人民币汇率形成机制，实行以市场供求为基础、参考一篮子货币进行调节、有管理的浮动汇率制度。人民币汇率不再盯住单一美元，而是按照我国对外经济发展的实际情况，选择若干种主要货币，赋予相应的权重，组成一个货币篮子。同时，根据国内外经济金融形势，以市场供求为基础，参考一篮子货币对人民币汇率进行管理和调节，维护人民币汇率在合理均衡水平上的基本稳定。参考一篮子表明外币之间的汇率变化会影响人民币汇率，但参考一篮子不等于盯住一篮子货币，它还需要将市场供求关系作为另一重要依据，据此形成有管理的浮动汇率。

中国人民银行对人民币汇价实行一定程度的管理。中国人民银行于每个工作日开市之初公布人民币汇率中间价，中间价根据所有做市商的报价加权平均来确定。银行间外汇市场人民币对美元买卖价在中国人民银行公布的市场交易中间价 ±5‰的幅度内浮动，欧元、日元、港币、英镑等非美元货币对人民币交易价浮动幅度为 ±3%。外汇指定银行在规定的浮动范围内确定挂牌汇率，对客户买卖外汇。银行对客户美元挂牌汇价实行价差幅度管理，美元现汇卖出价与买入价之差不得超过交易中间价的 1%，现钞卖出价与买入价之差不得超过交易中间价的 4%，银行可在规定价差幅度内自行调整当日美元挂牌价格。银行可自行制定非美元对人民币价格。银行可与客户议定所有挂牌货币的现汇和现钞买卖价格。

自汇率形成机制改革以来，人民币汇率弹性逐步扩大，并形成双向波动的格局，呈现稳中有升的态势。截至 2008 年 7 月 21 日，汇率改革已走过 3 年的历程，人民币对美元的升值幅度超过 21%。随着美国次贷危机的蔓延与扩散，国际外汇市场动荡不定，人民币对美元汇率保持相对稳定状态。2010 年 6 月 19 日，中国再次启动人民币汇率改革，回归参考一篮子货币进行调节的有管理浮动汇率制度。

第二节　国际储备

一、国际储备的含义与构成

国际储备是指一国货币当局为弥补国际收支逆差，稳定本币汇率和应付紧急支付等目的所持有的国际普遍接受的资产。目前，国际货币基金组织会员国的国际储备一般可分为四种类型：货币性黄金、外汇储备、IMF 的储备头寸和特别提款权。

(1)货币性黄金。货币性黄金是指一国货币当局作为金融资产而持有的黄金。1976 年 IMF 正式废除黄金官阶，由于货币当局在执行黄金国际储备职能时不能以实物黄金对外支付，所以黄金只能算成是潜在的国际储备，而非真正的国际储备。

(2)外汇储备。外汇储备主要是指各国货币当局持有的对外流动性资产，主要是银行存款和国库券等。外汇储备是国际储备最主要的组成部分，在非黄金储备中的占比高达 95% 以上。

(3)IMF 的储备头寸。IMF 的储备头寸是指在国际货币基金组织的普通账户中会员国可以自由提取使用的资产，包括会员国向基金组织缴纳份额中的 25% 可自由兑换货币(储备档头寸)和基金组织用去的本币两部分(超储备档头寸)。

(4)特别提款权。特别提款权是国际货币基金组织根据会员国缴纳的份额无偿分配的，可供会员国用以归还基金组织贷款和会员国政府之间偿付国际收支逆差的一种账面资产。特别提款权根据一篮子货币定值。

二、国际储备的作用

国际储备是一个国家经济地位的象征，同时也反映出该国参与国际经济活动的能力，因

此世界各国都保留一定的国际储备。通常来说,国际储备的作用可概括为:

(1)融通国际收支逆差,调节临时性的国际收支不平衡。当一国国际收支困难时,通过动用国际储备,能够使国内经济免受采取调整政策产生的不利影响。然而,由于国际储备的有限性,它对付国际收支困难的能力有限,尤其是长期性国际收支赤字。

(2)干预外汇市场,从而稳定本国货币汇率。国际储备可用于干预外汇市场,影响外汇供求,将汇率维持在一国政府所期望的水平上。同时,一国雄厚的国际储备还增强了国外市场人士心理上对本国货币的信心,维持了本币的强势地位。

(3)国际储备是一国对外举债和偿债的根本保证。一国的国际储备充足,可以增强这个国家的借贷资信,从而吸引外国资金流入,促进经济发展。

三、国际储备的管理

国际储备可以被当作是缓冲存货,如果一国遇到国际收支赤字,就可以动用它来避免被迫进行不合意的经济调整。但是持有储备也要付出相应代价,这表现为在持有储备的过程中放弃了用储备购买商品和劳务的机会,即储备的机会成本。因此,国际储备的管理显得格外重要。由于外汇储备占非黄金储备的95%以上,所以说,国际储备的管理实质上是外汇储备的管理。

(1)外汇储备总量管理。一个国家持有的外汇储备规模对该国的对外贸易、经济安全有很重要影响,如果一国的外汇储备规模过低,不能满足其对外贸易以及其对外经济往来的需要,会引起国际支付危机,甚至是金融危机。但是,过多的外汇储备会增加持有储备的机会成本,占用较多的基础货币,导致流动性过剩,给一国带来负面影响。所以,一国应该全面衡量持有外汇储备的收益与成本,保持合适的外汇储备规模。

(2)外汇储备的结构管理。一国对外汇储备的管理除了满足量上的要求外,还要在质上有一个适当的国际储备结构。具体包括储备货币种类的安排和储备资产流动性结构的确定。

①储备货币种类的安排。指确定各种储备货币在一国外汇储备额中各自所占的比重。各国货币当局在安排外汇储备结构时,应满足在一定风险的条件下获取尽可能高的预期收益率的原则。对于外汇储备,收益不确定的风险表现为一国当局将持有的储备资产转化为其他资产进行使用时面临购买力下降的可能性。为减少汇率风险,一国可以考虑设立与弥补赤字和干预市场所需要的货币保持一致的储备货币结构。减少外汇储备风险的另一种可行办法是实行储备货币多样化。

②储备资产流动性结构的确定。应当在考虑流动性和盈利性的条件下确定储备资产流动性结构。一国应当拥有足够的一级储备来满足国际储备的交易性需求。剩下的储备资产可以在各种二级储备与高收益储备之间进行组合投资,以期在保持一定的流动性条件下获取尽可能高的预期收益率。

(3)外汇储备的积极管理。外汇储备的积极管理是指在满足外汇储备资产所需要的流动性和安全性的前提下,以多余外汇储备单独成立专门的投资机构,拓展外汇储备投资渠道,延长外汇储备资产投资期限,以提高外汇储备投资收益水平。

2001 年国际货币基金组织通过了名为《国际储备管理指引》的文件，总结各国国际储备管理的最新做法，对国际储备的管理提出一系列新的准则。在新的国际储备管理原则中，虽然像应付汇率波动、应付国际收支赤字等传统的管理目标仍被提及，但已被置于次要的地位。而国际储备保持信心的作用则多次受到强调。另外，管理流动性风险、市场风险、信用风险，以及取得合理收入等商业性原则，也第一次进入了官方储备的管理原则。这意味着对外汇储备进行积极管理、最大限度地获取收益成为国际储备管理的一个基本原则，国际储备投资战略更多地转向追求高收益的中长期投资。

对外汇储备进行积极管理，可以提高外汇储备收益率，满足国家在经济发展中的战略性目标。

第三节　国际货币体系

一、国际货币体系的含义

国际货币体系又称国际货币制度，是指通过国际惯例、协定和规章制度等，对国际货币关系所做的一系列安排。一种国际货币体系，可以是惯例发展演变的结果，也可以是法律法规的结果，或者是两者的共同结果。"二战"后国际货币体系就是惯例和法律共同作用的产物。国际货币体系的内容主要有三个方面：

(1)确定国际储备资产。即使用何种货币作为国际支付手段，一国政府应持有何种国际储备资产，以满足国际支付和国际收支调节的需要。

(2)确定汇率制度。即各国货币间的汇率应如何决定，是采取固定汇率制度还是浮动汇率制度，货币能否自由兑换等。

(3)确定国际收支调节方式。即当国际收支出现失衡时，各国政府应采取何种措施加以调节，各国之间的政策如何协调等。

二、国际货币体系变迁

1. 国际金本位制

世界上第一次出现的国际货币体系是国际金本位制。英国于 1821 年前后采用了金本位制度，成为当时世界上最早采用该制度的发达资本主义国家。随着金本位制度在西方各国的逐渐流行，国际金本位制也随之建立。

1880—1914 年是国际金本位制的黄金时期，铸币平价是各国汇率的决定基础，黄金输送点是汇率变动的上下限。金本位制内容如下：

(1)由铸币平价决定的汇率构成各国货币的中心汇率。在金本位制下，银行券代替黄金流通，可以自由兑换黄金，黄金和银行券都可以对外支付，因此决定两国货币汇率的基础是两国本位币的含金量之比，即铸币平价。

(2)市场汇率受外汇市场供求关系的影响而围绕铸币平价上下波动，波动幅度为黄金输送点。在金本位制下，黄金可以自由输出输入，当汇率对一国不利时，人们就不用银行券对外进行支付，而改用黄金，因而各国货币汇率波动很小，成为自发的固定汇率。黄金输送点包括黄金输入点和黄金输出点，等于铸币平价加减运送黄金的运费。

尽管国际金本位制为国际收支提供了满意的调节机制，但是随着世界经济的不断发展，其局限性也不断暴露。首先，在金本位体系下，本位货币是黄金，货币的供应量取决于黄金，进而价格水平与黄金的供应量相联系。其次，由于经济的发展必然带来政府对经济的干预，从而导致了国际金本位制丧失了存在的前提——各国政府对经济的自由放任。

随后，第一次世界大战的爆发导致国际金本位体系趋于瓦解，汇率稳定失去了基础。在1929—1933 年大危机的冲击下，金本位制终告崩溃。

2. 布雷顿森林体系

第二次世界大战以来，国际货币体系的发展主要经历了两个阶段，即 1945—1973 年的布雷顿森林体系和 1976 年以来的牙买加体系。

布雷顿森林体系是根据布雷顿森林协定建立起来的以美元为中心的国际货币体系。布雷顿森林协定是 1944 年 7 月在美国召开的由四十四国代表参加的国际货币金融会议所通过的国际货币基金组织协定和国际复兴开发银行协定的总称。

作为一种国际货币体系，布雷顿森林体系的主要运行特征有：

(1)可兑换黄金的美元本位。布雷顿森林协定规定了双挂钩原则：①美元按照每盎司黄金 35 美元的官价与黄金挂钩，美国政府承担按官价兑换其他国家政府所持美元的义务；②其他国家的货币与美元挂钩，规定与美元的汇率，从而间接与黄金挂钩。因此，布雷顿森林体系是一种国际金汇兑本位制，实际上美元充当了国际储备货币。美元被广泛地用作国际计价手段、支付手段和储藏手段，所以又称为美元本位。美元之所以能代替黄金执行世界货币职能，是因为美元能够兑换黄金，而且使用美元更为便利，持有美元还有利息收入。

(2)可调整的固定汇率。布雷顿森林体系实行的是人为的固定汇率制度，通过双挂钩原则确定各成员国货币的平价关系，同时国际货币基金组织规定各成员国货币对美元汇率的波动范围不能超过平价的 ±1%，成员国货币当局有义务干预外汇市场以稳定本国货币对美元的汇率。另外，按照国际货币基金组织的规定，一国国际收支发生根本性失衡时可以调整其货币与美元的平价关系，在平价 10% 以内的汇率变动可以自行决定而无须批准，超过这一数值则需要国际货币基金组织的批准。因此，这种固定汇率又是可调整的。

(3)国际收支的调节。根据布雷顿森林协定，国际收支失衡有两种方法调节：①短期失衡由国际货币基金组织提供信贷资金来解决；②长期失衡通过调整汇率平价来解决。由于国际货币基金组织通过份额筹集的资金有限，而且这一时期汇率调整并不常见，所以这两种方法的作用都不大。在布雷顿森林体系运行的 20 多年里，国际收支失衡问题始终没有得到真正的解决。

布雷顿森林体系创造了一个相对稳定的国际货币环境，对世界经济发展起到了积极的作用。但是，布雷顿森林体系本身的内在缺陷——特里芬难题，即维持对美元的信心和保证国际清偿力之间存在两难选择，决定了其崩溃的必然性。在经历多次美元危机和货币投机冲击之后，该体系于 1973 年 3 月彻底崩溃。

3. 牙买加体系

布雷顿森林体系崩溃以后，国际金融形势动荡不定，国际社会积极探索国际货币体系改革和重建方案。1976 年国际货币基金组织临时委员会在牙买加召开会议,通过了牙买加协定;同年国际货币基金组织理事会通过了国际货币基金组织协定第二次修正案,并于1978 年正式生效。至此,国际货币体系进入牙买加体系。

牙买加体系的主要运行特征有:

(1)多元化的国际储备体系。国际货币基金组织设想的特别提款权成为主要储备资产并未成为现实,不过发行量有所增加;黄金的国际储备功能一直在下降,但各国仍重视黄金的持有;美元在国际储备中的地位有所下降,但仍然处于主导地位;国际储备中的外汇种类明显增加,特别是日元和德国马克所占的比重显著增加;欧元 1999 年启动后进入国际储备资产行列,对美元的未来地位形成有力的潜在挑战。

(2)多种汇率安排并存的浮动汇率体系。在牙买加体系下,各国可以自行安排其汇率制度,形成了多种汇率安排并存的浮动汇率体系。在 20 世纪 80 年代以前,发达国家大多采取单独浮动或联合浮动,发展中国家大多是盯住某种主要货币或一篮子货币,实行单独浮动的很少。20 世纪 90 年代以后,各国越来越倾向于采取弹性较大的汇率安排。

(3)国际收支的调节。20 世纪 70 年代出现了两次石油危机,使得主要发达国家陷入严重的滞胀,20 世纪 80 年代初又爆发了国际债务危机,这一切都伴随着严重的国际收支失衡。在牙买加体系下,经常账户失衡调节主要通过汇率机制、利率机制、国际金融市场融通和国际货币基金组织调节等方式进行。其中国际货币基金组织调节方式,一方面是向逆差国提供贷款,帮助其克服国际收支困难;另一方面还包括指导和监督逆差国和顺差国双方进行国际收支调节,以便双方对称地承担国际收支调节的义务。

牙买加体系运行已经 40 多年,对维持国际经济运转和促进世界经济发展起到了一定的积极作用,显示了较强的适应性和弹性。但是牙买加体系在运行中暴露出许多缺陷,特别是频繁爆发国际金融危机,因此改革的呼声从来就没有停止过,但是目前还看不出这一体系在短期内会发生重大变革的迹象。要建立公正、合理、稳定的国际货币体系,依然是一个漫长的曲折的过程。

三、国际主要金融组织

20 世纪国际金融领域的一个重要现象是出现了一系列国际金融组织,对国际货币体系和国际金融关系产生了深远影响。二战后成立了国际货币基金组织和世界银行集团这两大国际金融机构,与世界贸易组织并称为二战后三大国际经济组织。

1. 国际货币基金组织

国际货币基金组织(IMF)成立于 1945 年 12 月。国际货币基金组织的管理决策机构由理事会、执行董事会、国际货币与金融委员会、发展委员会组成。代表所有成员国的理事会是国际货币基金组织的最高权力机构,决定主要政策问题。执行董事会是一个常设机构,负责国际货币基金组织的日常工作。国际货币与金融委员会、发展委员会是部长级委员会,成员大都来自世界上主要国家,其决议往往最后就是理事会的决议。

(1)国际货币基金组织的宗旨。国际货币基金组织是国际货币体系的核心机构,其宗旨是:促进国际货币领域的合作;促进国际贸易的扩大和平衡发展;促进汇率的稳定,保持成员国之间有秩序的汇率安排，等等。为了实现上述宗旨，国际货币基金组织主要从事：①监督成员国及全球的经济、金融发展和政策，向成员国提供政策建议；②向有国际收支困难的成员国提供贷款，以支持其结构调整和改革政策；③向成员国政府和中央银行提供技术援助。

（2）国际货币基金组织的资金来源。①份额。成员国缴纳的份额是国际货币基金组织主要的资金来源。份额是指成员国认缴的资本金，包括加入时认缴的和增资份额。最初份额的25%以黄金或美元等主要国际货币缴纳，现在改为以特别提款权或主要国际货币缴纳，其余75%的份额仍以本币缴纳。份额不仅决定成员国应缴的资金，还决定成员国在国际货币基金组织的投票权、借款数量和特别提款权的分配。②借款。国际货币基金组织的借款包括两个借款安排：一般借款总安排和新借款安排。在这两个借款安排下，国际货币基金组织可以动用的资金非常庞大，仅新借款安排就超过5 000亿美元。

（3）国际货币基金组织的贷款。国际货币基金组织提供的贷款种类是不断演化的，以满足成员国的需要。每类贷款的期限、还款安排及贷款条件各不相同。常用的贷款种类有：①备用安排。备用安排又称普通贷款，是国际货币基金组织最基本、最早设立的一种贷款，是为解决成员国暂时性国际收支困难而设立的。备用安排的最高额度为成员国份额的125%，拨付期为12～18个月。②中期贷款。中期贷款是为解决成员国结构性缺陷导致的严重国际收支问题。③减贫与增长贷款。减贫与增长贷款是一种低息贷款，是为了帮助面临长期国际收支问题的最贫困成员国而设立的。其他贷款还有补充储备贷款、应急信贷额度、紧急援助。

国际货币基金组织贷款的特点有：①国际货币基金组织对成员国的贷款主要是帮助其解决国际收支问题；②国际货币基金组织的贷款是有政策条件的；③国际货币基金组织的贷款是临时性的。

过去，国际货币基金组织的借款国都是发展中国家，包括转轨国家和遭受金融危机的国家。2008年国际金融危机爆发，一些发达国家陷入主权债务危机，成为目前国际货币基金组织贷款救助的主要对象。

2. 世界银行集团

世界银行是国际复兴开发银行的简称，成立于1945年12月，是世界银行集团中成立最早、规模最大的机构。

世界银行设有理事会、执行董事会和由行长、副行长及工作人员组成的办事机构。理事会是世界银行的最高权力机构，决定世界银行的重大政策问题。执行董事会是负责世界银行日常业务的机构，行使理事会赋予的职权。行长是世界银行的最高行政长官，由执行董事会选举产生，同时也是执行董事会主席，负责世界银行的全面管理。

（1）世界银行的宗旨。世界银行是世界上最大的多边开发机构，其法定宗旨是：对生产性投资提供便利，协助成员国的经济复兴以及生产和资源的开发；促进私人对外贷款和投资；鼓励国际投资，开发成员国的生产资源，促进国际贸易长期均衡发展，维持国际收支平衡等。

（2）世界银行的资金来源。①银行股份。同国际货币基金组织一样，世界银行的成员国都要认缴一定数额的银行股份,数量取决于该国的经济、财政实力以及该国在国际货币基金组织的份额。②借款。借款是世界银行的主要资金来源,主要有两个渠道:一是直接向成员国政府、政府部门或中央银行发行中短期债券,二是在国际资本市场上直接发行中长期债券。其中,后一种方式的比重在不断提高。③转让债权。世界银行将贷出款项的债权转让给商业银行等私人投资者,收回一部分资金,以提高银行贷款资金的周转能力。④业务净收益。世界银行历年来的业务净收益不分配给股东,都留作准备金,作为银行的一个资金来源。

(3)世界银行的贷款。目前,世界银行通过提供贷款、政策咨询和技术援助等措施,支持各种以减贫和提高发展中国家人民生活水平为目标的项目和计划。其中,以贷款业务为主。世界银行的贷款分为项目贷款、非项目贷款、部门贷款、联合贷款和第三窗口贷款等几种类型,其中项目贷款是世界银行贷款业务的主要组成部分。

世界银行的贷款具有以下几个特点:①贷款期限较长。一般为数年,最长可达30年,宽限期为5年。②贷款实行浮动利率,随金融市场利率的变化定期调整,但一般低于市场利率。③世界银行通常对其资助的项目只提供货物和服务所需要的外汇部分,一般占项目总额的30%~40%,个别项目可达50%。④贷款程序严密,审批时间较长。借款国从提出项目到最终同世界银行签订贷款协议获得资金,一般要一年半到两年的时间。

由于贷款条件严格,贷款利率相对较高,世界银行的贷款被称为硬贷款。国际开发协会所开放的优惠利率贷款则被称为软贷款。

(4)世界银行集团的其他机构。除世界银行外,世界银行集团还包括国际开发协会、国际金融公司、多边投资担保机构和解决投资争端国际中心等机构。

国际开发协会成立于1960年,主要是向符合条件的低收入国家提供长期优惠贷款,帮助这些国家发展经济,达到提高劳动生产率和改善人民生活水平的目的。

国际金融公司成立于1956年,主要通过向低收入国家的生产性企业提供无须政府担保的贷款和投资,鼓励国际私人资本流向发展中国家,支持当地资本市场的发展,以推动私营企业的成长,促进成员国经济发展。

多边投资担保机构是世界银行集团最年轻的成员,成立于1988年,主要通过向外国私人投资者提供包括没收风险、外汇管制风险、违约风险、战争和内乱风险等在内的政治风险担保,并通过向成员国政府提供投资促进服务,加强其吸引外资的能力,从而促使外国直接投资流入发展中国家。

解决投资争端国际中心成立于1966年,主要通过调停或仲裁的方式协助解决外国投资者与东道国之间的投资争端,以促进国际投资的发展。

3. 国际清算银行

国际清算银行是英、法、德、意、比、日等国的中央银行与代表美国银行界利益的J.P.摩根公司、纽约第一国民银行和芝加哥第一国民银行于1930年组成的银行集团。其宗旨是促进各国中央银行之间的合作,为国际金融活动提供额外的便利,并在国际清算中充当受托人或代理人。

(1)国际清算银行的组织结构。国际清算银行是以股份公司的形式建立,其最高权力机构是股东大会。股东大会每年举行一次，与会者为各国中央银行的代表。董事会是国际清算银行的经营管理机构。国际清算银行建立初期的股本全由参加创建的中央银行和美国银行集团认购。随后，由于其股票也在市场上交易，因此与国际清算银行有业务关系的其他国家中央银行、金融机构以及私人都可以成为该行股票的持有者。

（2）国际清算银行的职能与业务。国际清算银行的银行部为会员国央行管理国际储备资产、开办多种银行业务。国际清算银行持有这么多中央银行的外汇储备，就必然要求对这些资金来源保持较高的流动性。国际清算银行的相当大一部分业务是将资金参与国际金融市场活动，如购买高质量银行股票或政府短期债券。

此外，国际清算银行还是各国央行理想的合作场所，在每年的行长会议上，各国央行行长齐聚巴塞尔，商讨世界经济形势，制定宏观经济政策，因而为各国提供了良好的交流平台。

第四节　人民币跨境使用

一、跨境人民币业务的概念

跨境人民币业务是指居民（境内机构、境内个人）和非居民（境外机构、境外个人）之间以人民币开展的或用人民币结算的各类跨境业务。2009 年以来，为满足企业使用人民币结算的需求，我国逐步建立了人民币跨境使用框架。

二、跨境人民币业务的类型

1. 跨境贸易人民币结算

跨境贸易人民币结算是指经国家允许指定的、有条件的企业在自愿的基础上以人民币进行跨境贸易的结算，各商业银行在中国人民银行规定的政策范围内，可直接为企业提供跨境贸易人民币相关结算服务。目前，境内企业货币贸易、服务贸易及其他经常项目均可以选择以人民币进行结算。

2. 境外直接投资人民币结算

境外直接投资人民币结算是指境内机构经境外直接投资主管部门核准，使用人民币资金通过设立、并购、参股等方式在境外设立或取得企业或项目全部或部分所有权、控制权或经营管理权等权益行为。

按照“事后管理”的原则，各商业银行主要依据企业提供的境外直接投资主管部门的核准证书或文件等材料办理境外直接投资人民币结算业务。企业可以凭境外直接投资主管部门的核准证书或文件直接到商业银行办理境外直接投资人民币资金汇出、人民币前期费用汇出和境外投资企业增资、减资、转股、清算等人民币资金汇出入手续。

商业银行在办理境外直接投资人民币结算业务时应履行下列义务：①严格进行交易真实性和合规性审查。②按照规定报送信息。③履行反洗钱和反恐融资义务。

3. 外商直接投资人民币结算

境外企业和经济组织或个人可以按照我国外商直接投资法律法规及相关规定，使用人民币来华开展包括向新设企业出资、并购境内企业、股权转让以及对现有企业进行增资、提供贷款等业务，以及将因减资、转股、清算等所得人民币资金汇出境外。

4. 跨境贸易人民币融资

国际贸易融资方式根据银行提供融资便利的对象不同可以分为进口贸易融资和出口贸易融资。进口贸易融资包括进口信用证、海外代付、进口押汇等；出口贸易融资包括打包贷款、出口信用证押汇、出口托收押汇、福费廷、出口信贷等。目前以人民币为币种的跨境贸易融资在上述业务品种中均有涉及。

跨境贸易人民币融资业务应该以真实贸易背景为前提，商业银行在为企业办理跨境贸易、人民币融资业务时，应当按照有关规定履行对企业融资需求的贸易背景真实性审核义务，且融资金额需以出口企业与境外企业之间的贸易合同金额为限。同时，跨境贸易人民币结算项下涉及的居民对非居民的人民币负债，包括与跨境贸易人民币结算相关的远期信用证、海外代付、协议付款、预收延付等，不纳入现行外债管理。

5. 跨境人民币证券投融资

（1）境内机构境外发行人民币债券。2007 年 6 月，中国人民银行和国家发展和改革委员会联合发布《境内金融机构赴香港特别行政区发行人民币债券管理暂行办法》，明确政策性银行和国内商业银行可在香港发行人民币债券。香港市场将这些人民币债券称为“点心债”。目前，海外金融机构、跨国企业和跨国组织均可参与到香港人民币债券发行主体中，国内在香港上市企业也可以在香港市场融资发债。

（2）境外机构境内发行人民币债券。目前，境外机构境内发行人民币债券（也称为“熊猫债”）主要为国际开发机构。国际开发机构是指进行开发性贷款和投资的多边、双边以及地区国际开发性金融机构。所募集资金应优先用于向中国境内的建设项目提供中长期固定资产贷款或提供股本资金。

6. 双边货币合作

（1）货币互换协议。货币互换又称货币掉期，是交易双方依据事先约定的协议，在未来的确定期限内交换不同币种现金流的交易，货币互换在企业经营和金融市场运行中具有重要经济功能，主要包括规避汇率风险、价格发现、管理资产负债、降低融资成本和设计金融产品等。

中央银行间开展货币互换的目标主要有三类：①作为应对金融危机的临时措施，在危机期间采用，互相提供流动性支持，增强市场信心，维持市场稳定。典型的如美联储和其他国家中央银行之间的货币互换安排。②作为金融危机的常设预防机制，通过中央银行间建立货币互换的安排构建预防危机的安全网。典型的如东盟和中日韩之间建立的“清迈倡议”。③作为深化双方经济金融合作的措施，促进双边经贸和投资往来。中国人民银行与部分国家或地区中央银行或货币当局建立的货币互换安排综合了第一类和第三类的目标，在加强双边合作，维护地区金融稳定和促进经贸发展方面发挥了重要作用。

（2）本币结算协议。自 20 世纪 90 年代起，我国与周边国家开始签署双边贸易本币结算协定，允许在边境贸易或一般贸易中使用双方本币或人民币进行结算。主要分为两类：①边境贸易本币结算协定；②一般贸易本币结算协定。

边境贸易本币结算协议主要包括以下几个方面：

①允许两国本币或只是人民币用于两国边境贸易的结算；

②允许商业银行相互开立本地账户，为边境贸易提供银行结算服务；

③允许商业银行在海关备案后跨境调运两国本币现钞；

④允许商业银行在边境地区设立两国货币的兑换点。

一般贸易双边本币结算协议的主要内容相对边境贸易双边本币结算协议有较大突破：

①本币结算可用于一般贸易商品和服务的结算与支付；

②依照两国法律规定，两国银行可以通过互开代理账户办理支付与结算，并可以进行外汇买卖双方本币的相互拆借以及办理其他业务；

③进一步明确了两国本币现钞的跨境调运事项。

第二十章　国际贸易和国际资本流动

知识框架

- 国际贸易和国际资本流动
  - 国际贸易
    - 国际贸易及其分类
    - 国际贸易理论
    - 影响国际贸易的因素
    - 国际贸易政策
  - 国际资本流动
    - 国际资本流动的含义和类型
    - 国际资本流动的经济影响
    - 政府对资本流动的干预方式
    - 我国利用外资的含义和类型

第一节　国际贸易

一、国际贸易及其分类

国际贸易是指一个国家或地区与其他国家或地区之间所进行的货物和服务交换活动。它包括商品的出口和进口，也包括技术的出口和进口。

按照不同的标准，国际贸易有不同的分类：

(1)按照交易标的划分，可分为有形商品的货物贸易和无形商品的服务贸易。服务贸易又可以分为两类：①与商品进出口有关而发生的一些从属性费用，如运费、保险费、装卸费、船只修理费等；②与商品进出口无关的贸易，如国际旅游收费、贷款利息、投资利润、技术转让、咨询服务、信息等。

(2)按照货物的移动方向分，可分为进口贸易、出口贸易、过境贸易、复进口和复出口。

(3)按结算方式分，可分为自由结汇贸易和易货贸易。

(4)按统计边界划分，可分为总贸易和专门贸易。

(5)按有无纸单证分，可分为单证贸易和有纸贸易。

(6)按贸易方式分，可分为直接贸易、间接贸易和转口贸易。

(7)按经济发展水平分，可分为水平贸易和垂直贸易。

(8)按贸易国的数量划分，可分为双边贸易、三角贸易和多边贸易。

二、国际贸易理论

1. 绝对优势理论

绝对优势理论是英国经济学家亚当·斯密在18世纪提出来的,他认为各国所存在的生产技术上的绝对差异以及由此造成的劳动生产率和生产成本的绝对差异,是国际贸易和国际分工的基础。各国应该集中生产并出口具有“绝对优势”的产品,进口不具有“绝对优势”的产品,其结果比自己什么都生产更有利。

2. 比较优势理论

英国经济学家大卫·李嘉图在19世纪初提出了比较优势理论。他认为,决定国际贸易的因素是两个国家产品的相对生产成本,而不是生产这些产品的绝对生产成本。只要两国之间存在生产成本上的差异,即使其中一方处于完全的劣势地位,国际贸易仍会发生,而且贸易会使双方获得收益。可以用一组数字例子来说明:英国和葡萄牙都可以生产酒和呢绒两种产品,英国生产单位酒和呢绒的劳动投入都是100个单位,而葡萄牙生产单位酒的劳动投入为60个单位,生产单位呢绒的劳动投入为90个单位。两国比较,英国在生产酒和呢绒上都处于劣势地位,而葡萄牙则在两种产品的生产上都处于优势地位。按照绝对优势理论,两国之间贸易不可能发生。但是,根据比较优势理论,虽然英国在酒和呢绒的生产技术上都处于劣势,但在呢绒生产上的差距小一些,即在呢绒上具有相对优势,英国可以生产2个单位呢绒,而由葡萄牙生产2个单位的酒,并进行1个单位的酒和呢绒的贸易。这样与分别由两国各生产1个单位的酒和呢绒相比,可以节省30个单位的投入。这个例子说明了比较优势理论的基本原理,即如果每个国家都出口本国具有比较优势的产品,则两国都可以从国际贸易中受益。

3. 要素禀赋论

要素禀赋论是由瑞典经济学家赫克歇尔和俄林提出的。要素禀赋论认为,由于各种产品生产所要求的两种生产要素的比例不同,一国在生产密集使用本国比较丰裕的生产要素的产品时,成本就较低,而生产密集使用别国比较丰裕的生产要素的产品时,成本就比较高,从而形成各国生产和交换产品的价格优势,形成国际贸易和国际分工。此时本国专门生产自己有成本优势的产品,而换得外国有成本优势的产品。

4. 规模经济贸易理论

规模经济贸易理论是美国经济学家克鲁格曼提出的。该理论认为:大规模的生产可以降低单位产品的生产成本,是现代国际贸易的基础。克鲁格曼认为,工业产品是类似的,但不是同质的,大多数工业产品的市场是不完全竞争的,生产企业的规模需要达到一定程度才能实现规模效益。各国利用规模经济来生产有限类别的产品,如果每个国家只生产几类产品,那么每种产品的生产规模就会比生产所有产品时的规模更大,才能实现国际分工的规模效益。在只生产有限种类产品的同时,通过国际贸易实现产品的流动,保证各国不牺牲消费的多样性。

三、影响国际贸易的因素

1. 影响一国出口贸易的因素

从出口贸易方面来看，影响一国出口贸易的因素主要有：

(1)自然资源的丰裕程度。如果一国有充裕的自然资源，除了能满足本国生产和消费的需要外还有剩余，或者该国拥有的资源在国际上的丰裕程度相对较高，就可以利用这种资源的绝对优势和相对优势，通过增加出口来获得外汇收入。

(2)生产能力和技术水平的高低。一国的生产能力和技术水平越高，其加工制成品在国际市场上的竞争能力就越强，且出口产品的附加值也越高，这不仅会增加出口商品的数量，而且能增加出口额。

(3)汇率水平的高低。如果一国货币汇率下跌，即对外贬值，则外币兑换本币的数量就会增加，这意味着外币购买力的提高和本国商品、劳务价格的相对低廉。这就有可能使出口商在不减少收益的情况下，降低出口商品价格，增加出口。同时，这也有利于本国旅游收入及其他劳务收入的增加。反之，如果一国货币汇率上升，则会导致相反的结果。

(4)一国出口贸易水平的高低，不仅取决于本国的经济状况，还受国际市场需求水平和需求结构变动的影响。例如，在世界经济出现不景气的情况下，由于国际市场需求不旺，各国的出口贸易都可能因此而减少。

2. 影响一国进口贸易的因素

影响一国进口贸易的因素主要有：

(1)一国的经济总量或总产出水平。在一般情况下，一国的经济总产出水平越高，经济总量，例如 GDP 的规模越大，其进口贸易额就越大。

(2)汇率水平。汇率水平不仅对出口贸易产生重要影响，也是影响一国进口贸易的重要因素。如果一国货币汇率上升，即货币升值，以本币标示的进口商品价格就会下跌，本国居民对进口商品的需求就会增加，为满足这种需求，就要扩大进口贸易。当然，如果汇率下跌，则会导致进口贸易的缩减。

(3)一国进口贸易水平的高低同国际市场商品的供给情况和价格水平的高低也有直接的联系。在国际市场上，如果商品供给短缺，从而导致价格大幅度上升，就会使一国的进口贸易受到影响；反之亦然。

一国对外贸易的发展水平，不仅取决于本国的总体经济状况和经济实力、产品竞争力以及世界市场的供求关系，而且与各国政府对进出口贸易的限制或贸易政策有关。

四、国际贸易政策

1. 政府对国际贸易干预的目的

政府对国际贸易进行干预或限制的目的主要是保护国内产业免受国外竞争者的损害，维持本国的经济增长和国际收支平衡。

政府对国际贸易的干预包括对进口贸易的干预和对出口贸易的干预两个方面。

政府对进口贸易的干预主要采取关税限制和非关税限制两种方式，即关税壁垒和非关税壁垒。关税壁垒是指国家通过征收高额进口关税来限制外国商品进口的一种外贸政策。这种政策可以提高进口货物的成本，从而削弱其竞争能力，起到保护国内生产和国内市场的作用。非关税壁垒则是指采用关税以外的手段对外国商品进口设置障碍的各种措施。如进口配额制、自愿出口限制、歧视性公共采购、技术标准和卫生检疫标准等。进口配额是指一国在一定时期内，对某些产品的进口数量和金额加以直接限制的措施；自愿出口限制是指商品出口国在进口国的要求或压力下，自愿地限制某些商品在一定时期内的出口数量或出口金额，一般情况下，自愿出口限制的数量是经过进口国和出口国之间的谈判确定的；歧视性公共采购是指一国政府根据本国有关法律制度，给予国内的供应商优先获得政府公共采购订单的措施，这种政策是对外国供应商的一种歧视；技术标准是进口国为保证各种商品的进口质量符合一般的技术要求而做出的有关规定，为了限制外国某些产品的进口，常常规定一些外国企业难以掌握的技术标准，从而阻止外国产品进口；卫生检疫标准是一国对进口的动植物及其制品、食品、化妆品等所采取的必要的卫生检疫，以免疾病或害虫传入本国，进口国常常以不符合卫生标准为理由，限制外国某些产品的进口。

政府除利用关税和非关税措施限制和调节进口贸易外，还常常采取各种鼓励出口的措施对出口贸易进行干预。政府干预出口贸易以刺激出口增加的主要措施是出口补贴。出口补贴分为直接补贴和间接补贴两种。直接补贴是政府直接以现金形式弥补出口企业国际市场价格与本国国内市场价格的差价；间接补贴是对出口企业在出口商品时给予财政上的优惠待遇，如出口退税、出口信贷等。实行出口补贴的目的是降低本国出口产品的价格，提高在国际市场上的竞争力，扩大出口。

政府无论采取何种措施对进出口贸易进行干预，其目的都是为了国家利益，实现政府宏观调控的目标。虽然政府对进出口贸易的干预具有一定的合理性和必要性，但在经济全球化趋势日益增强的今天，政府的这些行为要受许多协定和协议的限制。

2. 倾销的界定和反倾销措施分析

倾销是指出口商以低于正常价值的价格向进口国销售产品，并因此给进口国产业造成损害的行为。确认出口国企业低价销售行为是否为倾销行为的关键是关于产品正常价值的认定，世界贸易组织（WTO）规定，确定产品正常价值可依据的标准有：①原产国标准。即按照相同或类似产品在正常交易过程中出口国国内销售的可比价格确定。②第三国标准。即按照相同或类似产品在正常交易过程中出口国向第三国出口的最高可比价格确定。③按照同类产品在原产国的生产成本，加合理销售费、管理费、一般费用和利润确定。

国际贸易中的倾销通常存在四种类型：①掠夺性倾销，指出口企业为在国外市场上达到排除竞争对手、获取超额垄断利润的目的，在短期内以不合理的低价向该市场销售产品，一旦竞争对手被排除，再重新提高产品销售价格的行为；②持续性倾销，指出口企业为长期占领市场，实现利润最本化目标而无限期地持续以低价向国外市场出口产品的行为；③隐蔽性倾销,指出口企业按国际市场的正常价格出售产品给进口商,进口商则以倾销性的低价在进口国市场上抛售,其亏损部分由出口企业予以补偿;④偶然性倾销,指出口国国内存在大量剩余产品,为处理这些产品而以倾销方式向国外市场抛售。

倾销除会对进口国造成实质性伤害以外,对出口国本身和第三国也会产生不利的影响。对进口国来说,倾销挤占了进口国相同产品生产商的市场份额,会阻碍进口国相关产业发展;倾销会向进口国市场的生产者和消费者传递错误的价格信号,扭曲进口国市场秩序;发达国家新兴产业产品倾销将抑制发展中国家新兴产业的建立和发展。对出口国来说,倾销容易引发出口国国内相似产品生产厂商的过度价格竞争,扰乱出口国市场秩序;倾销企业为弥补在出口倾销中带来的损失,通常会利用出口国市场需求弹性小的状况来维持较高的垄断价格,损害了出口国消费者的利益。对第三国来说,在进口国市场上存在第三国同类产品竞争的情况下,倾销会导致进口国对第三国产品的需求下降,使第三国在进口国的市场份额减少。

倾销会对进口国的同类产业带来危害,因此为维护公平和正常的国际市场竞争秩序,世界贸易组织允许成员国在进口产品倾销给本国国内产业造成实质损害的情况下,可以使用反倾销措施,以保护国内产业不受损害。反倾销措施属于贸易救济措施,是指进口国针对价格倾销这种不公平的贸易行为而采取征收反倾销税等措施来抵消不利影响的行为。反倾销税是在正常海关税费之外,进口国主管机关对确认倾销产品征收的一种附加税。反倾销税的税额不得超过所裁定的倾销幅度,反倾销税的纳税义务人是倾销产品的进口商,出口商不得直接或间接替进口商承担反倾销税。世界贸易组织规定,对出口国某一产品征收反倾销税必须符合以下要求:①该产品存在着以低于正常价值水平进入另一国市场的事实;②倾销对某一成员国的相关产业造成重大损失;③损害与低价倾销之间存在因果关系。

第二节 国际资本流动

一、国际资本流动的含义和类型

国际资本流动是指资本在国际间转移,或者说,资本在不同国家或地区之间作单向、双向或多向流动。资本流动的内在动力在于资本流动给流出国与流入国都带来收益。

按照不同的划分标准,国际资本流动有不同的分类。按照流动方向来分,可分为国际资本流入和国际资本流出。资本流出是指资本从国内流向国外,如本国企业在国外投资建厂、购买外国发行的债券、外国企业在本国的资本金返回和本国政府支付外债的本金等。资本流入是指资本从国外流向国内,如外国企业在本国投资建厂、本国政府和企业在外国发行债券、本国企业抽回在外国的资本金和本国政府收取外国的偿债款项等。国际资本流出和流入的实质是对外资产负债的增减与变化。

按照期限的长短,国际资本流动可分为长期资本流动和短期资本流动。期限在一年以上的资本流动是长期资本流动,包括直接投资、证券投资和国际贷款。短期资本流动是一年或一年以下期限的各种金融资产的流动,包括现金、活期存款以及所有货币市场金融工具。

长期资本流动包括:

(1)国际直接投资。它是指一国企业或个人对另一国的企业等机构进行的投资,直接投资可以取得对方或东道国厂矿企业的全部或部分管理和控制权。

(2)国际证券投资,也称为间接投资。它是指通过在国际债券市场购买中长期债券,或者在国际股票市场上购买外国公司股票来实现的投资,如各国政府、商业银行、工商企业和个人都可以购买国际债券或股票进行投资。

(3)国际贷款。国际贷款主要有政府贷款、国际金融机构贷款、国际银行贷款和出口信贷。

短期资本流动包括:

(1)短期证券投资与贷款。

(2)保值性资本流动。

(3)投机性资本流动。

(4)贸易资金融通。

二、国际资本流动的经济影响

国际资本流动的影响有正效应和负效应。正效应主要表现在以下几个方面。

1. 国际资本流动有利于促进国际贸易的发展

随着国际资本流动在国际间越来越频繁,规模越来越庞大,国际金融活动的角色已经从国际贸易活动的附属物转变为其基础,国际资本流动,特别是国际投资,对国际贸易产生了巨大的影响。

2. 国际资本流动有利于促进国际金融市场的发展

国际资本流动加速了全球经济和金融的一体化进程,增加了国际金融市场的流动性。适量的金融投机,有利于减少金融商品的价格波动幅度,分散原始金融市场的价格风险,提高金融市场的流通性和资金营运率。

3. 国际资本流动有利于促进不发达国家的资本形成

不发达国家往往以引进外资作为其自身资本形成的一条有效途径。巨额资金流入不发达国家,为其发展本国经济、增加出口贸易和提高国民收入产生了积极作用。

4. 国际资本流动会引发财富效应

国际资金在各国金融市场之间的流动会使单个国家的证券市场的财富效应扩散,所以重要的金融市场所在国的经济增长通常会通过财富效应推动整个世界经济的繁荣。

5. 国际资本流动在一定程度上有利于解决国际收支不平衡问题

国际收支不平衡的国家,因国际金融市场的发展而得到了利用其国内盈余资金或弥补国际收支赤字的便利条件。

负效应主要表现在以下几个方面。

1. 国际资本流动中的外汇风险

外汇风险是指一个经济实体或个人，在涉外经济活动中因外汇汇率的变动，使其以外币计价的资产或负债发生变化而蒙受损失的可能性。从微观上看，国际资本流动中的外汇风险，通过汇率的不正常波动，加大企业成本与收益核算的难度，从而影响企业的涉外业务；通过改变企业债权债务的外汇价值，加大企业的偿债负担，从而造成企业不能按时偿还到期债务的风险。从宏观上看，国际资本流动中的外汇风险可能会因改变贸易商品的国际价格而造成一国贸易条件的恶化。由于汇率的变化，外汇风险会造成一国旅游业的大幅波动，影响一国资本流动的状况，改变一国经常项目状况，影响一国货币当局外汇储备的结构和数量，从而影响一国的国际收支，最终对一国国民收入和国内就业及经济发展造成不良影响。

2. 国际资本流动中的利率风险

国际资本流动中的利率风险是指由于国际金融市场的利率变动使借贷主体遭受损失的可能性。由于国际市场利率的变动，国际借贷方和国际债券发行与投资方蒙受经济损失。

3. 国际资本流动对流入国银行体系的冲击

国际资本流动对流入国的银行体系造成巨大影响，并由此带来相当大的风险。对资本流入国的商业银行最直接的影响有两个方面：一是商业银行的规模得以扩大；二是商业银行对这些资本的运用使其资产负债表的结构发生变化。

三、政府对资本流动的干预方式

政府对国际资本流动的干预方式主要有：

(1)实行外汇管制。

(2)颁布专门的政策法规与条例。

(3)对偿债能力进行控制。

(4)制定财政政策和金融政策，利用政策手段对资本的国际流动加以控制。

四、我国利用外资的含义和类型

利用外资是指我国各级政府、部门、企业和其他经济组织通过对外借款、吸收外商直接投资以及用其他方式筹措境外现汇、设备、技术等行为。

我国利用外资主要有两种形式：一种是外商直接投资，包括外商独资企业、中外合资经营企业、合作经营企业或合作开发资源的投资，以及经政府有关部门批准的项目投资总额内企业从境外借入的资金。另一种是对外借款，包括外国政府贷款、国际金融组织贷款、外国商业银行贷款、出口信贷以及对外发行债券等。

第二十一章 法律汇编

知识框架

法律汇编
- 中华人民共和国公司法
- 中华人民共和国合同法
- 中华人民共和国反不正当竞争法
- 中华人民共和国反垄断法
- 中华人民共和国物权法
- 中华人民共和国消费者权益保护法

中华人民共和国公司法

（1993年12月29日第八届全国人民代表大会常务委员会第五次会议通过，根据1999年12月25日第九届全国人民代表大会常务委员会第十三次会议《关于修改〈中华人民共和国公司法〉的决定》第一次修正，根据2004年8月28日第十届全国人民代表大会常务委员会第十一次会议《关于修改〈中华人民共和国公司法〉的决定》第二次修正，2005年10月27日第十届全国人民代表大会常务委员会第十八次会议修订，根据2013年12月28日第十二届全国人民代表大会常务委员会第六次会议《关于修改〈中华人民共和国海洋环境保护法〉等七部法律的决定》第三次修正，根据2018年10月26日第十三届全国人民代表大会常务委员会第六次会议《关于修改〈中华人民共和国公司法〉的决定》第四次修正）

目录

第一章 总 则

第一条 为了规范公司的组织和行为，保护公司、股东和债权人的合法权益，维护社会经济秩序，促进社会主义市场经济的发展，制定本法。

第二条 本法所称公司是指依照本法在中国境内设立的有限责任公司和股份有限公司。

第三条 公司是企业法人，有独立的法人财产，享有法人财产权。公司以其全部财产对公司的债务承担责任。

有限责任公司的股东以其认缴的出资额为限对公司承担责任；股份有限公司的股东以其认购的股份为限对公司承担责任。

第四条 公司股东依法享有资产收益、参与重大决策和选择管理者等权利。

第五条 公司从事经营活动，必须遵守法律、行政法规，遵守社会公德、商业道德，诚实守信，接受政府和社会公众的监督，承担社会责任。

公司的合法权益受法律保护，不受侵犯。

第六条 设立公司，应当依法向公司登记机关申请设立登记。符合本法规定的设立条件的，由公司登记机关分别登记为有限责任公司或者股份有限公司；不符合本法规定的设立条件的，不得登记为有限责任公司或者股份有限公司。

法律、行政法规规定设立公司必须报经批准的，应当在公司登记前依法办理批准手续。

公众可以向公司登记机关申请查询公司登记事项，公司登记机关应当提供查询服务。

第七条 依法设立的公司，由公司登记机关发给公司营业执照。公司营业执照签发日期为公司成立日期。

公司营业执照应当载明公司的名称、住所、注册资本、经营范围、法定代表人姓名等事项。

公司营业执照记载的事项发生变更的，公司应当依法办理变更登记，由公司登记机关换发营业执照。

第八条 依照本法设立的有限责任公司，必须在公司名称中标明有限责任公司或者有限公司字样。

依照本法设立的股份有限公司，必须在公司名称中标明股份有限公司或者股份公司字样。

第九条 有限责任公司变更为股份有限公司，应当符合本法规定的股份有限公司的条件。股份有限公司变更为有限责任公司，应当符合本法规定的有限责任公司的条件。

有限责任公司变更为股份有限公司的，或者股份有限公司变更为有限责任公司的，公司变更前的债权、债务由变更后的公司承继。

第十条 公司以其主要办事机构所在地为住所。

第十一条 设立公司必须依法制定公司章程。公司章程对公司、股东、董事、监事、高级管理人员具有约束力。

第十二条 公司的经营范围由公司章程规定，并依法登记。公司可以修改公司章程，改变经营范围，但是应当办理变更登记。

公司的经营范围中属于法律、行政法规规定须经批准的项目，应当依法经过批准。

第十三条 公司法定代表人依照公司章程的规定，由董事长、执行董事或者经理担任，并依法登记。公司法定代表人变更，应当办理变更登记。

第十四条 公司可以设立分公司。设立分公司，应当向公司登记机关申请登记，领取营业执照。分公司不具有法人资格，其民事责任由公司承担。

公司可以设立子公司，子公司具有法人资格，依法独立承担民事责任。

第十五条 公司可以向其他企业投资；但是，除法律另有规定外，不得成为对所投资企业的债务承担连带责任的出资人。

第十六条 公司向其他企业投资或者为他人提供担保，依照公司章程的规定，由董事会或者股东会、股东大会决议；公司章程对投资或者担保的总额及单项投资或者担保的数额有限额规定的，不得超过规定的限额。

公司为公司股东或者实际控制人提供担保的，必须经股东会或者股东大会决议。

前款规定的股东或者受前款规定的实际控制人支配的股东，不得参加前款规定事项的表决。该项表决由出席会议的其他股东所持表决权的过半数通过。

第十七条 公司必须保护职工的合法权益，依法与职工签订劳动合同，参加社会保险，加强劳动保护，实现安全生产。

公司应当采用多种形式，加强公司职工的职业教育和岗位培训，提高职工素质。

第十八条 公司职工依照《中华人民共和国工会法》组织工会,开展工会活动,维护职工合法权益。公司应当为本公司工会提供必要的活动条件。公司工会代表职工就职工的劳动报酬、工作时间、福利、保险和劳动安全卫生等事项依法与公司签订集体合同。

公司依照宪法和有关法律的规定,通过职工代表大会或者其他形式,实行民主管理。

公司研究决定改制以及经营方面的重大问题、制定重要的规章制度时,应当听取公司工会的意见,并通过职工代表大会或者其他形式听取职工的意见和建议。

第十九条 在公司中,根据中国共产党章程的规定,设立中国共产党的组织,开展党的活动。公司应当为党组织的活动提供必要条件。

第二十条 公司股东应当遵守法律、行政法规和公司章程,依法行使股东权利,不得滥用股东权利损害公司或者其他股东的利益;不得滥用公司法人独立地位和股东有限责任损害公司债权人的利益。

公司股东滥用股东权利给公司或者其他股东造成损失的,应当依法承担赔偿责任。

公司股东滥用公司法人独立地位和股东有限责任,逃避债务,严重损害公司债权人利益的,应当对公司债务承担连带责任。

第二十一条 公司的控股股东、实际控制人、董事、监事、高级管理人员不得利用其关联关系损害公司利益。

违反前款规定,给公司造成损失的,应当承担赔偿责任。

第二十二条 公司股东会或者股东大会、董事会的决议内容违反法律、行政法规的无效。

股东会或者股东大会、董事会的会议召集程序、表决方式违反法律、行政法规或者公司章程,或者决议内容违反公司章程的,股东可以自决议作出之日起六十日内,请求人民法院撤销。

股东依照前款规定提起诉讼的,人民法院可以应公司的请求,要求股东提供相应担保。

公司根据股东会或者股东大会、董事会决议已办理变更登记的,人民法院宣告该决议无效或者撤销该决议后,公司应当向公司登记机关申请撤销变更登记。

第二章 有限责任公司的设立和组织机构

第一节 设 立

第二十三条 设立有限责任公司,应当具备下列条件:

(一)股东符合法定人数;

(二)有符合公司章程规定的全体股东认缴的出资额;

(三)股东共同制定公司章程;

(四)有公司名称,建立符合有限责任公司要求的组织机构;

(五)有公司住所。

第二十四条 有限责任公司由五十个以下股东出资设立。

第二十五条 有限责任公司章程应当载明下列事项:

(一)公司名称和住所;

(二)公司经营范围;

(三)公司注册资本;

(四)股东的姓名或者名称;

(五)股东的出资方式、出资额和出资时间;

(六)公司的机构及其产生办法、职权、议事规则;

(七)公司法定代表人;

(八)股东会会议认为需要规定的其他事项。

股东应当在公司章程上签名、盖章。

第二十六条 有限责任公司的注册资本为在公司登记机关登记的全体股东认缴的出资额。

法律、行政法规以及国务院决定对有限责任公司注册资本实缴、注册资本最低限额另有规定的,从其规定。

第二十七条 股东可以用货币出资,也可以用实物、知识产权、土地使用权等可以用货币估价并可以依法转让的非货币财产作价出资;但是,法律、行政法规规定不得作为出资的财产除外。

对作为出资的非货币财产应当评估作价,核实财产,不得高估或者低估作价。法律、行政法规对评估作价有规定的,从其规定。

第二十八条 股东应当按期足额缴纳公司章程中规定的各自所认缴的出资额。股东以货币出资的,应当将货币出资足额存入有限责任公司在银行开设的账户;以非货币财产出资的,应当依法办理其财产权的转移手续。

股东不按照前款规定缴纳出资的,除应当向公司足额缴纳外,还应当向已按期足额缴纳出资的股东承担违约责任。

第二十九条 股东认足公司章程规定的出资后,由全体股东指定的代表或者共同委托的代理人向公司登记机关报送公司登记申请书、公司章程等文件,申请设立登记。

第三十条 有限责任公司成立后,发现作为设立公司出资的非货币财产的实际价额显著低于公司章程所定价额的,应当由交付该出资的股东补足其差额;公司设立时的其他股东承担连带责任。

第三十一条 有限责任公司成立后,应当向股东签发出资证明书。

出资证明书应当载明下列事项:

(一)公司名称;

(二)公司成立日期;

(三)公司注册资本;

(四)股东的姓名或者名称、缴纳的出资额和出资日期;

(五)出资证明书的编号和核发日期。

出资证明书由公司盖章。

第三十二条　有限责任公司应当置备股东名册，记载下列事项：

（一）股东的姓名或者名称及住所；

（二）股东的出资额；

（三）出资证明书编号。

记载于股东名册的股东，可以依股东名册主张行使股东权利。

公司应当将股东的姓名或者名称向公司登记机关登记；登记事项发生变更的，应当办理变更登记。未经登记或者变更登记的，不得对抗第三人。

第三十三条　股东有权查阅、复制公司章程、股东会会议记录、董事会会议决议、监事会会议决议和财务会计报告。

股东可以要求查阅公司会计账簿。股东要求查阅公司会计账簿的，应当向公司提出书面请求，说明目的。公司有合理根据认为股东查阅会计账簿有不正当目的，可能损害公司合法利益的，可以拒绝提供查阅，并应当自股东提出书面请求之日起十五日内书面答复股东并说明理由。公司拒绝提供查阅的，股东可以请求人民法院要求公司提供查阅。

第三十四条　股东按照实缴的出资比例分取红利；公司新增资本时，股东有权优先按照实缴的出资比例认缴出资。但是，全体股东约定不按照出资比例分取红利或者不按照出资比例优先认缴出资的除外。

第三十五条　公司成立后，股东不得抽逃出资。

第二节　组织机构

第三十六条　有限责任公司股东会由全体股东组成。股东会是公司的权力机构，依照本法行使职权。

第三十七条　股东会行使下列职权：

（一）决定公司的经营方针和投资计划；

（二）选举和更换非由职工代表担任的董事、监事，决定有关董事、监事的报酬事项；

（三）审议批准董事会的报告；

（四）审议批准监事会或者监事的报告；

（五）审议批准公司的年度财务预算方案、决算方案；

（六）审议批准公司的利润分配方案和弥补亏损方案；

（七）对公司增加或者减少注册资本作出决议；

（八）对发行公司债券作出决议；

（九）对公司合并、分立、解散、清算或者变更公司形式作出决议；

（十）修改公司章程；

（十一）公司章程规定的其他职权。

对前款所列事项股东以书面形式一致表示同意的，可以不召开股东会会议，直接作出决定，并由全体股东在决定文件上签名、盖章。

第三十八条　首次股东会会议由出资最多的股东召集和主持，依照本法规定行使职权。

第三十九条 股东会会议分为定期会议和临时会议。

定期会议应当依照公司章程的规定按时召开。代表十分之一以上表决权的股东，三分之一以上的董事，监事会或者不设监事会的公司的监事提议召开临时会议的，应当召开临时会议。

第四十条 有限责任公司设立董事会的，股东会会议由董事会召集，董事长主持；董事长不能履行职务或者不履行职务的，由副董事长主持；副董事长不能履行职务或者不履行职务的，由半数以上董事共同推举一名董事主持。

有限责任公司不设董事会的，股东会会议由执行董事召集和主持。

董事会或者执行董事不能履行或者不履行召集股东会会议职责的，由监事会或者不设监事会的公司的监事召集和主持；监事会或者监事不召集和主持的，代表十分之一以上表决权的股东可以自行召集和主持。

第四十一条 召开股东会会议，应当于会议召开十五日前通知全体股东；但是，公司章程另有规定或者全体股东另有约定的除外。

股东会应当对所议事项的决定作成会议记录，出席会议的股东应当在会议记录上签名。

第四十二条 股东会会议由股东按照出资比例行使表决权；但是，公司章程另有规定的除外。

第四十三条 股东会的议事方式和表决程序，除本法有规定的外，由公司章程规定。

股东会会议作出修改公司章程、增加或者减少注册资本的决议，以及公司合并、分立、解散或者变更公司形式的决议，必须经代表三分之二以上表决权的股东通过。

第四十四条 有限责任公司设董事会，其成员为三人至十三人；但是，本法第五十条另有规定的除外。

两个以上的国有企业或者两个以上的其他国有投资主体投资设立的有限责任公司，其董事会成员中应当有公司职工代表；其他有限责任公司董事会成员中可以有公司职工代表。董事会中的职工代表由公司职工通过职工代表大会、职工大会或者其他形式民主选举产生。

董事会设董事长一人，可以设副董事长。董事长、副董事长的产生办法由公司章程规定。

第四十五条 董事任期由公司章程规定，但每届任期不得超过三年。董事任期届满，连选可以连任。

董事任期届满未及时改选，或者董事在任期内辞职导致董事会成员低于法定人数的，在改选出的董事就任前，原董事仍应当依照法律、行政法规和公司章程的规定，履行董事职务。

第四十六条 董事会对股东会负责，行使下列职权：

（一）召集股东会会议，并向股东会报告工作；

（二）执行股东会的决议；

（三）决定公司的经营计划和投资方案；

（四）制订公司的年度财务预算方案、决算方案；

（五）制订公司的利润分配方案和弥补亏损方案；

（六）制订公司增加或者减少注册资本以及发行公司债券的方案；

（七）制订公司合并、分立、解散或者变更公司形式的方案；

（八）决定公司内部管理机构的设置；

（九）决定聘任或者解聘公司经理及其报酬事项，并根据经理的提名决定聘任或者解聘公司副经理、财务负责人及其报酬事项；

（十）制定公司的基本管理制度；

（十一）公司章程规定的其他职权。

第四十七条 董事会会议由董事长召集和主持；董事长不能履行职务或者不履行职务的，由副董事长召集和主持；副董事长不能履行职务或者不履行职务的，由半数以上董事共同推举一名董事召集和主持。

第四十八条 董事会的议事方式和表决程序，除本法有规定的外，由公司章程规定。

董事会应当对所议事项的决定作成会议记录，出席会议的董事应当在会议记录上签名。

董事会决议的表决，实行一人一票。

第四十九条 有限责任公司可以设经理，由董事会决定聘任或者解聘。经理对董事会负责，行使下列职权：

（一）主持公司的生产经营管理工作，组织实施董事会决议；

（二）组织实施公司年度经营计划和投资方案；

（三）拟订公司内部管理机构设置方案；

（四）拟订公司的基本管理制度；

（五）制定公司的具体规章；

（六）提请聘任或者解聘公司副经理、财务负责人；

（七）决定聘任或者解聘除应由董事会决定聘任或者解聘以外的负责管理人员；

（八）董事会授予的其他职权。

公司章程对经理职权另有规定的，从其规定。

经理列席董事会会议。

第五十条 股东人数较少或者规模较小的有限责任公司，可以设一名执行董事，不设董事会。执行董事可以兼任公司经理。

执行董事的职权由公司章程规定。

第五十一条 有限责任公司设监事会，其成员不得少于三人。股东人数较少或者规模较小的有限责任公司，可以设一至二名监事，不设监事会。

监事会应当包括股东代表和适当比例的公司职工代表，其中职工代表的比例不得低于三分之一，具体比例由公司章程规定。监事会中的职工代表由公司职工通过职工代表大会、职工大会或者其他形式民主选举产生。

监事会设主席一人，由全体监事过半数选举产生。监事会主席召集和主持监事会会议；监事会主席不能履行职务或者不履行职务的，由半数以上监事共同推举一名监事召集和主持监事会会议。

董事、高级管理人员不得兼任监事。

第五十二条 监事的任期每届为三年。监事任期届满,连选可以连任。

监事任期届满未及时改选,或者监事在任期内辞职导致监事会成员低于法定人数的,在改选出的监事就任前,原监事仍应当依照法律、行政法规和公司章程的规定,履行监事职务。

第五十三条 监事会、不设监事会的公司的监事行使下列职权:

(一)检查公司财务;

(二)对董事、高级管理人员执行公司职务的行为进行监督,对违反法律、行政法规、公司章程或者股东会决议的董事、高级管理人员提出罢免的建议;

(三)当董事、高级管理人员的行为损害公司的利益时,要求董事、高级管理人员予以纠正;

(四)提议召开临时股东会会议,在董事会不履行本法规定的召集和主持股东会会议职责时召集和主持股东会会议;

(五)向股东会会议提出提案;

(六)依照本法第一百五十一条的规定,对董事、高级管理人员提起诉讼;

(七)公司章程规定的其他职权。

第五十四条 监事可以列席董事会会议,并对董事会决议事项提出质询或者建议。

监事会、不设监事会的公司的监事发现公司经营情况异常,可以进行调查;必要时,可以聘请会计师事务所等协助其工作,费用由公司承担。

第五十五条 监事会每年度至少召开一次会议,监事可以提议召开临时监事会会议。

监事会的议事方式和表决程序,除本法有规定的外,由公司章程规定。

监事会决议应当经半数以上监事通过。

监事会应当对所议事项的决定作成会议记录,出席会议的监事应当在会议记录上签名。

第五十六条 监事会、不设监事会的公司的监事行使职权所必需的费用,由公司承担。

第三节 一人有限责任公司的特别规定

第五十七条 一人有限责任公司的设立和组织机构,适用本节规定;本节没有规定的,适用本章第一节、第二节的规定。

本法所称一人有限责任公司,是指只有一个自然人股东或者一个法人股东的有限责任公司。

第五十八条 一个自然人只能投资设立一个一人有限责任公司。该一人有限责任公司不能投资设立新的一人有限责任公司。

第五十九条 一人有限责任公司应当在公司登记中注明自然人独资或者法人独资,并在公司营业执照中载明。

第六十条 一人有限责任公司章程由股东制定。

第六十一条 一人有限责任公司不设股东会。股东作出本法第三十七条第一款所列决定时,应当采用书面形式,并由股东签名后置备于公司。

第六十二条 一人有限责任公司应当在每一会计年度终了时编制财务会计报告,并经会计师事务所审计。

第六十三条 一人有限责任公司的股东不能证明公司财产独立于股东自己的财产的，应当对公司债务承担连带责任。

第四节 国有独资公司的特别规定

第六十四条 国有独资公司的设立和组织机构，适用本节规定；本节没有规定的，适用本章第一节、第二节的规定。

本法所称国有独资公司，是指国家单独出资、由国务院或者地方人民政府授权本级人民政府国有资产监督管理机构履行出资人职责的有限责任公司。

第六十五条 国有独资公司章程由国有资产监督管理机构制定，或者由董事会制订报国有资产监督管理机构批准。

第六十六条 国有独资公司不设股东会，由国有资产监督管理机构行使股东会职权。国有资产监督管理机构可以授权公司董事会行使股东会的部分职权，决定公司的重大事项，但公司的合并、分立、解散、增加或者减少注册资本和发行公司债券，必须由国有资产监督管理机构决定；其中，重要的国有独资公司合并、分立、解散、申请破产的，应当由国有资产监督管理机构审核后，报本级人民政府批准。

前款所称重要的国有独资公司，按照国务院的规定确定。

第六十七条 国有独资公司设董事会，依照本法第四十六条、第六十六条的规定行使职权。董事每届任期不得超过三年。董事会成员中应当有公司职工代表。

董事会成员由国有资产监督管理机构委派；但是，董事会成员中的职工代表由公司职工代表大会选举产生。

董事会设董事长一人，可以设副董事长。董事长、副董事长由国有资产监督管理机构从董事会成员中指定。

第六十八条 国有独资公司设经理，由董事会聘任或者解聘。经理依照本法第四十九条规定行使职权。

经国有资产监督管理机构同意，董事会成员可以兼任经理。

第六十九条 国有独资公司的董事长、副董事长、董事、高级管理人员，未经国有资产监督管理机构同意，不得在其他有限责任公司、股份有限公司或者其他经济组织兼职。

第七十条 国有独资公司监事会成员不得少于五人，其中职工代表的比例不得低于三分之一，具体比例由公司章程规定。

监事会成员由国有资产监督管理机构委派；但是，监事会成员中的职工代表由公司职工代表大会选举产生。监事会主席由国有资产监督管理机构从监事会成员中指定。

监事会行使本法第五十三条第（一）项至第（三）项规定的职权和国务院规定的其他职权。

第三章 有限责任公司的股权转让

第七十一条 有限责任公司的股东之间可以相互转让其全部或者部分股权。

股东向股东以外的人转让股权，应当经其他股东过半数同意。股东应就其股权转让事项书面通知其他股东征求同意，其他股东自接到书面通知之日起满三十日未答复的，视为同意转让。其他股东半数以上不同意转让的，不同意的股东应当购买该转让的股权；不购买的，视为同意转让。

经股东同意转让的股权，在同等条件下，其他股东有优先购买权。两个以上股东主张行使优先购买权的，协商确定各自的购买比例；协商不成的，按照转让时各自的出资比例行使优先购买权。

公司章程对股权转让另有规定的，从其规定。

第七十二条 人民法院依照法律规定的强制执行程序转让股东的股权时，应当通知公司及全体股东，其他股东在同等条件下有优先购买权。其他股东自人民法院通知之日起满二十日不行使优先购买权的，视为放弃优先购买权。

第七十三条 依照本法第七十一条、第七十二条转让股权后，公司应当注销原股东的出资证明书，向新股东签发出资证明书，并相应修改公司章程和股东名册中有关股东及其出资额的记载。对公司章程的该项修改不需再由股东会表决。

第七十四条 有下列情形之一的，对股东会该项决议投反对票的股东可以请求公司按照合理的价格收购其股权：

（一）公司连续五年不向股东分配利润，而公司该五年连续盈利，并且符合本法规定的分配利润条件的；

（二）公司合并、分立、转让主要财产的；

（三）公司章程规定的营业期限届满或者章程规定的其他解散事由出现，股东会会议通过决议修改章程使公司存续的。

自股东会会议决议通过之日起六十日内，股东与公司不能达成股权收购协议的，股东可以自股东会会议决议通过之日起九十日内向人民法院提起诉讼。

第七十五条 自然人股东死亡后，其合法继承人可以继承股东资格；但是，公司章程另有规定的除外。

第四章 股份有限公司的设立和组织机构

第一节 设 立

第七十六条 设立股份有限公司，应当具备下列条件：

（一）发起人符合法定人数；

（二）有符合公司章程规定的全体发起人认购的股本总额或者募集的实收股本总额；

（三）股份发行、筹办事项符合法律规定；

（四）发起人制订公司章程，采用募集方式设立的经创立大会通过；

（五）有公司名称，建立符合股份有限公司要求的组织机构；

（六）有公司住所。

第七十七条 股份有限公司的设立,可以采取发起设立或者募集设立的方式。

发起设立,是指由发起人认购公司应发行的全部股份而设立公司。

募集设立,是指由发起人认购公司应发行股份的一部分,其余股份向社会公开募集或者向特定对象募集而设立公司。

第七十八条 设立股份有限公司,应当有二人以上二百人以下为发起人,其中须有半数以上的发起人在中国境内有住所。

第七十九条 股份有限公司发起人承担公司筹办事务。

发起人应当签订发起人协议,明确各自在公司设立过程中的权利和义务。

第八十条 股份有限公司采取发起设立方式设立的,注册资本为在公司登记机关登记的全体发起人认购的股本总额。在发起人认购的股份缴足前,不得向他人募集股份。

股份有限公司采取募集方式设立的,注册资本为在公司登记机关登记的实收股本总额。

法律、行政法规以及国务院决定对股份有限公司注册资本实缴、注册资本最低限额另有规定的,从其规定。

第八十一条 股份有限公司章程应当载明下列事项:

(一)公司名称和住所;

(二)公司经营范围;

(三)公司设立方式;

(四)公司股份总数、每股金额和注册资本;

(五)发起人的姓名或者名称、认购的股份数、出资方式和出资时间;

(六)董事会的组成、职权和议事规则;

(七)公司法定代表人;

(八)监事会的组成、职权和议事规则;

(九)公司利润分配办法;

(十)公司的解散事由与清算办法;

(十一)公司的通知和公告办法;

(十二)股东大会会议认为需要规定的其他事项。

第八十二条 发起人的出资方式,适用本法第二十七条的规定。

第八十三条 以发起设立方式设立股份有限公司的,发起人应当书面认足公司章程规定其认购的股份,并按照公司章程规定缴纳出资。以非货币财产出资的,应当依法办理其财产权的转移手续。

发起人不依照前款规定缴纳出资的,应当按照发起人协议承担违约责任。

发起人认足公司章程规定的出资后,应当选举董事会和监事会,由董事会向公司登记机关报送公司章程以及法律、行政法规规定的其他文件,申请设立登记。

第八十四条 以募集设立方式设立股份有限公司的,发起人认购的股份不得少于公司股份总数的百分之三十五;但是,法律、行政法规另有规定的,从其规定。

第八十五条 发起人向社会公开募集股份,必须公告招股说明书,并制作认股书。认股书应当载明本法第八十六条所列事项,由认股人填写认购股数、金额、住所,并签名、盖章。认股人按照所认购股数缴纳股款。

第八十六条 招股说明书应当附有发起人制订的公司章程,并载明下列事项:

(一)发起人认购的股份数;

(二)每股的票面金额和发行价格;

(三)无记名股票的发行总数;

(四)募集资金的用途;

(五)认股人的权利、义务;

(六)本次募股的起止期限及逾期未募足时认股人可以撤回所认股份的说明。

第八十七条 发起人向社会公开募集股份,应当由依法设立的证券公司承销,签订承销协议。

第八十八条 发起人向社会公开募集股份,应当同银行签订代收股款协议。

代收股款的银行应当按照协议代收和保存股款,向缴纳股款的认股人出具收款单据,并负有向有关部门出具收款证明的义务。

第八十九条 发行股份的股款缴足后,必须经依法设立的验资机构验资并出具证明。发起人应当自股款缴足之日起三十日内主持召开公司创立大会。创立大会由发起人、认股人组成。

发行的股份超过招股说明书规定的截止期限尚未募足的,或者发行股份的股款缴足后,发起人在三十日内未召开创立大会的,认股人可以按照所缴股款并加算银行同期存款利息,要求发起人返还。

第九十条 发起人应当在创立大会召开十五日前将会议日期通知各认股人或者予以公告。创立大会应有代表股份总数过半数的发起人、认股人出席,方可举行。

创立大会行使下列职权:

(一)审议发起人关于公司筹办情况的报告;

(二)通过公司章程;

(三)选举董事会成员;

(四)选举监事会成员;

(五)对公司的设立费用进行审核;

(六)对发起人用于抵作股款的财产的作价进行审核;

(七)发生不可抗力或者经营条件发生重大变化直接影响公司设立的,可以作出不设立公司的决议。

创立大会对前款所列事项作出决议,必须经出席会议的认股人所持表决权过半数通过。

第九十一条 发起人、认股人缴纳股款或者交付抵作股款的出资后,除未按期募足股份、发起人未按期召开创立大会或者创立大会决议不设立公司的情形外,不得抽回其股本。

第九十二条 董事会应于创立大会结束后三十日内,向公司登记机关报送下列文件,申请设立登记:

（一）公司登记申请书；

（二）创立大会的会议记录；

（三）公司章程；

（四）验资证明；

（五）法定代表人、董事、监事的任职文件及其身份证明；

（六）发起人的法人资格证明或者自然人身份证明；

（七）公司住所证明。

以募集方式设立股份有限公司公开发行股票的，还应当向公司登记机关报送国务院证券监督管理机构的核准文件。

第九十三条 股份有限公司成立后，发起人未按照公司章程的规定缴足出资的，应当补缴；其他发起人承担连带责任。

股份有限公司成立后，发现作为设立公司出资的非货币财产的实际价额显著低于公司章程所定价额的，应当由交付该出资的发起人补足其差额；其他发起人承担连带责任。

第九十四条 股份有限公司的发起人应当承担下列责任：

（一）公司不能成立时，对设立行为所产生的债务和费用负连带责任；

（二）公司不能成立时，对认股人已缴纳的股款，负返还股款并加算银行同期存款利息的连带责任；

（三）在公司设立过程中，由于发起人的过失致使公司利益受到损害的，应当对公司承担赔偿责任。

第九十五条 有限责任公司变更为股份有限公司时，折合的实收股本总额不得高于公司净资产额。有限责任公司变更为股份有限公司，为增加资本公开发行股份时，应当依法办理。

第九十六条 股份有限公司应当将公司章程、股东名册、公司债券存根、股东大会会议记录、董事会会议记录、监事会会议记录、财务会计报告置备于本公司。

第九十七条 股东有权查阅公司章程、股东名册、公司债券存根、股东大会会议记录、董事会会议决议、监事会会议决议、财务会计报告，对公司的经营提出建议或者质询。

第二节 股东大会

第九十八条 股份有限公司股东大会由全体股东组成。股东大会是公司的权力机构，依照本法行使职权。

第九十九条 本法第三十七条第一款关于有限责任公司股东会职权的规定，适用于股份有限公司股东大会。

第一百条 股东大会应当每年召开一次年会。有下列情形之一的，应当在两个月内召开临时股东大会：

（一）董事人数不足本法规定人数或者公司章程所定人数的三分之二时；

（二）公司未弥补的亏损达实收股本总额三分之一时；

（三）单独或者合计持有公司百分之十以上股份的股东请求时；

（四）董事会认为必要时；

（五）监事会提议召开时；

（六）公司章程规定的其他情形。

第一百零一条 股东大会会议由董事会召集，董事长主持；董事长不能履行职务或者不履行职务的，由副董事长主持；副董事长不能履行职务或者不履行职务的，由半数以上董事共同推举一名董事主持。

董事会不能履行或者不履行召集股东大会会议职责的，监事会应当及时召集和主持；监事会不召集和主持的，连续九十日以上单独或者合计持有公司百分之十以上股份的股东可以自行召集和主持。

第一百零二条 召开股东大会会议，应当将会议召开的时间、地点和审议的事项于会议召开二十日前通知各股东；临时股东大会应当于会议召开十五日前通知各股东；发行无记名股票的，应当于会议召开三十日前公告会议召开的时间、地点和审议事项。

单独或者合计持有公司百分之三以上股份的股东，可以在股东大会召开十日前提出临时提案并书面提交董事会；董事会应当在收到提案后二日内通知其他股东，并将该临时提案提交股东大会审议。临时提案的内容应当属于股东大会职权范围，并有明确议题和具体决议事项。

股东大会不得对前两款通知中未列明的事项作出决议。

无记名股票持有人出席股东大会会议的，应当于会议召开五日前至股东大会闭会时将股票交存于公司。

第一百零三条 股东出席股东大会会议，所持每一股份有一表决权。但是，公司持有的本公司股份没有表决权。

股东大会作出决议，必须经出席会议的股东所持表决权过半数通过。但是，股东大会作出修改公司章程、增加或者减少注册资本的决议，以及公司合并、分立、解散或者变更公司形式的决议，必须经出席会议的股东所持表决权的三分之二以上通过。

第一百零四条 本法和公司章程规定公司转让、受让重大资产或者对外提供担保等事项必须经股东大会作出决议的，董事会应当及时召集股东大会会议，由股东大会就上述事项进行表决。

第一百零五条 股东大会选举董事、监事，可以依照公司章程的规定或者股东大会的决议，实行累积投票制。

本法所称累积投票制，是指股东大会选举董事或者监事时，每一股份拥有与应选董事或者监事人数相同的表决权，股东拥有的表决权可以集中使用。

第一百零六条 股东可以委托代理人出席股东大会会议，代理人应当向公司提交股东授权委托书，并在授权范围内行使表决权。

第一百零七条 股东大会应当对所议事项的决定作成会议记录，主持人、出席会议的董事应当在会议记录上签名。会议记录应当与出席股东的签名册及代理出席的委托书一并保存。

第三节 董事会、经理

第一百零八条 股份有限公司设董事会，其成员为五人至十九人。

董事会成员中可以有公司职工代表。董事会中的职工代表由公司职工通过职工代表大会、职工大会或者其他形式民主选举产生。

本法第四十五条关于有限责任公司董事任期的规定，适用于股份有限公司董事。

本法第四十六条关于有限责任公司董事会职权的规定，适用于股份有限公司董事会。

第一百零九条 董事会设董事长一人，可以设副董事长。董事长和副董事长由董事会以全体董事的过半数选举产生。

董事长召集和主持董事会会议，检查董事会决议的实施情况。副董事长协助董事长工作，董事长不能履行职务或者不履行职务的，由副董事长履行职务；副董事长不能履行职务或者不履行职务的，由半数以上董事共同推举一名董事履行职务。

第一百一十条 董事会每年度至少召开两次会议，每次会议应当于会议召开十日前通知全体董事和监事。

代表十分之一以上表决权的股东、三分之一以上董事或者监事会，可以提议召开董事会临时会议。董事长应当自接到提议后十日内，召集和主持董事会会议。

董事会召开临时会议，可以另定召集董事会的通知方式和通知时限。

第一百一十一条 董事会会议应有过半数的董事出席方可举行。董事会作出决议，必须经全体董事的过半数通过。

董事会决议的表决，实行一人一票。

第一百一十二条 董事会会议，应由董事本人出席；董事因故不能出席，可以书面委托其他董事代为出席，委托书中应载明授权范围。

董事会应当对会议所议事项的决定作成会议记录，出席会议的董事应当在会议记录上签名。

董事应当对董事会的决议承担责任。董事会的决议违反法律、行政法规或者公司章程、股东大会决议，致使公司遭受严重损失的，参与决议的董事对公司负赔偿责任。但经证明在表决时曾表明异议并记载于会议记录的，该董事可以免除责任。

第一百一十三条 股份有限公司设经理，由董事会决定聘任或者解聘。

本法第四十九条 关于有限责任公司经理职权的规定，适用于股份有限公司经理。

第一百一十四条 公司董事会可以决定由董事会成员兼任经理。

第一百一十五条 公司不得直接或者通过子公司向董事、监事、高级管理人员提供借款。

第一百一十六条 公司应当定期向股东披露董事、监事、高级管理人员从公司获得报酬的情况。

第四节 监事会

第一百一十七条 股份有限公司设监事会，其成员不得少于三人。

监事会应当包括股东代表和适当比例的公司职工代表，其中职工代表的比例不得低于三分之一，具体比例由公司章程规定。监事会中的职工代表由公司职工通过职工代表大会、职工大会或者其他形式民主选举产生。

监事会设主席一人，可以设副主席。监事会主席和副主席由全体监事过半数选举产生。监事会主席召集和主持监事会会议；监事会主席不能履行职务或者不履行职务的，由监事会副主席召集和主持监事会会议；监事会副主席不能履行职务或者不履行职务的，由半数以上监事共同推举一名监事召集和主持监事会会议。

董事、高级管理人员不得兼任监事。

本法第五十二条　关于有限责任公司监事任期的规定，适用于股份有限公司监事。

第一百一十八条　本法第五十三条、第五十四条关于有限责任公司监事会职权的规定，适用于股份有限公司监事会。

监事会行使职权所必需的费用，由公司承担。

第一百一十九条　监事会每六个月至少召开一次会议。监事可以提议召开临时监事会会议。

监事会的议事方式和表决程序，除本法有规定的外，由公司章程规定。

监事会决议应当经半数以上监事通过。

监事会应当对所议事项的决定作成会议记录，出席会议的监事应当在会议记录上签名。

第五节　上市公司组织机构的特别规定

第一百二十条　本法所称上市公司，是指其股票在证券交易所上市交易的股份有限公司。

第一百二十一条　上市公司在一年内购买、出售重大资产或者担保金额超过公司资产总额百分之三十的，应当由股东大会作出决议，并经出席会议的股东所持表决权的三分之二以上通过。

第一百二十二条　上市公司设独立董事，具体办法由国务院规定。

第一百二十三条　上市公司设董事会秘书，负责公司股东大会和董事会会议的筹备、文件保管以及公司股东资料的管理，办理信息披露事务等事宜。

第一百二十四条　上市公司董事与董事会会议决议事项所涉及的企业有关联关系的，不得对该项决议行使表决权，也不得代理其他董事行使表决权。该董事会会议由过半数的无关联关系董事出席即可举行，董事会会议所作决议须经无关联关系董事过半数通过。出席董事会的无关联关系董事人数不足三人的，应将该事项提交上市公司股东大会审议。

第五章　股份有限公司的股份发行和转让

第一节　股份发行

第一百二十五条　股份有限公司的资本划分为股份，每一股的金额相等。

公司的股份采取股票的形式。股票是公司签发的证明股东所持股份的凭证。

第一百二十六条　股份的发行，实行公平、公正的原则，同种类的每一股份应当具有同等权利。

同次发行的同种类股票，每股的发行条件和价格应当相同；任何单位或者个人所认购的股份，每股应当支付相同价额。

第一百二十七条　股票发行价格可以按票面金额，也可以超过票面金额，但不得低于票面金额。

第一百二十八条　股票采用纸面形式或者国务院证券监督管理机构规定的其他形式。

股票应当载明下列主要事项：

（一）公司名称；

（二）公司成立日期；

（三）股票种类、票面金额及代表的股份数；

（四）股票的编号。

股票由法定代表人签名，公司盖章。

发起人的股票，应当标明发起人股票字样。

第一百二十九条　公司发行的股票，可以为记名股票，也可以为无记名股票。

公司向发起人、法人发行的股票，应当为记名股票，并应当记载该发起人、法人的名称或者姓名，不得另立户名或者以代表人姓名记名。

第一百三十条　公司发行记名股票的，应当置备股东名册，记载下列事项：

（一）股东的姓名或者名称及住所；

（二）各股东所持股份数；

（三）各股东所持股票的编号；

（四）各股东取得股份的日期。

发行无记名股票的，公司应当记载其股票数量、编号及发行日期。

第一百三十一条　国务院可以对公司发行本法规定以外的其他种类的股份，另行作出规定。

第一百三十二条　股份有限公司成立后，即向股东正式交付股票。公司成立前不得向股东交付股票。

第一百三十三条　公司发行新股，股东大会应当对下列事项作出决议：

（一）新股种类及数额；

（二）新股发行价格；

（三）新股发行的起止日期；

（四）向原有股东发行新股的种类及数额。

第一百三十四条 公司经国务院证券监督管理机构核准公开发行新股时，必须公告新股招股说明书和财务会计报告，并制作认股书。

本法第八十七条、第八十八条的规定适用于公司公开发行新股。

第一百三十五条 公司发行新股，可以根据公司经营情况和财务状况，确定其作价方案。

第一百三十六条 公司发行新股募足股款后，必须向公司登记机关办理变更登记，并公告。

第二节 股份转让

第一百三十七条 股东持有的股份可以依法转让。

第一百三十八条 股东转让其股份，应当在依法设立的证券交易场所进行或者按照国务院规定的其他方式进行。

第一百三十九条 记名股票，由股东以背书方式或者法律、行政法规规定的其他方式转让；转让后由公司将受让人的姓名或者名称及住所记载于股东名册。

股东大会召开前二十日内或者公司决定分配股利的基准日前五日内，不得进行前款规定的股东名册的变更登记。但是，法律对上市公司股东名册变更登记另有规定的，从其规定。

第一百四十条 无记名股票的转让，由股东将该股票交付给受让人后即发生转让的效力。

第一百四十一条 发起人持有的本公司股份，自公司成立之日起一年内不得转让。公司公开发行股份前已发行的股份，自公司股票在证券交易所上市交易之日起一年内不得转让。

公司董事、监事、高级管理人员应当向公司申报所持有的本公司的股份及其变动情况，在任职期间每年转让的股份不得超过其所持有本公司股份总数的百分之二十五；所持本公司股份自公司股票上市交易之日起一年内不得转让。上述人员离职后半年内，不得转让其所持有的本公司股份。公司章程可以对公司董事、监事、高级管理人员转让其所持有的本公司股份作出其他限制性规定。

第一百四十二条 公司不得收购本公司股份。但是，有下列情形之一的除外：

（一）减少公司注册资本；

（二）与持有本公司股份的其他公司合并；

（三）将股份用于员工持股计划或者股权激励；

（四）股东因对股东大会作出的公司合并、分立决议持异议，要求公司收购其股份；

（五）将股份用于转换上市公司发行的可转换为股票的公司债券；

（六）上市公司为维护公司价值及股东权益所必需。

公司因前款第（一）项、第（二）项规定的情形收购本公司股份的，应当经股东大会决议；公司因前款第（三）项、第（五）项、第（六）项规定的情形收购本公司股份的，可以依照公司章程的规定或者股东大会的授权，经三分之二以上董事出席的董事会会议决议。

公司依照本条第一款规定收购本公司股份后，属于第(一)项情形的，应当自收购之日起十日内注销；属于第(二)项、第(四)项情形的，应当在六个月内转让或者注销；属于第(三)项、第(五)项、第(六)项情形的，公司合计持有的本公司股份数不得超过本公司已发行股份总额的百分之十，并应当在三年内转让或者注销。

上市公司收购本公司股份的，应当依照《中华人民共和国证券法》的规定履行信息披露义务。上市公司因本条第一款第(三)项、第(五)项、第(六)项规定的情形收购本公司股份的，应当通过公开的集中交易方式进行。

公司不得接受本公司的股票作为质押权的标的。

第一百四十三条 记名股票被盗、遗失或者灭失，股东可以依照《中华人民共和国民事诉讼法》规定的公示催告程序，请求人民法院宣告该股票失效。人民法院宣告该股票失效后，股东可以向公司申请补发股票。

第一百四十四条 上市公司的股票，依照有关法律、行政法规及证券交易所交易规则上市交易。

第一百四十五条 上市公司必须依照法律、行政法规的规定，公开其财务状况、经营情况及重大诉讼，在每会计年度内半年公布一次财务会计报告。

第六章 公司董事、监事、高级管理人员的资格和义务

第一百四十六条 有下列情形之一的，不得担任公司的董事、监事、高级管理人员：

(一)无民事行为能力或者限制民事行为能力；

(二)因贪污、贿赂、侵占财产、挪用财产或者破坏社会主义市场经济秩序，被判处刑罚，执行期满未逾五年，或者因犯罪被剥夺政治权利，执行期满未逾五年；

(三)担任破产清算的公司、企业的董事或者厂长、经理，对该公司、企业的破产负有个人责任的，自该公司、企业破产清算完结之日起未逾三年；

(四)担任因违法被吊销营业执照、责令关闭的公司、企业的法定代表人，并负有个人责任的，自该公司、企业被吊销营业执照之日起未逾三年；

(五)个人所负数额较大的债务到期未清偿。

公司违反前款规定选举、委派董事、监事或者聘任高级管理人员的，该选举、委派或者聘任无效。

董事、监事、高级管理人员在任职期间出现本条第一款所列情形的，公司应当解除其职务。

第一百四十七条 董事、监事、高级管理人员应当遵守法律、行政法规和公司章程，对公司负有忠实义务和勤勉义务。

董事、监事、高级管理人员不得利用职权收受贿赂或者其他非法收入，不得侵占公司的财产。

第一百四十八条 董事、高级管理人员不得有下列行为：

（一）挪用公司资金；

（二）将公司资金以其个人名义或者以其他个人名义开立账户存储；

（三）违反公司章程的规定，未经股东会、股东大会或者董事会同意，将公司资金借贷给他人或者以公司财产为他人提供担保；

（四）违反公司章程的规定或者未经股东会、股东大会同意，与本公司订立合同或者进行交易；

（五）未经股东会或者股东大会同意，利用职务便利为自己或者他人谋取属于公司的商业机会，自营或者为他人经营与所任职公司同类的业务；

（六）接受他人与公司交易的佣金归为己有；

（七）擅自披露公司秘密；

（八）违反对公司忠实义务的其他行为。

董事、高级管理人员违反前款规定所得的收入应当归公司所有。

第一百四十九条 董事、监事、高级管理人员执行公司职务时违反法律、行政法规或者公司章程的规定，给公司造成损失的，应当承担赔偿责任。

第一百五十条 股东会或者股东大会要求董事、监事、高级管理人员列席会议的，董事、监事、高级管理人员应当列席并接受股东的质询。

董事、高级管理人员应当如实向监事会或者不设监事会的有限责任公司的监事提供有关情况和资料，不得妨碍监事会或者监事行使职权。

第一百五十一条 董事、高级管理人员有本法第一百四十九条规定的情形的，有限责任公司的股东、股份有限公司连续一百八十日以上单独或者合计持有公司百分之一以上股份的股东，可以书面请求监事会或者不设监事会的有限责任公司的监事向人民法院提起诉讼；监事有本法第一百四十九条规定的情形的，前述股东可以书面请求董事会或者不设董事会的有限责任公司的执行董事向人民法院提起诉讼。

监事会、不设监事会的有限责任公司的监事，或者董事会、执行董事收到前款规定的股东书面请求后拒绝提起诉讼，或者自收到请求之日起三十日内未提起诉讼，或者情况紧急、不立即提起诉讼将会使公司利益受到难以弥补的损害的，前款规定的股东有权为了公司的利益以自己的名义直接向人民法院提起诉讼。

他人侵犯公司合法权益，给公司造成损失的，本条第一款规定的股东可以依照前两款的规定向人民法院提起诉讼。

第一百五十二条 董事、高级管理人员违反法律、行政法规或者公司章程的规定，损害股东利益的，股东可以向人民法院提起诉讼。

第七章 公司债券

第一百五十三条 本法所称公司债券，是指公司依照法定程序发行、约定在一定期限还本付息的有价证券。

公司发行公司债券应当符合《中华人民共和国证券法》规定的发行条件。

第一百五十四条 发行公司债券的申请经国务院授权的部门核准后，应当公告公司债券募集办法。

公司债券募集办法中应当载明下列主要事项：

（一）公司名称；

（二）债券募集资金的用途；

（三）债券总额和债券的票面金额；

（四）债券利率的确定方式；

（五）还本付息的期限和方式；

（六）债券担保情况；

（七）债券的发行价格、发行的起止日期；

（八）公司净资产额；

（九）已发行的尚未到期的公司债券总额；

（十）公司债券的承销机构。

第一百五十五条 公司以实物券方式发行公司债券的，必须在债券上载明公司名称、债券票面金额、利率、偿还期限等事项，并由法定代表人签名，公司盖章。

第一百五十六条 公司债券，可以为记名债券，也可以为无记名债券。

第一百五十七条 公司发行公司债券应当置备公司债券存根簿。

发行记名公司债券的，应当在公司债券存根簿上载明下列事项：

（一）债券持有人的姓名或者名称及住所；

（二）债券持有人取得债券的日期及债券的编号；

（三）债券总额，债券的票面金额、利率、还本付息的期限和方式；

（四）债券的发行日期。

发行无记名公司债券的，应当在公司债券存根簿上载明债券总额、利率、偿还期限和方式、发行日期及债券的编号。

第一百五十八条 记名公司债券的登记结算机构应当建立债券登记、存管、付息、兑付等相关制度。

第一百五十九条 公司债券可以转让，转让价格由转让人与受让人约定。

公司债券在证券交易所上市交易的，按照证券交易所的交易规则转让。

第一百六十条 记名公司债券，由债券持有人以背书方式或者法律、行政法规规定的其他方式转让；转让后由公司将受让人的姓名或者名称及住所记载于公司债券存根簿。

无记名公司债券的转让，由债券持有人将该债券交付给受让人后即发生转让的效力。

第一百六十一条 上市公司经股东大会决议可以发行可转换为股票的公司债券，并在公司债券募集办法中规定具体的转换办法。上市公司发行可转换为股票的公司债券，应当报国务院证券监督管理机构核准。

发行可转换为股票的公司债券，应当在债券上标明可转换公司债券字样，并在公司债券存根簿上载明可转换公司债券的数额。

第一百六十二条 发行可转换为股票的公司债券的，公司应当按照其转换办法向债券持有人换发股票，但债券持有人对转换股票或者不转换股票有选择权。

第八章 公司财务、会计

第一百六十三条 公司应当依照法律、行政法规和国务院财政部门的规定建立本公司的财务、会计制度。

第一百六十四条 公司应当在每一会计年度终了时编制财务会计报告，并依法经会计师事务所审计。

财务会计报告应当依照法律、行政法规和国务院财政部门的规定制作。

第一百六十五条 有限责任公司应当依照公司章程规定的期限将财务会计报告送交各股东。

股份有限公司的财务会计报告应当在召开股东大会年会的二十日前置备于本公司，供股东查阅；公开发行股票的股份有限公司必须公告其财务会计报告。

第一百六十六条 公司分配当年税后利润时，应当提取利润的百分之十列入公司法定公积金。公司法定公积金累计额为公司注册资本的百分之五十以上的，可以不再提取。

公司的法定公积金不足以弥补以前年度亏损的，在依照前款规定提取法定公积金之前，应当先用当年利润弥补亏损。

公司从税后利润中提取法定公积金后，经股东会或者股东大会决议，还可以从税后利润中提取任意公积金。

公司弥补亏损和提取公积金后所余税后利润，有限责任公司依照本法第三十四条的规定分配；股份有限公司按照股东持有的股份比例分配，但股份有限公司章程规定不按持股比例分配的除外。

股东会、股东大会或者董事会违反前款规定，在公司弥补亏损和提取法定公积金之前向股东分配利润的，股东必须将违反规定分配的利润退还公司。

公司持有的本公司股份不得分配利润。

第一百六十七条 股份有限公司以超过股票票面金额的发行价格发行股份所得的溢价款以及国务院财政部门规定列入资本公积金的其他收入，应当列为公司资本公积金。

第一百六十八条 公司的公积金用于弥补公司的亏损、扩大公司生产经营或者转为增加公司资本。但是，资本公积金不得用于弥补公司的亏损。

法定公积金转为资本时，所留存的该项公积金不得少于转增前公司注册资本的百分之二十五。

第一百六十九条 公司聘用、解聘承办公司审计业务的会计师事务所，依照公司章程的规定，由股东会、股东大会或者董事会决定。

公司股东会、股东大会或者董事会就解聘会计师事务所进行表决时，应当允许会计师事务所陈述意见。

第一百七十条　公司应当向聘用的会计师事务所提供真实、完整的会计凭证、会计账簿、财务会计报告及其他会计资料，不得拒绝、隐匿、谎报。

第一百七十一条　公司除法定的会计账簿外，不得另立会计账簿。

对公司资产，不得以任何个人名义开立账户存储。

第九章　公司合并、分立、增资、减资

第一百七十二条　公司合并可以采取吸收合并或者新设合并。

一个公司吸收其他公司为吸收合并，被吸收的公司解散。两个以上公司合并设立一个新的公司为新设合并，合并各方解散。

第一百七十三条　公司合并，应当由合并各方签订合并协议，并编制资产负债表及财产清单。公司应当自作出合并决议之日起十日内通知债权人，并于三十日内在报纸上公告。债权人自接到通知书之日起三十日内，未接到通知书的自公告之日起四十五日内，可以要求公司清偿债务或者提供相应的担保。

第一百七十四条　公司合并时，合并各方的债权、债务，应当由合并后存续的公司或者新设的公司承继。

第一百七十五条　公司分立，其财产作相应的分割。

公司分立，应当编制资产负债表及财产清单。公司应当自作出分立决议之日起十日内通知债权人，并于三十日内在报纸上公告。

第一百七十六条　公司分立前的债务由分立后的公司承担连带责任。但是，公司在分立前与债权人就债务清偿达成的书面协议另有约定的除外。

第一百七十七条　公司需要减少注册资本时，必须编制资产负债表及财产清单。

公司应当自作出减少注册资本决议之日起十日内通知债权人，并于三十日内在报纸上公告。债权人自接到通知书之日起三十日内，未接到通知书的自公告之日起四十五日内，有权要求公司清偿债务或者提供相应的担保。

第一百七十八条　有限责任公司增加注册资本时，股东认缴新增资本的出资，依照本法设立有限责任公司缴纳出资的有关规定执行。

股份有限公司为增加注册资本发行新股时，股东认购新股，依照本法设立股份有限公司缴纳股款的有关规定执行。

第一百七十九条　公司合并或者分立，登记事项发生变更的，应当依法向公司登记机关办理变更登记；公司解散的，应当依法办理公司注销登记；设立新公司的，应当依法办理公司设立登记。

公司增加或者减少注册资本，应当依法向公司登记机关办理变更登记。

第十章　公司解散和清算

第一百八十条　公司因下列原因解散：

（一）公司章程规定的营业期限届满或者公司章程规定的其他解散事由出现；

（二）股东会或者股东大会决议解散；

（三）因公司合并或者分立需要解散；

（四）依法被吊销营业执照、责令关闭或者被撤销；

（五）人民法院依照本法第一百八十二条的规定予以解散。

第一百八十一条　公司有本法第一百八十条第（一）项情形的，可以通过修改公司章程而存续。

依照前款规定修改公司章程，有限责任公司须经持有三分之二以上表决权的股东通过，股份有限公司须经出席股东大会会议的股东所持表决权的三分之二以上通过。

第一百八十二条　公司经营管理发生严重困难，继续存续会使股东利益受到重大损失，通过其他途径不能解决的，持有公司全部股东表决权百分之十以上的股东，可以请求人民法院解散公司。

第一百八十三条　公司因本法第一百八十条第（一）项、第（二）项、第（四）项、第（五）项规定而解散的，应当在解散事由出现之日起十五日内成立清算组，开始清算。有限责任公司的清算组由股东组成，股份有限公司的清算组由董事或者股东大会确定的人员组成。逾期不成立清算组进行清算的，债权人可以申请人民法院指定有关人员组成清算组进行清算。人民法院应当受理该申请，并及时组织清算组进行清算。

第一百八十四条　清算组在清算期间行使下列职权：

（一）清理公司财产，分别编制资产负债表和财产清单；

（二）通知、公告债权人；

（三）处理与清算有关的公司未了结的业务；

（四）清缴所欠税款以及清算过程中产生的税款；

（五）清理债权、债务；

（六）处理公司清偿债务后的剩余财产；

（七）代表公司参与民事诉讼活动。

第一百八十五条　清算组应当自成立之日起十日内通知债权人，并于六十日内在报纸上公告。债权人应当自接到通知书之日起三十日内，未接到通知书的自公告之日起四十五日内，向清算组申报其债权。

债权人申报债权，应当说明债权的有关事项，并提供证明材料。清算组应当对债权进行登记。

在申报债权期间，清算组不得对债权人进行清偿。

第一百八十六条　清算组在清理公司财产、编制资产负债表和财产清单后，应当制定清算方案，并报股东会、股东大会或者人民法院确认。

公司财产在分别支付清算费用、职工的工资、社会保险费用和法定补偿金，缴纳所欠税款，清偿公司债务后的剩余财产，有限责任公司按照股东的出资比例分配，股份有限公司按照股东持有的股份比例分配。

清算期间，公司存续，但不得开展与清算无关的经营活动。公司财产在未依照前款规定清偿前，不得分配给股东。

第一百八十七条 清算组在清理公司财产、编制资产负债表和财产清单后，发现公司财产不足清偿债务的，应当依法向人民法院申请宣告破产。

公司经人民法院裁定宣告破产后，清算组应当将清算事务移交给人民法院。

第一百八十八条 公司清算结束后，清算组应当制作清算报告，报股东会、股东大会或者人民法院确认，并报送公司登记机关，申请注销公司登记，公告公司终止。

第一百八十九条 清算组成员应当忠于职守，依法履行清算义务。

清算组成员不得利用职权收受贿赂或者其他非法收入，不得侵占公司财产。

清算组成员因故意或者重大过失给公司或者债权人造成损失的，应当承担赔偿责任。

第一百九十条 公司被依法宣告破产的，依照有关企业破产的法律实施破产清算。

第十一章 外国公司的分支机构

第一百九十一条 本法所称外国公司是指依照外国法律在中国境外设立的公司。

第一百九十二条 外国公司在中国境内设立分支机构，必须向中国主管机关提出申请，并提交其公司章程、所属国的公司登记证书等有关文件，经批准后，向公司登记机关依法办理登记，领取营业执照。

外国公司分支机构的审批办法由国务院另行规定。

第一百九十三条 外国公司在中国境内设立分支机构，必须在中国境内指定负责该分支机构的代表人或者代理人，并向该分支机构拨付与其所从事的经营活动相适应的资金。

对外国公司分支机构的经营资金需要规定最低限额的，由国务院另行规定。

第一百九十四条 外国公司的分支机构应当在其名称中标明该外国公司的国籍及责任形式。

外国公司的分支机构应当在本机构中置备该外国公司章程。

第一百九十五条 外国公司在中国境内设立的分支机构不具有中国法人资格。

外国公司对其分支机构在中国境内进行经营活动承担民事责任。

第一百九十六条 经批准设立的外国公司分支机构，在中国境内从事业务活动，必须遵守中国的法律，不得损害中国的社会公共利益，其合法权益受中国法律保护。

第一百九十七条 外国公司撤销其在中国境内的分支机构时，必须依法清偿债务，依照本法有关公司清算程序的规定进行清算。未清偿债务之前，不得将其分支机构的财产移至中国境外。

第十二章　法律责任

第一百九十八条　违反本法规定，虚报注册资本、提交虚假材料或者采取其他欺诈手段隐瞒重要事实取得公司登记的，由公司登记机关责令改正，对虚报注册资本的公司，处以虚报注册资本金额百分之五以上百分之十五以下的罚款；对提交虚假材料或者采取其他欺诈手段隐瞒重要事实的公司，处以五万元以上五十万元以下的罚款；情节严重的，撤销公司登记或者吊销营业执照。

第一百九十九条　公司的发起人、股东虚假出资，未交付或者未按期交付作为出资的货币或者非货币财产的，由公司登记机关责令改正，处以虚假出资金额百分之五以上百分之十五以下的罚款。

第二百条　公司的发起人、股东在公司成立后，抽逃其出资的，由公司登记机关责令改正，处以所抽逃出资金额百分之五以上百分之十五以下的罚款。

第二百零一条　公司违反本法规定，在法定的会计账簿以外另立会计账簿的，由县级以上人民政府财政部门责令改正，处以五万元以上五十万元以下的罚款。

第二百零二条　公司在依法向有关主管部门提供的财务会计报告等材料上作虚假记载或者隐瞒重要事实的，由有关主管部门对直接负责的主管人员和其他直接责任人员处以三万元以上三十万元以下的罚款。

第二百零三条　公司不依照本法规定提取法定公积金的，由县级以上人民政府财政部门责令如数补足应当提取的金额，可以对公司处以二十万元以下的罚款。

第二百零四条　公司在合并、分立、减少注册资本或者进行清算时，不依照本法规定通知或者公告债权人的，由公司登记机关责令改正，对公司处以一万元以上十万元以下的罚款。

公司在进行清算时，隐匿财产，对资产负债表或者财产清单作虚假记载或者在未清偿债务前分配公司财产的，由公司登记机关责令改正，对公司处以隐匿财产或者未清偿债务前分配公司财产金额百分之五以上百分之十以下的罚款；对直接负责的主管人员和其他直接责任人员处以一万元以上十万元以下的罚款。

第二百零五条　公司在清算期间开展与清算无关的经营活动的，由公司登记机关予以警告，没收违法所得。

第二百零六条　清算组不依照本法规定向公司登记机关报送清算报告，或者报送清算报告隐瞒重要事实或者有重大遗漏的，由公司登记机关责令改正。

清算组成员利用职权徇私舞弊、谋取非法收入或者侵占公司财产的，由公司登记机关责令退还公司财产，没收违法所得，并可以处以违法所得一倍以上五倍以下的罚款。

第二百零七条　承担资产评估、验资或者验证的机构提供虚假材料的，由公司登记机关没收违法所得，处以违法所得一倍以上五倍以下的罚款，并可以由有关主管部门依法责令该机构停业、吊销直接责任人员的资格证书，吊销营业执照。

承担资产评估、验资或者验证的机构因过失提供有重大遗漏的报告的，由公司登记机关责令改正，情节较重的，处以所得收入一倍以上五倍以下的罚款，并可以由有关主管部门依法责令该机构停业、吊销直接责任人员的资格证书，吊销营业执照。

承担资产评估、验资或者验证的机构因其出具的评估结果、验资或者验证证明不实，给公司债权人造成损失的，除能够证明自己没有过错的外，在其评估或者证明不实的金额范围内承担赔偿责任。

第二百零八条 公司登记机关对不符合本法规定条件的登记申请予以登记，或者对符合本法规定条件的登记申请不予登记的，对直接负责的主管人员和其他直接责任人员，依法给予行政处分。

第二百零九条 公司登记机关的上级部门强令公司登记机关对不符合本法规定条件的登记申请予以登记，或者对符合本法规定条件的登记申请不予登记的，或者对违法登记进行包庇的，对直接负责的主管人员和其他直接责任人员依法给予行政处分。

第二百一十条 未依法登记为有限责任公司或者股份有限公司，而冒用有限责任公司或者股份有限公司名义的，或者未依法登记为有限责任公司或者股份有限公司的分公司，而冒用有限责任公司或者股份有限公司的分公司名义的，由公司登记机关责令改正或者予以取缔，可以并处十万元以下的罚款。

第二百一十一条 公司成立后无正当理由超过六个月未开业的，或者开业后自行停业连续六个月以上的，可以由公司登记机关吊销营业执照。

公司登记事项发生变更时，未依照本法规定办理有关变更登记的，由公司登记机关责令限期登记；逾期不登记的，处以一万元以上十万元以下的罚款。

第二百一十二条 外国公司违反本法规定，擅自在中国境内设立分支机构的，由公司登记机关责令改正或者关闭，可以并处五万元以上二十万元以下的罚款。

第二百一十三条 利用公司名义从事危害国家安全、社会公共利益的严重违法行为的，吊销营业执照。

第二百一十四条 公司违反本法规定，应当承担民事赔偿责任和缴纳罚款、罚金的，其财产不足以支付时，先承担民事赔偿责任。

第二百一十五条 违反本法规定，构成犯罪的，依法追究刑事责任。

第十三章 附 则

第二百一十六条 本法下列用语的含义：

（一）高级管理人员，是指公司的经理、副经理、财务负责人，上市公司董事会秘书和公司章程规定的其他人员。

（二）控股股东，是指其出资额占有限责任公司资本总额百分之五十以上或者其持有的股份占股份有限公司股本总额百分之五十以上的股东；出资额或者持有股份的比例虽然不足百分之五十，但依其出资额或者持有的股份所享有的表决权已足以对股东会、股东大会的决议产生重大影响的股东。

（三）实际控制人，是指虽不是公司的股东，但通过投资关系、协议或者其他安排，能够实际支配公司行为的人。

（四）关联关系，是指公司控股股东、实际控制人、董事、监事、高级管理人员与其直接或者间接控制的企业之间的关系，以及可能导致公司利益转移的其他关系。但是，国家控股的企业之间不仅因为同受国家控股而具有关联关系。

第二百一十七条 外商投资的有限责任公司和股份有限公司适用本法；有关外商投资的法律另有规定的，适用其规定。

第二百一十八条 本法自2006年1月1日起施行。

中华人民共和国合同法

（1999 年 3 月 15 日第九届全国人民代表大会第二次会议通过，1999 年 3 月 15 日中华人民共和国主席令第 15 号公布，自 1999 年 10 月 1 日起施行）

总　则

分　则

总　则

第一章　一般规定

第一条　为了保护合同当事人的合法权益,维护社会经济秩序,促进社会主义现代化建设,制定本法。

第二条　本法所称合同是平等主体的自然人、法人、其他组织之间设立、变更、终止民事权利义务关系的协议。

婚姻、收养、监护等有关身份关系的协议,适用其他法律的规定。

第三条　合同当事人的法律地位平等,一方不得将自己的意志强加给另一方。

第四条　当事人依法享有自愿订立合同的权利,任何单位和个人不得非法干预。

第五条　当事人应当遵循公平原则确定各方的权利和义务。

第六条　当事人行使权利、履行义务应当遵循诚实信用原则。

第七条　当事人订立、履行合同,应当遵守法律、行政法规,尊重社会公德,不得扰乱社会经济秩序,损害社会公共利益。

第八条　依法成立的合同,对当事人具有法律约束力。当事人应当按照约定履行自己的义务,不得擅自变更或者解除合同。

依法成立的合同,受法律保护。

第二章　合同的订立

第九条　当事人订立合同,应当具有相应的民事权利能力和民事行为能力。

当事人依法可以委托代理人订立合同。

第十条　当事人订立合同,有书面形式、口头形式和其他形式。

法律、行政法规规定采用书面形式的,应当采用书面形式。当事人约定采用书面形式的,应当采用书面形式。

第十一条　书面形式是指合同书、信件和数据电文(包括电报、电传、传真、电子数据交换和电子邮件)等可以有形地表现所载内容的形式。

第十二条　合同的内容由当事人约定,一般包括以下条款:

（一）当事人的名称或者姓名和住所；

（二）标的；

（三）数量；

（四）质量；

（五）价款或者报酬；

（六）履行期限、地点和方式；

（七）违约责任；

（八）解决争议的方法。

当事人可以参照各类合同的示范文本订立合同。

第十三条　当事人订立合同，采取要约、承诺方式。

第十四条　要约是希望和他人订立合同的意思表示，该意思表示应当符合下列规定：

（一）内容具体确定；

（二）表明经受要约人承诺，要约人即受该意思表示约束。

第十五条　要约邀请是希望他人向自己发出要约的意思表示。寄送的价目表、拍卖公告、招标公告、招股说明书、商业广告等为要约邀请。

商业广告的内容符合要约规定的，视为要约。

第十六条　要约到达受要约人时生效。

采用数据电文形式订立合同，收件人指定特定系统接收数据电文的，该数据电文进入该特定系统的时间，视为到达时间；未指定特定系统的，该数据电文进入收件人的任何系统的首次时间，视为到达时间。

第十七条　要约可以撤回。撤回要约的通知应当在要约到达受要约人之前或者与要约同时到达受要约人。

第十八条　要约可以撤销。撤销要约的通知应当在受要约人发出承诺通知之前到达受要约人。

第十九条　有下列情形之一的，要约不得撤销：

（一）要约人确定了承诺期限或者以其他形式明示要约不可撤销；

（二）受要约人有理由认为要约是不可撤销的，并已经为履行合同作了准备工作。

第二十条　有下列情形之一的，要约失效：

（一）拒绝要约的通知到达要约人；

（二）要约人依法撤销要约；

（三）承诺期限届满，受要约人未作出承诺；

（四）受要约人对要约的内容作出实质性变更。

第二十一条　承诺是受要约人同意要约的意思表示。

第二十二条　承诺应当以通知的方式作出，但根据交易习惯或者要约表明可以通过行为作出承诺的除外。

第二十三条　承诺应当在要约确定的期限内到达要约人。

要约没有确定承诺期限的，承诺应当依照下列规定到达：

（一）要约以对话方式作出的，应当即时作出承诺，但当事人另有约定的除外；

（二）要约以非对话方式作出的，承诺应当在合理期限内到达。

第二十四条 要约以信件或者电报作出的，承诺期限自信件载明的日期或者电报交发之日开始计算。信件未载明日期的，自投寄该信件的邮戳日期开始计算。要约以电话、传真等快速通讯方式作出的，承诺期限自要约到达受要约人时开始计算。

第二十五条 承诺生效时合同成立。

第二十六条 承诺通知到达要约人时生效。承诺不需要通知的，根据交易习惯或者要约的要求作出承诺的行为时生效。

采用数据电文形式订立合同的，承诺到达的时间适用本法第十六条第二款的规定。

第二十七条 承诺可以撤回。撤回承诺的通知应当在承诺通知到达要约人之前或者与承诺通知同时到达要约人。

第二十八条 受要约人超过承诺期限发出承诺的，除要约人及时通知受要约人该承诺有效的以外，为新要约。

第二十九条 受要约人在承诺期限内发出承诺，按照通常情形能够及时到达要约人，但因其他原因承诺到达要约人时超过承诺期限的，除要约人及时通知受要约人因承诺超过期限不接受该承诺的以外，该承诺有效。

第三十条 承诺的内容应当与要约的内容一致。受要约人对要约的内容作出实质性变更的，为新要约。有关合同标的、数量、质量、价款或者报酬、履行期限、履行地点和方式、违约责任和解决争议方法等的变更，是对要约内容的实质性变更。

第三十一条 承诺对要约的内容作出非实质性变更的，除要约人及时表示反对或者要约表明承诺不得对要约的内容作出任何变更的以外，该承诺有效，合同的内容以承诺的内容为准。

第三十二条 当事人采用合同书形式订立合同的，自双方当事人签字或者盖章时合同成立。

第三十三条 当事人采用信件、数据电文等形式订立合同的，可以在合同成立之前要求签订确认书。签订确认书时合同成立。

第三十四条 承诺生效的地点为合同成立的地点。

采用数据电文形式订立合同的，收件人的主营业地为合同成立的地点；没有主营业地的，其经常居住地为合同成立的地点。当事人另有约定的，按照其约定。

第三十五条 当事人采用合同书形式订立合同的，双方当事人签字或者盖章的地点为合同成立的地点。

第三十六条 法律、行政法规规定或者当事人约定采用书面形式订立合同，当事人未采用书面形式但一方已经履行主要义务，对方接受的，该合同成立。

第三十七条 采用合同书形式订立合同，在签字或者盖章之前，当事人一方已经履行主要义务，对方接受的，该合同成立。

第三十八条 国家根据需要下达指令性任务或者国家订货任务的，有关法人、其他组织之间应当依照有关法律、行政法规规定的权利和义务订立合同。

第三十九条 采用格式条款订立合同的，提供格式条款的一方应当遵循公平原则确定当事人之间的权利和义务，并采取合理的方式提请对方注意免除或者限制其责任的条款，按照对方的要求，对该条款予以说明。

格式条款是当事人为了重复使用而预先拟定，并在订立合同时未与对方协商的条款。

第四十条 格式条款具有本法第五十二条和第五十三条规定情形的，或者提供格式条款一方免除其责任、加重对方责任、排除对方主要权利的，该条款无效。

第四十一条 对格式条款的理解发生争议的，应当按照通常理解予以解释。对格式条款有两种以上解释的，应当作出不利于提供格式条款一方的解释。格式条款和非格式条款不一致的，应当采用非格式条款。

第四十二条 当事人在订立合同过程中有下列情形之一，给对方造成损失的，应当承担损害赔偿责任：

(一)假借订立合同，恶意进行磋商；

(二)故意隐瞒与订立合同有关的重要事实或者提供虚假情况；

(三)有其他违背诚实信用原则的行为。

第四十三条 当事人在订立合同过程中知悉的商业秘密，无论合同是否成立，不得泄露或者不正当地使用。泄露或者不正当地使用该商业秘密给对方造成损失的，应当承担损害赔偿责任。

第三章 合同的效力

第四十四条 依法成立的合同，自成立时生效。法律、行政法规规定应当办理批准、登记等手续生效的，依照其规定。

第四十五条 当事人对合同的效力可以约定附条件。附生效条件的合同，自条件成就时生效。附解除条件的合同，自条件成就时失效。

当事人为自己的利益不正当地阻止条件成就的，视为条件已成就；不正当地促成条件成就的，视为条件不成就。

第四十六条 当事人对合同的效力可以约定附期限。附生效期限的合同，自期限届至时生效。附终止期限的合同，自期限届满时失效。

第四十七条 限制民事行为能力人订立的合同，经法定代理人追认后，该合同有效，但纯获利益的合同或者与其年龄、智力、精神健康状况相适应而订立的合同，不必经法定代理人追认。

相对人可以催告法定代理人在一个月内予以追认。法定代理人未作表示的，视为拒绝追认。合同被追认之前，善意相对人有撤销的权利。撤销应当以通知的方式作出。

第四十八条 行为人没有代理权、超越代理权或者代理权终止后以被代理人名义订立的合同，未经被代理人追认，对被代理人不发生效力，由行为人承担责任。

相对人可以催告被代理人在一个月内予以追认。被代理人未作表示的，视为拒绝追认。合同被追认之前，善意相对人有撤销的权利。撤销应当以通知的方式作出。

第四十九条 行为人没有代理权、超越代理权或者代理权终止后以被代理人名义订立合同,相对人有理由相信行为人有代理权的,该代理行为有效。

第五十条 法人或者其他组织的法定代表人、负责人超越权限订立的合同,除相对人知道或者应当知道其超越权限的以外,该代表行为有效。

第五十一条 无处分权的人处分他人财产,经权利人追认或者无处分权的人订立合同后取得处分权的,该合同有效。

第五十二条 有下列情形之一的,合同无效:

(一)一方以欺诈、胁迫的手段订立合同,损害国家利益;

(二)恶意串通,损害国家、集体或者第三人利益;

(三)以合法形式掩盖非法目的;

(四)损害社会公共利益;

(五)违反法律、行政法规的强制性规定。

第五十三条 合同中的下列免责条款无效:

(一)造成对方人身伤害的;

(二)因故意或者重大过失造成对方财产损失的。

第五十四条 下列合同,当事人一方有权请求人民法院或者仲裁机构变更或者撤销:

(一)因重大误解订立的;

(二)在订立合同时显失公平的。

一方以欺诈、胁迫的手段或者乘人之危,使对方在违背真实意思的情况下订立的合同,受损害方有权请求人民法院或者仲裁机构变更或者撤销。

当事人请求变更的,人民法院或者仲裁机构不得撤销。

第五十五条 有下列情形之一的,撤销权消灭:

(一)具有撤销权的当事人自知道或者应当知道撤销事由之日起一年内没有行使撤销权;

(二)具有撤销权的当事人知道撤销事由后明确表示或者以自己的行为放弃撤销权。

第五十六条 无效的合同或者被撤销的合同自始没有法律约束力。合同部分无效,不影响其他部分效力的,其他部分仍然有效。

第五十七条 合同无效、被撤销或者终止的,不影响合同中独立存在的有关解决争议方法的条款的效力。

第五十八条 合同无效或者被撤销后,因该合同取得的财产,应当予以返还;不能返还或者没有必要返还的,应当折价补偿。有过错的一方应当赔偿对方因此所受到的损失,双方都有过错的,应当各自承担相应的责任。

第五十九条 当事人恶意串通,损害国家、集体或者第三人利益的,因此取得的财产收归国家所有或者返还集体、第三人。

第四章 合同的履行

第六十条 当事人应当按照约定全面履行自己的义务。

当事人应当遵循诚实信用原则,根据合同的性质、目的和交易习惯履行通知、协助、保密等义务。

第六十一条 合同生效后，当事人就质量、价款或者报酬、履行地点等内容没有约定或者约定不明确的，可以协议补充；不能达成补充协议的，按照合同有关条款或者交易习惯确定。

第六十二条 当事人就有关合同内容约定不明确，依照本法第六十一条的规定仍不能确定的，适用下列规定：

（一）质量要求不明确的，按照国家标准、行业标准履行；没有国家标准、行业标准的，按照通常标准或者符合合同目的的特定标准履行。

（二）价款或者报酬不明确的，按照订立合同时履行地的市场价格履行；依法应当执行政府定价或者政府指导价的，按照规定履行。

（三）履行地点不明确，给付货币的，在接受货币一方所在地履行；交付不动产的，在不动产所在地履行；其他标的，在履行义务一方所在地履行。

（四）履行期限不明确的，债务人可以随时履行，债权人也可以随时要求履行，但应当给对方必要的准备时间。

（五）履行方式不明确的，按照有利于实现合同目的的方式履行。

（六）履行费用的负担不明确的，由履行义务一方负担。

第六十三条 执行政府定价或者政府指导价的，在合同约定的交付期限内政府价格调整时，按照交付时的价格计价。逾期交付标的物的，遇价格上涨时，按照原价格执行；价格下降时，按照新价格执行。逾期提取标的物或者逾期付款的，遇价格上涨时，按照新价格执行；价格下降时，按照原价格执行。

第六十四条 当事人约定由债务人向第三人履行债务的，债务人未向第三人履行债务或者履行债务不符合约定，应当向债权人承担违约责任。

第六十五条 当事人约定由第三人向债权人履行债务的，第三人不履行债务或者履行债务不符合约定，债务人应当向债权人承担违约责任。

第六十六条 当事人互负债务，没有先后履行顺序的，应当同时履行。一方在对方履行之前有权拒绝其履行要求。一方在对方履行债务不符合约定时，有权拒绝其相应的履行要求。

第六十七条 当事人互负债务，有先后履行顺序，先履行一方未履行的，后履行一方有权拒绝其履行要求。先履行一方履行债务不符合约定的，后履行一方有权拒绝其相应的履行要求。

第六十八条 应当先履行债务的当事人，有确切证据证明对方有下列情形之一的，可以中止履行：

（一）经营状况严重恶化；

（二）转移财产、抽逃资金，以逃避债务；

（三）丧失商业信誉；

（四）有丧失或者可能丧失履行债务能力的其他情形。

当事人没有确切证据中止履行的，应当承担违约责任。

第六十九条 当事人依照本法第六十八条的规定中止履行的，应当及时通知对方。对方提供适当担保时，应当恢复履行。中止履行后，对方在合理期限内未恢复履行能力并且未提供适当担保的，中止履行的一方可以解除合同。

第七十条 债权人分立、合并或者变更住所没有通知债务人，致使履行债务发生困难的，债务人可以中止履行或者将标的物提存。

第七十一条 债权人可以拒绝债务人提前履行债务，但提前履行不损害债权人利益的除外。

债务人提前履行债务给债权人增加的费用，由债务人负担。

第七十二条 债权人可以拒绝债务人部分履行债务，但部分履行不损害债权人利益的除外。

债务人部分履行债务给债权人增加的费用，由债务人负担。

第七十三条 因债务人怠于行使其到期债权，对债权人造成损害的，债权人可以向人民法院请求以自己的名义代位行使债务人的债权，但该债权专属于债务人自身的除外。

代位权的行使范围以债权人的债权为限。债权人行使代位权的必要费用，由债务人负担。

第七十四条 因债务人放弃其到期债权或者无偿转让财产，对债权人造成损害的，债权人可以请求人民法院撤销债务人的行为。债务人以明显不合理的低价转让财产，对债权人造成损害，并且受让人知道该情形的，债权人也可以请求人民法院撤销债务人的行为。

撤销权的行使范围以债权人的债权为限。债权人行使撤销权的必要费用，由债务人负担。

第七十五条 撤销权自债权人知道或者应当知道撤销事由之日起一年内行使。自债务人的行为发生之日起五年内没有行使撤销权的，该撤销权消灭。

第七十六条 合同生效后，当事人不得因姓名、名称的变更或者法定代表人、负责人、承办人的变动而不履行合同义务。

第五章　合同的变更和转让

第七十七条 当事人协商一致，可以变更合同。法律、行政法规规定变更合同应当办理批准、登记等手续的，依照其规定。

第七十八条 当事人对合同变更的内容约定不明确的，推定为未变更。

第七十九条 债权人可以将合同的权利全部或者部分转让给第三人，但有下列情形之一的除外：

（一）根据合同性质不得转让；

（二）按照当事人约定不得转让；

（三）依照法律规定不得转让。

第八十条 债权人转让权利的，应当通知债务人。未经通知，该转让对债务人不发生效力。

债权人转让权利的通知不得撤销，但经受让人同意的除外。

第八十一条　债权人转让权利的，受让人取得与债权有关的从权利，但该从权利专属于债权人自身的除外。

第八十二条　债务人接到债权转让通知后，债务人对让与人的抗辩，可以向受让人主张。

第八十三条　债务人接到债权转让通知时，债务人对让与人享有债权，并且债务人的债权先于转让的债权到期或者同时到期的，债务人可以向受让人主张抵销。

第八十四条　债务人将合同的义务全部或者部分转移给第三人的，应当经债权人同意。

第八十五条　债务人转移义务的，新债务人可以主张原债务人对债权人的抗辩。

第八十六条　债务人转移义务的，新债务人应当承担与主债务有关的从债务，但该从债务专属于原债务人自身的除外。

第八十七条　法律、行政法规规定转让权利或者转移义务应当办理批准、登记等手续的，依照其规定。

第八十八条　当事人一方经对方同意，可以将自己在合同中的权利和义务一并转让给第三人。

第八十九条　权利和义务一并转让的，适用本法第七十九条、第八十一条至第八十三条、第八十五条至第八十七条的规定。

第九十条　当事人订立合同后合并的，由合并后的法人或者其他组织行使合同权利，履行合同义务。当事人订立合同后分立的，除债权人和债务人另有约定的以外，由分立的法人或者其他组织对合同的权利和义务享有连带债权，承担连带债务。

第六章　合同的权利义务终止

第九十一条　有下列情形之一的，合同的权利义务终止：

（一）债务已经按照约定履行；

（二）合同解除；

（三）债务相互抵销；

（四）债务人依法将标的物提存；

（五）债权人免除债务；

（六）债权债务同归于一人；

（七）法律规定或者当事人约定终止的其他情形。

第九十二条　合同的权利义务终止后，当事人应当遵循诚实信用原则，根据交易习惯履行通知、协助、保密等义务。

第九十三条　当事人协商一致，可以解除合同。

当事人可以约定一方解除合同的条件。解除合同的条件成就时，解除权人可以解除合同。

第九十四条　有下列情形之一的，当事人可以解除合同：

（一）因不可抗力致使不能实现合同目的；

（二）在履行期限届满之前，当事人一方明确表示或者以自己的行为表明不履行主要债务；

（三）当事人一方迟延履行主要债务，经催告后在合理期限内仍未履行；

（四）当事人一方迟延履行债务或者有其他违约行为致使不能实现合同目的；

（五）法律规定的其他情形。

第九十五条 法律规定或者当事人约定解除权行使期限，期限届满当事人不行使的，该权利消灭。

法律没有规定或者当事人没有约定解除权行使期限，经对方催告后在合理期限内不行使的，该权利消灭。

第九十六条 当事人一方依照本法第九十三条第二款、第九十四条的规定主张解除合同的，应当通知对方。合同自通知到达对方时解除。对方有异议的，可以请求人民法院或者仲裁机构确认解除合同的效力。

法律、行政法规规定解除合同应当办理批准、登记等手续的，依照其规定。

第九十七条 合同解除后，尚未履行的，终止履行；已经履行的，根据履行情况和合同性质，当事人可以要求恢复原状、采取其他补救措施，并有权要求赔偿损失。

第九十八条 合同的权利义务终止，不影响合同中结算和清理条款的效力。

第九十九条 当事人互负到期债务，该债务的标的物种类、品质相同的，任何一方可以将自己的债务与对方的债务抵销，但依照法律规定或者按照合同性质不得抵销的除外。

当事人主张抵销的，应当通知对方。通知自到达对方时生效。抵销不得附条件或者附期限。

第一百条 当事人互负债务，标的物种类、品质不相同的，经双方协商一致，也可以抵销。

第一百零一条 有下列情形之一，难以履行债务的，债务人可以将标的物提存：

（一）债权人无正当理由拒绝受领；

（二）债权人下落不明；

（三）债权人死亡未确定继承人或者丧失民事行为能力未确定监护人；

（四）法律规定的其他情形。

标的物不适于提存或者提存费用过高的，债务人依法可以拍卖或者变卖标的物，提存所得的价款。

第一百零二条 标的物提存后，除债权人下落不明的以外，债务人应当及时通知债权人或者债权人的继承人、监护人。

第一百零三条 标的物提存后，毁损、灭失的风险由债权人承担。提存期间，标的物的孳息归债权人所有。提存费用由债权人负担。

第一百零四条 债权人可以随时领取提存物，但债权人对债务人负有到期债务的，在债权人未履行债务或者提供担保之前，提存部门根据债务人的要求应当拒绝其领取提存物。

债权人领取提存物的权利，自提存之日起五年内不行使而消灭，提存物扣除提存费用后归国家所有。

第一百零五条 债权人免除债务人部分或者全部债务的，合同的权利义务部分或者全部终止。

第一百零六条　债权和债务同归于一人的，合同的权利义务终止，但涉及第三人利益的除外。

第七章　违约责任

第一百零七条　当事人一方不履行合同义务或者履行合同义务不符合约定的，应当承担继续履行、采取补救措施或者赔偿损失等违约责任。

第一百零八条　当事人一方明确表示或者以自己的行为表明不履行合同义务的，对方可以在履行期限届满之前要求其承担违约责任。

第一百零九条　当事人一方未支付价款或者报酬的，对方可以要求其支付价款或者报酬。

第一百一十条　当事人一方不履行非金钱债务或者履行非金钱债务不符合约定的，对方可以要求履行，但有下列情形之一的除外：

（一）法律上或者事实上不能履行；

（二）债务的标的不适于强制履行或者履行费用过高；

（三）债权人在合理期限内未要求履行。

第一百一十一条　质量不符合约定的，应当按照当事人的约定承担违约责任。对违约责任没有约定或者约定不明确，依照本法第六十一条的规定仍不能确定的，受损害方根据标的的性质以及损失的大小，可以合理选择要求对方承担修理、更换、重作、退货、减少价款或者报酬等违约责任。

第一百一十二条　当事人一方不履行合同义务或者履行合同义务不符合约定的，在履行义务或者采取补救措施后，对方还有其他损失的，应当赔偿损失。

第一百一十三条　当事人一方不履行合同义务或者履行合同义务不符合约定，给对方造成损失的，损失赔偿额应当相当于因违约所造成的损失，包括合同履行后可以获得的利益，但不得超过违反合同一方订立合同时预见到或者应当预见到的因违反合同可能造成的损失。

经营者对消费者提供商品或者服务有欺诈行为的，依照《中华人民共和国消费者权益保护法》的规定承担损害赔偿责任。

第一百一十四条　当事人可以约定一方违约时应当根据违约情况向对方支付一定数额的违约金，也可以约定因违约产生的损失赔偿额的计算方法。

约定的违约金低于造成的损失的，当事人可以请求人民法院或者仲裁机构予以增加；约定的违约金过分高于造成的损失的，当事人可以请求人民法院或者仲裁机构予以适当减少。

当事人就迟延履行约定违约金的，违约方支付违约金后，还应当履行债务。

第一百一十五条　当事人可以依照《中华人民共和国担保法》约定一方向对方给付定金作为债权的担保。债务人履行债务后，定金应当抵作价款或者收回。给付定金的一方不履行约定的债务的，无权要求返还定金；收受定金的一方不履行约定的债务的，应当双倍返还定金。

第一百一十六条　当事人既约定违约金，又约定定金的，一方违约时，对方可以选择适用违约金或者定金条款。

第一百一十七条 因不可抗力不能履行合同的，根据不可抗力的影响，部分或者全部免除责任，但法律另有规定的除外。当事人迟延履行后发生不可抗力的，不能免除责任。

本法所称不可抗力，是指不能预见、不能避免并不能克服的客观情况。

第一百一十八条 当事人一方因不可抗力不能履行合同的，应当及时通知对方，以减轻可能给对方造成的损失，并应当在合理期限内提供证明。

第一百一十九条 当事人一方违约后，对方应当采取适当措施防止损失的扩大；没有采取适当措施致使损失扩大的，不得就扩大的损失要求赔偿。

当事人因防止损失扩大而支出的合理费用，由违约方承担。

第一百二十条 当事人双方都违反合同的，应当各自承担相应的责任。

第一百二十一条 当事人一方因第三人的原因造成违约的，应当向对方承担违约责任。当事人一方和第三人之间的纠纷，依照法律规定或者按照约定解决。

第一百二十二条 因当事人一方的违约行为，侵害对方人身、财产权益的，受损害方有权选择依照本法要求其承担违约责任或者依照其他法律要求其承担侵权责任。

第八章 其他规定

第一百二十三条 其他法律对合同另有规定的，依照其规定。

第一百二十四条 本法分则或者其他法律没有明文规定的合同，适用本法总则的规定，并可以参照本法分则或者其他法律最相类似的规定。

第一百二十五条 当事人对合同条款的理解有争议的，应当按照合同所使用的词句、合同的有关条款、合同的目的、交易习惯以及诚实信用原则，确定该条款的真实意思。

合同文本采用两种以上文字订立并约定具有同等效力的，对各文本使用的词句推定具有相同含义。各文本使用的词句不一致的，应当根据合同的目的予以解释。

第一百二十六条 涉外合同的当事人可以选择处理合同争议所适用的法律，但法律另有规定的除外。涉外合同的当事人没有选择的，适用与合同有最密切联系的国家的法律。

在中华人民共和国境内履行的中外合资经营企业合同、中外合作经营企业合同、中外合作勘探开发自然资源合同，适用中华人民共和国法律。

第一百二十七条 工商行政管理部门和其他有关行政主管部门在各自的职权范围内，依照法律、行政法规的规定，对利用合同危害国家利益、社会公共利益的违法行为，负责监督处理；构成犯罪的，依法追究刑事责任。

第一百二十八条 当事人可以通过和解或者调解解决合同争议。

当事人不愿和解、调解或者和解、调解不成的，可以根据仲裁协议向仲裁机构申请仲裁。涉外合同的当事人可以根据仲裁协议向中国仲裁机构或者其他仲裁机构申请仲裁。当事人没有订立仲裁协议或者仲裁协议无效的，可以向人民法院起诉。当事人应当履行发生法律效力的判决、仲裁裁决、调解书；拒不履行的，对方可以请求人民法院执行。

第一百二十九条 因国际货物买卖合同和技术进出口合同争议提起诉讼或者申请仲裁的期限为四年，自当事人知道或者应当知道其权利受到侵害之日起计算。因其他合同争议提起诉讼或者申请仲裁的期限,依照有关法律的规定。

分 则

第九章 买卖合同

第一百三十条 买卖合同是出卖人转移标的物的所有权于买受人,买受人支付价款的合同。

第一百三十一条 买卖合同的内容除依照本法第十二条的规定以外,还可以包括包装方式、检验标准和方法、结算方式、合同使用的文字及其效力等条款。

第一百三十二条 出卖的标的物,应当属于出卖人所有或者出卖人有权处分。

法律、行政法规禁止或者限制转让的标的物,依照其规定。

第一百三十三条 标的物的所有权自标的物交付时起转移,但法律另有规定或者当事人另有约定的除外。

第一百三十四条 当事人可以在买卖合同中约定买受人未履行支付价款或者其他义务的,标的物的所有权属于出卖人。

第一百三十五条 出卖人应当履行向买受人交付标的物或者交付提取标的物的单证,并转移标的物所有权的义务。

第一百三十六条 出卖人应当按照约定或者交易习惯向买受人交付提取标的物单证以外的有关单证和资料。

第一百三十七条 出卖具有知识产权的计算机软件等标的物的,除法律另有规定或者当事人另有约定的以外,该标的物的知识产权不属于买受人。

第一百三十八条 出卖人应当按照约定的期限交付标的物。约定交付期间的,出卖人可以在该交付期间内的任何时间交付。

第一百三十九条 当事人没有约定标的物的交付期限或者约定不明确的,适用本法第六十一条、第六十二条第四项的规定。

第一百四十条 标的物在订立合同之前已为买受人占有的,合同生效的时间为交付时间。

第一百四十一条 出卖人应当按照约定的地点交付标的物。

当事人没有约定交付地点或者约定不明确,依照本法第六十一条的规定仍不能确定的,适用下列规定:

(一)标的物需要运输的,出卖人应当将标的物交付给第一承运人以运交给买受人;

(二)标的物不需要运输,出卖人和买受人订立合同时知道标的物在某一地点的,出卖人应当在该地点交付标的物;不知道标的物在某一地点的,应当在出卖人订立合同时的营业地交付标的物。

第一百四十二条 标的物毁损、灭失的风险,在标的物交付之前由出卖人承担,交付之后由买受人承担,但法律另有规定或者当事人另有约定的除外。

第一百四十三条 因买受人的原因致使标的物不能按照约定的期限交付的，买受人应当自违反约定之日起承担标的物毁损、灭失的风险。

第一百四十四条 出卖人出卖交由承运人运输的在途标的物，除当事人另有约定的以外，毁损、灭失的风险自合同成立时起由买受人承担。

第一百四十五条 当事人没有约定交付地点或者约定不明确，依照本法第一百四十一条第二款第一项的规定标的物需要运输的，出卖人将标的物交付给第一承运人后，标的物毁损、灭失的风险由买受人承担。

第一百四十六条 出卖人按照约定或者依照本法第一百四十一条第二款第二项的规定将标的物置于交付地点，买受人违反约定没有收取的，标的物毁损、灭失的风险自违反约定之日起由买受人承担。

第一百四十七条 出卖人按照约定未交付有关标的物的单证和资料的，不影响标的物毁损、灭失风险的转移。

第一百四十八条 因标的物质量不符合质量要求，致使不能实现合同目的的，买受人可以拒绝接受标的物或者解除合同。买受人拒绝接受标的物或者解除合同的，标的物毁损、灭失的风险由出卖人承担。

第一百四十九条 标的物毁损、灭失的风险由买受人承担的，不影响因出卖人履行债务不符合约定，买受人要求其承担违约责任的权利。

第一百五十条 出卖人就交付的标的物，负有保证第三人不得向买受人主张任何权利的义务，但法律另有规定的除外。

第一百五十一条 买受人订立合同时知道或者应当知道第三人对买卖的标的物享有权利的，出卖人不承担本法第一百五十条规定的义务。

第一百五十二条 买受人有确切证据证明第三人可能就标的物主张权利的，可以中止支付相应的价款，但出卖人提供适当担保的除外。

第一百五十三条 出卖人应当按照约定的质量要求交付标的物。出卖人提供有关标的物质量说明的，交付的标的物应当符合该说明的质量要求。

第一百五十四条 当事人对标的物的质量要求没有约定或者约定不明确，依照本法第六十一条的规定仍不能确定的，适用本法第六十二条第一项的规定。

第一百五十五条 出卖人交付的标的物不符合质量要求的，买受人可以依照本法第一百一十一条的规定要求承担违约责任。

第一百五十六条 出卖人应当按照约定的包装方式交付标的物。对包装方式没有约定或者约定不明确，依照本法第六十一条的规定仍不能确定的，应当按照通用的方式包装，没有通用方式的，应当采取足以保护标的物的包装方式。

第一百五十七条 买受人收到标的物时应当在约定的检验期间内检验。没有约定检验期间的，应当及时检验。

第一百五十八条 当事人约定检验期间的，买受人应当在检验期间内将标的物的数量或者质量不符合约定的情形通知出卖人。买受人怠于通知的，视为标的物的数量或者质量符合约定。

当事人没有约定检验期间的，买受人应当在发现或者应当发现标的物的数量或者质量不符合约定的合理期间内通知出卖人。买受人在合理期间内未通知或者自标的物收到之日起两年内未通知出卖人的，视为标的物的数量或者质量符合约定，但对标的物有质量保证期的，适用质量保证期，不适用该两年的规定。

出卖人知道或者应当知道提供的标的物不符合约定的，买受人不受前两款规定的通知时间的限制。

第一百五十九条 买受人应当按照约定的数额支付价款。对价款没有约定或者约定不明确的，适用本法第六十一条、第六十二条第二项的规定。

第一百六十条 买受人应当按照约定的地点支付价款。对支付地点没有约定或者约定不明确，依照本法第六十一条的规定仍不能确定的，买受人应当在出卖人的营业地支付，但约定支付价款以交付标的物或者交付提取标的物单证为条件的，在交付标的物或者交付提取标的物单证的所在地支付。

第一百六十一条 买受人应当按照约定的时间支付价款。对支付时间没有约定或者约定不明确，依照本法第六十一条的规定仍不能确定的，买受人应当在收到标的物或者提取标的物单证的同时支付。

第一百六十二条 出卖人多交标的物的，买受人可以接收或者拒绝接收多交的部分。买受人接收多交部分的，按照合同的价格支付价款；买受人拒绝接收多交部分的，应当及时通知出卖人。

第一百六十三条 标的物在交付之前产生的孳息，归出卖人所有，交付之后产生的孳息，归买受人所有。

第一百六十四条 因标的物的主物不符合约定而解除合同的，解除合同的效力及于从物。因标的物的从物不符合约定被解除的，解除的效力不及于主物。

第一百六十五条 标的物为数物，其中一物不符合约定的，买受人可以就该物解除，但该物与他物分离使标的物的价值显受损害的，当事人可以就数物解除合同。

第一百六十六条 出卖人分批交付标的物的，出卖人对其中一批标的物不交付或者交付不符合约定，致使该批标的物不能实现合同目的的，买受人可以就该批标的物解除。

出卖人不交付其中一批标的物或者交付不符合约定，致使今后其他各批标的物的交付不能实现合同目的的，买受人可以就该批以及今后其他各批标的物解除。

买受人如果就其中一批标的物解除，该批标的物与其他各批标的物相互依存的，可以就已经交付和未交付的各批标的物解除。

第一百六十七条 分期付款的买受人未支付到期价款的金额达到全部价款的五分之一的，出卖人可以要求买受人支付全部价款或者解除合同。

出卖人解除合同的，可以向买受人要求支付该标的物的使用费。

第一百六十八条 凭样品买卖的当事人应当封存样品，并可以对样品质量予以说明。出卖人交付的标的物应当与样品及其说明的质量相同。

第一百六十九条 凭样品买卖的买受人不知道样品有隐蔽瑕疵的，即使交付的标的物与样品相同，出卖人交付的标的物的质量仍然应当符合同种物的通常标准。

第一百七十条 试用买卖的当事人可以约定标的物的试用期间。对试用期间没有约定或者约定不明确,依照本法第六十一条的规定仍不能确定的,由出卖人确定。

第一百七十一条 试用买卖的买受人在试用期内可以购买标的物,也可以拒绝购买。试用期间届满,买受人对是否购买标的物未作表示的,视为购买。

第一百七十二条 招标投标买卖的当事人的权利和义务以及招标投标程序等,依照有关法律、行政法规的规定。

第一百七十三条 拍卖的当事人的权利和义务以及拍卖程序等,依照有关法律、行政法规的规定。

第一百七十四条 法律对其他有偿合同有规定的,依照其规定;没有规定的,参照买卖合同的有关规定。

第一百七十五条 当事人约定易货交易,转移标的物的所有权的,参照买卖合同的有关规定。

第十章 供用电、水、气、热力合同

第一百七十六条 供用电合同是供电人向用电人供电,用电人支付电费的合同。

第一百七十七条 供用电合同的内容包括供电的方式、质量、时间,用电容量、地址、性质,计量方式,电价、电费的结算方式,供用电设施的维护责任等条款。

第一百七十八条 供用电合同的履行地点,按照当事人约定;当事人没有约定或者约定不明确的,供电设施的产权分界处为履行地点。

第一百七十九条 供电人应当按照国家规定的供电质量标准和约定安全供电。供电人未按照国家规定的供电质量标准和约定安全供电,造成用电人损失的,应当承担损害赔偿责任。

第一百八十条 供电人因供电设施计划检修、临时检修、依法限电或者用电人违法用电等原因,需要中断供电时,应当按照国家有关规定事先通知用电人。未事先通知用电人中断供电,造成用电人损失的,应当承担损害赔偿责任。

第一百八十一条 因自然灾害等原因断电,供电人应当按照国家有关规定及时抢修。未及时抢修,造成用电人损失的,应当承担损害赔偿责任。

第一百八十二条 用电人应当按照国家有关规定和当事人的约定及时交付电费。用电人逾期不交付电费的,应当按照约定支付违约金。经催告用电人在合理期限内仍不交付电费和违约金的,供电人可以按照国家规定的程序中止供电。

第一百八十三条 用电人应当按照国家有关规定和当事人的约定安全用电。用电人未按照国家有关规定和当事人的约定安全用电,造成供电人损失的,应当承担损害赔偿责任。

第一百八十四条 供用水、供用气、供用热力合同,参照供用电合同的有关规定。

第十一章 赠与合同

第一百八十五条 赠与合同是赠与人将自己的财产无偿给予受赠人,受赠人表示接受赠与的合同。

第一百八十六条　赠与人在赠与财产的权利转移之前可以撤销赠与。

具有救灾、扶贫等社会公益、道德义务性质的赠与合同或者经过公证的赠与合同，不适用前款规定。

第一百八十七条　赠与的财产依法需要办理登记等手续的，应当办理有关手续。

第一百八十八条　具有救灾、扶贫等社会公益、道德义务性质的赠与合同或者经过公证的赠与合同，赠与人不交付赠与的财产的，受赠人可以要求交付。

第一百八十九条　因赠与人故意或者重大过失致使赠与的财产毁损、灭失的，赠与人应当承担损害赔偿责任。

第一百九十条　赠与可以附义务。

赠与附义务的，受赠人应当按照约定履行义务。

第一百九十一条　赠与的财产有瑕疵的，赠与人不承担责任。附义务的赠与，赠与的财产有瑕疵的，赠与人在附义务的限度内承担与出卖人相同的责任。

赠与人故意不告知瑕疵或者保证无瑕疵，造成受赠人损失的，应当承担损害赔偿责任。

第一百九十二条　受赠人有下列情形之一的，赠与人可以撤销赠与：

（一）严重侵害赠与人或者赠与人的近亲属；

（二）对赠与人有扶养义务而不履行；

（三）不履行赠与合同约定的义务。赠与人的撤销权，自知道或者应当知道撤销原因之日起一年内行使。

第一百九十三条　因受赠人的违法行为致使赠与人死亡或者丧失民事行为能力的，赠与人的继承人或者法定代理人可以撤销赠与。

赠与人的继承人或者法定代理人的撤销权，自知道或者应当知道撤销原因之日起六个月内行使。

第一百九十四条　撤销权人撤销赠与的，可以向受赠人要求返还赠与的财产。

第一百九十五条　赠与人的经济状况显著恶化，严重影响其生产经营或者家庭生活的，可以不再履行赠与义务。

第十二章　借款合同

第一百九十六条　借款合同是借款人向贷款人借款，到期返还借款并支付利息的合同。

第一百九十七条　借款合同采用书面形式，但自然人之间借款另有约定的除外。

借款合同的内容包括借款种类、币种、用途、数额、利率、期限和还款方式等条款。

第一百九十八条　订立借款合同，贷款人可以要求借款人提供担保。担保依照《中华人民共和国担保法》的规定。

第一百九十九条　订立借款合同，借款人应当按照贷款人的要求提供与借款有关的业务活动和财务状况的真实情况。

第二百条　借款的利息不得预先在本金中扣除。利息预先在本金中扣除的，应当按照实际借款数额返还借款并计算利息。

第二百零一条 贷款人未按照约定的日期、数额提供借款,造成借款人损失的,应当赔偿损失。

借款人未按照约定的日期、数额收取借款的,应当按照约定的日期、数额支付利息。

第二百零二条 贷款人按照约定可以检查、监督借款的使用情况。借款人应当按照约定向贷款人定期提供有关财务会计报表等资料。

第二百零三条 借款人未按照约定的借款用途使用借款的,贷款人可以停止发放借款、提前收回借款或者解除合同。

第二百零四条 办理贷款业务的金融机构贷款的利率,应当按照中国人民银行规定的贷款利率的上下限确定。

第二百零五条 借款人应当按照约定的期限支付利息。对支付利息的期限没有约定或者约定不明确,依照本法第六十一条的规定仍不能确定,借款期间不满一年的,应当在返还借款时一并支付;借款期间一年以上的,应当在每届满一年时支付,剩余期间不满一年的,应当在返还借款时一并支付。

第二百零六条 借款人应当按照约定的期限返还借款。对借款期限没有约定或者约定不明确,依照本法第六十一条的规定仍不能确定的,借款人可以随时返还;贷款人可以催告借款人在合理期限内返还。

第二百零七条 借款人未按照约定的期限返还借款的,应当按照约定或者国家有关规定支付逾期利息。

第二百零八条 借款人提前偿还借款的,除当事人另有约定的以外,应当按照实际借款的期间计算利息。

第二百零九条 借款人可以在还款期限届满之前向贷款人申请展期。贷款人同意的,可以展期。

第二百一十条 自然人之间的借款合同,自贷款人提供借款时生效。

第二百一十一条 自然人之间的借款合同对支付利息没有约定或者约定不明确的,视为不支付利息。

自然人之间的借款合同约定支付利息的,借款的利率不得违反国家有关限制借款利率的规定。

第十三章 租赁合同

第二百一十二条 租赁合同是出租人将租赁物交付承租人使用、收益,承租人支付租金的合同。

第二百一十三条 租赁合同的内容包括租赁物的名称、数量、用途、租赁期限、租金及其支付期限和方式、租赁物维修等条款。

第二百一十四条 租赁期限不得超过二十年。超过二十年的,超过部分无效。

租赁期间届满,当事人可以续订租赁合同,但约定的租赁期限自续订之日起不得超过二十年。

第二百一十五条 租赁期限六个月以上的,应当采用书面形式。当事人未采用书面形式的，视为不定期租赁。

第二百一十六条　出租人应当按照约定将租赁物交付承租人，并在租赁期间保持租赁物符合约定的用途。

第二百一十七条　承租人应当按照约定的方法使用租赁物。对租赁物的使用方法没有约定或者约定不明确，依照本法第六十一条的规定仍不能确定的，应当按照租赁物的性质使用。

第二百一十八条　承租人按照约定的方法或者租赁物的性质使用租赁物，致使租赁物受到损耗的，不承担损害赔偿责任。

第二百一十九条　承租人未按照约定的方法或者租赁物的性质使用租赁物，致使租赁物受到损失的，出租人可以解除合同并要求赔偿损失。

第二百二十条　出租人应当履行租赁物的维修义务，但当事人另有约定的除外。

第二百二十一条　承租人在租赁物需要维修时可以要求出租人在合理期限内维修。出租人未履行维修义务的，承租人可以自行维修，维修费用由出租人负担。因维修租赁物影响承租人使用的，应当相应减少租金或者延长租期。

第二百二十二条　承租人应当妥善保管租赁物，因保管不善造成租赁物毁损、灭失的，应当承担损害赔偿责任。

第二百二十三条　承租人经出租人同意，可以对租赁物进行改善或者增设他物。承租人未经出租人同意，对租赁物进行改善或者增设他物的，出租人可以要求承租人恢复原状或者赔偿损失。

第二百二十四条　承租人经出租人同意，可以将租赁物转租给第三人。承租人转租的，承租人与出租人之间的租赁合同继续有效，第三人对租赁物造成损失的，承租人应当赔偿损失。

承租人未经出租人同意转租的，出租人可以解除合同。

第二百二十五条　在租赁期间因占有、使用租赁物获得的收益，归承租人所有，但当事人另有约定的除外。

第二百二十六条　承租人应当按照约定的期限支付租金。对支付期限没有约定或者约定不明确，依照本法第六十一条的规定仍不能确定，租赁期间不满一年的，应当在租赁期间届满时支付；租赁期间一年以上的，应当在每届满一年时支付，剩余期间不满一年的，应当在租赁期间届满时支付。

第二百二十七条　承租人无正当理由未支付或者迟延支付租金的，出租人可以要求承租人在合理期限内支付。承租人逾期不支付的，出租人可以解除合同。

第二百二十八条　因第三人主张权利，致使承租人不能对租赁物使用、收益的，承租人可以要求减少租金或者不支付租金。

第三人主张权利的，承租人应当及时通知出租人。

第二百二十九条　租赁物在租赁期间发生所有权变动的，不影响租赁合同的效力。

第二百三十条　出租人出卖租赁房屋的，应当在出卖之前的合理期限内通知承租人，承租人享有以同等条件优先购买的权利。

第二百三十一条 因不可归责于承租人的事由，致使租赁物部分或者全部毁损、灭失的，承租人可以要求减少租金或者不支付租金；因租赁物部分或者全部毁损、灭失，致使不能实现合同目的的，承租人可以解除合同。

第二百三十二条 当事人对租赁期限没有约定或者约定不明确，依照本法第六十一条的规定仍不能确定的，视为不定期租赁。当事人可以随时解除合同，但出租人解除合同应当在合理期限之前通知承租人。

第二百三十三条 租赁物危及承租人的安全或者健康的，即使承租人订立合同时明知该租赁物质量不合格，承租人仍然可以随时解除合同。

第二百三十四条 承租人在房屋租赁期间死亡的，与其生前共同居住的人可以按照原租赁合同租赁该房屋。

第二百三十五条 租赁期间届满，承租人应当返还租赁物。返还的租赁物应当符合按照约定或者租赁物的性质使用后的状态。

第二百三十六条 租赁期间届满，承租人继续使用租赁物，出租人没有提出异议的，原租赁合同继续有效，但租赁期限为不定期。

第十四章 融资租赁合同

第二百三十七条 融资租赁合同是出租人根据承租人对出卖人、租赁物的选择，向出卖人购买租赁物，提供给承租人使用，承租人支付租金的合同。

第二百三十八条 融资租赁合同的内容包括租赁物名称、数量、规格、技术性能、检验方法、租赁期限、租金构成及其支付期限和方式、币种、租赁期间届满租赁物的归属等条款。

融资租赁合同应当采用书面形式。

第二百三十九条 出租人根据承租人对出卖人、租赁物的选择订立的买卖合同，出卖人应当按照约定向承租人交付标的物，承租人享有与受领标的物有关的买受人的权利。

第二百四十条 出租人、出卖人、承租人可以约定，出卖人不履行买卖合同义务的，由承租人行使索赔的权利。承租人行使索赔权利的，出租人应当协助。

第二百四十一条 出租人根据承租人对出卖人、租赁物的选择订立的买卖合同，未经承租人同意，出租人不得变更与承租人有关的合同内容。

第二百四十二条 出租人享有租赁物的所有权。承租人破产的，租赁物不属于破产财产。

第二百四十三条 融资租赁合同的租金，除当事人另有约定的以外，应当根据购买租赁物的大部分或者全部成本以及出租人的合理利润确定。

第二百四十四条 租赁物不符合约定或者不符合使用目的的，出租人不承担责任，但承租人依赖出租人的技能确定租赁物或者出租人干预选择租赁物的除外。

第二百四十五条 出租人应当保证承租人对租赁物的占有和使用。

第二百四十六条 承租人占有租赁物期间，租赁物造成第三人的人身伤害或者财产损害的，出租人不承担责任。

第二百四十七条 承租人应当妥善保管、使用租赁物。

承租人应当履行占有租赁物期间的维修义务。

第二百四十八条 承租人应当按照约定支付租金。承租人经催告后在合理期限内仍不支付租金的,出租人可以要求支付全部租金;也可以解除合同,收回租赁物。

第二百四十九条 当事人约定租赁期间届满租赁物归承租人所有,承租人已经支付大部分租金,但无力支付剩余租金,出租人因此解除合同收回租赁物的,收回的租赁物的价值超过承租人欠付的租金以及其他费用的,承租人可以要求部分返还。

第二百五十条 出租人和承租人可以约定租赁期间届满租赁物的归属。对租赁物的归属没有约定或者约定不明确,依照本法第六十一条的规定仍不能确定的,租赁物的所有权归出租人。

第十五章 承揽合同

第二百五十一条 承揽合同是承揽人按照定作人的要求完成工作,交付工作成果,定作人给付报酬的合同。

承揽包括加工、定作、修理、复制、测试、检验等工作。

第二百五十二条 承揽合同的内容包括承揽的标的、数量、质量、报酬、承揽方式、材料的提供、履行期限、验收标准和方法等条款。

第二百五十三条 承揽人应当以自己的设备、技术和劳力,完成主要工作,但当事人另有约定的除外。

承揽人将其承揽的主要工作交由第三人完成的,应当就该第三人完成的工作成果向定作人负责;未经定作人同意的,定作人也可以解除合同。

第二百五十四条 承揽人可以将其承揽的辅助工作交由第三人完成。承揽人将其承揽的辅助工作交由第三人完成的,应当就该第三人完成的工作成果向定作人负责。

第二百五十五条 承揽人提供材料的,承揽人应当按照约定选用材料,并接受定作人检验。

第二百五十六条 定作人提供材料的,定作人应当按照约定提供材料。承揽人对定作人提供的材料,应当及时检验,发现不符合约定时,应当及时通知定作人更换、补齐或者采取其他补救措施。

承揽人不得擅自更换定作人提供的材料,不得更换不需要修理的零部件。

第二百五十七条 承揽人发现定作人提供的图纸或者技术要求不合理的,应当及时通知定作人。因定作人怠于答复等原因造成承揽人损失的,应当赔偿损失。

第二百五十八条 定作人中途变更承揽工作的要求,造成承揽人损失的,应当赔偿损失。

第二百五十九条 承揽工作需要定作人协助的,定作人有协助的义务。定作人不履行协助义务致使承揽工作不能完成的,承揽人可以催告定作人在合理期限内履行义务,并可以顺延履行期限;定作人逾期不履行的,承揽人可以解除合同。

第二百六十条 承揽人在工作期间,应当接受定作人必要的监督检验。定作人不得因监督检验妨碍承揽人的正常工作。

第二百六十一条 承揽人完成工作的，应当向定作人交付工作成果，并提交必要的技术资料和有关质量证明。定作人应当验收该工作成果。

第二百六十二条 承揽人交付的工作成果不符合质量要求的，定作人可以要求承揽人承担修理、重作、减少报酬、赔偿损失等违约责任。

第二百六十三条 定作人应当按照约定的期限支付报酬。对支付报酬的期限没有约定或者约定不明确，依照本法第六十一条的规定仍不能确定的，定作人应当在承揽人交付工作成果时支付；工作成果部分交付的，定作人应当相应支付。

第二百六十四条 定作人未向承揽人支付报酬或者材料费等价款的，承揽人对完成的工作成果享有留置权，但当事人另有约定的除外。

第二百六十五条 承揽人应当妥善保管定作人提供的材料以及完成的工作成果，因保管不善造成毁损、灭失的，应当承担损害赔偿责任。

第二百六十六条 承揽人应当按照定作人的要求保守秘密，未经定作人许可，不得留存复制品或者技术资料。

第二百六十七条 共同承揽人对定作人承担连带责任，但当事人另有约定的除外。

第二百六十八条 定作人可以随时解除承揽合同，造成承揽人损失的，应当赔偿损失。

第十六章　建设工程合同

第二百六十九条 建设工程合同是承包人进行工程建设，发包人支付价款的合同。

建设工程合同包括工程勘察、设计、施工合同。

第二百七十条 建设工程合同应当采用书面形式。

第二百七十一条 建设工程的招标投标活动，应当依照有关法律的规定公开、公平、公正进行。

第二百七十二条 发包人可以与总承包人订立建设工程合同，也可以分别与勘察人、设计人、施工人订立勘察、设计、施工承包合同。发包人不得将应当由一个承包人完成的建设工程肢解成若干部分发包给几个承包人。

总承包人或者勘察、设计、施工承包人经发包人同意，可以将自己承包的部分工作交由第三人完成。第三人就其完成的工作成果与总承包人或者勘察、设计、施工承包人向发包人承担连带责任。承包人不得将其承包的全部建设工程转包给第三人或者将其承包的全部建设工程肢解以后以分包的名义分别转包给第三人。

禁止承包人将工程分包给不具备相应资质条件的单位。禁止分包单位将其承包的工程再分包。建设工程主体结构的施工必须由承包人自行完成。

第二百七十三条 国家重大建设工程合同，应当按照国家规定的程序和国家批准的投资计划、可行性研究报告等文件订立。

第二百七十四条 勘察、设计合同的内容包括提交有关基础资料和文件（包括概预算）的期限、质量要求、费用以及其他协作条件等条款。

第二百七十五条 施工合同的内容包括工程范围、建设工期、中间交工工程的开工和竣工时间、工程质量、工程造价、技术资料交付时间、材料和设备供应责任、拨款和结算、竣工验收、质量保修范围和质量保证期、双方相互协作等条款。

第二百七十六条　建设工程实行监理的，发包人应当与监理人采用书面形式订立委托监理合同。发包人与监理人的权利和义务以及法律责任，应当依照本法委托合同以及其他有关法律、行政法规的规定。

第二百七十七条　发包人在不妨碍承包人正常作业的情况下，可以随时对作业进度、质量进行检查。

第二百七十八条　隐蔽工程在隐蔽以前，承包人应当通知发包人检查。发包人没有及时检查的，承包人可以顺延工程日期，并有权要求赔偿停工、窝工等损失。

第二百七十九条　建设工程竣工后，发包人应当根据施工图纸及说明书、国家颁发的施工验收规范和质量检验标准及时进行验收。验收合格的，发包人应当按照约定支付价款，并接收该建设工程。建设工程竣工经验收合格后，方可交付使用；未经验收或者验收不合格的，不得交付使用。

第二百八十条　勘察、设计的质量不符合要求或者未按照期限提交勘察、设计文件拖延工期，造成发包人损失的，勘察人、设计人应当继续完善勘察、设计，减收或者免收勘察、设计费并赔偿损失。

第二百八十一条　因施工人的原因致使建设工程质量不符合约定的，发包人有权要求施工人在合理期限内无偿修理或者返工、改建。经过修理或者返工、改建后，造成逾期交付的，施工人应当承担违约责任。

第二百八十二条　因承包人的原因致使建设工程在合理使用期限内造成人身和财产损害的，承包人应当承担损害赔偿责任。

第二百八十三条　发包人未按照约定的时间和要求提供原材料、设备、场地、资金、技术资料的，承包人可以顺延工程日期，并有权要求赔偿停工、窝工等损失。

第二百八十四条　因发包人的原因致使工程中途停建、缓建的，发包人应当采取措施弥补或者减少损失，赔偿承包人因此造成的停工、窝工、倒运、机械设备调迁、材料和构件积压等损失和实际费用。

第二百八十五条　因发包人变更计划，提供的资料不准确，或者未按照期限提供必需的勘察、设计工作条件而造成勘察、设计的返工、停工或者修改设计，发包人应当按照勘察人、设计人实际消耗的工作量增付费用。

第二百八十六条　发包人未按照约定支付价款的，承包人可以催告发包人在合理期限内支付价款。发包人逾期不支付的，除按照建设工程的性质不宜折价、拍卖的以外，承包人可以与发包人协议将该工程折价，也可以申请人民法院将该工程依法拍卖。建设工程的价款就该工程折价或者拍卖的价款优先受偿。

第二百八十七条　本章没有规定的，适用承揽合同的有关规定。

第十七章　运输合同

第一节　一般规定

第二百八十八条　运输合同是承运人将旅客或者货物从起运地点运输到约定地点，旅客、托运人或者收货人支付票款或者运输费用的合同。

第二百八十九条 从事公共运输的承运人不得拒绝旅客、托运人通常、合理的运输要求。

第二百九十条 承运人应当在约定期间或者合理期间内将旅客、货物安全运输到约定地点。

第二百九十一条 承运人应当按照约定的或者通常的运输路线将旅客、货物运输到约定地点。

第二百九十二条 旅客、托运人或者收货人应当支付票款或者运输费用。承运人未按照约定路线或者通常路线运输增加票款或者运输费用的，旅客、托运人或者收货人可以拒绝支付增加部分的票款或者运输费用。

第二节 客运合同

第二百九十三条 客运合同自承运人向旅客交付客票时成立，但当事人另有约定或者另有交易习惯的除外。

第二百九十四条 旅客应当持有效客票乘运。旅客无票乘运、超程乘运、越级乘运或者持失效客票乘运的，应当补交票款，承运人可以按照规定加收票款。旅客不交付票款的，承运人可以拒绝运输。

第二百九十五条 旅客因自己的原因不能按照客票记载的时间乘坐的，应当在约定的时间内办理退票或者变更手续。逾期办理的，承运人可以不退票款，并不再承担运输义务。

第二百九十六条 旅客在运输中应当按照约定的限量携带行李。超过限量携带行李的，应当办理托运手续。

第二百九十七条 旅客不得随身携带或者在行李中夹带易燃、易爆、有毒、有腐蚀性、有放射性以及有可能危及运输工具上人身和财产安全的危险物品或者其他违禁物品。

旅客违反前款规定的，承运人可以将违禁物品卸下、销毁或者送交有关部门。旅客坚持携带或者夹带违禁物品的，承运人应当拒绝运输。

第二百九十八条 承运人应当向旅客及时告知有关不能正常运输的重要事由和安全运输应当注意的事项。

第二百九十九条 承运人应当按照客票载明的时间和班次运输旅客。承运人迟延运输的，应当根据旅客的要求安排改乘其他班次或者退票。

第三百条 承运人擅自变更运输工具而降低服务标准的，应当根据旅客的要求退票或者减收票款；提高服务标准的，不应当加收票款。

第三百零一条 承运人在运输过程中，应当尽力救助患有急病、分娩、遇险的旅客。

第三百零二条 承运人应当对运输过程中旅客的伤亡承担损害赔偿责任，但伤亡是旅客自身健康原因造成的或者承运人证明伤亡是旅客故意、重大过失造成的除外。

前款规定适用于按照规定免票、持优待票或者经承运人许可搭乘的无票旅客。

第三百零三条 在运输过程中旅客自带物品毁损、灭失，承运人有过错的，应当承担损害赔偿责任。

旅客托运的行李毁损、灭失的，适用货物运输的有关规定。

第三节 货运合同

第三百零四条 托运人办理货物运输，应当向承运人准确表明收货人的名称或者姓名或者凭指示的收货人，货物的名称、性质、重量、数量，收货地点等有关货物运输的必要情况。

因托运人申报不实或者遗漏重要情况，造成承运人损失的，托运人应当承担损害赔偿责任。

第三百零五条 货物运输需要办理审批、检验等手续的，托运人应当将办理完有关手续的文件提交承运人。

第三百零六条 托运人应当按照约定的方式包装货物。对包装方式没有约定或者约定不明确的，适用本法第一百五十六条的规定。

托运人违反前款规定的，承运人可以拒绝运输。

第三百零七条 托运人托运易燃、易爆、有毒、有腐蚀性、有放射性等危险物品的，应当按照国家有关危险物品运输的规定对危险物品妥善包装，作出危险物标志和标签，并将有关危险物品的名称、性质和防范措施的书面材料提交承运人。

托运人违反前款规定的，承运人可以拒绝运输，也可以采取相应措施以避免损失的发生，因此产生的费用由托运人承担。

第三百零八条 在承运人将货物交付收货人之前，托运人可以要求承运人中止运输、返还货物、变更到达地或者将货物交给其他收货人，但应当赔偿承运人因此受到的损失。

第三百零九条 货物运输到达后，承运人知道收货人的，应当及时通知收货人，收货人应当及时提货。收货人逾期提货的，应当向承运人支付保管费等费用。

第三百一十条 收货人提货时应当按照约定的期限检验货物。对检验货物的期限没有约定或者约定不明确，依照本法第六十一条的规定仍不能确定的，应当在合理期限内检验货物。收货人在约定的期限或者合理期限内对货物的数量、毁损等未提出异议的，视为承运人已经按照运输单证的记载交付的初步证据。

第三百一十一条 承运人对运输过程中货物的毁损、灭失承担损害赔偿责任，但承运人证明货物的毁损、灭失是因不可抗力、货物本身的自然性质或者合理损耗以及托运人、收货人的过错造成的，不承担损害赔偿责任。

第三百一十二条 货物的毁损、灭失的赔偿额，当事人有约定的，按照其约定；没有约定或者约定不明确，依照本法第六十一条的规定仍不能确定的，按照交付或者应当交付时货物到达地的市场价格计算。法律、行政法规对赔偿额的计算方法和赔偿限额另有规定的，依照其规定。

第三百一十三条 两个以上承运人以同一运输方式联运的，与托运人订立合同的承运人应当对全程运输承担责任。损失发生在某一运输区段的，与托运人订立合同的承运人和该区段的承运人承担连带责任。

第三百一十四条 货物在运输过程中因不可抗力灭失，未收取运费的，承运人不得要求支付运费；已收取运费的，托运人可以要求返还。

第三百一十五条 托运人或者收货人不支付运费、保管费以及其他运输费用的，承运人对相应的运输货物享有留置权，但当事人另有约定的除外。

第三百一十六条 收货人不明或者收货人无正当理由拒绝受领货物的，依照本法第一百零一条的规定，承运人可以提存货物。

第四节 多式联运合同

第三百一十七条 多式联运经营人负责履行或者组织履行多式联运合同，对全程运输享有承运人的权利，承担承运人的义务。

第三百一十八条 多式联运经营人可以与参加多式联运的各区段承运人就多式联运合同的各区段运输约定相互之间的责任，但该约定不影响多式联运经营人对全程运输承担的义务。

第三百一十九条 多式联运经营人收到托运人交付的货物时，应当签发多式联运单据。按照托运人的要求，多式联运单据可以是可转让单据，也可以是不可转让单据。

第三百二十条 因托运人托运货物时的过错造成多式联运经营人损失的，即使托运人已经转让多式联运单据，托运人仍然应当承担损害赔偿责任。

第三百二十一条 货物的毁损、灭失发生于多式联运的某一运输区段的，多式联运经营人的赔偿责任和责任限额，适用调整该区段运输方式的有关法律规定。货物毁损、灭失发生的运输区段不能确定的，依照本章规定承担损害赔偿责任。

第十八章 技术合同

第一节 一般规定

第三百二十二条 技术合同是当事人就技术开发、转让、咨询或者服务订立的确立相互之间权利和义务的合同。

第三百二十三条 订立技术合同，应当有利于科学技术的进步，加速科学技术成果的转化、应用和推广。

第三百二十四条 技术合同的内容由当事人约定，一般包括以下条款：

（一）项目名称；

（二）标的的内容、范围和要求；

（三）履行的计划、进度、期限、地点、地域和方式；

（四）技术情报和资料的保密；

（五）风险责任的承担；

（六）技术成果的归属和收益的分成办法；

（七）验收标准和方法；

（八）价款、报酬或者使用费及其支付方式；

（九）违约金或者损失赔偿的计算方法；

（十）解决争议的方法；

（十一）名词和术语的解释。

与履行合同有关的技术背景资料、可行性论证和技术评价报告、项目任务书和计划书、技术标准、技术规范、原始设计和工艺文件，以及其他技术文档，按照当事人的约定可以作为合同的组成部分。

技术合同涉及专利的，应当注明发明创造的名称、专利申请人和专利权人、申请日期、申请号、专利号以及专利权的有效期限。

第三百二十五条 技术合同价款、报酬或者使用费的支付方式由当事人约定，可以采取一次总算、一次总付或者一次总算、分期支付，也可以采取提成支付或者提成支付附加预付入门费的方式。

约定提成支付的，可以按照产品价格、实施专利和使用技术秘密后新增的产值、利润或者产品销售额的一定比例提成，也可以按照约定的其他方式计算。提成支付的比例可以采取固定比例、逐年递增比例或者逐年递减比例。约定提成支付的，当事人应当在合同中约定查阅有关会计账目的办法。

第三百二十六条 职务技术成果的使用权、转让权属于法人或者其他组织的，法人或者其他组织可以就该项职务技术成果订立技术合同。法人或者其他组织应当从使用和转让该项职务技术成果所取得的收益中提取一定比例，对完成该项职务技术成果的个人给予奖励或者报酬。法人或者其他组织订立技术合同转让职务技术成果时，职务技术成果的完成人享有以同等条件优先受让的权利。

职务技术成果是执行法人或者其他组织的工作任务，或者主要是利用法人或者其他组织的物质技术条件所完成的技术成果。

第三百二十七条 非职务技术成果的使用权、转让权属于完成技术成果的个人，完成技术成果的个人可以就该项非职务技术成果订立技术合同。

第三百二十八条 完成技术成果的个人有在有关技术成果文件上写明自己是技术成果完成者的权利和取得荣誉证书、奖励的权利。

第三百二十九条 非法垄断技术、妨碍技术进步或者侵害他人技术成果的技术合同无效。

第二节 技术开发合同

第三百三十条 技术开发合同是指当事人之间就新技术、新产品、新工艺或者新材料及其系统的研究开发所订立的合同。

技术开发合同包括委托开发合同和合作开发合同。

技术开发合同应当采用书面形式。

当事人之间就具有产业应用价值的科技成果实施转化订立的合同，参照技术开发合同的规定。

第三百三十一条 委托开发合同的委托人应当按照约定支付研究开发经费和报酬；提供技术资料、原始数据；完成协作事项；接受研究开发成果。

第三百三十二条 委托开发合同的研究开发人应当按照约定制定和实施研究开发计划；合理使用研究开发经费；按期完成研究开发工作，交付研究开发成果，提供有关的技术资料和必要的技术指导，帮助委托人掌握研究开发成果。

第三百三十三条 委托人违反约定造成研究开发工作停滞、延误或者失败的，应当承担违约责任。

第三百三十四条 研究开发人违反约定造成研究开发工作停滞、延误或者失败的，应当承担违约责任。

第三百三十五条 合作开发合同的当事人应当按照约定进行投资，包括以技术进行投资；分工参与研究开发工作；协作配合研究开发工作。

第三百三十六条 合作开发合同的当事人违反约定造成研究开发工作停滞、延误或者失败的，应当承担违约责任。

第三百三十七条 因作为技术开发合同标的的技术已经由他人公开，致使技术开发合同的履行没有意义的，当事人可以解除合同。

第三百三十八条 在技术开发合同履行过程中，因出现无法克服的技术困难，致使研究开发失败或者部分失败的，该风险责任由当事人约定。没有约定或者约定不明确，依照本法第六十一条的规定仍不能确定的，风险责任由当事人合理分担。

当事人一方发现前款规定的可能致使研究开发失败或者部分失败的情形时，应当及时通知另一方并采取适当措施减少损失。没有及时通知并采取适当措施，致使损失扩大的，应当就扩大的损失承担责任。

第三百三十九条 委托开发完成的发明创造，除当事人另有约定的以外，申请专利的权利属于研究开发人。

研究开发人取得专利权的，委托人可以免费实施该专利。研究开发人转让专利申请权的，委托人享有以同等条件优先受让的权利。

第三百四十条 合作开发完成的发明创造，除当事人另有约定的以外，申请专利的权利属于合作开发的当事人共有。当事人一方转让其共有的专利申请权的，其他各方享有以同等条件优先受让的权利。

合作开发的当事人一方声明放弃其共有的专利申请权的，可以由另一方单独申请或者由其他各方共同申请。申请人取得专利权的，放弃专利申请权的一方可以免费实施该专利。合作开发的当事人一方不同意申请专利的，另一方或者其他各方不得申请专利。

第三百四十一条 委托开发或者合作开发完成的技术秘密成果的使用权、转让权以及利益的分配办法，由当事人约定。没有约定或者约定不明确，依照本法第六十一条的规定仍不能确定的，当事人均有使用和转让的权利，但委托开发的研究开发人不得在向委托人交付研究开发成果之前，将研究开发成果转让给第三人。

第三节 技术转让合同

第三百四十二条 技术转让合同包括专利权转让、专利申请权转让、技术秘密转让、专利实施许可合同。

技术转让合同应当采用书面形式。

第三百四十三条 技术转让合同可以约定让与人和受让人实施专利或者使用技术秘密的范围，但不得限制技术竞争和技术发展。

第三百四十四条 专利实施许可合同只在该专利权的存续期间内有效。专利权有效期限届满或者专利权被宣布无效的，专利权人不得就该专利与他人订立专利实施许可合同。

第三百四十五条 专利实施许可合同的让与人应当按照约定许可受让人实施专利，交付实施专利有关的技术资料，提供必要的技术指导。

第三百四十六条 专利实施许可合同的受让人应当按照约定实施专利，不得许可约定以外的第三人实施该专利；并按照约定支付使用费。

第三百四十七条 技术秘密转让合同的让与人应当按照约定提供技术资料，进行技术指导，保证技术的实用性、可靠性，承担保密义务。

第三百四十八条 技术秘密转让合同的受让人应当按照约定使用技术，支付使用费，承担保密义务。

第三百四十九条 技术转让合同的让与人应当保证自己是所提供的技术的合法拥有者，并保证所提供的技术完整、无误、有效，能够达到约定的目标。

第三百五十条 技术转让合同的受让人应当按照约定的范围和期限，对让与人提供的技术中尚未公开的秘密部分，承担保密义务。

第三百五十一条 让与人未按照约定转让技术的，应当返还部分或者全部使用费，并应当承担违约责任；实施专利或者使用技术秘密超越约定的范围的，违反约定擅自许可第三人实施该项专利或者使用该项技术秘密的，应当停止违约行为，承担违约责任；违反约定的保密义务的，应当承担违约责任。

第三百五十二条 受让人未按照约定支付使用费的，应当补交使用费并按照约定支付违约金；不补交使用费或者支付违约金的，应当停止实施专利或者使用技术秘密，交还技术资料，承担违约责任；实施专利或者使用技术秘密超越约定的范围的，未经让与人同意擅自许可第三人实施该专利或者使用该技术秘密的，应当停止违约行为，承担违约责任；违反约定的保密义务的，应当承担违约责任。

第三百五十三条 受让人按照约定实施专利、使用技术秘密侵害他人合法权益的，由让与人承担责任，但当事人另有约定的除外。

第三百五十四条 当事人可以按照互利的原则，在技术转让合同中约定实施专利、使用技术秘密后续改进的技术成果的分享办法。没有约定或者约定不明确，依照本法第六十一条的规定仍不能确定的，一方后续改进的技术成果，其他各方无权分享。

第三百五十五条 法律、行政法规对技术进出口合同或者专利、专利申请合同另有规定的，依照其规定。

第四节 技术咨询合同和技术服务合同

第三百五十六条 技术咨询合同包括就特定技术项目提供可行性论证、技术预测、专题技术调查、分析评价报告等合同。

技术服务合同是指当事人一方以技术知识为另一方解决特定技术问题所订立的合同，不包括建设工程合同和承揽合同。

第三百五十七条 技术咨询合同的委托人应当按照约定阐明咨询的问题，提供技术背景材料及有关技术资料、数据；接受受托人的工作成果，支付报酬。

第三百五十八条 技术咨询合同的受托人应当按照约定的期限完成咨询报告或者解答问题；提出的咨询报告应当达到约定的要求。

第三百五十九条 技术咨询合同的委托人未按照约定提供必要的资料和数据，影响工作进度和质量，不接受或者逾期接受工作成果的，支付的报酬不得追回，未支付的报酬应当支付。

技术咨询合同的受托人未按期提出咨询报告或者提出的咨询报告不符合约定的,应当承担减收或者免收报酬等违约责任。

技术咨询合同的委托人按照受托人符合约定要求的咨询报告和意见作出决策所造成的损失,由委托人承担,但当事人另有约定的除外。

第三百六十条 技术服务合同的委托人应当按照约定提供工作条件,完成配合事项;接受工作成果并支付报酬。

第三百六十一条 技术服务合同的受托人应当按照约定完成服务项目,解决技术问题,保证工作质量,并传授解决技术问题的知识。

第三百六十二条 技术服务合同的委托人不履行合同义务或者履行合同义务不符合约定,影响工作进度和质量,不接受或者逾期接受工作成果的,支付的报酬不得追回,未支付的报酬应当支付。

技术服务合同的受托人未按照合同约定完成服务工作的,应当承担免收报酬等违约责任。

第三百六十三条 在技术咨询合同、技术服务合同履行过程中,受托人利用委托人提供的技术资料和工作条件完成的新的技术成果,属于受托人。委托人利用受托人的工作成果完成的新的技术成果,属于委托人。当事人另有约定的,按照其约定。

第三百六十四条 法律、行政法规对技术中介合同、技术培训合同另有规定的,依照其规定。

第十九章　保管合同

第三百六十五条 保管合同是保管人保管寄存人交付的保管物,并返还该物的合同。

第三百六十六条 寄存人应当按照约定向保管人支付保管费。

当事人对保管费没有约定或者约定不明确,依照本法第六十一条的规定仍不能确定的,保管是无偿的。

第三百六十七条 保管合同自保管物交付时成立,但当事人另有约定的除外。

第三百六十八条 寄存人向保管人交付保管物的,保管人应当给付保管凭证,但另有交易习惯的除外。

第三百六十九条 保管人应当妥善保管保管物。

当事人可以约定保管场所或者方法。除紧急情况或者为了维护寄存人利益的以外,不得擅自改变保管场所或者方法。

第三百七十条 寄存人交付的保管物有瑕疵或者按照保管物的性质需要采取特殊保管措施的,寄存人应当将有关情况告知保管人。寄存人未告知,致使保管物受损失的,保管人不承担损害赔偿责任;保管人因此受损失的,除保管人知道或者应当知道并且未采取补救措施的以外,寄存人应当承担损害赔偿责任。

第三百七十一条 保管人不得将保管物转交第三人保管,但当事人另有约定的除外。

保管人违反前款规定,将保管物转交第三人保管,对保管物造成损失的,应当承担损害赔偿责任。

第三百七十二条 保管人不得使用或者许可第三人使用保管物，但当事人另有约定的除外。

第三百七十三条 第三人对保管物主张权利的，除依法对保管物采取保全或者执行的以外，保管人应当履行向寄存人返还保管物的义务。

第三人对保管人提起诉讼或者对保管物申请扣押的，保管人应当及时通知寄存人。

第三百七十四条 保管期间，因保管人保管不善造成保管物毁损、灭失的，保管人应当承担损害赔偿责任，但保管是无偿的，保管人证明自己没有重大过失的，不承担损害赔偿责任。

第三百七十五条 寄存人寄存货币、有价证券或者其他贵重物品的，应当向保管人声明，由保管人验收或者封存。寄存人未声明的，该物品毁损、灭失后，保管人可以按照一般物品予以赔偿。

第三百七十六条 寄存人可以随时领取保管物。

当事人对保管期间没有约定或者约定不明确的，保管人可以随时要求寄存人领取保管物；约定保管期间的，保管人无特别事由，不得要求寄存人提前领取保管物。

第三百七十七条 保管期间届满或者寄存人提前领取保管物的，保管人应当将原物及其孳息归还寄存人。

第三百七十八条 保管人保管货币的，可以返还相同种类、数量的货币。保管其他可替代物的，可以按照约定返还相同种类、品质、数量的物品。

第三百七十九条 有偿的保管合同，寄存人应当按照约定的期限向保管人支付保管费。

当事人对支付期限没有约定或者约定不明确，依照本法第六十一条的规定仍不能确定的，应当在领取保管物的同时支付。

第三百八十条 寄存人未按照约定支付保管费以及其他费用的，保管人对保管物享有留置权，但当事人另有约定的除外。

第二十章 仓储合同

第三百八十一条 仓储合同是保管人储存存货人交付的仓储物，存货人支付仓储费的合同。

第三百八十二条 仓储合同自成立时生效。

第三百八十三条 储存易燃、易爆、有毒、有腐蚀性、有放射性等危险物品或者易变质物品，存货人应当说明该物品的性质，提供有关资料。

存货人违反前款规定的，保管人可以拒收仓储物，也可以采取相应措施以避免损失的发生，因此产生的费用由存货人承担。

保管人储存易燃、易爆、有毒、有腐蚀性、有放射性等危险物品的，应当具备相应的保管条件。

第三百八十四条 保管人应当按照约定对入库仓储物进行验收。保管人验收时发现入库仓储物与约定不符合的，应当及时通知存货人。保管人验收后，发生仓储物的品种、数量、质量不符合约定的，保管人应当承担损害赔偿责任。

第三百八十五条 存货人交付仓储物的,保管人应当给付仓单。

第三百八十六条 保管人应当在仓单上签字或者盖章。仓单包括下列事项:

(一)存货人的名称或者姓名和住所;

(二)仓储物的品种、数量、质量、包装、件数和标记;

(三)仓储物的损耗标准;

(四)储存场所;

(五)储存期间;

(六)仓储费;

(七)仓储物已经办理保险的,其保险金额、期间以及保险人的名称;

(八)填发人、填发地和填发日期。

第三百八十七条 仓单是提取仓储物的凭证。存货人或者仓单持有人在仓单上背书并经保管人签字或者盖章的,可以转让提取仓储物的权利。

第三百八十八条 保管人根据存货人或者仓单持有人的要求,应当同意其检查仓储物或者提取样品。

第三百八十九条 保管人对入库仓储物发现有变质或者其他损坏的,应当及时通知存货人或者仓单持有人。

第三百九十条 保管人对入库仓储物发现有变质或者其他损坏,危及其他仓储物的安全和正常保管的,应当催告存货人或者仓单持有人作出必要的处置。因情况紧急,保管人可以作出必要的处置,但事后应当将该情况及时通知存货人或者仓单持有人。

第三百九十一条 当事人对储存期间没有约定或者约定不明确的,存货人或者仓单持有人可以随时提取仓储物,保管人也可以随时要求存货人或者仓单持有人提取仓储物,但应当给予必要的准备时间。

第三百九十二条 储存期间届满,存货人或者仓单持有人应当凭仓单提取仓储物。存货人或者仓单持有人逾期提取的,应当加收仓储费;提前提取的,不减收仓储费。

第三百九十三条 储存期间届满,存货人或者仓单持有人不提取仓储物的,保管人可以催告其在合理期限内提取,逾期不提取的,保管人可以提存仓储物。

第三百九十四条 储存期间,因保管人保管不善造成仓储物毁损、灭失的,保管人应当承担损害赔偿责任。因仓储物的性质、包装不符合约定或者超过有效储存期造成仓储物变质、损坏的,保管人不承担损害赔偿责任。

第三百九十五条 本章没有规定的,适用保管合同的有关规定。

第二十一章　委托合同

第三百九十六条 委托合同是委托人和受托人约定,由受托人处理委托人事务的合同。

第三百九十七条 委托人可以特别委托受托人处理一项或者数项事务,也可以概括委托受托人处理一切事务。

第三百九十八条 委托人应当预付处理委托事务的费用。受托人为处理委托事务垫付的必要费用,委托人应当偿还该费用及其利息。

第三百九十九条 受托人应当按照委托人的指示处理委托事务。需要变更委托人指示的，应当经委托人同意；因情况紧急，难以和委托人取得联系的，受托人应当妥善处理委托事务，但事后应当将该情况及时报告委托人。

第四百条 受托人应当亲自处理委托事务。经委托人同意，受托人可以转委托。转委托经同意的，委托人可以就委托事务直接指示转委托的第三人，受托人仅就第三人的选任及其对第三人的指示承担责任。转委托未经同意的，受托人应当对转委托的第三人的行为承担责任，但在紧急情况下受托人为维护委托人的利益需要转委托的除外。

第四百零一条 受托人应当按照委托人的要求，报告委托事务的处理情况。委托合同终止时，受托人应当报告委托事务的结果。

第四百零二条 受托人以自己的名义，在委托人的授权范围内与第三人订立的合同，第三人在订立合同时知道受托人与委托人之间的代理关系的，该合同直接约束委托人和第三人，但有确切证据证明该合同只约束受托人和第三人的除外。

第四百零三条 受托人以自己的名义与第三人订立合同时，第三人不知道受托人与委托人之间的代理关系的，受托人因第三人的原因对委托人不履行义务，受托人应当向委托人披露第三人，委托人因此可以行使受托人对第三人的权利，但第三人与受托人订立合同时如果知道该委托人就不会订立合同的除外。

受托人因委托人的原因对第三人不履行义务，受托人应当向第三人披露委托人，第三人因此可以选择受托人或者委托人作为相对人主张其权利，但第三人不得变更选定的相对人。

委托人行使受托人对第三人的权利的，第三人可以向委托人主张其对受托人的抗辩。第三人选定委托人作为其相对人的，委托人可以向第三人主张其对受托人的抗辩以及受托人对第三人的抗辩。

第四百零四条 受托人处理委托事务取得的财产，应当转交给委托人。

第四百零五条 受托人完成委托事务的，委托人应当向其支付报酬。因不可归责于受托人的事由，委托合同解除或者委托事务不能完成的，委托人应当向受托人支付相应的报酬。当事人另有约定的，按照其约定。

第四百零六条 有偿的委托合同，因受托人的过错给委托人造成损失的，委托人可以要求赔偿损失。无偿的委托合同，因受托人的故意或者重大过失给委托人造成损失的，委托人可以要求赔偿损失。

受托人超越权限给委托人造成损失的，应当赔偿损失。

第四百零七条 受托人处理委托事务时，因不可归责于自己的事由受到损失的，可以向委托人要求赔偿损失。

第四百零八条 委托人经受托人同意，可以在受托人之外委托第三人处理委托事务。因此给受托人造成损失的，受托人可以向委托人要求赔偿损失。

第四百零九条 两个以上的受托人共同处理委托事务的，对委托人承担连带责任。

第四百一十条 委托人或者受托人可以随时解除委托合同。因解除合同给对方造成损失的，除不可归责于该当事人的事由以外，应当赔偿损失。

第四百一十一条 委托人或者受托人死亡、丧失民事行为能力或者破产的，委托合同终止，但当事人另有约定或者根据委托事务的性质不宜终止的除外。

第四百一十二条 因委托人死亡、丧失民事行为能力或者破产，致使委托合同终止将损害委托人利益的，在委托人的继承人、法定代理人或者清算组织承受委托事务之前，受托人应当继续处理委托事务。

第四百一十三条 因受托人死亡、丧失民事行为能力或者破产，致使委托合同终止的，受托人的继承人、法定代理人或者清算组织应当及时通知委托人。因委托合同终止将损害委托人利益的，在委托人作出善后处理之前，受托人的继承人、法定代理人或者清算组织应当采取必要措施。

第二十二章　行纪合同

第四百一十四条 行纪合同是行纪人以自己的名义为委托人从事贸易活动，委托人支付报酬的合同。

第四百一十五条 行纪人处理委托事务支出的费用，由行纪人负担，但当事人另有约定的除外。

第四百一十六条 行纪人占有委托物的，应当妥善保管委托物。

第四百一十七条 委托物交付给行纪人时有瑕疵或者容易腐烂、变质的，经委托人同意，行纪人可以处分该物；和委托人不能及时取得联系的，行纪人可以合理处分。

第四百一十八条 行纪人低于委托人指定的价格卖出或者高于委托人指定的价格买入的，应当经委托人同意。未经委托人同意，行纪人补偿其差额的，该买卖对委托人发生效力。

行纪人高于委托人指定的价格卖出或者低于委托人指定的价格买入的，可以按照约定增加报酬。没有约定或者约定不明确，依照本法第六十一条的规定仍不能确定的，该利益属于委托人。

委托人对价格有特别指示的，行纪人不得违背该指示卖出或者买入。

第四百一十九条 行纪人卖出或者买入具有市场定价的商品，除委托人有相反的意思表示的以外，行纪人自己可以作为买受人或者出卖人。

行纪人有前款规定情形的，仍然可以要求委托人支付报酬。

第四百二十条 行纪人按照约定买入委托物，委托人应当及时受领。经行纪人催告，委托人无正当理由拒绝受领的，行纪人依照本法第一百零一条的规定可以提存委托物。

委托物不能卖出或者委托人撤回出卖，经行纪人催告，委托人不取回或者不处分该物的，行纪人依照本法第一百零一条的规定可以提存委托物。

第四百二十一条 行纪人与第三人订立合同的，行纪人对该合同直接享有权利、承担义务。

第三人不履行义务致使委托人受到损害的，行纪人应当承担损害赔偿责任，但行纪人与委托人另有约定的除外。

第四百二十二条 行纪人完成或者部分完成委托事务的，委托人应当向其支付相应的报酬。委托人逾期不支付报酬的，行纪人对委托物享有留置权，但当事人另有约定的除外。

第四百二十三条 本章没有规定的，适用委托合同的有关规定。

第二十三章 居间合同

第四百二十四条 居间合同是居间人向委托人报告订立合同的机会或者提供订立合同的媒介服务,委托人支付报酬的合同。

第四百二十五条 居间人应当就有关订立合同的事项向委托人如实报告。

居间人故意隐瞒与订立合同有关的重要事实或者提供虚假情况,损害委托人利益的,不得要求支付报酬并应当承担损害赔偿责任。

第四百二十六条 居间人促成合同成立的,委托人应当按照约定支付报酬。对居间人的报酬没有约定或者约定不明确,依照本法第六十一条的规定仍不能确定的,根据居间人的劳务合理确定。因居间人提供订立合同的媒介服务而促成合同成立的,由该合同的当事人平均负担居间人的报酬。

居间人促成合同成立的,居间活动的费用,由居间人负担。

第四百二十七条 居间人未促成合同成立的,不得要求支付报酬,但可以要求委托人支付从事居间活动支出的必要费用。

附 则

第四百二十八条 本法自 1999 年 10 月 1 日起施行,《中华人民共和国经济合同法》《中华人民共和国涉外经济合同法》《中华人民共和国技术合同法》同时废止。

中华人民共和国反不正当竞争法

（1993 年 9 月 2 日第八届全国人民代表大会常务委员会第三次会议通过，2017 年 11 月 4 日第十二届全国人民代表大会常务委员会第三十次会议修订，现将修订后的《中华人民共和国反不正当竞争法》公布，自 2018 年 1 月 1 日起施行）

目 录

第一章　总　则

第一条　为了促进社会主义市场经济健康发展，鼓励和保护公平竞争，制止不正当竞争行为，保护经营者和消费者的合法权益，制定本法。

第二条　经营者在生产经营活动中，应当遵循自愿、平等、公平、诚信的原则，遵守法律和商业道德。

本法所称的不正当竞争行为，是指经营者在生产经营活动中，违反本法规定，扰乱市场竞争秩序，损害其他经营者或者消费者的合法权益的行为。

本法所称的经营者，是指从事商品生产、经营或者提供服务（以下所称商品包括服务）的自然人、法人和非法人组织。

第三条　各级人民政府应当采取措施，制止不正当竞争行为，为公平竞争创造良好的环境和条件。

国务院建立反不正当竞争工作协调机制，研究决定反不正当竞争重大政策，协调处理维护市场竞争秩序的重大问题。

第四条　县级以上人民政府履行工商行政管理职责的部门对不正当竞争行为进行查处；法律、行政法规规定由其他部门查处的，依照其规定。

第五条　国家鼓励、支持和保护一切组织和个人对不正当竞争行为进行社会监督。

国家机关及其工作人员不得支持、包庇不正当竞争行为。

行业组织应当加强行业自律，引导、规范会员依法竞争，维护市场竞争秩序。

第二章　不正当竞争行为

第六条　经营者不得实施下列混淆行为，引人误认为是他人商品或者与他人存在特定联系：

（一）擅自使用与他人有一定影响的商品名称、包装、装潢等相同或者近似的标识；

（二）擅自使用他人有一定影响的企业名称（包括简称、字号等）、社会组织名称（包括简称等）、姓名（包括笔名、艺名、译名等）；

（三）擅自使用他人有一定影响的域名主体部分、网站名称、网页等；

（四）其他足以引人误认为是他人商品或者与他人存在特定联系的混淆行为。

第七条　经营者不得采用财物或者其他手段贿赂下列单位或者个人，以谋取交易机会或者竞争优势：

（一）交易相对方的工作人员；

（二）受交易相对方委托办理相关事务的单位或者个人；

（三）利用职权或者影响力影响交易的单位或者个人。

经营者在交易活动中，可以以明示方式向交易相对方支付折扣，或者向中间人支付佣金。经营者向交易相对方支付折扣、向中间人支付佣金的，应当如实入账。接受折扣、佣金的经营者也应当如实入账。

经营者的工作人员进行贿赂的，应当认定为经营者的行为；但是，经营者有证据证明该工作人员的行为与为经营者谋取交易机会或者竞争优势无关的除外。

第八条　经营者不得对其商品的性能、功能、质量、销售状况、用户评价、曾获荣誉等作虚假或者引人误解的商业宣传，欺骗、误导消费者。

经营者不得通过组织虚假交易等方式，帮助其他经营者进行虚假或者引人误解的商业宣传。

第九条　经营者不得实施下列侵犯商业秘密的行为：

（一）以盗窃、贿赂、欺诈、胁迫或者其他不正当手段获取权利人的商业秘密；

（二）披露、使用或者允许他人使用以前项手段获取的权利人的商业秘密；

（三）违反约定或者违反权利人有关保守商业秘密的要求，披露、使用或者允许他人使用其所掌握的商业秘密。

第三人明知或者应知商业秘密权利人的员工、前员工或者其他单位、个人实施前款所列违法行为，仍获取、披露、使用或者允许他人使用该商业秘密的，视为侵犯商业秘密。

本法所称的商业秘密，是指不为公众所知悉、具有商业价值并经权利人采取相应保密措施的技术信息和经营信息。

第十条　经营者进行有奖销售不得存在下列情形：

（一）所设奖的种类、兑奖条件、奖金金额或者奖品等有奖销售信息不明确，影响兑奖；

（二）采用谎称有奖或者故意让内定人员中奖的欺骗方式进行有奖销售；

（三）抽奖式的有奖销售，最高奖的金额超过五万元。

第十一条　经营者不得编造、传播虚假信息或者误导性信息，损害竞争对手的商业信誉、商品声誉。

第十二条 经营者利用网络从事生产经营活动,应当遵守本法的各项规定。

经营者不得利用技术手段,通过影响用户选择或者其他方式,实施下列妨碍、破坏其他经营者合法提供的网络产品或者服务正常运行的行为:

(一)未经其他经营者同意,在其合法提供的网络产品或者服务中,插入链接、强制进行目标跳转;

(二)误导、欺骗、强迫用户修改、关闭、卸载其他经营者合法提供的网络产品或者服务;

(三)恶意对其他经营者合法提供的网络产品或者服务实施不兼容;

(四)其他妨碍、破坏其他经营者合法提供的网络产品或者服务正常运行的行为。

第三章 对涉嫌不正当竞争行为的调查

第十三条 监督检查部门调查涉嫌不正当竞争行为,可以采取下列措施:

(一)进入涉嫌不正当竞争行为的经营场所进行检查;

(二)询问被调查的经营者、利害关系人及其他有关单位、个人,要求其说明有关情况或者提供与被调查行为有关的其他资料;

(三)查询、复制与涉嫌不正当竞争行为有关的协议、账簿、单据、文件、记录、业务函电和其他资料;

(四)查封、扣押与涉嫌不正当竞争行为有关的财物;

(五)查询涉嫌不正当竞争行为的经营者的银行账户。

采取前款规定的措施,应当向监督检查部门主要负责人书面报告,并经批准。采取前款第四项、第五项规定的措施,应当向设区的市级以上人民政府监督检查部门主要负责人书面报告,并经批准。

监督检查部门调查涉嫌不正当竞争行为,应当遵守《中华人民共和国行政强制法》和其他有关法律、行政法规的规定,并应当将查处结果及时向社会公开。

第十四条 监督检查部门调查涉嫌不正当竞争行为,被调查的经营者、利害关系人及其他有关单位、个人应当如实提供有关资料或者情况。

第十五条 监督检查部门及其工作人员对调查过程中知悉的商业秘密负有保密义务。

第十六条 对涉嫌不正当竞争行为,任何单位和个人有权向监督检查部门举报,监督检查部门接到举报后应当依法及时处理。

监督检查部门应当向社会公开受理举报的电话、信箱或者电子邮件地址,并为举报人保密。对实名举报并提供相关事实和证据的,监督检查部门应当将处理结果告知举报人。

第四章 法律责任

第十七条 经营者违反本法规定,给他人造成损害的,应当依法承担民事责任。

经营者的合法权益受到不正当竞争行为损害的,可以向人民法院提起诉讼。

因不正当竞争行为受到损害的经营者的赔偿数额,按照其因被侵权所受到的实际损失确定；实际损失难以计算的，按照侵权人因侵权所获得的利益确定。赔偿数额还应当包括经营者为制止侵权行为所支付的合理开支。

经营者违反本法第六条、第九条规定，权利人因被侵权所受到的实际损失、侵权人因侵权所获得的利益难以确定的，由人民法院根据侵权行为的情节判决给予权利人三百万元以下的赔偿。

第十八条 经营者违反本法第六条规定实施混淆行为的，由监督检查部门责令停止违法行为，没收违法商品。违法经营额五万元以上的，可以并处违法经营额五倍以下的罚款；没有违法经营额或者违法经营额不足五万元的，可以并处二十五万元以下的罚款。情节严重的，吊销营业执照。

经营者登记的企业名称违反本法第六条规定的，应当及时办理名称变更登记；名称变更前，由原企业登记机关以统一社会信用代码代替其名称。

第十九条 经营者违反本法第七条规定贿赂他人的，由监督检查部门没收违法所得，处十万元以上三百万元以下的罚款。情节严重的，吊销营业执照。

第二十条 经营者违反本法第八条规定对其商品作虚假或者引人误解的商业宣传，或者通过组织虚假交易等方式帮助其他经营者进行虚假或者引人误解的商业宣传的，由监督检查部门责令停止违法行为，处二十万元以上一百万元以下的罚款；情节严重的，处一百万元以上二百万元以下的罚款，可以吊销营业执照。

经营者违反本法第八条规定，属于发布虚假广告的，依照《中华人民共和国广告法》的规定处罚。

第二十一条 经营者违反本法第九条规定侵犯商业秘密的，由监督检查部门责令停止违法行为，处十万元以上五十万元以下的罚款；情节严重的，处五十万元以上三百万元以下的罚款。

第二十二条 经营者违反本法第十条规定进行有奖销售的，由监督检查部门责令停止违法行为，处五万元以上五十万元以下的罚款。

第二十三条 经营者违反本法第十一条规定损害竞争对手商业信誉、商品声誉的，由监督检查部门责令停止违法行为、消除影响，处十万元以上五十万元以下的罚款；情节严重的，处五十万元以上三百万元以下的罚款。

第二十四条 经营者违反本法第十二条规定妨碍、破坏其他经营者合法提供的网络产品或者服务正常运行的，由监督检查部门责令停止违法行为，处十万元以上五十万元以下的罚款；情节严重的，处五十万元以上三百万元以下的罚款。

第二十五条 经营者违反本法规定从事不正当竞争，有主动消除或者减轻违法行为危害后果等法定情形的，依法从轻或者减轻行政处罚；违法行为轻微并及时纠正，没有造成危害后果的，不予行政处罚。

第二十六条 经营者违反本法规定从事不正当竞争，受到行政处罚的，由监督检查部门记入信用记录，并依照有关法律、行政法规的规定予以公示。

第二十七条 经营者违反本法规定，应当承担民事责任、行政责任和刑事责任，其财产不足以支付的，优先用于承担民事责任。

第二十八条 妨害监督检查部门依照本法履行职责，拒绝、阻碍调查的，由监督检查部门责令改正，对个人可以处五千元以下的罚款，对单位可以处五万元以下的罚款，并可以由公安机关依法给予治安管理处罚。

第二十九条 当事人对监督检查部门作出的决定不服的，可以依法申请行政复议或者提起行政诉讼。

第三十条 监督检查部门的工作人员滥用职权、玩忽职守、徇私舞弊或者泄露调查过程中知悉的商业秘密的，依法给予处分。

第三十一条 违反本法规定，构成犯罪的，依法追究刑事责任。

第五章 附 则

第三十二条 本法自2018年1月1日起施行。

中华人民共和国反垄断法

（2007 年 3 月 16 日第十届全国人民代表大会第五次会议通过，2007 年 3 月 16 日中华人民共和国主席令第 62 号公布，自 2008 年 8 月 1 日起施行）

目 录

第一章 总 则

第一条 为了预防和制止垄断行为，保护市场公平竞争，提高经济运行效率，维护消费者利益和社会公共利益，促进社会主义市场经济健康发展，制定本法。

第二条 中华人民共和国境内经济活动中的垄断行为，适用本法；中华人民共和国境外的垄断行为，对境内市场竞争产生排除、限制影响的，适用本法。

第三条 本法规定的垄断行为包括：

（一）经营者达成垄断协议；

（二）经营者滥用市场支配地位；

（三）具有或者可能具有排除、限制竞争效果的经营者集中。

第四条 国家制定和实施与社会主义市场经济相适应的竞争规则，完善宏观调控，健全统一、开放、竞争、有序的市场体系。

第五条 经营者可以通过公平竞争、自愿联合，依法实施集中，扩大经营规模，提高市场竞争能力。

第六条 具有市场支配地位的经营者，不得滥用市场支配地位，排除、限制竞争。

第七条 国有经济占控制地位的关系国民经济命脉和国家安全的行业以及依法实行专营专卖的行业，国家对其经营者的合法经营活动予以保护，并对经营者的经营行为及其商品和服务的价格依法实施监管和调控，维护消费者利益，促进技术进步。

前款规定行业的经营者应当依法经营，诚实守信，严格自律，接受社会公众的监督，不得利用其控制地位或者专营专卖地位损害消费者利益。

第八条 行政机关和法律、法规授权的具有管理公共事务职能的组织不得滥用行政权力，排除、限制竞争。

第九条 国务院设立反垄断委员会，负责组织、协调、指导反垄断工作，履行下列职责：

（一）研究拟订有关竞争政策；

（二）组织调查、评估市场总体竞争状况，发布评估报告；

（三）制定、发布反垄断指南；

（四）协调反垄断行政执法工作；

（五）国务院规定的其他职责。

国务院反垄断委员会的组成和工作规则由国务院规定。

第十条 国务院规定的承担反垄断执法职责的机构（以下统称国务院反垄断执法机构）依照本法规定，负责反垄断执法工作。

国务院反垄断执法机构根据工作需要，可以授权省、自治区、直辖市人民政府相应的机构，依照本法规定负责有关反垄断执法工作。

第十一条 行业协会应当加强行业自律，引导本行业的经营者依法竞争，维护市场竞争秩序。

第十二条 本法所称经营者，是指从事商品生产、经营或者提供服务的自然人、法人和其他组织。

本法所称相关市场，是指经营者在一定时期内就特定商品或者服务（以下统称商品）进行竞争的商品范围和地域范围。

第二章 垄断协议

第十三条 禁止具有竞争关系的经营者达成下列垄断协议：

（一）固定或者变更商品价格；

（二）限制商品的生产数量或者销售数量；

（三）分割销售市场或者原材料采购市场；

（四）限制购买新技术、新设备或者限制开发新技术、新产品；

（五）联合抵制交易；

（六）国务院反垄断执法机构认定的其他垄断协议。

本法所称垄断协议，是指排除、限制竞争的协议、决定或者其他协同行为。

第十四条 禁止经营者与交易相对人达成下列垄断协议：

（一）固定向第三人转售商品的价格；

（二）限定向第三人转售商品的最低价格；

（三）国务院反垄断执法机构认定的其他垄断协议。

第十五条　经营者能够证明所达成的协议属于下列情形之一的，不适用本法第十三条、第十四条的规定：

（一）为改进技术、研究开发新产品的；

（二）为提高产品质量、降低成本、增进效率，统一产品规格、标准或者实行专业化分工的；

（三）为提高中小经营者经营效率，增强中小经营者竞争力的；

（四）为实现节约能源、保护环境、救灾救助等社会公共利益的；

（五）因经济不景气，为缓解销售量严重下降或者生产明显过剩的；

（六）为保障对外贸易和对外经济合作中的正当利益的；

（七）法律和国务院规定的其他情形。

属于前款第一项至第五项情形，不适用本法第十三条、第十四条规定的，经营者还应当证明所达成的协议不会严重限制相关市场的竞争，并且能够使消费者分享由此产生的利益。

第十六条　行业协会不得组织本行业的经营者从事本章禁止的垄断行为。

第三章　滥用市场支配地位

第十七条　禁止具有市场支配地位的经营者从事下列滥用市场支配地位的行为：

（一）以不公平的高价销售商品或者以不公平的低价购买商品；

（二）没有正当理由，以低于成本的价格销售商品；

（三）没有正当理由，拒绝与交易相对人进行交易；

（四）没有正当理由，限定交易相对人只能与其进行交易或者只能与其指定的经营者进行交易；

（五）没有正当理由搭售商品，或者在交易时附加其他不合理的交易条件；

（六）没有正当理由，对条件相同的交易相对人在交易价格等交易条件上实行差别待遇；

（七）国务院反垄断执法机构认定的其他滥用市场支配地位的行为。

本法所称市场支配地位，是指经营者在相关市场内具有能够控制商品价格、数量或者其他交易条件，或者能够阻碍、影响其他经营者进入相关市场能力的市场地位。

第十八条　认定经营者具有市场支配地位，应当依据下列因素：

（一）该经营者在相关市场的市场份额，以及相关市场的竞争状况；

（二）该经营者控制销售市场或者原材料采购市场的能力；

（三）该经营者的财力和技术条件；

（四）其他经营者对该经营者在交易上的依赖程度；

（五）其他经营者进入相关市场的难易程度；

（六）与认定该经营者市场支配地位有关的其他因素。

第十九条　有下列情形之一的，可以推定经营者具有市场支配地位：

（一）一个经营者在相关市场的市场份额达到二分之一的；

（二）两个经营者在相关市场的市场份额合计达到三分之二的；

（三）三个经营者在相关市场的市场份额合计达到四分之三的。

有前款第二项、第三项规定的情形，其中有的经营者市场份额不足十分之一的，不应当推定该经营者具有市场支配地位。

被推定具有市场支配地位的经营者，有证据证明不具有市场支配地位的，不应当认定其具有市场支配地位。

第四章　经营者集中

第二十条　经营者集中是指下列情形：

（一）经营者合并；

（二）经营者通过取得股权或者资产的方式取得对其他经营者的控制权；

（三）经营者通过合同等方式取得对其他经营者的控制权或者能够对其他经营者施加决定性影响。

第二十一条　经营者集中达到国务院规定的申报标准的，经营者应当事先向国务院反垄断执法机构申报，未申报的不得实施集中。

第二十二条　经营者集中有下列情形之一的，可以不向国务院反垄断执法机构申报：

（一）参与集中的一个经营者拥有其他每个经营者百分之五十以上有表决权的股份或者资产的；

（二）参与集中的每个经营者百分之五十以上有表决权的股份或者资产被同一个未参与集中的经营者拥有的。

第二十三条　经营者向国务院反垄断执法机构申报集中，应当提交下列文件、资料：

（一）申报书；

（二）集中对相关市场竞争状况影响的说明；

（三）集中协议；

（四）参与集中的经营者经会计师事务所审计的上一会计年度财务会计报告；

（五）国务院反垄断执法机构规定的其他文件、资料。

申报书应当载明参与集中的经营者的名称、住所、经营范围、预定实施集中的日期和国务院反垄断执法机构规定的其他事项。

第二十四条　经营者提交的文件、资料不完备的，应当在国务院反垄断执法机构规定的期限内补交文件、资料。经营者逾期未补交文件、资料的，视为未申报。

第二十五条　国务院反垄断执法机构应当自收到经营者提交的符合本法第二十三条规定的文件、资料之日起三十日内，对申报的经营者集中进行初步审查，作出是否实施进一步审查的决定，并书面通知经营者。国务院反垄断执法机构作出决定前，经营者不得实施集中。

国务院反垄断执法机构作出不实施进一步审查的决定或者逾期未作出决定的，经营者可以实施集中。

第二十六条 国务院反垄断执法机构决定实施进一步审查的，应当自决定之日起九十日内审查完毕，作出是否禁止经营者集中的决定，并书面通知经营者。作出禁止经营者集中的决定，应当说明理由。审查期间，经营者不得实施集中。

有下列情形之一的，国务院反垄断执法机构经书面通知经营者，可以延长前款规定的审查期限，但最长不得超过六十日：

（一）经营者同意延长审查期限的；

（二）经营者提交的文件、资料不准确，需要进一步核实的；

（三）经营者申报后有关情况发生重大变化的。

国务院反垄断执法机构逾期未作出决定的，经营者可以实施集中。

第二十七条 审查经营者集中，应当考虑下列因素：

（一）参与集中的经营者在相关市场的市场份额及其对市场的控制力；

（二）相关市场的市场集中度；

（三）经营者集中对市场进入、技术进步的影响；

（四）经营者集中对消费者和其他有关经营者的影响；

（五）经营者集中对国民经济发展的影响；

（六）国务院反垄断执法机构认为应当考虑的影响市场竞争的其他因素。

第二十八条 经营者集中具有或者可能具有排除、限制竞争效果的，国务院反垄断执法机构应当作出禁止经营者集中的决定。但是，经营者能够证明该集中对竞争产生的有利影响明显大于不利影响，或者符合社会公共利益的，国务院反垄断执法机构可以作出对经营者集中不予禁止的决定。

第二十九条 对不予禁止的经营者集中，国务院反垄断执法机构可以决定附加减少集中对竞争产生不利影响的限制性条件。

第三十条 国务院反垄断执法机构应当将禁止经营者集中的决定或者对经营者集中附加限制性条件的决定，及时向社会公布。

第三十一条 对外资并购境内企业或者以其他方式参与经营者集中，涉及国家安全的，除依照本法规定进行经营者集中审查外，还应当按照国家有关规定进行国家安全审查。

第五章 滥用行政权力排除、限制竞争

第三十二条 行政机关和法律、法规授权的具有管理公共事务职能的组织不得滥用行政权力，限定或者变相限定单位或者个人经营、购买、使用其指定的经营者提供的商品。

第三十三条 行政机关和法律、法规授权的具有管理公共事务职能的组织不得滥用行政权力，实施下列行为，妨碍商品在地区之间的自由流通：

（一）对外地商品设定歧视性收费项目、实行歧视性收费标准，或者规定歧视性价格；

（二）对外地商品规定与本地同类商品不同的技术要求、检验标准，或者对外地商品采取重复检验、重复认证等歧视性技术措施，限制外地商品进入本地市场；

（三）采取专门针对外地商品的行政许可，限制外地商品进入本地市场；

（四）设置关卡或者采取其他手段，阻碍外地商品进入或者本地商品运出；

（五）妨碍商品在地区之间自由流通的其他行为。

第三十四条 行政机关和法律、法规授权的具有管理公共事务职能的组织不得滥用行政权力，以设定歧视性资质要求、评审标准或者不依法发布信息等方式，排斥或者限制外地经营者参加本地的招标投标活动。

第三十五条 行政机关和法律、法规授权的具有管理公共事务职能的组织不得滥用行政权力，采取与本地经营者不平等待遇等方式，排斥或者限制外地经营者在本地投资或者设立分支机构。

第三十六条 行政机关和法律、法规授权的具有管理公共事务职能的组织不得滥用行政权力，强制经营者从事本法规定的垄断行为。

第三十七条 行政机关不得滥用行政权力，制定含有排除、限制竞争内容的规定。

第六章 对涉嫌垄断行为的调查

第三十八条 反垄断执法机构依法对涉嫌垄断行为进行调查。

对涉嫌垄断行为，任何单位和个人有权向反垄断执法机构举报。反垄断执法机构应当为举报人保密。

举报采用书面形式并提供相关事实和证据的，反垄断执法机构应当进行必要的调查。

第三十九条 反垄断执法机构调查涉嫌垄断行为，可以采取下列措施：

（一）进入被调查的经营者的营业场所或者其他有关场所进行检查；

（二）询问被调查的经营者、利害关系人或者其他有关单位或者个人，要求其说明有关情况；

（三）查阅、复制被调查的经营者、利害关系人或者其他有关单位或者个人的有关单证、协议、会计账簿、业务函电、电子数据等文件、资料；

（四）查封、扣押相关证据；

（五）查询经营者的银行账户。

采取前款规定的措施，应当向反垄断执法机构主要负责人书面报告，并经批准。

第四十条 反垄断执法机构调查涉嫌垄断行为，执法人员不得少于二人，并应当出示执法证件。

执法人员进行询问和调查，应当制作笔录，并由被询问人或者被调查人签字。

第四十一条 反垄断执法机构及其工作人员对执法过程中知悉的商业秘密负有保密义务。

第四十二条 被调查的经营者、利害关系人或者其他有关单位或者个人应当配合反垄断执法机构依法履行职责，不得拒绝、阻碍反垄断执法机构的调查。

第四十三条 被调查的经营者、利害关系人有权陈述意见。反垄断执法机构应当对被调查的经营者、利害关系人提出的事实、理由和证据进行核实。

第四十四条 反垄断执法机构对涉嫌垄断行为调查核实后，认为构成垄断行为的，应当依法作出处理决定，并可以向社会公布。

第四十五条 对反垄断执法机构调查的涉嫌垄断行为，被调查的经营者承诺在反垄断执法机构认可的期限内采取具体措施消除该行为后果的，反垄断执法机构可以决定中止调查。中止调查的决定应当载明被调查的经营者承诺的具体内容。

反垄断执法机构决定中止调查的，应当对经营者履行承诺的情况进行监督。经营者履行承诺的，反垄断执法机构可以决定终止调查。

有下列情形之一的，反垄断执法机构应当恢复调查：

（一）经营者未履行承诺的；

（二）作出中止调查决定所依据的事实发生重大变化的；

（三）中止调查的决定是基于经营者提供的不完整或者不真实的信息作出的。

第七章 法律责任

第四十六条 经营者违反本法规定，达成并实施垄断协议的，由反垄断执法机构责令停止违法行为，没收违法所得，并处上一年度销售额百分之一以上百分之十以下的罚款；尚未实施所达成的垄断协议的，可以处五十万元以下的罚款。

经营者主动向反垄断执法机构报告达成垄断协议的有关情况并提供重要证据的，反垄断执法机构可以酌情减轻或者免除对该经营者的处罚。

行业协会违反本法规定，组织本行业的经营者达成垄断协议的，反垄断执法机构可以处五十万元以下的罚款；情节严重的，社会团体登记管理机关可以依法撤销登记。

第四十七条 经营者违反本法规定，滥用市场支配地位的，由反垄断执法机构责令停止违法行为，没收违法所得，并处上一年度销售额百分之一以上百分之十以下的罚款。

第四十八条 经营者违反本法规定实施集中的，由国务院反垄断执法机构责令停止实施集中、限期处分股份或者资产、限期转让营业以及采取其他必要措施恢复到集中前的状态，可以处五十万元以下的罚款。

第四十九条 对本法第四十六条、第四十七条、第四十八条规定的罚款，反垄断执法机构确定具体罚款数额时，应当考虑违法行为的性质、程度和持续的时间等因素。

第五十条 经营者实施垄断行为，给他人造成损失的，依法承担民事责任。

第五十一条 行政机关和法律、法规授权的具有管理公共事务职能的组织滥用行政权力，实施排除、限制竞争行为的，由上级机关责令改正；对直接负责的主管人员和其他直接责任人员依法给予处分。反垄断执法机构可以向有关上级机关提出依法处理的建议。

法律、行政法规对行政机关和法律、法规授权的具有管理公共事务职能的组织滥用行政权力实施排除、限制竞争行为的处理另有规定的,依照其规定。

第五十二条 对反垄断执法机构依法实施的审查和调查,拒绝提供有关材料、信息,或者提供虚假材料、信息,或者隐匿、销毁、转移证据,或者有其他拒绝、阻碍调查行为的,由反垄断执法机构责令改正,对个人可以处二万元以下的罚款,对单位可以处二十万元以下的罚款;情节严重的,对个人处二万元以上十万元以下的罚款,对单位处二十万元以上一百万元以下的罚款;构成犯罪的,依法追究刑事责任。

第五十三条 对反垄断执法机构依据本法第二十八条、第二十九条作出的决定不服的,可以先依法申请行政复议;对行政复议决定不服的,可以依法提起行政诉讼。

对反垄断执法机构作出的前款规定以外的决定不服的,可以依法申请行政复议或者提起行政诉讼。

第五十四条 反垄断执法机构工作人员滥用职权、玩忽职守、徇私舞弊或者泄露执法过程中知悉的商业秘密,构成犯罪的,依法追究刑事责任;尚不构成犯罪的,依法给予处分。

第八章 附 则

第五十五条 经营者依照有关知识产权的法律、行政法规规定行使知识产权的行为,不适用本法;但是,经营者滥用知识产权,排除、限制竞争的行为,适用本法。

第五十六条 农业生产者及农村经济组织在农产品生产、加工、销售、运输、储存等经营活动中实施的联合或者协同行为,不适用本法。

第五十七条 本法自 2008 年 8 月 1 日起施行。

中华人民共和国物权法

（《中华人民共和国物权法》已由中华人民共和国第十届全国人民代表大会第五次会议于2007年3月16日通过，现予公布，自2007年10月1日起施行）

目 录

第一编　总　则

第一章　基本原则

第一条　为了维护国家基本经济制度，维护社会主义市场经济秩序，明确物的归属，发挥物的效用，保护权利人的物权，根据宪法，制定本法。

第二条　因物的归属和利用而产生的民事关系，适用本法。

本法所称物，包括不动产和动产。法律规定权利作为物权客体的，依照其规定。

本法所称物权，是指权利人依法对特定的物享有直接支配和排他的权利，包括所有权、用益物权和担保物权。

第三条　国家在社会主义初级阶段，坚持公有制为主体、多种所有制经济共同发展的基本经济制度。

国家巩固和发展公有制经济，鼓励、支持和引导非公有制经济的发展。

国家实行社会主义市场经济，保障一切市场主体的平等法律地位和发展权利。

第四条　国家、集体、私人的物权和其他权利人的物权受法律保护，任何单位和个人不得侵犯。

第五条　物权的种类和内容，由法律规定。

第六条　不动产物权的设立、变更、转让和消灭，应当依照法律规定登记。动产物权的设立和转让，应当依照法律规定交付。

第七条　物权的取得和行使，应当遵守法律，尊重社会公德，不得损害公共利益和他人合法权益。

第八条　其他相关法律对物权另有特别规定的，依照其规定。

第二章　物权的设立、变更、转让和消灭

第一节　不动产登记

第九条　不动产物权的设立、变更、转让和消灭，经依法登记，发生效力；未经登记，不发生效力，但法律另有规定的除外。

依法属于国家所有的自然资源，所有权可以不登记。

第十条　不动产登记，由不动产所在地的登记机构办理。

国家对不动产实行统一登记制度。统一登记的范围、登记机构和登记办法，由法律、行政法规规定。

第十一条　当事人申请登记，应当根据不同登记事项提供权属证明和不动产界址、面积等必要材料。

第十二条　登记机构应当履行下列职责：

（一）查验申请人提供的权属证明和其他必要材料；

（二）就有关登记事项询问申请人；

（三）如实、及时登记有关事项；

（四）法律、行政法规规定的其他职责。

申请登记的不动产的有关情况需要进一步证明的，登记机构可以要求申请人补充材料，必要时可以实地查看。

第十三条　登记机构不得有下列行为：

（一）要求对不动产进行评估；

（二）以年检等名义进行重复登记；

（三）超出登记职责范围的其他行为。

第十四条　不动产物权的设立、变更、转让和消灭，依照法律规定应当登记的，自记载于不动产登记簿时发生效力。

第十五条　当事人之间订立有关设立、变更、转让和消灭不动产物权的合同，除法律另有规定或者合同另有约定外，自合同成立时生效；未办理物权登记的，不影响合同效力。

第十六条　不动产登记簿是物权归属和内容的根据。不动产登记簿由登记机构管理。

第十七条　不动产权属证书是权利人享有该不动产物权的证明。不动产权属证书记载的事项，应当与不动产登记簿一致；记载不一致的，除有证据证明不动产登记簿确有错误外，以不动产登记簿为准。

第十八条　权利人、利害关系人可以申请查询、复制登记资料，登记机构应当提供。

第十九条　权利人、利害关系人认为不动产登记簿记载的事项错误的，可以申请更正登记。不动产登记簿记载的权利人书面同意更正或者有证据证明登记确有错误的，登记机构应当予以更正。

不动产登记簿记载的权利人不同意更正的，利害关系人可以申请异议登记。登记机构予以异议登记的，申请人在异议登记之日起十五日内不起诉，异议登记失效。异议登记不当，造成权利人损害的，权利人可以向申请人请求损害赔偿。

第二十条　当事人签订买卖房屋或者其他不动产物权的协议，为保障将来实现物权，按照约定可以向登记机构申请预告登记。预告登记后，未经预告登记的权利人同意，处分该不动产的，不发生物权效力。

预告登记后，债权消灭或者自能够进行不动产登记之日起三个月内未申请登记的，预告登记失效。

第二十一条　当事人提供虚假材料申请登记，给他人造成损害的，应当承担赔偿责任。

因登记错误，给他人造成损害的，登记机构应当承担赔偿责任。登记机构赔偿后，可以向造成登记错误的人追偿。

第二十二条　不动产登记费按件收取，不得按照不动产的面积、体积或者价款的比例收取。具体收费标准由国务院有关部门会同价格主管部门规定。

第二节　动产交付

第二十三条　动产物权的设立和转让，自交付时发生效力，但法律另有规定的除外。

第二十四条　船舶、航空器和机动车等物权的设立、变更、转让和消灭，未经登记，不得对抗善意第三人。

第二十五条　动产物权设立和转让前，权利人已经依法占有该动产的，物权自法律行为生效时发生效力。

第二十六条　动产物权设立和转让前，第三人依法占有该动产的，负有交付义务的人可以通过转让请求第三人返还原物的权利代替交付。

第二十七条　动产物权转让时，双方又约定由出让人继续占有该动产的，物权自该约定生效时发生效力。

第三节　其他规定

第二十八条　因人民法院、仲裁委员会的法律文书或者人民政府的征收决定等，导致物权设立、变更、转让或者消灭的，自法律文书或者人民政府的征收决定等生效时发生效力。

第二十九条　因继承或者受遗赠取得物权的，自继承或者受遗赠开始时发生效力。

第三十条　因合法建造、拆除房屋等事实行为设立或者消灭物权的，自事实行为成就时发生效力。

第三十一条　依照本法第二十八条至第三十条规定享有不动产物权的，处分该物权时，依照法律规定需要办理登记的，未经登记，不发生物权效力。

第三章　物权的保护

第三十二条　物权受到侵害的，权利人可以通过和解、调解、仲裁、诉讼等途径解决。

第三十三条　因物权的归属、内容发生争议的，利害关系人可以请求确认权利。

第三十四条　无权占有不动产或者动产的，权利人可以请求返还原物。

第三十五条　妨害物权或者可能妨害物权的，权利人可以请求排除妨害或者消除危险。

第三十六条　造成不动产或者动产毁损的，权利人可以请求修理、重作、更换或者恢复原状。

第三十七条　侵害物权，造成权利人损害的，权利人可以请求损害赔偿，也可以请求承担其他民事责任。

第三十八条　本章规定的物权保护方式，可以单独适用，也可以根据权利被侵害的情形合并适用。

侵害物权，除承担民事责任外，违反行政管理规定的，依法承担行政责任；构成犯罪的，依法追究刑事责任。

第二编 所有权

第四章 一般规定

第三十九条 所有权人对自己的不动产或者动产,依法享有占有、使用、收益和处分的权利。

第四十条 所有权人有权在自己的不动产或者动产上设立用益物权和担保物权。用益物权人、担保物权人行使权利,不得损害所有权人的权益。

第四十一条 法律规定专属于国家所有的不动产和动产,任何单位和个人不能取得所有权。

第四十二条 为了公共利益的需要,依照法律规定的权限和程序可以征收集体所有的土地和单位、个人的房屋及其他不动产。

征收集体所有的土地,应当依法足额支付土地补偿费、安置补助费、地上附着物和青苗的补偿费等费用,安排被征地农民的社会保障费用,保障被征地农民的生活,维护被征地农民的合法权益。

征收单位、个人的房屋及其他不动产,应当依法给予拆迁补偿,维护被征收人的合法权益;征收个人住宅的,还应当保障被征收人的居住条件。

任何单位和个人不得贪污、挪用、私分、截留、拖欠征收补偿费等费用。

第四十三条 国家对耕地实行特殊保护,严格限制农用地转为建设用地,控制建设用地总量。不得违反法律规定的权限和程序征收集体所有的土地。

第四十四条 因抢险、救灾等紧急需要,依照法律规定的权限和程序可以征用单位、个人的不动产或者动产。被征用的不动产或者动产使用后,应当返还被征用人。单位、个人的不动产或者动产被征用或者征用后毁损、灭失的,应当给予补偿。

第五章 国家所有权和集体所有权、私人所有权

第四十五条 法律规定属于国家所有的财产,属于国家所有即全民所有。

国有财产由国务院代表国家行使所有权;法律另有规定的,依照其规定。

第四十六条 矿藏、水流、海域属于国家所有。

第四十七条 城市的土地,属于国家所有。法律规定属于国家所有的农村和城市郊区的土地,属于国家所有。

第四十八条 森林、山岭、草原、荒地、滩涂等自然资源,属于国家所有,但法律规定属于集体所有的除外。

第四十九条 法律规定属于国家所有的野生动植物资源,属于国家所有。

第五十条 无线电频谱资源属于国家所有。

第五十一条 法律规定属于国家所有的文物,属于国家所有。

第五十二条 国防资产属于国家所有。

铁路、公路、电力设施、电信设施和油气管道等基础设施，依照法律规定为国家所有的，属于国家所有。

第五十三条 国家机关对其直接支配的不动产和动产，享有占有、使用以及依照法律和国务院的有关规定处分的权利。

第五十四条 国家举办的事业单位对其直接支配的不动产和动产，享有占有、使用以及依照法律和国务院的有关规定收益、处分的权利。

第五十五条 国家出资的企业，由国务院、地方人民政府依照法律、行政法规规定分别代表国家履行出资人职责，享有出资人权益。

第五十六条 国家所有的财产受法律保护，禁止任何单位和个人侵占、哄抢、私分、截留、破坏。

第五十七条 履行国有财产管理、监督职责的机构及其工作人员，应当依法加强对国有财产的管理、监督，促进国有财产保值增值，防止国有财产损失；滥用职权，玩忽职守，造成国有财产损失的，应当依法承担法律责任。

违反国有财产管理规定，在企业改制、合并分立、关联交易等过程中，低价转让、合谋私分、擅自担保或者以其他方式造成国有财产损失的，应当依法承担法律责任。

第五十八条 集体所有的不动产和动产包括：

（一）法律规定属于集体所有的土地和森林、山岭、草原、荒地、滩涂；

（二）集体所有的建筑物、生产设施、农田水利设施；

（三）集体所有的教育、科学、文化、卫生、体育等设施；

（四）集体所有的其他不动产和动产。

第五十九条 农民集体所有的不动产和动产，属于本集体成员集体所有。

下列事项应当依照法定程序经本集体成员决定：

（一）土地承包方案以及将土地发包给本集体以外的单位或者个人承包；

（二）个别土地承包经营权人之间承包地的调整；

（三）土地补偿费等费用的使用、分配办法；

（四）集体出资的企业的所有权变动等事项；

（五）法律规定的其他事项。

第六十条 对于集体所有的土地和森林、山岭、草原、荒地、滩涂等，依照下列规定行使所有权：

（一）属于村农民集体所有的，由村集体经济组织或者村民委员会代表集体行使所有权；

（二）分别属于村内两个以上农民集体所有的，由村内各该集体经济组织或者村民小组代表集体行使所有权；

（三）属于乡镇农民集体所有的，由乡镇集体经济组织代表集体行使所有权。

第六十一条 城镇集体所有的不动产和动产，依照法律、行政法规的规定由本集体享有占有、使用、收益和处分的权利。

第六十二条 集体经济组织或者村民委员会、村民小组应当依照法律、行政法规以及章程、村规民约向本集体成员公布集体财产的状况。

第六十三条 集体所有的财产受法律保护，禁止任何单位和个人侵占、哄抢、私分、破坏。

集体经济组织、村民委员会或者其负责人作出的决定侵害集体成员合法权益的，受侵害的集体成员可以请求人民法院予以撤销。

第六十四条 私人对其合法的收入、房屋、生活用品、生产工具、原材料等不动产和动产享有所有权。

第六十五条 私人合法的储蓄、投资及其收益受法律保护。

国家依照法律规定保护私人的继承权及其他合法权益。

第六十六条 私人的合法财产受法律保护，禁止任何单位和个人侵占、哄抢、破坏。

第六十七条 国家、集体和私人依法可以出资设立有限责任公司、股份有限公司或者其他企业。国家、集体和私人所有的不动产或者动产，投到企业的，由出资人按照约定或者出资比例享有资产收益、重大决策以及选择经营管理者等权利并履行义务。

第六十八条 企业法人对其不动产和动产依照法律、行政法规以及章程享有占有、使用、收益和处分的权利。

企业法人以外的法人，对其不动产和动产的权利，适用有关法律、行政法规以及章程的规定。

第六十九条 社会团体依法所有的不动产和动产，受法律保护。

第六章 业主的建筑物区分所有权

第七十条 业主对建筑物内的住宅、经营性用房等专有部分享有所有权，对专有部分以外的共有部分享有共有和共同管理的权利。

第七十一条 业主对其建筑物专有部分享有占有、使用、收益和处分的权利。业主行使权利不得危及建筑物的安全，不得损害其他业主的合法权益。

第七十二条 业主对建筑物专有部分以外的共有部分，享有权利，承担义务；不得以放弃权利不履行义务。

业主转让建筑物内的住宅、经营性用房，其对共有部分享有的共有和共同管理的权利一并转让。

第七十三条 建筑区划内的道路，属于业主共有，但属于城镇公共道路的除外。建筑区划内的绿地，属于业主共有，但属于城镇公共绿地或者明示属于个人的除外。建筑区划内的其他公共场所、公用设施和物业服务用房，属于业主共有。

第七十四条 建筑区划内，规划用于停放汽车的车位、车库应当首先满足业主的需要。

建筑区划内，规划用于停放汽车的车位、车库的归属，由当事人通过出售、附赠或者出租等方式约定。

占用业主共有的道路或者其他场地用于停放汽车的车位，属于业主共有。

第七十五条 业主可以设立业主大会，选举业主委员会。

地方人民政府有关部门应当对设立业主大会和选举业主委员会给予指导和协助。

第七十六条 下列事项由业主共同决定：

(一)制定和修改业主大会议事规则;

(二)制定和修改建筑物及其附属设施的管理规约;

(三)选举业主委员会或者更换业主委员会成员;

(四)选聘和解聘物业服务企业或者其他管理人;

(五)筹集和使用建筑物及其附属设施的维修资金;

(六)改建、重建建筑物及其附属设施;

(七)有关共有和共同管理权利的其他重大事项。

决定前款第五项和第六项规定的事项,应当经专有部分占建筑物总面积三分之二以上的业主且占总人数三分之二以上的业主同意。决定前款其他事项,应当经专有部分占建筑物总面积过半数的业主且占总人数过半数的业主同意。

第七十七条 业主不得违反法律、法规以及管理规约,将住宅改变为经营性用房。业主将住宅改变为经营性用房的,除遵守法律、法规以及管理规约外,应当经有利害关系的业主同意。

第七十八条 业主大会或者业主委员会的决定,对业主具有约束力。

业主大会或者业主委员会作出的决定侵害业主合法权益的,受侵害的业主可以请求人民法院予以撤销。

第七十九条 建筑物及其附属设施的维修资金,属于业主共有。经业主共同决定,可以用于电梯、水箱等共有部分的维修。维修资金的筹集、使用情况应当公布。

第八十条 建筑物及其附属设施的费用分摊、收益分配等事项,有约定的,按照约定;没有约定或者约定不明确的,按照业主专有部分占建筑物总面积的比例确定。

第八十一条 业主可以自行管理建筑物及其附属设施,也可以委托物业服务企业或者其他管理人管理。

对建设单位聘请的物业服务企业或者其他管理人,业主有权依法更换。

第八十二条 物业服务企业或者其他管理人根据业主的委托管理建筑区划内的建筑物及其附属设施,并接受业主的监督。

第八十三条 业主应当遵守法律、法规以及管理规约。

业主大会和业主委员会,对任意弃置垃圾、排放污染物或者噪声、违反规定饲养动物、违章搭建、侵占通道、拒付物业费等损害他人合法权益的行为,有权依照法律、法规以及管理规约,要求行为人停止侵害、消除危险、排除妨害、赔偿损失。业主对侵害自己合法权益的行为,可以依法向人民法院提起诉讼。

第七章 相邻关系

第八十四条 不动产的相邻权利人应当按照有利生产、方便生活、团结互助、公平合理的原则,正确处理相邻关系。

第八十五条 法律、法规对处理相邻关系有规定的,依照其规定;法律、法规没有规定的,可以按照当地习惯。

第八十六条 不动产权利人应当为相邻权利人用水、排水提供必要的便利。

对自然流水的利用,应当在不动产的相邻权利人之间合理分配。对自然流水的排放,应当尊重自然流向。

第八十七条 不动产权利人对相邻权利人因通行等必须利用其土地的,应当提供必要的便利。

第八十八条 不动产权利人因建造、修缮建筑物以及铺设电线、电缆、水管、暖气和燃气管线等必须利用相邻土地、建筑物的,该土地、建筑物的权利人应当提供必要的便利。

第八十九条 建造建筑物,不得违反国家有关工程建设标准,妨碍相邻建筑物的通风、采光和日照。

第九十条 不动产权利人不得违反国家规定弃置固体废物,排放大气污染物、水污染物、噪声、光、电磁波辐射等有害物质。

第九十一条 不动产权利人挖掘土地、建造建筑物、铺设管线以及安装设备等,不得危及相邻不动产的安全。

第九十二条 不动产权利人因用水、排水、通行、铺设管线等利用相邻不动产的,应当尽量避免对相邻的不动产权利人造成损害;造成损害的,应当给予赔偿。

第八章　共　有

第九十三条 不动产或者动产可以由两个以上单位、个人共有。共有包括按份共有和共同共有。

第九十四条 按份共有人对共有的不动产或者动产按照其份额享有所有权。

第九十五条 共同共有人对共有的不动产或者动产共同享有所有权。

第九十六条 共有人按照约定管理共有的不动产或者动产;没有约定或者约定不明确的,各共有人都有管理的权利和义务。

第九十七条 处分共有的不动产或者动产以及对共有的不动产或者动产作重大修缮的,应当经占份额三分之二以上的按份共有人或者全体共同共有人同意,但共有人之间另有约定的除外。

第九十八条 对共有物的管理费用以及其他负担,有约定的,按照约定;没有约定或者约定不明确的,按份共有人按照其份额负担,共同共有人共同负担。

第九十九条 共有人约定不得分割共有的不动产或者动产,以维持共有关系的,应当按照约定,但共有人有重大理由需要分割的,可以请求分割;没有约定或者约定不明确的,按份共有人可以随时请求分割,共同共有人在共有的基础丧失或者有重大理由需要分割时可以请求分割。因分割对其他共有人造成损害的,应当给予赔偿。

第一百条 共有人可以协商确定分割方式。达不成协议,共有的不动产或者动产可以分割并且不会因分割减损价值的,应当对实物予以分割;难以分割或者因分割会减损价值的,应当对折价或者拍卖、变卖取得的价款予以分割。

共有人分割所得的不动产或者动产有瑕疵的,其他共有人应当分担损失。

第一百零一条 按份共有人可以转让其享有的共有的不动产或者动产份额。其他共有人在同等条件下享有优先购买的权利。

第一百零二条 因共有的不动产或者动产产生的债权债务,在对外关系上,共有人享有连带债权、承担连带债务,但法律另有规定或者第三人知道共有人不具有连带债权债务关系的除外;在共有人内部关系上,除共有人另有约定外,按份共有人按照份额享有债权、承担债务,共同共有人共同享有债权、承担债务。偿还债务超过自己应当承担份额的按份共有人,有权向其他共有人追偿。

第一百零三条 共有人对共有的不动产或者动产没有约定为按份共有或者共同共有,或者约定不明确的,除共有人具有家庭关系等外,视为按份共有。

第一百零四条 按份共有人对共有的不动产或者动产享有的份额,没有约定或者约定不明确的,按照出资额确定;不能确定出资额的,视为等额享有。

第一百零五条 两个以上单位、个人共同享有用益物权、担保物权的,参照本章规定。

第九章 所有权取得的特别规定

第一百零六条 无处分权人将不动产或者动产转让给受让人的,所有权人有权追回;除法律另有规定外,符合下列情形的,受让人取得该不动产或者动产的所有权:

(一)受让人受让该不动产或者动产时是善意的;

(二)以合理的价格转让;

(三)转让的不动产或者动产依照法律规定应当登记的已经登记,不需要登记的已经交付给受让人。

受让人依照前款规定取得不动产或者动产的所有权的,原所有权人有权向无处分权人请求赔偿损失。

当事人善意取得其他物权的,参照前两款规定。

第一百零七条 所有权人或者其他权利人有权追回遗失物。该遗失物通过转让被他人占有的,权利人有权向无处分权人请求损害赔偿,或者自知道或者应当知道受让人之日起二年内向受让人请求返还原物,但受让人通过拍卖或者向具有经营资格的经营者购得该遗失物的,权利人请求返还原物时应当支付受让人所付的费用。权利人向受让人支付所付费用后,有权向无处分权人追偿。

第一百零八条 善意受让人取得动产后,该动产上的原有权利消灭,但善意受让人在受让时知道或者应当知道该权利的除外。

第一百零九条 拾得遗失物,应当返还权利人。拾得人应当及时通知权利人领取,或者送交公安等有关部门。

第一百一十条 有关部门收到遗失物,知道权利人的,应当及时通知其领取;不知道的,应当及时发布招领公告。

第一百一十一条 拾得人在遗失物送交有关部门前,有关部门在遗失物被领取前,应当妥善保管遗失物。因故意或者重大过失致使遗失物毁损、灭失的,应当承担民事责任。

第一百一十二条 权利人领取遗失物时,应当向拾得人或者有关部门支付保管遗失物等支出的必要费用。

权利人悬赏寻找遗失物的,领取遗失物时应当按照承诺履行义务。

拾得人侵占遗失物的，无权请求保管遗失物等支出的费用，也无权请求权利人按照承诺履行义务。

第一百一十三条 遗失物自发布招领公告之日起六个月内无人认领的，归国家所有。

第一百一十四条 拾得漂流物、发现埋藏物或者隐藏物的，参照拾得遗失物的有关规定。文物保护法等法律另有规定的，依照其规定。

第一百一十五条 主物转让的，从物随主物转让，但当事人另有约定的除外。

第一百一十六条 天然孳息，由所有权人取得；既有所有权人又有用益物权人的，由用益物权人取得。当事人另有约定的，按照约定。

法定孳息，当事人有约定的，按照约定取得；没有约定或者约定不明确的，按照交易习惯取得。

第三编 用益物权

第十章 一般规定

第一百一十七条 用益物权人对他人所有的不动产或者动产，依法享有占有、使用和收益的权利。

第一百一十八条 国家所有或者国家所有由集体使用以及法律规定属于集体所有的自然资源，单位、个人依法可以占有、使用和收益。

第一百一十九条 国家实行自然资源有偿使用制度，但法律另有规定的除外。

第一百二十条 用益物权人行使权利，应当遵守法律有关保护和合理开发利用资源的规定。所有权人不得干涉用益物权人行使权利。

第一百二十一条 因不动产或者动产被征收、征用致使用益物权消灭或者影响用益物权行使的，用益物权人有权依照本法第四十二条、第四十四条的规定获得相应补偿。

第一百二十二条 依法取得的海域使用权受法律保护。

第一百二十三条 依法取得的探矿权、采矿权、取水权和使用水域、滩涂从事养殖、捕捞的权利受法律保护。

第十一章 土地承包经营权

第一百二十四条 农村集体经济组织实行家庭承包经营为基础、统分结合的双层经营体制。

农民集体所有和国家所有由农民集体使用的耕地、林地、草地以及其他用于农业的土地，依法实行土地承包经营制度。

第一百二十五条 土地承包经营权人依法对其承包经营的耕地、林地、草地等享有占有、使用和收益的权利，有权从事种植业、林业、畜牧业等农业生产。

第一百二十六条 耕地的承包期为三十年。草地的承包期为三十年至五十年。林地的承包期为三十年至七十年；特殊林木的林地承包期，经国务院林业行政主管部门批准可以延长。

前款规定的承包期届满，由土地承包经营权人按照国家有关规定继续承包。

第一百二十七条 土地承包经营权自土地承包经营权合同生效时设立。

县级以上地方人民政府应当向土地承包经营权人发放土地承包经营权证、林权证、草原使用权证，并登记造册，确认土地承包经营权。

第一百二十八条 土地承包经营权人依照农村土地承包法的规定，有权将土地承包经营权采取转包、互换、转让等方式流转。流转的期限不得超过承包期的剩余期限。未经依法批准，不得将承包地用于非农建设。

第一百二十九条 土地承包经营权人将土地承包经营权互换、转让，当事人要求登记的，应当向县级以上地方人民政府申请土地承包经营权变更登记；未经登记，不得对抗善意第三人。

第一百三十条 承包期内发包人不得调整承包地。

因自然灾害严重毁损承包地等特殊情形，需要适当调整承包的耕地和草地的，应当依照农村土地承包法等法律规定办理。

第一百三十一条 承包期内发包人不得收回承包地。农村土地承包法等法律另有规定的，依照其规定。

第一百三十二条 承包地被征收的，土地承包经营权人有权依照本法第四十二条第二款的规定获得相应补偿。

第一百三十三条 通过招标、拍卖、公开协商等方式承包荒地等农村土地，依照农村土地承包法等法律和国务院的有关规定，其土地承包经营权可以转让、入股、抵押或者以其他方式流转。

第一百三十四条 国家所有的农用地实行承包经营的，参照本法的有关规定。

第十二章 建设用地使用权

第一百三十五条 建设用地使用权人依法对国家所有的土地享有占有、使用和收益的权利，有权利用该土地建造建筑物、构筑物及其附属设施。

第一百三十六条 建设用地使用权可以在土地的地表、地上或者地下分别设立。新设立的建设用地使用权，不得损害已设立的用益物权。

第一百三十七条 设立建设用地使用权，可以采取出让或者划拨等方式。

工业、商业、旅游、娱乐和商品住宅等经营性用地以及同一土地有两个以上意向用地者的，应当采取招标、拍卖等公开竞价的方式出让。

严格限制以划拨方式设立建设用地使用权。采取划拨方式的，应当遵守法律、行政法规关于土地用途的规定。

第一百三十八条 采取招标、拍卖、协议等出让方式设立建设用地使用权的，当事人应当采取书面形式订立建设用地使用权出让合同。

建设用地使用权出让合同一般包括下列条款：

（一）当事人的名称和住所；

（二）土地界址、面积等；

（三）建筑物、构筑物及其附属设施占用的空间；

（四）土地用途；

（五）使用期限；

（六）出让金等费用及其支付方式；

（七）解决争议的方法。

第一百三十九条 设立建设用地使用权的，应当向登记机构申请建设用地使用权登记。建设用地使用权自登记时设立。登记机构应当向建设用地使用权人发放建设用地使用权证书。

第一百四十条 建设用地使用权人应当合理利用土地，不得改变土地用途；需要改变土地用途的，应当依法经有关行政主管部门批准。

第一百四十一条 建设用地使用权人应当依照法律规定以及合同约定支付出让金等费用。

第一百四十二条 建设用地使用权人建造的建筑物、构筑物及其附属设施的所有权属于建设用地使用权人，但有相反证据证明的除外。

第一百四十三条 建设用地使用权人有权将建设用地使用权转让、互换、出资、赠与或者抵押，但法律另有规定的除外。

第一百四十四条 建设用地使用权转让、互换、出资、赠与或者抵押的，当事人应当采取书面形式订立相应的合同。使用期限由当事人约定，但不得超过建设用地使用权的剩余期限。

第一百四十五条 建设用地使用权转让、互换、出资或者赠与的，应当向登记机构申请变更登记。

第一百四十六条 建设用地使用权转让、互换、出资或者赠与的，附着于该土地上的建筑物、构筑物及其附属设施一并处分。

第一百四十七条 建筑物、构筑物及其附属设施转让、互换、出资或者赠与的，该建筑物、构筑物及其附属设施占用范围内的建设用地使用权一并处分。

第一百四十八条 建设用地使用权期间届满前，因公共利益需要提前收回该土地的，应当依照本法第四十二条的规定对该土地上的房屋及其他不动产给予补偿，并退还相应的出让金。

第一百四十九条 住宅建设用地使用权期间届满的，自动续期。

非住宅建设用地使用权期间届满后的续期，依照法律规定办理。该土地上的房屋及其他不动产的归属，有约定的，按照约定；没有约定或者约定不明确的，依照法律、行政法规的规定办理。

第一百五十条 建设用地使用权消灭的，出让人应当及时办理注销登记。登记机构应当收回建设用地使用权证书。

第一百五十一条 集体所有的土地作为建设用地的，应当依照土地管理法等法律规定办理。

第十三章　宅基地使用权

第一百五十二条　宅基地使用权人依法对集体所有的土地享有占有和使用的权利，有权依法利用该土地建造住宅及其附属设施。

第一百五十三条　宅基地使用权的取得、行使和转让，适用土地管理法等法律和国家有关规定。

第一百五十四条　宅基地因自然灾害等原因灭失的，宅基地使用权消灭。对失去宅基地的村民，应当重新分配宅基地。

第一百五十五条　已经登记的宅基地使用权转让或者消灭的，应当及时办理变更登记或者注销登记。

第十四章　地役权

第一百五十六条　地役权人有权按照合同约定，利用他人的不动产，以提高自己的不动产的效益。

前款所称他人的不动产为供役地，自己的不动产为需役地。

第一百五十七条　设立地役权，当事人应当采取书面形式订立地役权合同。

地役权合同一般包括下列条款：

（一）当事人的姓名或者名称和住所；

（二）供役地和需役地的位置；

（三）利用目的和方法；

（四）利用期限；

（五）费用及其支付方式；

（六）解决争议的方法。

第一百五十八条　地役权自地役权合同生效时设立。当事人要求登记的，可以向登记机构申请地役权登记；未经登记，不得对抗善意第三人。

第一百五十九条　供役地权利人应当按照合同约定，允许地役权人利用其土地，不得妨害地役权人行使权利。

第一百六十条　地役权人应当按照合同约定的利用目的和方法利用供役地，尽量减少对供役地权利人物权的限制。

第一百六十一条　地役权的期限由当事人约定，但不得超过土地承包经营权、建设用地使用权等用益物权的剩余期限。

第一百六十二条　土地所有权人享有地役权或者负担地役权的，设立土地承包经营权、宅基地使用权时，该土地承包经营权人、宅基地使用权人继续享有或者负担已设立的地役权。

第一百六十三条　土地上已设立土地承包经营权、建设用地使用权、宅基地使用权等权利的，未经用益物权人同意，土地所有权人不得设立地役权。

第一百六十四条 地役权不得单独转让。土地承包经营权、建设用地使用权等转让的，地役权一并转让，但合同另有约定的除外。

第一百六十五条 地役权不得单独抵押。土地承包经营权、建设用地使用权等抵押的，在实现抵押权时，地役权一并转让。

第一百六十六条 需役地以及需役地上的土地承包经营权、建设用地使用权部分转让时，转让部分涉及地役权的，受让人同时享有地役权。

第一百六十七条 供役地以及供役地上的土地承包经营权、建设用地使用权部分转让时，转让部分涉及地役权的，地役权对受让人具有约束力。

第一百六十八条 地役权人有下列情形之一的，供役地权利人有权解除地役权合同，地役权消灭：

（一）违反法律规定或者合同约定，滥用地役权；

（二）有偿利用供役地，约定的付款期间届满后在合理期限内经两次催告未支付费用。

第一百六十九条 已经登记的地役权变更、转让或者消灭的，应当及时办理变更登记或者注销登记。

第四编　担保物权

第十五章　一般规定

第一百七十条 担保物权人在债务人不履行到期债务或者发生当事人约定的实现担保物权的情形，依法享有就担保财产优先受偿的权利，但法律另有规定的除外。

第一百七十一条 债权人在借贷、买卖等民事活动中，为保障实现其债权，需要担保的，可以依照本法和其他法律的规定设立担保物权。

第三人为债务人向债权人提供担保的，可以要求债务人提供反担保。反担保适用本法和其他法律的规定。

第一百七十二条 设立担保物权，应当依照本法和其他法律的规定订立担保合同。担保合同是主债权债务合同的从合同。主债权债务合同无效，担保合同无效，但法律另有规定的除外。

担保合同被确认无效后，债务人、担保人、债权人有过错的，应当根据其过错各自承担相应的民事责任。

第一百七十三条 担保物权的担保范围包括主债权及其利息、违约金、损害赔偿金、保管担保财产和实现担保物权的费用。当事人另有约定的，按照约定。

第一百七十四条 担保期间，担保财产毁损、灭失或者被征收等，担保物权人可以就获得的保险金、赔偿金或者补偿金等优先受偿。被担保债权的履行期未届满的，也可以提存该保险金、赔偿金或者补偿金等。

第一百七十五条 第三人提供担保，未经其书面同意，债权人允许债务人转移全部或者部分债务的，担保人不再承担相应的担保责任。

第一百七十六条 被担保的债权既有物的担保又有人的担保的，债务人不履行到期债务或者发生当事人约定的实现担保物权的情形，债权人应当按照约定实现债权；没有约定或者约定不明确，债务人自己提供物的担保的，债权人应当先就该物的担保实现债权；第三人提供物的担保的，债权人可以就物的担保实现债权，也可以要求保证人承担保证责任。提供担保的第三人承担担保责任后，有权向债务人追偿。

第一百七十七条 有下列情形之一的，担保物权消灭：

（一）主债权消灭；

（二）担保物权实现；

（三）债权人放弃担保物权；

（四）法律规定担保物权消灭的其他情形。

第一百七十八条 担保法与本法的规定不一致的，适用本法。

第十六章 抵押权

第一节 一般抵押权

第一百七十九条 为担保债务的履行，债务人或者第三人不转移财产的占有，将该财产抵押给债权人的，债务人不履行到期债务或者发生当事人约定的实现抵押权的情形，债权人有权就该财产优先受偿。

前款规定的债务人或者第三人为抵押人，债权人为抵押权人，提供担保的财产为抵押财产。

第一百八十条 债务人或者第三人有权处分的下列财产可以抵押：

（一）建筑物和其他土地附着物；

（二）建设用地使用权；

（三）以招标、拍卖、公开协商等方式取得的荒地等土地承包经营权；

（四）生产设备、原材料、半成品、产品；

（五）正在建造的建筑物、船舶、航空器；

（六）交通运输工具；

（七）法律、行政法规未禁止抵押的其他财产。

抵押人可以将前款所列财产一并抵押。

第一百八十一条 经当事人书面协议，企业、个体工商户、农业生产经营者可以将现有的以及将有的生产设备、原材料、半成品、产品抵押，债务人不履行到期债务或者发生当事人约定的实现抵押权的情形，债权人有权就实现抵押权时的动产优先受偿。

第一百八十二条 以建筑物抵押的，该建筑物占用范围内的建设用地使用权一并抵押。以建设用地使用权抵押的，该土地上的建筑物一并抵押。

抵押人未依照前款规定一并抵押的，未抵押的财产视为一并抵押。

第一百八十三条 乡镇、村企业的建设用地使用权不得单独抵押。以乡镇、村企业的厂房等建筑物抵押的，其占用范围内的建设用地使用权一并抵押。

第一百八十四条 下列财产不得抵押：

（一）土地所有权；

（二）耕地、宅基地、自留地、自留山等集体所有的土地使用权，但法律规定可以抵押的除外；

（三）学校、幼儿园、医院等以公益为目的的事业单位、社会团体的教育设施、医疗卫生设施和其他社会公益设施；

（四）所有权、使用权不明或者有争议的财产；

（五）依法被查封、扣押、监管的财产；

（六）法律、行政法规规定不得抵押的其他财产。

第一百八十五条 设立抵押权，当事人应当采取书面形式订立抵押合同。

抵押合同一般包括下列条款：

（一）被担保债权的种类和数额；

（二）债务人履行债务的期限；

（三）抵押财产的名称、数量、质量、状况、所在地、所有权归属或者使用权归属；

（四）担保的范围。

第一百八十六条 抵押权人在债务履行期届满前，不得与抵押人约定债务人不履行到期债务时抵押财产归债权人所有。

第一百八十七条 以本法第一百八十条第一款第一项至第三项规定的财产或者第五项规定的正在建造的建筑物抵押的，应当办理抵押登记。抵押权自登记时设立。

第一百八十八条 以本法第一百八十条第一款第四项、第六项规定的财产或者第五项规定的正在建造的船舶、航空器抵押的，抵押权自抵押合同生效时设立；未经登记，不得对抗善意第三人。

第一百八十九条 企业、个体工商户、农业生产经营者以本法第一百八十一条规定的动产抵押的，应当向抵押人住所地的工商行政管理部门办理登记。抵押权自抵押合同生效时设立；未经登记，不得对抗善意第三人。

依照本法第一百八十一条规定抵押的，不得对抗正常经营活动中已支付合理价款并取得抵押财产的买受人。

第一百九十条 订立抵押合同前抵押财产已出租的，原租赁关系不受该抵押权的影响。抵押权设立后抵押财产出租的，该租赁关系不得对抗已登记的抵押权。

第一百九十一条 抵押期间，抵押人经抵押权人同意转让抵押财产的，应当将转让所得的价款向抵押权人提前清偿债务或者提存。转让的价款超过债权数额的部分归抵押人所有，不足部分由债务人清偿。

抵押期间，抵押人未经抵押权人同意，不得转让抵押财产，但受让人代为清偿债务消灭抵押权的除外。

第一百九十二条 抵押权不得与债权分离而单独转让或者作为其他债权的担保。债权转让的，担保该债权的抵押权一并转让，但法律另有规定或者当事人另有约定的除外。

第一百九十三条 抵押人的行为足以使抵押财产价值减少的，抵押权人有权要求抵押人停止其行为。抵押财产价值减少的，抵押权人有权要求恢复抵押财产的价值，或者提供与减少的价值相应的担保。抵押人不恢复抵押财产的价值也不提供担保的，抵押权人有权要求债务人提前清偿债务。

第一百九十四条 抵押权人可以放弃抵押权或者抵押权的顺位。抵押权人与抵押人可以协议变更抵押权顺位以及被担保的债权数额等内容，但抵押权的变更，未经其他抵押权人书面同意，不得对其他抵押权人产生不利影响。

债务人以自己的财产设定抵押，抵押权人放弃该抵押权、抵押权顺位或者变更抵押权的，其他担保人在抵押权人丧失优先受偿权益的范围内免除担保责任，但其他担保人承诺仍然提供担保的除外。

第一百九十五条 债务人不履行到期债务或者发生当事人约定的实现抵押权的情形，抵押权人可以与抵押人协议以抵押财产折价或者以拍卖、变卖该抵押财产所得的价款优先受偿。协议损害其他债权人利益的，其他债权人可以在知道或者应当知道撤销事由之日起一年内请求人民法院撤销该协议。

抵押权人与抵押人未就抵押权实现方式达成协议的，抵押权人可以请求人民法院拍卖、变卖抵押财产。

抵押财产折价或者变卖的，应当参照市场价格。

第一百九十六条 依照本法第一百八十一条规定设定抵押的，抵押财产自下列情形之一发生时确定：

（一）债务履行期届满，债权未实现；

（二）抵押人被宣告破产或者被撤销；

（三）当事人约定的实现抵押权的情形；

（四）严重影响债权实现的其他情形。

第一百九十七条 债务人不履行到期债务或者发生当事人约定的实现抵押权的情形，致使抵押财产被人民法院依法扣押的，自扣押之日起抵押权人有权收取该抵押财产的天然孳息或者法定孳息，但抵押权人未通知应当清偿法定孳息的义务人的除外。

前款规定的孳息应当先充抵收取孳息的费用。

第一百九十八条 抵押财产折价或者拍卖、变卖后，其价款超过债权数额的部分归抵押人所有，不足部分由债务人清偿。

第一百九十九条 同一财产向两个以上债权人抵押的，拍卖、变卖抵押财产所得的价款依照下列规定清偿：

（一）抵押权已登记的，按照登记的先后顺序清偿；顺序相同的，按照债权比例清偿；

（二）抵押权已登记的先于未登记的受偿；

（三）抵押权未登记的，按照债权比例清偿。

第二百条 建设用地使用权抵押后，该土地上新增的建筑物不属于抵押财产。该建设用地使用权实现抵押权时，应当将该土地上新增的建筑物与建设用地使用权一并处分，但新增建筑物所得的价款，抵押权人无权优先受偿。

第二百零一条 依照本法第一百八十条第一款第三项规定的土地承包经营权抵押的，

或者依照本法第一百八十三条规定以乡镇、村企业的厂房等建筑物占用范围内的建设用地使用权一并抵押的，实现抵押权后，未经法定程序，不得改变土地所有权的性质和土地用途。

第二百零二条 抵押权人应当在主债权诉讼时效期间行使抵押权；未行使的，人民法院不予保护。

第二节 最高额抵押权

第二百零三条 为担保债务的履行，债务人或者第三人对一定期间内将要连续发生的债权提供担保财产的，债务人不履行到期债务或者发生当事人约定的实现抵押权的情形，抵押权人有权在最高债权额限度内就该担保财产优先受偿。

最高额抵押权设立前已经存在的债权，经当事人同意，可以转入最高额抵押担保的债权范围。

第二百零四条 最高额抵押担保的债权确定前，部分债权转让的，最高额抵押权不得转让，但当事人另有约定的除外。

第二百零五条 最高额抵押担保的债权确定前，抵押权人与抵押人可以通过协议变更债权确定的期间、债权范围以及最高债权额，但变更的内容不得对其他抵押权人产生不利影响。

第二百零六条 有下列情形之一的，抵押权人的债权确定：

（一）约定的债权确定期间届满；

（二）没有约定债权确定期间或者约定不明确，抵押权人或者抵押人自最高额抵押权设立之日起满二年后请求确定债权；

（三）新的债权不可能发生；

（四）抵押财产被查封、扣押；

（五）债务人、抵押人被宣告破产或者被撤销；

（六）法律规定债权确定的其他情形。

第二百零七条 最高额抵押权除适用本节规定外，适用本章第一节一般抵押权的规定。

第十七章 质 权

第一节 动产质权

第二百零八条 为担保债务的履行，债务人或者第三人将其动产出质给债权人占有的，债务人不履行到期债务或者发生当事人约定的实现质权的情形，债权人有权就该动产优先受偿。

前款规定的债务人或者第三人为出质人，债权人为质权人，交付的动产为质押财产。

第二百零九条 法律、行政法规禁止转让的动产不得出质。

第二百一十条 设立质权，当事人应当采取书面形式订立质权合同。

质权合同一般包括下列条款：

（一）被担保债权的种类和数额；

（二）债务人履行债务的期限；

（三）质押财产的名称、数量、质量、状况；

（四）担保的范围；

（五）质押财产交付的时间。

第二百一十一条 质权人在债务履行期届满前，不得与出质人约定债务人不履行到期债务时质押财产归债权人所有。

第二百一十二条 质权自出质人交付质押财产时设立。

第二百一十三条 质权人有权收取质押财产的孳息，但合同另有约定的除外。

前款规定的孳息应当先充抵收取孳息的费用。

第二百一十四条 质权人在质权存续期间，未经出质人同意，擅自使用、处分质押财产，给出质人造成损害的，应当承担赔偿责任。

第二百一十五条 质权人负有妥善保管质押财产的义务；因保管不善致使质押财产毁损、灭失的，应当承担赔偿责任。

质权人的行为可能使质押财产毁损、灭失的，出质人可以要求质权人将质押财产提存，或者要求提前清偿债务并返还质押财产。

第二百一十六条 因不能归责于质权人的事由可能使质押财产毁损或者价值明显减少，足以危害质权人权利的，质权人有权要求出质人提供相应的担保；出质人不提供的，质权人可以拍卖、变卖质押财产，并与出质人通过协议将拍卖、变卖所得的价款提前清偿债务或者提存。

第二百一十七条 质权人在质权存续期间，未经出质人同意转质，造成质押财产毁损、灭失的，应当向出质人承担赔偿责任。

第二百一十八条 质权人可以放弃质权。债务人以自己的财产出质，质权人放弃该质权的，其他担保人在质权人丧失优先受偿权益的范围内免除担保责任，但其他担保人承诺仍然提供担保的除外。

第二百一十九条 债务人履行债务或者出质人提前清偿所担保的债权的，质权人应当返还质押财产。

债务人不履行到期债务或者发生当事人约定的实现质权的情形，质权人可以与出质人协议以质押财产折价，也可以就拍卖、变卖质押财产所得的价款优先受偿。

质押财产折价或者变卖的，应当参照市场价格。

第二百二十条 出质人可以请求质权人在债务履行期届满后及时行使质权；质权人不行使的，出质人可以请求人民法院拍卖、变卖质押财产。

出质人请求质权人及时行使质权，因质权人怠于行使权利造成损害的，由质权人承担赔偿责任。

第二百二十一条 质押财产折价或者拍卖、变卖后，其价款超过债权数额的部分归出质人所有，不足部分由债务人清偿。

第二百二十二条 出质人与质权人可以协议设立最高额质权。

最高额质权除适用本节有关规定外，参照本法第十六章第二节最高额抵押权的规定。

第二节 权利质权

第二百二十三条 债务人或者第三人有权处分的下列权利可以出质：

（一）汇票、支票、本票；

（二）债券、存款单；

（三）仓单、提单；

（四）可以转让的基金份额、股权；

（五）可以转让的注册商标专用权、专利权、著作权等知识产权中的财产权；

（六）应收账款；

（七）法律、行政法规规定可以出质的其他财产权利。

第二百二十四条 以汇票、支票、本票、债券、存款单、仓单、提单出质的，当事人应当订立书面合同。质权自权利凭证交付质权人时设立；没有权利凭证的，质权自有关部门办理出质登记时设立。

第二百二十五条 汇票、支票、本票、债券、存款单、仓单、提单的兑现日期或者提货日期先于主债权到期的，质权人可以兑现或者提货，并与出质人协议将兑现的价款或者提取的货物提前清偿债务或者提存。

第二百二十六条 以基金份额、股权出质的，当事人应当订立书面合同。以基金份额、证券登记结算机构登记的股权出质的，质权自证券登记结算机构办理出质登记时设立；以其他股权出质的，质权自工商行政管理部门办理出质登记时设立。

基金份额、股权出质后，不得转让，但经出质人与质权人协商同意的除外。出质人转让基金份额、股权所得的价款，应当向质权人提前清偿债务或者提存。

第二百二十七条 以注册商标专用权、专利权、著作权等知识产权中的财产权出质的，当事人应当订立书面合同。质权自有关主管部门办理出质登记时设立。

知识产权中的财产权出质后，出质人不得转让或者许可他人使用，但经出质人与质权人协商同意的除外。出质人转让或者许可他人使用出质的知识产权中的财产权所得的价款，应当向质权人提前清偿债务或者提存。

第二百二十八条 以应收账款出质的，当事人应当订立书面合同。质权自信贷征信机构办理出质登记时设立。

应收账款出质后，不得转让，但经出质人与质权人协商同意的除外。出质人转让应收账款所得的价款，应当向质权人提前清偿债务或者提存。

第二百二十九条 权利质权除适用本节规定外，适用本章第一节动产质权的规定。

第十八章 留置权

第二百三十条 债务人不履行到期债务，债权人可以留置已经合法占有的债务人的动产，并有权就该动产优先受偿。

前款规定的债权人为留置权人，占有的动产为留置财产。

第二百三十一条 债权人留置的动产,应当与债权属于同一法律关系,但企业之间留置的除外。

第二百三十二条 法律规定或者当事人约定不得留置的动产,不得留置。

第二百三十三条 留置财产为可分物的,留置财产的价值应当相当于债务的金额。

第二百三十四条 留置权人负有妥善保管留置财产的义务;因保管不善致使留置财产毁损、灭失的,应当承担赔偿责任。

第二百三十五条 留置权人有权收取留置财产的孳息。

前款规定的孳息应当先充抵收取孳息的费用。

第二百三十六条 留置权人与债务人应当约定留置财产后的债务履行期间;没有约定或者约定不明确的,留置权人应当给债务人两个月以上履行债务的期间,但鲜活易腐等不易保管的动产除外。债务人逾期未履行的,留置权人可以与债务人协议以留置财产折价,也可以就拍卖、变卖留置财产所得的价款优先受偿。

留置财产折价或者变卖的,应当参照市场价格。

第二百三十七条 债务人可以请求留置权人在债务履行期届满后行使留置权;留置权人不行使的,债务人可以请求人民法院拍卖、变卖留置财产。

第二百三十八条 留置财产折价或者拍卖、变卖后,其价款超过债权数额的部分归债务人所有,不足部分由债务人清偿。

第二百三十九条 同一动产上已设立抵押权或者质权,该动产又被留置的,留置权人优先受偿。

第二百四十条 留置权人对留置财产丧失占有或者留置权人接受债务人另行提供担保的,留置权消灭。

第五编 占 有

第十九章 占 有

第二百四十一条 基于合同关系等产生的占有,有关不动产或者动产的使用、收益、违约责任等,按照合同约定;合同没有约定或者约定不明确的,依照有关法律规定。

第二百四十二条 占有人因使用占有的不动产或者动产,致使该不动产或者动产受到损害的,恶意占有人应当承担赔偿责任。

第二百四十三条 不动产或者动产被占有人占有的,权利人可以请求返还原物及其孳息,但应当支付善意占有人因维护该不动产或者动产支出的必要费用。

第二百四十四条 占有的不动产或者动产毁损、灭失,该不动产或者动产的权利人请求赔偿的,占有人应当将因毁损、灭失取得的保险金、赔偿金或者补偿金等返还给权利人;权利人的损害未得到足够弥补的,恶意占有人还应当赔偿损失。

第二百四十五条 占有的不动产或者动产被侵占的,占有人有权请求返还原物;对妨害占有的行为,占有人有权请求排除妨害或者消除危险;因侵占或者妨害造成损害的,占有人有权请求损害赔偿。

占有人返还原物的请求权,自侵占发生之日起一年内未行使的,该请求权消灭。

附 则

第二百四十六条 法律、行政法规对不动产统一登记的范围、登记机构和登记办法作出规定前,地方性法规可以依照本法有关规定作出规定。

第二百四十七条 本法自2007年10月1日起施行。

中华人民共和国消费者权益保护法

（1993 年 10 月 31 日第八届全国人民代表大会常务委员会第四次会议通过，根据 2009 年 8 月 27 日第十一届全国人民代表大会常务委员会第十次会议《关于修改部分法律的决定》第一次修正，根据 2013 年 10 月 25 日第十二届全国人民代表大会常务委员会第五次会议《关于修改〈中华人民共和国消费者权益保护法〉的决定》第二次修正）

目 录

第一章 总 则

第一条 为保护消费者的合法权益，维护社会经济秩序，促进社会主义市场经济健康发展，制定本法。

第二条 消费者为生活消费需要购买、使用商品或者接受服务，其权益受本法保护；本法未作规定的，受其他有关法律、法规保护。

第三条 经营者为消费者提供其生产、销售的商品或者提供服务，应当遵守本法；本法未作规定的，应当遵守其他有关法律、法规。

第四条 经营者与消费者进行交易，应当遵循自愿、平等、公平、诚实信用的原则。

第五条 国家保护消费者的合法权益不受侵害。

国家采取措施，保障消费者依法行使权利，维护消费者的合法权益。

国家倡导文明、健康、节约资源和保护环境的消费方式，反对浪费。

第六条 保护消费者的合法权益是全社会的共同责任。

国家鼓励、支持一切组织和个人对损害消费者合法权益的行为进行社会监督。

大众传播媒介应当做好维护消费者合法权益的宣传，对损害消费者合法权益的行为进行舆论监督。

第二章 消费者的权利

第七条 消费者在购买、使用商品和接受服务时享有人身、财产安全不受损害的权利。

消费者有权要求经营者提供的商品和服务，符合保障人身、财产安全的要求。

第八条 消费者享有知悉其购买、使用的商品或者接受的服务的真实情况的权利。

消费者有权根据商品或者服务的不同情况，要求经营者提供商品的价格、产地、生产者、用途、性能、规格、等级、主要成份、生产日期、有效期限、检验合格证明、使用方法说明书、售后服务，或者服务的内容、规格、费用等有关情况。

第九条 消费者享有自主选择商品或者服务的权利。

消费者有权自主选择提供商品或者服务的经营者，自主选择商品品种或者服务方式，自主决定购买或者不购买任何一种商品、接受或者不接受任何一项服务。

消费者在自主选择商品或者服务时，有权进行比较、鉴别和挑选。

第十条 消费者享有公平交易的权利。

消费者在购买商品或者接受服务时，有权获得质量保障、价格合理、计量正确等公平交易条件，有权拒绝经营者的强制交易行为。

第十一条 消费者因购买、使用商品或者接受服务受到人身、财产损害的，享有依法获得赔偿的权利。

第十二条 消费者享有依法成立维护自身合法权益的社会组织的权利。

第十三条 消费者享有获得有关消费和消费者权益保护方面的知识的权利。

消费者应当努力掌握所需商品或者服务的知识和使用技能，正确使用商品，提高自我保护意识。

第十四条 消费者在购买、使用商品和接受服务时，享有人格尊严、民族风俗习惯得到尊重的权利，享有个人信息依法得到保护的权利。

第十五条 消费者享有对商品和服务以及保护消费者权益工作进行监督的权利。

消费者有权检举、控告侵害消费者权益的行为和国家机关及其工作人员在保护消费者权益工作中的违法失职行为，有权对保护消费者权益工作提出批评、建议。

第三章 经营者的义务

第十六条 经营者向消费者提供商品或者服务，应当依照本法和其他有关法律、法规的规定履行义务。

经营者和消费者有约定的，应当按照约定履行义务，但双方的约定不得违背法律、法规的规定。

经营者向消费者提供商品或者服务，应当恪守社会公德，诚信经营，保障消费者的合法权益；不得设定不公平、不合理的交易条件，不得强制交易。

第十七条 经营者应当听取消费者对其提供的商品或者服务的意见，接受消费者的监督。

第十八条 经营者应当保证其提供的商品或者服务符合保障人身、财产安全的要求。对可能危及人身、财产安全的商品和服务，应当向消费者作出真实的说明和明确的警示，并说明和标明正确使用商品或者接受服务的方法以及防止危害发生的方法。

宾馆、商场、餐馆、银行、机场、车站、港口、影剧院等经营场所的经营者，应当对消费者尽到安全保障义务。

第十九条 经营者发现其提供的商品或者服务存在缺陷，有危及人身、财产安全危险的，应当立即向有关行政部门报告和告知消费者，并采取停止销售、警示、召回、无害化处理、销毁、停止生产或者服务等措施。采取召回措施的，经营者应当承担消费者因商品被召回支出的必要费用。

第二十条 经营者向消费者提供有关商品或者服务的质量、性能、用途、有效期限等信息，应当真实、全面，不得作虚假或者引人误解的宣传。

经营者对消费者就其提供的商品或者服务的质量和使用方法等问题提出的询问，应当作出真实、明确的答复。

经营者提供商品或者服务应当明码标价。

第二十一条 经营者应当标明其真实名称和标记。

租赁他人柜台或者场地的经营者，应当标明其真实名称和标记。

第二十二条 经营者提供商品或者服务，应当按照国家有关规定或者商业惯例向消费者出具发票等购货凭证或者服务单据；消费者索要发票等购货凭证或者服务单据的，经营者必须出具。

第二十三条 经营者应当保证在正常使用商品或者接受服务的情况下其提供的商品或者服务应当具有的质量、性能、用途和有效期限；但消费者在购买该商品或者接受该服务前已经知道其存在瑕疵，且存在该瑕疵不违反法律强制性规定的除外。

经营者以广告、产品说明、实物样品或者其他方式表明商品或者服务的质量状况的，应当保证其提供的商品或者服务的实际质量与表明的质量状况相符。

经营者提供的机动车、计算机、电视机、电冰箱、空调器、洗衣机等耐用商品或者装饰装修等服务，消费者自接受商品或者服务之日起六个月内发现瑕疵，发生争议的，由经营者承担有关瑕疵的举证责任。

第二十四条 经营者提供的商品或者服务不符合质量要求的，消费者可以依照国家规定、当事人约定退货，或者要求经营者履行更换、修理等义务。没有国家规定和当事人约定的，消费者可以自收到商品之日起七日内退货；七日后符合法定解除合同条件的，消费者可以及时退货，不符合法定解除合同条件的，可以要求经营者履行更换、修理等义务。

依照前款规定进行退货、更换、修理的，经营者应当承担运输等必要费用。

第二十五条 经营者采用网络、电视、电话、邮购等方式销售商品，消费者有权自收到商品之日起七日内退货，且无需说明理由，但下列商品除外：

（一）消费者定作的；

（二）鲜活易腐的；

（三）在线下载或者消费者拆封的音像制品、计算机软件等数字化商品；

（四）交付的报纸、期刊。

除前款所列商品外，其他根据商品性质并经消费者在购买时确认不宜退货的商品，不适用无理由退货。

消费者退货的商品应当完好。经营者应当自收到退回商品之日起七日内返还消费者支付的商品价款。退回商品的运费由消费者承担；经营者和消费者另有约定的，按照约定。

第二十六条　经营者在经营活动中使用格式条款的，应当以显著方式提请消费者注意商品或者服务的数量和质量、价款或者费用、履行期限和方式、安全注意事项和风险警示、售后服务、民事责任等与消费者有重大利害关系的内容，并按照消费者的要求予以说明。

经营者不得以格式条款、通知、声明、店堂告示等方式，作出排除或者限制消费者权利、减轻或者免除经营者责任、加重消费者责任等对消费者不公平、不合理的规定，不得利用格式条款并借助技术手段强制交易。

格式条款、通知、声明、店堂告示等含有前款所列内容的，其内容无效。

第二十七条　经营者不得对消费者进行侮辱、诽谤，不得搜查消费者的身体及其携带的物品，不得侵犯消费者的人身自由。

第二十八条　采用网络、电视、电话、邮购等方式提供商品或者服务的经营者，以及提供证券、保险、银行等金融服务的经营者，应当向消费者提供经营地址、联系方式、商品或者服务的数量和质量、价款或者费用、履行期限和方式、安全注意事项和风险警示、售后服务、民事责任等信息。

第二十九条　经营者收集、使用消费者个人信息，应当遵循合法、正当、必要的原则，明示收集、使用信息的目的、方式和范围，并经消费者同意。经营者收集、使用消费者个人信息，应当公开其收集、使用规则，不得违反法律、法规的规定和双方的约定收集、使用信息。

经营者及其工作人员对收集的消费者个人信息必须严格保密，不得泄露、出售或者非法向他人提供。经营者应当采取技术措施和其他必要措施，确保信息安全，防止消费者个人信息泄露、丢失。在发生或者可能发生信息泄露、丢失的情况时，应当立即采取补救措施。

经营者未经消费者同意或者请求，或者消费者明确表示拒绝的，不得向其发送商业性信息。

第四章　国家对消费者合法权益的保护

第三十条　国家制定有关消费者权益的法律、法规、规章和强制性标准，应当听取消费者和消费者协会等组织的意见。

第三十一条　各级人民政府应当加强领导，组织、协调、督促有关行政部门做好保护消费者合法权益的工作，落实保护消费者合法权益的职责。

各级人民政府应当加强监督，预防危害消费者人身、财产安全行为的发生，及时制止危害消费者人身、财产安全的行为。

第三十二条 各级人民政府工商行政管理部门和其他有关行政部门应当依照法律、法规的规定,在各自的职责范围内,采取措施,保护消费者的合法权益。

有关行政部门应当听取消费者和消费者协会等组织对经营者交易行为、商品和服务质量问题的意见,及时调查处理。

第三十三条 有关行政部门在各自的职责范围内,应当定期或者不定期对经营者提供的商品和服务进行抽查检验,并及时向社会公布抽查检验结果。

有关行政部门发现并认定经营者提供的商品或者服务存在缺陷,有危及人身、财产安全危险的,应当立即责令经营者采取停止销售、警示、召回、无害化处理、销毁、停止生产或者服务等措施。

第三十四条 有关国家机关应当依照法律、法规的规定,惩处经营者在提供商品和服务中侵害消费者合法权益的违法犯罪行为。

第三十五条 人民法院应当采取措施,方便消费者提起诉讼。对符合《中华人民共和国民事诉讼法》起诉条件的消费者权益争议,必须受理,及时审理。

第五章 消费者组织

第三十六条 消费者协会和其他消费者组织是依法成立的对商品和服务进行社会监督的保护消费者合法权益的社会组织。

第三十七条 消费者协会履行下列公益性职责:

(一)向消费者提供消费信息和咨询服务,提高消费者维护自身合法权益的能力,引导文明、健康、节约资源和保护环境的消费方式;

(二)参与制定有关消费者权益的法律、法规、规章和强制性标准;

(三)参与有关行政部门对商品和服务的监督、检查;

(四)就有关消费者合法权益的问题,向有关部门反映、查询,提出建议;

(五)受理消费者的投诉,并对投诉事项进行调查、调解;

(六)投诉事项涉及商品和服务质量问题的,可以委托具备资格的鉴定人鉴定,鉴定人应当告知鉴定意见;

(七)就损害消费者合法权益的行为,支持受损害的消费者提起诉讼或者依照本法提起诉讼;

(八)对损害消费者合法权益的行为,通过大众传播媒介予以揭露、批评。

各级人民政府对消费者协会履行职责应当予以必要的经费等支持。

消费者协会应当认真履行保护消费者合法权益的职责,听取消费者的意见和建议,接受社会监督。

依法成立的其他消费者组织依照法律、法规及其章程的规定,开展保护消费者合法权益的活动。

第三十八条 消费者组织不得从事商品经营和营利性服务,不得以收取费用或者其他牟取利益的方式向消费者推荐商品和服务。

第六章　争议的解决

第三十九条　消费者和经营者发生消费者权益争议的,可以通过下列途径解决:

(一)与经营者协商和解;

(二)请求消费者协会或者依法成立的其他调解组织调解;

(三)向有关行政部门投诉;

(四)根据与经营者达成的仲裁协议提请仲裁机构仲裁;

(五)向人民法院提起诉讼。

第四十条　消费者在购买、使用商品时,其合法权益受到损害的,可以向销售者要求赔偿。销售者赔偿后,属于生产者的责任或者属于向销售者提供商品的其他销售者的责任的,销售者有权向生产者或者其他销售者追偿。

消费者或者其他受害人因商品缺陷造成人身、财产损害的,可以向销售者要求赔偿,也可以向生产者要求赔偿。属于生产者责任的,销售者赔偿后,有权向生产者追偿。属于销售者责任的,生产者赔偿后,有权向销售者追偿。

消费者在接受服务时,其合法权益受到损害的,可以向服务者要求赔偿。

第四十一条　消费者在购买、使用商品或者接受服务时,其合法权益受到损害,因原企业分立、合并的,可以向变更后承受其权利义务的企业要求赔偿。

第四十二条　使用他人营业执照的违法经营者提供商品或者服务,损害消费者合法权益的,消费者可以向其要求赔偿,也可以向营业执照的持有人要求赔偿。

第四十三条　消费者在展销会、租赁柜台购买商品或者接受服务,其合法权益受到损害的,可以向销售者或者服务者要求赔偿。展销会结束或者柜台租赁期满后,也可以向展销会的举办者、柜台的出租者要求赔偿。展销会的举办者、柜台的出租者赔偿后,有权向销售者或者服务者追偿。

第四十四条　消费者通过网络交易平台购买商品或者接受服务,其合法权益受到损害的,可以向销售者或者服务者要求赔偿。网络交易平台提供者不能提供销售者或者服务者的真实名称、地址和有效联系方式的,消费者也可以向网络交易平台提供者要求赔偿;网络交易平台提供者作出更有利于消费者的承诺的,应当履行承诺。网络交易平台提供者赔偿后,有权向销售者或者服务者追偿。

网络交易平台提供者明知或者应知销售者或者服务者利用其平台侵害消费者合法权益,未采取必要措施的,依法与该销售者或者服务者承担连带责任。

第四十五条　消费者因经营者利用虚假广告或者其他虚假宣传方式提供商品或者服务,其合法权益受到损害的,可以向经营者要求赔偿。广告经营者、发布者发布虚假广告的,消费者可以请求行政主管部门予以惩处。广告经营者、发布者不能提供经营者的真实名称、地址和有效联系方式的,应当承担赔偿责任。

广告经营者、发布者设计、制作、发布关系消费者生命健康商品或者服务的虚假广告,造成消费者损害的,应当与提供该商品或者服务的经营者承担连带责任。

社会团体或者其他组织、个人在关系消费者生命健康商品或者服务的虚假广告或者其他虚假宣传中向消费者推荐商品或者服务,造成消费者损害的,应当与提供该商品或者服务的经营者承担连带责任。

第四十六条 消费者向有关行政部门投诉的,该部门应当自收到投诉之日起七个工作日内,予以处理并告知消费者。

第四十七条 对侵害众多消费者合法权益的行为,中国消费者协会以及在省、自治区、直辖市设立的消费者协会,可以向人民法院提起诉讼。

第七章　法律责任

第四十八条 经营者提供商品或者服务有下列情形之一的,除本法另有规定外,应当依照其他有关法律、法规的规定,承担民事责任:

(一)商品或者服务存在缺陷的;

(二)不具备商品应当具备的使用性能而出售时未作说明的;

(三)不符合在商品或者其包装上注明采用的商品标准的;

(五)生产国家明令淘汰的商品或者销售失效、变质的商品的;

(六)销售的商品数量不足的;

(七)服务的内容和费用违反约定的;

(八)对消费者提出的修理、重作、更换、退货、补足商品数量、退还货款和服务费用或者赔偿损失的要求,故意拖延或者无理拒绝的;

(九)法律、法规规定的其他损害消费者权益的情形。

经营者对消费者未尽到安全保障义务,造成消费者损害的,应当承担侵权责任。

第四十九条 经营者提供商品或者服务,造成消费者或者其他受害人人身伤害的,应当赔偿医疗费、护理费、交通费等为治疗和康复支出的合理费用,以及因误工减少的收入。造成残疾的,还应当赔偿残疾生活辅助具费和残疾赔偿金。造成死亡的,还应当赔偿丧葬费和死亡赔偿金。

第五十条 经营者侵害消费者的人格尊严、侵犯消费者人身自由或者侵害消费者个人信息依法得到保护的权利的,应当停止侵害、恢复名誉、消除影响、赔礼道歉,并赔偿损失。

第五十一条 经营者有侮辱诽谤、搜查身体、侵犯人身自由等侵害消费者或者其他受害人人身权益的行为,造成严重精神损害的,受害人可以要求精神损害赔偿。

第五十二条 经营者提供商品或者服务,造成消费者财产损害的,应当依照法律规定或者当事人约定承担修理、重作、更换、退货、补足商品数量、退还货款和服务费用或者赔偿损失等民事责任。

第五十三条 经营者以预收款方式提供商品或者服务的,应当按照约定提供。未按照约定提供的,应当按照消费者的要求履行约定或者退回预付款;并应当承担预付款的利息、消费者必须支付的合理费用。

第五十四条 依法经有关行政部门认定为不合格的商品，消费者要求退货的，经营者应当负责退货。

第五十五条 经营者提供商品或者服务有欺诈行为的，应当按照消费者的要求增加赔偿其受到的损失，增加赔偿的金额为消费者购买商品的价款或者接受服务的费用的三倍；增加赔偿的金额不足五百元的，为五百元。法律另有规定的，依照其规定。

经营者明知商品或者服务存在缺陷，仍然向消费者提供，造成消费者或者其他受害人死亡或者健康严重损害的，受害人有权要求经营者依照本法第四十九条、第五十一条等法律规定赔偿损失，并有权要求所受损失二倍以下的惩罚性赔偿。

第五十六条 经营者有下列情形之一，除承担相应的民事责任外，其他有关法律、法规对处罚机关和处罚方式有规定的，依照法律、法规的规定执行；法律、法规未作规定的，由工商行政管理部门或者其他有关行政部门责令改正，可以根据情节单处或者并处警告、没收违法所得、处以违法所得一倍以上十倍以下的罚款，没有违法所得的，处以五十万元以下的罚款；情节严重的，责令停业整顿、吊销营业执照：

（一）提供的商品或者服务不符合保障人身、财产安全要求的；

（二）在商品中掺杂、掺假，以假充真，以次充好，或者以不合格商品冒充合格商品的；

（三）生产国家明令淘汰的商品或者销售失效、变质的商品的；

（四）伪造商品的产地，伪造或者冒用他人的厂名、厂址，篡改生产日期，伪造或者冒用认证标志等质量标志的；

（五）销售的商品应当检验、检疫而未检验、检疫或者伪造检验、检疫结果的；

（六）对商品或者服务作虚假或者引人误解的宣传的；

（七）拒绝或者拖延有关行政部门责令对缺陷商品或者服务采取停止销售、警示、召回、无害化处理、销毁、停止生产或者服务等措施的；

（八）对消费者提出的修理、重作、更换、退货、补足商品数量、退还货款和服务费用或者赔偿损失的要求，故意拖延或者无理拒绝的；

（九）侵害消费者人格尊严、侵犯消费者人身自由或者侵害消费者个人信息依法得到保护的权利的；

（十）法律、法规规定的对损害消费者权益应当予以处罚的其他情形。

经营者有前款规定情形的，除依照法律、法规规定予以处罚外，处罚机关应当记入信用档案，向社会公布。

第五十七条 经营者违反本法规定提供商品或者服务，侵害消费者合法权益，构成犯罪的，依法追究刑事责任。

第五十八条 经营者违反本法规定，应当承担民事赔偿责任和缴纳罚款、罚金，其财产不足以同时支付的，先承担民事赔偿责任。

第五十九条 经营者对行政处罚决定不服的，可以依法申请行政复议或者提起行政诉讼。

第六十条 以暴力、威胁等方法阻碍有关行政部门工作人员依法执行职务的，依法追究刑事责任;拒绝、阻碍有关行政部门工作人员依法执行职务,未使用暴力、威胁方法的,由公安机关依照《中华人民共和国治安管理处罚法》的规定处罚。

第六十一条 国家机关工作人员玩忽职守或者包庇经营者侵害消费者合法权益的行为的,由其所在单位或者上级机关给予行政处分;情节严重,构成犯罪的,依法追究刑事责任。

第八章 附 则

第六十二条 农民购买、使用直接用于农业生产的生产资料,参照本法执行。

第六十三条 本法自 1994 年 1 月 1 日起施行。

经济专业高级资格考试辅导教材

高级经济师经济理论

（下册）

全国高级经济师考试研究组　编

黄河水利出版社

目录 Mulu Contents

第二十二章 管理概述

知识框架

- 管理概述
  - 管理
    - 管理的含义
    - 管理的性质
    - 管理的特征
    - 管理的基本职能
  - 管理道德与企业社会责任
    - 管理道德
    - 企业的社会责任
  - 管理者
    - 管理者的角色
    - 管理者的层次和技能

第一节 管 理

一、管理的含义

管理起源于人类的共同劳动,是一种与人类文明共存的社会现象。通过管理,人们的生产、生活和其他活动得以有目的、有秩序、有效率地进行。

在西方,管理的含义一般与人类的组织活动有关。人类在实践中发现,多个人在一起工作能够完成个人无法完成的任务,于是逐渐产生了各种社会组织。在组织内,为了协调大家的活动,就要进行管理。

长期以来,许多中外学者都曾对管理下过定义,但由于管理的广泛性和复杂性及研究侧重点的不同,至今仍未形成统一的概念,在此,简单介绍几种有代表性的解释。

管理是组织的某一专业职能或综合职能。例如,美国著名管理学家赫伯特·西蒙认为:“管理就是决策”。法国著名学者法约尔认为:“管理就是实行计划、组织、指挥、协调和控制”。

管理是对组织资源或要素进行协调以达到组织目标的活动。

管理是一个活动系列,是连续的动态过程,能发挥多种作用,具有一定特征。例如,美国学者 H·孔茨认为:“管理就是创造一种环境,使置身于其中的人们能在集体中一道工作,以完成预定使命和目标”。

“管理是通过他人的努力来达到目标”(美国管理协会的定义)。因此,有人说,管理就是“管”你的。

上述定义从不同方面、不同角度揭示了管理的含义，或者揭示了管理某一方面的属性。本书将管理定义为：为了能够有效率和有效果的同他人一起或通过他人实现组织的目标而进行的一个协调工作的过程。这个概念包含着三重意思：

(1)管理是一个协同工作的过程，这个过程代表了一系列正在进行中的有管理者参与的职能活动。

(2)管理是与他人一起或通过他人实现组织的目标，这就区分了管理岗位和非管理岗位。

(3)效率和效果是管理活动追求的两大目标。其中，效率是指以尽可能少的投入获得尽可能多的产出，即"正确地做事"，效果是指所从事的工作和活动有助于组织达到其目标，即"做正确的事"。二者相辅相成，共同构成管理活动追求的目标。

二、管理的性质

管理作为一种普遍的社会文化现象和特殊的实践活动，具有自己独特的性质。

(一)管理的二重性

管理的二重性是指管理具有自然属性和社会属性，即与社会化大生产相联系的自然属性、与社会制度相联系的社会属性。从根本上讲，管理之所以具有双重属性，是因为其对象——社会生产过程本身具有二重属性。我们知道，任何社会生产都是在一定的生产方式下进行的，生产过程既是物质资料的再生产过程，又是生产关系的再生产过程，这就决定了对生产过程所进行的管理相应地具有二重属性。一方面，管理是适应共同劳动的需要而产生的，在社会化大生产条件下，管理具有组织、指挥与协调生产的功能，是社会劳动过程的普遍形态，只要进行社会化大生产，就必然要进行管理，这就是管理的自然属性，它反映了社会劳动过程的一般要求，是各种不同生产方式下共有的一系列经验和相关科学方法的总结。这就是说，管理的自然属性取决于生产力发展水平和劳动的社会化程度，不取决于生产关系，因而它是管理的一般属性。另一方面，管理又是适应一定生产关系的要求而产生的，具有维护和巩固生产关系、实现特定生产目的的功能，由此决定了管理的社会属性。管理的社会属性取决于社会生产关系的性质，与生产力发展水平无关，劳动的社会结合方式不同，管理的社会性质也就不同。管理的社会属性是管理的特殊属性，它表现为劳动过程的特殊历史形态，为某种生产方式所特有。

(二)现代管理的科学性和艺术性

人类的管理活动已逐渐由艺术发展为科学，继而发展到两种性质兼而有之的阶段。早期的管理活动完全依靠管理者长期积累的个人经验，反映的是一些零散的思想片段，缺乏系统的科学理论的指导，更多地表现为一种艺术。现代管理既能探索和遵循管理活动的客观规律、研究和运用科学的管理理论与方法，又能根据管理实践的具体情况，灵活地运用一般原理和基本方法，通过不断的尝试进行新的创造。因此，现代管理既是一门科学，也是一种艺术。

三、管理的特征

(一)管理的一般特征

管理是一项非常复杂的社会活动,其内容丰富、形式多样,在人类社会生活的不同历史时期和领域中,每项管理活动都具有与众不同的具体特点。但是,管理并非飘忽不定、无迹可寻。作为人类社会的一项基本实践,它有着自身的一般特征。

1. 管理最基本的任务是实现有效的社会协作

人类社会的一切生产实践都是以协作形式出现的,无论是原始社会简单的狩猎活动,还是现代化的大工业生产,都包含着不同程度的协作。由于工作任务复杂化程度的日益提高,产生于人类共同劳动的协作关系也不再像从前那样简单而稳定,人与人之间复杂动态的协作关系已经成为一种常态。管理就是要运用科学的程序和方法,通过最佳的工作组合和最优的机构设置,用尽可能少的资源实现组织协作的最大效用。因此,管理的重要性也就日益凸显。

2. 管理最基本的形式是组织

人类社会一切生产活动中的协作关系能够演变为自觉的管理活动,其前提条件就是以组织的形式把这种协作关系固定下来,使它成为一种可以遵循的程序,并根据这种程序有效地去实现活动目标。在管理活动中,组织既是管理的主体,又是管理的客体。组织作为管理的主体,表现为专门进行管理工作的组织机构,如指挥部、决策部、参谋部、计划部等。从组织作为客体这个角度来看,组织表现为系统性。任何组织都是由作为要素的人按照一定的结构建立起来的系统,既包括纵向的权力和责任分配关系,也涵盖横向的专业分工和协作关系,这些关系则是管理的主要对象。

3. 管理最主要的内容是处理人际关系

在管理活动中,人是首要的因素,这已成为现代管理者的共识。虽然除了人与人的关系,管理系统还包含着人与物的关系,但人与物的合理配置、人对物的控制归根结底都会表现为人与人的关系,因此人际关系是管理系统两大基本关系的主要方面,对组织的成败起着决定性的作用。有效地处理和协调人际关系,不仅可以帮助管理者理顺人与物的关系,还可以在组织内形成一股有机合作的整体力量,从而大幅增强管理系统的功效。因此,在现代组织中,维护良好的人际关系已成为有效管理者最主要的工作之一。

4. 管理发展的主要动力是变革与创新

生产力的迅速发展推动着社会生产方式的不断进步,尤其在科学技术日新月异的现代社会,社会生产的组织方式正处于一个持续变革的过程之中。管理实践中不断涌现的新问题、新情况推动着管理技术和手段不断革新,从而使管理思想和理论不断丰富与完善,管理理论上的重大突破同时又反过来指导实践,促使组织的管理成效实现质的飞跃。因此,这种根据新形势而发生的、迅速的、连续的、根本的变革与创新,成为管理发展最主要的动力。

(二)管理的基本特征

管理就是管理者在特定的环境下,通过计划、组织、领导和控制等环节来协调组织所拥有的资源,以期更好地达到组织目标的过程。

管理的基本特征:①管理事宜管理者为主体进行的活动;②管理活动是在特定环境下进行的;③管理采用的基本措施是计划、组织、领导和控制这四项基本活动;④管理是为实现组织目标服务的;⑤管理需要有效地协调和配置组织资源;⑥管理是一个过程。

四、管理的基本职能

(一)计划

计划是指根据组织的内外部环境,并结合自身的实际情况,制订合理的总体战略和发展目标的过程,通过工作计划将组织战略和目标逐层展开,形成分工明确、协调有序的战略实施和资源分配方案。计划描绘了组织的未来蓝图,指明了组织发展的前进方向,为管理者的日常决策提供了必要的依据,为组织成员的工作绩效提供了考评标准,因而无论环境如何复杂动荡,都不应该忽视计划职能的重要性。

(二)组织

组织主要是指在战略和目标的指导下,明确组织当前的工作任务并对任务进行分类与整合,通过设置一系列的机构和职位来承担这些工作任务,同时,通过明确组织中的指挥链并进行相应的职责和权限划分,构建起完整的组织管理体系。简言之,组织工作是一个“搭台子、组班子、定规矩”的连续动态过程,是落实组织目标和工作计划并确保其有效执行的必要环节。

(三)领导

领导是指充分利用各种方法和手段对下属进行有效的激励,并为下属提供必要的指导和支持,以集中精力、实现组织预定目标的过程。有效的领导不仅需要管理者掌握丰富的沟通技巧,与下属进行充分的交流,掌握其思想和工作动态,充分挖掘新的激励点;还要求管理者发展独特的组织文化,营造和谐的工作氛围,为组织内部的良性竞争提供健康有序的环境条件。

(四)控制

管理者的控制职能是指为确保组织目标的顺利实现,遵照一定的科学程序,对组织内部各项工作的进展情况与实际效果进行监控和评估,并在其偏离预定轨道时采取措施加以纠正的过程。控制活动可以使工作失误得以及时发现和迅速补救,有助于组织从整体上维护自身的根本利益。因此,它贯穿于管理过程的始终,是组织获得成功的重要手段和必要保障。

当然,管理的实际情况比我们所描述的管理职能要复杂千万倍,计划、组织、领导和控制几项职能并不存在泾渭分明的界限。管理者在从事实际工作时常常会发现,四类职能常常是你中有我、我中有你,既彼此包含,又相互推动。因此,将管理者所履行的职能描述为一种过程的观点更为符合实际情况。换言之,管理者在进行管理时始终处于一种过程当中,以连续的方式从事着计划、组织、领导和控制活动。

第二节 管理道德与企业社会责任

一、管理道德

管理道德作为一种特殊的职业道德，是从事管理工作的管理者的行为准则与规范的总和，是特殊的职业道德规范，是对管理者提出的道德要求，对管理者自身而言，可以说是管理者的立身之本、行为之基、发展之源；对企业而言，是对企业进行管理价值导向，是企业健康持续发展所需的一种重要资源，是企业提高经济效益、提升综合竞争力的源泉，可以说管理道德是管理者与企业的精神财富。

（一）企业管理道德失衡的表现

在市场经济体制转轨过程中，激烈的市场竞争使得一些单纯以经济利益为导向的企业唯利是图。因此，在企业经营管理活动中，经常出现应该遵守的道德规范与实际上不讲道德经营的高度分裂，由此产生了企业管理的道德失衡。

(1)企业与顾客的关系方面：欺骗性的广告宣传，在营销和推广上夸大其词，生产不安全或有损健康的产品。有些经营者明知产品含有危害人体健康的成分，但故意向消费者隐瞒真相，而大力宣传其对消费者有利的方面，或信口开河、擅自夸大产品的功效。

(2)企业与竞争者的关系方面：假冒其他企业的商标，生产假冒伪劣产品，侵犯他人商业秘密，损害竞争对手商业声誉，不遵守市场游戏规则，挖墙脚等。特别是企业间不讲信誉、彼此拖欠和赖账、不履行合同。

(3)企业与员工的关系方面：有些企业盲目追求利润，不顾员工的生存和工作环境，侵犯员工的健康权利；有些企业在招聘、提升和报酬上采取性别、种族歧视，侵犯隐私；有些企业对员工的工作评价不公正，克扣薪水等。

(4)企业与政府的关系方面：财务欺诈、偷税漏费、官商勾结、商业贿赂、地方保护主义、国有企业改革中的“内部人”控制现象等。

(5)企业与自然环境的关系方面：企业为追求高利润，对治理污染采取消极态度。对排放“三废”等造成的污染不实施治理而是继续偷偷地排出。特别是一些化工、印染、造纸等工厂规模小，对废水缺乏必要的处理，严重污染环境。

（二）企业管理道德失衡的成因

1.经济体制不完善

在我国，由于市场经济体制还不完善，容易造成竞争无序，使企业管理道德缺乏约束。甚至出现经营活动缺乏公平竞争制度，经营“游戏”规则混乱的局面。在此局面中，由于国家政策控制的原因，造成地区、行业、单位的竞争起点不同，从源头上造成了竞争无序；加上市场体系不完善，未能形成众多统一开放的全国大市场，使得地方保护主义泛滥，一些官员从当地经济发展和自己政绩、利益需要出发，非但没有取缔无序竞争，反而搞地区封锁和部门分割，鼓励、纵容包庇无序竞争、违法经营。

2. 信息不对称

信息传递的滞后和扭曲，使企业管理失衡成为可能。经营活动中出现一些欺骗、失信现象的最直接原因就是信息不对称。在市场经济条件下，市场信息风云变幻，使得信息难于控制。拥有信息多的一方就可能欺骗另一方，加上媒体广告片面宣传的推波助澜，为不法企业欺诈行为开了方便之门。只要有利可图，或者欺诈带来的收益大于为进行欺诈所付出的成本投入，欺骗、失信就会不知疲倦地连续下去。这样造成企业管理道德的失衡。

3. 企业价值取向的偏颇

建立社会主义市场经济的目的是为了满足人民群众日益增加的物质文化需要。社会主义市场经济的道德价值观，仍然是坚持集体主义原则，以全心全意为人民服务为核心。然而，在经济转型的特殊环境条件下，部分企业价值取向出现了偏颇，过分强调企业利润最大化，功利主义的趋向严重，忽视甚至侵害他人的利益。这些企业为了私利，不择手段，违法经营，使企业丧失道德，逃避责任，造成企业管理道德的失衡。

4. 消费者自我保护意识差

相对经营者而言，消费者处于弱势地位。为此国家颁布了一整套法律制度，目的是为了保护消费者的人身财产安全，维护公平交易和消费者切身利益。然而由于消费者法制观念落后，自我保护意识极其薄弱，许多消费者面对迅速形成的立法内容无从掌握和运用。越来越多的法律规定难于起到维护消费者权益的作用，而是成为一纸空文。这样消费者的行为往往姑息迁就了企业不道德的经营行为。

（三）企业管理道德规范的行为

企业管理道德作为一种特殊的职业道德，是从事管理工作的管理者的行为规范。最为基本的管理道德规范有以下几种：

（1）忠于职守。指管理者有着强烈的事业心和责任感，具有创造精神，自觉地与官僚主义做斗争。

（2）遵纪守法。具体要求：严以律己，为人表率，依法实施管理，尊重法律规定的人民的基本权利。

（3）实事求是。包括的内容有：重视调查研究，反对主观武断，坚持表里如一，反对弄虚作假，坚持真理，修正错误，作风踏实，与人为善。

（4）团结协作。管理者必须做到以下几点：服从上级，尊重下级，尊重同事，协调友邻。

（5）尊重人才。人才是管理系统生命活力之源，尊重人才往往是现代管理成败的关键，现代管理者的一个主要品德就是尊重人才，尊重知识。

二、企业的社会责任

（一）企业社会责任的概念和观点

企业的社会责任并非是一个创新概念。这一概念是在 20 世纪 20 年代随着资本的不断扩张而引起一系列社会矛盾，如贫富分化、社会穷困，特别是劳工问题和劳资冲突等的背景下产生的。在西方，从 20 世纪 60 年代对企业社会责任的纷争到 90 年代众多企业对企业社会责任的认同和支持，其间经历了 30 多年的时间，到 90 年代末期，“企业社会责任”才逐步走上制度化的发展轨道。

目前,企业社会责任的概念已经被广泛接受,但就国际社会而言,还没有一个统一的定义。许多重要的国际组织对企业社会责任给出的定义虽然表述不一,但是其基本内涵和外延是一致的。企业社会责任是指企业在创造利润、对股东利益负责的同时,还要承担对员工、消费者、社区和环境的责任,包括遵守商业道德、保障生产安全、维护职业健康、保护劳动者的合法权益、保护环境、支持慈善事业、捐助社会公益、保护弱势群体等内容。从企业社会责任的对象来看,企业社会责任除了传统的对企业股东负责外,还要对企业的利益相关者负责任。利益相关者是指企业产品的消费者、员工、供应商、社区、民间社团和政府等。企业在经营过程中仅仅从经济因素上对股东负责是远远不够的,还必须同时考虑到环境和社会因素,并同时承担起相应的环境责任和社会责任。

1. 古典观

古典经济学有一个基本的理论假定,即认为企业利益和社会利益并无矛盾。亚当·斯密认为,无数自私自利的"经济人"在一只"无形的手"的指挥下,从事着对整个社会有益的经济活动,它们在确认人的利己主义本性和趋利避害的行为动机后指出每个人越是追求自己的利益,就越会促进社会利益的实现。这就是企业社会责任的"古典观"。

2. 社会经济观

除了企业社会责任的古典观外,学术界还有一种企业社会责任的社会经济观。与"古典观"相对立的是,社会经济观认为,利润最大化是企业的第二目标,企业的第一目标是保证自己的生存。为了实现这一点,企业必须承担社会义务以及由此产生的社会成本。企业必须以不污染、不歧视、不从事欺骗性的广告宣传等方式来保护社会福利,企业必须融入自己所在的社区及资助慈善组织,从而在社会进步的过程中扮演积极的角色。

(二)社会责任与经营业绩

企业承担社会责任固然需要付出成本,但这样的成本是不是就不会带来收益呢?答案是否定的。正如英国学者约翰·凯教授所言,"一个公司成功的核心因素是超越以赚钱为目的"。正是这个因素激发了员工的忠诚度,使企业有创造和革新的激情,最终使企业能够获得成功。

理解生财有"道"的含义,是使经济保持可持续发展的先决条件。也许公司使命感确实会让一些企业走上许多弯路,但当我们因为企业社会责任成本太高而去寻找其他的替代品时,我们会发现,企业社会责任没有替代品。

因此,企业在增强社会责任感方面要走的路还很长。首先,企业要充分发挥人力资源的作用,建立企业员工与管理层的沟通渠道,尊重员工的话语权,为员工创造自由的工作环境。其次,企业应参加力所能及的公益活动、慈善活动,帮助社会上的困难群体。此外,企业在生产中也要充分考虑到社会责任。例如,建立"绿色"发展道路;积极寻找清洁的能源,替代传统的高成本、高耗能、高污染的能源等。一方面可以降低企业的生产成本;另一方面可以节约社会资源,保护生存环境,在全社会共同分享企业贡献的同时,也让投资者关注到企业的长期投资价值,有利于经济社会的可持续发展。好的企业必将通过承担社会责任,树立良好的公众形象,建立高度的社会公众信任感,吸引更多的消费群体,从而使企业拥有更好的发展环境，获取一种新的竞争力。

（三）社会责任的具体表现

1. 企业对雇员的责任

企业在提高核心竞争力的同时，应坚持“以人为本”，维护员工的合法权益，建立规范、和谐、稳定的劳动关系；坚持依法诚信经营，遵守商业道德；坚持奉献社会、回报社会，热心公益事业，做合格的企业公民，促进企业可持续发展；解决就业问题，让员工有工可做、有钱可挣，生活得到保障；为国家多创效益，让政府能为人民办更多的实事。

2. 企业对消费者的责任

企业对消费者的责任主要体现在提供安全的产品、提供正确的产品信息、提供售后服务、提供必要的指导以及赋予顾客自主选择的权利。

3. 企业对竞争对手的责任

在激烈竞争的市场中，一个企业要消灭行业中所有的竞争对手几乎是不可能的。竞争与合作是市场经济条件下的永恒主题。就像有些企业家已经认识到的那样，竞争的终极不在于获得一整块蛋糕，而在于如何做出更大的蛋糕共同分享。

4. 企业对环境的责任

20 世纪 60 年代以来，面对人类生存环境不断恶化，环境保护运动开始在全球范围内兴起，保护人类共同的家园成为地球人的共识。国际领域内环境保护浪潮的兴起、国内政府对环境保护的积极干预和公众环境意识的逐步提高，促使环境保护成为社会个体维护自身生存与发展的自觉行动。企业也开始将环境保护、环境管理纳入企业的经营决策之中，寻求自身发展与社会经济可持续发展的目标相一致。

事物的发展总是具有两面性：企业遵守严格的环境标准、从事环境公益事业，短期内无疑会增加经营成本而降低其竞争力。传统的公司法理论认为，企业是以赢利为宗旨、最大限度地追求股东利益的社会组织。于是，现代社会中的企业，基于企业内部收益的计算，把最大限度地获取收益作为自己的活动目标。经营者从未考虑过企业活动波及企业外的影响即社会费用的问题，因而对不产生收益的公害防治措施的投资及开发公害防治技术毫无热心就是很自然的了。现实生活中存在大量漠视环境利益、任意排放污染物和掠夺性开发资源的现象，多数都是由企业所实施的。在我国大陆地区，由于企业向陆域、海域和大气空间排放有毒有害物质酿成的恶性环境事故屡见不鲜，它们成为造成环境危害的主要来源。

企业对环境的责任，主要包括维护环境质量、使用清洁能源、共同应对气候变化和保护生物多样性。为体现企业的人文关怀，关注经济与环境的协调发展，推进可持续发展，应采取的措施包括：调整结构，优化工艺，生产环保产品；努力节能降耗，提高资源和能源的利用效率；重视全过程的污染防治，全面推行清洁生产。

5. 企业对社会发展的责任

企业对社会发展的广义贡献包括：救助灾害，救济贫困，扶助残疾人等困难的社会群体；从事环保、社会公共设施建设；赞助教育、科学、文化、卫生发展和社会进步的公共福利事业；等等。

第三节 管理者

一、管理者的角色

在任何组织中都有一些人通过执行计划、组织、领导、控制等职能带领其他人为实现组织目标而共同努力,即从事管理活动,这些人就是管理者。

在一个组织中,管理者的角色是一个社会角色。1955 年,美国著名管理大师彼得·德鲁克率先提出了"管理者角色"概念。他认为,管理是一种无形的力量,这种力量是通过各级管理者体现出来的,所以管理者扮演着三种角色:管理一个组织、管理管理者、管理工人和工作。20 世纪 60 年代末期,管理学家亨利·明茨伯格进一步提出,管理者扮演着 10 种不同的但却是高度相关的角色,这些角色可以归纳为三种类型,即人际角色、信息角色和决策角色。

(一)人际角色

人际角色产生的根源在于管理者的正式权力基础。管理者只要在组织中处于一定的管理层级,拥有组织所赋予的权力,在处理与组织内部成员和其他利益相关者的关系时就要扮演人际角色,包括代表人角色、联络者角色和领导者角色。所有管理者都要履行礼仪性和象征性的义务,在正式场合,代表着一个企业的领导人,扮演代表人角色;当管理者与组织成员一起工作,或在企业内部各部门之间以及与外部利益相关者建立良好关系时,就在扮演联络者角色;当管理者出于促使员工努力工作以确保组织目标实现的动机而对组织成员进行教育与培训、激励或惩罚时,就在扮演领导者角色。

(二)信息角色

在信息社会中,准确、快捷、全面地传递信息,对任何组织都非常重要。从某种意义上讲,任何组织的管理者都要有意识地从组织内部或外部接受和收集信息,以便及时了解市场变化、竞争者动态以及员工需求等,这时管理者扮演的是监听者角色;当管理者将自己掌握的重要信息向组织成员进行传递时,他在扮演传播者角色;当管理者代表组织向外界发布信息或表态时,他扮演的是发言人角色。

(三)决策角色

决策是管理者的一项重要职能。当管理者密切关注组织内外环境的变化及事态的发展,随时准备发现有利机会并利用机会进行投资时,他扮演的是企业家角色;当管理者采取措施全力应对出乎意料的突发事件时,他扮演的是处理混乱的角色;管理者是资源分配者,因为他负有对组织所掌握的各种资源,包括人力、物力、财力、时间、信息等资源,进行合理配置的责任;管理者还要扮演谈判者角色,因为他必须为了组织的利益与其他团体讨价还价、商定成交条件。

二、管理者的层次和技能

管理者的层次分为高层、中层和基层。基层管理者是指那些在组织中直接负责非管理类员工日常活动的人。基层管理者主要职责是直接指挥和监督现场作业人员,保证完成上级下达的各项计划和指令。基层管理者的称谓主要有督导、团队主管、教练、轮值班长、系主任、部门协调人、部门组长等。

中层管理者是指位于组织中的基层管理者和高层管理者之间的人,承上启下。主要职责是正确领会高层的指示精神,创造性地结合本部门的工作实际,有效指挥各基层管理者开展工作。

中层管理者注重的是日常管理事务。中层管理者的称谓主要有部门主管、机构主管、项目经理、业务主管、地区经理、部门经理、门店经理等。

高层管理者(引导者)是指组织中居于顶层或接近于顶层的人,对组织负全责。主要侧重于沟通组织与外部的联系和决定组织的大政方针。其更为严格的定义是引导者,不属于管理者的范围,注重良好环境的创造和重大决策的正确性。高层管理者(引导者)的称谓主要有总裁、副总裁、行政长官、总经理、首席运营官、首席执行官、董事会主席等。

组织的环境变幻莫测,管理者的任务和职责也处在不断地变化之中且日益复杂。那么管理者需要具备什么样的技能才能有效地开展工作呢?根据著名管理学学者罗伯特·卡茨的研究,通常管理者需要掌握三种基本的技能,即技术技能、人际技能和概念技能。技术技能是指应用专门知识或技能的能力,诸如工程、财务、机械制造、计算机科学等。对于基层管理者而言,技术技能更为重要,因为他们要直接处理一线人员所从事的工作。人际技能是与他人共事、理解别人、激励别人的能力。对于所有管理者而言,建立、协调、处理和维护良好的人际关系,对下属进行有效激励与鞭策,都需要掌握出色的人际关系技巧。概念技能是分析和诊断复杂情况的心智能力。管理者需要运用系统观点来看待组织及外部环境,需要对复杂情况进行抽象和概念化,尤其是对高层管理人员来说,概念技能显得更为重要。

第二十三章 计 划

知识框架

- 计划
  - 计划概述
    - 计划的含义
    - 计划的类型
    - 计划的程序
    - 计划制订的原则与要求
  - 预测
    - 预测的概念与作用
    - 预测的类型
    - 预测的方法
  - 决策
    - 决策的类型
    - 决策的过程
    - 决策的方法

第一节 计划概述

计划是管理的基本职能之一,也是其他各项职能的基础。因此在整个管理活动中占有至关重要的位置。计划工作的任务是为组织设立目标,并将组织在一定时期内的活动任务分解给各个部门、团队和个人,从而不仅为部门、团队和个人在一段时期的工作提供了具体依据,而且为组织目标的实现奠定了基础。

一、计划的含义

管理存在于集体协作活动中。为了使人们的集体活动卓有成效,就必须使人们明确他们应该去完成什么目标,明确为了完成这些目标必须通过什么途径、采取什么方案。这种旨在明确所追求的目标以及相应的行动方案的活动,就是管理的计划职能。或者说,计划是组织实现未来目标的指引蓝本,是一个确定目标并评估实现目标最佳方式的过程。计划的概念包括以下四个方面。

(一)计划首先涉及目标

没有目标,组织及其成员就不知道行动的方向和成果,就没有行动的动力。没有目标,就无法制订实施方案。

(二)计划是行动的依据

有了计划,各部门就有了各个时期的工作任务和工作重点。

(三)计划是为未来制订的

由于未来具有不确定性。因此,计划是以预测为基础,预测的准确性决定着计划的成败。

(四)计划是设计的产物

计划离不开计划制订者的思考、创新和决策行为。因此,计划制订者的能力和素质决定了计划的质量。

计划是所有管理职能中一个最基本的职能,它是对未来活动所进行的预先的行动安排,是一种针对未来的筹谋、规划、谋划、策划、企划等。古人所说的"运筹帷幄",就是对计划职能最形象的概括。

计划包含两层意思:首先是策划,策划是针对未来要发生的事情预先考虑做什么(What)、为何做(Why)、由谁做(Who)、何时做(When)、在何地做(Where)及如何做(How),最后定案,这就是所谓的5W1H。从性质上说,这是一种程序,是一种动态计划,属于动态范畴的计划还有预测、决策、实施等。其次,计划还有一层意思,它是决策的产物。管理者对未来的事情经过考虑过程,最后做出决策,形成了具体的意见、措施、条文、制度等,这些具体的东西基本上都是纸上作业,这是一种静态的计划。属于静态范畴的计划还有目标、方针、政策、程序等。

计划有广义和狭义之分。广义的计划包括制订计划、执行计划和检查计划的执行情况。其中,检查计划的执行情况实际上又属于管理的控制职能。计划为控制提供了标准,没有计划,控制就失去了依据。因此,计划和控制就像剪刀的两个刃,必须同时使用才能达到有效管理的目的。而狭义的计划仅指制订计划,即根据组织内外部的实际情况,权衡客观的需要和主观的可能,通过科学的预测,提出在未来一定时期内组织所需达到的具体目标及实现目标的方法。

二、计划的类型

从不同的角度出发,计划可以分为多种类型,主要分类标准有计划的层次、时间界限、内容和重复性等。依据这些分类标准进行划分,所得到的计划类型并不是相互独立的,而是密切联系的。

(一)战略计划、战术计划和作业计划

按计划的层次划分,计划可分为战略计划、战术计划和作业计划。战略计划是为了实现组织战略目标而制订的计划,更准确地说,战略计划是为实现战略目标而制订的指导资源配置、优先次序和决定行动步骤的计划。其作用在于确立组织的全局目标,寻求组织在环境中的定位,决定组织的基本目标和基本政策。战略计划往往由组织的高层管理者做出,趋向于覆盖较长的时期,并设计较宽的领域,往往是方向性的一次性计划。与战略计划不同,战术计划具体规定如何实现全局目标的细节。战术计划以时间为中心,将战略计划中的基本目标和基本政策转化为确定的目标和政策,规定达到各种目标的具体时间,进一步确定计划期的具体指标,确定工作流程,分配任务和资源,明确权利和责任等。战术计划往往由组织中层管理人员做出,覆盖较短的时期,往往是具体性的、持续的计划。作业计划关注如何实施战术计划以及完成作业目标,作业计划由基层管理人员制订,时间跨度很短,范围相对集中,并且作业计划处理的活动数量相对较少。

(二)长期计划、短期计划和中期计划

按计划的时期界限划分,计划可分为长期计划、短期计划和中期计划。长期计划描述了组织在较长时期的发展方向,规定了组织的各个部门在较长时期内从事某种活动应达到的目标和要求,绘制了组织长期发展的蓝图。短期计划具体地规定了组织的各个部门在目前到未来的各个较短的时期阶段,特别是最近的时段中,应该从事何种活动,从事该种活动应达到何种要求,因而为各组织成员在近期内的行动提供了依据。通常界定长期计划为超过五年期的计划,界定短期计划为一年或者短于一年期的计划。介于二者之间的计划可称为中期计划。但这样划分不是绝对的,组织应该根据计划的目的来规定计划的时间期限。

(三)方向性计划和具体性计划

根据计划的内容,计划可分为方向性计划和具体性计划。方向性计划设立了达到目标的指导原则,但并不会详细规定达到目标的具体活动的行动步骤、进展速度等。这使得方向性计划具有更大的灵活性,易于应对不可预见的环境中的变化。但是很显然方向性计划要以丧失一定的清晰性为代价。具体性计划是清晰定义的、没有任何解释余地的计划,它具体地陈述了目标,不存在模糊性和理解上的歧义。

(四)经常性计划和一次性计划

根据计划的重复性维度,计划可以分为经常使用的经常性计划和只使用一次的一次性计划。经常性计划主要用于处理经常性发生的重复事件,包括政策、程序以及规则等;一次性计划不同于经常性计划,是为特定目的制订的,而且可能不会以相同的形式被再次使用。为处理非重复事件而做出的规划和预算都属于一次性计划。

三、计划的程序

制订计划本身也是一个过程。为了保证制订计划的合理,确保组织目标的实现,计划制订过程中必须采用科学的方法。虽然计划有不同的类型,其形式也多种多样,但管理者在制订任何完整的计划时,实质上都遵循相同的逻辑和步骤。

(一)环境分析

组织环境因素对组织战略计划的制订起着关键性的影响作用。任何一个组织的高级管理人员要想制订一个能引导自己的企业走向成功的计划,都必须全面地调查和分析组织环境因素,并要获取和分析与本企业和本行业有关的组织环境因素的信息情报。计划是否科学和切合实际,在很大程度上取决于信息的调查和掌握是否全面、准确。因此,计划的制订从环境分析入手,需要调查和掌握大量的信息,既有企业外部的信息,也有企业内部的信息。外部信息中又有一般环境和任务环境因素之分。

(二)确定目标

制订计划的第二个步骤是确立组织的目标。首先需要确立整个组织的目标,然后通过

一定的方式确定每个下属部门的目标。在一个组织中,不同层级的各类目标实际上构成一个目标体系,各个部门之间的目标要相互协调,为实现整个组织的目标服务。目标又可细分为长期目标和短期目标,其作用在于指明组织的发展方向、规定预期产出、说明要去做哪些工作。

目标设立的方法包括传统目标设立方法和目标管理法。传统目标设立方法的中心是首先设立组织的最高层目标(组织的总体目标),然后将其分解为每一个组织层次的子目标。例如,一个制造企业的最高层将目标设立为改善企业的绩效,提高利润;然后,通知负责生产的部门将其产品的生产成本控制在一定的水平上,通知市场营销部门未来一段时间的销售水平应达到什么程度;接下来,生产部门和销售部门会进一步分解目标,直至到达企业的每一个员工。一旦组织各个层次的目标被清晰定义,就形成了一个一体化的目标网络,或称之为手段—目的链,手段—目的链意味着上一层的目标或目的与下一层的目标相联系,后者称为实现上一层目标的手段。换言之,低层目标是实现它上一层目标的手段,而上一层目标又是实现更上一层目标的手段,以此类推,直到组织的订层。这就是传统的目标设立过程。

传统的目标设立过程存在的问题是,如果最高层管理者规定的组织目标过于宽泛或过于模糊、不明确,如获取足够的利润,提高市场领导地位等,这种模糊的目标在向下分解时必须具体化,即在组织的每一个层次上都要把目标具体化,那么每个层次上的管理者在制订具体目标时可根据自己对组织目标的理解甚至偏见来规定,结果可能导致失去目标的一致性。

(三)拟订前提条件

计划编制的第三个步骤是拟订计划实现的前提条件,并在组织内取得一致的意见。前提条件是关于待实现计划环境的假设条件,这些假设条件非常重要,需要管理人员取得一致。

在前提条件的确定上,预测的作用很重要。需要确定的前提条件主要有:未来的市场情况如何?销售量会有多大?价格水平和产品需求情况如何?需要哪些技术开发?成本和工资率如何?政治和社会经济环境怎么样?长期发展趋势将会怎样?

管理人员可以利用相关机构发表的大量信息进行预测。统计局、信息中心、银行、发改委等会定期发布关于经济运行和行业发展情况的报告,一些商业期刊也会发布相关的信息。此外,管理人员还可以运用一定的预测方法进行预测。需要注意的是要把一个计划在将来实施过程中所处环境的所有细节都做出预测和假设是不现实的,也是不必要的。拟订前提条件需要集中于那些对计划实施来讲是关键性的或者具有战略意义的条件,或者是那些最影响计划贯彻实施的变量和假设条件。

(四)拟订各种可行性计划方案

目标确定后,就需要拟订尽可能多的计划方案。可供选择的行动计划数量越多,被选计划的相对满意程度就越高,行动就越有效。因此,在可行的计划方案拟订阶段,要充分发挥组织内外各类人员的积极性,通过他们献计献策,产生尽可能多的计划方案,以便寻求实现目标的最佳方案。拟订各种可行的计划方案,一方面,要依赖过去的经验,已经成功的或失败的经验对于拟订可行的计划方案都有借鉴作用;另一方面,也是更重要的方面,就是依赖于创新,因为企业内、外部情况的迅速发展和变化,使昨天的方案不一定适应今天的要求,所以,计划方案还必须创新。

(五)评估选择方案

确定了可供选择的方案后,接下来的工作就是根据前提条件和目标,对各个方案的优缺点、可行性等进行评估,以选择最为合适的方案。方案评估往往要综合考虑多个方面的因素,从多个指标进行评价,如预期收益、风险程度、需要的现金投入等。环境的不确定性也是无法忽略的一个因素。

(六)拟订主要计划

完成了拟订和选择可行性行动计划后,拟订主要计划就是将所选择的计划用文字形式正式地表达出来,作为一项管理文件。拟写计划要清楚地确定和描述5W1H的内容等。

(七)制订派生计划

派生计划是为了支持主计划的实现而由各个职能部门和下属单位制订的计划一家公司年初制订了"当年销售额比上年增长15%"的销售计划,这一计划发出了许多信号,如生产计划、促销计划等。当一家公司决定开拓一项新的业务时,这个决策是要制订很多派生计划的信号,如雇用和培训各种人员的计划、筹集资金计划、广告计划等。

(八)制订预算,使计划数字化

在做出决策和确定计划后,赋予计划含义的最后一步就是把计划转变成预算,使计划数字化。编制预算,一方面是为了计划的指标体系更加明确;另一方面是使企业更易于对计划执行进行控制。定性的计划往往在可比性、可控性和进行奖惩方面比较困难,而定量的计划则具有较硬的约束。

四、计划制订的原则与要求

(一)计划制订的原则

计划的制订是一项复杂的工作,需要遵循一定的原则,具体如下。

1. 具体

计划越周密、具体,就越能减少执行中的沟通成本、干扰、困惑。为此,对于大的计划,要分阶段、分步骤,准确分析执行过程中的影响因素等,做出周密的对策和行动方案。即使一些小的工作项目,计划中也不能忽略细节,如一场会议,要针对主题,从会议场所的选定、布置,会议议程的安排,会议发言人的提前通知,发言稿的准备、审核,参会人员通知,参会人员住宿、餐饮安排等计划具体,并落实到执行人。

2. 可衡量

计划各阶段的目标结果要可衡量,让执行者明确,以便掌握和控制工作进度,检查、跟踪考核。

3. 可实现

计划必须是可实现的、可操作的,不切实际的计划不仅浪费做计划花的时间和精力,还会引起员工抱怨,影响执行,达不到目的,形同空文。

4. 结果导向

所有计划都是因一定的目的、目标而定，目标是终点，计划就是设计要达到终点所必须经过的历程。

5. 时间限制

企业根据自己的发展设定了目标，管理者的工作就要围绕这个目标在规定的时限内去完成。计划要具体地体现工作进度，以便在预期时间完成任务。

(二)计划制订的要求

在遵循上述原则基础上，计划的制订过程中还必须符合以下基本要求。

1. 先进性与科学性

先进的计划能调动组织成员的积极性和创造性，同时计划必须具有科学性的特点，即在客观环境和现有条件下经过努力能够实现预定的目标。

2. 稳定性和严肃性

计划确定后，要保持一定的稳定性，不能朝令夕改，除非遇到重大变化，一般不做大幅度的调整。计划一经确定，就要千方百计予以执行，以确保计划的严肃性。只有当组织所处的客观环境发生变化或者组织自身条件发生变化时，才对计划做出相应的调整。

3. 系统性和可操作性

计划的总体指标是由各个部门、各个环节的指标构成的。因此，在编制整体计划时，就要考虑到各个部门、各个环节的具体情况，使计划指标达到既先进合理又切实可行。编制计划时，可以以总体指标为出发点，进行指标分解，再将各个部门、各个环节的具体计划综合在一起，进行分析研究，使计划指标体系逐步达到最优化。

4. 灵活性和适应性

计划的执行要有一定的弹性。在保证实现组织目标的前提下，允许下级在计划范围内具体安排本单位的计划，并根据其中的变化对整个组织计划做适当的调整，这就要求在制订计划时留有一定的余地，并加强计划的适应性。

除上述要求外，现代管理者开始重视计划的模糊性功效，这主要是由权变理论学派提出的。这是因为明确的计划以及为达到计划而制订的程序可能会忽视人的因素，并引向一个窒息个人主动性的枯燥乏味的环境，致使人力资源得不到充分利用。而模糊性计划能使组织成员按照自己的感觉在细节上填空补缺，并按照自己的喜好修改样式，在实现计划的手段上拥有主动性，从而充分发挥每个成员的主动性、创造性，并且调动其积极性，更好地完成计划任务。为此，考虑计划的模糊性也是有其必要性的。

第二节 预 测

一、预测的概念与作用

(一)预测的概念

预测是在掌握客观事物发展变化规律的基础上对事物未来的发展变化进行估计、预料和推测的活动，以确定事物未来的发展状态、发展态势，以及对组织正在和将要进行的活动产生的影响。简单地说，预测是指根据过去和现在对事物发展的未来趋势与结果做出的估计。预测是管理工作的前提，又是管理工作的重要组成部分。

人类的每一次自觉行动都与其可把握的预期密切相关，缺乏预期的盲目行为，其结果是无法预料的。要保证行动的正确性，取得预期目标，就必须对未来进行预测，以尽可能地减少环境的不确定性，形成有把握的预期。对于一个组织来说，无论是制订经济计划，还是进行经济决策，都必须对未来的状况做出估计，并把这种估计作为计划和决策的依据。如果缺乏必要的预测，将会给组织带来严重的经济后果。例如，一个新的投资项目，从设计、施工到投产一般至少要花上好几年的时间，如果在设计时不对产品的市场需求及变化趋势做出预测，等到这个项目建成，很可能生产的产品已经过时了，届时损失就惨重了。因此，预测是科学管理的基础和前提，是管理者必备的技能之一。

（二）预测的作用

1. 帮助我们认识和控制未来的不确定性，将对未来的无知降到最低限度

主管人员进行预测和评价工作，将迫使他们面向未来、洞察未来，并为将来做好准备。预测帮助管理者认识未来环境的不确定性因素，使他们对未来环境的茫然减少到最低程度。准确的预测能够预计、推测出事物发展和环境变化的趋势，能够描述、勾画出未来一定期间内它们的发展变化可能达到的状态和程度，从而为决策提供预期环境。

2. 使计划的预期目标同可能变化的周围环境与经济条件保持一致

预测可以帮助管理者提高计划与决策的可行性，防止片面性。预测通过提供环境发展变化的趋势，预计环境变化中可能出现的有利与不利的因素，从而提高计划与决策的可行性，避免片面性。

3. 预测可以帮助管理者事先估计到实施计划后可能产生的后果，从而为选择最优方案并达到最终目标提供依据

总的来说，预测既是计划工作的前提条件，又是计划工作的结果；预测是使管理具有预见性的一种手段；预测有助于促使各级主管人员向前看，为将来做准备；预测有助于发现问题，从而集中力量加以解决；预测工作在一定程度上决定了组织活动的成败。

二、预测的类型

预测就是要确定计划工作的前提条件以及影响计划实施的因素。这些前提条件和因素有很多，按不同的标准可以分为不同的类型。按范围划分，可以分为外部因素和内部因素。外部因素有经济因素、政治因素、伦理条件、市场竞争、要素市场等；内部因素有生产能力、组织资源、组织政策等。按表现方式划分，可以分为定性因素和定量因素。定性因素有信誉、员工士气、顾客满意度等；定量因素有劳动量、物资定额等。按可控制程度划分，可以分为可控因素、不可控因素、部分可控因素。可控因素，如组织政策、制度等，不可控因素，如外部环境等，部分可控因素，如组织内部的员工流动率等。按不同的预测对象划分，可将这些因素大体上分为三类：经济因素、技术因素和社会政治因素。

（一）经济预测

经济预测可分为宏观经济预测和微观经济预测。

宏观经济预测是为制订国民经济规划、经济计划和经济政策服务的。主要预测最终产品的社会需求量及发展变化趋势，以及各种非生产性的社会需求，以便制订基本建设投资计划和产业结构政策；预测再生产的社会条件，以便对国民经济计划进行综合平衡；预测财政、信贷、税收、储蓄等因素的变动，以便分析国民经济形势，制订宏观调控政策；预测国民生产总值、国民收入和社会总需求的情况，以便预测年度计划完成情况、制订下一年度计划和制订控制市场物价总水平政策；预测劳动力的需求和供给状况，以便制订教育规划和教育政策等。

微观经济预测主要是指从企业经营的角度所做出的各种经济预测，它以宏观经济预测为基础。其中，主要是市场预测，包括产品销售市场、资金市场、劳动力市场、原材料市场等。就企业产品销售市场的预测来说，主要是对企业产品的销售量及其变化趋势进行预测。这些因素包括：某种或某类产品市场总需求的大小和变化趋势；影响该产品市场总需求的主要因素的作用力大小及变化趋势；本企业该产品市场占有率的大小和变化趋势；竞争对手的动向；该产品价格变化的趋势和弹性的大小；本企业的生产经营能力等。由于销售收入决定利润大小和现金流量的大小与平衡状况，所以产品销售市场预测是利润预测和现金流量预测的基础，从而是企业制订新产品研制计划、技术改造计划、生产计划、供应计划、劳动工资计划、员工福利计划和财政收支计划的前提与基础。

（二）技术预测

在企业面临的诸多环境因素中，科学技术是一项重要而又有长远影响的因素。科学技术本身具有强大的生产力，其发展速度能够决定新旧产品的替代速度，其发展水平能够决定一个工业部门的存亡。由于现代技术环境下技术进步的步伐不断加快，从技术发明到投入大规模商品化应用的时间不断缩短，“产品技术寿命周期”不断缩短与加速，以及由于技术进步对一个国家或企业的生存和发展的作用不断加强，从技术进步中获取的经济效益和社会效益越来越显著等，所有这些趋势都使得技术预测日益引起人们的重视。企业要获得经营上的成功，就必须预测科学技术发展可能引起的后果和问题、可能带来的机遇和挑战，必须注意本行业产品的技术状况及发展趋势，透彻了解与本企业使用的技术有关的技术历史、当前发展和未来趋势，并进行准确预测。尤其是那些高新技术企业，将技术进步视同企业的生命，应不断开发出与某些尖端技术结合的新产品，以便获得竞争的优势。

（三）社会和政治预测

社会环境和政治环境是影响企业生产经营活动与未来发展的重要外部条件。社会环境主要有通货膨胀、失业状况、人口数量、居民文化教育水平、价值观念、社会福利状况、社会安全程度等因素；政治环境如政治的清晰程度、政局的稳定程度、国际形势变化、战争等因素。它们直接或间接、暂时或长远地对企业发展产生着重要影响。所以，企业的计划工作要对上述环境因素的状况和发展趋势尽可能地进行预测。当然，在这些因素中也存在着难以预测的另外一些因素。

三、预测的方法

(一)定性预测方法

所谓定性预测,是指预测者根据各方面的意见、信息与情报,综合分析当前的预期环境以及环境中各因素的内在联系,凭以判断事物发展的前景,并把这种判断转化为可以计量的预测。例如,新产品销售情况的预测、新技术发展趋势的预测等。定性预测适合预测那些模糊的、无法计量的社会经济现象。在实际工作中,由于影响事物发展的因素错综复杂,预测结果有时很难数量化,甚至根本不可能用数量指标表示。例如,一定时间内经济形势的发展变化情况,国家某项政策出台对消费倾向、市场前景的影响,全球化对我国企业的利弊影响等。这种情况下的预测,一般只能采用定性预测方法。

定性预测要求预测者具有从事预测活动的经验,同时要善于收集信息、积累数据资料,尊重客观实际,避免主观臆断,这样才能取得良好的预测效果。集体预测作为定性预测的重要形式,能集中多数人的智慧,克服个人的主观片面性。

定性预测方法简便,易于掌握,而且时间快、费用省,因而得到广泛采用,特别是进行多因素综合分析时,采用定性预测方法效果更加显著。但是,定性预测方法缺乏数量分析,主观因素的作用较大,预测的准确度难免受到影响。因此,在用预测方法时,应尽可能运用定量分析方法,使预测过程更科学、预测结果更准确。

一般而言,定性预测方法主要有个人判断法、集体意见法、专家会议法、德尔菲法、主观概率法、领先指标法、相关因素法以及类比法等。

1. 个人判断法

个人判断法是主要依靠预测者个人的经验和判断能力,经过简单的计算,对所研究问题的发展趋势、发展程度做出预测的一种方法。在使用个人判断法时,必须具备两个前提条件:一是资料掌握要全面;二是数字资料和非数字资料并重,使定性分析数量化,尽量减少主观武断,提高预测结果的说服力。

2. 集体意见法

集体意见法是预测的组织者根据预测要求向预测者提出要求与限制条件,各预测者根据自己的专业知识和经验制订出各自的预测方案,参与者共同来决定各种方案成功实现的概率,最后根据概率来计算出最终的期望值。这种方法又称作集体期望值法,实际上是一种让员工参与管理的方法,就是企业内部经营管理人员和其他有关人员凭他们的经验及掌握的知识进行判断的一种方法。

3. 专家会议法

专家会议法就是邀请有关方面的专家,通过开会的形式,让每一位专家对预测对象做出判断,并在这些分析判断的基础上综合专家们的意见,对预测对象未来状况做出最后的预测结论。专家会议法的主要步骤有:

第一步,邀请出席会议的专家,召开会议。邀请的专家人数不宜太多或太少,一般以6~10人为宜,每个专家都能独立思考,不受权威左右,会议气氛要体现民主、活跃,使人无拘无束、畅所欲言。

第二步，会议主持人提出题目，要求大家充分发表意见，提出各种各样的方案。主持人不要谈自己的设想、看法或方案，以免影响专家的思路。对专家所提出的各种各样的方案和意见，不应持否定的态度，应表示热情欢迎。

第三步，强调会议上不要批评别人的方案，大家畅谈自己的方案，敞开思路，方案多多益善。

第四步，会议结束后，主持人再对各种方案进行比较、评价、归类，最后确定预测方案和结论。

为了使专家预测法更有成效，组织者可以事先做一些调研工作，收集一定的资料提供给与会专家。同时，会议的组织准备工作对会议成败也非常重要。组织准备工作中有两个必须重视的问题：一是如何选择专家及专家人数；二是如何让专家充分发表意见。专家选得是否合适，将决定预测结果的可靠性和全面性，所以选择专家要注意以下四个方面：首先，专家应积累丰富的专业知识和经验；其次，专家能在不确定的条件下对问题进行估计和预测，提出自己的建议和看法；再次，专家的专长与预测问题的性质相关；最后，专家要善于表达自己的意见，专家的意见充分表达出来才能使预测结果更准确。因此，应该制造让大家畅所欲言、各抒己见的气氛，主持人不能发表影响性和倾向性的意见。

专家会议法作为一种预测方法仍有很多缺陷，如参加会议的专家人数有限，影响结果的代表性；开会时易受个别权威的影响，难以避免对权威的崇拜，会出现随大流现象；在讨论的时候，难免会出现劝说性的语言，这容易误导其他人的正常思维；由于与会者个性和心理的影响，不愿发表与众不同的意见；或出于自尊心或碍于颜面，不愿修改已发表的意见，不愿当场修改原来的方案等等。

4. 德尔菲法

德尔菲法是由美国兰德公司首创和使用的一种特殊的预测方法。德尔菲法是指借助各种沟通手段（邮件、电话或网络等），反复咨询专家们的建议，然后由策划人做出统计，进行修正，就新问题再次征询专家意见，直至得出比较统一的预测结果。其实质是利用专家的知识、经验、智慧等无法量化的带有很大模糊性的信息，通过“背靠背”的方式进行信息的交换，逐步取得较为一致的意见，达到预测的目的。

德尔菲法的做法是：邀请精通业务、经验丰富的专家成立一个专家小组，采用不记名通信的方法回答主持机构（或组织者）所提出的预测问题，以免综合各人的答案时受权威人士的影响。先由预测组织者向小组成员征询（可用征询表的形式）；各成员对问题进行分析判断后写成不具名的书面意见和答案寄给组织者；组织者收到各成员的来信后，将答案进行综合整理，计算出平均值与离差，并将综合整理的材料反馈给小组成员；各成员收到反馈材料后，可以修正也可以坚持本人以前所作的预测；再写书面意见寄给组织者。组织者收到后，再综合整理，再反馈。如此经过 2 ~4 轮的反复，专家小组成员的意见如趋于一致，组织者即可以综合整理出预测的结论，当专家们的意见不能趋于统一时，需要对专家们的意见进行综合处理。

5. 主观概率法

在社会和自然界中，某一类事件在相同的条件下可能发生也可能不发生，这类事件称为随机事件。不同的随机事件发生的可能性大小是不同的，在这种情况下就产生了概率。概率就是用来表示随机事件发生可能性大小的一个量。例如，市场上某种新商品的销售状态就是不确定的随机事件，有畅销、平销或滞销三种可能性，而出现畅销、平销或滞销的可能性用系数或百分数表示，就是一种概率。概率分为主观概率和客观概率两种。

客观概率是根据事物发展的客观性统计出来的一种概率，主观概率则不同于客观概率。主观概率是指根据市场趋势分析者的主观判断而确定的事件的可能性的大小，反映个人对某件事的信念程度。所以主观概率是对经验结果所做主观判断的度量，即可能性大小的确定，也是个人信念的度量。

6. 领先指标法

领先指标，也叫先行指标，在它出现并经过一段时间后，后续指标才会发生变化。领先指标法就是根据两种指标的先后顺序，在分析判断先行指标发展变化的基础上，预测后续指标发展趋势的一种定性预测的方法。

7. 相关因素法

任何一种产品的销售量常常是由许多因素所决定的。相关因素法就是分析影响本企业产品销售的各种因素，从中选择一个或几个主要因素，根据它们的变化来预测市场需求的变化情况。

产品的相关关系一般可以分为两大类：一是配套关系。例如，汽车制造与汽车发动机制造，电脑主机与键盘，电视机与显像管，冰箱与压缩机，小型电机制造与车床制造，就是整体与部分的配套关系。二是连带关系。有些产品是可以替代的，如肥皂、洗衣液、洗衣粉就有替代作用，在一定时期内，如果市场的总需求量不变，随着人们对含磷洗衣粉污染环境认识的提高，有可能会造成肥皂和洗衣液的需求量上升。

这些相关的因素变量，有时会有固定的比例关系，有时并不是按固定比例增长，这就需要依据历史统计资料找出它们的对应关系，然后进行推算。

8. 类比法

类比法是遵循类比原则，把预测目标与同类的、相似的先行事物加以对比分析，根据先行事物的发展变化状况来预测目标未来发展趋势与可能水平的一种预测方法。类比法的形式有很多，如由点类推面、由局部类推整体、由类似产品类推新产品、由相似国外市场类推国内市场等。类比法一般用来预测新市场消费者的潜在购买力、预测新产品长期的销售变化规律等，它主要用于中长期预测。

类比法具有广泛的适用性，但要求预测目标与类比对象必须具有类比性、相似性或近似性。要求类比对象的数据资料的准确性较高。如果选择不恰当的类比标准，将会影响到预测结果。

（二）定量预测方法

定量预测方法，是指在数据资料充分的基础上，运用数学方法，有时还要结合计算机技术，对事物未来的发展趋势进行数量方面的估计与推测。定量预测方法有两个明显的特点：一是依靠实际观察数据，重视数据的作用和定量分析，可以得到比较准确的量化数据，克服预测过程中存在的主观人为因素的影响，使预测工作更加科学和客观；二是建立数学模型作为定量预测的工具。

1. 时间序列分析法

时间序列是指各种经济指标的统计数据按时间先后顺序排列而成的数列。时间序列分析法，就是将影响计划制订的统一变数的一组观察值，按时间顺序加以排列，构成时间序列，然后运用一定的数学方法使其向外延伸，预计事物未来的发展变化趋势，确定预测值。

时间序列的变化主要有四种，即长期趋势变化、季节变化、周期变化和随机变化。对于前面三种变化，一些简单的模型便可以预测其变化趋势，如简单平均法、移动平均法、指数平滑法、趋势延伸法等。而要同时预测季节变化和周期变化，则需要应用一些复杂的预测模型，如季节指数法、回归滑动模型等。随机变化是不可预测的，它是混在时间序列中的干扰因素，必须将它过滤，以免影响预测的精度。

2. 因果分析法

客观世界中有许多事物、现象、因素彼此关联而构成一定的过程和系统。因此就形成了相应的因果关系，因果关系是客观事物间普遍存在的一种联系。例如，降雨量与农产品的产量，房屋竣工面积与钢材、水泥的消耗量，居民平均收入水平与耐用消费品的销售量，学龄人口数量与教师的需求量，都具有较强的因果关系。

3. 回归模型预测法

回归模型是研究一个变量对于另一个(些)变量的具体依赖关系的计算方法和理论。在学习回归模型预测之前，首先要了解一些基本概念，通常来说，我们要进行预测的变量称为被解释变量或因变量。回归模型关心的是根据解释变量的已知或给定值考察被解释变量的总体均值。

第三节 决 策

决策，是指做出决定或选择。可以说，决策贯穿于管理活动的始终，任何管理问题都需要通过制订决策来得以解决。因此有学者提出了管理即是决策的观点。正因为决策在管理活动中的普遍性和重要作用，人们对决策概念的界定也多种多样，未形成统一的看法。诸多界定归纳起来，基本有以下三种理解：一是把决策看作一个包括提出问题、确立目标、设计和选择方案的过程，这是广义的理解。二是把决策看作从几种备选的行动方案中做出的最终抉择，是决策者的拍板定案，这是狭义的理解。三是认为决策是对不确定条件下发生的偶发事件所做的处理决定。这类事件既无先例，又没有可遵循的规律，做出选择要冒一定的风险。也就是说，只有冒一定风险的选择才是决策。这是对决策概念最狭义的理解。一般而言，我们倾向于采用广义的决策定义，即决策是一个做出决定的过程。当然，决策并不是管理者的专利，人们日常生活中的任何活动，如选购一种商品或选择一条道路，都包含了决策制订的过程。

一、决策的类型

决策的内容十分广泛，因决策的时间、对象、方法不同而有所不同。我们可以按照不同的分类标准或依据将其分为许多类型。

(一)战略决策与战术决策

从调整的对象和涉及的时限来看,组织的决策可以分为战略决策与战术决策。

战略决策是指有关企业今后发展方向长远的、全局性的重大决策,涉及整个战略的总体安排,包括投资方向、生产规模的选择、新产品的开发、企业的技术改造、设备和新工艺方案的选择、生产过程的组织设计、市场开拓、厂址选择和生产布局、人力资源开发等问题的决策,它一般需要一定数量的投资,具有实现时间长和风险较大的特点;战术决策是为实现长期战略目标所采取的短期的策略手段,与每一场具体战斗的进行有关,如日常的营销决策、物资储备决策、生产过程的控制、采购资金的控制等,它具有不需要太多投资和时间短的特点。战略决策解决的是“做什么”的问题,战术决策解决的是“如何做”的问题。战略决策是根本性决策,战术决策是执行性决策。战略决策是战术决策的依据;战术决策是在战略决策的指导下制订的,是战略决策的落实。

(二)程序化决策与非程序化决策

这是根据决策问题的重复程度和有无既定的程序可循进行的分类。

程序化决策是指解决企业管理中经常重复出现的问题,并已有处理经验、程序和方法,能按原来规定的程序、处理方法和标准进行的决策,又称重复性决策或规范化决策,多属于业务决策。例如,企业做采购原材料决策时,会遵循以往的惯例进行。现在的政府机关需要新进人员时,先制订出进人计划,然后上报给人事主管部门审批,审批后再向全社会公开招考公务员。由于这类问题是重复出现的,其过程已标准化,因而可规定出一定的程序,建立决策模式,用计算机进行处理。在企业管理工作中,绝大多数决策属程序化决策。

非程序化决策是指没有常规可循,对不经常重复发生的业务工作和管理工作所做的,没有处理经验、完全靠决策者个人的判断和信念来进行的决策。非程序化决策往往是有关企业重大战略问题的决策,如新产品开发、产品方向变更、企业规模扩大、市场开拓、重大人事变更、组织机构的重大调整等,主要由上层管理人员承担。非程序化决策主要用来解决例外问题。例如,企业在生产过程中出现重大人员伤亡事故时就必须采用非程序化决策,因为对于企业来说,重大人员伤亡事故并不是经常出现的,企业自身也缺乏这种处理经验。

由于非程序化决策要考虑企业内外条件和环境的变化,所以无法用常规的办法来处理,除采用定量分析外,决策者个人的经验、知识、洞察力及直觉、信念等主观因素对决策有很大影响。

(三)确定型决策、不确定型决策和风险型决策

这是根据决策问题所处的条件及后果发生的可能性大小进行分类。

确定型决策是指每个方案所需的条件都是已知的,并能预先准确了解其必然结果,即决策条件清楚,结果也清楚,决策者只需根据目的进行决策的选择。其最基本的特征就是事件的各种自然状态是完全肯定而明确的。它的任务就是分析各种方案所得到的明确结果,从中选择一个合理的方案。比如,企业现在使用的一台生产机器已经到了濒临报废的地步,需要购买一台新的机器,这个决策就是确定型决策。再比如,从甲地到乙地的距离已知,可通过坐火车、飞机、汽车等三种方式到达,每一种方式的时间和成本费用事先都是确定的。因

此如果问应采取哪一种方案，这种决策就属于确定型决策，决策者可以从中找到最优的方案。

不确定型决策是指决策者只知道每个备选方案都存在着两种以上不可控的状态，而不知道每种自然状态发生的概率，或只能以主观概率判断，即条件、结果均不清，决策者根据个人偏好选择方案，方案的最终选择主要取决于决策者的态度、经验及其所持的决策原则。例如，企业想推出一种完全不同于传统产品的新产品，通过市场调查并没有得到实质性的有用资料，新产品上市之后，前景如何，企业不知道，那么究竟要不要推出这种新产品呢？这就要看决策者地选择了。

风险型决策又称随机型决策，是指每一个备选方案的执行都会出现几种不同的情况，决策者不知道哪种自然状态会发生，但知道有多少种自然状态以及每种自然状态发生的概率，这时的决策就存在着风险，即条件不十分肯定，但后果及发生的概率大多已知，决策者无论如何选择都将承担风险的决策。

（四）初始决策与追踪决策

从决策解决问题的性质来看，可以将决策分成初始决策与追踪决策两种。初始决策是指组织对从事某种活动或从事该种活动的方案所进行的初次选择，它是在有关活动尚未进行，从而环境未受到影响的情况下进行的。随着初始决策的实施，组织外部环境发生变化，这种情况下所进行的决策就是追踪决策，追踪决策是在初始决策的基础上对组织活动的内容或是方式的更新调整。

（五）高层决策、中层决策和基层决策

按做出决策的领导层次划分，决策可以分为高层决策、中层决策和基层决策。

高层决策即企业一级的决策，主要解决企业全局性的以及同外部环境有密切关系的长远性、战略性的重大问题，大多属于战略决策。

中层决策是由组织中层管理人员所进行的决策，即车间、职能科室一级的决策，它是在战略决策做出后，为确保在某一时期内完成任务和解决问题的决策，大多采用战术决策。

基层决策指组织内基层管理人员所进行的决策，即工段、班组一级的决策，它主要解决作业任务中的问题，这类决策问题技术性较强，要求及时解决，不能拖延时间。

（六）个体决策与群体决策

按决策主体的数量划分，决策可以分为个体决策与群体决策。

个体决策的决策者是单个人，如“厂长负责制”企业中的决策就主要是由厂长个人做出方案抉择的。在现代社会中，组织中的许多决策，尤其是一些重大决策，都是由群体制订的。由于群体间的个体差异和冲突，群体决策要比个体决策更为复杂。

群体决策的决策者可以是几个人、一群人甚至整个组织的所有成员，如“董事会制”下的决策就是一种群体决策，由集体做出决策方案的选择。群体中的个人可以以个体决策的方式进行自己的决策，但必须受制于群体的规范，决策结果是各种个体决策结果的群体综合。

群体决策的主要特点：群体成员的价值观、目标、判断准则和信息基础存在差异；群体成员对决策问题的认识不尽一致；群体活动的结果取决于群体的构成和群体的作用过程。

群体决策的优点：提供完整的信息，避免重大错误，提高决策质量；产生更多的方案，提

高方案的接受性,提高决策的合法性。

群体决策的缺点:消耗更多的资源(时间和金钱);少数人统治;群体思维(偏见);责任不清。

个体决策的速度快,群体决策往往比个体决策消耗更多的时间,但有效性更高,群体决策的创造性强。

二、决策的过程

科学决策的制订过程包括六个基本步骤。科学决策始于问题,从识别决策问题出发,终止于对决策结果的评价,是一个连续的过程。

(一)识别和界定问题

决策的第一步就是识别和界定问题,它是搜集、处理和分析信息的阶段。

最初界定问题的方式将对问题的最终解决产生重要影响。真正的问题常常为众多的表象所掩盖,需要经过深入的分析,才能找到真正的问题所在。问题不清,无从决策;问题找错,则一错百错。因此认识和分析问题是决策过程中最为重要也是最为困难的环节。另外,问题的识别常常带有主观性,一个管理者认为是问题,其他管理者不一定有同样的看法。以下三种常见的错误会导致计划的低效或无效:①关注症状而忽视症状产生的原因。症状是问题存在的指示器,但是症状并不是问题本身。因此必须对症状背后所存在问题的真实原因进行深入剖析。②对问题的界定过于宽泛或狭窄,管理者应该界定好问题,以便在一个最合适的范围内选择计划。③选择错误的问题进行处理,管理者应该设定优先顺序,并首先制订与处理最重要问题相关的计划。

那么管理者应如何识别问题的存在呢?这就需要注意以下两点:①比较现状与期望状态之间的差异。管理者需要意识到差异和矛盾,但也要有采取措施的压力,否则会使问题被延迟。②管理者要拥有采取行动的资源,如果管理者感到不具有职权、预算或者其他采取行动的必要资源,他就不太可能将某些事情作为问题,而只会认为是把不切实际的期望强加在他们头上。

(二)确定决策标准

确定决策标准,也就是确定哪些因素与制订决策有关。一旦确定了需要解决的问题,则确定决策标准就非常重要了。每个决策者都会有某些标准来指导其决策。在决策制订过程中,决定“什么不作为标准”和“什么作为标准”同样重要。当然,为了更有效地进行决策,仅仅得出决策标准还远远不够,还要为决策标准分配权重,即明确哪些标准是需要优先考虑的,哪些是要次要考虑的。因为对于决策而言,并不是所有标准都同等重要,故必须用定量化的权重予以区分。

(三)拟订和评价备选行动方案

一旦界定好了问题,就可以根据决策标准拟订一个或几个可行的方案。在决策这个阶段,管理者需要收集更多的信息,分析数据,并识别可供选择方案的优缺点。为了最大限度地收集信息并更好地完成任务,员工在这个阶段的参与是非常重要的。在这一步骤中,计划的好坏是由所拟订的备选的解决方案质量的高低所决定的,备选方案越好,就越可能得到好的解决方法。

在这一步骤中,评价方案最基本的方法就是成本—效益分析,即将备选方案的实施成本与对应的预期收益进行比较。至少,倾向于采用的选择方案应当产生高于投入成本的收益。成本—效益分析中典型评价标准包括效益、成本、时间、可行性、公平性等。

(四)选择一种行动方案

权衡各种备选方案的过程必须最终做出一个决定。除非选择了其中一种方法,也就是做出一个决定,否则无法解决问题。有一些因素会影响选择,其中一个主要的因素就是决策所要达到的目标。最终的选择必须是看起来和想要实现的目标最接近的一个。尽管对各种备选方案进行了详细的评价,大多数决策者仍存在着含糊的地方。管理者们要面对的决策常常是很复杂的,而且所包含的因素常常很不明确。即使有很多证据能充分证明某种方案的优越性,决策制订者也可能还是决定不了。人力资源决策往往是最不明确的,因为要精确预测人们的行为很困难。在这一阶段,最容易犯的错误就是承诺升级,即为了追求一个无效方案而投入更多的努力或者可能是更多资源。在这种情况下,管理者被局势发展的困境困扰,他们不能决定停止或者放弃这一计划,即使经验告诉他们这是最正确的做法。

(五)实施方案

把决策付诸实践。在一个决策实施之前,它还不完全是一个真正的决策。观察一项决策的执行情况,是评价其优缺点的有效途径。选择了解决问题的方案,就应该制订行动计划并全面实施该计划,这就是指最终明确组织的方向并采取行动解决问题的阶段。除非依照计划采取行动,否则就不能或者不会产生任何新的变化。管理者不仅需要有制订计划的决心和创造力,还需要有实施计划的能力和意愿。这个阶段经常由于缺乏参与,或者没有得到那些提供必不可少支持的人的充分参与,而使计划实施面临困难。能够正确运用参与政策的管理者从一开始就选择恰当的人参与决策和解决问题。这样,计划就可能迅速、平稳地实施,并令大家都感到满意。

(六)评价结果

直到对结果进行评价,决策才算完成。在评价阶段,要对业绩目标进行比较。如果预期结果没有实现,就要从头开始决策,并采取矫正措施和行动。若选择的方案是不恰当的,就需要退回以前的步骤,修订计划或制订新计划。如果原有的计划包括有可测量的目标和工作进度表,那么评价结果就会比较容易。

三、决策的方法

决策的方法与预测的方法类似,大致分为定性决策方法和定量决策方法两大类。定性决策方法是一种直接利用决策者本人或有关专家的智慧来进行决策的方法。管理者运用社会科学和原理并根据个人的经验与判断能力,充分发挥各自丰富的经验、知识和能力,从对决策对象的本质特征的研究入手,掌握事物的内在联系及运行规律,对经营管理决策目标、决策方案的拟订以及方案的选择和实施做出决断。

(一)定性决策方法

定性决策的方法主要包括德尔菲法、头脑风暴法和哥顿法三种。由于德尔菲法在预测的相关部分已经详细介绍,所以这里只详细介绍头脑风暴法和哥顿法两种。

1. 头脑风暴法

美国学者阿历克斯·奥斯本于1938年首次提出头脑风暴法,原指精神病患者头脑中短时间出现的思维紊乱现象,病人会产生大量的胡思乱想。奥斯本借用这个概念来比喻思维高度活跃、打破常规的思维方式而产生大量创造性设想的状况。头脑风暴法是一种通过小型会议的组织形式,让所有参加者在自由愉快、畅所欲言的气氛中自由交换想法或点子,并以此激发与会者创意及灵感,使各种设想在相互碰撞中激起脑海的创造性“风暴”。它适合于解决那些比较简单、严格确定的问题,如产品名称、广告口号、销售方法、产品的多样化研究等,以及需要大量构思、创意的行业,如广告业。

2. 哥顿法

哥顿法由美国人哥顿于1964年提出,最初是用于预测的一种方法。具体做法是,首先召集有关人员开会,主持人仅抽象介绍要解决的问题,会议参加者并不明白会议的研究问题,故可开拓思路。以有名的稻谷脱粒机案例为例,主持人首先提出如何使物体“分离”,与会者可以问答“切断”“锯断”“剪断”“烧断”等方法,会议主持人再进一步提出如何使稻谷与稻草分离的问题,最后会议形成一种高效率的圆筒式稻谷脱粒机的方案。哥顿法有两个基本观点:一是“变陌生为熟悉”,即运用熟悉的方法处理陌生的问题;二是“变熟悉为陌生”,即运用陌生的方法处理熟悉的问题。该方法能避免思维定式,使大家跳出框框去思考,充分发挥群体智慧以达到方案创新的目的。但是,该方法对会议主持人的要求是很高的,智力激发的效果与会议主持人的主持方法、艺术也有很直接的关系,这需要主持人在实践中不断锻炼和提高。

(二)定量决策方法

定量决策方法是建立在数学基础上的一种决策方法,是运用数学、统计学等科学技术,把决策的变量(影响因素)与目标用数学关系表示出来,求出方案的损益值,然后选择出满意方案的方法。其核心是把同决策有关的变量与变量、变量与目标之间的关系用数学关系表示,即建立数学模型,然后,通过计算求出答案,供决策参考使用。它主要适用于具有较详细的预测数据资料的决策,所运用的数学工具多种多样,复杂程度也不相同。

1. 确定型决策法

确定型决策法是指影响决策的因素、条件和发展前景比较清晰、明确,并且容易做出判断,根据决策指标便可以选择最佳方案的决策。决策者确切地知道不可控的环境因素的未来表现,即只有一种自然状态需要加以考虑,每一个方案对应一个特定的结果。在确定型决策中,决策方案的选择简化为对每一个方案结果的值进行直接比较的过程,其常用方法主要有单纯选优法、线性规划和盈亏平衡分析。

2. 风险型决策法

风险型决策法有明确的目标。例如,获得最大利润;有可以选择的两个以上的可行方案;有两种以上的自然状态;不同方案在不同自然状态下的损益值可以计算出来;决策者能估算出不同自然状态出现的概率。因此,决策者在决策时,无论采用哪一个方案,都要承担一定的风险。

风险型决策法的特点是:每个方案的实施都存在着非决策者所能控制的两个以上的自然状态,如销售情况的畅销、一般和滞销,各种自然状态可能发生的概率是可以预测的。风险型决策法主要用于远期目标的战略决策或随机因素较多的非常规决策,如投资决策、筹资决策、组织发展决策等。

3. 不确定型决策的方法

不确定型决策法是决策目标、备选方案可知但在客观自然状态的概率完全不能确定的情况下进行的决策,这种决策主要取决于决策者的经验、智慧以及对承担风险的态度。由于决策者各具特点,因而有不同的评价标准,也就产生了多种不同的决策方法,常用的不确定型决策方法有以下五种:

(1)等概率决策法。既然各种各样的自然状态出现的概率无法预测,不妨按出现的概率机会相等计算期望值,做出方案的抉择。

(2)悲观(小中取大法)决策法。首先找出各个方案的最小收益值,然后选择最小收益值中最大的那个方案为最优方案。

(3)乐观(大中取大法)决策法。首先从各个方案中把最大收益值挑选出来,然后再从这些收益值中挑选出与极大收益值相对应的方案作为最佳方案。

(4)最小后悔值决策法。某一种自然状态发生时,即可明确哪个方案是最优的,其收益值是最大的。如果决策人当初并未采用这一方案而采取其他方案,这时就会感到后悔,最大收益值与所采用的方案收益值之差叫后悔值。决策者应选择最大后悔值中最小的那个方案为较优方案。

(5)折中决策法。小中取大法是从最悲观的估计出发,大中取大法是从最乐观的估计出发。两种方法都受个人个性影响。有的专家提出一种折中的方法,要求决策者对未来发展做出判断,选择一个系数,作为主观概率,叫作乐观系数,最后选择期望值最高的。

4. 其他定量决策方法

除上述几种定量决策方法外,人们还经常采用边际分析法、成本效益分析法等方法来决策。

边际分析法的思想主要源于经济学中的生产函数,通过对企业收益、产量和成本这三者之间关系的分析,发现当边际成本等于边际收益时,企业利润能够实现最大化,以此来确定企业的最佳产量(销量)。

成本效益分析法又分为内部报酬率法和净现值法。内部报酬率法是通过计算使项目的净现值(NPV)等于零时的贴现率来评估项目的一种方法。

第二十四章 组 织

知识框架

- 组织
  - 组织的含义和类型
    - 组织的含义
    - 组织的类型
  - 组织设计
    - 组织设计的类型
    - 组织设计的原则
  - 企业组织结构的基本类型
    - 直线职能制
    - 事业部制
    - 矩阵制
    - 网络组织
    - 虚拟组织
  - 组织文化和组织变革
    - 组织文化
    - 组织变革

第一节 组织的含义和类型

一、组织的含义

组织是指为了某一共同目标，按一定规则和程序建立起来的一种责权结构和系统集合，并对集合体中各成员进行角色安排和任务分派，使人或事具有一定的系统性和整体性的过程。组织包含两层含义：一是指具有不同层次权力结构的人的集合体；二是指进行管理和协作的活动设计。著名的组织学家巴纳德认为，由于生理的、心理的、物质的、社会的限制，人们为了达到个人的和共同的目标，就必须合作，于是形成群体而成为组织。在一个组织中，其构成要素除了人，还有物、财、信息等。但人是最重要的要素，是起决定作用的要素，组织工作也都是围绕着人而进行的。

组织具有以下基本特征：

(1)组织是一个职务结构或职权结构。组织中的每个人都有特定的职责权利，组织工作的主要任务在于明确这一职责结构以及根据组织内外环境的变化使之合法化。组织中的每一个成员不再是独立的、只对自己负责的个人，而是组织中的既定角色，承担着实现组织目标的任务。

(2)组织是一个责任系统,具有上下级的隶属关系和横向沟通网络。在组织系统中,下级有向上级报告自己工作效果的义务和责任,上级有对下级的工作进行指导的责任,同级之间应进行必要的沟通。同时,为达到组织目标,授权管理者对各项活动进行组合,协调企业组织结构中的横向关系和纵向关系。

(3)组织是一个独立运行系统。在管理学中,组织的运作具有独立性,组织的目标确定、权利与责任的规定、组织机构设计、人员的配备、组织的创新等都是由组织自身独立完成的,同时,组织内部各职能部门的活动在服从组织目标的前提下也具有相对的独立性。组织管理的任务就是通过以上活动使组织中的各个部门和各个成员为实现组织目标而协调一致地工作。

二、组织的类型

从全社会来说,根据组织的目标、性质以及由其所决定的基本任务,可把组织划分为政治组织、经济组织、军事组织、学术组织、教育组织、宗教组织等不同的类型。从组织的形式来说,主要有以下三类。

(一)正式组织与非正式组织

正式组织是指为了有效实现组织目标,经过人为的筹划和设计,并已具有明确而具体的规范、规则和制度的组织。正式组织的特点有:专业分工性、明确的科层、法定的权威、统一的规范、相对的稳定、职位的可替代性、物质的交换性。

非正式组织是指组织成员为了满足特定的心理或情感需要而在其实际活动和共同相处的过程中自发、自然形成的团体。非正式组织的特点有:基于特定的需要、没有明确的目标、自发形成、没有明确的成文制度和规则、具有两面性(双刃剑)。

非正式组织产生的原因和条件主要指共同的兴趣爱好、共同的心理倾向、较近的工作距离、地缘、血缘、历史和缘分、特殊目的等。其基本特征指以某种共同利益、观点和爱好为基础,以感情为纽带,有很强的内聚力和行动上的一致性;行为规范的非制度化,有威信的人当首领,对其他成员有精神上的支配作用;见效快的奖惩制度和手段;灵敏的信息传播渠道;较强的自卫性和排外性等。

正式组织一直是管理学研究的重点。进入 20 世纪 20 年代以后,随着行为科学的产生与发展,对组织的研究日益精细化,非正式组织也逐渐引起了管理学界的重视,成为一种独立的研究对象。

在管理实践中经常出现非正式组织的活动冲击正式组织的活动,影响正式组织目标的实现,如何将非正式组织的能量引导到为正式组织服务的轨道上,是一个迫切需要解决的问题。

对待非正式组织的基本原则:积极型,支持;中间型,引导;消极型,改造;破坏型,取缔。

(二)营利性组织与非营利性组织

社会组织按其是否以营利为目的可分为两大类,即营利性组织和非营利性组织。

营利性组织是指以经济利益为导向从事生产和经营活动的组织。它提供各类产品和服务，主要履行经济职能。营利性组织在社会中大量存在，如工厂、商店、银行、酒店等。

非营利性组织是不以营利为主要目的，以社会利益为导向，以维持社会秩序和促进社会发展为己任的社会组织。它提供各种社会服务，主要履行社会职能。非营利性组织在保证整个社会的协调稳定和有序发展方面起着不可缺少的作用，如政府、军队、教育科研、文化艺术、医疗卫生、宗教、慈善福利以及公交、水电、铁路、邮电等社会公共服务机构。

在社会生产和生活中，营利性组织和非营利性组织都是不可缺少的，它们分别承担不同的社会功能，为人们的生存和发展提供相应的服务。营利性组织以企业形态存在，具有经济导向的特点，更易于考察和评价。

(三)机械式组织与有机式组织

机械式组织又被称为官僚式组织。这种组织最突出的特点是有严格的层级关系，每个职位都有固定的职责，坚持统一指挥原则并产生一条正式的职权层级链，每个人只受一个上级的领导，形成一种典型的、规范化的结构；成员之间按照正式的渠道进行沟通，组织的权力最后集中在组织金字塔的顶层。

有机式组织又被称为适应式组织，它是一种低复杂性、低正规化和分权化的组织。这种组织与机械式组织不同，它强调的是灵活、适应和变化。在这种组织中，员工多是职业化的，具有熟练的技巧，并且在经过训练之后能够处理多种多样的问题，所以工作不需要多少正式的规则和监督。这种组织的特点是员工之间存在高度的合作、非正式的沟通、分权、职位与职务的变化调整。

第二节 组织设计

一、组织设计的类型

(一)按职能划分的组织形式

按职能划分的组织形式常称为职能制结构。职能制适用中小型、产品品种比较单一、生产技术发展变化慢、外部环境简单静态的企业。

职能制的主要特点：职能分工；直线—参谋制；管理权力高度集中。

职能制的优点：按职能划分任务和确职责明；职能形式可以对资源充分地利用；强化专业管理提高了工作效率；组织有较高的稳定性；管理权力高度集中，便于最高领导层对整个企业实施严格的控制。

职能制缺点：狭隘的职能观念；横向协调差；适应性差；企业领导负担重；不利于培养素质全面的管理人才。

(二)矩阵组织形式

矩阵组织形式适用于因技术发展迅速和产品品种较多而具有创新性强、管理复杂的特点的企业。

矩阵组织形式的特点：一名员工有两位领导；组织内部有两个层次的协调；项目小组所形成的横向联系灵活多样。

矩阵组织形式的优点：有利于加强各职能部门之间的协作配合；有利于顺利完成规划项目，提高企业的适应性；有利于减轻高层管理人员的负担；有利于职能部门与产品部门相互制约，保证企业整体目标的实现。

矩阵组织形式的缺点：组织的稳定性较差；双重领导的存在，容易产生责任不清、多头指挥的混乱现象；机构相对臃肿，用人较多。

（三）事业部制形式

事业部制组织形式适用产品种类多且产品之间工艺差别大，或市场分布范围广且市场情况变化快、要求适应性强的大型联合企业或公司。

事业部制形式的特点：把企业的生产经营活动，按产品或地区分别建立经营事业部，实行集中决策指导下的分散经营。每个事业部独立经营、单独核算、自负盈亏。

事业部制形式的优点：有利于总公司的最高层摆脱具体管理事物，集中精力于战略决策和长远决策；增强企业的活力；有利于联合化和专业化结合，提高生产效率。

事业部制形式的缺点：容易使事业部因自身利益，减弱整个公司的协调力；公司和各个事业部的职能机构重复，会增加费用和管理成本。

除上述三种形式外，还有其他的组织形式，如团队结构形式、虚拟组织形式和无边界组织形式。

二、组织设计的原则

（一）目标明确原则

每一个组织都有自己明确的目标，一定的组织结构就是实现这个目标的载体，那么组织设计应当与组织的目标相一致，应当有利于组织目标的实现。

（二）稳定性与适应性相结合的原则

随着组织目标的调整，环境的变化，组织结构也应做出适当的调整。但组织结构的调整与员工、主管的工作环境及工作能力的发挥密切相关。实践表明，相对稳定的环境有利于人们形成一个稳定的预期，安心地工作。而变动的环境则容易产生不确定的预期，人们没有安全感，工作的积极性会因此受到影响。因此，组织结构的设计要注意稳定性与适应性相结合，既让组织保持一定的灵活性，又要保持相对的稳定性。

（三）集权与分权相结合的原则

社会生产力的发展和先进技术的采用，使协作劳动更加紧密，分工更加细致，协调更加重要，从而对集中统一指挥与管理的需要就更为迫切。另外，技术的发展、环境的变化要求组织具有更大的灵活性和适应性，并且要求组织的权力适当分散，以增加组织的应变能力。集权和分权各有利弊。组织设计一定要将集权与分权有机地结合起来。一般来说，环境变化大，组织生存问题突出，在组织设计时应较多地考虑集权。而在环境较为宽松，组织的发展问题放在首位时，可以较多地考虑分权。

（四）责权对等原则

责权对等原则又称为责权一致原则，是指在组织设计中每一个职位的职权应当与职责相当，职权越大，其职责也越大。因为组织中的每一个部门和职位都是为完成一定的工作任务而设计的。在组织中支配的资源越多，职权也就越大，自然对组织目标实现的影响也就越大。要保证资源被合理、有效地使用，每一个拥有职权的人就必须承担相应的责任。

（五）统一指挥原则

在一个组织中，形成一定的部门和分层之后，为了保证协调，必须强调统一指挥原则。如果政出多门，下级就会无所适从；另外，这种局面也会使一些投机者利用相互矛盾的命令推诿责任和工作。

第三节 企业组织结构的基本类型

一、直线职能制

这是一种综合直线制和职能制两种类型组织特点而形成的组织结构类型。其特点是以直线为基础，在各级主要负责人之下设置相应的职能部门，作为该级管理者的参谋，分别从事专业管理。它与直线制结构的区别就在于设置了职能机构，实行专业化管理。不同于职能制结构的是，职能机构只是作为直线管理者的参谋和助手，不具有对下面直接进行指挥的权力。因此，这种组织结构既保持了直线制集中统一指挥的优点，又具有职能分工专业化的长处。但是，这种类型的组织存在着职能部门之间横向联系较差、信息传递路线较长、适应环境变化差的缺陷。直线职能制是一种普遍适用的组织形式，我国大多数企业和一些非营利性组织经常采用这种组织形式。

二、事业部制

事业部制是西方经济从自由资本主义过渡到垄断资本主义以后，在企业规模大型化、企业经营多样化、市场竞争激烈化的条件下，出现的一种分权式的组织结构类型。事业部制的主要特点是在总公司的领导下，按产品或地区分别设立若干事业部，每个事业部在经营管理上拥有很大的自主权，总公司只保留预算、人事任免和重大问题的决策等权力，并运用利润等指标对事业部进行控制。各事业部具有独立经营的自主权，这样既有利于调动各事业部的积极性和主动性，又提高了管理的灵活性和适应性，还能为管理人才的成长创造良好的机会。因此，它成为欧美、日本等国各大企业所采用的典型的组织形式。这种组织结构的主要缺陷是资源重复配置，管理费用较高，且事业部之间协作较差。因此，主要适用于产品多样化和从事多元化经营的组织，也适用于面临环境复杂多变或所处地理位置分散的大型企业和巨型企业。

三、矩阵制

这是一种把按职能划分的部门同按产品、服务或工程项目划分的部门结合起来的组织结构类型。在这种结构中，每个成员既要接受垂直部门的领导，又要在执行某项任务时接受项目负责人的指挥。矩阵结构创造了双重指挥链，可以说是对统一指挥原则的一种有意识的违背。矩阵结构的主要优点是灵活性和适应性较强，有利于加强各职能部门之间的协作和配合，并且有利于开发新技术、新产品和激发组织成员的创造性。矩阵结构的主要缺陷是组织结构稳定性较差，双重职权关系容易引起冲突，同时还可能导致项目经理过多、机构臃肿的弊端。这种结构主要适用于科研、设计、规划项目等创新性较强的工作或单位。

四、网络组织

现代企业的经营已经超越了企业边界的范围，开始在企业与企业之间结成比较密切的长期联系。这种联系在组织结构上的表现就形成了超越企业法律边界范围的中间性组织形态。网络型和控股型结构就是其中两种典型的组织形式。

网络型结构是一种只有很精干的中心机构，以契约关系的建立和维持为基础，依靠外部机构进行制造、销售或其他重要业务经营活动的组织结构形式。被联结在这一结构中的两个或两个以上的单位之间并没有正式的资本所有关系和行政隶属关系，但却通过相对松散的契约纽带，透过一种互惠互利、相互协作、相互信任和支持的机制来进行密切的合作。

网络型结构是小型组织的一种可行的选择，也是大型企业在联结集团松散层单位时通常采用的组织结构形式。采用网络型结构的组织，它们应做的就是创设一个"关系"的网络，与独立的制造商、销售代理商及其他机构达成长期协作协议，使它们按照契约要求执行相应的生产经营功能。由于网络型组织的大部分活动都是外包、外协的，所以公司的管理机构就只是一个精干的经理班子，负责监管公司内部开展的活动，同时协调和控制与外部协作机构之间的关系。

五、虚拟组织

1990 年《哈佛商业评论》第 6 期发表文章《公司核心能力》，作者建议公司将经营的焦点放在不易被抄袭的核心能力上，由此引发后来的"虚拟组织"热。虚拟组织与传统的实体组织不同，它是围绕核心能力，利用计算机信息技术、网络技术及通信技术与全球企业进行互补、互利的合作，合作目的达到后，合作关系随即解散，以此种形式能够快速获取处于全球各处的资源为我所用，从而缩短"观念到现金流"的周期；不仅如此，灵活的"虚拟组织"可避免环境的剧烈变动给组织带来的冲击。

第四节　组织文化和组织变革

一、组织文化

（一）组织文化的概念

组织文化是指控制组织内行为、工作态度、价值观以及关系设定的规范。

（二）组织文化的功能

（1）导向作用。组织文化的导向作用，是指组织文化把组织整体及组织成员个人的价值取向及行为取向引导到组织所确定的目标上来。同时，也能够将整个组织引向某个特别的领域或阶层，使得整个组织朝一个特定的方向发展。

(2)规范作用。组织文化是用一种无形的、思想上的约束力量,形成一种软规范,制约员工的行为,以此来弥补规章制度的不足,并诱导多数员工认同和自觉遵守规章制度,从而使组织上下左右达成统一、和谐与默契。

(3)凝聚作用。组织文化是一种极强的凝聚力量。组织文化是组织全体员工共同创造的群体意识,是一种黏合剂,把各个方面、各个层次的人都团结在一起,使得组织产生一种凝聚力及向心力。组织文化能够把员工个人的思想情感、命运与组织的安危紧密联系起来,对组织产生高的归属感和认同感,从而以组织的生存和发展为己任,愿意与组织同甘苦、共命运。如果说薪酬和福利形成了凝聚员工的物质纽带的话,那么,组织文化则形成了凝聚员工的情感纽带和思想纽带。

(4)激励作用。组织文化强调以人为中心的管理方法,其核心是要创造出共同的价值观念。优秀的组织文化就是要创造一种人人受到重视、受到尊重的文化氛围,以此来激励员工为实现自我价值和组织发展而勇于献身、不断进取。

(5)创新作用。建立具有鲜明特色的组织文化,是组织创新的一个重要方面,是激发员工创新精神的源泉和动力。建设积极的、富有个性和特色的组织文化,是组织独特风格和特色的主要体现,是激励员工创造性、积极性的巨大动力,也是组织在激烈的市场竞争中立于不败之地的重要保证。

(6)辐射作用。组织文化的建立,组织形象的树立,除对本组织产生很大影响外,还会对社会公众、对本地区乃至国内外组织产生一定的影响,在提高组织知名度的同时,构成社会文化的一部分。因此,组织文化具有巨大的辐射作用。例如,可口可乐已成了美国文化的一部分,同仁堂则构成了中华民族文化的一部分。

(三)组织文化的结构

组织文化的结构可分为物资层、制度层和精神层三个层次。

(1)物质层。这是组织文化的表层部分,指的是企业的名称、产品的外观包装、建筑风格、纪念物等外显的标识,往往能折射出组织的经营思想、工作作风和审美意识。

(2)制度层。这是组织文化的中间层,又层中间文化的里层,主要指对组织成员和组织行为产生规范性、约束性影响的部分,集中体现在组织中的各种行动准则或规则制度。

(3)精神层。这是组织文化的深层,主要指组织的领导和员工共同信守的基本信念、价值标准、职业道德及精神风貌,它是组织文化的核心和灵魂。组织文化中有没有精神层是衡量一个组织是否形成了自身组织文化的主要标志和标准。

二、组织变革

(一)组织变革的原因

哈默和钱皮曾在《再造公司》一书中把三"C"力量,即顾客、竞争、变革,看成是影响市场竞争最重要的三种力量,并认为这三种力量中尤以变革最为重要,"变革不仅无所不在,而且还持续不断,这已成为常态"。

组织变革是指组织面对外部环境和内部条件的变化而进行改革与适应的过程。它为组织发展提供达到目的的手段。组织发展则是以变革的方式改进组织行为、提高组织效率的过程。发展是目的，变革是手段，任何一个组织要想适应外部环境变化，增强组织活力，就必然需要变革，以促进组织的可持续发展。

推动组织变革的因素可以分为外部环境因素和内部环境因素两个部分。

外部环境因素主要包括：

（1）整个宏观社会经济环境的变化，如政治、经济政策的调整，经济体制的改变以及市场需求的变化等，都会引起组织内部深层次的调整和变革。

（2）科技进步的影响。知识经济社会，科技的发展日新月异，新产品、新工艺、新技术、新方法层出不穷，对组织的固有运行机制构成了强有力的挑战。

（3）资源变化的影响。组织发展所依赖的环境资源对组织具有重要的支持作用，如原材料、资金、能源、人力资源、专利使用权等。组织必须克服对环境资源的过度依赖，同时要及时根据资源的变化而变革组织。

（4）竞争观念的改变。基于全球化的市场竞争将会越来越激烈，竞争的方式也将会多种多样，组织若想适应未来竞争的要求，就必须在竞争观念上顺势调整，争得主动，这样才能在竞争中立于不败之地。

内部环境因素主要包括：

（1）组织机构适时调整的要求。组织机构的调整必须与组织的阶段性战略目标相一致，组织一旦需要根据外部的变化调整机构，新的组织职能必须得以充分的保障和体现。

（2）保障信息畅通的要求。随着外部不确定性因素的增多，组织决策对信息的依赖性增强，为了提高决策的效率，必须通过变革保障信息沟通渠道的畅通。

（3）克服组织低效率的要求。组织长期一贯运行的机制可能会出现某些低效率现象，其原因既可能是由于机构重叠、权责不明，也可能是由于人浮于事、目标分歧。组织只有及时变革才能进一步制止组织效率的下降。

（4）快速决策的要求。决策的形成如果过于缓慢，组织常常会因为决策的滞后或执行中的偏差而错失良机。为了提高决策效率，组织必须通过变革对决策过程中的各个环节进行梳理，以保证决策信息的真实、完整和迅速。

（5）提高组织整体管理水平的要求。组织整体管理水平的高低是竞争力的重要体现。组织在成长的每一个阶段都会出现新的发展矛盾，为了达到新的战略目标，组织必须在人员素质、技术水平、价值观念、人际关系等各个方面做出进一步的改善和提高。

（二）组织变革的方式

针对组织存在的问题和面临的内外部环境，以及所选定的组织变革方向、目标和变革内容，组织需要采取适当的方式对其现状进行改造。组织变革的方式，可以从多种角度进行划分。

1. 量变式和质变式

按照变革程度，组织变革可以分为量变式和质变式两种。量变式是以改变组织机构和人员的数量为主的一种变革方式。而质变式是以解决组织的深层次问题、能使组织效能和内部关系发生根本变化的一种变革方式。

2. 正式关系式、非正式关系式和人员式

按照变革的对象,组织变革可以区分为正式关系式、非正式关系式和人员式三种。正式关系式是以组织中经过正式筹划的、为实现组织的目标而围绕工作任务展开的人与人或人与机构之间的关系为变革对象,其变革主要是通过管理机构和管理体制的设计与再设计实现的。非正式关系式是以组织内部未经正式筹划而产生的相互影响和相互作用关系为变革对象,具体技巧和方法包括相互交往分析、敏感性训练、群体发展、组织会议和组内人事调解等。人员式是以改变组织成员的知识、技能、态度和价值观等为对象,具体策略包括各种管理发展和教育培训计划等。

3. 主动思变式和被动应变式

按照变革的力量来源,组织变革可以区分为主动思变式和被动应变式两种。主动思变式的动力来源于组织内部,而且是在事先预见的基础上做出变革的决策。被动应变式是在迫于外部压力的情况下产生的。

4. 突变式和分段发展式

按照变革的进程,组织变革可以区分为突变式和分段发展式两种。突变式是在短时间内的一次性变革。这种变革方式雷厉风行、一次到位,解决问题迅速,但由于涉及面广、速度快,容易引起社会心理震荡,并招致成员抵制。因此,应在危机之际对变革的客观要求十分迫切,成员社会心理承受能力和国家政治经济条件都充分允许,并做了认真准备和周密计划的基础上进行。分段发展式既不是迅猛的革命,也不是逐步的演变,而是在对组织现状和内外条件的全面论证及综合分析基础上,有计划、有步骤地逐个实现变革的分阶段目标,最终达成变革总目标的实现。

5. 强制式、民主式和参与式

按照变革方案的形成过程,组织变革可以区分为强制式、民主式和参与式三种。强制式是指变革涉及者不参加变革方案的制订过程,这样形成的变革方案往往需要通过强制命令付诸实施。民主式与强制式截然相反,指在变革有关人员相互协商的基础上形成变革方案。参与式,亦称民主集中式,是在变革方案形成过程中既广泛地动员各层次人员参与,又对人们的思想观念有意识地加以引导,以便尽快形成统一的方案。

6. 自上而下式、自下而上式和上下结合式

按照变革起始,组织变革可以区分为自上而下式、自下而上式和上下结合式三种方式。自上而下式是指变革先从高、中层管理阶层入手,再扩展到整个组织。自下而上式则是先从基层组织的变革入手,再考虑中、高层组织的变革。上下结合式是对组织的上下各方面同时进行组织变革。一般而言,企业战略目标的改变要求自上而下地进行组织变革,而生产技术的变化则是要求自下而上的变革。

(三)组织变革的阻力及其克服

1. 组织变革的阻力

从某种程度上来说,个体和组织中的群体会抵制变革。但是,人们常常搞不清楚到底哪些是变革阻力,因为它的形式多种多样。公开的阻力可以通过罢工、降低生产率、低劣的工作甚至破坏来表达;暗中的阻力可以通过更多的拖拉和缺勤、要求调离、辞职、失去动机、较

低的士气、较高的事故率或错误率来表达。现实中,变革的阻力来自很多方面,有些可以追溯到个体,另一些则涉及组织方面的原因。本部分从个体和组织两方面就变革的阻力进行讨论。

(1)个体阻力

①习惯。习惯可能是合适、安全、满意的源泉,因为习惯使个体适应世界和处理问题变得流程化。习惯是否成为抗拒变革的一个主要来源在某种程度上取决于个体是否认识到能从改变其行为中获得好处。

②对未知的恐惧。多数人在面对未知事物时会感到焦虑。每次工作情境的重大变革都伴随这种不确定性。这些决定的结果不可能事先知道,因此人们非常焦虑。个体可能对变革感到非常焦虑和体验到强烈的威胁感,以至于他们拒绝要求到新的地方工作或工作职责发生巨大变化。

③经济原因。经济因素是组织变革阻力中不可忽视的一个方面,人们肯定会抗拒降低其收入的变革。例如,建立的工作惯例或工作职责的变革可能威胁到他们的经济安全。员工害怕变革发生后,他们不能做得跟以前一样好,这样可能被认为对组织、上司及同事的价值降低,从而失去一些利益。

④选择性知觉。人们倾向于有选择性地知觉事物以使得其与他们的世界观最恰当地吻合。一旦个体已建立了对现实的理解,他们可能抗拒改变它。在其他事情上,人们可能抗拒变革对其生活产生的可能影响,具体做法是:只读或听他们同意的东西;随意地忘记可能导致其他观点的任何知识;曲解信息交流,如果正确理解则与其目前态度和价值观不符。

⑤个性。个体个性的某些东西(如教条主义或依赖性)可使人有抗拒变革的倾向。比如高度教条的人的观点是封闭的,与低度教条的人相比更可能抗拒变革。另外一个例子是依赖性。高度依赖他人的人常缺乏自信。他们可能一直抗拒变革,直到他们信赖的人认可这种变革。值得注意的是,虽然个性可能有作用,但它很少在涉及变革的情境中作为重要因素。

⑥与个人价值观相冲突。变革与个人的习惯、价值观发生冲突时,也会引起员工对组织变革的抵制。个人的习惯、价值观是一种长期积累、相对稳定的心理结构,改变起来相对困难。一旦组织变革冲击到个人习惯和价值观,抵制变革的阻力便会随之产生。此种冲突通常在不同组织文化的企业合并过程中尤为常见。

(2)组织阻力

①组织惰性。组织惰性是形成变革阻力的主要因素。这是指组织在面临变革形势时表现得比较刻板、缺乏灵活性,难以适应环境的要求或者内部的变革需求。造成组织惰性的因素较多。例如,组织内部体制不顺、决策程序不良、职能焦点狭窄和集权化的结构等,都会使组织产生惰性。此外,组织文化和奖励制度等组织因素以及变革的时机也会影响组织变革的进程。

②有限的变革关注。组织是由一系列相互依赖的子系统组成的,只对一个子系统改革而不影响其他子系统是不可能的。如果只改变局部的子系统,而没有对相关的系统进行相应的变革,这种变革很可能会因为更大的系统问题而变得无效。

③资源限制。变革需要资本、时间和胜任的个体。在任何特定的时间里,组织管理者和员工可能确定了应做的变革,但由于资源限制,他们不得不延期或放弃某些所希望的变革。

④固定投资。并不是没有足够资产的组织才有资源限制的问题。资本集中的组织可能难以变革,因为固定资本投资(设备、厂房和土地)是不易改变的资产。在建筑物、街道、运输系统和公用事业方面的固定投资是巨大的,这样的固定投资通常阻碍迅速和实质性的变革。固定投资不限于物理资产,它们也可以在人身上体现出来。例如,那些不再对组织有贡献但资深得足够保留工作的员工,如果他们不被激励做得更好或进行再次培训以适应新的岗位,那么从长远看,他们的薪水和福利就代表了不易改变的固定投资。

⑤群体因素。组织变革的阻力还会来自群体方面,研究表明,对组织变革形成阻力的群体因素主要有群体规范和群体内聚力等。群体规范具有层次性,边缘规范比较容易改变,而核心规范由于包含着群体的认同,难以变化。同样,内聚力很高的群体也往往不容易接受组织变革。

⑥对权力关系的威胁。控制其他人需要的东西,如信息或资源,是组织中权力的来源。任何决策权力的再分配,都会威胁到组织长期以来形成的权力关系。一旦组织中有些人认为变革可能是对其权力或影响力的威胁,个人或团体便会以抗拒的形式抵制他们认为降低其影响他人能力的变革。

2. 克服变革阻力的方法

针对组织中抵制变革的阻力,科特和施莱辛格提出了"六变革法"模型,旨在预防、减少和弱化这些变革阻力。他们指出,应对变革的阻力主要有以下几种途径。

(1)教育和沟通

适用于信息缺乏、信息不准确或对变革缺少讨论和分析的时候。在实施变革之前,对员工进行宣传教育是其中最有效的一个办法。变革前的沟通教育,有助于帮助员工理解变革的逻辑性和合理性,使员工认识到变革之举势在必行,从而减少关于变革的各种不实传言。

(2)参与和融合

适用于发动变革的领导团队缺乏设计变革的必要信息,以及员工阻力相当大的时候。当员工融入变革活动中时,他们就更可能去顺应变革、参与变革,而不是抑制变革。这一方法最好用于消除来自对变革持沉默态度的员工的阻力。

(3)引导和支持

适用于变革过程中的各项调整引发员工阻挠的时候。在这一困难时期,管理人员如果采取支持员工的态度,能够有效防止潜在的阻力。在变革转型的过程中,管理人员应该帮助员工梳理他们的担忧和焦虑。员工之所以害怕变革、抑制变革,原因主要在于他们认为变革会给他们个人带来负面影响。这一手段的典型方法是提供正常工作外的专门训练和服务。

(4)谈判和协商

适用于部分员工或部门利益受损,以及阻挠力量较大的时候。管理人员可以通过提供各种形式的激励,使员工放弃抵抗。例如,可以给员工一定的权利,否决那些对他们来说有危险的变革成分,或者给予员工特殊的政策,允许那些反对变革的人通过买断工龄或提前退休等形式离开公司,以避免遭遇变革风险。这一方法用在那些阻力较大的员工身上也比较合适。

(5)控制与合作

适用于以上策略发挥不了作用或成本太高时。科特和施莱辛格两人建议,选举抵制力量的代表进入变革领导团队,是一个较为有效的控制阻挠人员的方法。把抵制变革的人员引入变革领导团队,并非指望他们对变革做出什么贡献,只是增加一个虚席而已。具体做法就是从那些抵制变革的员工中选举部分代表作为变革团队的领导成员,给予他们象征性的决策角色,同时却无碍大计。需要注意的是,如果这些阻力派的领导人物产生被耍弄的感觉,他们会产生更大的抵触情绪,抵制变革。

(6)正面施压

适用于变革刻不容缓的时候,且最好作为其他办法均无效果时的最后一招。管理人员可以明确或含蓄向员工施压,告诉他们必须接受变革,否则会导致严重后果,如失业、下岗、流动或失去晋升机会等。

第二十五章 领导与激励

知识框架

- 领导与激励
  - 领导与领导者
    - 领导及其作用
    - 领导者的影响力
    - 领导者的素质
  - 领导理论
    - 领导特质理论
    - 领导行为理论
    - 领导权变理论
  - 激励理论
    - 需要层次理论
    - 双因素理论
    - 期望理论
    - 强化理论
    - 公平理论
  - 激励方法
    - 目标激励
    - 任务激励
    - 组织激励
    - 培训激励
    - 制度激励
    - 环境激励
    - 物质利益激励
    - 荣誉激励
    - 绩效信息激励

第一节 领导与领导者

一、领导及其作用

领导是在一定的社会组织或群体内，为实现组织预定目标，领导者运用其法定权力和自身影响力影响被领导者的行为，并将其导向组织目标的过程。法定权力我们称为职权或正式的权力，自身影响力我们称为威信或非正式的权力。职权与威信是领导者之所以能够实施领导的基础，领导者正是以自己所拥有的职权和威信来影响、指挥别人，来体现其在组织成员中的影响力。可见，领导的本质是一种影响力，即对一个组织为确立目标和实现目标所进行的活动施加影响的过程。

领导是任何组织都不可缺少的职能，领导活动贯穿于整个组织管理活动的全过程，其作用主要表现在以下三个方面。

（一）指挥作用

在组织活动中，为保证组织活动的协调和统一，领导者需根据环境条件的变化以及员工的要求或期望制订具体政策，指明活动的方向，制订为实现企业目标所必需的各种措施和方法。一方面，领导者需要头脑清醒、胸怀全局、高瞻远瞩、运筹帷幄，帮助组织成员认清所处的环境和形势，指明活动的目标和达到目标的途径，指挥实质上就是领导者运用组织责权，发挥领导权威，推动下属为实现既定目标而努力。另一方面，领导者还必须是行动者，能率领员工为组织的目标而努力，领导者不是站在群体的后面，而是站在群体的前列，带领并鼓舞员工去实现组织目标，只有这样，领导者才能真正起到指挥作用。

（二）协调作用

领导者在制订企业战略目标后，还必须协调企业中的各种资源或因素，促使企业的所有活动以企业战略目标实现为导向。具体而言，领导者需协调以下方面的内容。

1. 思想协调

组织内的每个人由于理论与思想素质不同，其工作责任心和积极性也不尽相同。另外，个人因素的不同使每个人的道德水平、心理素质不同，进而使其工作方法和工作作风也不尽相同，因而对工作的认识、看问题的角度、处事的风格可能存在差异。此外，受外部环境的影响，员工在思想上也会有分歧，因此领导者应将思想协调放在首位。

2. 目标协调

领导者必须不断地协调企业长远利益与短期利益，调整内部各种关系，使之与企业的战略协同一致。

3. 权力协调

为完成工作目标或任务，领导者必须授权，所以也需协调好权力与责任的关系。一方面要运用自己的权力对下属进行指挥、命令；另一方面要对下属权力的运用进行监督检查。

4. 利益协调

企业中员工因价值观、自身素质等不同，往往存在对待利益问题的偏差，领导者应从员工的实际出发，在思想协调的基础上，依据现行政策及员工的贡献或绩效予以利益上的协调。

5. 信息协调

领导者必须注意信息的沟通，否则就会指挥不灵、耳目闭塞，所以领导者在上下级之间、下级相互之间要加强信息沟通与协调。此外，领导者还必须代表企业与企业的相关利益者协调好各种关系。总之，领导者需要协调组织内部各成员之间和组织之间的相互关系，以保持组织内部和组织之间的和谐，完成组织的目标。

（三）激励作用

组织活动的源泉在于员工的积极性、智慧和创造力，当员工利益在组织的各项制度中得到切实的保障，并与其自身的物质利益紧密联系时，员工的积极性、智慧和创造力就会充分发挥出来。因此，需要领导者创立满足员工各种需要的条件、激励员工的动机来调动员工的积极性，激发他们的创造力，鼓舞大家的士气，振奋大家的精神，使组织中的每个人自觉地融入组织的目标体系中，为实现共同的目标而努力工作。

组织是由具有不同需求、欲望和态度的个人所组成的，它蕴涵着任何一个组织所需要的生产力。领导工作就是去诱发这一力量。组织中的每一个人并不单纯地只对组织目标产生兴趣，他们有自己的目标。领导者就是要通过领导把人们的精力引向组织目标，并使他们热情地、满怀信心地为实现组织目标做出贡献。但是不管是由于人们感到缺乏机会还是感到缺乏对其的激励，不管是由于客观条件的限制还是由于领导者的平庸，组织中的人们不一定都能以持续的热情与信心去工作。因此，对许多人来说，需要领导者激发他们的工作动机，在实现组织目标的同时，尽可能满足他们的需求，使他们把自己与组织整体紧紧联系在一起，从而始终保持高昂的士气。在现代社会中，在组织面临激烈竞争的形势下，好的士气就等于成功了一半。因此，领导工作的作用就表现在调动组织中全体人员的积极性，使他们以持久的士气和最大的努力自觉地做出自己的贡献。

二、领导者的影响力

决定领导者影响力大小的因素包括两个方面，即职权和威信。

（一）影响职权的因素

影响职权的因素主要包括传统因素、职位因素和资历因素三个方面。

1. 传统因素

传统因素是指人们对领导者的一种传统观念，它来自下级传统的习惯观念。长期以来，人们对领导者有一种心理上的敬畏，认为领导者有权力、有才能，不同于一般人，领导者有合法的权力来影响被领导者，被领导者必须接受领导者的影响。这种观念逐步成为某种形式的社会“规范”，使人们从小就打上了深刻的印记，影响着被领导者对领导者的服从感。这种传统观念所产生的影响力普遍存在，只要是领导者，就会自然获得这种力量。

2. 职位因素

职位因素是指个人在组织中的职务与地位。居于领导地位的人，组织授予其一定的权力（主要是奖赏权和惩罚权），凭借这些权力可以左右被领导者的行为、处境、前途以至命运，使被领导者产生敬畏感。领导者的地位越高、权力越大，别人对他的敬畏感就越强，他的影响力也就越大。职位因素造成的影响力是以法定为基础的，与领导者本人的素质条件没有直接关系，它是由社会组织赋予领导者的一种力量。

3. 资历因素

资历是指领导者的资格和经历。领导者的资格和经历对被领导者产生的心理影响叫资历因素。资历因素是个人历史性因素，一般人对资历较深的领导者比较敬重，由于资历主要与过去所担任的职务有关，所以它产生的影响力的性质主要也属于强制性影响力。

显然，由传统因素、职务因素、资历因素所构成的影响力都不是领导者的现实行为造成的，是外界赋予的。这种权力取决于个人在组织中的地位，来自领导者所担任的职务，有了这个职务，就有了这个职务法定的权力。权力性影响力的性质属于强制性影响力的一种，它对别人的影响带有强制性、不可抗拒性，以外推力的形式发生作用，在它的作用下，被影响者的心理与行为主要表现为被动服从。因此，它对人的心理和行为的激励是有限的。

（二）影响威信的因素

影响领导者威信的因素主要有品格、能力、知识和感情等因素。

1. 品格因素

领导者要充分注意自己品格上的表现，优良的品格不仅是担任领导职务的素质要求，也是领导影响力的重要组成部分。领导者品格主要包括道德、品行、人格、作风等，它反映在领导者的一切言行之中。优秀的品格会给领导者带来巨大的影响力，会使领导者更受人尊敬，而后能吸引人去模仿，从而增强领导者的影响力。品格因素是领导者建立威信的最重要的方面。无论职位多高的领导者，倘若在品格上出了问题，那么他的影响力就会大打折扣。

2. 能力因素

领导者不仅要有良好的品德，还应有较强的能力，能够运用已有的知识去分析和解决实际问题。一位有才能的领导者能够不断地做出最优化的决策，给企业带来成功，使人们对他产生敬佩感，从而吸引人们自觉地去接受其影响。同时，有才能的领导者往往具有较强的自信心，也能够让下属对其所做出的决策放心。

3. 知识因素

如果领导者具备某种知识、专长，往往会对被领导者产生更大的影响力。专长是领导者自己显示出来的，且为被领导者所感受到的那种领导人的知识、技能以及分析、评价、驾驭和控制一个群体或组织去完成任务的能力。一个领导者所拥有的丰富的知识和突出的专长，不仅可以在工作中得到充分发挥，还可以与被领导者有更多的共同语言，使被领导者产生一种认同感，进而转化为影响力。当下属感到领导者具有某种专门的知识、技能和专长，能帮助他指明方向、排除障碍，达到组织目标和个人目标的时候，往往会比较易于接受领导者。如果领导者只有权力而缺乏知识、专长，则不得不依赖精通或熟悉业务的下级，致使实际的决策权转移到下级手中，所以领导者应努力学习和掌握各自领导范围内的专业知识，对自己所领导、管理领域的专业知识有较多的了解，成为有关领域的内行，因人制宜，因时制宜，因事制宜，采取切实可行的措施，努力做到博与专的统一。

4. 感情因素

感情也是一种很大的影响力，这种影响力对企业领导者进行行政和业务管理工作、行使合法权有着举足轻重的作用。一位领导者要在组织中将他的决策变成员工的自觉行动，单凭合法权力还不够，因为即使同时具有专长权力、职位权力而没有感情的影响力，仍不能最大限度地发挥领导者的作用。感情是人对客观事物好恶倾向的内在反映。人与人之间建立了良好的感情关系，便能产生亲切感，在有了亲切感的人与人之间，相互的吸引力就大，彼此的影响力就强。如果领导者平时待人和蔼可亲、关心下级，与群众的关系十分融洽，那么他的影响力往往比较大。而与下属关系比较紧张的领导者，就会使下属对其产生一种排斥感，从而削减其影响力。

三、领导者的素质

在目前充满机遇和挑战的时代，领导者如何应对各种错综复杂的局面，能否抓住机遇促进企业发展壮大，在很大程度上取决于各级领导者个人素质。那么作为现代企业的领导者，应该具备怎样的素质呢？我们认为，领导者应该具备如下五个方面的素质。

（一）政治素质

有较高的政治素质是一个领导者的首要条件，它包括政治和思想品德两方面，这是其他方面的素质得以发挥的前提条件。一方面，领导者是组织的决策者、组织者和指挥者。在改革开放的新历史时期，在复杂多变的国际环境中，组织能否经受住改革开放的考验，能否经受住国际间合作和冲突的考验，能否以国家大局为重，会不会走到歧路上去，这些都与领导者有没有正确的政治方向直接相关。政治方向是通过路线、方针、政策来体现的。另一方面，作为领导者，还必须具有良好的思想品德素质。领导者要公正无私，襟怀坦荡，富有牺牲精神，严于律己，宽以待人；富有进取心和创新意识，有较强的事业心和成就需要，希望通过事业的成功体现自身的价值，有魄力和独创精神，勇于积极开拓新的活动领域。只有这样，才能担负起作为一个领导者应该承担的责任。

（二）法律素质

在我国社会主义市场经济条件下，组织的一切活动都必须在法律规定的范围内进行。离开了法律的规范和约束，组织以及组织的各项活动就失去了存在和运行的基础。因此，领导者的法律素质是依法经营的重要前提和根本保证。

知法是守法的前提。认真学习和掌握法律知识，提高依法管理组织的能力，是领导干部胜任工作的一个重要前提。随着国家改革开放程度的进一步加大、市场经济体制的进一步完善，无论是国内国际间的交流，还是企业内部管理，都离不开相关法律的运用。各级各部门领导必须努力掌握相关的法律知识，这样才能正确依法决策，才能运用法律手段去保障组织的健康发展和成长壮大。

（三）知识素质

现代社会是信息爆炸的时代，是知识经济的时代，知识的作用日趋重要。一个领导者如果没有相关知识素养的话，就难以适应日益复杂的工作要求。合理的知识结构是领导者必备的基本素质。领导者的思想素质和业务技能的高低，在很大程度上与知识水平的高低有着密切的联系。领导者必须有科学文化知识、专业知识和合理的知识结构。知识素质具体应包括以下三方面。

1. 基本的政治、经济理论及时事政策

要熟悉和掌握邓小平中国特色社会主义理论和市场经济的基本原理，及时了解国内外经济形势的变化，尤其是与本企业经营管理有关的国家政策、法令、法规等，以正确运用政策和法律有效地维护企业的利益。

2. 广博的文化科学知识

首先是基础文化知识，这些知识既有助于形成正确的世界观和人生观，也有利于培养广阔的视野和较强的思维能力，是掌握现代科学管理知识的基础。其次是与生产技术有关的自然科学、技术科学的基本知识以及本行业的最新科学技术，特别是现代自然科学的新成果（系统论、信息论和控制论的基本原理），并尽可能地把这些知识运用到领导工作中去。

3. 专业知识和管理知识

领导者虽不是某一行业的专家，但对其领导、管理行业的专业知识应有较多的了解，且能对本行业科学技术的发展趋势有清晰的认识。不同行业、不同层次的领导者应有不同的专业知识要求。但是，领导者都应当懂得管理学、统计学、会计学、市场营销学、经济法、财政、金融以及外贸等方面的基础知识，同时还要学习社会学、心理学、行为学、人才学以及领导学等方面的基本理论，这是所有领导者必备的专业修养。

（四）能力素质

能力是指胜任某种工作的主观条件。它表现为顺利完成某项活动且直接影响活动效率所必备的心理特征。能力是顺利完成某种活动中的一种心理特征，但活动中的心理特征并不都是能力。领导活动是一种综合的实践活动，这就要求领导者必须具有较高的能力素质，以适应现代管理的需要。领导者的能力是领导从事管理活动必须具备的，并直接与活动效率有关的基本心理特征。它是胜任领导工作、行使权力、承担责任的主观条件。有效的领导者具体包括以下五方面的能力。

1. 分析、判断和形成概念的能力

领导者应能透过纷繁复杂的现象看本质，敏锐地洞察事物的主要问题；抓住决定事物性质与发展进程的主要矛盾和矛盾的主要方面；并且可以有效地归纳、概括、分析与判断，找出解决问题的方法与措施。

2. 决策能力

决策是领导的主要职能之一。专业领导者要善于发现问题，提出多种解决方案，并从中进行优选决策；要能够根据情况变化随机应变地进行跟踪决策和适时处理。

3. 组织、指挥和控制能力

领导者要善于选择合适的组织形式，建立高效的组织机构；根据企业的经营环境、战略目标适时地调整组织机构，使人、财、物等一切资源达到综合平衡，发挥优势，获得最优效果。领导者在战略目标的实施中要能及时发现问题，排除各方面的干扰，以保证预期目标的实现；在外部环境发生重大变化时，要能及时修正目标，避免或减少风险损失；在企业目标实现后，应及时总结，并提出新的奋斗目标，激励下属继续努力，使组织不断前进。

4. 沟通、协调能力

现代领导者应具有较强的人际交往能力；善于与下属及外部公众建立良好的沟通关系；能够调节各种复杂矛盾，促进企业内外关系协调发展。

5. 知人善任

领导的核心是用人。有效的领导者应当善于观察人、了解人,用人之长,唯才是举,充分发挥每个成员的潜力和积极性。

(五)身心素质

领导者担负着指挥、协调和组织企业活动的任务,领导者不仅需要具备各种领导能力,而且需要健康的身体、良好的心理状态,这样才能始终保持精力充沛,才能满足繁忙工作的需要。在身心素质中,心理素质是核心,是形成独特领导风格的决定性因素,也是选择领导者的重要标准。所谓人的心理素质,是指人在感知、想象、思维、观念、情感、意志、兴趣等多方面心理品质上的修养。它是一个内容非常广泛的概念,涉及人的性格、兴趣、动机、意志、情感等多方面的内容。心理素质是领导者素质的重要组成部分,从某种意义上说,它制约和影响着领导者的素质。良好的心理素质即心理健康或具备健康的心理。领导者的心理素质包括事业心、责任感、创新意识、权变意识、心理承受能力、心理健康状况、气质类型和领导风格等。

第二节 领导理论

一、领导特质理论

领导特质理论是研究有效领导的个人特征和品质,寻求最合适的领导者特质。比如,在你的心目中领导是什么样的?你可能会找出一系列的品质特征:智慧、人格魅力、热情、勇敢、正直和自信等。根据这些品质和特征的来源不同,可分为传统领导特质理论和现代领导特质理论。

(一)传统领导特质理论

传统领导特质理论认为,领导者的品质基本上是天生的,与后天的培养、训练和实践无关。这种理论假设领导者在个人品质方面具有与生俱来的特质,即领导者是天生的而非塑造出来的。在探索成功领导者具备的共性的特质上,研究人员采用了两种方法:一是将领导者与非领导者的特质相比较;二是把有效领导者的特质与无效领导者的特质相比较。例如,美国领导特质理论研究者爱德文·吉赛利通过对美国境内 90 家不同企业的 300 多名经理人调查研究,认为有效领导的六种特质(依次排序)有:监督能力、对职业成就的需要、智慧、果断力、自信和主动性等。又如,美国的诺尔弗·斯多基尔则认为,领导者应有的物质为:具有良知、诚实可靠、勤奋勇敢、有责任心、富有理想、良好的人际关系、风度优雅、干练胜任、体格健壮、高度智力、有组织力、有判断力等。但通过多年的研究和实践,许多人对传统特质研究提出异议,领导特质的研究完全忽视情境因素,难以对有效领导者做出合理的解释。

直到 20 世纪 70 年代中期,人们发现虽然没有哪一种特质确保成功领导,但是某些性格特点还是有潜在的作用。在 20 世纪 90 年代,研究者发现领导者存在着六项特质,即进取心、领导愿望、正直与诚实、自信、智慧和业务知识。这些个性特质能够将有效的领导与其他人区别开来,但其中更多的并不是天生的,而是能够通过努力得到。

1. 进取心

进取心是指能够反映高水平努力程度的一系列个性特点。努力进取包括对成功的强烈欲望、不断地努力提高、抱负、精力、毅力、主动性。实证研究表明,在一些国家,高层管理者成功的欲望与组织的增长率显示了高度的相关性。然而对成功的欲望只能用于预测创业型公司的有效性,而不能用于预测特大型组织和官僚性组织部门的领导有效性。

2. 领导愿望

领导者有强烈的愿望去影响和领导别人,表现为乐于承担责任。他们不想被人领导,并能够在领导过程中获得满足和利益。当权力需要是符合道德的,而不是损害别人时,领导者将激发更多信任、尊重和对远景的认同。

3. 正直与诚实

正直即言行一致,诚实可信。它除了是个人较重要的性格特征外,对领导者来说更重要,因为这些特点能激发别人对他的信任。

4. 自信

下属觉得领导者从没缺乏过自信。领导者角色是具有挑战性的,而挫折是难免的,自信能让领导者克服困难,在不确定的情况下敢于做出决策。

领导者为了使下属相信他的目标和决策的正确性,必须表现出高度的自信。

5. 智慧

领导者需要具备足够的智慧来收集、整理和解释大量信息,并能够确立目标、解决问题和做出正确的决策。

6. 业务知识

一个有效的领导者对他的行业、公司和技术问题拥有较高的知识水平。领导者必须有足够的业务知识才能解释大量的信息,做出富有远见的决策。高学历在职业生涯中是重要的,但最终也不如有关组织的业务知识重要。

(二)现代领导特质理论

20 世纪 70 年代以来,人们从注重企业管理人员训练开发的新方法中得到启示,逐步认识到,领导者的个性品质是在组织管理的实践中形成的,后天的培养可以造就有效的领导者,从而形成现代领导特质理论。

现代领导特质理论对领导者特质的研究主要表现在两个方面:一是识人方面,用现代心理学的方法,主要是心理测试,对领导者的个性性格进行测试,并通过心理咨询进行领导行为的矫正;二是育人方面,适应现代组织的特点与要求,提出不同组织的领导者应具备的能力、品质标准,并通过专业化职业培训和开发加以培养。专家们认为,前者在某种程度上受到遗传因素的影响,应注重优选和改善;后者则完全是在管理实践训练中形成的,应注重学习和提高。

两种特质理论进行比较,现代特质理论的实践观比传统特质理论的天才观有更为科学的理论基础,这使得后者的研究方法和成果为企业所广泛采用。但是,特质理论在解释领导行为方面并不成功。原因是：①都忽视了下属的需要；②都没有考虑到领导的情境因素；③对于领导者的特质和领导者的成功之间的关系没有讲清楚，究竟是领导者的这些素质导致了成功，还是成功促成了这些素质的形成。因此，需要更有说服力的领导理论来解决这些问题。

二、领导行为理论

由于特质理论的局限性，研究者将关注点转到对领导行为的研究上，希望它能为有效领导提供更好的解释。行为理论认为，任何人只要采取恰当的行为方式，都可以成为有效的领导者。因此，它主要关注领导者做什么和如何做，并致力于揭示：是领导者的行为方式而不是他们的个性特征使其成为一个领导者。相对于特质理论来说，行为方式更容易习得，从而使任何人都能成为一个有效的领导者。20 世纪 40 年代末至 60 年代中期，行为理论在西方的领导理论研究领域一直占据主导地位。自 60 年代开始，亚洲的研究者也开始关注领导研究，并提出了一些在学术界比较有影响力的行为理论。

（一）艾奥瓦大学的研究

关于领导行为的研究最早是由艾奥瓦大学的库尔特·勒温和他的同事进行的，他们主要研究了三种领导风格，分别是独裁型风格、民主型风格和放任型风格。独裁型风格是指领导者的独裁作风，他们倾向于把所有的权力集于一身，以命令方式向下属分配工作，单方面做出决策，限制员工参与。民主型风格的领导者倾向于把权力下放给其他人，鼓励员工参与相关工作方法及目标的决策，依靠员工的知识来完成工作，并给予员工充分及时的反馈。放任型风格的领导者给予员工充分的自由，让他们自己做决策，按照自己认为合适的方式去完成工作。

早期的研究结果显示，民主型风格的领导能实现群体的高生产率和高员工满意度，更有助于达到良好的工作质量和工作数量。这或许能部分解释为什么现在授权管理成为一种管理潮流。但这还不足以证明民主型就是最有效的领导风格。后来对独裁型风格的研究又显示出另一种结果，在影响群体绩效方面，独裁型风格不如民主型风格效果好，但另一些时候，独裁型风格带来的绩效会更好或者二者没有差别。而且，在员工满意度方面，两种领导风格的效果更趋于一致。总体来看，在民主型风格领导者所领导的团队中，员工拥有更高的满意度。

（二）俄亥俄大学的研究

1945 年，俄亥俄大学的研究者进行了一个建立领导者行为维度的研究。他们把一份包含 1 800 多项领导行为的列表缩减成一份仅包含 150 个确定的领导者行为的调查文件，建立了领导者行为描述调查表。成百上千的员工根据其上司的领导行为回答了这份问卷。

根据问卷中员工对领导者的反馈信息，研究者将领导行为分为两个维度：结构维度和关怀维度。结构维度是指领导者完全以工作为首，为了实现组织目标，领导下属积极工作。此种领导行为一般包括制订计划，界定任务关系，制订详细的时间表和严格的管理流程。关怀维度是指领导者在工作中关心下属，尊重他们的想法和情感，并与下属建立相互信任的关系。认可下属，帮助他们解决问题，关心他们的生活、健康及满意程度，在决策时参考下属的意见等都属于关怀型的领导行为。

根据这两个维度，可以将领导风格分为四种：低结构—高关怀、高结构—高关怀、低结构—低关怀、高结构—低关怀。

此项研究发现，高结构—高关怀型领导行为，一般会产生比较积极的效果，员工表现出更高的绩效和满意度；而其他三种组合类型，则普遍表现出较多的缺勤、抱怨、事故及离职。不过双高的领导类型也不是总能产生正面效应。研究发现还有许多例外的情况需要考虑情境因素。

（三）密歇根大学的研究

密歇根大学的研究与俄亥俄大学的研究同期进行，性质相似，都是想要确定与高工作绩效相关的领导者行为特点，但采用的却是截然不同的方法，他们直接把有效的和无效的领导者进行比较，根据其追随者的工作能力来判断领导行为是否有效。他们采用不同于领导行为描述调查表的调查问卷对各种工作岗位进行调查，这种调查问卷被称为组织调查问卷。

经过分析，研究者认为领导行为有两种类型：员工导向型和生产导向型。员工导向型的领导者重视人际关系，关注员工的个性价值，关心下属的个人需求。领导者的支持和相互的促进是员工导向型领导的两个因素。它与俄亥俄大学的关怀维度比较相似。生产导向型的领导者强调工作的技术或任务层面，主要关注工作的完成情况，把群体成员视为达到目标的手段和工具。强调目标和促进工作是这种领导类型的两个因素。因为关注目标的实现和任务的完成，所以生产导向型与俄亥俄大学的结构维度比较类似。

与俄亥俄大学的研究不同的是，密歇根大学的研究者认为，员工导向型和生产导向型是两种完全对立的领导模式。一个领导者只可能是其中之一，而不可能二者兼具。密歇根大学的研究比较认同员工导向的领导类型，认为这种类型与高群体生产率和高工作满意度相关。然而，后来的一项研究表明，追随者也同样可以强调目标、促进工作、相互支持，这并非领导者的专利，所以组织中的其他人也可以提高组织的工作绩效。

（四）管理方格理论

得克萨斯州州立大学的罗伯特·布莱克和简·莫顿在俄亥俄大学和密歇根大学研究的基础上，提出了一个二维的管理方格理论，研究者通过“关心人”和“关心生产”两个标准对领导者进行了划分，并结合于一个坐标图中，横轴代表关心生产，纵轴代表关心人。每个轴分为 9 个刻度，这样共分成 81 个小方格，代表着 81 种不同结合的领导方式。

在方格中有 5 中基本风格，描述了关心人和关心任务的交互作用。位于坐标(1,1)位置的领导风格称为”无为而治”，管理者既不关心任务，又不关心人。相反，(9,9)既关心任务，又关心人，被该理论认为这是最理想的领导风格。还有诸如(5,5)的”中庸式”领导风格，对人极端关注的(1,9)”乡村俱乐部领导风格”，以及对任务极端关注的(9,1)”任务”领导风格。

（五）PM 与 CPM

PM 领导理论起源于日本三隅二不二的研究，三隅二不二从 1963 年开始进行现场研究，到1978年为止，用PM量表调查了十多种职业的员工，达15万人次，涉及工矿、冶金、造船、化工、铁路、电力、运输、银行以及学校、医院、家庭、政府组织等各个方面。尽管调查的行业不同、工作性质不同，但却获得了一致的结果，从而验证了PM技术的科学性和有效性。

PM是一个群体功能的概念，群体一般包括两个基本功能：①工作绩效P，是以群体达成目标和解决问题为目的的功能；②团体维系M，是保存群体自身和维持、强化群体过程的功能。该理论认为领导者的作用就在于发挥这两种群体功能。因此，PM理论是指执行群体任务为主和维持群体关系为主的领导方式。P功能要求领导者将员工的注意力引向目标，将问题明确化，制订工作程序，并运用专门知识评定工作成果；M功能要求领导者维持和谐的人际关系，了解员工需要，鼓励员工，促进成员的自觉性和自主性。

该理论也是从两个维度来分析领导行为的，在形式上与俄亥俄州立大学的校正矩阵相似，但是把群体作为一个整体的角度出发研究领导行为和群体行为。该理论认为，群体具有两种功能：一种功能是实现群体的特定目标，即绩效（Performance，用P表示），另一种功能是改善群体自身的正常运转，即维持（Maintain，用M表示）。PM理论认为，领导者的作用就在于执行这两种团体机能。因此，领导者的行为也就包括这两个因素。这样，不论M因素多么强，也总包含着某种程度的P因素，同样的道理，不管P因素多么强，也总包括M因素。此外，P和M两方面都强或两方面都弱的情况也是存在的。从20世纪80年代开始，我国的学者采用行为科学的方法对领导问题展开了一系列的研究，其中影响较大的是PM理论的中国化研究以及CPM模式的提出。1981年，徐联仓、陈龙等最早开始使用实证研究的方法对领导行为进行研究，并把日本三隅二不二的PM领导理论引入中国。徐联仓等认为，PM问卷要在中国应用，必须考虑中国的文化背景。因此，他们从1981年开始对PM量表进行了系统修订。

在徐联仓等人研究的基础之上，凌文辁等进行了领导行为评价中国模式的探讨，提出了中国领导行为评价的CPM模式。中国的领导行为评价由三个因素构成，即P因素、M因素和C因素，其中C因素为品德因素。C因素的评价内容为对待公与私的态度或如何处理公与私的态度。凌文铨等认为，CPM模式更符合中国的国情和文化。在中国，一个领导者只有正确地处理好对工作（P）、对他人（M）和对自己（C）的关系，才能最大限度地发挥领导的作用。凌文辁等还从社会文化角度进行了中国人内隐领导理论的探讨，编制了内隐领导特质量表，总结出了中国人内隐的领导特质：个人品德因素、目标有效性、人际能力和多面性。

（六）家长式领导

家长式领导是基于中国传统文化而有别于西方领导理论的本土领导理论，广泛存在于各种类型的华人组织中，是中华文化下组织的普遍特征。

许多学者，如斯林、莱丁、韦斯特伍德等都对家长式领导的形成贡献颇多，但目前最为深入和被广泛接受的是我国台湾大学郑伯壎等人提出的家长式领导三元理论。1995年，郑伯壎提出了家长式领导二元理论，即家长式领导包含两方面的行为类型：立威与施恩。后来，郑伯壎、庄仲仁在研究军队基层领导行为效能时发现，品德也是领导的一个重要方面。据此，在2000年，郑伯壎提出家长式领导除了立威与施恩两个维度外还应该包括德行这一维度，最终形成了广为人知的家长式领导三元理论。

他们把家长式领导定义为：在一种人治的氛围下，显现出严明的纪律与权威、父亲般的仁慈及道德的廉洁性的领导方式。由其定义可见，家长式领导包含三个维度，即权威领导、仁慈领导和德行领导，与其相对应的员工行为包括敬畏顺从、感恩图报和认同效法。权威领导包括专权作风、贬损部属能力、形象整饰与教诲行为，这种领导行为会导致下属对领导者的依赖和顺从；德行领导包括公私分明、以身作则，带来的结果是下属对领导者的尊敬和认同；仁慈领导包括个别照顾和维护下属面子，这种领导行为的效果是下属对领导者的感恩和图报。

领导和下属行为的这种对应关系体现了一个基本的假设，即家长式领导的有效性建立在领导者和部属对自己角色的认同以及下属的追随之上，否则将降低领导有效性、破坏和谐的人际关系，甚至导致公开的冲突。

家长式领导具有浓厚的人治色彩，并不是对所有部属都是一视同仁的，而是按照差序格局区分为自己人和外人，分类标准有三条：①关系，即是否与领导有社会连带关系，比如亲戚、同乡、同学等；②忠诚，部属服从甚至愿意为领导牺牲个人利益的程度；③才能，员工完成组织或领导所指示的目标的胜任能力与动机。根据这三个标准可以把员工细分为八种类型，员工一旦被归于某一类就不易改变。领导者对自己人较少权威领导而较多仁慈领导，对外人则相反。其中，忠诚是分类的核心，其次是才能，而关系仅仅是分类的基础，排在最后。

三、领导权变理论

领导权变理论认为领导是一种动态过程，领导的有效性随着被领导者的特点和环境的变化而变化。因为领导是在一定环境条件下通过与被领导者的交互作用去完成某一特定目标的。因此，领导的成效有赖于领导者本身的条件、被领导者的条件、环境的条件这三个因素的交互关系而定，用公式表示就是：

$$领导有效性 = f(领导者、被领导者、环境)$$

比较成熟的理论有菲德勒的权变理论、保罗·赫塞与肯尼思·布兰查德的领导生命周期理论、罗伯特豪斯的路径—目标理论。

(一)权变理论

第一个综合的权变领导模型是由美国心理学家菲德勒提出的。菲德勒从 1951 年起，经过 15 年的调查研究，提出了一个“有效领导的权变模式”。他认为，任何领导风格均可能有效，关键是要与环境情境相匹配。

菲德勒权变理论认为，有效的领导取决于三种关键因素：领导者的风格、领导者的情境控制、领导者的风格与情境控制的交互作用。

1. 确定领导者的风格

菲德勒认为，影响领导成功的关键因素之一是个体的基本领导风格，为此开发了“最难共事者量表”(LPC 量表)，测量领导者的需求偏爱度，或发现这种基本风格：个体是任务导向型还是关系导向型。LPC 量表要求领导者设想一个最难共事的人(现在或过去的同事)，请他运用 LPC 量表描述对这个人的印象。如果以相对积极的词汇描述最难共事者(LPC 得分高),则说明他很乐于与同事形成友好的人际关系,菲德勒称他为关系导向型;反之,如果他对最难共事的同事描述得比较消极(LPC 得分低),则被称为任务导向型。菲德勒认为领导风格是与生俱来的,个人不可能改变自己的风格去适应变化的情境。

2. 确定情境

菲德勒认为,影响领导效果好坏的"情境因素"有三个:①领导者与被领导者的关系。这是指下属对其领导人的信任、喜爱、忠诚和愿意追随的程度,以及领导者对下属的吸引力。②工作任务的结构。这是指下属担任的工作任务的明确程度。③领导人所处职位的固有权力。这是指与领导人职位相关联的正式职权以及领导人从上级和整个组织各个方面所取得的支持程度。

根据这三种因素的情况,领导者所处的环境从最有利到最不利,可分成八种类型。其中,三个条件齐备是最有利的环境,三者都缺是最不利的环境。菲德勒指出,领导者与成员关系越好,任务的结构化程度越高,职位权力越强,则领导者拥有的控制力和影响力也越高。例如,一个非常有利的情境(领导者的控制力很高)可能包括:下属对领导者十分尊重和信任(领导者—成员关系好);所从事的工作(如薪金计算、填写报表)具体明确(工作结构化高);职位给他提供了充分自由来奖励或惩罚下属(职位权力强)。相反,则为不够有利的情况,例时,领导者的控制力很小。总之,三项权变变量综合起来,便得到八种不同的情境或类型,领导者所采取的领导方式与情境类型相适应才能取得良好的领导效果。

3. 领导者与情境相匹配

在分析了领导风格和情景因素的基础上菲德勒发现了下述情况:"任务取向"的领导者在非常有利的情境和非常不利的情境下工作更有效;而"关系取向"的领导者则在中等有利的情境下干得更好。

需要进一步强调的是,在菲德勒的模型里,个体的领导风格是稳定不变的。因此,提高领导的有效性实际上只有两条途径:①替换领导者以适应情境。如果群体所处的情境被评估为十分不利,而目前又是一个关系取向的管理者进行领导,那么替换一个任务取向的管理者则能提高群体绩效。②改变情境以适应领导者。通过重新建构任务或提高或降低领导者可控制的权力,可以适应该点要求。

(二)领导生命周期理论

领导生命周期理论,简称生命周期理论,最早于 1966 年由科曼提出,在 1980 年由赫塞、布兰查德共同发展,成为一个较成熟的理论。领导生命周期理论包含下面一些内容。

1. 成熟度

领导生命周期理论是一个重视下属的权变理论。赫塞和布兰查德认为,适当的领导风格或行为依据领导的下属的"成熟度",即个体对自己的直接行为负责的能力和意愿。它包括两项因素:工作成熟度与心理成熟度。前者包括一个人的知识和技能。工作成熟度高的个体拥有足够的知识、能力和经验完成他们的工作任务而不需要他人的指导。后者指的是一个人做某事的意愿和动机。心理成熟度高的个体不需要太多的外部鼓励,他们靠内在的

动机激励。对于成熟度,赫塞和布兰查德将其定义为:

(1)M1——无能力,且不愿意;

(2)M2——无能力,但愿意;

(3)M3——有能力,但不愿意;

(4)M4——有能力,且愿意。

2. 领导方式类型

生命周期理论使用的两个领导维度与菲德勒的划分相同:任务行为和关系行为。但是,赫塞和布兰查德更向前迈进了一步。他们认为,每一维度有低有高,从而组合成四种具体的领导风格:指导、推销、参与和授权。

指导(高任务—低关系):领导者定义角色,告诉下属干什么、怎么干以及何时去何地干,其强调命令指导行为。

推销(高任务—高关系):领导者同时提供指导性行为与支持性行为。

参与(低任务—高关系):领导者与下属共同决策,领导者的主要角色是提供便利条件与沟通。

授权(低任务—低关系):领导者提供极少的指导或支持,放手让下属自己做决定处理事务。

领导类型与员工成熟度相匹配。领导生命周期理论认为,领导者应该根据下属的成熟程度相应地采用恰当的领导方式,这样就能达到有效的领导。

指导型领导主要适用于低成熟度的员工。在这种情境下,员工既不能够也不愿意承担工作,原因可能有多种。例如,员工刚进公司,对公司情况不熟;员工的基本素质较低,缺乏工作主动性等。因此,此时最有效的领导方式是命令、指导。

推销型领导适用于较低成熟度的员工。在这种情境下,员工愿意承担一些工作的责任,但是他们还缺少一些工作的必要技能。因此,还不能完全胜任工作。这时,领导者以双向沟通的方式使员工真正掌握必要的工作技能。同时从心理上支持员工承担责任和鼓舞员工努力工作的热情。处在这一成熟度的员工还是希望领导者多宣传、多关心、多指导,这样他们乐意遵照领导者宣传的目标去努力工作。

参与型领导主要适用于较高成熟度的员工。此时,员工已掌握了工作技能,能够胜任工作,但是不乐意领导者对他们有过多的指示和约束。他们一般已成为业务骨干,或基层管理者,希望参与决策,但有时还缺乏自信和安全感。因此,也希望领导者与他们多沟通,聆听他们的想法,相互交流、讨论问题。领导者在领导这部分下属时,要支持他们的参与,经常沟通,保持良好的人际关系,千万不要在工作方面横加干涉,这样就可以使下属保持高昂的士气。

授权型领导主要适用于高成熟度的员工。此时,员工已完全掌握了工作技能,而且有高度的工作责任感和自信心,他们或是中层管理人员,或是资深员工。对于他们,领导者不用再过多指导和沟通,而应放开手脚,让他们自己做决定处理事务,领导者只要稍加监督、了解一些反馈信息即可。

（三）路径—目标理论

该理论的核心在于：领导者的工作是帮助下属达到他们的目标，并提供必要的指导和支持以确保下属的目标与群体或组织的目标相互配合。有效的领导者能够通过明确下属的任务、理清路程中的各种障碍使其顺利达到目标来帮助下属。而且，领导者在这方面发挥的作用越大，越能提高下属对目标价值的认识，也越能有效地激励下属。

通过实验，豪斯认为"高任务—高关系型"组合不一定是有效的领导方式，还应该加入情境因素。因此，他确定了四种领导方式供同一领导者在不同情境下使用。这四种领导方式是：

(1)指导型，明确告知下属期望他们做什么、怎么做以及何时完成。领导者在完成任务的过程中给予下属必要的指导，但决策完全由领导者做出，下属不参与。

(2)支持型，支持型领导十分友善，平等待人、关心下属，努力建立舒适的工作环境。

(3)参与型，参与型领导在做决策时注意征求下属意见，认真考虑和接受下属的建议。

(4)成就取向型，领导者向下属提出具有挑战性的目标，希望下属最大限度地发挥潜力，并相信他们能够达到目标。

领导者究竟选择哪种领导方式，要考虑两个方面的因素：一是下属的个性特点，如经验、教育程度、对成就的需求、内—外控等；二是下属控制范围之外的环境因素，包括任务结构、权力结构以及工作群体的情况等。

该理论的有关研究认为，当工作群体内部存在激烈的冲突时，指导型领导会带来更高的员工满意度；内控型下属（相信自己可以掌握命运）对参与型领导更为满意；外控型下属对指导型领导更为满意；当任务结构不清时，成就取向型领导将会提高下属的期待水平，使他们坚信努力必会带来成功的工作绩效；与具有高度结构化和安排完好的任务相比，当任务不明或压力过大时，指导型领导会带来更高的满意度；当下属执行结构化任务时，支持型领导会带来员工的高绩效和高满意度；对于能力强或经验丰富的下属，指导型的领导可能被视为累赘多余；组织中的正式权力关系越明确、越官僚化，领导者越应表现出支持型行为，降低指导型行为。

第三节　激励理论

激励理论是指通过特定的方法与管理体系，将员工对组织及工作的承诺最大化的过程。激励理论是关于如何满足人的各种需要、调动人的积极性的原则和方法的概括总结。

激励的目的在于激发人的正确行为动机，调动人的积极性和创造性，以充分发挥人的智力效应，做出最大成绩。

激励理论，即研究如何调动人的积极性的理论。它认为工作效率和劳动效率与职工的工作态度有直接关系，而工作态度则取决于需要的满足程度和激励因素。因而管理者根据需求设置目标即可起到激励作用。另外，双因素论者赫茨伯格把影响工作态度的因素分为保健因素和激励因素两类。保健因素包括组织政策、管理技术、同事关系、工资待遇、工作环境等,这些因素的改善可消除职工的不满情绪;激励因素是适合个人心理成长,能调动积极性的因素,但只维持原有的工作效率。

一、需要层次理论

马斯洛于1943年初次提出了"需要层次"理论,他把人类纷繁复杂的需要分为生理的需要、安全的需要、归属和爱的需要、尊重的需要和自我实现的需要五个层次。

(1)生理需要:维持人类生存所必需的身体需要。

(2)安全需要:保证身心免受伤害。

(3)归属和爱的需要:包括感情、归属、被接纳、友谊等需要。

(4)尊重的需要:包括内在的尊重,如自尊心、自主权、成就感等需要和外在的尊重,如地位、认同、受重视等需要。

(5)自我实现的需要:包括个人成长、发挥个人潜能、实现个人理想的需要。

主要观点:①需要层次理论认为人均有这五种需要,只是在不同的时期表现出来的各种需要的强烈程度不同而已;②未满足的需要是行为主要的激励源,已获得基本满足的需要不再具有激励作用;③这五种需要层级越来越高,当低层次的需要被合理地满足后,个体才会追求高层次的需要;④这五种需要可大致分为两大类:前三个层次为基本需求,后两个层次为高级需求,因为前三者的满足主要靠外部条件或因素,而后两者的满足主要靠内在因素。

实证研究表明,这一理论并不十分可靠和准确。五种层次的需要并不严格呈阶梯关系,不是某种层次的需要得到满足后就不再有激励作用,也不只是只有当地低级的需要都得到满足后高一级的需要才具有激励作用。从某种程度来说,马斯洛的需要层次理论较为呆板,不完全适用于复杂多变的实际环境。

二、双因素理论

保健因素理论是美国的行为科学家弗雷德里克·赫茨伯格提出来的,又称双因素理论。

20世纪50年代末期,赫茨伯格和他的助手们在美国匹兹堡地区对200名工程师、会计师进行了调查访问。访问主要围绕两个问题:在工作中,哪些事项是让他们感到满意的,并估计这种积极情绪持续多长时间;又有哪些事项是让他们感到不满意的,并估计这种消极情绪持续多长时间。赫茨伯格以对这些问题的回答为材料,着手去研究哪些事情使人们在工作中快乐和满足,哪些事情造成不愉快和不满足。结果他发现,使职工感到满意的都是属于工作本身或工作内容方面的;使职工感到不满的,都是属于工作环境或工作关系方面的。他把前者叫作激励因素,后者叫作保健因素。

保健因素的满足对职工产生的效果类似于卫生保健对身体健康所起的作用。保健从人的环境中消除有害于健康的事物,它不能直接提高健康水平,但有预防疾病的效果;它不是治疗性的,而是预防性的。保健因素包括公司政策、管理措施、监督、人际关系、物质工作条件、工资、福利等。当这些因素恶化到人们认为可以接受的水平以下时,就会产生对工作的不满意。但是,当人们认为这些因素很好时,它只是消除了不满意,并不会导致积极的态度,这就形成了某种既不是满意又不是不满意的中性状态。

那些能带来积极态度、满意和激励作用的因素就叫作“激励因素”,这是那些能满足个人自我实现需要的因素,包括成就、赏识、挑战性的工作、增加的工作责任,以及成长和发展的机会。如果这些因素具备了,就能对人们产生更大的激励。从这个意义出发,赫茨伯格认为传统的激励假设,如工资刺激、人际关系的改善、提供良好的工作条件等,都不会产生更大的激励;它们能消除不满意,防止产生问题,但这些传统的“激励因素”即使达到最佳程度,也不会产生积极的激励。按照赫茨伯格的意见,管理当局应该认识到保健因素是必需的,不过它一旦使不满意中和以后,就不能产生更积极的效果。只有“激励因素”才能使人们有更好的工作成绩。

赫茨伯格及其同事在其后又对各种专业性和非专业性的工业组织进行了多次调查,他们通过调查发现,由于调查对象和条件的不同,各种因素的归属有些差别,但总的来看,激励因素基本上都是属于工作本身或工作内容的,保健因素基本都是属于工作环境和工作关系的。但是,赫茨伯格注意到,激励因素和保健因素都有若干重叠现象,如赏识属于激励因素,基本上起积极作用;但当没有受到赏识时,又可能起消极作用,这时又表现为保健因素。工资是保健因素,但有时也能产生使职工满意的结果。

赫茨伯格的双因素理论同马斯洛的需要层次理论有相似之处。他提出的保健因素相当于马斯洛提出的生理需要、安全需要、感情需要等较低级的需要,激励因素则相当于受人尊敬的需要、自我实现的需要等较高级的需要。当然,他们的具体分析和解释是不同的。但是,这两种理论都没有把“个人需要的满足”同“组织目标的达到” 这两点联系起来。

三、期望理论

期望理论是研究和探索行为与目标关系问题的理论,它研究把未满足需要转化为动机、目标和行为的过程,也是研究用外在“目标”给人以期望、达到激励的过程。这一理论是美国心理学家弗鲁姆提出的。弗鲁姆认为,一种激励因素作用的大小取决于两方面因素:①对激励因素所能实现的可能性大小的期望;②激励因素对其本人的效价大小。所谓效价,就是指此人对这个激励因素爱好的程度,即对他的工作所要达到目标意义的估价。所谓期望,是根据过去经验判断获得某种结果的概率。激励力、期望和效价的关系可用下列公式表示:

$$激励力 = 期望 \times 效价$$

这个公式说明,一个人对追求的目标价值估计得越高,实现的可能性估计越高,受激发的程度就越强烈,焕发出的潜力就越大。若期望和效价有一方为零,激励作用也就消失了。

弗鲁姆的期望理论辩证地提出了在进行激励时要处理好三方面的关系,这也是调动人们工作积极性的三个条件。

(1)努力与绩效的关系。人们总是希望通过一定的努力达到预期的目标。如果个人主观认为达到目标的概率很高,就会有信心,并激发出很强的工作力量;反之,如果他认为目标太高,通过努力也不会有很好的绩效,就失去了内在的动力,导致工作消极。

(2)绩效与奖励的关系。人总是希望取得成绩后能够得到奖励,当然这个奖励也是综合的，既包括物质上的，也包括精神上的。如果他认为取得绩效后能得到合理的奖励，就可能产生工作热情，否则就可能没有积极性。

(3)奖励与满足个人需要的关系。人总是希望自己所获得的奖励能满足自己某方面的需要。然而由于人们在年龄、性别、资历、社会地位和经济条件等方面都存在着差异，他们对各种需要得到满足的程度也就不同。因此，对于不同的人，采用同一种奖励办法能满足的需要程度不同，能激发出的工作动力也就不同。

期望理论对管理者的基本启示：①管理者应当抓多数成员认为效价最大的激励措施，设置激励目标时应尽可能加大其效价的综合值；②在激励过程中要适当控制期望概率和实际概率，加强期望心理的疏导，期望概率过大，容易产生挫折，期望概率过小，又会减少激励力量，而实际概率应使大多数人受益，最好实际概率大于平均的个人期望概率，并与效价相适应；③下属对报酬持有不同的价值观，要重视下属的个人效价。

四、强化理论

强化理论是由美国的心理学家和行为科学家斯金纳等提出的。强化理论的基本观点认为，如果能很好地设定环境，就能通过环境的变化来调整和改变人的行为。从行为主义的角度来看，动机是一个不可测量和难以捉摸的东西，主要来自研究者的理论假设，管理者在管理员工的时候，应该关注员工外部的可测量行为，而不是那些不可观测的内部动机。

强化理论认为，强化从其最基本的形式来讲，指的是对一种行为的肯定或否定的后果（奖励或惩罚），这种后果至少在一定程度上会决定这种行为在今后是否会重复发生。强化理论解释了奖励或惩罚会怎样影响员工的行为和满意度。因此，给管理者提供了非常有用的信息。

（一）强化行为的种类

强化理论认为，对于管理者而言，要经常观察的行为是那些组织想要和不想要的具体行为。那些期望员工拥有的行为包括为了完成工作必须在周末加班、为了提高技术而主动求教等；那些不期望员工拥有的行为包括拖沓、返工率高或对待顾客态度不好等。强化理论能帮助管理者了解如何增加期望的行为，减少那些不期望的行为。人们拥有什么样的行为主要取决于他们行为的结果，行为是其结果的函数。一个管理者可以通过安排行为结果来调节员工的行为。具体而言，强化行为包括以下几类：正强化、惩罚、负强化和忽视。

1. 正强化

正强化就是奖励那些符合组织目标的行为，以便使这些行为得到进一步加强。正强化的手段包括提薪、奖金等经济方面的手段，以及晋升、表扬、进修等非经济方面的手段。

2. 惩罚

当员工出现那些不符合组织目标的行为时，采取惩罚的办法，可以迫使这些行为少发生或不再发生。与正强化鼓励所希望的行为更多地出现并维持下去不同，惩罚是力图使所不希望的行为逐渐削减，甚至完全消失。惩罚的手段包括如减薪、扣奖金或处以罚款等经济方面的手段，以及如批评、处分、降级、撤职或免除其他可能得到的好处等非经济方面的手段。根据所发生行为的性质及严重程度不同，惩罚可以间隔地或者连续地进行。连续性惩罚是每次发生不希望的行为都及时给予惩罚处理，这样可消除人们的侥幸心理，减少直至完全消除这种行为重复出现的可能性。

3. 负强化

负强化也称规避。它不同于正强化和惩罚，是在事前的规避，是对什么样的行为不符合组织目标的要求以及如果员工发生不符合要求的行为将予以何种惩罚的规定，从而使员工从力图避免得到不合意、不愉快结果的考虑中对自己的行为形成一种约束力。这种约束、规避的作用会使组织成员的行为趋向于符合要求的、比较规范的状态，所以这是一种非正面的对所希望行为的强化，称为负强化。但是规定本身不一定就是负强化，只有当它使员工对自己的行为形成了约束，即"规避"作用时才是。

4. 忽视

忽视也就是自然消退，就是对原先可接受的某种行为强化的撤销，由于在一段时间内不再予以强化，行为就会必然减少并逐渐消退，因此在管理上就是对已出现的行为进行"冷处理"，达到"无为而治"的效果。

(二)强化理论的原则

强化理论讨论环境与行为的关系，所以有以下原则应用于管理实践中。

1. 经过强化的行为趋向于重复发生

强化就是通过肯定或称赞某种行为的后果，使某种行为在将来重复发生的可能性增加的一种行为方式。例如，当某种行为的后果受人称赞时，受称赞的人就会更倾向于重复这种行为。

2. 应该依照强化对象的不同而采取不同的强化措施

人们的年龄、性别、职业、学历、经历不同，需要就不同，强化方式也应该不一样。例如，有的人重视物质奖励。有的人重视精神奖励，所以在管理实践中应区分情况，采用不同的强化措施。

3. 分阶段设立目标，并对目标予以明确规定和表述

按照强化理论，对人的激励首先要设立一个明确的、鼓舞人心而又切实可行的目标，只有目标明确而具体时，才能进行衡量并采取适当的强化措施。同时还要将目标进行分解，分成许多小目标，对完成的每个小目标都及时给予强化，这样不仅有利于目标的实现，而且通过不断地激励还可以增强其信心。

4. 及时反馈

所谓及时反馈，就是通过某种形式和途径，及时将工作结果告诉员工。要取得好的激励效果，就应该在行为发生以后尽快采取适当的强化措施。当员工进行某种行为以后，即使是管理者简单地给予了诸如"已注意到你们的这种行为"的反馈，都能起到正强化的作用；如果管理者对这种行为不予注意，这种行为重复发生的可能性就会减少以至消失。

5. 正面强化比负面强化更有效

所谓正面强化，主要是指结果让员工感到满意的强化方式，包括正强化、负强化，而负面强化主要是指结果让员工感到不满意的强化方式，包括惩罚和忽视。在强化手段的运用上，

应以正面强化为主,必要时也要对坏的行为给予惩罚,做到奖惩结合,长期采用惩罚等负面强化方式来管理员工会造成员工的冷漠。

(三)对强化理论的评价

强化理论的应用非常广泛,它为管理实践提供了切实有效的管理手段,受到了管理者的普遍好评,但还是有以下一些批评意见。

依据强化理论,管理者应该很清楚他们能有什么样的资源来奖励或者惩罚员工,但在现实生活中,环境可能根本无法提供管理者用于强化的资源。因此管理者可能无法实施对员工行为的强化。

依据强化理论,管理者要确认哪些员工的行为是值得表扬的,哪些行为是应该调整的,但是不同员工的行为目标和思想均不相同。因此管理者要确定一种通用的管理策略是非常困难的。对于不同民族或不同性别的员工,管理者的行为策略可能会得到不同的解释,这加大了管理者采用通用管理策略的难度。

一旦员工的行为发生了变化,管理者就要努力维持这种行为,而要让员工持续一种行为通常也是很困难的。

相比较于其他理论,强化理论认为个人的工作努力完全取决于环境对员工行为的刺激,而与员工的内在动机没有任何关系,这就意味着为了保持员工的高工作水平,管理者必须随时审视外界环境的变化,而这种对环境的审视通常也是非常困难的。

对一般的管理者来说,以上的每一种情况都是非常困难的,所以批评者认为,这种理论要完全转化为现实管理手段是很困难的。但无论如何,强化理论为管理者提供了一种非常现实可行的管理策略。

五、公平理论

公平理论又称社会比较理论,由美国心理学家约翰·斯塔希·亚当斯于 1965 年提出。该理论是研究人的动机和知觉关系的一种激励理论,认为员工的激励程度来源于对自己和参照对象的报酬和投入的比例的主观比较感觉。

公平理论指出人的工作积极性不仅与个人实际报酬多少有关,而且与人们对报酬的分配是否感到公平更为密切。人们总会自觉或不自觉地将自己付出的劳动代价及其所得到的报酬与他人进行比较,并对公平与否做出判断。公平感直接影响职工的工作动机和行为。因此,从某种意义来讲,动机的激发过程实际上是人与人进行比较,做出公平与否的判断,并据以指导行为的过程。公平理论研究的主要内容是职工报酬分配的合理性、公平性及其对职工产生积极性的影响。

亚当斯认为职工的积极性取决于他所感受的分配上的公正程度(公平感),而职工的公平感取决于一种社会比较或历史比较。所谓社会比较,是指职工对他所获得的报酬(包括物质上的金钱、福利和精神上的受重视程度、表彰奖励等)与自己工作的投入(包括自己受教育的程度、经验,用于工作的时间、精力和其他消耗等)的比值与他人的报酬和投入的比值进行比较。所谓历史比较,是指职工对他所获得的报酬与自己工作的投入的比值同自己在历史上某一时期内的这个比值进行比较。

每个人都会自觉或不自觉地进行这种社会比较,同时也会自觉或不自觉地进行历史比较。当职工对自己的报酬做社会比较或历史比较的结果表明收支比率相等时,便会感到受到了公平待遇,因而心理平衡,心情舒畅,工作努力。如果认为收支比率不相等,便会感到自己受到了不公平的待遇,产生怨恨情绪,影响工作积极性。当认为自己的收支比率过低时,会产生报酬不足的不公平感,比率差距越大,这种感觉越强烈。这时职工就会产生挫折感、义愤感、仇恨心理,甚至产生破坏心理。少数时候,也会因认为自己的收支比率过高,产生不安的感觉或感激心理。

当职工感到不公平时,他可能千方百计进行自我安慰,如通过自我解释,主观上造成一种公平的假象,以减少心理失衡或选择另一种比较基准进行比较,以便获得主观上的公平感;还可能采取行动,改变对方或自己的收支比率,如要求把别人的报酬降下来、增加别人的劳动投入或要求给自己增加报酬、减少劳动投入等;还可能采取发牢骚、讲怪话、消极怠工、制造矛盾或离职等行为。

第四节 激励方法

一、目标激励

大多数人都有成就需要,希望不断获得成功。成功的标志就是达成预定目标,有目标,人才有奔头,才能产生动力。因此,目标是一个重要的激励因素。某厂一个缝纫小组原先没有生产指标,每天加工的松紧带数量长期上不去,平均为290副,后来管理部门经过核算,告诫该小组日产量到达500副才能满足生产要求,结果从第二天起该小组平均日产量就达到400副以上。不久,管理部门决定实行集体计件奖励制,日产量又立即上升到700副以上。可见目标激励效果十分显著。

可以产生激励作用的目标包括两类:一类是组织目标;另一类是个人目标,如掌握某种工作技能、降低原材料消耗等。应当充分利用这两类目标的激励作用。

二、任务激励

这是指利用工作任务本身来激励职工。行为科学家认为,对职工起激励作用的因素分为两类:一类是与职工工作直接相联系的,即从工作本身产生的激励因素,被称为“内在激励”。例如,一项符合自己专长或兴趣的工作、一个富有挑战性的任务、在工作中取得成就、帮助别人、学到了新知识等;另一类是与职工工作间接有关,但不是工作本身产生的激励因素。例如,工资、奖励、职业地位、表扬、批评、提升等,被称为“外在激励”。这两种激励都是不可少的,但“内在激励”付出的代价小,作用持久。因此国外对此特别重视。任务激励首先是合理分配工作,尽可能使分配的工作适合职工的兴趣和工作能力。例如,德国巴斯夫公司每次接纳新雇员都由数名高级经理人员一一接见,了解其兴趣及工作能力以后定期评价其工作表现,将上述数据存入电脑,以便在出现职务空缺时选拔最合适的人选。任务激励的另一个重要方法是利用所谓“职务设计”,美国管理学家哈克曼提出,如果在职务设计中充分考虑技能的多样性、任务的完整性、工作的独立性,并阐明每项工作的结果,从中产生高度的内在激励作用,形成高质量的工作绩效及对工作高度的满足感,可以大大减少离职率及缺勤率。

三、组织激励

组织激动指动用组织责任及权利对职工进行激励。行为科学家认为,大多数人都愿意承担责任。实行组织激励,要求尽可能明确每个工作人员应负的责任,让他们承担更多的责任,并享有相应的权利,所以组织在建立严格的责任制的同时,应当实行各种形式的民主管理。例如,让职工或其代表参与组织重大决策的审议,监督各级领导干部的工作,广泛开展班组民主管理及合理化建议活动等。

四、培训激励

培训的激励作用是多方面的,它可以满足员工特别是青年员工求知的需要。通过培训,可提高员工达成目标的能力,为承担更大的责任、更富有挑战性的工作及提升到更重要的岗位创造条件。化工企业德国巴斯夫公司把培训职工、提高其工作能力作为激励的五项基本原则之一。该公司的南亚、东南亚及澳大利亚地区常务董事施恩 · 麦博士认为,雇员接受培训,既提高了知识水平,又培养了个性,他们在寻找更多的承认、更高的级别和更高的工资中遇到挑战,他们利用各种机会建立他们的未来,对公司十分有利。

五、制度激励

组织中的各项规章制度,一般来说,都与一定的物质利益相联系。因此对职工的消极行为是个约束。但是,从另一个角度,规章制度为职工提供行为规范、提供社会评价标准。职工遵守规章制度的情况还与自我肯定、社会舆论等精神需要相联系,因此其激励作用是综合的。组织对职工激励作用较大的规章制度包括:职工守则(职工行为的基本规范);用工制度(与职工的职业保障相联系的制度);用人制度(涉及个人前途、地位的制度);责任制度——与职工的工作评价有关的制度;考勤考绩制度等。

六、环境激励

创造一个良好的工作环境和生活环境,一方面,可直接满足员工的某些需要,如组织中各级领导对职工的尊重、关心和信任,保持工作群体内人际关系的融洽,及时调解其矛盾;提供必要的物质条件,使员工能顺利开展工作;美化和清洁工作环境,消除有害于健康和不安全因素等,从而使员工心情舒畅、精神饱满地工作。另一方面,良好的环境还可形成一定的压力和规范,推动员工努力工作,如开展劳动竞赛、安排后进职工到先进班组工作等。因此,环境激励是十分重要的激励手段。

七、物质利益激励

组织可以运用的物质利益激励手段，包括工资、奖金和各种公共福利。物质利益激励是最基本的激励手段，因为工资、奖金、住房等决定着人们的基本需要。同时，职工收入及居住条件也影响其社会地位、社会交往甚至学习、文化娱乐等精神需要的满足感，因而世界各国都十分重视这一激励手段的运用。美国管理学家孔茨指出，大多数主管人员倾向于把金钱看作是比其他激励因素更重要的因素。

八、荣誉激励

给优秀工作者以表扬、光荣称号、象征荣誉的奖品，如奖章等，是对员工贡献的公开承认，可以满足人的自尊需要，从而达到激励的目的。高明的管理者都懂得这种成本低而效果好的激励手段的重要性。美国IBM公司前副总裁巴克·罗杰斯在一本名为《IBM道路》的书中写道："钱并不是有雄心壮志的人的唯一目标。几乎任何一件可以提高自尊心的事情都会起积极作用。我并不是说光凭赞美、头衔和一纸证书就会使一个付不起账单的人满足。但是，这些做法是在物质奖励的基础上对做出贡献的人的一个很好的、公正的评价。"每当IBM公司的代表完成年度销售定额时，他就被批准成为"百分之百俱乐部"的成员，他和他的家人被邀请参加隆重的集会。结果，力争获得"百分之百俱乐部"的成员资格便成为公司新雇员的第一目标，而不是去"挣大钱"，公司的销售业务也得到了有力的推动。

九、绩效信息激励

在生产经营、工作过程中及时告诉职工已取得的组织及个人的绩效，告诉与最终目标尚存的差距，是对职工的信任和依赖，同样可起到激励作用。员工们可以从已经取得的成绩中受到鼓舞。面对尚存的差距，有可能产生最后冲刺式的拼劲。因此，管理人员应当学会利用这种信息激励手段。

第二十六章　控　制

知识框架

- 控制
  - 控制与控制系统
    - 控制的含义
    - 控制与计划、组织和领导的关系
    - 控制的目的及作用
    - 控制的前提
    - 控制系统
  - 控制过程
    - 控制类型
    - 控制的过程与步骤
  - 控制的方法
    - 现场视察法
    - 专题报告分析法
    - 统计资料分析法
    - 预算控制法
    - 程序控制法
    - 信息控制法
  - 控制的内容
    - 人员控制
    - 时间控制
    - 成本控制
    - 质量控制
    - 库存控制
    - 审计控制

第一节　控制与控制系统

管理工作是一个持续的过程，不可能总是在最理想的状态下进行，总会出现这样或那样的偏差，管理工作必须有控制系统，要不断地防止和纠正工作过程中出现的偏差，这样才能确保管理工作能够持续进行。控制贯穿于整个管理过程。

一、控制的含义

关于控制的定义，管理学家们有很多不同的说法。法约尔认为，控制就是监视各人是否依照计划、命令及原则执行工作；霍德盖茨认为，控制就是管理者将计划的完成情况和目标相对照，然后采取措施纠正计划执行中的偏差，以确保计划目标的实现；孔茨则认为，控制就是按照计划标准衡量计划的完成情况和纠正计划执行中的偏差，以确保计划目标的实现；谢默霍恩认为，控制是衡量工作绩效、对比成果与目标，并且必要时采取纠正措施的过程。可见，控制是指管理人员监视各项活动以保证它们按计划进行并纠正各种显著偏差的过程。控制的实质就是使工作按计划进行，或者只对计划做适当的调整，以确保组织的目标以及为此而拟订的计划能够得以实现。

控制的基础是信息。一切信息传递都是为了控制，而任何控制又都有赖于信息反馈来实现。信息反馈就是由控制系统把信息输送出去，又把其作用结果返送回来，并对信息再输出发生影响，起到控制的作用，从而达到预定的目的。

控制有三个基本要素：

(1)控制标准。人们总希望管理工作按照计划顺利进行下去，计划就是控制的标准。此外，要保证管理工作顺利进行，还必须具备很多其他条件，因而，就有其他标准。各种政策、制度、规范、规则、程序、准则、流程、纪律等都是管理工作的控制标准。

(2)偏差信息。偏差信息即实际工作情况或结果与控制标准之间的偏离情况。只有掌握、理解了偏差信息，才能决定是否采取纠正措施以及采取怎样的纠正措施。

(3)纠正措施。偏差超过控制标准就要采取纠偏措施。并非一有偏差就需要采取纠正措施，纠正措施通常是在偏差超过标准时才采取。而且只有当纠正措施的投入产出效果令人满意时，采取纠正措施才是必要的。

二、控制与计划、组织和领导的关系

控制工作存在于管理活动的全过程，与其他管理职能紧密地结合在一起，它不仅可以维持其他职能的正常活动，而且在必要时还可以通过采取纠正偏差的行为来改变其他管理职能的活动，使管理过程形成一个相对封闭的闭路系统。

(一)控制与计划

控制是对管理系统的计划实施过程进行监测，将监测结果与计划目标相比较，找出偏差，分析其产生的原因，并加以处理。由此可见，控制和计划息息相关，要准确理解控制的含义，必须把它放在与计划工作的联系中加以说明。如果说管理的计划工作是谋求一致、完整而又彼此衔接的计划方案，那么管理控制工作则是使一切管理活动都按计划进行。

计划和控制是一个问题的两个方面。计划产生控制的标准，是控制的前提；而控制是计划目标能够实现的保证。一旦计划付诸实施，控制工作就必须跟随、穿插其中，衡量计划的执行进度，揭示计划执行中的偏差以及指明纠正措施，以保证对工作发展态势的控制。计划越明确、全面和完整，控制的效果也就越好；反之，控制越完善，管理者实现组织计划的目标就越容易。两者的关系具体表现在：①一切有效的控制方法首先就是计划方法，如预算、政策、程序和规则，这些控制方法同时也是计划方法或计划本身；②之所以需要控制，是因为要实现目标和计划，控制到什么程度、怎么控制都取决于计划的要求；③控制职能使管理工作成为一个闭路系统，成为一个连续的过程。

一般情况下，控制工作既是一个管理过程的终结，又是一个新的管理过程的开始。控制工作不仅限于衡量计划执行中出现的偏差，更在于通过采取纠偏措施把那些不符合计划要求的管理活动引回正常的轨道上来，使组织系统稳步地实现预定目标。纠偏措施有可能很简单，但在更多的情况下纠偏措施可能涉及需要重新拟订目标、修订计划、改变组织结构、调整人员配备并对指导或领导方式做出重大的改变等。这实际上又是一个新的管理过程的开始。从这个意义上说，控制工作不仅是实现计划的保证，而且可以积极地影响计划工作。

（二）控制与组织

要进行有效的控制，必须有组织的保证，同时控制还必须反映组织结构的类型。组织职能是通过建立一种组织结构框架，为组织成员提供一种适合默契配合的工作环境。因此，组织职能的发挥不但为组织计划的贯彻执行提供了合适的组织结构框架，为控制职能的发挥提供了人员配备和组织机构，而且组织结构的确定实际上也规定了组织中信息联系的渠道，为组织的控制提供了信息系统。如果目标的偏差产生于组织上的问题，则控制的措施就要涉及组织结构的调整、组织中的权责关系和工作关系的重新确定等方面。在控制进行过程中，我们必须知道组织在计划实施中发生的偏差情况以及采取纠偏行动的职责应归属于谁。如果各级组织机构职责不明确，承担偏差产生责任的部门和采取纠偏措施的部门就无法确定。因此，组织机构越明确、全面和完整，所设计的控制系统越符合组织机构中的职责和职务的要求，控制工作就会越有效果。

（三）控制与领导

控制要有效进行，还必须配备合适的人员，必须给予正确的指导和领导，必须调动广大参与者的积极性。领导职能是通过领导者的影响力来引导组织成员为实现组织的目标而做出积极的努力。这意味着领导职能的发挥影响到组织控制系统的建立和控制工作的质量；反过来，控制职能的发挥又有利于改进领导者的领导工作，提高领导者的工作效率。

一个有效控制系统的形成，还必须依赖于管理者的充分授权。在处理人际关系时，许多管理者认为授权是一件非常困难的事，其主要原因是管理者对下属的决策负有最终的责任，他害怕下属犯了错误而由他来承担责任，从而使许多管理者试图靠自己做事以避免授权给他人。但是如果通过建立反馈机制，形成一种有效的控制系统，能积极、有效地提供授予权力的下属工作绩效的信息和反馈，这种不愿授权的思想负担可以大大减轻。

三、控制的目的及作用

前面已经提到，控制与管理的其他职能紧密结合在一起，使管理过程形成了一个相对封闭的系统。法约尔指出，控制必须施之于一切的事、人和工作活动。

这是因为即使有完善的计划、有效的组织与领导，都不能确保管理系统的目标一定能自动达到，都需要控制予以督促；工作是由人来完成的，因个人才能、动机和态度的不同，在执行同样的工作任务时往往出现不同的结果；计划是事先制订的，本身因环境变化也需要修正，这些都需要控制这个职能来加以管理。

在现代管理活动中，控制要达到的第一个目的（也就是控制的基本目的）是“维持现状”，即在变化着的内、外环境中，通过控制工作，随时将计划的执行结果与标准进行比较，若发现有超过计划容许范围的偏差时，及时采取必要的纠正措施，以使系统的活动趋于相对稳定，实现组织的既定目标。

控制要达到的第二个目的是“打破现状”。在某些情况下，变化的内、外部环境会对组织提出新的要求。主管人员对现状不满，要改革创新，开拓新的局面。这时就势必要打破现状，即修改原定的计划，确定新的现实目标和管理控制标准，使之更加合理，从而符合变化了的新的形势。

在一个组织中，往往存在两类问题：一类是经常产生的可迅速、直接地影响组织日常经营活动的“急性问题”；另一类是长期存在、影响组织素质的“慢性问题”。解决急性问题，多是为了维持现状。而打破现状，多须解决慢性问题。在各级组织中，大量存在的是慢性问题，但人们往往只注意解决急性问题而忽视了慢性问题。这是因为慢性问题是在长期活动中慢慢形成的，产生的原因复杂多样，人们对这些问题已经习以为常、见惯不怪，不可能发现或者即使已经发现也不愿意承认和解决由于慢性问题所带来的对组织素质的影响。而急性问题是经常产生的，对多数人的工作和利益会产生显而易见的影响，故容易被人们发现、承认和解决。因此，要使控制工作真正起作用，就要像医生诊治疾病那样，重点解决慢性问题，打破现状，求得螺旋形上升。

尽管在日常管理活动中控制工作的目的主要是上述两个，但进行控制工作的最佳目的是防止问题的发生。这就要求管理人员应当向前看，把控制建立在前馈而不是简单的信息反馈的基础上，在不应发生的偏离计划的情况出现以前就能预测到并能及时采取措施加以防止。具体而言，控制职能的作用体现在以下三个方面。

1. 控制是完成计划的重要保证

计划是全部管理职能中最基本的一个职能。可以通俗地将计划概括为“5W1H”。

一个完整的计划是组织内高层、中层和基层三级管理人员共同努力的结果。

计划是控制的依据，没有计划就不存在控制。如果不先考虑计划以及计划的完善程度就试图去控制，是不会有效果的。

控制是实现计划的手段，没有控制，计划就不能顺利实现。只有有效地实行控制，计划的实现才能有切实的保证。

2. 控制是实现组织目标的根本措施

目标是目的的明确化、具体化。组织有目标（它期望实现一定的结果）。组织目标是管理者和组织中一切成员的行动指南。除了组织目标，组织中同样存在着个人目标。一些管理问题的产生往往是组织目标和个人目标不相容和不一致所造成的。在一些组织中，目标落实在书面上，但更多的是它们只不过是在人们中间形成的一个总体认识。

目标是控制活动的出发点与归宿。没有明确的目标，管理是杂乱的、随意的，如果在管理工作中找不到一个明确的目标，那么任何人和任何集体都不能期望快速有效地完成任务。

控制是以计划为依据的,但控制的最高宗旨是实现组织的目标。在计划的实际执行中会出现一些难以预料的情况,造成实际工作与计划不符的偏差。工作偏差,应服从计划加以调整;计划偏差,则应服从实际情况加以纠正。控制具有调整和纠正这两种偏差的职能,它不仅保证了计划的实现,而且也是对计划的完善和补充,也在根本上保证了组织目标的实现。

3. 控制是改进工作的有效手段。

控制是对实际活动的反馈所做出的反应。这里的反馈反映出实际工作偏离了计划、偏离了组织目标或原制订的计划不符合实际。

当采取措施加以纠正和调整后,各项工作就会得到改进。如失去控制,工作没有改进,就难以保持正确的工作方向,无法提高工作的效率。认识并纠正错误是管理水平提高的重要标志,同时也是组织不断完善、不断发展的必要前提,而控制则是组织发现错误、纠正错误的重要手段。

总之,控制工作的重要性就是保证组织活动有条不紊地进行,以达到组织目标的实现。一个组织若是缺少控制或有效的控制,就会产生混乱,甚至偏离组织正常活动的轨迹。

四、控制的前提

在管理中,控制有着极为重要的作用,为了保证控制职能的发挥,有三个基本前提是要充分考虑的。

(一)要有明确的计划和目标

控制要有计划包含以下两方面内容:一是控制要以计划为依据,即控制之前必须先有计划,没有计划无从控制。计划越全面、完整,控制工作的目标就越明确,效果也会越好。二是控制工作自身也应拟订计划,确定控制工作的目标、重点、要求、进度以及各种控制形式的正确使用和各种控制手段运用上的协调一致等。控制工作自身缺乏计划,软弱无力、混乱不堪,使控制工作放任自流,难以取得好的效果。同时,控制活动本身是为达到某个计划目标而采取的保证措施。目标决定控制活动的内容,没有目标,控制就没有意义。例如,库存控制的目标是使库存量维持在某一定量的水平上,库存控制活动就是围绕这一目标进行的。当库存量在目标水平线上下波动时,则应采取相应的措施,使库存量回到目标水平线上。一般来说,目标越明确、越具体,控制效果就越显著。

(二)要有责权分明的组织结构

任何一项工作都是由许多部门共同合作完成的,何部门、何职位、何人来负责何种控制工作都应有明确的规定,即要有分工明确的组织结构。控制工作的计划设想再好,如无特定的组织机构来负责,那仍然是不落实的。不设立专职机构和专职人员,而期望很好地完成控制工作,无论从理论上还是实践上都证明是行不通的。如果责权分明,每件事都有专门的机构负责,信息能有效、畅通地传输,控制活动就易于开展。一旦发现偏差,马上就能判断偏差出在哪里,由哪个部门负责,以便及时采取措施纠正;否则,各部门不能切实地负担起自身的工作,出现偏差无法发现,或者发现了偏差也无法及时反馈、及时采取措施,以至于出现失控局面,给整个组织带来损失。同样,组织结构越明确、越完整,其控制效果也越明显。

(三)要有科学的控制方法和手段

控制的目的是使实际运行情况与计划方案相一致。而实际运行情况却需要通过一定的控制方法才能达到,如果发现偏差,纠偏措施也是通过一定的控制方法和手段来实现的。在实际控制过程中,应根据具体的控制目标采取相应的控制方法,才能取得较好的控制效果,否则就会事倍功半。

五、控制系统

任何组织,如果没有一个与之一致的管理控制系统,都无法有效地贯彻它的战略。组织中的控制活动是通过组织的控制系统来完成的,控制系统主要包括以下四个方面:①控制的目标,即进行控制活动的目的取向,也是进行控制活动的依据;②控制的主体,即各级管理者及其所属的各职能部门;③控制的对象,控制系统控制的对象应是组织的整个活动;④控制的方法和手段,即为达到有效的控制,所采用的各种科学方法和手段。

企业管理系统作为一个控制系统,是由决策领导层及计划编制者组成的施控主体以及分厂或车间生产者组成的受控客体构成的。计划部门根据领导层所确定的经营目标进行分解,然后将分解过的指标下达到各个生产单位,即施控主体作用于受控客体,这就是控制作用。各个分厂、车间生产是否按质、按量、按期实现了计划,在市场上的销售状况如何,顾客有何反映,情况有何变化,这些信息都需要反馈到计划部门,同计划目标进行对比,找出偏差加以调整或纠正,即受控客体反作用于施控主体,这就是反馈作用。同时,系统存在于环境之中,它与环境相互作用、相互制约。

在具体研究一个管理控制系统时,还应当明确被控对象是什么、被控变量有哪些,如库存控制系统的被控对象就是仓库,而被控变量就是库存量。能根据被控变量的实际值和预期值之间的偏差,对被控对象施加控制作用以减少偏差的控制机构由偏差测量机构、决策机构和执行机构组成。偏差测量机构可以是计算装置,它能连续不断地测定实际值与预期值之间的偏差。决策机构是核心机构,它能根据偏差做出控制决策。执行机构执行纠正偏差的决策命令,作用于被控制对象。

上面考察的控制形式是将控制对象与控制机构明确地区别开来,在这种情况下,所涉及的是外部机构对于对象的控制。但是,控制并不总是由外部机构来实施的。在管理中,很多控制是自我控制,即人们以自己的方式行事。自我控制是一种内部控制,因为在同一个人身上集中了控制的原因和理由。就管理控制而言,在大部分情况下内部控制与外部控制相配合。管理控制的负责人也被视作其希望控制的对象的一部分,他实施的是一种自我控制。而且从本质上来说,管理控制更倾向于让管理负责人自己来组织已经发生偏差形势的纠正。

第二节　控制过程

一、控制类型

（一）前馈控制、现场控制和反馈控制

这是按照控制点的位置或纠正措施的环节来划分的。

1. 前馈控制

前馈控制，是指在资源投入阶段，管理者对可能发生的问题进行预测，并实施有效控制措施，以避免组织在随后的产品生产和提供服务过程中出现不必要的问题。因此，前馈控制是未来导向的，是管理者最期望的控制方法。管理者可以在计划、组织、人力资源管理和领导等各个环节中实施前馈控制。

例如，组织根据战略愿景、生产规模的变化，提前做好人力资源的招聘工作，为组织提前找到技能和素质符合组织发展要求的员工。在质量控制方面，组织为了使产品和服务达到一定的质量，制订质量标准和产品要求，并提前告知相关供货商产品性能要求，要求其按照规格提供原材料，以避免后期生产过程中因为原材料性能不符合要求而产生质量问题。但在实际生产过程中，常常出现因为没有实施有效的前馈控制而导致很多质量问题。例如，房地产开发商在施工前期没有严格审查原材料的质量标准，引起房屋建成后坍塌的质量事故。又如，航空飞行器在每次起飞前都要进行严格的例行检查，以防止飞行事故的发生。事实证明，这些检查是必要的，而且可以起到避免飞行事故发生的作用。

从这些例子可以看出，前馈控制的关键是在问题发生之前就要采取积极有效的管理行动，从而避免和防止问题的发生。管理者为了更好地实施前馈控制，需要搜集大量和准确的信息。管理者建立管理信息系统，可以检测和捕捉到系统内外环境变化引起的信息变化，从而使管理者能够及时预计到出现的问题，并实施有效的修正方法或提出修正方案。例如，天气信息预报系统通过气象卫星获得未来天气形势变化趋势，预测未来几天是否有沙尘、暴雨、浓雾等灾害性天气，使人们能够根据天气变化做好预案。

2. 现场控制

现场控制是指在某项活动或工作进行过程中，在现场及时发现存在的偏差或潜在的偏差，即时提供改进措施以纠正偏差的一种控制方式。由于它是组织活动进行过程中同期发生的控制，因而又称为同期控制。与前馈控制和反馈控制相比，现场控制活动往往是在偏差已经或将要出现但尚未造成严重后果的情况下进行的，它可以分析研究造成偏差的根源，并预测偏差发展的可能方向，然后做出控制。

现场控制一般表现为两种方式：一是主管人员深入现场检查和指导下属的活动，它包括适当的工作方法和工作过程的指导，监督下属工作，发现偏差督促纠正；二是表现为基层工作人员的日常自我工作控制，控制的对象就是自我的操作控制过程。现场控制能及时发现偏差、及时纠正偏差，是一种较经济、有效的控制方法，也是一种难度较大的控制方法。由于现

场控制对已经出现的偏差要进行即时纠正，需要对实时信息做出及时的反应，因而对主管人员的管理水平和领导能力要求较高，它要求控制人员具有敏锐的判断力、快速的反应能力以及灵活多变的控制手段，同时要注意避免凭主观意志进行控制。更要注意的是，即使是现场控制，从发现偏差到纠正偏差也需要花费一段时间，故其控制效果有时也非完全的现时控制。

现场控制的有效性需要信息采集方便和传递快捷，这也就要求组织建立完善的信息网络和必要的计算机信息系统，并在管理制度上建立严格的信息收集、分析和报告体系，确保信息传递的迅速以及纠偏、调节措施的及时。

虽然现场控制效果明显，纠偏有力，但现场控制也有许多弊端。首先，运用这种管理方法容易受到管理者的时间、精力、业务水平的制约，管理者不能时时事事进行现场控制，只能在关键工作上予以使用。其次，现场控制的应用范围较窄。对生产工作容易进行现场控制，而对那些问题难以辨认、成果难以衡量的工作，如科研工作、行政管理等，几乎无法进行现场控制。最后，现场控制容易在控制者与被控制者之间形成心理上的对立，容易影响被控制者的工作积极性和主动性。所以，现场控制一般不能成为日常性的主要控制方法，而只能是其他控制方法的补充。

在现场控制中，管理当局授予主管人员的权力使他们能够使用经济的和非经济的手段来影响其下属。控制工作的标准来自计划工作所确定的目标、政策、战略、规范和制度。

现场控制的内容应该与被控制对象的工作特点相适应。例如，对简单重复的体力劳动可以实行严格的监督，而对创造性劳动，应为其创造宽松的工作环境。

在现场控制中，控制工作的有效性取决于主管人员的个人素质、个人作风、指导的表达能力以及下属对这些指导的理解程度。其中，主管人员的"言传身教"具有很重要的意义。

在现场控制中，主管人员必须避免单凭主观意志进行工作。主管人员必须注意提高自身素质，亲临第一线进行认真细致的观察和监督，以控制标准为控制的依据，服从组织原则，遵从正式指挥系统的统一指挥，逐级实施控制。

3. 反馈控制

反馈控制，是指在产品和服务产出阶段，管理者针对顾客对产品和服务提出的反馈信息，特别是一些关于组织的负面信息，采取必要措施进行纠正。反馈控制发生在行动之后，其缺点是管理者意识到或者获得组织信息需要实施反馈控制时，组织的损失或问题已经产生了，只能采取反馈控制来防止损失进一步扩大。例如，火灾已经发生了，并烧毁了大部分房屋，管理者能做的只能是找到失火原因并重新修复房屋。反馈控制的优点在于管理者通过搜集反馈信息，获得组织计划执行情况的真实信息，如果反馈信息显示组织计划执行绩效与标准相差很大，那么管理者需要调整计划，甚至重新制订计划。反馈控制还可以起到激励组织、奖励员工的作用。组织和员工通过反馈信息评价过去的行为和行动，使组织和员工看到差距或进步。

（二）直接控制与间接控制

1. 直接控制

直接控制是指通过提高主管人员素质，使他们改善管理工作，从而防止出现因管理不善造成不良后果的一种控制方式。

这种控制方式的特点是通过培训等形式,着力提高主管人员的素质和责任感,并在控制过程中实施自我控制。

2. 间接控制

间接控制是指根据计划和标准考核工作的实际结果,分析出现偏差的原因,并追究责任者的个人责任以使其改进未来工作的一种控制方法,多见于上级管理者对下级人员工作过程的控制。

这种控制方式是建立在如下假设基础上的:①工作成效是可以计量的,因而也是可以相互比较的;②人们对工作任务负有个人责任,个人责任是清晰的、可以分割的和相互比较的,而且个人的尽责程度也是可以比较的;③分析偏差和追究责任所需的时间、费用等是有充分保证的;④出现的偏差可以预料并能及时发现;五是有关责任单位和责任人将会采取纠正措施。

二、控制的过程与步骤

从管理控制的实施上看,组织的管理控制大致包括确立控制标准、衡量绩效和纠正偏差三个阶段,这三个阶段的有序结合构成了完整的管理控制过程。

(一)确立控制标准

确立控制标准是控制过程的起点,如果没有控制标准,衡量绩效和纠正偏差将失去客观依据。控制标准是控制过程中对实际工作进行检查的衡量尺度,是实施控制的必要条件,对计划工作和控制工作起着承上启下与连接的作用。一般来说,控制标准是从整个计划方案中选出的对工作成效进行评价的关键指标,这些是计划已经制订了的具体的、可直接引用的标准。但因各种计划的详尽程度不同,有些计划是比较抽象的、概括的,是对组织工作目标及行动方案的总体规划和安排,这时需要将计划目标转换,制订出一套更具体、可测量和考核的控制标准。控制标准的设立应当具有权威性。一个较好的控制标准体系,在内容上一般包括数量标准、质量标准、时间标准、成本和效益标准等;在文字上要求尽可能简化明了,做到具体化、数字化,容易测定,便于考核,便于执行。

1. 控制标准的分类

控制标准可以分为定量和定性两大标准。定量标准便于度量和比较,但定性标准也是不可缺少的。

定量标准包括:①实物标准。实物标准是企业在耗用原材料、能源,雇用劳动力,以及生产产品质量、性能和用途等方面的标准。例如,企业中的产品质量、单位台时定额、单位产品工艺消耗定额、废品的数量等。②价值标准。价值标准反映了组织的经营状况,包括成本标准、利润标准、资金标准等。例如,单位产品成本、年利润额、销售收入、税金等。③时间标准。时间标准为工作的开展提供了时间限制,表现为一系列的时间标准。例如,工时定额、工程周期、交货期、生产线的节拍、生产周期等。

定性标准主要是有关产品和服务的质量、顾客满意度、组织形象等方面的衡量标准,这些标准的控制对企业和组织计划与目标的实现也极为重要。

2. 寻找控制的关键点

一般来说,并不是计划实施过程中的每一步都要制订控制标准,而是选择一些关键点作为主要的控制对象。事实上,控制住了关键点,也就控制住了全局。只要对这些主要的关键点进行控制,就可以控制企业和组织活动的整体状况。确定控制关键点的过程是一个分析决策的过程,它需要对计划内容做全面深入的分析,同时还要充分考虑组织实施过程中的具体情况以及外部环境带来的干扰影响。确定关键点需要有丰富的经验和敏锐的观察力。一般关键点都是目标实施过程中的重要组成部分,可能是计划实施过程中最容易出偏差的点,或者是起制约因素的点,或者是起转折作用的点,或者是变化度大的点,等等,应根据具体情况进行具体选定。为此,孔茨建议管理者应不时地问自己这样一些问题:什么能最佳地反映本部门的目标?当没有达到这些目标时,什么能最佳地表明情况?最能表明偏差情况的是什么?能向主管表明谁应对此负责的是什么?哪些标准最省钱?经济适用的信息标准是什么?在实际管理工作中,要根据管理组织所达到的目标来确定关键点。这个目标可以是管理组织的总目标,也可以是各个部门以至每个人的分目标。由于人们在实现目标的过程中所达到的最终成果是衡量计划完成情况的最好尺度,因而建立起一个可以考核的完整目标体系,也就获得了一个最好的控制标准体系。只要掌握了这些标准,也就掌握了计划的基本进程和最终目的。

3. 确立标准的方法

在日常管理工作中,常用的确立标准的方法有三种。

(1)统计分析法。相应的标准称为统计标准。它是通过分析反映企业经营在各个历史时期状况的数据或对比同类型企业的水平,运用统计学方法为未来活动建立的标准。最常用的有统计平均值、极大(或极小)值和指数等。统计分析法常用于确立与企业的经营活动和经济效益有关的标准。这种方法的优点是简便易行,但由于受历史的局限而难以反映发展和变化的要求。

(2)经验判断法。它是由有经验的管理人员凭经验、判断和评估来确立控制标准。在这种方法中,管理人员的主观期望和个人价值系统将起决定性的作用。因此应尽量克服主观性,充分综合各方面管理人员的知识和经验,进而确立标准。这种方法一般是作为另两种方法的补充。

(3)技术分析法,又称工程方法。相应的标准称为工程标准。它以准确的技术参数和实测的数据为基础,主要用于测量生产者或某一工程的产出定额标准。例如,确定机器的产出标准,就是根据设计的生产能力确定的;劳动时间定额是利用秒表测定的受过训练的普通工人以正常的速度按照标准操作方法对产品或零部件进行某个工序的加工所需的平均必要时间。

以上三种确立标准的方法各有优劣,所以在日常管理工作中,可根据标准的性质、工作的要求选择综合使用。

(二)衡量绩效

在管理控制工作中,按控制标准对组织的实际工作进行衡量是实施控制的关键环节,只有找出了实际工作与控制标准的差异,才可能进行纠偏,从而达到控制组织活动和实现预期目标的目的。衡量绩效的要点是,用预定的标准对实际工作绩效和进度进行检查和比较,提交需要纠正的偏差结果,形成管理控制中的纠偏依据。因此,它又可分为两个小步骤:一是衡量实际工作成绩;二是比较实际工作与控制标准,由此发现和提出问题。

1. 衡量实际工作成绩

事实上,如何评定管理活动绩效的问题,在拟订标准时就已经部分地得到了解决。对于评定绩效而言,剩下的主要问题是如何及时地收集可靠的信息,并将其传递到对某项工作负责而且有权采取纠正措施的管理人员手中。控制既然是为了纠正偏差,就必须首先掌握实际工作情况。为了获得控制信息,管理人员衡量实际工作情况时采用的方法较多,一般来说可分为定性衡量和定量衡量两类。定性衡量用于衡量非量化的管理控制的对象的绩效,如组织成员的工作积极性、士气、责任心、能力发挥水平以及组织的运行状态等。定性衡量常用的方法包括观察法、现场调查法、座谈法、会议调查法、跟踪调查分析法、汇报法和调查表方法等。定量衡量用于测评组织中各类量化控制指标的完成情况、实际工作与指标的偏差等。定量衡量常用的方法有报表统计法、业务监测法、数据归纳法等。

2. 比较实际工作绩效与控制标准,界定偏差

对实际工作情况进行测量,常用的方法有三种:一是直接观察,即直接接触受控对象,了解情况,收集第一手材料做出判断;二是统计分析,即根据统计报表和其他统计资料分析受控对象的实际工作情况;三是例会报告,即通过定期或不定期的会议或下属的报告(书面或口头)调查受控对象的情况。以上三种方法各有利弊,应根据实际情况选用。不论采用何种方法,都要注意信息的把握,只有掌握及时、准确、可靠的信息,才能对实际工作情况做出正确的判断。

通过比较实际工作绩效与控制标准,会出现两种情况:一是没有出现偏差;二是出现了偏差。一般来说,管理工作的实际绩效与控制标准不可能完全一致,两者之间总会有一定的偏差。因此人们往往规定了一个可以浮动的范围,只要实际结果在这个范围之内就可以认为不存在偏差,则该控制过程暂告完成;而一旦实际结果在允许的范围之外,就可以认为存在偏差,则控制过程进入下一步骤。

人们通常认为衡量绩效要等工作做完以后才进行,这不仅不全面,而且很危险。控制活动应当跟踪工作进展,及时预告脱离正常或预期成果的信息,偏差信息即实际工作情况或结果与控制标准之间的偏差情况。只有了解、掌握了偏差信息,才能决定是否应该采取纠正措施以及采取什么纠正措施。拟出控制报告是有效评价中的一个关键环节。只有在把有关评价的结果传递给能够采取纠正行为的管理人员时,对绩效的衡量才具有价值,所以控制报告的及时性和准确性是很可贵的。

根据控制标准衡量实际绩效,最理想的是在偏差出现以前就有所察觉,并采取措施加以避免,实施前馈控制,富有经验的管理者一般都是这样做的。但是光凭管理者的经验是远远

不够的，必须凭借切实可行的控制标准和测定手段才能客观评价实际的或预期的执行情况。标准与现实的比较可采用手工、机械化或者自动化等手段来进行。

为准确地测定执行情况，还必须考虑衡量的精度和频率问题。所谓精度，是指衡量结果能够在多大程度上反映出被控制对象的变化。精度越高，越能准确反映出被控对象的变化。所谓频率，是指对被控对象多长时间进行一次测量和评定。频率越高，越能及时掌握被控对象的变化，但总的原则是衡量精度和测量频率要适当。

（三）纠正偏差

这是控制过程的第三个步骤。这一步是在衡量工作绩效的基础上，针对被控对象状态相对于标准的偏离程度，及时采取措施予以纠正，使其恢复到正常状态上来。

1. 要分清偏差的性质

偏差可分为正偏差和负偏差。正偏差是实际绩效比标准完成得还好；负偏差是实际绩效没有达到标准的要求。负偏差固然引人注目，需要纠正，但是出现正偏差时也不一定就没有问题，也必须引起注意并正确处理。例如，由于正偏差，生产超过了计划，造成库存大量积压、资金周转不灵，也会危及企业经营目标的实现。

2. 要分析偏差产生的原因

可能是未能严格按计划要求行动所致，如工作不负责、不认真或不能胜任、能力有限等；也可能是由于外部环境发生了重大变化，而事先并没有估计到这些变化，如国家政策法规变化、国际政治形势变化、市场出现了新的强大竞争对手、某个大客户或大供应商突然破产等；还有可能是计划目标本身不合理造成的，如盲目把目标定得太高而实际能力根本达不到。弄清原因是采取措施的基础。

3. 采取措施纠正偏差

管理者可以选择的方案有三种：第一，不采取行动。当工作绩效与控制标准之间不存在偏差时，理所当然地不会采取任何行动。还有就是当偏差虽然出现但未超过允许的偏差范围时，管理者也可以不采取任何行动。这种小范围的偏差有时可以通过组织的自适应控制来校正。还有一种可能是，通过成本—效益分析，管理者发现，如果采取纠偏行动，其费用可能会超过偏差带来的损失，此时最好的方案也许就是不采取任何行动。第二，改进工作绩效。如果偏差是由于工作产生的，且偏差已超出了允许的范围，则需要采取纠偏措施，以改进工作绩效。具体采取的方式涉及各方面的管理工作，通常包括改进生产技术、改进流程、改进管理方式、调整组织结构、改进激励措施、重新配置人力物力资源、调整培训计划等。第三，修订控制标准。可以采用提高标准和降低标准两种方式。如果标准脱离实际，导致多数员工、多数部门无法实现控制目标，管理部门应适当降低标准；相反，如果实际工作绩效已远远超过了标准，则应在充分肯定工作的情况下，适当提高标准。标准的修订在管理控制中是不可避免的，这是由于在组织管理中一些不确定因素的影响往往难以预测，同时，管理环境的变化会导致管理目标和标准的变化。从某种意义上说，管理控制就是一个不断制订标准、实施标准、修订和完善标准的过程。值得注意的是，在修订标准时，应从实际情况出发，强调标准的客观性，避免管理人员主观因素的消极影响。

这一步是在衡量工作绩效的基础上，针对被控对象状态相对于标准的偏离程度，及时采取措施予以纠正，使其恢复到给定状态上来。

对实际工作业绩进行衡量后，就应将衡量结果与控制标准进行比较研究，以发现其中的偏差。偏差可能有两种：顺差和逆差。前者即实际执行结果优于控制标准，后者即实际执行结果劣于控制标准。

并不是一有偏差就需要采取纠正措施。一般来说，当偏差较小，尚在标准允许范围内时，就不必采取什么措施；当偏差较大，就必须针对造成偏差的原因，尽快采取对策，而且只有当该纠正措施的投入产出效果令人满意时，采取它才是必要的。

纠正偏差重要的是对其产生的原因进行认真的分析。偏差产生的原因往往是多方面的，如果不对造成偏差的原因做切合实际的分析，那么纠正偏差的控制措施也就不能奏效。因此，搞清偏差产生的原因是采取控制措施的基础。

产生偏差的原因，既可能是主观努力程度不够，也可能是出现客观条件变化，导致标准脱离实际情况。找出产生偏差的原因后，就要对症下药，采取纠正措施。

控制职能绝对不是仅限于衡量计划执行中出现的偏差，控制的目的在于通过采取纠正措施，把那些不符合要求的管理活动引回正常的轨道上来，使管理系统稳步地实现预定目标。只有采取了必要的纠偏行动之后，控制才是有效的。

无论在何种情况下都要采取纠正的行动。需要注意的是，并不是任何偏差都需要采取纠正行动，也不是任何人都能采取纠正行为，仅在偏差较大又影响到目标时才采取行动，并且只有被授权人才能采取行动。

上述控制过程的三个基本步骤，实际上形成了一个完整的反馈控制系统，完成了一个控制周期。管理是计划、组织、控制、再计划、再组织、再控制即一个螺旋上升的循环过程。

我们可以得出这样的结论：管理系统是一种典型的控制系统。控制是管理各项职能中必不可少的一环，它使组织的整个控制过程得以有效运转，循环往复以至无穷。

第三节 控制的方法

现代管理诞生以前，人类的管理处于传统管理阶段。与此相适应，控制方法也是传统的。传统控制方法有明显的直观性质，比较有代表性的有现场视察、专题报告等方法。随着科技进步，现代管理又有了新一代的控制方法，它们普遍使用数字化的控制技术，如计划评审法、程序控制法等。后者适应了时代演变的需求，却不是前者的更替物。因此，事实上传统控制方法在大多数管理控制系统中还在应用。

一、现场视察法

现场视察法是最古老的控制方法。比起报告、统计、预算等控制方法，它的特点和长处是直接、直观而不离不隔。不同层次的管理者都能用现场视察的控制手段有针对性地解决各自面临的管理问题，如从基层工作中的设备运转、劳动纪律、生产进度、成员士气，到中、高层工作中的现场视察下属报告属实程度、形势变化对原计划构成的挑战、组织目标和政策的落实情况等，现场视察无不发挥其效用。因为现场视察贴近实际，可以采集到及时、可靠、深入的信息，所以现场视察容易奏效。运用现场视察法，需要注意避免两种情况：一是下属或员工由于某些原因驱动制造假象应付管理者；二是把视察当作对他们工作的干涉、不信任。但只要管理者深入实际而不是走马观花，实事求是而不是好大喜功，体察下情而不是无端指责，解决问题而不搞形式主义，那么现场视察可能存在的负面影响是可以抑制和避免的。

现场视察除具有直观的好处外，还会附带若干间接的益处，如管理者通过现场视察可以发现下属中的优秀人才，可以从倾听下属合理化建议中获得启发，可以对员工起激励作用，可以借此营造和谐的组织氛围，可以体察民情等，从而有利于组织计划更好地完成。

二、专题报告分析法

专题报告分析法是有效控制特定范围内问题的方法。它主要针对复杂的、例外的潜在问题，展开调查研究，以简明扼要的报告，分析计划中存在的问题及原因，已经采取的措施及效果，预计可能发生的问题等，为管理者提供控制的信息和对策。在许多组织中，管理者把此项工作指派和委托给由训练有素的专业人员组织的参谋小组。小组成员因为长期从事研究分析工作，容易培养出敏锐的发现问题的能力，他们提出的专题报告也就能适时地、突出重点地为改进组织活动和提高组织绩效发挥巨大作用。这种作用是日常的统计图解方法所不具有的。

控制可以指向组织的常规工作，也可以作用于组织活动的关键领域、关键事件、关键环节，后一方面难以构成主要矛盾的主要方面，所以控制必须突出重点、抓住重点，解决影响全局的重点问题。专题报告正是满足了控制的这一要求。

三、统计资料分析法

统计资料是反映受控系统历史活动状况的原始记录，也可以用来推断事物的变化趋势。它用表格和图表两种形式为管理者提供控制组织运行的依据。多数人都不容易从表格中看出数据的趋向和关系，但却比较容易理解图表或曲线图形显示的统计数据的分析，因为图表具有形象直观性。统计资料要有针对性地、有效地为管理控制服务，除了适应管理者的情况外，还应注意保证它的及时性和科学性。具体而言，就是要保证它定期地以某种规范形式呈报给管理层，这样可以排除由于季节性、财务调整等因素引起变化的影响，有助于管理者对变化趋势采取相应的控制手段。

四、预算控制法

预算属于计划范畴，是用数字形式编制一定时间内计划的表现。这里的数字形式，运用在财务范围内，就是资金及其使用，如表现为收益预算、支出预算、资本预算等；运用在其他可以数字化的组织行为与计划时，是指工时、原材料、产量、销售量等预算。预算把计划数字化，使控制得以量化，而且成为达到预期目的的重要手段，有利于管理者制订管理标准，有利于把计划分解为与组织结构相一致的各个部分，使它得以落实，同时使各部门的工作融入总目标，成为总目标的一个有机体，有利于协调组织资源并且清楚地标示出组织资源的运用情况及效果，有利于对管理者、员工的工作进行评价。

不同的组织，由于生产活动的特点不同，预算表中的项目也会有不同程度的差异，但是，一般来说，预算内容要涉及以下三个方面：

(1)收入预算。收入预算和下面要介绍的支出预算提供了关于组织未来某段时期经营状况的一般说明，即财务高度计划和预测未来活动的成果以及为取得这些成果所付出的费用。

由于组织收入主要来源于产品销售。因此，收入预算的主要内容是销售预算，销售预算是在销售预测的基础上编制的，即通过分析组织过去的销售情况以及目前和未来的市场需求特点和发展趋势，比较竞争对手和本组织的经营实力，确定组织在未来时期内为了实现目标利润必须达到的销售水平。

(2)支出预算。组织销售的产品是在内部生产过程中加工制造出来的，在这个过程中，组织需要借助一定的劳动力，利用和消耗一定的物质资源。因此，与销售预算相对应，组织必须编制能够保证销售过程得以进行的生产活动的预算，要确定为得到这些产品、实现销售收入需要付出的费用，即编制各种支出预算。不同的组织，经营支出的具体项目可能不同，但一般都包括直接材料预算、直接人工预算和附加费用预算。

(3)现金预算。现金预算是对组织未来生产与销售活动中现金的流入与流出进行预测，通常由财务部门编制。现金的预算只能包括那些实际包含在现金流程中的项目，赊销所得的应收款在用户实际支付以前不能列作现金收入，赊购所提的原材料在未向供应商付款以前也不能列入现金支出，而需要今后逐年分摊的投资费用却需要当年实际支出现金。因此，现金预算并不需要反映组织的资产负债情况，而是要反映组织在未来活动中的实际现金流量和流程。通过现金预算，可以帮助组织发现资金的闲置或不足，从而指导组织及时利用暂时过剩的现金，或及早筹齐维持营运所短缺的资金。

由于预算的实质是用统一的货币单位为组织各部门的各项活动编制计划，所以它使得组织在不同时期的活动效果和不同部门的经营绩效具有可比性，但在预算的编制和执行中也暴露了一些局限性，主要表现在它只能帮助组织控制那些可以计量的特别是可以用货币单位计量的业务活动，而不能促使组织对那些不能计量的组织文化、组织形象、组织活力的改善予以足够的重视；另外，编制预算时通常参照上期的预算项目和标准，从而会忽视本期活动的实际需要，因而会导致预算的错误等。充分认识了上述局限性，才能有效地利用预算这种控制手段，并辅之以其他工具。

五、程序控制法

程序是组织操作、处理事务时，按时间先后或内在顺序安排的规范化的工作步骤。它把组织行为过程有序、简洁的加以描述，以提高处理管理活动中一切常规性、例行性事务的效率。建立程序是有效控制的途径。这是因为：

(1)程序是计划优化实现的表现形式。它把琐碎烦杂的日常事务，提炼、梳理为规范的物质流、资金流、信息流，便于快捷准确地处理。

(2)程序是对计划系统化控制的体现。一项复杂的计划总是由不同的职能和工作部门来完成的,其间要涉及调研、生产、采购、销售等各种类型的管理活动。不同门类的管理活动之间,既可能发生矛盾,又可能会形成某种重叠。为了保证它们协作有序,为目标的实现形成合力,就应以系统的观点和分析方法来设定程序。程序设定是把组织活动纳入计划目标系统中的必然要求,也是对组织活动有力规范、系统控制的体现。

程序是凝结着控制标准的具体显现。程序通过文字说明、格式说明、流程图等方式,对组织处理事务的次序、步骤、要求、承诺做出了严格的、明确的规定,从而既便于成员按程序办事,也便于管理者进行检查控制,还有利于服务对象的监督。

管理中程序也有失效的危机。导致程序失效,既有经济的因素,如投入程序设定的费用大到使程序控制所获甚少,也有控制程序和计划的差距的因素,如一个已经老化的程序不能适应新的计划要求,甚至演变为创新发展的障碍,还有管理不到位的影响等。

六、信息控制法

管理离不开信息,控制也离不开信息。信息是进行管理的基础,也是实行有效控制的基础。甚至可以说,控制是一门收集、处理、利用和驾驭信息的艺术。控制和信息的依存关系决定了它必须与信息系统同步发展才能达到控制的目的。随着信息科学、计算科学、管理科学、系统科学等学科的交叉渗透发展,管理信息系统自20世纪中叶产生以后已经被不同类别的组织广泛利用。它不仅为管理提供了新的技术手段,而且对信息控制提出了新课题、新要求,这主要表现在以下四方面:

(1)改变了管理者的控制方式。管理信息系统是人机系统,它的开发、应用都要凭借人工进行,不会运用计算机就很难对它提供的信息进行深层次的利用和控制。因此,管理信息系统的出现导致了管理者控制方式的变化。

(2)改变了组织的结构面貌。管理信息系统的建立使信息资源可以统一收集、存储、分析、传送和利用。它在控制领域引发的变化是:计算机的控制作用部分取代了人的监督,而且控制范围更大,控制的标准化更易得到贯彻落实。表现在组织结构方面,就是使组织控制的层次减少,对辅助人员需求减少,集权程度减弱,分权倾向增强,组织因此充盈着前所未有的活力。

(3)改变了组织内部的权利关系。由于管理者可以借助管理信息系统进行大范围的、标准化的控制,使组织及时应变、给出对策成为可能,组织中高层管理者的控制权力得到了加强。与此同时,中层管理者因为作用力下降,在组织管理控制中的地位也相对下降。各管理层的控制作用有进一步调整的趋向。

(4)改变了对成员的控制方式。管理信息系统不仅增强了传递信息的能力,使信息超载、堵塞现象大为减少,而且改变了信息传递方式,使信息横向传递、超级传递阻碍减少。于是,传统的上下垂直交流、小范围控制方式逐渐被淘汰。随之应运而生的对成员的控制方式是管理者可以恰当地向成员发布各类信息去控制成员心理,如将技术进步、销售额增长等利好指标向成员公布,以鼓舞他们的工作热情;而面临的危机适时、适当地向成员公布,能增强他们的危机感,并促使他们把自已和组织的前途命运联系起来,统一认识,集中力量、群策群力,为组织走出困境而努力。

第四节 控制的内容

一、人员控制

人员控制分为直接控制和间接控制。

人员的直接控制是指管理者通过他人的工作实现自己的目标。为了实现组织的目标，管理者需要而且必须依靠下属员工。因此，管理者使员工按照他所期望的方式去工作是非常重要的，为了做到这一点，管理者最简单的方法就是直接巡视和评估员工的表现。在日常工作中，管理者的工作是视察、指导员工的工作并纠正出现的问题。

人员的间接控制是指根据企业发展战略的要求，通过有计划地对员工进行合理配置，搞好员工的培训和人力资源的开发，采取各种措施，激发员工的积极性，充分发挥员工的潜能，做到人尽其才、人尽其用，更好地促进生产效率、工作效率和社会经济效益的提高，进而推动整个企业各项工作的开展，以确保企业战略目标的实现。

具体来说，它主要包括以下五个方面：

(1)通过规划、组织、调配、招聘等方式，保证以一定数量和质量的劳动力及各种专业人才满足企业发展的需要。

(2)通过各种方式和途径，有计划地加强对员工的培训，不断提高员工的文化知识和技术业务水平。

(3)结合每一个员工的具体职业生涯发展目标，搞好对员工的选拔、任用、考核和奖惩工作。

(4)采取各种措施，包括思想教育、合理安排、关心员工的生活和物质利益等，激发员工的工作积极性。

(5)根据现代企业制度的要求考核员工工作绩效，根据员工工作绩效的大小和优劣做好薪资、福利、奖惩等工作，协调劳资关系。

人力资源部专门对人员进行管理和控制，把管理工作不仅仅当作日常的事务性工作，而是作为企业经营管理战略的一大要件，从控制员工转为建立一种整合的人力资源的规划、开发和运用的系统，其包含战略与决策系统、招聘与选拔系统、教育培训系统、绩效考核系统、薪资与福利管理系统、管理诊断系统、管理信息系统。从而满足日常的人员管理控制活动，各子系统间相互紧密联系又交叉互动，带动整个管理活动的良性循环。

重视和加强人员的管理控制，对于促进企业生产经营的发展、提高企业的劳动生产率、保证企业获得最大的经济效益有着重要的作用。

二、时间控制

时间就是金钱，时间就是效率。在企业的经营管理过程中，工程的按时完工、贸易中的准时交货、合同的按时执行等都是十分重要的。这里所说的按时其实就是计划时间，科学准确地做好时间计划是时间控制的第一步，从某种程度上说，计划首先是时间的安排。

较好地安排时间的计划方法有甘特图计划、滚动计划和网络计划技术等，其中网络计划技术为管理活动的时间合理安排和资源的科学安排起到了很重要的作用。

20 世纪 70 年代，日本丰田汽车公司首先应用的准时生产制(JIT)是一种先进的生产控制和时间控制的方法。其最初的指导思想是通过生产过程整体优化，改进技术和理顺物流，彻底消除无效劳动和浪费，降低成本，改善质量，以达到用最少的投入实现最大产出的目的。

“设计一个生产系统，能高效地生产 100% 优良产品，并且在需要的时间、按需要的数量生产所需要的工件”，这是对准时生产制目标最简单的概括。

进行准时生产制的直观效果是减少浪费，这是一个成功企业与一个不成功企业的分界线。简单地讲，准时生产制就是在必要的时间生产必要数量的必要产品，节约一分钱就可能增加一分钱的利润。为了提高劳动生产率，不是要在劳动中更多地使力气，而是应尽量减少生产中的各种浪费来提高生产率。这种尽量减少浪费的思想就是准时生产制的出发点。

准时生产确切地说就是零件、部件或部分装置件都必须准时完成，早一点或晚一点都不行。它追求的目标是零库存，即在需要该零部件时，刚好把它生产出来并送到需要的地点，即这种生产方式的核心是追求一种无库存生产系统或使库存达到最小的生产系统。

无库存生产，又称为零库存生产，即在整个生产过程中不需要库存。这种生产方式是不同于传统生产组织方式的一种新兴生产方式。准时生产制已经成为一种生产的哲理，在生产管理中得到了普遍的应用。当然，零库存作为一种理想状态是不可能实现的，但零库存管理的真正目的在于，通过降低库存，发现管理中存在的问题，解决这些问题，从而提高整个系统运作的效率，使系统得以改善。这样以库存作为手段，一步一步把工作和管理中的问题解决。准时生产制还认为，改进的过程并不是一个静止的过程，而是一个不断循环的过程，是一个要求尽善尽美的过程。

准时生产制的基本原理是以需定供或者说是“下求上供”，即供方根据需方的要求提供，下一道工序所用物料要求上一道工序按实际需要供给。准时生产制的原理虽简单，但内涵却很丰富，品种配置上，保证品种有效性，拒绝不需要的品种；数量配置上，保证数量有效性，拒绝多余的数量；时间配置上，保证所需的时间，拒绝不按时供应；质量配置上，保证产品的质量，拒绝次品和废品。

准时生产制要求企业生产秩序稳定，全面按照科学的方法指导生产；设备、工装精度良好；建立以生产工人为主体的管理体系，保证一线工人百分之百的时间在从事生产。

随着市场环境向多样化方向发展和竞争的加剧，准时生产制生产方式的应变能力以及对质量、成本、生产周期的有效控制方法已经越来越多地影响着众多的制造企业。

三、成本控制

当一个企业的经营设计、产品设计、设备装置、作业设计等已确定并按规范投入各生产要素时，成本管理的中心是成本的控制，即要使经营活动的各环节、各方面达到或低于目标成本。具体方法如下：

(1)制订控制标准，确定目标成本。确定目标成本的方法有计划法、预算法和定额法等。

(2)记录和统计资料，进行成本核算。成本统计所用的原始记录是反映核算期人力、物力、财力等支出的全部原始记录,是进行成本核算和控制的最基本依据。进行成本控制所要进行的成本核算有可比产品总成本、可比产品单位成本、商品产品成本、主要产品单位成本、可比产品成本降低率等。通过成本核算,了解实际成本,并为分析改进提供数据资料。

(3)差异分析。将实际成本与目标成本相比较,就会发现差异。分析就是通过比较找到实际成本与目标成本差异的发展趋势,找出控制和降低成本的措施。差异分析的主要内容有直接材料费用分析、直接人工费用分析、管理费用分析和销售费用分析。

(4)采取措施,降低成本。一旦发现实际成本高于目标成本,就应积极采取措施,控制成本的上升趋势。一般来说,可采用的方法有价值工程、严格投入管理、防止跑冒滴漏、改进产品设计或生产工艺、精简机构等。

四、质量控制

产品质量是企业的生命,也是企业竞争取胜的关键。企业产品质量好,竞争能力就强,在市场上才能站得住脚。否则,产品就会被市场所淘汰,企业就不会有前途。

质量控制是企业生产经营活动中一项极其重要的控制活动。质量控制的根本目的显然是要提高产品质量,而提高产品质量是增强企业国内外市场竞争能力、保证企业生存和发展、提高企业经济效益的客观需要。因此,各级主管人员必须切实重视质量控制,在提高产品质量上下功夫。

(一)质量控制的定义

质量控制具有两个方面的含义:一是工作的质量;二是产品的质量。两者既有联系又有区别。产品质量是工作质量的体现,工作质量是产品质量的保证。质量控制包括对企业产品或服务质量的控制,也包括对工作质量(包括制度、标准等)的控制。

控制工作质量就是企业为了保证和提高产品质量,在经营管理和生产技术方面所要达到的水平。工作质量的好坏是通过企业内各单位、各部门以及企业每一个职工的工作态度、工作绩效、产品质量等反映出来的。工作质量是产品质量的保证,在一定意义上,提高工作质量比提高产品质量更重要。

控制产品质量是企业生产出合格产品和减少无效劳动的重要保障。在市场经济条件下,产品质量控制应达到两个方面的目标:一是使生产出来的产品达到产品质量标准;二是使企业以最低的成本生产出符合产品质量标准的产品。这两个方面是相辅相成的。企业生产出的产品符合质量标准是产品能为市场所接受的必要条件,而只有在低于社会平均劳动时间条件下生产出的合格产品才有竞争力。

(二)质量管理的发展

质量管理的发展经历了三个阶段,即质量检验阶段、统计质量管理阶段和全面质量管理阶段。质量检验阶段发生在20世纪20~40年代,工作重点在产品生产出来之后的质量检查。统计质量管理阶段发生在20世纪40~50年代,管理人员主要采用统计方法对生产过程加强控制,提高产品的质量。从20世纪50年代开始的全面质量管理是以保证产品质量和工作质量为中心,企业全体员工参与的质量管理体系。它具有多指标、全过程、多环节和综合性的特征。目前,全面质量管理已经形成了一整套管理理念,风靡全球。

(三)全面质量管理

1. 全面质量管理的特点

全面质量管理具有以下四个特点:

(1)管理的对象是全面的。不仅要管理好产品质量,而且要管理好产品赖以形成的工作质量。产品质量不仅应符合企业确定的标准,更重要也是最关键的是应符合消费者的标准。

(2)质量管理的过程和范围是全面的。实行过程的质量管理,把形成产品质量的全过程都管理起来。全面质量控制的重点不是单纯的事后检验,而是事先控制不合格产品的生产及产品设计。

(3)参加质量管理的人员是全面的。要求企业各业务部门、各环节的全体职工都要参加质量管理。要求企业内所有人员都重视质量、关心质量,切实做好各项质量责任范围内的本职工作。

(4)管理质量的方法是全面的。在质量分析和质量控制时,必须以数据为科学依据,全面综合运用各种质量管理方法。不但需要运用有关方法,而且必须将这些方法与改善组织管理、改进生产技术和提高人员素质相结合。

2. 全面质量管理的表现形式

全面质量管理具体表现在以下四方面:

(1)一切为用户服务。在全面质量管理中,必须树立以用户为中心、为用户服务的思想。这里的"用户"有其特定的含义,它不只是指产品的直接用户。

(2)以预防为主。在全面质量管理中,要做到以预防为主,即通过分析影响产品质量的因素,找出主要因素,加以重点控制,防止质量问题的发生,做到化被动为主动,化消极防御为积极进攻,防患于未然。

(3)一切以数据为依据。全面质量管理强调一切以数据为依据,对质量问题要有定量分析,做到心中有数,掌握质量变化的规律,通过调查分析,得到可靠的结论,以便采取解决质量问题的有效措施。

(4)按 PDCA 管理循环办事。全面质量管理要求采用一套科学的程序来处理问题,即按 P(计划)D(执行)C(检查)A(行动)管理循环来开展工作,并通过不断循环达到提高质量管理水平和产品质量的目的。

产品质量取决于产品形成过程中各个环节工作的质量水平,它包括产品的设计质量水平、产品的制造质量水平以及产品售后的使用和维护水平的全过程。因此,在全面质量管理过程中,应对产品质量有影响的各因素进行合理的控制,抓好影响产品质量的重要环节的质量水平。

五、库存控制

库存控制,是对制造业或服务业生产、经营全过程的各种物品、产成品以及其他资源进行管理和控制,使其储备保持在经济合理的水平上。库存控制是使用控制库存的方法得到更高盈利的商业手段。库存控制是仓储管理的一个重要组成部分。它是在满足顾客服务要求的前提下,通过对企业的库存水平进行控制,力求尽可能降低库存水平、提高物流系统的效率，以提高企业的市场竞争力。

进行库存控制可以先借助ABC分类法确定不同库存物资控制的重要程度。通常，一家公司有几千种库存物资并不少见，对这些物资都进行严格的控制显然是不可能的，也是不必要的。事实证明，大多数组织库存中约10%的物资占年度库存总价值的50%；另外20%的物资占了总价值的30%；其余70%的物资只占20%的价值。ABC分类法正是通过对企业所有库存物资进行分析、计算，把物资分成A、B、C三类，然后实施不同的管理。A类物资应受到最严格的控制，因为A类物资的数量非常少，却占用了大量的投资金额；对B类物资进行一般的控制；对C类物资进行最少的控制，因为它们占用的资金很少，可以通过简单设置订货点的方式进行控制。

在有关库存数量控制方面，管理人员使用经济订购批量模型计算最优订购批量，使所有费用达到最小。这个模型考虑三种费用：一是订购费用，即每次订货所需的费用（包括通信、文件处理、差旅、行政管理费用等），它随订货次数的增加而增加；二是保管费用，即储存原材料或零部件所需的费用（包括库存、利息、保险、折旧等费用），它与每次订货的数量有关；三是总费用，即订购费用和保管费用之和。

六、审计控制

审计是一种常用的控制方法，它包括财务审计和管理审计两大类。审计还有外部审计和内部审计之分。外部审计是指由组织外部人员对组织活动进行审计；内部审计是组织自身专门设有审计部门，进行审计本组织的各项活动。

审计工作有一些公认的原则，具体原则有：①政策性原则，即审计必须符合国家方针政策；②独立性原则，即审计监督部门应独立行使职权，不受任何干涉；③客观性原则，即审计应实事求是，客观地做出评价和结论；④公正性原则，即审计应站在公正立场，不偏不倚地进行判断；⑤群众性原则，即审计应走群众路线，充分依靠群众开展审计；⑥经常性原则，即审计工作应经常化、制度化。

（一）财务审计

财务审计是由专职机构和人员依法对审计单位的财务、财政收入及有关经济活动的真实性、合法性、效益性进行审查，评价经济责任，达到维护财经法纪、改善经营管理、提高经济效益、促进宏观调控的独立性的经济监督活动。财务审计的主要方法有以下四种：

（1）审计检查方法，是指在审计项目实施过程中所采用的各种检验、查证方法。按检查的对象不同，又分为资料检查法和实物检查法。资料检查法也称查账法，它是对会计凭证、账簿、报表以及其他有关资料进行检查的方法。实物检查法，是指收集书面以外的信息及其载体，证实书面资料及其反映的经济活动的真实性、合法性的一种方法。

（2）审计调查法，是指审计人员通过调查对被审计单位的会计资料和有关事实进行查证的一种方法。运用这种方法，针对一些重大问题，采用多种多样的具体方法，透过经济现象发现带有倾向性的问题，有针对性地提出建议和措施，为各级领导进行决策提供依据。其具体方法包括审计查询法、观察法和专题调查法等。

（3）审计分析法，是指审计人员利用各种分析技术对审计对象进行比较、分析和评价的一种方法。这种方法主要用来查找可疑事项的线索,验证和评价各种经济资料所反映经济活动的真实性、合法性和效益性。常用的审计分析方法有账户分析法、账龄分析法、逻辑推理分析法、经济活动分析法、经济技术分析法和数学分析法等。

(4)抽样审计法,也称抽查或试查法,是指先从被查总体中抽取一部分资料作为样本进行审查,然后根据审查结果来推断被查总体正确性和合法性的一种方法。常用的抽样审计方法有任意抽样审计法、判断抽样审计法和统计抽样审计法。

(二)管理审计

管理审计是一个工作过程,它以管理原理为评价准则,系统地考查、分析和评价一个组织的管理水平和管理成效,进而采取措施克服存在的缺点或问题。管理审计的目标不是评价个别主管人员的工作质量和管理水平,而是从系统的观点出发去评价一个组织整个管理系统的管理质量。需要注意的是,要把管理审计和经营审计区别开来,两者的差别类似于评价主管人员的管理能力以及评价主管人员在制订和实现目标方面的能力。管理审计的方法与财务审计的一般方法基本一致。其中,查明事实真相是管理审计工作的最基本任务,具体包括以下内容:

(1)熟悉被查单位或部门的组织、人事、业务性质、管理制度、业务操作程序及领导关系等。

(2)确定需要取得的资料。

(3)查明各种业务记录,如单据、合同、函电、规章制度、账册、会议记录、总结报告等。

(4)向各级管理人员和职工调查,完成书面记录。

(5)核实所得材料并进行分析,形成清楚的调查记录。

(三)内部审计与外部审计

管理控制的另一个有效方法是内部审计,即人们所说的经营审核。从广义上说,经营审核就是企业内部的审计人员对企业的会计、财务和其他业务经营活动所做的定期的和独立的评价。内部审计提供了检查现有控制程序和方法能否有效地保证达成既定目标和执行既定政策的手段。

内部审计虽局限于对会计账户的审核,但就其最有用的方式而言,内部审计包括对经营活动的全面评价,即按预计的成果来衡量实际的成果。因此,内部审计人员除使本身确实弄清会计账户是否反映实际外,还要对政策、程序、职权行使、管理质量、管理方法的效果、专门问题以及经营的其他各个方面做出评价。

外部审计是由外部机构选派的审计人员对组织财务报表及其反映的财务状况进行独立的评估。

第二十七章　沟通与协调

知识框架

- 沟通与协调
  - 沟通概述
    - 沟通的概念
    - 沟通的过程
    - 沟通的原则
    - 沟通的方向和方式
    - 沟通的作用
  - 沟通的障碍与克服
    - 沟通的障碍
    - 如何克服沟通障碍
  - 协调概述
    - 协调的含义、作用和要求
    - 协调的原则
    - 协调的内容
    - 协调与其他管理职能的关系

第一节　沟通概述

管理者要想成为一个良好的沟通者，建立起有效的沟通机制，首先要准确地理解沟通的内涵。实践中，许多因沟通失误所导致的悲剧事件的根源就在于对沟通的内涵认识模糊，不懂得完整意义上的沟通过程是怎样的。因此，学习良好的沟通技巧起始于对有关沟通的概念、过程以及原则的认知和理解。

一、沟通的概念

对于沟通，不同的研究者给出了不同的定义。有人认为沟通是指组织中被理解的信息而非发出的信息；有人认为沟通是一个包括状况、假设、意图、听众、方式、过程、产物、评价和反馈在内的修辞过程；还有人认为沟通是一个涉及思想、信息、情感、态度或印象的互动过程。虽然这些研究者所给出的沟通概念互有区别，但他们对沟通的理解也存在一致性，那就是沟通是指按照一定的目标，把信息、观念和情感在个人、群体与组织之间进行传递，并达成共识的过程。简言之，沟通是指意义的传递和理解。在这个定义中，首先强调的是意义的传递。如果信息或想法没有被传送到，则意味着沟通没有发生。更重要的是，沟通还包含着意义的理解。要使沟通成功,意义不仅要得到传递,还需要被理解。从理论上来说,完美的沟通意味着信息经过传递之后,接受者和发送者对信息的认知与理解是完全一致的。

在此,需要特别注意的是,人们通常会把良好的沟通和达成一致的意见这两种不同的情况混淆起来。所谓良好的沟通,是指每个人都充分理解对方的观点和见解;而所谓达成一致意见,是指经过信息沟通之后,一方接受另一方的观点。实际上,在沟通效果良好的情况下,信息发送和接受双方既有可能达成一致意见,也有可能形成截然不同的观点。因此,我们不能将有效沟通和意见一致等同起来。

二、沟通的过程

从表面上看,沟通的过程就是循环往复地发送和接受信息。从心理认知角度来看,完整意义的沟通过程包括七个要素:信息源(发送者)、信息、编码、通道(媒介物)、解码、接受者、反馈,即发送者先对信息进行编码,使其转化为信号形式,然后通过媒介物传送至接受者,再由接受者通过解码将信号转译成信息,并将该信息反馈给发送者。

沟通的四个步骤包括:信息源编码、通过媒介物传递信息、接受者解码和信息反馈。

第一步:信息源(发送者)进行心理上的编码,将客观环境中的客观信息(物理信息和符号信息)转变成一个可以传递和理解的信息。信息编码的准确与否取决于发送者的技能、态度、知识和社会文化系统。首先,如果发送者没有很好的信息理解、组织和表达技能,那么他就很难将客观信息完整地传递出去,如同一位知识丰富的老师因为没有良好的表达能力而难以将他所掌握的知识教授给学生一样。其次,受自身期望和态度的影响,发送者可能对客观信息进行加工,从而使客观信息经过编码之后成为带有较浓个人色彩的信息,在一定程度上失去了原有意义。信息编码过程中所留下的自我态度痕迹是不可能完全避免的,所以追求信息的绝对准确是不现实的。再次,如果发送者对要传递的客观信息缺乏了解,没有掌握相关的背景知识,则沟通的效果就要受影响。也就是说,人们很难传递自己不知道和不理解的信息。最后,发送者对客观信息的价值判断、喜好以及他所接受的社会文化方面的观念等,均可能影响发送者的信息编码。

第二步:通过媒介物传递信息。处于这一阶段的信息已经不再是客观的外在信息,此时的信息包括用以传递意义的信号群、信息本身的内容和发送者对编码信息的选择与安排三个方面的内容。可用以传递信息的媒介物和方式具有多样性,既有口头或书面语言,也有非语言的身体姿势、面部表情,还有作品和图画等载体。需要注意的是,无论采用什么通道来传递信息,都有可能出现信息失真现象。

在第二步中,影响沟通效果的重要因素是通道。通道是指传送信息的媒介物。通道是由发送者选择的,他可以选择正式通道,如组织的权力网络,也可以选择非正式通道,如非正式人际网络,不同通道的特点对信息传递的准确性会产生不同的影响。例如,面对面的沟通有利于传递沟通双方的情感和观点,但在沟通的广度和准确度方面存在局限性;公文和通告能够准确传递信息内容,但不利于沟通双方了解彼此的态度和情感。因此,采用多种信息通道有利于减少信息失真的潜在可能性。

第三步:信息通过解码传递给信息接受者。接受者是指信息指向的客体,而解码是与编码相对应的,是指信息接受者将通道中加载的信息翻译成自身能够理解的形式。与影响编码者的因素相同,接受者在信息解码的过程中同样受到自身技能、态度、知识和社会文化观念的影响。

第四步:信息反馈。如果信息接受者在解码之后将所接受的信息返回给发送者,这就意味着反馈。反馈本质上是为了确认信息的传递是否成功,以及确认信息是否符合发送者的原本意图,同时便于信息接受者进一步理解信息内容。

三、沟通的原则

基于信息的特性,为达到良好的沟通效果,在信息传递和交流过程中必须遵循准确性、完整性和及时性原则。

(一)准确性

当信息沟通所用的语言和传递方式能被接受者理解时,这才是准确的信息,这种沟通才具有价值。沟通的目的是要将发送者的信息传递给接受者并被其理解。因此发送者的责任是将信息加以综合,并用易于理解的方式表达。这就要求发送者有较高的语言或文字表达能力,并熟悉接受者技能、态度、知识、价值观以及所使用的语言。就接受者而言,由于需要注意的信息太多,而人的注意力有限,所以接受者必须集中精力,克服思想不集中和各种噪音等问题,从而对信息有正确的理解。

(二)完整性

当发送者传递给接受者的是完整无缺的信息时,沟通才具有价值。在组织中,沟通只是管理的手段而不是目的。在组织中,无论是管理者制订决策,还是下级人员执行政策,或是人与人之间、部门与部门之间的协调配合,都需要足够的信息支持来认清全貌,了解始终,这就需要信息沟通保持完整性。一般来说,管理者位于信息交流的中心,掌握大量的信息情报,具有信息权力和权威。这就要求管理者在为下级人员提供信息支持时,能够端正心态,正确看待与使用这种权力和权威,使各类信息资源的价值得到充分发挥。

(三)及时性

信息的价值具有一定的时间限制,因而信息沟通需要遵循及时性原则。在实际工作中,由于发送者拖延、通道阻塞或接受者重视程度不够等原因,经常会出现信息沟通滞后的情况,从而使沟通变得毫无意义。在管理实践中,沟通的及时性要求管理者一方面要将组织新近制订的政策、目标以及其他变化尽快告知下属,争取他们的理解和支持;另一方面要及时掌握下属的工作状况及其思想、情感和态度的变化,以便采取相应的解决措施。

四、沟通的方向和方式

(一)沟通的方向

在群体和组织中,信息的流向可以是垂直的,可以是横向的,也可以是斜向的。其中,垂直沟通又可以进一步划分为下行沟通和上行沟通两种。

1. 垂直沟通

(1)下行沟通。在群体和组织中,沿着权力层级结构自上而下进行的信息传递和交流,称为下行沟通。在组织内部,上级和下属间的信息交流基本上都是下行沟通,如管理者对下级发出指示、发布命令、下达计划等。管理者也经常利用下行沟通,来评价下属的工作业绩,提出改进意见。不过,自上而下的沟通未必非要通过口头沟通或面对面的接触。管理者给员工的家里寄去信件告知他们新的病假政策,也是在使用自上而下的沟通。下行沟通是传统组织里最主要的沟通方向。这种层层传达的沟通方向,经常因层级太多,导致信息发生歪曲甚至遗失,而且过程迟缓,从而影响了沟通效果。

(2)上行沟通。在群体和组织中,沿着权力层级结构自下而上进行的信息传递和交流,称为上行沟通。下属通常通过上行沟通向上级汇报当前工作的进展情况和出现的问题。在上行沟通中,上级是信息的接受者,他们获得了有关组织运行情况的信息,为管理决策提供了依据。此外,许多组织还鼓励通过向上沟通来征求合理化建议和意见,激发下属的积极性和创造性。在组织中,常见的自下而上沟通的例子有基层管理者向中高层提供业绩报告、设立意见箱、员工态度调查、申诉程序、上下级之间的讨论会等。

2. 横向沟通

横向沟通主要是指在同一水平层级上的不同人员之间、群体之间发生的信息传递和交流。横向沟通主要存在于有协作关系的人与人之间或部门与部门之间。在一些委员会、协调会等形式的沟通中,基本上也是横向沟通。对组织而言,水平沟通既有有利的一面,也有不利的一面。横向沟通在节省时间和促进合作方面十分有效,但在下列情况中横向沟通会导致功能失调的人际冲突:当正式的垂直通道受到破坏时;当成员绕过或避开自己的直接领导做事时;当上级发现所采取的措施或做出的决策自己不知情时。

3. 斜向沟通

斜向沟通主要是指在同时跨部门和跨权力层级的人员或群体之间发生的信息传递与交流。当信用部门的信用分析师就某顾客的信用问题直接与地区销售经理沟通时,就是斜向沟通的情形,因为这两个人既不在同一部门,也不属于同一组织层级。从效率和速度角度来看,斜向沟通是有益的。然而,与横向沟通一样,如果组织成员不通报他们的管理者就直接与外部交流信息,斜向沟通也可能造成问题。

(二)沟通的方式

就管理沟通而言,沟通的方法和模式可以从人际沟通和组织沟通两大方面来阐释。人际沟通是指存在于两人或多人之间的沟通。组织沟通是指组织中沟通的各种方式、网络和系统等。

1. 人际沟通

(1)口头沟通

最常用的信息传递方式是口头沟通。常见的口头沟通包括演说、正式的一对一讨论、小组讨论以及非正式的小道消息传播。口头沟通的优点在于快速传递和快速反馈。在这种沟通方式中,信息可以在最短的时间内传递出去,同时也能在最短的时间内得到反馈,而且能观察到信息接受者的个人反应,帮助信息发送者和接收者对同一问题进行准确沟通。

口头沟通也有其局限性,主要表现为口头语言的准确性不高,在多人间传递后可能导致信息失真、信息不能够保存等。

(2)书面沟通

书面沟通包括备忘录、信件、组织内部发行的期刊、布告栏以及其他任何传递书面文字或符号的手段。书面语言的优点在于其持久、有形和可以核实。一般来说,信息发送者和接受者均会拥有沟通记录,沟通的信息可以无限期地保留下去,等到需要核实的时候,非常容易查询和搜索。此外,书面沟通更为严谨,其逻辑性强,而且条理清楚。当然,这种沟通方式也是有局限性的,人们往往在使用书面语言时耗费的时间更多,而且这种方式几乎无法给信息发送者提供观察和判断接受者反应的机会,所以本质上书面沟通是一种单向的沟通方式,而且得到的反应是延后的。

(3)非言语沟通

非言语沟通方式涵盖了除口头沟通和书面沟通外的其他沟通方式,包括身体语言、语调、面部表情,甚至发送者和接受者之间的空间距离。身体语言补充了言语沟通,它能更充分地传递信息发送者的情绪及态度信息,因而常常使言语沟通更为复杂。从本质上说,面部表情属于身体语言,但因为面部表情在传递信息的时候更为复杂和丰富,所以在此单列出来。面部表情集中而生动地展示信息传递者的态度、情绪和人格特征等。人们可以从经验出发通过面部表情来判读对方的态度、情绪等未经言语表达出来的个人倾向性。语调是指个体对传达意义的某些词汇或短语的强调。轻柔、平稳的语调表达请求或者解释,而刺耳尖利的语调可能表达个体的攻击性或防卫性。物理空间,或者人和人之间的空间距离,也能够传递某种信息。一般来说,关系亲密的人之间的距离相对较近。当然,在不同的文化背景下,身体动作、面部表情、语调等传递的信息不尽相同。

2. 组织沟通

(1)正式沟通网络

正式沟通是指按照组织明文规定的原则、方式进行的信息传递与交流。正式的组织信息网络有五种基本模式:链式、环式、轮式、Y 式和全通道式。

链式沟通发生在一种直线型的层级结构中,沟通只能向上或向下进行,且每一个上级只有一个下属向其报告,而每一个下属也只向一个上级报告。在这种模式下,信息层层传递,路线长、速度慢,且容易发生信息的过滤、篡改和失真。

环式沟通模式下,组织成员只能与相邻的成员沟通,即沟通只能发生在同部门成员之间或直接上下级之间,不能跨部门沟通,也不能越级沟通。在这种模式下,组织成员往往可以达到比较一致的满意度,组织士气高昂。但由于信息也是层层传递,所以其速度慢且容易出现信息失真。

轮式沟通模式下,不同下属向同一个上级报告,但下属之间不能沟通。这种模式由于组织集中度高,结构层次少,所以信息传递速度快且不易发生信息失真。但轮式沟通依赖于一个核心人物作为所有群体沟通的管道。因此,成员满意度较低,组织士气低落。

Y 式沟通也是一种只有垂直沟通的模式。在 Y 式沟通模式下，组织的权力集中度高，解决问题速度快，但由于信息也是层层传达，致使信息传递速度慢、容易失真，而且成员的士气也不高。

全通道式沟通是一种开放型的模式。在这种沟通模式下，每一个组织成员都可以自由地与其他成员沟通，所以沟通速度快，而且组织集中化程度低，成员士气旺盛，合作精神浓厚，适合自我管理的工作团队。但由于沟通渠道太多，易造成混乱并降低所传递信息的准确度。

正式沟通通常是在组织的层级系统内进行的，它约束力强，能保证有关人员或部门按时、按量得到规定的信息，且比较严肃，有利于保密。重要文件和消息的传递、组织决策的贯彻等，适合采用正式沟通方式。正式沟通的不足之处在于，它一般是在垂直方向上层层传递，若组织层级比较多，就会影响传递的速度，更有可能造成信息失真。同时，它也不利于横向沟通。

(2)非正式沟通

非正式沟通是指正式沟通途径以外的、不受组织层级结构限制的沟通方式。非正式的信息沟通类型大致有四种：单线型、随机型、传播流言型、群体型。其中，单线型沟通是指个体之间的相互转告，随机型是指碰到谁就告诉谁，传播流言型是指由一个人告诉其他所有人，群体型是指由一些人有选择地转告其他人。

对于任何群体或组织的沟通网络来说，非正式沟通都是其中的重要组成部分。从管理的角度来说，非正式沟通既有积极的一面，也有消极的一面。从积极的方面来看，非正式沟通形式多样、弹性大、速度快，有助于决策者更全面、准确地认识问题，提高决策的合理性，有助于改善成员心态，提高工作积极性。与此同时，它也存在加剧信息失真和歪曲程度、破坏组织的内聚力和稳定等缺点。因此，管理者既要充分利用非正式沟通网络的过滤和反馈作用，弥补正式沟通渠道的不足，又要防止它对组织产生负面影响。

(3)电脑辅助沟通

由于电脑辅助技术的出现，使得数据的即时传送和远程传送成为现实。因此，今天的组织当中沟通手段更为丰富，沟通内容更为广泛，沟通速度更为快捷。电脑辅助沟通主要包括电子邮件、内部网络和外部网络以及远程视频会议等。

总体来说，电子媒介传递信息迅速而且廉价，同时易于保存，可以查询、搜索和传递，并且新技术还有助于整合不同的观点和方式，便于建构以知识创新为核心的学习型组织，但是电子媒介在传递个人态度和情绪信息方面比较差，信息反馈滞后，同时电子媒介在个人隐私的保护和安全性方面与人们的要求还是有差距的，所以未来电子媒介的挑战就是如何把多种媒介成功地结合起来，如何确保组织的结构和权力等级与新的办公系统协调一致，以及如何应对信息超载、无纸化信息的保存和电子媒介的去个性化等问题。

五、沟通的作用

(一)沟通是保证决策科学的基本前提

沟通是加强民主管理、保证决策科学的基本前提。民主管理的本质是职工群众的意见能够得到充分、及时的反映,并为管理者所重视,对正确的、有价值的意见和建议予以采纳。显然,民主管理要求组织内部建立起良好的沟通关系。对于组织工作,如果负责人是一个民主型的领导者,会发动下属讨论,共同商量,乐于同下属沟通,集思广益,久而久之,就会加强广大职工在管理中的地位和作用,能培养起职工的主人翁意识和精神,进而会使职工发挥出更大的积极性和创造性;反之,如果是一个专权型领导者,由于上下沟通不良,其结果往往适得其反。决策的依据是信息,科学的决策离不开及时、完整、准确的信息。领导者能否及时获取完整、准确的信息,关键在于沟通的效率。

(二)沟通是建立良好的工作环境的基本手段

沟通是改善人际关系、建立良好的工作环境的基本手段。人们都希望在工作中建立良好的人际关系,从工作中获得归属感、信任感、成就感。这是人的基本需要之一。如果一个组织内人际关系良好,大家互相信任、互相帮助、互相尊重、和睦相处,就容易做到上下齐心,增加组织的凝聚力,提高员工的士气,增强员工的斗志;相反,如果组织内人际关系紧张,相互猜忌,互不信任,甚至矛盾重重,必然会使组织成为一盘散沙,毫无战斗力。那么,如何创造良好的人际关系呢?关键之一仍然是良好的沟通。通过沟通,人与人之间加深了了解,增强了感情,化解了矛盾,取得了一致,这样才能给员工创造一个令人心情舒畅的工作环境,提高他们工作的积极性、责任心。

(三)沟通是改变员工行为的重要方法

沟通是转变员工态度、改变员工行为的重要方法。理解是接受的前提,在一个组织内部,一项决策,特别是一时不能理解或者不易理解的决策,如改革中采取的一些措施,能否切实地得到贯彻落实,关键在于下级是否真正理解,这就需要良好的上下沟通,获得广大职工的理解、支持,否则就会出现上有政策、下有对策的现象,即使下级违心接受,也只能是消极执行,不可能有积极性和创造性。因此,上级对下级所犯错误或存在的问题,只要不是原则性的,就应该采取沟通方式,使其认识到错误或问题的性质、原因及后果,这样才能真正促使其转变认识,端正态度,改正错误。

(四)沟通是适应外部环境的重要途径

组织同外部的沟通是组织沟通的重要内容之一,通过这种沟通,组织可以从外部环境中获得生存和发展所需的信息。这一点对正处在信息化时代的各类组织都是十分重要的。例如,企业要想在市场经济中求生存、谋发展,就必须了解顾客的需要,拿捏市场规律,把握市场动态,这样才能生产出适销对路的产品。此外,还必须让市场了解本企业的产品,激发用户的购买欲望。所有这些,都需要企业与市场之间进行充分的信息交流,也正因为如此,当今广告业才兴旺发达,它是企业与用户间沟通的重要手段。再如高等院校,培养什么样的人才,也是一个“适销对路”的问题,关系到学校的兴衰,也需要学校与外界进行信息交流。一句话,闭门造车,对外界不闻不问,必将被社会淘汰。

第二节 沟通的障碍与克服

在管理实践中，沟通障碍是普遍存在的。由于存在着外界干扰以及其他种种原因，信息往往被丢失或者扭曲，使得信息的传递不能发挥正常的作用，困扰了管理者，使管理者的管理效率下降。信息沟通的障碍有来自信息沟通过程中内部方面的因素，也有来自信息沟通过程中所遇到的各种外部因素。

一、沟通的障碍

(一)信息沟通过程中的障碍

信息沟通过程中的障碍主要是指信息从发送者到接受者的传递过程中遇到种种干扰或问题，使信息失真，影响了沟通的效果。这些障碍主要体现在以下三方面。

1. 发送者方面的障碍

这方面的障碍主要体现为信息发送者对信息表达的障碍。发送者要把自己的观念和想法传递给接受者，首先必须通过整理变成双方都能理解的信号。也就是说，要把传达的信息表达出来，并表达得十分清楚。这方面容易出现障碍的情况主要有：

(1)过滤。过滤指发送者有意操纵信息，以使信息显得对接受者更为有利。例如，一名管理者告诉上级的信息都是上级想听到的东西，这名管理者就是在过滤信息。这种现象在组织中经常发生吗？当然是的。当信息向上传递给高层经营人员时，下属常常压缩或整合这些信息以使上级不会因此而负担过重。在进行整合时，个人的兴趣和自己对重要内容的认识也加入进去，因而导致了过滤。通用电气公司的前任总裁曾说过，由于通用电气公司每个层级都对信息进行过滤，使得高层管理者不可能获得客观信息。过滤的主要决定因素是组织结构中的层级数目。组织纵向上的层级越多，过滤的机会就越多。

(2)错觉。错觉即歪曲的知觉，也就是把实际存在的事物歪曲地感知为与实际完全不相符合的事物。精神病人经常有错觉，如把屋顶上的圆形灯看成是人头。正常人也有错觉，如处于身体疲乏、精神紧张、心理恐惧等的时候都可能产生错觉，但正常人的错觉一般通过验证能较快地纠正和消除。

(3)信息发送人信誉不佳。信息发送人发出的信息之所以不被信息接受人重视，常常是因为收方对发方的人品、经验等不信任，甚至厌恶。因此，管理者在与人交往中要做到“言而有信”，以便获得良好的信誉。

(4)语言障碍。发送者采用不当的语言符号来表达自己的意思，如接受者听不懂的语言或行话，或口头语言和体态语言表达不一致时导致别人的误解等。同时，沟通过程中发送者表达能力不佳，词不达意、口齿不清或字体模糊，也易使信息失真。

2. 信息传递过程中的障碍

在信息传递过程中，常出现以下障碍：

(1)渠道或媒介选择不当的障碍。由于所选择的渠道或媒介与信息符号不匹配，导致信息无法有效传递和信息传递失真,如向不懂英语的员工讲英语、向文盲员工发一张书面通知等。

(2)时机不当的障碍。抓住有利时机及时传递信息能增强信息沟通的价值。不合时机地发送信息,对于接受者的理解将是一个难以克服的障碍。时间的耽搁或拖延,会使信息过时无用。

3. *接受者方面的障碍*

在沟通过程中,接受者接到信息符号后进行解码,变成对信息的理解。常出现以下障碍:

(1)选择性知觉的障碍。接受信息是知觉的一种形式。由于种种原因,人们总是习惯接受部分信息,而摒弃另一部分信息,这就是知觉的选择性。知觉选择性所造成的障碍,既有客观方面的因素,也有主观方面的因素。客观因素(如组成信息的各个部分)的强度不同、对接受人的价值大小不同等,都会致使一部分信息容易引人注意而为人接受,另一部分则被忽视。主观因素也与知觉选择时的个人心理品质有关。在接受或转述信息时,符合自己需要的、与自己有切身利害关系的,很容易听进去;而对自己不利的、有可能损害自身利益的,则不容易听进去。这些都会导致信息歪曲,影响信息沟通的顺利进行。在沟通过程中,接受者会根据自己的需要、动机、经验、背景及其他个人特点有选择地去看或去听信息。解码的时候,接受者还会把自己的兴趣和期望带进信息之中。

(2)情绪的障碍。在接受信息时,接受者的感觉也会影响到他对信息的解释。不同的情绪感受会使个体对同一信息的解释截然不同。极端的情绪体验,如狂喜或悲痛,都可能阻碍有效的沟通。这种状态常常使人无法进行客观而理性的思维活动,代之以情绪性的判断。

(3)接受者的畏惧感以及个人心理品质的障碍。在实践中,信息沟通的成败主要取决于上级与上级、领导与员工之间全面有效的合作。但是在很多情况下,这些合作往往会因下属的恐惧心理以及沟通双方的个人心理品质而形成障碍。一方面,如果主管过分威严,给人造成难以接近的印象,或者管理人员缺乏必要的同情心,不愿体恤下情,都容易造成下级人员的恐惧心理,影响信息沟通的正常进行。另一方面,不良的心理品质也是造成沟通障碍的因素。

(4)信息过量的障碍。在现代组织中,一些管理人员经常埋怨他们被淹没在大量的信息传递中,因而对过量的信息采取不予理睬的办法。

(5)反馈过程中的障碍。信息只有通过反馈才能建立有效的沟通过程。在反馈过程中,由于反馈渠道本身的实质和使用以及反馈过程中可能出现的信息失真等,都会给有效沟通带来障碍。

(二)信息沟通环境方面的障碍

组织中的信息沟通,除了受沟通过程本身各因素的影响外,还受环境因素的影响,主要表现在以下三方面。

1. 组织结构方面的障碍

在管理中,合理的组织机构有利于信息沟通。但是如果组织机构过于庞大,中间层次太多,那么信息从最高决策传递到下属单位,不仅容易产生信息的失真,而且会浪费大量时间,影响信息的及时性。同时,自上而下的信息沟通,如果中间层次过多,同样也浪费时间,影响效率。有的学者统计,如果一个信息在高层管理者那里的正确率是100%,到了信息的接受者手里可能只剩下20%的正确率。这是因为在进行这种信息沟通时,各级主管部门都会花时间把接受到的信息自己甄别,一层一层地过滤,然后有可能将断章取义的信息上报。此外,在甄选过程中还掺杂了大量的主观因素,尤其是当发送的信息涉及传递者本身时,往往会由于心理方面的原因造成信息失真。这种情况也会使信息的提供者望而却步,不愿提供关键的信息。因此,如果组织机构臃肿,机构设置不合理,各部门之间职责不清、分工不明,形成多头领导,或因人设事、人浮于事,就会给沟通双方造成一定的心理压力,影响沟通的进行。

一般来说,组织层级越多,信息的失真率越高。一项研究表明,企业董事会的决定通过五个等级后,信息损失平均达80%。其中,副总裁一级的保真率为63%,部门主管为56%,工厂经理为40%,第一线工长为30%,职工为20%。

2. 组织文化方面的障碍

组织文化是一个组织所创造和形成的以一定的价值观为核心的一系列独特的制度体系与行为方式的总和。由于组织文化是组织中员工的价值观的根本体现,在很大程度上影响着员工的各种行为。因此,它对组织中的信息沟通也有着深刻的影响。例如,在一个崇尚等级制度、强调独裁式管理方式的组织里,信息常常被高层管理者垄断,有用的信息得不到传递,人与人之间的沟通缺乏互动性和开放性,自上而下的沟通行为通常不受重视。组织中的制度体系则直接规定了组织中信息传递的渠道和方式,不合理的制度体系在很大程度上给有效沟通设置了障碍。

3. 社会环境方面的障碍

不同的社会环境有不同的文化价值观,各种不同的文化价值观影响下的沟通行为有很大的区别。例如,美国文化背景下组织中的上下级关系的沟通显得较为民主,下级可以直接向上级或上级的上级提出自己的意见;而在日本的公司中,等级森严,沟通一般都是逐层进行的,所以日本公司中人们之间的交往较为慎重;在我国的组织中,人们的沟通行为更多地受社会关系的影响,所以组织中非正式渠道的沟通作用更加重要,人际关系的作用在组织沟通中至关重要。特别是在跨文化的组织里,不同价值观影响下的跨文化沟通障碍显得更加明显和复杂。

二、如何克服沟通障碍

(一)沟通要有认真的准备和明确的目的性

沟通者自己首先要对沟通的内容有正确、清晰的理解。重要的沟通最好事先征求他人意见，每次沟通要解决什么问题、达到什么目的，不仅沟通者清楚，要尽量使被沟通者也清楚。此外，沟通不仅是下达命令、宣布政策和规定，而且是为了统一思想、协调行动，所以沟通之前应对问题的背景、解决问题的方案及其依据和资料以及决策的理由和对组织成员的要求等做到心中有数。

（二）沟通的内容要确切

沟通的内容要言之有物，有针对性，语意准确；尽量通俗化、具体化和数量化。避免含糊的语言，更不要讲空话、套话和废话。

（三）诚信诚意的倾听

有人对经理人员的沟通做过分析，一天用于沟通的时间占70%左右。其中，撰写占9%，阅读占16%，言谈占30%，用于聆听占45%。但一般经理都不是一个好听众，效率只有25%。究其原因，主要是缺乏诚意。缺乏诚意大多发生在自下而上的沟通中。因此，要提高沟通效率，必须诚心诚意地去倾听对方的意见，这样对方也才能把真实想法说出来。

（四）提倡平行沟通

所谓平行沟通，指车间与车间、科室与科室、科室与车间等组织系统中同一个层次之间的相互沟通。有些领导整天忙于当仲裁者的角色，而且乐于此事，想以此说明自己的重要性，这是不明智的。领导的重要职能是协调，但这里的协调主要是目标的协调、计划的协调，而不是日常活动的协调。日常活动的协调应尽量鼓励平级之间进行。

（五）提倡直接沟通、双向沟通、口头沟通

美国曾有人找经理们调查，请他们选择良好的沟通方式，55%的经理认为直接听口头汇报最好，37%喜欢下去检查，18%喜欢定期会议，25%喜欢下面给写汇报。另外一项调查是部门经理们在传达重要政策时认为哪种沟通最有效，共51人（可多项选择），选择召开会议口头说明的有44人，亲自接见重要工作人员的有27人，在管理公开会上宣布政策的有16人，在内部备忘录说明政策的有14人。这些都说明倾向于面对面的直接沟通、口头沟通和双向沟通者居多。

一个企业的领导者每天应到车间、科室转转，主动问问有些什么情况和问题，多与当事者商量。日本不主张领导者单独办公，主张大屋一体办公，这些都是为了及时、充分、直接地掌握第一手资料和信息，不仅能了解生产动态，而且也能了解职工的士气和愿望，还可以改善人际关系。某些工厂工人连车间主任和厂长都见不到，这不是成功领导者的形象。

（六）设计固定的沟通渠道，形成沟通常规

这种方法的形式很多，如采取定期会议、报表、情况报告、相互交换信息的内容等。

克服沟通障碍不只是工作方法问题，更根本的是管理理念问题。发达国家的现代企业流行的“开门政策”和“走动管理”，是基于尊重个人、了解实情以及组成团队等现代管理理念，沟通只是这种理念的实现途径。因此，如何克服沟通障碍，以及如何建立高效、通畅的沟通，都不应就事论事地解决而应站在管理理念和价值观的高度，妥善地加以处理。

第三节 协调概述

1916 年法约尔在其名著《工业管理与一般管理》中指出，管理活动有五项职能，即计划、组织、指挥、协调和控制，协调是其中之一。后来许多管理学家认为，管理的其他职能都有协调之意，所以不要把协调从管理的职能里独立出来。尽管如此，把协调作为管理的一项重要职能在实践中是必需的，协调能力也应是管理者必须掌握的最重要的能力之一。协调的功能就是通过正确处理组织内外各种关系，为组织发展创造良好的内部条件和外部环境，从而促进组织目标的实现。组织内经常因目标不一致而出现矛盾、冲突，这就需要管理者通过协调加以解决。协调最基本手段就是加强信息沟通。

一、协调的含义、作用和要求

(一)协调的含义

协调作为管理的一项职能，是理顺组织内外关系，消除不和谐、不平衡状态，加强各方合作，以便为实现组织目标创造良好的环境的过程。协调是创造环境的工作，这里所说的环境是指社会环境，而不是物理环境。组织目标的实现需要组织内部各方面的力量相互配合，需要组织外部有关方面的支持，然而这种配合与支持不是自发形成的；相反，由于利益、认知、情感等方面的差异，不和谐甚至矛盾和冲突常常出现，从而影响组织目标的实现。管理者的职责之一就是，通过各种途径，理顺组织内外关系，获取各方面的支持与配合，形成有利于目标实现的组织氛围。

管理学家法约尔把协调当作管理职能，但又没有严格区分管理职能与管理要求的概念。他在其名著《工业管理与一般管理》中写道，“协调就是指企业的一切工作都要和谐地配合，以便于企业经营的顺利进行，并且有利于企业取得成功”。接着他列举了人、财、机、具、物要保持一定比例和配套合用，收支要成比例，生产设施与生产需求要成比例，产供销要成比例，企业各项工作更要兼顾、先后主次有序等。最后他归纳说，“总之，协调就是让事情和行动都有合适的比例，就是方法适用于目的”。它要求企业各部门、部门内各成员都要对自己在完成企业共同目标方面必须承担的工作和应相互提供的协助有准确的认识；同时，必须反对各自为政、互不通气和不顾企业整体利益的行为。

像企业这样的组织，是由人、财、物、技术、信息等要素共同构成的。企业要正常运转，就必须根据企业经营目标对各生产要素进行统筹安排和全面调度，使各要素能够均衡配置，各环节相互衔接、相互促进。这里的统筹安排和全面调度就是协调，它需要通过管理者的管理行为来执行。其实，这种协调就是理顺组织内部的各种关系，如部门间的关系、员工与员工之间的关系、上下级间的关系等。同时，企业是开放的系统，在其运转过程中必然会与外部环境发生多种关系，如企业与政府的关系、企业与消费者的关系、企业与新闻界的关系等。这些关系的处理是否得当，也会影响企业的正常运转。因此，管理者必须正确处理好这些关系，为企业正常运转创造良好的条件和环境。

总之，协调就是正确处理组织内外各种关系，为组织正常运转创造良好的条件和环境，促进组织目标的实现。因此,从一定意义上说,管理者的任务之一就是协调关系。协调如同“润滑剂”,是组织凝聚力的源泉之一。

(二)协调的作用

1. 优化氛围,满足需要

若个人目标与组织目标相一致,人们的行为就会趋向统一,组织目标就容易实现。但是,我们知道人们加入组织是为了满足个人的某些需要,如生存的需要、安全的需要、尊重的需要等,这使得个人目标往往与组织目标不能完全一致。管理者可以通过协调工作使个人目标与组织目标相辅相成,从而促进组织目标的实现。一个相互协调、和谐、合作的文化氛围是大多数人向往的,搞好协调工作,可以优化人们的工作与生活环境,提高人们的工作和生活质量,直接满足人的需要,从而稳定队伍、留住人才、调动积极性。同时,良好的协调可以改善组织形象,从而获得多方面的支持。日本企业各级主管支持各种非正式组织,如同学会、同乡会、钓鱼协会、围棋协会,其目的之一就是以此协调上下级关系。

2. 消除对抗,实现共赢

在市场经济中,竞争是难免的,但竞争也要讲策略,未必一定要争个你死我活,在许多情况下要通过协调实行合作竞争。人与人之间、人与组织之间、组织与组织之间的矛盾和冲突是不可避免的,并且这种矛盾和冲突如果积累下来,就会由缓和变为激烈、由一般形式发展到极端形式。如果这样下去,轻则干扰组织目标的实现,重则会使组织崩溃、瓦解,所以管理者必须通过协调很好地处理和利用冲突,发挥冲突的积极作用,并使部门之间、人与人之间能够相互协作,很好地配合。

3. 改善配合,提高组织效率

协调可以起到动员各方面资源、集中解决主要矛盾的作用,可以改善各方面活动的衔接、缩短整个活动的周期,从而达到提高效率的目的。协调使组织的各部门、各成员都能对自己在完成组织总目标中所需承担的角色和职责以及应提供的配合作用有明确的认识,组织内所有力量都集中到实现组织目标的轨道上来,各个环节紧密衔接,各项活动和谐地进行,而各自为政、相互扯皮、不顾组织整体利益的现象则会大大减少,从而极大地提高组织的效率。

4. 实现优势互补,增强组织功能

中国人熟知的一个故事很能说明这个问题。一个盲人与一个瘸子在同一个房间,房屋突然失火,两人都很着急,都要夺门逃生,但是盲人苦于找不到门,瘸子虽然能看见门却无法行动,这时两人迅速商议,决定合作,盲人寻声找到瘸子,背上瘸子后,按照瘸子所指方向夺门而出,结果两人同时得救。显而易见,这两位值得同情和赞扬的残疾人,是通过协商结成联盟,不是组织、控制的结果,是协调的成果。

5. 改善形象,多获支持

注重沟通,容忍和尊重对方,还可以改善组织形象,争取各方面对企业的支持。

(三)协调的要求

协调的出发点是什么?协调应当有什么样的结果?这是实施协调所必须明确的问题。

1. 协调应有助于组织目标的实现

协调本身只是为实现组织目标创造良好的环境，是保证计划顺利贯彻的手段；协调应化解矛盾、统一认识，减少内外不必要的资源消耗，使组织能集中资源（包括领导精力）于主要目标。如果协调的结果是改变了组织的方向，那么就是失败的协调。例如，劳资双方发生冲突，由你去帮助协调，而结果是解散了企业，虽然冲突消除了，但这绝不是协调的初衷。

在协调活动中，要防止为了摆平关系而到处许愿、妥协，导致资源的分散，使组织的主要目标无法实现。也要防止管理者为协调而当老好人，使工作效率大大降低。

2. 协调应有利于保持组织的活力

协调一般要求某些部门或主体改善其行为，但应注意保护组织成员的积极性，如果协调的结果是死气沉沉，那么协调就是失败的。例如，市场上出现互相降价的恶性竞争，使行业生产力受到严重损害，这时制订行规以协调同业竞争行为是必要的。但如果只规定一个统一的最低销售价，就会挫伤企业降低成本的积极性，这是不可取的。

3. 协调要有利于形成既能统一意志又相互制衡、长期稳定的局面

矛盾和冲突不能任其发展，否则难以集中精力于主要目标。但由不同人群组成的社会系统有不同的观点和要求也是正常的，过分强调协调，如果不给人说话的权利与机会，甚至搞一人当政、一言堂，破坏系统应有的制衡机制，就会滋生腐败，不利于形成长期稳定的局面，这样的协调是不可取的。

4. 协调要计算成本

协调需要付出代价（包括时间），不同利益主体还要调整预定目标、做出某些牺牲，但是不能为了协调而不惜一切代价。

二、协调的原则

（一）目标统一原则

协调的目的是，使组织成员充分理解组织的目标和任务，并使个人目标（或群体目标）与组织目标相一致，从而促进组织总目标的实现，所以管理者的协调工作必须围绕组织总目标进行。

（二）效率原则

协调的目的不是掩盖、抹杀问题，也不是“和稀泥”，而是通过发现问题、解决问题，使部门之间、个体与个体之间更好地分工和合作，使每个人都能满腔热忱、信心十足地去工作，从而提高组织效率。

（三）责任明确原则

明确责任是协调的基本手段。明确责任就是规定各部门、各岗位在完成组织目标方面所应承担的工作任务和职责范围。除了要明确自己的职责范围，还要明确互相协作的责任，提倡部门间、职工间发扬主动支援和积极配合的精神，反对各自为政、相互扯皮的恶劣作风。

（四）加强沟通原则

沟通是协调的杠杆，组织内部以及组织与外部环境之间的信息沟通越有效，彼此间的理解、支持就越容易建立，发生误会、摩擦、扯皮的可能性就越小，而组织的协调性就越强。所

以，管理者在其工作中要拿捏有效的沟通技能，合理选择信息沟通渠道，积极排除沟通障碍，充分发挥信息沟通在协调中的积极作用。

三、协调的内容

像企业这样由多要素组成的、开放的组织，在其生存和发展过程中需要协调的关系很多也很复杂，但它们大体上可以分为两部分：一部分是企业内部关系，如企业与股东的关系、产供销间的关系、上下级间的关系、生产技术设备与生产任务间的关系等；另一部分是企业与外部环境间的关系，如企业与消费者的关系、与政府部门的关系、与供应商的关系等。通过对组织内部关系的协调，可以使组织内部各种力量都统一到为实现组织目标而努力的轨道上来；通过与外部的沟通、协作，可以为组织发展创造良好的外部环境。

（一）组织内部协调

组织要顺利地运转，必须根据组织总目标的要求，对组织各要素进行统筹安排和合理配置，并使运行各环节相互衔接、相互配合。在要素配置过程中，就产生了各种各样的关系。例如，企业中有产品销售与生产能力的关系、生产任务与原料供应的关系、生产任务与生产技术准备的关系、资金需求与资金筹措间的关系等。这些关系又大多表现为部门与部门间的关系。

对生产要素进行协调时，主要的工具是计划和规章制度。在企业发展中，要编制的计划主要有企业发展总体规划、销售计划、生产计划、供应计划、财务计划、人力资源计划等。在编制计划时要注意三点：一是加强信息传递、沟通，使计划工作有充分、准确的依据；二是学会使用滚动式计划法，因为这种方法能够灵活地适应环境变化；三是实施目标管理，建立组织目标体系，并把目标的完成情况作为各部门和个人考核的依据。

完善、科学的规章制度是协调工作能够顺利进行的基本保证。企业的规章制度主要由管理制度、工作制度或程序等组成。管理制度是为了规范企业内各种关系而制订的，它明确了各部门在完成企业目标中应承担的职责范围以及应提供的配合，这是协调工作的依据。例如，生产技术准备制度、原材料供应制度、质量管理制度、财务管理制度、考核制度等。工作制度或程序主要说明工作任务及要求、工作程序、责任范围等，是每个工作岗位上的行为的依据。

会议也是协调的重要方式。横向部门间可采用定期或不定期的会议方式加强彼此间的联系、沟通，如联席会、调度会、信息发布会等。通过协调性会议，使横向部门间步调一致、进展平衡、相互衔接，按期完成任务。

企业与股东关系的协调。企业与股东的关系是重要的内部关系。在所有权和经营权相分离的现代企业制度下，股东出资形成了企业的原始经营资本，并交由专门的经营管理层来运营，所以没有股东也就没有现代企业。在企业经营过程中，如果股东都对企业失去信心而抛出手中的股票，企业价值将急剧下降并将被停业整顿。因此，良好的股东关系是企业生存和发展的基础。

协调企业与股东关系的目的是，通过加强企业与股东间的信息沟通，争取现有股东与潜在投资者的了解、信任和支持，最大限度地扩大企业资金来源。在协调企业与股东的关系

时,应做好以下工作:

(1)完善企业法人治理结构,在产权清晰和责权利统一的基础上,实现对企业控制权的合理配置,在企业所有者和经营管理者之间形成相互制衡的机制以及有效的激励和约束机制,以最大限度地提高企业运营效率。目前,我国企业在治理结构方面仍存在十分突出的问题。例如,政企不分和所有者缺位、缺乏对经营者有效的激励和约束机制、“内部人控制”等。针对这些问题,在今后的改革中必须做到通过股权结构多元化,强化所有权对经营者的约束;进一步明确董事会的权利、责任和法律地位;对企业经理人员实行有效的激励和约束制度;理顺新老“三会”之间的关系等。

(2)企业,尤其是上市的股份公司,应按《公司法》和《证券法》的要求规范自己的信息披露行为,为投资者提供充分、准确的投资信息,包括公司财务报告、资金使用情况、股利政策以及公司经营方案等。通过提供信息,加强与股东和社会公众的交流、沟通,促进了解和信任。

组织内部人际关系的协调。组织内部的人际关系主要指的是正式组织以外的非正式关系。例如,同学关系。非正式群体关系、亲朋关系等。这些关系一般是自愿、自发的人际关系,所以往往比正规的、自上而下(或自下而上)的沟通渠道更迅速、更有效、更富于弹性,并成为密切企业与员工感情、提高企业内聚力的重要途径。

协调组织内部人际关系的目的是提高员工对组织的归属感、认同感和组织内聚力,使所有员工团结一致,共同为实现组织目标而努力。协调组织内部人际关系应坚持以下原则:

(1)相互尊重,平等待人。与人交往最重要的是要尊重对方,不管对方是你的上级还是下级,或是同级,都应一视同仁,不能因对方级别低或知识少等而歧视对方,也不能因对方地位显著就趋炎附势。相互尊重是进行有效沟通的基础,也是建立良好关系的前提。

(2)互助互利。个体都是因一定的个人需要而加入组织的,所以在协调组织内部人际关系时,要尽可能满足个体的一些需要,这是提高个体工作热情以及其对组织归属感的重要手段。

(3)诚实守信。诚实守信是做人的基本原则,也是处理人际关系时应坚持的基本原则。对人诚实,才能取得对方的信任;信守承诺,才能继续交往。

(二)组织与外部环境的协调

1.组织与消费者的关系

市场经济体制下,企业与消费者的关系可以说是“唇齿相依”的关系。没有了消费者,企业就失去了生存的基础。建立和维护良好的消费者关系,是企业发展中的头等大事。

协调企业与消费者关系的目的是促进企业与消费者的有效沟通,在企业与消费者之间建立起相互了解、相互信任、相互依存的关系,并使企业及时、准确地掌握消费者需求变化的趋势,为消费者提供有价值的产品或服务,在消费者心目中建立起良好的企业形象。

协调企业与消费者的关系,需要企业牢固树立消费者导向观念,在经营决策中充分考虑消费者需要,在经营管理中处处为消费者着想,只有这样才能赢得消费者的信任和支持。为协调好与消费者的关系,企业需做好以下工作:

(1)做好市场调查和市场预测。应了解、掌握消费者需求变化的趋势,以及消费者对企业生产、经营、管理等方面的意见和要求,并通过提供及时、优质、独特的产品或服务,满足消费者的需要。同时,还可通过广告、专题报道等形式,向消费者宣传企业经营理念、文化、宗旨及经营状况,促进消费者对企业的了解和良好企业形象的建立。

(2)改进、完善企业服务体系(包括售前、售中、售后)。良好的服务可以使消费者高兴而来、满意而去,并增加连续的消费欲望和购买行为。其中,积极的售前服务引导消费,热忱的售中服务可以促进购买和消费,良好的售后服务则是企业信誉的保证。此外,还可以把服务体系作为信息反馈的重要渠道,通过它收集有关消费者的信息,改进产品或服务。

(3)认真对待消费者投诉、质询、批评和纠纷。再好的消费者关系也难免出现冲突、纠纷,而当出现这种情况时,最好的解决办法就是认真分析引起投诉的原因,及时、妥善地处理实际问题,认真、严肃地回答质询。

(4)积极寻求与社会上的消费者组织进行合作,为消费者提供必要的信息,指导消费者如何识别和正确使用产品,如何根据自己需要选择产品。此外,企业还可以在这些组织的帮助下获取有关消费者的信息。

(5)既要重视未来的新消费者,也要维系好与老消费者的关系。开拓新市场、吸收新消费者是企业不断发展的条件之一,但维系、保持住现有的老消费者同样重要,因为老消费者是直接验证和推销企业产品的一支重要力量,起着宣传企业和产品的重要作用。维系老消费者的方法有与他们通信、开座谈会等。通过这些活动,征求他们的意见或建议,以改进企业的经营管理。

2. 企业与政府的关系

这里的政府不是指作为国有资产所有者的政府,而是指作为经济、社会管理部门的政府。政府控制着工商、税务、法律等监督和管理手段;同时,政府还可以通过宏观经济政策对企业施加引导。企业等组织作为社会的一员,必须接受政府的统一监督和管理。协调好企业与政府的关系,是企业对外关系中的重要内容,它有助于企业的顺利发展和目标的实现。

(1)协调与政府的关系,加强企业与政府的信息沟通。一方面,企业要认真学习、理解政府的方针政策和法律法规,为企业决策提供政策和法律依据,保证企业的一切活动都能够在政策法律许可的范围内进行,并随时按照政策法令的变化修正自己的行为。另一方面,利用一切可能的时机和渠道,向政府有关部门反映经济生活中的实际情况和要求,主动提出政策建议或方案供政府决策参考,提高政府行为的合理性、有效性。

(2)熟悉政府机构的内部层次、部门职能和办事程序,这样可以提高办事的效率。

(3)利用一切机会扩大企业在政府部门的影响和信誉,如利用新项目奠基的机会邀请政府有关领导参加奠基仪式。通过这样的活动可以提高政府对企业的信心和重视程度,以便在政策上获得政府的支持。

(4)正确处理企业利益与国家利益的关系。不能为了企业利益而不顾国家的大利益,甚至损害国家利益,杜绝偷税漏税等违法行为的发生。

3. 企业与新闻界的关系

新闻界指报纸、电视台、电台等大众传播媒介机构。新闻界通过新闻报道、新闻评论、开展社会讨论等形式来引导公众舆论。新闻界既是企业处理对外关系的一个重要媒介，同时也是企业对外关系中的一个重要方面。企业可以借助新闻界迅速扩大影响，塑造自己的良好形象，加强与政府、消费者等外界间的沟通。但是，如果企业社会舆论不利，则可能扼制企业的生存和发展机会。新闻界对企业有一定的监督作用。因此，企业与新闻界的关系是一种只能搞好、不能搞坏的重要关系，必须认真对待。企业协调与新闻界的关系，应注意以下三点：一是尊重新闻界人士，了解他们的工作性质和工作方式，给予工作上的方便和合作，提供真实信息，一方面宣传自己，另一方面也为新闻界提供了新闻源。二是与新闻界的沟通、联络应保持经常性，增进双方的相互了解和信任。三是根据新闻媒体的特点、背景选择合适的新闻中介。

4. 企业与社区的关系

社区是指人们共同生活的一定区域，如城镇、街道等。任何组织都是在一定的社区中生活的，因而必然与社区及社区中的社会公众发生种种联系。这就要求企业必须从多方努力，搞好与社区的关系，以取得社区的支持，使企业能够顺利地发展。企业之所以要建立和维持与社区之间良好的关系，是因为企业可以从社区那里得到以下帮助或资源：一是可靠的后勤服务，如水、动力、交通条件等，这样可以减轻企业的一些负担，避免了“大而全”“小而全”和企业办社会所带来的种种弊端；二是为员工创造良好的生活环境；三是充足的劳动力资源；四是扩展一定的消费和购买力。出于以上对社区的需要，企业希望建立并维护良好的社区关系，以保证企业顺利运转。而社区是否接受企业，取决于企业能否给社区带来利益。一般来说，除了缴纳税金、提供产品或服务外，企业还可以给社区带来以下利益：维护社区环境，增强社区吸引力；支持社区公益活动；维持社区稳定；促进社区经济发展等。

企业社区化是建立和维持良好社区关系的根本方法。企业社区化是指通过接受、吸取社区文化并以自己的行为反作用于社区，从而使企业被社区公众接受、爱戴并融为社区一员。在实现企业“社区化”的过程中应注意以下三点：

(1)加强企业与社区之间的沟通，使企业了解社区的政治、经济、文化背景，并能够及时掌握社区对企业的看法和要求，促进企业改善经营管理。同时，也使社区全面了解企业的宗旨、目标和特色，促进相互理解、相互信任关系的建立。

(2)企业要像爱护自己的家园一样爱护社区，拿出适当的人力、物力促进社区建设，在生产安全、环境卫生、社会秩序、公共设施、社区活动等方面发挥中坚作用，担负起自己应尽的社会责任，从而树立一个“合格公民”的良好形象。企业要遵纪守法，防止发生任何危害社区公众利益的行为。

(3)妥善处理与社区间的冲突、摩擦。再好的关系也难免发生摩擦、冲突。当问题发生时，企业必须认真、妥善地给予处理。处理问题要在相互理解和尊重的基础上进行，要以社区整体利益为出发点。

四、协调与其他管理职能的关系

（一）协调与计划

计划是主观意图，计划的实现除了要由组织提供功能实体、由激励增强动力、由控制消除偏差，还要协调改善环境。没有一个良好的环境，如企业与政府部门发生冲突，或与社区发生冲突，计划是根本无法实现的。

系统的协调状态当然要靠计划保证，如各种生产要素的匹配、平衡，各项活动的衔接、平衡，都要事先考虑好，做出妥善安排；但计划毕竟只是主观意图，实际的协调状态要靠组织工作、激励工作、协调工作及控制工作去实现。

（二）协调与组织

合理的体制是保证生产要素相互平衡、各项活动相互衔接的基础，如各类人员的平衡、人与事（包括人与器、工具）的匹配、供产销活动的衔接等，可通过合理定员、科学的人员配备以及明确分工、责任、工作程序予以保证。但组织体制不能解决所有的平衡、衔接问题，如企业内外（与合作厂商和政府部门等）的平衡衔接问题；处于动态过程中的要素失衡；活动脱节，如生产部门与供应部门对原材料质量标准认识不一致等问题，组织手段就显得很有限了，这时只能通过协商解决，而协商是协调的主要手段。

（三）协调与激励

协调与激励都是为了提高系统功能，但各有侧重。激励的任务是充足各自的动力，推动各自的努力；而协调的任务是创造良好的环境，强调的是相互关照，而不是个别努力。

（四）协调与控制

协调与控制在许多情况下是同时进行的，都是为了消除贯彻计划中的偏差，进行资源的重新配置和调度。但协调与控制的对象、手段不太一样。控制主要针对系统内部，协调则面向系统内外；控制只能是权力所及范围，因而只能在系统内进行，并且主要是自上而下进行的，协调不一定要依靠权力，控制对象可能是一个或几个，而协调总是针对几个对象。

第二十八章 战略管理

知识框架

- 战略管理
  - 企业战略的制订
    - 企业战略管理的概念
    - 战略形成的主要学派
    - 战略管理的发展
    - 战略管理的意义
  - 战略管理的过程
    - 战略分析
    - 战略制订
    - 战略实施
    - 战略评估和控制
  - 组织战略的类型
    - 公司层战略
    - 事业层战略
    - 职能层战略

第一节 企业战略的制订

一、企业战略管理的概念

随着社会环境的频繁变化，市场竞争的日益激烈、顾客需求的不断更新、科学技术的迅速发展，企业的生存与发展面临着越来越严峻的挑战。大量理论研究和实践探索表明，企业在复杂多变的经营环境中生存和发展越来越需要关注战略与战略管理。“战略”一词来自希腊语中的军事术语“strategos”，指的是在一场战争或者战斗背后所隐含的筹划、谋略与构想。《韦氏新英语大辞典》将“战略”一词定义为“谋略的巧妙运用和协调”以及“艺术性的规划和管理”。

人类的利益对抗活动远不止于军事上的战争。随着产业革命和经济的发展，“战略”这一军事用语被移植于企业的经营管理之中，企业战略理论和方法也应运而生。战略管理的启蒙思想可以追溯到20世纪初，亨利·法约尔提出管理有五大职能：计划、组织、指挥、协调和控制，其中计划职能是企业管理的首要职能，这可以说是最早出现的企业战略管理思想。到20世纪30年代，美国经济学家切斯特·巴纳德在其所著《经理人员的职能》一书中首次使用了战略概念，认为管理工作的重点在于创造组织的效率，并应使企业组织与环境相适应。这种关于组织与环境相适应的主张成为现代企业战略分析方法的基础。1962 年,美国管理学家阿尔弗雷德·钱德勒出版了《战略与结构》一书,第一次从大型企业成长史的角度,研究了企业战略与结构的相互关系,正式开始了企业战略问题的研究。

二、战略形成的主要学派

与现代市场经济和现代企业的发展相适应,很多学者积极地参与战略理论的研究,形成了多种不同的学派。亨利·明茨伯格等回顾了大量的文献,总结出了战略形成的十大学派,并将十个学派归为说明性战略、描述性战略和结构性战略三大流派。

(一)设计学派

设计学派认为战略形成是一个孕育过程。设计学派出现于 20 世纪 60 年代,是计划学派和定位学派基本理论框架的基础,它重点讨论了作为非正式设计过程的战略形成,代表人物是钱德勒和安德鲁斯。该学派认为,企业外部环境对企业战略形成有重大影响,战略形成过程实际上是把企业内部优势和劣势与外部机会和威胁进行匹配的过程。为此,该学派建立了著名的 SWOT 战略分析模型。设计学派对企业战略理论有较大贡献,特别是 SWOT 模型,至今仍在各种战略分析活动中广泛使用。设计学派的缺陷是认识过于僵化,将战略管理的制订和实施看成两个割裂的过程,因而不能动态地理解战略制订和实施的有机联系。

(二)计划学派

计划学派认为战略形成是一个程序化过程。计划学派也出现于 20 世纪 60 年代,在 70 年代曾达到短暂的高峰,其最具影响力的是伊戈尔·安索夫的《公司战略》一书。计划学派把战略制订看成更加独立和系统的正式计划过程。其主要观点是,战略管理是企业面对激烈变化和具有严峻挑战的经营环境,为求得长期生存和不断发展而进行的总体性谋划,是在符合保证实现企业使命的条件下,在充分利用环境中存在的各种机会和创造新机会的基础上,确定企业同环境的关系,规定企业从事的经营范围、成长方向和竞争对策,合理地调整企业结构和分配企业的全部资源,从而使企业获得某种竞争优势。计划学派在随后的发展中,产生了经验曲线、增长份额矩阵、市场份额与获利能力关系等概念和研究方法。但战略并不完全等同于计划,因为从战略角度分析,不论是外部环境还是内部能力都是很难计划的。

(三)定位学派

定位学派认为战略形成是一个分析过程。20 世纪 80 年代早期,经济学的影响席卷了整个战略管理领域。定位学派在沿袭计划学派和设计学派的大部分假设与基本模式的基础上,提出了自己的观点。对企业战略管理理论影响最大的当数迈克尔·波特,其著作《竞争战略》和《竞争优势》对战略管理理论具有深远的影响。波特从"产业组织"理论这一经济学领域获得启示,以企业在产业环境中的竞争地位为研究内容,提出企业战略竞争的目的是获取高于平均水平的利润,战略管理的首要任务就是选择最有盈利潜力的产业,并考虑如何在选定产业中自我定位。波特创造性地提出了一系列分析工具,如"五力模型"、产业吸引力矩阵、价值链等。定位学派第一次将战略分析的重点由企业转向产业,强调了外部环境的重要性。定位学派对战略管理的理论和实践产生了巨大的影响,提出了一个简单但具有创造性的观点:只有少数的关键战略在某一既定的产业被重视和被认为符合要求,即通用战略。由于产业边界的模糊性和产业结构不稳定的影响，且该学派缺乏对企业内部环境的综合分析，客观上导致企业忽视了内部资源的重要性，把重点放到了产业的选择上。

(四)企业家学派

企业家学派认为战略形成是一个构筑愿景的过程。企业家学派认为具有战略洞察力的企业家是企业成功的关键，战略形成主要集中于企业领导人身上，他们凭借其直觉、智慧、经验以及洞察力等进行直觉判断以决定企业活动领域和发展方向。这一学派最核心的概念就是愿景，它是对战略的心理描述，产生于或至少是表现在领导者的头脑之中。愿景既是一种灵感，也是一种对战略任务的感觉，战略在总体思路和方向上是深思熟虑的，但在具体细节上又是可以随机应变的。企业家学派的特征在于过分强调领导者的个性和战略直觉的重要性。因此它比较适用于新建企业和处于转型期的企业，这两种情况格外需要具有敏锐直觉的强有力的领导来引导企业发展的方向。企业家学派完全用个别企业领导人的行为来展现战略的形成，但对战略形成这个过程却从未细致地论述过。这样要么很容易纠缠在企业经营活动的细节中，从而失去战略思考的眼光，要么脱离实际，容易沉湎于战略远见的空中楼阁里。

(五)认知学派

认知学派认为战略形成是一个心智过程。认知学派是借鉴人类认知学科的相关知识，特别是认知心理学领域的研究成果，探索战略形成过程的本质。该学派认为战略形成是一种发生在战略家思想中的认知过程，战略表现为不同的认知视角，包括概念、地图、计划和框架，它们决定了人们如何处理环境中的输入信息。由于战略家主要是通过直接获取经验来形成自己的知识结构和思维过程的，经验决定其知识，知识又决定其行为，并影响后来获取的经验，所以战略的形成依赖于个人的认识，使不同的战略者具有各不相同的战略风格。认识学派揭示了战略形成过程是一个认识的过程，在战略的认识和实践(经验)之间架起了一座桥梁，但该学派并未阐明如何才能形成适应这种复杂信息和环境的战略。

(六)学习学派

学习学派是在对设计学派、定位学派和计划学派中的“理性”传统提出质疑的基础上形成的，认为战略形成是一个自发过程。这一学派始于1959年林德布罗姆发表的文章《“蒙混过关”的科学》，随后1980年奎因所著《应变战略：逻辑渐进主义》一书的出版是学习学派的一个新标志。该学派认为，组织所处的环境具有复杂和不可预测的特性，所以战略的制订只能在不断学习的过程中形成和执行，战略形成与发展就是思想与行动、控制与学习、稳定与改变相结合的艺术性过程。由于战略的过程导向，不仅企业最高领导需要学习，领导集体都必须学习，领导的作用不再是预先决定战略，而是组织战略学习的过程。学习学派强调了学习的过程和集体的智慧，在面临转折、需要新战略和专业性强的组织中比较有效和适用，但这样也可能会导致找不到合适的战略或引入错误的战略。

(七)权力学派

权力学派认为战略形成是一个协商过程，战略形成的过程不是某一个人，如企业领导者、战略家等，而是组织内部各种权力冲突或与组织外部各种控制力量相互妥协、谈判的结果。权力学派主要有两种观点。微观权力观把企业组织的战略制订看作一种实质上的政治活动，是组织内部各种正式和非正式利益团体运用权力、施加影响、进行谈判协商，最后达成协议的过程；宏观权力观则把组织看作一个整体，运用整体力量作用于涉及其战略利益的其他利益团体，如供应商、竞争对手等。因此，权力学派认为，战略制订不仅要注意产业环境、竞争力量等经济因素，而且要注意利益团体权力分享等政治因素。

（八）文化学派

文化学派认为战略形成是一个集体思维过程，将战略制订视为观念形态的形成和维持过程。由于日本企业经营的成功，对企业文化的研究在 20 世纪 80 年代形成一个高潮。帕斯卡尔和阿索斯的《日本经营管理艺术》对日本和美国企业经营管理的比较；彼得斯和沃特曼所著的《追求卓越》一书，也曾详细论述如何用文化优势维持组织稳定的战略观念。文化学派认为，战略制订过程本质上是根植于组织中的文化及社会价值观的作用，战略是一种观念的形式，文化倾向于维持现有战略。因此，该学派适用于稳定发展的大企业，并能有效解释在同等条件下，企业在经营行为和业绩上存在很大差异的现象。但当企业战略需要改变时，文化却可能是一种阻碍。

（九）环境学派

环境学派认为战略形成是一个适应性过程。环境学派重点研究组织所处外部环境对战略制订的影响。该理论认为，环境在战略形成过程中扮演中心角色，组织必须适应环境，并在适应环境的过程中找到自己生存和发展的位置。环境是一种抽象、模糊的力量，通过使组织进入特定的生态位置而影响战略。该理论第一次把环境当作一个重要因素来考虑，但过分夸大了环境对战略选择的影响力，对战略领导者的定位也不符合战略制订和实施过程的逻辑关系。

（十）结构学派

结构学派认为战略形成是一个变革过程。结构学派属于综合性学派，汇集了各种学派的观点。结构学派的主要观点是，企业组织及周围环境可描述为具有某些状态属性的结构体，而战略形成过程就是该结构体从一种状态到另一种状态飞跃的过程；战略管理的关键是维持结构的稳定，或者进行适应性调整；战略制订过程要根据特定时期采取特定的结构形式与内容，从而在计划、定位、观念、经营等方面产生特定战略。

三、战略管理的发展

20 世纪 80 年代末以后，在高速变革和激烈竞争的环境中，世界各国企业都在认真研究和思考如何能使企业获取稳定、持续增长的能力。在这期间，出现了很多较有影响的企业战略管理理论，其中最具影响力的是核心能力理论，它与产业结构理论一起成为战略管理最具影响力的两大主流思想，引起了战略管理的“内”“外”之争。

产业结构理论是定位学派的代表人物波特提出的思想，也就是组织战略的核心是获得竞争优势，竞争优势来源于组织所处的产业以及组织所处的相对位置。波特指出，日本企业几乎没有战略，这是因为日本企业关注经营的有效性，而不是产业的吸引力和产业中企业所处的竞争地位，而随着每个企业经营有效性的提高，必然会导致整个产业的供大于求，进而导致企业利润的下降。由于没有考虑内部因素对企业成败的影响，波特的理论无法解释为什么平均盈利水平很高的产业存在经营业绩很差的企业，而一些处于无吸引力产业的企业却能够获得高利润率，以及为什么许多企业采用多元化经营进入平均利润率高的不相关产业后却经营失败。核心竞争力理论或核心能力理论则从企业内部寻求问题的答案。核心能力理论以普拉哈拉德和哈默尔为代表，他们在对世界上优秀公司的经验进行研究的基础上提出，竞争优势的真正源泉在于企业的核心能力，即“组织的积累性学识，是能够提供给消费者特殊价值的一系列技能和技术的组合”，所以战略管理的主要因素是培植企业对自身拥有的战略资源的独特的运用能力，通过一系列的组合和整合形成自己独特的，不易被人模仿、替代和占有的核心能力，获得持续的竞争优势。作为当代管理理论的重要分支，战略管理理论随着实践的不断发展也在进一步的完善和深入，从重视战略制订过程到重视战略本身的内容，从重视组织外部环境到重视组织内部优势，从被动适应环境到主动培育组织的核心竞争力的转变。综合起来，战略管理是一组管理决策和行动，是外部竞争策略和内部管理优化的组合。对外而言，战略是确定并实施产业选择、产品和业务选择、定位和关键竞争方式的方法；对内而言，战略是选择并实施组织最优经营管理的方法。战略管理的最终目的是使企业面临竞争环境，得到长远发展。

四、战略管理的意义

战略管理日益受到越来越多企业的关注和重视，它对于企业而言有着积极的意义，这主要体现在以下几个方面。

（一）有效整合资源

随着企业之间竞争的加剧，竞争形式和内容也发生了深刻的变化，表现为企业之间在综合实力、交叉领域等的竞争。因此，单一有效的市场开拓和销售能力的竞争或企业产品、品牌的竞争已经很难长期维系企业的持续健康发展。战略管理不能再零散地从单一层面和方式上寻求如何打败竞争对手，迅速攫取利润，而应该更多考虑的是从企业整个系统和战略的高度来规划、引导企业的经营与成长。

（二）引导组织发展

战略管理的目的是根据当前所处的环境勾勒企业未来健康发展的清晰途径，解决好“做正确的事”的根本性问题，防止发生方向性偏差。战略管理具有全局性、计划性、长期性、指导性等特征，是企业核心资源和能力配置的指导性方案，是增强企业竞争力、引领企业持续发展的思想和行动纲领，担负着企业使命、经营哲学、愿景、战略目标实现的重责，也是保障企业员工、股东长期利益的重要机制。通过制订符合企业自身资源和能力特点、符合产业竞争特点、符合消费者利益的战略，能够有效地引导企业的投资、经营决策和企业内部的治理与管理机制的完善，从而更为有效地引导企业各职能部门的工作方向。

（三）适应环境变化

经济全球化的发展、科学技术的进步使得组织所在的环境发生了巨大的变化，也使得组织面临激烈的竞争和挑战，只有通过动态的战略管理过程，才能及时调整组织从事的经营范围、成长方向和竞争对策，合理地调整组织结构和配置组织资源等，使组织与环境相适应，求得组织的长期生存与发展。

第二节　战略管理的过程

战略管理是一个动态的管理过程,它是对企业的生产经营活动实行的总体性管理,是企业制订和实施战略的一系列管理决策与行为。其核心问题是使企业自身条件与环境相适应,求得企业的长期生存与发展。战略管理过程主要包括以下四个步骤。

一、战略分析

战略分析是指通过对企业的使命和目标、外部机会和威胁以及内部的优势和劣势的分析来决定企业的战略方向。

(一)使命

所谓使命,根据德鲁克的观点,就是企业存在的根本理由,即回答"我们的企业是什么"的问题。使命是核心经营理念的一部分,它反映了人们在组织中从事工作的理想动力。任何现代企业都是在社会大系统中寻找生存和发展的机会,该系统包括该企业的供应商、分销商、最终顾客、企业的战略伙伴、所在社区以及其他利益相关者。企业要获得可持续性的发展,必须找到自身存在和发展的理由,即要明确企业能够为其供应商、分销商、顾客、战略伙伴等一系列的相关利益群体创造什么样的价值。企业只有在持续不断地为它们创造价值,使各利益相关者都离不开自身的基础上,才能够获得可持续成长和发展的机会。美国红十字会的使命是改善人们的生活质量;提高自力更生的能力和对别人的关心程度;帮助人们避免意外事故,为意外事件做好充分的准备,以及处理好意外事故。里茨·卡尔顿酒店的使命是在里茨·卡尔顿酒店,为客人提供最精致优雅的个人服务和设施;在里茨·卡尔顿酒店,客人将拥有一个温暖、轻松且高雅的环境。

(二)愿景

按照彼得·圣吉在《第五项修炼》中的阐述,所谓愿景,就是组织内人们"发自内心的意愿",是企业渴求的未来状态,即回答"企业在未来将成为什么样的企业"的问题,它是一股在人们心中令人深受感召的力量。它阐明了组织的方向并帮助人理解他们为什么及如何支持组织。人们刚开始时可能只是被一个想法激发,然而一旦发展成感召一群人的支持时,它就不再是一个抽象的东西,人们开始把它看成具体存在的。在人类群体活动中,很少有像愿景这样的东西能激发出如此强大的力量。

当前,越来越多的企业开始着手建立自己企业的愿景规划。企业的愿景规划一般包括两个组成部分:一是企业在未来的10~30年要实现的远大目标;二是对企业在实现这些目标后将会是什么样子的生动描述。远大目标应该是清楚明确而且引人入胜的,它是一个共同努力的目标,是团队精神的催化剂。它有着自己明确的标准线,所以组织能够知道什么时候自己达到了目标。而生动描述是用一种形象鲜明、引人入胜和具体明确的描述,来说明实现远大目标后是什么样子,如英特尔公司的愿景是在全世界范围内达到拥有数十亿互联的电脑、数百万的服务器和数万亿的电子商务资金。

(三)目标

目标是指组织希望取得的中短期成就,它反映了组织的使命、愿景是如何被付诸实施的。将公司的战略愿景和业务使命转换成明确具体的业绩目标,能够精确评价企业和员工的业绩表现。

一般来说,组织的目标主要是指财务目标,它关注提高财务业绩,如年产值、销售额、每股收益平均年增长率、股东权益回报率、营运资金回报率等。但除财务目标外,组织还应注重提高长期的、有竞争力的商业地位,如提高公司市场占有率,在质量、服务或产品性能方面超越主要竞争对手,与竞争对手相比总成本更低,提高公司在顾客心目中的形象,在国际市场上获得更坚固的立足点,形成技术上的优势,成为产品革新方面的领导者,抓住有利的增长机会等。

(四)外部分析

外部分析是指通过对组织的运营环境进行考察,分析企业所面临的各种战略机会以及所受到的各种战略威胁。一般来说,组织的外部环境可以分为三个层次:总体环境、产业环境和竞争环境。

1. 总体环境

总体环境包括人口、经济、政策法规、社会文化、技术和全球大环境六个方面。

其中对经济、政策法规、社会文化与技术四个方面环境的评估构成了比较常用的外部总体环境 PEST 分析(见图 28-1)。

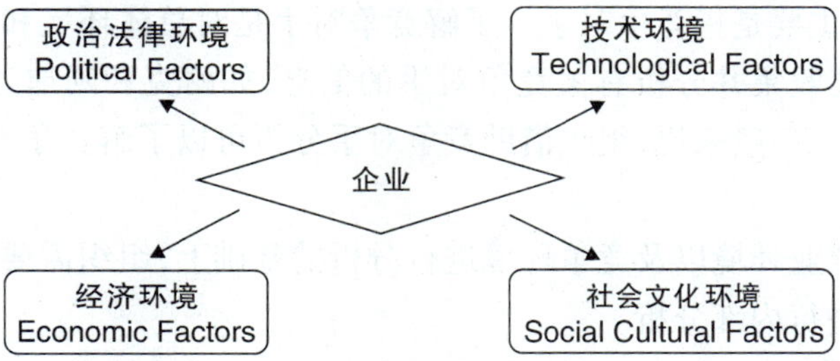

图 28-1 PEST 分析模型

2. 产业环境

与总体环境相比,产业环境对企业的影响更直接。一个产业的竞争程度和产业利润潜力可以由五个方面的竞争力量反映并决定。波特的“五力模型”是分析产业环境的主要工具,这五种力量(见图 28-2)分别是:

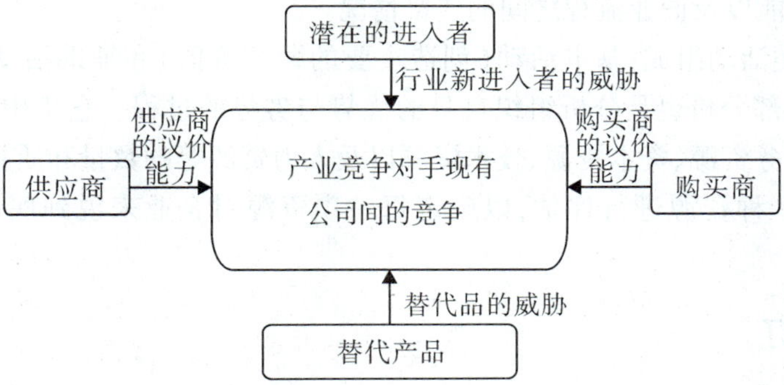

图 28-2 五力模型

(1)新进入者的威胁。新进入者进入一个产业的难易程度由规模经济性、品牌忠诚度、资本规模、预期的报复措施等因素决定。新进入者越容易进入,则产业竞争越激烈。

(2)替代产品或服务的威胁。替代品是指那些来自不同产业的产品和服务,但这些产品和服务的功能与该产业的相同或相近。转换成本、价格、质量、购买者忠诚度等因素决定了顾客对购买替代产品的偏好程度。

(3)购买者讨价还价的能力。购买者在产业中的影响程度受顾客数量、顾客掌握的信息、替代产品的可获得性等因素的影响。

(4)供应商讨价还价的能力。供应商可能会通过提高价格或降低产品的质量来对产业内的竞争企业显示自己的力量。供应商在产业中的影响力由供应商的集中度、替代投入的可获得性等因素决定。

(5)现有公司之间的竞争。产业增长率、需求变化、产品的差异等因素决定了产业中现有企业之间的竞争程度。

管理者需要对这五种力量进行评估,结合对其他环境因素,如工会、政府的力量等的分析,确定存在的威胁和机会,以此为基础选择适合的竞争战略。波特指出,管理者应该选择能够给企业带来竞争优势的战略,并进一步提出,竞争优势或者是比竞争对手更为低的成本,或者是与竞争对手的显著差异。

3. 竞争环境

这里的竞争环境主要是指竞争对手。了解竞争对手是对总体环境和产业环境分析的必要补充,也就是组织要收集并分析有关竞争对手的信息,如耐克和阿迪达斯、可口可乐和百事可乐都想了解对方。一般来说,组织借助竞争对手分析可以了解竞争对手的目标、战略意图等。

在对总体环境、产业环境以及竞争环境进行分析的基础上,组织需要评估其自身面临的机会和威胁,这就要进行内部分析。

(五)内部分析

内部分析主要是分析组织的核心竞争力。正如前面提到的,核心竞争力是能给组织创造价值,特别是给组织带来竞争优势的特定资源和能力。一般来说,判断核心竞争力的标准主要有四个,即有价值的能力、稀缺的能力、难以模仿的能力及不可替代的能力。核心竞争力的一种分析工具是价值链分析,它展示了组织的设计、生产、营销、运输等为顾客创造价值的一系列活动、功能以及商业流程之间的连接情况。

价值链由两类活动组成:基本活动(创造主要的顾客价值)和辅助活动(为基本活动提供支持服务)。内部分析也是分析组织自身的优势与劣势的过程。它集中考察组织可能获得的各种资源(财务资源、资本资源、技术资源以及人力资源等的数量和质量)。企业需要诚实而精确地对每一种资源进行评估,以确定每一项资源对企业来说到底是一种优势还是劣势。

二、战略制订

战略制订是指战略主体在了解、分析了外部环境和内部环境,确定了本身所有的优势和劣势，以及面临的机会和威胁后，应拟订并设计赖以生存和发展的经营战略方案，对经营战略方案进行评价，做出最终决策。同时，围绕经营战略的要求阐明经营战略的政策，为经营战略实施提供条件。战略需要在组织的公司层面、事业层面和职能层面上分别建立。

三、战略实施

战略实施是战略管理的行动阶段，是使既定的战略转化为实际行动并取得成果的过程。它是指通过一系列行政的、经济的、法律的手段，为达到战略目标所采取的一切行动。战略制订的关键在于其正确性，而战略实施的关键在于其有效性。战略实施的成败取决于能否把实施战略所必需的组织、资金、人员、技术等资源及各项管理功能有效地调动起来加以合理配置。它包括建立对公司战略起着支持作用的政策和运作系统，将公司的资源分配给对公司战略起着关键性作用的活动，营造一种有利于战略实施和执行的公司文化，建立公司的信息系统、交流系统和运作系统，设计组织结构、分配资源、确保组织获得高技能的员工、制订能够使员工行为与组织战略目标保持一致的报酬系统等。

需要指出的非常重要的一点是，战略制订和实施这两个阶段并非总是按照上面的这种一前一后的顺序发生的，战略管理过程往往包含着在信息和决策之间的持续循环。

四、战略评估和控制

制订、执行和实施战略的任务从来不会一次实现。如果说战略的制订过程属于主观认识范畴，那么其真正的价值只有经过实践才能得到验证。在战略实施过程中，进行战略评估和控制将进一步印证对外界环境的分析是否正确，所制订的战略途径和手段是否有效等，从而发现问题和差距，分析产生偏差的原因，根据变化的环境对组织战略进行适当调整，并在必要时采取矫正性措施，使战略行动更好地与环境及所要达到的目标相协调。

第三节 组织战略的类型

组织战略的类型与组织的层次之间联系密切，按照组织层次，可以分为公司层战略、事业层战略和职能层战略。不同组织层次的战略分析所用的工具也不相同。公司层战略分析常用的工具有 SWOT 矩阵和 BCG 矩阵，事业层战略常用的是波特的通用竞争战略分析。

一、公司层战略

每个公司都要决定自己的成长方向，要解决类似这样的问题：我们是扩张、收缩还是维持现有业务不变？我们集中于当前产业，还是通过多元化进入其他产业？如果是要成长、扩张，是采取内部开发，还是通过收购合并或合资等手段从外部获取？

公司层战略正是回答了以上这些问题。所谓公司层战略，是指寻求确定公司应该从事什么事业，以及希望从事什么事业。公司战略决定组织的方向，以及每一个事业部将在公司战略中扮演的角色。例如，某个对农产品进行深加工的食品企业在对市场环境和自己的实力进行了分析之后决定扩张现有的产品生产。这种决定组织大的成长方向的战略就是成长战略。公司层战略除了要决定组织的发展方向外,往往还要决定每一种事业部或者产品在公司战略中的地位和角色,这就是产品的组合分析。

(一)方向战略

组织的方向战略有时也被称为大战略,根据成长方向的不同可以分为三类:成长战略(或增长战略)、稳定战略和收缩战略。方向战略的确定可以用 SWOT 矩阵来协助分析。SWOT 矩阵是在综合分析组织内部所具备的优势和劣势以及组织外部环境中存在的机会和威胁的基础上,做出恰如其分的综合判断,决定组织发展方向的方法。

1. 增长战略

增长战略实施的条件是组织内部与其他同类组织相比,具有宝贵的优势,同时,外部环境也存在大量有利于组织发展的机会。在这样的情况下,组织所采用的策略是增长战略,即扩展公司的业务活动和范围,寻求扩大组织的经营规模。组织的增长可以用一些定量的指标来体现,如企业市场份额的增加、销售收入的增加、学校教员人数的增加、学生人数的增加、教学基础设施的提高与改善等。

组织的增长战略又可以分为集中战略和多元化战略。集中战略是指组织在扩大规模时集中于一个产业或者一类产品,如集中于食品行业或 IT 服务业,不会跨行业。多元化战略指组织在扩张时进入与原来所在的产业不同的产业,或者经营与原有产品不同类的产品,如原来经营食品行业,扩张时进入房地产行业。

(1)集中战略

集中战略是在组织经营的当前业务或者当前产品确实有足够的增长潜力时实施,如果当前产品或者业务潜力较大,则把组织的资源集中于这些产品或业务就有助于实现较快的增长。集中战略有两种基本的类型:纵向一体化和横向一体化。

纵向一体化是指在同一个业务链或者产业链上进行业务扩展,实现增长,也就是替代以前由供应商或者分销商承担的职能,前者称为“后向一体化”,后者称为“前向一体化”。通过后向一体化,公司可以使资源采购成本和低效率运营最小化,同时更好地控制质量,从而维持和提高竞争地位,如奶产品生产企业通过控制奶牛饲养,从而更好地控制原料的质量,获取竞争优势。通过前向一体化,公司可以控制分销渠道。实际上,公司是基于自己的独特能力获得更大的竞争优势的。后向一体化通常比前向一体化更可能盈利,但可能降低公司的战略灵活性,因为生产环节一经进入,就很难退出。纵向一体化根据一体化的程度可以分为全面一体化、锥形一体化和无形一体化三类。全面一体化是指组织承担全部的关键供应或者分销;锥形一体化是指组织承担不到一半的关键供应或分销;无形一体化是指组织通过与其他公司达成长期合同实现关键供应与分销,最为常见的形式是外包,这种形式越来越受到欢迎,如摩托罗拉就通过把许多业务外包给其他公司来降低内部管理费用。

横向一体化是指组织在空间范围上扩张,在多个地点运营,但是都处于某个产业价值链上的同一点。例如,某家食品公司合并了另一家处于不同城市的食品公司。横向一体化的优势是,通过横向一体化,公司把产品扩展到其他地方或者向当前市场提供更多、更广泛的产品和服务,从而实现增长。横向一体化的程度可以从全部所有到部分所有,直至长期合同。横向一体化由于会降低一个产业的竞争水平,往往受到有关政府部门的干预。例如,美国联邦贸易委员会要评估合并行动的影响,任何横向一体化的合并都必须获得批准。横向一体化特别是跨国的横向一体化的程度也往往受到政府限制。例如,荷兰 KLM 航空就购买了美国西北航空的股份并控股(部分所有),以进入美洲与亚洲市场。由于美国政府禁止国外公司完全拥有美国航空公司,KLM 只能通过"部分所有"的方式。

纵向一体化和横向一体化的实现方式都有内部实现和外部实现两种。内部实现是通过组织内部投资于新的产品或者劳务,外部实现则是通过合并、并购和战略联盟等手段来完成。

(2)多元化战略

多元化战略往往用于组织当前的产品或者业务不具备较大的增长潜力时,此时管理层会选择多元化经营,以获得新的增长点。多元化战略可以分为同心多元化(又称为相关多元化)和离心多元化(又称为不相关多元化)。相关多元化是指公司通过合并或收购相关产业不同业务的公司而实现增长。例如,生产农用机械的企业,通过收购生产农产品加工机械的企业实现增长。相关多元化增长是进入一个相关产业的好办法。当公司在产业内具有很强的竞争地位,而该产业吸引力低时,这是一个合适的策略。通过集中于那些给公司带来独特能力的特性,公司可以运用这些优势作为多元化的基础。这样,公司可以在新产业内高效运用原有产业的产品知识、制造能力与营销技能,以确保战略匹配。相关多元化增长的战略使得组织的产品拥有一些共同点,即寻求"协同",两种业务一起运营产生的利润大于其各自运营时产生的利润之和。其共同点既可以是技术相近、用户相同,也可以是营销渠道、管理技能与产品方面的相似性。

不相关多元化是指组织通过收购和兼并不同产业、不同业务领域的公司而实现增长,如生产农用机械的公司通过收购生产食品、饮料的公司实现增长。这些产品是不相关的。当管理层意识到当前产业没有吸引力,同时公司也没有超强的能力与技能可以很方便地转移到相关产业的其他产品或服务上时,最可能的战略选择就是离心多元化,即进入与当前产业不相关的产业。离心多元化战略强调的是财务问题,而不是像同心多元化那样考虑产品与市场方面的融合。一个现金充裕但是所在产业成长机会少的公司,就要进入一个机会多但现金稀缺的产业;另一种情况是,公司经营具有季节性,现金流不均匀,所以进入另一个不相关产业季节性能够互补的公司,以平衡现金流。

2. 稳定战略

稳定战略的特征是在战略方向上没有重大改变,继续维持当前活动。在预期良好的环境中成功运营的公司采用稳定战略是合适的。稳定战略在短期内运用非常有效,但不适宜长期实施。有三类最基本的稳定战略:暂停战略、无变战略和利润战略。暂停战略是继续成长或退出战略中的休息间隙。它对于那些在未来不确定的产业中迅速成长的公司来说是合适的,是公司巩固资源的临时性战略,直到环境好转,或者公司经历长时间快速成长后巩固资源为止。1993 年,戴尔计算机公司在长期实施成长战略之后采用了这种战略,当时公司已经成长到无法控制的地步。CEO 迈克・戴尔解释说"我们两年时间增长了 285%,已经患了快速膨胀病。”通过邮购销售 PC 使戴尔的产品价格比 COMPAQ 与 IBM 都低，但是此时它无法管理 20 亿美元的销售额以及在 95 个国家销售 PC 的 5 600 名员工。戴尔不是放弃原来的成长战略，只是临时过渡一下，直到公司招聘到新的管理人员，改进组织结构，建立新的机构并运行起来。

无变战略是选择继续当前的运营和政策，以实现可预见的未来，提供同样的产品或者服务，保持市场份额等。其成功取决于公司面临的环境没有重大变化。此时，公司所在产业几乎没有成长的空间，公司在产业内的竞争地位也相对稳定，只需要针对销售额和利润目标做很小的浮动调整。公司既没有面临明显的机会和威胁，也没有出现大的优势与劣势；几乎没有进攻性的新竞争者进入公司所在产业；而且公司具有合理的盈利，产品占据稳定的市场空间。除非所在产业发生巨大变化，否则，在这种情况下，公司处境舒适、地位适当，管理层就会采用无变战略，公司的未来就是当前状况的延续。

利润战略是在公司销售额不断下降时，试图通过减少投资，削减一些可控费用人为地维持利润。管理层不是向股东和投资机构通报公司的不利处境，而是选择这一具有诱惑性的战略。管理层这样做的目的通常是为了保全自身利益，达到监管部门要求的盈利水平，以便维持持续融资能力。这在我国的上市公司也能看出来。上市公司的财务报告总是把公司问题归结为环境不利（政府政策、监管法规调整、不道德的竞争者、挑剔的顾客、贪婪的借贷方），因而推迟投资或削减费用（研究开发费用、广告费、差旅费等），以在一定时期维持住能令人接受的盈利水平，有时为了达到目的甚至会完全出售某一个生产线、控股子公司股权等。利润战略只能帮助公司渡过临时困境。要注意的是，这种战略极具诱惑性，但如果维持时间足够长，会导致公司的竞争地位严重恶化。它是管理层被动的、短期的、为了保全自身利益而对环境变化做出的反应。

3. 收缩战略

收缩战略通常是组织在处理劣势时使用的，此时组织在某些产品或服务上的竞争地位处于劣势，导致业绩下降，销售额下降，由盈利变为亏损。在组织面临困境时，收缩战略有利于使之保持稳定经营，以激活组织的资源和重新恢复竞争力。收缩通常包括扭转、成为俘虏公司、出售或剥离、破产或清算等几种可采取的战略。扭转战略强调改进运营效率，当公司的问题已经普遍深入但还不到公司崩溃的地步，这一战略比较合适。这一战略通常包括收缩和巩固两个阶段。收缩是全面缩减规模和成本的阶段，巩固是要稳定收缩后的公司，保持住组织有利的资源，如公司的骨干员工。俘虏公司就是做另一个公司的独家或最大的供应商或分销商，以取得该公司的长期合同。公司实际上是用独立换取安全。竞争地位处于劣势的公司也许更愿意成为某个大客户的俘虏公司，通过长期合同确保公司持续生存。在扭转无望又没有机会成为俘虏公司的情况下，可以采取出售或剥离的策略。出售是把整个公司卖掉，彻底离开所在产业；剥离是出售公司多种业务中的一个或多个事业部中的一个。当公司发现自己处于最恶劣的环境、在产业内的竞争地位也最差、几乎没有前景时，前三种战略都不可能或者都不能令人满意，没有人有兴趣购买一个处于没有吸引力产业的弱势公司，那么公司只能选择破产或清算。

(二)业务或产品的组合分析

如果一个组织拥有多个事业部或者多种产品或业务,就还需要考虑如何管理多个事业部或多种产品,也就是要考虑组织拥有的资源如何在各种业务或事业部中进行有效分配的问题。

多种产品或事业部的管理可以借助业务组合矩阵来进行。BCG矩阵就是一种应用广泛的业务组合矩阵。它综合考虑组织每一种业务的市场份额和预期的业务增长率,将每一种业务在2×2矩阵中标示出来,矩阵的维度分别就是市场份额和业务增长率,市场份额在横轴,从高到低;业务预期增长率在纵轴,从低到高(见图28-3)。

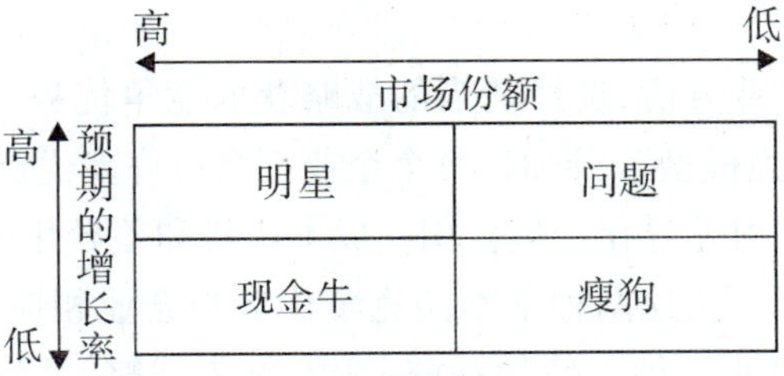

图28-3 BCG矩阵

现金牛具有高的市场份额,但业务增长率低。落在这个象限的业务能够产生大量的现金,但未来的增长前景是有限的。随着这些产品进入其生命周期的衰退阶段,它们被"挤奶",收入的现金被投入新的问号产品,甚至支持明星业务发展。

明星同时具有高市场份额和高增长率,处于该领域的产品在快速增长的市场中占有支配的市场份额,也许会产生正的现金流量,也许只是负的现金流量,这取决于新工厂、设备和产品开发对投资的需要量。

问题具有低市场份额,不过市场具有高增长率,是具有成功潜力的新产品,但需要大量现金投入开发。处于这个领域的产品具有投机性,带有较大的风险。如果这些产品能够获得足够的市场占有率,成为一个领先者,就能变成明星,但也可能一无所获。

瘦狗具有低市场份额和低增长率,处于这个象限的产品既不能产生大量现金,也不需要投入大量资金,因为处于没有吸引力的产业,不具备带来大量现金流的潜力。

管理者应尽可能从现金牛获得现金,对明星和问题领域的业务进行支持。对明星业务的支持有助于这些业务的增长和保持较高的市场份额。但问题的发展方向不确定,具有风险性,需要谨慎决策。瘦狗业务是应该被出售或者清算的业务。

除了BCG矩阵外,还有其他形式的业务组合分析。例如,通用电气业务筛选模型。它基于产业长期吸引力和业务优势与竞争地位将业务分成九个象限。其基本方法与BCG矩阵相似,但是考虑了更多的信息和因素,其产业吸引力的评估因素主要包括产业市场容量、发展前景、竞争强度、平均利润、进入/退出壁垒、整合程度、产业顾客量等。一般来说,企业要进入的产业大部分在这些指标上都表现得较为突出,显示出较大的吸引力。但新产业的吸引力大并不意味着企业可以进入,因为决定企业是否可以进入的第二个因素是企业自身的进入优势,也就是企业现有哪些因素可以保证企业能够进入新产业并且获胜,这包括企业可以与新产业共享的采购、技术、生产、营销、品牌、人才、管理等因素，这些因素是企业能否多元化的决定因素。

二、事业层战略

事业层战略寻求决定组织如何在每一项事业上展开竞争。事业层战略决定如何具体展开竞争，获取竞争优势。所谓竞争优势，是指使组织有别于竞争对手的与众不同的特色。例如，沃尔玛先进的信息系统、低廉的价格，戴尔快速响应顾客需求的服务，耐克公司的品牌等。竞争优势来自组织的核心能力，即组织能够做到其他竞争对手做不到的事情，或者能比其他竞争对手做得更好。

竞争战略主要通过产业分析，选择适当的战略获取竞争优势。其中一个重要的工具就是前面提及的波特的“五力模型”。同时，每个企业都会有许多优点或缺点，任何优点或缺点都会对相对成本优势和相对差异化产生作用。成本优势和差异化都是企业比竞争对手更擅长应对五种竞争力的结果。将这两种基本的竞争优势与企业相应的活动相结合，就可导出让企业获得较好竞争位置的三种一般性战略：成本领先战略、差异化战略及聚焦战略。其中，聚焦战略又可以分为成本聚焦战略和差异化聚焦战略。

成本领先战略就是瞄准较宽的大规模市场的低成本战略。这种战略要求建立高效大规模生产设施，通过经验曲线和严格的成本与费用控制努力寻求成本削减，在研究开发、服务、营销等方面实现成本最小化。因为成本更低，成本领先者可以使产品价格更低，往往可以获取比较满意的利润。低成本意味着更低的价格，低价格构建起进入壁垒，极少有新进入者能够与领先者的成本优势相比；低成本意味着更高的市场占有率，这就意味着在供应商那里有更大的讨价还价能力。因此，成本领先者可能获得高于平均水平的投资收益。

差异化战略就是瞄准较宽的大规模市场，生产在整个产业看来都比较独特的产品或服务。这种独特性可以与设计、品牌形象、技术、性能、代理商网络或客户服务有关。产品或服务的要价可能比较高，它主要通过满足特定客户的需求，给客户带来特殊价值来实现，所以它靠顾客忠诚度获取成功，这些顾客对于价格不是那么敏感。它是特定业务超过平均收益水平的有效战略。增加的成本往往转嫁给购买者。购买者忠诚也是一个很强的进入壁垒，研究表明，差异化战略更可能获得比成本领先战略更高的利润，因为差异化设置了一个更高的进入壁垒。

成本聚焦战略针对某一购买群体或区域市场采用低成本战略，只服务于这一市场空隙（细分市场）。采用成本集中的公司或事业部在目标市场中寻求成本优势。那些认为自己集中努力能够比竞争对手在目标细分市场做得更好的公司或者事业部，采用成本集中战略更有价值。成本集中战略要求在市场占有率与营利性之间能够较好平衡。

差异化聚焦战略就是针对某一购买群、产品细分市场或区域市场采用差异化战略。采用差异化聚焦战略时，公司或事业部在目标细分市场寻求差异化。那些认为自己集中努力能够比竞争对手更有效地满足目标市场中特殊需求的公司或事业部，采用差异化聚焦战略会更有价值。

需要注意的是，任何战略都不可能确保一定获得成功，而且有些已经成功实施波特竞争战略的公司发现无法使战略持续下去。每一种战略都有风险。成本领先战略能够被竞争对手模仿，特别是发生技术转换时。差异化也能够被竞争对手模仿，特别是差异化的基础对购买者的重要性降低时。采用差异化战略的公司必须保证，它为更高质量索取的更高价格没有比竞争对手高一大截，以及不能让顾客觉得额外质量不值得额外花费。市场定位较窄者，也许可以在细分市场中获得更好的差异化或更低的成本，但当细分市场的特殊性逐渐丧失或需求消失时，它很可能败给定位较宽的企业。

三、职能层战略

职能层战略的目的是决定如何支持事业层的竞争战略。职能层包括制造、营销、人力资源、研究与开发、财务等部门，它们的战略需要支持事业层的战略，要围绕事业层战略制订具体的行动计划。

第二十九章　公共财政与财政职能

知识框架

- 公共财政与财政职能
  - 公共物品的定义及其融资与生产
    - 公共物品及其特征
    - 公共物品的需求显示
    - 公共物品的融资与生产
    - 公共物品供给的制度结构
  - 市场与政府的经济活动范围
    - 市场和市场效率
    - 政府经济活动范围
  - 财政的基本职能
    - 资源配置职能
    - 收入分配职能
    - 经济稳定和发展职能
  - 公共选择与政府失灵
    - 公共选择
    - 政府失灵及其表现形式
  - 建立现代财政制度
    - 建立现代财政制度的重要意义
    - 建立现代财政制度的方向和主要任务

第一节　公共物品的定义及其融资与生产

一、公共物品及其特征

西方国家通常把经济部门分为私人部门和公共部门两部分，私人部门提供的物品叫作私人物品，公共部门提供的物品叫作公共物品。

公共物品是指增加一个人对该物品的消费，并不同时减少其他人对该物品消费的那类物品。与公共物品相对应的是私人物品。公共物品的形式化定义奠定了现代财政学的基础，从此，公共物品才被纳入与私人物品一样的经济学分析框架，从而使分析公共物品的最优配置问题成为可能。

“纯公共物品”具有两大特征，即消费上的非竞争性和非排他性。前者指的是，某种公共物品一旦被提供，增加一个人的消费并不增加任何额外成本，也就是增加一个人消费的边际供给成本为零。这一特征强调了集体提供公共物品的潜在收益。后者指的是，一种公共物品一旦被提供出来,要排除一个额外的消费者在技术上不可行,或者尽管技术上排他是可行的,但这样做的成本过高。这一特征指出了通过市场机制提供公共物品的潜在困难。

非竞争性是主要特征,非排他性是派生特征。正因为公共物品具有消费上的非竞争性,若是由于个人没有付费而阻止他的消费,则违反了社会资源有效利用的帕累托准则。

二、公共物品的需求显示

在商品和服务市场上,人们用出价多少表示对私人物品的需求强度和需求数量。但同样的机制对公共物品并不完全有效。其原因在于,公共物品一旦被生产出来,如果阻止未付费者消费,从社会资源利用的角度看,是缺乏经济效率的,也就是说,排他性消费不符合效率原则。更何况,在很多情况下,排他性消费的成本很高。

在现实生活中,人们通过政治机制显示对公共物品的需求。具体来讲就是人们通过事先同意的某种投票程序选择他们所倾向的公共收入和支出方案,或通过投票给他们认为能够代表其利益的政治家和官僚,间接地表达对公共物品的需求。因此,私人物品的需求显示是通过自愿的市场交易实现的,而公共物品的需求显示是通过具有强制性的政治交易实现的。

三、公共物品的融资与生产

公共物品的供给有两层含义:一层是指公共物品的资金来源,即谁为公共物品付费、以何种方式付费,我们称之为公共物品的融资;另一层是指由谁负责、如何将公共物品的投入要素转化为公共物品的产出,我们称之为公共物品的生产。

1. 公共物品的融资

(1)政府融资(或强制融资)。由于公共物品存在消费上的非排他性,理性的个人倾向于由他人付费,而自己坐享其成,这就是“免费搭车”。免费搭车问题使公共物品市场融资机制失灵,所以由传统的公共物品理论引申出来的结论是:政府应作为公共物品供给的资金提供者,以强制税收的形式为公共物品融资。政府融资的缺点是难以满足社会成员对公共物品的多样化需求。

(2)私人融资(或自愿融资)。非排他性是对自愿融资起阻碍作用的关键因素。尽管有这种限制,公共物品有时还经由收费的集体行动而被自愿提供,特别是在公共物品的受益结构和成本分担都比较清晰的小规模集体中,或者当提供者同时也是该公共物品的主要受益者时。私人融资的缺点是可能导致公共物品供给数量不足和结构不平衡。

(3)联合融资。公共物品在一定情况下,可能由私人来提供,但在大多数情况下,应在私人融资和公共融资之间做出分工。对于政府来说,最理想的是通过价格机制激励私人自愿提供公共物品,而不是亲自来提供。以财政补贴和税收优惠等方式是政府常见的手段,目的是鼓励私人机构提供公共物品。

2. 公共物品的生产

当公共物品供给所需的资金问题已经解决,社会成员还需决定通过何种方式完成公共物品的生产或公共服务的递送。

政府生产和合同外包是两种典型的生产方式。政府生产是指代表公众利益的政治家雇佣公共雇员，与他们签订就业合同，合同中对所需提供的物品或服务做出具体规定。合同外包是指政治家首先与私人厂商签约，再由这个私人厂商与其雇员签订劳务合同，按政府的要求完成公共物品或服务的生产任务。在合同外包中，私人签约者可能是营利性机构，也可能是非营利性机构，不论其性质如何，合同外包都是公共服务提供私有化的表现。

一般来说，支持公共物品提供私有化的理由是，同样的服务由私人生产成本更低，而反对者则认为，私人生产降低了服务的质量。从交易费用经济学和不完全合同理论的角度看，各类组织（包括政府机关）在最小化交易费用方面具有不同的优势。应当通过不同组织结构间的比较制度分析，来确定何种组织结构在何种公共物品的生产上具有相对效率。

其他介于政府生产和合同外包之间的公共物品供给方式还包括特许经营、合同委托等。同样的，服务供给主体也不限于政府和私人企业，还包括社会组织、慈善机构、事业单位等。

四、公共物品供给的制度结构

公共物品供给的制度结构包括决策制度、融资制度、生产制度和受益分配制度。该制度结构涉及以下四方面内容：①公共物品供给的决策制度指的是何种物品应当被公共地而不是私人地提供？提供多少？决策问题是公共物品供给制度结构的核心。现代社会中，公共物品供给的决策权最终应属于每一位社会成员或经其同意的代议机构（代理人）。②公共物品供给的融资制度指的是由谁为公共物品付费？以何种方式付费？③公共物品供给的生产制度指的是由谁负责公共物品的生产或公共服务的递送？以何种方式生产与递送？④公共物品的受益分配制度指的是谁将成为公共物品供给的最终受益者？受益的规模和结构状况如何？通过公共物品供给的制度结构，能够反映出一国政府在经济社会生活中所扮演的角色。我们的目标是要建立一个多元的、竞争性的、有效率的、均衡发展的公共物品供给制度结构。

第二节　市场与政府的经济活动范围

一、市场和市场效率

市场是各方参与交换的多种系统、机构、程序、法律强化和基础设施之一。市场效率是完全竞争状态下所达到的帕累托最优效率。市场系统是由居民、企业和政府三个相对独立的主体组成的。

在市场经济下，政府构成市场系统的一个主体。政府为市场提供公共物品和准公共物品。同时政府又是一个公共服务和政治权力机构，具有市场不同的运行机制，因而在市场中又具有特殊功能和特殊地位，可以通过法律、行政和经济等手段干预市场。居民（或者说家庭）是社会的基本细胞，也是社会生活的基本单位。它为市场提供劳动力、资本和土地等生产要素，并通过提供生产要素获取收入，而后用居民收入到市场上购买生活消费品或从事投资，居民的基本目标是满足需要和效用水平的最大化。企业是商品生产和商品交换的基本单位，它从居民那里买入生产要素，通过加工转换成为商品或劳务，进而通过商品或劳务卖给居民并获取企业收入和利润，企业的基本目标是利润最大化并实现扩大再生产。

市场就是商品交易的场所，是在无数个买者和卖者的相互作用下形成的商品交易机制，并且是具有效率的商品交易机制。市场机制的基本规律就是供求规律：供给大于需求，价格下降，库存增加，生产低迷；需求大于供给，价格上涨，库存减少，生产增长；通过价格和产量不断的波动，达到供给和需求的平衡。

二、政府经济活动范围

政府经济活动范围应主要集中于以下几个方面：

(1)提供公共物品或服务，即由政府部门负责提供那些社会边际效益大于社会边际成本，因而不能通过市场有效供给的物品或服务。

(2)矫正外部性，即由政府部门采取措施来排除私人边际成本和社会边际成本以及私人边际效益和社会边际效益之间的非一致性。

(3)维持有效竞争，即由政府部门制订有关政策法令，实施禁止垄断、维持市场有效竞争的措施，以保证竞争性市场在资源配置方面的效率。

(4)调节收入分配，即由政府部门运用各种手段对缺乏公平的收入分配状况进行调节，解决市场经济条件下的收入分配不公问题。

(5)稳定经济，即由政府担当起维持经济稳定发展的责任，保持经济稳定可持续发展。

第三节 财政的基本职能

财政职能是财政这一事物内在的功能，它体现财政的本质要求，体现一定经济体制之下财政运行的内在规律。如果要发挥好财政的基本职能，必须更加尊重市场规律，处理好政府与市场的关系。

一、资源配置职能

资源配置职能是指财政通过对现有的人力、物力、财力等社会经济资源的合理调配，实现资源结构的合理化，使其得到最有效的使用，获得最大的经济和社会效益。财政资源配置的主体是政府，所以也称政府资源配置。财政资源配置职能是指政府决定提供某种公共物品并为之提供资金的职责。

在社会主义市场经济条件下，根据政府职能的范围，财政资源配置范围应当是市场失灵而社会又需要的公共物品和服务的领域。主要有：①满足政府执行职能的需要，包括政府机关的正常运转和执行社会公共职能的基本需要，如国家安全支出，一般公共服务支出等；②市场不能有效提供而社会又需要的准公共物品和服务的支出，如公共卫生、科技、公共工程等；③对社会资源配置的引导性支出，如矫正外部效应、维护市场竞争等。

财政配置社会资源的机制和手段主要有：①根据政府职能的动态变化确定社会公共需要的基本范围，确定财政收支占国内生产总值的合理比例，从总量上实现高效的社会资源配置原则;②优化财政支出结构。财政支出结构是财政能够掌握和控制的社会资源的内部配置比例。要正确安排财政支出中的购买性支出和转移性支出的比例、消费性支出和投资性支出的比例,合理安排财政投资支出的规模和结构,贯彻国家产业政策,保证重点建设资金需要。例如,我国城乡之间发展差距、经济与社会之间发展差距都较大,客观上要求财政要加大对农业、农村发展和教育、科技、卫生、社会保障等社会事业发展的投入;③为公共工程提供必要的资金保障;④通过政府直接投资、财政贴息、税收优惠等方式,引导和调节社会投资方向,提高社会整体投资效率;⑤通过实行部门预算制度、建立国库集中收付制度和绩效评价制度等体制、机制改革,提高财政自身管理和运营效率。

二、收入分配职能

我国财政收支活动是国民收入分配体系中的一个重要组成部分和环节,它既参与国民收入的初次分配,又参与国民收入的再分配。财政收入分配职能,是指政府运用财政手段调整国民收入初次分配结果的职能,旨在实现公平收入分配的目标。

财政实现收入分配职能的机制和手段主要有:

(1)根据市场和政府的职责分工,明确市场和政府对社会收入分配的范围和界限。应属于政府财政发挥作用的范围,财政发挥的作用要到位,不能缺位;不属于政府财政发挥作用的范围,财政不能越位。

(2)加强税收调节。通过税收进行的收入再分配活动,是在全社会范围内进行的收入的直接调节,具有一定的强制性。例如,通过企业所得税和个人所得税将企业和个人的收益调节到合理水平;通过资源税调节自然资源形成的级差收入等。

(3)发挥财政转移支付作用。通过财政转移支付对收入进行再分配,是将资金直接补贴给地区和个人,有明确的受益对象、受益范围和政策选择性,对改变社会分配不公的程度具有重要作用。例如,增加对经济发展相对较慢地区的转移性支出,增加社会保障、收入保障、教育和健康等转移性支出等。

(4)发挥公共支出的作用。通过公共支出提供社会福利,如公共卫生防疫、福利设施与服务、保障性住房等进行的收入分配,在受益对象上具有广泛性和普遍性。

三、经济稳定和发展职能

财政经济稳定和发展职能,是指通过财政活动对生产、消费、投资和储蓄等发生影响,达到稳定和发展经济的目的。财政履行稳定和发展职能的四大目标是经济增长、充分就业、物价稳定和国际收支平衡。财政经济发展职能的意义,不仅仅是要促进经济增长,还要在促进经济增长的同时带来经济结构的改善、经济增长质量的提高和社会事业的进步。

财政实现经济稳定和发展职能的机制和手段主要有:①通过财政政策和货币政策的协调配合,推动社会总需求和总供给的基本平衡,保证物价和经济发展的稳定,实现充分就业和国际收支平衡;②通过税收、财政补贴、财政贴息、公债等,调节社会投资需求水平,影响就业水平,使经济保持一定的增长;通过财政直接投资,调节社会经济结构,调节社会有效供给能力。例如,财政对市场不愿进入的领域进行投入,消除经济发展的瓶颈制约,促进经济协调发展；③通过税收等调节个人消费水平和结构；④财政加大对节约资源、能源和环境保护的投入，加大对科技、文化、卫生、教育事业的投入，完善社会保障制度建设等，实现经济和社会的协调健康发展。

第四节　公共选择与政府失灵

一、公共选择

公共选择，是指为人们提供什么样的公共物品，怎样提供和分配公共物品以及设立相应匹配规则的行为与过程。公共选择是关于"政府失灵"的理论，它分析的是政治场景和公共选择中的个人（包括投票人、政治家、官僚）行为。公共选择的三大理论基石是：

（1）个人主义方法论。它的含义是人们只能通过对个人及其行为的理解来理解社会。做出选择和实施行动的主体必定是个人，而不是政党、省份、国家等机构组织，社会是个人在给定环境中理性选择的结果。

（2）经济人假设。政治场景中的个人与市场环境中的个人一样，都是自利、理性和效用最大化者。所有政客（最优秀的政客被称为政治家）、官僚、代议者，他们关注的个人利益，并不比一般老百姓更少，也并不比一般老百姓更聪明、更有公益心。政治人必定在政治场景的特定激励和约束下，调整自己的行为，以谋求自我利益最大化，而不是公众利益最大化。

（3）作为一种交易的政治过程。和市场过程一样，政治过程也可以看作是一种个人之间的交易网络。

二、政府失灵及其表现形式

政府失灵，指政府为弥补市场失灵而对经济、社会生活进行干预的过程中，由于政府行为自身的局限性和其他客观因素的制约而产生的新的缺陷，进而无法使社会资源配置效率达到最佳的情景。

常见的政府失灵表现主要有五种，分别是："选民理性的无知"与"理性的非理性"、政治家（政党）选票极大化、投票循环、官僚体系无效率和利益集团与寻租。

1."选民理性的无知"与"理性的非理性"

唐斯的理性投票人假说：理性的个人投票与否，取决于参加投票的期望净收益。所谓理性的无知是指理性的选民由于不指望自己的一票能够影响选举结果，因而没有动力去花费自己的时间和成本去搜寻有关选举的信息。"理性的非理性"是指正是由于手中的一票对于选举结果无足轻重，即使拥有必要的信息，选民也不愿意投入更多的精力和时间，他们也不会好好利用这些信息。这往往导致选民胡乱投下自己那神圣的一票，根本没有正确表达自己的偏好，政府也无从提供有效的公共物品与服务。

2.政治家（政党）选票极大化

为了私利和再次当选，政治家（政党）必须追求尽可能多的选票，而只有符合中间选民的偏好的纲领或提案才有助于实现选票最大化的目标。一味迎合中间选民的利益，必然导致少数派社会成员的利益和诉求被忽视，有违社会公正原则。

3. 投票循环

投票循环又称"孔多赛悖论"。表明集体应当选择在两两对决中以简单多数胜出的议案，这种形式的选举也被称为"孔多赛规则"。其核心思想一般由"三个选民、三个选项，两两表决、得多票数者获胜"的简单模型来表达。

"阿罗不可能定理"证明，当选项超过三个、社会成员超过三人时，所有的投票规则都是有缺陷的，除非通过某种方式武断地决定胜出方案，否则民主投票将没有任何结果。这为当代民主制度的有效性打上了阴影。

4. 官僚体系无效率

尼斯坎南的官僚理论解释了官僚体系缺乏效率的原因。该模型中的官僚机构具有两大特征：

(1)官僚在给定需求约束和成本约束条件下，最大化本部门的总预算。

(2)官僚机构(行政部门及其公务人员)负责生产某种公共物品与服务(或其组合)，以与其服务对象(立法机构或其中间投票人)的预算拨款相交换。

尼斯坎南模型在公共物品的政府生产上，具有重要的政策含义：应当增强官僚部门内部的竞争性，增加某一行业官僚部门的数量是方法之一，也可以允许其他行业现有的官僚部门通过业务参与以强化竞争；通过改变对官僚的激励，引导其最小化既定产出的成本；通过公共物品和服务的生产外包，让更多的私人营利性企业加入到公共物品和服务的生产过程中来，以期提高效率。

5. 利益集团与寻租

利益集团与官僚的合作，通常只是推进了小集团而非中间投票人的利益。作为管制机关的政府部门被所要管制的产业部门所俘获的案例比比皆是。利益集团寻租的努力，通过影响政府税收、管制、关税保护等政策，导致了非生产性再分配，既降低了经济效率，又浪费了社会资源。除此之外，利益集团还通过提供经济资助直接影响行政和立法的选举格局；通过战略性地提供与公共政策相关的信息以影响公共政策。

第五节　建立现代财政制度

一、建立现代财政制度的重要意义

现代财政制度是国家治理的基石。目前我国财政自身存在的主要问题有：

(1)预算管理制度的完整性、科学性、有效性和透明度不够，预算管理偏重收支平衡状态，支出预算约束偏软，不利于依法治税和各级人大履行预算监督职能。

(2)税收制度不适应经济社会发展、改革和转型的新形势，特别是在解决产能过剩、调节收入分配、促进资源节约和生态环境保护方面的功能较弱，税收优惠政策过多过滥，不利于公平竞争和统一市场环境建设。

(3)中央和地方事权与支出责任划分存在不清晰、不合理和不规范等问题，转移支付制度不完善，项目过多，规模过大，资金分散，还常有资金配套要求，这些都不利于建设财力与事权相匹配的财政体制,不利于推进基本公共服务的均等化。

(4)财政收入呈现中低速增长与财政支出刚性增长之间的矛盾加剧,加之财政支出结构固化、僵化,财政赤字和债务风险加速积聚,财政中长期可持续发展面临挑战。

建立现代财政制度,是完善社会主义市场经济体制、加快转变政府职能的迫切需要;是加快转变经济发展方式、建设公平统一市场,促进经济社会持续稳定健康发展的必然要求;是建立健全现代国家治理结构、实现国家长治久安的重要保障。

二、建立现代财政制度的方向和主要任务

建立现代财政制度的方向是:完善立法、明确事权、改革税制、稳定税负、透明预算、提高效率。

1. 建立完整、规范、透明、高效的现代政府预算管理制度

现代政府预算制度是现代财政制度的基础。预算编制科学完整、预算执行规范有效、预算监督公开透明,三者有机衔接、相互制衡,是现代预算管理制度的核心内容。为此,需要重点推进的改革和制度建设有:实施全面规范的预算决算公开制度;实行中期财政规划管理;改进年度预算控制方式;建立跨年度预算平衡机制;建立定位清晰、分工明确的政府预算体系;加快建立权责发生制政府综合财务报告制度。

2. 建设有利于科学发展、社会公平、市场统一的税收制度体系

深化税制改革的目标取向主要有:

(1)优化税制结构。完善税种制度安排,进一步提高所得税、持有环节不动产税等直接税收入的比重;健全地方主体税种,调动地方组织收入的积极性,增强自主性。科学划分中央税、共享税和地方税,合理配置各级政府税收收入归属权。

(2)完善调节功能。改进和完善税收政策,引导地方政府更多地关注经济发展质量,更加注重经济结构调整和发展方式转变,促进解决重复建设和产能过剩问题。正确处理税收在经济效率和社会公平之间的关系。消除现行税制存在的对不同市场主体的不平等待遇,建设全国统一公平市场,促进自由竞争和要素充分流动,进一步激发市场主体活力。

(3)稳定宏观税负。税制改革要税费联动、有减有增,兼顾需要与可能,既要考虑保障国家发展和群众对公共服务的需要,保持财力适度增长,又要考虑企业、个人的承受能力,将税收负担水平控制在合理范围内。

(4)推进依法治税。税收作为政府公共治理的工具,必须纳入法治轨道。要加快税收立法步伐,特别是加快重点税收实体法的立法进程。

3. 健全中央和地方财力与事权相匹配的财政体制

(1)完善中央与地方的事权和支出责任划分。立足于建立现代财政制度,在转变政府职能、合理界定政府与市场边界基础上,充分考虑公共事权的受益范围、信息复杂性和不对称性以及地方的自主性、积极性,合理划分中央与地方的事权划分和支出责任。为此,要适度加强中央事权;要明确中央与地方共同事权;要调整中央和地方的支出责任。

(2)进一步理顺中央和地方的收入划分。要根据税种属性,遵循公平、便利和效率原则,将收入周期性波动较大、具有较强再分配作用、税基分布不均衡、税基流动性较大、易转嫁的税种划分为中央税,或中央分成比例多一些;将其余具有明显受益性、区域性特征、对宏观经济运行不产生直接重大影响的税种划分为地方税,或地方分成比例多一些。

第三十章 税收制度

知识框架

- 税收制度
  - 税制要素和税收分类
    - 税制要素
    - 税收分类
  - 流转税
    - 流转税的主要特点
    - 增值税
    - 消费税
  - 所得税
    - 所得税的主要特点
    - 企业所得税
    - 个人所得税
  - 财产税
    - 财产税的特点
    - 车船税
  - 深化税收制度改革
    - 税收制度改革的目标取向
    - 税收制度改革的主要内容

第一节 税制要素和税收分类

一、税制要素

税制要素是指构成一国税制的基本要素，尤其是构成税种的基本元素，也是进行税收理论分析和税收设计的基本工具，具体包括纳税人、课税对象、税率、纳税环节、纳税期限、减税和免税、违章处理、纳税地点等。其中，纳税人、课税对象和税率是税制的基本要素。

(1)纳税人是“纳税义务人”的简称。亦称“纳税主体”。指税法规定直接负有纳税义务的单位与个人。税收制度的基本构成要素之一。纳税人可能是自然人，也可能是法人。每部单行税法或税收条例中，都对纳税人做出了明确规定。与之相关的两个概念是负税人和扣缴义务人。负税人是最终负担税款的单位和个人。在实际生活中，有的税收由纳税人自己负担，纳税人本身就是负税人，如个人所得税、企业所得税等；有的税收虽然由纳税人缴纳,但实际上是由别人负担的,纳税人和负税人不一致,即通常所说的税负转嫁问题,如增值税、消费税等。扣缴义务人是指法律、行政法规规定负有代扣代缴、代收代缴税款义务的单位和个人。扣缴义务人既可以是各种类型的企业,也可以是机关、社会团体、民办非企业单位、部队、学校和其他单位,或者是个体工商户、个人合伙经营者和其他自然人。扣缴义务人既非纯粹意义上的纳税人,又非实际负担税款的负税人,只是负有代为扣税并缴纳税款法定职责的义务人。它的义务由法律基于行政便宜主义而设定,为法定义务。

(2)课税对象,即征税课体,是指税法规定的征税的目的物。课税对象是不同税种间相互区别的主要标志,它规定了政府可以对什么征税。现代税制下主要的课税对象有所得、消费和财富。税源,即税收的经济来源或最终出处。税源总是以收入的形式存在的。税目,即税法规定的课税对象的具体项目,是对课税对象的具体划分,反映具体的征税范围,代表征税的广度。计税依据(或课税标准)是指计算应纳税额的依据,它规定了如何确定和度量课税对象,以便计算税基。两种主要的计税依据分别是计税金额(从价税)和计税数量(从量税)。计税金额可以是收入额、利润额、财产额、资金额。

(3)税率,是指税法规定的应征税额与课税对象之间的比例,是计算应征税额的标准,是税收制度的中心环节。应征税额 = 课税对象 × 税率。税率的高低,体现着征税的深度,反映着国家在一定时期内的税收政策和经济政策,直接关系到国家的财政收入和纳税人的税收负担。一般来说,税率可分为比例税率、定额税率(固定税额)和累进(退)税率。比例税率即对同一征税对象,不分数额大小,规定相同的征税比例。中国的增值税、营业税、城市维护建设税、企业所得税等采用的是比例税率,其主要特点是税率不随课税对象数量的变动而变动。在其具体运用上,包括单一比例税率和差别比例税率。其中,差别比例税率又可分为产品差别比例税率、行业差别比例税率、地区差别比例税率和幅度差别比例税率四种。定额税率是税率的一种特殊形式。它不是按照课税对象规定征收比例,而是按照征税对象的计量单位规定固定税额,所以又称为固定税额,一般适用于从量计征的税种,其优点是:从量计征,不是从价计征,有利于鼓励纳税人提高产品质量和改进包装,计算简便。但是,由于税额的规定同价格的变化情况脱离,在价格提高时,不能使国家财政收入随国民收入的增长而同步增长,在价格下降时,则会限制纳税人的生产经营积极性。在具体运用上又分为以下几种:①地区差别税额,即为了照顾不同地区的自然资源、生产水平和盈利水平的差别,根据各地区经济发展的不同情况分别制定的不同税额;②幅度税额,即中央只规定一个税额幅度,由各地根据本地区实际情况,在中央规定的幅度内,确定一个执行数额;③分类分级税额,即把课税对象划分为若干个类别和等级,对各类各级由低到高规定相应的税额,等级高的税额高,等级低的税额低,具有累进税的性质。

(4)纳税环节,是指在国民收入与支出环流的过程中,按照税法规定的征税对象在从生产到消费的流转过程中应当缴纳税款的环节。

(5)纳税期限,是指税法规定的纳税人发生纳税义务后向国家缴纳税款的期限。

(6)减税和免税,是指税法对某些纳税人或课税对象给予鼓励和照顾的一种特殊规定。

所谓减税,是指对应纳税额少征一部分税款;所谓免税,是指对应纳税额全部免征。除税法列举的免税项目外,一般减税、免税都属于定期减免性质,税法规定有具体的减免条件和期限,到期就应当恢复征税。

(7)违章处理,是税务机关对纳税人违反税法的行为采取的处罚性措施,它是税收强制性特征的体现。

(8)纳税地点,是纳税人应当缴纳税款的地点。一般来说,纳税地点和纳税义务发生地是一致的。但在某些特殊情况下,纳税地点和纳税义务发生地却是不一致的,如与总公司不在同一地点的分公司的利润在总公司汇总纳税。

二、税收分类

1. 按课税对象的不同主要分为流转税、所得税和财产税

流转税是指以商品生产流转额和非生产流转额为课税对象征收的一类税(我国税制结构中的主体税类,包括增值税、消费税和关税等)。所得税:又称收益税,是指以各种所得额为课税对象的一类税(我国税制结构中的主体税类,包括企业所得税、个人所得税等税种)。

财产税是指以纳税人所拥有或支配的财产为课税对象的按课税对象分类的一类税(包括遗产税、房产税、契税、车辆购置税和车船税等)。除以上三种,还可再分出资源税类和行为税类。行为税是指以纳税人的某些特定行为为课税对象的一类税(如城市维护建设税、印花税等)。资源税是指对在我国境内从事资源开发的单位和个人征收的一类税(如资源税、土地增值税、耕地占用税和城镇土地使用税等)。

2. 按计量课税对象的标准不同划分为从价税和从量税

从价税是指以课税对象的价格为计税依据的税收,如增值税、所得税等。从量税是指以课税对象的数量、重量、容量或体积为计税依据的税收,如我国消费税中的啤酒、汽油、柴油等课税项目采用的就是从量税的形式。

3. 按税收与价格的关系划分为价内税和价外税

价内税是指税款构成商品或劳务价格组成部分的税收。价外税是指税款作为商品或劳务价格以外附加的税收。从我国目前的税制看,消费税等属于价内税,增值税在零售以前各环节采取价外税,在零售环节采取价内税。

4. 按税负能否转嫁划分为直接税和间接税

直接税是指由纳税人直接负担税负、不发生税负转嫁关系的税收,如所得税、财产税。间接税是指纳税人能将税负转嫁给他人负担的税收,如各种流转税。

5. 按税收管理权限和使用权限划分为中央税、地方税、中央和地方共享税

中央税是指中央管辖课征并支配的税种,如我国目前的消费税、关税。地方税是指由地方管辖课征并支配的税种,如我国目前的契税、房产税、耕地占用税、土地增值税、城镇土地使用税、车船税等。中央和地方共享税是指属于中央政府与地方政府共同享有并按照一定比例分成的税种,如增值税、个人所得税、企业所得税等。

第二节 流转税

一、流转税的主要特点

流转税亦称商品税,指以纳税人商品生产、流通环节的流转额或者数量以及非商品交易的营业额为征税对象的一类税收。商品流转额,是指销售商品的收入额;非商品流转额是指交通运输、邮电通信、金融保险以及各种服务性行业的营业收入额。流转税类是我国的主体税种,其收入占税收收入总额的60%左右。与其他税类比较,流转税具有以下特点:①课征普遍。流转税以商品和劳务交易为前提。在现代社会中,商品充斥着社会生活的方方面面,是社会生产、交换、分配和消费的对象,商品生产和商品交换是社会经济运行最主要、最基本的形式。因此,对商品和非商品流转额课税是最具普遍性的税收。②以商品和劳务的流转额或交易额为计税依据。在税率既定条件下,税额大小直接取决于商品和劳务价格的高低及流转额的多少,与成本和费用水平无关,所以,流转税是一种不考虑纳税人经营能力和经营状况,而只考虑经营行为的税收,是对同一种经济活动或经济行为按照相同标准课征的税收。这对于保证国家财政收入的稳定和可靠,促进企业加强核算和公平竞争具有重要作用。③除少数税种或税目实行定额税率外,流转税普遍实行比例税率,计算简单,便于征收管理。

我国现行税制中对商品和非商品征收的流转税包括增值税、消费税等。

二、增值税

增值税是以单位和个人生产经营过程中取得的增值额为课征对象征收的一种税。增值税虽属于流转税,但特殊的征税方式又使其有着自身的特点和优点。增值税的特点有:不重复征税,具有中性税收的特征;逐环节征税,逐环节扣税,最终消费者是全部税款的承担者;税基广阔,具有征收的普遍性和连续性。增值税的优点是由增值税的特点决定的,具体体现在以下几个方面:能够平衡税负,促进公平竞争;既便于对出口商品退税,又可避免对进口商品征税不足;在组织财政收入上具有稳定性和及时性;在税收征管上可以互相制约,交叉审计。目前,增值税已成为我国最重要的税种,其收入居各税种之首。

1. 类型

按照允许扣税的范围,国际上一般将增值税分为三种类型:一是"消费型"增值税,即允许扣除购入固定资产中所含的税款,这种类型增值税从全社会看,全部生产资料都不课税,课税对象只限于消费资料,故称为"消费型"增值税;二是"收入型"增值税,即允许扣除固定资产折旧中的所含税款,这种类型增值税从全社会看,课税对象相当于国民收入,故称为"收入型"增值税;三是"生产型"增值税,即不允许扣除固定资产中所含的税款,这种类型增值税从全社会看,课税对象相当于国民生产总值,故称为"生产型"增值税。一般认为,"生产型"增值税具有一定程度的重复征税,不是完全意义上的增值税;"收入型"增值税不含有重复课税,是完全的增值税;"消费型"增值税是一种体现鼓励投资政策的增值税。

2. 征税范围和纳税人

现行增值税征税范围包括货物的生产、批发、零售和进口四个环节,2016 年 5 月 1 日以后,伴随着营业税改征增值税试点实施办法以及相关配套政策的实施,"营改增"试点行业扩大到销售服务、无形资产或者不动产,增值税的征税范围覆盖第一产业、第二产业和第三产业。凡在中华人民共和国境内销售货物或者提供加工、修理修配劳务,销售服务、无形资产或者不动产,以及进口货物的单位和个人,为增值税的纳税人。增值税实行凭专用发票抵扣税款的制度。为严格增值税征收管理,将增值税纳税人分为一般纳税人和小规模纳税人。增值税纳税人(以下简称纳税人),年应税销售额(包括免税销售额)超过财政部、国家税务总局规定的小规模纳税人标准的,除按规定不办理一般纳税人资格认定的情形外,应当向主管税务机关申请一般纳税人资格认定。年应税销售额未超过标准的以及新开业的纳税人,可以向主管税务机关申请一般纳税人资格认定。一般纳税人应有固定的生产经营场所;能够按照国家统一的会计制度规定设置账簿,根据合法、有效凭证核算,能够提供准确税务资料。个体工商户以外的其他个人、选择按照小规模纳税人纳税的非企业性单位、选择按照小规模纳税人纳税的不经常发生应税行为的企业不办理一般纳税人资格认定。除国家税务总局另有规定外,纳税人一经认定为一般纳税人后,不得转为小规模纳税人。

3. 税率与征收率

增值税的税率,适用于一般纳税人,目前有基本税率 13%(纳税人销售或者进口货物,除列举的外,税率均为 13%;提供有形动产租赁服务,提供加工、修理修配劳务和应税服务,除适用低税率范围外,税率也为 13%)、9%(纳税人销售或者进口包括粮食在内的农产品、自来水、暖气、石油液化气、天然气、食用植物油、冷气、热水、煤气、居民用煤炭制品、食用盐、农机、饲料、农药、农膜、化肥、沼气、二甲醚、图书、报纸、杂志、音像制品、电子出版物,税率为 9%;提供交通运输、邮政、基础电信、建筑、不动产租赁服务,销售不动产,转让土地使用权,税率也为 9%)、6%(提供增值电信服务、金融服务、生活服务以及除不动产租赁以外的现代服务,除转让土地使用权之外的销售无形资产,税率为 6%)和 0(纳税人出口货物,税率为 0,国务院另有规定的除外;符合规定的境内单位和个人跨境销售服务、无形资产行为,税率为 0)共四档税率。增值税的征收率适用于小规模纳税人和特定一般纳税人,均按 3% 的征收率计征,但销售自行开发、取得、自建的不动产以及不动产经营租赁服务按 5% 计征。

4. 计税方法

一般纳税人缴纳增值税采取扣税法,应纳税额为销项税额扣除进项税额后的余额。其中,销项税额 = 销售额 × 适用税率;进项税额为购进货物或接受应税劳务所支付或负担的增值税额,一般以当期购货发票中注明的允许扣除的增值税款为准。对小规模纳税人不实行扣税法,其应纳税额计算公式是应纳税额 = 销售额 × 征收率。进口货物应纳税额计算公式是应纳税额 = 组成计税价格 × 税率。

三、消费税

消费税,是对特定消费品和消费行为征收的一种税,其目的是调节特定消费品生产的较高收入,平均税率一般较高。消费税是国际上非常流行的税种,已经有120多个国家和地区开征了消费税或类似税种。为了调节产品结构,引导消费行为,保证国家财政收入,1994年我国工商税制改革时设置了消费税税种。我国消费税是在对货物普遍征收增值税的基础上,选择少数消费品再征收一道消费税。

1. 征税范围和纳税人

消费税采取列举征税办法,即只对列入征税目录的消费品征税,未列入的不征税。在我国境内生产、委托加工和进口应税消费品的单位和个人,为消费税的纳税义务人。

2. 税目和税率

消费税采取按产品列举税目的办法。我国征收消费税的消费品有烟、酒、高档化妆品、贵重首饰及珠宝玉石、鞭炮焰火、成品油、摩托车、小汽车、高尔夫球及球具、高档手表、游艇、木制一次性筷子、实木地板、电池和涂料共15类消费品。消费税税率采用比例税率和定额税率两种基本形式。其中,大多数应税消费品采用1%至56%的比例税率;啤酒、黄酒和成品油适用于定额税率;白酒、卷烟等应税消费品实行定额税率与比例税率相结合的复合计税。

3. 计税方法

消费税实行从价定率、从量定额,或从价定率和从量定额复合计税的办法计算应纳税额。其中,对卷烟和白酒实行复合计税办法。

第三节　所得税

一、所得税的主要特点

所得税,是对所有以所得为课税对象的税种的总称。所得课税具有如下特点:①税负相对比较公平。所得课税税额的多少直接决定于有无所得和所得多少。一般实行所得多的多征、所得少的少征、无所得的不征,比较符合“量能负担”原则;所得税类一般规定有起征点、免征额和扣除项目,可以减轻或消除低收入者的负担。②所得税类以纳税人的应税所得额为计税依据,属于单环节征收,不存在重复征税问题;应税所得额不构成商品价格的追加,也不易转嫁,不会影响商品的相对价格。③税源可靠,收入具有弹性。随着经济发展、经济增长质量提高,所得税税源将不断扩大;所得税多数情况下采取累进税率,与流转税比较,收入更富有弹性;所得税能够自动适应经济发展周期变化,发挥“内在稳定器”的作用。

二、企业所得税

企业所得税是对在我国境内的企业和其他取得收入的组织,就其生产、经营所得和其他所得征收的一种税。

企业所得税的主要内容包括：

(1)纳税人。在中华人民共和国境内的一切企业和其他取得收入的组织(以下统称企业)为企业所得税的纳税人。为避免重复征税，个人独资企业、合伙企业不适用企业所得税法。

(2)税率。企业所得税税率为25%。非居民企业在中国境内未设立机构、场所的，或者虽设立机构、场所，但取得的所得与其所设机构、场所没有实际联系的，应当就其来源于中国境内的所得缴纳企业所得税，适用税率为20%。

(3)应纳税所得额的计算。企业每一纳税年度的收入总额，减除不征税收入、免税收入、各项扣除以及允许弥补的以前年度亏损后的余额，为应纳税所得额。

(4)应纳税额的计算。企业应纳税所得额乘以适用税率，减除依照企业所得税法关于税收优惠规定减免和抵免税额后的余额，为应纳税额。

(5)征收管理。除税收法律、行政法规另有规定外，居民企业以企业登记注册地为纳税地点，但登记注册地在境外的，以实际管理机构所在地为纳税地点。居民企业在中国境内设立不具有法人资格的营业机构的，应当汇总计算、缴纳企业所得税。企业所得税按纳税年度计算。纳税年度自公历1月1日起至12月31日止。

三、个人所得税

个人所得税，是对个人的所得征收的一种税。我国现行个人所得税采取分类征收制度。随着经济发展和个人收入水平的提高，个人所得税收入持续快速增长。

1. 纳税人

个人所得税的纳税人，分为居民纳税人和非居民纳税人两种情况。居民纳税人是在中国境内有住所，或者无住所而在中国境内居住满一年的个人，其取得的境内境外所得，都要向我国政府缴纳个人所得税。非居民纳税人是指在中国境内没有住所又不居住，或无住所且居住不满一年的个人，其仅就来源于中国境内的所得，向我国政府缴纳个人所得税。

2. 课税对象

个人所得税的课税对象共有11项，包括工资薪金所得，个体工商户(包括个人独资企业和合伙企业投资者)的生产、经营所得等。

3. 税率

个人所得税根据所得类别不同，分别实行超额累进税率和比例税率。

4. 计税方法

个人所得税计算公式为：

个人所得税应纳税额 = 应纳税所得额 × 适用税率

其中，应纳税所得额要根据所得类别的不同分别计算。①工资、薪金所得，以每月收入额减除费用3 500元后的余额为应纳税所得额；②个体工商户的生产、经营所得，以每一纳税年度的收入总额，减除成本、费用以及损失后的余额为应纳税所得额；③对企事业单位的承包经营、承租经营所得，以每一纳税年度的收入总额，减除必要费用后的余额为应纳税所得额；④劳务报酬所得、稿酬所得、特许权使用费所得、财产租赁所得，每次收入不超过4 000元的，减除费用800元，4 000元以上的，减除20%的费用，其余额为应纳税所得额；⑤财产转让所得，以转让财产的收入额减除财产原值和合理费用后的余额为应纳税所得额；⑥利息、股息、红利所得，偶然所得和其他所得，以每次收入额为应纳税所得额。

我国个人所得税制的改革方向，是建立综合与分类相结合的个人所得税制。

第四节　财产税

一、财产税的特点

财产税是对法人或自然人在某一时点占有或可支配财产课征的一类税收的统称。在各国税收体系中，财产税一直是地方政府财政收入的主要来源。随着我国经济的不断发展和人民收入水平的不断提高，财产税将越来越成为我国税收体系中的主要税类之一。

财产税具有如下优点：①符合税收的纳税能力原则；②课税对象是财产价值，税源比较充分，且相对稳定，不易受经济变动因素的影响；③征税原则是有财产者纳税，无财产者不纳税，财产多者多纳税，财产少者少纳税。因此，财产税具有收入分配功能，征收财产税一定程度上有助于避免社会财富分配不均；④财产持有者在财产使用上一般不与他人发生经济关系，财产税属于直接税，不易转嫁，政府征收财产税增加了有产者的负担，同时等于相对减轻了无产者的负担。

但财产税也存在明显缺点：①税收负担存在一定的不公平性，因为纳税人的财富主要评价标准是收入，而不仅仅是财产，尤其是财产中的动产，常常成为隐匿的对象，不动产的估价一般也比较难，征收管理不易掌握；②收入弹性较小，为满足财政需要而变动财产税收入是很困难的；③在经济不发达时期，课征财产税会减少投资者的资本收益，降低投资者的投资积极性。因此一定程度上对资本的形成可能带来障碍。

我国现行税制中属于财产税类的税种主要有房产税、车船税等。

二、车船税

车船税是指对在我国境内应依法到公安、交通、农业、渔业、军事等管理部门办理登记的车辆、船舶，根据其种类，按照规定的计税依据和年税额标准计算征收的一种财产税。

1. 纳税人

在中华人民共和国境内属于《车船税法》所附《车船税税目税额表》规定的车辆、船舶（以下简称车船）的所有人或者管理人，为车船税的纳税人，应当依法缴纳车船税。

2. 计税依据

乘用车按排气量，客车按载客人数，摩托车按辆，其他车辆按整备质量，机动船舶按净吨位，游艇按艇身长度。

3. 税额

车辆具体适用税额由省、自治区、直辖市人民政府依照《车船税法》所附《车船税税目税额表》规定的税额幅度和国务院的规定确定。船舶的具体适用税额由国务院在《车船税法》所附《车船税税目税额表》规定的税额幅度内确定。

第五节　深化税收制度改革

党的十八届三中全会按照建立现代财政制度的要求，对深化税收制度改革作出了明确规定。

一、税收制度改革的目标取向

(一)优化税制结构

随着经济社会发展水平变化和征管条件改善，促进直接税和间接税比例的调整，进一步提高所得税、持有环节不动产税的收入比重。健全地方主体税种，调动地方组织收入的积极性，增强自主性。明确和规范税制要素，税制设计尽可能简单透明，降低税收成本，减少自由裁量权，规范征管秩序。科学划分中央税、共享税和地方税，合理配置各级政府税收收入归属权。

(二)完善调节功能

通过改进和完善税收政策，引导地方政府更多地关注经济发展质量。坚持税收“取之于民、用之于民”基本理念，正确处理税收在经济效率与社会公平之间的关系。建设全国统一公平市场，逐步消除现行税制存在的对不同市场主体的税收不平等待遇，促进自由竞争和要素充分流动，进一步激发市场主体活力。

(三)稳定宏观税负

要强化税收筹集财政收入的功能作用，也要保持宏观税负相对稳定。因此，改革要税费联动、有减有增，兼顾需要与可能，既要考虑保障国家发展和人民群众对公共服务的需要，保持财力适度增长，又要充分考虑企业、个人的承受能力，将税收负担水平控制在合理范围之内。解决以费代税造成的税费功能叠加问题，实现税费功能归位，规范政府收入秩序。

(四)推进依法治税

规范税收优惠政策管理，在法律规定范围内赋予地方必要的税权。要严格税收征管，维护国家税法的统一、尊严和权威，推动形成科学立法、严格执法、全民守法的依法治税新局面。

二、税收制度改革的主要内容

(一)进一步发挥消费税调节功能

适当扩大并调整消费税征收范围,把高耗能、高污染产品及部分高档消费品纳入征收范围,放大消费税引导合理消费行为的作用。研究将消费税由目前主要在生产(进口)环节征收改为主要在零售或批发环节征收,弱化政府对生产环节税收的依赖,增强对消费环境的关注,促进扩大内需和优化经济结构。

(二)加快资源税从价计征改革

原油、天然气资源税从价计征改革已经在全国范围内实施,部分金属和非金属矿资源税从价计征改革试点在部分地区实施。今后改革的重点是清理取消相关收费基金,逐步扩大资源税征收范围。

(三)加快推进房产税制度改革

加快房产税改革,有利于引导住房合理消费,促进节约集约用地;有利于合理引导市场预期,促进建立房地产市场健康发展的长效机制;有利于构建地方税主体税种,可为地方政府提供持续、稳定的收入来源。但房产税改革需要一定的社会和法律环境,征管要求比较高,而我国目前个人房产又具有明显的类型多样、产权情况复杂等特征。因此,要在认真总结上海、重庆等地试点经验的基础上,完善政策、科学决策,逐步建立统一完整的房地产税制度。

(四)建立健全综合与分类相结合的个人所得税制度

当前我国改革的重点是适当合并相关税目,形成合理税率,完善税前基本扣除,加快完善个人所得税征管配套措施。

(五)加强和改进税收优惠政策设定

要按照统一税制、公平税负、促进公平竞争的原则,加强对税收优惠特别是区域税收优惠政策的规范管理。区域发展规划应与税收优惠政策脱钩,今后原则上不再出台新的区域税收优惠政策。税收优惠政策统一由专门税收法律法规规定。同时,严格禁止各种越权税收减免。

(六)完善国税、地税征管体制

进一步加强税收征管,积极构建以明晰征纳双方权利义务为前提,以风险管理为导向,以重点税源管理为着力点,以信息化建设为支撑的现代税收征管体系。

第三十一章　政府预算

知识框架

- 政府预算
  - 政府预算的职能与原则
    - 政府预算的含义
    - 政府预算的职能
    - 政府预算的原则
    - 政府预算的分类
  - 我国政府预算职权划分
    - 立法机关的预算管理职权
    - 各级人民政府的预算管理职权
    - 各级政府财政部门的预算管理职权
    - 各级政府业务主管部门的预算管理职权
    - 各单位的预算管理职权
    - 审计机关的预算管理职权
  - 我国政府预算体系
    - 一般公共预算
    - 政府性基金预算
    - 国有资本经营预算
    - 社会保险基金预算
  - 我国政府预算编制和执行制度
    - 预算编制制度
    - 预算执行制度
  - 实施全面规范、公开透明预算制度的主要内容

第一节　政府预算的职能与原则

一、政府预算的含义

政府预算的具体含义包括：

（1）从技术方面看，政府预算包括两层含义：①在形式上，政府预算是政府的财政收支计划，以预算平衡表的形式体现，预算表反映了政府资金的来源和流向，体现了政府的年度工作重点和方向。由于政府的各项工作都离不开资金支持。因此，从一定意义上讲，政府预算又可以说是政府的工作计划。②在内容上，政府预算是政府对财政收支的计划安排，反映可

供政府集中支配的财政资金数量的多少，是财政部门按法定程序管理财政资金的活动。政府预算的编制反映政府对财政收支的计划安排；预算的执行是财政收支的筹措和使用的过程；决算是政府预算执行的总结。通过政府预算，可以使人们清楚地了解政府的财政活动，看出政府在一个财政年度内的收支状况。因此，政府预算是政府理财的主导环节和基本环节。

(2)从政治方面看，政府预算是重大的政治行为。①政府预算指标背后反映的是政府在做什么和不做什么之间做出的选择；②政府预算反映了支出上的优先权；③政府预算反映了政府准备购买的具体公共物品和服务及其成本。

(3)从本质方面看，政府预算是国家和政府意志的体现。政府预算需要经过国家权力机关的审查和批准才能生效，是一个重要的法律性文件(属于年度立法)。政府预算从编制、审查批准、执行、调整和决算，都要依照法律规定进行。

二、政府预算的职能

在现代经济社会条件下，政府预算具有三大职能：

(一)反映政府部门的活动

作为政府收支安排的一个基本计划，政府预算反映和规定了政府在预算年度内的活动范围、方向和重点。政府的支出，就是政府工作或活动的成本；政府的收入，就是弥补政府支出的财源。一本政府预算，就是一面反映政府工作的"镜子"，就是一本关于政府活动的详细记录。因此，通过科学编制和严格执行政府预算，可以使有限资源得到合理配置，可以使政府的政策和目标得到贯彻实施；通过政府预算，可以了解政府的工作，透视政府的活动；通过政府预算，可以使公众了解政府的政策信息。

(二)监督政府部门收支运作的情况

作为我国各级人民代表大会审议的一个重要文件，政府预算是人大代表和人民群众监督政府收支运作的途径和窗口。政府的收入，最终都来自企业和居民缴纳的税费；政府的支出，最终都要用于向企业和居民提供的公共物品或服务。因此，通过编制政府预算草案并得到权力机关审查和批准，可以为政府部门提供公共服务、从事财政活动建立明确的管理和控制框架；通过政府预算，可以评价政府履行职能所花费的成本，考核政府工作活动的绩效。

(三)控制政府部门的支出

我国各级人民代表大会对政府预算的审议过程，就是一种精打细算、厉行节约的机制安排；进一步讲，由各级人民代表大会审议、批准的政府预算，实质上是对政府支出规模的一种法定授权。只有在授权范围内的支出，才是合法和有效的。超出授权范围的支出，即便是必需的也要以预算调整案的形式提交同级人大常委会审议、批准。因此，通过编制政府预算，可以促进政府及其部门对财政收支活动的成本和效果进行科学比较分析；通过审查和批准政府预算，可以形成对政府支出规模的有效控制，从而实现提高政府公共服务效率的目的。

三、政府预算的原则

国家预算原则是指国家选择预算形式和体系应遵循的指导思想，是制定政府财政收支计划的方针。

早期的政府预算原则主要是注重控制性，即将政府预算作为监督和控制政府的工具。后来随着政府预算收支内容的日趋复杂化，开始强调政府预算的周密性，即注重研究预算技术和管理模式的改进，但功能预算理论创建以后，政府预算原则出现了新的重要变化。功能预算理论创建于凯恩斯时代初期，以凯恩斯经济理论为基础，强调将政府的税收、支出、借债等行为作为一种具有调节运行功能的工具来使用，主张预算政策要以财政措施的实施结果（如宏观经济总体运行和经济增长目标的实现），作为安排政府预算收支的依据。因此，功能预算理论发展以来，政府预算的功能趋于多样化，开始注重发挥政府预算的功能性作用，实现国家的整体利益。虽然政府预算原则在不同时期有些变化，但一些最基本的预算原则一直为各国共同遵守。这些原则主要有：

（1）完整性原则。政府预算必须包括政府所有的财政收入和支出内容，以便全面反映政府的财政活动。所有法律准许的政府财政活动，都要在预算中清楚地列出，不应另设其他财政收支账目；政府所有的财政活动都不能脱离预算管理，非政府交易活动必须排除在外。

（2）统一性原则。在分级财政体制中，中央和地方各级政府预算必须按统一的预算科目，统一的口径、程序计算、填列和编制统一的预算，以保证整个财政活动的连续性和整体协调性。

（3）可靠性原则。可靠性原则也称为谨慎性原则，是指各级政府预算必须建立在积极、稳健、可靠的基础上，有充分而确实的依据，预算数应尽量准确地反映可能出现的结果，保证预算能得到真实可靠的执行。收入预算的编制要可靠、完整、能够落实。支出预算安排要真实、可靠，既不能不切实际地把支出盘子打得很大，无法完成，也不能留下硬缺口，将执行中一定要发生的支出不列入预算，人为缩小支出规模。

（4）合法性原则。合法性原则是指政府预算活动的每个环节都必须按照法定程序进行，政府预算的成立、预算执行中的调整和预算执行结果都必须经过立法机关审查批准。立法机关审查批准预算，表明代表人民意愿的人民代表大会已经授权政府按照人民的意愿使用纳税人提供的资源，政府不能随意变更。这是政府必须对纳税人负责的理念的重要体现。

（5）公开性原则。政府预算反映着政府的活动范围、方向和政策，与全体公民的切身利益紧密相关。政府预算的内容及其执行情况，除少数涉及国家秘密的信息外，必须明确并采取一定的形式公之于众，便于人民代表理解和审查，并置于社会公众的监督之下。同时，政府财政收支计划的制定、执行、执行中的调整和决算与评估的过程，应向社会公众公开。

（6）年度性原则。政府预算编制和执行，都要有时间上的界定，即收支预算的起讫时间。政府预算起讫时间通常为一年，称为预算年度。政府必须按照法定预算年度编制预算。政府预算要反映全年的财政收支活动，不允许将不属于本年度财政收支的内容列入本年度预算中。预算年度有历年制和跨年制两种。历年制即从每年的 1 月 1 日起至同年的 12 月 31 日止为一个预算年度。目前采用历年制的国家最多，如中国、德国、法国、韩国、意大利、巴西等。跨年制即从每年某月某日至下一年相应日期的前一日止，中间经历 12 个月，但要跨两个年份。

四、政府预算的分类

（一）按预算编制形式分类，分为单式预算和复式预算

单式预算是将政府财政收支汇集编入一个总预算之内，形成一个收支项目安排对照表。

单式预算可以统一反映政府预算年度内能够筹集和使用的社会财富总量，便于政府统筹安排使用财政资金。单式预算的优点：一是简单明了，整体性强，能够清晰反映政府财政收支全貌，有利于公众监督政府预算的实施；二是便于编制，易于操作。但单式预算没有区分各项财政收支的经济性质，不利于政府对复杂的财政活动进行深入分析、管理和监督。复式预算是将预算年度内的全部财政收支按收入来源和支出性质，分别编制两个或两个以上的预算，形成两个或两个以上的收支对照表。复式预算一般由经常预算和资本预算组成。经常预算主要以税收为收入来源，以行政事业项目为支出对象，如维持政府机关运转的日常活动经费支出等；资本预算主要以国债为收入来源，以经济建设项目为支出对象，如政府贷款及偿还国债等支出。复式预算的优点：一是由于区分了政府预算收入和支出的经济性质和用途，便于政府科学安排预算收支结构，突出重点，分类控制预算收支平衡；二是便于政府灵活运用资本性投资和国债等手段，对宏观经济运行实施宏观调控。复式预算的缺点是编制和实施比较复杂，有一定难度。

（二）按预算编制依据的内容和方法分类，分为增量（基数）预算和零基预算

增量预算也称基数预算，是指新预算年度的财政收支计划指标在以前预算年度基础上，按新预算年度经济发展情况加以调整后确定。增量预算保持了各项财政收支指标的连续性，这是一种传统的预算编制方法。零基预算是指新预算年度财政收支计划指标的确定，不考虑以前年度的财政收支执行情况，只以新预算年度经济社会发展情况和财力可能为依据，重新评估各项收支的必要性及其所需金额的一种预算形式。因预算编制一切从零开始，故称零基预算。零基预算并不是一切都要重新开始，而是对已有项目需要重新审定和安排，起点为零。零基预算的优点是有利于克服增量预算下政府财政收支指标刚性增长的弊端，提高预算支出效率。

（三）按预算作用时间长短分类，分为年度预算和多年预算

年度预算是指预算有效期为一年的政府预算。传统的年度预算是按一个年度来安排政府财政收支的，这种安排容易出现某些单项决策在年度内看合理、但从中长期看可能不合理的情况。多年预算是指对连续多个年度（一般为 3～5 年）的财政收支进行预测、规划或规定的一种财政计划形式。编制多年预算的目的，是为了进一步完善财政计划的作用机制，弥补年度预算在反映收支变动、控制支出增长和调整支出结构等方面的缺陷，提高财政收支安排的科学性和实施宏观经济调控的有效性。编制多年预算一般都是采取逐年递推或滚动的形式，即多年预算每年编制一次，每次向前滚动一年，每年都根据预算执行和经济发展等情况做出最新预测，对有关收支指标做出调整或修正，保证实现支出与收入及财政与经济的协调互动，保证国家宏观决策选择和财政政策执行的连续性。与年度预算比较，多年预算亦称中期预算、滚动预算。将年度预算纳入多年预算中统筹考虑，使年度预算编制更加符合社会经济发展状况。多年预算一般不具有法律效力，要提交国家权力机关作为审议年度预算时的参照，但不需要经过国家权力机关批准。

（四）按预算收支平衡状况分类，分为平衡预算和差额预算

平衡预算是指预算收入基本等于预算支出的预算。实际工作中，略有结余或略有赤字的预算通常也被视为平衡预算。差额预算是指预算收入大于或小于预算支出的预算。需说

明的是，这里所指的差额预算是指收支差额较大的预算，具体有两种情况，一是收入大于支出的盈余预算，二是支出大于收入的赤字预算。

（五）按预算项目是否直接反映经济效益分类，分为投入预算、绩效预算和规划项目预算

投入预算是指用来控制各项支出用途和金额的预算。投入预算根据预算控制各项支出，要求按预算规定的用途和金额使用资金。绩效预算是指先由政府部门确定需要履行的职能以及为履行职能需要消耗的资源，在此基础上制定绩效目标，并用量化指标来衡量其在实施每项计划过程中取得的成绩和完成工作的情况。规划—项目预算制度是根据国家的经济现状与发展趋势以及国家当前所要达到的总体目标，利用系统分析以及成本—效益分析等工具来评估各项公共计划的成本效益，协助政府拟定最优决策，以利于国家经济资源合理配置的一种预算制度，其基本内容是为政府创造出一个与以往不同的决策环境，即设计出系统的分析与评估能力，用以对政府预算的目标和实现这些目标的各种竞争性方案进行深入的检验，其核心是使用成本—效益和成本—有效性分析，用以对不同规划和活动进行比较，以此作为实现既定目标的手段。

（六）按预算管理层级分类，分为中央预算和地方预算

中央预算是指中央政府的预算，由中央各部门预算、中央对地方税收返还和转移支付、地方向中央上解收入等组成。地方预算是指由地方各级政府预算组成的预算，包括本级各部门的预算、上级对下级政府税收返还和转移支付、下级政府向上级政府上解收入等组成。我国政府预算级次与国家政权结构和行政区域密切相关，原则上一级政府、一级财政、一级预算。省以下各级政府预算称为地方预算。

第二节　我国政府预算职权划分

预算管理职权是指政府预算方针政策、预算管理法律法规的制定权、解释权和修订权，政府预算、决算的编制和审批权，预算执行，预算调整和监督权等。《中华人民共和国宪法》第62条、第67条规定了全国人民代表大会及其常委会的预算管理职权。2006年制定的《中华人民共和国监督法》对各级人大常委会审查和批准决算、听取预算执行情况报告等内容作了明确规定。2014年修改后的《预算法》对立法机关、各级政府、政府财政主管部门和预算执行部门、单位的预算管理职权作了明确规定。

一、立法机关的预算管理职权

（1）各级人民代表大会的职权。全国人民代表大会有权审查中央和地方预算草案及中央和地方预算执行情况的报告，批准中央预算和中央预算执行情况的报告，改变或者撤销全国人民代表大会常务委员会关于预算、决算的不适当的决议；县级以上地方各级人民代表大会有权审查本级总预算草案及本级总预算执行情况的报告，批准本级预算和本级预算执行情况的报告，改变或者撤销本级人民代表大会常务委员会关于预算、决算的不适当的决议，撤销本级政府关于预算、决算的不适当的决定和命令；设立预算的乡、民族乡、镇的人民代表大会有权审查和批准本级预算和本级预算执行情况的报告，监督本级预算的执行，审查和批准本级预算的调整方案,审查和批准本级决算,撤销本级政府关于预算、决算的不适当决定和命令。

(2)各级人民代表大会常务委员会的职权。全国人民代表大会常务委员会有权监督中央和地方预算的执行,审查和批准中央预算的调整方案,审查和批准中央决算;撤销国务院制定的同宪法、法律相抵触的关于预算、决算的行政法规、决定和命令,撤销省、自治区、直辖市人民代表大会及其常务委员会制定的同宪法、法律和行政法规相抵触的关于预算、决算的地方性法规和决议;县级以上地方各级人民代表大会常务委员会有权监督本级总预算的执行,审查和批准本级预算的调整方案,审查和批准本级政府决算,撤销本级政府和下一级人民代表大会及其常务委员会关于预算、决算的不适当的决定、命令和决议。

二、各级人民政府的预算管理职权

中央预算与地方预算有关收入和支出项目的划分、地方向中央上解收入、中央对地方返还或者给予补助的具体办法,由国务院规定,报全国人民代表大会常务委员会备案。各级人民政府组织编制本级预算草案,向本级人民代表大会作关于本级总预算草案的报告;组织本级总预算执行;决定本级政府预备费动用;编制本级预算调整方案;监督本级各部门和下一级人民政府的预算执行;改变或者撤销本级各部门和下一级人民政府关于预算方面的不恰当的决定或命令;向本级人民代表大会及其常务委员会报告本级总预算的执行情况;组织编制本级决算草案。

三、各级政府财政部门的预算管理职权

各级政府财政部门具体编制本级预算草案;具体组织本级总预算的执行;提出本级预备费动用方案;具体编制本级预算的调整方案;定期向本级人民政府和上一级财政部门报告各级预算的执行情况;具体编制本级决算草案。

四、各级政府业务主管部门的预算管理职权

各级政府各业务主管部门根据国家预算法律、法规的规定,制定本部门预算具体执行办法;编制本部门预算草案;组织和监督本部门预算的执行;定期向本级政府财政部门报告预算的执行情况;编制本部门决算草案。

五、各单位的预算管理职权

各部门所属各单位负责编制本单位的预算、决算草案;按照规定上缴预算收入、安排预算支出;接受政府财政、审计等有关部门的监督。

六、审计机关的预算管理职权

《中华人民共和国审计法》规定,各级审计机关应当对各级人民政府及其各部门的财政收支,国有的金融机构和企业事业组织的财务收支,以及其他依照规定应当接受审计的财政收支、财务收支的真实、合法和效益,进行审计监督。

第三节 我国政府预算体系

按照建立与社会主义市场经济体制相适应的财政制度的要求，我国完整的政府预算体系包括一般公共预算、政府性基金预算、国有资本经营预算和社会保障基金预算。

一、一般公共预算

一般公共预算，是指政府凭借国家政治权力，以社会管理者身份筹集以税收为主体的财政收入，用于保障和改善民生、维持国家行政职能正常运转、保障国家安全等方面的收支预算。

一般公共预算收入，既包括用于满足政府日常行政事业活动及保障国家安全、社会稳定，发展科学、卫生、教育等各项事业开支需要的收入；也包括用于满足政府投资性支出需要的收入，主要包括税收收入和非税收入。其中，税收收入占财政收入的90%左右，非税收入占10%左右。税收收入包括增值税、消费税、营业税、企业所得税、个人所得税、资源税、城市维护建设税、房产税、印花税、城镇土地使用税、土地增值税、车船税、船舶吨税、车辆购置税、关税、耕地占用税、契税等。非税收入包括专项收入、行政事业性收费收入、罚没收入、国有资本经营收入、国有资源（资产）有偿使用收入和其他收入等。

一般公共预算支出，按支出功能分类包括一般公共服务、外交、国防、公共安全、教育、科学技术、文化体育与传媒、社会保障和就业、社会保障基金支出、医疗卫生、环境保护、城乡社区事务、农林水事务、交通运输、工业商业金融等事务、其他支出和转移性支出；按支出经济性质分类包括工资福利支出、商品和服务支出、对个人和家庭的补助、对企事业单位的补贴、转移性支出、赠与、债务利息支出、基本建设支出、其他资本性支出、贷款转贷及产权参股、其他支出。

二、政府性基金预算

政府性基金是指各级人民政府及其所属部门根据法律、行政法规和中共中央、国务院文件规定，为支持特定公共基础设施建设和公共事业发展，向公民、法人和其他组织无偿征收的具有专项用途的财政资金。政府性基金项目由财政部审批，重要的政府性基金项目须报国务院审批。为加强对政府性基金的管理，财政部每年都向社会公布政府性基金项目目录，接受社会监督。所有政府性基金都纳入政府性基金预算管理，通过政府性基金收支表列示，按照法定程序接受人大审查和监督。

政府性基金预算，是指国家通过向社会征收基金、收费以及出让土地、发行彩票等方式取得收入，专项用于支持特定基础设施建设和社会事业发展的收支预算，是政府预算体系的重要组成部分。政府性基金预算与财政预算一样，同属于政府预算的范畴。但二者之间又有所不同，主要表现在资金的管理方式不同。政府性基金预算的收入具有指定用途、专款专用的特征。政府性基金收入，是指纳入预算管理的各项政府性基金和地方财政部门按国家规定收取的各项税费附加收入，以及原来在预算中列支的部分专项收入。政府性基金支出，主要是按照专款专用原则，与基金预算收入一一对应。

政府性基金预算的管理原则是以收定支,专款专用,结余结转下年继续使用。

政府性基金使用单位应当按照财政部统一要求以及同级财政部门的有关规定,认真编制年度相关政府性基金预决算,逐级汇总后报同级财政部门审核;各级财政部门在审核汇总使用单位年度政府性基金预决算的基础上,编制本级政府年度政府性基金预决算草案,经同级人民政府审定后,报同级人民代表大会或其常务委员会审查批准。财政部汇总中央和地方政府性基金预决算,形成全国政府性基金预决算草案,经国务院审定后,报全国人民代表大会审查批准。

三、国有资本经营预算

国有资本经营预算,是政府以所有者身份依法取得国有资本收益,并对所得收益进行分配而发生的各项收支预算,是政府预算的重要组成部分。国有资本经营预算支出按照当年预算收入规模安排,不列赤字。

国有资本经营预算制度的核心是调整国家和国有企业之间的分配关系,是实现国有资本经营管理战略目标的重要手段。建立国有资本经营预算制度,对国有资本收益进行合理分配和使用,有利于完善国有企业收入分配制度,增强政府宏观调控能力,促进国有资本的合理配置,推进国有经济布局和结构的战略性调整,集中解决国有企业发展中的体制性、机制性问题。

国有资本经营预算的编制原则。一是统筹兼顾、适度集中。统筹兼顾企业自身积累、自身发展和国有经济结构调整及国民经济宏观调控的需要,合理确定国有资本收益分配比例。二是相对独立、相互衔接。既保持国有资本经营预算的完整性和相对独立性,又保持与政府公共预算的相互衔接。三是分级编制、逐步实施。按照国有资产分级管理体制,国有资本经营预算分级编制,并根据条件逐步实施。

国有资本经营预算的收支范围。国有资本经营预算收入主要包括从国家出资企业取得的利润、股利、股息和国有产权(股权)转让收入、清算收入等,支出主要用于对重要企业补充资本金和弥补一些国有企业的改革成本等。

四、社会保险基金预算

社会保险基金预算是指政府通过社会保险缴款、一般公共预算安排和其他方式筹集的资金,专项用于社会保险的收支预算。为加强社会保险基金管理,规范社会保险基金收支行为,明确政府责任,促进经济社会协调发展,2010 年国务院决定试编社会保险基金预算,经过 3 年试编后,2013 年正式提交全国人大。

(1)指导思想和原则。社会保险基金预算坚持以科学发展观为指导,通过对社会保险基金筹集和使用实行预算管理,增强政府宏观调控能力,强化社会保险基金的管理和监督,保证社会保险基金安全完整,提高社会保险基金运行效益,促进社会保险制度可持续发展。

社会保险基金预算遵循以下基本原则:一是依法建立,规范统一。依据国家法律法规建立,严格执行国家社会保险政策,按照规定范围、程序、方法和内容编制。二是统筹编制,明确责任。社会保险基金预算按统筹地区编制执行,统筹地区根据预算管理方式,明确本地区各级人民政府及相关部门责任。三是专项基金,专款专用。社会保险各项基金预算严格按照有关法律法规规范收支内容、标准和范围，专款专用，不得挤占或挪作他用。四是相对独立，有机衔接。在预算体系中，社会保险基金预算单独编报，与财政预算和国有资本经营预算相对独立、有机衔接。社会保险基金不能用于平衡财政预算，财政预算可补助社会保险基金。五是收支平衡，留有结余。社会保险基金预算坚持收支平衡，适当留有结余。

（2）编制范围。社会保险基金预算按险种分别编制，包括企业职工基本养老保险基金、城乡居民基本养老保险基金、失业保险基金、城镇职工基本医疗保险基金、居民基本医疗保险基金、工伤保险基金、生育保险基金等内容。

（3）编制方法。社会保险基金预算编制采用科学、规范的方法，提高预算编制的预见性、准确性、完整性和科学性。社会保险基金收入预算的编制应综合考虑统筹地区上年度基金预算执行情况、本年度经济社会发展水平预测以及社会保险工作计划等因素。社会保险基金支出预算的编制应综合考虑统筹地区本年度享受社会保险待遇人数变动、经济社会发展状况、社会保险政策调整及社会保险待遇标准变动等因素。

（4）编报和审批。全国社会保险基金预算草案由人力资源社会保障部汇总编制，财政部审核后，由财政部和人力资源社会保障部联合向国务院报告。

（5）执行和调整。社会保险基金预算不得随意调整。在执行中因特殊情况需要增加支出或减少收入，应当编制社会保险基金预算调整方案。

（6）决算。全国社会保险基金决算草案由人力资源社会保障部汇总编制，财政部审核后，由财政部和人力资源社会保障部联合向国务院报告。

第四节　我国政府预算编制和执行制度

一、预算编制制度

（一）建立部门预算制度

部门预算，是指政府部门依据国家有关政策法规及其履行职能需要，由基层单位开始编制，逐级上报、审核、汇总，经财政部门审核后提交立法机关依法批准的涵盖部门各项收支的年度财政收支计划。部门预算制度是市场经济国家财政预算管理的基本形式。实行部门预算制度，需要将部门的各种财政性资金、部门所属单位收支全部纳入在一本预算中编制。

部门预算收支，既包括行政单位预算，也包括所属事业单位预算；既包括一般收支预算，也包括政府基金收支预算；既包括基本支出预算，也包括项目支出预算；既包括财政部门直接安排的预算，也包括有预算分配权部门安排的预算。

部门收入预算编制采用标准收入预算法。通过对国民经济运行情况和重点税源进行调查，建立收入动态数据库和国民经济综合指标库，在对经济、财源及其发展变化趋势进行分析论证的基础上，选取财政收入相关指标，建立标准收入预算模型，根据可预见的经济性、政策性和管理性等因素，确定修正系数，编制标准收入预算。部门支出预算编制采用零基预算法。支出预算包括基本支出预算和项目支出预算。其中，基本支出预算实行定员定额管理，人员支出预算按照工资福利标准和编制定员逐人核定；日常公用支出预算按照部门性质、职责、工作量差别等划分若干档次，制定标准定员定额体系，逐部门核定。项目预算要进行科学论证和合理排序，纳入项目库，编制中长期项目安排计划，结合财力状况，在预算中优先安排急需可行的项目。在此基础上，编制具有综合财政预算特点的部门预算。

部门预算采取自下而上的编制方式，编制程序实行“两上两下”的基本流程。“一上”就是部门编报部门预算建议数，上报同级财政部门。“一下”就是财政部门对各部门上报的预算建议数审核、平衡后，汇总成本级预算初步方案报同级政府，经政府批准后向各部门下达预算控制限额。“二上”就是各部门根据财政部门下达的预算控制限额，编制部门预算草案上报同级财政部门。“二下”就是财政部门在对各部门上报的预算草案审核后，汇总成本级预算草案和部门预算草案，报经政府审批后，提交本级人民代表大会审议，并在本级人民代表大会批准预算草案后一个月内向本级各部门批复预算，各部门应当在财政部门批复本部门预算之日起15日内，批复所属各单位的预算，并负责具体执行。

建立部门预算制度的重要意义。①实行综合预算，统一了预算分配权，实现了预算编制的统一性，增强了预算的透明度，提高了预算分配的规范性和完整性；②通过加强结余资金管理、引入绩效评价等，增强了预算管理的科学性，提高了财政资源配置效率和财政资金使用效益；③确立了部门作为部门预算主体的地位，承担着预算管理责任，部门财权与事权相结合，有利于提高政府宏观调控和各部门统筹安排资金的能力，有利于推动部门和行业事业发展；④预算从基层编起，经过部门审核汇总、财政综合平衡，再报政府审定、人大审批，使预算形成的链条更加严密，增强了预算决策的科学化和民主化，预算法治性约束大大增强，有效地规范了政府的管财行为、财政的理财行为和部门的用财行为。

（二）将预算外资金纳入预算管理

为贯彻落实全国人大和国务院有关规定，财政部决定从2011年1月1日起，将按预算外资金管理的收入（不含教育收费）全部纳入预算管理。

（1）预算管理方式。自2011年1月1日起，中央各部门各单位的教育收费作为本部门的事业收入，纳入财政专户管理，收缴比照非税收入收缴管理制度执行；中央部门预算外收入全部上缴中央国库，支出通过财政预算或政府性基金预算安排。其中，交通运输部集中的航道维护收入纳入政府性基金预算管理；中央部门收取的主管部门集中收入、国有资产出租出借收入、广告收入、捐赠收入、回收资金、利息收入等预算外收入纳入一般预算管理，使用时用于收入上缴部门的相关支出，专款专用。

（2）收入预算级次和支出安排原则。预算外收入纳入预算管理后，收入预算级次保持不变，原上缴中央财政专户的收入上缴中央国库。预算外收入纳入预算管理后，相应取消全部预算外收支科目。地方各级财政部门要按照国务院关于把政府所有收支全部纳入预算管理的规定，在2011年1月1日以前将全部预算外收入纳入预算管理。

（3）将预算外资金纳入预算管理的重要意义。①将预算外资金纳入预算管理，改变了过去资金分散管理、切块存放的状态，使各项收支活动成为有机统一的整体，有利于加强财政资金管理，增强了财政预算的完整性，有利于充分发挥财政的调控职能；②有利于完善预算分配制度，进一步提高财政管理水平，推动加快建立由财政预算、国有资本经营预算、政府性基金预算和社会保障预算组成的有机衔接的政府预算体系；③预算外资金纳入预算管理，使预算外资金收支全过程处于人大、政府及其财政部门的监督之下，有利于规范预算管理，提高依法理财的水平，有利于从源头上预防腐败。

二、预算执行制度

预算执行制度是政府预算制度的重要组成部分，是预算实施的关键环节。

（一）建立国库集中收付制度

从 2001 年开始，我国正式实施国库管理制度改革。改革目标是将传统的财政资金银行账户管理体系和资金缴拨方式，改为以国库单一账户体系为基础、资金缴拨以国库集中收付为主要形式的财政国库管理制度。主要内容是：取消各部门在商业银行开设的账户，建立以财政部门为主体的国库单一账户体系，所有财政性资金全部在国库单一账户体系中运作，由财政部门统一管理。规范财政性资金收缴方式，对政府财政收入分别实行直接缴库和集中汇缴制度，取消各执收单位自行开设和管理的收入过渡账户，所有收入通过代理银行直接缴入国库或财政专户；改变财政资金分散拨付方式，由财政部门根据不同支付主体，对不同类型的支出分别采取财政直接支付和财政授权支付等方式，将原通过各部门转拨的财政性资金，改为财政部门通过国库单一账户体系直接支付或授权各部门支付到个人、用款单位或者商品供应商和劳务提供者。

建立国库集中收付制度的意义有：①加强了预算执行过程的监督控制。以国库单一账户体系为基础的电子化监控系统，从根本上加强了事前和事中监督；②提高了预算执行管理信息的透明度。改革从根本上改变了传统的财政资金运行机制，实现了由层层“中转”变“直达”用款单位和个人。在收入收缴方面，可以直接从纳税或者缴款环节获取收入信息；在支出支付方面，可以从各基层预算单位最终付款环节直接获取信息。这种获取预算执行信息的机制，为预算执行信息的准确性和及时性提供了机制保障，为预算执行管理和分析提供可靠的信息基础；③增强了财政宏观调控能力。国库现金流量由过去各单位分散持有，转变为财政部门统一持有和管理，有利于保证重点支出和预算的正常执行，有利于加强财政政策与货币政策的协调实施，加强宏观调控。

（二）实行政府采购制度

政府采购是指各级国家机关、事业单位和团体组织，使用财政性资金采购依法制定的集中采购目录以内的或者采购限额标准以上的货物、工程和服务的行为。将公用支出和项目支出中的大宗大型的设备购置，以及财政投资的基本建设项目，通过公开招标、竞争性谈判等方式，实行政府集中统一采购。政府采购运行机制实行集中采购与分散采购相结合，以集中为主，分散为辅；公开招标与非公开招标相结合；委托采购与自行采购相结合。实行政府采购制度，要科学编制政府采购年度预算，为政府采购提供有效依据，提高政府采购的效率和效益。

第五节　实施全面规范、公开透明预算制度的主要内容

建立全面规范、公开透明预算制度的主要内容有：

（1）建立健全预算编制、执行、监督相互制约、相互协调机制。

（2）完善政府预算体系。明确政府预算体系（一般公共预算、政府性基金预算、国有资本经营预算、社会保险基金预算）的收支范围，建立定位清晰、分工明确的政府预算体系。政

府的收入和支出全部纳入预算管理。加大政府性基金预算、国有资本经营预算与一般公共预算的统筹力度。完善社会保险基金预算编制制度。

(3)实施跨年度预算平衡机制。根据经济形势发展变化和财政政策逆周期调节的需要,建立跨年度预算平衡机制。中央一般公共预算执行中如出现超收,超收收入用于冲减赤字、补充预算稳定调节基金,如出现短收,通过调入预算稳定调节基金、削减支出或增列赤字并在经全国人大或其常委会批准的国债余额限额内发债平衡。地方一般公共预算执行中如出现超收,用于化解政府债务或补充预算稳定调节基金,如出现短收,通过调入预算稳定调节基金或其他预算资金、削减支出实现平衡。

(4)实施中期财政规划管理。编制三年滚动财政规划,对未来三年重大财政收支情况进行分析预测,对规划期内一些重大改革、重要政策和重大项目,研究政策目标、运行机制和评价办法。中期财政规划要加强与经济社会发展规划计划的衔接。

(5)全面推进预算绩效管理。强化支出责任和效率意识,逐步将绩效管理范围覆盖各级预算单位和所有财政资金,将绩效评价重点由项目支出拓展到部门整体支出和政策、制度、管理等方面,加强绩效评价结果应用,将评价结果作为调整支出结构、完善财政政策和科学安排预算的重要依据。

(6)建立政府资产报告制度。政府资产报告制度是对政府各类资产进行计量、汇总、分类和上报等的制度性安排,是政府资产管理应遵循的原则、方法和程序的总称。政府资产包括行政事业单位占有使用资产、政府经管资产、企业国有权益等。政府资产报告通常包括政府资产报表和政府资产分析报告两部分,建立政府资产报告制度,对全面掌握政府家底、夯实政府资产管理基础、反映政府资产管理绩效、推进政府资产管理与预算管理相结合、加强地方政府性债务管理具有重要意义。

(7)建立权责发生制政府综合财务报告制度。政府综合财务报告由各级政府财政部门在合并各部门财务报告的基础上编制而成,主要反映各级政府整体财务状况、运行情况和财政中长期可持续性。报告主要包括政府资产负债表、收入费用表等财务报表和报表附注,以及以此为基础进行的综合分析等。力争在2020年前建立具有中国特色的政府会计准则体系和权责发生制政府综合财务报告制度。条件成熟时,政府综合财务报告向本级人大或其常委会报告。

(8)建立财政库底目标余额管理制度。财政库底目标余额管理是现代财政国库管理制度的重要内容,是由财政部门在科学预测国库现金流量基础上,对存放在中央银行的财政资金设定确保财政支出支付需求的最低目标余额,并通过运用一系列安全的短期投融资工具实施国库现金管理操作,使库底资金保持稳定的目标余额,实现盘活财政库款存量、提高财政资金使用效益、完善货币流动性管理、促进经济发展的目的。主要内容包括:一是建立国库现金流量预测制度;二是完善国库现金管理银行账户、资金清算及核算体系;三是健全完善国库现金管理投融资运行机制;四是完善国库现金管理风险监控管理机制。

(9)推进预算、决算公开。除涉密信息外,政府预算、决算支出全部细化公开到功能分类的"项"级科目,专项转移支付预算、决算按项目、按地区公开。积极推进财政政策公开。同时,扩大部门预算、决算公开范围,细化部门预算、决算公开内容,逐步将部门预算、决算公开到"基本支出"和"项目支出"。

第三十二章 财政管理体制

知识框架

- 财政管理体制
  - 财政管理体制内容与类型
    - 财政管理体制的含义
    - 财政管理体制的内容
    - 财政管理体制的类型
    - 财政管理体制的作用
  - 分税制财政管理体制
    - 分税制财政管理体制改革的指导思想
    - 分税制财政体制的主要内容
    - 分税制财政管理体制改革的主要成效
    - 深化财政体制改革的主要任务与内容
  - 财政转移支付制度
    - 财政转移支付及其特点
    - 我国现行的财政转移支付制度
    - 规范财政转移支付制度的任务
  - 合理划分中央与地方财政事权和支出责任
    - 总体要求
    - 划分原则
    - 主要内容

第一节 财政管理体制内容与类型

一、财政管理体制的含义

财政管理体制,简称“财政体制”,是指国家在组织财政收入和财政支出的活动中,划分中央政权和地方各级政权,以及财政部门和其它国家机关、企业事业单位之间在财政管理方面的职责、权力、财政收支范围以及组织原则、管理方式和机构设置等各项法规和制度的总称是国家财政管理的一项根本制度和国民经济管理体制的一个重要组成部分。在我国,财政管理体制有广义与狭义之分。广义的财政管理体制主要包括政府预算管理体制、税收管理体制、公共部门财务管理体制等。狭义的财政管理体制是指政府预算管理体制。政府预算管理体制是财政管理体制的中心环节,它规定了各级政府间的财力划分,规定了预算资金使用的范围、方向和权限。因此，通常人们所使用的财政管理体制概念，指的就是政府预算管理体制。

二、财政管理体制的内容

（一）财政分配和管理机构的设置

有财政分配，就需要设立一定的机构来从事财政管理。古今中外，各国政府都设立了专门的比较完善的财政机构来管理财政事务，形成一个比较健全的财政管理系统。与政府管理体制相适应，目前我国的财政管理机构分为中央、省（自治区、直辖市）、设区的市（自治州）、县（自治县、不设区的市、市辖区）、乡（民族乡、镇）五级。各级财政部门内部又设置不同业务分工的机构，分别负责各项业务管理工作。

（二）政府间事权及支出责任的划分

财政管理体制作为划分各级政府间财政关系的根本制度，其依据是政府职能界定和政府间事权划分。政府间财政支出划分是财政管理体制的基础性内容。在多层级政府及其财政结构中，任何一个国家都不可能将所有事权集中在中央，也不可能将所有事权都下放给地方，过度集权和过度分权都会产生许多问题。政府间事权及支出责任划分一般遵循以下重要原则：

（1）受益原则。这是指根据公共产品和服务的受益范围来划分政府间事权。对于全国范围内受益的事权划归中央；对于在区域范围内受益的事权划归地方；对于受益范围涉及多个区域的事权划归相关地区政府协商承担，或者由中央政府出面协调由受益地区共同承担。

（2）效率原则。这是指根据产品的配置效率来确定事权的归属。公共产品和服务由哪一级政府提供效率更高就由哪一级政府来提供。

（3）区域原则。这是指根据公共产品和服务的区域性来划分政府间事权。将没有区域性特征、需要按统一规划和标准提供的全国性公共产品和服务的事权划归中央政府，如外交、国防事务等；将具有区域性特征、需要因地制宜来提供的地区性公共产品和服务的事权划归地方，如社会治安、城市供水、公园事务等。

（4）技术原则。这是指根据公共产品和服务的规模大小、技术难易程度来划分政府间事权。对于规模庞大、需要高技术才能完成的公共产品和服务，应由中央政府负责，如三峡工程、青藏铁路等公共工程；反之，应由地方政府负责。

（三）政府间财政收入的划分

税种属性是决定政府间财政收入划分的主要标准。市场经济成熟国家一般遵循以下几个重要原则：一是集权原则。无论是单一制国家，还是联邦制国家，为了保持政策的统一性，保持社会稳定，维护中央政府权威，一般都是在政府间初次分配中集中较多的财力，将收入份额较大的主体税种划归中央政府。二是效率原则。将一些流动性较强的收入，作为中央政府收入；将一些流动性不强的收入（如以土地为课税对象的收入）、地方政府比较了解税基等基本信息、收入相对稳定的，划归地方政府，既易于操作，征税效率也比较高。三是恰当原则。为了有效实施宏观调控，将一些调控功能较强的税种作为中央政府收入；对于体现国家主权的收入（如关税），作为中央政府收入，不宜作为地方收入或中央地方分享收入。四是收益与负担对等原则。对于收益与负担能够直接对应的收入(如使用费等),一般作为地方政府收入。

根据国际经验,政府间财政收支划分呈现的基本特征,是收入结构与支出结构的非对称性安排,即收入结构划分以中央政府为主,支出结构划分则以地方政府为主,也就是说在年度财政收支总量中,划归中央政府掌握的收入要大于其实质性职权范围的一定比例,而地方政府所承担的职权则往往要超过其直接收入划分所拥有的财力。所以在财政收支划分上做出这种非对称性安排,一方面,中央政府拥有相对较多的财力,使地方政府在一定程度上依赖于中央政府支持,同时中央政府也有能力予以支持,这有利于保证中央政府在宏观调控中的主导地位,维护中央政府的权威性。另一方面,绝大部分公共需要的受益范围是具有区域性的,各地企业和居民对公共物品和服务的需求都具有质和量的差别,由各地方政府针对本地需求提供的公共物品和服务要比中央政府提供更为便利,有利于降低成本,有利于提高财政资金使用效益。

(四)政府间财政转移支付制度

作为财政管理体制的重要组成部分,政府间财政转移支付制度是协调中央政府与地方政府间财政关系的一项重要配套制度。

三、财政管理体制的类型

(一)财政管理体制的两种模式

从世界各国财政管理体制的差异看,一般分为两种模式或类型:

(1)财政联邦制模式。在联邦制国家,联邦政府与州政府之间的权力划分遵循"州余权主义"原则,即在宪法中未指明或者未列举的联邦权属之外的事务,州有权立法和实施。

联邦制下,联邦(中央)与州(地方)之间的权力关系具有如下特点:一是联邦(中央)与州(地方)在宪法规定的领域内相对独立、平等,互不从属;二是联邦(中央)与州(地方)都直接对公民行使权力,每个公民都隶属于两级或多级政府;三是联邦(中央)与州(地方)之间在宪法规定的事务上相互协调。

联邦制下的财政管理体制模式,是指在宪法和相关法律确定的各级政府独立事权基础上,各级政府独立地行使各自的财权财力,自收自支,自求平衡,自行管理,自成一体的体制模式。在这种体制下,中央财政与地方财政之间、地方上级财政与下级财政之间没有整体关系,政府间的财政联系主要依靠分税制和转移支付制度来实现。美国、加拿大、德国、澳大利亚、俄罗斯、墨西哥、印度等国家实行财政联邦制。

(2)财政单一制模式。财政单一模式下的财政管理体制,是指中央和地方各级政府在中央统一领导下,根据事权划分及与之相适应的财权财力划分,统一财政预算和分级管理的一种体制模式。在这种模式下,财政大政方针和主要的规章制度由中央统一制定、安排,地方在中央决策和授权范围内对财政活动进行管理。财政单一制模式下,地方政府拥有的分权水平较低,自主性较小。法国、英国、日本、韩国、意大利等国实行财政单一制。

(二)改革开放后我国财政管理体制的变化

新中国成立以来,从总体上讲,我国一直实行统收统支、高度集中的财政管理体制。1978年,党的十一届三中全会召开,中国进入改革开放的新时代,以集中为主要特征的传统财政管理体制,作为分配领域的关键环节,率先成为改革开放的突破口。1980 年至 1993 年历经了三次大的改革。这三次体制改革可以概括为是“包干型”财政管理体制。

(1)1980—1984 年“划分收支、分级包干”体制。这一体制也称为“分灶吃饭”体制,其主要内容是按照经济体制规定的隶属关系,明确划分中央和地方的收支范围;地方预算收支的包干基数,按照划分收支的范围,以 1979 年预算收支执行数为基础,经过适当调整后计算确定;地方上缴比例、调剂收入分成比例和定额补助数核定后,原则上 5 年不变。

(2)1985—1987 年“划分税种、核定收支、分级包干”体制,其主要内容是收入划分原则上按税种划分各级预算收入;支出按隶属关系划分中央与地方预算支出。

(3)1988—1993 年实行包干财政体制。这种体制规定对全国绝大多数地区分别实行收入递增包干、总额分成、总额分成加增长分成、定额上解、定额补助等不同形式的包干办法。

(4)从 1994 年开始实施分税制财政体制。为了加快建立社会主义市场经济体制,进一步理顺中央与地方财政分配关系,更好地发挥财政职能作用,增强中央政府宏观调控能力,1994 年国务院对中央和地方间财政管理体制进行了新的构建,取消包干制,实行了分税制财政管理体制。这次改革是新中国财政史上具有里程碑意义的改革,我国财政管理体制改革由放权让利进入到制度创新的新阶段。

四、财政管理体制的作用

(一)保证各级政府和财政职能的有效履行

建立财政管理体制的根本目的,是构建一个合理、规范、有效的财政运行秩序和体系,做到财权与事权相统一,为满足各级政府有效履行所承担的社会、经济等职能,提供体制、机制和财力上的保障。

(二)调节各级和各地政府及其财政之间的不平衡

在多级政府体制下,各级政府之间和各区域政府之间的经济发展和收入水平总会存在不均衡的情况,这就需要通过规范的财政管理体制进行有效的调节,将财力较好地区的财政收入通过体制调出一部分直接或间接转移给财力不足的地区,使财力不足的地方也能够取得与其履行职责相匹配的财力。

(三)促进社会公平,提高财政效率

在现代市场经济中,财政管理体制要以坚持公平、效率原则为出发点,以促进社会稳定和提高资源配置效率为基本目标。这是克服市场失灵、有效提供社会发展进步所必需的公共物品和服务、协调不同区域间经济社会均衡发展的内在要求。

第二节 分税制财政管理体制

分税制财政管理体制,简称分税制,是指在合理划分各级政府事权范围的基础上,主要按税收来划分各级政府的预算收入,各级预算相对独立,负有明确的平衡责任,各级次间和

地区间的差别通过转移支付制度进行调节。它是市场经济国家普遍推行的一种财政管理体制模式。我国从1994年开始实行分税制财政管理体制。

一、分税制财政管理体制改革的指导思想

1. 正确处理中央与地方的分配关系,调动两个积极性,促进财政收入的合理增长

为增强中央政府的宏观调控能力,中央要从今后财政收入的增量中适当多得一些,以保证中央财政收入的稳定增长。

2. 合理调节地区间财力分配

分税制实施,既要有利于经济发达地区继续保持较快发展势头,又要通过中央对地方税收返还和转移支付,扶持经济不发达地区发展和老工业基地改造。

3. 正确处理政府与企业间的财力分配关系

要改变按行政隶属关系组织财政收入的传统模式,实行企业不论大小、不分级别,一律依法向中央、地方政府分别纳税,公平竞争。

4. 坚持统一政策与分级管理相结合的原则

划分税种不仅要考虑中央与地方的收入分配,还必须考虑税收对经济发展和社会分配的调节作用。中央税、共享税以及地方税的立法权集中在中央,保证中央政令统一,维护全国统一市场和企业平等竞争。税收实行分级征管,中央税和共享税由国家税务局负责征收。

5. 坚持整体设计与逐步推进相结合的原则

在明确改革目标基础上,分税制实施办法力求规范化,但必须抓住重点,分步实施,逐步完善。

二、分税制财政体制的主要内容

(一)支出责任划分

根据中央政府与地方政府事权的划分,中央财政主要承担国家安全、外交和中央国家机关运转所需经费,调整国民经济结构、协调地区发展、实施宏观调控所必需的支出以及由中央直接管理的事业发展支出。具体包括:国防费,武警经费,外交和援外支出,中央级行政管理费,中央统管的基本建设投资,中央直属企业的技术改造和新产品试制费,地质勘探费,由中央本级负担的公检法支出和文化、教育、卫生、科学等各项事业费支出。地方财政承担本地区政权机关运转所需支出以及本地区经济、社会发展所需支出。具体包括:地方行政管理费,民兵事业费,地方企业的改造和新产品试制经费,公检法经费,地方统筹安排的基本建设投资,地方安排的农业支出,城市维护和建设费用,地方文化、教育、卫生等各项事业费以及其他支出。

(二)收入划分

将维护国家权益、实施宏观调控所必需的税种划为中央税;将同经济发展直接相关的主要税种划为中央与地方共享税;将适合地方征管的税种划为地方税,并调整、充实地方税种,增加地方税收入。分设中央与地方两套税务机构,中央税务机构征收中央税和中央与地方共享税,地方税务机构征收地方税。

中央固定收入包括:关税,海关代征的消费税和增值税,消费税,中央企业所得税,非银行金融企业所得税,铁道、各银行总行、保险总公司等部门集中缴纳的收入(包括营业税、所得税、利润和城市维护建设税),中央企业上缴利润等收入。外贸企业出口退税,除1993年地方实际负担的20%部分列入地方财政上缴中央基数外,以后发生的出口退税全部由中央财政负担。

地方固定收入包括:营业税(不含各银行总行、铁道、各保险总公司集中缴纳的营业税),地方企业所得税(不含上述地方银行和外资银行及非银行金融企业所得税);地方企业上缴利润,个人所得税,城镇土地使用税,固定资产投资方向调节税,城市维护建设税(不含铁道、各银行总行、各保险总公司集中缴纳的部分),房产税,车船税,印花税,屠宰税,农牧业税,农业特产税,耕地占用税,契税,国有土地有偿使用收入等。

中央与地方共享收入包括:增值税,资源税,证券交易(印花)税。增值税中央分享50%,地方分享50%.资源税按不同的资源品种划分,海洋石油资源税作为中央收入,其他资源税作为地方收入。

三、分税制财政管理体制改革的主要成效

(一)建立了财政收入稳定增长的机制

实行中央与地方的分税制财政体制,解决了原财政包干体制下中央与地方之间财政分配"一省一制"等问题,理顺了中央与地方财政分配关系,既增强了中央财政统筹配置资源、加强宏观调控的能力,也调动了地方发展经济、增加财政收入的积极性,财政收入占GDP比重下滑趋势得到遏制。全国一般公共预算收入在1999年、2003年、2005年分别突破1万亿元、2万亿元和3万亿元,2007年、2008年、2010年和2011年分别突破5万亿元、6万亿元、8万亿元和10万亿元,2014年全国一般公共预算收入达到14万亿元。一般公共预算收入占当年GDP比重从1996年的10.4%提高到2014年的22.1%。

(二)增强了中央政府宏观调控能力

分税制改革后,中央财政收入占全国财政收入比重与改革前相比有明显提高,从改革前1993年的22.0%提高到2014年的45.9%。中央财政收入比重的提高,对保证中央支出需要、增强中央政府宏观调控能力、调节地区间财力差距都起到了积极而重要的作用。

(三)促进了产业结构调整和资源优化配置

分税制改革明确了地方政府的收入和支出范围,强化了对地方财政的预算约束,提高了地方坚持财政平衡、注重收支管理的主动性,在加强财政管理方面进行了很多有益的探索。分税制改革通过利益机制调整促使各地眼睛向内,调整理财思路,根据本地区实际情况,寻找新的经济增长点,积极培育新的财源,减少对国家产业政策限制发展行业的投入,农业和服务业得到加强。

四、深化财政体制改革的主要任务与内容

随着我国经济社会的持续发展和政府职能的逐步转变,现行的财政体制也暴露出一些问题,主要是中央和地方事权与支出责任划分不清晰、不合理、不规范。转移支付制度不完

善，规模过大，项目过多，资金分散，常有配套要求，财政转移支付结构不合理，一般性转移支付比重偏低。一些地方政府性债务增长过快，同时财政支出结构固化，财政收入中低速增长与支出刚性增长之间的矛盾加剧。这些都不利于建设财力与事权相匹配的财政体制和推进基本公共服务的均等化。

财政体制改革总的方向是，在保持中央和地方收入格局大体稳定的前提下，进一步理顺中央和地方收入划分，合理划分政府间事权与支出责任，促进权力与责任、办事与花钱相统一，全面提升国家治理效率。

（一）完善中央地方事权和支出责任划分

在转变政府职能、合理界定政府职责基础上，充分考虑公共事项的受益范围、信息的复杂性和不对称性以及地方的自主性、积极性，合理划分中央地方事权和支出责任。①适度加强中央事权。将国防、外交、国家安全等关系全国政令统一、维护统一市场、促进区域协调、确保国家各领域安全的重大事务集中到中央，减少委托事务，以加强国家的统一管理，提高全国的公共服务能力和水平。②明确中央与地方共同事权。将具有地域管理信息优势但对其他区域影响较大的公共产品和服务，如社会保障、跨区域重大项目建设维护等作为中央与地方共同事权，由中央和地方共同承担。③明确区域性公共服务为地方事权。将地域信息性强、外部性弱并主要与当地居民有关的事务放给地方，调动和发挥地方政府的积极性，更好地满足区域公共服务的需要。④调整中央和地方的支出责任。在明晰事权基础上，进一步明确中央承担中央事权的支出责任，地方承担地方事权的支出责任，中央和地方按规定分担共同事权的支出责任。

（二）进一步理顺中央和地方收入划分

党的十八届三中全会提出，“保持现有中央和地方财力格局总体稳定，结合税制改革，考虑税种属性，进一步理顺中央和地方收入划分。”根据税种属性特点，遵循公平、便利和效率等原则，合理划分税种。将收入周期性波动较大、具有较强再分配作用、税基分布不均衡、税基流动性较大、易转嫁的税种划为中央税，或中央分成比例多一些；将其余具有明显受益性、区域性特征、对宏观经济运行不产生直接重大影响的税种划为地方税，或地方分成比例多一些，以充分调动中央和地方两个积极性。结合全面实施营业税改征增值税改革、完善消费税制度、加快资源税改革、开征环境保护税等税制改革，按照税种属性，考虑地方承受能力及履行职能需要，培育地方主体税种，形成稳定的财源。按照适当、可控、有限的原则扩大地方税权，有效引导地方政府转变经济发展方式。

第三节　财政转移支付制度

一、财政转移支付及其特点

（一）财政转移支付的含义

政府间财政转移支付制度，是在处理中央与地方财政关系时，协调上下级财政之间关系的一项重要制度。它通过垂直的即上一级财政流向下一级财政的资金流动，来实现上级政府对政府的补助，或从同级的富裕地区向贫困地区的资金流动，实现地区间公共服务水平提供能力的均等化。最早提出转移支付概念的是著名经济学家庇古，他在1928年出版的《财政学研究》中第一次使用这一概念。

建立政府间财政转移支付制度，其目的是解决地方政府收支不平衡的问题，以及因地区间经济发展不平衡而引起的全国公共服务水平不均衡的问题，实现经济社会的稳定协调发展。财政转移支付制度具有重要作用：一是通过财政转移支付为地方政府提供稳定的收入来源，弥补其收支差额，这是财政转移支付制度的最基本作用。这一制度增强了地方政府提供本地区公共物品和服务的能力，有利于实现政府间财政关系的纵向平衡。二是通过财政转移支付可以在一定程度上解决各地方之间因财政状况不同而造成的公共服务水平的不均等。三是实施财政转移支付制度，中央政府通过对地方政府的专项拨款，可以对地方的财政支出项目进行调节，体现中央政府的政策意图，使地方政府行为符合中央政府的宏观调控政策，从而有利于增强中央政府对地方政府的控制能力。

（二）财政转移支付的特点

（1）完整性。从转移支付的目标、种类、方式，到具体因素和数额的确定分配与监督，都要有一整套科学、完整的制度安排。

（2）对称性。上级政府对下级政府转移支付的财力，与能够满足该级政府承担、履行的事权职责需求相对应。

（3）科学性。转移支付制度的设计要科学、合理、规范、周密，这样才能实现转移支付的公平性、公正性，才能达到转移支付的目标，实现纵向政府间和横向区域间基本公共服务的均等化。

（4）统一性和灵活性相结合。上级政府对下级政府的财政转移支付在确定分配考核因素时，应该按照统一、规范、明确、公开的制度规定进行；同时，还需要根据各地的不同情况，按照统一的标准调整不同地区的转移支付系数，使得到的转移支付数量能够与本地的实际情况相符合，如一般性转移支付系数主要取决于转移支付资金总量、地方收支缺口、各地财政困难程度等因素。

（5）法制性。转移支付是政府间利益关系的再调整。如果没有严格、明确的法律制度约束，转移支付过程中往往会存在暗箱操作、人为干扰、不公平、不公正等问题。因此，转移支付制度在许多国家都以法律形式予以规范。

二、我国现行的财政转移支付制度

（一）财政转移支付分类

转移支付的具体形式有很多种，但一般都可以归结为均衡拨款与专项拨款两大类。通常情况下，对于地方事权范围的支出项目，中央政府通过一般性转移支付实施财力匹配与均衡；专项转移支付严格限于中央委托事务、共同事权事务、效益外溢事务和符合中央政策导向事务。从国际经验看，一国的转移支付结构取决于本国特定国情，并没有一个统一的参照。美国是分权国家的典型代表，但美国是少有的没有建立一般性转移支付制度的国家，联邦政府的转移支付全部以专款和分类转移支付方式下达，州政府的资金自主使用权限受到较大限制。日本是单一制国家，相对集权，但日本每年的地方交付税（属于均衡拨款）都要高于国库支出金（属于专项拨款）。

（二）我国的财政转移支付分类

我国现行的财政转移支付由一般性转移支付和专项转移支付组成。

（1）一般性转移支付。一般性转移支付是指为弥补财政实力薄弱地区的财力缺口，均衡地区间财力差距，实现地区间基本公共服务能力的均等化，中央财政安排给地方财政的补助支出，由地方统筹安排。建立和完善一般性转移支付制度，有效缓解了困难地区财政运行中的突出矛盾，对保障地方政府机构正常运转等基本公共支出需要发挥了重要作用。目前，一般性转移支付包括均衡性转移支付、民族地区转移支付、县级基本财力保障机制奖补资金、调整工资转移支付、农村税费改革转移支付、资源枯竭城市转移支付等具体项目。

均衡性转移支付，是指按照公平、公正、循序渐进原则，主要参照各地标准财政收入和标准财政支出的差额及可用于转移支付的资金规模等客观因素，按统一公式计算确定的转移支付。标准财政收入依据各地工业增加值等指标测算，旨在衡量各地财政收入能力，反映各地政府的收入努力程度；标准财政支出按照各地总人口，并适当考虑面积、海拔、温度、距离、少数民族人口比重等因素测算。

（2）专项转移支付。专项转移支付是指中央财政为实现特定的宏观政策及事业发展战略目标，以及对委托地方政府代理的一些事务或中央地方共同承担事务进行补偿而设立的补助资金，需要按规定用途使用。专项转移支付重点用于教育、医疗卫生、社会保障、支农等公共服务领域。专项转移支付具体项目比较多。

（三）税收返还制度

税收返还是1994年实施分税制和工商税制改革时，中央为了保证财税体制改革顺利进行，保持各个地方的既得利益而采取的一种补偿机制，实际是将因财政体制改革而集中到中央的收入"存量"返还给地方。目前，中央对地方税收返还包括增值税定额返还、消费税定额返还、所得税基数返还（即企业所得税、个人所得税分享改革后的基数返还）和成品油价格与税费改革税收返还。

三、规范财政转移支付制度的任务

推进转移支付制度改革，形成以均衡地区间基本财力、由地方统筹安排使用的一般性转移支付为主体，一般性转移支付和专项转移支付相结合的转移支付制度。

1. 完善一般性转移支付的稳定增长机制

增加一般性转移支付规模和比例，更好地发挥地方政府贴近基层、就近管理的优势，促进地区间财力均衡，重点增加对革命老区、民族地区、边疆地区、贫困地区的转移支付。中央出台减收增支政策形成的地方财力缺口，原则上通过一般性转移支付调节。

2. 清理、整合、规范专项转移支付项目

大幅度减少转移支付项目，归并重复交叉的项目，逐步取消竞争性领域专项和地方资金配套，严格控制引导类、救济类、应急类专项，对保留的专项进行甄别，属于地方事务且数额相对固定的项目，划入一般性转移支付，并根据经济社会发展及时清理专项转移支付项目。

第四节 合理划分中央与地方财政事权和支出责任

财政事权是一级政府应承担的运用财政资金提供基本公共服务的任务和职责，支出责任是政府履行财政事权的支出义务和保障。合理划分中央与地方财政事权和支出责任是政府有效提供基本公共服务的前提和保障。为此，2016 年 8 月国务院印发了《国务院关于推进中央与地方财政事权和支出责任划分改革的指导意见》，对完善事权和支出责任相适应的制度、适度加强中央事权和支出责任、推进各级政府事权规范化法律化做出了重要部署。

一、总体要求

（一）坚持中国特色社会主义道路和党的领导

通过合理划分中央与地方在基本公共服务提供方面的任务和职责，形成科学合理、职责明确的财政事权和支出责任划分体系，充分发挥中国特色社会主义制度在维护社会公平正义和促进共同富裕方面的优势，确保党的路线、方针、政策得到贯彻落实，为加强和改善党的领导提供更好保障。

（二）坚持财政事权由中央决定

在完善中央决策、地方执行的机制基础上，明确中央在财政事权确认和划分上的决定权，适度加强中央政府承担基本公共服务的职责和能力，维护中央权威。要切实落实地方政府在中央授权范围内履行财政事权的责任，最大限度减少中央对微观事务的直接管理，发挥地方政府因地制宜加强区域内事务管理的优势，调动和保护地方干事创业的积极性和主动性。

（三）坚持有利于健全社会主义市场经济体制

要正确处理政府与市场、政府与社会的关系，合理确定政府提供基本公共服务的范围和方式，将应由市场或社会承担的事务，交由市场主体或社会力量承担；对应由政府提供的基本公共服务，要明确承担财政事权和支出责任的相应政府层级，促进社会主义市场经济体制不断完善，使市场在资源配置中的决定性作用得到充分发挥。

（四）坚持法治化规范化道路

要将中央与地方财政事权和支出责任划分基本规范以法律和行政法规的形式规定，将地方各级政府间的财政事权和支出责任划分相关制度以地方性法规、政府规章的形式规定，逐步实现政府间财政事权和支出责任划分法治化、规范化，让行政权力在法律和制度的框架内运行，加快推进依法治国、依法行政。

（五）坚持积极稳妥统筹推进

要从积极稳妥推进中央与地方事权和支出责任划分改革的全局出发，先在财政事权和支出责任划分上突破，为建立科学规范的政府间关系创造基础性条件。要处理好改革与稳定发展、总体设计与分步实施、当前与长远的关系，准确把握各项改革措施出台的时机、力度和节奏，加强中央与地方之间以及各部门之间的协同合作，形成合力，确保改革扎实推进，务求实效。

二、划分原则

（一）体现基本公共服务受益范围

体现国家主权、维护统一市场以及受益范围覆盖全国的基本公共服务由中央负责，地区性基本公共服务由地方负责，跨省（区、市）的基本公共服务由中央与地方共同负责。

（二）兼顾政府职能和行政效率

结合我国现有中央与地方政府职能配置和机构设置，更多、更好发挥地方政府尤其是县级政府组织能力强、贴近基层、获取信息便利的优势，将所需信息量大、信息复杂且获取困难的基本公共服务优先作为地方的财政事权，提高行政效率，降低行政成本。信息比较容易获取和甄别的全国性基本公共服务宜作为中央的财政事权。

（三）实现权、责、利相统一

在中央统一领导下，适宜由中央承担的财政事权执行权要上划，加强中央的财政事权执行能力；适宜由地方承担的财政事权决策权要下放，减少中央部门代地方决策事项，保证地方有效管理区域内事务。要明确共同财政事权中央与地方各自承担的职责，将财政事权履行涉及的战略规划、政策决定、执行实施、监督评价等各环节在中央与地方间作出合理安排，做到财政事权履行权责明确和全过程覆盖。

（四）激励地方政府主动作为

通过有效授权，合理确定地方财政事权，使基本公共服务受益范围与政府管辖区域保持一致，激励地方各级政府尽力做好辖区范围内的基本公共服务提供和保障，避免出现地方政府不作为或因追求局部利益而损害其他地区利益或整体利益的行为。

（五）做到支出责任与财政事权相适应

按照“谁的财政事权谁承担支出责任”的原则，确定各级政府支出责任。对属于中央并由中央组织实施的财政事权，原则上由中央承担支出责任；对属于地方并由地方组织实施的财政事权，原则上由地方承担支出责任；对属于中央与地方共同财政事权，根据基本公共服务的受益范围、影响程度，区分情况确定中央和地方的支出责任以及承担方式。

三、主要内容

（一）推进中央与地方财政事权划分

（1）适度加强中央的财政事权。坚持基本公共服务的普惠性、保基本、均等化方向，加强中央在保障国家安全、维护全国统一市场、体现社会公平正义、推动区域协调发展等方面的财政事权。强化中央的财政事权履行责任，中央的财政事权原则上由中央直接行使。中央的财政事权确需委托地方行使的，报经党中央、国务院批准后，由有关职能部门委托地方行使，并制定相应的法律法规予以明确。对中央委托地方行使的财政事权，受委托地方在委托范围内，以委托单位的名义行使职权，承担相应的法律责任，并接受委托单位的监督。

要逐步将国防、外交、国家安全、出入境管理、国防公路、国界河湖治理、全国性重大传染病防治、全国性大通道、全国性战略性自然资源使用和保护等基本公共服务确定或上划为中央的财政事权。

(2)保障地方履行财政事权。加强地方政府公共服务、社会管理等职责。将直接面向基层、量大面广、与当地居民密切相关、由地方提供更方便有效的基本公共服务确定为地方的财政事权，赋予地方政府充分自主权，依法保障地方的财政事权履行，更好地满足地方基本公共服务需求。地方的财政事权由地方行使，中央对地方的财政事权履行提出规范性要求，并通过法律法规的形式予以明确。

要逐步将社会治安、市政交通、农村公路、城乡社区事务等受益范围地域性强、信息较为复杂且主要与当地居民密切相关的基本公共服务确定为地方的财政事权。

(3)减少并规范中央与地方共同财政事权。考虑到我国人口和民族众多、幅员辽阔、发展不平衡的国情和经济社会发展的阶段性要求，需要更多发挥中央在保障公民基本权利、提供基本公共服务方面的作用，因此应保有比成熟市场经济国家相对多一些的中央与地方共同财政事权。但在现阶段，针对中央与地方共同财政事权过多且不规范的情况，必须逐步减少并规范中央与地方共同财政事权，并根据基本公共服务的受益范围、影响程度，按事权构成要素、实施环节，分解细化各级政府承担的职责，避免由于职责不清造成互相推诿。

要逐步将义务教育、高等教育、科技研发、公共文化、基本养老保险、基本医疗和公共卫生、城乡居民基本医疗保险、就业、粮食安全、跨省(区、市)重大基础设施项目建设和环境保护与治理等体现中央战略意图、跨省(区、市)且具有地域管理信息优势的基本公共服务确定为中央与地方共同财政事权，并明确各承担主体的职责。

(4)建立财政事权划分动态调整机制。财政事权划分要根据客观条件变化进行动态调整。在条件成熟时，将全国范围内环境质量监测和对全国生态具有基础性、战略性作用的生态环境保护等基本公共服务，逐步上划为中央的财政事权。对新增及尚未明确划分的基本公共服务，要根据社会主义市场经济体制改革进展、经济社会发展需求以及各级政府财力增长情况，将应由市场或社会承担的事务交由市场主体或社会力量承担，将应由政府提供的基本公共服务统筹研究划分为中央财政事权、地方财政事权或中央与地方共同财政事权。

(二)完善中央与地方支出责任划分

(1)中央的财政事权由中央承担支出责任。属于中央的财政事权，应当由中央财政安排经费，中央各职能部门和直属机构不得要求地方安排配套资金。中央的财政事权如委托地方行使，要通过中央专项转移支付安排相应经费。

(2)地方的财政事权由地方承担支出责任。属于地方的财政事权原则上由地方通过自有财力安排。对地方政府履行财政事权、落实支出责任存在的收支缺口，除部分资本性支出通过依法发行政府性债券等方式安排外，主要通过上级政府给予的一般性转移支付弥补。地方的财政事权如委托中央机构行使，地方政府应负担相应经费。

(3)中央与地方共同财政事权区分情况划分支出责任。根据基本公共服务的属性，体现国民待遇和公民权利、涉及全国统一市场和要素自由流动的财政事权，如基本养老保险、基本公共卫生服务、义务教育等，可以研究制定全国统一标准，并由中央与地方按比例或以中央为主承担支出责任；对受益范围较广、信息相对复杂的财政事权，如跨省(区、市)重大基础设施项目建设、环境保护与治理、公共文化等，根据财政事权外溢程度，由中央和地方按比例或中央给予适当补助方式承担支出责任；对中央和地方有各自机构承担相应职责的财政事权，如科技研发、高等教育等，中央和地方各自承担相应支出责任；对中央承担监督管理、出台规划、制定标准等职责，地方承担具体执行等职责的财政事权，中央与地方各自承担相应支出责任。

(三)加快省以下财政事权和支出责任划分

省级政府要参照中央做法，结合当地实际，按照财政事权划分原则合理确定省以下政府间财政事权。将部分适宜由更高一级政府承担的基本公共服务职能上移，明确省级政府在保持区域内经济社会稳定、促进经济协调发展、推进区域内基本公共服务均等化等方面的职责。将有关居民生活、社会治安、城乡建设、公共设施管理等适宜由基层政府发挥信息、管理优势的基本公共服务职能下移，强化基层政府贯彻执行国家政策和上级政府政策的责任。

省级政府要根据省以下财政事权划分、财政体制及基层政府财力状况，合理确定省以下各级政府的支出责任，避免将过多支出责任交给基层政府承担。

第三十三章 财政支出

知识框架

- 财政支出
  - 财政支出及其分类
    - 财政支出数据
    - 财政支出分类方法
  - 财政支出规模及其增长趋势
    - 衡量财政支出规模的指标
    - 工业化国家财政支出规模的历史趋势
    - 财政支出规模增长的理论解释
  - 我国的财政收支矛盾与支出结构优化
    - 财政支出概述
    - 我国财政支出结构存在的问题
    - 优化我国财政支出结构
  - 财政支出绩效评价
    - 财政支出绩效评价的含义
    - 财政支出绩效评价的内容与方法
    - 绩效评价范围与重点拓展

第一节 财政支出及其分类

一、财政支出数据

财政支出，也称公共支出或政府支出，是政府为履行其自身的职能，对其从私人部门集中起来的以货币形式表示的社会资源的支配和使用。传统上一般通过以下三个方面来理解财政支出的有关数据。

1. 财政支出规模

所谓财政支出规模，是指财政支出总额占国内生产总值（GDP）的比重。它反映了政府实际上参与社会经济生活的程度，有助于人们了解政府支配了多少社会资源，简单地说就是掌控和运用了多少钱。

2. 财政支出结构

所谓财政支出结构，是指在财政支出总额中各类支出所占的比重。它反映了政府用各项财政资金都做了什么事，并据此观察政府的职能和活动，政府如何参与社会经济生活、参与的广度和重点是什么，有助于人们了解政府是如何运用财政资金的，如用于义务教育方面多少、用于公共安全方面多少、用于社会保障方面多少等。

3. 财政支出的经济性质

所谓财政支出的经济性质，是指各项财政支出的具体经济构成。它反映财政每一笔钱具体是怎么花的，反映了政府在社会经济生活中实际履行何种职能，有助于人们了解政府干预是更侧重资源配置，还是更侧重收入分配；是更关注长期结构调整，还是更关注短期宏观调控等。

二、财政支出分类方法

政府支出分类是将政府支出的内容进行合理的归纳，以便准确反映和科学分析支出活动的性质、结构、规模以及支出的效益。按照 2007 年 1 月 1 日正式实施的政府收支分类改革，我国现行支出分类采用了国际通行做法，即同时使用支出功能分类和支出经济分类两种方法对财政支出进行分类。

1. 支出功能分类

简单地讲，就是按政府主要职能活动分类。我国政府支出功能分类设置一般公共服务、外交、国防等大类，类下再分款、项两级。主要支出功能科目包括：一般公共服务、外交、国防、公共安全、教育、科学技术、文化体育与传媒、社会保障和就业、社会保险基金支出、医疗卫生、环境保护、城乡社区事务、农林水事务、交通运输、采掘电力信息等事务、粮油物资储备及金融监管等事务、国债事务、其他支出和转移性支出。

2. 支出经济分类

是按支出的经济性质和具体用途所作的一种分类。在支出功能分类明确反映政府职能活动的基础上，支出经济分类明确反映政府的钱究竟是怎么花出去的。支出经济分类与支出功能分类从不同侧面、以不同方式反映政府支出活动。我国支出经济分类科目设工资福利支出、商品和服务支出等 12 类，类下设款，具体包括：工资福利支出、商品和服务支出、对个人和家庭的补助、对企事业单位的补贴、转移性支出、赠与、债务利息支出、债务还本支出、基本建设支出、其他资本性支出、贷款转贷及产权参股和其他支出。

支出功能分类、支出经济分类与部门分类编码和基本支出预算、项目支出预算相配合，在财政信息管理系统的有力支持下，可对任何一项财政支出进行“多维”定位，清清楚楚地说明政府的钱是怎么来的，干了什么事，最终用到了什么地方，为预算管理、统计分析、宏观决策和财政监督等提供全面、真实、准确的经济信息。

第二节 财政支出规模及其增长趋势

一、衡量财政支出规模的指标

财政支出规模，是一个财政年度内政府通过预算安排的财政支出总额。财政支出规模是衡量一定时期内政府支配社会资源的多少、满足公共需要能力高低的重要指标，反映着政府对社会经济发展影响力的强弱。

衡量财政支出规模可采用两大指标,即绝对规模指标和相对规模指标。财政支出绝对规模是政府在预算年度的财政支出总和。它通常由按当年价格计算的财政支出的加总来反映。为了研究财政支出变化的真实情况,有时也可以按不变价格来反映,即以某一年的价格为基准来统计财政支出的绝对规模。财政支出的绝对规模从趋势上看,总量是不断增长的,这是由经济总量的不断增长所决定的。

但在一般情况下,单纯使用财政支出绝对规模指标意义不是很大,因为有时会出现支出总量上升但实际支出下降的情况。因此,常用相对规模指标来衡量财政支出的规模。财政支出的相对规模,常用财政支出规模与其他经济变量的关系来反映。我国常用两种测量方法来反映财政支出的相对规模,一是当年财政支出占当年国内生产总值(GDP)的比重;二是当年中央财政支出占全国财政支出的比重。除了这两个相对规模指标外,还可以用与人口变量相联系的相对指标即人均财政支出,来反映人均享受的公共服务的水平。财政支出占国内生产总值的比重,反映政府干预经济的程度。中央财政支出占全国财政支出的比重,反映中央政府对地方政府的控制程度。从财政支出变化趋势看,在正常情况下,财政支出占国内生产总值的比重是不断上升的;中央财政支出占全国财政支出的比重是相对稳定的,它决定于国家的制度安排。人均财政支出指标一般也呈现不断增长的趋势。

二、工业化国家财政支出规模的历史趋势

从理论上讲,财政支出规模可大可小。但根据各国财政支出的实践看,自20世纪初期以来,各工业化国家的财政支出规模先是持续增大,后来渐渐稳定在相对较高的水平上,这是一个普遍趋势。

在20世纪初期,各工业化国家财政支出占GDP的比重非常低,主要是因为那时政府干预的范围很小,财政职能也仅限于资源配置。两次世界大战期间,筹集战争经费的需要导致国防的支出显著上升,并带动财政支出总规模的攀升。但那些没有受到战争太大影响的工业化国家的支出规模仍然保持在较低水平。“二战”后直至20世纪60年代以来,凯恩斯主义盛行,政府调节收入分配及经济稳定的功能受到追捧,各主要工业化国家的财政支出规模出现前所未有的大幅上升,并由此奠定了福利国家的基础。但20世纪70年代的经济“滞胀”让人们又开始重新思考国家在许多活动领域的职能,这一时期的政府政策既不能有效配置资源,不能按照明确的目标来再分配资源,也没有实现经济的稳定。20世纪90年代以来,一些国家开始了减小政府规模的尝试,从总体上看,近些年来公共支出水平较为稳定,甚至有稍许的下降。但2008年全球性金融危机的爆发,使得工业化国家财政支出占GDP的比重又有所上升。

三、财政支出规模增长的理论解释

面对财政支出的不断增长,经济学家试图从不同的角度给出解释。在各种关于财政支出增长的理论中,瓦格纳、皮考克和魏斯曼、马斯格雷夫、鲍莫尔等人以及公共选择学派的观点最为著名。

1. 瓦格纳法则——"政府活动扩张法则"

瓦格纳是19世纪80年代德国著名的经济学家，他在对19世纪80年代的英、美、法、德、日等国财政支出资料进行实证研究的基础上，得出了财政支出规模不断扩大是社会经济发展的一个客观规律的结论。他认为，财政支出之所以会不断增长，是因为伴随着工业化进程，社会和经济的发展增加了对政府活动的需求。首先，工业化所引起的市场的扩张，使市场中的当事人之间关系更加复杂，由此而产生的冲突和矛盾增多，引起对商业法律和契约的需要。因此，为维护社会和经济的正常秩序，需要政府增加财政支出。其次，为了纠正外部效应等市场失灵问题对资源配置效率的负面影响，客观上增加了政府参与资源配置的需要，这将引起财政支出增加。随着经济的增长，文化、教育、福利等财政支出项目的增长率将超过国内生产总值的增长率，这也将要求增加财政支出。瓦格纳关于财政支出增长的结论，为许多国家经济发展的历史所证实。

2. 皮考克和魏斯曼——"梯度渐进增长理论"

20世纪60年代，英国经济学家皮考克和魏斯曼在对英国1890—1955年公共支出的历史数据进行研究的基础上，提出了"梯度渐进增长理论"。他们认为，英国的公共支出增长是"阶梯式的""非连续的"，公共支出水平在正常年份表现出随着税收收入的增长而逐渐上升的趋势。当社会经历战争、危机或自然灾害等突变时，公共支出会急剧上升。但突变期结束后，公共支出水平虽然会有所下降，但不会低于原有水平。

(1)公共支出增长的内在原因。正常年份公众所能接受的税收水平相对稳定，财政支出不可能有太大的增加，公众可以容忍的税收负担是财政支出的最高限度。一般情况下，政府公共支出增长与国内生产总值增长及税收收入增长呈线性关系，不可能大起大落。但随着经济增长，政府税收会自动增加，并且因所得税的累进性还会使税收增长水平高于经济增长水平。公众可容忍税收水平的提高，是公共支出增长的内在原因。

(2)公共支出增长的外在原因。当社会经济发展出现突变，财政支出逐渐上升的趋势将被打破，财政支出将表现出急剧增加，为此政府不得不提高税率或借债增加收入，这时公众所能接受的税收水平也因社会出现动荡而提高，其结果是政府支出的预算约束随之提高，使整个财政支出在逐渐上升过程中出现较大幅度的增长。这是导致财政支出增长的外在原因。虽然财政支出水平会因社会"突变"的结束而下降，但公众所能接受的税收水平不会下降到原有水平，使财政支出呈现梯度增长趋势。

3. 马斯格雷夫——"经济发展阶段增长理论"

美国经济学家马斯格雷夫在《美国财政理论与实践》一书中系统地论述了用经济发展阶段论来解释财政支出增长的原因。他在大量研究了不同国家不同阶段的财政支出状况后，得出结论：财政支出数量的变化，是随着不同时期财政支出作用的变化而变化的。

在经济发展的初期阶段，由于基础设施落后制约着整个经济的发展，需要政府部门增加投资兴建交通运输、通信、水利等基础设施。在这一阶段，政府投资在总投资中所占比重较大。在经济发展的中期阶段，私人部门获得很大发展，私人投资开始上升，政府投资在总投资中所占比重相对下降。在经济发展的成熟阶段，人均收入水平大幅度提高，人们开始追求高质量生活，对政府提出了更高的要求，要求政府提供更舒适的环境、更发达的交通、更快捷的通信和更良好的教育等,使政府投资在总投资中的比重又进一步提高。同时,随着经济发展,市场失灵问题越来越突出,要求政府立法、增加投资、提供各种服务来协调处理各种冲突和矛盾,也使财政支出进一步增长。

4. 鲍莫尔——"非均衡增长理论"

美国经济学家鲍莫尔通过分析公共部门平均劳动生产率的状况,对财政支出增长原因做出了解释。他将国民经济部门区分为生产率不断提高与生产率提高缓慢两大类别,前者被称为进步部门,后者被称为非进步部门。两个部门的差异来自技术和劳动发挥的作用不同。在进步部门,技术起着决定作用;在非进步部门,劳动起着决定作用。假设两个部门工资水平相同,且工资随劳动生产率提高而上升。由于劳动密集的公共部门是非进步部门,而该部门的工资率与进步部门的工资率呈同方向、等速度变化。因此,在其他因素不变的情况下,生产率偏低的公共部门的规模会随着进步部门工资率的增长而增长。政府部门属于人力密集型部门,同时又是生产率发展水平较低的部门——技术进步对生产率的提高贡献较少,如要维持两个部门的均衡增长,政府部门的支出只能增加。于是,生产率偏低的政府部门的规模必然越来越大,政府部门的支出必然会快速增长。

5. 公共选择学派的解释

公共选择学派分别从选民、政治家、官僚行为及民主制度的特征等方面,提出了理解政府支出规模的新视角。①选民在进行财政事务决策时,通常具有"财政幻觉",即他们通常更为关心扩大公共支出能给自己所带来的好处,而忽视了税收负担也有可能同时增长。日常的财政决策过程往往是税收提案与支出提案分别表决,更加强化了这一幻觉,导致选民主动投票支持更大的财政支出规模。②政治家为获得公众拥护和赢得选票,总是倾向于以更大的财政支出作为争取选民的手段,在控制支出时通常也难以压缩那些耗费巨大的长期项目和法律规定的权利项目。③在很多公共事务上,往往是官僚机构掌握着更精确的成本信息,出于自身利益的考虑,他们往往提出规模较大的预算供代议机关表决,以最大化部门和个人的权力与利益。④在任何一项具体的事务上,所谓的公共利益都很难界定,往往是选民各有其利益要求,为了使符合自我利益的方案获得通过,不同的利益方可能会"互投赞同票",导致原本不可能通过的预算提案获得通过,从而增大了预算总规模。基于以上理由,可以说,预算软约束是各国政府的通病,无论多么完善的民主制度,都不可能根本性地解决这一问题,而必须在宪法层面对政府规模施加约束。

第三节　我国的财政收支矛盾与支出结构优化

一、财政支出概述

我国始于20世纪70年代末80年代初的改革开放,极大地解放和发展了社会生产力,国民经济总体上保持了持续快速发展的势头,财政收入快速增长,财政支出也相应地呈现快速增长势头。财政是政府全面履行职能和加强宏观调控的物质基础、体制保障和政策手段。随着市场经济取向改革的日益深化,政府公共管理和服务职能的不断加强,各项改革的推进、公益事业的发展、宏观调控的加强等都需要财政的大力支持。因此，我国财政支出规模的快速增长具有必要性和必然性。

在财政支出总量持续增长的同时，财政支出结构逐步优化。随着传统计划经济体制向社会主义市场经济体制的逐步转轨，市场在资源配置中的基础性作用日益加强，政府对经济管理逐步从过去的直接和微观管理向间接和宏观管理转变。与此相适应，财政支出的重点也逐步由经济建设向提供公共物品和服务转变。主要表现为：①政府用于经济建设的投资逐步从一般性生产经营领域退出，转向基础设施、基础产业、能源、交通、原材料、农业等制约国民经济发展的重点行业、产业；②财政对教育、科学技术、文化、卫生医疗、社会保障与就业、环境保护等方面和中西部地区、少数民族地区等区域的投入增长较快，有力地支持了“科教兴国”“可持续发展”“资源节约型和环境友好型社会”和“西部大开发”等重大战略的实施。

二、我国财政支出结构存在的问题

长期以来，我国财政制度饱受垢病的一个方面，就是政府承担的资源配置职能范围过广、比例过大，干扰了市场的运行，而政府应当承担的再分配功能则相应地受到了挤压。体现在财政支出结构上，表现为：①购买性支出占财政支出的比重长期偏大，转移性支出的比重处于较低的水平；②相对于消费性支出而言，投资性支出占财政支出的比重近年来虽然略有下降趋势，但仍徘徊在较高的水平上；③社会性支出的比重近年来虽有上升，但仍有待进一步增加数量和改善质量。

1.购买性支出与转移性支出

目前我国财政预算支出总额中的约70%以上为购买性支出，明显高于发达国家45.2%的水平，更高于发展中国家61.5%的水平。转移性支出虽有上升趋势，达到财政预算支出的25%，超过了发展中国家的平均水平，但仍然低于发达国家35.4%的水平。

从动态角度看，1994年以来至“十一五”时期，我国财政购买性支出占财政预算支出的比重出现了缓慢下降的趋势，转移性支出比重则缓慢上升。在大多数年份里，购买性支出占财政预算支出比重是负增长的，而转移性支出占财政预算支出比重表现为正增长。这说明转移性支出的绝对增长快于购买性支出的绝对增长，二者之间的相对差距在缩小。特别是“十一五”时期以来，一系列重大社会政策的制定和实施，加快了二者差距缩小的进程。这从一个侧面反映了我国财政支出的再分配功能在不断强化，体现出政府运用财政政策的着力点开始偏离资源配置，而更加关注分配公平的问题；同时，这也表明“十一五”时期以来我国政府在转变政府职能、优化支出结构方面的努力是有成效的，虽然与国际上其他国家相比仍有进一步优化的空间。

相比之下，由于发达市场经济国家一般拥有与之相适应的社会安全网，对转移性支出的要求也相应比较高。不过，依其传统不同，那些历史上更多地依靠政府来提供社会福利的国家，典型的如欧洲福利国家，其转移性支出的比重最大。1995—2009年期间，欧盟15国的转移性支出平均为其财政预算支出的45%。其中，主要的几个“大政府”国家中，转移性支出比例最高的是德国，约为60%，最低的西班牙也接近40%。转型国家转移性支出的水平整体上低于高福利的发达国家,但其中加入欧盟的主要转型国家的转移性支出基本上界于30% ~45%之间。除此之外,发达市场经济国家中的那些“小政府”国家,如美国、日本、韩国等,其转移性支出比重相对较低。可以说,“十一五”时期之前,中国转移性支出比重与发达市场经济国家中那些“小政府”国家的一般水平相当;进入“十一五”时期以后开始有所提高,但距离高福利发达国家的一般水平差距尚远,甚至未达到作为欧盟成员国的主要转型经济体的一般水平。这表明我国尚未建立起高水准的福利制度,在向市场经济体制转型的过程中,财政公共化进程和社会福利体系建设相对滞后。从横向比较看,可得出两点启示:一方面,我们要记取高福利国家为其福利制度所累而导致债务危机的前车之鉴,应当谨慎选择适合中国国情的社会福利体系;另一方面,要未雨绸缪,加快社会事业发展,大力改善民生,提高人民生活水平,加强社会安全网建设,更好地适应社会快速转型期的发展变化需要,更好地实现经济社会的协调健康发展。

2. 消费性支出与投资性支出

目前中国政府的购买性支出中,投资性支出与消费性支出的比例约为40:60,因而推定中国政府性投资占财政预算支出的比重约为28%。这个比重不仅高于发达市场经济国家,也普遍高于中东欧转型经济体。欧盟15国的政府性投资占预算支出比重多年来一直稳定在8%左右,其中大多数国家低于这一水平。作为新兴市场经济国家,中东欧转型国家的政府投资性支出自1995年以来一直在下降,虽然目前普遍地高于欧盟15国的水平,但总体上低于中国的水平。作为“小政府”典型代表的美国,比例一直稳定地维持在15% ~20%的水平上;韩国在20世纪90年代中期以前曾高达20%以上,目前保持在5% ~10%的区间上。通过横向比较可以看出,中国投资性支出占财政支出比重近年来虽略有下降趋势,但仍处于较高水平上。

3. 社会性支出与一般公共支出

从我国按功能分类的财政支出结构来看,改革开放以来,无论是从占财政支出的比重观察,还是从占GDP的比重观察,我国财政用于固定资产投资和城市维护建设的支出,总体上都远高于对医疗卫生、社会保障与就业、农业和科技等方面的投入。当然重经济发展和基建投资、轻社会发展和人力资本投资”的这种传统支出结构,随着以人为本的科学发展观指导思想的提出和贯彻实施,正在逐步得到改变。

我国财政支出结构上的偏离,即重视经济服务(特别是经济建设事务)和一般公共服务,而忽视社会性支出的现状,是造成我国社会发展严重滞后于经济发展的关键原因之一。在我国经济持续增长30余年之后,社会发展滞后已经成为经济结构转型和人民福利改善最大的制约因素。因此,财政支出结构向“社会发展和人力资本投资”转型的任务十分艰巨,加大社会事业投入,加快社会建设步伐,任重道远。

三、优化我国财政支出结构

现代市场经济体制下各国政府履行的主要职能有三项:资源配置、收入分配和宏观经济稳定与社会发展。越是市场经济发达的国家,其资源配置的职能则越小,表现为购买性支出比例较低。我国的购买性支出所占比重,无论与发展中国家比,还是与发达市场经济国家比，都比较高。这表明中国各级政府仍在很大程度上参与市场营利性活动。政府过多涉入市场活动，既占用了私人生产和消费的资源，又由于政府是规则制订者，易于造成不公平竞争，妨碍市场和社会健康发展。因此，“加快政府职能转变，持续推进简政放权、放管结合、优化服务，提高行政效能，激发市场活力和社会创造力”，这是“十三五”规划纲要对推进行政体制改革提出的明确要求。

从平衡财政职能和满足社会发展要求的角度，我国政府将更多地关注再分配问题，相应压缩购买性支出，扩大转移性支出的比重，并使财政支出向人力资本和社会资本倾斜。在处理投资性支出与消费性支出的关系时，一方面控制并调减投资性支出的规模，另一方面注意投资性支出应当有保有压。新增财政支出的投向更多投到最终需求，而不是中间需求上，也就是要弱化新增的投资性支出，重点强化在建的投资性项目和消费性支出，为积极财政政策的转型创造有利条件。在消费性支出上，从严控制行政性公共消费，预算支出保证重点支出需要，使有限的资金主要用于教育、医疗、社会保障与就业、“三农”、自主创新、环境保护等社会发展的薄弱环节和与民生密切相关的支出上。并通过财政支出决策机制、资金保障机制、公共行政激励机制、财政支出监督问责机制等方面的完善，为财政支出结构改革提供制度保障。

1. 严格控制一般性开支

从我国经济社会发展阶段的实际出发，结合深化行政管理体制改革和政府职能转变，明确基本公共服务的范围与标准，制订相应的技术和管理规范。加大对基本公共服务和公益一类事业单位（根据《中共中央国务院关于分类推进事业单位改革的指导意见》，指承担义务教育、基础性科研、公共文化、公共卫生及基层的基本医疗服务等基本公益服务，不能或不宜由市场配置资源的公益事业单位）的保障力度，支持具有经营性质的公益二类事业单位（指承担高等教育、非营利医疗等公益服务，可部分由市场配置资源的公益事业单位）逐步走向市场。坚持勤俭办事业，严格控制一般性开支，降低行政成本。

2. 优化转移支付结构

增加一般性转移支付规模和比例，逐步将一般性转移支付占比提高到60%以上。清理、整合、规范专项转移支付，严格控制各类专项转移支付。规范专项转移支付项目设立，建立健全专项转移支付定期评估和退出机制。加快修订完善中央对地方转移支付管理办法，对转移支付项目的设立、资金分配、使用管理、绩效评价、信息公开等进行完善。

3. 大力支持教育事业发展

教育是国家发展的基石，教育公平是社会公平的重要体现。要保证财政性教育经费的增长幅度明显高于财政经常性收入的增长幅度，逐步提高财政性教育经费占财政支出的比重，确保财政性教育经费支出占国内生产总值比例达到4%。要重点巩固提高九年义务教育，基本普及高中阶段教育和学前一年教育，完善以政府为主导、多种方式并举的家庭经济困难学生资助政策，建立健全基本公共教育服务体系。其中，九年义务教育要重点支持农村义务教育，公共教育资源重点向农村、边远、贫困、民族地区和革命老区倾斜，促进义务教育均衡发展；高中阶段教育要加强政府统筹，促进普通高中和中等职业教育协调发展；学前教育要建立政府主导、社会参与、公办民办并举的办园体制，构建覆盖城乡、布局合理的学前教育公共服务体系。

4. 大力支持医疗卫生事业发展

医疗卫生事业是造福人民的事业，关系广大人民群众切身利益，关系经济社会协调发展，关系国家和民族的未来。财政要积极支持医疗卫生事业发展：①要增加财政对基本医疗卫生体系建设的投入，逐步建立基本医疗卫生经费保障机制，提高重大疾病预防控制能力；②要支持建立新型农村合作医疗制度；③加大对城市社区卫生服务体系投入，完善社区卫生服务补助政策，建立稳定的社区卫生服务筹资和投入机制；④支持建设城镇居民基本医疗保险等；⑤运用各种财税政策手段，引导信贷和社会资金多元投入医疗卫生服务，共同推动医疗卫生服务事业发展。

5. 大力支持社会保障和就业工作

就业是民生之本，社会保障是经济社会发展的减震器和安全阀，支持就业和社会保障工作，对维护社会稳定具有重要作用。按照广覆盖、保基本、多层次、可持续方针，进一步增加社会保障投入，逐步提高社会保障支出占财政支出的比重，加快推进覆盖城乡居民的社会保障体系建设，稳步提高保障水平。①加大财政支持力度，逐步实现新型农村社会养老保险制度全覆盖；②全面落实城镇职工基本养老保险省级统筹，支持实现基础养老金全国统筹；③支持完善城乡最低生活保障制度，健全低保标准动态调整机制，合理提高低保标准和补助水平，支持加强社会救助体系建设；④积极支持发展社会福利和慈善事业。以扶老、助残、救孤、济困为重点，逐步拓展社会福利的保障范围，推动社会福利由补缺型向适度普惠型转变，逐步提高国民福利水平；⑤坚持把促进就业放在经济社会发展的优先位置，健全劳动者自主择业、市场调节就业、政府促进就业相结合的机制，大力支持实施更加积极的就业政策，支持加强公共就业服务，支持构建和谐劳动关系，创造平等就业机会，努力实现充分就业。

6. 大力支持生态环境建设

加强生态环境建设是实现人与自然和谐相处的内在要求。财政要大力支持发展循环经济和“绿色经济”，建设资源节约型和环境友好型社会。①建立和完善环境保护长效机制和资金投入机制；②结合主体功能区建设，按照谁开发、谁受益、谁补偿的原则，加快建立生态补偿机制。加大对重点生态功能区的均衡性转移支付力度，研究设立国家生态补偿专项资金。推行资源型企业可持续发展准备金制度。鼓励、引导和探索实施下游地区对上游地区、开发地区对保护地区、生态受益地区对生态保护地区的生态补偿。同时，大力支持推动建立健全能够灵活反映市场供求关系、资源稀缺程度和环境损害成本的资源性产品价格形成机制。按照价、税、费、租联动机制，适当提高资源税税负，完善计征方式，将重要资源产品由从量征收改为从价定率征收，完善环境资源价格形成机制，使资源性产品价格能够真实地反映价值，促进资源合理开发利用。支持建立健全污染者付费制度，提高排污费征收率。积极推进环境税费改革，选择防治任务繁重、技术标准成熟的税目开征环境保护税，逐步扩大征收范围。

第四节　财政支出绩效评价

一、财政支出绩效评价的含义

“绩效”是从管理学引入到财政支出管理中的一个概念，可分为私人部门绩效和公共部门绩效。财政支出绩效是指财政支出目标完成所取得的效果、影响及其效率。财政支出绩效评价是指财政部门和预算部门(单位)根据设定的绩效目标，运用科学、合理的绩效评价指标、评价标准和评价方法，对财政支出的经济性、效率性和效益性进行客观、公正的评价。

财政支出绩效评价是20世纪80年代以来出现在西方国家财政支出管理中的一项重要制度。建立财政支出绩效评价体系的核心，是把现代市场经济的一些理念融入财政预算支出管理中，使政府预算能像企业财务计划一样，强调财政支出及其管理中目标与结果的关系，形成一种新的面向财政支出结果导向的管理理念和管理方式，对政府和部门的行为进行约束，并通过这种约束保障政府和部门目标的实现，提高政府管理效率、资金使用效益和公共服务水平。美国在1993年通过《政府绩效与结果法案》，以法律形式确定了财政支出绩效评价制度；澳大利亚从1999年全面实行部门预算绩效评价，形成了“财政部门对政府各部门的项目实施绩效评价，国会对政府部门实施绩效评价”的模式。

财政支出绩效评价的主体是政府及其财政部门，绩效评价的对象是使用财政资金的部门或机构，绩效评价的内容是公共委托—代理事项，绩效评价是按某种确定的规则、绩效目标和指标进行的。实践中，西方国家总结出著名的“3E”原则，即经济性(Economy)、效率性(Efficiency)、效果性(Effectiveness)。其中，经济性是指从事某一项活动并使其达到合格质量的条件下耗费资源的最小化，它主要关注的是投入和整个过程中的成本；效率性是指投入资源和产出的产品、服务或其他成果之间的关系，即以一定的投入取得最大的产出或以最小的投入取得一定的产出，即支出是否讲究效率；效果性是指目标实现的程度和从事一项活动时期望取得的成果和实际取得的成果之间的关系。“3E”原则要求对财政支出资金使用绩效的评价，不能片面地、孤立地分析其中的某一个要素，要从经济性、效率性和效果性三个方面进行综合考察、分析和评价。由于政府在社会中所追求的价值理念和“3E”评价法单纯强调经济效率之间存在矛盾与冲突。因此，后来又加入了“公平性”(Equity)指标。

二、财政支出绩效评价的内容与方法

2003年，党的十六届三中全会《关于完善社会主义市场经济体制若干问题的决定》中提出要“建立预算绩效评价体系”。所谓预算绩效评价体系，是指通过评价财政分配资金的合规性、合理性和有效性，提高财政支出的使用效率，优化财政支出的直接经济效益和社会效益。为规范和加强中央部门预算管理，提高预算资金的使用效益和效率，近年来，中央和地方都开展了预算支出绩效评价试点。下面以中央部门为例，说明绩效评价的主要内容。

1. 目的与原则

实施部门预算支出绩效评价的目的，主要是通过对部门绩效目标的综合评价，合理配置资源，优化支出结构，规范预算资金分配，提高资金使用效益和效率。

实施部门预算支出绩效评价的原则。①统一领导原则。绩效评价工作由财政部统一领导，中央各部门具体组织实施。②分类管理原则。财政部、中央各部门可根据评价对象的部门、行业、项目特点，制定分类的绩效评价办法。③客观公正原则。绩效评价以国家法律、行政法规等为基本依据，按照“公开、公平、公正”的原则进行。④科学规范原则。绩效评价工作采用规范的程序和定性与定量相结合的评价方法，准确、合理地评价部门预算支出的绩效情况。

2. 内容与方法

实施部门预算支出绩效评价的主要内容，包括制定明确、合理的财政支出绩效目标，建立科学、规范的绩效评价指标体系，部门为完成绩效目标采取的管理措施，对绩效目标的实现程度及效果实施考核与评价，运用评价结果提高预算编制、执行和管理水平。

部门预算支出绩效评价方法。绩效评价采取定性和定量相结合的方式。评价方法主要包括：①比较法，是指通过对绩效目标与绩效结果、历史情况和评价期情况、不同部门和地区同类支出的比较，综合分析评价绩效目标完成情况的评价方法；②因素分析法，是指通过分析影响目标、结果及成本的内外因素，综合分析评价绩效目标完成情况的评价方法；③公众评价法，是指对无法直接用指标计量其效果的支出，通过专家评估、公众问卷及抽样调查，对各项绩效评价内容的完成情况进行打分，并根据分值评价绩效目标完成情况的评价方法；④成本效益分析法，是指将一定时期内的支出与效益进行对比分析，来评价绩效目标完成情况的评价方法。

3. 指标选择

确定合理的绩效评价指标，是财政支出绩效评价的关键。根据西方一些国家绩效评价实践经验，绩效评价指标的选择要遵循相关性、可比性、重要性和经济性原则来确定。①相关性原则，即选定的绩效评价指标与部门的绩效目标要有直接的联系；②可比性原则，即对具有相似目的的工作选定共同的绩效评价指标，保证评价结果可以相互比较；③重要性原则，即要对绩效评价指标在整个评价工作中的地位和作用进行筛选，选择最具代表性、最能反映评价要求的指标；④经济性原则，即绩效评价指标的选择要考虑现实条件和可操作性，在合理成本的基础上实行评价。

三、绩效评价范围与重点拓展

全面推进预算绩效管理工作，强化支出责任和效率意识，逐步将绩效管理范围覆盖各级预算单位和所有财政资金，将绩效评价重点由项目支出拓展到部门整体支出和政策、制度、管理等方面，加强绩效评价结果应用，将评价结果作为调整支出结构、完善财政政策和科学安排预算的重要依据。

第三十四章　财政收入

知识框架

- 财政收入
  - 财政收入的含义与分类
    - 财政收入及其分类
    - 财政集中度与宏观税负
  - 税收
    - 税收的基本含义
    - 税收的基本特征
  - 税负转嫁
    - 税负转嫁的方式
    - 影响税负转嫁的因素
  - 国债
    - 国债的基本含义
    - 国债的种类
    - 国债的政策功能
    - 国债的负担与限度
    - 国债的制度
    - 国债市场的功能
    - 加强政府性债务管理

第一节　财政收入的含义与分类

一、财政收入及其分类

1. 财政收入的含义

财政收入是指政府为履行其职能、实施公共政策和提供公共物品与服务需要而筹集的一切资金的总和。财政收入表现为政府部门在一定时期内(一般为一个财政年度)所取得的货币收入。财政收入是衡量一国政府财力的重要指标,政府在社会经济活动中提供公共物品和服务的范围和数量,在很大程度上取决于财政收入的充裕状况。

2. 政府收入的分类

根据国际货币基金组织2001年《政府财政统计手册》的分类标准,政府有四种主要的收入来源渠道:税收、社会缴款、赠与收入和其他收入。

税收是政府从私人部门获得的强制性资金转移。对于政府强制征税的合理性,现代经济学的解释是，国家存在的最终目的是要提供公共物品与服务，为此要耗费资源，用以弥补公共物品与服务的成本和维持国家机器的正常运转，而国家本身并不是从事生产的组织，它主要是一个消费单位，于是所需的资源只能从私人部门转移而来。但是政府从私人部门征税，对于特定纳税人来说，并不附带价值上的对等回报。这一特点将税收与强制性的社会缴款区分开来。

社会缴款，包括社会保障计划收入和雇主提供的退休福利之外的其他社会保险计划收入。社会缴款可以是强制性的，也可以是自愿性的；可以由雇员、代表雇员的雇主、自营职业者缴纳，也可以由无业人员缴纳；缴款额与缴款人的报酬、工资或雇员数量相关。强制性社会缴款与税收的不同之处在于，如果规定的事件（如疾病和年老）发生，缴纳人和其他受益人有权获得某些社会福利，但缴纳税收并不能使纳税人获得相同的权利。对于那些缴款额与报酬、工资或雇员数量无关、并专用于社会保障计划的强制性付款，应视为税收，而不是社会缴款。

赠与收入，是从其他政府或国际组织那里得到的非强制性的转移。它们是对一国政府自有财政收入的补充，可以是现金或实物的形式。

其他收入，是指税收、社会缴款和赠与以外的所有其他收入，主要包括出售商品和服务的收入（如使用费和规费）、利息和其他财产收入（如国有资产经营收入）、除赠与以外的其他现金或实物形式的自愿转移以及罚金和罚款。

我国《2018 年政府收支分类科目》，参考国际上的政府收入分类标准，结合中国的实际情况，将政府一般公共预算收入科目分为税收收入、非税收入、债务收入、转移性收入 4 类。其中非税收入包括专项收入、行政事业性收费收入、罚没收入、国有资本经营收入、国有资源（资产）有偿使用收入、捐赠收入、政府住房基金收入、其他收入 8 款。

3. 衡量财政收入的不同口径

财政收入的口径有大小之分。其中：①最小口径仅包含税收收入；②较大一些的口径（小口径）除税收收入外，还包含纳入财政预算（即一般预算）的非税收入，这是最为常用的一个财政收入口径，它实际上是指政府收入中被纳入财政预算进行管理、政府可以统筹使用的那部分收入，包括税收收入和其他非税收入，但不包括政府债务收入。专款专用的政府收入，如社会缴款不应包含在内。我国统计年鉴中对外公布的财政收入即是指这个口径；③再大一点的口径（中口径），是财政预算（即一般预算）收入加社会保障缴费收入；④最大口径（大口径），即指全部的政府收入。

二、财政集中度与宏观税负

1. 财政集中度及其度量

所谓财政集中度，通俗地称为宏观税负，是指国家通过各种形式，从国民经济收支环流中截取并运用的资金占国民经济总量的比重。

根据财政收入的不同口径，衡量宏观税负也有不同的口径，从小到大分别是：①税收收入占 GDP 的比重；②财政收入（一般预算收入）占 GDP 的比重；③财政收入（一般预算收入）加政府性基金收入、国有资本经营预算收入、社会保障基金收入后的合计占 GDP 的比重 >

到底多高的宏观税负水平是合理的，并没有一个统一的标准。需要结合一个国家在特定历史时期的政府职能与支出责任来讨论。很多欧洲高福利国家的宏观税负水平远高于中国，但由于它们提供了完善的社会保障体系，法治完善，市场环境良好。因此，并未出现纳税人对高税负的明显不满。

2. 当前中国的宏观税负水平及其合理性评估

就中国而言，根据预算管理模式和收入的性质，全部政府收入包括财政收入（一般预算收入）、政府性基金收入、国有资本经营预算收入和社会保障预算收入。与发达国家相比，我国税收收入占 GDP 比重并不高，2016 年全国税收收入 130 360 亿元，占当年 GDP 74.4 万亿元的比重为 17.5%。但若将构成政府财政收入的政府性基金预算收入、国有资本经营预算收入等加总计算，我国政府财政收入占 GDP 的比重要超过 30%，并不算低。

第二节　税　收

一、税收的基本含义

税收，随着国家的产生而产生，是政府实现其职能的重要形式。在现代市场经济条件下，税收具有组织财政收入、调节经济和调节收入分配的基本职能。税收是财政收入的主要来源，我国税收收入已占财政收入的 90% 左右。

税收是国家为实现其职能，凭借其政治权力，依法参与单位和个人的财富分配，强制、无偿地取得财政收入的一种形式。根据税收的基本含义，可以得出税收的内涵包括：①税收的征收主体是国家，征收客体是单位和个人；②税收的征收目的是为满足国家实现其职能的需要，或者说是满足社会公共需要；③税收征收的依据是法律，凭借的是政治权力，而不是财产权；④征税的过程是物质财富从私人部门单向地、无偿地转移给国家的过程；⑤从税收征收的直接结果看，国家通过税收方式取得了财政收入。

二、税收的基本特征

1. 强制性

税收的强制性是指税收参与社会物品的分配是依据国家的政治权力，而不是财产权，即和生产资料的占有没有关系。这种强制性特征体现在两方面：一是税收分配关系的建立具有强制性，即税收征收完全是凭借国家拥有的政治权力；二是税收的征收过程具有强制性，即如果出现了税收违法行为，国家可以依法进行处罚。

2. 无偿性

税收的无偿性是就具体的征税过程来说的，表现为国家征税后税款即为国家所有，并不存在对纳税人的偿还问题。这种无偿性特征体现在两方面：一是指政府获得税收收入后无需向纳税人直接付出任何报酬；二是指政府征到的税收不再直接返还给纳税人本人。税收的无偿性是税收本质的体现，它反映的是一种社会产品所有权、支配权的单方面转移关系，而不是等价交换关系。税收的无偿性是区分税收收入与其他财政收入形式的重要特征。

3. 固定性

税收的固定性是指课税对象及每一单位课税对象的征收比例或征收数额是相对固定的，而且是以法律形式事先规定的，只能按预定标准征收，而不能无限度地征收。纳税人取得了应纳税的收入或发生了应纳税的行为，也必须按预定标准如数缴纳，而不能改变这个标准。

税收具有的三个特征是互相联系、缺一不可的，同时具备这三个特征的才叫税收。税收的强制性决定了征收的无偿性，而无偿性同纳税人的经济利益关系极大，因而要求征收的固定性，这样对纳税人来说比较容易接受，对国家来说可以保证收入的稳定。

第三节　税负转嫁

一、税负转嫁的方式

税负转嫁是指纳税人将所缴纳的税款通过各种途径和方式转由他人负担的行为和过程。最终承担税款的人则被称为负税人。在市场经济条件下，纳税人在商品交换过程中通过税负转嫁的途径来追求自身利益的最大化，是一种普通的经济现象。税负转嫁的方式主要有以下几种：

1. 前转

前转也称"顺转"或"向前转嫁"，是指纳税人将其所纳税款通过提高其所提供商品价格的方法，向前转移给商品的购买者或者最终消费者负担的一种形式。前转是税收转嫁最典型和最普遍的形式，多发生在流转税上。例如，对原材料生产者征收税款，原材料生产者可以通过提高原材料售价把税款转嫁给制造商，制造商再把税负转嫁给批发商，批发商又可以把税负转嫁给零售商，最后零售商向消费者出售商品时，又把税负转嫁给消费者，所以名义上的纳税人是商品的出售者，而实际的税收负担者则是商品的消费者。

2. 后转

后转也称"逆转"或"向后转嫁"，是指在纳税人前转税负存在困难时，纳税人通过压低购入商品或者生产要素进价的方式，将其缴纳的税收转给商品或者生产要素供给者的一种税负转嫁方式。例如，商品零售商设法通过压低进货价格的方式把税负逆转给批发商，批发商再逆转给制造商，制造商又通过压低原材料价格、压低劳动力价格或者延长工时等办法，把税负转嫁给原材料供应者或者工人，所以名义上的纳税人是零售商，但实际税收的负担者是原材料供应者和工人。

3. 混转

混转也称"散转"，是指纳税人既可以把税负转嫁给供应商，又可以把税负转嫁给购买者，实际上是前转和后转的混合方式；或者一部分税负转嫁出去，另一部分税负则由纳税人自行消化（消转）。这种转嫁方式实践中比较常见。

4. 消转

消转是指纳税人用降低征税物品成本的办法使税负从新增利润中得到抵补。这种转嫁方式既不是通过提高销售价格的形式前转，也不是通过压低进价的方式后转，而是通过改善经营管理、提高劳动生产率等措施降低成本、增加利润来抵消税负。消转在实质上是用生产者应得到的超额利润抵补税负，实际上税负并没有转嫁，而是由纳税人自己负担了。因此，消转是一种特殊的税收转嫁形式。

5. 旁转

旁转也称“侧转”，是指纳税人将应负担的税负转嫁给购买者或者供应者以外的其他人负担。例如，当一种征税物品的税负难以实现前转、后转或消转时，纳税人通过压低运输价格等办法将税负转嫁给运输者承担。

6. 税收资本化

税收资本化也称“资本还原”，是指生产要素购买者将所购买的生产要素未来应当缴纳的税款，通过从购入价格中预先扣除（压低生产要素购买价格）的方法，向后转嫁给生产要素的出售者。税收资本化主要发生在土地和收益来源较具永久性质的政府债券等资本物品的交易中。税收资本化是现在承担未来的税收。最典型的就是对土地交易的课税，如政府征收土地税，土地购买者便会将预期应缴纳的土地税折入资本，将税负转嫁给土地出售者，进而表现为地价下降。此后在名义上由土地购买者按期交税，但实际上税款是由土地出售者负担的。税收资本化是税收后转的一种特殊形式。税收资本化与一般意义上的税收后转的相同之处在于，两者都是表面上由买主支付的税款通过压低购入价格而转由卖者负担，但税收资本化与税收后转在转嫁媒介和转嫁方式上存在明显不同。税负后转借助的是一般消费品，而税收资本化借助的是资本品；税负后转是在商品交易时发生的一次性税款的一次性转嫁，税收资本化是在商品交易后发生的预期历次累计税款的一次性转嫁。

二、影响税负转嫁的因素

（1）应税商品供给与需求的弹性。商品的供给与需求弹性是决定税负转嫁状况的关键因素。一般情况下，对商品流转额课征的税收不会出现完全转嫁或者完全不转嫁的情况，大量发生的情况是由纳税人和其他人各自负担一定的比例。具体纳税人自己负担的部分和转嫁出去部分的比例如何，主要决定于课税商品的供给与需求弹性。如果需求弹性较大，供给弹性较小，则税负将主要由纳税人自己承担；如果需求弹性较小，供给弹性较大，税负将主要由其他人承担。

（2）课税商品的性质。商品课税，既包括对生活必需品的课税，也包括对非生活必需品的课税。两类商品的性质不同，其税负转嫁的难易程度不同。一般情况下，对生活必需品的课税，因其消费是必不可少的，需求弹性小，消费基础广泛，因而税负容易转嫁。反之，对非生活必需品（如高尔夫球及球具）课税，因其消费不是必不可少的，需求弹性大，消费基础较窄，因而税负不易转嫁。

（3）课税与经济交易的关系。税负转嫁是在经济交易过程中发生的，经济交易是税负转嫁的必要条件。一般情况下，与经济交易无关而直接对纳税人课征的税，是不容易转嫁的，如对企业征收企业所得税和对个人征收个人所得税；通过经济交易过程而间接对纳税人征收的税，是比较容易转嫁的，如对商品或者劳务征收的增值税、消费税。

(4)课税范围的大小。一般情况下,课税范围越广泛,越不容易对商品的购买者产生替代效应,使需求缺乏弹性,课税商品价格的提高变得比较容易,税负容易转嫁;课税范围越狭窄,越容易对商品的购买者产生替代效应,使需求更具弹性,课税商品价格的提高就变得艰难,税负难以转嫁。

此外,税负转嫁情况如何还与商品的竞争程度有关。

第四节 国 债

一、国债的基本含义

国债又称国家公债,是国家以其信用为基础,按照债券的一般原则,通过向社会发行债券筹集资金所形成的债权债务关系,通常是指一国中央政府作为主体,依据有借有还的信用原则取得的资金来源,是一种有偿形式的、非经常性的财政收入。

国债作为一个财政范畴,在历史上出现比税收要晚些。其产生需要具备两个条件:①在经济方面,商品货币经济要发展到一定水平,社会存在比较充裕的闲置资金和比较健全的信用制度;②在财政方面,国家财力不充裕,存在财政困难,有资金和经济上的需要。国债具有自愿性、有偿性和灵活性的特征。

与私债相比,国债由于有政府信用的担保、风险小,又被称为"金边债券"。但人们对于国债低风险的信任是建立在债权国谨守财政货币约束、经济结构合理、经济健康增长,从而具备应债能力的基础之上。假如债权国政府失去自我约束、经济结构僵化、增长乏力,就会导致偿债风险加大,公债融资成本上升,并进而拖累经济增长。

二、国债的种类

从国债的构成分类,国债可划分为各种不同的债务。

1. 按发行地域不同,国债可分为国家内债和国家外债

(1)国家内债:是指在国内发行的国债,其债权人多为本国公民、法人或其他组织,还本付息均以本国货币支付。

(2)国家外债:外债是指一国常住者按照契约规定,应向非常住者偿还的各种债务本金和利息的统称。按照国家外汇管理局发布的《外债统计监测暂行规定》和《外债统计监测实施细则》的规定,中国的外债是指中国境内的机关、团体、企业、事业单位、金融机构或者其他机构对中国境外的国际金融组织、外国政府、金融机构、企业或者其他机构用外国货币承担的具有契约性偿还义务的全部债务。

2. 按偿还期限不同,国债可分类定期国债和不定期国债

(1)定期国债:是指国家发行的严格规定有还本付息期限的国债。定期国债按还债期长短又可分为短期国债、中期国债和长期国债。

(2)短期国债:通常是指发行期限在1年以内的国债,主要是为了调剂国库资金周转的临时性余缺,并具有较大的流动性。

(3)中期国债:是指发行期限在1年以上、10年以下的国债(包含1年但不含10年),因其偿还时间较长而可以使国家对债务资金的使用相对稳定。

(4)长期国债:是指发行期限在10年以上的国债(含10年),可以使政府在更长时期内支配财力,但持有者的收益将受到币值和物价的影响。

(5)不定期国债:是指国家发行的不规定还本付息期限的国债。这类国债的持有人可按期获得利息,但没有要求清偿债务的权利,如英国曾发行的永久性国债即属此类。

3. 按是否可以流通,国债可分为上市国债和不上市国债

(1)上市国债:也称可出售国债,是指可在证券交易场所自由买卖的国债。

(2)不上市国债:也称不可出售国债,是指不能自由买卖的国债。这类国债一般期限较长,利率较高,多采取记名方式发行。

4. 根据利率的变动情况可将国债分为固定利率国债与浮动利率国债

固定利率国债的利率在发行时就确定下来,不论今后物价如何变化也不再调整变动。浮动利率国债的利率可以根据物价指数或市场利息率的变动情况进行调整。

5. 根据国债债务本位的不同,可将国债分为货币国债与实物国债

货币国债是指以货币为债务本位发行的国债,政府举借的是货币,政府归还的也是货币,债权债务关系是以货币计量来表示的。现代世界各国发行的国债基本上都是货币国债。向本国发行的国债一般以本国货币计量,向外国发行的国债一般以外国货币计量。实物国债是以实物作为债务本位发行的国债。实物国债可以避免因货币贬值给债权人带来损失,一般是在存在高通货膨胀时采用。我国1950年发行的"人民胜利折实公债"就属于实物国债。

三、国债的政策功能

(1)弥补财政赤字。财政赤字可以通过向中央银行借款、增加税收和发行国债等方式弥补。通过向中央银行借款弥补赤字会造成中央银行货币供给增加,诱发或加剧通货膨胀。税收是按税法规定征收的,如果通过提高税率或增加新税种弥补赤字,会给经济发展带来不利影响,且增加税收一般受立法程序制约,在政治上存在一定风险,无法迅速筹集大量资金。比较而言,以发行国债方式弥补财政赤字对经济可能产生的副作用比较小,因为通过发行国债弥补赤字,其实质是将属于社会支配的资金在一定时期内让渡给国家使用,是社会资金使用权的单方面、暂时性转移;认购国债的资金基本上是社会资金运动中游离出来的闲置资金,一般不会导致通货膨胀,还可迅速、灵活、有效地弥补财政赤字,故通过举借公债以弥补财政赤字是当今世界各国的普遍做法。

(2)筹集建设资金。现代社会中,以国债资金来扩大建设规模是发行国债的重要目的之一。在市场经济条件下,政府应承担起对外部性很强的大型公共物品投资的职能,而这种投资往往具有规模大、周期长等特点,如果单纯依靠税收手段是无法满足需要的。通过发行国债的方式可以筹集到用于这种建设的资金。

(3)调节货币供应量和利率。国债是一种收入稳定、无风险或风险较低的投资工具,有"金边债券"之称。特别是短期国债,流动性强,被称为"有利息的钞票"。因此,在金融市场

上,国债是作为最基础的金融资产出现的,是银行、证券机构、企业、个人和各种基金的投资对象。特别是短期国债的发行及买入和卖出,在不少国家成为中央银行调节货币供应量和调节利率的重要手段。

(4)调控宏观经济。现代市场经济条件下,国债已经成为国家调节经济运行的重要工具。如何使用通过发行国债筹集的资金、使用到哪些方面,对经济运行具有重要影响,如通过适度举借债务,筹集建设资金,将社会上的闲置资金、消费资金引导到国家重点建设上来,可以调节社会投资结构和产业结构,促进经济社会协调发展。通过举借债务,增加财政投资,用于生产建设,将扩大社会的积累规模,改变积累与消费的比例关系。

四、国债的负担与限度

既然国债是以主权国家政府为主体所借的债务,就存在一个负担问题。所谓国债负担,可以从四个方面来分析:

(1)认购者负担。国债作为认购者收入使用权的让渡,这种让渡虽是暂时的,但对认购者的行为会产生一定的影响,所以国债发行应考虑债权人的应债能力。

(2)债务人负担(政府负担)。债务不同于税收,它是有偿的,到期不仅要还本,还要付息,尽管政府借债时获得了经济收益,但偿债却体现为一种支出。借债的过程也就是国债负担的形成过程,所以政府借债应考虑政府的偿债能力,量力而行。

(3)纳税人负担。不论国债资金的使用方向和使用效益如何,最终还要依赖税收来还债,成为纳税人的负担。因此,马克思说国债是一种延期的税收。尽管现代政府普遍实行“以新债还旧债”的机制,虽然可以不需增加当前税收以偿还国债,但持续“以新债还旧债”,就会导致累积的债务余额增加。

(4)代际负担。在国债本息由当代人偿还的情况下,它就是当代人的债务负担。但是有些长期国债的偿债期较长,连年以新债还旧债导致累积的债务余额越来越大,一代人所借的债务就会转化为下一代甚至下几代人的负担。特别是,如果国债资金运用不善,或者仅用于弥补财政赤字,留给后人的就只是净债务,严重影响后代人的生产与生活。

正因为国债是一种负担,是负担就有限度,因而政府发行国债也有一个适度规模的问题,这就是国债的限度。衡量国债绝对规模有三个指标:一是国债余额,即历年累积债务的总规模;二是当年发行的国债总额;三是当年到期需还本付息的国债总额。

国债的限度是相对国民经济的应债能力(GDP)而言的。因此,考察一国国债的限度,主要还是要考察国债的相对规模。衡量国债相对规模有两大指标:

(1)国债负担率。又称国民经济承受能力,是指国债累计余额占国内生产总值(GDP)的比重。这个指标着眼于国债存量,反映国家累积债务的总规模和整个国民经济对国债的承受能力,是研究控制债务问题和防止出现债务危机的重要依据。一国的 GDP 值越大,国债负担率越小,则国债的发行空间越大。国际公认的国债负担率的警戒线为发达国家不超过 60%,发展中国家不超过 45%。

(2)债务依存度,即指当年的债务收入与财政支出的比例关系。我国这一指标的计算有两种口径,一个是用当年债务收入额除以当年的全国财政支出额,即“全国财政的债务依存度”;另一个是用当年的债务收入额除以当年的中央财政支出,即“中央财政的债务依存度”。债务依存度反映了一个国家的财政支出有多少是依靠发行国债来实现的。当国债发行量过大,债务依存度过高时,表明财政支出过分依赖债务收入,财政处于脆弱状态,并对财政未来发展构成潜在的威胁。因为国债毕竟是一种有偿性收入,财政支出主要还是应依赖于税收,债务收入只能是一种补充性的收入。国际公认的债务依存度警戒线在15%至20%之间。此外,在“以旧债还新债”机制下,还有一个用来反映政府偿债能力的指标,即当年付息额占当年中央财政经常性收入的比重。

五、国债的制度

国债制度是国家为了管理国债的发行、偿还和交易,调节经济活动,以法律和政策形式所确立的一系列准则和规范。国债制度一般由发行制度、偿还制度和市场交易制度构成。

1. 国债发行制度

(1)国债发行制度是关于国债发行、企业和个人认购事项的原则与安排的规定。国债发行制度由国债发行条件和国债发行方式构成。

(2)国债发行条件是政府以债券形式筹集资金时所申明的各项条款或规定,包括国债种类、发行日期、发行权限、发行对象、发行数额、票面金额、发行价格、利息率、利息支付方式以及国债流动性和安全性等的规定。决定国债发行条件的关键是国债的发行方式。

国债发行方式主要有公募招标方式、承购包销方式、直接发售方式、“随买”方式。公募招标方式是一种在金融市场上通过公开投标、招标确定发行条件来进行国债推销的方式。这种方式下,债券发行对象是多数的投资者,而非少数的几个投资者。在多数投资者中谁是最终投资者,事先是不确定的。这种方式实际上是一种市场机制的发行方式,在市场经济条件下具有较强的生命力和适应性。承购包销方式是通过和一组银行或金融机构签订承销合同所体现的权利义务关系,实现国债销售任务的方式。我国国债承购包销方式有两个特点:一是发行人和承销人之间的权利义务关系通过承销合同确立,在确定发行条件方面,发行人和承销人之间具有平等关系;二是承销人向投资人分销不出去的部分,由承销人自己认购。因此,一旦签订了承销合同,发行过程就算结束。直接发行方式是国债发行人亲自向投资者推销国债的方式。这种方式的特点是债券发行人直接与发行对象见面;有特定的发行对象,多为商业银行、储蓄银行、保险公司、养老基金、信托公司等,个人投资者不得以此方式认购国债;发行条件直接商定;自担发行风险。这种方式的优点是可以降低举债成本,便于了解投资者的投资要求和投资意向;缺点是给发行单位带来相当大工作量。“随买”发行方式是政府债务管理者用来向小投资人发行不可上市国债的一种方式。自1981年我国恢复发行国债以来,发行方式经历了行政摊派、承购包销和招标发行三种发行方式,从具体的发行模式看,先后采取了单一行政摊派模式、单一承购包销模式和承销、招标双主导复合模式。

2. 国债偿还制度

国债偿还制度是国家对国债偿还及与偿还相关的各个方面所做的规定。我国国债偿还方式主要有抽签分次偿还、到期一次偿还、转期偿还、提前偿还和市场购销法等。抽签分次偿还法是在国债偿还期内分年度确定一定的偿还比例,由政府按国债券号码抽签对号,如约偿还本息,直到偿还期结束,全部国债券中签偿清为止的方式。到期一次偿还法是政府对发行的国债实行到期后按票面额一次全部兑付本息的方法。转期偿还法是以新发行的国债来偿还原有到期国债本息的方法。提前偿还法是当政府发行的国债尚未到期,而所积累的资金已充分满足所需资金时,即可由政府提前偿还债务的方式。市场购销法是政府在市场上按照国债行市,适时购进国债,以此在该债券到期前逐步清偿的偿付方法。上述五种国债兑付方式中,对某种国债具体选择哪种方式,主要考虑的因素是能否减少财政支出,是否有利于调控货币供给量,是否有利于稳定国债行市,是否能保障持券人的投资利益等。

3. 国债市场制度

国债市场制度是指以国债为交易对象而形成的供求关系的总和。根据国债交易层次,国债市场分为国债发行市场和国债流通市场。国债发行市场又称国债一级市场,主要参与者包括作为国债发行者的中央政府、发行中介机构和投资购买者。国债流通市场又称国债二级市场,是指已经发行的国债的交易场所,其基本职能是为国债投资者提供转让变现的机会。国债流通市场分为以集中交易形式运作的证券交易所和以分散交易形式运作的场外交易市场(包括柜台市场和店头市场)。

在证券交易所内进行的国债交易按国债成交订约和清算的期限划分,分为以下几种:

(1)现货交易方式,是指国债买卖双方在谈妥一笔交易后(即成交时),马上办理交券付价交割手续的交易方式。它是证券交易中最古老的方式,也是国债交易中最普通、最常用的方式。

(2)回购交易方式,是指债券持有人在卖出一笔债券的同时,与买方签订协议,承诺在约定期限后以约定价格购回同笔债券的交易方式。国债回购是由两笔国债买卖交易完成的,第一笔交易为即期交易,第二笔交易为远期交易。当第一笔交易发生时,债券持有人出售国债,资金持有人购买国债;当第二笔交易发生时,原购买方返售同笔国债,原出售方买回同笔国债,至此一笔完整的国债回购交易宣告完成。

(3)期货交易方式,是指以国债期货合约为交易对象的交易方式。国债期货合约是买卖双方就将来某一特定时刻、按照某一特定价格,购买或出售某一特定数量的某一特定国债产品所做的承诺。这里“特定时刻”是国债期货的成交期限,“特定价格”是国债期货的成交价格,“特定数量”是国债期货的成交数量,“特定国债”是标的国债。期限、价格、数量和标的国债,是国债期货合约中必不可少的四项基本要素。国债期货合约的特点有:期货合约交易与标的国债交割在时间上不一致;国债期货合约到期结算时按合约中的成交价格与标的国债到期时的现货价格之间的差价结算;合约中的标的国债是约定的一种“标准”标的国债,不一定是现实中国债;期货合约交易与标的国债交易在空间上可以分离;期货合约交易实行保证金制度,具有杠杆作用;期货合约市场流动性好。期货国债具有保值、投机和套利功能。

(4)期权交易方式,是指交易双方为限制损失或保障利益而订约,同意在约定时间内按照协定价格买进或卖出契约中指定的债券,也可以放弃买进或卖出这种债券的交易方式。

六、国债市场的功能

国债市场一般具有两个方面的功能:

(1)实现国债的发行和偿还。国家可以采取固定收益出售方式和公募拍卖方式在国债市场的交易中完成发行和偿还国债的任务。

(2)调节社会资金的运行。在国债市场中,国债承销机构和国债认购者以及国债持有者与证券经纪人从事的直接交易,国债持有者和国债认购者从事的间接交易,都是社会资金的再分配过程,最终使资金需要者和国债需要者得到满足,使社会资金的配置趋向合理。若政府直接参与国债交易活动,以一定的价格售出或收回国债,就可以发挥诱导资金流向和活跃证券交易市场的作用。

近年来,随着国债规模扩大和对社会资金运行调节的必要性增强,我国越来越重视国债市场的作用,并逐步建立了适应我国国情的证券市场和国债市场。

七、加强政府性债务管理

(一)我国政府性债务的分类与规模

中华人民共和国审计署在 2013 年对中央、省、市、县、乡(镇)级政府性债务情况,分别政府负有偿还责任的债务、政府负有担保责任的债务和政府可能承担一定救助责任的债务,进行了全面审计。其中,政府负有偿还责任的债务,是指需由财政资金偿还的债务,属于政府债务;政府负有担保责任的债务,是指由政府提供担保,当某个被担保人无力偿还时,政府需要承担连带责任的债务;政府可能承担一定救助责任的债务,是指政府不负有法律偿还责任,但当债务人出现偿债困难时,政府可能需要给予一定救助的债务。后两类债务应由债务人以自身收入偿还,正常情况下无须政府承担偿债责任,属于政府或有债务。政府或有债务,是指由某一或有事项引发的债务,这种债务会不会成为现实,要看或有事项是否发生以及由此引发的债务是否最终要由政府来承担。

2015 年 8 月,第十二届全国人民代表大会常务委员会第十六次会议批准了国务院提出的《关于提请审议批准 2015 年地方政府债务限额的议案》。2015 年,全国地方政府债务余额限额为 16 万亿元。其中,2014 年末全国地方政府债务(即审计口径中政府负有偿还责任的债务)余额 15.4 万亿元。

我国政府性债务是经过多年形成的,政府性债务在我国经济社会发展、加快基础设施建设和改善民生等方面发挥了重要作用。同时,从我国经济发展水平、政府性债务现状和资产与负债相互关系看,目前我国政府性债务风险总体是可控的,但有的地方也存在一定的风险隐患。

按照党的十八届三中全会要求和《中华人民共和国预算法》(以下简称《预算法》)规定,国务院印发了《国务院关于加强地方政府性债务管理的意见》,提出建立"借、用、还"相统一的地方政府性债务管理机制,有效发挥地方政府规范举债的积极作用,切实防范化解财政金融风险,促进国民经济持续健康发展。

(二)中央政府债务管理制度

中央政府债务实行余额管理。中央国债余额限额根据累计赤字和应对当年短收需发行的债务等因素合理确定,报全国人民代表大会或其常务委员会审批。

(三)地方政府债务管理制度。

(1)建立规范的地方政府举债融资机制。经国务院批准,省、自治区、直辖市政府可以适度举借债务；市县级政府确需举借债务的由省、自治区、直辖市政府代为举借。政府债务只能通过政府及其部门举借，不得通过企事业单位等举借。地方政府举债采取政府债券方式。推广使用政府与社会资本合作模式，鼓励社会资本通过特许经营等方式参与城市基础设施等有一定收益的公益性事业投资和运营。

(2)地方政府举债规模的报批。地方政府举借债务的规模，由国务院报全国人民代表大会或其常务委员会批准。

(3)对地方政府债务实行规模控制和分类管理。地方政府债务规模实行限额管理，地方政府举债不得突破批准的限额。地方政府债务分为一般债务、专项债务两类，分类纳入预算管理。一般债务通过发行一般债券融资，纳入一般公共预算管理。专项债务通过发行专项债券融资，纳入政府性基金预算管理。

(4)严格限定政府举债程序和资金用途。地方政府在国务院批准的分地区限额内举借债务，必须报本级人大或其常委会批准。地方政府举债要遵循市场化原则。建立地方政府信用评级制度，逐步完善地方政府债券市场。地方政府举债，只能用于公益性资本支出和适度归还存量债务，不得用于经常性支出。

(5)建立债务风险预警及化解机制。财政部根据债务率、新增债务率、偿债率、逾期债务率等指标，评估各地区债务风险状况，对债务高风险地区进行风险预警。债务高风险地区要积极采取措施，逐步降低风险。对甄别后纳入预算管理的地方政府存量债务，各地区可申请发行地方政府债券置换，降低利息负担，优化期限结构。硬化预算约束，防范道德风险，地方政府对其举借的债务负有偿还责任，中央政府实行不救助原则。

(6)建立考核问责机制。把政府性债务作为一个硬指标纳入政绩考核。明确责任落实，省、自治区、直辖市政府要对本地区地方政府性债务负责任。地方各级政府要切实负担起加强地方政府性债务管理、防范化解财政金融风险的责任，政府主要负责人要为第一责任人。

第三十五章 人力资源管理概述

知识框架

- 人力资源管理概述
  - 人力资源相关概念
    - 人力资源的基本概念
    - 人力资源的构成与分类
    - 人力资源在现代管理中的作用
  - 人力资源管理的发展历程
    - 人力资源管理产生的历史基础
    - 人力资源管理的发展历程
    - 传统的人事管理向全面的战略性人力资源管理演进
  - 人力资源管理的职能
    - 人力资源管理的角色
    - 人力资源管理的职能模式与组织结构
  - 人力资源管理的人性假设
    - X 理论与 Y 理论
    - 四种人性假设理论

第一节 人力资源相关概念

一、人力资源的基本概念

什么是人力资源？它是一种什么样的资源？它具备什么样的特性？它能为我们的社会经济生活和企业做出什么样的贡献？这些问题是我们首先需要弄清楚的。

(一)人力资源的内涵

资源是“资财的来源”。在经济学上，资源是为了创造物质财富而投入生产活动中的一切要素。现代管理科学普遍认为，经营好企业需要四大资源，即人力资源、经济资源、物质资源、信息资源。在这四大资源中，人力资源是最重要的资源。它是生产活动中最活跃的因素，也是一切资源中最关键的资源，被经济学家称为第一资源。

那么，究竟何为人力资源？学者们从不同的角度给出了不同的定义，常见的有以下几种：广义地说，智力正常的人都是人力资源。从狭义上看，它有多种定义：①人力资源是指能够推动国民经济和社会发展的、具有智力劳动和体力劳动能力的人的总和，它包括数量和质量两个指标。②人力资源是指一个国家或地区有劳动能力的人口总和。③人力资源是指具有智力劳动能力或体力劳动能力的人们的总和。④人力资源是指包含在人体内的一种生产能力,若这种能力未发挥出来,它就是潜在的劳动生产力,若开发出来,就变成了现实的劳动生产力。⑤人力资源是指能够推动整个经济和社会发展的劳动者的能力,即处在劳动年龄的已直接投入建设或尚未投入建设的人口的能力。⑥人力资源是指一切具有为社会创造物质文化财富、为社会提供劳务和服务的人。

(二)人力资源的特征

人力资源是进行社会生产最基本、最重要的资源,与其他资源相比较,它具有如下特点。

1. 人力资源具有能动性

这是人力资源区别于其他资源的最根本所在。许多资源在其被开发过程中完全处于被动的地位,人力资源则不同,它在被开发的过程中具有能动性。它主要表现在:一是人的自我强化,即人通过学习能提高自身的素质和能力;二是选择职业,人力资源通过市场来调节,选择职业是人力资源主动与物质资源结合的过程;三是积极劳动,这是人力资源能动性的主要方面,也是人力资源发挥潜能的决定性因素。人能够积极主动地、有目的地、有意识地认识世界和改造世界;人能通过意识对所采取的行为、手段及结果进行分析、判断和预测。由于人所具有的社会意识和在社会生产过程中所处的主体地位,使得人力资源具有能动作用。对人力资源能动性调动的程度直接决定着开发水平。这个特点也被概括为"可激励性"。可激励性的前提是其对象的能动性。这就要求人们在进行人力资源开发时,必须充分注重对人的积极性的调动。

2. 人力资源具有两重性

人力资源是投资的结果,同时又能创造财富,具有既是生产者又是消费者的两重性。根据舒尔茨人力资本的理论,人力资本投资主要来自个人和社会双方,用于对人力资源的投资包括教育投资、卫生健康投资和人力资源迁移的投资,人力资本投资的程度决定了人力资源质量的高低。由于人的知识是后天获得的,为了提高知识与技能,必须接受教育和培训,必须投入财富和时间,投入的财富构成人力资本的直接成本(投资)的一部分。人力资本的直接成本(投资)的另一部分是对卫生健康和迁移的投资。个体的人由于投入了大量的时间用于接受教育以增长知识和技能,也失去了许多就业机会和收入,这构成了人力资本的间接成本(机会成本)。从生产与消费的角度来看,人力资本投资是一种消费行为,消费行为是必需的,先于人力资本收益的,没有这种先前的投资,就不可能有后期的收益。另一方面,人力资源与一般资本一样具有投入产出的规律,并具有高增值性。因此,我们既要重视对人口数量的控制,更要重视对人力资源的开发和人才的培养,充分地利用和开发现有的人力资源,为社会创造更大的经济收益。

3. 人力资源具有智力性

人不仅具有能动性,而且拥有丰富的知识与智力。人把物质资料作为自己的手段,在改造世界的过程中,创造了工具,通过自己的知识智力,使自身能力不断扩大,创造数量巨大的物质资料。尤其是新科技革命的兴起,高科技的迅猛发展,人们视野的不断扩大,知识智力急剧发展,人们普遍认识到:世界上的一切都是可能做到的,都是可以设计制造的。人力资源这种知识智力性表明人力资源具有巨大潜力。另一方面,人的智力具有继承性,这使得人力资源所具有的劳动能力随着时间的推移，还能得到积累、延续和增强。

4. 人力资源具有时效性

人力资源是存在于人的生命之中的一种具有生命的资源，其形式、开发和利用都要受到时间方面的限制。从总体上看，作为生物有机体的人，有其生命周期，不能长期蓄而不用，否则会荒废、退化。而人能够从事劳动的自然时间又被限定在其生命周期的中间一段；在不同年龄段，能从事劳动的能力也不尽相同。从社会角度看，人力资源的使用也有培养期、成长期、成熟期和老化期；且不同的年龄组人口数量及其间的联系也具有时效性。因此，在进行人力资源的开发时，一定要尊重其内在规律性，使人力资源的形成、开发、分配和使用处于一种动态的平衡之中。

5. 人力资源具有开发持续性

一般地，物质资源的开发只有一次、二次开发，形成产品使用之后，就不存在继续开发问题了。但人力资源则不同，使用后还能继续开发，使用的过程也是开发过程，而且这种开发具有持续性。人在工作以后，可以通过不断地学习，更新自己的知识，提高技能；且通过工作可以积累经验，充实提高。所以，人力资源能够实现自我补偿、自我更新、自我丰富和持续开发。这就要求对人力资源的开发与管理应注重终生教育，加强其后期的培训与开发，不断提高其德才水平。尤其随着高新技术的深入发展，知识更新周期越来越短，知识老化率（速度）加快，人需要不断学习、充实和提高。

6. 人力资源具有再生性

经济资源分为可再生性资源与非再生性资源两大类。非再生性资源是不能依靠自身机制恢复的资源，其特点是在其使用中有可耗竭性，如矿藏；可再生性资源是在开发和使用过后，只要保持必要的条件，可以再生的资源。人力资源是基于人口再生产和社会再生产过程，通过人类总体内各个个体的不断替换更新和劳动力消耗—生产—再消耗—再生产的过程实现的。人的再生性除受生物规律支配外，还受到人类自身意识、意志的支配，受到人类文明发展活动的影响，受到新科技革命的制约。

7. 人力资源具有时代性

人是构成人类社会活动的基本前提，一个国家的人力资源，在其形成过程中受到时代条件的制约。人从一生下来就遇到既定的生产过程和生产关系，当时社会发展水平，从整体上制约着这批人力资源的数量与质量，以及人力资源素质的提高；他们只能在时代为他们提供的条件下，努力发挥其作用。这就是为什么当前生产力水平不同的国家之间，其人力资源素质也存在差距的原因。即使在同一国家、同一个省区，社会经济发展水平不同，人力资源的素质也会不同。

8. 人力资源具有社会性

每一个民族（团体）都有其自身的文化特征，每一种文化都是一个民族（团体）共同的价值取向，这种文化特征是通过人这个载体而表现出来的。由于每个人受自身民族文化和社会环境的影响不同，其个人的价值观也不相同，他们在生产经营活动以及人与人交往等社会性活动中，其行为可能与民族（团体）文化所倡导的行为准则发生矛盾，可能与他人的行为准则发生冲突，这就要求人力资源管理者注重团队的建设，注重人与人、人与群体、人与社会的关系及利益的协调与整合，倡导团队精神和民族精神。

二、人力资源的构成与分类

（一）人力资源的构成

人力资源由数量和质量两个方面构成。

1. 人力资源数量

人力资源数量是对人在量上的规定性，是指一个国家或地区拥有的劳动能力的人口资源，亦即劳动力人口的数量，具体反映为由就业、求业和失业人口所组成的现实人力资源。劳动力人口数量统计与不同国家对“劳动适龄人口”或“劳动年龄人口”的界定有关。值得注意的是，在劳动适龄人口中存在着一些丧失劳动能力的病残人口；在劳动适龄人口之外，也存在着一批具有劳动能力，正在从事社会劳动的人口。因此，在计量人力资源数量时，应当对上述两种情况加以考虑，以对劳动适龄人口数量加以修正。

综上所述，一个国家或地区的人力资源数量由以下八大部分构成：①处于劳动年龄，正在从事社会劳动的人口，它构成人力资源数量的主体，即“适龄就业人口”；②尚未达到劳动年龄，已经从事社会劳动的人口，即“未成年劳动者”或“未成年就业人口”；③已经超过劳动年龄，继续从事社会劳动的人口，即“老年劳动者”或“老年就业人口”；④处于劳动年龄之内，具有劳动能力并要求参加社会劳动的人口，即“求业人口”或“待业人口”；⑤处于劳动年龄之内，正在从事学习的人口，即“就学人口”；⑥处于劳动年龄之内，正在从事家务劳动的人口；⑦处于劳动年龄之内，正在军队服役的人口；⑧处于劳动年龄之内的其他人口。

由于不同的研究需要，人力资源数量在统计与使用中还可以区分为下列两种口径：一是现实人力资源数量与潜在人力资源数量。现实人力资源数量即指在现实国民经济活动中已经被利用的人力资源数量，表现为已就业的人口和正在谋求职业的人口，亦称经济活动人口。潜在的人力资源数量指在现实国民经济活动中可以被利用，但尚未被利用的人力资源数量，表现为因各种原因未就业的人口。二是人力资源数量统计中的绝对量与相对量指标。人力资源绝对量是指包括上述现实人力资源数量与潜在人力资源数量之总和，其大小是反映一个国家国力与一个地区实力的重要指标。人力资源绝对量、相对量又称为人力资源率，即指可以动员投入劳动运行的人力资源数量。它是指人力资源的绝对量占总人口的比例，是反映经济实力的更为重要的指标。一个国家或地区的人力资源率越高，表明该国家或地区的经济有某种优势。在劳动生产率和就业状况既定的条件下，人力资源率越高，表明可投入生产过程中的劳动数量越多，从而创造的国民收入也就越多。所以，该指标可用来进行国家与地区之间人均人力资源拥有量的比较。人力资源率越高，表明可以投入经济运行的人力越多，作为单纯消费者的人口越少。

影响人力资源数量的因素主要有三个方面：人口总量及其再生产状况，人口的年龄构成，人口迁移。

2. 人力资源质量

人力资源质量是人力资源在质上的规定性，具体反映在构成人力资源总量的劳动力人口的整体素质上。即指人力资源所具有的体质、智力、知识和技能水平,以及劳动者的劳动态度,一般体现在劳动者的体质、文化、专业技术水平及劳动积极性上。

影响人力资源质量的因素主要有三个方面:

(1)遗传和其他先天因素。人类的体质和智能具有一定的继承性,这种继承性来源于人口代系间遗传基因的保持,并通过遗传与变异,使人类不断进化、发展。人口的遗传从根本上决定了人力资源的质量及最大可能达到的限度。但是,不同的人在体质水平与智力水平上先天差异是比较小的,这当然不包括那些因遗传病而致残的人。

(2)营养因素。营养因素是人体发育的重要条件,一个人儿童时期的营养状况,必然影响其未来成为人力资源时的体质与智力水平。营养也是人体正常活动的重要条件,充足而全面地吸收营养才能维持人力资源原有的质量水平。目前,生活标准在全世界普遍得到提高。就全球而言,实际的人均 GDP 自 20 世纪 60 年代中期以来每年以 3% 以上的速度递增,2007 年人均 GDP 已从 1978 年的 2 158 美元提高到 9 181 美元。世界的平均预期寿命正在延长,据联合国统计资料显示,2000 年世界人口的平均预期寿命为 66 岁,发达国家和地区为 76 岁,发展中国家和地区为 64 岁。我国的第五次全国人口普查资料显示,人口平均预期寿命已达 71.40 岁,比世界平均水平高 5 岁,比发展中国家和地区高 7 岁。可以说,从世界范围来看,人力资源的质量正在普遍提高。随着我国社会经济的发展,人民生活水平的提高,以及医疗卫生保障体系的不断完善,我国的人力资源质量也在不断提高。

(3)教育方面的因素。教育是人为传授知识、经验的一种社会活动,是一部分人对另一部分人进行多方面影响的过程,这是赋予人力资源质量的一种最重要、最直接的手段,它能使人力资源的智力水平和专业技能水平都得到提高。人类的体质,尽管在不同民族、不同国家、不同个体之间具有一定的差异,但从智能即表现在文化水平、专业技术水平方面的差异来看,则是比较小的。尤其是随着现代科学技术的发展,人类生产力水平的不断提高,人的现代专业科学知识和技术能力等智能作用将不断上升,同时还存在"老化"与"更新"速度不断加快的规律性。

一个国家或地区人力资源的丰富程度不仅要用其数量计量,更重要的是用人力资源质量评价。人力资源的数量反映了可以推动物质资源的人数,而人力资源的质量则反映可以推动哪种类型、哪种复杂程度和多大数量的物质资源。人力资源质量的重要性主要体现在其内部的替代性方面。一般来说,人力资源的质量对数量的替代性较强,而数量对质量的替代作用较差,有时甚至不能替代。人力资源开发的目的在于提高人力资源质量,为社会经济的发展发挥更大的作用。

(二)人力资源的分类

人力资源可以从不同角度进行分类。

我国国家统计局 2005 年在人口抽样调查时使用了两种分类方法:第一种是按行业将人力资源分为 20 类:农、林、牧、渔业;采矿业;制造业;电力、燃气及水的生产和供应业;建筑业;交通运输、仓储和邮政业;信息传输、计算机服务和软件业;批发和零售业;住宿和餐饮业;金融业;房地产业;租赁和商务服务业;科学研究、技术服务和地质勘查业;水利、环境和公共设施管理业;居民服务和其他服务业;教育;卫生、社会保障和社会福利业;文化、体育和娱乐业；公共管理与社会组织；国际组织等。第二种是按职业分为 8 类：国家机关、党群组织、企业、事业单位负责人；专业技术人员；办事人员和有关人员；商业、服务业人员；农、林、牧、渔、水利业生产人员；生产、运输设备操作人员及有关人员；军人（2005 年全国 1% 人口抽样调查不用）；不便分类的其他从业人员等。

我国的企业员工统计分类沿用企业劳动统计体系，将员工分成工人、学徒、工程技术人员、管理人员、服务人员和其他人员等 6 类。

三、人力资源在现代管理中的作用

人力资源的性质或特点决定了人力资源在企业管理中的作用和地位。对人力资源的管理始终是管理工作的重要组成部分。现代管理大师彼得·德鲁克曾经说过："企业只有一项真正的资源：人。"曾任联合利华公司总裁兼 CEO 的理查·德戈尔茨坦也认为："最好的管理决策：用对了人。最大的管理失误：用错了人。"总体说来，人力资源在管理中主要具有如下的作用。

（一）人力资源是企业最重要的资源

人对社会的价值主要表现在他的劳动能力上。劳动能力不能脱离人的健康肌体而独立存在。因此，一个具有企业所需职业能力、身体健康、有主动工作精神和创新意识、能够与企业的组织环境和企业文化相互适应的人，就成为企业最重要的资源之一。首先，企业的发展与员工的职业能力发展是相互依赖的，要重视人的职业能力，必须先重视人本身。企业实施各种人力资源管理政策的目的，就是要鼓励员工不断地提高职业能力并愿意运用职业能力为企业工作，否则，企业就无法适应激烈的竞争环境。其次，人力资源是有意识、有价值的资源。当人具有从事工作的愿望时，人的工作会是主动的；当人从事工作的意愿不足或根本不愿工作时，其工作起来就不会积极、主动。因此，有效调动员工的积极性，强化其组织认同感，建立良好的工作价值观，是人力资源管理中一项重要的管理任务。最后，人是在特定环境中成长起来的，每个人形成了与其成长环境有关的生活和心理品质。企业是由许多单个的人组成的、有目的的组织，为了有效地实现组织的目标，企业就需要统一价值观念，养成自身独特的组织习惯。这种统一的价值观念，形成企业文化。任何企业都有属于自己的企业文化，企业必须把价值观念不同的人通过特定的政策进行引导并辅之以相应手段，建立一个创造高绩效的企业文化。

（二）人力资源是创造利润的主要来源

我们知道，商品的价值由两个性质不同的主要部分构成：一部分是转移价值，另一部分是所谓的附加价值。转移价值是指在商品构成过程中"采购"过来的那部分，如材料、能源、机器厂房的折旧等生产要素，这些生产要素在商品的价值构成中不会增加价值，而只能将其原值转移到商品的价值中，因此它们不会产生利润。但是附加价值对企业的意义就不同了，它是商品价值与转移价值的差额部分。这部分价值基本上是由劳动创造（附加）的，它才是利润的真正来源。商品的附加价值越高，企业的利润就会越大，而期望的附加价值越高，就必须依赖人力资源的质量和结构。IBM 公司总裁沃森说过："你可以搬走我的机器，烧毁我的厂房，但只要留下我的员工，我就可以有再生的机会。"企业所拥有的各种资源是受到一定的条件限制的，如何用最少的资源使企业获取最大的经济效益，这是现代企业一直探索的问题。幸运的是,这个问题被经济学家所解决。由于人力资源(资本)具有低投入、高产出的特征,人力资源的重要性已被广泛认识。

(三)人力资源是一种战略性资源

人力资源是一种战略性资源,对人力资源的管理往往关系到一个企业的生存和可持续发展。随着知识经济与信息时代的到来,社会经济的发展已经减弱了工业化时代对财力资源、物力资源和劳动者体力的依赖,增强对劳动者的知识依赖。因此,人力资源,特别是拥有高科技产业发展相关知识和创新型人才,就成了 21 世纪最重要的、具有战略意义的资源。例如,微软公司的比尔·盖茨和他的软件工程师是公司最有价值的财富,是企业最重要的战略资源,微软的成功正是"才智至上"理念的最好注解。因此,员工的价值在于其知识、技能有很大的开发空间,并且这些知识、技能能够在工作中充分地发挥出来。人力资源使用的这种价值是其他任何生产要素所无法替代的。企业员工的知识和技能,特别是以未编码知识的形式表现出来的知识和技能被视为企业的核心竞争力。同时,员工的高使用价值也是潜在的,企业员工的价值不仅取决于其奉献意愿和程度、他们之间知识的匹配程度,更取决于其知识和技能与组织目标相符合的程度,取决于其专业知识和技能与组织其他成员之间的协同程度,还在一定程度上取决于工作环境。所以说,企业人力资源的效价具有一定的潜在性、难以模仿性。组织目标的调整、组织资源的充足都会对员工知识运用产生影响,而个人的工作满意程度、努力程度以及员工之间的协调程度都会直接影响员工对实现组织目标的作用。

第二节　人力资源管理的发展历程

一、人力资源管理产生的历史基础

为了更好地了解人力资源管理的发展趋势,首先应该分析人力资源管理产生的历史原因,以深刻了解人力资源管理对企业管理的作用与影响范围。

(一)工业革命

工业革命有三大特征:机械设备的发展,人与机器的联系,需要雇用大量人员的工厂的建立。工业革命导致劳动专业化的提供和工人生产的产品剧增。亚当·斯密在《国富论》中利用生产大头针的某工厂所进行的劳动分工说明了劳动专业化的好处。查尔斯·巴贝奇在其《论机器和制造业的经济》中指出了劳动分工的主要优点,即新工人接受培训的时间大为减少,因为只需要学一种技术;减少了原材料的耗费;通过合理地安排工人的工作节约了开支,也因此而产生了以技能为基础来划分的工资等级;由于不必要求工人从一种工作转向另一种工作,从而节约了时间,也使工人对特殊性的工具更加熟悉,而这种熟悉又反过来激发了工人在使用工具中的创造性。斯密也注意到了劳动分工的不少弊端。"一个人如把他一生全消磨于少数单纯的操作……他要失掉努力的习惯,而变成最愚昧最无知的人。"正如卡尔·马克思所批评的,资本家把工人肢解成各种碎片,使其成为机器的附属物。

管理先驱罗伯特·欧文曾试图解决由劳动分工产生的问题。他认为人是自然的造物,人们的行为则是所受待遇的反映。雇主与团体理应为发掘人们的天资而更加努力工作，理应取消有碍于天资充分发挥的做法。他在其工厂内推行了一种新的管理制度，其核心是废除惩罚，强调人性化管理。根据工人在工厂的表现，将工人的品行分为恶劣、怠惰、良好和优质四个等级，使用一块四边分别涂成白、黄、蓝、黑四色的木板来分别表示。每个工人的前面都有一块，部门主管根据工人的表现进行考核，厂长再根据部门主管的表现对部门主管进行考核，这就是最早的工作绩效评价系统。尽管欧文的许多改革并非十分成功，但由于欧文在改善对工作中的人进行管理的方面所做的努力，使得他被认为是“人事管理之先驱”。

工业革命大大加速了企业的发展及商业繁荣。但是那时的劳动者被当作商品，而且由于信奉放任主义哲学，政府也没有采取什么保护工人的行动。

（二）科学管理运动

在19世纪末，由于人口和市场需求的迅速膨胀，对产品的需求有力地促进了生产的发展。当时，用机器取代人力和寻找更高效率的工作方法，成为管理的首要问题。从管理角度看，科学管理运动导致了对人力资源管理的研究。

弗雷德里克·泰勒作为科学管理之父，其秒表便是他的“圣经”。科学管理的实质就是将工作分为最基本的机械元素并进行分析，而后再将它们最有效地加以组合。除了科学地研究动作本身（时间—动作研究），泰勒还认为所选的工人在体力和脑力上应与其工作要求尽可能地匹配。员工应该由主管人员进行很好的训练，以保证其操作动作恰如科学分析所规定的那样精确。然而在任何情况下都不能要求雇员在有损于他们健康的节奏下工作。为鼓励雇员遵循规定的工作程序，只要工人正确地按规定时间完成了工作，泰勒认为应增发相当于工资30%～100%的奖金，这也是一种劳动计件奖励制度。

总的说来，科学管理的原则就是通过科学的工作方法来提高人的劳动效率，它把人当作一种纯粹的生产工具。尽管所采用的科学管理手段剥夺了人性的尊严，但是劳动效率提高了300%，创造了辉煌的产业革命历史。

（三）早期工业心理学

科学管理使工业心理学获得了其伦理观，以及范畴和研究的方向。工业心理学的创始人雨果·芒斯特伯格1913年在其《心理学与工业效率》一书中，描述了录用汽车司机、舰艇人员和电话接线生的经历。芒斯特伯格对人事管理做出的值得重视的贡献就在于他注重：①“最最合适的人”，即研究工作对人们的要求。②“最最合适的工作”，即寻找在什么样的“心理条件”下才能够从每一个人那里获得最大的、最令人满意的产量。③“最最理想的效果”，即研究对人的需要施加符合实业利益的影响的必要性。他在挑选工人时采取测试方法方面、在培训工业人员中应用的关于学习的研究方面、在对增加工人干劲和劳动心理方法的研究方面也提出了明确的建议。

芒斯特伯格在1917年所著的《经营心理学》一书中，著有用选择性问答的方式做调查的内容。这种调查是通过向很多工人发放问卷调查表，并要求不署名回答诸如对工作的态度、参加劳工运动的态度和业余活动的兴趣等问题来进行的。这种调查得到了第一任美国劳工联合会主席塞缪尔·冈珀斯和其他劳工领袖的支持。

当然，无论泰勒还是芒斯特伯格，都很关心如何选择工人以适应工作需要的问题，也很关心工人的工作感情和志向。在很多问题上两人存在不同的见解,主要分歧在于围绕社会结构如何影响生产率上。

(四)人际关系运动

1924 年冬季在芝加哥西方电气公司进行的霍桑试验提供了有史以来最著名的行为研究成果之一。试验目的就是研究照明对工人生产率的影响。在试验中,有的试验是生产率随照明增加而提高,有的试验是生产率随照明增加而降低,这种结果反复持续了三年,研究人员终于从中得出结论:在人们参与工作时,随着某一种条件(如照明)的改变,不可能不给其他变量带来影响;但对雇员的激励和群体意识才是影响生产率的主要因素。

1927 年 4 月开始,哈佛商学院的乔治·埃尔顿·梅奥、弗里茨·罗特利斯伯格与诺思·怀德黑格等几位教授又继续研究霍桑试验,一直到 20 世纪 30 年代初。研究得出重要的结果:生产率直接与集体合作和协调程度有关,而集体合作和协调程度又与主管人员及研究人员对工作群体的重视程度有关,与缺乏带有强制性的提高生产率的办法相联系,还与为变化过程中的工人提供参与制相联系。

在霍桑试验中采用的"访谈"方法,正是人力资源管理最实用的技术方法之一。此外,"霍桑研究的结果是号召人们掌握一种综合的管理技能。这些技能对于处理人际问题至关重要。这些技能包括:①理解人类行为的诊断技能;②对工人进行咨询、激励、引导和信息交流的人际关系技能"。要处理好像霍桑工厂的问题,只有技术方面的技能是不够的,这也正说明人力资源管理的重要性。

(五)行为科学

行为科学被视为一种可以用于处理人类行为问题的更强有力的分析和概念工具。它是人际关系研究的成果之一。并且,行为科学以广泛的理论学科和应用学科为理论,涉及更多的问题。行为科学的分支为人力资源管理的理论知识和方法应用。具体包括:①研究人在工作中的行为的工业心理学;②研究人们如何相互影响与被影响的社会心理学;③有关组织为什么存在、职能如何设计以及怎样更为有效的管理组织论;④研究个人及群体行为的原因,以及如何利用这一研究在组织环境中使人的生产力更高,工作更令人满意的组织行为学;⑤研究社会、社会机构及社会关系的社会学。

另外,还有许多其他的管理理论对人力资源管理理论和实践有相当大的影响,如综合系统理论把管理的对象看作是一个整体,用一个有机联系的系统研究企业管理中的任何个别事物;企业包括生产系统、物质系统、人员系统、信息系统等,企业管理要从系统的整体出发。系统管理学派将古典的管理理论与行为科学相结合,把企业人力资源开发放在组织整体系统中加以考虑,作为人力资源子系统来分析和研究,全面地研究各个因素及其对人力资源开发的影响。它认为,人是企业系统的第一因素。企业的主人是人,企业的一切活动要靠人来进行。只有充分调动人的积极性,才能提高经营管理和生产的效益。

二、人力资源管理的发展历程

从管理的发展看,人力资源管理工作在企业管理中很早就已经存在,对人力资源管理发展历史的考察有助于提高对企业人力资源管理的工作内容、职能及地位的认识。人力资源管理大致经历了三个发展阶段。

(一)人事管理的起源(19 世纪后期至 20 世纪初期)

人事管理的起源可追溯到 19 世纪后期,在一些工厂中出现了一些关于人的"福利工作"。"人事管理领域有一宗双重遗产。……这双重遗产来自:一是把人事工作看作'福利工作'或'改善工人境遇'的观念;二是科学管理"。

1. 福利人事管理阶段

人事管理的发展与 18 世纪后半叶工业革命的到来是相伴随着的。18 世纪以前盛行于欧洲的行会制度是以家庭式的管理来处理学徒培训和雇用问题的。工业革命的兴起导致了工作性质和雇佣关系的根本性变化,机器大工厂的建立需要大量的人集中到工厂来做工,当时管理面临需要解决的主要问题,即吸引农业劳动力放弃原有的生产和生活方式到工厂来,传授给他们工业生产所需要的基本技能,且使其适应工业文明的行为规则,以最大限度地发挥劳动分工和生产协作所带来的巨大生产率潜力。这些本是现代人事管理的内容,但当时的人事管理主要承担的却是福利工作。

古典经济学家亚当·斯密早于泰勒之前提出的劳动分工问题和"经济人"的观点,罗伯特·欧文在其工厂中进行提高童工参加劳动的最低年龄,缩短雇员的劳动时间,建立学校、幼儿园和娱乐场等人事管理方面的实验,都标志着科学的劳动人事管理思想的萌芽。19 世纪后半叶,得益于某些从商家族对人的关心,福利人事的概念产生并发展起来。在英国,本杰明·西伯姆·朗特里在其约克可可厂设立了一个"心理学部",聘请了一位社会学家在其中工作,由她督察公司的教育、保健、食堂、住房和娱乐事务。

美国全国现金出纳机公司,在 1897 年首次设立一个叫作"福利工作"的部门。该公司的创建者和总经理约翰·亨利·帕特森任命莉娜·哈维·特蕾西为该公司第一任"福利部主任"。约瑟夫·班克罗夫特父子公司于 1899 年设立一位"福利秘书"。H. J. 海因茨公司在 1902 年任用了一位社会秘书,许多其他的公司相继效仿。社会秘书工作的主要目的在于改善工人的生活,因此就出现了"福利"和"改善工人境遇"这样的术语;同时还听取并处理职工的不满意见,经办车间的"病号室",提供娱乐活动和教育,安排感到不满的工人的工作调动,管理膳食,拟定营养菜谱,照管工厂未婚女职工的道德品行。社会或福利秘书直接向公司经理或行政主管汇报工作,在关心工人福利的主张的基础上建立起一套有关企业员工关系管理的思想体系。这种福利主义的人事管理观点是现代人事管理的来源之一。福利人事与某些当时被认为诸如员工的失业、病假工资和住房补贴等进步性的项目有关。它们的实施,实际上是对那段资本主义现状的积极反映。不过某些企业家实施福利计划的动因并不在于真正关心员工,不少计划的目的无非是实际工资的一种变通,是强迫工会就范的伎俩。

"福利工作"大约是从 1910 年开始弱化,并逐步被"人事管理"所替代。此后的"福利工作"多限于制订若干规定,如公司为员工提供食堂和外出度假等便利。直至今日,我们还能从人事管理中看到福利传统的影响。

2. 专业化人事管理阶段

从管理阶段上看,"人事管理……开始于科学管理"。这是人力资源管理的最初阶段。在这一阶段,人事工作逐步专业化。例如,1910 年,一家实行泰勒制的出版社普利茅斯成立了人事部，其部门的职责是通过职业分析确定适当的人选，训练和引导工人，保存工作记录，每月接见每个工人一次，每六个月为增加工资评定效率等级，听取意见，照顾出事故或生病的工人，管理储藏流行和技术杂志书籍的图书馆，为家庭提供财务咨询，提供餐厅以及其他的服务。毫无疑问，这是当时最完善的人事部门。20 世纪初期，人事工作主要关注企业人员的录用、安置、上岗培训、工时记录、退职、报酬支付体系等，让工人掌握科学的操作方法和技巧，加大劳动强度，强调提高劳动生产率，增加效率。人事工作逐步系统化与职业化。

值得一提的是“生产率运动”的先驱者：比利时人欧内斯特·索尔韦，他明确指出人的因素“在工业中是头等重要的，而且其重要性将日益增加”。1907 年，他所属的许多工厂带头实行八小时工作制，1913 年起实现假日双薪制，并实行利润分享、职工医疗和社会补助等制度，建立工人的教育结构。这对欧洲的人事制度的发展起到了重要的开拓作用。

1925 年和 1926 年，美国人路特和本基分别首创了点数法和因素比较法，为在职位繁多的情况下计量与评价相对工资等级和工资标准提供了比较科学的方法，也为工资管理奠定了基础。1926 年，洛托发表了《工资尺度及职务评价》，标志着工作评价科学的成熟。

第一次世界大战和第二次世界大战之间，人事管理渐渐成型，也成为管理的支撑体系。公司组织规模的不断扩大是这一发展阶段中不可忽视的因素。虽然，在福利人事中也强调人的价值，但它难以适应现代组织发展所需要的专业化。正如美国早期雇用管理协会的迈耶·布卢姆菲尔德所言：“‘人事管理’比‘福利工作’好是因为‘福利工作’……通常缺少分析、自我批评和人的洞察力。而且，‘福利工作’的优点通常被多愁善感的感情因素所抵消，如果不是自我欺骗的话”。因此，人事管理工作也逐步演进成了由一位主要的人员负责招聘、挑选等工作的标准模式。组织的人事职能因完成该项工作的人越来越多而得到了加强。通过引入工业心理学，科学管理给予了人事管理工作这种活力，使人事管理才有了很大的发展。总之，福利主义和科学管理为现代人事管理开辟了道路。

（二）人事管理阶段（20 世纪初期至 20 世纪 50 年代）

人事管理是人力资源管理发展的第二阶段，即第二次世界大战后到 20 世纪 50 年代。在梅奥的霍桑试验宣告“工具人”管理时代的结束时，管理进入了新的时代。在随后的一段很长的时间里，科学家们开始关注工人的需要，研究工人的行为特点，并试图在管理中突出人的重要性，如弗雷德里克·赫茨伯格的双因素理论、亚伯拉罕·马斯洛的需求层次理论、克雷顿·奥尔德弗的 ERG 理论、约翰·亚当斯的公平理论、维克托·弗鲁姆的期望理论、道格拉斯·麦格雷戈的 X 理论和 Y 理论、伯尔赫斯·斯金纳的强化理论、俄亥俄州立大学的管理方格理论、费德勒的权变理论等。理论学家们将科学管理与行为科学相结合，以“社会人”“自我实现人”假设理论为基础，以人为中心。这些理论为管理者提供了管理实践的依据。

但是，在这一时期，管理者追求效用最大化，对员工的关注更多地体现在以“工作”为中心的人事管理上。例如，在招录人员时，强调人对工作的适应性；对员工工作绩效的评价标准取决于工作的要求；工资分配的标准，根据工作的特征来制订等。

尽管在这一阶段，人事管理又容纳了更多的内容，包括工资管理、基础培训和劳资关系咨询，但仍局限在战术而非战略水平上。在此阶段，组织规模的不断扩张又对促进劳资关系的特定变化起了举足轻重的作用。例如，劳资交涉明显从行业团体交涉转向公司层次，其结果是在人事管理层中出现了劳资关系专家。

（三）现代人力资源管理阶段（20 世纪 50 年代至今）

20 世纪 50 年代以后，人事管理进入现代人力资源管理阶段。现代人力资源管理阶段也经历了四个发展时期。

1. 档案管理阶段

档案管理阶段代表了 20 世纪 60 年代中期的人力资源管理状况。随着越来越多的人加入人事工作中，反映了企业对员工关心的重视程度。“人事”在企业已经具有特殊的使命，比如，新工人录用、职前教育、人事档案管理、公司郊游计划以及备忘录的周转等。爱德华·巴克最先在 1958 年出版的《人力资源功能》中提到了企业人力资源职能的概念，并认为所有的管理者是资源管理者，其中包括人的因素。有所不同的是，与资金、物质等资源相比，他更为强调要提高人力资源的重要性。人力资源的核心并非“个人福利”，而在于“生产率提高”方面的作用。人的因素必须整合到每个组织的整体任务当中去。人力资源工作是所有管理人员的责任，而非仅仅是人事或劳动部门的工作。但“人事”在这一阶段似乎“不过是那些不得要领的事情比不相干的事干得要多一些罢了”。因此，在这一阶段，人力资源管理的某种真实价值在于建立人事管理的一个合法领域。

2. 政府职能阶段

政府职能阶段主要是 20 世纪 60 年代后期到整个 70 年代。在美国，该阶段是继 1964 年《民权法》通过之后开始的。之所以称为政府职责阶段，是因为在这一阶段，《种族歧视法》《退休法》《保健与安全法》各种由联邦法定代表及其解释机构所规定的准则以及法院的法规等对就业的各个方面都产生了影响。这一切又加速了管理者把人力资源管理的职能提到议事日程上。尤其是许多企业从关于劳工的集体诉讼和胜诉产生的大量经济后果中，意识到了错误的人事管理的经济代价。一些并非专门从事人事管理工作的经理开始对这一领域重视起来。这也反映了人事管理的各个方面都必须满足组织的需求。在这一阶段，一大批薪酬和福利专家、劳工关系专家和培训专家等纷纷出现在人力资源管理领域，人事专家也显得日益重要。明确地说，档案管理和政府职责仍然属于人事管理部门的工作。

3. 组织职责阶段

20 世纪 70 年代末到 80 年代，企业的管理者不再将人事管理视为“政府的职责”，而是将其纳入企业自己的“组织职责”范畴。这一认识上的转变源于以下方面的原因：一是心理学、社会学和行为科学相关理论知识逐渐渗透到企业管理领域，崭新的企业管理理论受到企业的重视和支持；二是在这一阶段生产率增长缓慢，员工的懒散和管理的低效使得企业高层管理者忧虑日增；三是劳资关系日益紧张；四是政府对企业的人事管理进行了不公正的干预；五是劳动力多样化和教育水平的提高加大了人事管理的难度。这一时期的管理者不得不从企业内部寻找出路，以人力资源管理作为企业寻求发展的突破口。20 世纪 80 年代初期，美国和欧洲一些国家纷纷出现了人力资源管理部门或组织，人事部门也更名为人力资源管理部，至此，企业逐渐从强调对物的管理转向注重对人的管理。

4. 战略性人力资源管理

20 世纪 80 年代以来，人力资源管理进入企业战略层次，企业的人力资源管理不再仅仅承担传统的、辅助性的行政管理事务,而是更加突显能够影响企业长远发展的战略性任务。简言之,从战略的高度考虑人力资源管理问题。将人力资源管理与企业发展战略联系在一起是20世纪90年代以后企业人力资源管理的重要发展趋势。在这一阶段,人力资源管理成为整个企业管理的核心。一方面,随着科学技术的迅速发展,以微电子技术为标志的信息时代对管理提出了进一步的要求,人在工作中的能动性对工作的效率和质量具有更重要的意义。企业"如果想取得成功,人力资源就必须要作为企业战略的组成部分。选人、培养、奖励和其他一些人事工作必须在企业战略中体现出来才行。从与个人及其福利相关这样一个微不足道的起点开始,人事/人力资源管理发展成了每一个组织完成其使命的至关重要的因素"。另一方面,美国的管理学家已从单纯的理性分析转向对管理实践的探索,反思美国企业管理水平整体下滑的原因以及部分成功企业的经验,管理的理论研究者和实际工作者都不约而同地接受了人本管理的理念与模式。德鲁克1954年在其《管理的实践》中第一个提出了人本管理的思想,他认为管理的核心是对人的管理,并指出:"人的资源是唯一能够扩大的资源""把人管理好,既是管理的出发点,也是管理的归宿"。人力资源作为组织的首要资源,人力资源管理工作是每一位管理者的职责与任务。由此,现代人力资源管理也应运而生。

三、传统的人事管理向全面的战略性人力资源管理演进

传统的人事管理与全面的战略性人力资源管理在管理的观念、模式、内容、方法等方面都具有本质的差别。

(一)传统的人事管理

首先,从工作活动的内容上看。早期的人事管理工作只限于人员招聘、选拔、分派、工资发放、档案保管之类较为琐细的具体工作,后来渐次涉及职务分析、绩效评价、奖酬制度的设计与管理、其他人事制度的制订、员工培训活动的规划与组织等。

其次,从工作的性质上看。传统人事管理基本上属于行政事务性工作,活动范围有限,以短期导向为主,主要由人事部门执行或完成,很少涉及组织高层战略决策。

最后,从在组织中的地位上看。由于人事活动被视为低档的、技术含量低的、无须特殊专长的工作,人事管理并不被人们所重视,人事管理只属于执行层次的工作,无决策权力可言。

(二)战略性人力资源管理与传统人事管理的主要区别

战略性人力资源管理与传统人事管理在某些问题上基本立足点相同,即二者对人员的素质及要求都很关注,同时都致力于寻找有效的方式对其进行遴选、培训、评估和奖励等。但两者之间有许多差别,战略性人力资源管理已将传统人事管理的职能扩大,即从行政事务性的员工控制转为为实现企业的目标,建立人力资源规划、开发、利用与管理的系统,以促进组织的竞争力的提高。

第一,从人力资源管理的视角看,战略性人力资源管理较传统人事管理更具有战略性、整体性和未来性,这是两者最根本的区别。战略性人力资源管理已从一种单纯的业务管理、技术性管理活动的框架中脱离出来,根据企业的战略目标而相应地制订人力资源的规划与战略,成为决定组织战略与策略管理实现的关键因素。其主要特征表现在:人力资源部门的

主管出现在组织的高层领导中，并有人出任组织的最高领导，如在20世纪90年代，美国前200家大企业中有96位人力资源专家出任CEO；人力资源部门直接参与组织战略决策；人力资源部门可参与决策和各项重要管理事务，与其他部门协调一致，以共同实现组织的目标；负责企业人力资源管理部门的管理者级别越来越高，对他们能力的要求也越来越严，其工资也日渐丰厚；人力资源部门更注重员工在未来为实现组织的长远目标能够做出的贡献，因而对员工更加注意其能力的培养和职业生涯的规划，相应地，在经理与主管的培训及院校工商管理教育中，人力资源课程日益受到重视。

第二，从人力资源管理的观念看，战略性人力资源管理将人力视为组织的第一资源，注重对人力的开发，因而更具有主动性。早期的人力资源管理只强调对人力资源的管理，而忽略了人力作为一种资源具有可开发性的特征，忽略对员工的培训与继续教育。战略性人力资源管理则越来越重视员工的培训与开发，且投资不断增大；培训和教育的内容也更加广泛，即从一般管理的基本理论与方法到人力资源开发及管理的基本理论与方法，从一般文化知识到新知识、新技术，从企业文化到个人发展规划，无所不包，无所不及；组织中参加培训和教育的人员越来越多，从高层到低层员工，从新员工到即将退休的员工，每一个层次与年龄段的员工均参加培训与教育；人力资源开发的方式也有较大改变，工作内容的丰富化、岗位轮换、员工职业生涯的规划均成为人力资源开发的重要方法，传统的院校培养、企业使用，或企业自己培养、自己使用的方式，也转为更注重理论与实际相结合的院校与企业联合培养的方式；另外，组织更注重对员工的有效使用。

第三，从人力资源管理部门属性看，战略性人力资源管理重视人力资源管理部门为组织的生产效益部门，是获取企业竞争优势的部门。美国斯坦福大学的教授杰夫瑞·菲弗在《经营人员获得的竞争优势》一书中详细描述了人力资源管理实践对竞争优势的潜在影响。他认为有16种提高竞争优势的人力资源管理活动：就业安全感、招聘时的挑选、高工资、诱因薪金、雇员所有权、信息分享、参与和授权、团队和工作再设计、培训和技能开发、交叉使用和交叉培训、象征性的平等主义、工资浓缩、内部晋升、长期观点、对实践的测量、贯穿性的哲学等。战略性人力资源管理实践通过“人力资源管理活动—以雇员为中心的结果—以组织为中心的结果—竞争优势”的方式直接或间接地为企业获得竞争优势。如企业的劳动效益提高，则单位产品的人工成本降低，便为企业赢得了成本优势，即直接影响；企业通过有效的员工参与，充分发挥了员工的创造性，开发自己的专项产品，从而为企业赢得标新立异的竞争优势，即间接影响。

第四，从人力资源管理的功能看，战略性人力资源管理的根本任务就是用最少的人力投入来实现组织上的战略目标，即通过岗位分析和人力资源规划，确定组织所需最少的人力数量和最低的人员标准；通过招聘与录用规划，控制招募成本，为组织创造效益。而传统人事管理工作活动范围则是有限的，难以为实现组织目标服务。

第五，从人力资源管理的模式看，战略性人力资源管理实现人本化管理。有的学者概括出“3P”模式，即企业最重要的资源是人和人才，企业依靠人进行生产经营活动，企业为了满足人的需要而存在。在这种人本管理模式下，人力资源部门在对员工进行管理时，更多地实行人格化、人性化的管理，注重员工的工作满意感和工作生活质量的提高，尽可能减少对员工的控制与约束，更多地为员工提供帮助与咨询，帮助其个人在组织中成长与发展，如为员工提供培训机会，为员工提供发展机会，帮助员工进行职业生涯设计，为员工提供工作与生活咨询等。

总之，战略性人力资源管理较传统的人事管理更具有主动性、系统性、全面性和未来性，更适合当今全球经济一体化的组织管理模式与发展趋势。

第三节　人力资源管理的职能

一、人力资源管理的角色

（一）人力资源管理部门的角色

1. 发展战略的策划者

人力资源管理人员参与企业发展战略的制订，并配合企业发展战略制订人力资源发展规划，以促进企业发展战略的实现。

2. 业务部门的战略伙伴

人力资源管理人员直接了解业务部门的具体业务、发展方向，为业务部门提供管理咨询和人事技术支持，为业务部门提供主动式服务，如主动提供建议和解决方案；通过交流沟通和开设课程，培训并指导业务部门的直线经理，使之能够在日常工作中贯彻人力资源管理观念，娴熟地应用各种管理方法和技巧。

3. 组织管理的技术幕僚

人力资源管理部门要加强自身的能力培养，提升人力资源管理水平，成为企业人力资源管理的技术幕僚，帮助企业在薪资设计、招聘渠道、培训方法、绩效管理、员工职业生涯规划等领域进行系统分析和科学诊断，并提供专业化的解决方案。

4. 员工的代言人

人力资源管理部门要通过关注员工的需求，倾听员工呼声，来提高员工的整体满意度；协调并整合员工个人利益与企业利益，帮助员工个人发展，在员工与直线经理之间扮演中间人的角色，人力资源管理部门要成为企业的润滑剂，推动企业内部横向、纵向的沟通；通过沟通创造凝聚力和团队精神，推进企业文化和核心价值观的形成。

5. 变革的推进者

转型组织最关键和困难的是如何处理企业内部的人事事务。企业不仅要妥善安排老员工，更重要的是要为每一个岗位找到合适的人选。要从企业的发展战略出发，调动员工的积极性，积极支持企业变革。人力资源管理者通过为企业直线经理提供关于管理技巧、系统分析技术、组织变革、人员变革的咨询，协助直线经理消除员工面对变化和不确定因素的恐慌，帮助员工调整心态，重新定位，从而顺利平稳地推进企业的变革。

6. 行政事务专家

档案建立得是否完整，员工信息收集是否到位，招聘流程是否控制得当，培训、薪资、福利、考核和岗位调整是否合理，基本资料的建构、数据分析、资料信息传输是否准确及时等，都能够反映人力资源管理部门管理技术和管理水平的高低。人力资源管理人员要成为行政事务专家,为企业提供行政事务支持。

7. 内部公关高手

人力资源管理部门是企业和员工之间的桥梁,既要站在企业的角度进行管理,又要站在员工的角度思考问题,使企业与员工之间相互沟通,妥善处理员工之间、部门之间、企业与员工之间的各种关系,协调在薪资、福利、考核、招聘、培训、工作环境等过程中出现的种种内部矛盾和冲突,使企业与员工和谐共处。

(二)人力资源管理者的角色

美国通用电气公司(GE)认为,现代企业人力资源从业人员应具备四方面的能力:

(1)功能性才能。它是指对员工能力的评估、企业人力资源效率的评估、绩效系统和薪酬系统的设计等方面的才能。

(2)企业管理的才能。包括企业内政治和权力的协调、企业及财务的整体评估、企业组织和工作设计、发展战略和策略联盟等方面的能力。

(3)组织才能。包括提升全员效率的策略、构建企业文化、兼容多元化的价值观等方面。

(4)个人的才能。包括个人的影响力、感召力、专业知识技能和技巧、领导风格等。

人力资源管理部门的核心人员(人力资源经理)的特征有六个方面:

(1)要有战略思维。这一点非常重要,因为人力资源管理工作是企业的核心工作之一,支撑着企业的发展,所以人力资源经理必须充分了解企业的经营情况和企业领导的思想,要紧紧把握住人力资源管理的核心地位,通过人力资源管理工作推动其他各项工作的进展,起到企业发动机的作用。一个合格的人力资源经理要了解企业各部门的技术特征,能把各部门的职能有机地组合起来,从而形成企业文化。

(2)人力资源经理要在管理方面为企业战略提供管理方法,薪酬设计、组织建设、绩效考评以及核心人员的管理和流程都要围绕企业战略发展需要进行,与企业战略紧密地统一在一起。

(3)要达到上述要求,人力资源经理必须懂管理,熟悉人力资源管理工作的相关技术和经验。还要了解企业市场发展的相关技术,对企业业务有一定的基础知识,这样才能明白企业领导的需要,才能在和各部门沟通时有共同语言。

(4)人力资源经理要有很强的沟通能力,要善于同企业领导、职业经理和员工沟通,要有相应的技巧和方法,以及较强的主动性。

(5)人力资源经理要有较强的信息把握和处理能力,要有较强的敏感性。例如,要随时把握企业员工队伍,特别是核心人力资源的动态。因为对核心人员来说,市场诱惑力很大,核心人员一旦松动,会对企业造成很大的影响。所以,人力资源经理要时刻有危机意识,并具备危机处理能力。

(6)和其他经理人一样,人力资源经理要有很强的责任心,要对企业忠诚,应该自觉地使自己的目标和企业的目标保持一致。要当好企业文化和管理制度的执行者,促进各部门的工作,扮演好凝聚企业向心力的重要角色。

二、人力资源管理的职能模式与组织结构

(一)产品导向的职能模式

产品导向的职能模式是传统人力资源职能模式的主要代表,这一模式的本质特征在于其组织模式是以工作内容为基础,专注于职能管理的内容。

人力资源管理的产品导向模式的主要职能有以下三个方面。

1. 组织、计划与获取职能

人力资源的组织、计划与获取职能是指人力资源管理在企业的组织结构设计与调整、人力资源规划、人员招募与选聘等方面所发挥的功能。

(1)组织职能。根据企业战略进行组织设计;根据企业内外环境的变化及企业发展的要求进行组织、工作再设计;根据工作分析的结果调整组织结构等。

(2)人力资源规划。它是人力资源管理计划职能的体现,是企业为了达到组织的目标,按照有关人事政策、程序、惯例所进行的,确保有适当数量、质量和结构的人力资源在适当的时候担任适当的职务的计划活动。

(3)人员招募与选聘。人员招募是企业寻找员工的可能来源并吸引他们到企业应征的过程;人员选聘是企业根据用人条件和标准,运用适当的方法手段对应征者进行审查、选择的过程。

2. 激励与开发职能

人力资源的激励职能主要体现在绩效考核、薪资管理等环节上;人力资源的开发职能主要体现在员工引导、员工培训、员工开发、员工职业生涯设计与管理等环节上。

(1)绩效管理。通过绩效考核,明确员工的工作绩效状况,然后有针对性地对员工进行激励与开发。

(2)薪资管理。从人力资源管理的角度来看,工资与奖金主要体现和发挥激励职能。

(3)员工引导、培训与开发。员工引导是企业引导新员工熟悉环境,消除他们的焦虑感,促使他们尽快社会化及"企业化"的过程;员工的培训和开发主要着眼于企业人力资源的保值与增值。

(4)员工职业生涯设计与管理。职业生涯设计是员工对自己在未来一段时间甚至一生的工作情况所做的规划和设计。企业从组织发展和人力资源开发的角度出发,应主动帮助并积极引导员工进行职业生涯设计。

3. 维持与维护职能

人力资源的维持与维护职能主要体现在福利管理、职业安全与卫生、辞职与辞退管理、人事纪律等。

(1)福利管理。企业福利包括员工的生活福利和文化福利,做好福利工作有利于稳定员工队伍和提高他们的工作绩效。

(2)职业安全与卫生。职业安全与卫生包括安全管理、职业病防治、工伤管理、女职工保护等。

(3)辞职与辞退管理。人力资源管理包括"进""管""出"等环节,辞职与辞退管理属于

“出口”管理。企业为了保证人力资源的整体数量和质量，一方面要尽量避免优秀员工辞职，另一方面又要保证能辞退掉不合格员工。

(4)人事纪律。纪律是一种带有强制约束力的行为规范，它是维护组织正常运转的重要保障。为了保证企业人力资源管理的效率与效果，制订一些纪律并配合一定的奖惩措施是非常必要的。

以产品为导向的人力资源职能模式存在明显的功能缺陷：只关注完成现有流程，不关注企业和客户需求的变化；只计算做了哪些工作，不在意这些工作为企业和员工创造了多少价值。这种工作方式的价值导向是只计“产品”不计“回报”，它使人力资源管理远离组织战略和服务对象，难以证明人力资源管理者在企业价值增值中的贡献，甚至无法回避人力资源管理者被精简、被外包的风险。

(二)客户导向的职能模式

客户导向的人力资源职能模式首先要清楚客户是谁，他们的实际需求是什么。在该模式中，客户是价值链的起点和最终环节，是人力资源业务流程的核心。客户需求表示对人力资源服务的期待，满足特定客户需求的过程就是人力资源职能发挥和职能体现的过程。

理论上讲，人力资源职能的客户可以分为内部客户与外部客户。内部客户是指存在于组织内部并对人力资源具有需求的个人或组织，包括企业高管、各职能部门、员工和组织内工会等；外部客户是指存在于组织之外的组织，包括企业客户、供应商、政府机构和公益性组织等。

人力资源管理部门则根据所要满足的顾客需要本身的不同来分别确定需要运用哪些技术来满足顾客的需要。甄选系统需要确保所有被挑选出来的求职者都具有为组织带来价值增值所必需的知识、技术和能力。培训和开发系统则需要通过向员工提供发展的机会来确保他们不断地增加自身的人力资本，从而为企业提供更高的价值，最终满足直线管理人员和员工双方的需要。绩效管理系统则需要向员工表明企业对他们的期望是什么，并且向直线管理人员和战略制订者保证：员工的行为将会与组织的目标相一致。薪酬管理系统需要为所有的客户(直线管理人员、战略规划者以及员工)都带来一定的收益。同时，薪酬管理系统也为员工的技能投资和他们所付出的努力提供了等价的回报。这些管理系统将向直线管理人员保证，员工们将会运用他们的知识和技能来服务于组织的利益；这些管理系统还向战略规划者提供相应的措施，以确保所有的员工都采取对企业的战略规划具有支持性的行为。

以顾客服务为导向的人力资源管理思想为人力资源管理职能提供了一个很重要的思考方法，它帮助人力资源管理部门确认谁是自己的顾客，这些顾客有什么样的需要希望得到满足以及应当如何来满足这种需要，从而有助于公司的人力资源管理部门尽快成为企业的战略伙伴。

(三)企业不同发展阶段的人力资源部的组织设计

1. 低级阶段

公司处于初始创业阶段，公司人员一般在几十人左右。公司往往在人事行政部设置1～2个专员，主要负责户口、档案、保险和少量招聘工作。

2. 初级阶段

这时企业已进入正常的运作轨道，处于发展的初始阶段。各个业务模块的组织结构已逐步建立起来，公司人员一般有 100 ~ 200 人。人力资源部的日常性工作已由专人负责，如招聘工作、工资核算等。公司开始重视对员工的培训，会随机请外部培训讲师讲一些专题课程，但培训目的性不强。

3. 中级阶段

这时企业已发展到一定规模，而且在市场竞争中处于一定地位，公司人员规模一般在 500 人左右。公司已明显意识到人力资源管理的重要性，意识到它直接影响到员工工作的积极性和企业战略目标的有效实施。

(1) 考核。为了传递公司高层的压力和对员工业绩进行客观评价，开始建立考核制度，并周期性地对员工业绩进行评价。

(2) 薪酬管理。在薪酬制度中不只简单地做些工资核算的工作，开始思考如何设计有效的奖金分配制度和结构化的工资制度。

(3) 对员工能力的管理。为了尽快提升各级管理者和员工工作的职业化水平，许多公司开始强化培训中心的力量，培训的力度明显加大。但经过一段时间后发现大量的培训投入并不能达到预想的效果，其根本原因是培训内容与员工的实际工作内容不尽一致。因此，有些企业开始设计关键职位员工的任职资格等级体系。通过任职资格体系的建立，明确各类员工的优秀工作标准是什么，通过分析优秀工作标准与员工实际工作能力的差异，再有针对性地设计培训课程，强调缺什么补什么。

这时，人力资源管理已开始制度化建设。期望通过有效的人力资源管理制度设计来达到留住人才、激励人才、培育人才的目标。

4. 高级阶段

在高级阶段，企业已发展到相当规模，集团下属几个分公司或事业部，或在一个公司组织结构下，研究、市场、生产等各个职能部门规模已相当大，部门人员一般会在 300 人以上。这时人力资源管理对公司的经营运作起着至关重要的作用。因此，往往在集团总部设立人力资源总部，在各分公司/事业部设立人力资源分部。人力资源总部与分部之间在行政关系上可能有两种形态：一种形态是人力资源分部的行政管理归属于人力资源总部，即分部人员的工作由总部安排。这种管理模式的优点是执行力度强，缺点是分部人员较难融入分公司/事业部的实际业务工作中，产生“两张皮”现象。另一种形态是人力资源分部的行政关系归属所在的分公司/事业部，人力资源总部对分部进行业务管理。这种管理模式的优点是人力资源管理的有效性会大大提高，缺点是总部对分部的管理力度减弱。

高级阶段人力资源总部管理的作用主要体现在把握人力资源的总体政策，完善人力资源管理的组织体系，系统性策划、组织与推进人力资源管理体系的建设，在集团范围内推动企业文化建设，进行人力资源管理工作的整体协调与监督。

分部人力资源管理的作用主要体现在：结合本系统的业务特点制订人力资源管理要素，如考核要素、任职资格标准等，具体推进人力资源管理工作，使各部门主管和员工能准确理解人力资源管理制度，并运用人力资源管理工具有效推进集团公司总体的人力资源管理目标。

在国际上,大中型优秀企业配置的人力资源部专职人员占公司总人数的1%。也就是说,一家5 000人的企业,需要配备的人力资源专职人员为50人。

5. 最高阶段

经过中级阶段、高级阶段人力资源管理体系的系统化建设,并让各级管理者深刻领悟和熟练运用人力资源管理的方法与工具,各级管理者都已成为职业化的人力资源管理者。这时人力资源部的专业化职能可以取消,有关人力资源管理的政策和策略由外聘的人力资源专家团来制订会更加有效,所以人力资源部已不存在,但人力资源管理在公司内部却无处不在。

第四节 人力资源管理的人性假设

人性问题是管理心理学的重要研究领域,因为制订什么样的管理制度,采用什么样的管理方法,建立什么样的组织结构,都与如何看待人性问题有关。美国著名管理心理学家、麻省理工学院教授麦格雷戈认为,"每一个管理决策或每一项管理措施的背后,都必然有某些关于人性本质及人性行为的假设"。因此,人性假设理论是人力资源管理的主要理论基础之一,是企业进行人力资源管理的出发点和依据。

一、X理论与Y理论

(一)X理论

麦格雷戈把传统的管理观点叫作X理论。X模式的特点是管理者对人性作出了一个假定——人性丑恶。人们基本上厌恶工作,对工作没有热诚,如非必要就会加以逃避。人类只喜欢享乐,凡事得过且过,尽量逃避责任,所以要使之就范,雇主必须用严密的控制、强迫、惩罚和威逼利诱的手段来对付。例如,扣减工资,取消休假等,使工人能够保证生产水平。X理论的主要内容是:①多数人天生是好逸恶劳的,工作对他们而言是一种负担,工作毫无享受可言。只要有机会,他们就尽可能地偷懒,逃避工作。②大多数人都没有雄心壮志,没有自己为之奋斗的大的目标,也不喜欢负什么责任,而宁可让别人领导。他们缺乏自信心,把个人的安全看得很重要。③大多数人的个人目标与组织目标都是相互矛盾的,为了达到组织目标必须靠外力严加管制。必须用强迫、指挥、控制并用处罚威胁等手段,使他们做出适当的努力去实现组织的目标。④大多数人都是缺乏理智的,不能克制自己,只凭自己的感觉行事,很容易受别人影响。而且容易安于现状。⑤大多数人都是为了满足基本的生理需要和安全需要而工作的,所以他们将选择那些在经济上获利最大的事去做,而且他们只能看到眼前的利益,看不到长远的利益。⑥人群大致分为两类,多数人符合上述假设,少数人能克制自己,这部分人应当负起管理的责任。

基于上述人性假设,应采取的管理措施可归纳为以下三点:①管理工作的重点是提高生产率、完成生产任务,而对于人的感情和道义上应负的责任,则是无关紧要的。简单地说,就是重视完成任务,而不考虑人的感情。按照这种观点,管理就是进行计划、组织、经营、指导和监督。这种管理方式叫作任务管理。②管理工作只是少数人的事,与广大工人群众无关。工人的主要任务是听从管理者的指挥,但由于其必须在强迫和控制之下才肯工作,所以在管理上要求由分权化管理恢复到集权化管理。③在奖励制度方面,主要用金钱来刺激工人生产的积极性,同时对消极怠工者采用严厉的惩罚措施。通俗些说,就是采取“胡萝卜加大棒”的政策。

(二)Y 理论

实践证明,以 X 理论为前提的管理模式造成人才创造性和奉献精神的不断下降、员工对工作绩效的毫不关心等不良后果,日益使人怀疑 X 理论是建立在错误因果概念的基础上的。因此,与 X 理论消极的人性观点相对照,麦格雷戈又提出了一个新的 Y 理论。麦格雷戈认为,由于上述的以及其他许多原因,需要有一个关于人员管理工作的新理论,把它建立在对人的特性和人的行为更为恰当的认识基础上,于是他提出了 Y 理论。Y 理论对人性假设是正面的,假定人性本善,假设一般人在本质上并不厌恶工作,只要循循善诱,雇员便会热诚工作,在没有严密的监管下,也会努力完成生产任务。而且在适当的条件下,一般的人不仅愿意承担责任而且会主动寻求责任感。Y 理论的主要内容是:①一般人都是勤奋的,并不是天性就不喜欢工作的,工作中体力和脑力的消耗就像游戏和休息一样自然。对有的人来说,工作可能是一种满足,因而自愿去执行;而对另外的一些人来说,也可能是一种处罚,因而只要可能就想逃避。到底怎样,要看环境而定。②外部控制、惩罚和威胁并不是能够使人们为组织目标奋斗的唯一手段;没有人喜欢外来控制和惩罚,外来的控制和惩罚,并不是促使人们为实现组织的目标而努力的唯一方法。它甚至对人是一种威胁和阻碍,并阻挡了人前进的脚步。③人的自我实现要求和组织要求之间是没有矛盾的。如果给人提供适当的机会,就能将个人目标和组织目标统一起来,使得承担目标的程度与他们成绩联系的报酬大小成比例,这时个人的积极性就大得多了。④人类不仅是经济人,还是社会人,人在追求不断满足的同时,不仅学会了接受职责,而且学会了主动承担职责。一般而言,每个人不仅能够承担责任,而且会主动寻求承担责任。逃避责任、缺乏抱负以及强调安全感,通常是经验的结果,而不是人的本性。人总希望自己在工作中取得成就及成功。⑤大多数人都有一种实现自我、发挥自己潜能的欲望,这样在解决组织的困难问题时,就会发挥较高的想象力、聪明才智和创造性,都充满活力。在现代工业生活的条件下,一般人的智力潜能只是部分地得到了发挥。只要管理者给他们一定的条件和环境,对他们进行激励,他们都会发挥很大的作用。⑥激励人们的最好办法是满足他们的成就感、自尊感和自我实现感等高层次的需求;而且,激励在每一个阶梯上都在起作用。

根据以上假设,相应的管理措施为管理人员要负责为了经济目的而安排生产企业的各项要素,消极被动或抵制组织需要并不是人的天性。他们之所以会这样是由于他们以往在组织中获得的经验:管理职能的重点上,在 Y 理论的假设下,管理者的重要任务是创造一个使人得以发挥才能的工作环境,发挥出职工的潜力,并对员工进行合理的引导,并使职工在为实现组织的目标贡献力量时,也能达到自己的目标。此时的管理者已不是指挥者,调节者或监督者,而是辅助者和训练者,这主要是一个创造机会、发掘潜力、鼓励成长、提供指导的过程,他们对组织条件和作业方法进行安排,在旁边给职工以支持和帮助,即管理人员的责任在于使得人们有可能自己认识到并发展人的这些特性。在激励方式上。根据 Y 理论,对人的激励主要是给予来自工作本身的内在激励,让他担当具有挑战性的工作,促使真工作做出成绩,满足其自我实现的需要;在管理制度上给予工人更多的自主权,给员工更多的信任、实行自我控制,让工人参与管理和决策,并共同分享权力。Y 理论并不是一种单纯的理论。50 年代初,麦格雷戈帮助宝洁公司设计在佐治亚的工厂,依靠 Y 理论,使得这个厂的工作业绩迅速超过了宝洁其他的工厂。不仅如此,在运用 Y 理论的过程中也有一些创新思想和改革措施。

(三)超 Y 理论

鉴于 X 理论和 Y 理论的局限与不足,摩尔斯和洛斯奇提出了超 Y 理论。该理论认为,没有什么一成不变的、普遍适用的最佳的管理方式,必须根据组织内外环境自变量和管理思想及管理技术等因变量之间的函数关系,灵活地采取相应的管理措施,管理方式要适合于工作性质、成员素质等。超 Y 理论在对 X 理论和 Y 理论进行实验分析比较后,提出一种既结合 X 理论和 Y 理论,又不同于是 X 理论和 Y 理论,是一种主张权宜应变的经营管理理论。实质上是要求将工作、组织、个人、环境等因素作最佳的配合。

其基本观点是:

(1)人们带着许多不同的需要和动机加入组织,但最主要的是实现其胜任感;

(2)由于人们的胜任感有不同的满足方法,所以对管理要求也不同,有人适用 X 理论管理方式,有人适用 Y 理论管理方式;

(3)组织结构、管理层次、职工培训、工作分配、工资报酬和控制水平等都要随着工作性质、工作目标及人员素质等因素而定,才能提高绩效;

(4)一个目标达成时,就会产生新的更高的目标,然后进行新的组合,以提高工作效率。

二、四种人性假设理论

在西方管理心理学研究中,另一种较有影响的人性假设理论是美国管理心理学家雪恩在其名著《组织心理学》一书中提出了四种人性假设,即“经济人”“社会人”“自我实现人”“复杂人”的假设,展现了西方管理界对人性看法的发展历程。

(一)“经济人”假设

“经济人”假设又称“实利人”假设或“唯利人”假设,经济人假设包括如下基本观点:职工基本上都是受经济性刺激物激励的,不管是什么事,只要向他们提供最大的经济利益,他们就会去干;由于经济刺激在组织的控制之下,所以职工在组织中的地位是被动的,他们的行为是受组织控制的;感情是非理性的,必须加以防犯,否则会干扰人们理性地权衡自己利益;组织能够而且必须按照控制人们感情的方式来设计,特别是那些无法预计的品质。

(二)“社会人”假设

“社会人”假设又称“社交人”假设,这种假设认为,人的最大需要是社会性需要,人在组织中的社交动机,如想被自己的同事接受和喜爱等,远比对经济性刺激物的需要的动机更加强烈。只有满足人的社会性需要,才能有最大的激励作用。

社会人假设可概括为如下几点:社交需要是人类行为的基本激励因素,而人际关系则是形成人们身份感的基本因素;从工业革命中延续过来的机械化,使工作丧失了许多内在的意义,这些丧失的意义现在必须从工作中的社交关系里寻找回来;与管理部门所采用的奖酬和控制的反应比起来,职工更容易对同级同事所组成的群体的社交因素做出反应;职工对管理部门的反应能达到什么程度,取决于管理者对下级的归属需要、被人接受的需要以及身份感的需要能满足到什么程度而定。

(三)"自我实现人"假设

雪恩在总结了马斯洛、阿吉里斯、麦克雷戈等人的理论后,提出了"自我实现人"假设。

自我实现人假设的基本内容是:当人们的最基本需要得到满足时,就会转而致力于较高层次的需要,寻求自身潜能的发挥和自我价值的实现;一般人都是勤奋的,他们会自主地培养自己的专长和能力,并以较大的灵活性去适应环境;人主要还是靠自己来激励和控制自己的,外部的刺激和控制可能会使人降低到较不成熟的状态去;现代工业条件下,一般人的潜力只利用了一部分,如果给予适当的机会,职工们会自愿地把他们的个人目标与组织的目标结合为一体。

(四)"复杂人"假设

雪恩在20世纪60年代末至70年代的调查研究中发现,人不只是单纯的"经济人",也不是完全的"社会人",更不可能是纯粹的"自我实现人",而应该是因时、因地、因各种情况而具有不同需要和采取不同反应方式的"复杂人"。

"复杂人"假设的基本内容是:人的需要是多种多样的,而且这些需要随着人的发展和生活条件的变化而发生改变,每个人的需要都各不相同,需要的层次也因人而异;人在同一时间内有各种需要和动机,它们会发生相互作用并结合为统一的整体,形成错综复杂的动机模式。例如,两个人都想得到高额奖金,但他们的动机可能很不相同。一个可能是要改善家庭的生活条件,另一个可能把高额奖金看成是达到技术熟练的标志;人在组织中的工作和生活条件是不断变化的,因此会不断产生新的需要和动机。这就是说,在人生活的某一特定时期,动机模式的形成是内部需要和外界环境相互作用的结果;一个人在不同单位或同一单位的不同部门工作,会产生不同的需要。

第三十六章　人力资源战略与规划

知识框架

人力资源战略与规划
- 企业战略管理与人力资源管理
  - 战略管理与人力资源管理
  - 人力资源管理与战略管理的关系
- 人力资源规划概述
  - 人力资源规划基本内容
  - 人力资源规划的基本步骤

第一节　企业战略管理与人力资源管理

在企业中,战略管理就是以一定方式来分配和部署企业所拥有的一切资源,从而为企业带来竞争优势。当今企业所面临的主要竞争性挑战就是在市场上采取积极主动的战略手段。人力资源管理的任务就是确保企业的人力资源为企业带来竞争优势。为了最大限度地发挥作用,人力资源管理职能必须全面参与企业的战略管理过程。

一、战略管理与人力资源管理

(一)什么是企业战略

企业的战略是企业面对激烈变化、严峻挑战的经营环境,为求得长期生存和不断发展而进行的总体性谋划,具有总体性、长远性和指导性的特点。它可以被看作是将组织的主要目标、政策和行为顺序整合为一个具有内在有机联系的整体的模式或规划。这些战略既可以是一般性竞争战略,也可以是针对某种特定的情况所采取的一些具体的调整性措施或行为。

(二)战略管理过程

企业高层管理人员根据企业的使命和目标,分析企业经营的外部环境,确定存在的经营机会和威胁,评估自身的内部条件,认清企业经营的优势和劣势。在此基础上,企业要制订用以完成使命、达到目标的战略计划。根据战略计划的要求,管理人员应配置企业资源,调整企业结构和分配管理工作,并通过计划、预算和进程等形式实施既定的战略。在执行战略的过程中,企业管理人员还要对战略的实施成果和效益进行评价,同时,将战略实施中的各种信息及时反馈到战略管理系统中来,确保对企业整体经营活动的有效控制,并且根据变化的情况修订原有的战略,或者制订新的战略,开始新的战略管理过程。因此,战略管理是一种循环复始、不断发展的全过程总体性管理。

(三)战略性人力资源管理

传统人力资源管理发展到战略性人力资源管理，成为企业战略管理的一个重要组成部分，人力资源管理也成为企业的战略伙伴。在今天和未来的企业中，人力资源管理将具有三个方面的作用，即行政管理、事务管理和战略管理。战略性人力资源管理的特点表现在以下方面。

1. 关键性

在传统的人事管理中，人事单位往往处于企业较低层的地位，人力资源管理的层次停留在作业性、辅助性上。然而，随着知识经济的到来，生产力的关键要素越来越多地依赖于脑力，人力已成为企业获取竞争优势的关键性资源。因此，企业高层管理者在研究企业目标、战略时，应同步思考未来五年、十年的人力资源配置，从战略的角度来研究人力资源的开发、培养和使用，而不只是让人力资源被动的反应，这样才能使企业的人力资源真正成为企业核心资源。

2. 开发性

传统的人事管理将人力视为成本，人力投资(如工资、奖金、福利费、培训费等)计入生产成本。因此企业想方设法减少人力投资以降低成本提高产品竞争力，而战略性人力资源则将人力视为组织的核心资源，是一项投资，企业不再一味地以降低人力投资为目标，而是看准人力所蕴藏的巨大潜在能力，舍得对人力资源进行开发投资，以激发员工的潜能，发挥团队能力的辐射力量，去赢得长期、持久的实力。

3. 整体性

传统的人事管理只强调人事功能，以单独、狭隘的方式运作，不涉及其他单位。而战略性人力资源管理则以整合的方式统筹环境、战略及情景因素，对人的管理不再只局限于人力资源管理部门内务，而是从组织整体、跨部门的角度去思考这一问题。人力资源管理部门是执行上的主体，在人力资源管理的技术层面上提供专家见解和支持。但企业其他各个部门也有义务和责任协助。事实上，在现代企业管理中，每一位管理者都有义务指导、教育、约束、激励下属人员，提升下属人员的职业境界与进取精神，提升下属人员的人力资本价值。

4. 系统性

在传统的人事管理中，对员工管理的几个互相联系的阶段——招聘、使用、培训、考核、奖励等往往被人为地分割开，孤立地进行管理，从而造成招聘与使用相脱节，使用与培训相脱节，培训与晋升、奖励脱节等，其结果很可能使员工感到沮丧和士气不足，有损企业的竞争力。而战略性人力资源管理则要求人力资源管理的各个部分有机地结合起来，进行系统化管理，以创造出一种协同效果。各种人力资源管理方法的一致性，会使员工明确可以期望什么，得到什么回报，以及什么事是重要的，从而增强员工的投入，帮助企业利用自己的独特竞争能力来对付竞争对手。

5. 竞争性

传统的人事管理所做的多是一些细节性的单纯“技术”性工作，活动范围有限，短期导向。而战略性人力资源管理的重点放在发展企业可持续竞争优势上，它的目的是利用人力资源管理在企业制订战略和执行战略中的战略合伙作用，帮助企业制订竞争战略，并采取与企业竞争战略相配合的人力资源管理制度和政策，使企业能有效地开发和利用人力资源，从而提高企业经营绩效和市场竞争力。

从以上所述战略性人力资源管理的特点可以看出，战略性人力资源管理并非是对辅助性人事管理和职能性人力资源管理的简单代替，而是一种比传统的人事管理和职能性人力资源管理更为深入、更具有战略性的新型模式。它是“有计划的人力资源使用模式以及旨在使组织能够实现其目标的各种活动”。战略性人力资源管理要求企业突破传统的“人事”定位，以更宏观的角度，从全体动员的想法开始，思索企业内的人力资源部署。

二、人力资源管理与战略管理的关系

在战略形成过程中，将所有与人有关的经营问题考虑在内是至关重要的原则。必须在人力资源职能中将这些问题弄清楚。将人力资源职能融入战略形成过程之中的机制或结构，可以帮助战略规划小组制订出最为有效的战略决策。据有关资料显示，对位于《财富》500 强企业之中的 115 个战略经营单位进行比较研究发现，在 49% ~69% 的公司中，人力资源管理同战略规划过程存在一定的联系，然而，两者之间联系的水平在不同的公司中却各不相同，而认识和理解这些联系水平的差异是非常重要的。

企业要确定使命，组织的服务对象——顾客、顾客需要得到满足的需求、顾客所能够获得的价值以及企业应用的技术等方面；为完成自己的使命，组织还必须确定具体的目标，即组织长期所希望取得的成就。要完成企业的目标，组织必须进行确定的 SWOT（优势、劣势、机会、威胁）分析。在战略规划小组掌握了制订各种不同战略方案所需要的全部信息后，战略管理者再对这些战略方案在实现企业战略目标方面的能力进行对比，并做出战略选择。战略选择就是组织战略，即描述了一个组织将通过什么样的途径来充分完成其使命并且达到其长期目标。

首先，在进行外部环境分析时，决策者必须注意将外部的机会和威胁与人力资源联系在一起。在竞争日益激烈的市场中，人才的竞争将越来越激烈。人力资源管理所扮演的角色之一就是从人力资源的角度密切关注外部环境相关的机会与威胁：潜在的劳动力短缺、竞争对手的工资率、对人员雇用产生影响的政府法律和规章因素，等等。若企业没有意识到与人力资源相关的外部环境的威胁的存在，那么企业将在劳动力市场或人才市场处于不利的竞争地位。

其次，对企业内部环境的优、劣势进行分析时，同样也需要人力资源职能的参与。目前，企业都已经越来越意识到人力资源是其最为重要的资源之一。经济学家已经研究，1943 ~1990年，在美国国民生产总值的增长总额中，1/3 以上是人力资本增加的作用。如果不考虑自己的劳动力队伍所具有的优势和劣势，那么，可能会导致企业选择本来就没有能力实现的那些战略。如果人力资源职能是战略管理的战略伙伴关系，即一体化联系时，战略规划者就必须通过人力资源管理与企业的使命、目标、机会、威胁、优势和劣势等联系起来——

找出战略选择前考虑到的所有与人有关的问题。

目前,许多企业已经开始认识到,在一种竞争日益激烈的环境中,战略性人力资源管理能够为企业提供一种竞争优势。为了从战略高度来对人力资源进行管理,许多企业也必然会实现人力资源与战略决策一体化联系。

最后,企业的战略形成后,人力资源管理职能在执行战略过程中具有重要的作用。企业的战略决定了对人力资源管理的特定需求。一般而言,企业战略实施的成功与否主要取决于五个重要的变量:组织结构,工作任务设计,人员的甄选、培训与开发,薪酬系统,信息及信息系统的类型。在这五个重要变量中,人力资源管理对其中三个变量负有责任,即工作任务设计,人员的甄选、培训与开发,薪酬系统;同时还对组织结构、信息以及决策过程有直接影响。要成功执行战略,必须设计工作任务,把各项任务进行归纳形成不同的工作,这项任务通过工作分析与设计来完成。人力资源管理职能必须确保企业能够得到适当的人员配备,这些人必须具备在战略执行过程中完成各自承担的工作所必需的各种知识、技能、能力等。这些目标可以通过员工招聘与录用、员工素质测评、员工培训与开发来完成。人力资源管理职能还必须建立企业的绩效管理系统和薪酬管理系统,引导员工支持战略规划并为战略目标的实现而努力工作。这些任务可以通过人力资源管理的重要职能,即绩效管理与薪酬管理来完成。

第二节 人力资源规划概述

一、人力资源规划基本内容

(一)人力资源规划的含义

人力资源规划是指为了实现组织战略目标与任务,应用各种分析方法与手段,确定组织未来的人力资源需求,并制定相应的人力资源方针政策的过程。人力资源规划的概念包括以下四层含义:

(1)人力资源规划的制订必须依据组织的发展战略、目标。

(2)人力资源规划要适应组织内外部环境的变化。

(3)制定必要的人力资源政策和措施是人力资源规划的主要工作。

(4)人力资源规划的目的是使组织人力资源供需平衡,保证组织长期持续发展和员工个人利益的实现。

20 世纪 90 年代以来,企业面临越来越激烈的竞争压力,不断发展并维持企业的竞争优势成为经营成功的关键。企业管理者已经充分认识到员工的素质、行为和业绩是企业取得竞争优势的关键。人力资源管理环境的迅速变化以及知识经济时代人力资源在企业战略管理中的重要性的提高,使得人力资源规划具有以下四个特点:

(1)人力资源规划与企业战略任务相联系,以通过人力资源活动增强企业竞争优势,实现企业战略目标为根本目的。

(2)无论是中长期规划，还是短期规划，人力资源规划都更加强调具体职能计划方案(如招聘、薪酬、培训等)的针对性、实用性和有效性。

(3)由于经营环境更加复杂多变，人力资源规划需要满足较短期的人力资源战略要求，因而详细的短期人力资源规划成为人力资源规划的重要组成部分。

(4)人力资源规划的编制，要求更加细致化、明确化，尤其是对关键环节数据的量化分析及其对策方案制订的要求更高。

人力资源规划是将企业经营战略和目标转化成人力需求，从企业整体的超前和量化的角度分析和制定人力资源管理的一些具体目标。其主要作用有以下五个方面：

(1)有利于组织制定战略目标和发展规划。人力资源规划是组织发展战略的重要组成部分，同时也是实现组织战略目标的重要保证。

(2)确保组织生存发展过程中对人力资源的需求。人力资源部门必须分析组织对人力资源的需求和供给之间的差距，制订各种规划来满足组织对人力资源的需求。

(3)有利于人力资源管理活动的有序化。人力资源规划是企业人力资源管理的基础，它由总体规划和各种业务计划构成，为管理活动(如确定人员的需求量、供给量，调整职务和任务、培训等)提供可靠的信息和依据，进而保证管理活动的有序化。

(4)有利于调动员工的积极性和创造性。人力资源管理要求在实现组织目标的同时，也要满足员工的个人需要(包括物质需要和精神需要)，这样才能激发员工持久的积极性。只有在人力资源规划的条件下，员工对自己可满足的东西和满足的水平才是可知的。

(5)有利于控制人力资源成本。人力资源规划有助于检查和测算出人力资源规划方案的实施成本及其带来的效益。通过人力资源规划预测组织人员的变化，调整组织的人员结构，把人工成本控制在合理的水平上，这是组织持续发展不可缺少的环节。

(二)人力资源规划的发展阶段

在以美国为代表的西方发达国家，人力资源规划大致经历了三个主要发展阶段。

1.20世纪初期至20世纪50年代：人力资源规划的产生阶段

在19世纪末期之前，美国大部分劳动力仍然从事农业劳动，非农部门一般是小规模经营，此时劳动力的过剩和价格低廉以及生产技术的相对落后，使企业缺乏对人力资源进行规划的主观需求和客观必要。因此，企业管理基本上没有人力资源规划的职能。

从19世纪末期开始，非农产业迅速发展，工业部门发生了重大变化，生产过程和生产技术不断发展，越来越多的工厂开始采用所有权和经营权分离的现代企业制度，并且开始形成专门从事企业日常经营活动的管理阶层。随着福特汽车公司的标准化生产流水线的发明，产品生产从传统的低效率转变为高效率的标准化生产。工业部门的快速发展，企业规模的迅速扩大和生产技术的飞速进步，使得劳动分工、专业化、职能制、绩效考核等管理技术得到越来越广泛的应用。同时，企业对生产效率的重视和劳动力市场熟练工人的缺乏使企业必须重视人力资源规划，如进行人力资源供给和需求预测、调整人力资源政策等。此时人力资源规划的职能便开始产生，重点是如何从劳动力市场获取企业需要的技术工人以及如何通过人力资源管理政策提高工人的生产效率。

2.20世纪60～70年代:人力资源规划的发展阶段

第二次世界大战以后,企业开始关心如何获取有能力的管理人员。尤其是在20世纪60年代后,科学技术迅猛发展,工业等各行各业继续飞速发展,企业规模进一步扩大,导致社会对各类管理人才和专业技术人才的需求迅速上升。为获取足够的合格人才,人力资源规划开始在企业人力资源管理中占据重要地位。此时,人力资源规划的重点是满足企业的人才需求,尤其是紧缺管理人才、专业技术人才的需求。人力资源规划的概念也被较完整地定义为"管理人员根据企业理想的人力资源状态和目前的实际状况进行比较,如何通过各种人力资源措施,让适当数量和种类的人才在适当的时间和地点,从事使企业和个人双方获得最大的长期利润的工作"。这一定义包括了人力资源规划的基本步骤:确定企业目标和计划,预测人力资源需求,分析企业人力资源现状及供给,确定人力资源需求,制订适当的人力资源政策。

进入20世纪70年代,由于美国劳动就业的有关法律法规不断健全和完善,企业人力资源管理的政策和活动受到了更多限制,人力资源管理成为更加专业化和精细化的工作。在这一时期,人力资源规划被广泛应用,并成为各类组织的一项重要人力资源管理职能。1977年,在美国成立的人力资源战略和规划学会标志着人力资源规划正式成为企业人力资源管理的一项重要职能。

3.20世纪80年代至今:人力资源规划的成熟阶段

20世纪80年代以来,企业面临的经济形势多变、经营环境日趋复杂,企业战略的重要性日益加强。企业不断反思各自的经营战略和方针,并通过调整规模、组织再造、裁员等一系列变革加强企业的竞争力。企业经营管理模式和人力资源管理政策发生了调整,员工就业观念和要求也发生了深刻变化。此时,人力资源规划的重点开始强调中高层管理者的培养计划、人员精简计划、企业文化塑造以及与企业重组、兼并等匹配的人力资源措施。

由于企业所处的经营环境的复杂化、市场竞争日趋激烈化,战略在企业经营和可持续发展中的作用越来越重要,因此从战略层面检查人力资源管理的各项政策也就显得更为必要。人力资源战略成为企业战略的一个有机组成部分,从战略视角进行人力资源规划就成了新时期人力资源规划的一个重要特征,人力资源规划开始强调与人力资源战略及企业经营战略的协调一致。根据明确的战略制订人力资源规划,标志着企业人力资源规划职能的成熟。

20世纪90年代以来,世界经济和科学技术继续快速发展,世界经济一体化进程加快,市场竞争更加激烈。核心能力、核心素质、核心人才成为企业竞争优势的关键因素,人才的竞争,尤其稀缺人才的竞争成为企业管理者面临的主要难题之一。与此同时,人力资源管理科学的发展也为人力资源管理作用的发挥提供了强有力的支持。

人力资源规划的职能定义正是在上述发展过程中不断被充实和完善。在近百年的发展中,其含义从一般性的简单人员配置过程发展到与企业战略和企业文化等广泛相关的、影响企业竞争优势、以人力资源为对象的重要管理过程中来。

(三)人力资源规划的参与者

人力资源规划的制订和推行必须组建跨部门的核心专业团队,成员包括企业高层以及战略、生产、销售、财务、运营、人力资源等各主要部门的负责人。

让企业高管及主要部门负责人全程参与进来,在方案制订的过程中充分挖掘他们的潜力,能使计划、方案更加可行。他们参与了整个方案的制订,就会全力以赴执行落实。制订计划的过程本身就是一个最有效的沟通过程,相关部门之间沟通顺畅,会对执行带来直接的帮助。

(四)人力资源规划的基本类型

人力资源规划按其规划的内容可划分为两种:总规划和各项业务规划。当企业确定了人力资源发展战略和人力资源发展政策以后,就需要在战略与政策的指导下,就战略目标的实现拟订具体的实施计划,这些计划也称为企业人力资源业务规划。业务规划主要有晋升规划、补充规划、培训规划、调配规划、报酬补偿规划、职业生涯规划、人力资源退休解聘规划等。

(1)人力资源晋升计划。通过尽量将员工放在能够使其发挥作用的工作岗位上,以求调动员工的劳动积极性并以最低成本使用人力资源。

(2)人力资源补充规划。人力资源补充主要有三种形式:内部选拔、个别补充和公开招聘。在制订补充规划时必须注明需要补充的人力资源类型、技能等级、需要补充部门、补充人数、补充方式、补充时间、补充以后增加的效益、补充以后增加的支出等。

(3)人力资源培训规划。这是为企业长期、中期、短期所需要弥补的空缺职位事先准备合适的人力资源而制订的培训计划安排。

(4)人力资源配置规划。其主要是如何将企业所拥有的人力资源在企业各个部门之间进行合理配置,使各个部门能够围绕着企业的经营目标进行有效的配合,使企业在激烈的市场竞争中获得优势。

(5)人力资源报酬补偿规划。根据员工的劳动付出给予相应的补偿,使企业可以利用补偿总额规划,合理安排各类人员的工资,使企业员工所获得的各种补偿与其投入相匹配。

(6)员工职业生涯规划。企业通过协助员工制订职业生涯规划,将员工个人的发展需求与企业发展对人力资源的需求紧密联系在一起,确保二者的同步发展。通过制订员工的个人职业生涯规划,将那些对企业发展有重要作用和潜在影响的员工留在企业人力资源队伍中。

(7)人力资源退休解聘规划。通过退休解聘规划,可以使企业在困难时期能够在降低人工成本的同时又保持企业原有的人力资源队伍,以备在市场好转之时有必需的人力资源队伍适应企业的发展。

按人力资源规划的期限可划分为长期规划、中期规划和短期规划。短期人力资源规划,指1年或1年以内的规划;中期人力资源规划,指2~3年的规划;长期人力资源规划,指3年以上的规划。

二、人力资源规划的基本步骤

在战略性人力资源规划体系中，企业人力资源总量目标规划、人力资源结构优化目标规划和人力资源素质提升规划是核心，其他人力资源战略规划的制订与执行需以此为基础进行。人力资源战略规划包括以下六个主要步骤。

（一）确认现阶段企业经营战略

即明确企业战略决策对人力资源战略规划的要求，以及对人力资源战略规划所能提供的支持。随着人力资源管理的发展与成熟，在整个企业战略的形成过程中，人力资源专家开始参与战略的制订与实施，人力资源职能与战略规划职能不再是单纯的行政联系，而是逐步由行政管理联系经单向联系、双向联系向综合联系演绎。人力资源职能在战略的形成与战略的执行两方面都得到体现。

同时对当前人力资源所处的外部宏观环境和企业内部环境进行分析。外部宏观环境是指企业系统之外能够对人力资源管理活动产生影响的各种因素，主要有政治法律环境、经济环境、劳动力市场环境、科学技术环境、社会文化环境等。由于这些因素都处于企业的范围之外，企业一般不能直接控制和改变它们，所以企业只能根据外部环境的状况及其变化采取相应的措施。企业内部环境是指在企业系统之内能够对人力资源活动产生影响的各种因素，主要包括企业的战略、企业文化、企业的组织结构、工会等。

（二）对现有人力资源进行盘点

盘点现有人力资源主要从四个方面进行：一是要摸清人力资源家底，可通过人力资源信息管理系统收集个人自然情况、教育资料、能力和专长、所受培训等，以评价企业现有人才状况。在调查分析过程中做好职位分析，因为职位分析定义了该岗位应有的职责、责任和权力，以及该岗位所需的任职资格，只有进行职位分析，才能更准确地进行人力资源规划；二是要判断企业人力资源结构是否合理，人力资源结构性指标主要包括各部门人员比例、各层级人员比例、各层级以及各部门人员的知识结构、年龄结构、学历结构和职称结构；三是要运用测评技术对重点人员进行评估；四是要对企业内部人力资源状况进行总体或分类统计。

（三）人力资源需求预测

人力资源需求预测指根据企业的发展规划和企业的内外条件，选择适当的预测技术，对人力资源需求的数量、质量和结构进行预测的过程。人力资源需求一般根据企业战略、业务增长趋势、各部门工作量、人员稳定性等因素来进行预测。主要工作包括：一是测算人力资源总量以及按工种、岗位、职务等分类的结构性指标；二是提出年度人员新增、压缩辞退、转岗调配等具体计划；三是制订人员的数量、质量、素质等具体的人力资源需求计划。可采用经验预测、专家预测、德尔菲法、数量回归等方法进行预测。

（四）人力资源供给预测

人力资源供给预测是指为了满足企业未来对人力资源的需求，根据企业的内部条件和外部环境，选择适当的预测技术，对企业未来可从内部和外部获得的人力资源的数量与质量进行预测的过程。内部供给预测可建立员工技能档案，以收集员工绩效记录、技能、经验、发展潜力、年龄、职务等方面的信息，并评估内部现有人员的离职率、调动率、升迁率。外部供给预测需综合考虑影响人力资源供给的区域性因素和全国性因素，区域性因素主要考虑公司及所在地对人才的吸引力、交通情况、教育文化水平、就业水平、人才供求状况等；全国性因素主要考虑人口总量及结构的变化、毕业生规模与结构、国家政策法规、人才供求关系等。

（五）确定人才供求预测净需求

人力资源规划者应根据短缺岗位对人员技能的需求与富余岗位人员的技能进行比较，再从人力资源总量、人力资源素质、人力资源结构等方面入手进行规划。应对预期出现的供需缺口采取裁员、提前退休、临时解聘、雇用临时性员工、外包、加班加点、招聘等方式予以弥补。

人力资源规划成果体现为人力资源总体政策规划、人员补充计划、退休解聘计划、接替晋升计划、素质提升计划。根据人才对战略的价值，可将人才分为核心人才、独特人才、通用型人才和辅助型人才。核心人才是直接与企业核心能力相关、掌握了企业特殊知识和技能的人才，核心人才是市场稀缺性人才，并与企业的发展息息相关，为满足企业核心人才的供给，必须重视对核心人才的战略性规划。

（六）执行监控与评估

企业应将人力资源战略规划当作一个项目来运作，制订具体的行动计划及分类规划，并设立一套报告程序来对规划项目进行监控。由于不可控因素很多，如不进行动态监控和调整，人力资源规划项目最后就可能与实践相去甚远，失去指导意义，所以，要一次规划、分期滚动实行，并根据实际情况进行动态评估调整。

第三十七章 工作分析与岗位设计

知识框架

- 工作分析与岗位设计
  - 工作分析的概念和作用
    - 工作分析的概念
    - 工作分析的作用
  - 工作分析的内容和步骤
    - 工作分析的内容
    - 工作分析的步骤
    - 工作说明书的编写
  - 工作分析的方法
    - 职能工作分析法
    - 工作分析问卷法
    - 工作面谈法
    - 方法分析法
    - 关键事件法
    - 观察法
    - 工作实践法
    - 实验法
    - 工作日志法
  - 岗位设计
    - 岗位设计的概念
    - 岗位设计的方法
    - 定编定员的确定

第一节 工作分析的概念和作用

企业的建立会带来一些工作的出现,这些工作具有特定的任务与职责,并且需要由具备特定素质的人员来承担。基于此,企业要想实现其战略目标,提升其经营管理水平,就必须确定企业内工作的性质、任务和职责是什么,以及哪些类型的人力资源能够胜任这一工作岗位,而这一过程就是工作分析。

一、工作分析的概念

(一)工作分析的定义

工作分析的主要任务是对现有的工作进行分析,从而为其他的人力资源管理实践如甄选、培训、绩效评价及薪酬等收集信息。工作分析是企业人力资源规划和其他一切人力资源管理活动的基础。工作分析即通过系统分析的方法来确定工作的职责以及所需的知识和技能的过程，工作分析的结果将形成工作描述书与工作规范书。工作分析必须以工作特征为基础，就有关工作内容与职责的资料加以收集、整理和研究，用以确定：①员工完成什么样的脑力和体力劳动；②由谁来完成上述劳动；③工作将在什么时间完成；④工作将在哪里完成；⑤工人如何完成此项工作；⑥为什么要完成这项工作。工作分析确定出了一项工作的任务与职责、与其他工作的关系、所需知识和技能以及完成该项工作所必需的工作条件。

企业在以下三种情况下需要进行工作分析：①当新企业建立，工作分析首次被正式引进时，企业需要对组织内的各项工作进行分析与明确的规范，以使新建立的企业能够很好运行；②当新的工作产生时，对新工作的内容与要求更加明确化或合理化，以便制订切合实际的绩效评价、工作评价以及奖酬制度，以调动员工的积极性；③当工作性质、环境与条件由于新技术、新方法、新工艺或新系统的产生而发生重要变化时，组织必须对工作进行重新分析。在工作性质发生变化时最需要进行工作分析。工作分析是在工作设计完成后工作完成过程中进行的。

（二）工作分析的基本术语

开展工作分析活动，应对企业组织结构有所了解，以便弄清组织中各项工作的要求及工作间的关系，明确各层次的责任，提高工作效率；同时，需对组织成员所从事的各种活动进行了解，并要使用一些有关的术语，下面将逐一解释。

工作要素是工作中不能再分解的最小动作单位。如开动机器、加工零件、取出工具等都属于工作要素。

任务是为了完成某种目的所从事的一系列活动。它可由一个或多个工作要素组成。如某公司指派人员将数据录入计算机、工人加工零件、转一笔账目等都是一项任务。

责任是员工在工作岗位上需要完成的主要任务或大部分任务。它可由一个或多个任务组成。如人力资源部人员的责任之一是“员工的满意度调查”，它包括设计调查问题，把调查问卷发给调查对象，将结果表格化并加以分析，把调查结果汇报给管理者或员工。这里的“责任”并不是指工作的责任感。

职位是根据组织目标为员工个人规定的一组任务及相应的责任。一个职位由一名员工所承担的各种责任组成。如市场部经理、培训主管等都是职位。在一个组织里，每个职位对应一个岗位，即有多少职位，就有多少员工。

职务（或工作）由一组主要责任相似的职位所组成。在企业中，通常把所需知识技能及所需要的工具类似的一组任务和责任视为同类职务（或工作），从而形成同一职务、多个职位的情况，如计算机程序员、生产统计员、推销员等均可由两个或两个以上的员工共同完成，这些职位分别构成对应的职务。而总裁、市场部经理可一人担任，它既可以是职位，也可以是职务。

在实际工作中，职位与职务往往不加区别，但职位与职务在内涵上是有区别的：职位是任务与责任的集合，它是人与事有机结合的基本单元；而职务则是同类职位的集合，它是职位的统称。职位的数量是有限的，职位的数量又称为编制。一个人所担任的职务不是终生的，可以是专任，也可以是兼任；可以是常设的，也可以是临时的、经常变化的。职位不随人员的变动而改变，当某人的职务发生变化时，是指他所担任的职位发生了变化，即组织赋予他的责任发生了变化，但他原来所担任的职位仍然存在，并不因为他的离去而发生变化或消失。职位可以按不同的标准加以分类，但职务一般不加以分类。

职业是由在不同时间内、不同组织中从事相似的工作活动的一系列工作的总称。如工程师、教师、会计、采购员等就是不同的职业。工作（或职务）与职业的区别主要在于其范围的不同。工作所指的范围较窄，主要是指在组织内的，而职业则是指跨组织的。

职权是指依法赋予完成特定任务所需要的权力，职责与职权紧密联系，特定的职责要赋予特定的职权。

职系是指需要做不同类型的事情，即工作性质充分相似，但职责繁简、轻重大小以及所需的资格条件不同的所有职位的集合。对于企业而言，职系就是企业需要做的不同种类的工作，如一个生产型企业应当从事生产、技术、销售和财务管理等活动，这些活动就构成了不同的职系。不同职系的任务将由不同的组织机构完成。

职组是由工作性质相同的若干职系综合而成，也叫职群。

职级是指职务的级别。由于职位的责任难易程度等不同，需要将职位划分为不同的级别。将工作内容、难易程度、责任大小、所需资格均很相似的职位划分为同一职级，实行同样的管理和报酬。

职等是指职务的等级。由于不同职务所需要的任职资格条件不同，就产生了不同的职务等级。工作性质不同或主要职务不同，但其困难程度、责任大小、工作所需资格均相似的职级就可归纳称为职等。

工作族由两个或两个以上的工作所组成。这些工作或要求工作者具有相似的特点，或者包括多个平行的任务。如销售工作和生产工作分别是两个工作族。

职业生涯是指一个人在其工作生活中所经历的一系列职位、工作（或职务）职业。

工作分析是对组织中某个特定工作职务目的、任务或职责、权力、隶属关系、工作条件、任职资格等相关信息进行收集与分析，以便对该职务的工作做出明确的规定，并确定完成该工作所需要的行为、条件、人员的过程。工作分析所形成的工作描述书、工作规范书是人力资源开发与管理中必不可少的环节或重要的工作，它与其他人力资源管理方面的工作有着密切的关系。

工作描述书是工作分析结果之一，即关于某种工作职务所包括的任务、职责以及责任的说明。主要包括工作职务目的、任务或职责、权力、隶属关系、工作条件等内容。

工作规范书是工作分析的另一结果，即一个人为了完成某种特定的工作所必须具备的知识、技能、能力以及其他特征的说明，也称工作说明书。主要包括完成工作所需要的知识、能力、行为以及人员条件等内容。

二、工作分析的作用

工作分析是人力资源管理非常重要的工作，它被认为是人力资源管理工作者所从事的所有各种活动的基石。人力资源管理的各种计划或方案——人员的甄选与任用、绩效管理、员工培训与开发、工作评价与设计、薪酬管理、职业生涯规划与管理以及人力资源规划等均需要通过工作分析获得一些信息。因此，工作分析在人力资源管理中具有十分重要的作用。

（1）工作分析是人力资源规划的基础。在制订人力资源规划时，不仅要分析组织在动态环境中人力资源的需求，而且要通过执行某些相应的活动来帮助组织适应这种变化。这种规划的过程需要获得关于各种工作对于各种工作技能水平要求的信息，这样才能保证在组织内有足够的人力来满足战略规划的人力资源需要。工作分析就是根据组织的需要，分析影响工作的各种因素，合理地划分部门职责，将相近的工作归类，设置各项工作。通过组织内各部门间各项工作的分析，可以得到各部门的人员编制，这也为人力资源规划提供了需求信息。同时，工作分析提供了每项工作的责任、任务、工作时间、工作条件等信息，确定了组织所需的人力；工作分析所了解的每项工作所需要的不同的知识、技能和能力则为组织确定了人力资源的素质。

（2）工作分析对组织人员的甄选与任用具有指导作用。通过开展工作分析，可明确组织中各项工作的目标与任务，规定各项工作的要求、责任等，同时提出各职位任职人的心理、生理、技能、知识和品格等要求。在此基础上，组织可以确定人员的任用标准，通过人员测评可招聘、选拔或任用符合工作需要与要求的合格人员。只有工作要求明确，才能保证人员工作安排的准确，使组织内人尽其才、才尽其用。

（3）工作分析有助于员工培训与开发工作。工作分析已经明确规定了完成各工作所应具备的知识、技术和能力及其他方面的素质与条件等要求。工作要求的这些素质与条件并非所有的人员都能达到，这就需要对员工进行培训与开发。根据工作分析所提供的信息，针对不同的工作要求、任职人员的具体情况，设计不同的培训方案，采用不同的培训方法，对不同素质人员进行培训。一方面，可帮助员工获得工作必备的专业知识和技能，以具备上岗任职资格，或提高员工胜任本职工作的能力；另一方面，工作规范化的培训也可为员工升迁到更高的工作职位做好准备，以提高员工的工作效率。因此，工作分析为员工培训开发提供了必不可少的客观依据。

（4）工作分析有利于职业生涯规划与管理。通过工作分析对组织中的工作要求和各项工作之间的联系进行研究，组织可制订出行之有效的员工职业生涯规划。同时，工作分析也使员工有机会或能力了解工作性质与规范，制订出适合自身发展的职业生涯发展道路。

（5）工作分析为绩效管理提供了客观的标准与依据。工作分析以工作为中心，分析和评定了各项工作的功能和要求，明确了每项工作的职责、权限，以及工作任职人的资格和条件，以便为事择人；而绩效评价工作是以员工为中心，对员工的德、能、勤、绩等方面的综合评价，以判断员工是否称职。工作分析与绩效评价有许多的不同点，但就其实质而言，这两项活动体现了人力资源管理"因事择人，适才适所"的要求。从人力资源管理程序上看，工作分析是绩效考核的前提，工作分析为员工的绩效评价的内容、标准等确定提供了客观依据。如果没有客观标准，员工的绩效评价工作在很大程度上就会带有不公正性，也不利于调动员工的工作积极性。

（6）工作分析有助于薪酬管理方案的设计。任何工作任职人所获得的薪酬高低主要取决于其从事的工作的性质、技术难易程度、工作负荷、责任大小和劳动条件等，而工作分析正是从这些基本因素出发的，从而使各项工作在组织中的重要程度或相对价值得以明确。一般地，工作的职责越重要，工作就越有价值。要求有更多的知识、技能和能力的工作对组织来说更具价值。以此为依据制订的薪酬水平保证了工作和担任本职工作的劳动者与劳动报酬之间的协调和统一，使组织内员工得到公平合理的报酬。

（7）工作分析有利于把握员工的安全与健康。工作分析反映了完成各项工作的环境与条件，如说明某项工作是否具有危险性。因此，对在某些危险工作的任职人，组织必须提供安全工作的预防措施，确保工作的顺利进行且不影响员工的安全与健康。

（8）工作分析有利于改善员工的劳动关系。工作分析为每个工作的任职者提供了客观标准，成为组织对员工进行提升、调动或降职的决策依据；工作分析保障了同工同酬，并使员工明确了工作职责以及以后的努力方向，必然使员工积极工作，不断进取；工作分析获得的其他有关信息也使管理者更为客观地进行人力资源管理决策。

（9）工作分析有助于工作评价与设计。工作分析通过人员测定和分析，不断对工作进行重新设计和改进，推动各工作在组织中的合理配置，以促进组织的科学化，保证生产过程的均衡，协调并促使生产要素配置合理化、科学化，提高组织生产效益。

第二节　工作分析的内容和步骤

一、工作分析的内容

信息时代，组织的市场、产品、顾客在不断变化，这些变化迅速反映于组织结构、任务、工作内容等，工作分析也成为适应变革的必要选择。工作分析的内容取决于组织的目的与用途。一般地，组织进行工作分析有以下的目的：①确定岗位工作的名称与含义以及在整个企业中的地位层面，同时明确每个岗位职务的实际权力和责任水平；②确定员工录用或上岗的最低条件；③确定工作岗位之间的相互关系，建立沟通程序和方式，以利于合理的晋升、调动与指派；④获得有关工作与环境的实际情况和来自各方面的状态信息，以利于分析导致员工不满和工作效率下降的原因及环境因素，同时为工作评价与改进工作方法积累必要的数据和进行正确可行的分类；⑤确定工作要求，以建立适当的指导与培训内容；⑥利用工作分析资料可辨明影响岗位职能有效发挥的主要因素，以及及时采用有效措施在动态过程中解决问题，消除隐患，确保岗位工作人员良好的工作条件和氛围；⑦在企业重组工作单位时，提供有关工作绩效与工作之间的事实资料，帮助企业明确各层次的责任，减少重复并提高效率；⑧揭示员工工作的各个侧面，反映工作绩效的个别差异，以利于制订考核程序。

因此，不同的组织，其工作分析的内容和侧重点、收集的信息也各不相同。由于组织的性质不同，组织内各项工作的性质、要求各不相同，组织为各项工作提供的条件也不相同。通常情况下，工作分析主要包括两方面内容：一是对工作所包含的任务、职责、责任以及其他特征的确定，即工作描述；二是对完成工作的任职人所具备的知识、技能及其他特征的说明，即工作规范或工作说明。

(一)工作描述

工作描述具体说明了工作的目的与任务、工作内容与特征、工作责任与权利、工作标准与要求、工作时间与地点、工作流程与规范、工作环境与条件等问题。由于组织的不同,工作描述的内容也不相同。工作描述没有标准的格式,然而,规范的工作描述书一般应包含以下内容。

1. 工作概况

它说明工作名称、工作代码、所属部门、工作时间与地点、工作关系等。工作名称是组织对从事该项工作活动所规定的工作名称。工作名称应简明扼要,力求反映工作的内容与责任。工作代码(或工号)是组织对各种工作进行的分类并赋予的编号,以便于工作的识别、登记、分类等管理工作。所属部门即对工作的性质的界定以及所在部门。工作时间与地点即完成工作活动的时间范围以及主要的地点。工作关系即该项工作活动接受的监督、所施与的监督的性质与内容,或者该工作活动结果对组织的影响。通常是描述该工作接受的直接上级、直接下级或直接服务对象。

2. 工作目的

它是用简短而精确的陈述来说明组织为什么要设立这一工作。通常,工作目的用一句话就足够表达清楚了,但一定要表示从组织机构的观点来看这一工作所有的意义和目的。

3. 工作职责

它是关于一项工作最终要取得的结果的陈述,换言之,为了完成本项工作的目标,任职人员应在哪些主要方面开展工作活动并必须取得什么结果。这是工作描述的主体部分,必须详细描述。对工作责任的描述应掌握以下特征:①要将工作中的所有关键性的表现结合起来;②工作主要的职责的焦点应放在最后的结果上,而不是在工作任务和具体的活动上,即描述的不是如何履行职责,而是工作职责是什么;③工作不变动,工作职责是无时间性的;④每一项职责应具有独特性;⑤描述工作职责的同时应提出该职责如何进行衡量的方法,或提出如何确定该工作最后结果取得与否;⑥主要职责的描述一定要联系工作的实际,不应涉及上级工作职责和整个组织的职责。

4. 工作规模

它是说明工作规模有多大。通常是用罗列数据的形式来表示该项工作直接和非直接影响的量的意义,即用数据的形式来表示的工作的规模。每项工作的设立一定都有其在某一方面的影响,不过有时这种影响可能很小或隐约不易见。描述工作规模通常是列出明确的数据,如财政上的数据(年度预算、年度收益)是描述工作规模大小的有用数据。

5. 工作条件与物理环境

工作描述还应完整说明执行工作任务的条件,如使用的办公设备、原材料、工具和机器设备等,以及工作的物理环境,包括工作地点的温度、光线、湿度、噪音、安全条件等,还包括工作地理位置可能发生的意外事件的危险性等。

6. 社会环境

它说明完成工作的任务所需要涉及的工作群体的人际相互关系;完成工作所需要的人际交往的数量和程度;与组织内各部门的关系;工作活动涉及的社会文化、社会习俗等。在经济全球一体化的趋势下,工作社会环境的描述是一个新的趋势。

7. 聘用条件

它是说明工作任职人在组织中的有关工作安置等情况,包括工作时数、工资结构或等级、支付工资的方法、福利待遇、该工作在组织中的正式位置、晋升机会、工作的季节性、进修机会等。

(二)工作规范

工作规范也称任职资格,就是反映从事某项工作的人必须具备的最基本的资格条件。员工岗位工资规范主要有以下三项内容:

1. 应知

员工胜任本岗位所应具备的专业理论知识,如了解一些加工材料的特点等。

2. 应会

员工胜任本岗位要求具备的技术能力,如操作某种机器的能力等。

3. 工作实例

根据应知、应会的要求,列出本岗位的典型工作项目,以便判定工人的实际工作经验,以及应知、应会的程度。

二、工作分析的步骤

工作分析是对组织内部各项工作系统分析的过程,这个过程包括遵循一系列事先确定的步骤。一般分为四个阶段:准备阶段、调查阶段、分析阶段和完成阶段。这四个阶段关系密切,相互影响。

(一)准备阶段

准备阶段是工作分析的第一阶段,主要的任务是对工作分析进行全面的设计,包括确定分析的组织、样本及规范,建立关系等。具体工作如下:

(1)成立由工作分析专家或顾问、人力资源部工作人员、各部门负责人、岗位在职人员参加的工作分析小组或委员会。

(2)确定工作分析小组开展工作的原则与要求。

(3)确定工作分析的意义、目的、方法及步骤。

(4)在组织内向有关人员进行工作分析的宣传,使其具有良好的心理准备。

(5)确定调查与分析对象的样本,并使其具有代表性。

(6)把各项工作分解成若干个工作元素和环节,确定工作的基本难度。

(二)调查阶段

调查阶段是工作分析的第二阶段,主要任务是对整个工作流程、工作环境、工作内容和任职人等主要方面进行全面调查的过程。具体任务如下:

(1)设计各种调查问卷和调查提纲。

(2)针对不同的目的、不同的调查对象灵活运用不同的调查方法,如面谈法、问卷法、观察法、参与法、实验法、关键事件法等。

(3)广泛收集有关工作的特征及需要的各种数据,一方面是提出原有工作描述书与工作规范书的主要条款不清楚的问题,另一方面是对新工作的所有信息进行收集。

(4)收集工作任职人必需的特征信息。

(5)对收集来的有关工作的特征、工作人员的特征的信息重要性以及其发生的频率等做出等级评定。

(三)分析阶段

分析阶段是工作分析的第三阶段,主要的任务是对调查收集的整个工作的特征与任职人的特征结果进行认真分析。具体任务如下:

(1)仔细审核已收集的各种信息。

(2)创造性发现有关工作和任职人的关键信息。

(3)归纳、总结出工作分析的必需材料和要素。

在工作分析阶段,如现有的工作概念、内容、方法已经不尽合理,应该改善,或者需要做部分更换;如原有的一套已经过时,必须淘汰,以全新的方法代替,否则就不能提高工作质量和附加值。对各项工作描述的条款可采取 ESCII,即"删除(Eliminate)→简化(Simplify)→合并(Combine)→改善(Improvement)→创新(Innovation)"办法进行分析。

例如,在对薪资主管进行工作分析时,就"员工薪资计算工作",可以采取以下步骤来确认:

是否可删除(Eliminate)?"考虑取消传统的员工薪资计算与处理方法,减少低效耗时、容易出错的人工操作。"

是否可以简化(Simplify)?"考虑把部分薪资处理程序交给相关银行代理。"

是否可以合并(Combine)?"考虑将相关功能与财务部合并,实行归口管理。"

是否可以改善(Improvement)?"考虑对员工出勤记录、请假记录、加班记录等涉及薪资计算的统计资料数据库进行彻底清理整顿,改善效率。"

是否可以创新(Innovation)?"考虑应用 IT 技术及高效软件,实施无纸化、网络化操作。"

(四)完成阶段

完成阶段是工作分析的最后阶段。该阶段是在前面三个阶段工作的基础上,形成工作分析的最终结果即工作描述书和工作说明书,这也是本阶段的任务。具体包括以下工作:

(1)根据收集的有关工作的信息,草拟出工作描述书、工作说明书。

(2)将草拟的工作描述书、工作说明书与实际工作进行对比。

(3)修正工作描述书、工作说明书。

(4)经过多次反馈、修订,形成最终的工作描述书、工作说明书。

(5)将工作分析的成果运用于实践中,注重实际工作过程中的反馈信息,不断完善工作描述书、工作说明书。

(6)对工作分析工作进行总结评估,将工作描述书、工作说明书进行归档保存,建立工作分析成果的管理制度,为以后的工作分析提供信息。

三、工作说明书的编写

工作分析的成果就是工作描述书与工作说明书。每个组织都可以根据其实际情况进行编写,有的组织是分开编写形成“两书”;有的组织也把两者结合起来,先就工作的特征进行描述后,再就工作任职人的特征进行说明。无论如何,在编写过程中,均需遵循以下原则:

(一)清楚

工作说明书应对工作进行全面清晰地描述,任职者阅读以后能够明确其工作的责任范围及工作流程。

(二)准确

工作说明书对工作的描述应准确,语言精练,简短扼要;应尽量选择具体、恰当的动词,便于任职者把握。

(三)实用

工作说明书任务、职责明确,资格明确,便于培训、考核等其他的工作。

(四)完整

一般工作描述书需要专家共同参与撰写工作,由岗位任职人的主管审定,人力资源部存档。从程序上保证文件的全面性与完整性。

(五)统一

工作说明书是企业人力资源管理系统的重要文件资料,文件格式统一,参照典型工作描述书编写样本。

第三节　工作分析的方法

在进行工作分析时,选择正确的方法是至关重要的。如上所述,工作分析的目的与内容不同,工作分析的方法也不同,为此,工作分析方法分为两种:一是以考察工作为中心的工作分析方法;二是以考察员工为中心的工作分析方法。下面我们介绍一些常用的工作分析方法。

一、职能工作分析法

职能工作分析法(FJA)是美国培训与就业局的研究成果。其主要目的是在对人员、事物、信息之间的相互关系进行分析的基础上,进行工作描述与任职说明。该方法以员工应完成的职能与应尽的责任为核心,列举员工要从事的工作活动,确定工作活动程度或结果的测量方法,从而得到一份完整的工作分析文件。

FJA 既是定义员工工作领域的一个概念性体系,又是测定工人工作层次的一种方法。其主要根据以下几个基本假设:

(1)必须区分工作目标与实现工作目标的手段。

(2)职位与人员、事物、信息之间存在着相互关系。

(3)员工与信息的关系实质是对物力资源、智力资源的使用,员工与员工的关系实质是对人际关系资源的使用。

(4)所有的工作都要求员工与物力资源、智力资源和人际关系资源发生不同程度的相互作用。

(5)每一个工作过程都可以分解为有限的几个职能。虽然每一个职能的难度和内容各不相同,但是只要员工能够符合某些特定的素质能力要求,就可以有效地完成各项职能。

(6)各个职能按照由复杂到简单的程度进行排列。每一个特定的职能只包含低级的职能,而不包含更高级的职能。

根据 FJA 方法,工作分析既包括了工作特点的分析,也包括了员工特点的分析。工作特点的分析包括员工的职责,工作的种类及材料、产品、知识范畴三大类。员工的职能是指员工在工作过程中与人、事、信息打交道的过程。任何工作都离不开人、事、信息三个基本要素,把它们细分就可组成一系列员工职能范围的等级程度。工作分析者在对所有的信息进行分类时,可以按以上标准给每项工作打分,并以此为依据对工作加以详细的描述。工作的种类是指某项工作所属的工种,工作分析者在确定了工种之后,要对此工种的特点及涉及的设备与工具加以描述。员工的特点包括正确地完成工作所必备的培训、能力、个性、身体状况等方面的特点。其中,培训包括所受到的常规教育及职业培训;能力包括员工的智力、动作协调和手的灵活性等;个性中的适应性、果断性、压力承受能力等是某些工作所要求的;身体状况包括视力、身高、体重、握力、血压等。

FJA 对工作内容提供一种非常彻底的描述,因此它可用于改善组织内部的职位设置状况,并为员工提供就业指导;它提供的工作信息便于职位命名和建立组织的职系和职群。该方法对每项任务要求做某种详细的分析,撰写起来相当费力费时;它以定性分析为主,缺乏定量分析,不利于进行不同职位之间的职位信息比较。

二、工作分析问卷法

工作分析所需的大量信息可以通过工作分析问卷来获得。问卷调查要求在岗人员和管理人员分别对各种工作行为、工作特征、工作人员特征的重要性和频率做出描述分级,再对结果进行整理与分析。工作分析问卷包含开放式问卷或封闭式问卷,开放式问卷中的问题要求答卷人提供他们自己对问题的回答;封闭式问卷中的问题要求答卷者从问题上所提供的备选答案中选择答案。由于工作分析的目的与内容不同,问卷可分为工作导向问卷和人员导向问卷两种。前者强调对工作本身的条件和结果的分析,后者则集中了解员工的工作行为。以下介绍几种典型的问卷方法。

(一)管理职位描述问卷法

管理职位描述问卷法(MPDQ)是专门为管理职位设计的一种结构化工作分析问卷法。它侧重于对工作本身有关的特征进行分析和研究。管理职位描述问卷具有以下特点:一是它能区别对待组织内的不同职能的管理工作。二是它能用于区别处理组织内不同层次的管理工作。三是它可以为不同组织、不同职能间的管理工作的分析和比较提供依据。管理职位描述问卷对管理人员的工作进行定量化测试,它借助于一种结构固定的问卷表对管理者所担任的各项管理职务的工作内容、工作职责、工作要求、所受限制以及其他特点进行分析,共涉及208个项目,被划分为13类工作因素:①产品、市场及财务计划因素;②组织机构与人事关系的协调因素;③内部事务管理因素;④产品和服务因素;⑤公共关系和顾客关系因素;⑥高级咨询因素;⑦工作主动性因素;⑧审批财务事项因素;⑨人员配备因素;⑩监督管理因素;⑪复杂性和工作压力因素;⑫财务决策权因素;⑬一般人事权因素。MPDQ要求工作分析者检查每一项描述是否与被分析的工作相符合。

MPDQ主要为分析管理职务而设计,管理者的级别不同,所处的部门不同,他们对各个项目的回答也不同。该方法适用于不同组织内管理层次以上职位的分析;有利于发现管理方面的人才;为员工开展管理方面的培训提供了依据;有利于正确评价管理工作,划分管理工作的工资等级;也为制订管理者、员工的招聘和选拔程序以及绩效评价工作提供了依据;此外,该方法还可用来对工作进行归类。

(二)职位分析问卷法

职位分析问卷法(PAQ)是美国普渡大学麦考密克等人的研究成果。它是常用的一种以人员为中心的工作分析方法。PAQ是一种结构化的、定量化的工作分析问卷,问卷项目代表了能够从各种不同的工作中概括出来的各种行为、工作条件以及工作本身的特点,共涵盖了194个不同的工作任务,其中187项工作元素和7项与薪资有关的问题,分为6个类别:

(1)信息投入:任职人从哪里获得完成工作所必需的信息,共35个工作元素。

(2)思考过程:在执行工作的时候需要完成的推理、决策、计划以及信息加工活动,共14个工作元素。

(3)工作产出:任职人在执行工作的时候所发生的身体活动以及所使用的工具和设备等,共49个工作元素。

(4)人际关系:在执行工作的时候要求同其他人之间发生的关系,共36个元素。

(5)工作环境:执行工作的时候所处的物理环境以及气候环境,共19个元素。

(6)其他特征:除了上面所描述过的同工作有关的其他活动、条件以及特征,共41个元素。

在对某种工作进行分析的时候,对于每个工作元素,工作分析者都要用6个标准之一进行衡量:使用程度、对工作的重要程度、工作所需的时间、发生的概率、适用性和其他。用这6个方面的工作元素与6个度量标准就可以决定一职务在沟通、决策、社会责任、熟练工作的绩效、体能活动及相关的条件这5个方面的性质。PAQ运用5分法来确定在完成某项特定工作中所涉及的不同任务或者工作评估的深度。只要知道某种工作在某一工作维度上的分数,就能够为确定完成该种工作所需要的能力类型提供一些指导。

通过PAQ所提供的关于被分析工作的信息,工作与工作之间就可相互比较和划分工作族,而工作族则可用于人员配备,可用于工作描述与工作规范。同时,PAQ法无须修改就可用于不同组织、不同的工作,使得各组织间的工作分析比较更加容易,这种比较将使得组织的工作分析更加准确与合理。PAQ法运用广泛,但它也存在不足:一是它要求问卷的填写者有较高的阅读水平,或只有经过填写问卷培训的专业人员才能使用;二是PAQ的通用化与标准化格式导致了工作特征的抽象化,这样使它不能很好地描述构成工作的特定的、具体的任务活动。因此,在编写工作描述以及进行工作再设计时,该方法可以与其他方法结合使用。

(三)任务清单问卷法

任务清单问卷法(TIQ)也是用于描述工作任务的方法。该方法是工作分析专家将工作中所有可能要完成的任务清单问卷发放给从事特定职位工作的员工和(或)主管,由他们根据分发的任务清单,针对每项任务上所耗的时间、完成任务的频率、任务的相对重要性、任务完成的难度等对工作任务进行评价。清单可以是特制的,也可以购买标准化的清单。任务清单法的优点在于,由于它建立在对任务清单项目的识别上,而不是对工作的回忆上,避免了依靠回忆而可能丢失信息的不足。该方法很节省开支,管理和分析比较方便,但需保证每项有关职位的重要信息都要列在清单上。此外,该方法强调提供一种既定工作中所完成的任务详细信息,这些信息对于员工甄选测试方案及绩效评价标准的制订是非常有用的,间接指出了承担工作所需具备的知识、技能、能力以及人格特征。

(四)生理素质分析法

生理素质分析法是工作分析的基本方法之一。其特点是侧重对员工自身生理特征的分析,主要目的是对某一工作的任职者本身具有的完成一项工作所必需的特殊的能力,即身体素质能力进行分析,并常借助体能分析问卷(PAAQ)来完成。这种分析常用于以体力为主的工作。这种方法首先是对任职者完成工作任务所需要的九种生理素质方面的能力按照一定的标准进行测度。测度时采用定量分析的方法,将每种能力从最强到最弱分为七级,用"极度具备、明显具备、具备、略微具备、不具备、明显不具备、极度不具备"的标尺度量。这九种身体素质能力如下:

(1)运动力量:即使用肌肉力量进行长时期重复的和连续不断的运动的能力。

(2)躯体力量:这是运动力量的一种变化形式,即躯体抵抗因重复使用某种动作而产生的疲劳的能力。

(3)静态力量:即个体进行举、推、拉、抬以及携带物体的能力。

(4)爆发力量:即突然一次或者多次达到力量的最大限度的能力。

(5)伸展灵活性:即在一定范围内向不同方向伸展躯体、手臂和腿的能力。

(6)运动灵活性:与伸展灵活性相反,运动灵活性是快速地和重复地进行伸展运动的能力,其程度主要依靠肌肉的伸展和收缩弹性。

(7)整体身体协调性:即当身体处于运动状态时,同时保持身体各个部位的动作协调的能力。

(8)整体身体平衡性:即当身体处于不稳定的姿势的时候,或者当受到外力作用的时候,个体保持身体平衡的能力。

(9)耐力:即完成类似于一场时间很长的比赛的任务而不感到疲劳的能力。

目前,已有许多企业或者公司对精确测定员工的生理素质的要求越来越高,因此生理素质分析所获得的信息在工作分析中的作用也越来越大,并对挑选员工和提高他们适应工作的能力有着积极作用。

三、工作面谈法

工作面谈法(Interviews)是工作分析中大量运用的方法之一,其特点是侧重于对工作本身有关特征的分析和研究。该方法主要用于对管理职务的分析,在许多企业中被推广和运用。尽管它不如管理职务描述问卷或工作分析问卷那样结构完善,但是该方法是面对面地交流信息,所以能得到问卷调查难以获得的许多其他信息,如任职人的工作态度与动机等,因此具有问卷法无法替代的作用。

工作分析人员与任职人员进行面对面的交谈,主要围绕以下内容:①工作目标。组织设立该工作的目的,根据什么确定此工作的报酬。②工作内容。任职人在组织中有多大的作用,其行动对组织产生的后果有多大。③工作的性质与范围。这是面谈的核心。主要了解该工作在组织中的关系,其上下属职能关系,所需的一般技术知识,管理知识以及人际关系知识,需要解决的工作问题的性质如何以及解决问题所使用的手段的性质如何,等等。④所负的责任。主要说明该工作的最终结果以及任职者所要承担的责任,包括组织、战略决策、控制和执行方面的责任。

面谈法在工作分析中还具有其他作用:①核实调查问卷的内容,讨论填写不清楚之处。②了解工作人员的相互评价,如主管对下属的工作能力评价,下属对管理人员的管理能力评价。③详细讨论问卷中建议部分的内容,使之更加具体,如问卷中,“对组织内的管理工作有什么建议?”面谈围绕该问题可以得到更多的、更具体的建议。④调查组织中人力资源管理方面的其他问题。

另外,面谈法的结果对组织中工作评价和工资等级的制订起着重要的作用。因此它不仅能使一个组织在对管理职务的描述和称呼上保持一致,而且还能在管理职务的工资支付上体现出平等。工作面谈法的主要目的是改善组织的管理状况,进行组织人员的配备与招聘工作,进行工作评价,测评责任的完成情况以及进行组织分析。

作为工作分析的方法,面谈法的长处体现在:访谈者或工作分析专家易于控制面谈进程;可以获得更多的工作信息;使对文字理解有困难的任职人能体现出优势来。不足之处在于:工作分析者的观点会影响工作信息的正确判断;面谈者易从自身利益考虑而导致工作信息失真;职务分析者问些含糊不清的问题,容易影响信息的收集。该方法不能单独使用,要与其他方法结合使用。

四、方法分析法

方法分析法又称动作研究法,也是工作分析方法之一。方法分析的特点是侧重于对工作本身的特征进行分析和研究。它是一种传统的和程式固定的工作分析方法,主要用于对工作及其一般职责、完成工作职责的环境、拥有的权力等级、所需的工作技能等方面进行描述。其主要目的是研究如何尽可能有效地完成工作,一般用于非管理工作的描述。

方法分析源于工业工程学。它主要是根据人的左右手运动的规律,对工作节拍、运动方式、工具和原料摆放的位置、工作地点的设计等方面提出要求,以减少不必要的双手运动,确定完成整个工作所需要的标准时间。时间研究是方法分析的方法之一,其目的在于对工作中的每项任务确定一个标准的完成时间，将工作中所有任务的完成时间相加得到工作完成所需要的时间。这个时间可作为确定工资和奖金、新老产品成本的依据，可作为生产线和工作小组均衡生产的依据。方法分析的结果可使组织进行流水线上雇员配置的均衡，进行成本核算，等等。

五、关键事件法

关键事件法（CIA）的原创者是约翰·弗拉纳根。它是在第二次世界大战中由军队开发出来的，当时是一种识别各种军事环境下人力绩效关键性因素的手段，其特点是侧重于对人员本身的特征进行分析和研究，主要目的在于对工作行为准则的研究。所谓关键事件，即指使工作成功或失败的行为特征或事件。使用关键事件法进行工作分析，首先由工作分析者向对该工作各个方面有所了解的人员进行调查，让他们对该工作的关键事件做出描述。有时也可要求对该工作进行描述的人员写出一个任职者所必须掌握的关键。例如：①导致事件发生的原因和背景；②员工特别有效或多余的行为；③关键行为的后果；④员工自己能否支配或控制上述后果。下面是工作分析人员对一位家用电器维修人员进行工作分析时所用的一个事件：一位顾客打来电话说，其冰箱出现了不制冷和每隔几分钟就要发出一阵噪声的问题，这位维修人员在出发前就提前诊断出了引起问题的原因所在，然后检查自己的卡车是否备有维修所需要的必要零配件。当发现自己的车上没有这些零配件的时候，他就到库存中查找到了这些零件，以保证在他第一次上门维修的时候就能把顾客的电冰箱修好，从而让顾客感到满意。

当对关键事件进行收集和描述的工作完成之后，工作分析者便根据各个关键事件的发生频率、重要程度、对任职者能力的要求等原则对其进行排列，形成对每一工作不同方面的描述，亦即工作说明。关键事件法所得结果也可以用于编制绩效评价表，并有助于招聘与培训的工作决策。关键事件法的不足之处是：收集关键事件要花费大量时间，而且由于这一方法过分关心工作绩效的两种极端情况（很好和很坏、有效和无效），所以忽略了对平均工作绩效的考察，而且不能对工作提供一种完整的描述。

六、观察法

观察法（Observation）是指在工作现场运用感觉器官或其他工具，观察员工的实际工作过程、行为、内容、特点、性质、工具、环境等，并用文字或图表的形式记录下来以收集工作信息的一种方法。使用观察法必须把握以下操作原则：①观察的工作应相对稳定，即在一段时间内，工作内容、工作程序、对工作人员的要求不会发生明显的变化；②适用于大量标准化的、周期短的以体力活动为主的工作，不适用于以智力活动为主的工作；③要注意工作行为样本的代表性，有时候，有些行为在观察过程中，可能未表现出来；④观察人员尽可能不要引起被观察者的注意，至少不应干扰被观察者的工作；⑤观察前要制作详细的观察提纲和行为标准。

观察法主要用来收集强调人工技能的那些工作信息，如搬运工、操作员、文秘等工作。它也可以帮助工作分析人员确定体力与脑力任务之间的相互关系。由于不同观察对象的工作周期和工作突发性有所不同，所以观察法具体可分为直接观察法、阶段观察法、工作表演法。

(一)直接观察法

工作分析人员直接对员工工作的全过程进行观察。它主要适应于工作周期很短的工作,如保洁工,其工作基本上是以一天为一个周期,工作分析人员可以一整天跟随保洁工进行观察。

(二)阶段观察法

有些工作具有较长的周期性,为了能完整地观察到员工的所有工作,必须分阶段进行观察。比如行政文员,他需要在每年年终时筹备组织总结表彰大会。工作分析人员就必须在年终时再对该工作进行观察。有时由于时间阶段跨度太大,工作分析工作无法拖延很长时间,这时采用工作表演法更为合适。

(三)工作表演法

这种方法对于工作周期很长和突发性事件较多的工作比较合适。如保安工作,除了有正常的工作程序外,还有很多突发事件需要处理,如盘问可疑的人等,工作分析人员可以让保安人员表演盘问的过程来进行该工作的观察。

在进行工作分析时,仅采用观察法通常是不够的,特别是在工作中脑力技能占主导地位时更是如此。例如,仅观察一名财务分析人员的工作并不能全面揭示这项工作的要求。

七、工作实践法

工作实践也称参与法,它是指工作分析人员通过直接参与某项工作,从而细致地、深入地体验、了解、分析工作的特点和要求。实践法可以克服一些有经验的员工并不总是很了解自己完成任务的方式的缺点,也可以克服有些员工不善于表述的缺点。由于分析者直接、亲自体验工作,所以能获得真实的信息,从而弥补一些观察不到的内容。但是实践法也存在不足,对于许多高度专业化的工作或需要经过大量培训才能胜任的工作,分析者不具备某项工作的知识和技能则无法参与。因此,实践法只适用于一些比较简单的工作的分析,或者适用于在短期内就可掌握其方法的工作的分析,而不适用于需进行大量训练或有危险性的工作的分析。

八、实验法

实验法是指分析者控制一些变量,引起其他相应变量的变化来收集工作信息的一种方法。实验法主要可以分为两种:实验室实验法和现场实验法。主要区别在于实验的地点是在实验室,还是在工作现场。在实际工作中,企业比较常用的是现场实验法。实验法的操作有一定的原则,即尽可能获得被实验者的配合、严格控制各种变量、设计要严密、变量变化要符合实际情况、不能伤害被试者。

以下是一个实验法的例子。实验项目:装卸工装卸货车上的货物,一般是四个人合作,30 分钟可以装满一辆 10 吨的货车。实验目的:确定多少人合作时,装卸货物效率最高。可控制的变量是合作的人数与货车的载重量;观察变量为装货的时间,也是因变量。先由两个人合作,再由三个人合作,最后由五个人合作,任务都是装满一辆 10 吨的货车,观察每次不同的人数下所需要的装载时间为多少分钟。将几次结果进行统计分析,验证假设前提。

九、工作日志法

工作日志法是通过工作任职人自己以工作日记或工作笔记的形式记录其每天工作活动而获得工作信息的方法。这种方法运用得好，可以获取更为准确的、大量的信息。但是，从任职人记录中获得的信息比较零乱，难以组织；且任职人往往有夸大自己工作重要性的倾向；该方法也会加大员工的负担。因此，在实际工作中，这种方法应尽可能少用。通过这种方法可以获得对高度专业化工作有价值的信息，如对娱乐康复治疗专家工作的了解。

上述介绍的几种工作分析方法各有优缺点，通常在组织中，工作分析人员不仅仅使用一种方法来获取信息。将各种方法结合起来，使用效果通常会更好，如分析事务性工作和管理工作时，工作分析人员可以采用问卷调查法，并辅之以面谈和有限的观察；在研究生产性工作时，可采用面谈和广泛的工作观察法来获得必要的信息。工作分析人员需把多种分析方法结合起来进行有效的工作分析。

经济全球化进程突飞猛进，组织越来越重视将工作分析置于组织的结构和战略背景下进行，并且组织已经认识到现今的工作环境必须具有可调节性，必须不断调整以适应变化。在产品和市场不断快速变化的环境中，为了及时应对工作的性质所发生的改变，企业就将工作设计提上日程。

第四节 岗位设计

一、岗位设计的概念

(一)岗位设计定义

岗位设计又称工作设计，是指根据组织需要，并兼顾个人的需要，规定每个岗位的任务、责任、权力以及组织中与其他岗位关系的过程。它把工作的内容、工作的资格条件和报酬结合起来，目的是满足员工和组织的需要。岗位设计所要解决的主要问题是组织向其员工分配工作任务和职责的方式问题，岗位设计是否得当对于能否激发员工的积极性，增强员工的满意感以及提高工作绩效都有重大影响。

(二)岗位设计原则

1. 因事设岗原则

从“理清该做的事”开始，“以事定岗、以岗定人”。设置岗位既要着眼于企业现实，又要着眼于企业发展。按照企业各部门职责范围划定岗位，而不应因人设岗；岗位和人应是设置和配置的关系，而不能颠倒。

2. 整分合原则

在企业组织整体规划下，应实现岗位的明确分工，又要在分工基础上有效地综合，使各岗位职责明确，又能在上下左右之间同步协调，以发挥最大的企业效能。

3. 最少岗位数原则

既考虑到最大限度地节约人力成本，又要尽可能地缩短岗位之间信息传递的时间，减少“滤波”效应，提高组织的战斗力和市场竞争力。

4. 规范化原则

岗位名称及职责范围均应规范。对企业脑力劳动的岗位规范不宜过细,应强调留有创新的余地。

5. 客户导向原则

应该满足特定的内部和外部顾客的需求。

影响岗位设计的主要驱动因素有技术因素、竞争因素、成本压力因素等。

(1)技术因素是指在各个业务之间提高标准化程度,增强相互之间的协调性,使过去手工流程自动化,增加相关的数据信息量。

(2)竞争因素是指全球化、竞争加剧对市场中的各个组织及其岗位有着巨大的影响,推动了组织及其岗位的变化。

(3)成本压力因素是指成本与效益的压力会推动公司营运更有效率,并最大限度地利用资源,尤其是人力资源。

二、岗位设计的方法

岗位设计的方法包括依据以下四个标准和流程设计企业的相关岗位。

(一)组织分析法

组织分析法是一个广泛的岗位设计方法。首先从整个组织的远景和使命出发,设计一个基本的组织模型,然后根据具体的业务流程需要,设计不同的岗位。通常适用于大型企业的大范围重组项目,在这些项目中,组织设计和岗位设计占整个项目的大部分工作。

(1)优点:能深入解决许多细节问题,尤其适合于一个大型的传统组织,在从事变革之前,需要对方方面面进行确认;提供广泛岗位的设计;能提交一个与公司长远战略一致的解决方案。

(2)缺点:往往会成为基于一个比较理想的组织的模型设计。这种方法适用于具有明确的目标,并有长远的战略去实现这个目标的企业,而现实情况往往不是这样;岗位设计往往会过于复杂和具体;还需要客户的大力支持。

(二)关键使命法

采用关键使命法进行岗位设计,仅仅集中于对组织的成功起关键作用的岗位。通常适用于由于时间和预算的限制导致对整个组织的岗位设计不可行的情况。

(1)优点:注意力集中于关键岗位,可以用较少的投资得到较高的回报;注意力集中于关键业务领域,可以确保得到业务利益;可以比较灵活地用于不同的组织中。

(2)缺点:关键使命法不是一个综合的方法,有可能对岗位与岗位之间的衔接处理相对较差;可能因为把整个组织的业务分成关键与非关键部分而造成组织内部的摩擦;需要较深的专业知识,对客户的需求有较高、较深入的了解。

(三)流程优化法

流程优化法是指根据新的信息系统或新的流程对岗位进行优化。这种方法可以确定新的岗位。适用于较小的项目范围,主要在实施一个新的管理信息系统时应用。

(1)优点:注重新的管理信息系统对在岗者的影响;服从系统的要求,根据新的信息系统进行调整。

(2)缺点:并没有真正投入大量的资源进行岗位设计;可能会导致较差的结果。宏观地说,流程由三部分组成:投入、过程和结果,而流程本身主要应控制的部分包括过程和结果。因此,要想让流程合理、高效并达到目的,除对其结果进行控制外,还需要对其过程中所经历的时间、所花费的成本、所可能产生的风险进行控制,才能保证流程最终促成企业的关键成功因素的实现。

因此,在对各主要业务流程进行分析时,主要应该从时间、成本、风险、结果四方面,考虑是否需要对这些因素进行控制。

(四)标杆对照法

标杆对照法指参照本行业典型企业现时的岗位设置进行设计,适用于不太精确的项目范围。这种方法比较直观、简单,但由于各企业的战略、自身条件等总会有差异,所以也不能简单地照抄照搬,而应该在实践中根据自身情况不断进行调整。例如,有些国家的政府部门(如美国劳工部)每年对本国主要行业的岗位、人数、营业额及各个岗位的平均工资等情况进行统计并公开发布,这些数据也可成为企业进行岗位设计的参考。

(1)优点:简单易行,可以由企业自身人员设计;设计成本低,能够很快帮助企业完成工作岗位设计。

(2)缺点:照办照抄,容易脱离本企业实际,造成新的混乱;需要对标杆企业有比较透彻的了解。

三、定编定员的确定

(一)定编定员的定义

定编定员,就是采取一定的程序和科学的方法,对确定的岗位进行各类人员的数量及素质配备。定编定员是一种科学的用人标准。它要求根据企业现时的业务方向和规模,在一定的时间内和一定的技术条件下,本着精简机构、节约用人、提高工作效率的原则,规定各类人员必须配备的数量。它所要解决的问题是企业各工作岗位配备什么素质的人员,以及配备多少人员。

定编定员与岗位设计是密切相关的,岗位确定过程本身就包括工作量的确定,也就包括了对基本的上岗人员数量和素质要求的确定。在企业的实际中,工作岗位的数量可能非常多,而且具体的岗位随时间发生变化的可能性也特别大,会不断有新的岗位产生,也会不断有旧的岗位消失。因此在定编时可能无法也没有必要对所有具体岗位上的人员配备都进行确定,而只需要对一些关键的岗位或者对某几类岗位的人员配备进行确定。这就需要首先对岗位进行分类。按照企业员工所在岗位、工作性质和执行职能的不同,通常分为五大类:

(1)工人。指在企业内直接从事基本生产和辅助生产活动的全部工人,包括基本生产车间和辅助生产车间中直接从事工业性生产活动的工人,以及厂外运输和对厂房建筑物进行大修理的工人。

(2)学徒工。指在技术工人或熟练工人的指导下,在生产劳动中学习生产技术,并享受学徒工待遇的人员。

(3)工程技术人员。指在企业中担负产品设计和工程技术工作,并且具有工作技术职称的专职工程技术人员和从事工程技术管理工作的人员，但不包括已取得工程技术职称或大、中专理工科系毕业而未担负任何工程技术工作的人员。

(4)管理人员。指在企业各职能机构和各基本车间与辅助车间(或附属生产单位)从事生产、经营、行政管理的人员，也就是指挥别人工作的人，其必须具有一个或一个以上的下级。同时也包括长期(6个月以上)脱离生产岗位、从事管理工作的工人。

(5)服务人员。是服务于员工生活或间接服务于生产的人员，包括福利人员、文教卫生人员、警卫消防人员、住宅管理人员、勤杂人员、维修人员和社会性服务机构人员。

(二)定编定员的原则

1. 以企业经营目标为中心，科学、合理地进行定编

企业定编工作，就是要合理地确定各类人员的数量以及它们之间的比例关系，其依据是计划期内的企业目标业务量和各类人员的工作效率。

所谓科学定编，就是要符合人力资源管理的一般规律，做到"精简有效"，在保证工作需要的前提下，与同行业标准或条件相同的企业所确立的标准相比较，要能体现出组织机构精干、用人相对较少、劳动生产率相对较高的特点。

所谓合理定编，就是要从企业的实际出发，结合本企业的技术、管理水平和员工素质，通过考虑提高劳动生产率和员工潜力的可能性来确定定员数。

2. 企业各类人员的比例关系要协调

比例关系协调就是要正确处理企业直接与非直接经营人员的比例关系；正确处理直接与非直接经营人员内部各种岗位之间的比例关系；合理安排管理人员与全部员工的比例关系。管理人员占员工总数的比例与企业的业务类型、专业化程度、自动化程度、员工素质、企业文化以及其他一些因素有关。

3. 以专家为主、走专业化道路的原则

定编是一项专业性、技术性强的工作，它涉及业务技术和经营管理的方方面面。从事这项工作的人，应具备比较高的理论水平和丰富的业务经验。

(三)定编定员的方法

1. 劳动效率法

劳动效率法是指根据生产任务和员工的劳动效率以及出勤率等因素来计算岗位人数的方法。实际上就是根据工作量和劳动定额来计算员工数量的方法。因此，凡是实行劳动定额的人员，特别是以手工操作为主的岗位，都适合用这种方法。

定编人数 = 计划期生产任务总量/(员工劳动定额 × 出勤率)

例如，某企业每人每年需生产某零件4 651 200只，每个车工每天的产量定额为16只，年平均出勤率为95%，求车工定编人数，计算过程如下：

定编人数 = 4 651 200/[16 × (365 − 2 × 52 − 10) × 0.95] = 1 219(人)

由于劳动定额的基本形式有产量定额和时间定额两种。上例是产量定额，如果采用时间定额，其计算公式如下：

定编人数 = 生产任务 × 时间定额/(工作时间 × 出勤率)

以上例来说，如单位产品的时间定额为0.5小时，则可计算如下：

定员人数 = 4 651 200 × 0.5/[8 × (365 − 2 × 52 − 10) × 0.95] = 1 219(人)

2. 业务数据分析法

业务数据包括销售收入、利润、市场占有率、人力成本等。业务数据分析法是根据企业的历史业务数据和战略目标,确定企业在未来一定时期内的岗位人数的方法。

根据企业的历史数据(业务数据/人)及企业发展目标,确定企业短期、中期、长期的员工编制;或者根据企业的历史数据,将员工数与业务数据进行回归分析,得到回归分析方程;或根据企业短期、中期、长期业务发展目标数据,确定人员编制。

3. 本行业比例法

本行业比例法是指按照企业职工总数或某一类人员总数的比例来确定岗位人数的方法。在本行业中,由于专业化分工和协作的要求,某一类人员与另一类人员之间总是存在一定的比例关系,并且随着后者的变化而变化。该方法比较适合各种辅助和支持性岗位的定员,如人力资源管理类人员与业务人员之间的比例在服务业一般为1∶100,其计算公式如下:

$$M = T \times R$$

式中,M 为某类人员总数;T 为服务对象人员总数;R 为定员比例。

4. 按组织机构、职责范围和业务分工定编的方法

这种方法一般是先确定组织机构和各职能科室,明确各项业务分工及职责范围以后,再根据业务工作量的大小和复杂程度,结合管理人员和工程技术人员的工作能力与技术水平确定岗位人数的方法。管理人员的定编受很多因素的影响。

(1)个人的因素:管理者本人的能力,下属的能力,受教育程度等。

(2)工作因素:工作的标准化程度和相似程度,工作的复杂程度,下属工作之间的关联程度。

(3)环境因素:技术、地点、组织结构等。

事实上,世界上不同企业对于管理人员的定编,都没有一个定数,都是根据企业自身的实际情况确定出来的。

5. 预算控制法

预算控制法是西方企业流行的定编方法,它通过人工成本预算控制在岗人数,而不是对某一部门内某一岗位的具体人数做硬性的规定。部门负责人对本部门的业务目标、岗位设置和员工人数负责,在获得批准的预算范围内,自行决定各岗位的具体人数。由于企业的资源总是有限的,并且与产出密切相关。因此预算控制对企业各部门人数的扩展有着严格的约束。

例如,一个部门的人工费用预算是每月2万元,那么若一个人的人工费用是5 000元,就配置4个人;若一个人的人工费用是6 000元,就配置3个人。

在各种方法中,按效率定编定员是基本的办法。在实践工作中,通常是将各种方法结合起来,参照行业最佳案例来制订本企业的岗位人数。但由于各企业的情况存在差别及企业自身的情况会不断变化,所以很难有一个所谓"绝对正确、完全适用和一成不变"的编制。定编定员主要还是服从企业的总体目标要求,在不断的变化中调整,是个动态的过程。同时,定编定员的硬约束是成本投入。企业的投入在一定时期内总是有限的。在投入有限的情况下,岗位和人数的有限性是不言而喻的。人力资源管理要做的是,在一定时期内,如何运用有限的资本投入获得最佳的岗位和人数的组合。

第三十八章 员工招聘

知识框架

- 员工招聘
  - 员工招聘概述
    - 员工招聘
    - 员工招聘流程及管理
  - 招聘策略
    - 招聘时间与地点
    - 招聘信息发布渠道
    - 招聘宣传策略
    - 招聘渠道策略
  - 招聘渠道选择
    - 现场招聘
    - 网络招聘
    - 校园招聘
    - 传统媒体广告
    - 人才介绍机构
    - 员工推荐
    - 内部招聘
  - 人员素质测评
    - 人员素质测评作用与流程
    - 素质测评指标体系
    - 常用的素质测评方法
    - 测评方法的选取

第一节 员工招聘概述

一、员工招聘

(一)员工招聘的定义

员工招聘是指根据组织人力资源规划和工作分析的要求,通过科学的甄选,最终录用具有一定技巧、能力和相关特性的申请人,以满足组织的人力资源需求的过程。

员工招聘工作处于人力资源管理价值链的前端,假如在招聘这一环节出了错,后期将可能为此付出巨大代价。匹配是选聘人才的黄金法则,即在实践中要实现所招人才与岗位、团队和企业的匹配。

(二)现代企业招聘理念

1. 重视学习能力和团队精神

应聘者的学习能力比他们已经获得的技能显得更为重要,企业对通才的需要已经超过对专才的需要,所以,招聘时应注重应聘者的学习能力和团队合作精神。

2. 对应聘者坦诚相见

招聘人员需要给应聘者以真实、准确、完整的有关职位的信息,这样才可能产生雇员与企业匹配的良好结果,从而带来较低的雇员流失率。

3. 应聘者是否与本企业文化相融合

对于那些与企业文化不能融合的人,即使是很有能力和技能的人,也会对企业的发展不利。在进行筛选工作的时候,就开始让应聘者充分了解企业的文化,这样就等于把到职培训提前到招聘筛选过程,所以,现在招聘发展的新动向就是面谈时间越来越长。

4. 招聘过程要树立企业的品质形象

企业需要像对待自己产品的声誉一样对待自己在人才市场上的声誉,注意自己是否已经建立起能够很好对待员工的好名声。一个企业在人才市场上的名声如何,对于它能否吸引潜在的申请者有很大影响。

5. 招聘需要人力部门与直线部门配合

在招聘时,需要对空缺岗位有明确的描述,便于应聘者衡量自己是否合适。岗位描述写得越模糊,公司招聘人员给自己找的麻烦也就越大。负责招聘的人员不是拿到岗位描述就可以按图索骥了,最好要到岗位现场考察一下,与有关人员进行直接沟通,了解岗位有哪些特殊要求,特别是对于应聘者的性格、能力、技能等有哪些要求,广泛收集有关职位的主要工作要求与工作内容素材。

二、员工招聘流程及管理

在整个招聘流程中,关键要做好以下流程的管理工作。

(一)招聘决策管理

招聘决策就是组织在招聘工作正式开展前,对招聘工作的具体行动进行全面计划的过程,主要包括八个方面。

1. 招聘需求决策

招聘需求决策,即确定招聘是否是必需的。一般人力资源需求可能来自原有员工离职、调岗等原因所造成的原有职位空缺,以及规模扩大等造成的新职位需求。

前者可以考虑用加班、工作重新设计等策略来弥补;后者可以用部门间职位轮换等方法来弥补。只有在上述办法都不能完全解决问题时,招聘才是最合理的。因为,如果通过上述措施解决了职位空缺的问题,不仅可以降低重新招募新人而支付的各项成本,如时间、物质、人力、培训成本等,还可以激励原有员工,从而提高工作绩效。

2. 招聘类型决策

招聘类型决策,即聘用正式、固定员工还是利用其他灵活的雇用方式。根据职务的不同可以采用临时、租用、承包等方式来弥补职务空缺,如公司新成立时,可以聘用临时网络工程师为公司组建网络。对于临时工等性质的员工,只需开支全额的工资费用而不用支付相当于工资 14% 的福利费。

3. 招聘人数决策

招聘人数决策,即确定招聘人数是应该少于、等于还是多于当前需求。如果倾向于员工队伍稳定,则宜少招聘,等以后再招聘;如果倾向于完成任务,则宜按照需求招聘;如果流动率较大,则可以考虑多招聘。

4. 招聘渠道决策

招聘渠道决策,即采用外部招聘、组织内部招聘还是"内外双招"。如果采用外部招聘,要确定借助于猎头、网络、报刊,还是直接去校园或人才市场招募人才;如果采用内部招聘,要确定是内部公开招聘、员工推荐还是采用其他方式。这些都要根据不同的职务种类具体选择,细节上的考虑是:办公文员等基层工作可以从校园或网络上外招,因为这类人有极大的可塑性,易于培训,易于激励,易于与组织文化同步;而经理等管理层职员可以通过"内外双招",增加公司职位的透明度,一方面扩大了选择范围,降低了可能的风险成本,另一方面也可以了解内部哪些员工具有主动向上发展的意向,以便对他们进行专门培训,建立人才后备队伍。

5. 招聘时间决策

招聘时间决策,即确定什么时候招聘最有利。高效的招聘策略还要确定恰当的招聘时间,尤其是季节性的需求和供给对招聘时间的要求更强。例如,某组织欲招 5 名业务员,一星期后进行初步培训,根据预测,招聘中每个阶段的时间占用分别为:招聘准备需半天,征集简历需半天,筛选简历、面试安排、通知面试需一天,初试和复试面谈各需一天,组织的最终聘用决定需一天,接到面试或聘用通知的应聘者进行接受与否的决定需一天。如此一来,招聘就必须提前一星期进行才能保证招聘有很好的效果。

6. 招聘地点决策

招聘地点决策,即选择在哪个地方进行招聘。一般要考虑潜在应聘者寻找工作的行为、组织的位置、人才市场状况等因素。客观上,组织通常在既有招聘条件又有招聘经历的地方招聘,倾向于在所在地招聘办公室人员和工人,在本地或跨地区的市场上招聘专业技术人员和业务员,而在全国范围内甚至国际上招聘高级管理人才。

7. 招聘经费预算决策

招聘经费预算决策,即需要哪些花费、费用多少。除了参与招聘工作的有关人员的工资外,还需要考虑支付合理的广告费、考核费、差旅费、电话费、通信费、文具费等费用,以保证招聘工作的正常进行。

8. 招聘的具体实施方案决策

招聘的具体实施方案决策,即如何招聘,主要内容包括确定招聘工作小组的人员组成,即由哪些人参加招聘，谁负责初试，谁负责面试；制定招聘章程、考核方案和择优选聘的条件；拟订招聘简章；规定招聘工作的进度等。

（二）招聘前的准备

当招聘决策完成后，接下来就要为招聘的实施做具体的准备工作了。规模较大的公开招聘工作是一项比较烦琐的系统性工作，应该在工作开始之前将各个环节考虑周到，充分准备，做到应对自如、有条不紊。

1. 配备人力

招聘工作各个环节所需工作人员应该事前做好预测和安排，如信息发布、报名、筛选、考核、聘用等阶段均需要有相关专人负责。

2. 设计各种表格

求职登记表、各种评分表、考核表等都应该在招聘前设计好。例如，求职登记表的设计，首先应该和公司职位维度的侧重点相统一。不能为了省事或节约成本而直接采用网上下载的表格或者采用人才市场提供的表格，应该根据公司具体情况予以修改使用。其次，要遵循“中看且中用”的原则，如工作经历栏要留有足够的空间，以便应聘者能够详尽地填写。再次，增加一些软性的内容，如“你为什么会选择我们公司?”“你在选择一个公司时最看重的是哪些因素?”这样可以直接提高初选阶段的效率，剔除一些不合公司文化的人员。最后，增加一些人性化的设计，如大空间的部分采用分行设计，使填写更为方便；尽可能多设计一些选择项，缩短填写时间。

3. 设计和发布招聘广告

招聘员工的工作本身就是一项市场宣传和推销活动。招聘广告应该生动且具有创造性。例如，告诉读职位广告的人，他/她的一天都将做什么。若能利用公司网站发布职位说明，可以考虑是否加上表现某人正在做工作的录像片段或声音片段；另外，采用照片或图画的形式也会使职位描述与众不同。在网站上设置招聘专区是组织实力和重视人才的充分体现；设计好招聘现场会的纸质宣传广告也能达到吸引人的目的。

4. 宣传资料

参加招聘专场会时，可以携带几份公司或产品的宣传资料、宣传版画。宣传资料不仅可以使应聘者了解公司，增加被选择的权重，而且能减轻招聘人员向众多应聘者介绍公司情况的负担，避免手忙脚乱，顾此失彼，以保证介绍的质量。

（三）招聘的具体实施

当所有的一切都准备停当后，接下来就要正式进入招聘的实施阶段。

1. 招聘人员形象

求职人员对公司的接触不多，甚至是第一次接触。因此更多是依靠自己在应聘过程中的感受来判断公司。招聘人员是公司的窗口，其自身形象对招聘工作非常重要。

（1）态度真诚。在招聘过程中，不论何种情况，均须热情、诚恳和耐心，千万不可采取高高在上的态度，要始终把应聘人员当作顾客。例如，不少单位在参加现场招聘会时，由于环境嘈杂引致心烦意乱，对询问的人员敷衍了事、随意丢弃求职者的个人简历等，给应聘者留下不好的印象。

(2)仪表得体。负责招聘的人员在着装上也应该以干净整洁、大方得体为佳。招聘时以穿正装为主,最好统一为工作装。同时,切记不可浓妆艳抹,应以淡雅为佳。

(3)谈吐清晰。招聘时应说普通话,避免一口方言,影响双方交流时信息获取的质量,给对方以不好的印象。同时要保证语速和音量,以适中为佳,不可太快或太慢、太过高昂或太过低迷。

2. 电话

现在,应聘者咨询公司情况及公司通知应聘者面试或通知录用等,一般都会采取电话方式,这时电话礼仪也被提到了一个新的高度,它同样关乎公司的形象。电话礼仪包括三个方面。

(1)声音热情、清晰。电话中,对方无法看到你,只能通过声音来获得部分信息,所以声音一定要热情。同时也要控制好音量和语速,以保证对方听清楚你讲话的内容。

(2)理清思路。拿起听筒之前,应先考虑一下自己想说什么,保证能把自己所要通知的内容清晰地传达到,如自己的身份、面试时间、地点等。此外,为对方提供公交路线建议将会提供方便给对方,从而给对方一个好印象。

(3)确保对方准确获取了信息。打电话的目的就是通知对方来公司面试,所以,一定要确保对方准确地获得了时间、地点等信息。

3. 面试

“百闻不如一见”强调的是要用自己的亲身体会去感受。面试使得组织和应聘者双方有机会互相观察,做出最直观的判断,因而面试成为招聘工作中最常见的环节。

(1)面试考官礼仪。面试主考官在面试过程中扮演着举足轻重的作用,除了应该注意态度、仪表外,如果能够注意以下细节,也会给招聘带来意想不到的效果:①主动出来邀请应聘者。通常情况下,应聘者都是由秘书引领到主考官的办公室。如果主考官亲自到前台去接应聘人员,就多了一个面试观察的机会。②介绍自己,主动握手。这一简单的礼貌之举就可以显现出面试考官与众不同的风范。③确保双方座位舒适、角度合适。尽量降低应聘者因看到主考官在记录而带来的紧张感,会更有利于交流。④关怀、问候应聘者。面试正式开始前,先问候应聘者“路上顺利吗?”“这里好找吗?”这类关怀性质的话,可以很容易拉近双方的心理距离,消除陌生感,更有利于深入交流。⑤办公桌上只摆应聘者一个人的简历。不把所有的简历都放在办公桌上,不要让应聘者看到其他的简历,否则其一进来心里就非常紧张。⑥针对简历中的疑点提问。根据面试前浏览应聘者简历时找出的可疑点提问。⑦及时记录应聘者行为。在下一个应聘者进来之前,要留出几分钟的时间,及时、完整地记录应聘者的行为结果,以保证对前一个应聘者的评价是一个完整的印象,避免事后回忆可能带来的问题,保证面试效果,为以后的进一步评估做好准备。⑧不要显得太忙。主考官不可在面试时显得比谁都忙,一会儿看表,一会儿接电话,一会儿又要在文件上签字。面试应该安排一个独立的空间、独立的时间。⑨面试结束礼节。主考官在面试即将结束时,应注意允许求职者有时间提问题;说明下一步的程序和大概时间,如两天后会通知应聘者再次来面试;真诚地感谢应聘者花时间来面试,尽管也许主考官此时已经觉得其不合适。

(2)面试方式。有一个重要的面试加法公式:一次好的面试=(提问+收集信息+准确的记录+评估+测试+取证)面试方式。这个公式很精练地道出了面试方式的重要性。

(四)应聘者的甄选

1.重视维度正确

在评估之前,要再复习一遍某个职务的维度是什么,需要具备哪些方面的能力,哪些是主要的,哪些是次要的。例如,一个应聘研发职务的人,需要的是学习力、创新力和勤勤恳恳的态度,就算他有再好的沟通能力,这些方面达不到也不是最好的。

2.避免误区

招聘中的误区主要有晕轮效应、相比错误、首因和近因效应、盲点等,在评估时都应尽量避免。一个很好的做法就是:打分前,先自省,即打分前,先想一想自己以前容易犯哪些错误,会进入哪种误区,把它们写下来,贴在办公桌前,然后再根据维度和记录客观地进行评估。

3.70分选才标准

70分的意思就是不刻意追求百分之百的人,只要应聘者能够达到70分就可以考虑录用了。70分人才在工作中更能够发挥主动性,更容易激励,从而取得更好的工作绩效。

(五)新员工的管理

只有把新员工管理成功了,才能巩固招聘的果实。针对新员工的管理工作主要包括通过培训让新员工:①了解组织文化、政策及规章制度。②熟悉工作环境、岗位环境、人事环境,熟悉工作内容、性质、责任。③熟悉、掌握工作流程、技能。

在经过培训和一段时间的实际工作后,可以考核新员工是否适合本公司的工作或其职务。若适合,就可签订正式聘用合同,办理人事关系,同时根据公司实力与个人需求设定薪酬和福利;若不适合,也应该处理好一切事务,并明确委婉地告知新员工哪些方面不适合公司发展和其个人的发展,祝福其能找到更适合的工作,切忌不合适就把新员工粗暴地扫地出门,导致各项事务不了了之,从而损害公司形象。

第二节　招聘策略

招聘策略是招聘计划的具体体现,是为实现招聘目标而采取的具体策略,包括招聘时间和地点的确定,招聘信息发布渠道的确定,招聘宣传策略、招聘渠道的选择等。有效的招聘策略将帮助企业快速找到适合的人才,推动企业持续发展。

一、招聘时间与地点

(一)招聘时间的确定

招聘时间的确定,直接关系到企业职位空缺所带来的机会成本。换句话说,招聘时间确定得越早,招聘与选拔的进程越快,合适的人选越早确定,那么企业的损失将会越小,所以,招聘时间一般要比有关职位空缺可能出现的时间早一些。例如,某企业需要招聘30个员工,预测招聘的各个环节占用的时间将会安排如下:征集个人履历表10天,电话通知面谈

2 天，安排面试 6 天，根据资料和面试结果进行选拔 5 天，4 天内通知是否聘用，20 天后雇员正式上班，那么整个招聘过程将会持续 47 天，所以，招聘广告的发布应该在职位空缺前，提前至少一个半月。

根据企业的发展计划和生产建设进度，制订员工招聘进度计划，从组织结构、各部门岗位的实际需求出发，分层次、有步骤地实施招聘。在制订招聘进度计划时，需要合理而紧凑地安排招聘工作的具体时间。尤其是新成立公司，如果不能合理安排招聘进度，将造成企业想要得到的人才投奔到别的企业，或者招聘成本大大增加。

（二）招聘地点的确定

招聘地点的确定是指企业在多大的地域范围内、什么类型的劳动力市场上进行招聘活动。从招聘的效果来说，地域范围越大，招聘效果会越好；但是，随着地域范围的扩大，企业的招聘成本也会增加。因此，企业的招聘范围应适度，充分考虑企业所在地、招聘职位、企业规模和招聘地的工资水平，以及人才分布规律、潜在求职者寻找工作的习惯行为。

1. 企业所在地

由于中国经济发展极不平衡，地区之间的经济发展水平差距较大，企业所在地经济发展水平成了求职者搜寻工作的过程中首要考虑的问题。前些年，长虹集团到北京一些高校招聘大学生，但是所获无几，优秀毕业生都不愿意去偏远的西部城市。因此，对于地方企业来说，最佳的选择可能是地方的劳动力市场；而对于全国性知名企业来说，全国的劳动力市场可以考虑利用，但是是有选择地利用。

2. 招聘职位

为了节省开支，企业通常在既有条件又有招聘经历的地方招聘，倾向于在所在地的市场招聘办事员和工人，在跨地区的市场上招聘中级管理人员和专业技术人员，在全国范围甚至世界范围招聘高级管理人才或专家。

3. 企业规模

规模大的企业通常有实力在全国范围内搜索人才，中小企业大多受到财力的限制，只能在有限的地方劳动力市场上寻找人才。例如，随着企业规模的壮大和实力的提升，美的集团提出“60 年代用北滘人，70 年代用顺德人，80 年代用广东人，90 年代用中国人，21 世纪用全世界的人”的人才观。

4. 工资水平

招聘地点的工资水平高，则意味着招聘成本的增加。例如，在上海，劳动力供给较为充足，但是工资和消费水平较高，要招聘到合适的人员，花费的成本也会较高，所以，从成本的角度考虑，企业大多愿意到工资水平较低的城市招聘所需人才。

二、招聘信息发布渠道

招聘广告的精准投放成为提高招聘效果的一个决定性因素。如何才能让企业的招聘广告快速有效地到达特定的目标人群，是企业要考虑的一个重要问题。按照传播媒体的不同，招聘信息发布的渠道可以划分为广播电视、报纸、专业杂志、互联网和印刷品等。

(一)广播电视

在我国,企业使用广播与电视发布招聘广告的并不多,其原因主要是:①电视广告费用相当昂贵,仅用于招聘似乎太高。②广播和电视广告在受众面前停留的时间有限,也不能被“剪下来”保存。③广播和电视广告的受众多,易于吸引过多的应聘者参与,从而加大了招聘与选拔工作的难度。④在企业招聘人数一定的情况下,众多的应聘者,也会产生较多的落选者,容易引起他们的不满,对企业的公众形象会产生影响。因此,广播电视广告主要是用于招聘企业的高级管理人才,或者提高企业的知名度和塑造企业的形象。

(二)报纸

报纸广告的费用比电视广告的费用要低得多,同样能吸引众多的申请者,因此通过报纸发布招聘广告是我国企业进行招聘时使用最为频繁的。报纸广告不仅受到企业的欢迎,也受到了应聘者的欢迎,其主要的优点是:可以在不同的时间、地点被多个不同的读者阅读,方便复印抄写。

(三)行业或专业杂志

行业或者专业杂志广告也是企业招聘专业的管理人员和技术人员的最佳选择。因为行业或专业杂志的读者大多是与行业有关的专业人员,杂志的读者群比一般的报纸更为集中,所以,广告的针对性就更强一些。当企业在这类杂志上刊登招聘广告时,招聘信息容易被目标受众接受。

通过杂志发布招聘广告,需要注意两点:一是由于专业杂志的印刷期较长,所以招聘广告发布的提前期要比较充分,并要注明招聘截止日期;二是杂志广告的创作,要既美观又有创意,做到既能吸引读者目光,又能宣传企业形象。

(四)互联网

通过互联网发布招聘广告是一种新型的广告形式。企业在网络上发布招聘广告主要有两种途径:第一种是在企业自身的网站上发布招聘信息。这样可以将企业的每一个空缺岗位逐一列出,必要时还可以做适当的描述;可以清晰地罗列对应聘人员的资格要求。上述这些内容可以不受篇幅的限制,并且招聘广告发布的费用相当低廉。但是,这类广告是否能够被有效地发布,与企业自身的知名度和网站的知名度密切相关。因此,只有知名度较大的企业才能够运用此种途径。第二种是在门户网站或者专业招聘网站上发布招聘信息。由于广告的费用比前一种方式高,篇幅也有所限制,所以这类广告的内容要简明扼要,尤其是联系方式要清晰。

(五)印刷品

企业可以以张贴或散发印刷品的形式发布人才招聘广告。印刷品包括海报、广告、传单、宣传旗帜、小册子等。印刷品适合在特殊的场合投递或张贴,如展示会、招聘会或校园。印刷品与其他招聘信息发布媒体结合使用能够产生更好的效果。值得注意的是,需要充分考虑印刷品发放的场合,避免街头发放带来的环境污染和企业形象损害。

(六)确定招聘信息发布渠道的注意事项

在确定招聘信息发布渠道时,需要注意几个问题:

(1)了解不同媒体在哪些人群中利用率最高。通过了解不同地区、不同性别、不同学历、不同职业的人喜欢接触的是什么媒体,企业再决定采用什么广告方式,做到“有的放矢”。广告媒体的选择取决于招聘职位的类型。一般来说,低层次职位可以选择地方性媒体,高层次或专业化程度高的职位则选择全国性或专业性的报刊。

(2)确定广告发布媒体类型之后,需要选择具体在该媒体中的哪一家发布招聘广告。招聘者需要对不同的报纸、杂志、电视台的发行量、受众的情况有所了解,这样才会做到“心中有数”。

(3)根据空缺职位的性质。例如,工资待遇、职位层级、权限的大小、工作条件等,决定是否采用广告方式。不仅对于应聘者有限的职位,采用广告方式不合算,而且对于过分热门的职位,采用广告方式同样不合算,因为需要花费大量的人力、物力和财力来完成筛选简历、面谈、接待来访者的工作。对于这种情况,企业可以采用匿名广告的形式来避免。所谓匿名,是指在广告中不说明招聘企业的名称。求职者可以直接将申请和个人简历寄到广告中指定的杂志、信箱或报社,通过中介机构将这些简历转到企业。这样既可以避免数不清的电话与登门访问和查询者,又可以避免因为求职者未被录用而给企业可能带来的社会和公共关系方面的麻烦。

(4)招聘广告的制作需要考虑企业的利益与应聘者的择业观和择业动机等。择业观是人们关于职业理想、择业动机、择业标准的根本观点和看法。例如,刚从学校毕业的应聘者具有可塑性强、职业自我定位模糊、思维活跃、求知欲强等特性,这类毕业生群体在择业时更看重的是良好的地理位置与工作条件、较高的薪酬福利待遇和更好的培训与发展机会。

三、招聘宣传策略

在招聘过程中,企业一方面需要尽可能地吸引应聘者,另一方面还必须利用招聘过程进行企业形象或者声誉宣传活动。因此,对招聘工作应该从更高的位置来认识,制订好宣传策略。招聘的宣传策略主要是指在招聘活动中,人力资源部门对公司及其相关政策的宣传,以及将公司的招聘政策及时与外界沟通,利于招聘活动顺利地开展。

(一)发布招聘广告

对应聘者来讲,招聘广告就是他初步了解到的招聘企业全部信息。作为吸引人才“眼球”、展现企业实力与形象的第一扇窗,招聘广告的优劣将直接关系到企业招聘的数量与质量。根据招聘广告的目的、作用与设计原则,有效的招聘广告至少包括下列内容或信息:公司简介、招聘职位和数量、工作地点、专业要求和经验要求、职称要求和优先者条件、工作职责、应聘者个人个性特点要求、应聘材料、联系方式和截止日期等。

(二)公布招聘政策

公司的招聘政策在一定程度上是区别于其他公司招聘活动的关键。招聘政策运用是否恰当对招聘成功有着重大的影响。如何制订招聘政策呢?

政策一:市场领先薪酬策略。该策略是指在同等职位条件下,该公司的薪资报酬领先于其他公司的策略。该策略是通过高薪来吸引最优秀的人才,所以,在宣传时,企业要注意两个方面:①突出宣传企业的发展远景并且与高薪相结合,此目的是尽可能多地吸引应聘者。

②对应聘者的要求要比较严格。在招聘广告的内容中,设置一些必要的遴选指标,让不具备条件的应试者知难而退,以减轻选拔工作的压力。市场领先薪酬策略,通常被一些市场领先者运用,他们通过对人才的控制,来保持市场领先的状态。由于该策略会使得劳动力成本升高,进而导致产品成本升高,影响产品的市场份额,所以除非是市场的绝对领先者,该策略一般不轻易使用。

政策二:自由雇佣政策。自由雇佣政策是指雇佣关系的双方都可以在任何时候以任何理由解除雇佣关系。与之相对的是劳动合同制,即企业和新进员工要签订劳动合同,规定员工在合同期限内不能离开公司,否则,要缴纳一定的违约金;而企业如果在合同期限内解雇员工,则要给员工一定金额的赔偿。这种策略很好地防止了企业人力资源外流,防止人才流失给企业带来的损失。换句话说,当企业想保持其人员的相对稳定时,可以采取这种策略。

但自由雇佣政策与此相反,它是一种鼓励人员流动、竞争的策略。该策略一般运用于高新技术企业,该类企业需要不断地吸引新人新思维,来进行创新活动,以促进企业的发展,促进企业内部的竞争,在内部进行优胜劣汰。一旦采用劳动合同制,被淘汰的人员如果太多,则企业支付的赔偿金将会过高,而影响企业的经济效益。同时,某些优秀的人才比较喜欢自由雇佣政策,不愿意被合同束缚。自由雇佣政策和劳动合同制各有利弊,企业应该根据自身情况谨慎使用。

政策三:公司形象的广告宣传。如前所述,企业有时进行招聘活动不仅仅是为了招聘新员工,还有宣传企业形象的目的。企业有三种招聘途径可以宣传公司形象。①公司网站或中介机构的招聘网页。精美的网页往往能体现公司的内在文化,给受众留下美好的印象。②精心组织的招聘会。联想公司每年都要在全国著名高校举办专场招聘会,会上联想公司的高层主管(不仅仅是人力资源主管)向毕业生们介绍公司的成长历史、市场地位和发展规划,然后在接下来的几天里才进行求职资料的收取以及面试工作。尽管每次招聘会只录取少数几名毕业生,但是总能够吸引大批的毕业生踊跃地投送求职材料。通过形象宣传活动,联想公司几乎成为各大高校毕业生的首选。③举止得体的招聘者。招聘者的一言一行代表着公司,他们的行为关系到公司的形象,所以,对招聘者也应该进行培训,使之举止得体,这既有利于招聘活动本身,也有利于提升企业形象。

(三)公布招聘流程和结果

公布招聘流程和结果,是招聘成功与否的另一个关键。公布招聘流程和结果,有助于形成公平竞争的环境,有助于应聘者熟悉应聘流程并灵活地安排自己的时间,有助于缓解落选者的失落感,也会降低由于落选者不满而散布不利于公司形象的信息的可能性。

四、招聘渠道策略

如果企业出现空缺职位,如何招聘到合适人员对于企业来说非常重要,企业既可以从其内部挑选合适的员工来填补空缺,也可以从社会上招聘新员工,即人员招聘渠道分为内部招聘与外部招聘。无论是从组织内部晋升还是从其外部补充,都是各有利弊的。

(一)内部招聘

内部招聘就是通过晋升、调动的方法从企业的内部获得需要的人员。内部招聘的做法通常是:企业在内部公开空缺职位,吸引员工来应聘。内部招聘渠道具有以下优点:它能为雇员发展和晋升提供平等的机会,有利于在组织中创造一个更开放的环境;能增强雇员对工资等级、工作描述、晋升条件与职务调动程序的了解;便于个人在组织中自主选择最适合自己的工作;是一种便宜而且迅速地职位空缺填补方式;企业组织比较了解候选人的长处和弱点;被提升的组织内成员对组织的历史和发展比较了解;可以借内部招聘激励被提升者更加努力地提高自身工作效率;可以激励组织内其他成员的工作士气,使其有一个良好的工作情绪;使组织内对成员的培训投资取得回报。当然,它也存在不足:当组织内部对未来主管人员的供需缺口较大,且内部人才储备无法满足需要时,坚持从内部提升,会使组织既失去获得一流人才的机会,又可能让不称职者占据主管位置;容易造成"近亲繁殖";提升的数量有限,容易挫伤未被提升者的积极性。

(二)外部招聘

外部招聘是指从组织外部得到起关键作用的主管人员,也有人将其称之为"空降兵"。外部招聘渠道有其优点:较广泛的人才来源;避免"近亲繁殖",可以给组织带来新思想,防止僵化;避免组织内部那些没有提升到的人的积极性受挫,避免组织内部成员间的不团结;可以节省对主管人员的培训费用,其不足之处在于:如果组织内有胜任的人而未被选用,从外部招聘会使其感到不公平,容易产生与应聘者不合作的态度;应聘者对组织需要有一个了解的过程;组织容易被应聘者的表面现象(如学历、资历等)所蒙蔽,而无法清楚了解其真实能力。

一般来说,在大的劳动力市场进行招聘活动,比在小的劳动力市场进行招聘更容易达到目的,但是,如果考虑职位的类型或吸引力、劳动力市场等因素,选择渠道时会更复杂些。另外,职位、类型和级别也会对招聘渠道的选择产生影响。招聘时,技能要求越高以及层次越高的职位,越需要在扩大的范围内进行,如在区域性的、全国性的甚至是跨国范围内进行。而且招聘的范围和投入的力量也会由于企业的规模不同而不同。一般来说,企业越大,其在劳动力市场上的声誉越大,应聘者就越可能注意到它;同时,企业越大,在其组织内部招聘的可能性也越大,可以从企业内挑选合适的人员来补充空缺的职位;此外,应聘者认为在许多大企业中有更多的晋升机会,即使在同样的职位上,在大企业拥有的职权也更大。

通过对内部招聘和外部招聘优缺点的比较,二者都存在能够满足企业实现招聘计划的合理性,一方的缺点往往是另一方的优点,二者是相辅相成的。如果二者能够很好地结合,既能满足企业实现招聘计划的要求,又能很好地将二者的优缺点进行互补。单纯地采用一种招聘渠道,往往会带来不可避免的弊端。因此,内部招聘与外部招聘的结合会产生最佳的效果。

第三节 招聘渠道选择

一、现场招聘

现场招聘是一种企业和人才通过第三方提供的场地,进行直接面对面对话,现场完成招聘面试的一种方式。现场招聘一般包括招聘会及人才市场两种方式。招聘会一般由各级政府及人才中介机构发起和组织,较为正规,同时,大部分招聘会具有特定的主题,比如"应届毕业生专场""研究生学历人才专场"或"IT 类人才专场"等,通过毕业时间、学历层次、知识结构等的区分,企业可以很方便地选择适合的专场设置招聘摊位进行招聘。对于细分的招聘会,组织机构一般会先对入会应聘者进行资格的审核,这种初步筛选,节省了企业大量的时间,方便企业对应聘者进行更加深入的考核。但是目标人群的细分在方便了企业的同时,也带来了一定的局限性,如果企业需要同时招聘几种人才,那么就要参加几场不同的招聘会,这会提高企业的招聘成本。

人才市场与招聘会相似,但是招聘会一般为短期集中式,且举办地点一般为临时选定的体育馆或者大型的广场,而人才市场则是长期分散式,同时地点也相对固定。因此,对于一些需要进行长期招聘的职位,企业可以选择人才市场这种招聘渠道。

现场招聘的方式不仅可以节省企业初次筛选简历的时间成本,同时简历的有效性也较高,而且相比于其他方式,它所需的费用较少。但是现场招聘也存在一定的局限,首先是地域性,现场招聘一般只能吸引到所在城市及周边地区的应聘者;其次这种方式也会受到组织单位的宣传力度以及组织形式的影响。

二、网络招聘

网络招聘一般包括企业在网上发布招聘信息甚至进行简历筛选、笔试、面试。企业通常可以通过两种方式进行网络招聘:一是在企业自身网站上发布招聘信息,搭建招聘系统;二是与专业招聘网站合作,如中华英才网、前程无忧、智联招聘等,通过这些网站发布招聘信息,利用专业网站已有的系统进行招聘活动。

网络招聘没有地域限制,受众人数大,覆盖面广,而且时效较长,可以在较短时间内获取大量应聘者信息,但是随之而来的是其中充斥着的许多的虚假信息和无用信息。因此网络招聘对简历筛选的要求比较高。

三、校园招聘

校园招聘是许多企业采用的一种招聘渠道,主要是企业到学校张贴海报,举办宣讲会,吸引即将毕业的学生前来应聘。对于部分优秀的学生,可以由学校推荐;对于一些较为特殊的职位也可通过学校委托培养后,企业直接录用。

通过校园招聘的学生可塑性较强,干劲充足。但是这些学生没有实际工作经验,需要进行一定的培训才能真正开始工作，且不少学生由于刚步入社会，对自己定位还不清楚，所以工作的流动性也可能较大。

四、传统媒体广告

在报纸杂志、电视和电台等载体上刊登、播放招聘信息，受众面广，收效快，过程简单，一般会收到较多的应聘资料，同时也对企业起了一定的宣传作用。通过这一渠道应聘的人员分布广泛，但高级人才很少采用这种求职方式，所以在招聘公司中基层和技术职位的员工时比较适用。同时该渠道的效果同样会受到广告载体的影响力、覆盖面、时效性的影响。

五、人才介绍机构

人才介绍机构一方面为企业寻找人才，另一方面也帮助人才找到合适的雇主。一般包括针对中低端人才的职业介绍机构以及针对高端人才的猎头公司。企业通过这种方式招聘是最为便捷的，因为企业只需把招聘需求提交给人才中介机构，人才中介机构就会根据自身掌握的资源与信息寻找和考核人才，并将合适的人员推荐给企业。但是这种方式所需的费用也相对较高，猎头公司一般会收取人才年薪的30%作为猎头费用。

六、员工推荐

企业可以通过员工推荐其亲戚朋友来应聘公司的职位，这种招聘方式最大的优点是企业和应聘者双方掌握的信息较为对称。介绍人会将应聘者真实的情况向企业介绍，节省了企业对应聘者进行真实性考察的时间，同时应聘者也可以通过介绍人了解企业各方面的内部情况，从而做出理性选择。目前已经有许多企业采用这种招聘方式，如高露洁公司就鼓励员工推荐并设置了一些激励手段，如果应聘者被录取，介绍人将会得到一定的奖金。但采用该渠道时也应注意一些负面影响：一些公司内部员工或中高层领导为了栽培个人在公司的势力，在公司重要岗位安排自己的亲信，形成小团体，这会影响公司正常的组织架构和运作。

七、内部招聘

内部招聘是指公司将职位空缺向员工公布并鼓励员工竞争上岗，如中国移动通信集团公司就采用这种招聘方式。对于大型企业来说，进行内部招聘有助于增强员工的流动性，同时员工可以通过竞聘得到晋升或者换岗。因此这也是一种有效的激励手段，可以提高员工的满意度，留住人才。内部招聘的人才一般对公司和业务已经比较了解，因此可以较快进入新角色，不需要公司大量的培训成本。但是这种方式也有一定的缺点，如果企业过多使用内部招聘，企业将缺乏具备新观点、新视角人才的加入，员工会存在一定的思维惯性，因而缺少活力。

第四节　人员素质测评

伴随人力资源在实现企业战略目标上核心作用的日益凸显，作为人力资源管理的一个不可分割的环节，人员素质测评也变得至关重要，并且已经成为许多企业进行人事决策的重要参考依据。

一、人员素质测评作用与流程

人员素质测评是指综合利用多种科学且客观的方法，对人力资源的知识、能力、技能、个性特征、职业倾向、兴趣、动机、价值观等特定素质要素进行定性与定量相结合的测试与评价，以判断被试者与岗位、职业和组织的匹配程度。人员素质测评是为企业职能性人力资源管理活动提供支持的一种技术和途径，同时也是改善企业人力资源管理水平、提升企业核心竞争力的一种有效工具。

（一）人员素质测评的作用

人员素质测评主要对组织和个人两个方面发挥效用。对组织来说，人员素质测评的作用具体体现在以下几方面。

1. 甄别功能

人员素质测评能够对组织人力资源素质状况做出甄别和鉴定，使组织认识到其人力资源素质上所拥有的优势和存在的缺陷，促使组织采取措施优化配置其人力资源。

2. 预测功能

人员素质测评可以通过对组织人员素质现有状态的测量与评价，合理预测其素质发展方向和态势，探寻素质测评结果与未来工作行为之间的关系，并以此为依据来科学开发组织人力资源。

3. 诊断功能

人员素质测评是一项动态性的长期工作，需要周期性的开展并及时进行反馈。企业可以通过对其人力资源发展状况进行跟踪诊断，及时发现其人力资源素质上存在的隐患，并迅速采取应对举措，保障其人力资源健康发展。

4. 导向功能

人员素质测评的内容和指标充分体现了组织对人力资源素质及行为表现上的预期目标，将测评内容和指标作为组织人力资源素质改进和能力提升的导向，使组织成员能够自觉地以此来规范和调整其素质与行为，这将有助于组织人力资源素质的持续提升。

5. 激励功能

人员素质测评的结果在反馈给被试者之后，被试者能够全面掌握其素质优势与缺陷，这既能激发被试者积极改进的愿望与动机，又能为其指明努力方向。

对个人而言，人员素质测评的作用体现在以下几个方面。

1. 自我认识

人员素质测评可以帮助被试者清楚地了解自己的个性特征、价值观、态度倾向和能力水平等，也可以使被试者深刻地认识到自己在知识、技能或工作表现上的某些欠缺。

2. 职业选择

个人在人员素质测评中获得全面的自我认识，既可以了解自己在个性特征、价值观、知识与技能等方面的特点，又可以清楚地明白自己的喜好，这样就可以帮助个人选择更有利于自我发展的职业。

3. 潜能开发

人员素质测评后，个人一方面能够清楚地认识到自己在心理特征、知识结构和行为表现上的短处与不足，另一方面又能够依据自己的长处选择适于自我发展的职业，这样个人就能够针对其所选职业接受教育培训，旨在弥补其短处与不足，开发潜能，更好地实现自我发展。

(二)测评基本流程

人员素质测评有其特定的技术规程上的要求，具体表现为以下几个步骤。

1. 明确测评目的

高效开展人员素质测评，首先要明确进行素质测评的目的是什么。一般而言，企业开展人员素质测评工作的目的有选拔、诊断、考核、培训、配置等。

2. 确定测评指标

明确了测评目的后，就要解决第二个问题"测什么"，即确定测评的指标体系。确定与岗位密切相关的素质测评指标体系的方法有很多，但常用的且较为科学的方法主要有两种：一是通过职位分析系统地了解一个特定岗位的任职资格条件；二是通过岗位的胜任特征分析，得到该岗位的胜任特征模型和素质要求。除此之外，还有一些方法，比如专家法、典型人物法、典型资料分析法等也可以用来确定人员素质测评的指标。由于不同岗位对胜任岗位的素质特征的要求存在较大差别，在确定了具体测评指标之后，还需要详细、准确地定义测评指标和维度，并且要考虑到权重的不同、分级标准、代表性行为表现等，从而建立比较科学全面的评价标准。

3. 确定测评方法与题目

解决了"测什么"的问题，接下来要解决"用什么测"的问题，即素质测评采用何种方式，用什么题目来进行。由于人员素质测评技术方法的可选性较大，测试题目众多，必须有一个基本认识：任何一种测评方法和题目都有其局限性，不可能广泛适用于所有测评要素；不同测评要素和维度可能需要借助不同的测评方法和题目来施测；同一个测评要素和维度可能同时适合两种以上的测评方法，或需要综合运用多种测评方法来测试同一测评要素和维度。比如"创新与变革能力"维度可以采用公文筐测验、无领导小组讨论或面试法。此外，还应该值得注意的是，企业自己开发测评题目和建立题库是非常重要的，但并不是所有的题目都需要依靠自己开发，一是没有这样的精力和时间，二是开发具有测评信度和效度的题目是一件专业性较强的工作。

4. 方案设计与实施

这一环节要解决的是"怎么测"的问题，即根据测评方法的特点以及实际情况来设计测评方案和实施测评程序。设计测评方案要根据"成本低，时间短，用人少"的原则，精确计算测评成本，准确规划测评时间，合理安排测评场地，详细安排人员分工。测评实施过程就是按照测评方案规定的时间计划与分工计划、测验先后顺序完成测评任务的过程。需要注意的是，为了保证测评的科学和公平性，测评方案和具体实施必须严格做到标准化。

5. 结果统计分析与撰写测评报告

测评结束后，测评实施者需要对各项测评的结果进行统计，并在定量分析和定性分析的基础上撰写测评报告。有些测评方法是通过计算机系统实现的，计算机能够直接给出其测评得分和结果分析报告，比如心理测验、智力测验等都可以通过电脑软件来完成。但企业人员素质测评往往具有十分明确的目的，要根据测评要素使用多种测评方法和工具；有些测评结果还必须依赖施测者或专家进行综合分析；对于不同测评方法得到的同一测评要素的分数还需要加总与合成，进行综合分析。这些方面需要运用很多统计学、测量学、数学的知识和工具，进行专业性的分析和撰写测评报告。

6. 测评结果反馈

企业运用人员测评技术往往与内部选拔、培训开发、绩效管理、人事决策、咨询诊断等相结合，测评结果需要反馈给被试者。反馈是向被试者说明其在测评过程中的行为与心理表现，并进一步剖析其素质特点，向被试者说明测评结果与岗位的匹配程度，根据被试者的素质特点为其提出素质发展和改进的建议与方案。

（三）信度与效度

在招聘过程中，人员测评方法的选用实际上暗含了三种假设：①企业收集到的关于申请人的工作经验和态度等方面的特征信息是精确的；②收集的信息与未来可能的工作绩效之间存在着密切的联系；③所收集的关于工作申请人的信息可以被用来对每个申请人未来的工作绩效水平做出精确的预测。这三种假设关系到测评方法的选择以及人员选拔的最后质量。

1. 信度

信度也称可靠性，是指通过某项测评所得到的结果的稳定性和一致性。采用两项类似的测评去衡量同一个人，得到的结果应该基本相同；在不同的时间，用相同的测评去衡量同一个人，结果也应该基本相同。它通常由三个指标加以具体衡量：稳定系数、等值系数和内在一致性系数。

（1）稳定系数：是指采用同一种测评方法对一组应聘者在两个不同时间段进行测评的结果的一致性程度，可用两次结果之间的相关系数测定。

（2）等值系数：是指对同一应聘者使用两种对等的、内容相当的测评所得结果之间的一致性程度，可用两次结果之间的相关程度表示。

（3）内在一致性系数：是指把同组应聘者进行的同一测评分为若干部分加以考察，各部分所得结果之间的一致性程度，可用各部分结果之间的相关系数判别。

在其他条件不变的情况下，稳定性越大，一致的程度越高，就意味着测评结果越可靠，就越有可能依据测评结果所揭示的差异性来做出决策。一个良好的测评工具，其信度系数通常都在0.90左右。信度系数越接近1，说明其信度越高。若测量工具的信度不理想，则测量结果就无法被认为能代表应试者的一致、稳定和真实的行为表现，就可能误导对应试者的评价。

2. 效度

效度是指测评的有效性，也就是说，根据应聘者在进入组织之前的特征，来成功预测其进入组织后的工作表现的程度。如果说信度是判断应聘者是否优秀的技术指标，那么效度是判断优秀者是否适合空缺职位的技术指标。效度主要由内容效度、预测效度等指标来进行具体衡量。

(1)内容效度:是指测量所选择的内容是否符合测评目标的内容,即是否由直接反映特定工作内容的工作行为样本所构成。例如,测评的目标是预测打字员的工作表现,那么,用打字来进行测评就具有内容效度。

(2)预测效度:是指测量结果和测评目标准则之间的关联程度,通过对应聘者在选拔中所得分数与其被录用后的绩效分数相比较来了解预测效度。假设测评的准则是录用后的工作表现,如果测评结果显示,测评成绩好的人,在工作中的表现突出,测评成绩差的人,工作绩效低,那么就可以说这项测评内容具有预测效度。

效度是一个相对概念,而不是一个绝对概念,只有高低之分,没有全部有效和全部无效之分。

3. 信度和效度的关系

信度和效度不是并列的、无关的、相互独立的。它们在性质上是不同的,但又具有某种联系。信度是效度的必要条件,效度是信度的充分条件。一个效度高的测评工具,一定有好的信度;但有高信度的测评,不一定有好的效度。信度是为效度服务的,因而效度是信度的目的;效度不能脱离信度单独存在,所以信度是效度的基础。因此,好的测量工具首先必须具备很好的信度,如果信度不高,就无法获得好的效度。

二、素质测评指标体系

人员素质测评指标是表现测评对象特征状态的一种形式,是人员测评时所依据的统一测评准则。它是衡量人员测评是否客观、合理的关键指标,也是尽可能减少测评过程中"人为误差因素"的手段之一。

确定人员测评指标不仅要确定评价的维度,而且要指定或制订人员测评中使用的统一测评标准,确定人员测评指标就是确定测评的维度和用来衡量这些维度的标准。评价的维度相当于测评要素,而衡量测评维度的标准相当于测评标志和测评标度。

(一)素质测评指标体系的基本结构

一个完整的测评指标体系应该包括以下要素。

1. 指标名称

测评指标是从不同角度反映特定岗位对任职者的素质要求,因而不同测评指标之间各自具有一定的独立性,每个测评指标独立体现该岗位某一特定素质需求。而所有测评指标维度共同构成了某一特定岗位完整且全面的素质标准。因此所有测评指标统一于特定岗位之中,不同测评指标之间又是相互联系、不可分割的。比如,人力资源经理的测评指标包含专业知识、分析能力、计划组织能力、沟通能力、服务意识等。

2. 指标定义

指标定义是对特定素质测评指标的内涵和意义所做的详细描述和概念说明,其目的是让施测者及相关被试者清晰地了解每个测评指标维度的意义和内容,并准确地把握针对每一测评指标所展开的测试和评价。运用不同方法描述测评指标将会得到不同侧面的指标定义。对指标进行定义的方法一般有三种:①典型行为描述定义,即详尽列出被试者在某个特定指标上可能表现出的各种可能行为;②操作定义法,即具体描述被试者具备某种素质的理想的行为表现;③极端特征定义法,即将在某项指标上高分者与低分者的行为表现进行对照。人员素质测评中对测评指标一般采用操作定义的方式。例如,对“组织能力”的操作定义为:依据部门目标,预见未来的要求、机会和不利因素,并做出系统规划的能力;能够分析各种信息所反映的问题、问题产生的根源以及各种问题间的相互关系,并能据此确定工作目标、任务、方法和实施步骤的能力。

3. 指标构成

指标构成是对构成某项测评指标的所有要素进行分析、分解所产生的结果,简言之,指标构成就是指某项完整的测评指标所必须涵盖的所有组成部分。将某项素质测评指标分解为指标构成的作用在于能够帮助施测者深刻理解测评指标,并据此客观评价被试者所具备的素质和表现的行为。比如“沟通能力”的指标构成因素包括主动性、反馈意识、倾听能力、沟通技巧、有效性等。

4. 评价要点

评价要点是综合评价某项测评指标的单项构成要素的行为要点的结论,是以具体行为表现形式来阐述素质测评指标的构成要素,评价要点往往带有很强的导向性,指导施测者深刻理解和合理应用测评指标,为素质评价结果的客观性提供重要的保障。例如,“沟通能力”中的“反馈意识”的评价要点分别是:①对别人的主动沟通能够及时地做出反应;②通过语言、表情、动作表现出来;③使沟通对象能够准确理解自己的观点、意见或态度。

5. 权重关系

任何岗位的各项素质都不是简单地堆砌或加总在一起的,而是有机地结合而成的,结合的规律由岗位任务的特征决定。每个岗位素质群中,都会存在重要素质与次要素质之分,表现在测评指标上就是通过对其赋予不同的权重关系,来体现不同测评素质指标的重要性程度。越重要的指标,其权重越高,反之权重越低。对于权重关系一般可以通过横向加权、纵向加权、专家评议、因素分析、回归分析等方法来确定。

6. 评价标准

在实际工作中,评价标准表现为能够导致不同结果的素质水平。评价标准能够很好地解释多个不同岗位对同一项素质维度的要求之间的差异。比如对营销经理和营销主管来说,都要求具备组织能力,但营销经理的要求则更高一些。制订评价标准能够让施测者对被试者的某项素质进行深入、客观的评价。评价标准一般与不同的分值区间相对应,不同岗位对特定素质的要求并不是越高越好,而是需要根据岗位的特定要求确定对应的标准,并用不同的分值来表现。评价标准的制订过程比较复杂,需要在职位分析和胜任特征分析的基础上,通过标准测验或企业相关人员进行行为实践后确定。评价标准一般通过量词标度(比如多、较多、一般、少、很少)或者等级标度(比如优、良、中、差)来表现。

(二)素质测评结构体系设定的基本原则

在进行测评指标体系的建构时,为了保证未来大规模测评的可靠性与有效性,并达到客观、准确、可行的要求,需要注意一些原则。这些原则可以作为评价测评指标体系质量的指标。

1. 针对性原则

根据人员测评的目的、对象、情境的不同,应当设计不同类型的指标体系和不同复杂程度的计量方法。在对不同类别被测人员进行测评时,测评指标体系中的各项指标应有所不同,要根据各类人员的具体特点来进行指标设计。对于不同类型的人进行测评,其指标是不同的,即使有些指标相同,但其内容或者权重设置也是不一样的。如果测评的对象是科技人员,其测评指标除应具备的基本要素外,还应具备一些特殊要素,如设计能力、实际操作能力等。例如,管理人员,其特殊指标有决策能力、组织能力等。

2. 完备性原则

完备性指的是处于同一个指标体系中的各种标准相互配合,在总体上能够全面地反映工作岗位所需具备的素质及功能的主要特征,使整个测评对象包含在评价指标体系内容之中。在获得被测评者素质结构完备信息的基础上,以尽可能少的指标个数来充分体现测评的目的。例如,反映被测评人员综合分析能力的具体指标可以多种多样,其中严密性、精确性、理解力和逻辑性四个指标组成的指标体系就能满足指标设计中的完备性原则,既做到使指标的个数尽可能少,又能很好地反映被测评人员的综合分析能力。

3. 简练性原则

测评指标的设计应尽量简单,只要能达到既定目的并获得所需要的功能信息就行。换言之,就是要把一切不必要的以及不能反映人员测评特点的指标都删除掉。冗杂的要素往往掺杂相互重叠的成分,如不筛掉,不仅费人费时,难以被采纳和掌握,而且会使测评结果成为重叠信息,降低测评的有效性。此外,简单、精练的测评指标体系易于测评人员掌握和使用,减少测评工作的工作量,提高测评的工作效率。应该注意的是,在考虑简练性原则时,要兼顾完备性和明确性原则,避免漏掉某些因素或者采用综合性太强的指标。

4. 明确性原则

测评指标应该分解成最小的单位,尽量避免出现综合性强的指标。此外,指标应该具有明确的定义,使用让人不会产生误解的词语,以免由于模棱两可而造成测评目的和测评结果不一致,无法得到被测人员的真实信息。例如,工作量指标,容易使人产生两种理解,即工作质量和工作数量。无论是从哪一个角度进行描述,都不能完整地表达被测人员的实际情况,使测评结果出现较大的偏差。因此,通常要用工作质量和工作数量这两个指标来加以区分,以满足指标定义唯一性的原则。

5. 独立性原则

设立的评价标准在同一层次上应该相互独立,没有交叉。同一层级上的 A 指标与 B 指标不能存在重叠和因果关系,即 $A \cap B = 0$。

6. 可操作性原则

设立的标准应该可以辨别、比较和测评,也就是说,评价标准所展示的标志是可以直接观察计算或能通过一定的方法辨别、把握和计量的。因此,在进行评价标准设计时,要充分考虑可操作性,评价标准的用词应当通俗易懂,尽量避免或少用专业用语,表达要简明扼要,减少文化水平不高的测评人员因文字理解问题给测评结果造成的差异和失误;测评标准的内容和形式应当尽量简化,突出重点。

7. 合理量化原则

在为每个指标确定测评标度时，能用数量化的形式表示就尽可能用数量化表示，尽可能采用客观性的数据与结果，其目的是使每个要素的评判都易于操作和客观化，尽量避免主观评判标准的不一致。对于主观性测评指标，为了使测评人员便于掌握和运用统一的判分标准，通常为每一个测评指标设计定量的等级判断的参照标准。这种参照标准称为标度。

在设置标度时要注意三个方面的问题：

(1)每个指标的标度设计应该截取一个合理的区间，即确定最低水平到最高水平之间的范围，以保证各种水平的个体都能在此区间内找到自己适合的位置。

(2)用于体现细微差别的计量单位必须粗细适中，过粗，测评人员容易判断，但难以体现细小的个体差异；过细，可以体现小的个体差异，但测评人员又会难以判断。

(3)各评分等级之间的差距应该保持相同，这样才能使各种测评分数具备相加或相减的资格。

对于既没有客观性的数据与结果，也没有可参考的量化标准的测评指标，则要求测评者在调查研究的基础上进行定性分析，然后根据自己以往的经验和当前的实际来确定测评对象在该指标上的等级水平，并给以相应的分数。在这种情况下，应该借助模糊数学的方法对多个测评者的评分进行计量，使测评结果客观化。

(三)指标建构方法

测评指标体系的建构包括两步：第一步是测评指标体系的建构，第二步是量化、赋分、标度制订、常模建构等标准化程序。其中的关键在于建构测评指标体系，就是确立人员测评的目标、内容，并把它转化为可操作的指标的过程。建构测评指标体系的基本方法主要是工作分析法。工作分析法是指通过实施工作分析或采用工作分析技术来获取所需信息的方法。

工作分析法在实际操作中有两种方式：通过查阅已有的职务说明书及任职资格搜寻所需要的测评要素；为制订人员测评目标而进行工作分析。然而，人员测评指标体系制订中所进行的工作分析并不一定要求最后形成职位说明与职位规范，它既不需要阐述各个职位的具体工作性质与内容，也不需要详细分析过程和具体行为。它最为关键的是，分析从事某一职位工作的人需要具备哪些素质，其所履行的职责与完成的工作任务应以什么指标来评价。同时，提出这些素质与评价指标中哪些更为重要，哪些相对不那么重要等。具体应用程序如下：

(1)根据人员测评目的与需要确定进行调查的职位范围，制订调查的提纲与计划。

(2)采用一定方法广泛收集有关某一职位任职者主要素质条件与绩效指标的素材。

(3)通过一些方法(定性)筛选形成内容全面的素质调查表。

(4)在更大的范围内进行调查，要求被调查者对调查表上的内容进行评价与补充，并对调查结果进行统计分析(定量)，形成职位人员测评指标体系。

(5)对所制订的人员测评指标体系进行测试或专家咨询并修改。

除上述的工作分析法外，通常还利用典型人物分析法、典型资料分析法、专家调查法等方法来确定测评指标体系。

三、常用的素质测评方法

(一)证明材料、履历资料的审查与筛选

证明材料以及履历资料的审查与筛选是企业在外部招聘中最常用的一种选拔方法。证明材料、履历资料中的每一项内容都可以作为筛选标准。例如,学历,可以反映一个人受教育的水平,企业若需要大学本科以上的应聘者,则可以据此筛选出一部分符合要求者。证明材料以及履历资料的审查可以采用多种方式,如试图通过电话向求职者现在(或原来)任职的企业了解其所担任的职务和薪资水平;还可以打电话给其现在(或原来)的直接经理以了解其技术能力、与其他同事共事的能力等信息。

这种方法是核实求职者实际情况的一种经济且简单的方式,但所得出的结果对于求职者未来工作绩效的预测能力是很差的,因为大多数推荐或证明材料对求职者所提供的评价都是非常积极的,很难利用它们来对求职者进行区分。

然而,它又是招募与选拔工作中必不可少的一个环节。因为当招募人数众多时,对所有的应聘者进行测试是不经济的,也是不可能的,所以,必须通过初步筛选确定接下来参加测试的人员名单。所以说,这一步是甄选测试的基础工作。

(二)面试

面试又称面试测评或专家面试,是通过与被试者正式交谈,要求被试者用口头语言来回答主试提问,以了解被试者的心理素质和潜在能力的测评方法。面试,有的是在评价测试以前,用来初步剔除不合格的应聘者;也有的是在评价测试以后,用以确定最后录用人选;还有的是在测验评价前进行第一轮面试,而在评价测试后进行第二轮面试。对招募到的求职者进行甄选面试的目的在于:一是得到甄选测试所无法收集的额外信息;二是鉴别甄选过程中所收集的信息。

面试在员工招聘中有着不可或缺的作用:①为考官或主试提供机会,以观察应聘者生理和心理上的特征;②给应聘者和招聘者双方提供了面对面沟通与交流的机会;③可以全面了解应聘者的知识、技巧、能力等。

面试也存在不足:①如果不是足够细心,面试的效度可能会很低,同时还会形成对许多不同求职者群体的偏见;②面试的成本相对来说也较高;③就面试的合法性来说,当应聘者被问及个人隐私或其他与招聘不相关的问题时,常常会感到很不舒服,从而会导致面试的失败。

1. 面试类型

从不同的角度可以对面试进行不同的分类。

(1)根据结构化的程度,面试可以分为结构化面试、半结构化面试和非结构化面试。结构化面试是指面试题目、面试实施程序、面试评价、考官构成等方面都有统一明确的规范的面试。结构化包括:①面试程序的结构化。在面试的起始阶段、核心阶段、收尾阶段,主考官要做些什么,注意些什么,要达到什么目的,事前都会相应策划。主考官根据面试提纲控制整个面试的进行,严格按照提纲对每个应聘者分别做相同的提问。②面试试题的结构化。在面试过程中,主考官要考察应试者哪些方面的素质,围绕这些考察角度主要提哪些问题,

在什么时候提出，怎样提，在面试前都会做好准备。③面试结果评判的结构化。从哪些角度来评判应试者的面试表现，等级如何区分，甚至如何评分等，在面试前都会有相应的规定，并在众考官间统一尺度。

其优点在于：对所有的应聘者按照同一标准进行，可以提供结构与形式相同的信息，便于分析、比较，同时减少了主观性，且对考官的要求较低。研究表明，结构化面试的信度和效度较好，但过于僵化，难以随机应变，所获得的信息受限制。因此，应用结构化面试时，主考官必须注意以下问题：一是面试之前的工作技能需求分析；二是面试前对面试问题有充分的准备；三是对面试过程的引导和控制；四是对面试结果的评价，将应聘者的实际技能与工作需要技能进行客观比较。

半结构化面试是指只对面试的部分因素有统一要求的面试。例如，规定有统一的程序和评价标准，面试题目可以根据面试对象而随意变化。

非结构化面试是对与面试有关的因素不做任何限定的面试，通常没有任何规范的随意性面试，类似于人们日常非正式的交谈。关于面试过程的把握、面试中要提出的问题、面试的评分角度与面试结果的处理办法等，主考官事前都没有精心准备与系统设计。面试没有固定的模式，主考官事先无须做太多的准备，只用掌握组织、职位的基本情况。在面试过程中，考官的提问也是开放式的问题。该方法最大的优点就是灵活自由，问题因人而异，可得到较深入的信息。但由于缺乏统一的标准，易带来偏差，并且要求主考官具有丰富的经验与很高的素质。在非结构化的面试条件下，面试的组织非常“随意”。

(2)根据面试对象的多少，面试可分为单独面试和集体面试。单独面试是指主考官个别地与应试者单独面谈。单独面试的优点是能提供一个面对面的机会，让面试双方较深入地进行交流。

集体面试指多位应试者同时面对面试考官的情况。无领导小组讨论是最常见的一种集体面试法。在集体面试中，通常要求应试者进行小组讨论，相互协作解决某一问题，或者让应试者轮流担任领导主持会议、发表演说等。这种面试方法主要用于考察应试者的人际沟通能力、洞察与把握环境的能力、领导能力等。

(3)根据面试目的的不同，可以将面试区分为压力性面试和非压力性面试。压力性面试是将应考者置于一种人为的紧张气氛中，让应考者接受诸如挑衅性的、非议性的、刁难性的刺激，以考察其应变能力、压力承受能力、情绪稳定性等。典型的压力式面试，是考官以穷究不舍的方式连续就某事向应考者发问，且问题刁钻棘手，甚至逼得应考者穷于应付。考官以此种“压力发问”方式逼迫应考者充分表现出对待难题的机智灵活性、应变能力、思考判断能力、气质性格和修养等方面的素质。

非压力性面试是在没有压力的情景下考察应聘者有关方面的素质。

(4)根据面试内容设计的重点不同，可将面试分为行为描述面试、情景面试和综合性面试。行为描述面试是基于行为连贯性原理发展起来的。在面试中，考官常常问一些这样的问题：“告诉我你上次那份工作中最有成就的一件事，你是怎样开始创意的？你是怎样实施并最终完成计划的？你又是怎样处理你碰到的障碍的？”该方法的特点一是在问题中使用英语语法中的“最高级”；二是面试中使用的问题都是从工作行为分析中得来的。这种分析可以确定在特定情况下，应聘者所做的事情，什么是有效的，什么是无效的。

情景面试突破常规面试考官和应试者那种一问一答的模式，引入无领导小组讨论、公文处理、角色扮演、演讲、答辩、案例分析等人员甄选中的情景模拟方法。在这种面试形式下，面试的具体方法灵活多样，面试的模拟性、逼真性强，应试者的才华能得到更充分、更全面的展现，主考官对应试者的素质也能做出更全面、更深入、更准确的评价。

综合性面试兼有前两种面试的特点，而且是结构化的，内容主要集中在与工作职位相关的知识技能和其他素质上。

(5)依据面试的功能，可以将面试分为鉴别性面试、评价性面试和预测性面试。鉴别性面试是依据面试结果将应试者按相关素质水平进行区分的面试。评价性面试是对应试者的素质做出客观评价的面试。预测性面试是对应试者的发展潜力和未来成就等方面进行预测的面试。

2. 面试中的常见问题

由于面试不经常进行且缺乏训练，面试官的面试技巧较差，故在面试中经常会出现以下问题：

(1)第一印象。许多面试官常常在面试过程中最初 2 ~4 分钟里就已经对一名受试者能否胜任应聘岗位做出了判断，而对于剩下的面试时间他们只是用来寻找证据以支持他们的决定。面试官的这种印象或判断取决于对受试者申请表的浏览或是更加主观的因素，如衣着或外貌。理想的面试状态应该是面试官在全面收集了解一切可能的有关求职者的信息后做出客观的决定，而不是不断验证草率的判断。

(2)强调负面消息。当面试官在决定申请者在总体上是否适合应聘岗位时，他们往往将有关申请者的负面信息视为最重要的考虑因素。在影响面试官对受试者能否胜任未来工作做出决策的众多因素中，负面信息比正面信息所占权重更大。最常见的情况是，一条负面信息足以把求职者拒之门外，而任何数量的正面信息都不能保证求职者一定会被公司接受。

(3)晕轮效应。面试中的晕轮效应就是指面试官允许被试者所具有的一个突出特点去掩饰其他的证据，这将会导致不同的面试官做出截然不同的面试决策。因此面试官应当尽量避免晕轮效应。比如，如果面试官使一名申请者的运动成绩掩盖了其他特点，晕轮效应就出现了，然后面试官雇用了那名申请者，因为“运动员会成为好的销售员”。魔鬼号角是晕轮效应的反例。它是指一个负面特点，如不合宜的穿着或低的学分绩点等掩盖其他证据的情况。

(4)刻板效应。面试中经常出现的一种偏见是相似性偏见，表现为面试官倾向于选择那些他们认为与他们相似的人。这种相似性可以表现在年龄、性别、种族、过去的工作经历、个人背景或其他因素上。面对劳动力人口统计特征的变化，面试官应意识到任何因为人口特征和差异而对某些人产生偏见的个人倾向，并且小心避免。简言之，对求职者的个人偏见和思维定式在面试中应当避免。

3. 有效的面试

面试者可以通过下列方法提高面试效果：

(1)计划面试。在面试开始前，面试者应回顾一下申请者的申请表、简历等个人详细资料并甄选测试中的表现情况。然后进行结构化、标准化面试。不要使面试的目标过于分散，并且确认面试中发问的具体范围。

(2)控制面试。这包括面试前应当清楚面试应采集的信息,面试过程中通过制造和谐气氛、避免重复谈话等举措来采集所需信息,而后再完成面试。

(3)掌握面试的提问技巧。在面试过程中,考官除需要有一定的专业技能与经验外,其提问也是很有学问的,因为考官使用的提问方法可以显著地影响其收集到的信息的类型和质量。面试可采用以下的提问方法:简单式提问、递进式提问、比较与对比提问、举例提问、客观评价提问。这些面试的提问技巧,在实际应用中并非固定模式,如果考官能随机应变、灵活运用,那么面试工作必将成功。

(4)主考官应避免第一印象、晕轮效应、群体定见、趋中效应、以貌取人、个人偏见等常见的心理效应。

(5)主考官应避免如点头、停顿、做一些随意的评论、随声附和、反应等听后回应。听后回应是日常生活谈话必不可少的一部分,但他们可能无意地给求职者提供了反馈,求职者可能会尽力去迎合主考官的回应以寻找线索。然而,对求职者的回答完全不做回应可能隐含不耐烦或漠不关心。因此主考官应做出一些比较中性的评论。

(三)心理测评

心理测评学家对测验所下的定义是众多的。譬如,陈选善在 20 世纪 30 年代说:“测验是一个或一群标准的刺激,用以引起人们的行为,根据行为估计其智力、品格、兴趣、学业等。”又比如布朗说:“所谓测验,是对一个行为样组进行测点的系统程序。”相比上述两个定义,更为大多数的心理测评学家所接受地更为完整的定义是阿纳斯塔西所下的定义:“心理测评实质上是行为样组的客观的标准化的测验。”我们把心理测评定义为,根据抽样原则制作测验材料,通过标准化程序,测量个人人格、智力、性向(能力)和成就的差异,以利于选优和派职。它用专门的工具,取得心理变化的量的数据来比较、鉴别和评定不同个体之间心理上的差异,或者同一个体在不同时期、不同条件或不同场合的心理反应和心理状态。

1. 心理测评的种类

目前流行的心理测评量表很多,据美国心理学家 1961 年的调查统计,已近 3 000 种之多;在 1972 年出版的《心理测量年鉴》中也介绍了 1 100 多种。尽管种类繁多,它仍可以归为几种类型。以测验的目的来分,可以分为智力测验、人格测验、特殊能力测验和心理健康测验四大类;以测验的方法来分,有问卷测验、操作测验和投射测验三大类;以测验的性质来分,可以概括为文字测验和非文字测验两大类;还有以测验的组织方式来分,可以分为个别测验和团体测验两种。在这些分类方式中,以测评目的分类较为常用。

(1)智力测验:通过测验来衡量智力水平的一种科学方法,常用的测验方法有韦克斯勒智力测验和瑞文推理测验。

(2)人格测验:也称为个性测验,主要用于测量个人在一定条件下经常表现出来的、相对稳定的性格特征,如兴趣、态度、价值观等。常用的人格测验有艾森克个性测验(简称 EPQ)、卡特尔 16 种人格测验(16PF)、梅耶斯—布里格斯类型测验(简称 MBTI)、大五人格测验。其中大五人格测验在理论研究中应用较多,而卡特尔 16 种人格测验在实践中应用较多。

卡特尔 16 种人格测验是美国伊利诺州立大学能力测验研究所卡特尔教授编制的,是在企业和学校的职业选拔、人员招聘与考核等领域中应用非常普遍和频繁的人格测验。卡特尔认为人的个性是由许多特质构成的，由于各种人格特质在一个人身上的不同组合，构成了一个不同于他人的独特人格。他把人的人格分为表面特质和根源特质。表面特质是指一个人经常发生的、可以从外部观察到的行为；根源特质是制约表面特质的潜在基础。从许多表面的行为中，卡特尔教授抽取了16种根源特质，将其称为16种人格因素。然后，在此基础上开发了专门的量表测量这16种特质，即卡特尔16种人格测验。16PF测量的16种人格因素分别是：A乐群性、B智慧性、C稳定性、E好强性、F乐观性、G有恒性、H敢为性、I敏感性、L怀疑性、M幻想性、N世故性、O忧虑性、Q1实验性、Q2独立性、Q3控制性、Q4紧张性。这16种人格因素各自独立，每一种因素与其他因素的相关度极小。每一种因素的测量能认识被试者某一方面的人格特征，整个问卷能综合了解到被试者的16种人格因素，全面评价被试者的人格。

(3)特殊能力测验：是对特殊能力的测验，又称性向测验。"性向"一词是对特殊能力而言的，如某人具有很高的音乐性向，则经过老师的指导与训练后，会很快取得良好的成绩。特殊能力测验则用以测量个人的性向，其目的在于发现个人的性向，并配合性向给予训练、学习、选择职业的机会，以期将来获得较多与较大的成就。

特殊能力测验可分为学业性向测验与职业性向测验两类，本章所述以职业性向测验为主。职业性向测验，又可依其内容与作用，分为综合性向测验和特殊性向测验。特殊性向测验通常应用于工商和政府机构选拔工作人员，或辅导及咨询单位的选聘。由于各种专业工作的需要，特殊性向的种类也在增多，但一般而言，主要的特殊性向测验有下列几种：①机械性向测验。在这类测验中，有以测验手工灵巧为主的，有以测验空间关系为主的，也有以测验机械理解为主的。这类测验的信度和效度均很高。②文书性向测验。文书性向包括范围甚广，其测验方式包括文字或数字校对测验、阅读理解测验、密码翻译测验、门类区别测验、常识问题测验、数学计算测验、命令执行测验和社会适应测验等多种。③艺术性向测验。由于个人的兴趣、性格、学习、态度、组织与情感等因素，都与艺术成就有着密切关系，艺术性向测验用以检测应试者对美感的组织鉴赏能力，包括图画各部分的对称、平衡、调和、异同等。④音乐性向测验。主要测验应试者对音调、音量、节奏、音长与音色的辨别力及音调的记忆力。举行测验方式多用唱片发音，每一试题中包含两个音阶，以此来测验应试者的辨别力与记忆力。

(4)心理健康测验：关注员工的心理健康状况，常用的测验方法有心理健康测验(UPI)、焦虑自评量表和心理健康临床症状自评测验(SCL-90)。

2. 心理测评的选用原则

如何选用合适的心理测评量表，这是测验者需要认真考虑的。选择不当，不仅不能达到目的，浪费人力和时间，甚至可能产生不良的影响，所以，测验者一定要经过专门的训练，如在美国，要经过有关学术部门的核准，不是随便什么人都能使用心理测评。选用心理测评，一般应遵循以下几个原则：

(1)根据测验目的选用适当的测验量表。任何测验量表都有一定的使用目的。比如，用于智力测验的不能用来检查人格特点。因此选用时，首先要了解所选量表的主要测验目的是否符合要求。

(2)掌握测验量表的适用范围。任何测验量表都有它一定的运用范围。用于儿童的,不能用于成人;这个民族使用的,不能随便搬到那个民族。

(3)应选用标准化的测验量表。标准化的量表,具有固定的方法、内容、答案和统一的记分方法,比较可靠。

(4)选用测验量表还必须考虑其信度和效度。

(四)评价中心

评价中心是近年来西方企业流行的一种评选管理人员的方法。这种方法将被试者置于一个模拟的工作情景中,采用多种评价技术,观察、评价被试者在模拟工作情景下的心理和行为。西方管理学家分析评价中心的效果时发现,由企业领导随意挑选、选拔的管理人员,按照使用结果,其正确性只有15%;经过各级经理层层提名推荐的,正确性达到35%;而经过评价中心推荐的,正确性达70%。匹兹堡大学职业研究院的威廉·C·柏海姆在调查评价中心的研究项目后也指出,经过评价中心选拔管理人员比仅仅凭主管人判断而提拔管理人员,其成功率要大2~3倍。

评价中心的主要内容包括公文处理、模拟面谈、无领导小组讨论、角色扮演、即兴演讲和管理竞赛等。

1.公文处理

这是情景模拟的一种主要形式,是专门为招聘到合格的管理人员或部门领导者而设计的。公文的内容包括文件、备忘录、电话记录、上级指示、调查报告、请示报告等。在这一测试中,工作所处情景为:将遇到的一系列难题分别逐一写在一张纸上,并放在篮子里。这些问题会涉及各种不同类型的群体——同事、下属以及组织外的一些人。求职者必须先按重要程度对这些问题排序,有时还要求写出具体措施。在测试中,给予每个人一定的时间限制,偶尔他们还会被中途打来的电话所打断,以创造一个更紧张和压力更大的环境。通过这样的情景模拟出办公的真实氛围。从公文处理中可以判断受试者的经验、知识、能力和性格以及处理问题的风格。

一次有效的公文处理情景模拟测试要求招聘者做到以下几点:在公文处理前,拟定好评分标准;公文要与测评目的和空缺职位紧密结合;要规定一定的完成期限;要安排一个与真实环境相似的办公环境;要对背景资料解释清楚详细,并且准备好足够的办公用具。

2.模拟面谈

谈话技巧主要通过三种形式来考察:电话沟通、接待来访者和拜访有关人士。电话沟通可以反映受试者的心理素质、文化修养、口头表达能力以及反应能力等,接待来访者和拜访有关人士则可以反映受试者待人接物的技巧和应付各种突发事件的能力等。

3.无领导小组讨论

无领导小组讨论是指一组受试者开会讨论一个实际经营中存在的问题,讨论前并不指定谁来主持会议,只是在讨论中观察每个受试者的发言,以便了解受试者的心理素质和潜在能力的一种测评方法。进行无领导小组讨论,可以测试受试者的领导能力、说服能力和协调能力等。

4.角色扮演

角色扮演就是要求受试者扮演一个特定的角色来处理日常事务或者某一突发事件,以此来对受试者的应变能力和解决问题的能力进行测试的一种方法。

5. 即兴演讲

这项测试要求求职者在某个特定环境中展示自己语言和行为方面的才能，如即席发言。即席发言是假设受试者在某一特定场合进行发言，通过发言来了解受试者的思维反应、语言表达和言谈举止等方面能力的一种测试方法。一般地，即席发言的题目有动员报告、新闻发布会、联欢会的贺词等。

6. 管理竞赛

管理竞赛就是假定受试者是在市场上竞争的模拟公司的成员，要求受试者解决该模拟公司的一些实际问题。例如，受试者可能要就保持多少存货、如何增产等问题进行分析并做出决策。

评价中心的目的是测评被试者是否适宜担任某项将被委任的工作，预测被试者的能力、潜力与工作绩效的前景，同时，发现被试者的欠缺之处以确定培养内容与方式。它的测评人员一般由企业内部高级管理人员和外部心理学家共同组成。评价中心的实施包括提名、选拔、培训等一系列过程，这些一连串的步骤组成了评价中心的实施。

四、测评方法的选取

就测评方法或测评工具而言，其作用和效果是相对单一的，不能指望仅根据一种测评结果做出科学、精确的选拔决策。选择测评方法时，应该注意下面几点：

（1）需要了解各种测评方法的特点、内容以及适用范围。任何一种测评方法都只能测量某些特定的内容，所适用的测验对象也有所不同。在选择测评方法时，一定要非常熟悉各种测评方法的内容和适用范围，才能根据所要测量的维度选择合适的测量方法。

（2）充分考虑测评方法对实施条件的要求，包括实施操作的方式、时间限制、对场地的要求、对实施者的特殊要求等。

（3）所选测验方法和测评的内容应该相对应。例如，测评应聘者的人格就需要选择相应的人格测验。与此同时，需要考虑到测评的目的。例如，了解个体在其人格各个方面的特点就应该用人格测验，而不是个性倾向测验。

（4）有效权衡各种测评方法的优缺点。尺有所短，寸有所长，各种测评方法都有各自的局限性。例如，纸笔测验比较简便，易实施，可以进行集体施测，对环境的要求较少，测验的标准化程度也比较高，记分和解释都比较容易，对测评者的要求相对比较低；但是，纸笔测验的测量结果有时无法反映被测评者在真实情景中的表现，某些测评维度，如沟通能力、组织协调能力等，很难通过纸笔测验进行测评。情景模拟测评方法比较复杂，不易标准化，记分和解释都比较困难，对测评者的要求也比较高，但是它却能对有些实际操作的项目进行有效的测评，所以，应充分利用各种测评方法的优点，防止测评受到其缺点的影响。

（5）经济、有效地使用测评方法。在选择测评方法时，除了考虑测评的准确性和有效性外，还需要充分考虑测评的成本，即投入与收益之间的关系。一般来说，能够用成本较低的测评方法进行测评的，就尽量不用成本较高的测评方法；能够在较短时间内完成的测评，就不要使用耗时较长的测评方法。

第三十九章 员工培训

知识框架

- 员工培训
  - 员工培训概述
    - 员工培训
    - 员工培训方案设计流程
    - 心理培训
  - 员工培训系统模型
    - 培训的准备阶段
    - 培训的实施阶段
    - 培训的评估阶段
    - 培训的反馈阶段
  - 员工培训方法
    - 直接传授培训方式
    - 参与式培训法
    - 其他培训方法

第一节 员工培训概述

一、员工培训

(一)员工培训的定义与作用

员工培训是指组织为实现企业战略目标及培育人才的需要,采用各种方式对员工进行有目的、有计划的培养和训练的管理活动,其目标是使员工不断地更新知识,开拓技能,改进员工的动机、态度和行为,使员工适应新的要求,更好地胜任现职工作或担负更高级别的职务,从而促进组织效率的提高和组织目标的实现。

有效的员工培训,其实是提升企业综合竞争力的过程。良好的培训对企业的作用主要有以下四个方面。

1. 培训能增强员工对企业的归属感和主人翁责任感

就企业而言,对员工培训得越充分,对员工越具有吸引力,越能发挥人力资源的高增值性,从而为企业创造越多的效益。百事可乐公司对深圳 270 名员工中的 100 名进行过一次调查,调查显示这些人几乎全部参加过培训,其中 80% 的员工对自己从事的工作表示满意,87% 的员工愿意继续留在公司工作。培训不仅提高了员工的技能,而且提高了员工对自身价值的认识,对工作目标有了更好的理解。

2. 培训能促进企业与员工、管理层与员工的双向沟通，增强企业向心力和凝聚力，塑造优秀的企业文化

企业管理人员和员工认同企业文化，不仅会自觉学习掌握科技知识和技能，而且会增强主人翁意识、质量意识、创新意识，从而培养起敬业精神、革新精神和社会责任感，形成上上下下自学科技知识、自觉发明创造的良好氛围，企业的科技人才将茁壮成长，企业科技开发能力会明显增强。

3. 培训能提高员工综合素质，提高生产效率和服务水平，树立企业良好形象，增强企业盈利能力

据美国权威机构监测，培训的投资回报率一般在33%左右。对美国大型制造业公司的分析显示，公司从培训中得到的回报率可达20%～30%。摩托罗拉公司每年向全体雇员提供至少40小时的培训。调查表明，摩托罗拉公司每1美元的培训费可以在3年以内实现40美元的生产效益。摩托罗拉公司认为，素质良好的公司雇员们已通过技术革新和节约操作为公司创造了40亿美元的财富。

4. 培训能适应市场变化、增强竞争优势，培养企业的后备力量，保持企业经营的生命力

企业竞争说穿了是人才的竞争。明智的企业家越来越清醒地认识到培训是企业发展不可忽视的"人本投资"，是提高企业"造血功能"的根本途径。美国的一项研究资料表明，企业技术创新的最佳投资比例是1:1，即人本投资和硬件投资各占50%。人本为主的软技术投资，作用于机械设备的硬技术投资后，产出的效益会成倍增加。在同样的设备条件下，增加人本投资，可达到投1产8的投入产出比。

（二）员工培训的形式

从培训与工作的关系来划分，员工培训的形式主要有在职培训、岗前培训和脱产培训。在职培训是指不离开自己的工作岗位，在工作进行的同时实施的培训；岗前培训主要是针对新员工招聘进来以后在上岗前进行的培训或企业内员工轮换到新工作岗位前进行的培训；脱产培训是指企业为了企业发展和员工个人发展的需要，让在职员工离开现任的工作岗位去接受培训。

按培训目的来划分，员工培训的形式主要分为过渡性教育培训、知识更新培训或转岗培训、提高业务能力培训和专业人才培训。过渡性教育培训主要是指企业在录用中学毕业或大中院校毕业的应届生后，帮助其完成由学习生活向职业生活过渡的教育培训；知识更新培训或转岗培训是使员工掌握新产品的生产制造、使用维护等方面知识，适应新岗位要求的培训；业务能力培训主要是为了不断提高本企业员工的业务素质能力，最终达到提高企业生产率的目的；专业人才培训是为开发优秀员工并使其在企业中发挥特殊作用而进行的培训，包括专业技术人才的培训和管理人才的培训等。

按培训对象在公司中的地位划分，其形式还可以是公司经理培训、基层经理培训、专业技术人员培训和一般员工培训等。

二、员工培训方案设计流程

员工培训尽管是人力资源管理中的一环，但它又是一项相对独立的系统工程，所以应该

采用一种系统方法，使培训符合企业发展的目标，让培训的每一项工作都能实现企业组织、员工个人以及员工所从事的工作三方面的优化。

（一）培训需求分析

培训需求分析是在企业培训需求调查的基础上，采用全面分析与绩效差距分析等多种分析方法和技术对企业及其成员在知识、技能、目标等方面进行系统分析，以确定是否需要培训，以及培训内容的过程。

需求产生于目前的状况与理想的状况之间存在的差距，这一差距就是“状态缺口”。企业有培训需求，也正是由于存在“缺口”。企业对雇员的能力水平提出的要求就是“理想状态”，而雇员本人目前的实际水平即为“目前状态”，两者之间的差距就是“状态缺口”。企业要努力减小这一“缺口”，就形成了培训需求。

培训需求评估对企业的培训工作至关重要，它是真正有效地实施培训的前提条件，是使培训工作准确、及时和有效的重要保证。

（二）制订培训计划

培训计划的设计是基于对培训需求了解基础上展开的工作，其目的是保证培训工作合理开展。培训计划是规范培训工作、提高培训效率的有效手段，培训计划主要有以下六方面内容。

1. 选定培训对象

明确了培训要求之后，企业首先要确定需要培训的人员。培训的一个重要目的就是让不符合岗位知识和技能要求的员工通过培训符合要求。但是，企业的培训资源是有限的，如何合理分配培训资源是人力资源部和直线经理面临的重要问题。并不是员工接受培训以后，就一定有所收获，因为这与各员工的主观意愿和学习能力有很大关系。特别是在培训经费紧张的情况下，培训工作就更要保证满足确实需要培训的人员的要求。

2. 遴选培训讲师

企业培训工作者是企业培训工作的主体，在员工培训中占据重要地位，他们承担着提高企业员工素质的重任，是企业培训的具体实施者和落实者。培训工作者水平的高低关系到培训效果的好坏和培训质量的高低。

3. 设计培训课程

现代培训的内容一般分为五个方面：①知识培训，目标是解决“知”的问题；②技能培训，主要解决“会”的问题；③思维培训，解决“创”的问题；④观念培训，解决“适”的问题；⑤心理培训，解决“悟”的问题。根据培训的内容和培训需求分析的结果，进行培训课程的设置。

4. 选择培训形式和方法

培训有很多种形式，包括在职培训、岗前培训和脱产培训等，要根据培训的实际需要来选择。如果培训内容含量大、要求高、时间长，那么选择脱产培训比较合适；反之，对于知识、技能补充性的培训，可以采用在职培训的形式。

随着科学技术、培训管理理论的发展，培训方法日益丰富。在实际工作中，要依据公司培训的需要和可能、培训的内容以及培训的对象等方面，合理地选择采用。不同培训方法有不同特点，其自身也各有优劣，如何选择培训方式要根据具体情况具体分析。

5. 培训时机选择

在做培训需求分析时，需要确定培训哪些知识与技能；根据以往的经验，对这些知识与技能培训做出日程安排，估算培训大致需要的时间以及培训真正见效所需的时间，从而推断培训提前期的长短；根据何时需要用到培训知识与技能及提前期，最终确定培训日期。

6. 培训工作组织

一次高效的培训离不开培训的组织工作。培训的组织工作首先应获得培训主管部门支持，组建培训项目小组。培训单靠培训部门很难完成，必须得到很多方面的支持，尤其是各个部门的配合与协助。

（三）培训效果评估

所谓的培训评估，也就是对培训效果进行评价，它指依据培训目标，对培训对象和培训本身做一个价值判断。培训评估是对培训项目的改进，或者是为企业以后的培训工作积累经验，一般的培训项目都要进行评估。从严格意义上讲，培训评估并不能说是培训的最后一个阶段，因为在有些培训中，评估可能贯穿于培训活动的始终。

三、心理培训

（一）心理培训概念

企业心理培训是指将心理学的理论、理念、方法和技术应用到企业管理和训练活动之中，以更好地解决员工的动机、心态、心智模式、情商、意志、潜能及心理素质等一系列心理问题，使其心态得到调适、心态模式得到改善、意志品质得到提升、潜能得到开发等。心理培训是一种相对独立的培训，因而人力资源管理工作者有必要首先认识其独特性。

（二）企业何时需要开展心理培训

一般来说，企业什么时候都可以进行心理培训，但是在以下几个时间段，则特别需要进行心理培训。

1. 企业组织变革时

从职业心理健康的角度分析，组织变革对员工是一个特殊且强大的刺激源，员工必然会产生不同寻常的应激反应。比如，若员工没有足够的能力应付强大的压力，将会有一系列生理、心理、行为上的不适，进而影响其正常的工作与生活，这样也会对组织变革的推进产生消极影响。有调查表明，组织变革时有60%以上的人可能受到消极情绪的困扰，50%的人有失眠情况，70%以上的员工工作效率下降，40%以上的员工工作失误增加，甚至有人出现了一些过激行为。

2. 企业出现重大突发事件时

重大突发事件是指突然发生、影响巨大、对员工生理和心理产生强烈冲击的事件。尤其是突发事件的目击者或直接相关人员，由于对其心理产生了巨大冲击，所以特别需要心理干预。比如，企业发生突发性灾难造成人员伤亡，员工因为失去了同事而处于巨大的心理悲痛之中，这时就需要群体性心理培训。

3. 企业员工出现普遍性职业倦怠时

职业倦怠是个体在体力、精力和能力上都无法应付外界要求而产生的身心疲劳与耗竭的状态。根据国际标准,工作倦怠包括情绪衰竭、玩世不恭和成就感低落三个指标,通常表现为一种感觉疲劳或挫折的状态。职业倦怠因工作而起又反作用于工作,致使形成一种恶性循环。人力资源管理人员如果发现员工近来没有工作兴趣,甚至开始厌倦工作、工作效率明显下降,那么在排除其他因素的影响下,可以尝试进行心理培训。

4. 新员工入职时

每个企业对员工的心理素质都有不同的要求。因此,可以根据岗位需求对新员工进行有针对性的心理培训,以促进其更快更好地适应企业文化。

(三)心理培训的具体方法

1. 心理暗示法

暗示是用含蓄、间接的手段、方式和方法对人的心理和行为产生影响,从而使人按一定的方式去行动或接受一定的意见,使其思想、行为与自己的意愿相符合。暗示有他人暗示、自我暗示、行为暗示、环境暗示、言语暗示等。在企业心理培训中,多种形式的暗示可对员工的心理与行为施加影响,促使其心理与行为朝着目标方向发展,同时使员工学会积极的自我暗示。

2. 游戏训练法

游戏训练法是现代企业培训过程中常用的一种方法,是寓教于乐的有效方式。它原先的目的是改变培训现场气氛,提高参加者的好奇心、兴趣及参与意识,并改良人际关系。现在则是通过游戏产生体验、获得知识,或使参加者的心理、行为、思想发生变化。此法常用来改变员工已有的认知方式,改良群体的人际关系,改善员工的心智模式。

3. 拓展训练法

拓展训练法是一种体验式的学习方法和训练方式,它利用特定的自然环境,通过独具匠心的设计,在解决问题和应对挑战的活动过程中增进人的勇气与自信、理解与沟通、进取与互助。

拓展训练活动的形式有许多,如场地项目、水上项目、野外项目、室内项目等,企业应根据实际加以选择。拓展训练可用来激发员工的潜能、培养团队精神与合作默契。

4. 头脑风暴法

头脑风暴法是一种通过会议形式,让所有参加者在自由愉快的气氛中自由交换想法,并以此激励与会者的创意及灵感的方法。此方法重在集体参与和努力,并在协作中完成某项任务或解决某一问题。集体的参与将增加学员的团队协作精神、增强个人的自我表现力及口头表达能力,并且容易产生很多新思想。因而,该法被广泛用于创造性思维活动中。

5. 角色模拟法

角色模拟法是在联系职业岗位的现实问题的基础上,创设一定的情境或仿真情境,目的是让受训者模拟扮演情境中的角色,通过角色活动获得心理体验,并分享体验、分析角色行为,以形成特定的心理品质与行为习惯。角色模拟是实际情境或过程的抽象化或简化。角色模拟法有利于培养员工的换位思考能力,打破部门之间的隔阂和误会,也有助于培养员工的全局观念。

6. 心理剧技术

心理剧是在团队领导者的引领、支持和帮助下，通过团队成员创造性地参与表演，使其能充分表达内心感受、释放情绪、提升洞察力并对问题加深理解，进而发展出积极的新行为。该方法也可用来优化员工的个性。在心理剧表演过程中，通过演绎“个案”使员工普遍觉察到自己身上“看不见”的但又无时无刻不在发挥作用的负面人格特质，从而起到修复心理创伤、提升心灵品质的效果。

第二节 员工培训系统模型

有效的员工培训系统是员工培训的重要保障。精心设计员工培训系统是非常重要的。员工的培训系统包括培训需求分析、培训目标确定、培训方案设计、培训实施、培训评估和培训反馈等几个环节。

一、培训的准备阶段

在员工培训的准备阶段，必须做好两方面的工作：一是培训需求分析；二是培训目标确定。

(一)培训需求分析

培训需求分析主要是为了明确是否需要进行培训。它包括组织分析、任务分析与人员分析三项内容。

1. 组织分析

组织分析是要在企业的经营战略下，确定相应的培训，并为其提供可利用的资源、管理以及企业对培训活动的支持。这里需要分析三个问题：①从战略发展高度预测企业未来在技术、销售市场及组织结构上可能发生什么变化，对人力资源的数量和质量的需求状况进行分析，确定适应企业发展需要的员工能力。②分析管理者和员工对培训活动的支持态度。③对企业的培训费用、培训时间及培训相关的专业知识等培训资源的分析。

2. 任务分析

任务分析包括任务确定及对需要在培训中加以强调的知识、技能和行为等进行的分析。任务分析用以帮助员工准确、按时地完成任务。任务分析的结果是有关工作活动的详细描述，包括员工执行任务和完成任务所需的知识、技术和能力的描述。这里对工作任务的分析并不同于工作分析，主要研究怎样具体完成各自所承担的职责和任务，即研究具体任职人的工作行为与期望的行为标准，找出其间的差距，从而确定其需要接受的培训。

3. 人员分析

人员分析可帮助培训者确定谁需要培训，即通过分析员工目前绩效水平与预期工作绩效水平来判断是否有进行培训的必要。影响员工绩效水平与学习动机的因素包括：个体特征，即员工是否具有完成工作所应具备的知识、技术、能力和态度；工作输入，即员工是否得到一些指导，如应该干些什么，怎样干和什么时候干等；工作输出，即员工是否了解工作的目标；工作结果，即与业绩相关的奖励是否有足够的激励作用；工作反馈，即员工是否能得到执行工作中的有关信息。

（二）培训目标确定

培训目标一般包括三方面的内容：一是说明员工应该做什么；二是阐明可被接受的绩效水平；三是受训者完成指定学习成果的条件。培训目标确定应把握以下原则：一是使每项任务均有一项工作表现目标，让受训者了解受训后所达到的要求，具有可操作性；二是目标应针对具体的工作任务，要明确；三是目标应符合企业的发展目标。

二、培训的实施阶段

在培训的实施阶段，企业要完成两项工作：培训方案设计和培训实施。从培训工作的系统来看，培训的成功与员工培训项目设计有很大关系。

（一）培训方案设计

培训方案的设计是培训目标的具体操作化，即目标告诉人们应该做什么，如何做才能完成任务、达到目的。主要包括以下一些问题：选择设计适当的培训项目；确定培训对象；培训项目的负责人，包含组织的负责人和具体培训的负责人；培训的方式与方法；培训地点的选择；根据既定目标，具体确定培训形式、学制、课程设置方案、课程大纲、教科书与参考教材、培训教师、教学方法、考核方法、辅助器材设施等。

（二）培训实施

培训实施是员工培训系统关键的环节。在实施员工培训时，培训者要完成许多具体的工作任务。要保证培训的效果与质量，必须把握以下问题。

1. 选择和准备培训场所

首先，培训场地应具备交通便利，舒适、安静、独立而不受干扰，能为受训者提供足够的自由活动空间等特点。其次，注意座位的安排，即应根据学员之间及培训教师与学员之间的预期交流的特点来布置座位。总之，选择和准备培训场所应以达到培训效果为目的。

2. 课程描述

课程描述是有关培训项目的总体信息，包括培训课程名称、目标学员、课程目标、地点、时间、培训的方法、预先准备的培训设备、培训教师名单以及教材等。它是从培训需求分析中得到的。

3. 课程计划

详细的课程计划非常重要，包括培训期间的各种活动及其先后次序和管理环节。它有助于保持培训活动的连贯性，而不论培训教师是否发生变化；有助于确保培训教师和受训者了解课程和项目目标。课程计划包括课程名称、学习目的、报告的专题、目标听众、培训时间、培训教师的活动、学员活动和其他必要的活动。

4. 选择培训教师

员工培训的成功与否与培训教师有着很大相关关系。特别是21世纪的员工培训，教师已不仅仅是传授知识、态度和技能，而且是受训者职业探索的帮助者。企业应选择那些有教学愿望，表达能力强，有广博的理论知识、丰富的实践经验、扎实的培训技能，热情且受人尊敬的培训教师。

5. 选择培训教材

培训的教材一般由培训教师确定。教材有公开出版的、企业内部的、培训公司的以及教师自编的四种。培训的教材应该是对教学内容的概括与总结,包括教学目标、练习、图表、数据以及参考书等。

6. 确定培训时间

适应员工培训的特点,应确定合适的培训时间,明确何时开始、何时结束,每个培训周期培训的时间等等。

三、培训的评估阶段

培训评估是员工培训系统中的重要环节。一般包括五个方面的工作:确定评估标准、评价方案设计、培训控制、培训评估以及结果评估。

(一)确定评估标准

为评估培训项目,必须明确根据什么来判断项目是否有效,即确立培训的结果或标准。只有目标确定后,才能确定评估标准,标准是目标的具体化,同时又为目标服务。制订标准的具体措施步骤分为:一是对评价目标进行分解;二是制订出具体标准;三是组织有关人员讨论、审议,征求意见,加以确定;四是试行与修订。在确定标准时必须把握一定的原则:各评估标准的各部分应构成一个完整的整体;各标准之间要相互衔接、协调;各标准之间应有一定的统一性与关联性。

(二)评价方案设计

企业可以采用不同的评价方案来对培训项目进行评价。主要有以下几种:①培训前和培训后的比较,即将一组受训者与非受训者进行比较。对培训结果的信息要在培训之前和之后有针对性地进行收集。如果受训者小组的绩效改进大于对比小组,则培训有效。②参训者的预先测验。它是让受训者在接受培训之前先进行一次相关的测试,即实验性测试。一方面,可以更好地引导培训的侧重点;另一方面,可对培训效果进行评估。③培训后测试。它只需收集培训的结果信息。如果评价设计中找到对比小组,操作则更方便。④时间序列分析,即利用时间序列的方法收集培训前、后的信息,以此来判断培训的结果。它经常被用于评价会随着时间发生变化的一些可观察的结果(如事故率、生产率及缺勤率等)。

(三)培训控制

培训控制贯穿于整个培训实施过程之中,即根据培训的目标、员工的特点等调整培训系统中的培训方法、进程等。它要求培训者具有观察力,并经常与培训教师、受训者沟通,以便及时掌握培训过程中所发生的意外情况。

(四)培训评估

进行培训评估时,应对培训目标、方案设计、场地设施、教材选择、教学的管理以及培训者的整体素质等各个方面进行评价。因此,评估内容包括评估培训者、评估受训者、评估培训项目本身等三方面。评估的过程一般包括:首先是收集数据,如进行培训前和培训后的测试、问卷调查、访谈、观察,了解受训者观念或态度的转变等;其次是分析数据,即对收集的数据进行科学的处理、比较和分析，解释数据并得出结论；最后是把结论与培训目标加以比较，提出改进意见。

（五）结果评估

结果评估就是对培训效果转移的评估，即指对员工接受培训后在工作实践中的具体运用或工作情况的评估。一份优秀的培训评估表应该具有以下特点：

（1）以国家标准为基础。

（2）与培训目标紧密联系。

（3）与受训者先测内容有关。

（4）包括如培训师、培训场地、培训教材等培训的一些主要因素。

（5）包括如客户服务部分、案例讨论等培训的一些主要环节。

（6）评估结果容易数量化。

（7）鼓励受训者真实反映结果。

四、培训的反馈阶段

培训的反馈阶段是员工培训系统中的最后环节。通过对培训效果的具体测定与量化，可以了解员工培训所产生的收益，把握企业的投资回报率；也可以对企业的培训决策及培训工作的改善提供依据，以更好地进行员工培训与开发。

（一）培训效果测定

关于培训效果的测定问题，有不少学者对其进行了研究。美国著名学者 D. L. 柯克帕特里克提出了四层次框架体系，他认为培训效果测定可分成四个层次（见表 39－1）。

表 39－1 柯克帕特里克的四层次评估标准框架

层次	标准	重点
1	反应	受训者的满意程度
2	学习	知识、技能、态度、行为方式方面的收获
3	行为	工作中行为的改进
4	结果	受训者获得的经营业绩

（二）培训效果测定方法

培训效果测评的量化是一项十分复杂的工作。投资回报率是一个重要的培训成果量化指标。下面介绍员工培训的成本收益分析方法，即通过财务会计方法确定培训项目的经济收益。

1. 确定成本

培训成本包括直接成本与间接成本。确定成本的方法主要有两种：一种是根据企业员工培训系统模型，对培训的不同阶段（培训项目设计、实施、需求分析、开发和评估）所需的设备、设施、人员和材料的成本进行比较（这种方法有助于比较不同培训项目成本的总体差异），或将培训不同阶段所发生的成本用于项目间的比较。另一种是用会计方法计算成本。

2. 确定收益

企业应分析培训的原因，如培训是为了降低生产成本或额外成本等。有许多方法可以确定收益：一是运用技术、研究及实践与特定培训计划有关的收益；二是在公司大规模投入资源前，通过实验性培训评价一部分受训者所获得的收益；三是通过对成功的工作者的观察，确定其与不成功工作者绩效的差别。

成本收益分析还有其他的方法，如效用分析法，即根据受训者与未受培训者之间的工作绩效差异、受训者人数、培训项目对绩效影响的时间段以及未受培训者绩效的变化来确定培训的价值。这种方法需利用培训前测与后测方案。还有一种是经济分析，即对培训为企业或政府带来的经济效益进行评价。主要通过计算直接和间接成本、政府对培训的奖励津贴、培训后受训者工资的提高、税率和折扣率等进行评估。

第三节　员工培训方法

一、直接传授培训方式

直接传授培训方式是指培训者直接通过一定途径向培训对象发送培训中的信息。这种方法的主要特征就是信息交流的单向性和培训对象的被动性。尽管这种方法有不少弊端，但仍有其独特作用。其具体形式主要有课堂教学法、工作指导法以及影视法等。

（一）课堂教学法

【案例 1】

汉堡大学的历史

麦当劳为了追求高品质、一致性，对加盟者进行必要的培训一直是其重要的举措。1957 年，麦当劳制作了一部训练影片，打算在各加盟店里分别讲习训练。后来麦当劳的经理们觉得必须制造出教室的气氛，才能教授这些加盟者一般的经营哲学和理论，而这些在各个店里是做不到的。当时，没有任何经营连锁业者想到开设一个全天候的训练中心，但麦当劳为了使所有加盟者对标准化有充分认识，决心付诸实践，努力达到这一目的。最初，麦当劳在一个店里的地下室建造了一间教室，配备了必要的教学器材，并且聘请全天专职的教师任教。这样，1961 年 2 月麦当劳成立了著名的汉堡大学。

麦当劳采用的这种方法就是课堂讲授法。这种方法属于传统模式的培训方式，指培训师通过语言表达，系统地向受训者传授知识，期望这些受训者能记住其中的重要观念与特定知识。这种培训方法的优点在于传授内容量大，有利于大面积培养人才；传授的知识比较系统、全面；对培训环境要求不高；学员可利用教室环境相互沟通；学员能够向教师请教疑难问题；员工平均培训费用较低。但是，课堂教学中常常因为传授内容过多，学员难以吸收、消化；容易导致理论与实践相脱节；单向传授不利于教学双方互动，同时也不能满足学员的个性需求；一般情况下，这种传授方式较为枯燥单一，不适合成人学习。

（二）工作指导法

【案例 2】

联想的新员工培训

联想的新员工在上岗之前，都要指定一对一的指导人。公司有一系列的规范来选择指导人，包括要求和资格认定及指导工作评价，在新员工报到前一周，各部门就要将名单报人力资源部，由人力资源部进行资格审查。新员工在没有指导人的情况下，该部门要暂缓进人计划，待有合格的指导人后方可进人。指导人负责带新人并考察新员工在试用期间的表现能力等，其作用一是代行人力资源部的考察职责，二是通过帮带行使部门职责。在这种体制下，新员工通过指导人的帮助，能够尽快进入角色。

联想这种指导人制度和我国以前的“师傅带徒弟”或“学徒工制度”相类似。目前，我国仍有很多公司在实行这种帮带式培训方式，其主要特点在于通过资历较深的员工的指导，新员工能够迅速掌握岗位技能。

在工作指导（也称个别指导）中，新员工在师傅指导下开始工作，可以避免盲目摸索，从指导人处直接获取丰富的经验，而且能够尽快融入团队；特别是对于刚从高校毕业的学生来说，这种培训方法可以消除他们进入工作的紧张感；工作指导法还有利于企业传统优良工作作风的传递。但如果企业没有良好的制度保障，工作指导法有时并不能发挥出上述作用。例如，为防止新员工对自己构成威胁，指导者可能会有意保留自己的经验、技术，从而使指导浮于形式；指导者本身水平的高低对新员工学习效果的好坏有极大影响；指导者不良的工作习惯也会感染新员工；最为关键的是，采用个别指导法进行培训，不利于新员工的工作创新。

（三）影视法

影视法就是运用电影、电视、投影或录像等手段对职工进行培训，员工在观看相关内容的影片过程中学习。随着声像资料的普及与广泛应用，许多企业的外语培训已采用电化教学手段，并取得了较好的效果。除了外语培训，有条件的企业还运用摄像机自行摄制培训录像带，选择一定的课题将企业实务操作规范程序、礼貌礼节行为规范等内容自编成音像教材用于培训中。

影视培训法的优点在于形象，但如果缺乏现场讲解，其效果会受到很大影响，而且这种方法比较枯燥单一，员工不易集中精神，掌握重点。一般情况下只依靠电影等影视设备进行培训效果并不大，其主要是为了增强培训的效果，提高培训工作的趣味性、生动性，而作为其他培训方式的辅助培训设备。

二、参与式培训法

参与式培训法是调动培训对象积极性，让其在培训者与培训对象的双方互动中学习。这类方法的主要特征是：每个培训对象积极主动参与培训活动，从亲身参与中获得知识、技能和正确的行为方式。其主要方法有角色扮演法、案例研究法、头脑风暴法、游戏法等。

（一）角色扮演法

【案例3】

IBM如何培训销售人员

模拟销售角色是IBM市场营销培训的一个组成部门。在公司第一年的全部培训课程中，没有一天不涉及模拟销售角色，并始终强调要保证演习或介绍的客观性，包括为什么要到某处推销和期望达到什么样的目的。同时，对这些产品的特点、性能以及可能的效益要进行清楚的说明和演习。该公司采取的模拟销售角色的方法是，学员们在课堂上经常扮演销售角色，教员扮演客户，向学员提出各种问题，以检查他们接受问题的能力。

角色扮演法，又叫角色模拟法，就是培训者给一组人或某一个人提出一个情景，让参加者身处模拟的日常工作环境之中，并按照其在实际工作中应有的权责来担当与其实际工作类似的角色，模拟性地处理工作事务，从而提高处理各种问题的能力。

这种方法的精髓在于"以动作和行为作为练习的内容来开发设想"，也就是说，它不针对某问题的相互对话，而针对某问题的实际行动，以提高个人及集体解决问题的能力。这种方法比较适用于训练态度仪容和言谈举止等人际关系技能，比如询问、电话应对、销售技术、业务会谈等基本技能的学习和提高；适用于新员工、岗位轮换和职位晋升的员工，主要目的是尽快适应新岗位和新环境。

这种培训方法的优点是学员参与性强，学员与教师之间的互动交流充分，可以提高学员培训的积极性；特定的模拟环境和主题有利于增强培训效果；通过观察其他学员的扮演行为，可以学习各种交流技能；通过模拟后的指导，学员可以及时认识到自身存在的问题并进行改正；在提高了学员的业务能力同时，也加强了其反应能力和心理素质。这种培训方法的不足之处是场景的人为性降低了培训的实际效果；模拟环境并不代表现实工作环境的多变性；扮演中的问题分析限于个人，不具有普遍性。

（二）案例研究法

【案例4】

哈佛大学的案例研究法

目前世界上最有名的案例设计来自哈佛大学。早在1980年，哈佛大学法学院某教授发明了个案研究方法，将法院的判例作为个案。以后，这种方法逐渐发展到医学、商业和社会工作方面。

现在，哈佛大学的案例研究法的做法是：讲师先将故事做简要的介绍，并描述问题发生所需要的条件或可能的状况，学生自行想过一遍以后，再看资料，这样有利于激发学生的想象力和发现案例的吸引力，最后由学生个人从个案中去寻找答案。或者采取团体的训练方式，由于每个学生的想法不同，可能提出许多不同形式的解决方法，学员在训练中可以互相观摩学习。

案例研究法是培训界应用最多的培训方法之一，首先由培训顾问按照培训需求向培训对象展示真实性背景，提供大量背景材料，并做出相关解释后，由培训对象依据背景材料来分析问题，提出解决问题的各种方案，找出最佳方案，达到训练人员解决企业实际问题能力的目的。

案例研究法是一种信息双向性交流的培训方式,其将知识传授和能力提高两者融合到一起,是一种非常有特色的培训方法。案例研究过程中学员的参与性强,而且这种教学方式生动具体、直观易学,可以激发学员的学习积极性,学员在分析过程中将解决问题能力的提高融入知识传授当中。另外,学员之间也能够通过案例分析达到交流的目的。但是应用案例研究法需要用较长的时间准备案例,需要较多的培训时间进行案例分析;案例分析对培训顾问的能力要求很高,同时对学员能力也有一定要求;所准备的案例要有一定代表性,无效的案例会浪费培训对象的时间和精力。

因此,运用案例研究法有以下几点要求:一是案例要具有真实性,不能随意捏造,在缺乏案例的情况下,可鼓励培训对象从自己的工作环境中寻找案例,这样也有利于学员自身能力的提高;二是案例要和培训内容相一致;三是案例的呈现要客观生动,不能只是一些事例、数据的罗列;四是案例不能只包含唯一的答案;五是教学中采取分组讨论法,并且每一个人都要提出自己的意见和看法,讨论结束后,要将讨论结果公布,并由培训顾问再对培训对象进行引导分析,直至达成共识。

(三)头脑风暴法

【案例5】

西门子的“后院大学”

任何公司都会遇到一些令自己棘手的难题,西门子股份公司(简称西门子)也不例外,但它没有像其他公司一样花高额费用请外脑来解决。西门子的主管们建立了西门子大学,参加培训计划的分析部、工程部的主管们像攻读MBA的学生一样,分析公司的业务案例,解决实际问题。每年西门子的学员们要在一起聚好几次,参加在世界各地举行的课堂难题讨论会。

有一次,由六个中层管理人员组成的学习小组为了解决驻英机构问题,声称正在设计用什么方法收购电话业务。为了转化那些对其不信任者的观点,改变他们现有的管理思路和方法,学习小组起草了一份报告,详细列举了可节省数百万美元的方方面面,结果新措施使公司移动电话费猛降了60%。

西门子的这种培训方法就是我们所说的“头脑风暴法”,也有人将其称为“研讨会法”“讨论培训法”或“管理加值训练法”等。头脑风暴法的特点是培训对象在培训活动中相互启迪思想、激发创造性思维,它能最大限度地发挥每个参加者的创造能力,提供解决问题的更多更佳的方案。

运用头脑风暴法只规定一个主题,即明确要解决的问题,如上述案例中“驻英机构问题”就是一个非常明确的问题,这样才能避免讨论内容太过泛滥。把参加者组织在一起无拘无束地提出解决问题的建议或方案,在讨论中组织者和参加者都不能评议他人的建议和方案。事后再收集各参加者的意见,交给全体参加者。然后排除重复的、明显不合理的方案,重新表达内容含糊的方案。组织全体参加者对各可行方案逐一评价,选出最优方案。头脑风暴法的关键是要排除思维障碍,消除心理压力,让参加者轻松自由、各抒己见。

运用这种方法进行培训,培训本身就能为企业解决实际问题,帮助学员解决工作中遇到的实际困难,大大提高了培训的收益;这种培训方法集中了集体的智慧,达到了学员之间相互启发的目的,大大提高了培训中学员的积极性;小组讨论也有利于加深学员对问题理解的程度。尽管这是一种培训收益很高、很明显的培训方法,但它不一定适合所有培训,主要是这种培训法对培训顾问要求高。培训顾问在培训中主要扮演引导的角色,讲授的机会较少,如果培训顾问不善于引导讨论,可能会使讨论漫无边际;而且主题挑选难度大,不是所有的主题都适合用来讨论;讨论的主题能否得到解决也受到培训对象的水平限制。

(四)游戏法

【案例6】

宝洁的 Build A Tower 游戏

Build A Tower(垒一个塔)游戏内容如下:在15分钟内,仅用报纸和透明胶布在地上搭一个塔,越高越好。作者在完成任务的过程中发现了这样的难题:垒到一定高度后,发现塔根本站不住,因为中间有些"关节"比较脆弱,所以应先解决稳固程度,再解决高度。于是在每个关节处加固,但最后还是站不稳,因为毕竟只是报纸和透明胶布,塔基根本不牢固。一个绝好的解决办法是:用胶布和报纸从四个方向把塔身和地面连起来,起到平衡作用。

到这里,宝洁公司(简称宝洁)想要告诉员工的已经很清楚了。每张报纸就是宝洁的每项业务,或者说开发的某种产品,目标是"塔尽可能高",即公司要不断开发新的产品,寻找新的利润点,开拓新的业务,这样才能使企业不断成长和发展。而在这些产品开发和业务拓展的过程中,产品和产品的关联度、业务与业务的衔接是很重要的,即体现在"报纸与报纸的黏合处"。然而解决了衔接问题,却还没解决好"稳固"的难题。最后解决的办法是用胶布和报纸"一以贯之",从各个不同的方向,将地面—塔基—塔身都用胶布连起。在公司的经营过程中,胶布何尝不是一种管理要素,而这"一以贯之"的胶布和报纸难道不是企业的哲学、企业的精神、价值观以及企业的文化吗?只有共同的目标、共同的理念,整个企业才能稳固地不断成长,才能将企业的产品、业务统一到企业经营整体,甚至是员工身上,才能发挥高效作用。这个培训游戏其实告诉我们这样一个重要道理:管理的重要作用、企业文化的强大的黏合力,以及企业的各部分需良好有效的结合。

游戏法是指由两个或更多的参与者在遵守一定规则的前提下,相互竞争并达到预期目标的方法。游戏训练法是一种在培训员工过程中常用的辅助方法,目的是活跃培训现场气氛,并且由于游戏本身的趣味性,可提高参与者的好奇心、兴趣及参与意识。游戏形式取决于游戏或练习的内容。通常游戏中含有竞争或变革的内容,在某些实例中,小组要在一个新创的游戏中获得一个角色,此角色要在一段时间内或一个特定的事件中依据所掌握的信息经营公司的业务,如公司销售活动游戏等。而在宝洁的 Build A Tower 游戏中,游戏本身不仅仅是在测试团队的分工能力和考察领导者的把握重点能力,它还告诉被测者企业哲学的重要性。

游戏法的优点在于这种方法的趣味性能激发学员积极参与,培养对学科的兴趣。通过寓教于乐,学员在感受游戏乐趣的同时得到启发,不仅可以激发学员的创新精神和潜在能力,还能改善学员集体的人际关系,加深相互了解。将复杂的场景直观化、形象化,便于学员理解和记忆。但是游戏法使用面不宽,较适合观念和态度方面的培训,而且游戏的开发准备需要花费较多时间,游戏需根据情况经常修改。

三、其他培训方法

（一）网上培训

【案例7】

LG的网络培训

LG集团公司培训的形式不仅仅限于“大家坐在教室里集中听课”，相当一部分培训已经采用最新的网络工具来实现，如使用在线培训课堂软件进行远程教育等。其培训的新渠道是IBL课程，即基于互联网的学习。公司设计了以网络为基础的学习软件，活用网络提供的资源，以远程教育的形式营造有利的环境来促进学习。目前LG开发的课程有《新入社员课程》《社员能力向上课程》《超一流亲切课程》。把培训的课程输到软盘里，每个员工可以随时随地按照自己的方式和进度进行自我培训，完成课程中的课题，最后指导人员会把这种学习的效果评估反馈给员工。

另外，LG有全球性的互联网，中国和韩国可直接交流课程的各种设置、培训的方式和方向等。例如，在中国可以查看韩国培训中心的课程运营表，决定是否参加某个课程。

网上培训是将现代网络技术应用于人力资源开发领域而创造出来的培训方法，它以其无可比拟的优越性受到越来越多的公司的青睐。网上培训，又称为基于网络的培训，是指通过公司的内特网、外特网或因特网对学员进行培训。教师将培训课程储存在培训网站上，散布在世界各地的学员利用网络浏览器进入该网站接受培训。根据培训进程的不同，网上培训有同步培训与非同步培训两种类型。同步培训是教师和学员同时上网，教师在网上及时指导学员学习，而非同步培训是指学员根据自己的学习进程来安排培训。

与传统培训相比，网上培训有很大的优越性。培训过程中，无须将学员从各地召集到一起，大大节省了培训费用；在网上培训方式下，网络上的内容易修改，且修改培训内容时，无须重新准备教材或其他教学工具，费用低，因此可及时、低成本地更新培训内容是网上培训的又一大优势；网上培训还可充分利用网络上大量的声音、图片和影音文件等资源，增强课堂教学的趣味性，从而提高学员的学习效率；网上培训的进程安排也比较灵活，学员可以充分利用空闲时间进行培训，而不用中断工作。

但网上培训也有一些缺点，首先是网上培训要求企业建立良好的网络培训系统，这需要大量的培训资金，中小企业由于受资金限制，往往无法花费资金购买相关培训设备和技术；某些培训内容并不适用于网上培训方式，如关于人际交流的技能培训就不适用于网上培训方式。

（二）员工自我指导

员工自我指导是指在不需要任何指导者的情况下，由受训者根据自身的情况，安排学习进度和学习内容的一种方法。这一方法比较适合于一般概念性的学习，由于其承认学习具有偏重经验和理解的特性，能让具有一定学习能力与自觉的学员自学，所以是一种既经济又实用的方法。

员工自我指导的优点是学员的自主性比较强，可以在不影响工作的业余时间中，依照自己的进度节奏进行有重点、有选择地学习，这种方式还有助于为企业节约培训费用和培养学员的自学能力,而这种能力对于学员终生受教育起着重要的作用。但自学的缺点也很明显,自学的内容受到限制,一些需要交流、演练、指点才能掌握的内容显然不适合自学,学习中的疑问和难点也往往得不到解答。另外,自学还具有监督性弱的缺陷。

(三)体验式培训

【案例 8】

美国培训 2007 大趋势

美国一直走在培训市场的前列。从美国培训的大趋势可以分析出中国未来培训市场的走向。实践家知识管理集团董事长、中国台湾著名管理培训师林伟贤先生在参加完培训 2007 美国第 30 届培训年会后,总结了美国培训 2007 的几大趋势:

(1)E-learning。作为一个幅员广大且科技十分发达的国家,美国的各大企业都已经建立起完整的 E-learning 系统,让所有的员工都可以轻松方便又不受时空限制地在任何时间任何地点进行学习。同时由于翻译工具的日益完备,已经建立好的学习课件,只要按照公司所在的区域的不同调整语言,就可以让所有的员工都以最低的成本同时进行学习。E-learning 是企业可以用最小的投资创造最大回报的工具,而除企业自己内部 E-learning 学习系统外,各种提供给人们学习的公开学习系统也会越来越多,同时更容易为人们接受。

(2)网上大学。在 2006 年国际演说家协会年会和培训 2007 的培训年会中,现场都有许多参展的单位,而其中通过网络报读学士、硕士与博士的网上大学越来越多,其学历也受到各国教育部门的普遍承认。对于一向坚持要在学校里修业才承认其正式学历的华人教育系统而言,网上大学的未来市场不可不给予重视。而且,未来整个网络学习的免费化将会更加普及,人们开始注重真正的学习效果,而不只是形式上的文凭。全球知名的麻省理工学院已经将其所有的课件都完全免费放到网络上任人自由学习,并在其开放课程网页中声明:"这是一个负责开放的教育资源,供全世界各地机构、学生和自学者使用。开放式课程系统代表麻省理工学院提升知识和教育水平的愿景,并且为 21 世纪的世界服务。"开放网络的目的与麻省理工学院追求卓越、创新和领导的价值观不谋而合。全世界的人都不需注册就可以直接在网络上学习到全世界最顶尖的大学课程,您可以直接到 http://ocw. mit. edu/index. htm 注册成为免费的学生。

(3)M-learning。在第 30 届培训年会上讨论最热门的主题之一是,通过人手一机的手机进行学习。由于 3G(generation)科技的日益普及化,欧美先进国家已经纷纷投入巨资进行手机学习内容的研发与运用。在亚洲地区,特别是在中国非常高的手机普及率下,在普通的短消息与彩铃下载等娱乐服务之外,还能够提供学习内容的知识供货商,将会获得未来最大的一个商机。而类似于手机游戏等互动性内容,更会是最大的卖点。

(4)故事培训。国际演讲家协会年会、全球变革领袖会议及美国培训年会等三大国际会议显示,如何运用故事来做培训,已经成为国际培训的新潮流。故事最容易打动人心,同一个故事可以因为听众各自经历的不同,而各有不同的引申与体会。在直销与保险等行业中,一个个客户的使用见证,就是最好的故事营销工具。海尔也是靠着不断讲述当年不惜"打烂 79 台电冰箱"以证明质量决心的故事,登上了国际级企业大舞台。所以,培训老板说故事以领导公司、培训营销代表说故事以销售产品、培训客户说故事以增加见证,是 2007 年培训界的大热门之一。

(5)效益分析。在培训年会中讨论最多的主题之一是有关培训的投资报酬率。赔钱的生意没人做,所以每个企业家或学习者都不会随便拿自己的钱开玩笑,他们关心实质的投资报酬率。香港总商会所做的调查指出,重视培训的企业比不重视的企业收入高37%,员工收入高57%,公司的市场价值比账面价值高20%,这一切都证明了培训的益处。但是,更精准计算出企业每一分钱的报酬,将是企业越来越关注的重要课题。

体验式培训,是个人首先通过参与某项活动获得初步体验,然后在培训师的指导下,与团队成员共同交流、分享个人体验并提升认识的培训方式。具体来说,体验式培训是这样一个过程:学习者通过在真实或模拟环境中的具体活动,获得亲身体验和感受,并通过与团队成员之间的交流实现共享,然后通过反思、总结提升为理论或成果,最后将理论或成果应用到实践中。培训师在培训过程中起着指导作用。

体验式培训最适用于开发与团队效率有关的一般技能、能力和态度(如问题解决、冲突管理、沟通技巧、领导力和自我效能),而不适用于组织特异性培训(如企业特有制度、特有软件的培训)。体验式培训所倡导的是在快乐自然的体验中学习,将娱乐与学习融为一体。根据培训侧重点的不同,可以将体验式培训分为三类:一是娱乐型,力求让团队成员在活动中增进信任和友谊,而不太关注技能提升;二是体验型,强调项目对个人的冲击和团队体验,关注个人心态的改变和团队合作意识的提升;三是技能型,主要关注学员的团队合作、自我管理等技能的提升。

第四十章　绩效管理

知识框架

- 绩效管理
  - 绩效管理概述
    - 绩效的含义
    - 绩效管理
    - 中小企业绩效管理的误区
    - 绩效考核的概念、类型与原则
    - 绩效考核的功能
  - 绩效考核的程序和方法
    - 绩效考核的程序
    - 绩效考核的方法
  - 绩效考核中的误区
    - 评价标准难以确定
    - 偏差现象
    - 信息不对称
    - 反馈不良
    - 绩效考核结果的使用有误

第一节　绩效管理概述

一、绩效的含义

绩效管理在人力资源管理中是个重要的概念。绩效管理中的“绩效”究竟是什么含义呢？从字面上理解，绩效就是业绩与效能。然而业绩与效能又是如何表现呢？不同的职位、员工之间以及员工与团队、组织之间是否具有相同的绩效含义呢？通常的理解有以下四种：

(1)绩效就是结果，即对企业具有效益、具有贡献的结果。财务人员比较热衷于这种量化程度高的观点。结果有长期、中期、短期之分，在财务上通常是以年为周期，但是对于股东而言，基业长青更胜于当期利润。所以无论是长期、中期还是短期的结果都是绩效管理关注的对象，长期结果无法在当期体现，只能通过组织倡导的行为方式来推动。

(2)绩效的目标是行为，而不是结果。但是如果行为不能带来结果，如很高的出勤率并不代表企业效率的提高，那么这种所谓的绩效对于企业而言有什么意义呢？

(3)个体特征可以反映绩效水平。工业心理学家的研究结果认为,员工的个性特征,比如性格、技能与能力等综合因素可以转化为可量化的工作成果。我们不能否定技能对于提高生产效率的意义,但是一个技能很高的建筑工人,并不等同于他的工作效率比别人高。

(4)绩效管理的对象是战略的实施过程。绩效管理是一个从设定目标、实施计划到绩效考核、结果运用的完整流程,绩效考核只是其中一环而已。绩效管理所关注的对象也就是管理的过程,即在工作的各个阶段和环节对管理对象进行监控、支持。采用这种论点的组织比较强调辅导、反馈等管理环节。

员工的工作绩效,是指员工在工作岗位上的工作行为表现和工作结果,它体现了员工对组织的贡献大小、价值大小。对组织而言,绩效就是任务在数量、质量及效率等方面完成的情况;对员工个人来说,则是上级和同事对自己工作状况的评价。因此,绩效管理中绩效考核指标的设定是以结果指标为根本出发点,兼顾行为指标和个体特征指标,而各自指标数的多少取决于岗位特征和工作性质。绩效的性质包括以下三个方面:

(1)绩效的多因性,包括内因和外因。内因,是员工自身的主观因素,如员工的素质、文化水平和技能;外因,指客观因素的影响,如工作环境和机会。

(2)绩效的多维性,即绩效是从多方面来考核员工的,只是依据考核员工的工作性质不同,侧重点不同而已,如考核工人从完成数量、质量、出勤、消耗材料多少等方面综合评估。

(3)绩效的动态性,员工绩效不是一成不变的,考核员工的表现要注重长期性和持久性。

二、绩效管理

(一)绩效管理的定义及意义

所谓绩效管理,是指各级管理者和员工为了达到组织目标而共同参与的绩效计划制订、绩效辅导沟通、绩效考核评价、绩效结果应用、绩效目标提升的持续循环过程,绩效管理的目的是持续提升个人、部门和组织的绩效。

多伦多大学的一位学者风趣地把绩效管理比作汽车座位上的安全带——大家都认为很有必要,但都不喜欢去使用它。绩效管理的意义,概括而言有如下三点:

(1)绩效管理的核心目的是通过提高员工的绩效水平来提高组织或者团队的绩效。在绩效管理的过程中,我们达到了许多目的,如员工的参与管理,他通过参与设定自己的工作目标而具有自我实现的感觉;组织目标的统一,通过自上而下地分解目标,避免团队与员工目标偏离组织目标;一年中多次的评估与奖惩,实现组织对目标的监控实施,保证工作目标的按时完成。以上这一切都是为了提高组织或团队的效率,保证组织目标的实施。

(2)绩效管理提供了一个规范而简洁的沟通平台。绩效管理改变了以往纯粹的自上而下发布命令和检查成果的做法,要求管理者与被管理者双方定期就其工作行为与结果进行沟通、评判、反馈、辅导,管理者要对被管理者的职业能力进行培训、开发,对其职业发展进行辅导与激励,客观上为管理者与被管理者提供了一个十分实用的平台。

(3)绩效管理为企业的人力资源管理与开发等提供了必要的依据。通过绩效管理,实施绩效考核,为企业员工的管理决策,如辞退、晋升、转岗、降职等提供了必要的依据,同时也解决了员工的培训、薪酬、职业规划等问题,使之行之有据。这也是绩效管理成为人力资源管理各个环节中最重要的环节的原因。

对于企业而言,绩效管理是企业文化的一部分,公正科学的绩效考核可以优化自身的组织结构,提升整体业绩。对于员工来说,绩效管理营造出了一种积极向上的工作环境,通过绩效考核,使员工正确地认识自己的优缺点,及时对自身的发展方向进行修正,从而获得更多的发展机会和更大的发展业绩。

(二)绩效管理的辨析

1. 绩效管理是否能够代替系统管理

思想决定行为,能否做好绩效管理,首先是如何看待绩效管理。许多学者或培训师批评企业高层对绩效管理重视不够,而我们看到的情况恰恰相反:多数企业的管理者不但没有忽视绩效管理,而且对其寄予了过高的期望,把其当成了"高大全"式的"管理万金油",他们片面地认为,只要搞了绩效管理,就可以解决企业的一切管理问题。于是,劳动纪律问题、标准执行问题、团队培养问题、现场卫生问题,甚至员工忠诚问题、职业操守问题、计划生育问题,统统都要纳入考核,所有具有管理职能的部门都要参与考核,否则其基本工作似乎就没有了"抓手"(着力点)。这样的绩效考核,结果显而易见:多达 20 ~ 30 项的指标,指标之下还有细项,每个项目有的只有 0.1 ~ 0.2 分,想考核所有东西,结果什么东西都没考核好;当管理者充满信心地启动考核之时,也就是考核失效的开始之日。

企业的管理体系是一个立体、多元、多维度的系统,绩效管理固然重要,但它仍不能代替系统管理。企业必须建立战略、营销、制造、研发、财务、人事等管理制度、流程、标准,并有若干计划、组织、协调、控制机制维持其有效运行。事实上,在企业内部,绝大多数工作目标及任务的设计下达、组织实施、检查考核是通过各专业系统的有序运作和系统的有机联动来实现的;绩效考核只是管理系统之一,主要用于评价和考核对企业影响重大的、跨部门的、最能体现被考核对象工作特征的指标,而不可能面面俱到。

以企业的流程管理为例,一个企业往往有数百个业务及管理流程,每个流程都有数量不等的控制点,如果完全依靠绩效管理去实现管控,数据收集和考核任务将非常繁重。事实上,企业完全可以通过"协同办公"等简单的管理信息系统(MIS)实现对流程的固化和管理,而把有限的考核资源留给最关键的事项和目标。同理,企业绝大多数的管理目标都可以也必须通过管理系统的搭建、设计和运行来实现,单纯依靠绩效管理"包打天下"的想法,不但用不好考核,反而可能造成"唯绩效主义",由于繁杂的考核工作而导致"考核疲劳"与形式主义。

2. 绩效管理对于中国企业是否必须

中国有句老话叫做"吃饭穿衣量家当",中国企业是否要做绩效管理,要从审视中国的国情、企情与人情出发。

是否要强化绩效管理,一要看企业的主流业务模式。整体来看,中国企业的主流业务模式与美、欧、日有很大的不同，除部分国有企业占据垄断地位之外，多数企业还是以制造、服务等具有人力成本优势的行业为主，人力密度高，人均创值低。

朱镕基先生在麻省理工学院的演讲中曾经有这样一段精彩的实证，很能说明问题，他说：我调查了出口到美国的，耐克、阿迪达斯、特步等等这些名牌鞋在中国生产，出口到美国来。因为这些工厂大多设在中国沿海的福建省，我在福建省做了调查。当时每双运动鞋的出厂价20美元，在美国的零售价120美元。这20美元给中国工人留下的就是2美元，但是它可以养活两个工人……。反观美、欧、日企业，早已经过这一阶段，转而走上输出知识、技术、资本、人才的道路，历史因素决定了他们的业务模式属于知识、资本、技术密集型，知识型员工、受过良好的产业工人是劳动力市场的主流。不同的业务模式，决定了其所应采用的管理方案亦应不同：员工知识化程度较高的、需要维护创造和创新环境的企业，自然要求管理更加人性、更有弹性；而以劳动密集的制造或服务业为主的企业，肯定需要加强成本控制和标准化管理，这是一个不争的事实，这也是为什么在20世纪初西方国家会出现科学管理萌芽的本质原因。

是否要强化绩效管理，二要看企业的普遍管理状态。整体来看，中国企业的普遍管理状态是：管理体系化程度不够，职业化的管理环境缺失。首先是管理体系方面，改革开放30年，中国真正企业上的企业也只有30岁左右，相当多的企业还没有建立完善的组织、管理体系，以及相应的管理文化；由此而及，我们的社会也还没有形成高度职业化的氛围，不职业的做法盛行，违反职业操守的行为成本过低。矫枉必须过正，在这样的背景下，通过绩效考核的方式加大过失成本，将员工的行为规范到职业化的轨道上来显然是必然之选。到过新加坡的人都非常感慨其美丽的城市环境，并且产生过"同是华人城市，为何有此不同"的疑惑，殊不知，美丽的背后，正是持久的、严格到近乎苛刻和野蛮的执法手段使然。

是否要强化绩效管理，三要看社会的文化形态。中国的社会文化是比较典型的关系性文化，人际关系比较灵活，人情因素比较重，制度和规则意识淡薄。这种文化的优点是做事的灵活性强、成就动机明显、个体效率高，缺点是忽视规则、自利性明显、个体效率的获得往往以牺牲组织效率为代价。在这样的社会文化背景下，企业如果没有明确的绩效标准，相信很快就会退回到"干好干坏一个样、干多干少一个样、干与不干一个样"的状态，必然造成对上进者和积极行为的逆向淘汰。从实践来看，中国公认的优秀企业，特别是市场环境下成长起来的企业，基本上都具有完整规范、运行良好的绩效管理体系，赛马而不相马已经成为中国企业的共识。

3. 战略与绩效管理是否能够有效结合

许多企业都开展了绩效管理，但许多企业的管理者问我，"我的绩效管理"与"我的战略"到底是什么关系？为什么"绩效考核月月考、经营业绩年年低"？战略与绩效管理之间到底是否有联系、应当是怎样的一种联系？在此，我们不妨系统地分析一下这个问题：

首先，没有经过"战略化处理"的绩效考核，与战略没有必然联系。以我们熟悉的人力资源部门为例，如果我们考核的是员工招聘及时性、工资发放准确率、人工成本控制率等操作性指标,那么,这一绩效考核体系的指向就是人力资源实务性工作的规范化、标准化,它有助于日常工作质量的提高,但与战略是否实现没有必然的联系。

其次,我们完全可以运用“战略化”的方法,设计与战略密切相关的绩效考核体系,这也就是通常所说的“战略绩效管理”。所谓的战略绩效管理,其实没有那么神秘,也不一定要采用高技术、高难度的方法,需要牢牢把握的,只有三个核心环节:一是战略梳理,二是解码分解,三是责任到人。在实际操作中,还有许多纯技术性的问题,如:战略梳理应当做到什么程度,如何进行目标分解,如何将目标指标化等等,KPI、BSC、责任关系矩阵等都是针对上述问题的技术与方法。当然,并非有了方法就可以做好战略绩效管理,正如有一把好剑不一定能够成为好的剑客一样,但是,没有科学的方法,战略绩效管理则只能是流于空谈。

有一点可以肯定,就是:战略绩效管理并不是噱头,而是真实可行的体系化管理模式,我们为多家知名企业设计的战略绩效管理体系都实现了有效落地,甚至为某些企业带来了超过50%的年增长。

关注大局的考核,必定效益可观;而抛弃原有经验,适当放弃局部利益,追求远期的、不能立竿见影的目标,却不是所有企业和企业家都愿意和敢于选择。

4.绩效考核是否破坏了组织氛围

“国家大事,唯赏与罚。赏当其劳,无功者自退;罚当其罪,为恶者咸惧。”唐太宗的名句,也为温家宝等当代国家领导人所广为引用。

绩效考核,正是对于“劳”和“罪”的客观评价,没有考核,就无法办好赏、罚这样的“国家大事”。既然有赏有罚,自然不会令人人满意。因此,我们必须承认,绩效管理本身就是一种“制造矛盾”的管理方法。假设考核者与被考核者对于工作目标无论从意识上还是行为上都达到了一致,那就没有必要进行考核;正是由于管理层与执行层、考核者与被考核者对于绩效目标、执行意义、利益效价等存在认识的不同,才需要绩效考核这一管理工具的存在。

从某种意义上说,绩效考核就是管理当局为了实现既定的目标而开展的、针对执行者或执行组织的设定目标、分解目标、评价目标完成情况并进行动态矫正的管理过程,是以完成组织目标为核心前提的管理活动。我们不可否认、也不应忽视个人(团队)自利性的存在,然而,绩效管理的逻辑是:当组织利益与个人或团队利益发生冲突的时候,应首先关注和保证组织利益,因为组织利益是个人利益的前提。这一逻辑事实上已经把组织、个人放到了天平的两个托盘上,两者之间存在利益冲突、组织氛围发生改变几乎是必然结果。然而,对于上述结果的反应则截然不同:有人说,由于实施了绩效管理,企业的效率提高了,“大锅饭”的状态改变了,绩效导向的组织氛围树立起来了,真好!而有人则认为,绩效考核导致大家只盯住考核结果,破坏了和谐的人际关系,消磨了组织的活力和创造性,致使人际关系板结、对立。

究竟孰是孰非?不宜妄下结论,毕竟业务模式不同、发展阶段不同、历史背景不同,一概而论不是一种科学态度,但以下现象我们不能忽视:对于处于行业价值链低端的、劳动密集型的、成本敏感型的企业,采用了严格考核手段,就能获得比竞争对手更多一分的、宝贵的利润;对于成熟期的企业,采用了严格的考核手段,就能打破一团和气,激活团队,形成业绩导向的企业氛围;对于快速成长期的企业,采用了给予战略的考核模式,就能避免短期导向,引导企业走向持续、稳定、健康发展……

任何管理手段的使用,都是以牺牲某些群体、某些时点、某些局部的利益为代价的,绩效管理也不例外。作为准备导入绩效管理的企业,一定要慎重地评估可能带来的影响,对此有充分的认识与准备。尤其是在绩效考核手段的选择上,必须慎之又慎,简单照搬其他企业的考核方案,如同驾驶手工仿制的汽车,形似而神不似,不但起不到效果,反而可能无端伤害到企业的正常运转。从我们统计的数字来看,因为绩效考核导致负面影响的企业,往往都是由于技术、方法的选择不当造成的。

5. 绩效考核是否要尽可能量化

"绩效考核要尽可能量化,不能量化的指标就要考核,因为结果无法准确衡量……"。在咨询和培训实践中,经常听到企业的管理者们这样说,看来这一观点的影响确实深远。

然而,传统的认识未必是正确的,举一个极端点的例子——总裁办公室主任的考核,如果考虑量化的因素,那么,办公成本控制、公文无差错、派车及时性、服务满意度等应当是他的考核指标,因为这些都可以精确量化。然而,这个岗位工作职责的第一条赫然是:"组织制定公司年度工作计划"。这一条是否需要考核?考核吧,计划的制订确实没有量化的评价指标;不考核吧,又是他岗位职责中最重要的一条。到底应当怎么办?正确的答案是:当期的、重要的工作目标就应当考核,不管它是否能够精确量化。

对于绩效考核的量化,还有的企业走向了另外一个误区,就是一定要用××比、××率等来进行评估,为此,人为地生搬硬造了不少的"率",务求把每一个考核指标或目标的评估标准细化,甚至为了一个考核指标,写半页纸的说明文件。

上述对于绩效考核量化操作的追求,其实都偏离了绩效考核的目的。简单地说,绩效考核的目的有四个:一是明确每个被评价主体的任务与目标;二是通过一系列的支持、督导,确保任务的完成;三是对任务、目标的完成情况进行客观评价;四是提高被考核主体的任务完成能力。四个目的正好构成一个 PDCA 循环。其中,唯有第三个目标对量化的要求较高。为了达到精确评价,而使绩效考核体系和目标的设计变得非常复杂,实在是得不偿失。要知道,无论我们如何精确,都不可能实现在不同岗位之间的完全公平,这是不争的事实,把大量的精力用在量化上,形象的比喻就是:面对一个蛋糕,全力研究如何使得蛋糕分得更科学,而不是研究如何把蛋糕做大!"和尚分粥"的故事很值得我们思考。故事中,每天有一人值日分粥,和尚们用了许多办法都没解决粥的均匀问题,经常为此产生纷争。为了确保公平,方丈没有去设计更精确的量具,而是命分粥和尚最后一个取粥。为了确保自己的利益不受损,值日和尚都会尽最大努力把粥分匀,问题由此而解。

绩效考核也是如此。我们要致力的是建立机制,让大家努力达到目标,并努力做到"有效率的公平",而不是引导大家把视线放在如何提高考核精度上,要知道,绩效管理的精度达到一定程度之后,再提升的管理成本将呈级数增长状况,这不是一般企业所能承受的。

6. 绩效考核方法的选择是否有章可循

毫无疑问，绩效考核技术与方法的选择是有技巧的，选择不当的考核方法，不但达不到考核的目的，反而会伤害到原有的管理体系，伤害到员工的感情与组织氛围。选择绩效管理方法，应综合考虑企业所在行业的成熟度和企业成熟度两个主要指标。

对于成熟度较低的行业，企业主要应采取战略性绩效管理，通过战略的引导实现正确定位和有效扩张；对于成熟度较高的行业，企业主要应采用精细化绩效管理，通过精细化的管理进入行业，并实现生存和发展。

战略性绩效考核方法目前主要是关键成功因素法和平衡计分卡方法，这类考核方法的特点是必须从企业的整体出发，进行战略或成功因素的研究，在此基础上再进行目标分解和指标设计。这类方法的特点是抓大放小，关注重点而忽略细节，对于成长期和转型期的企业尤其适用。

精细化绩效考核方法包括基于流程、基于作业标准、基于项目三种方式，分别适用于不同类型的企业。例如，化工类企业，流程特点突出，对于流程关键控制点的考核更为合适；生产制造企业，注重业务操作，基于岗位作业标准的精细化考核十分适用；工程类企业，以项目管理为基础，基于项目的考核方式更为有效。

三、中小企业绩效管理的误区

(一)绩效管理不是为了奖勤罚懒

很多企业认为绩效管理就是奖勤罚懒、激励和约束员工。因此，大部分中小企业都把重点放在了绩效考核上，认为绩效考核就是绩效管理，使员工的收入和他们的工作业绩挂钩，从而激励员工更努力地工作。

实际上，绩效管理的真正目的，是通过不断提高管理水平和员工素质，从而提高公司的整体业绩，以实现公司的战略目标和经营目标。绩效考核又称绩效评价或绩效评估，它只是绩效管理的一个关键环节。绩效管理包括三个关键环节：一是指标的设置；二是绩效考核；三是绩效改进。

各级管理者必须清楚，考核哪些指标，才会把员工的注意力和努力方向吸引到公司战略目标和经营目标上来；员工绩效表现好，除了多给予奖励和提高其收入外，还要进行总结、宣传和推广，把一个人的经验变成所有人的经验。员工的绩效水平低，不应马上想到该罚他多少钱和应少给他开多少工资，而是要明白：他为什么绩效低？公司在管理上应该如何改进？作为他的上级主管，应该在哪方面加以改进？如何帮助下属改变心态、提高绩效？

(二)绩效管理不只是人力资源管理者的事

对绩效管理的目的和作用缺乏正确的认识，导致包括人力资源管理者在内的很多管理者，都认为绩效管理是人力资源部的职责。这种错误观念，导致很多企业在推行绩效管理时，业务经理只是被动地配合，有的甚至把绩效管理当作一种额外负担。

员工更是认为绩效管理只是公司约束、控制他们的强制性手段，从而产生抵触情绪。在绩效管理过程中，必须通过持续的双向沟通，使各级管理者和他的下属就工作目标、工作表现、未来发展等问题进行讨论，使员工真正认识到企业需要自己做些什么，自己做得怎么样，应如何改进。提高下属的能力、素质及工作业绩，是各级主管责无旁贷的责任。不断提升自己，是包括各级管理者在内的每一位员工都应做的工作。

因此，各级管理者必须清楚：从高层领导到基层员工，都应该承担绩效管理的责任。推行绩效管理之前，要对全体员工进行绩效管理培训，让全体员工清楚地了解绩效管理的真正目的、绩效管理的过程，以及各级员工应负起的绩效管理责任。

（三）绩效管理应由外向内并向前

很多企业绩效管理的眼光都是向内的、向下的、面向过去的，从而导致一些公司对外部经营环境的变化反应很慢，管理水平的提升总是滞后于公司发展，要么被竞争对手甩在后面，要么因发展过快而脱轨。

绩效管理的出发点，是通过设立绩效目标和考核指标，来传递战略信息，指明努力方向，使员工的能力和行为更加趋向公司整体竞争实力的提升，适应公司的战略发展需要。在绩效管理的中间过程，各级管理者和下属共同对照绩效标杆和标尺。绩效管理的落脚点，是实现企业的战略目标和经营目标。这就要求公司的管理者必须站在战略高度来审视绩效管理的全过程，在确定绩效目标、设立绩效指标、制订改善计划时，必须把眼光向内转变为由外向内，要从面向过去转变为面向未来。

（四）绩效指标不是越全越好

很多企业在设置绩效指标时，认为越全面、越系统越好，这样可以对各级管理者和员工进行全面考察、激励和监督。殊不知，指标设置过多，除了会增加考核的工作量，过多牵涉各级管理者的精力，降低管理效率外，还有一个更加严重的副作用，那就是模糊焦点。

绩效管理具有明显的导向作用。因此绩效指标主要来自三个方面。首先来自战略目标或经营目标的分解，通过分解，让员工了解，为实现公司整体战略和经营目标，自己必须实现哪些关键工作目标；其次来自岗位关键职责，通过岗位关键职责确定的绩效指标，必须让员工了解，自己的岗位在整个生产经营过程中，必须完成的重要工作任务是什么；最后来自公司的价值导向，公司要提倡什么，要杜绝什么，所以，每类指标必须少而精，这样才能焦点明确，让员工有清晰的工作目标，把努力的焦点放在关键点上。

（五）绩效指标不一定量化

目前，很多中小企业在设定绩效指标时，容易走两个极端，一是片面强调员工绩效表现，除多给奖励和提高其收入外，还要进行总结、宣传和推广，把一个人的经验变成所有人的经验。二是追求指标的数字量化，导致那些无法用数字量化却可以通过定性评价或者模糊评价的关键指标被放弃了；在设计指标体系时，只考虑指标的重要性和关键性，不去认真考虑用什么样的评价方法和技术，不能够比较准确地衡量出绩效指标的完成程度，导致有些指标等级标准模糊、无法准确衡量，失去了实际应用价值。

绩效管理成功与否，主要取决于三个方面：一是评价指标的设置是否科学合理；二是评价方法是否实用有效；三是评价结果是否真正得到应用。在企业的绩效管理中合理的指标设置是前提，科学的评价方法是基础，结果的实际应用是目的。企业在设置评价指标时，需要考虑很多因素，包括价值定位、战略目标、文化背景、发展阶段、管理现状，以及岗位之间的公平性等。但是，一个最关键的因素，是要考虑所设计指标能否拥有科学的评价方法，使评价结果能够真实、准确、公正地反映出被评价员工的具体情况。

此外，评价结果最终在应用环节上能否发挥改善管理、提高绩效的作用，也取决于用该评价方法所评出的结果是否具有可信度、有效度和可区分度，所以，绩效指标不一定要用数字来量化，也可以用定性的方法来衡量，但不管是定量还是定性，都必须有明确的等级标准，必须有科学合理、简单适用、便于操作的评价方法。

四、绩效考核的概念、类型与原则

（一）绩效考核的概念

绩效考核就是管理者用系统的方法、原理来评定、测量员工的工作行为和工作效果，以确定其工作成绩的管理方法，是对员工的工作完成情况进行定性和定量评价的过程。绩效考核是一种贯穿于工作全过程的管理行为，它不仅仅是要对员工的绩效做出科学的考核与评价，而且更为重要的是要对员工起到指导，教育、监督、激励、约束等作用，在员工绩效和组织绩效不断改善的过程中，使员工个人与组织都能获得不断的发展和提升。

绩效考核是一个完整的系统，具体包括以下几个方面的内容：

（1）绩效界定，就是要确保管理者和员工达成共识，即对于组织而言哪些方面是最重要的，其基础就在于工作分析，同时根据双方沟通的结果达成协议，该协议要对员工的工作职责、工作绩效的衡量、双方的协同、障碍的排除等问题做出明确的要求和规定。

（2）绩效衡量，就是要根据协议所确定的标准进行绩效的评价。

（3）绩效反馈，是指向员工提供绩效评价的结果，由管理者和员工就绩效情况进行探讨，以便员工能够根据组织的目标来改进自己的绩效，同时管理者还与员工共同商量并协助其制订个人工作改进计划，并确保个人培训和发展计划的实现，以促进个人的发展。

由此可见，绩效考核是依据管理者与员工之间达成的协议来实施的一个动态沟通过程。绩效考核的着重点不是为了解释过去如何，而是要将考核结果作为组织和个人未来规划的基础和依据，更多地集中于未来绩效的提高而不是过去绩效的评价。因此，脱离了这个中心的单纯的绩效衡量难以发挥绩效考核的应有功能，只会是“走形式”“做样子”。

（二）绩效考核的类型

根据不同的绩效考核内容，绩效考核可以分为三种类型：

（1）结果取向型。结果取向型着眼于“干出了什么”，而不是“干了什么”，其考核的重点在于产出和贡献，而不关心行为和过程。这类考核对于那些最终绩效表现为客观的、具体的、可量化的指标的员工是非常合适的，如在一线从事具体生产的操作人员。

（2）行为取向型。行为取向型考核的重点是评价员工在工作中的行为表现，即工作是如何完成的。这种考核类型适合于绩效难以量化考核或需要以某种规范行为来完成工作任务的员工,如管理人员、服务人员。

(3)特征取向型。特征取向型考核主要用于考核员工的个体特征和个人能力等。所选择的内容主要是那些抽象的个人基本品质,诸如决策能力、对公司的忠诚度、主动性、创造性、交流技巧以及是否愿意与他人合作等。这种类型的考核对员工工作结果的关注不够。

(三)绩效考核的原则

我们在进行绩效考核时,为做到公平和准确,保证考核的信度和效度,应遵循一些基本原则。

(1)客观性原则。绩效考核必须严格遵守客观公正这一基本原则。客观即实事求是,公正即不偏不倚,按照考核标准,一视同仁地进行考核。绩效考核应当根据明确规定的绩效考核标准,针对客观考核资料进行评价,做到“用事实说话”,尽量避免掺入主观成分和感情色彩。此外,在考核结果的分析和讨论上也要做到与实际考核应有的结果一致,不能肆意歪曲考核的结果,也不能任意夸大或者贬低考核的实际意义。

(2)考核方法多样化原则。在条件许可的情况下,应尽可能选用二至三种不同考核方法相结合的方式来进行评估。因为不同的考核方法有其优点也有其缺点,各自的适用性和区分性也存在或多或少的差异,采用不同方法相结合的方式有助于消除方法单一可能导致的系统性误差。

(3)明确性、公开性原则。企业的绩效考核标准、考核程序和考核责任都应当有明确的规定,而且在考核过程中应当遵守这些规定,同时,绩效考核标准、考核程序和考核责任者的规定在企业内部应当对全体员工公开,这样才能使员工对绩效考核工作产生信任感,才能使员工容易理解、接受绩效考核的结果。

(4)敏感性原则。又称区分性原则。它是指考核系统应具备有效区分工作效率高与工作效率低的员工的能力。如果考核体系具有标准化、非主观随意性的形式,却不能有效区分绩效不同的员工,那么这样的体系若不及时地加以改进,员工的工作积极性必然会受到挫伤。绩效考核的衡量性和行为指南的目的就难以有效地实现。

(5)一致性原则。由不同的评估人按照同样的考核标准和考核程序来对同一员工的绩效进行评估,其评估的结果大致上应该相近,即考核体系和考核程序的设计能有效地避免主观随意性。同时,一致性原则也指对相同(或相近)岗位上的不同员工应运用相同的评估标准,避免因人而异。

(6)可行性原则。可行性原则意味着两方面的要求必须予以满足:一是评估的成本必须控制在可接受的范围内;二是考核标准、考核程序以及考评人必须能得到大多数被考评人的认可。这一原则往往为人们所忽视。许多人认为考核方法的完善比取得人们对考核体系的认同感更为重要,这是有失偏颇的看法。实际的人力资源管理活动总是有一定的经费限额,不可能离开这个限制条件去追求尽善尽美的考核方式。缺乏员工的支持和理解,考评的目的就很难实现。

(7)及时反馈原则。绩效考核的结果一定要及时反馈给被考核者本人,否则就起不到考核的引导、教育作用。在反馈考核结果的同时,应当向被考核者就考核结果进行说明和解释,肯定成绩和进步,说明不足之处,提供今后努力方向的参考意见等。

(8)阶段性和连续性相结合的原则。考核的阶段性是对员工平时考核的各项考核指标数据的积累。考核的连续性要求对历次积累的数据进行综合分析,以求得出全面和准确的结论。对于员工的考察不能看其一时一事,应全面地、历史地来看。

此外,还要强调的是,考核必须同人事管理的其他环节如培训、升迁、薪酬决策等挂钩,做到有针对性地考核,这样才能保证考核的实用性和成本的合理性。

五、绩效考核的功能

(1)控制功能。对组织来说,通过绩效考核,为各项人事管理提供一个客观、公平的标准,并依据这个考评的结果决定晋升、奖惩、调配等。这样就会使企业形成事事按标准办事的风气,使各项管理工作能够按计划进行。对员工个人来说,绩效考核也是一种控制手段,可以使员工牢记工作职责,养成按照规章制度工作的自觉性。

(2)激励功能。考评能产生一定的心理效应,起到激励、督促和导向作用。通过考评,无论对成绩突出者,还是落后者,都会起到鞭策的作用。工作符合要求者和突出者,由于得到肯定和奖励而受到鼓舞,会继续朝着好的方向努力。落后者则会在以后的工作中加以改进。正确的考评是一面旗帜,指引员工前进的方向,使员工通过考评产生一种“见贤思齐,见不贤而内自省”的心理效应。

(3)开发功能。绩效考核是按已定的绩效标准进行的,考评结果显示的不足之处就是员工的培训需求。管理者可以据此制订有针对性的培训计划,达到提高员工素质的目标。同时,通过考评,对员工各方面的情况有详尽的了解,根据员工的长处和特点决定培养方向和使用方法,充分发挥员工的长处,促进个人的发展。

(4)沟通功能。考核结束后,管理者把考评的结果反馈给被考核的员工,听取他们的申诉和看法,这就提供了领导与员工之间的沟通机会,有利于增进相互之间的了解,并解决管理中存在的一些问题。

第二节　绩效考核的程序和方法

一、绩效考核的程序

绩效考核工作大致要按照以下步骤和程序进行:制订考核计划,确定考核标准,选择考核方法,收集分析数据资料,评定考核结果及对考核结果的反馈运用。

1. 制订绩效考核计划

为了保证绩效考核能有效和顺利进行,首先应根据绩效考核的目的和要求制订考核计划，选择考核的对象，确定考核内容，制订考核的标准和选择考核方法，选择参评人员和安排考核时间等。

考核目的不同，则考核对象也不同，如为晋升职务，只需考察和评价具有晋升资格的员工；为加薪或评选先进，则应对全员进行考核。

不同的评价目的和评价对象，其重点考核的内容也不一样，如发放奖金，应以工作业绩为主要考核内容；评定专业技术职称，应重点考核其专业技术水平；职务晋升，既要考核其工作业绩，又要考核其工作态度和工作能力。

不同的考核目的、考核对象和考核内容，其评价时间也不同，如一个人的思想觉悟及工作能力在短时期内不会改变，考核时间应长一些，一般是一年一次；对于工作业绩变化较快的岗位（如生产、销售等），考核时间应短一些，一般是一月一次；而像专业技术人员、管理人员，其工作业绩短期内不会见效，考核期应长一些，以一年一次为好。

2. 确定绩效考核标准

绩效考核的标准是评价员工的尺度，考核标准可以分为绝对标准、相对标准、客观标准三类。

（1）绝对标准的考核重点是以固定标准衡量员工，而不是与其他员工的表现做比较。

（2）相对标准，指将员工的效表现相互比较，也就是以相互比较来评定个人工作的好坏，将被考核者按某种指标值做顺序排名，或将被考核者归入先前决定的等级内，再加以排名。

（3）客观标准，指考核者在判断员工所具有的特质以及其执行工作的绩效时，对每项特质或绩效表现，在评定量表上每一点的相对基准上予以定位，以帮助考核者做评价。

3. 选择考核方法

确定了考核目的、考核对象、考核内容及考核标准以后，就要选择相应的考核方法。绩效考核的方法很多，每种方法都有其优缺点和适用范围。因此，在实际工作中，应根据具体的考评要求有针对性地加以选择。具体的考核方法将在后面的内容中具体阐述。

4. 分析数据资料和评定考核结果。

根据考核的目的、标准和方法，对所收集到的数据资料进行分析、处理、综合，其具体过程如下：

（1）划分等级。把每一个考核项目，如出勤、责任意识、工作业绩等，按一定的标准划分为不同等级。一般可分为3~5个等级，比如可按好、中、差划分为三个等级，也可按优、良、合格、稍差、不合格划分为五个等级。

（2）对单一评价项目的量化。为了能把不同性质的项目综合在一起，必须对每一个考核项目进行量化，即赋予不同的评价等级以不同数值，用以反映实际特征。以五等级为例，可以把优秀定为10分，良好定为8分，合格定为6分，稍差定为4分，不合格定为2分。

（3）对同一考核项目不同评价结果的综合。在有多人参与的情况下，同一项目的考核结果会有不同。为综合这些意见，可采用算术平均法或加权平均法进行综合。以五等级为例，假设三个人对某员工工作能力的考核分别为优等（10分）、合格（6分）和不合格（2分），如采用算术平均的方法，该员工的工作能力应为合格(6 分)。如果这三个人分别是其上司、同事和下属，其考核结果的重要程度不同，则可以通过赋予他们不同的权重反映出来，比加上司的意见最重要，则可定为50%；同事次之，可定为30%；下属再次之，可定为20%，则该员工的工作能力的考核成绩为：$10\times50\%+6\times30\%+2\times20\%=7.2$(分)

(4)对不同项目的考核结果的综合。有时为达到某一考核目标需要考察多个考核项目，只有把这些不同的考核项目综合在一起，才能得到较全面、客观的结论。例如，要从总体上考核一个人的能力时，就要将其知识、判断能力、社会交际能力等各方面因素综合起来。再如，在决定某个员工是否能获得晋升时，就必须考察其工作业绩、工作态度、业务能力等各个方面。在综合不同考核项目的过程中，有时可采用算术平均法，但由于考核的目标、层次及具体职务不同，每个考核项目的重要性也不一样，因而在大多数情况下，对不同项目考核结果的综合应采用加权平均的方法。

5. 绩效考核结果的反馈运用

得到考核结果并不意味着绩效考核工作的结束，在该过程中获得的大量信息可以运用到企业各项管理活动中。

(1)把考核结果反馈给员工，可以帮助员工找到问题，明确方向，这对于其改进工作和提高绩效会有促进作用。

(2)为任用、晋级、加薪、奖励等提供依据。

(3)诊断和检查企业管理各项政策，如人员配置、员工培训方面是否有失误，还存在哪些方面的问题等。

一般来说，一种绩效考核的步骤和程序应做到相对稳定和统一，不宜随意变动，也不应对同样的雇员采取不同的考核步骤和程序。当然，一个组织的绩效考核活动不一定完全按照上述的步骤和程序进行，如一些小企业的绩效考核就可以简单得多，它们可以把其中的某几项步骤或程序合为一项。另外，虽然我们对绩效考核程序做了一定的阶段划分，但实际上，组织内的绩效考核的几种步骤和程序有时往往是同时进行的，而且也不是严格区分开来的。

二、绩效考核的方法

绩效考核的关键就是运用各种方法收集每个员工的工作状态、工作行为、工作结果等方面的信息，并将其转化为员工工作的评价。绩效考核的方法主要有以下几种：

(一)排序法

1. 概念

排序法是指将员工的业绩按照从高到低的顺序进行排列。根据操作方法的不同，可分为简单排序法和交替排序法。简单排序法是指评价者把所有员工按照总业绩的顺序排列起来。

交替排序法是对简单排序法的一种改进，它在评价员工业绩时，采取“掐头去尾”和“逐层评价”的方法,最终获得员工业绩的排序。

2.操作方法

通常情况下,交替排序法的操作步骤如下:

(1)列出需要被评估的人员名单,划去那些评估者不太熟悉的人员。

(2)评价出表现最好的员工和表现最差的员工。

(3)在剩余的员工中,找出表现最好和表现最差的员工,以此类推,直到完成所有员工的排序。

3.优缺点

排序法最大的优点是简单易行,省时省力,它强迫考核者对不同被考核者的绩效水平进行区分,便于得出一种强制的等级次序,同时也有利于避免过宽过严,特别是误区的出现。缺点在于:一是由于没有具体的考核指标,只有在被考核者之间进行比较,若两个人的绩效水平相近,就很难确定正确的排列顺序。二是这种方法的主观性太强。三是这种方法确定的排列顺序不能给被考核者提供改进建议和措施。

(二)关键事件法

1.概念

关键事件法要求评估者在绩效周期内,将发生在员工身上的关键事件都记录下来,并将它们作为绩效评估的事实依据。这些关键事件包括员工在工作中非同寻常的行为,而一般的或平常的工作表现将不被考虑,关键事件法操作的核心是明确关键事件的定义和所包含的项目。

2.操作方法

(1)确定关键事件的定义或项目。在进行关键事件记录前,管理者要首先明确对关键事件的认识。管理者可以根据企业的战略目标和部门的工作目标,拟定特别有效的工作行为和特别无效的工作行为的定义,以此确定关键事件。管理者还可以根据往年工作的情况和自身的经验,与员工共同列举出有效和无效的工作行为,即共同确定关键事件所包含的项目。这一步骤的核心目的是明确考核重点、统一考核标准,便于考核顺利、公正地展开。

(2)记录员工的关键事件。绩效考核周期开始时,主管人员就要开始进行关键事件的记录,在记录时,主管人员要特别注意公正和全面,即客观、详细记录员工的关键行为,不能因为自己的时间精力有限就忽略了对被评估者的记录。

(3)整理关键事件报告。在绩效考核前,主管人员要将绩效执行过程中记录的关键事件加以整理,形成统一的关键事件报告。

(4)根据关键事件报告对员工的绩效加以评定。结合员工在工作过程中的表现和企业的绩效评估制度,主管人员就能确定所有员工的绩效表现。

(5)针对绩效评估结果改进绩效。主管人员有了绩效评估结果,就可以有针对性地与员工进行改进绩效的沟通,共同分析不良绩效的产生原因,探讨改进绩效的方法,帮助员工避免无效行为的发生,改善绩效。

3. 优缺点

关键事件法通常可作为其他绩效考评方法的一种很好的补充，因为它具有三个优点：①帮助确认考评者的长处和不足，为考核结果提供事实依据，使考核结果真实可信。②避免考核中存在的近期效应，也就是说依据员工在最近一段时间的表现来确定其绩效的好坏。因为关键事件总是在很长的一段时间积累起来的。③在对员工提供反馈的时候，不但因为有具体的事实使被评估者更容易接受，而且也可以再绩效面谈时，有针对性地提出改进的意见。

但是其缺点在于：①需要花费大量的时间去搜集那些关键事件，需要进行长期的认真观察，了解员工的工作行为并加以概括和分类，操作过程比较长，成本比较高。②缺乏横向或纵向的比较，主观随意性比较大，对于人力资源管理决策的参考性可能较差。③局限于对工作绩效显著有效或无效的事件，这就遗漏了平均绩效水平，所以，利用关键时间法，对中等平均绩效的员工就很少涉及，而这部分员工一般是企业的主体。

(三)配对比较法

1. 概念

配对比较法是根据某一评价标准将每位员工逐一与其他员工比较，选出每次比较的优胜者，最后根据每位员工获胜的次数进行绩效排序。

2. 操作方法

(1)将被评估者的姓名列在评估表格的第一行和第一列。

(2)将列在行上的员工与列在列上的员工进行逐一比较，并给优胜者做上记号，注意避免重复比较和自己与自己比较。

(3)所有比较完成后，计算每位员工优胜的次数，并根据该次数对员工的绩效进行排名。

3. 优缺点

配对比较法的优点是方便简洁，判断范围小、准确度高。但是，当人数太多时，工作量就会变得很大，并且评估人很难对所有人的表现有充分的了解，两两之间相比较的优劣往往有很大的偶然性，这就大大地降低了评估的意义。

(四)强制分布法

1. 概念

强制分布法要求评估者将被评估者的绩效结果放入一个类似于正态分布的标准中。这种方法基于一个有争议的假设：在被评估者中，优秀、一般、较差的员工同时存在。

2. 操作方法

(1)将绩效表现划分为多个等级，并确定每个等级的人数比例。

(2)将员工按工作情况分配到每个绩效等级内，从而确定最终的绩效评估结果。

3. 优缺点

强制分布法优点有：

(1)等级清晰、操作简便。等级划分清晰，不同的等级赋予不同的含义，区别显著；并且，只需要确定各层级比例，简单计算即可得出结果。

(2)刺激性强。“强制分布法”常常与员工的奖惩联系在一起。对绩效“优秀”的重奖，绩效“较差”的重罚，强烈的正负激励同时运用，给人以强烈刺激。

(3)强制区分。由于必须在员工中按比例区分出等级，会有效避免评估中过严或过松等一边倒的现象。

强制分布法缺点有：

(1)如果员工的业绩水平事实上不遵从所设定分布样式，那么按照考评者的设想对员工进行硬性区别容易引起员工不满。

(2)只能把员工分为有限有几种类别，难以具体比较员工差别，也不能在诊断工作问题时提供准确可靠的信息。

(五)行为锚定法

1. 概念

行为锚定法将每项工作的特定行为用一张等级表进行反映，该等级表将每项工作划分为各种行为级别(从最积极的行为到最消极的行为)，评价时评估者只需将员工的行为对号入座即可。

2. 操作方法

(1)用工作分析中的关键事件技术列举出有效和无效的工作行为。

(2)将上述确定的工作行为按照工作的特征或工作者的特征划分到各个维度中，并对各维度所包含的行为加以概括，形成维度的定义。

(3)将分析的结果与外部的专家加以讨论，以确保行为划分的科学性和准确性。

(4)建立最终的绩效评价体系。分析者对每个特征构建一个评定量表，该表中应包括该特征的名称、该特征的定义、该特征的各级行为描述。

(5)根据实际评估的反馈，适时调整行为评定量表。行为评定量表的开发不可能一次性达到完全准确和科学，这就需要管理者随着行为锚定法的实施，对评定量表作出及时准确的修订。

3. 优缺点

行为锚定法最大优点是明确定义每一评价项目，同时使用关键事件法对不同水平的工作要求进行描述。因此，行为锚定评价法为评价者提供了明确而客观的评价标准。主要的缺点是设计和实施成本比较高，经常需要聘请人力资源管理专家帮助设计，并且在实施以前要进行多次测试和修改。因此需要花费许多时间和金钱。

(六)行为观察量表法

1. 概念

行为观察量表法是在关键事件法的基础上发展起来的。它是由工作绩效所要求的一系列合乎组织期望的行为组成的表单。它与行为锚定法大体相近，只是在量表的结构上有所不同。该方法首先确认员工某种行为出现的概率，要求评定者根据某一工作行为发生的频率或次数多少来对被考评者打分。既可以对不同工作行为的评定分数相加得到一个总分数，又可以按照对工作绩效的重要程度赋予工作行为以不同的权重，加权后再相加而得到总分。

2. 操作方法

（1）根据关键事件技术找出关键行为，将内容相似或者一致的关键事件归为一组，形成一个行为项目。

（2）评定量表的内部一致性。

（3）检查行为观察量表内各考评标准之间的相关性。

（4）将每个行为指标划分为五级李克特量表。

（5）根据行为观察量表，并视考核实际情况，剔除不具有鉴别度的行为指标。

（6）进行因子分析形成相关考评标准。

（7）为考核指标赋予适当的权重。

3. 优缺点

行为观察量表法的优点在于：它能够将高绩效者和低绩效者区分开来；能够维持客观性；便于确定员工的培训需求。但不足之处就是过于烦琐，因为它所需要的信息可能会超过大多数管理者所能够加工或记忆的信息量。

第三节　绩效考核中的误区

尽管许多企业都在进行绩效考核，但是在实践过程中却遇到了一系列的问题，并且也产生了一些负面影响，据美国有的咨询公司对员工的调查表明，有80%左右的员工对公司的绩效考核并不满意，在中国也普遍反映不佳。从研究来看，主要有如下原因。

一、评价标准难以确定

评价标准的难以确定通常会出现以下现象：缺乏明确的工作绩效评价标准，使绩效评价失去了方向和目标，其结果就值得怀疑；或者工作绩效评价标准不现实；或者工作绩效评价标准的可衡量性太差等。这些问题都严重地影响了绩效考核的科学性和有效性。

二、偏差现象

在绩效评价过程中，评价者往往受个人的价值观和偏见的影响，在具体执行绩效评价标准时会发生偏差。在实际工作中往往出现晕轮效应、评价标准的执行弹性较大、居中倾向以及偏见效应等。

（1）晕轮效应。晕轮效应，也叫“哈罗效应”。在绩效考核中，晕轮效应的表现就是评价者对下属的某一方面评价较高或较低时，往往对其他方面的评价也较高或较低。例如，当这个下属与主管的关系较好时，主管人员则认为他的沟通能力较强，并且在其他方面的评价也较高,反之亦然。这是在实际工作中经常出现的问题,所以许多下属为了得到较好的评价,往往千方百计与主管搞好关系。

(2)评价标准的执行弹性较大。由于评价者对员工的要求不同,所以在评价下属的工作绩效时往往会出现较大的弹性。有些评价者对员工的要求比较高,对员工的绩效评价往往偏低;而另一些评价者对员工的要求则比较低,对员工的绩效评价往往较高。另外,有些部门人才济济,竞争激烈,员工要获得一个好的评价很不容易;而另一些部门员工的水平普遍较低,所以稍稍好一些的人就会得到较好的评价。

(3)居中倾向。居中倾向是在绩效评价中经常出现的现象,分析其原因,大都是评价者为了减少麻烦而造成的。在许多绩效考核中,往往有80%左右的人停留在同一等级上,或者说,等级差别不大。假如评价分为1、2、3、4、5等级,那么绝大部分的人都在2~3等级,处于1等的是少数,处于5等的也是少数。

(4)偏见效应。偏见是考评者对被考评员工所持有的一种不符合实际的刻板印象。这种偏见是由于被评价者个人的一些差异而造成的,如年龄、外貌、种族、地位等等,这些方面的差异花往会导致与实际水平十分大的偏差。在许多高校都实行学生对教师打分的考核制度,这对提高教学质量起了很大的作用,但从分析来看,学生的打分在某种程度上受教师的非教学因素的影响,如年龄大的教师的得分往往比年轻的低;相貌好的教师的得分比相貌一般的教师的高;担任领导职务的教师的得分比普通教师的高等。

(5)个人好恶。人们常常有一些自己难以察觉的弱点,比如凭个人好恶判断是非。绝大多数人在评价别人时,都会受到个人好恶这一弱点的影响,并不是只有个别人才有这样的问题。因此所有的评价者都应该努力反省自己的每一个判断是否造成了不公的结论。在实际的组织中,不可避免的是,管理者不可能对所有的人都怀有同样的亲近感或憎恶感,这种感觉上的差异如果引入到评价活动中而未及时察觉,将使评价难以达到客观公正。采用基于客观事实(记录、数据等)的考评方法,由多个评价者组成评价小组进行考核的方式有助于减少个人好恶所导致的误差。

(6)近因效应和首因效应。心理学实验证明人们常常有一种不易为人所察觉的倾向,那就是人们比较容易记住最近发生的事情,而较早发生的事则往往被遗忘了,造成在评价别人的工作时,新近获得的印象对评价结果产生了过大的影响。这就是所谓的近因效应。近因效应使得本来是对整个评价期间工作表现的考核实际上仅取决于(或很大程度上取决于)最近一小段时间内的表现,结果是评价结果并不能反映整个评价期间内员工的绩效表现。首因效应则主要是指"第一印象"问题。一个人给别人留下的最初印象往往容易形成定势,即使其本人事实上同这个"第一印象"有很大差距,也很难在短时间内扭转别人的"偏见"。

(7)对比效应。人们在评价一个人的工作是好还是坏时,在内心里总是有一个评价标准,这个标准可能是某些人,也可能是某些人的工作表现,这就是心理学上常说的评价标准。这个内在的标准也会因人而异。对比效应的存在会影响到不同评价人评价结果的一致性,也会影响到结果的有效性。比如,如果以较差的表现为基准,大多数人的绩效都可以说是好的,而如果以优秀的表现来衡量其他人的表现,那么大多数人的绩效就只能是差了。

(8)暗示效应。暗示是指通过语言、行为或某种事物提示别人,使其接受或照办而引起迅速地心理反应。在绩效考评中,考评者在领导或权威人士的暗示下,容易接受他们的看法,而改变自己原来的看法,结果造成考评误差。例如,在企业或学校、科研单位评定职称的学术委员会在评估拟提升候选人时,请领导先讲话。而领导说:“在座的评委们都是专家学者,我没什么好说的,据我了解,某人的业务水平很不错,能力很强,我就不多说了,请专家们评议吧。”这样的讲话就有暗示的意思,也可能是无意的暗示。言者无意,听者有心,考评人会体会领导的意思,而对这位领导所提的某人的评价就会较高,造成误差。为了防止这种误差,在评委们评议时,主持人一开始应先请评委们发言、投票,最后再请领导或权威人士作总结讲话,这样就难以起到暗示的作用。

三、信息不对称

所谓信息不对称,是指评价者对被评价者的了解甚少,这种情形一般出现在上级对下级的垂直考核。在一个组织中,好像直接主管对下级进行考核是理所当然的,但从实际情况来看,许多上级对下级的工作特点、工作态度、绩效表现、努力的程度等不甚了解,所以给下级的评价也就不准确了。另外,有时员工对企业的工作要求也不很了解,所以也不知道自己应该如何努力。

四、反馈不良

为了使绩效考核真正有效,必须将绩效考核标准或绩效考核结果及时与员工进行沟通。从调查来看,一些主管人员不重视工作绩效考核信息的作用,很少向员工工作事前的解释和事后的沟通,这不利于员工绩效的改善和提高,并且在很大程度上使绩效评价失去了意义,也浪费了企业的人力和财力。

五、绩效考核结果的使用有误

如果绩效考核结果在人事决策和人力资源开发方面的使用不当,那么就偏离了绩效考核的主要目的。此外,多重标准的使用、权重确定失误以及评价频率不当等,也是绩效考核中经常出现的问题。

第四十一章 薪酬管理

知识框架

- 薪酬管理
  - 薪酬管理概述
    - 薪酬、薪酬管理的含义及构成
    - 影响薪酬管理的主要因素
    - 薪酬管理的原则
  - 薪酬体系设计
    - 薪酬体系设计原则
    - 薪酬体系设计的基本步骤
    - 薪酬体系设计的方法
    - 薪酬体系设计程序
  - 工资制度
    - 确定付酬原则
    - 工作分析
    - 工作评价
    - 薪资调查
    - 工资制度的实施
  - 奖励制度
    - 奖励制度的特点
    - 奖励制度的设计要求
    - 个人奖励计划
    - 团队奖励计划
    - 短期奖励计划
    - 长期绩效奖励计划
  - 福利管理
    - 福利概述
    - 员工福利的分类及构成
    - 福利制度设计
    - 员工福利管理
    - 典型福利计划

第一节　薪酬管理概述

一、薪酬、薪酬管理的含义及构成

（一）薪酬的界定

从狭义的角度来说，薪酬是指个人经过劳动所获得的工资、奖金等以金钱或实物形式支付的回报。例如，美国薪酬管理专家乔奇认为：薪酬是指员工从企业所得到的金钱、各种形式的服务和福利，作为企业给员工的劳动回报的一部分，薪酬是劳动者应得的劳动报酬。

从广义的角度来说，薪酬是一个比较宽泛的概念，包括经济性报酬和非经济性报酬。其中，经济性报酬是指工资、奖金、福利待遇和假期等；非经济性报酬是指个人对企业以及对工作本身在心理上的感受。

1. 薪酬与工资

严格区分薪酬与工资的差异，确实是比较困难的事情。无论从内容还是对象上说，薪酬与工资有许多相同点，在许多地方两者可以混用。但是，从习惯用法上说，两者在使用的场合和使用的对象上又存有一定的区别。

政治经济学认为，工资是劳动力的价值或价格的转化形式，这是对工资的抽象分析。一般的经济学认为，薪酬指员工实际拿到的或雇主支付的劳动报酬，是人们对工资的一种形象化称谓。

从字面含义看，“薪酬”是名词化的动词，含有用薪水酬劳、酬谢之意，这样就更容易与激励机制联系起来，给管理者以发挥的余地。“工资”是名词，往往与生活费用相联系，似乎是必然的分配结果，是企业应该付给的，管理者没有发挥的余地。一般来说，在现代企业的分配制度中，对劳动力资源和普通员工实行的是工资制，对知识员工（例如技术创新者和职业经理人）实行的是薪酬制。

在我国，习惯用“工资”涵盖企业、机关、学校、社会团体等各种单位的各种层次的劳动者，宏观、微观都适用。一些企业为了以示区别，愿意采用“薪酬”的叫法，用以特指员工的劳动报酬，只在微观层次使用。因此，薪酬是指企业对其员工给企业所做出的贡献，包括其绩效、付出的努力、时间、学识、技能、经验与创造等所付给的相应报酬或答谢，是员工从事所需要的劳动而得到的以货币或非货币形式的补偿。

2. 薪酬与福利

薪酬一般是对个人或团体与劳动者或劳动者群体的劳动量相联系的劳动报酬，无论以现金方式支付还是以非现金方式支付，都有很强的目的性。福利是不与劳动者的个别劳动量或群体劳动量相联系的，每个人都有权利享受，而且具有重复性与终生性的特点。

薪酬与福利定位也不同。福利关注通过非现金方式解决职工切实关心的问题，是从长期的角度来考虑的；薪酬更多的是关心个人即期的收入，强调贡献和效率。

薪酬与福利虽然有明显的区别，但两者的界限有时也比较模糊，可以相互转化。例如，在我国计划经济时代下，住房一直是作为一项福利分配给大家，不与个人劳动量挂钩，只要达到一定年限,每个人都能获得一套住房。但是,经济体制改革后,随着住房的商品化、货币化,住房福利已逐步向工资转化。

(二)薪酬的主要构成

薪酬包括企业员工的全部劳动报酬收入,不仅限于货币收入,而且包括非货币收入。薪酬激励远不只是支付多少货币工资的问题。员工总报酬可以划分为两类:外在报酬与内在报酬。

1. 外在报酬

外在报酬是指员工因受到雇用而获得的各种形式的收入,包括基本工资或薪水、绩效工资、短期奖励、股票期权等长期奖励、津贴,以及各种非货币形式的福利、服务和员工保护等。外在报酬的优点在于容易界定范畴和定量分析,便于在不同个人、工种和组织之间进行比较。

(1)直接薪酬。直接薪酬是以法定的货币形式直接支付给劳动者本人的报酬,具体包括:①基本工资。工资是薪酬系统中主要组成部分,是指企业依据国家法律规定和劳动合同,以货币形式支付给员工的劳动报酬,属于固定收入。其中,广义的工资包括基本工资和奖金、津贴、补贴、劳动分红等各种形式的附加工资;狭义的工资主要是指基本工资或标准工资。在我国采用的结构工资中,基本工资往往较低而平均,以保障员工能维持最低生活水准。②绩效工资。用马克思的三种劳动来说,绩效工资主要是根据员工的第三种劳动即凝固劳动来支付工资,是以实际的最终劳动成果确定员工薪酬的工资制度,也称浮动工资。从工资形式的本义上说,应该根据工作成绩而支付工资,工资支付的主要依据是工作成绩和劳动效率,但是,在实践中,绩效的量化不易操作,所以除了计件工资和佣金制外,绩效工资是指依据员工绩效而增发的奖励性工资。③奖励。奖励或奖金是指企业对员工杰出的表现或卓越的贡献所支付的员工工资以外的奖励性报酬,也是企业为了鼓励员工提高劳动效率和工作质量付给员工的货币奖励。奖励分为短期奖励与长期奖励。短期奖励和员工个人、部门或团体在某一较短时间内明确的绩效目标挂钩;长期奖励更关注较长时间内的绩效水平,如现在很多公司设有针对其经营者和专业人员的基于组织投资回报率、市场份额等长期业绩目标的股票期权等长期激励计划等,以保留和激励公司的优秀员工。绩效工资与奖金或奖励之间存在不同:一是企业支付给员工的奖金不会自动被累积纳入基本工资中,员工要想再次获得同样的奖金,就必须继续努力;二是奖励薪金对于员工的奖励通常是以实物产出为基础,而不是以主观的绩效评价结果为基础。④津贴。津贴是一种补充性劳动报酬,也称附加薪酬,分为非薪酬性津贴和薪酬性津贴两种。非薪酬性津贴主要是指对一些有特殊贡献的专业技术人员发放企业津贴,其性质等于奖金,但以津贴的形式发放。薪酬性津贴主要是指员工在特殊劳动条件下所付出的额外劳动消耗和生活费开支的一种物质补偿形式。企业中一些劳动强度大、劳动条件差的劳动,需要劳动者付出更多的劳动力支出,或者对劳动者身体造成一定的伤害,企业通过津贴的形式予以补偿。主要的津贴形式包括补偿额外劳动消耗的津贴、补偿额外生活费支出的津贴和地区差异津贴等。

(2)间接薪酬。间接薪酬是指不直接支付给劳动者本人并具有一定公益性的报酬,包括保健计划、带薪休假、服务及额外津贴等福利,甚至包括办公室装潢、宽裕的午餐时间、特定停车位、弹性工作安排、业务用名片及头衔等。其中,福利是指企业为员工提供的工作报酬之外的一切物质待遇,目的是使员工及其家属在工作及生活中获得更大的便利。

2. 内在报酬

内在报酬是相对于外在报酬的直接受益而言的,是指企业为员工提供较多的学习机会、挑战性工作、职业安全感,以及员工通过自己的努力工作而受到晋升、表扬或受到认可与组织的重视。内在报酬的特点是难以进行清晰的范围界定,不易量化和比较,没有固定的标准,操作难度比较大,需要较高水平的管理艺术。例如,某保险公司规定,特殊贡献者免费到澳大利亚旅游 18 天,包括往返机票,在澳大利亚期间的餐费、住宿费、交通费、游览门票等;通过通报表扬、授予荣誉称号等形式激励对企业和社会做出贡献的员工。

(三)薪酬管理的含义

所谓薪酬管理,是指组织针对所有员工所提供的服务,确定他们应当得到的报酬总额、报酬结构和报酬形式的过程。从薪酬的内涵来看,薪酬管理的内容包括岗位评价与薪酬等级、薪酬调查、薪酬计划、薪酬结构、薪酬制度的制订与调整、人工成本测算等;从管理的角度来说,薪酬管理包括决策、计划、控制等基本职能活动。

战略性薪酬管理是以组织发展战略为依据,根据组织某一阶段的内部、外部环境,正确选择薪酬策略,系统设计薪酬体系并实施动态管理,促进组织战略目标实现的活动。战略性薪酬管理包括薪酬策略、薪酬体系、薪酬结构、薪酬水平、薪酬关系及其相应的薪酬管理制度和相应的动态管理机制。

(四)薪酬的功能

1. 员工方面

(1)经济保障功能。薪酬最终表现为企业和员工之间达成的一种供求契约,企业通过员工的工作来创造市场价值,同时企业对员工的贡献提供经济上的回报。在市场经济条件下,薪酬收入是绝大多数劳动者的主要收入来源,它对于劳动者及其家庭的生活所起到的保障作用是其他任何收入保障手段都无法替代的。

(2)心理激励功能。薪酬是个人和组织之间的一种心理契约,这种契约通过员工对于薪酬状况的感知而影响员工的工作行为、工作态度以及工作绩效,即产生激励作用。员工的较高层次薪酬需求得到满足的程度越高,则薪酬对于员工的激励作用就越大。反之,如果员工的薪酬需要得不到满足,则很可能会产生消极怠工、工作效率低下、人际关系紧张、缺勤率和离职率上升、组织凝聚力和员工对组织的忠诚度下降等多种不良后果。在其他条件相同的情况下,不能满足员工的合理薪酬期望的企业很容易出现员工满意度低和流动率高的现象。

(3)社会信息功能。对于员工来说,薪酬所具有的信息传递功能也是一种非常重要的功能。这是因为,在现代社会中,员工所获得薪酬水平高低除了其所具有的经济功能外,它实际上还在向其他人传递着一种信息,人们可以根据这种信息来判断特定员工的家庭、朋友、职业、受教育程度、生活状况甚至宗教信仰以及政治取向等。不仅如此,在一个组织内部,员工的相对薪酬水平高低往往也代表了员工在组织内部的地位和层次,是对员工的个人价值和成功进行识别的一种信息。因此,员工对这种信息的关注实际上反映了员工对自身在社会以及组织内部价值的关注,从这方面来说,薪酬的社会信息功能也是不可忽视的。

2. 企业方面

(1)控制经营成本。在薪酬管理过程中有一个重要环节,即进行人工成本开支方面权衡和取舍的薪酬预算。它也是财务预算中进行人工成本控制的重要方式之一。

通过薪酬预算,企业可以使人工成本的增长与企业效益增长相匹配,有效减少无效人工支出,提高劳动生产率,控制浪费用工现象。

(2)改善经营绩效。企业绩效决定于个人绩效。一个人作用的发挥,只有在他与工作、工作的条件以及组织方式联系起来,才能从企业的整体上反映出大家共同作用的效果。有效的薪酬管理,可以促使员工工作效率提高、改善和提高生产或服务质量以及降低旷工率、跳槽率等,从而使企业收益提高、成本降低,这是薪酬管理对企业绩效的间接作用过程。

(3)塑造和强化企业文化。企业文化是企业在长期生产经营活动中所自觉形成的,为广大员工所自觉恪守的经营宗旨、价值观念和道德行为准则的综合反映。它是促使企业向自己的经营目标、经营战略迈进的"软"动力,而作为企业实现自己经营目标的一种手段,企业的薪酬管理必须与之相适应,与企业文化中的核心价值观相一致,才能更容易为员工所接受,才能最大化地发挥作用。可以说薪酬管理制度本身也是企业文化的一部分,而其同时也以强化价值取向的方式反作用于企业文化,

为员工指明努力的方向,从而更好地实现企业目标。当二者有机结合时,便形成了企业独特的薪酬文化。良好的薪酬文化是成功薪酬的基础,薪酬文化对于大多数人来说是极具诱惑力的。因此向外部人才宣扬公司优秀的薪酬文化是吸引人才的一种重要方法。薪酬的变革同时是文化的变革。一个好的薪酬战略会激发员工对企业整体利益的关注,塑造良好的团队精神,从而塑造全新的企业文化。

(4)支持企业变革。薪酬战略是企业战略的重要组成部分,薪酬管理的战略性选择与企业竞争优势是相互依存的。薪酬体系应随着企业战略的改变而改变。如果薪酬制度与企业的战略不符合,那么组织就无法进行转型。企业的薪酬变革会牵动每一个人的神经,当人们对一种即使是"不合理"的分配制度习惯后,那么"不合理"也就转变成了"合理",而当我们试图对这种"不合理"进行调整时,事实上就是改变了他们原有的习惯,即使是合理的也会被一部分人认为是不合理的,尤其是这种变革触动了他们原来的个人利益。这种薪酬变革的引导则需企业的最高领导言传身教,大力倡导并采取必要强势的手段推进。一般来说,企业和薪酬战略之间的联系越紧密或彼此匹配越适应,企业的投资回报率就会越高。

二、影响薪酬管理的主要因素

(一)外部影响因素

1. 劳动力市场供需状况

劳动力市场上的供求状况变化,决定企业对员工成本的投入,从而影响企业员工薪酬水平的变化。当市场上对企业产品的需求增加时,导致企业扩大市场规模,使劳动力需求增加,此时企业为招到数量足够、质量合格的劳动力,将提高工资水平;当产品需求下降时,在其他条件不变的情况下,企业将会降低工资,停止招收新的员工,甚至对原有员工进行裁减。当其他行业或本行业企业的薪资水平上升时,会导致本行业、本企业劳动供给数量的减少,

本企业为招募到一定数量、质量的劳动力，将会提高薪资水平；反之，将会降低本企业员工的薪资水平。总之，劳动力供求对薪资水平的影响，可以归纳为如果社会上可供企业使用的劳动力大于企业需求，则企业的薪酬水平相应会降低；反之，企业的薪酬水平相应会提高。企业在进行薪酬设计和调整时，更应该关注特定地区和劳动力层次的供需状况。

2. 政府的政策调节

在市场经济条件下，政府对企业薪资水平的干预，主要表现为以培育、发展和完善劳动力市场为中心，用宏观经济政策调节劳动力供求关系，引导市场。政府对企业员工的薪酬水平的干预包括直接调节与间接调节。直接调节是政府通过立法来规范企业的分配行为，从而直接调节企业的薪酬水平。例如，我国 1994 年由全国人大常委会通过，并从 1995 年 1 月 1 日开始实施《中华人民共和国劳动法》；劳动部于 1993 年下发《企业最低工资制度（333 号）》，1994 年下发《关于实施最低工资保障制度的通知（409 号）》，并印发《工资支付暂行规定》《最低工资规定》（2004 年 1 月 20 日）等。间接调节是指政府不是专门调节薪酬变动，而是通过调节其他经济行为和社会行为，从而对企业薪酬水平产生影响，如财政政策、价格政策以及产业政策等。因而，企业薪酬管理制度的变革必须与政府的政策调节保持同步。

3. 经济发展与劳动生产率

经济发展水平和劳动生产率对于企业内部的薪酬结构、薪酬形式和组合方式有着重要的影响。一般来说，当地的经济发展处在一个较高水平，其劳动生产率高时，企业员工的薪酬会较高。反之，企业员工的薪酬会较低。在我国，目前经济发达地区与经济不发达地区的薪酬之间就存在差距，如我国的沿海地区经济发展水平较高。大城市经济发展水平较高，因此这些地区企业员工的薪酬较高。我国的劳动力价格在不同的地区也会有所不同，这是由各地的消费水平、劳动力结构、劳动生产率等因素不同引起的。

4. 物价变动

由于薪酬系统与员工的生活息息相关，物价变动会直接影响员工生活消费品价格的变动，会直接影响雇员的薪酬水平。在货币薪酬水平不变，或变动幅度小于价格上涨的情况下，物价上涨会导致员工实际薪酬水平下降；反之，会引起实际薪酬水平的上升。

5. 地区生活水平

企业所在地区的生活水平从两个层面影响企业的薪酬政策。一方面，生活水平高了，员工对个人生活的期望也高，对企业薪酬水平的压力就大；另一方面，生活水平高也可能意味着物价指数持续上涨，为了保持员工生活水平不降低或购买力不下降，企业会给员工增加薪酬。

6. 行业薪酬水平的变化

行业薪酬水平的变化主要取决于行业产品的市场需求和行业生产率两大因素。当产品需求上升时，薪酬水平可有所提高；当行业劳动生产率上升时，薪酬水平也可以在企业效益上升的范围之内按比例提高。由于历史原因和现实需要，各行业的员工对报酬的期望是不同的。因此，也影响了企业的报酬系统。例如，金融行业、信息行业的员工对报酬的期望较高，而纺织行业、环卫行业的员工对报酬的期望较低。此外，劳动密集型企业更偏重于利用显性薪酬来激励员工,技术密集型企业则更喜欢用晋升等非显性薪酬来激励员工。

(二)内部影响因素

1. 企业支付能力

在企业中,薪酬水平受制于利润与其他的财务资源。企业的支付能力取决于员工的生产率,企业经济效益的好坏直接决定了员工个人收入水平。薪酬是劳动力的价格和价值的表现形式,它和其他劳动要素成本的价格一样,随着企业效益而变动,尤其是非基本薪酬部分与企业效益的联系更为密切。

2. 企业发展阶段

企业的发展阶段不同,其经营战略不同,企业的赢利能力也不同。因此,企业的薪酬战略也不同,企业的薪酬战略应与企业战略相适应。

对于处于迅速成长阶段的企业,经营战略是以投资促进公司成长。为了与经营战略保持一致,薪酬战略应该刺激形成一个创业型的管理群体。因此,企业应该着重使高额薪酬与高中等程度的刺激和鼓励相结合(风险越大,薪酬越高)。

对于处于成熟阶段的企业,经营战略基本上以保持利润和保护市场为目标,所以薪酬策略应是以奖励市场为主。要做到这一点,则应使平均策略水平与中等程度的刺激和鼓励以及标准福利水平相结合。

在处于衰退阶段的企业中,最恰当的战略是获得利润并向别处投资。要实现这样一种战略目标,就必须使标准福利与低于中等水平的工资相结合,并使适当的刺激和奖励直接与成本控制联系在一起。

3. 组织文化

组织文化是一个企业分配思想、价值观、目标追求、价值取向和制度的土壤。组织文化不同,必然会导致观念和制度的不同,从而会影响到薪酬模型和分配机制,进一步间接地影响薪酬水平。例如,推崇个人主义的企业,薪酬差别很大;提倡集体主义的企业,薪酬差别较小;提倡冒险精神的企业,工资很高,福利较差;提倡安全、稳定的企业,工资较低,但福利较好。

4. 企业的管理哲学、文化

企业管理的哲学,特别是分配哲学,往往会对薪酬水平的确定起到非常重要的作用。在偏向于用物质刺激的企业文化下,企业倾向于用较高的货币薪酬刺激员工的工作热情;而在偏向于精神激励的企业文化下,企业用适中的薪酬就能起到相同的激励效果。

5. 企业的支付能力

在企业中,员工薪酬水平受制于公司的利润与其他的财务资源,而企业的支付能力取决于员工的生产率,企业经济效益的好坏直接决定了员工个人收入水平。薪酬是劳动力的价格和价值的表现形式,它和其他劳动要素成本的价格一样,随着企业效益而变动,企业薪酬中的非货币薪酬部分与企业效益的联系更为密切。

在一些处于迅速成长阶段的企业中,经营战略是以投资促进公司成长。为了与经营战略保持一致,薪酬战略应该刺激形成一个有创业型的管理群体。因此,企业应该着重使高额薪酬与高中等程度的刺激和鼓励相结合(风险越大,薪酬越高)。在处于成熟阶段的企业中,经营战略基本上以保持利润和保护市场为目标,所以,薪酬策略应是奖励市场为主。要做到这一点,则应使平均薪酬水平与中等程度的刺激和鼓励以及标准福利水平相结合。在处于衰退阶段的企业中,最恰当的战略是获得利润并向别处投资。要实现这样一种战略目标,就必须使标准福利与低于中等水平工资相结合,并使适当的刺激和奖励直接与成本控制联系在一起。

6. 经营层领导态度

薪酬管理策略的选择与设计在很大程度上由企业领导的态度决定。在公司制企业中一般要经过董事会审定,在工厂制企业中要经过厂级领导的审定和认可。因此高级领导对整个形势的判断与理解,对于薪酬问题的理解和重视程度,对于保持和提高士气、吸引高质量的员工、降低离职率、改善员工的生产水平的种种愿望,以及对员工本性的认识及态度等,都会对企业的薪酬水平和薪酬策略产生影响。

(三)个体影响因素

1. 岗位职位差异

岗位影响薪酬,就是说,不同的岗位,薪酬一定不同,另外,职位差别越大,薪酬差距也就越大。例如,总经理的薪酬和生产工人的薪酬一定不同;技术总监的薪酬与行政文员的薪酬也不同。工种与企业内部人力资源市场有关,不同工种,其报酬系统也是不同的。

2. 工作表现

即便同类岗位,如果员工的投入程度不同,技能有差异,那么对公司的价值贡献也是不同的。任何一个岗位上的人员,不同时期,在工作中的表现是有差异的,在有的阶段表现出色一些,而有时则会表现得不尽如人意。员工表现好、贡献大的阶段,给他的薪酬要更高一些;在表现不好的时候,给他的收入也会少一些。因此,在同等条件下,高薪也来自个人工作的高绩效。

3. 资历水平

一般来说,资历高的员工比资历低的员工的薪酬要高。例如,工作需要员工的学历较高时,工资也较高。主要原因是:学历越高,员工自身的投资也越大,需要补偿;员工的工龄越大,工资越高,福利也越好,主要是因为工龄长意味着对企业的贡献多。

4. 个人需求偏好

不同的员工常常在生活环境、教育背景以及个性特征上有所不同,其个人心理需求和偏好也就不尽相同。企业应当尽可能提供差别化和个性化的薪酬方案以满足他们的需求。一个相对简便的方法就是“薪酬自助餐”,即薪酬管理人员设计几种备选薪酬方案,由员工自己选择。

总之,决定企业间和企业内部劳动者之间薪酬水平以及变动的因素很多,但是起决定作用的还是企业的内部因素。

三、薪酬管理的原则

有效的薪酬管理系统应当具备公平性、竞争性、激励性、经济性、合法性等原则。

(一)公平性

公平性包括三个层次:外部公平性、内部公平性、个人公平性。

1. 外部公平性

外部公平性是指企业的薪酬应与同行业或同一地区或同等规模的类似企业的薪酬达到基本一致。它强调的是本企业的薪酬水平与其他组织的薪酬水平比较时的竞争力,关注企业之间薪酬水平的相对高低。在考虑企业的薪酬制度时,无论如何都应考虑企业本身的环境和经营目标及企业文化的影响,其目的是吸引和保持最优秀的员工。

2. 内部公平性

内部公平性是指同一企业内部中不同岗位所获得薪酬应正比于各自的贡献。它强调一个企业内部不同工作之间、不同技能水平之间的薪酬水平应相互协调,这意味着组织内的报酬水平相对高低应以工作的内容为基础,或是以工作所需要的技能复杂程度为基础,以工作对组织整体目标实现的相对贡献为基础,对事不对人。

3. 个人公平性

个人公平性是指同一企业中从事相同工作的人获得的薪酬间的比较。要使员工认识到,人人平等,只要在相同职务上,做出相同的业绩,都将获得相同的报酬。具体地讲,就是员工报酬水平因相关因素产生的差异应合理,如个人绩效差、承担相同工作或同技能的员工的资历差异等。

(二)竞争性

竞争性是指企业的薪酬要能在社会上与人才市场上具有吸引人才的作用,能够战胜其他企业,招聘到所需要的人才。企业可根据自己的薪酬战略、财力水平、所需人才可获得性的高低、所想保留人才的市场价格等具体条件决定到底给员工何种市场水平的薪酬;但要具有竞争力,企业的薪酬水平至少不应低于市场平均水平。一般来说,在同行业中处于领先水平的企业,其薪酬水平也处于领先水平。另外,一些企业也可以采用"市场相平衡"的薪酬策略。同时,企业的薪酬战略还必须与企业的发展阶段相适应。

(三)激励性

激励性是指薪酬系统对员工要有强烈的激励作用。在企业内部各类、各级职务的薪酬水准上,适当拉开差距,真正体现按劳分配的原则。尤其要克制过去那种平均主义、"大锅饭"的现象。根据职位对企业的重要性程度,根据员工个人绩效,在员工收入上适当拉开差距。

(四)经济性

薪酬系统要具有竞争性与激励性,使员工感到安全,但也应该在成本许可的范围内制订薪酬标准。因此它不能不受经济性的制约,而且企业薪酬系统的各个方面都要平衡,在基本工资、奖金或奖励、津贴与福利的结构制订过程中要注意经济性原则的体现。

(五)合法性

薪酬制度必须符合国家的政策与法规。我国劳动法中有关薪酬方面的法律条文以及其他相关法律法规应作为企业制订薪酬制度的依据之一。例如,有关法规规定:工资应以法定货币支付,不得以实物及有价证券替代;工资必须按月支付,实行周、日、小时工资的可按周、日、小时支付工资；工资的支付对象是劳动者本人。另外，国家还有关于员工的所得税比例，工厂安全卫生规定，女职工的特殊保护，员工的退休、养老、医疗保险等的规定，它们也是企业制订薪酬制度的根据。

第二节　薪酬体系设计

薪酬体系设计根据企业的实际情况，并紧密结合企业的战略和文化，系统全面科学地考虑各项因素，并及时根据实际情况进行修正和调整，遵循按劳分配、效率优先、兼顾公平及可持续发展的原则，充分发挥薪酬的激励和引导作用，为企业的生存和发展起到重要的制度保障作用。一个设计良好的薪酬体系直接与组织的战略规划相联系，从而使员工能够把他们的努力和行为集中到帮助组织在市场中竞争和生存的方向上去。薪酬体系的设计应该补充和增强其他人力资源管理系统的作用，如人员选拔、培训和绩效评价等。

一、薪酬体系设计原则

薪酬作为分配价值形式之一，设计时应当遵循按劳分配、效率优先、兼顾公平及可持续发展的原则。

（一）内部公平性

按照承担的责任大小，需要的知识能力的高低，以及工作性质要求的不同，在薪资上合理体现不同层级、不同职系、不同岗位在企业中的价值差异。

（二）外部竞争性

保持企业在行业中薪资福利的竞争性，能够吸引优秀的人才加盟。

（三）与绩效相关性

薪酬必须与企业、团队和个人的绩效完成状况密切相关，不同的绩效评价结果应当在薪酬中准确地体现，实现员工的自我公平，从而最终保证企业整体绩效目标的实现。

（四）激励性

薪酬以增强工资的激励性为导向，通过动态工资和奖金等激励性工资单元的设计激发员工工作积极性；另外，应设计和开放不同薪酬通道，使不同岗位的员工有同等的晋级机会。

（五）可承受性

确定薪资的水平必须考虑企业实际的支付能力，薪酬水平须与企业的经济效益和承受能力保持一致。人力成本的增长幅度应低于总利润的增长幅度，同时应低于劳动生产率的增长速度。用适当工资成本的增加引发员工创造更多的经济增加值，保障出资者的利益，实现可持续发展。

（六）合法性

薪酬体系的设计应当在国家和地区相关劳动法律法规允许的范围内进行。

（七）可操作性

薪酬管理制度和薪酬结构应当尽量浅显易懂，使得员工能够理解设计的初衷，从而按照企业的引导规范自己的行为，达成更好的工作效果。只有简洁明了的制度流程操作性才会更强，从而有利于迅速推广，同时便于管理。

（八）灵活性

企业在不同的发展阶段和外界环境发生变化的情况下，应当及时对薪酬管理体系进行调整，以适应环境的变化和企业发展的要求，这就要求薪酬管理体系具有一定的灵活性。

（九）适应性

薪酬管理体系应当能够体现企业自身的业务特点以及企业性质、所处区域、行业的特点，并能够满足这些因素的要求。

二、薪酬体系设计的基本步骤

（一）薪酬调查

薪酬调查是薪酬设计中的重要组成部分。它解决的是薪酬的对外竞争力和对内公平问题，是整个薪酬设计的基础，只有实事求是的薪酬调查，才能使薪酬设计做到有的放矢，解决企业的薪酬激励的根本问题，做到薪酬个性化和有针对性的设计。通常薪酬调查需要考虑以下三个方面。

1. 企业薪酬现状调查

通过科学的问卷设计，从薪酬水平的三个公正（内部公平、外部公平、自我公平）的角度了解造成现有薪酬体系中的主要问题以及造成问题的原因。

2. 进行薪酬水平调查

主要收集行业和地区的薪资增长状况、不同薪酬结构对比、不同职位和不同级别的职位薪酬数据、奖金和福利状况、长期激励措施以及未来薪酬走势分析等信息。

3. 薪酬影响因素调查

综合考虑薪酬的外部影响因素（如国家的宏观经济、通货膨胀、行业特点和行业竞争、人才供应状况）和企业的内部影响因素（如盈利能力和支付能力、人员的素质要求及企业发展阶段、人才稀缺度、招聘难度）。

（二）确定薪酬原则和策略

薪酬原则和策略的确定是薪酬设计后续环节的前提。在充分了解企业目前薪酬管理的现状的基础上，确定薪酬分配的依据和原则，以此为基础确定企业的有关分配政策与策略，例如不同层次、不同系列人员收入差距的标准，薪酬的构成和各部分的比例等。

（三）职位分析

职位分析是薪酬设计的基础性工作。基本步骤包括：结合企业经营目标，在业务分析和人员分析的基础上，明确部门职能和职位关系；然后进行岗位职责调查分析；最后由岗位员工、员工上级和人力资源管理部门共同完成职位说明书的编写。

（四）岗位评价

岗位评价重在解决薪酬对企业内部的公平性问题。通过比较企业内部各个职位的相对重要性，得出职位等级序列。岗位评价以岗位说明书为依据，方法有许多种，企业可以根据自身的具体情况和特点，采用不同的方法来进行。

（五）薪酬类别的确定

根据企业的实际情况和未来发展战略的要求，对不同类型的人员应当采取不同的薪酬类别。例如，企业高层管理者可以采用与年度经营业绩相关的年薪制，管理序列人员和技术序列人员可以采用岗位技能工资制，营销序列人员可以采用提成工资制，企业急需的人员可以采用特聘工资制等等。

（六）薪酬结构设计

薪酬的构成因素反映了企业关注内容。因此采取不同的策略、关注不同的方面就会形成不同的薪酬构成。企业在考虑薪酬的构成时，往往综合考虑以下几个方面的因素：一是职位在企业中的层级，二是岗位在企业中的职系，三是岗位员工的技能和资历，四是岗位的绩效，分别对应薪酬结构中的不同部分。

三、薪酬体系设计的方法

第一步首先展开对企业的工作分析，确定企业需要什么样的岗位，并建立相关岗位的岗位说明书，这是薪酬体系设计的基础。

第二步是建立一套科学的岗位评价方法，评价各个岗位的重要性或“相对价值”，并将所有的岗位都纳入一个工资级档系统中，以形成企业的工资级别。比如将整个企业的工资体系设计为 10 级，秘书这个岗位的工资定为 5 级，而董事长这个岗位的工资就是 10 级。通过这样的办法，可以解决薪酬确定中内部公平性的问题。

第三步展开薪酬调查，并由企业根据自己的薪酬政策确定每个工资级别的薪酬定位，比如确定应该是按照市场上的 25P、50P 还是 75P 来定位。这样做的目的是保证薪酬的外部吸引力。

第四步确定薪酬结构，这里既包括确定固定工资和浮动工资的比例，也包括确定岗位工资和技能工资的关系等。比较常见的办法是把工资级别设计为一个区间，并在这个区间中划分出不同的档次。同一岗位的不同员工将根据他们的技能、经验、学历的不同，对应于不同的工资级档。

四、薪酬体系设计程序

薪酬体系设计是一个庞大的工程，不是靠文字堆砌而成的方案就能完成的，而是企业全体都参与的过程，是与其他人力资源管理部分紧密结合的过程。

（一）培育管理环境

薪酬体系不是靠人力资源部闭门造车，不是靠参加几次培训，更不是靠完全把它交给咨询企业就能完成的。保证良好的管理环境，如同培育好的土壤：与上层沟通好，获得支持；与中层沟通好，获得配合；与员工沟通好，获得认同。

（二）工作分析

工作分析是保证组织里所有的工作都能合理分配到合适的人身上，为随后的岗位评价奠定基础。工作分析活动需要由人力资源部、员工及其主管上级通过共同努力与合作来完成的。通常采用访谈法、问卷法、观察法和现场工作日记/日志法，最后形成职位说明书和工作规范。职位说明书是描述工作执行者实际的工作内容、工作方法以及工作环境的书面文件;工作规范以职位说明书的内容为依据,说明工作执行者主要具备的知识、技能和经验等。

(三)职位评价

职位评价是对组织中所有职位的相对价值进行排序的过程,主要方法有:排序法、分类法、要素比较法和要素点值法。其中最复杂也是相对比较科学的是要素点值法,它是选取若干关键性的薪酬要素,并对每个要素的不同水平进行界定,同时给各个水平赋予一定的分值,这个分值也叫做"点值"或"点数",然后按照这些关键的薪酬要素对职位进行评估,得到每个职位的总点数,以此决定职位的相对薪酬,保证组织内部薪酬的公平性。

著名的 HAY 海氏因素点值评估体系认为智能水平、解决问题的能力、职务所承担的责任是最主要的付酬因素,每个要素是用一个多维矩阵的形式表现出来的。

(四)薪酬市场调查

由于由自己做薪酬调查效果难以保证,一般可以到咨询企业购买市场薪酬调查报告。但由于企业之间同一职位名称而工作内容的非同一性,再加上市场调查结果是统计分析后的总体性,所以市场调查结果也只是起到参考作用,具体到企业的薪酬设计,需要结合企业的实际情况,包括企业规模、盈利情况、员工层次等等。

(五)其他制度衔接

上面已经提到人力资源管理的每一部分都不是独立的,而是相互联系、相互影响的。比如,薪酬设计出来以后,对招聘工作有指导作用,而每个员工的具体薪酬又是由绩效考核结果决定的,绩效考核的结果又影响到培训、晋升等,这些进而又影响薪酬,所以,设计薪酬体系,是一个庞大的工程,需要全体员工的参与和认可。

第三节　工资制度

一、确定付酬原则

工资支付原则的确定是企业文化的重要内容,是工资制度设计的前提。这需要对员工人性观的正确认识,对职工总体价值的评价,对管理者及高级专业人才所起作用的正确估计等。付酬原则涵盖:是选择领先、滞后还是跟随的薪酬策略;薪酬目标是侧重于吸引、保留人才还是激励人才;在内部公平性和外部竞争性上如何兼顾;薪酬水平的市场定位、薪酬的构架、薪酬和业绩的关联等。在充分了解企业目前薪酬管理现状的基础上,确定薪酬分配的依据和原则,以此为基础确定企业的有关分配政策与策略。例如,不同层次、不同系列人员收入差距的标准,薪酬的构成和各部分的比例等。

二、工作分析

工作分析是工资制度建立的依据。工作分析是采用一定技术方法,全面调查和分析组织中各种工作任务、职责责任等情况,并在此基础上对各种工作性质及其特征进行描述,并对担任工作所需具备的资格条件进行规定,形成所有职务的说明与规定等文件。

三、工作评价

工作评价是工资制度设计的关键与核心内容，要求对企业所设职位的难易程度、责任大小及相对价值的多少进行评价。工作评价涉及分类与评价两个方面。在工作与工作之间存在的差异中，将其种类、属性与关系分别组合起来就是分类。同一类的工作，虽然大部分相似，但是完成工作所需知识却有所不同，必须区分其程度的高低，这就是评价。工作评价是对工作价值的判断，进而纳入工资结构，并提出工资结构的标准程序。工作评价是工作分析的延续，与工作分析既有联系又有区别；工作分析的结果是工作评价的前提和基础。

（一）工作评价的作用

（1）确认组织的工作结构。

（2）在企业内部建立工作间公平、有序的联系。

（3）开发一个工作价值等级制度，据此可用来建立工资支付结构。

（4）在企业内部建立一般的薪资标准，使之与邻近企业保持同等待遇，并使其具有预期的相对性，从而符合所在地区的平均水准。

（5）新增机构能与原有的工作保持适当的相对性。

工作评价的主要作用就是要保持薪酬的内部公平性。

（二）工作评价的原则

工作评价的基本原则包括：

（1）必须以工作分析（或职务分析）为基础。

（2）工作评价必须由总经理、各部门经理与人力资源经理共同完成。

（3）评价的结果决定了组织中每个职位的职级、职等和薪酬范围。

（4）对工作本身的性质与工作内容的评价，不考虑占据该工作职务的任职者的特点与情况以及外界人才市场的价格与条件。因此，工作评价必须在职位招聘之前完成。

（三）工作评价的标准

（1）工作评价的一致性。工作评价应在人员和时间上保持一致。可简单理解为两个人评价同一工作所得的评分相似或是同一工作在两个不同的场合的评分相似。

（2）工作评价避免偏见，不能有个人利益，不能含有政治考虑和个人偏见。

（3）工作评价的可更正性，公司应有相应的评价机制，员工在不满意评价的情况下可以上诉。

（4）工作评价的代表性，所评价的工作及事项要有代表性。

（5）工作评价中信息的准确性。工作评价必须以准确的信息为基础。

（四）工作评价的方法

工作评价的目的是找出企业内各种职务的共同付酬因素，根据一定的评价方法，按每项工作对企业贡献的大小，确定其具体的价值。工作评价的方法主要有排列法、分类法、因素比较法、评分法。

1.排序法

排序法是一种简单的、传统的工作评价方法。基本做法是以工作说明书与规范书为基础，评价人员根据其对企业各个工作的经验认识，将各个工作按价值及重要性加以排队。在对工作进行次序排列时，一般要求评价人员考虑以下各项要素：各工作的工作量及工作岗位的困难程度、承担责任、管理或工作的层次和范围、所需技术专业水平和工作条件优劣等。综合权衡各职位的轻重程度并排定先后次序后，将其划入不同的工作工资等级内。

排序法的优点：简单，花费的人力、物力、财力比较少，速度快。但是，排序法的评定结果完全取决于评定人员的判断能力。排序法适用于岗位少、管理层次简单的企业。

2. 分类法

分类法是对简单排序法的改良，即以责任大小及在能力和技能、知识、职责、工作量和经历等方面的要求为依据，将企业的各类职务分别定级，然后将各种级别排列成为一个体系。分类法比序列法要精确，也可用于多种职务的评定，但需要对不同类的职务等级进行比较，也具有一定的主观性。

(1)按照工作岗位性质将企业所有岗位大体划分若干类型，如管理类、技术类等。

(2)将各大类中的各岗位分成若干等级，等级数的多少取决于工作的复杂性，越复杂，分级越多。

(3)确定每一个等级岗位的工作内容、责任程度、技能要求，包括学历要求、专业工龄和实际能力等。

(4)在每类每级岗位中，挑选出一个有典型性的关键岗位，构成套级的标准。

(5)可确定不同类型、不同等级岗位之间的相对价值关系，将各特定级的岗位与关键岗位进行“套级”比较，从而确定该岗位的相应级别。例如，管理类的 5 级相当于技术类的 4 级。

3. 因素比较法

对于因素比较法而言，最重要的工作是先决定工作的评价因素和关键工作，再评价每个关键工作，并制成关键工作分级表。其余的工作就是以此表为尺度决定其地位，其具体操作步骤如下：

第一步，选择付酬的因素。与序列法相同，确定每个岗位的各项同质因素，即“付酬因素”，对每一因素总体及等级分别用简要的说明加以界定。

第二步，选择关键性职位，一般选 15 ~ 30 项工作。

第三步，确定关键性职位的正确的薪资率。

第四步，将各关键性职位按不同付酬因素进行比较和分别，做出等级排列。

第五步，将各关键性职位的正确薪资率，按比重分配于各因素内，即将关键职位薪资额进行分解，确定出每个工作评价因素的薪资额。

第六步，将非关键所有职位就不同因素逐一加以评审，并参考关键性职位的工资率定出其薪资额。

第七步，将同一职位在不同工作因素上的薪资值相加，得出该职位整体工资总值。

第八步，将关键职位与关键职位以外的所有职位按照薪资率重新加以排列，必要时进行微调，从而得到一套完整的企业薪酬等级表。

因素比较法灵活，各因素无上限下限的限制，还可由职位内容直接求得具体的价值金额,具有较高的可靠性。但是,各影响因素的相对价值在总价值中的百分比完全靠评定人直接判断,而且对比基础的关键职位薪资额只是过去或现行的标准。因此,在运用时必须注意以下问题:一是付酬因素的确定一定要注意。各因素对性质不同的生产企业的影响程度不同;二是用最简洁的方法将各因素的内涵表述清楚,以保证评定标准的统一和公平;三是确定各因素的影响等级及其在总因素中的比重时,要注意结合生产的性质和特点。

4. 评分法

评分法也称计点法、点数法、计分法等,是对多种因素的综合评定,并经过加权处理。评分法的主观成分比较少,是目前在企业中运用最普遍的一种工作评价方法。下面详细介绍其具体的操作步骤:

第一步,选择并确定付酬因素。通常选择工作的困难程度、责任大小、管理或工作的层次和范围、所需技术专业水平和工作条件优劣等因素。

第二步,根据各付酬因素确定所评价工作的权重。被分配了较大权重的因素将为每个程度等级规定更大数目的可能分数。不同的标准会有不同的规律。

第三步,确定因素等级并给出定义。因素等级代表了与某一特定因素相关的不同层次的数量。每一个因素需要的等级数量取决于工作要求。同时,应对评价要素进行清晰、简明的定义;每一等级间的分级界限也要清楚划一。定义越清楚、具体,分级的偏差越小,评价越准确。

第四步,确定所采用的总分值,并为评价因素等级分配分值。工作评价所采用的总分数可根据具体情况而定,但一般在 500 ~ 1 000 分比较好。过小的分值不便于提供工作之间恰当的差别;反过来,过大的分值也是不必要的累赘。

第五步,编制工作评价手册。它通常包括:序言、因素和等级以及工作说明等。

第六步,工作评价者通过该项工作说明与工作评价手册中的各因素进行比较,对每项工作进行评价,得出每项工作的总评分值。

评分法考虑的因素较多,需要利用定量技术来为每一因素划分等级和分配分数,成本高,过程复杂,但只要标准制备好后,工作评价即评级的操作却较简单而容易。因此,从操作过程看其准确性高,也容易被人理解和接受;不过,这种方法的工作量大,在确定因素的比重、分配、分数以及具体评分时也易受评价人的主观影响。

四、薪资调查

为了使薪资具有外部竞争性,公司应进行薪资调查,调查相关劳动力市场(如本地市场、地区市场、国内市场)企业所支付薪资。这里的劳动力市场也是企业获得特定种类员工的某一区域。这项工作主要包括确定薪资调查的渠道,即从哪儿获得数据;如何实施,即要调查些什么、怎样调查和怎样处理收集的数据等。

(一)调查目的

企业应确定薪资调查的目的和调查结果的用途。一般而言,薪资调查的目的有以下几点:一是帮助制订新参加工作人员的起点工资标准;二是帮助寻找企业内部工资水平不合理的职位;三是帮助了解同行业企业的调薪时间、水平和范围等;四是了解当地工资水平并与企业的进行比较;五是了解工资动态与发展潮流。

（二）调查内容

薪酬调查的主要内容包括：一是了解企业在同行业企业的薪资水平。这是一项重要的内容。及时了解同行业企业的工资水平，特别是企业高级管理人员和专业技术人员的工资水平，是避免企业人才跳槽的有效途径。二是了解本地区的工资水平。不同地区因为生活费用水平、生产发展水平不同，工资水平可能差别较大。三是调查工资结构，主要是被研究职位的工资数量和工资形式及结构，具体包括所建立的工资范围、实际的工资范围、平均起薪、现在支付的平均起薪、奖金形式；还要了解以佣金、分红等形式出现的奖金等，以及其他的非货币报酬，如带薪休假、各种保险计划、弹性工时计划等。

（三）调查渠道

企业可以从许多不同的渠道得到工资资料或进行调查。

首先，企业可以从公开的信息中收集。企业可以得到各种"执行前"的由公共部门组织的薪资调查，如我国企业可从劳动人事部门、统计局以及各种全国性行业协会等机构获得有关工作和企业的全国性调查资料。又如美国的劳动统计局（BLS）就是一个薪资调查数据的主要发布者，它主要发布三方面的调查：地区薪资调查，行业薪资调查，全国专业管理、技术工作人员薪资调查（PATC）。BLS 还定期发布员工福利调查报告和人力成本指数（ECT，即员工工资成本的变动指数）。企业可以利用 ECT 来查看其他薪资调查的数据以及比较不同区域的同一工作的工资。此外，企业还可以从其他公开途径收集资料。例如，有些企业发布招聘广告时，会写出工资和待遇等；有些人才交流部门也会定期发布一些职位的工资参考消息。同一职位的工资的信息，一般分为高、中、低三档，由于它覆盖面广，工资范围大，所以对某些企业来说不一定有意义。

其次，委托第三方（或专业）机构调查。目前，随着我国的管理咨询公司或人才服务公司的不断出现，企业可委托给这些专业机构调查，以减少人力资源部门的工作量，这种渠道可以满足企业的特殊要求，简单易行，结果较客观公正，范围可大可小，但必须支付较高的费用。

再次，企业之间相互调查。企业最经济、最可靠的办法是企业间相互交流信息或相互调查。相关企业的人力资源部门可以采用联合调查的形式，共享相互之间的薪酬信息。企业间相互交流信息的成本较低，信息沟通较快；但信息的准确性可能较差，有些信息不易收集。

最后，企业也可以自己进行调查，企业自己调查的目标清楚、可靠；但专业化程度不够，样本较少。

（四）调查范围

首先，确定调查对象。选择调查对象是十分重要的，要选择好对象一定要注意对象的相关性，有人定义为与其竞争员工的组织。选择好相关对象后还要看相关对象的数量，如果数量少（如少于 20 个），往往要对所有公司做调查，但如果相关对象的数量太多，就要进行样本调查，注意样本的代表性。

其次，确定薪资调查内容。一般地，薪资调查并不会针对所有的工作，而是针对关键性工作进行的。所谓关键性工作，是指有着相对稳定的工作内容，并且这些工作在许多企业都存在。因此，在市场薪资调查中就有可能获得与它们有关的工资数据。与关键性工作相反，非关键性工作是指那些尽管较为重要，但是它们本身却属于企业所特有的工作类型。这些工作就不能通过市场薪资调查来进行直接的价值判断。一般而言,低薪或无专长的普通工种职位,薪资调查以企业所在地为调查地区,因为这类劳动力流动区域一般局限在当地;企业所需要的高新技术人才或流动性比较大的职位,最好进行全国性的工资调查,以利于留住这些人才;介于两者之间的中低级技术人员和管理人员,可结合当地薪资调查水平和全国薪资调查水平综合确定。

对于薪资调查的结果,可以用于企业整体工资水平的调整,工资结构的调整,工资晋升政策的调整,某具体职位工资水平的调整,等等。当综合几次薪资调查的结果时需要进行分析,若出现以下情况,企业应当更关注产品市场:一是劳动力成本在总成本中所占的比例较大;二是产品需求是富有弹性的(即产品需求随着产品价格的变动而出现变动);三是劳动力供给是缺乏弹性的;四是劳动力所具有的技能是专门适用于某种产品市场的。与此相反,当以下情况出现时,劳动力市场就会显得更重要一些:一是吸引和留住高质量的员工十分困难;二是招聘离职替代的成本(管理费用、工作中断等造成的损失)是非常高的。

五、工资制度的实施

企业工资制度一经建立,就要考虑如何投入正常运作并对其实行适当的控制与管理,使其发挥应有的功能,并且需要进行适当的调整,以适应企业生产经营发展的需要,更好地调动员工的积极性。

工资的调整包括两部分:工资水平的调整与工资结构的调整。工资增加一般是呈刚性上升式的,即工资标准随经济发展和物价水平呈上升趋势。在一般情况下,同一职位的工资只升不降。因此,对于一些经营业绩不佳的企业来说,在薪酬管理上一定要采取短期与长期相结合的管理策略,如短期内可以采取薪资冻结、延缓提薪等方式;长期则可以采取解雇一些高级管理人员,或让他们提前退休等措施。企业还应针对物价指数而调整工资制度,以消除物价变动对员工工资水平的影响。

在薪酬管理中,还应定期对企业内部员工的工资结构进行调整,包括对工资标准与工资等级的调整。工资标准的调整主要是参考市场工资率的变动,包括降低与提高高薪人员的比例,调整低层员工的工资比例,调整工资标准和工资率等。

第四节　奖励制度

奖励性薪酬是一种补充性劳动报酬形式,是对员工超额劳动或工作高绩效的一种货币形式的劳动报酬。企业以货币形式给予的补偿就是奖金,其目的是提高员工的生产效率,从而获得企业的竞争优势。奖励制度是指比较固定的、规范的奖励性薪酬分配和运作方式,一般由奖励种类、奖励指标、奖励条件、奖励范围、奖励周期、奖金的提取与分配等内容构成。

一、奖励制度的特点

与基本工资制度比较,奖励制度具有以下特点:

(1)具有较强的针对性和灵活性。奖金有较大的弹性,可以根据工作需要灵活决定其标准、范围和奖励周期等，有针对性地激励从事某项工作的员工。

（2）能够弥补基本工资制度的不足。基本工资制度对员工的激励性存在不足之处，如计时工资主要从个人技术能力和实际工作时间上确定劳动报酬，难以反映经常变化的超额劳动；计件工资主要从产品的数量上反映劳动成果，难以反映产品优劣、原材料节约和安全等方面的超额劳动，而奖励性薪酬可以弥补这些不足。

（3）奖金是与结果的实现联系在一起的变动成本，而基本工资是与产出无关的固定成本。

（4）奖励性措施关注员工工作在特定绩效目标上的努力，它为培育重要员工和获得企业利润提供激励。奖金与工作绩效直接相关。如果达到绩效目标（数量或质量），就应该支付奖金；相反，就不支付奖金。

（5）奖金能将员工的个人发展与企业目标结合起来，促使员工长期稳定发展。奖金不具有保障员工基本生活的职能，它要根据企业的发展或是企业的效益，以及员工对组织的贡献而定。只要员工努力工作，并对企业效益做出贡献，那么其利益就可以增加。

二、奖励制度的设计要求

建立有效的奖励制度的主要目的是激发员工的积极性和创造性以及工作责任感和强烈的竞争意识。奖励制度的设计要根据企业的需要来确定具体的目的或目标。

（1）涉及评估员工绩效的过程和方法。如果奖金以绩效为基础，那么员工必须能感受到其业绩被正确与公正地评估。显然，衡量绩效标准是奖励制度设计成功的关键，它向员工传达了企业既定目标的重要性。

（2）奖金必须以绩效为基础。员工必须确信他们的劳动付出与所得报酬之间的关系。个体奖励性方案要求员工能够感受到他们的业绩与报酬之间的直接关系；群体（或）奖励性方案要求员工能够感受到小组的业绩与组员报酬之间的关系，进而使组员认识到他们个人的业绩对小组群体业绩的影响；组织整体激励方案的基本要求与群体激励方案相似，员工必须认识到组织整体业绩与他们个人报酬之间的关系，以及个人业绩对组织整体业绩的影响。

三、个人奖励计划

个人奖励计划是奖励员工达到了与职位有关的绩效标准，如质量、生产率、顾客满意度、安全性及出勤率等。绩效标准可以是一个，也可以综合几个标准，但最重要的是该标准能够反映员工的实际工作绩效。常见的个人奖励计划有五种，即计件制、计时制、佣金制、管理奖励计划和行为鼓励计划。

（一）计件制

计件制是企业根据员工单位时间产量与客观生产标准相比较的结果，对员工进行奖励的一种个人奖励计划。通常有三种形式，即简单计件制、多件计件制和差别计件制。

（1）简单计件制是依据事先确定的单件计率与个人完成的件数乘积而得到的。

（2）多件计件制则将单件计酬率分为若干等级，等级越高，相应的单件计率也越高。

（3）差别计件制是根据员工完成标准的情况下有差别地给予计件薪酬。

（二）计时制

计时制是根据单位产量的时耗来计发薪酬的形式。计时制也有多种衍生形式，如标准工时制、哈尔西奖金制、罗恩制。

（1）标准工时制以节约工作时间的多少来计算应得的奖金。

（2）哈尔西奖金制的特点是员工与公司分享成本节约额，通常是五五分账，若员工在低于标准时间内完成工作，可以获得的奖金是其节约下来的工时薪酬的一半。

（3）罗恩制是依据节约的工作时间占标准工作时间的百分比确定的，奖金随着节约时间的增多而提高，但平均每超额完成一个标准工时的奖金额会递减，即节约的工时越多，员工的奖金水平将越低于工作超额的增长幅度。

（三）佣金制

佣金制是销售职位普遍使用的一种奖励制度，它是按照销售数量或是销售额的一定比率来计算奖金的。随着佣金制的不断发展，逐渐演变出三种形式，即单纯佣金制、混合佣金制和超额佣金制。

（1）单纯佣金制是指销售人员的收入完全来自佣金，所获得的佣金等于销售量与佣金率的乘积。

（2）混合佣金制是指销售人员的薪酬包括基本工资和佣金两部分，这种形式尤其适合一些销售难度较大的行业。

（3）而一些相对较为稳定的行业则可以采用超额佣金制，此时销售人员获得的不是全部佣金，而是扣除了既定额度后的差额。

（四）管理奖励计划

管理奖励计划是在经理达到或超过其部门有关销售、利润、生产或其他方面的目标时对经理进行奖励。与以上个人奖励计划不同，管理奖励计划通常要求达到多个复杂的目标。如根据管理奖励计划，经理如果增加了市场份额或在不影响产品数量和质量的前提下降低了预算，就可以得到一笔奖金。

（五）行为鼓励计划

行为鼓励计划是奖励员工符合公司利益的具体行为成就。例如，良好的出勤率或安全记录等。如果员工依照公司规定保持良好的出勤或安全记录就可以得到一笔奖金。值得一提的是，如果员工为公司介绍新客户或举荐公司急需的人才时，同样也可以得到奖金。

个人奖励计划的优点是：个人奖励计划降低了监督成本，能够更好地预测和控制劳动力成本，而且较易操作，易于沟通。同时个人奖励性薪酬不累加到员工的基本薪酬中。个人奖励计划的缺点是；由于现代企业中职位性质的不断变化，一些职位很难再以物质产出的方式区分员工的个人绩效。此外，个人奖励计划可能会导致员工只做有利于其获得报酬的事情，不利于员工个人技能的发展。

四、团队奖励计划

团队奖励计划奖励的是员工集体绩效，而不是每个员工的个人绩效。当团队的所有成员都为实现目标做出了贡献的时候,团队奖励最有效。团队奖励计划可以分为两种,即基于团队的奖励计划和收益分享计划。

(一)基于团队的奖励计划

基于团队的奖励计划即当团队达到了某一特定目标后,团队中的每位成员都可以分享到团队所得的现金奖励。薪酬分配的方法可以有多种,当团队成员能观察到成员之间贡献或绩效之间的差异时,可以采用平等分配薪酬的方法,以便于增强团队成员之间的合作。当企业为避免“大锅饭”现象的发生而力图激励团队中贡献较大的成员时,可以采用一部分薪酬支付基于员工个人绩效,一部分基于团队绩效的分配方法。当企业假定较高基本薪酬的员工对团队贡献较高时,则可以根据每位成员的基本薪酬与团队全体成员总体的基本薪酬之比有差异性地分配薪酬。

(二)收益分享计划

收益分享计划是指一个团队的成员,通常是一个部门或单位,由于生产率的提高而得到奖励。它根据企业绩效的改善,包括生产力增加、顾客满意度增加、降低成本等,给团队中的员工支付奖金。在企业中用得最为普遍的,同时也是最重要的收益分享计划有斯坎伦计划、拉克收益分享计划及改进生产盈余计划。

团队奖励计划的优点是在绩效考核标准的制定上比个人奖励计划要相对简单,同时团队奖励计划可以使企业员工产生较强的团队凝聚力。但这类奖励计划的主要缺点是它导致了优秀员工的流动,由于在团队奖励计划下较容易产生“搭便车效应”,在这种情况下就会使那些为企业做出巨大贡献的员工产生不公平感,从而离开企业。

五、短期奖励计划

(一)绩效加薪

绩效加薪即将基本薪酬的增加与员工的绩效评价等级联系在一起的短期奖励计划。通常是在年度绩效评价结束时,企业根据员工的绩效评估结果及事先确定好的绩效加薪规则,确定员工在第二年可以得到的基本薪酬,绩效加薪所产生的基本薪酬增加额具有累积作用。

(二)一次性奖金

一次性奖金即在绩效评价结束后,根据员工的年度绩效评价结果一次性给予员工一定数量的奖金,同时不累积加入员工的基本薪酬。对于企业来说,一次性奖金的优势十分明显:一方面在保持绩效和薪酬挂钩的情况下减少了因基本薪酬的累积效应所引起的固定薪酬成本的增加;另一方面可以保障企业各等级薪酬范围的确定性,不至于出现大量超过薪酬范围之外的员工。但对于员工而言,一次性奖金相对于绩效加薪的优势要少很多,从长期来看,员工实际上得到的奖金数额肯定要比普通绩效加薪情况下少得多。如果企业长期以一次性奖金代替基本薪酬的增加,就有可能导致员工的消极行为。

(三)月/季度奖金

月/季度奖金是根据月或季度绩效评价结果,以月度绩效奖金或季度绩效奖金的形式对员工的业绩加以认可。这种月度或季度绩效奖金,一方面与员工的基本薪酬有较为紧密的联系往往采用基本薪酬乘以一个系数或百分比的方式来确定;另一方面又具有类似一次性奖金的灵活性，不会对企业形成较大的成本压力。在实际执行过程中，员工个人的绩效奖金往往还与其所在的部门绩效及个人的绩效挂钩。

（四）特殊绩效奖励计划

特殊绩效奖励计划是为了奖励那些绩效超出预期水平很多的个人及团队，在绩效加薪额外给予必要的奖励。与基于员工工作行为及工作结果的全面评价的绩效加薪不同，特殊绩效奖励计划具有非常高的灵活性，它可以对那些出人意料的各种各样的单项高水平绩效表现，如开发新产品、开拓新市场予以奖励。特殊绩效奖励计划提高了薪酬的灵活性和自发性，为企业提供了一种让员工感觉到自己的重要性和价值的机会。

六、长期绩效奖励计划

长期绩效奖励计划是指绩效衡量周期在一年以上的对既定绩效目标达成提供奖励的计划。之所以要将衡量周期界定在一年以上，是因为企业的许多重要战略目标大都不是在一年以内能够完成的，长期绩效奖励计划的支付通常是以三年到五年为一个周期。长期绩效奖励计划强调长期规划和对企业未来可能产生影响的那些决策，有助于企业招聘、保留和激励高效的员工，为企业的长期资本积累打下良好的基础。

长期奖励计划的主要形式包括现股计划、期股计划和期权计划。所谓现股计划是指通过企业奖励的方式直接赠予或是参照股票的当前市场价值向员工出售股票，但这种计划同时规定员工在一定的时期内必须持有股票，不得出售；期股计划规定，企业和员工约定在将来某一时期内以一定的价格购买一定数量的公司股票，购股价格一般参照股票的当前价格确定，该计划同时也对员工在购股后出售股票的期限作出规定；期权计划与期股计划类似，但是也存在一定的区别，员工到期时可以行使这种权利，也可以放弃这种权利，行权价一般参照股票的当前市场价格确定，该计划同样要对员工购股后出售股票的期限作出规定。

第五节　福利管理

一、福利概述

福利有广义和狭义之分。广义的福利包括三个层次：一是作为一个合法的公民，应享有或是有权享有的政府提供的文化、教育、卫生、社会保障等公共福利和公共服务；二是作为企业员工，享有的企业兴办的各种集体福利；三是薪资外的，企业为员工个人及家庭所提供的实物和服务等福利形式。狭义的福利又称职业福利或劳动福利，是为了满足员工的生活需要，在工资收入之外，企业向员工本人和家庭提供的货币、实物以及其他服务形式。

（一）福利的特点

福利既不以员工对企业的相对价值为基础，也不以员工当前的贡献为基础，涵盖面很广，形式多样，且成本也高。具体而言，福利有如下特点。

1. 针对性

企业为员工提供的福利如消费品与劳务等都具有明显的针对性。一项福利往往是针对员工的某项需要而设立的,因而有时会有很强的时间性,如员工的夏季防暑费、冬季取暖费等。

2. 集体性

企业兴办各种集体福利事业,员工集体消费或共同使用共同物品等是员工福利的主体形式,也是员工福利的一个重要特征。

3. 补偿性

企业提供的福利只起到满足员工生活有限需求的作用,不像工资是满足基本需要,只是对员工为企业提供劳动的一种物质补偿,也是工资的一种补充形式。

4. 均等性

福利的均等性是指企业所提供的福利是针对所有的履行劳动义务的本企业员工,不管是谁,只要符合条件都可以享受。因劳动能力、个人贡献及家庭人口等因素的不同,造成了员工之间在工资收入上的差距,这种差距对员工的积极性有一定的影响,福利的均等性在一定程度上起着平衡劳动者收入差距的作用。

(二)设计原则

1. 合理性与必要性

企业投入大量资金所建立的福利设施与服务一定要在规定的福利资金内解决,福利的管理应力求以最小的费用达到最大的效果。企业福利设施的设立或废止应实行科学的管理,使之合理化,同时必须考虑必要性问题,以员工的需求为依据,采取与之相适应的措施。

2. 计划性

员工的福利往往需要占用组织大量的资金,员工通常间接受益而且员工已有的福利也难以缩小或废除。因此组织的福利制度应谨慎地设计和运用,在建立福利设施与服务时应具有战略的观点,有计划地实施与管理。

3. 社会性

福利的社会性:一方面是指企业必须遵循国家和地区政府的要求,其中明文规定了员工应该享受福利;另一方面是指企业的福利与社会福利应具有一定的界限,在建立福利与服务时,企业应考虑与社会的关系,使企业的福利成为社会福利的一种补充,承担社会责任,并扩大企业的社会效应。

(三)福利的作用

福利虽然没有工资、奖金那样明显的直接激励力,但是,它的积极作用还是很大的,同样具有吸引优秀员工、激励员工、提高员工士气、降低离职率、增强员工凝聚力等作用。

1. 吸引和留住优秀员工

优秀员工是企业发展的支柱。现在许多企业家认识到,员工福利在吸引和留住员工方面所起的作用是仅靠薪资所起不到的。良好的福利有时比高工资更能吸引员工。而且许多福利的设计都和工龄有关,成为员工的一种长期投资,员工一旦离开,就会永远失去。

2. 激励员工

良好的福利使员工无后顾之忧,使员工有与组织共荣辱之感,士气高涨。产生由衷的工作满意感,进而激发员工自觉为组织目标而奋斗的动力。

3. 有利于提高企业的生产率

良好的福利间接地降低了员工的离职率,节约了招聘、培训等一系列的费用。同时员工因没有了后顾之忧，工作效率自然提高，从而企业从员工身上也提到了更多的回报。

4. 有利于企业树立良好的形象

一个组织的福利计划反映了该组织的组织文化、员工管理的理念。失业、医疗等保险为员工提供劳动和生活保障、餐厅、班车等体现出组织对员工各方面的关怀。所有这些员工福利有助于树立组织的良好形象。

二、员工福利的分类及构成

员工福利本身具有项目繁多、形式多样的特点，在此为了对它进行较为清晰和全面的了解，根据不同依据对其进行类别划分。根据福利项目的提供是否具有法律的强制性，可以将员工福利分为法定福利和自愿性福利；根据福利项目的实施范围，可以将员工福利分为全员性福利、特种福利和特困补助；根据福利的接受者对福利项目是否具有可选择权，可以将员工福利分为固定性福利和弹性福利。

（一）法定福利

（1）社会保险。企业依据国家政策、法律、法规必须为员工缴纳的社会保险，一般包括养老保险、医疗保险、工伤保险、失业保险及生育保险。

（2）法定假期。包括法定节假日、公休假日、带薪年假及探亲假婚丧假、产假、配偶生育假等其他假期。

（3）住房公积金。住房公积金是指企业及在职员工缴存的长期住房储备金，包括员工个人缴存的住房公积金和员工所在企业为员工缴存的住房公积金，它属于员工个人所有。

（二）企业补充福利

（1）收入保障计划。旨在提高员工的现期收入或未来收入水平的福利计划。主要包括企业年金、集体人寿保险计划、住房援助计划及健康医疗保险计划。

（2）员工服务计划。企业在以货币形式为员工提供福利以外，还为员工或员工家庭提供旨在帮助员工克服困难和支持员工事业发展的直接服务的福利形式，包括雇员援助计划、员工咨询计划、教育援助计划、家庭援助计划、家庭生活安排计划和其他福利计划。

三、福利制度设计

同其他的薪酬制度一样，企业设计合理的福利制度，应该遵循以下步骤。

1. 建立福利目标

设计福利制度应建立特定的目标，且该目标应该考虑企业的规模；企业所处的地区经济环境、企业的赢利能力及行业竞争对手情况等。最重要的是要和企业经营战略相一致。既要兼顾员工的眼前需要与长远需要，还要能调动大部分员工的积极性，吸引优秀人才，并将其成本控制在企业可能的范围之内。

2. 福利调查

与工资、奖金薪酬制度一样，企业要设计出具有竞争性的福利制度，一个重要的工作就是了解企业竞争对手的情况。通过各种有利的途径与方法对竞争对手的福利计划组合、福利标准等情况进行调查，以确定企业的福利制度。

3. 福利基金筹集

福利基金的筹集是企业福利制度设计中的重要内容。员工的福利基金是企业依法筹集的、专门用于员工福利支出的资金。管理者在进行福利设计时,必须确定基金的来源渠道。不同的国家与地区以及企业有不同的资金来源,一般有三种筹集渠道:按法规从企业资产和收入中提取,企业自筹,向员工个人征收。我国企业也必须按照国家法令的规定来提取或筹集员工福利基金。

4. 福利成本控制

企业在福利投资时,应进行成本核算,必须考虑以下几个主要因素:

(1)一种福利项目的成本越高,则节约福利成本的机会就越大。

(2)福利项目的增长趋势非常重要,即某些福利项目成本在当前是可以接受的,但其增长率可能会导致企业在未来承受巨大的成本。

(3)只有当企业在选择将多少钱投入某种福利项目具有非常大的自由度时,遏制福利成本才会起作用。

福利成本控制的流程包括:

(1)可以通过其销量或利润估算出最高的、可能支出的总福利费用以及年福利成本占工资总额的百分比。

(2)确定主要福利项目的成本。

(3)确定每一个员工每年的福利项目成本。

(4)制订相应的福利项目成本计划。

5. 福利组织与实施

在组织与实施员工福利的过程中,应做好以下工作:

(1)利用有效的渠道宣传各项福利,做好福利沟通工作,了解员工的福利需要。

(2)开展福利调查,收集员工对企业各项福利项目的态度与看法、要求。

(3)组织实施福利计划,落实每项福利计划与预算,定期检查实施情况,收集反馈信息并改进,以增强员工对企业的认同感,增强企业的凝聚力。

四、员工福利管理

(一)福利计划

员工福利计划是指企业对实施员工福利所作的规划和安排。在福利计划制订之前应准确把握这样几个问题:为什么要向员工提供福利?要向员工提供多少福利?要向员工提供什么样的福利?以什么样的形式来向员工提供福利?由谁来向员工直接提供福利?要向哪些员工提供福利?在什么时间向员工提供福利?

(二)福利预算

福利预算是指福利管理过程中进行的一系列福利成本开支方面的权衡与取舍,确定福利的总成本及占总薪酬成本的比重。

(三)福利沟通

一种有效沟通的福利模式必须由三个因素构成:一是企业必须要宣传自己的福利目标,并确保任何一次沟通都能达到这些目标;二是必须通过合适的渠道来传播这些信息;三是沟通的内容必须具体、完整，不能用有碍交流的复杂专业术语。

(四)福利的评价与反馈

一套好的员工福利计划应具有以下一些特征：

(1)亲和性。福利计划应建立在亲情、平等和信任的基础上，体现企业的人文关怀，以增强员工的归属感和凝聚力。

(2)灵活性。最大限度地满足员工的不同需要，同时也能根据企业经营状况和财务状况适时作出调整。

(3)竞争性。对外具有竞争力，确保企业在劳动力市场上的竞争优势，有效地吸引和保留企业核心员工。

(4)成本效能。员工福利成本在企业可支配的范围之内，同时也能很好地体现企业的经营状况和财务能力。

(5)可操作性。福利计划切实可行，能够较容易地被员工所理解，同时对企业来说，其管理难度和管理成本也相对较低。

(6)特色性。福利计划体现企业的经营哲学和战略目标，有利于塑造企业文化。

(五)福利计划的成本控制

(1)福利计划中的费用分担制。在企业自行主办的各种补充保险中，可以让员工分摊部分费用，即将一些原来免费的福利项目改为员工适当缴费，这样可以降低一些福利项目的成本。但是员工缴费的水平要适度，避免引起员工的抵触情绪。

(2)传统福利项目改进，如一些企业将所有的休假、病假统筹考虑，如果在一定时期内(通常是一年)员工总的休假期不超过限定的天数，员工就会得到一定的补偿或某种奖励。这样也有助于节约企业的福利成本，同时还增加了福利计划的灵活性。

(3)福利项目开发。企业在处理福利成本时不应仅局限于已有的福利项目，而是应根据福利内容及其特点新开发一些福利项目，并重新组合、设计福利计划。

五、典型福利计划

(一)弹性福利计划

弹性福利计划也称为自助餐计划，是指由员工自行选择福利项目的福利计划模式，在实际操作中一般是由企业提供一份列有各种福利项目的“菜单”，由员工从中自由选择其所需要的福利。但这种选择有两个前提：一是企业必须制定总成本约束线；二是每一种福利组合中都必须包括诸如各种社会保险等法定福利项目。弹性福利计划不仅能够让员工选择最适合他们的福利组合，使企业的福利成本付出得到了最大的回报，而且还能够有效改善企业与员工个人的关系，吸引和保留企业的员工，调动员工的工作积极性，提高员工的忠诚度。但在弹性福利计划实施中也存在一些问题，如弹性福利计划对企业管理者的素质要求较高，同时由于是自由选择，员工可能会放弃某些最有价值的福利。

弹性福利计划的实施方式包括以下四种类型：

(1)附加福利计划。在不降低原有薪酬水平和福利水平的条件下，向员工提供一张特殊的信用卡，员工可以根据自己的需要自行购买商品或福利。发放给员工的信用卡中可使用的金额度取决于员工的任职年限、绩效水平，还可以根据员工基本薪酬的百分比来确定。

(2)混合匹配福利计划。员工可以按照自己的意愿在企业提供的福利领域中决定每种福利的多少,但是总福利水平不变。

(3)核心福利计划。为员工提供包括健康保险、人寿保险及其他一系列企业认为所有员工都必须拥有的福利项目的福利组合,然后让员工根据自己的偏好选择其他的福利项目,或者增加一种核心福利项目的保障水平。

(4)标准福利计划。企业为员工提供一些标准的福利项目组合,员工可以自由选择不同的组合,但不能自行构建福利组合。

(二)企业年金计划

企业年金计划是一项企业向员工提供的养老保险计划,是员工退休后获得的收入,即员工在职期间通过缴纳一定的保险费和投资运营进行资金积累,待退休后方可享用。

与社会养老保险制度相比,企业年金具有以下特点:

(1)企业自愿,并自主选择管理运作方式。

(2)政府对企业年金不承担直接责任。

(3)企业年金采用个人积累制,实行个人自保。

(4)企业年金以效率原则为基础,不存在再分配的含义。因此有较强的激励作用。

(5)企业年金通过资本市场进行管理和运营,投资手段更加多样。

企业年金计划至少需要四个要素的支持:一是建立运行规则;二是制定税收优惠政策;三是设立经办机构;四是建立风险预防和担保机制。上述四个要素基本上都是政府职能,虽然政府不直接参与企业年金的经营活动,但由于企业年金是整个社会保障体系的一部分。因此政府应通过一系列相关政策推动企业年金计划的发展。

(三)企业健康保险计划

企业健康保险计划也称为企业补充医疗保险计划或企业医疗保障计划,是企业为员工建立的、用于提供医疗服务和补偿医疗费用开支的福利计划。它一般可分为商业保险、内部自我保险和指定服务计划。

商业保险是指企业通过向保险公司投保为企业员工提供保险。保费可以由企业全部承担,也可以和员工分担,其可承担的两类经济损失分别是医疗费用及由于疾病和伤残引起不能工作的收入损失。

内部自我保险是企业用自己的资金来承担法律规定范围内的健康风险,当发生医疗费用时,企业用现金或事先储备好的专门资金来支付赔偿。

指定服务计划是通过建立医疗服务提供者网络的形式对投保者和医疗提供者进行管理,当投保者选择医疗服务网络中的医疗提供者进行医疗服务时,可减免支付费用;当从非指定医疗提供者那里获得服务时,投保者也可得到补偿,但自付比例较高。

附录

决胜全面建成小康社会
夺取新时代中国特色社会主义伟大胜利
——在中国共产党第十九次全国代表大会上的报告

（2017 年 10 月 18 日）

习近平

同志们：

现在，我代表第十八届中央委员会向大会作报告。

中国共产党第十九次全国代表大会，是在全面建成小康社会决胜阶段、中国特色社会主义进入新时代的关键时期召开的一次十分重要的大会。

大会的主题是：不忘初心，牢记使命，高举中国特色社会主义伟大旗帜，决胜全面建成小康社会，夺取新时代中国特色社会主义伟大胜利，为实现中华民族伟大复兴的中国梦不懈奋斗。

不忘初心，方得始终。中国共产党人的初心和使命，就是为中国人民谋幸福，为中华民族谋复兴。这个初心和使命是激励中国共产党人不断前进的根本动力。全党同志一定要永远与人民同呼吸、共命运、心连心，永远把人民对美好生活的向往作为奋斗目标，以永不懈怠的精神状态和一往无前的奋斗姿态，继续朝着实现中华民族伟大复兴的宏伟目标奋勇前进。

当前，国内外形势正在发生深刻复杂变化，我国发展仍处于重要战略机遇期，前景十分光明，挑战也十分严峻。全党同志一定要登高望远、居安思危，勇于变革、勇于创新，永不僵化、永不停滞，团结带领全国各族人民决胜全面建成小康社会，奋力夺取新时代中国特色社会主义伟大胜利。

一、过去五年的工作和历史性变革

十八大以来的五年，是党和国家发展进程中极不平凡的五年。面对世界经济复苏乏力、局部冲突和动荡频发、全球性问题加剧的外部环境，面对我国经济发展进入新常态等一系列深刻变化，我们坚持稳中求进工作总基调，迎难而上，开拓进取，取得了改革开放和社会主义现代化建设的历史性成就。

为贯彻十八大精神，党中央召开七次全会，分别就政府机构改革和职能转变、全面深化改革、全面推进依法治国、制订“十三五”规划、全面从严治党等重大问题做出决定和部署。五年来，我们统筹推进“五位一体”总体布局、协调推进“四个全面”战略布局，“十二五”规划胜利完成，“十三五”规划顺利实施，党和国家事业全面开创新局面。

经济建设取得重大成就。坚定不移贯彻新发展理念，坚决端正发展观念、转变发展方式，发展质量和效益不断提升。经济保持中高速增长，在世界主要国家中名列前茅，国内生产总值从五十四万亿元增长到八十万亿元，稳居世界第二，对世界经济增长贡献率超过百分之三十。供给侧结构性改革深入推进，经济结构不断优化，数字经济等新兴产业蓬勃发展，高铁、公路、桥梁、港口、机场等基础设施建设快速推进。农业现代化稳步推进，粮食生产能力达到一万二千亿斤。城镇化率年均提高一点二个百分点，八千多万农业转移人口成为城镇居民。区域发展协调性增强，“一带一路”建设、京津冀协同发展、长江经济带发展成效显著。创新驱动发展战略大力实施，创新型国家建设成果丰硕，天宫、蛟龙、天眼、悟空、墨子、大飞机等重大科技成果相继问世。南海岛礁建设积极推进。开放型经济新体制逐步健全，对外贸易、对外投资、外汇储备稳居世界前列。

全面深化改革取得重大突破。蹄疾步稳推进全面深化改革，坚决破除各方面体制机制弊端。改革全面发力、多点突破、纵深推进，着力增强改革系统性、整体性、协同性，压在拓展改革广度和深度，推出一千五百多项改革举措，重要领域和关键环节改革取得突破性进展，主要领域改革主体框架基本确立。中国特色社会主义制度更加完善，国家治理体系和治理能力现代化水平明显提高，全社会发展活力和创新活力明显增强。

民主法治建设迈出重大步伐。积极发展社会主义民主政治，推进全面依法治国，党的领导、人民当家作主、依法治国有机统一的制度建设全面加强，党的领导体制机制不断完善，社会主义民主不断发展，党内民主更加广泛，社会主义协商民主全面展开，爱国统一战线巩固发展，民族宗教工作创新推进。科学立法、严格执法、公正司法、全民守法深入推进，法治国家、法治政府、法治社会建设相互促进，中国特色社会主义法治体系日益完善，全社会法治观念明显增强。国家监察体制改革试点取得实效，行政体制改革、司法体制改革、权力运行制约和监督体系建设有效实施。

思想文化建设取得重大进展。加强党对意识形态工作的领导，党的理论创新全面推进，马克思主义在意识形态领域的指导地位更加鲜明，中国特色社会主义和中国梦深入人心，社会主义核心价值观和中华优秀传统文化广泛弘扬，群众性精神文明创建活动扎实开展。公共文化服务水平不断提高，文艺创作持续繁荣，文化事业和文化产业蓬勃发展，互联网建设管理运用不断完善，全民健身和竞技体育全面发展。主旋律更加响亮，正能量更加强劲，文化自信得到彰显，国家文化软实力和中华文化影响力大幅提升，全党全社会思想上的团结统一更加巩固。

人民生活不断改善。深入贯彻以人民为中心的发展思想，一大批惠民举措落地实施，人民获得感显著增强。脱贫攻坚战取得决定性进展，六千多万贫困人口稳定脱贫，贫困发生率从百分之十点二下降到百分之四以下。教育事业全面发展，中西部和农村教育明显加强。就业状况持续改善，城镇新增就业年均一千三百万人以上。城乡居民收入增速超过经济增速，中等收入群体持续扩大。覆盖城乡居民的社会保障体系基本建立，人民健康和医疗卫生水平大幅提高，保障性住房建设稳步推进。社会治理体系更加完善，社会大局保持稳定，国家安全全面加强。

生态文明建设成效显著。大力度推进生态文明建设，全党全国贯彻绿色发展理念的自觉性和主动性显著增强，忽视生态环境保护的状况明显改变。生态文明制度体系加快形成，主体功能区制度逐步健全，国家公园体制试点积极推进。全面节约资源有效推进，能源资源消耗强度大幅下降。重大生态保护和修复工程进展顺利,森林覆盖率持续提高。生态环境治理明显加强,环境状况得到改善。引导应对气候变化国际合作,成为全球生态文明建设的重要参与者、贡献者、引领者。

强军兴军开创新局面。着眼于实现中国梦强军梦,制订新形势下军事战略方针,全力推进国防和军队现代化。召开古田全军政治工作会议,恢复和发扬我党我军光荣传统和优良作风,人民军队政治生态得到有效治理。国防和军队改革取得历史性突破,形成军委管总、战区主战、军种主建新格局,人民军队组织架构和力量体系实现革命性重塑。加强练兵备战,有效遂行海上维权、反恐维稳、抢险救灾、国际维和、亚丁湾护航、人道主义救援等重大任务,武器装备加快发展,军事斗争准备取得重大进展。人民军队在中国特色强军之路上迈出坚定步伐。

港澳台工作取得新进展。全面准确贯彻“一国两制”方针,牢牢掌握宪法和基本法赋予的中央对香港、澳门全面管治权,深化内地和港澳地区交流合作,保持香港、澳门繁荣稳定。坚持一个中国原则和“九二共识”,推动两岸关系和平发展,加强两岸经济文化交流合作,实现两岸领导人历史性会晤。妥善应对台湾局势变化,坚决反对和遏制“台独”分裂势力,有力维护台海和平稳定。

全方位外交布局深入展开。全面推进中国特色大国外交,形成全方位、多层次、立体化的外交布局,为我国发展营造了良好外部条件。实施共建“一带一路”倡议,发起创办亚洲基础设施投资银行,设立丝路基金,举办首届“一带一路”国际合作高峰论坛、亚太经合组织领导人非正式会议、二十国集团领导人杭州峰会、金砖国家领导人厦门会晤、亚信峰会。倡导构建人类命运共同体,促进全球治理体系变革。我国国际影响力、感召力、塑造力进一步提高,为世界和平与发展做出新的重大贡献。

全面从严治党成效卓著。全面加强党的领导和党的建设,坚决改变管党治党宽松软状况。推动全党尊崇党章,增强政治意识、大局意识、核心意识、看齐意识,坚决维护党中央权威和集中统一领导,严明党的政治纪律和政治规矩,层层落实管党治党政治责任。坚持照镜子、正衣冠、洗洗澡、治治病的要求,开展党的群众路线教育实践活动和“三严三实”专题教育,推进“两学一做”学习教育常态化制度化,全党理想信念更加坚定、党性更加坚强。贯彻新时期好干部标准,选人用人状况和风气明显好转。党的建设制度改革深入推进,党内法规制度体系不断完善。把纪律挺在前面,着力解决人民群众反映最强烈、对党的执政基础威胁最大的突出问题。出台中央八项规定,严厉整治形式主义、官僚主义、享乐主义和奢靡之风,坚决反对特权。巡视利剑作用彰显,实现中央和省级党委巡视全覆盖。坚持反腐败无禁区、全覆盖、零容忍,坚定不移“打虎”“拍蝇”“猎狐”,不敢腐的目标初步实现,不能腐的笼子越扎越牢,不想腐的堤坝正在构筑,反腐败斗争压倒性态势已经形成并巩固发展。

五年来的成就是全方位的、开创性的,五年来的变革是深层次的、根本性的。五年来,我们党以巨大的政治勇气和强烈的责任担当,提出一系列新理念新思想新战略,出台一系列重大方针政策,推出一系列重大举措,推进一系列重大工作,解决了许多长期想解决而没有解决的难题,办成了许多过去想办而没有办成的大事,推动党和国家事业发生历史性变革。这些历史性变革,对党和国家事业发展具有重大而深远的影响。

五年来，我们勇于面对党面临的重大风险考验和党内存在的突出问题，以顽强意志品质正风肃纪、反腐惩恶，消除了党和国家内部存在的严重隐患，党内政治生活气象更新，党内政治生态明显好转，党的创造力、凝聚力、战斗力显著增强，党的团结统一更加巩固，党群关系明显改善，党在革命性锻造中更加坚强，焕发出新的强大生机活力，为党和国家事业发展提供了坚强政治保证。

同时，必须清醒看到，我们的工作还存在许多不足，也面临不少困难和挑战。主要是：发展不平衡不充分的一些突出问题尚未解决，发展质量和效益还不高，创新能力不够强，实体经济水平有待提高，生态环境保护任重道远；民生领域还有不少短板，脱贫攻坚任务艰巨，城乡区域发展和收入分配差距依然较大，群众在就业、教育、医疗、居住、养老等方面面临不少难题；社会文明水平尚需提高；社会矛盾和问题交织叠加，全面依法治国任务依然繁重，国家治理体系和治理能力有待加强；意识形态领域斗争依然复杂，国家安全面临新情况；一些改革部署和重大政策措施需要进一步落实；党的建设方面还存在不少薄弱环节。这些问题，必须着力加以解决。

五年来的成就，是党中央坚强领导的结果，更是全党全国各族人民共同奋斗的结果。我代表中共中央，向全国各族人民，向各民主党派、各人民团体和各界爱国人士，向香港特别行政区同胞、澳门特别行政区同胞和台湾同胞以及广大侨胞，向关心和支持中国现代化建设的各国朋友，表示衷心的感谢！

同志们！改革开放之初，我们党发出了走自己的路、建设中国特色社会主义的伟大号召。从那时以来，我们党团结带领全国各族人民不懈奋斗，推动我国经济实力、科技实力、国防实力、综合国力进入世界前列，推动我国国际地位实现前所未有的提升，党的面貌、国家的面貌、人民的面貌、军队的面貌、中华民族的面貌发生了前所未有的变化，中华民族正以崭新姿态屹立于世界的东方。

经过长期努力，中国特色社会主义进入了新时代，这是我国发展新的历史方位。

中国特色社会主义进入新时代，意味着近代以来久经磨难的中华民族迎来了从站起来、富起来到强起来的伟大飞跃，迎来了实现中华民族伟大复兴的光明前景；意味着科学社会主义在二十一世纪的中国焕发出强大生机活力，在世界上高高举起了中国特色社会主义伟大旗帜；意味着中国特色社会主义道路、理论、制度、文化不断发展，拓展了发展中国家走向现代化的途径，给世界上那些既希望加快发展又希望保持自身独立性的国家和民族提供了全新选择，为解决人类问题贡献了中国智慧和中国方案。

这个新时代，是承前启后、继往开来、在新的历史条件下继续夺取中国特色社会主义伟大胜利的时代，是决胜全面建成小康社会、进而全面建设社会主义现代化强国的时代，是全国各族人民团结奋斗、不断创造美好生活、逐步实现全体人民共同富裕的时代，是全体中华儿女勠力同心、奋力实现中华民族伟大复兴中国梦的时代，是我国日益走近世界舞台中央、不断为人类做出更大贡献的时代。

中国特色社会主义进入新时代，我国社会主要矛盾已经转化为人民日益增长的美好生活需要和不平衡不充分的发展之间的矛盾。我国稳定解决了十几亿人的温饱问题，总体上实现小康，不久将全面建成小康社会，人民美好生活需要日益广泛，不仅对物质文化生活提出了更高要求，而且在民主、法治、公平、正义、安全、环境等方面的要求日益增长。同时，我国社会生产力水平总体上显著提高，社会生产能力在很多方面进入世界前列，更加突出的问题是发展不平衡不充分，这已经成为满足人民日益增长的美好生活需要的主要制约因素。

必须认识到，我国社会主要矛盾的变化是关系全局的历史性变化，对党和国家工作提出了许多新要求。我们要在继续推动发展的基础上，着力解决好发展不平衡不充分问题，大力提升发展质量和效益，更好满足人民在经济、政治、文化、社会、生态等方面日益增长的需要，更好推动人的全面发展、社会全面进步。

必须认识到，我国社会主要矛盾的变化，没有改变我们对我国社会主义所处历史阶段的判断，我国仍处于并将长期处于社会主义初级阶段的基本国情没有变，我国是世界最大发展中国家的国际地位没有变。全党要牢牢把握社会主义初级阶段这个基本国情，牢牢立足社会主义初级阶段这个最大实际，牢牢坚持党的基本路线这个党和国家的生命线、人民的幸福线，领导和团结全国各族人民，以经济建设为中心，坚持四项基本原则，坚持改革开放，自力更生，艰苦创业，为把我国建设成为富强民主文明和谐美丽的社会主义现代化强国而奋斗。

同志们！中国特色社会主义进入新时代，在中华人民共和国发展史上、中华民族发展史上具有重大意义，在世界社会主义发展史上、人类社会发展史上也具有重大意义。全党要坚定信心、奋发有为，让中国特色社会主义展现出更加强大的生命力！

二、新时代中国共产党的历史使命

一百年前，十月革命一声炮响，给中国送来了马克思列宁主义。中国先进分子从马克思列宁主义的科学真理中看到了解决中国问题的出路。在近代以后中国社会的剧烈运动中，在中国人民反抗封建统治和外来侵略的激烈斗争中，在马克思列宁主义同中国工人运动的结合过程中，一九二一年中国共产党应运而生。从此，中国人民谋求民族独立、人民解放和国家富强、人民幸福的斗争就有了主心骨，中国人民就从精神上由被动转为主动。

中华民族有五千多年的文明历史，创造了灿烂的中华文明，为人类做出了卓越贡献，成为世界上伟大的民族。鸦片战争后，中国陷入内忧外患的黑暗境地，中国人民经历了战乱频仍、山河破碎、民不聊生的深重苦难。为了民族复兴，无数仁人志士不屈不挠、前仆后继，进行了可歌可泣的斗争，进行了各式各样的尝试，但终究未能改变旧中国的社会性质和中国人民的悲惨命运。

实现中华民族伟大复兴是近代以来中华民族最伟大的梦想。中国共产党一经成立，就把实现共产主义作为党的最高理想和最终目标，义无反顾肩负起实现中华民族伟大复兴的历史使命，团结带领人民进行了艰苦卓绝的斗争，谱写了气吞山河的壮丽史诗。

我们党深刻认识到，实现中华民族伟大复兴，必须推翻压在中国人民头上的帝国主义、封建主义、官僚资本主义三座大山，实现民族独立、人民解放、国家统一、社会稳定。我们党团结带领人民找到了一条以农村包围城市、武装夺取政权的正确革命道路，进行了二十八年浴血奋战，完成了新民主主义革命，一九四九年建立了中华人民共和国，实现了中国从几千年封建专制政治向人民民主的伟大飞跃。

我们党深刻认识到，实现中华民族伟大复兴，必须建立符合我国实际的先进社会制度。

我们党团结带领人民完成社会主义革命，确立社会主义基本制度，推进社会主义建设，完成了中华民族有史以来最为广泛而深刻的社会变革，为当代中国一切发展进步奠定了根本政治前提和制度基础，实现了中华民族由近代不断衰落到根本扭转命运、持续走向繁荣富强的伟大飞跃。

我们党深刻认识到，实现中华民族伟大复兴，必须合乎时代潮流、顺应人民意愿，勇于改革开放，让党和人民事业始终充满奋勇前进的强大动力。我们党团结带领人民进行改革开放新的伟大革命，破除阻碍国家和民族发展的一切思想和体制障碍，开辟了中国特色社会主义道路，使中国大踏步赶上时代。

九十六年来，为了实现中华民族伟大复兴的历史使命，无论是弱小还是强大，无论是顺境还是逆境，我们党都初心不改、矢志不渝，团结带领人民历经千难万险，付出巨大牺牲，敢于面对曲折，勇于修正错误，攻克了一个又一个看似不可攻克的难关，创造了一个又一个彪炳史册的人间奇迹。

同志们！今天，我们比历史上任何时期都更接近、更有信心和能力实现中华民族伟大复兴的目标。

行百里者半九十。中华民族伟大复兴，绝不是轻轻松松、敲锣打鼓就能实现的。全党必须准备付出更为艰巨、更为艰苦的努力。

实现伟大梦想，必须进行伟大斗争。社会是在矛盾运动中前进的，有矛盾就会有斗争。我们党要团结带领人民有效应对重大挑战、抵御重大风险、克服重大阻力、解决重大矛盾，必须进行具有许多新的历史特点的伟大斗争，任何贪图享受、消极懈怠、回避矛盾的思想和行为都是错误的。全党要更加自觉地坚持党的领导和我国社会主义制度，坚决反对一切削弱、歪曲、否定党的领导和我国社会主义制度的言行；更加自觉地维护人民利益，坚决反对一切损害人民利益、脱离群众的行为；更加自觉地投身改革创新时代潮流，坚决破除一切顽瘴痼疾；更加自觉地维护我国主权、安全、发展利益，坚决反对一切分裂祖国、破坏民族团结和社会和谐稳定的行为；更加自觉地防范各种风险，坚决战胜一切在政治、经济、文化、社会等领域和自然界出现的困难和挑战。全党要充分认识这场伟大斗争的长期性、复杂性、艰巨性，发扬斗争精神，提高斗争本领，不断夺取伟大斗争新胜利。

实现伟大梦想，必须建设伟大工程。这个伟大工程就是我们党正在深入推进的党的建设新的伟大工程。历史已经并将继续证明，没有中国共产党的领导，民族复兴必然是空想。我们党要始终成为时代先锋、民族脊梁，始终成为马克思主义执政党，自身必须始终过硬。全党要更加自觉地坚定党性原则，勇于直面问题，敢于刮骨疗毒，消除一切损害党的先进性和纯洁性的因素，清除一切侵蚀党的健康肌体的病毒，不断增强党的政治领导力、思想引领力、群众组织力、社会号召力，确保我们党永葆旺盛生命力和强大战斗力。

实现伟大梦想，必须推进伟大事业。中国特色社会主义是改革开放以来党的全部理论和实践的主题，是党和人民历尽千辛万苦、付出巨大代价取得的根本成就。中国特色社会主义道路是实现社会主义现代化、创造人民美好生活的必由之路，中国特色社会主义理论体系是指导党和人民实现中华民族伟大复兴的正确理论，中国特色社会主义制度是当代中国发展进步的根本制度保障，中国特色社会主义文化是激励全党全国各族人民奋勇前进的强大精神力量。全党要更加自觉地增强道路自信、理论自信、制度自信、文化自信，既不走封闭僵化的老路，也不走改旗易帜的邪路，保持政治定力，坚持实干兴邦，始终坚持和发展中国特色社会主义。

伟大斗争，伟大工程，伟大事业，伟大梦想，紧密联系、相互贯通、相互作用，其中起决定性作用的是党的建设新的伟大工程。推进伟大工程，要结合伟大斗争、伟大事业、伟大梦想的实践来进行，确保党在世界形势深刻变化的历史进程中始终走在时代前列，在应对国内外各种风险和考验的历史进程中始终成为全国人民的主心骨，在坚持和发展中国特色社会主义的历史进程中始终成为坚强领导核心。

同志们！使命呼唤担当，使命引领未来。我们要不负人民重托、无愧历史选择，在新时代中国特色社会主义的伟大实践中，以党的坚强领导和顽强奋斗，激励全体中华儿女不断奋进，凝聚起同心共筑中国梦的磅礴力量！

三、新时代中国特色社会主义思想和基本方略

十八大以来，国内外形势变化和我国各项事业发展都给我们提出了一个重大时代课题，这就是必须从理论和实践结合上系统回答新时代坚持和发展什么样的中国特色社会主义、怎样坚持和发展中国特色社会主义，包括新时代坚持和发展中国特色社会主义的总目标、总任务、总体布局、战略布局和发展方向、发展方式、发展动力、战略步骤、外部条件、政治保证等基本问题，并且要根据新的实践对经济、政治、法治、科技、文化、教育、民生、民族、宗教、社会、生态文明、国家安全、国防和军队、“一国两制”和祖国统一、统一战线、外交、党的建设等各方面做出理论分析和政策指导，以利于更好坚持和发展中国特色社会主义。

围绕这个重大时代课题，我们党坚持以马克思列宁主义、毛泽东思想、邓小平理论、“三个代表”重要思想、科学发展观为指导，坚持解放思想、实事求是、与时俱进、求真务实，坚持辩证唯物主义和历史唯物主义，紧密结合新的时代条件和实践要求，以全新的视野深化对共产党执政规律、社会主义建设规律、人类社会发展规律的认识，进行艰辛理论探索，取得重大理论创新成果，形成了新时代中国特色社会主义思想。

新时代中国特色社会主义思想，明确坚持和发展中国特色社会主义，总任务是实现社会主义现代化和中华民族伟大复兴，在全面建成小康社会的基础上，分两步走。在本世纪中叶建成富强民主文明和谐美丽的社会主义现代化强国；明确新时代我国社会主要矛盾是人民日益增长的美好生活需要和不平衡不充分的发展之间的矛盾，必须坚持以人民为中心的发展思想，不断促进人的全面发展、全体人民共同富裕；明确中国特色社会主义事业总体布局是“五位一体”、战略布局是“四个全面”，强调坚定道路自信、理论自信、制度自信、文化自信；明确全面深化改革总目标是完善和发展中国特色社会主义制度、推进国家治理体系和治理能力现代化；明确全面推进依法治国总目标是建设中国特色社会主义法治体系、建设社会主义法治国家；明确党在新时代的强军目标是建设一支听党指挥、能打胜仗、作风优良的人民军队，把人民军队建设成为世界一流军队；明确中国特色大国外交要推动构建新型国际关系，推动构建人类命运共同体；明确中国特色社会主义最本质的特征是中国共产党领导，中国特色社会主义制度的最大优势是中国共产党领导，党是最高政治领导力量，提出新时代党

的建设总要求,突出政治建设在党的建设中的重要地位。

新时代中国特色社会主义思想,是对马克思列宁主义、毛泽东思想、邓小平理论、“三个代表”重要思想、科学发展观的继承和发展,是马克思主义中国化最新成果,是党和人民实践经验和集体智慧的结晶,是中国特色社会主义理论体系的重要组成部分,是全党全国人民为实现中华民族伟大复兴而奋斗的行动指南,必须长期坚持并不断发展。

全党要深刻领会新时代中国特色社会主义思想的精神实质和丰富内涵,在各项工作中全面准确贯彻落实。

(一)坚持党对一切工作的领导。党政军民学,东西南北中,党是领导一切的。必须增强政治意识、大局意识、核心意识、看齐意识,自觉维护党中央权威和集中统一领导,自觉在思想上政治上行动上同党中央保持高度一致,完善坚持党的领导的体制机制,坚持稳中求进工作总基调,统筹推进“五位一体”总体布局,协调推进“四个全面”战略布局,提高党把方向、谋大局、定政策、促改革的能力和定力,确保党始终总揽全局、协调各方。

(二)坚持以人民为中心。人民是历史的创造者,是决定党和国家前途命运的根本力量。必须坚持人民主体地位,坚持立党为公、执政为民,践行全心全意为人民服务的根本宗旨,把党的群众路线贯彻到治国理政全部活动之中,把人民对美好生活的向往作为奋斗目标,依靠人民创造历史伟业。

(三)坚持全面深化改革。只有社会主义才能救中国,只有改革开放才能发展中国、发展社会主义、发展马克思主义。必须坚持和完善中国特色社会主义制度,不断推进国家治理体系和治理能力现代化,坚决破除一切不合时宜的思想观念和体制机制弊端,突破利益固化的藩篱,吸收人类文明有益成果,构建系统完备、科学规范、运行有效的制度体系,充分发挥我国社会主义制度优越性。

(四)坚持新发展理念。发展是解决我国一切问题的基础和关键,发展必须是科学发展,必须坚定不移贯彻创新、协调、绿色、开放、共享的发展理念。必须坚持和完善我国社会主义基本经济制度和分配制度,毫不动摇巩固和发展公有制经济,毫不动摇鼓励、支持、引导非公有制经济发展,使市场在资源配置中起决定性作用,更好发挥政府作用,推动新型工业化、信息化、城镇化、农业现代化同步发展,主动参与和推动经济全球化进程,发展更高层次的开放型经济,不断壮大我国经济实力和综合国力。

(五)坚持人民当家作主。坚持党的领导、人民当家作主、依法治国有机统一是社会主义政治发展的必然要求。必须坚持中国特色社会主义政治发展道路,坚持和完善人民代表大会制度、中国共产党领导的多党合作和政治协商制度、民族区域自治制度、基层群众自治制度,巩固和发展最广泛的爱国统一战线,发展社会主义协商民主,健全民主制度,丰富民主形式,拓宽民主渠道,保证人民当家作主落实到国家政治生活和社会生活之中。

(六)坚持全面依法治国。全面依法治国是中国特色社会主义的本质要求和重要保障。必须把党的领导贯彻落实到依法治国全过程和各方面,坚定不移走中国特色社会主义法治道路,完善以宪法为核心的中国特色社会主义法律体系,建设中国特色社会主义法治体系,建设社会主义法治国家,发展中国特色社会主义法治理论,坚持依法治国、依法执政、依法行政共同推进,坚持法治国家、法治政府、法治社会一体建设,坚持依法治国和以德治国相结合，依法治国和依规治党有机统一，深化司法体制改革，提高全民族法治素养和道德素质。

（七）坚持社会主义核心价值体系。文化自信是一个国家、一个民族发展中更基本、更深沉、更持久的力量。必须坚持马克思主义，牢固树立共产主义远大理想和中国特色社会主义共同理想，培育和践行社会主义核心价值观，不断增强意识形态领域主导权和话语权，推动中华优秀传统文化创造性转化、创新性发展，继承革命文化，发展社会主义先进文化，不忘本来、吸收外来、面向未来，更好构筑中国精神、中国价值、中国力量，为人民提供精神指引。

（八）坚持在发展中保障和改善民生。增进民生福祉是发展的根本目的。必须多谋民生之利、多解民生之忧，在发展中补齐民生短板、促进社会公平正义，在幼有所育、学有所教、劳有所得、病有所医、老有所养、住有所居、弱有所扶上不断取得新进展，深入开展脱贫攻坚，保证全体人民在共建共享发展中有更多获得感，不断促进人的全面发展、全体人民共同富裕。建设平安中国，加强和创新社会治理，维护社会和谐稳定，确保国家长治久安、人民安居乐业。

（九）坚持人与自然和谐共生。建设生态文明是中华民族永续发展的千年大计。必须树立和践行绿水青山就是金山银山的理念，坚持节约资源和保护环境的基本国策，像对待生命一样对待生态环境，统筹山水林田湖草系统治理，实行最严格的生态环境保护制度，形成绿色发展方式和生活方式，坚定走生产发展、生活富裕、生态良好的文明发展道路，建设美丽中国，为人民创造良好生产生活环境，为全球生态安全做出贡献。

（十）坚持总体国家安全观。统筹发展和安全，增强忧患意识，做到居安思危，是我们党治国理政的一个重大原则。必须坚持国家利益至上，以人民安全为宗旨，以政治安全为根本，统筹外部安全和内部安全、国土安全和国民安全、传统安全和非传统安全、自身安全和共同安全，完善国家安全制度体系，加强国家安全能力建设，坚决维护国家主权、安全、发展利益。

（十一）坚持党对人民军队的绝对领导。建设一支听党指挥、能打胜仗、作风优良的人民军队，是实现"两个一百年"奋斗目标、实现中华民族伟大复兴的战略支撑。必须全面贯彻党领导人民军队的一系列根本原则和制度，确立新时代党的强军思想在国防和军队建设中的指导地位，坚持政治建军、改革强军、科技兴军、依法治军，更加注重聚焦实战，更加注重创新驱动，更加注重体系建设，更加注重集约高效，更加注重军民融合，实现党在新时代的强军目标。

（十二）坚持"一国两制"和推进祖国统一。保持香港、澳门长期繁荣稳定，实现祖国完全统一，是实现中华民族伟大复兴的必然要求。必须把维护中央对香港、澳门特别行政区全面管治权和保障特别行政区高度自治权有机结合起来，确保"一国两制"方针不会变、不动摇，确保"一国两制"实践不变形、不走样。必须坚持一个中国原则，坚持"九二共识"，推动两岸关系和平发展，深化两岸经济合作和文化往来，推动两岸同胞共同反对一切分裂国家的活动，共同为实现中华民族伟大复兴而奋斗。

（十三）坚持推动构建人类命运共同体。中国人民的梦想同各国人民的梦想息息相通，实现中国梦离不开和平的国际环境和稳定的国际秩序。必须统筹国内国际两个大局，始终不渝走和平发展道路、奉行互利共赢的开放战略，坚持正确义利观，树立共同、综合、合作、可持续的新安全观，谋求开放创新、包容互惠的发展前景，促进和而不同、兼收并蓄的文明交流，构筑尊崇自然、绿色发展的生态体系，始终做世界和平的建设者、全球发展的贡献者、国际秩序的维护者。

（十四）坚持全面从严治党。勇于自我革命，从严管党治党，是我们党最鲜明的品格。必须以党章为根本遵循，把党的政治建设摆在首位，思想建党和制度治党同向发力，统筹推进党的各项建设，抓住"关键少数"，坚持"三严三实"，坚持民主集中制，严肃党内政治生活，严明党的纪律，强化党内监督，发展积极健康的党内政治文化，全面净化党内政治生态，坚决纠正各种不正之风，以零容忍态度惩治腐败，不断增强党自我净化、自我完善、自我革新、自我提高的能力，始终保持党同人民群众的血肉联系。

以上十四条，构成新时代坚持和发展中国特色社会主义的基本方略。全党同志必须全面贯彻党的基本理论、基本路线、基本方略，更好引领党和人民事业发展。

实践没有止境，理论创新也没有止境。世界每时每刻都在发生变化，中国也每时每刻都在发生变化，我们必须在理论上跟上时代，不断认识规律，不断推进理论创新、实践创新、制度创新、文化创新以及其他各方面创新。

同志们！时代是思想之母，实践是理论之源。只要我们善于聆听时代声音，勇于坚持真理、修正错误，二十一世纪中国的马克思主义一定能够展现出更强大、更有说服力的真理力量！

四、决胜全面建成小康社会，开启全面建设社会主义现代化国家新征程

改革开放之后，我们党对我国社会主义现代化建设做出战略安排，提出"三步走"战略目标。解决人民温饱问题、人民生活总体上达到小康水平这两个目标已提前实现。在这个基础上，我们党提出，到建党一百年时建成经济更加发展、民主更加健全、科教更加进步、文化更加繁荣、社会更加和谐、人民生活更加殷实的小康社会，然后再奋斗三十年，到新中国成立一百年时，基本实现现代化，把我国建成社会主义现代化国家。

从现在到二〇二〇年，是全面建成小康社会决胜期。要按照十六大、十七大、十八大提出的全面建成小康社会各项要求，紧扣我国社会主要矛盾变化，统筹推进经济建设、政治建设、文化建设、社会建设、生态文明建设，坚定实施科教兴国战略、人才强国战略、创新驱动发展战略、乡村振兴战略、区域协调发展战略、可持续发展战略、军民融合发展战略，突出抓重点、补短板、强弱项，特别是要坚决打好防范化解重大风险、精准脱贫、污染防治的攻坚战，使全面建成小康社会得到人民认可、经得起历史检验。

从十九大到二十大，是"两个一百年"奋斗目标的历史交汇期。我们既要全面建成小康社会、实现第一个百年奋斗目标，又要乘势而上开启全面建设社会主义现代化国家新征程，向第二个百年奋斗目标进军。

综合分析国际国内形势和我国发展条件，从二〇二〇年到本世纪中叶可以分两个阶段来安排。

第一个阶段，从二〇二〇年到二〇三五年，在全面建成小康社会的基础上，再奋斗十五年，基本实现社会主义现代化。到那时，我国经济实力、科技实力将大幅跃升，跻身创新型国

家前列；人民平等参与、平等发展权利得到充分保障，法治国家、法治政府、法治社会基本建成，各方面制度更加完善，国家治理体系和治理能力现代化基本实现；社会文明程度达到新的高度，国家文化软实力显著增强，中华文化影响更加广泛深入；人民生活更为宽裕，中等收入群体比例明显提高，城乡区域发展差距和居民生活水平差距显著缩小，基本公共服务均等化基本实现，全体人民共同富裕迈出坚实步伐；现代社会治理格局基本形成，社会充满活力又和谐有序；生态环境根本好转，美丽中国目标基本实现。

第二个阶段，从二〇三五年到本世纪中叶，在基本实现现代化的基础上，再奋斗十五年，把我国建成富强民主文明和谐美丽的社会主义现代化强国。到那时，我国物质文明、政治文明、精神文明、社会文明、生态文明将全面提升，实现国家治理体系和治理能力现代化，成为综合国力和国际影响力领先的国家，全体人民共同富裕基本实现，我国人民将享有更加幸福安康的生活，中华民族将以更加昂扬的姿态屹立于世界民族之林。

同志们！从全面建成小康社会到基本实现现代化，再到全面建成社会主义现代化强国，是新时代中国特色社会主义发展的战略安排。我们要坚忍不拔、锲而不舍，奋力谱写社会主义现代化新征程的壮丽篇章！

五、贯彻新发展理念，建设现代化经济体系

实现“两个一百年”奋斗目标、实现中华民族伟大复兴的中国梦，不断提高人民生活水平，必须坚定不移把发展作为党执政兴国的第一要务，坚持解放和发展社会生产力，坚持社会主义市场经济改革方向，推动经济持续健康发展。

我国经济已由高速增长阶段转向高质量发展阶段，正处在转变发展方式、优化经济结构、转换增长动力的攻关期，建设现代化经济体系是跨越关口的迫切要求和我国发展的战略目标。必须坚持质量第一、效益优先，以供给侧结构性改革为主线，推动经济发展质量变革、效率变革、动力变革，提高全要素生产率，着力加快建设实体经济、科技创新、现代金融、人力资源协同发展的产业体系，着力构建市场机制有效、微观主体有活力、宏观调控有度的经济体制，不断增强我国经济创新力和竞争力。

（一）深化供给侧结构性改革。建设现代化经济体系，必须把发展经济的着力点放在实体经济上，把提高供给体系质量作为主攻方向，显著增强我国经济质量优势。加快建设制造强国，加快发展先进制造业，推动互联网、大数据、人工智能和实体经济深度融合，在中高端消费、创新引领、绿色低碳、共享经济、现代供应链、人力资本服务等领域培育新增长点、形成新动能。支持传统产业优化升级，加快发展现代服务业，瞄准国际标准提高水平。促进我国产业迈向全球价值链中高端，培育若干世界级先进制造业集群。加强水利、铁路、公路、水运、航空、管道、电网、信息、物流等基础设施网络建设。坚持去产能、去库存、去杠杆、降成本、补短板，优化存量资源配置，扩大优质增量供给，实现供需动态平衡。激发和保护企业家精神，鼓励更多社会主体投身创新创业。建设知识型、技能型、创新型劳动者大军，弘扬劳模精神和工匠精神，营造劳动光荣的社会风尚和精益求精的敬业风气。

（二）加快建设创新型国家。创新是引领发展的第一动力，是建设现代化经济体系的战略支撑。要瞄准世界科技前沿，强化基础研究，实现前瞻性基础研究、引领性原创成果重大

突破。加强应用基础研究，拓展实施国家重大科技项目，突出关键共性技术、前沿引领技术、现代工程技术、颠覆性技术创新，为建设科技强国、质量强国、航天强国、网络强国、交通强国、数字中国、智慧社会提供有力支撑。加强国家创新体系建设，强化战略科技力量。深化科技体制改革，建立以企业为主体、市场为导向、产学研深度融合的技术创新体系，加强对中小企业创新的支持，促进科技成果转化。倡导创新文化，强化知识产权创造、保护、运用。培养造就一大批具有国际水平的战略科技人才、科技领军人才、青年科技人才和高水平创新团队。

（三）实施乡村振兴战略。农业农村农民问题是关系国计民生的根本性问题，必须始终把解决好“三农”问题作为全党工作重中之重。要坚持农业农村优先发展，按照产业兴旺、生态宜居、乡风文明、治理有效、生活富裕的总要求，建立健全城乡融合发展体制机制和政策体系，加快推进农业农村现代化。巩固和完善农村基本经营制度，深化农村土地制度改革，完善承包地“三权”分置制度。保持土地承包关系稳定并长久不变，第二轮土地承包到期后再延长三十年。深化农村集体产权制度改革，保障农民财产权益，壮大集体经济。确保国家粮食安全，把中国人的饭碗牢牢端在自己手中。构建现代农业产业体系、生产体系、经营体系，完善农业支持保护制度，发展多种形式适度规模经营，培育新型农业经营主体，健全农业社会化服务体系，实现小农户和现代农业发展有机衔接。促进农村一二三产业融合发展，支持和鼓励农民就业创业，拓宽增收渠道。加强农村基层基础工作，健全自治、法治、德治相结合的乡村治理体系。培养造就一支懂农业、爱农村、爱农民的“三农”工作队伍。

（四）实施区域协调发展战略。加大力度支持革命老区、民族地区、边疆地区、贫困地区加快发展，强化举措推进西部大开发形成新格局，深化改革加快东北等老工业基地振兴，发挥优势推动中部地区崛起，创新引领率先实现东部地区优化发展，建立更加有效的区域协调发展新机制。以城市群为主体构建大中小城市和小城镇协调发展的城镇格局，加快农业转移人口市民化。以疏解北京非首都功能为“牛鼻子”推动京津冀协同发展，高起点规划、高标准建设雄安新区。以共抓大保护、不搞大开发为导向推动长江经济带发展。支持资源型地区经济转型发展。加快边疆发展，确保边疆巩固、边境安全。坚持陆海统筹，加快建设海洋强国。

（五）加快完善社会主义市场经济体制。经济体制改革必须以完善产权制度和要素市场化配置为重点，实现产权有效激励、要素自由流动、价格反应灵活、竞争公平有序、企业优胜劣汰。要完善各类国有资产管理体制，改革国有资本授权经营体制，加快国有经济布局优化、结构调整、战略性重组，促进国有资产保值增值，推动国有资本做强做优做大，有效防止国有资产流失。深化国有企业改革，发展混合所有制经济，培育具有全球竞争力的世界一流企业。全面实施市场准入负面清单制度，清理废除妨碍统一市场和公平竞争的各种规定和做法，支持民营企业发展，激发各类市场主体活力。深化商事制度改革，打破行政性垄断，防止市场垄断，加快要素价格市场化改革，放宽服务业准入限制，完善市场监管体制。创新和完善宏观调控，发挥国家发展规划的战略导向作用，健全财政、货币、产业、区域等经济政策协调机制。完善促进消费的体制机制，增强消费对经济发展的基础性作用。深化投融资体制改革，发挥投资对优化供给结构的关键性作用。加快建立现代财政制度，建立权责清晰、财力协调、区域均衡的中央和地方财政关系。建立全面规范透明、标准科学、约束有力的预算制度,全面实施绩效管理。深化税收制度改革,健全地方税体系。深化金融体制改革,增强金融服务实体经济能力,提高直接融资比重,促进多层次资本市场健康发展。健全货币政策和宏观审慎政策双支柱调控框架,深化利率和汇率市场化改革。健全金融监管体系,守住不发生系统性金融风险的底线。

(六)推动形成全面开放新格局。开放带来进步,封闭必然落后。中国开放的大门不会关闭,只会越开越大。要以“一带一路”建设为重点,坚持引进来和走出去并重,遵循共商共建共享原则,加强创新能力开放合作,形成陆海内外联动、东西双向互济的开放格局。拓展对外贸易,培育贸易新业态新模式,推进贸易强国建设。实行高水平的贸易和投资自由化便利化政策,全面实行准入前国民待遇加负面清单管理制度,大幅度放宽市场准入,扩大服务业对外开放,保护外商投资合法权益。凡是在我国境内注册的企业,都要一视同仁、平等对待。优化区域开放布局,加大西部开放力度。赋予自由贸易试验区更大改革自主权,探索建设自由贸易港。创新对外投资方式,促进国际产能合作,形成面向全球的贸易、投融资、生产、服务网络,加快培育国际经济合作和竞争新优势。

同志们!解放和发展社会生产力,是社会主义的本质要求。我们要激发全社会创造力和发展活力,努力实现更高质量、更有效率、更加公平、更可持续的发展!

六、健全人民当家作主制度体系,发展社会主义民主政治

我国是工人阶级领导的、以工农联盟为基础的人民民主专政的社会主义国家,国家一切权力属于人民。我国社会主义民主是维护人民根本利益的最广泛、最真实、最管用的民主。发展社会主义民主政治就是要体现人民意志、保障人民权益、激发人民创造活力,用制度体系保证人民当家作主。

中国特色社会主义政治发展道路,是近代以来中国人民长期奋斗历史逻辑、理论逻辑、实践逻辑的必然结果,是坚持党的本质属性、践行党的根本宗旨的必然要求。世界上没有完全相同的政治制度模式,政治制度不能脱离特定社会政治条件和历史文化传统来抽象评判,不能定于一尊,不能生搬硬套外国政治制度模式。要长期坚持、不断发展我国社会主义民主政治,积极稳妥推进政治体制改革,推进社会主义民主政治制度化、规范化、程序化,保证人民依法通过各种途径和形式管理国家事务,管理经济文化事业,管理社会事务,巩固和发展生动活泼、安定团结的政治局面。

(一)坚持党的领导、人民当家作主、依法治国有机统一。党的领导是人民当家作主和依法治国的根本保证,人民当家作主是社会主义民主政治的本质特征,依法治国是党领导人民治理国家的基本方式,三者统一于我国社会主义民主政治伟大实践。在我国政治生活中,党是居于领导地位的,加强党的集中统一领导,支持人大、政府、政协和法院、检察院依法依章程履行职能、开展工作、发挥作用,这两个方面是统一的。要改进党的领导方式和执政方式,保证党领导人民有效治理国家;扩大人民有序政治参与,保证人民依法实行民主选举、民主协商、民主决策、民主管理、民主监督;维护国家法制统一、尊严、权威,加强人权法治保障,保证人民依法享有广泛权利和自由。巩固基层政权,完善基层民主制度,保障人民知情权、参

与权、表达权、监督权。健全依法决策机制,构建决策科学、执行坚决、监督有力的权力运行机制。各级领导干部要增强民主意识,发扬民主作风,接受人民监督,当好人民公仆。

(二)加强人民当家作主制度保障。人民代表大会制度是坚持党的领导、人民当家作主、依法治国有机统一的根本政治制度安排,必须长期坚持、不断完善。要支持和保证人民通过人民代表大会行使国家权力。发挥人大及其常委会在立法工作中的主导作用,健全人大组织制度和工作制度,支持和保证人大依法行使立法权、监督权、决定权、任免权,更好发挥人大代表作用,使各级人大及其常委会成为全面担负起宪法法律赋予的各项职责的工作机关,成为同人民群众保持密切联系的代表机关。完善人大专门委员会设置,优化人大常委会和专门委员会组成人员结构。

(三)发挥社会主义协商民主重要作用。有事好商量,众人的事情由众人商量,是人民民主的真谛。协商民主是实现党的领导的重要方式,是我国社会主义民主政治的特有形式和独特优势。要推动协商民主广泛、多层、制度化发展,统筹推进政党协商、人大协商、政府协商、政协协商、人民团体协商、基层协商以及社会组织协商。加强协商民主制度建设,形成完整的制度程序和参与实践,保证人民在日常政治生活中有广泛持续深入参与的权利。

人民政协是具有中国特色的制度安排,是社会主义协商民主的重要渠道和专门协商机构。人民政协工作要聚焦党和国家中心任务,围绕团结和民主两大主题,把协商民主贯穿政治协商、民主监督、参政议政全过程,完善协商议政内容和形式,着力增进共识、促进团结。加强人民政协民主监督,重点监督党和国家重大方针政策和重要决策部署的贯彻落实。增强人民政协界别的代表性,加强委员队伍建设。

(四)深化依法治国实践。全面依法治国是国家治理的一场深刻革命,必须坚持厉行法治,推进科学立法、严格执法、公正司法、全民守法。成立中央全面依法治国领导小组,加强对法治中国建设的统一领导。加强宪法实施和监督,推进合宪性审查工作,维护宪法权威。推进科学立法、民主立法、依法立法,以良法促进发展、保障善治。建设法治政府,推进依法行政,严格规范公正文明执法。深化司法体制综合配套改革,全面落实司法责任制,努力让人民群众在每一个司法案件中感受到公平正义。加大全民普法力度,建设社会主义法治文化,树立宪法法律至上、法律面前人人平等的法治理念。各级党组织和全体党员要带头尊法学法守法用法,任何组织和个人都不得有超越宪法法律的特权,绝不允许以言代法、以权压法、逐利违法、徇私枉法。

(五)深化机构和行政体制改革。统筹考虑各类机构设置,科学配置党政部门及内设机构权力、明确职责。统筹使用各类编制资源,形成科学合理的管理体制,完善国家机构组织法。转变政府职能,深化简政放权,创新监管方式,增强政府公信力和执行力,建设人民满意的服务型政府。赋予省级及以下政府更多自主权。在省市县对职能相近的党政机关探索合并设立或合署办公。深化事业单位改革,强化公益属性,推进政事分开、事企分开、管办分离。

(六)巩固和发展爱国统一战线。统一战线是党的事业取得胜利的重要法宝,必须长期坚持。要高举爱国主义、社会主义旗帜,牢牢把握大团结大联合的主题,坚持一致性和多样性统一,找到最大公约数,画出最大同心圆。坚持长期共存、互相监督、肝胆相照、荣辱与共,支持民主党派按照中国特色社会主义参政党要求更好履行职能。全面贯彻党的民族政策，深化民族团结进步教育，铸牢中华民族共同体意识，加强各民族交往交流交融，促进各民族像石榴籽一样紧紧抱在一起，共同团结奋斗、共同繁荣发展。全面贯彻党的宗教工作基本方针，坚持我国宗教的中国化方向，积极引导宗教与社会主义社会相适应。加强党外知识分子工作，做好新的社会阶层人士工作，发挥他们在中国特色社会主义事业中的重要作用。构建亲清新型政商关系，促进非公有制经济健康发展和非公有制经济人士健康成长。广泛团结联系海外侨胞和归侨侨眷，共同致力于中华民族伟大复兴。

同志们！中国特色社会主义政治制度是中国共产党和中国人民的伟大创造。我们完全有信心、有能力把我国社会主义民主政治的优势和特点充分发挥出来，为人类政治文明进步做出充满中国智慧的贡献！

七、坚定文化自信，推动社会主义文化繁荣兴盛

文化是一个国家、一个民族的灵魂。文化兴国运兴，文化强民族强。没有高度的文化自信，没有文化的繁荣兴盛，就没有中华民族伟大复兴。要坚持中国特色社会主义文化发展道路，激发全民族文化创新创造活力，建设社会主义文化强国。

中国特色社会主义文化，源自中华民族五千多年文明历史所孕育的中华优秀传统文化，熔铸于党领导人民在革命、建设、改革中创造的革命文化和社会主义先进文化，植根于中国特色社会主义伟大实践。发展中国特色社会主义文化，就是以马克思主义为指导，坚守中华文化立场，立足当代中国现实，结合当今时代条件，发展面向现代化、面向世界、面向未来的，民族的科学的大众的社会主义文化，推动社会主义精神文明和物质文明协调发展。要坚持为人民服务、为社会主义服务，坚持百花齐放、百家争鸣，坚持创造性转化、创新性发展，不断铸就中华文化新辉煌。

（一）牢牢掌握意识形态工作领导权。意识形态决定文化前进方向和发展道路。必须推进马克思主义中国化时代化大众化，建设具有强大凝聚力和引领力的社会主义意识形态，使全体人民在理想信念、价值理念、道德观念上紧紧团结在一起。要加强理论武装，推动新时代中国特色社会主义思想深入人心。深化马克思主义理论研究和建设，加快构建中国特色哲学社会科学，加强中国特色新型智库建设。坚持正确舆论导向，高度重视传播手段建设和创新，提高新闻舆论传播力、引导力、影响力、公信力。加强互联网内容建设，建立网络综合治理体系，营造清朗的网络空间。落实意识形态工作责任制，加强阵地建设和管理，注意区分政治原则问题、思想认识问题、学术观点问题，旗帜鲜明反对和抵制各种错误观点。

（二）培育和践行社会主义核心价值观。社会主义核心价值观是当代中国精神的集中体现，凝结着全体人民共同的价值追求。要以培养担当民族复兴大任的时代新人为着眼点，强化教育引导、实践养成、制度保障，发挥社会主义核心价值观对国民教育、精神文明创建、精神文化产品创作生产传播的引领作用，把社会主义核心价值观融入社会发展各方面，转化为人们的情感认同和行为习惯。坚持全民行动、干部带头，从家庭做起，从娃娃抓起。深入挖掘中华优秀传统文化蕴含的思想观念、人文精神、道德规范，结合时代要求继承创新，让中华文化展现出永久魅力和时代风采。

（三）加强思想道德建设。人民有信仰，国家有力量，民族有希望。要提高人民思想觉悟、道德水准、文明素养，提高全社会文明程度。广泛开展理想信念教育，深化中国特色社会主义和中国梦宣传教育，弘扬民族精神和时代精神，加强爱国主义、集体主义、社会主义教育，引导人们树立正确的历史观、民族观、国家观、文化观。深入实施公民道德建设工程，推进社会公德、职业道德、家庭美德、个人品德建设，激励人们向上向善、孝老爱亲，忠于祖国、忠于人民。加强和改进思想政治工作，深化群众性精神文明创建活动。弘扬科学精神，普及科学知识，开展移风易俗、弘扬时代新风行动，抵制腐朽落后文化侵蚀。推进诚信建设和志愿服务制度化，强化社会责任意识、规则意识、奉献意识。

（四）繁荣发展社会主义文艺。社会主义文艺是人民的文艺，必须坚持以人民为中心的创作导向，在深入生活、扎根人民中进行无愧于时代的文艺创造。要繁荣文艺创作，坚持思想精深、艺术精湛、制作精良相统一，加强现实题材创作，不断推出讴歌党、讴歌祖国、讴歌人民、讴歌英雄的精品力作。发扬学术民主、艺术民主，提升文艺原创力，推动文艺创新。倡导讲品位、讲格调、讲责任，抵制低俗、庸俗、媚俗。加强文艺队伍建设，造就一大批德艺双馨名家大师，培育一大批高水平创作人才。

（五）推动文化事业和文化产业发展。满足人民过上美好生活的新期待，必须提供丰富的精神食粮。要深化文化体制改革，完善文化管理体制，加快构建把社会效益放在首位、社会效益和经济效益相统一的体制机制。完善公共文化服务体系，深入实施文化惠民工程，丰富群众性文化活动。加强文物保护利用和文化遗产保护传承。健全现代文化产业体系和市场体系，创新生产经营机制，完善文化经济政策，培育新型文化业态。广泛开展全民健身活动，加快推进体育强国建设，筹办好北京冬奥会、冬残奥会。加强中外人文交流，以我为主、兼收并蓄。推进国际传播能力建设，讲好中国故事，展现真实、立体、全面的中国，提高国家文化软实力。

同志们！中国共产党从成立之日起，既是中国先进文化的积极引领者和践行者，又是中华优秀传统文化的忠实传承者和弘扬者。当代中国共产党人和中国人民应该而且一定能够担负起新的文化使命，在实践创造中进行文化创造，在历史进步中实现文化进步！

八、提高保障和改善民生水平，加强和创新社会治理

全党必须牢记，为什么人的问题，是检验一个政党、一个政权性质的试金石。带领人民创造美好生活，是我们党始终不渝的奋斗目标。必须始终把人民利益摆在至高无上的地位，让改革发展成果更多更公平惠及全体人民，朝着实现全体人民共同富裕不断迈进。

保障和改善民生要抓住人民最关心最直接最现实的利益问题，既尽力而为，又量力而行，一件事情接着一件事情办，一年接着一年干。坚持人人尽责、人人享有，坚守底线、突出重点、完善制度、引导预期，完善公共服务体系，保障群众基本生活，不断满足人民日益增长的美好生活需要，不断促进社会公平正义，形成有效的社会治理、良好的社会秩序，使人民获得感、幸福感、安全感更加充实、更有保障、更可持续。

（一）优先发展教育事业。建设教育强国是中华民族伟大复兴的基础工程，必须把教育事业放在优先位置，深化教育改革，加快教育现代化，办好人民满意的教育。要全面贯彻党

的教育方针，落实立德树人根本任务，发展素质教育，推进教育公平，培养德智体美全面发展的社会主义建设者和接班人。推动城乡义务教育一体化发展，高度重视农村义务教育，办好学前教育、特殊教育和网络教育，普及高中阶段教育，努力让每个孩子都能享有公平而有质量的教育。完善职业教育和培训体系，深化产教融合、校企合作。加快一流大学和一流学科建设，实现高等教育内涵式发展。健全学生资助制度，使绝大多数城乡新增劳动力接受高中阶段教育、更多接受高等教育。支持和规范社会力量兴办教育。加强师德师风建设，培养高素质教师队伍，倡导全社会尊师重教。办好继续教育，加快建设学习型社会，大力提高国民素质。

（二）提高就业质量和人民收入水平。就业是最大的民生。要坚持就业优先战略和积极就业政策，实现更高质量和更充分就业。大规模开展职业技能培训，注重解决结构性就业矛盾，鼓励创业带动就业。提供全方位公共就业服务，促进高校毕业生等青年群体、农民工多渠道就业创业。破除妨碍劳动力、人才社会性流动的体制机制弊端，使人人都有通过辛勤劳动实现自身发展的机会。完善政府、工会、企业共同参与的协商协调机制，构建和谐劳动关系。坚持按劳分配原则，完善按要素分配的体制机制，促进收入分配更合理、更有序。鼓励勤劳守法致富，扩大中等收入群体，增加低收入者收入，调节过高收入，取缔非法收入。坚持在经济增长的同时实现居民收入同步增长、在劳动生产率提高的同时实现劳动报酬同步提高。拓宽居民劳动收入和财产性收入渠道。履行好政府再分配调节职能，加快推进基本公共服务均等化，缩小收入分配差距。

（三）加强社会保障体系建设。按照兜底线、织密网、建机制的要求，全面建成覆盖全民、城乡统筹、权责清晰、保障适度、可持续的多层次社会保障体系。全面实施全民参保计划。完善城镇职工基本养老保险和城乡居民基本养老保险制度，尽快实现养老保险全国统筹。完善统一的城乡居民基本医疗保险制度和大病保险制度。完善失业、工伤保险制度。建立全国统一的社会保险公共服务平台。统筹城乡社会救助体系，完善最低生活保障制度。坚持男女平等基本国策，保障妇女儿童合法权益。完善社会救助、社会福利、慈善事业、优抚安置等制度，健全农村留守儿童和妇女、老年人关爱服务体系。发展残疾人事业，加强残疾康复服务。坚持房子是用来住的、不是用来炒的定位，加快建立多主体供给、多渠道保障、租购并举的住房制度，让全体人民住有所居。

（四）坚决打赢脱贫攻坚战。让贫困人口和贫困地区同全国一道进入全面小康社会是我们党的庄严承诺。要动员全党全国全社会力量，坚持精准扶贫、精准脱贫，坚持中央统筹省负总责市县抓落实的工作机制，强化党政一把手负总责的责任制，坚持大扶贫格局，注重扶贫同扶志、扶智相结合，深入实施东西部扶贫协作，重点攻克深度贫困地区脱贫任务，确保到二〇二〇年我国现行标准下农村贫困人口实现脱贫，贫困县全部摘帽，解决区域性整体贫困，做到脱真贫、真脱贫。

（五）实施健康中国战略。人民健康是民族昌盛和国家富强的重要标志。要完善国民健康政策，为人民群众提供全方位全周期健康服务。深化医药卫生体制改革，全面建立中国特色基本医疗卫生制度、医疗保障制度和优质高效的医疗卫生服务体系，健全现代医院管理制度。加强基层医疗卫生服务体系和全科医生队伍建设。全面取消以药养医，健全药品供应保障制度。坚持预防为主,深入开展爱国卫生运动,倡导健康文明生活方式,预防控制重大疾病。实施食品安全战略,让人民吃得放心。坚持中西医并重,传承发展中医药事业。支持社会办医,发展健康产业。促进生育政策和相关经济社会政策配套衔接,加强人口发展战略研究。积极应对人口老龄化,构建养老、孝老、敬老政策体系和社会环境,推进医养结合,加快老龄事业和产业发展。

(六)打造共建共治共享的社会治理格局。加强社会治理制度建设,完善党委领导、政府负责、社会协同、公众参与、法治保障的社会治理体制,提高社会治理社会化、法治化、智能化、专业化水平。加强预防和化解社会矛盾机制建设,正确处理人民内部矛盾。树立安全发展理念,弘扬生命至上、安全第一的思想,健全公共安全体系,完善安全生产责任制,坚决遏制重特大安全事故,提升防灾减灾救灾能力。加快社会治安防控体系建设,依法打击和惩治黄赌毒黑拐骗等违法犯罪活动,保护人民人身权、财产权、人格权。加强社会心理服务体系建设,培育自尊自信、理性平和、积极向上的社会心态。加强社区治理体系建设,推动社会治理重心向基层下移,发挥社会组织作用,实现政府治理和社会调节、居民自治良性互动。

(七)有效维护国家安全。国家安全是安邦定国的重要基石,维护国家安全是全国各族人民根本利益所在。要完善国家安全战略和国家安全政策,坚决维护国家政治安全,统筹推进各项安全工作。健全国家安全体系,加强国家安全法治保障,提高防范和抵御安全风险能力。严密防范和坚决打击各种渗透颠覆破坏活动、暴力恐怖活动、民族分裂活动、宗教极端活动。加强国家安全教育,增强全党全国人民国家安全意识,推动全社会形成维护国家安全的强大合力。

同志们!党的一切工作必须以最广大人民根本利益为最高标准。我们要坚持把人民群众的小事当作自己的大事,从人民群众关心的事情做起,从让人民群众满意的事情做起,带领人民不断创造美好生活!

九、加快生态文明体制改革,建设美丽中国

人与自然是生命共同体,人类必须尊重自然、顺应自然、保护自然。人类只有遵循自然规律才能有效防止在开发利用自然上走弯路,人类对大自然的伤害最终会伤及人类自身,这是无法抗拒的规律。

我们要建设的现代化是人与自然和谐共生的现代化,既要创造更多物质财富和精神财富以满足人民日益增长的美好生活需要,也要提供更多优质生态产品以满足人民日益增长的优美生态环境需要。必须坚持节约优先、保护优先、自然恢复为主的方针,形成节约资源和保护环境的空间格局、产业结构、生产方式、生活方式,还自然以宁静、和谐、美丽。

(一)推进绿色发展。加快建立绿色生产和消费的法律制度和政策导向,建立健全绿色低碳循环发展的经济体系。构建市场导向的绿色技术创新体系,发展绿色金融,壮大节能环保产业、清洁生产产业、清洁能源产业。推进能源生产和消费革命,构建清洁低碳、安全高效的能源体系。推进资源全面节约和循环利用,实施国家节水行动,降低能耗、物耗,实现生产系统和生活系统循环链接。倡导简约适度、绿色低碳的生活方式,反对奢侈浪费和不合理消费,开展创建节约型机关、绿色家庭、绿色学校、绿色社区和绿色出行等行动。

（二）着力解决突出环境问题。坚持全民共治、源头防治，持续实施大气污染防治行动，打赢蓝天保卫战。加快水污染防治，实施流域环境和近岸海域综合治理。强化土壤污染管控和修复，加强农业面源污染防治，开展农村人居环境整治行动。加强固体废弃物和垃圾处置。提高污染排放标准，强化排污者责任，健全环保信用评价、信息强制性披露、严惩重罚等制度。构建政府为主导、企业为主体、社会组织和公众共同参与的环境治理体系。积极参与全球环境治理，落实减排承诺。

（三）加大生态系统保护力度。实施重要生态系统保护和修复重大工程，优化生态安全屏障体系，构建生态廊道和生物多样性保护网络，提升生态系统质量和稳定性。完成生态保护红线、永久基本农田、城镇开发边界三条控制线划定工作。开展国土绿化行动，推进荒漠化、石漠化、水土流失综合治理，强化湿地保护和恢复，加强地质灾害防治。完善天然林保护制度，扩大退耕还林还草。严格保护耕地，扩大轮作休耕试点，健全耕地草原森林河流湖泊休养生息制度，建立市场化、多元化生态补偿机制。

（四）改革生态环境监管体制。加强对生态文明建设的总体设计和组织领导，设立国有自然资源资产管理和自然生态监管机构，完善生态环境管理制度，统一行使全民所有自然资源资产所有者职责，统一行使所有国土空间用途管制和生态保护修复职责，统一行使监管城乡各类污染排放和行政执法职责。构建国土空间开发保护制度，完善主体功能区配套政策，建立以国家公园为主体的自然保护地体系。坚决制止和惩处破坏生态环境行为。

同志们！生态文明建设功在当代、利在千秋。我们要牢固树立社会主义生态文明观，推动形成人与自然和谐发展现代化建设新格局，为保护生态环境做出我们这代人的努力！

十、坚持走中国特色强军之路，全面推进国防和军队现代化

国防和军队建设正站在新的历史起点上。面对国家安全环境的深刻变化，面对强国强军的时代要求，必须全面贯彻新时代党的强军思想，贯彻新形势下军事战略方针，建设强大的现代化陆军、海军、空军、火箭军和战略支援部队，打造坚强高效的战区联合作战指挥机构，构建中国特色现代作战体系，担当起党和人民赋予的新时代使命任务。

适应世界新军事革命发展趋势和国家安全需求，提高建设质量和效益，确保到二〇二〇年基本实现机械化，信息化建设取得重大进展，战略能力有大的提升。同国家现代化进程相一致，全面推进军事理论现代化、军队组织形态现代化、军事人员现代化、武器装备现代化，力争到二〇三五年基本实现国防和军队现代化，到本世纪中叶把人民军队全面建成世界一流军队。

加强军队党的建设，开展“传承红色基因、担当强军重任”主题教育，推进军人荣誉体系建设，培养有灵魂、有本事、有血性、有品德的新时代革命军人，永葆人民军队性质、宗旨、本色。继续深化国防和军队改革，深化军官职业化制度、文职人员制度、兵役制度等重大政策制度改革，推进军事管理革命，完善和发展中国特色社会主义军事制度。树立科技是核心战斗力的思想，推进重大技术创新、自主创新，加强军事人才培养体系建设，建设创新型人民军队。全面从严治军，推动治军方式根本性转变，提高国防和军队建设法治化水平。

军队是要准备打仗的，一切工作都必须坚持战斗力标准，向能打仗、打胜仗聚焦。扎实

做好各战略方向军事斗争准备,统筹推进传统安全领域和新型安全领域军事斗争准备,发展新型作战力量和保障力量,开展实战化军事训练,加强军事力量运用,加快军事智能化发展,提高基于网络信息体系的联合作战能力、全域作战能力,有效塑造态势、管控危机、遏制战争、打赢战争。

坚持富国和强军相统一,强化统一领导、顶层设计、改革创新和重大项目落实,深化国防科技工业改革,形成军民融合深度发展格局,构建一体化的国家战略体系和能力。完善国防动员体系,建设强大稳固的现代边海空防。组建退役军人管理保障机构,维护军人军属合法权益,让军人成为全社会尊崇的职业。深化武警部队改革,建设现代化武装警察部队。

同志们!我们的军队是人民军队,我们的国防是全民国防。我们要加强全民国防教育,巩固军政军民团结,为实现中国梦强军梦凝聚强大力量!

十一、坚持“一国两制”,推进祖国统一

香港、澳门回归祖国以来,“一国两制”实践取得举世公认的成功。事实证明,“一国两制”是解决历史遗留的香港、澳门问题的最佳方案,也是香港、澳门回归后保持长期繁荣稳定的最佳制度。

保持香港、澳门长期繁荣稳定,必须全面准确贯彻“一国两制”“港人治港”“澳人治澳”、高度自治的方针,严格依照宪法和基本法办事,完善与基本法实施相关的制度和机制。要支持特别行政区政府和行政长官依法施政、积极作为,团结带领香港、澳门各界人士齐心协力谋发展、促和谐,保障和改善民生,有序推进民主,维护社会稳定,履行维护国家主权、安全、发展利益的宪制责任。

香港、澳门发展同内地发展紧密相连。要支持香港、澳门融入国家发展大局,以粤港澳大湾区建设、粤港澳合作、泛珠三角区域合作等为重点,全面推进内地同香港、澳门互利合作,制订完善便利香港、澳门居民在内地发展的政策措施。

我们坚持爱国者为主体的“港人治港”“澳人治澳”,发展壮大爱国爱港爱澳力量,增强香港、澳门同胞的国家意识和爱国精神,让香港、澳门同胞同祖国人民共担民族复兴的历史责任、共享祖国繁荣富强的伟大荣光。

解决台湾问题、实现祖国完全统一,是全体中华儿女共同愿望,是中华民族根本利益所在。必须继续坚持“和平统一、一国两制”方针,推动两岸关系和平发展,推进祖国和平统一进程。

一个中国原则是两岸关系的政治基础。体现一个中国原则的“九二共识”明确界定了两岸关系的根本性质,是确保两岸关系和平发展的关键。承认“九二共识”的历史事实,认同两岸同属一个中国,两岸双方就能开展对话,协商解决两岸同胞关心的问题,台湾任何政党和团体同大陆交往也不会存在障碍。

两岸同胞是命运与共的骨肉兄弟,是血浓于水的一家人。我们秉持“两岸一家亲”理念,尊重台湾现有的社会制度和台湾同胞生活方式,愿意率先同台湾同胞分享大陆发展的机遇。我们将扩大两岸经济文化交流合作,实现互利互惠,逐步为台湾同胞在大陆学习、创业、就业、生活提供与大陆同胞同等的待遇,增进台湾同胞福祉。我们将推动两岸同胞共同弘扬中

华文化,促进心灵契合。

我们坚决维护国家主权和领土完整,绝不容忍国家分裂的历史悲剧重演。一切分裂祖国的活动都必将遭到全体中国人坚决反对。我们有坚定的意志、充分的信心、足够的能力挫败任何形式的"台独"分裂图谋。我们绝不允许任何人、任何组织、任何政党、在任何时候、以任何形式、把任何一块中国领土从中国分裂出去!

同志们! 实现中华民族伟大复兴,是全体中国人共同的梦想。我们坚信,只要包括港澳台同胞在内的全体中华儿女顺应历史大势、共担民族大义,把民族命运牢牢掌握在自己手中,就一定能够共创中华民族伟大复兴的美好未来!

十二、坚持和平发展道路,推动构建人类命运共同体

中国共产党是为中国人民谋幸福的政党,也是为人类进步事业而奋斗的政党。中国共产党始终把为人类做出新的更大的贡献作为自己的使命。

中国将高举和平、发展、合作、共赢的旗帜,恪守维护世界和平、促进共同发展的外交政策宗旨,坚定不移在和平共处五项原则基础上发展同各国的友好合作,推动建设相互尊重、公平正义、合作共赢的新型国际关系。

世界正处于大发展大变革大调整时期,和平与发展仍然是时代主题。世界多极化、经济全球化、社会信息化、文化多样化深入发展,全球治理体系和国际秩序变革加速推进,各国相互联系和依存日益加深,国际力量对比更趋平衡,和平发展大势不可逆转。同时,世界面临的不稳定性不确定性突出,世界经济增长动能不足,贫富分化日益严重,地区热点问题此起彼伏,恐怖主义、网络安全、重大传染性疾病、气候变化等非传统安全威胁持续蔓延,人类面临许多共同挑战。

我们生活的世界充满希望,也充满挑战。我们不能因现实复杂而放弃梦想,不能因理想遥远而放弃追求。没有哪个国家能够独自应对人类面临的各种挑战,也没有哪个国家能够退回到自我封闭的孤岛。

我们呼吁,各国人民同心协力,构建人类命运共同体,建设持久和平、普遍安全、共同繁荣、开放包容、清洁美丽的世界。要相互尊重、平等协商,坚决摒弃冷战思维和强权政治,走对话而不对抗、结伴而不结盟的国与国交往新路。要坚持以对话解决争端、以协商化解分歧,统筹应对传统和非传统安全威胁,反对一切形式的恐怖主义。要同舟共济,促进贸易和投资自由化便利化,推动经济全球化朝着更加开放、包容、普惠、平衡、共赢的方向发展。要尊重世界文明多样性,以文明交流超越文明隔阂、文明互鉴超越文明冲突、文明共存超越文明优越。要坚持环境友好,合作应对气候变化,保护好人类赖以生存的地球家园。

中国坚定奉行独立自主的和平外交政策,尊重各国人民自主选择发展道路的权利,维护国际公平正义,反对把自己的意志强加于人,反对干涉别国内政,反对以强凌弱。中国决不会以牺牲别国利益为代价来发展自己,也决不放弃自己的正当权益,任何人不要幻想让中国吞下损害自身利益的苦果。中国奉行防御性的国防政策。中国发展不对任何国家构成威胁。中国无论发展到什么程度,永远不称霸,永远不搞扩张。

中国积极发展全球伙伴关系,扩大同各国的利益交汇点,推进大国协调和合作,构建总

体稳定、均衡发展的大国关系框架，按照亲诚惠容理念和与邻为善、以邻为伴周边外交方针深化同周边国家关系，秉持正确义利观和真实亲诚理念加强同发展中国家团结合作。加强同各国政党和政治组织的交流合作，推进人大、政协、军队、地方、人民团体等的对外交往。

中国坚持对外开放的基本国策，坚持打开国门搞建设，积极促进"一带一路"国际合作，努力实现政策沟通、设施联通、贸易畅通、资金融通、民心相通，打造国际合作新平台，增添共同发展新动力。加大对发展中国家特别是最不发达国家援助力度，促进缩小南北发展差距。中国支持多边贸易体制，促进自由贸易区建设，推动建设开放型世界经济。

中国秉持共商共建共享的全球治理观，倡导国际关系民主化，坚持国家不分大小、强弱、贫富一律平等，支持联合国发挥积极作用，支持扩大发展中国家在国际事务中的代表性和发言权。中国将继续发挥负责任大国作用，积极参与全球治理体系改革和建设，不断贡献中国智慧和力量。

同志们！世界命运握在各国人民手中，人类前途系于各国人民的抉择。中国人民愿同各国人民一道，推动人类命运共同体建设，共同创造人类的美好未来！

十三、坚定不移全面从严治党，不断提高党的执政能力和领导水平

中国特色社会主义进入新时代，我们党一定要有新气象新作为。打铁必须自身硬。党要团结带领人民进行伟大斗争、推进伟大事业、实现伟大梦想，必须毫不动摇坚持和完善党的领导，毫不动摇把党建设得更加坚强有力。

全面从严治党永远在路上。一个政党，一个政权，其前途命运取决于人心向背。人民群众反对什么、痛恨什么，我们就要坚决防范和纠正什么。全党要清醒认识到，我们党面临的执政环境是复杂的，影响党的先进性、弱化党的纯洁性的因素也是复杂的，党内存在的思想不纯、组织不纯、作风不纯等突出问题尚未得到根本解决。要深刻认识党面临的执政考验、改革开放考验、市场经济考验、外部环境考验的长期性和复杂性，深刻认识党面临的精神懈怠危险、能力不足危险、脱离群众危险、消极腐败危险的尖锐性和严峻性，坚持问题导向，保持战略定力，推动全面从严治党向纵深发展。

新时代党的建设总要求是：坚持和加强党的全面领导，坚持党要管党、全面从严治党，以加强党的长期执政能力建设、先进性和纯洁性建设为主线，以党的政治建设为统领，以坚定理想信念宗旨为根基，以调动全党积极性、主动性、创造性为着力点，全面推进党的政治建设、思想建设、组织建设、作风建设、纪律建设，把制度建设贯穿其中，深入推进反腐败斗争，不断提高党的建设质量，把党建设成为始终走在时代前列、人民衷心拥护、勇于自我革命、经得起各种风浪考验、朝气蓬勃的马克思主义执政党。

（一）把党的政治建设摆在首位。旗帜鲜明讲政治是我们党作为马克思主义政党的根本要求。党的政治建设是党的根本性建设，决定党的建设方向和效果。保证全党服从中央，坚持党中央权威和集中统一领导，是党的政治建设的首要任务。全党要坚定执行党的政治路线，严格遵守政治纪律和政治规矩，在政治立场、政治方向、政治原则、政治道路上同党中央保持高度一致。要尊崇党章，严格执行新形势下党内政治生活若干准则，增强党内政治生活的政治性、时代性、原则性、战斗性，自觉抵制商品交换原则对党内生活的侵蚀，营造风清气

正的良好政治生态。完善和落实民主集中制的各项制度，坚持民主基础上的集中和集中指导下的民主相结合，既充分发扬民主，又善于集中统一。弘扬忠诚老实、公道正派、实事求是、清正廉洁等价值观，坚决防止和反对个人主义、分散主义、自由主义、本位主义、好人主义，坚决防止和反对宗派主义、圈子文化、码头文化，坚决反对搞两面派、做两面人。全党同志特别是高级干部要加强党性锻炼，不断提高政治觉悟和政治能力，把对党忠诚、为党分忧、为党尽职、为民造福作为根本政治担当，永葆共产党人政治本色。

（二）用新时代中国特色社会主义思想武装全党。思想建设是党的基础性建设。革命理想高于天。共产主义远大理想和中国特色社会主义共同理想，是中国共产党人的精神支柱和政治灵魂，也是保持党的团结统一的思想基础。要把坚定理想信念作为党的思想建设的首要任务，教育引导全党牢记党的宗旨，挺起共产党人的精神脊梁，解决好世界观、人生观、价值观这个“总开关”问题，自觉做共产主义远大理想和中国特色社会主义共同理想的坚定信仰者和忠实实践者。弘扬马克思主义学风，推进“两学一做”学习教育常态化制度化，以县处级以上领导干部为重点，在全党开展“不忘初心、牢记使命”主题教育，用党的创新理论武装头脑，推动全党更加自觉地为实现新时代党的历史使命不懈奋斗。

（三）建设高素质专业化干部队伍。党的干部是党和国家事业的中坚力量。要坚持党管干部原则，坚持德才兼备、以德为先，坚持五湖四海、任人唯贤，坚持事业为上、公道正派，把好干部标准落到实处。坚持正确选人用人导向，匡正选人用人风气，突出政治标准，提拔重用牢固树立“四个意识”和“四个自信”、坚决维护党中央权威、全面贯彻执行党的理论和路线方针政策、忠诚干净担当的干部，选优配强各级领导班子。注重培养专业能力、专业精神，增强干部队伍适应新时代中国特色社会主义发展要求的能力。大力发现储备年轻干部，注重在基层一线和困难艰苦的地方培养锻炼年轻干部，源源不断选拔使用经过实践考验的优秀年轻干部。统筹做好培养选拔女干部、少数民族干部和党外干部工作。认真做好离退休干部工作。坚持严管和厚爱结合、激励和约束并重，完善干部考核评价机制，建立激励机制和容错纠错机制，旗帜鲜明为那些敢于担当、踏实做事、不谋私利的干部撑腰鼓劲。各级党组织要关心爱护基层干部，主动为他们排忧解难。

人才是实现民族振兴、赢得国际竞争主动的战略资源。要坚持党管人才原则，聚天下英才而用之，加快建设人才强国。实行更加积极、更加开放、更加有效的人才政策，以识才的慧眼、爱才的诚意、用才的胆识、容才的雅量、聚才的良方，把党内和党外、国内和国外各方面优秀人才集聚到党和人民的伟大奋斗中来，鼓励引导人才向边远贫困地区、边疆民族地区、革命老区和基层一线流动，努力形成人人渴望成才、人人努力成才、人人皆可成才、人人尽展其才的良好局面，让各类人才的创造活力竞相迸发、聪明才智充分涌流。

（四）加强基层组织建设。党的基层组织是确保党的路线方针政策和决策部署贯彻落实的基础。要以提升组织力为重点，突出政治功能，把企业、农村、机关、学校、科研院所、街道社区、社会组织等基层党组织建设成为宣传党的主张、贯彻党的决定、领导基层治理、团结动员群众、推动改革发展的坚强战斗堡垒。党支部要担负好直接教育党员、管理党员、监督党员和组织群众、宣传群众、凝聚群众、服务群众的职责，引导广大党员发挥先锋模范作用。坚持“三会一课”制度，推进党的基层组织设置和活动方式创新，加强基层党组织带头人队伍建设，扩大基层党组织覆盖面，着力解决一些基层党组织弱化、虚化、边缘化问题。扩大党内基层民主，推进党务公开，畅通党员参与党内事务、监督党的组织和干部、向上级党组织提出意见和建议的渠道。注重从产业工人、青年农民、高知识群体中和在非公有制经济组织、社会组织中发展党员。加强党内激励关怀帮扶。增强党员教育管理针对性和有效性，稳妥有序开展不合格党员组织处置工作。

（五）持之以恒正风肃纪。我们党来自人民、植根人民、服务人民，一旦脱离群众，就会失去生命力。加强作风建设，必须紧紧围绕保持党同人民群众的血肉联系，增强群众观念和群众感情，不断厚植党执政的群众基础。凡是群众反映强烈的问题都要严肃认真对待，凡是损害群众利益的行为都要坚决纠正。坚持以上率下，巩固拓展落实中央八项规定精神成果，继续整治“四风”问题，坚决反对特权思想和特权现象。重点强化政治纪律和组织纪律，带动廉洁纪律、群众纪律、工作纪律、生活纪律严起来。坚持开展批评和自我批评，坚持惩前毖后、治病救人，运用监督执纪“四种形态”，抓早抓小、防微杜渐。赋予有干部管理权限的党组相应纪律处分权限，强化监督执纪问责。加强纪律教育，强化纪律执行，让党员、干部知敬畏、存戒惧、守底线，习惯在受监督和约束的环境中工作生活。

（六）夺取反腐败斗争压倒性胜利。人民群众最痛恨腐败现象，腐败是我们党面临的最大威胁。只有以反腐败永远在路上的坚韧和执着，深化标本兼治，保证干部清正、政府清廉、政治清明，才能跳出历史周期率，确保党和国家长治久安。当前，反腐败斗争形势依然严峻复杂，巩固压倒性态势、夺取压倒性胜利的决心必须坚如磐石。要坚持无禁区、全覆盖、零容忍，坚持重遏制、强高压、长震慑，坚持受贿行贿一起查，坚决防止党内形成利益集团。在市县党委建立巡察制度，加大整治群众身边腐败问题力度。不管腐败分子逃到哪里，都要缉拿归案、绳之以法。推进反腐败国家立法，建设覆盖纪检监察系统的检举举报平台。强化不敢腐的震慑，扎牢不能腐的笼子，增强不想腐的自觉，通过不懈努力换来海晏河清、朗朗乾坤。

（七）健全党和国家监督体系。增强党自我净化能力，根本靠强化党的自我监督和群众监督。要加强对权力运行的制约和监督，让人民监督权力，让权力在阳光下运行，把权力关进制度的笼子。强化自上而下的组织监督，改进自下而上的民主监督，发挥同级相互监督作用，加强对党员领导干部的日常管理监督。深化政治巡视，坚持发现问题、形成震慑不动摇，建立巡视巡察上下联动的监督网。深化国家监察体制改革，将试点工作在全国推开，组建国家、省、市、县监察委员会，同党的纪律检查机关合署办公，实现对所有行使公权力的公职人员监察全覆盖。制订国家监察法，依法赋予监察委员会职责权限和调查手段，用留置取代“两规”措施。改革审计管理体制，完善统计体制。构建党统一指挥、全面覆盖、权威高效的监督体系，把党内监督同国家机关监督、民主监督、司法监督、群众监督、舆论监督贯通起来，增强监督合力。

（八）全面增强执政本领。领导十三亿多人的社会主义大国，我们党既要政治过硬，也要本领高强。要增强学习本领，在全党营造善于学习、勇于实践的浓厚氛围，建设马克思主义学习型政党，推动建设学习大国。增强政治领导本领，坚持战略思维、创新思维、辩证思维、法治思维、底线思维，科学制订和坚决执行党的路线方针政策，把党总揽全局、协调各方落到实处。增强改革创新本领，保持锐意进取的精神风貌，善于结合实际创造性推动工作，善于运用互联网技术和信息化手段开展工作。增强科学发展本领，善于贯彻新发展理念，不断开创发展新局面。增强依法执政本领，加快形成覆盖党的领导和党的建设各方面的党内法规制度体系，加强和改善对国家政权机关的领导。增强群众工作本领，创新群众工作体制机制和方式方法，推动工会、共青团、妇联等群团组织增强政治性、先进性、群众性，发挥联系群众的桥梁纽带作用，组织动员广大人民群众坚定不移跟党走。增强狠抓落实本领，坚持说实话、谋实事、出实招、求实效，把雷厉风行和久久为功有机结合起来，勇于攻坚克难，以钉钉子精神做实做细做好各项工作。增强驾驭风险本领，健全各方面风险防控机制，善于处理各种复杂矛盾，勇于战胜前进道路上的各种艰难险阻，牢牢把握工作主动权。

同志们！伟大的事业必须有坚强的党来领导。只要我们党把自身建设好、建设强，确保党始终同人民想在一起、干在一起，就一定能够引领承载着中国人民伟大梦想的航船破浪前进，胜利驶向光辉的彼岸！

同志们！中华民族是历经磨难、不屈不挠的伟大民族，中国人民是勤劳勇敢、自强不息的伟大人民，中国共产党是敢于斗争、敢于胜利的伟大政党。历史车轮滚滚向前，时代潮流浩浩荡荡。历史只会眷顾坚定者、奋进者、搏击者，而不会等待犹豫者、懈怠者、畏难者。全党一定要保持艰苦奋斗、戒骄戒躁的作风，以时不我待、只争朝夕的精神，奋力走好新时代的长征路。全党一定要自觉维护党的团结统一，保持党同人民群众的血肉联系，巩固全国各族人民大团结，加强海内外中华儿女大团结，团结一切可以团结的力量，齐心协力走向中华民族伟大复兴的光明前景。

青年兴则国家兴，青年强则国家强。青年一代有理想、有本领、有担当，国家就有前途，民族就有希望。中国梦是历史的、现实的，也是未来的；是我们这一代的，更是青年一代的。中华民族伟大复兴的中国梦终将在一代代青年的接力奋斗中变为现实。全党要关心和爱护青年，为他们实现人生出彩搭建舞台。广大青年要坚定理想信念，志存高远，脚踏实地，勇做时代的弄潮儿，在实现中国梦的生动实践中放飞青春梦想，在为人民利益的不懈奋斗中书写人生华章！

大道之行，天下为公。站立在九百六十多万平方公里的广袤土地上，吸吮着五千多年中华民族漫长奋斗积累的文化养分，拥有十三亿多中国人民聚合的磅礴之力，我们走中国特色社会主义道路，具有无比广阔的时代舞台，具有无比深厚的历史底蕴，具有无比强大的前进定力。全党全国各族人民要紧密团结在党中央周围，高举中国特色社会主义伟大旗帜，锐意进取，埋头苦干，为实现推进现代化建设、完成祖国统一、维护世界和平与促进共同发展三大历史任务，为决胜全面建成小康社会、夺取新时代中国特色社会主义伟大胜利、实现中华民族伟大复兴的中国梦、实现人民对美好生活的向往继续奋斗！

政府工作报告

国务院总理　李克强

2018 年 3 月 5 日，十三届全国人大一次会议于上午 9 点开幕，国务院总理李克强作政府工作报告。

各位代表：

现在，我代表国务院，向大会报告过去五年政府工作，对今年工作提出建议，请予审议，并请全国政协委员提出意见。

一、过去五年工作回顾

第十二届全国人民代表大会第一次会议以来的五年，是我国发展进程中极不平凡的五年。面对极其错综复杂的国内外形势，以习近平同志为核心的党中央团结带领全国各族人民砥砺前行，统筹推进“五位一体”总体布局，协调推进“四个全面”战略布局，改革开放和社会主义现代化建设全面开创新局面。党的十九大确立了习近平新时代中国特色社会主义思想的历史地位，制定了决胜全面建成小康社会、夺取新时代中国特色社会主义伟大胜利的宏伟蓝图和行动纲领，具有重大现实意义和深远历史意义。各地区各部门不断增强政治意识、大局意识、核心意识、看齐意识，深入贯彻落实新发展理念，“十二五”规划胜利完成，“十三五”规划顺利实施，经济社会发展取得历史性成就、发生历史性变革。

五年来，经济实力跃上新台阶。国内生产总值从 54 万亿元增加到 82.7 万亿元，年均增长 7.1%，占世界经济比重从 11.4% 提高到 15% 左右，对世界经济增长贡献率超过 30%。财政收入从 11.7 万亿元增加到 17.3 万亿元。居民消费价格年均上涨 1.9%，保持较低水平。城镇新增就业 6 600 万人以上，13 亿多人口的大国实现了比较充分就业。

五年来，经济结构出现重大变革。消费贡献率由 54.9% 提高到 58.8%，服务业比重从 45.3% 上升到 51.6%，成为经济增长主动力。高技术制造业年均增长 11.7%。粮食生产能力达到 1.2 万亿斤。城镇化率从 52.6% 提高到 58.5%，8 000 多万农业转移人口成为城镇居民。

五年来，创新驱动发展成果丰硕。全社会研发投入年均增长 11%，规模跃居世界第二位。科技进步贡献率由 52.2% 提高到 57.5%。载人航天、深海探测、量子通信、大飞机等重大创新成果不断涌现。高铁网络、电子商务、移动支付、共享经济等引领世界潮流。“互联网 +”广泛融入各行各业。大众创业、万众创新蓬勃发展，日均新设企业由 5 千多户增加到 1 万 6 千多户。快速崛起的新动能，正在重塑经济增长格局、深刻改变生产生活方式，成为中国创新发展的新标志。

五年来，改革开放迈出重大步伐。改革全面发力、多点突破、纵深推进，重要领域和关键环节改革取得突破性进展，主要领域改革主体框架基本确立。简政放权、放管结合、优化服务等改革推动政府职能发生深刻转变，市场活力和社会创造力明显增强。“一带一路”建设成效显著，对外贸易和利用外资结构优化、规模稳居世界前列。

五年来，人民生活持续改善。脱贫攻坚取得决定性进展，贫困人口减少6 800多万，易地扶贫搬迁830万人，贫困发生率由10.2%下降到3.1%。居民收入年均增长7.4%、超过经济增速，形成世界上人口最多的中等收入群体。出境旅游人次由8 300万增加到1亿3千多万。教育事业全面发展。社会养老保险覆盖9亿多人，基本医疗保险覆盖13.5亿人，织就了世界上最大的社会保障网。人均预期寿命达到76.7岁。棚户区住房改造2 600多万套，农村危房改造1 700多万户，上亿人喜迁新居。

五年来，生态环境状况逐步好转。制定实施大气、水、土壤污染防治三个"十条"并取得扎实成效。单位国内生产总值能耗、水耗均下降20%以上，主要污染物排放量持续下降，重点城市重污染天数减少一半，森林面积增加1.63亿亩，沙化土地面积年均缩减近2 000平方公里，绿色发展呈现可喜局面。

刚刚过去的2017年，经济社会发展主要目标任务全面完成并好于预期。国内生产总值增长6.9%，居民收入增长7.3%，增速均比上年有所加快；城镇新增就业1 351万人，失业率为多年来最低；工业增速回升，企业利润增长21%；财政收入增长7.4%，扭转了增速放缓态势；进出口增长14.2%，实际使用外资1 363亿美元、创历史新高。经济发展呈现出增长与质量、结构、效益相得益彰的良好局面。这是五年来一系列重大政策效应累积，各方面不懈努力、久久为功的结果。

过去五年取得的全方位、开创性成就，发生的深层次、根本性变革，再次令世界瞩目，全国各族人民倍感振奋和自豪。

五年来，我们认真贯彻以习近平同志为核心的党中央决策部署，主要做了以下工作。

（一）坚持稳中求进工作总基调，着力创新和完善宏观调控，经济运行保持在合理区间、实现稳中向好。

这些年，世界经济复苏乏力，国际金融市场跌宕起伏，保护主义明显抬头。我国经济发展中结构性问题和深层次矛盾凸显，经济下行压力持续加大，遇到不少两难多难抉择。面对这种局面，我们保持战略定力，坚持不搞"大水漫灌"式强刺激，而是适应把握引领经济发展新常态，统筹稳增长、促改革、调结构、惠民生、防风险，不断创新和完善宏观调控，确立区间调控的思路和方式，加强定向调控、相机调控、精准调控。明确强调只要经济运行在合理区间，就业增加、收入增长、环境改善，就集中精力促改革、调结构、添动力。

采取既利当前更惠长远的举措，着力推进供给侧结构性改革，适度扩大总需求，推动实现更高层次的供需动态平衡。经过艰辛努力，我们顶住了经济下行压力、避免了"硬着陆"，保持了经济中高速增长，促进了结构优化，经济长期向好的基本面不断巩固和发展。

坚持实施积极的财政政策和稳健的货币政策。在财政收支矛盾较大情况下，着眼"放水养鱼"、增强后劲，我国率先大幅减税降费。分步骤全面推开营改增，结束了66年的营业税征收历史，累计减税超过2万亿元，加上采取小微企业税收优惠、清理各种收费等措施，共减轻市场主体负担3万多亿元。加强地方政府债务管理，实施地方政府存量债务置换，降低利息负担1.2万亿元。

调整财政支出结构，盘活沉淀资金，保障基本民生和重点项目。财政赤字率一直控制在

3%以内。货币政策保持稳健中性，广义货币M2增速呈下降趋势，信贷和社会融资规模适度增长。采取定向降准、专项再贷款等差别化政策，加强对重点领域和薄弱环节支持，小微企业贷款增速高于各项贷款平均增速。改革完善汇率市场化形成机制，保持人民币汇率基本稳定，外汇储备转降为升。妥善应对“钱荒”等金融市场异常波动，规范金融市场秩序，防范化解重点领域风险，守住了不发生系统性风险的底线，维护了国家经济金融安全。

（二）坚持以供给侧结构性改革为主线，着力培育壮大新动能，经济结构加快优化升级。紧紧依靠改革破解经济发展和结构失衡难题，大力发展新兴产业，改造提升传统产业，提高供给体系质量和效率。

扎实推进“三去一降一补”。五年来，在淘汰水泥、平板玻璃等落后产能基础上，以钢铁、煤炭等行业为重点加大去产能力度，中央财政安排1 000亿元专项奖补资金予以支持，用于分流职工安置。退出钢铁产能1.7亿吨以上、煤炭产能8亿吨，安置分流职工110多万人。因城施策分类指导，三四线城市商品住宅去库存取得明显成效，热点城市房价涨势得到控制。积极稳妥去杠杆，控制债务规模，增加股权融资，工业企业资产负债率连续下降，宏观杠杆率涨幅明显收窄、总体趋于稳定。多措并举降成本，压减政府性基金项目30%，削减中央政府层面设立的涉企收费项目60%以上，阶段性降低“五险一金”缴费比例，推动降低用能、物流、电信等成本。突出重点加大补短板力度。

加快新旧发展动能接续转换。深入开展“互联网+”行动，实行包容审慎监管，推动大数据、云计算、物联网广泛应用，新兴产业蓬勃发展，传统产业深刻重塑。实施“中国制造2025”，推进工业强基、智能制造、绿色制造等重大工程，先进制造业加快发展。出台现代服务业改革发展举措，服务新业态新模式异军突起，促进了各行业融合升级。深化农业供给侧结构性改革，新型经营主体大批涌现，种植业适度规模经营比重从30%提升到40%以上。采取措施增加中低收入者收入，推动传统消费提档升级、新兴消费快速兴起，网上零售额年均增长30%以上，社会消费品零售总额年均增长11.3%。

优化投资结构，鼓励民间投资，发挥政府投资撬动作用，引导更多资金投向强基础、增后劲、惠民生领域。高速铁路运营里程从9 000多公里增加到2万5千公里、占世界三分之二，高速公路里程从9.6万公里增加到13.6万公里，新建改建农村公路127万公里，新建民航机场46个，开工重大水利工程122项，完成新一轮农村电网改造，建成全球最大的移动宽带网。五年来，发展新动能迅速壮大，经济增长实现由主要依靠投资、出口拉动转向依靠消费、投资、出口协同拉动，由主要依靠第二产业带动转向依靠三次产业共同带动。这是我们多年想实现而没有实现的重大结构性变革。

推进供给侧结构性改革，必须破除要素市场化配置障碍，降低制度性交易成本。针对长期存在的重审批、轻监管、弱服务问题，我们持续深化“放管服”改革，加快转变政府职能，减少微观管理、直接干预，注重加强宏观调控、市场监管和公共服务。五年来，国务院部门行政审批事项削减44%，非行政许可审批彻底终结，中央政府层面核准的企业投资项目减少90%，行政审批中介服务事项压减74%，职业资格许可和认定大幅减少。

中央政府定价项目缩减80%，地方政府定价项目缩减50%以上。全面改革工商登记、注册资本等商事制度，企业开办时间缩短三分之一以上。创新和加强事中事后监管，实行

“双随机、一公开”，随机抽取检查人员和检查对象、及时公开查处结果，提高了监管效能和公正性。推行“互联网 + 政务服务”，实施一站式服务等举措。营商环境持续改善，市场活力明显增强，群众办事更加便利。

（三）坚持创新引领发展，着力激发社会创造力，整体创新能力和效率显著提高。

实施创新驱动发展战略，优化创新生态，形成多主体协同、全方位推进的创新局面。扩大科研机构和高校科研自主权，改进科研项目和经费管理，深化科技成果权益管理改革。推进全面创新改革试验，支持北京、上海建设科技创新中心，新设 14 个国家自主创新示范区，带动形成一批区域创新高地。以企业为主体加强技术创新体系建设，涌现一批具有国际竞争力的创新型企业和新型研发机构。深入开展大众创业、万众创新，实施普惠性支持政策，完善孵化体系。各类市场主体达到 9 800 多万户，五年增加 70% 以上。国内有效发明专利拥有量增加两倍，技术交易额翻了一番。我国科技创新由跟跑为主转向更多领域并跑、领跑，成为全球瞩目的创新创业热土。

（四）坚持全面深化改革，着力破除体制机制弊端，发展动力不断增强。

国企国资改革扎实推进，公司制改革基本完成，兼并重组、压减层级、提质增效取得积极进展。国有企业效益明显好转，去年利润增长 23.5%。深化能源、铁路、盐业等领域改革。放宽非公有制经济市场准入。建立不动产统一登记制度。完善产权保护制度。财税改革取得重大进展，全面推行财政预决算公开，构建以共享税为主的中央和地方收入分配格局，启动中央与地方财政事权和支出责任划分改革，中央对地方一般性转移支付规模大幅增加、专项转移支付项目减少三分之二。

基本放开利率管制，建立存款保险制度，推动大中型商业银行设立普惠金融事业部，深化政策性、开发性金融机构改革，强化金融监管协调机制。稳步推进教育完全改革，完善城乡义务教育均衡发展促进机制，改革考试招生制度。建立统一的城乡居民基本养老、医疗保险制度，实现机关事业单位和企业养老保险制度并轨。出台划转部分国有资本充实社保基金方案。实施医疗、医保、医药联动改革，全面推开公立医院综合改革，取消长期实行的药品加成政策，药品医疗器械审批制度改革取得突破。推进农村承包地“三权”分置改革、确权面积超过 80%，改革重要农产品收储制度。完善主体功能区制度，建立生态文明绩效考评和责任追究制度，推行河长制、湖长制，开展省级以下环保机构垂直管理制度改革试点。各领域改革的深化，推动了经济社会持续健康发展。

（五）坚持对外开放的基本国策，着力实现合作共赢，开放型经济水平显著提升。

倡导和推动共建“一带一路”，发起创办亚投行，设立丝路基金，一批重大互联互通、经贸合作项目落地。设立上海等 11 个自贸试验区，一批改革试点成果向全国推广。改革出口退税负担机制、退税增量全部由中央财政负担，设立 13 个跨境电商综合试验区，国际贸易“单一窗口”覆盖全国，货物通关时间平均缩短一半以上，进出口实现回稳向好。外商投资由审批制转向负面清单管理，限制性措施削减三分之二。外商投资结构优化，高技术产业占比提高一倍。加大引智力度，来华工作的外国专家增加 40%。引导对外投资健康发展。推进国际产能合作，高铁、核电等装备走向世界。新签和升级 8 个自由贸易协定。沪港通、深港通、债券通相继启动，人民币加入国际货币基金组织特别提款权货币篮子，人民币国际化迈出重要步伐。中国开放的扩大,有力促进了自身发展,给世界带来重大机遇。

(六)坚持实施区域协调发展和新型城镇化战略,着力推动平衡发展,新的增长极增长带加快成长。

积极推进京津冀协同发展、长江经济带发展,编制实施相关规划,建设一批重点项目。出台一系列促进西部开发、东北振兴、中部崛起、东部率先发展的改革创新举措。加大对革命老区、民族地区、边疆地区、贫困地区扶持力度,加强援藏援疆援青工作。海洋保护和开发有序推进。实施重点城市群规划,促进大中小城市和小城镇协调发展。绝大多数城市放宽落户限制,居住证制度全面实施,城镇基本公共服务向常住人口覆盖。城乡区域发展协调性显著增强。

(七)坚持以人民为中心的发展思想,着力保障和改善民生,人民群众获得感不断增强。

在财力紧张情况下,持续加大民生投入。全面推进精准扶贫、精准脱贫,健全中央统筹、省负总责、市县抓落实的工作机制,中央财政五年投入专项扶贫资金 2 800 多亿元。实施积极的就业政策,重点群体就业得到较好保障。坚持教育优先发展,财政性教育经费占国内生产总值比例持续超过 4%。改善农村义务教育薄弱学校办学条件,提高乡村教师待遇,营养改善计划惠及 3 600 多万农村学生。启动世界一流大学和一流学科建设。重点高校专项招收农村和贫困地区学生人数由 1 万人增加到 10 万人。加大对各类学校家庭困难学生资助力度,4.3 亿人次受益。劳动年龄人口平均受教育年限提高到 10.5 年。

居民基本医保人均财政补助标准由 240 元提高到 450 元,大病保险制度基本建立、已有 1 700 多万人次受益,异地就医住院费用实现直接结算,分级诊疗和医联体建设加快推进。持续合理提高退休人员基本养老金。提高低保、优抚等标准,完善社会救助制度,近 6 000 万低保人员和特困群众基本生活得到保障。建立困难和重度残疾人"两项补贴"制度,惠及 2 100多万人。实施全面两孩政策。加快发展文化事业,文化产业年均增长 13% 以上。全民健身广泛开展,体育健儿勇创佳绩。

(八)坚持人与自然和谐发展,着力治理环境污染,生态文明建设取得明显成效。

树立绿水青山就是金山银山理念,以前所未有的决心和力度加强生态环境保护。重拳整治大气污染,重点地区细颗粒物(PM2.5)平均浓度下降 30% 以上。加强散煤治理,推进重点行业节能减排,71% 的煤电机组实现超低排放。优化能源结构,煤炭消费比重下降 8.1 个百分点,清洁能源消费比重提高 6.3 个百分点。提高燃油品质,淘汰黄标车和老旧车 2 000 多万辆。加强重点流域海域水污染防治,化肥农药使用量实现零增长。推进重大生态保护和修复工程,扩大退耕还林还草还湿,加强荒漠化、石漠化、水土流失综合治理。开展中央环保督察,严肃查处违法案件。积极推动《巴黎协定》签署生效,我国在应对全球气候变化中发挥了重要作用。

(九)坚持依法全面履行政府职能,着力加强和创新社会治理,社会保持和谐稳定。

提请全国人大常委会制订修订法律 95 部,制订修订行政法规 195 部,修改废止一大批部门规章。省、市、县政府部门制订公布权责清单。开展国务院大督查和专项督查,对积极作为、成效突出的给予表彰和政策激励,对不作为的严肃问责。创新城乡基层治理。完善信访工作制度。扩大法律援助范围。促进安全生产领域改革发展,事故总量和重特大事故数量持续下降。改革完善食品药品监管，强化风险全程管控。加强地震、特大洪灾等防灾减灾救灾工作，健全分级负责、相互协同的应急机制，最大程度降低了灾害损失。加强国家安全。健全社会治安防控体系，依法打击各类违法犯罪，有力维护了公共安全。

贯彻落实党中央全面从严治党部署，加强党风廉政建设和反腐败斗争。深入开展党的群众路线教育实践活动、“三严三实”专题教育、“两学一做”学习教育，认真落实党中央八项规定精神，持之以恒纠正“四风”，严格执行国务院“约法三章”。严控新建政府性楼堂馆所和财政供养人员总量，“三公”经费大幅压减。加强行政监察和审计监督。坚决查处和纠正违法违规行为，严厉惩处腐败分子，反腐败斗争压倒性态势已经形成并巩固发展。

各位代表！

过去五年，民族、宗教、侨务等工作创新推进。支持民族地区加快发展，民族团结进步事业取得长足进展。积极引导宗教与社会主义社会相适应。海外侨胞和归侨侨眷在国家现代化建设中做出了独特贡献。

过去五年，在党中央、中央军委领导下，强军兴军开创新局面。制订新形势下军事战略方针，召开古田全军政治工作会议，深入推进政治建军、改革强军、科技兴军、依法治军，人民军队实现政治生态重塑、组织形态重塑、力量体系重塑、作风形象重塑。有效遂行海上维权、反恐维稳、抢险救灾、国际维和、亚丁湾护航、人道主义救援等重大任务。各方配合基本完成裁减军队员额 30 万任务。军事装备现代化水平显著提升，军民融合深度发展。人民军队面貌焕然一新，在中国特色强军之路上迈出坚实步伐。

过去五年，港澳台工作取得新进展。“一国两制”实践不断丰富和发展，宪法和基本法权威在港澳进一步彰显，内地与港澳交流合作深入推进，港珠澳大桥全线贯通，香港、澳门保持繁荣稳定。坚持一个中国原则和“九二共识”，加强两岸经济文化交流合作，实现两岸领导人历史性会晤。坚决反对和遏制“台独”分裂势力，有力维护了台海和平稳定。

过去五年，中国特色大国外交全面推进。成功举办首届“一带一路”国际合作高峰论坛、亚太经济合作组织领导人非正式会议、二十国集团领导人杭州峰会、金砖国家领导人厦门会晤等重大主场外交。习近平主席等国家领导人出访多国，出席联合国系列峰会、气候变化大会、世界经济论坛、东亚合作领导人系列会议等重大活动，全方位外交布局深入展开。倡导构建人类命运共同体，为全球治理体系变革贡献更多中国智慧。经济外交、人文交流卓有成效。坚定维护国家主权和海洋权益。中国作为负责任大国，在解决国际和地区热点问题上发挥了重要建设性作用，为世界和平与发展做出新的重大贡献。

各位代表！

回顾过去五年，诸多矛盾交织叠加，各种风险挑战接踵而至，国内外很多情况是改革开放以来没有碰到过的，我国改革发展成就实属来之不易。这是以习近平同志为核心的党中央坚强领导的结果，是习近平新时代中国特色社会主义思想科学指引的结果，是全党全军全国各族人民团结奋斗的结果。我代表国务院，向全国各族人民，向各民主党派、各人民团体和各界人士，表示诚挚感谢！向香港特别行政区同胞、澳门特别行政区同胞、台湾同胞和海外侨胞，表示诚挚感谢！向关心和支持中国现代化建设的各国政府、国际组织和各国朋友，表示诚挚感谢！

安不忘危,兴不忘忧。我们清醒认识到,我国仍处于并将长期处于社会主义初级阶段,仍是世界最大发展中国家,发展不平衡不充分的一些突出问题尚未解决。经济增长内生动力还不够足,创新能力还不够强,发展质量和效益不够高,一些企业特别是中小企业经营困难,民间投资增势疲弱,部分地区经济下行压力较大,金融等领域风险隐患不容忽视。脱贫攻坚任务艰巨,农业基础仍然薄弱,城乡区域发展和收入分配差距依然较大。重特大安全生产事故时有发生。在空气质量、环境卫生、食品药品安全和住房、教育、医疗、就业、养老等方面,群众还有不少不满意的地方。政府职能转变还不到位。政府工作存在不足,有些改革举措和政策落实不力,一些干部服务意识和法治意识不强、工作作风不实、担当精神不够,形式主义、官僚主义不同程度存在。群众和企业对办事难、乱收费意见较多。一些领域不正之风和腐败问题仍然多发。我们一定要以对国家和人民高度负责的精神,以不畏艰难的勇气、坚忍不拔的意志,尽心竭力做好工作,使人民政府不负人民重托!

二、2018 年经济社会发展总体要求和政策取向

今年是全面贯彻党的十九大精神的开局之年,是改革开放 40 周年,是决胜全面建成小康社会、实施“十三五”规划承上启下的关键一年。做好政府工作,要在以习近平同志为核心的党中央坚强领导下,以马克思列宁主义、毛泽东思想、邓小平理论、“三个代表”重要思想、科学发展观、习近平新时代中国特色社会主义思想为指导,全面深入贯彻党的十九大和十九届二中、三中全会精神,贯彻党的基本理论、基本路线、基本方略,坚持和加强党的全面领导,坚持稳中求进工作总基调,坚持新发展理念,紧扣我国社会主要矛盾变化,按照高质量发展的要求,统筹推进“五位一体”总体布局和协调推进“四个全面”战略布局,坚持以供给侧结构性改革为主线,统筹推进稳增长、促改革、调结构、惠民生、防风险各项工作,大力推进改革开放,创新和完善宏观调控,推动质量变革、效率变革、动力变革,特别在打好防范化解重大风险、精准脱贫、污染防治的攻坚战方面取得扎实进展,引导和稳定预期,加强和改善民生,促进经济社会持续健康发展。

综合分析国内外形势,我国发展面临的机遇和挑战并存。世界经济有望继续复苏,但不稳定不确定因素很多,主要经济体政策调整及其外溢效应带来变数,保护主义加剧,地缘政治风险上升。我国经济正处在转变发展方式、优化经济结构、转换增长动力的攻关期,还有很多坡要爬、坎要过,需要应对可以预料和难以预料的风险挑战。实践表明,中国的发展成就从来都是在攻坚克难中取得的。当前我国物质技术基础更加雄厚,产业体系完备、市场规模巨大、人力资源丰富、创业创新活跃,综合优势明显,有能力有条件实现更高质量、更有效率、更加公平、更可持续的发展。

今年发展主要预期目标是:国内生产总值增长 6.5% 左右;居民消费价格涨幅 3% 左右;城镇新增就业 1 100 万人以上,城镇调查失业率 5.5% 以内,城镇登记失业率 4.5% 以内;居民收入增长和经济增长基本同步;进出口稳中向好,国际收支基本平衡;单位国内生产总值能耗下降 3% 以上,主要污染物排放量继续下降;供给侧结构性改革取得实质性进展,宏观杠杆率保持基本稳定,各类风险有序有效防控。

上述主要预期目标,考虑了决胜全面建成小康社会需要,符合我国经济已由高速增长阶

段转向高质量发展阶段实际。从经济基本面和就业吸纳能力看,6.5%左右的增速可以实现比较充分的就业。城镇调查失业率涵盖农民工等城镇常住人口,今年首次把这一指标作为预期目标,以更全面反映就业状况,更好体现共享发展要求。

今年要继续创新和完善宏观调控,把握好宏观调控的度,保持宏观政策连续性稳定性,加强财政、货币、产业、区域等政策协调配合。

积极的财政政策取向不变,要聚力增效。今年赤字率拟按2.6%安排,比去年预算低0.4个百分点;财政赤字2.38万亿元,其中中央财政赤字1.55万亿元,地方财政赤字8 300亿元。调低赤字率,主要是我国经济稳中向好、财政增收有基础,也为宏观调控留下更多政策空间。今年全国财政支出21万亿元,支出规模进一步加大。中央对地方一般性转移支付增长10.9%,增强地方特别是中西部地区财力。优化财政支出结构,提高财政支出的公共性、普惠性,加大对三大攻坚战的支持,更多向创新驱动、“三农”、民生等领域倾斜。当前财政状况出现好转,各级政府仍要坚持过紧日子,执守简朴、力戒浮华,严控一般性支出,把宝贵的资金更多用于为发展增添后劲、为民生雪中送炭。

稳健的货币政策保持中性,要松紧适度。管好货币供给总闸门,保持广义货币M2、信贷和社会融资规模合理增长,维护流动性合理稳定,提高直接融资特别是股权融资比重。疏通货币政策传导渠道,用好差别化准备金、差异化信贷等政策,引导资金更多投向小微企业、“三农”和贫困地区,更好服务实体经济。

做好今年工作,要认真贯彻习近平新时代中国特色社会主义经济思想,坚持稳中求进工作总基调,把稳和进作为一个整体来把握,注重以下几点。一是大力推动高质量发展。发展是解决我国一切问题的基础和关键。要着力解决发展不平衡不充分问题,围绕建设现代化经济体系,坚持质量第一、效益优先,促进经济结构优化升级。要尊重经济规律,远近结合,确保经济运行在合理区间,实现经济平稳增长和质量效益提高互促共进。二是加大改革开放力度。改革开放是决定当代中国命运的关键一招,也是实现“两个一百年”奋斗目标的关键一招。在新的历史起点上,思想要再解放,改革要再深化,开放要再扩大。充分发挥人民首创精神,鼓励各地从实际出发,敢闯敢试,敢于碰硬,把改革开放不断向前推进。三是抓好决胜全面建成小康社会三大攻坚战。要分别提出工作思路和具体举措,排出时间表、路线图、优先序,确保风险隐患得到有效控制,确保脱贫攻坚任务全面完成,确保生态环境质量总体改善。我们所做的一切工作,都是为了人民。要坚持以人民为中心的发展思想,从我国基本国情出发,尽力而为、量力而行,把群众最关切最烦心的事一件一件解决好,促进社会公平正义和人的全面发展,使人民生活随着国家发展一年比一年更好。

三、对2018年政府工作的建议

今年经济社会发展任务十分繁重。要紧紧抓住大有可为的历史机遇期,统筹兼顾、突出重点,扎实做好各项工作。

(一)深入推进供给侧结构性改革。坚持把发展经济着力点放在实体经济上,继续抓好“三去一降一补”,大力简政减税减费,不断优化营商环境,进一步激发市场主体活力,提升经济发展质量。

发展壮大新动能。做大做强新兴产业集群,实施大数据发展行动,加强新一代人工智能研发应用,在医疗、养老、教育、文化、体育等多领域推进"互联网+"。发展智能产业,拓展智能生活,建设智慧社会。运用新技术、新业态、新模式,大力改造提升传统产业。加强新兴产业统计。加大网络提速降费力度,实现高速宽带城乡全覆盖,扩大公共场所免费上网范围,明显降低家庭宽带、企业宽带和专线使用费,取消流量"漫游"费,移动网络流量资费年内至少降低30%,让群众和企业切实受益,为数字中国、网络强国建设加油助力。

加快制造强国建设。推动集成电路、第五代移动通信、飞机发动机、新能源汽车、新材料等产业发展,实施重大短板装备专项工程,推进智能制造,发展工业互联网平台,创建"中国制造2025"示范区。大幅压减工业生产许可证,强化产品质量监管。全面开展质量提升行动,推进与国际先进水平对标达标,弘扬劳模精神和工匠精神,建设知识型、技能型、创新型劳动者大军,来一场中国制造的品质革命。

继续破除无效供给。坚持用市场化法治化手段,严格执行环保、质量、安全等法规标准,化解过剩产能、淘汰落后产能。今年再压减钢铁产能3 000万吨左右,退出煤炭产能1.5亿吨左右,淘汰关停不达标的30万千瓦以下煤电机组。加大"僵尸企业"破产清算和重整力度,做好职工安置和债务处置。加快消化粮食库存。减少无效供给要抓出新成效。

深化"放管服"改革。全面实施市场准入负面清单制度。在全国推开"证照分离"改革,重点是照后减证,各类证能减尽减、能合则合,进一步压缩企业开办时间。大幅缩短商标注册周期。工程建设项目审批时间再压减一半。推进企业投资项目承诺制改革试点。全面实施"双随机、一公开"监管,决不允许假冒伪劣滋生蔓延,决不允许执法者吃拿卡要。深入推进"互联网+政务服务",使更多事项在网上办理,必须到现场办的也要力争做到"只进一扇门"、"最多跑一次"。加强政务服务标准化建设。大力推进综合执法机构机制改革,着力解决多头多层重复执法问题。加快政府信息系统互联互通,打通信息孤岛。清理群众和企业办事的各类证明,没有法律法规依据的一律取消。优化营商环境就是解放生产力、提高竞争力,要破障碍、去烦苛、筑坦途,为市场主体添活力,为人民群众增便利。

进一步减轻企业税负。改革完善增值税制度,按照三档并两档方向调整税率水平,重点降低制造业、交通运输等行业税率,提高小规模纳税人年销售额标准。大幅扩展享受减半征收所得税优惠政策的小微企业范围。大幅提高企业新购入仪器设备税前扣除上限。实施企业境外所得综合抵免政策。扩大物流企业仓储用地税收优惠范围。继续实施企业重组土地增值税、契税等到期优惠政策。全年再为企业和个人减税8 000多亿元,促进实体经济转型升级,着力激发市场活力和社会创造力。

大幅降低企业非税负担。进一步清理规范行政事业性收费,调低部分政府性基金征收标准。继续阶段性降低企业"五险一金"缴费比例。降低电网环节收费和输配电价格,一般工商业电价平均降低10%。深化收费公路制度改革,降低过路过桥费用。加大中介服务收费清理整顿力度。全年要为市场主体减轻非税负担3 000多亿元,不合理的坚决取消,过高的坚决降下来,让企业轻装上阵、聚力发展。

(二)加快建设创新型国家。把握世界新一轮科技革命和产业变革大势,深入实施创新驱动发展战略,不断增强经济创新力和竞争力。

加强国家创新体系建设。强化基础研究和应用基础研究，启动一批科技创新重大项目，高标准建设国家实验室。鼓励企业牵头实施重大科技项目，支持科研院所、高校与企业融通创新，加快创新成果转化应用。国家科技投入要向民生领域倾斜，加强雾霾治理、癌症等重大疾病防治攻关，使科技更好造福人民。

落实和完善创新激励政策。改革科技管理制度，科研项目绩效评价要加快从重过程向重结果转变。赋予创新团队和领军人才更大的人财物支配权和技术路线决策权。对承担重大科技攻关任务的科研人员，采取灵活的薪酬制度和奖励措施。探索赋予科研人员科技成果所有权和长期使用权。有悖于激励创新的陈规旧章，要抓紧修改废止；有碍于释放创新活力的繁文缛节，要下决心砍掉。

促进大众创业、万众创新上水平。我国拥有世界上规模最大的人力人才资源，这是创新发展的最大“富矿”。要提供全方位创新创业服务，推进“双创”示范基地建设，鼓励大企业、高校和科研院所开放创新资源，发展平台经济、共享经济，形成线上线下结合、产学研用协同、大中小企业融合的创新创业格局，打造“双创”升级版。设立国家融资担保基金，支持优质创新型企业上市融资，将创业投资、天使投资税收优惠政策试点范围扩大到全国。深化人才发展体制改革，推动人力资源自由有序流动，支持企业提高技术工人待遇，加大高技能人才激励，鼓励海外留学人员回国创新创业，拓宽外国人才来华绿色通道。集众智汇众力，一定能跑出中国创新“加速度”。

（三）深化基础性关键领域改革。以改革开放 40 周年为重要契机，推动改革取得新突破，不断解放和发展社会生产力。

推进国资国企改革。制订出资人监管权责清单。深化国有资本投资、运营公司等改革试点，赋予更多自主权。继续推进国有企业优化重组和央企股份制改革，加快形成有效制衡的法人治理结构和灵活高效的市场化经营机制，持续瘦身健体，提升主业核心竞争力，推动国有资本做强做优做大。稳妥推进混合所有制改革。落实向全国人大常委会报告国有资产管理情况的制度。国有企业要通过改革创新，走在高质量发展前列。

支持民营企业发展。坚持“两个毫不动摇”，坚持权利平等、机会平等、规则平等，全面落实支持非公有制经济发展的政策措施，认真解决民营企业反映的突出问题，坚决破除各种隐性壁垒。构建亲清新型政商关系，健全企业家参与涉企政策制订机制。激发和保护企业家精神，增强企业家信心，让民营企业在市场经济浪潮中尽显身手。

完善产权制度和要素市场化配置机制。产权制度是社会主义市场经济的基石。要以保护产权、维护契约、统一市场、平等交换、公平竞争为基本导向，完善相关法律法规。对各种侵权行为要依法严肃处理，对产权纠纷案件要依法甄别纠正。强化知识产权保护，实行侵权惩罚性赔偿制度。加快技术、土地等要素价格市场化改革，深化资源类产品和公共服务价格改革，打破行政垄断，防止市场垄断。要用有力的产权保护、顺畅的要素流动，让市场活力和社会创造力竞相迸发。

深化财税体制改革。推进中央与地方财政事权和支出责任划分改革，抓紧制定收入划分改革方案，完善转移支付制度。健全地方税体系，稳妥推进房地产税立法。改革个人所得税。全面实施绩效管理，使财政资金花得其所、用得安全。

加快金融体制改革。改革完善金融服务体系，支持金融机构扩展普惠金融业务，规范发展地方性中小金融机构，着力解决小微企业融资难、融资贵问题。深化多层次资本市场改革，推动债券、期货市场发展。拓展保险市场的风险保障功能。深化利率汇率市场化改革，保持人民币汇率在合理均衡水平上的基本稳定。

推进社会体制改革。深化养老保险制度改革，建立企业职工基本养老保险基金中央调剂制度。深化公立医院综合改革，协调推进医疗价格、人事薪酬、药品流通、医保支付改革，提高医疗卫生服务质量，下大力气解决群众看病就医难题。深入推进教育、文化、体育等改革，充分释放社会领域巨大发展潜力。

健全生态文明体制。改革完善生态环境管理制度，加强自然生态空间用途管制，推行生态环境损害赔偿制度，完善生态补偿机制，以更加有效的制度保护生态环境。

（四）坚决打好三大攻坚战。要围绕完成年度攻坚任务，明确各方责任，强化政策保障，把各项工作做实做好。

推动重大风险防范化解取得明显进展。当前我国经济金融风险总体可控，要标本兼治，有效消除风险隐患。严厉打击非法集资、金融诈骗等违法犯罪活动。加快市场化法治化债转股和企业兼并重组。加强金融机构风险内控。强化金融监管统筹协调，健全对影子银行、互联网金融、金融控股公司等监管，进一步完善金融监管、提升监管效能。防范化解地方政府债务风险。严禁各类违法违规举债、担保等行为。省级政府对本辖区债务负总责，省级以下地方政府各负其责，积极稳妥处置存量债务。健全规范的地方政府举债融资机制。今年安排地方专项债券1.35万亿元，比去年增加5 500亿元，优先支持在建项目平稳建设，合理扩大专项债券使用范围。我国经济基本面好，政策工具多，完全能够守住不发生系统性风险的底线。

加大精准脱贫力度。今年再减少农村贫困人口1 000万以上，完成易地扶贫搬迁280万人。深入推进产业、教育、健康、生态扶贫，补齐基础设施和公共服务短板，加强东西部扶贫协作和对口支援，注重扶贫同扶志、扶智相结合，激发脱贫内生动力。强化对深度贫困地区支持，中央财政新增扶贫投入及有关转移支付向深度贫困地区倾斜。对老年人、残疾人、重病患者等特定贫困人口，因户因人落实保障措施。攻坚期内脱贫不脱政策，新产生的贫困人口和返贫人口要及时纳入帮扶。加强扶贫资金整合和绩效管理。开展扶贫领域腐败和作风问题专项治理，改进考核监督方式。坚持现行脱贫标准，确保进度和质量，让脱贫得到群众认可、经得起历史检验。

推进污染防治取得更大成效。巩固蓝天保卫战成果，今年二氧化硫、氮氧化物排放量要下降3%，重点地区细颗粒物（PM2.5）浓度继续下降。推动钢铁等行业超低排放改造。提高污染排放标准，实行限期达标。大力发展清洁能源。开展柴油货车、船舶超标排放专项治理，继续淘汰老旧车。深入推进水、土壤污染防治，今年化学需氧量、氨氮排放量要下降2%。实施重点流域和海域综合治理，全面整治黑臭水体。加大污水处理设施建设力度，完善收费政策。加强固体废弃物和垃圾分类处置，严禁“洋垃圾”入境。加强生态系统保护和修复，全面划定生态保护红线，完成造林1亿亩以上，耕地轮作休耕试点面积增加到3 000万亩，扩大湿地保护和恢复范围，深化国家公园体制改革试点。严控填海造地。严格环境执法。我们要携手行动，建设天蓝、地绿、水清的美丽中国。

（五）大力实施乡村振兴战略。科学制订规划，健全城乡融合发展体制机制，依靠改革创新壮大乡村发展新动能。

推进农业供给侧结构性改革。促进农林牧渔业和种业创新发展，加快建设现代农业产业园和特色农产品优势区。坚持提质导向，稳定和优化粮食生产。加快消化粮食为库存。发展农产品加工业，新增高标准农田 8 000 万亩以上、高效节水灌溉面积 2 000 万亩。培育新型经营主体，提高农业科技水平，推进农业机械化全程全面发展，加强面向小农户的社会化服务。鼓励支持返乡农民工、大中专毕业生、科技人员、退役军人和工商企业等从事现代农业建设、发展农村新业态新模式。深入推进“互联网 + 农业”，多渠道增加农民收入，促进农村一二三产业融合发展。

全面深化农村改革。落实第二轮土地承包到期后再延长 30 年的政策。探索宅基地所有权、资格权、使用权分置改革。改进耕地占补平衡管理办法，建立新增耕地指标、城乡建设用地增减挂钩节余指标跨省域调剂机制，所得收益全部用于脱贫攻坚和支持乡村振兴。深化粮食收储、集体产权、集体林权、国有林区林场、农垦、供销社等改革，使农业农村充满生机活力。

推动农村各项事业全面发展。完善农村医疗、教育、文化等公共服务。改善供水、供电、信息等基础设施，新建改建农村公路 20 万公里。稳步开展农村人居环境整治三年行动，推进“厕所革命”。促进农村移风易俗。健全自治、法治、德治相结合的乡村治理体系。我们要坚持走中国特色社会主义乡村振兴道路，加快实现农业农村现代化。

（六）扎实推进区域协调发展战略。完善区域发展政策，推进基本公共服务均等化，逐步缩小城乡区域发展差距，把各地比较优势和潜力充分发挥出来。

塑造区域发展新格局。加强对革命老区、民族地区、边疆地区、贫困地区改革发展的支持。以疏解北京非首都功能为重点推进京津冀协同发展，高起点规划、高标准建设雄安新区。以生态优先、绿色发展为引领推进长江经济带发展。出台实施粤港澳大湾区发展规划纲要，全面推进内地同香港、澳门互利合作。制定西部大开发新的指导意见，落实东北等老工业基地振兴举措，继续推动中部地区崛起，支持东部地区率先发展。加强对资源型地区经济转型发展的支持。壮大海洋经济，坚决维护国家海洋权益。

提高新型城镇化质量。今年再进城落户 1 300 万人，加快农业转移人口市民化。完善城镇规划，优先发展公共交通，健全菜市场、停车场等便民服务设施，加快无障碍设施建设。有序推进“城中村”、老旧小区改造，完善配套设施，鼓励有条件的加装电梯。加强排涝管网、地下综合管廊、海绵城市等建设。新型城镇化的核心在人，要加强精细化服务、人性化管理，使人人都有公平发展机会，让居民生活得方便、舒心。

（七）积极扩大消费和促进有效投资。顺应居民需求新变化扩大消费，着眼调结构增加投资，形成供给结构优化和总需求适度扩大的良性循环。

增强消费对经济发展的基础性作用。推进消费升级，发展消费新业态新模式。将新能源汽车车辆购置税优惠政策再延长三年，全面取消二手车限迁政策。支持社会力量增加医疗、养老、教育、文化、体育等服务供给。创建全域旅游示范区，降低重点国有景区门票价格。

推动网购、快递健康发展。对各类侵害消费者权益的行为，要依法惩处、决不姑息。

发挥投资对优化供给结构的关键性作用。今年要完成铁路投资 7 320 亿元、公路水运投资 1.8 万亿元左右，水利在建投资规模达到 1 万亿元。重大基础设施建设继续向中西部地区倾斜。实施新一轮重大技术改造升级工程。中央预算内投资安排 5 376 亿元，比去年增加 300 亿元。落实鼓励民间投资政策措施，在铁路、民航、油气、电信等领域推出一批有吸引力的项目，务必使民间资本进得来、能发展。

（八）推动形成全面开放新格局。进一步拓展开放范围和层次，完善开放结构布局和体制机制，以高水平开放推动高质量发展。

推进"一带一路"国际合作。坚持共商共建共享，落实"一带一路"国际合作高峰论坛成果。推动国际大通道建设，深化沿线大通关合作。扩大国际产能合作，带动中国制造和中国服务走出去。优化对外投资结构。加大西部、内陆和沿边开放力度，提高边境跨境经济合作区发展水平，拓展经济合作新空间。

促进外商投资稳定增长。加强与国际通行经贸规则对接，建设国际一流营商环境。全面放开一般制造业，扩大电信、医疗、教育、养老、新能源汽车等领域开放。有序开放银行卡清算等市场，放开外资保险经纪公司经营范围限制，放宽或取消银行、证券、基金管理、期货、金融资产管理公司等外资股比限制，统一中外资银行市场准入标准。实施境外投资者境内利润再投资递延纳税。简化外资企业设立程序，商务备案与工商登记"一口办理"。全面复制推广自贸区经验，探索建设自由贸易港，打造改革开放新高地。

巩固外贸稳中向好势头。扩大出口信用保险覆盖面，整体通关时间再压缩三分之一。改革服务贸易发展机制。培育贸易新业态新模式。推动加工贸易向中西部梯度转移。积极扩大进口，办好首届中国国际进口博览会，下调汽车、部分日用消费品等进口关税。我们要以更大力度的市场开放，促进产业升级和贸易平衡发展，为消费者提供更多选择。

促进贸易和投资自由化便利化。中国坚定不移推进经济全球化，维护自由贸易，愿同有关方推动多边贸易谈判进程，早日结束区域全面经济伙伴关系协定谈判，加快亚太自贸区和东亚经济共同体建设。中国主张通过平等协商解决贸易争端，反对贸易保护主义，坚决捍卫自身合法权益。

（九）提高保障和改善民生水平。要在发展基础上多办利民实事、多解民生难事，兜牢民生底线，不断提升人民群众的获得感、幸福感、安全感。

着力促进就业创业。加强全方位公共就业服务，大规模开展职业技能培训，运用"互联网+"发展新就业形态。今年高校毕业生 820 多万人，再创历史新高，要促进多渠道就业，支持以创业带动就业。扎实做好退役军人安置、管理和保障工作。加大对残疾人等就业困难人员援助力度。扩大农民工就业，全面治理拖欠工资问题。要健全劳动关系协商机制，消除性别和身份歧视，使更加公平、更加充分的就业成为我国发展的突出亮点。

稳步提高居民收入水平。继续提高退休人员基本养老金和城乡居民基础养老金。合理调整社会最低工资标准。完善机关事业单位工资和津补贴制度，向艰苦地区、特殊岗位倾斜。提高个人所得税起征点，增加子女教育、大病医疗等专项费用扣除，合理减负，鼓励人民群众通过劳动增加收入、迈向富裕。

发展公平而有质量的教育。推动城乡义务教育一体化发展，教育投入继续向困难地区和薄弱环节倾斜。切实降低农村学生辍学率，抓紧消除城镇“大班额”，着力解决中小学生课外负担重问题。儿童是民族的未来、家庭的希望。要多渠道增加学前教育资源供给，重视对幼儿教师的关心和培养，运用互联网等信息化手段对儿童托育中育儿过程加强监管，一定要让家长放心安心。大力发展职业教育，支持和规范社会力量举办职业教育。推进普及高中阶段教育。以经济社会发展需要为导向，优化高等教育结构，加快“双一流”建设，支持中西部建设有特色、高水平大学。继续实施农村和贫困地区专项招生计划。发展民族教育、特殊教育、继续教育和网络教育。加强师资队伍和师德师风建设。要加快推进教育现代化，办好人民满意的教育，让每个人都有平等机会通过教育改变自身命运、成就人生梦想。

实施健康中国战略。提高基本医保和大病保险保障水平，居民基本医保人均财政补助标准再增加 40 元，一半用于大病保险。扩大跨省异地就医直接结算范围，把基层医院和外出农民工、外来就业创业人员等全部纳入。加大医护人员培养力度，加强全科医生、儿科医生队伍建设，推进分级诊疗和家庭医生签约服务。继续提高基本公共卫生服务经费人均财政补助标准。坚持预防为主，加强重大疾病防控。改善妇幼保健服务。支持中医药事业传承发展。鼓励中西医结合。创新食品药品监管方式，注重用互联网、大数据等提升监管效能，加快实现全程留痕、信息可追溯，让问题产品无处藏身、不法制售者难逃法网，让消费者买得放心、吃得安全。做好北京冬奥会、冬残奥会筹办工作，多渠道增加全民健身场所和设施。人民群众身心健康、向善向上，国家必将生机勃勃、走向繁荣富强。

更好解决群众住房问题。启动新的三年棚改攻坚计划，今年开工 580 万套。加大公租房保障力度，对低收入住房困难家庭要应保尽保，将符合条件的新就业无房职工、外来务工人员纳入保障范围。坚持房子是用来住的、不是用来炒的定位，落实地方主体责任，继续实行差别化调控，建立健全长效机制，促进房地产市场平稳健康发展。支持居民自住购房需求，培育住房租赁市场，发展共有产权住房。加快建立多主体供给、多渠道保障、租购并举的住房制度，让广大人民群众早日实现安居宜居。

强化民生兜底保障。稳步提高城乡低保、社会救助、抚恤优待等标准。积极应对人口老龄化，发展居家、社区和互助式养老，推进医养结合，提高养老院服务质量。关心帮助农村留守儿童。加强城乡困境儿童保障。做好伤残军人和军烈属优抚工作。加强残疾人康复服务。健全社会救助体系，支持公益慈善事业发展。倾情倾力做好托底工作，不因事难而推诿，不因善小而不为，要让每一个身处困境者都能得到社会的关爱和温暖。

打造共建共治共享社会治理格局。完善基层群众自治制度，加强社区治理。发挥好工会、共青团、妇联等群团组织作用。促进社会组织、专业社会工作、志愿服务健康发展。加强社会信用体系建设。完善公共法律服务体系，落实普法责任制。营造尊重妇女、关爱儿童、尊敬老人、爱护残疾人的良好风尚。完善社会矛盾纠纷多元化解机制。创新信访工作方式，依法及时解决群众合理诉求。严格落实安全生产责任，坚决遏制重特大事故。做好地震、气象、地质等工作，提高防灾减灾救灾能力。推进平安中国建设，严密防范和坚决打击暴力恐怖活动，依法开展扫黑除恶专项斗争，惩治盗抢骗黄赌毒等违法犯罪活动，整治电信网络诈骗、侵犯公民个人信息、网络传销等突出问题，维护国家安全和公共安全。

为人民过上美好生活提供丰富精神食粮。要弘扬中华优秀传统文化，继承革命文化，发展社会主义先进文化，培育和践行社会主义核心价值观。加强思想道德建设和群众性精神文明创建。加快构建中国特色哲学社会科学，繁荣文艺创作，发展新闻出版、广播影视、档案等事业。加强文物保护利用和文化遗产保护传承。建好新型智库。加强互联网内容建设。深入实施文化惠民工程，培育新型文化业态，加快文化产业发展。倡导全民阅读，建设学习型社会。深化中外人文交流，增强中华文化影响力。我们要以中国特色社会主义文化的繁荣兴盛，凝聚起实现民族复兴的磅礴精神力量。

各位代表！

进入新时代，政府工作在新的一年要有新气象新作为。要牢固树立“四个意识”，坚定“四个自信”，坚决维护习近平总书记核心地位，坚决维护党中央权威和集中统一领导，落实全面从严治党要求，加强政府自身建设，深入推进政府职能转变，为人民提供优质高效服务。

全面推进依宪施政、依法行政。严格遵守宪法法律，加快建设法治政府，把政府活动全面纳入法治轨道。坚持严格规范公正文明执法，有权不可任性，用权必受监督。各级政府要依法接受同级人大及其常委会的监督，自觉接受人民政协的民主监督，主动接受社会和舆论监督，认真听取人大代表、政协委员意见，听取民主党派、工商联、无党派人士和各人民团体意见。政府要信守承诺，决不能“新官不理旧账”。全面推进政务公开。推行政府法律顾问制度。坚持科学、民主、依法决策，凡涉及公众利益的重大事项，都要深入听取各方意见包括批评意见。人民政府的所有工作都要体现人民意愿，干得好不好要看实际效果、最终由人民来评判。

全面加强党风廉政建设。推进“两学一做”学习教育常态化制度化，认真开展“不忘初心、牢记使命”主题教育。坚决贯彻落实党中央八项规定及实施细则精神，驰而不息整治“四风”，特别是力戒形式主义、官僚主义。加强审计监督。巩固发展反腐败斗争压倒性态势，把权力关进制度的笼子，坚决惩治各类腐败行为。政府工作人员要廉洁修身，勤勉尽责，自觉接受法律监督、监察监督和人民的监督，干干净净为人民做事，决不辜负人民公仆的称号。

全面提高政府效能。优化政府机构设置和职能配置，深化机构改革，形成职责明确、依法行政的政府治理体系，增强政府公信力和执行力。中国改革发展的一切成就，都是干出来的。对各级政府及其工作人员来说，为人民干事是天职、不干是失职。要完善激励约束、容错纠错机制，旗帜鲜明给积极干事者撑腰鼓劲，对庸政懒政者严肃问责。决不能表态多调门高、行动少落实差，决不允许占着位子不干事。广大干部要提高政治素质和工作本领，求真务实，干字当头，干出实打实的新业绩，干出群众的好口碑，干出千帆竞发、百舸争流的生动局面。

各位代表！

中华民族是一个和睦相处、团结温暖的大家庭。我们要坚持和完善民族区域自治制度，全面贯彻党的民族政策。继续加强对民族地区、人口较少民族发展的支持。组织好广西壮族自治区、宁夏回族自治区成立60周年庆祝活动。加强各民族交往交流交融，让中华民族共同体的根基更加坚实、纽带更加牢固。

我们要全面贯彻党的宗教工作基本方针，坚持我国宗教的中国化方向，促进宗教关系健康和谐，发挥宗教界人士和信教群众在促进经济社会发展中的积极作用。

我们要认真落实侨务政策，维护海外侨胞和归侨侨眷合法权益，为他们在国家现代化建设中发挥独特优势和重要作用创造更好条件，激励海内外中华儿女同心奋斗、共创辉煌。

各位代表！

面对国家安全环境的深刻变化，我们要以党在新时代的强军目标为引领，牢固确立习近平强军思想在国防和军队建设中的指导地位，坚定不移走中国特色强军之路，全面推进练兵备战工作，坚决有力维护国家主权、安全、发展利益。坚持党对军队绝对领导的根本原则和制度，全面深入贯彻军委主席负责制。继续推进国防和军队改革，建设强大稳固的现代边海空防。完善国防动员体系，加强全民国防教育。维护军人军属合法权益，让军人成为全社会尊崇的职业。深入实施军民融合发展战略，深化国防科技工业改革。各级政府要采取更有力的举措，支持国防和军队建设改革，深入开展拥军优属、拥政爱民活动，使军政军民团结始终坚如磐石、始终根深叶茂。

各位代表！

我们要继续全面准确贯彻"一国两制"方针，严格依照宪法和基本法办事。全力支持香港、澳门特别行政区政府和行政长官依法施政，大力发展经济、持续改善民生、有序推进民主、促进社会和谐。支持香港、澳门融入国家发展大局，深化内地与港澳地区交流合作。我们坚信，香港、澳门一定能与祖国内地同发展、共繁荣。

我们要继续贯彻对台工作大政方针，坚持一个中国原则，在"九二共识"基础上推动两岸关系和平发展，推进祖国和平统一进程。坚决维护国家主权和领土完整，绝不容忍任何"台独"分裂图谋和行径。扩大两岸经济文化交流合作，逐步为台湾同胞在大陆学习、创业、就业、生活提供与大陆同胞同等待遇。两岸同根，骨肉相亲。两岸同胞顺应历史大势、共担民族大义，必将共创中华民族伟大复兴的美好未来！

各位代表！

中国与世界各国发展紧密相连、命运休戚与共。我们将始终不渝走和平发展道路，推动构建新型国际关系。积极参与改革完善全球治理，致力于建设开放型世界经济。推进大国协调合作，深化同周边国家睦邻友好和共同发展，加强同发展中国家团结合作。办好博鳌亚洲论坛年会、上海合作组织峰会、中非合作论坛峰会等主场外交。继续为解决国际和地区热点问题发挥负责任大国作用。完善海外利益安全保障体系。中国愿与各国一道，为推动构建人类命运共同体不懈努力！

各位代表！

团结凝聚力量，实干创造未来。我们要更加紧密地团结在以习近平同志为核心的党中央周围，高举中国特色社会主义伟大旗帜，以习近平新时代中国特色社会主义思想为指导，锐意进取，扎实工作，促进经济社会持续健康发展，为决胜全面建成小康社会、夺取新时代中国特色社会主义伟大胜利，为把我国建设成为富强民主文明和谐美丽的社会主义现代化强国、实现中华民族伟大复兴的中国梦做出新的贡献！

境外投资管理办法

第一章 总 则

第一条 为了促进和规范境外投资，提高境外投资便利化水平，根据《国务院关于投资体制改革的决定》《国务院对确需保留的行政审批项目设定行政许可的决定》及相关法律规定，制订本办法。

第二条 本办法所称境外投资，是指在中华人民共和国境内依法设立的企业（以下简称企业）通过新设、并购及其他方式在境外拥有非金融企业或取得既有非金融企业所有权、控制权、经营管理权及其他权益的行为。

第三条 企业开展境外投资，依法自主决策、自负盈亏。

第四条 企业境外投资不得有以下情形：

（一）危害中华人民共和国国家主权、安全和社会公共利益，或违反中华人民共和国法律法规；

（二）损害中华人民共和国与有关国家（地区）关系；

（三）违反中华人民共和国缔结或者参加的国际条约、协定；

（四）出口中华人民共和国禁止出口的产品和技术。

第五条 商务部和各省、自治区、直辖市、计划单列市及新疆生产建设兵团商务主管部门（以下称省级商务主管部门）负责对境外投资实施管理和监督。

第二章 备案和核准

第六条 商务部和省级商务主管部门按照企业境外投资的不同情形，分别实行备案和核准管理。

企业境外投资涉及敏感国家和地区、敏感行业的，实行核准管理。

企业其他情形的境外投资，实行备案管理。

第七条 实行核准管理的国家是指与中华人民共和国未建交的国家、受联合国制裁的国家。必要时，商务部可另行公布其他实行核准管理的国家和地区的名单。

实行核准管理的行业是指涉及出口中华人民共和国限制出口的产品和技术的行业、影响一国（地区）以上利益的行业。

第八条 商务部和省级商务主管部门应当依法办理备案和核准，提高办事效率，提供优质服务。

商务部和省级商务主管部门通过“境外投资管理系统”（以下简称“管理系统”）对企业境外投资进行管理，并向获得备案或核准的企业颁发《企业境外投资证书》（以下简称《证书》）。《证书》由商务部和省级商务主管部门分别印制并盖章，实行统一编码管理。

《证书》是企业境外投资获得备案或核准的凭证,按照境外投资最终目的地颁发。

第九条　对属于备案情形的境外投资,中央企业报商务部备案;地方企业报所在地省级商务主管部门备案。

中央企业和地方企业通过“管理系统”按要求填写并打印《境外投资备案表》(以下简称《备案表》),加盖印章后,连同企业营业执照复印件分别报商务部或省级商务主管部门备案。

《备案表》填写如实、完整、符合法定形式,且企业在《备案表》中声明其境外投资无本办法第四条所列情形的,商务部或省级商务主管部门应当自收到《备案表》之日起 3 个工作日内予以备案并颁发《证书》。企业不如实、完整填报《备案表》的,商务部或省级商务主管部门不予备案。

第十条　对属于核准情形的境外投资,中央企业向商务部提出申请,地方企业通过所在地省级商务主管部门向商务部提出申请。

企业申请境外投资核准需提交以下材料:

(一)申请书,主要包括投资主体情况、境外企业名称、股权结构、投资金额、经营范围、经营期限、投资资金来源、投资具体内容等;

(二)《境外投资申请表》,企业应当通过“管理系统”按要求填写打印,并加盖印章;

(三)境外投资相关合同或协议;

(四)有关部门对境外投资所涉的属于中华人民共和国限制出口的产品或技术准予出口的材料;

(五)企业营业执照复印件。

第十一条　核准境外投资应当征求我驻外使(领)馆(经商处室)意见。涉及中央企业的,由商务部征求意见;涉及地方企业的,由省级商务主管部门征求意见。征求意见时,商务部和省级商务主管部门应当提供投资事项基本情况等相关信息。驻外使(领)馆(经商处室)应当自接到征求意见要求之日起 7 个工作日内回复。

第十二条　商务部应当在受理中央企业核准申请后 20 个工作日内(包含征求驻外使(领)馆(经商处室)意见的时间)作出是否予以核准的决定。申请材料不齐全或者不符合法定形式的,商务部应当在 3 个工作日内一次告知申请企业需要补正的全部内容。逾期不告知的,自收到申请材料之日起即为受理。中央企业按照商务部的要求提交全部补正申请材料的,商务部应当受理该申请。

省级商务主管部门应当在受理地方企业核准申请后对申请是否涉及本办法第四条所列情形进行初步审查,并在 15 个工作日内(包含征求驻外使(领)馆(经商处室)意见的时间)将初步审查意见和全部申请材料报送商务部。申请材料不齐全或者不符合法定形式的,省级商务主管部门应当在 3 个工作日内一次告知申请企业需要补正的全部内容。逾期不告知的,自收到申请材料之日起即为受理。地方企业按照省级商务主管部门的要求提交全部补正申请材料的,省级商务主管部门应当受理该申请。商务部收到省级商务主管部门的初步审查意见后,应当在 15 个工作日内做出是否予以核准的决定。

第十三条 对予以核准的境外投资,商务部出具书面核准决定并颁发《证书》;因存在本办法第四条所列情形而不予核准的,应当书面通知申请企业并说明理由,告知其享有依法申请行政复议或者提起行政诉讼的权利。企业提供虚假材料申请核准的,商务部不予核准。

第十四条 两个以上企业共同开展境外投资的,应当由相对大股东在征求其他投资方书面同意后办理备案或申请核准。如果各方持股比例相等,应当协商后由一方办理备案或申请核准。如投资方不属同一行政区域,负责办理备案或核准的商务部或省级商务主管部门应当将备案或核准结果告知其他投资方所在地商务主管部门。

第十五条 企业境外投资经备案或核准后,原《证书》载明的境外投资事项发生变更的,企业应当按照本章程序向原备案或核准的商务部或省级商务主管部门办理变更手续。

第十六条 自领取《证书》之日起2年内,企业未在境外开展投资的,《证书》自动失效。如需再开展境外投资,应当按照本章程序重新办理备案或申请核准。

第十七条 企业终止已备案或核准的境外投资,应当在依投资目的地法律办理注销等手续后,向原备案或核准的商务部或省级商务主管部门报告。原备案或核准的商务部或省级商务主管部门根据报告出具注销确认函。

终止是指原经备案或核准的境外企业不再存续或企业不再拥有原经备案或核准的境外企业的股权等任何权益。

第十八条 《证书》不得伪造、涂改、出租、出借或以任何其他形式转让。已变更、失效或注销的《证书》应当交回原备案或核准的商务部或省级商务主管部门。

第三章 规范和服务

第十九条 企业应当客观评估自身条件、能力,深入研究投资目的地投资环境,积极稳妥开展境外投资,注意防范风险。境内外法律法规和规章对资格资质有要求的,企业应当取得相关证明文件。

第二十条 企业应当要求其投资的境外企业遵守投资目的地法律法规、尊重当地风俗习惯,履行社会责任,做好环境、劳工保护、企业文化建设等工作,促进与当地的融合。

第二十一条 企业对其投资的境外企业的冠名应当符合境内外法律法规和政策规定。未按国家有关规定获得批准的企业,其境外企业名称不得使用"中国""中华"等字样。

第二十二条 企业应当落实人员和财产安全防范措施,建立突发事件预警机制和应急预案。在境外发生突发事件时,企业应当在驻外使(领)馆和国内有关主管部门的指导下,及时、妥善处理。

企业应当做好外派人员的选审、行前安全、纪律教育和应急培训工作,加强对外派人员的管理,依法办理当地合法居留和工作许可。

第二十三条 企业应当要求其投资的境外企业中方负责人当面或以信函、传真、电子邮件等方式及时向驻外使(领)馆(经商处室)报到登记。

第二十四条　企业应当向原备案或核准的商务部或省级商务主管部门报告境外投资业务情况、统计资料,以及与境外投资相关的困难、问题,并确保报送情况和数据真实准确。

第二十五条　企业投资的境外企业开展境外再投资,在完成境外法律手续后,企业应当向商务主管部门报告。涉及中央企业的,中央企业通过“管理系统”填报相关信息,打印《境外中资企业再投资报告表》(以下简称《再投资报告表》)并加盖印章后报商务部;涉及地方企业的,地方企业通过“管理系统”填报相关信息,打印《再投资报告表》并加盖印章后报省级商务主管部门。

第二十六条　商务部负责对省级商务主管部门的境外投资管理情况进行检查和指导。省级商务主管部门应当每半年向商务部报告本行政区域内境外投资的情况。

第二十七条　商务部会同有关部门为企业境外投资提供权益保障、投资促进、风险预警等服务。

商务部发布《对外投资合作国别(地区)指南》、国别产业指引等文件,帮助企业了解投资目的地投资环境;加强对企业境外投资的指导和规范,会同有关部门发布环境保护等指引,督促企业在境外合法合规经营;建立对外投资与合作信息服务系统,为企业开展境外投资提供数据统计、投资机会、投资障碍、风险预警等信息。

第四章　法律责任

第二十八条　企业以提供虚假材料等不正当手段办理备案并取得《证书》的,商务部或省级商务主管部门撤销该企业境外投资备案,给予警告,并依法公布处罚决定。

第二十九条　企业提供虚假材料申请核准的,商务部给予警告,并依法公布处罚决定。该企业在一年内不得再次申请该项核准。

企业以欺骗、贿赂等不正当手段获得境外投资核准的,商务部撤销该企业境外投资核准,给予警告,并依法公布处罚决定。该企业在三年内不得再次申请该项核准;构成犯罪的,依法追究刑事责任。

第三十条　企业开展境外投资过程中出现本办法第四条所列情形的,应当承担相应的法律责任。

第三十一条　企业伪造、涂改、出租、出借或以任何其他形式转让《证书》的,商务部或省级商务主管部门给予警告;构成犯罪的,依法追究刑事责任。

第三十二条　境外投资出现第二十八至三十一条规定的情形以及违反本办法其他规定的企业,三年内不得享受国家有关政策支持。

第三十三条　商务部和省级商务主管部门有关工作人员不依照本办法规定履行职责、滥用职权、索取或者收受他人财物或者谋取其他利益,构成犯罪的,依法追究刑事责任;尚不构成犯罪的,依法给予行政处分。

第五章　附　则

第三十四条　省级商务主管部门可依照本办法制订相应的工作细则。

第三十五条　本办法所称中央企业系指国务院国有资产监督管理委员会履行出资人职责的企业及其所属企业、中央管理的其他单位。

第三十六条　事业单位法人开展境外投资、企业在境外设立分支机构参照本办法执行。

第三十七条　企业赴香港、澳门、台湾地区投资参照本办法执行。

第三十八条　本办法由商务部负责解释。

第三十九条　本办法自2014年10月6日起施行。商务部2009年发布的《境外投资管理办法》(商务部令2009年第5号)同时废止。

2018两会修改宪法内容

3月4日,在十三届全国人大一次会议首场新闻发布会上,大会新闻发言人张业遂表示,此次修改宪法,将坚持对宪法做部分修改、不做大改的原则,做到既顺应党和人民事业发展要求,又遵循宪法法律的发展规律,确保宪法的延续性、稳定性和权威性。

宪法是国家的根本法,是治国安邦的总章程,是党和人民意志的集中体现。宪法只有不断适应新形势,吸纳新经验,确认新成果,制订新规范,才能拥有持久生命力。1982年宪法实施后,我国分别于1988年、1993年、1999年、2004年进行了4次修改。2004年宪法修改以来,党和国家事业又有了许多重要的发展变化,特别是党的十八大以来,在以习近平同志为核心的党中央领导下,党和国家事业取得历史性成就,发生历史性变革,党的十九大对新时代坚持和发展中国特色社会主义做出重大战略部署,确定了新的奋斗目标。

修改宪法是国家政治生活中的一件大事,是事关全局的重大立法活动。这次修改宪法的原则是:一是坚持党的领导,坚持中国特色社会主义法治道路,坚持正确的政治方向;二是严格依法按程序进行;三是充分发扬民主,广泛凝聚共识,确保反映人民意志,得到人民拥护;四是坚持对宪法做部分修改、不做大改的原则,做到既顺应党和人民事业发展要求,又遵循宪法法律的发展规律,确保宪法的延续性、稳定性和权威性。

中华人民共和国宪法修正案

(2018年3月11日第十三届全国人民代表大会第一次会议通过)

第三十二条　宪法序言第七自然段中“在马克思列宁主义、毛泽东思想、邓小平理论和‘三个代表’重要思想指引下”修改为“在马克思列宁主义、毛泽东思想、邓小平理论、‘三个代表’重要思想、科学发展观、习近平新时代中国特色社会主义思想指引下”;“健全社会主义法制”修改为“健全社会主义法治”;在“自力更生,艰苦奋斗”前增写“贯彻新发展理念”;“推动物质文明、政治文明和精神文明协调发展,把我国建设成为富强、民主、文明的社会主义国家”修改为“推动物质文明、政治文明、精神文明、社会文明、生态文明协调发展,把我国建设成为富强民主文明和谐美丽的社会主义现代化强国，实现中华民族伟大复兴”。这一自然段相应修改为：“中国新民主主义革命的胜利和社会主义事业的成就，是中国共产党领导中国各族人民，在马克思列宁主义、毛泽东思想的指引下，坚持真理，修正错误，战胜许多艰难险阻而取得的。我国将长期处于社会主义初级阶段。国家的根本任务是，沿着中国特色社会主义道路，集中力量进行社会主义现代化建设。中国各族人民将继续在中国共产党领导下，在马克思列宁主义、毛泽东思想、邓小平理论、‘三个代表’重要思想、科学发展观、习近平新时代中国特色社会主义思想指引下，坚持人民民主专政，坚持社会主义道路，坚持改革开放，不断完善社会主义的各项制度，发展社会主义市场经济，发展社会主义民主，健全社会主义法治，贯彻新发展理念，自力更生，艰苦奋斗，逐步实现工业、农业、国防和科学技术的现代化，推动物质文明、政治文明、精神文明、社会文明、生态文明协调发展，把我国建设成为富强民主文明和谐美丽的社会主义现代化强国，实现中华民族伟大复兴。”

第三十三条　宪法序言第十自然段中“在长期的革命和建设过程中”修改为“在长期的革命、建设、改革过程中”；“包括全体社会主义劳动者、社会主义事业的建设者、拥护社会主义的爱国者和拥护祖国统一的爱国者的广泛的爱国统一战线”修改为“包括全体社会主义劳动者、社会主义事业的建设者、拥护社会主义的爱国者、拥护祖国统一和致力于中华民族伟大复兴的爱国者的广泛的爱国统一战线”。这一自然段相应修改为：“社会主义的建设事业必须依靠工人、农民和知识分子，团结一切可以团结的力量。在长期的革命、建设、改革过程中，已经结成由中国共产党领导的，有各民主党派和各人民团体参加的，包括全体社会主义劳动者、社会主义事业的建设者、拥护社会主义的爱国者、拥护祖国统一和致力于中华民族伟大复兴的爱国者的广泛的爱国统一战线，这个统一战线将继续巩固和发展。中国人民政治协商会议是有广泛代表性的统一战线组织，过去发挥了重要的历史作用，今后在国家政治生活、社会生活和对外友好活动中，在进行社会主义现代化建设、维护国家的统一和团结的斗争中，将进一步发挥它的重要作用。中国共产党领导的多党合作和政治协商制度将长期存在和发展。”

第三十四条　宪法序言第十一自然段中“平等、团结、互助的社会主义民族关系已经确立，并将继续加强。”修改为：“平等团结互助和谐的社会主义民族关系已经确立，并将继续加强。”

第三十五条　宪法序言第十二自然段中“中国革命和建设的成就是同世界人民的支持分不开的”修改为“中国革命、建设、改革的成就是同世界人民的支持分不开的”；“中国坚持独立自主的对外政策，坚持互相尊重主权和领土完整、互不侵犯、互不干涉内政、平等互利、和平共处的五项原则”后增加“坚持和平发展道路，坚持互利共赢开放战略”；“发展同各国的外交关系和经济、文化的交流”修改为“发展同各国的外交关系和经济、文化交流，推动构建人类命运共同体”。这一自然段相应修改为：“中国革命、建设、改革的成就是同世界人民的支持分不开的。中国的前途是同世界的前途紧密地联系在一起的。中国坚持独立自主的对外政策，坚持互相尊重主权和领土完整、互不侵犯、互不干涉内政、平等互利、和平共处的五项原则，坚持和平发展道路，坚持互利共赢开放战略，发展同各国的外交关系和经济、文化交流，推动构建人类命运共同体；坚持反对帝国主义、霸权主义、殖民主义，加强同世界各国人民的团结，支持被压迫民族和发展中国家争取和维护民族独立、发展民族经济的正义斗争，为维护世界和平和促进人类进步事业而努力。”

第三十六条　宪法第一条第二款“社会主义制度是中华人民共和国的根本制度。”后增写一句，内容为：“中国共产党领导是中国特色社会主义最本质的特征。”

第三十七条　宪法第三条第三款“国家行政机关、审判机关、检察机关都由人民代表大会产生，对它负责，受它监督。”修改为：“国家行政机关、监察机关、审判机关、检察机关都由人民代表大会产生，对它负责，受它监督。”

第三十八条　宪法第四条第一款中“国家保障各少数民族的合法的权利和利益，维护和发展各民族的平等、团结、互助关系。”修改为：“国家保障各少数民族的合法的权利和利益，维护和发展各民族的平等团结互助和谐关系。”

第三十九条　宪法第二十四条第二款中“国家提倡爱祖国、爱人民、爱劳动、爱科学、爱社会主义的公德”修改为“国家倡导社会主义核心价值观，提倡爱祖国、爱人民、爱劳动、爱科学、爱社会主义的公德”。这一款相应修改为：“国家倡导社会主义核心价值观，提倡爱祖国、爱人民、爱劳动、爱科学、爱社会主义的公德，在人民中进行爱国主义、集体主义和国际主义、共产主义的教育，进行辩证唯物主义和历史唯物主义的教育，反对资本主义的、封建主义的和其他的腐朽思想。”

第四十条　宪法第二十七条增加一款，作为第三款：“国家工作人员就职时应当依照法律规定公开进行宪法宣誓。”

第四十一条　宪法第六十二条“全国人民代表大会行使下列职权”中增加一项，作为第七项“（七）选举国家监察委员会主任”，第七项至第十五项相应改为第八项至第十六项。

第四十二条　宪法第六十三条“全国人民代表大会有权罢免下列人员”中增加一项，作为第四项“（四）国家监察委员会主任”，第四项、第五项相应改为第五项、第六项。

第四十三条　宪法第六十五条第四款“全国人民代表大会常务委员会的组成人员不得担任国家行政机关、审判机关和检察机关的职务。”修改为：“全国人民代表大会常务委员会的组成人员不得担任国家行政机关、监察机关、审判机关和检察机关的职务。”

第四十四条　宪法第六十七条“全国人民代表大会常务委员会行使下列职权”中第六项“（六）监督国务院、中央军事委员会、最高人民法院和最高人民检察院的工作”修改为“（六）监督国务院、中央军事委员会、国家监察委员会、最高人民法院和最高人民检察院的工作”；增加一项，作为第十一项“（十一）根据国家监察委员会主任的提请，任免国家监察委员会副主任、委员”，第十一项至第二十一项相应改为第十二项至第二十二项。

宪法第七十条第一款中“全国人民代表大会设立民族委员会、法律委员会、财政经济委员会、教育科学文化卫生委员会、外事委员会、华侨委员会和其他需要设立的专门委员会。”修改为：“全国人民代表大会设立民族委员会、宪法和法律委员会、财政经济委员会、教育科学文化卫生委员会、外事委员会、华侨委员会和其他需要设立的专门委员会。”

第四十五条　宪法第七十九条第三款“中华人民共和国主席、副主席每届任期同全国人民代表大会每届任期相同，连续任职不得超过两届。”修改为：“中华人民共和国主席、副主席每届任期同全国人民代表大会每届任期相同。”

第四十六条　宪法第八十九条“国务院行使下列职权”中第六项“（六）领导和管理经济工作和城乡建设”修改为“（六）领导和管理经济工作和城乡建设、生态文明建设”；第八项“（八）领导和管理民政、公安、司法行政和监察等工作”修改为“（八）领导和管理民政、公安、司法行政等工作”。

第四十七条　宪法第一百条增加一款，作为第二款：“设区的市的人民代表大会和它们的常务委员会，在不同宪法、法律、行政法规和本省、自治区的地方性法规相抵触的前提下，可以依照法律规定制订地方性法规，报本省、自治区人民代表大会常务委员会批准后施行。”

第四十八条　宪法第一百零一条第二款中“县级以上的地方各级人民代表大会选举并且有权罢免本级人民法院院长和本级人民检察院检察长。”修改为：“县级以上的地方各级人民代表大会选举并且有权罢免本级监察委员会主任、本级人民法院院长和本级人民检察院检察长。”

第四十九条　宪法第一百零三条第三款“县级以上的地方各级人民代表大会常务委员会的组成人员不得担任国家行政机关、审判机关和检察机关的职务。”修改为：“县级以上的地方各级人民代表大会常务委员会的组成人员不得担任国家行政机关、监察机关、审判机关和检察机关的职务。”

第五十条　宪法第一百零四条中“监督本级人民政府、人民法院和人民检察院的工作”修改为“监督本级人民政府、监察委员会、人民法院和人民检察院的工作”。这一条相应修改为：“县级以上的地方各级人民代表大会常务委员会讨论、决定本行政区域内各方面工作的重大事项；监督本级人民政府、监察委员会、人民法院和人民检察院的工作；撤销本级人民政府的不适当的决定和命令；撤销下一级人民代表大会的不适当的决议；依照法律规定的权限决定国家机关工作人员的任免；在本级人民代表大会闭会期间，罢免和补选上一级人民代表大会的个别代表。”

第五十一条　宪法第一百零七条第一款“县级以上地方各级人民政府依照法律规定的权限，管理本行政区域内的经济、教育、科学、文化、卫生、体育事业、城乡建设事业和财政、民政、公安、民族事务、司法行政、监察、计划生育等行政工作，发布决定和命令，任免、培训、考核和奖惩行政工作人员。”修改为：“县级以上地方各级人民政府依照法律规定的权限，管理本行政区域内的经济、教育、科学、文化、卫生、体育事业、城乡建设事业和财政、民政、公安、民族事务、司法行政、计划生育等行政工作，发布决定和命令，任免、培训、考核和奖惩行政工作人员。”

第五十二条　宪法第三章“国家机构”中增加一节，作为第七节“监察委员会”；增加五条，分别作为第一百二十三条至第一百二十七条。内容如下：

第七节　监察委员会

第一百二十三条　中华人民共和国各级监察委员会是国家的监察机关。

第一百二十四条　中华人民共和国设立国家监察委员会和地方各级监察委员会。

监察委员会由下列人员组成:主任,副主任若干人,委员若干人。

监察委员会主任每届任期同本级人民代表大会每届任期相同。国家监察委员会主任连续任职不得超过两届。

监察委员会的组织和职权由法律规定。

第一百二十五条　中华人民共和国国家监察委员会是最高监察机关。

国家监察委员会领导地方各级监察委员会的工作,上级监察委员会领导下级监察委员会的工作。

第一百二十六条　国家监察委员会对全国人民代表大会和全国人民代表大会常务委员会负责。地方各级监察委员会对产生它的国家权力机关和上一级监察委员会负责。

第一百二十七条　监察委员会依照法律规定独立行使监察权,不受行政机关、社会团体和个人的干涉。

监察机关办理职务违法和职务犯罪案件,应当与审判机关、检察机关、执法部门互相配合,互相制约。

第七节相应改为第八节,第一百二十三条至第一百三十八条相应改为第一百二十八条至第一百四十三条。

对假货说“不”,让中国制造更有竞争力

两会期间,多名代表、委员关注“打假”这一话题。

每个人都讨厌假货,每个人都对假货避而远之,然而,我们的主动避让却并不能够让假货销声匿迹。假货反而与我们的生活如影随形,成为了市场之痛。欣喜地看到,在全国两会上,多名代表委员关注到了假货问题,建议加大对制假的惩治力度。老百姓更是对此拍手称快。在笔者看来,对假货说“不”,不仅关乎每一个人的生活质量,还能够让中国制造更具竞争力。

随着人民生活水平的提高,消费者对产品的质量要求越来越高。但是,需要关注的是,社会上还存在假冒伪劣商品的问题,特别是电商平台售假的现象,如果不加以遏制,直接影响消费升级。其实,以笔者的亲身经历,在电商平台上有很多假货不假,但是还有更多的假货流向了农村。笔者过年回农村老家,在镇上的超市里买东西,各种在商标上做文章的假货令笔者大跌眼镜,而且,几乎每家超市卖的都是一样的假货。

笔者了解了一下这些商家的进货渠道,原来都是来自同样一家商品批发商,其实,自己卖的是假货,这些小商店、小超市都心知肚明,在他们看来,农民的品牌意识不强,对商品的价格较为看重,而自己售卖假货,可以赢得更多利润,正是这种心理,让农村成为了假货的倾销地。

对于企业而言,如果看到自己花费了大价钱辛苦设计、制造、培育出来的商品,始终无法打入终端消费领域,反而是那些假冒伪劣产品肆意横行,压缩了自己的生存空间,那这样的

市场机制,对这些遵纪守法的企业是不公平的,也会让国家的制造能力大打折扣,因为当假货成为一种风向,企业便会选择最优的生产方式来满足自己的利润。

要让中国制造更具有竞争力,就应该在全社会营造制假售假可耻的舆论氛围,并且在适当时机启动对有关制售假的刑法修改,降低制售假入刑门槛,推动制假行为直接入刑,并加大对制售假人员的经济惩罚等。唯有如此,才能够让那些制假售假者心存敬畏,不再肆无忌惮,从而让更多的企业拥有良性的发展空间,推动中国制造更具有竞争力。

防金融诈骗需破雾里看花

2018 年 3 月 9 日,在经过全国两会“部长通道”时,银监会主席郭树清在回复记者提问时表示,希望媒体密切配合,普及金融知识,提高老百姓对金融风险的识别意识,防范金融欺诈。“保本不可能有高收益,这是金融欺诈。”

无独有偶,全国政协委员、全国社保基金理事会理事长楼继伟日前在接受媒体采访时也表示,老百姓要加强风险意识,不能一看收益高就被“忽悠”进去了,“保证 6% 以上回报率的就别买,那是骗子”。

郭树清和楼继伟对防止金融欺诈的忠告和呼吁应当说很具权威性,他们之所以不约而同地对媒体表示要普及金融知识,提高风险意识,防止老百姓被骗子欺诈,是因为目前金融诈骗犯罪仍然比较猖獗,给老百姓造成的损失、给社会造成的危害比较大。特别是有些退休老人和农村人口成为金融诈骗的重点受害者,受骗后对其生活和心理都带来极大冲击,甚至造成一些悲剧。

从最高人民检察院工作报告透漏的情况可以看出,金融诈骗犯罪仍然处于高发期。2017 年全国检察机关起诉破坏金融管理秩序、金融诈骗犯罪 14.4 万人,是前五年的 2.2 倍;起诉非法吸收公众存款、集资诈骗、传销等涉众型经济犯罪 8.2 万人。虽然报告中没有说明被诈骗的人数和金额,但从一些重大个案中可以明显感到,金融诈骗具有隐蔽性、蒙骗性、长期性、涉众性等特点。虽然这些案件都被依法查处,但其给受害者造成的经济损失和精神伤害是难以通过案件的办理而终结的。

不难看出,打击金融诈骗,必须从源头抓起,形成全社会合力,打一场“人民战争”,只有这样,才能对金融诈骗露头就打,不至于让金融诈骗发展蔓延。银监会主席郭树清呼吁“听到保本高收益要举报”,就是希望老百姓和社会各界积极参与到打击金融诈骗中,通过及时举报,防止金融诈骗做大,避免更多人上当。

按理来说,老百姓不应该相信金融诈骗中所说的“天上掉馅饼”的事儿,不应该相信不符合常识和违背常理的事儿,比如既能保本又能有高收益,但骗子却屡屡得逞,其原因和金融诈骗具有一定“套路”有关。骗子对其诈骗行为进行一系列“包装”,有的建立完善的组织体系,有的打着济世惠民的旗号,有的顶着高大上的名头,有的戴着高科技的光环,有的利用互联网传播平台,总之,骗子的伎俩花样繁多,并且不断翻新,所以让许多老百姓雾里看花,难辨真假。

在这种情况下，加强对老百姓金融知识的普及，借给老百姓一双“慧眼”就非常必要了。据笔者所知，银监会全系统建立了消费者权益保护部门，这个部门除了受理公众对银行机构的投诉外，还承担着普及金融知识的任务，通过送金融知识下农村、进社区，提醒缺乏金融知识的群众防止上当受骗。由于这种活动具有专业性和针对性，而且不收费发送宣传品，所以深受百姓欢迎。

但是，仅靠金融监管部门普及金融知识是不够的，正像郭树清说的那样，普及金融知识需要媒体的密切配合。当今时代，媒体的传播功能前所未有，通过媒体传播金融知识可以扩大受众面，收到更好的效果。用案例传播金融知识是最有说服力的，通过抽丝剥茧，让骗子的欺诈手法大白于天下，让老百姓认清金融诈骗的真面目，提高风险防范意识，不但自己不上当，而且在第一时间进行举报，这样就能让金融诈骗成为过街老鼠，人人喊打，将其消灭在人民群众监督的汪洋大海之中。

当然，群众对金融诈骗行为举报后，公安部门应当及时受理，开展调查取证，依法进行查处，避免因为金额小、取证难等原因，疏于对金融诈骗行为的查处。

关于开展2018年“便民办税春风行动”的意见

各省、自治区、直辖市和计划单列市国家税务局、地方税务局,国家税务总局驻各地特派员办事处,局内各单位:

为深入贯彻落实党的十九大和中央经济工作会议精神,坚持以习近平新时代中国特色社会主义思想为指导,不忘初心、牢记使命,进一步落实国务院关于深化“放管服”改革和优化税收营商环境的新要求,让便民办税春风常吹常新、四季拂面,税务总局决定,2018年以“新时代·新税貌”为主题继续深入开展“便民办税春风行动”(以下简称“春风行动”),努力打造税务系统优质服务品牌,不断优化税收营商环境,全面提升纳税人的获得感。

一、深刻认识持续开展“春风行动”的重要意义

2014年以来,全国税务系统坚持“纳税人所盼,税务人所向”,连续4年开展的“春风行动”相继推出了26类90项系列创新服务举措,全力为纳税人办税提速减负,有效提升了纳税人的满意度、遵从度和获得感。中国特色社会主义进入新时代后开启了新征程、明确了新目标,也对税收工作提出了新要求。踏上新时代新征程,高质量推进新时代税收现代化,需要继续深入开展“春风行动”,针对纳税人办税中的“痛点”“难点”“堵点”,强弱项、补短板、促提升、重有感,进一步深化“放管服”改革、优化税收营商环境,推进办税便利化改革措施落地生效,带给纳税人更多的获得感,展示税务部门更优的新风貌。

二、总体目标

全面贯彻党的十九大和中央经济工作会议精神,以习近平新时代中国特色社会主义思想为指导,全面树立以纳税人为中心的发展理念,以“新时代·新税貌”为主题,以深化“放管服”改革、优化税收营商环境为主线,推出系列便民办税措施,切实从增强政策确定性、管理规范性、系统稳定性、办税便利性、环境友好性等方面充分展示税务部门的新风貌,持续提升纳税人税法税制认同感、依法纳税公平感、办税渠道畅通感、申报缴税便捷感、税法遵从获得感,进一步打造特色鲜明的纳税服务品牌。

三、整体安排

把握“长流水、不断线、打连发、呈递进”的工作节奏,总体设计、层层分解、逐步推进,全年共推出5类20项便民办税措施,同时结合“春风行动”各项措施的时间节点,分季度、分主题推出系列活动:第一季度推出“两会代表委员话春风”活动,邀请本地区两会代表委员畅谈对近年来“春风行动”开展情况的感受,征询对税务系统便民办税工作的意见建议;第二季度推出“纳税人开放日”活动,邀请纳税人走进税务机关,体验“最多跑一次”办税服务、12366

热线咨询等内容;第三季度推出“媒体记者体验行”活动,邀请各方媒体记者深入企业和税务系统基层一线单位,报道便民办税实效;第四季度推出“春风亮点”展示交流活动,集成各地在“春风行动”开展过程中推出的创新举措,交流工作经验,推动活动成效再提升。

四、行动内容

(一)增强政策确定性,在提升纳税人税法税制认同感上展示新风貌

1. 完善税收制度。按照党中央、国务院要求,积极推进各项税收制度改革。完善地方税体系,推进烟叶税法、环境保护税法及其实施条例落实,推进水资源税试点扩围;加快推进税收征管法及其实施条例修订进程;完善发票管理制度。

2. 开展征管制度清理。建立征管制度出台前的归口审核制度;开展征管制度专项清理,凡与简政放权、纳税人自主申报纳税、现代税收征管基本程序不符的制度规定,及时进行修订,能简并的简并、能优化的优化。

3. 升级税收业务规范。推出《全国税收征管规范(2.0 版)》《全国税务机关纳税服务规范(3.0 版)》《国家税务局 地方税务局合作工作规范(4.0 版)》《全国出口退(免)税管理工作规范(2.0 版)》,建立税收政策、征管制度与信息系统间的联动调整制度,实现服务一个标准、征管一个流程、执法一把尺子。

4. 加强政务公开和政策解读。全面梳理税务部门“五公开”内容、主体、时限、方式等,各省税务机关于 2018 年 11 月底前完成主动公开基本目录编制工作,并动态更新;进一步落实税收政策和解读稿同步起草、同步审批、同步发布机制;对现有税收制度有针对性地进行分类,以简明易懂的方式编写税收制度分类指引,并探索多渠道、多形式的公开方式;落实热点问题快速响应机制,做好热点问题收集、研判、转办和反馈工作。

(二)增强管理规范性,在提升纳税人依法纳税公平感上展现新风貌

5. 改进税收执法。扩大税务行政执法公示制度、执法全过程记录制度、重大执法决定法制审核制度试点范围;制订税务系统权责清单范本;建立健全“双随机、一公开”机制,优化税务稽查双随机工作平台,避免对纳税人重复检查;推进落实税务行政处罚裁量基准;细化落实各税种和个体工商户定期定额核定征收的标准、程序和计算方法。

6. 推进实名办税。规范实名信息采集标准;实现国税局、地税局实名信息共享共用;充分利用实名身份信息,简并与身份相关的附报资料,优化办税流程,强化事中事后管理。

7. 实施信用管理。修订纳税信用管理办法,扩大纳税信用评价范围,完善纳税信用评价指标;结合纳税人信用积分确定增值税专用发票最高开票限额和用票数量,完善最高开票限额管理,推动取消最高开票限额审批;探索办税人员(包括从事涉税服务人员)信用管理机制,动态验证办税人员信用积分指标,实施涉税专业服务机构信用管理,将办税人员信用、涉税专业服务机构信用与企业信用关联,强化信用管理。

8. 防控税收风险。建立信用积分制度,健全风险评估指标体系,运用税收大数据,实现对纳税人信用和风险状况的动态监控评价;省税务机关建立健全风险应对任务扎口管理机制,统一通过金税三期工程系统风险管理平台集中推送风险应对任务。

（三）增强系统稳定性，在提升纳税人办税渠道畅通感上展示新风貌

9. 加快电子税务局建设。对接互联网多渠道缴税方式，实现网上开具税收完税证明；进一步推进网上银行、手机银行等多元化缴税工作；全面推行社会保险费缴费服务网上办理或同城通办；采取短信、微信等多渠道便捷提醒方式，对社会保险费缴费人进行按期缴费、欠费催缴提醒；加快金税三期工程系统与增值税发票管理新系统、网上办税系统的系统集成步伐，实现三大系统功能整合、数据互通、一体运维。

10. 简便信息报送。国税局、地税局使用统一的税务数字证书或者互认对方现有的数字证书，实现"一证通用"和涉税资料电子化；对能确切掌握纳税人信息的纳税申报事项，采用"主动网上推送办税信息＋纳税人确认"和"纳税人申请＋预填表＋自动审核"的新型办税模式。

11. 推行财务报表税企间转换。与电子税务局规划通盘考虑，在福建省国税系统开展先行先试，选取部分省税务系统扩大试点，试点成效评估通过后实施全国推广工作。

（四）增强办税便利性，在提升纳税人申报缴税便捷感上展示新风貌

12. 优化实体办税服务。为新办纳税人提供"套餐式"服务，一次性办结多个涉税事项；推进落实《跨省经营企业涉税事项全国通办业务操作规程（试行）》；由纳税服务部门归口审核和管理办税服务厅受理纳税服务事项范围；加强窗口办税数据、自助办税数据等数据监控，定期发布数据分析报告；改进增值税、所得税、财产行为税优惠备案方式，对企业纳税人基本实现税收优惠资料由报送税务机关改为纳税人留存备查；做好出口退（免）税无纸化申报、无纸化审核审批等业务试点工作。

13. 深化联合办税。统筹谋划"互设、共建、共驻"等多种联合办税方式，提供更加便利的联合办税环境；扩大联合办税业务范围，涉及纳税人基本信息确认、存款账号报告、财务报表信息采集、财务会计制度备案等国税、地税共同事项，通过信息共享方式实现前台一家受理、后台信息共享；合理配置联合办税窗口，涉及国税、地税双方共同及关联的办税业务要一窗办理，涉及国税或地税的单方独立业务和办税频次较高的单项联合办税业务要相应设置国税地税专业办税窗口；探索创新联合办税形式，按照"线上线下"融合的要求，拓展网上办税功能。

14. 简化纳税申报。简并优化增值税、企业所得税、消费税等税种申报表；提供网上更正申报功能；为纳税人提供企业所得税申报疑点数据的校验、反馈和提醒服务，减少纳税人申报错误风险；小微企业财务报表由按月报送改为按季报送。

15. 创新发票办理。试点代开增值税普通发票"线上申请、网上缴税、自行出票"模式；全面推行税控器具网上变更，纳税人申请变更税控设备时，可通过增值税发票管理新系统开票端远程获取变更信息；将无不良信用记录的新办纳税人纳入取消增值税专用发票认证范围。

16. 推行清单式服务。编制办税事项"最多跑一次"清单，减少纳税人到办税服务厅次数；编制办税事项"全程网上办"清单，提升办税质效；实行涉税资料清单管理，清单之外原则上不得要求纳税人报送。

17. 深化大企业服务。畅通税企沟通渠道，强化日常沟通，优化专项交流，回应大企业涉

税热点难点问题；加强集团重组服务，依申请为大企业协调重组中的疑难事项，提高政策确定性；协调跨区域涉税争议，提高政策执行一致性；定期归集整理税收风险，适时推送提醒到户，推进税法遵从。

（五）增强环境友好性，在提升纳税人税法遵从获得感上展示新风貌

18. 优化税收营商环境。进一步缩短纳税时间，简化办税流程，减少纳税人报送资料，加强政府部门信息共享互认；积极配合世界银行和国家统计局营商环境评价，全力推动评价结果向好；继续深化北京等5省市优化税收营商环境试点工作，力争6月底前取得明显成效，9月底前将试点范围再扩大10个省市。

19. 推进社会信用共治。将纳税信用信息归集分析平台与全国信用信息共享平台对接，实现信用信息在税务系统与外部门间自动共享和分发应用；深化“线上银税互动”试点工作，推动“银税互动”扩面、增效、提质；落实《信用联动合作框架协议》，推进信息互享、信用互认、奖惩互助；联合打击涉税违法行为，及时发布重大税收违法黑名单。

20. 服务经济发展战略。巩固税收服务京津冀协同发展、长江经济带发展成果；继续实施支持自由贸易区税收服务创新措施；服务“一带一路”建设，集中开展税收服务“一带一路”政策宣传活动；加强国家税务总局12366上海（国际）纳税服务中心双语热线等咨询服务功能建设；持续做好“走出去”税收指引与国别投资指南的更新发布工作，为“走出去”企业提供重点投资国和周边国家（地区）涉外税收政策咨询服务。

五、工作要求

（一）提升工作站位。各级税务机关要将“春风行动”作为税务系统深入贯彻落实习近平新时代中国特色社会主义思想和党的十九大精神一项重要举措，把党中央国务院决策部署融入各项具体工作中，在实践中融会贯通，拥抱新时代，展示新税貌，将“春风行动”推向深入。

（二）加强部门协调。各级税务机关主要领导要亲自部署“春风行动”相关工作，分管领导具体组织，协调解决跨部门行动项目。各地国税局、地税局需要在管理和服务等各方面深度合作，形成工作合力，发挥合作效用。

（三）创新组织形式。各级税务机关应广泛借助社会力量推动行动开展，充分发挥同心社、志愿者等社会团体和个人的作用，协同做好“春风行动”的宣传和推进工作。

（四）做好总结提升。各级税务机关要开展一次“回头看”，全面梳理历次“春风行动”开展情况，看工作目标是否实现，看具体措施是否到位，看突出问题是否解决，找差距、补短板，进一步提升纳税人的获得感。

（五）加强督促检查。各级税务机关要明确工作目标，细化工作任务，确定落实时限，各项举措实施和活动开展都要建立台账、提醒、督办的协调机制，要及时反映活动情况，解决出现的问题。税务总局将根据“春风行动”进展情况开展督查。各省税务机关按季将阶段性进展情况报告税务总局（纳税服务司）。

国家税务总局

2018年2月22日

商务部关于进一步深化商务综合行政执法体制改革的指导意见

各省、自治区、直辖市、计划单列市及新疆生产建设兵团商务主管部门：

深入推进商务综合行政执法体制改革，是贯彻全面依法治国、建设法治政府和“放管服”改革精神的重要举措，对理顺综合执法管理体制、提升事中事后监管能力、规范市场秩序、建设法治化营商环境具有重要意义。2016 年以来，商务部与中央编办在 10 个城市联合开展了商务综合行政执法体制改革试点，在梳理执法职责、整合执法职能、规范执法行为、加强执法协作等方面积极探索，有效集中了执法权，提高了监管效率，取得了显著成效，但商务系统仍然存在监管职责不清、执法体制不顺、执法力量分散、执法领域缺位、保障条件不足等突出问题。为贯彻落实《法治政府建设实施纲要（2015－2020 年）》（中发〔2015〕36 号）、《国务院关于推进国内贸易流通现代化建设法治化营商环境的意见》（国发〔2015〕49 号）、《“十三五”市场监管规划》（国发〔2017〕6 号）、《国内贸易流通“十三五”发展规划》（商建发〔2016〕430 号）和《商务部关于推进商务基本业务改革发展的意见》（商综发〔2017〕281 号）要求，经商中央编办同意，现就全国商务综合行政执法体制改革提出以下意见。

一、总体要求

（一）指导思想

深入贯彻党的十九大精神，以习近平新时代中国特色社会主义思想为指导，认真落实党中央、国务院决策部署，统筹推进“五位一体”总体布局和协调推进“四个全面”战略布局，坚定不移贯彻创新、协调、绿色、开放、共享的发展理念，坚持依法行政，树立大商务观念，按照“谁审批、谁监管，谁主管、谁监管”的原则，以体制机制改革创新为核心，加快转变监管理念、体制和方式，从分散的单项监管转向整合力量、综合监管，从注重行政手段转向运用行政、法律、经济和信息等多种手段，推进建立适应现代市场体系的商务综合执法监管体制，严格规范公正文明执法，为维护市场秩序、营造法治化营商环境提供执法保障。

（二）总体目标

到 2020 年，有效整合商务领域执法职能和资源，科学合规设置执法层级，强化商务监管执法体系和能力建设，基本建立职责明确、边界清晰、行为规范、保障有力、运转高效的商务综合行政执法体制，初步形成与商务改革发展相适应的执法监管体系。

（三）基本原则

1. 坚持依法行政。坚持法定职责必须为，法无授权不可为，清理减少执法事项，规范自由裁量权，坚持严格规范公正文明执法。

2. 坚持改革创新。创新商务执法监管体制机制、监管方式，推进智慧监管、信用监管、精准监管，加强事中事后监管，提升监管水平和执法效能。

3. 坚持权责一致。制订权责清单，明确综合执法机构职能，厘清职责边界，减少职责交叉，落实执法责任。

二、主要任务

（一）整合综合执法职能。商务执法职责原则上由机关承担，可依托内设机构开展综合执法。要清理减少、整合归并执法事项，建立执法事项清单。相对分开监督检查、行政处罚等行政执法职能与政策制订、准入许可、行业促进等行政管理职能，集中行政执法职能，实行综合行政执法。具备条件的地区可结合实际，进行更大范围综合执法。厘清综合执法机构和行政管理部门关系，加快形成行政管理职能与行政执法职能之间既分工明确、又协调配合的运行机制。

（二）优化执法力量配置。理顺省、市、县三级执法职责，推进执法力量向基层倾斜。除承担法定监管执法职责外，省、自治区、直辖市主要负责建立健全本行政区划商务执法工作制度，监督、指导大案要案的督办和协调工作。市、县两级应通过内部整合、优化结构、盘活存量、挖掘潜能等方式，加强基层执法力量配备，科学合理设置岗位。市级和市辖区原则上实行一级执法。充实优化人员力量，严格实行执法人员持证上岗和资格管理制度，保证队伍专职化与人员专业化。

（三）严格规范执法行为。制定并公布商务执法权责清单。对照每项执法责任，明晰履职内容，明确执法方式，优化操作流程。制定商务执法工作规则，细化岗位职责，落实执法责任制和责任追究制。完善执法监督流程，建立健全行政执法公示制度、执法全过程记录制度、重大执法决定法制审核制度。建立健全行政裁量权基准制度，细化、量化行政裁量标准，规范裁量范围、种类、幅度，强化对行政权力的制约和监督。建立健全监督考核与激励机制。

（四）创新执法方式。适应新技术、新业态发展趋势，改进传统执法方式，全面实行“双随机、一公开”监管方式。加快监管执法信息化建设，依托互联网、大数据等技术，促进办案流程和执法工作网上运行管理，提升统计分析与监测预警能力。建立经营者诚信档案，发挥信用体系的约束作用，推进分类监管。

（五）强化执法协同配合。加强商务执法的横向协作、纵向联动，建立健全跨部门、跨区域的协作机制。健全行政执法和刑事司法衔接机制，规范案件移送标准和程序，实现行政执法与刑事司法无缝对接。加强部门间监管执法信息共享、案情通报，提高执法协作监管效能。

（六）发挥社会行业监督。建立健全 12312 商务举报投诉服务体系，畅通电话、窗口、电子邮箱等社会公众举报投诉渠道，完善案件受理、转交督办机制和流程，提升服务水平。加强与有关行业组织的相互协作，强化企业主体责任，增强自律性，引导企业成为行业秩序的监督者和维护者。调动第三方、行业、公众、媒体等监督力量，形成社会力量共同参与维护市场秩序的监管新格局。

三、组织实施

（一）加强组织领导。深化商务综合行政执法体制改革工作是落实依法行政和“放管服”改革的一项重要举措，要积极争取当地党委、政府支持，推动建立由政府牵头，商务、编制等部门参加的跨部门商务综合行政执法体制改革协调工作机制，加强工作统筹，研究解决改革遇到的突出问题，确保改革各项措施落实到位。商务部跟踪和督导改革进展情况，及时总结经验,发现问题,推动改革取得实效。

(二)加强执法能力建设。各级商务部门要积极争取地方政府支持,协调财政、人力资源社会保障等相关部门,健全商务执法保障机制,加强业务培训,将商务执法工作经费与能力建设经费纳入同级财政保障范围,合理配置执法必需的交通、通讯、调查取证等装备,改善执法条件,保障执法工作需要。

(三)加强交流宣传。充分发挥传统媒体和新兴媒体的作用,广泛宣传商务执法先进经验、典型做法,发挥先进示范引领作用;加大普法力度,大力宣传普及商务领域法律法规规章,及时曝光违法违规典型案件,加强警示教育,营造良好社会舆论氛围。

商务部

2017 年 11 月 24 日

“品质革命”是大国变强国的时代呼唤

“全面开展质量提升行动,推进与国际先进水平对标达标,弘扬工匠精神,来一场中国制造的品质革命。”“品质革命”一词,写入 2018 年政府工作报告。推动“中国制造”加快走向“精品制造”,品质革命之路如何行稳致远?来自相关领域的全国人大代表在北京给出了他们的答案。

改革是推进国家发展前进的动力源,品质是打造国际影响声誉的生命线,“品质革命”则是助推“中国制造”提档升级的加速剂。目前我国生产的消费品中,有 100 多种产品产量居全球首位,是名副其实的消费品制造、消费和出口大国,但却难称制造强国,质量与发达国家的差距不容回避。因此,“品质革命”的呼之欲出具有重要意义,也是大国变强国的时代呼唤,而关键是要把握好三个要素。

全面提升质量是前提。品质革命,“根”在质量。正如全国人大代表、中铁工程装备集团有限公司总工程师王杜娟所言,质量提升应做到全方位、重细节、无死角。事物变化过程分为量变和质变,前者只要通过改进设备,提升效率便很容易实现,而后者则非一日之功,需要更多的智慧和努力才能达成。因此,摆在我们面前的首要任务是找准问题,补齐短板,依靠互联网、云端大数据等新一代信息技术,打造透明可信的质量保障提升体系,充分发挥市场主体的作用,采用市场倒逼机制,促进企业加强质量管理等。

强化科技创新是关键。创新是民族进步之魂,也是引领发展的第一动力。当前我们的社会主要矛盾是发展不充分、不均衡的矛盾,有的领域世界一流,有的领域还很落后,究其根源是生产力不足,创造力不强。如果说工匠精神可以在现有的生产水平上,让产品无限趋近品质的极致,那么科技创新则可让产品品质实现大跨度的进步,甚至是突破性飞跃。创新是抢夺市场主导权的制高点,要想在未来竞争中赢得新优势,必须布局“新滩点”,做强“新产业”,运用“新技术”,不断加大新技术研发,坚持加强新工艺应用。

加大人才供给是保障。当今社会人才是核心资源,其重要性不言而喻。目前中国设计业的整体水平,距世界设计业先进国家还有较大差距,这与相关设计从业者人数不足、尤其是顶尖人才的稀缺直接相关。人才引进和人才培养则是两个重要渠道,只有队伍建起来了,规模壮大了,才能充分挖掘潜能,创造更加巨大的技术财富。要想全面提升社会竞争力,人才数量和储备是一项核心指标,因此,国家、社会和用人企业要拿出诚意,用政策福利招贤纳士,努力营造“人尽其才、才尽其用”的格局和氛围。

“让环保失信企业寸步难行”要有实招

全国人大代表、四川省环保厅厅长于会文表示,要让环保“失信”企业寸步难行,加强环境信用体系建设是强化生态环境保护、推动高质量发展的需要。

国家高度重视环境保护领域的信用体系建设。《环境保护法》规定,企业事业单位和其他生产经营者的环境违法信息应当记入社会诚信档案,违法者名单应当及时向社会公布。国务院《社会信用体系建设规划纲要(2014—2020年)》对环境保护领域信用建设提出明确要求。国务院《水污染防治行动计划》强调:“加强环境信用体系建设,构建守信激励与失信惩戒机制。”

时下,“我国环境信用体系建设与经济发展水平和社会发展阶段不匹配、不协调、不适应的矛盾仍然突出”。“企业环境诚信意识和信用水平仍然整体不高,建设项目环评未批先建、排污单位超标排放、暗管偷排、篡改伪造监测数据等违法失信行为仍然存在”。而且,据媒体报道,从全国来看,多数地方还没有正式开展环境信用评价工作。即使已经开展环境信用评价工作的地方,有的评价范围也只是限于国控重点企业,没有实现污染源企业全覆盖。

企业环境保护行为是社会生产秩序的重要组成部分,如何倡导企业积极参与环境信用评价体系,自觉履行环境保护法定义务和社会责任,加快建立“守信激励、失信惩戒”的环境保护机制,推动社会信用体系建设已经成为时下亟待关注的问题。

在环境保护工作中引入信用机制,是引导企业环保自律和创新环保监管方式的有力举措。建立企业的环境信用记录,将企业的环境信用信息与其他部门之间实现“互联互通”,并向社会公开,可以有效动员各部门和全社会力量共同参与环境保护,既可以督促企业自觉履行环保法定义务和社会责任,提高企业环境守法意识和水平,又可以推动环保部门从过度依靠行政手段向综合运用法律、经济、技术和信用约束等手段转变,降低监管成本,提高环保监管效能。

要让环保“失信”企业寸步难行,要有实招。要扭住关键,创新举措,把加强环境信用体系建设的相关工作落到实处。首先,国家有关部门要加快制订有关环境信用评价的管理条例,将环评机构、社会化环境检测机构和危险废物处置利用机构等环境服务业企业一并纳入参评范围。同时,建设和完善贯通省、市、县三级环保部门的“企业环境信用动态管理系统,落实多部门联合奖惩机制,充分运用信用评价结果,既要让环保“失信”企业寸步难行,更要让守信企业得到“红利”,给力绿水青山,造福子孙万代。

重磅！国务院机构改革方案来了 这些新部门将亮相！

国务院机构改革方案提请十三届全国人大一次会议审议。根据该方案，改革后，国务院正部级机构减少8个，副部级机构减少7个，除国务院办公厅外，国务院设置组成部门26个。具体调整情况如下：

一、国务院组成部门调整

1. 组建自然资源部。

不再保留国土资源部、国家海洋局、国家测绘地理信息局。

2. 组建生态环境部。

不再保留环境保护部。

3. 组建农业农村部。

不再保留农业部。

4. 组建文化和旅游部。

不再保留文化部、国家旅游局。

5. 组建国家卫生健康委员会。

不再保留国家卫生和计划生育委员会。不再设立国务院深化医药卫生体制改革领导小组办公室。

6. 组建退役军人事务部。

7. 组建应急管理部。

不再保留国家安全生产监督管理总局。

8. 重新组建科学技术部。

9. 重新组建司法部。

不再保留国务院法制办公室。

10. 优化水利部职责。

不再保留国务院三峡工程建设委员会及其办公室、国务院南水北调工程建设委员会及其办公室。

11. 优化审计署职责。

不再设立国有重点大型企业监事会。

12. 监察部并入新组建的国家监察委员会。

不再保留监察部、国家预防腐败局。

改革后，除国务院办公厅外，国务院设置组成部门26个。

参考文献

[1]王朝旭. 经济基础知识(中级)[M]. 北京:中国人事出版社,2017.

[2]高级经济师考试教材编写组. 经济理论与实务[M]. 2 版. 北京:经济科学出版社,2017.

[3]潘前进. 高级经济师辅导教材[M]. 北京:经济日报出版社,2009.

[4]李丰才. 社会主义市场经济理论[M]. 2 版. 北京:中国人民大学出版社,2014.

[5]叶祥松. 政治经济学[M]. 2 版. 大连:东北财经大学出版社,2013.

[6]高鸿业. 西方经济学[M]. 北京:中国人民大学出版社,2011.

[7]刘诗白. 社会主义市场经济理论[M]. 2 版. 成都:西南财经大学出版社,2011.

[8]韩玉军. 国际贸易学[M]. 北京:中国人民大学出版社,2017.

[9]陈钊,陆铭编. 微观经济学[M]. 北京:高等教育出版社,2008.

[10]袁志刚,樊潇彦. 宏观经济学[M]. 北京:高等教育出版社,2008.

[11]华民. 国际经济学[M]. 2 版. 上海:复旦大学出版社,2010.

[12]萨缪尔森,诺德豪斯. 微观经济学[M]. 17 版. 北京:人民邮电出版社,2004.

[13]萨缪尔森,诺德豪斯. 宏观经济学[M]. 17 版. 北京:人民邮电出版社,2004.

[14]琼斯. 现代经济增长理论导引[M]. 2 版. 北京:商务印书馆,1994.

[15]吴易风,等. 政府与市场[M]. 北京:商务印书馆,1998.

[16]孙国茂. 宏观经济与资本市场[M]. 济南:山东人民出版社,2001.

[17]樊纲. 公有制宏观经济理论大纲[M]. 上海:上海三联书店,1990.

[18]巴曙松. 中国货币政策有效性的经济学分析[M]. 北京:经济科学出版社,2000.

[19]布坎南. 自由、市场、国家(中译本)[M]. 北京:北京经济学院出版社,1988.

[20]彼得·德鲁克. 管理:任务、责任、实践[M]. 北京:中国社会科学出版社,1987.

[21]韩岫岚、王绪君. 管理学基础[M]. 北京:经济科学出版社,1999.

[22]蒋永忠、张颖主. 管理学基础[M]. 北京:清华大学出版社,2007.

[23]徐国华、张德、赵平等. 管理学[M]. 北京:清华大学出版社,2004.

[24]席酉民. 经济管理基础[M]. 北京:高等教育出版社,2007.

[25]顾宝炎. 管理学导论[M]. 北京:东方出版社,1998.

[26]阮文彪. 管理学原理[M]. 北京:中国农业大学出版社,2007.

[27]戴卫东、刘新姝. 管理学[M]. 北京:电子工业出版社,2007.

[28]吴金法. 现代企业管理学[M]. 北京:电子工业出版社,2003.

[29]郭咸纲. 西方管理学说史[M]. 北京:中国经济出版社,2003.

[30]马新建,时巨涛等. 人力资源管理与开发[M]. 2 版. 北京:北京师范大学出版社,2008.

[31]余凯成,程文文,陈维政. 人力资源管理[M]. 大连:大连理工大学出版社,2006.

[32]李严锋,麦凯. 薪酬管理[M]. 大连:东北财经大学出版社,2002.

[33]冯虹. 现代人力资源管理[M]. 北京:经济管理出版社,2006.

[34]王全兴. 国劳动法[M]. 北京:中国政法大学出版社,1995.

[35]贝克尔著,梁小民译. 人力资本[M]. 北京:北京大学出版社,1987.

[36]舒尔茨著,吴珠华等译. 论人力资本投资[M]. 北京:北京经济学院出版社,1992.

[37]理查德 · 威廉姆斯著,赵正斌等译. 业绩管理[M]. 大连:东北财经大学出版社,1999.

[38]赵曙明,罗伯特 · 马希斯等. 人力资源管理[M]. 11 版. 北京:电子工业出版社,2008.

[39]迈克尔 · 比尔等. 管理人力资本[M]. 北京:华夏出版社,1998.